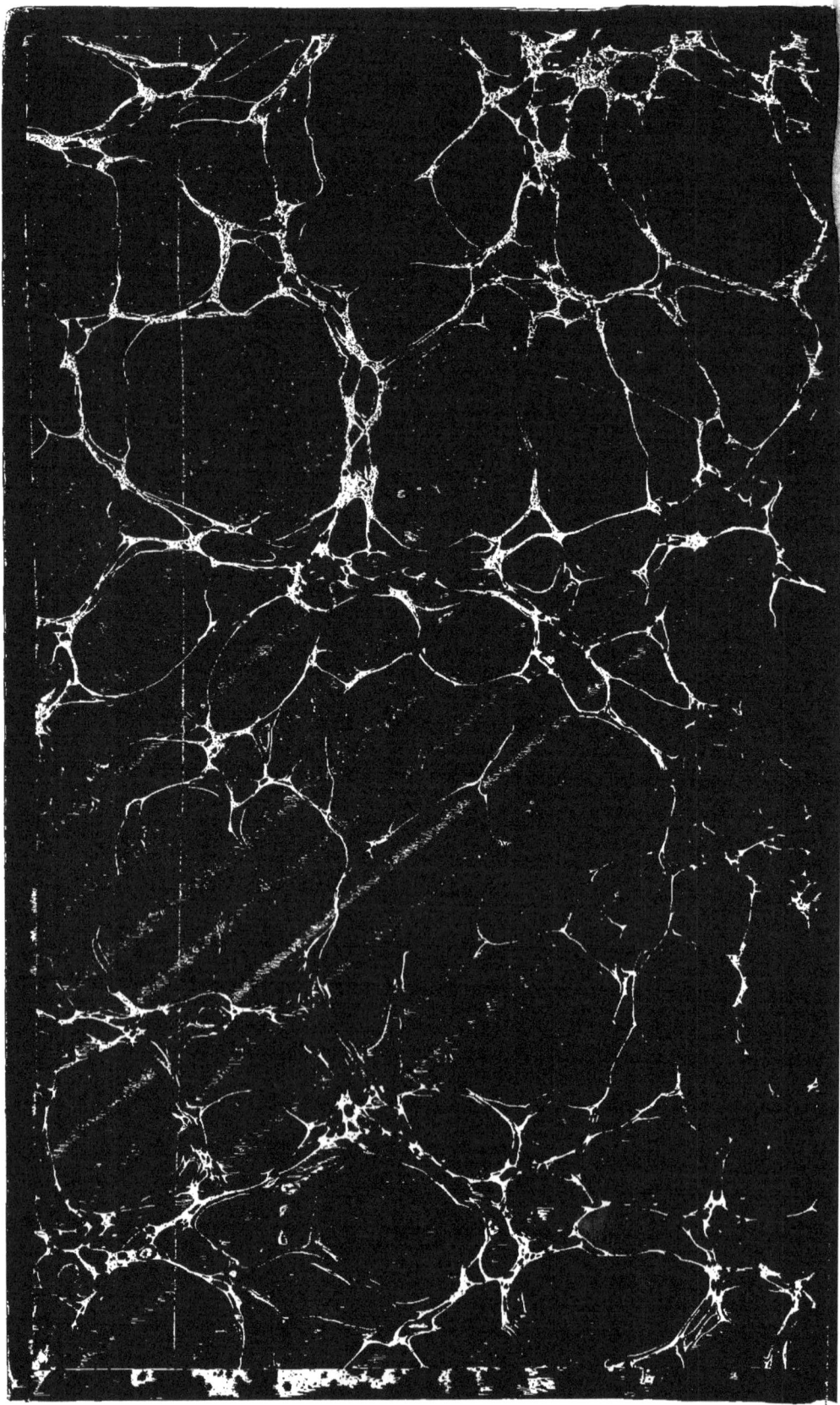

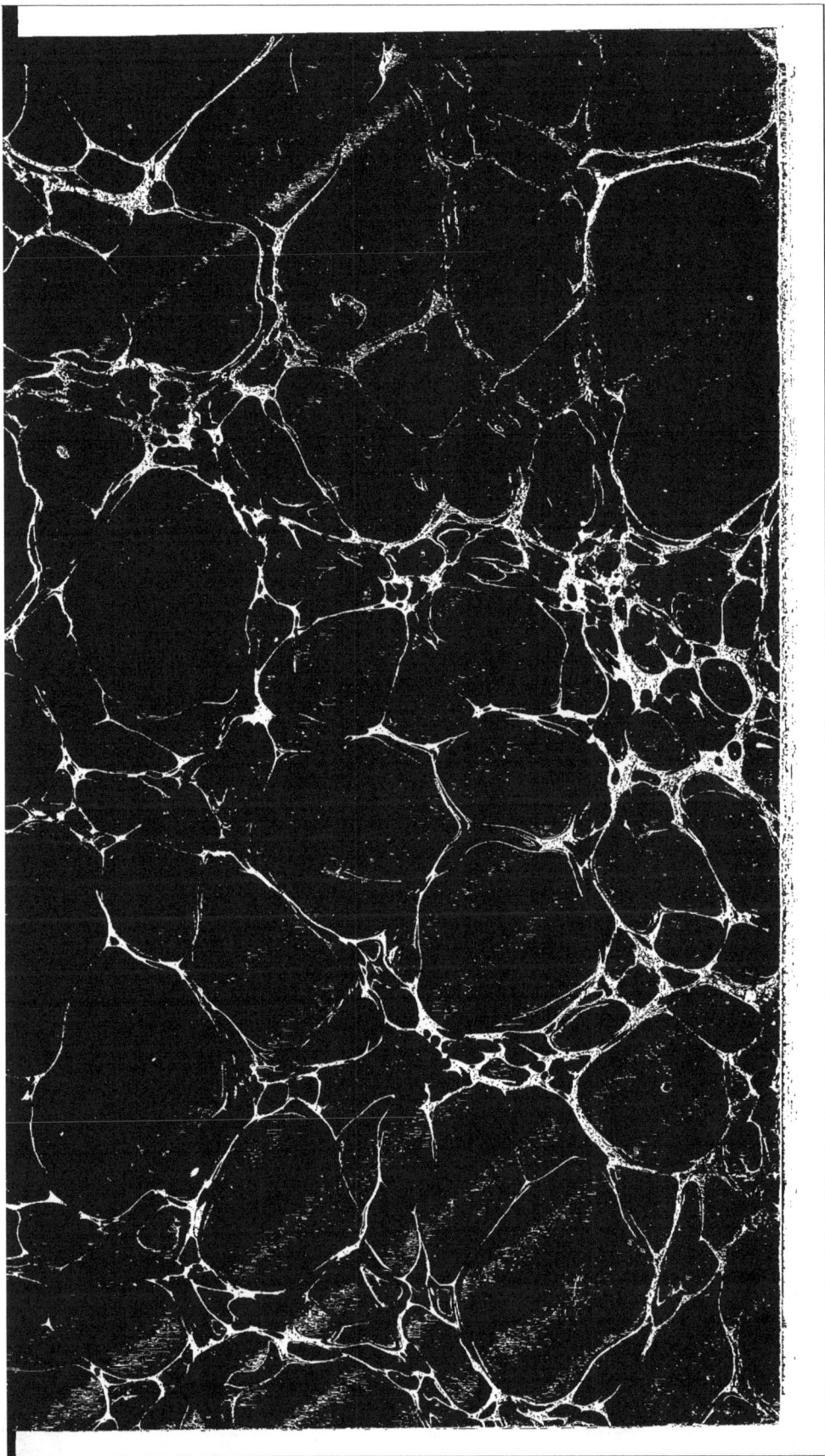

31560

GUIDE

THÉORIQUE ET PRATIQUE

DU

FABRICANT D'ALCOOLS

ET

DU DISTILLATEUR

Paris. — Typographie A. HENNUYER, rue du Boulevard, 7.

GUIDE

THÉORIQUE ET PRATIQUE

DU

FABRICANT D'ALCOOLS

ET

DU DISTILLATEUR

DEUXIÈME PARTIE

ŒNOLOGIE

AVEC DE NOMBREUSES FIGURES INTERCALÉES DANS LE TEXTE

PAR

N. BASSET

Chimiste, auteur du *Guide pratique du Fabricant de sucre*
et de divers ouvrages de chimie appliquée.

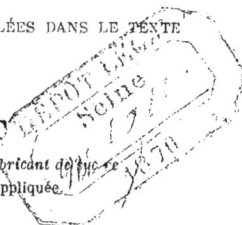

PARIS

LIBRAIRIE DU DICTIONNAIRE DES ARTS ET MANUFACTURES

Rue Madame, 40

—

1870

C.

AVANT-PROPOS

Notre premier volume a été consacré exclusivement à l'étude de la première partie du plan général de cet ouvrage, et nous avons cherché à entrer, au sujet de l'*alcoolisation*, dans de tels détails, que les lecteurs les plus étrangers à la science puissent exécuter, convenablement et sans autre secours, toutes les transformations de la matière alcoolisable. L'exposé complet des principes, la discussion des principales méthodes et des procédés les plus répandus nous ont permis d'asseoir un jugement vrai sur tout ce qui a rapport au travail de l'alcoolisateur, et il ne nous reste plus, à l'égard de l'*alcoolisation proprement dite*, qu'à la compléter par l'étude des *boissons fermentées*, lesquelles n'ont de raison d'être qu'en ce qu'elles sont des boissons alcoolisées par la voie de la fermentation et non par le mélange de l'alcool avec l'eau.

Ces boissons représentent une matière première du fabricant d'alcools, et l'*œnologie* ne fait rien de plus que ce que nous avons déjà appris à faire en préparant les liqueurs fermentées de toutes provenances, à l'aide des matières sucrées ou des substances saccharifiables. Leur préparation est fondée sur les mêmes principes, et le vin, le cidre, la bière, l'hydromel, etc., ne sont rien autre chose que des moûts sucrés, alcoolisés par fermentation, selon les règles de l'alcoolisation générale. L'examen des méthodes et des procédés usités pour leur préparation ne forme donc, en quelque façon, qu'un appendice, un complément à ce que nous avons indiqué dans notre première partie. C'est à cette première partie, à l'étude spéciale de l'alcoolisation, que nous renverrons le lecteur désireux de connaître à fond les questions œnologiques, car nous ne pouvons leur consacrer, dans ce volume, que l'espace assigné par leur importance relative.

Quoi qu'il en soit, le point de vue sous lequel nous les envisageons permettra de leur attribuer leur part d'utilité dans les usages alimentaires et de les considérer comme de véritables sources d'alcool, utilisables selon les circonstances.

L'importance du *vin de raisin*, du *cidre* et de la *bière*, dans l'alimentation humaine, ne peut être contestée par personne. Nous avons donc consacré tous nos soins à l'étude de ces boissons fermentées, et nous pouvons dire, dès aujourd'hui, que nous n'avons rien négligé pour faire de ce volume un véritable guide complet du fabricant de vins, de cidres ou de bières, tout en évitant les discussions théoriques dont on a obscurci les travaux sur ces produits de la fermentation.

Ici, comme toujours, nous avons cherché à ramener à la simplification les faits œnologiques, à rappeler aux principes, et à faire voir que les opérations dues à l'action du ferment suivent une voie uniforme et régulière, pourvu que les principes soient exécutés. Là se trouve l'expression du vrai, selon nous, et ce n'est pas dans les systèmes prônés et intéressés qu'on peut la rencontrer. La nature, dans les transformations qu'elle opère, ne se préoccupe pas des méthodes ou des appareils de nos spécialistes; elle agit suivant des lois immuables, et, pour bien faire, l'homme n'a qu'une voie peu flatteuse pour son orgueil, mais infaillible, celle de l'observation et de l'imitation des faits naturels.

GUIDE

THÉORIQUE ET PRATIQUE

DU

FABRICANT D'ALCOOLS

ET

DU DISTILLATEUR

DEUXIÈME PARTIE.

ŒNOLOGIE.

L'ŒNOLOGIE s'occupe des *vins* [1]. Cette expression toute moderne signifie, à proprement parler, *traité des vins*. Qu'est-ce que le *vin*? Quels sont les liqueurs auxquelles le nom de vin peut être justement appliqué? La réponse à ces deux questions établira facilement l'étendue de l'œnologie.

Or le vin ordinaire, le vin de raisin, qui est le type, n'est autre chose que la séve du fruit, *alcoolisée par fermentation*, et renfermant les matières organiques, ainsi que la plupart des substances minérales du fluide naturel. De cette idée générale il résulte que l'on peut donner le nom de vin au produit fermenté de toutes les séves sucrées. On aura ainsi le vin de palmier, le vin de cannes, le vin de fruits, etc. Par extension, on a également appliqué le nom de vin au produit fermenté de l'orge saccharifiée, étendu d'une certaine proportion d'eau, que nous appelons vulgairement la *bière*, et l'on a dit que la bière est un véritable *vin d'orge*.

Grâce à cette extension, on comprend que toutes les liqueurs fermentées pourraient recevoir le nom générique dont nous parlons, soit que la matière première contienne le sucre et l'eau, comme dans la séve des fruits sucrés, soit que l'on ait

---

[1] Des mots grecs οἶνος, vin, et λόγος, discours ou traité.

produit le sucre par saccharification et que l'on ait ajouté une proportion d'eau convenable avant la fermentation, comme dans le moût fermenté des grains féculents.

Toute liqueur fermentée serait réellement un vin, dans cette manière de voir générale; mais nous devons restreindre le sens de cette expression, afin de rendre la pensée plus précise et plus rigoureuse, et afin d'établir une définition qui en délimite l'objet. Nous appellerons donc *vin* toute liqueur fermentée, destinée spécialement à la boisson de l'homme, quelle que soit, d'ailleurs, l'origine des éléments qui la constituent en principe, pourvu que l'alcool qu'elle renferme y ait été produit par fermentation exclusivement.

On connaît un très-grand nombre de vins; mais les liqueurs auxquelles ce titre peut s'appliquer sont loin de présenter la même importance. Dans les pays les plus civilisés de l'Europe, le vin de raisin, le vin de pomme, le vin de poire, le vin d'orge saccharifiée, sont les variétés dont l'usage est le plus répandu et qui sont connues de tout le monde sous les noms de *vin* proprement dit, de *cidre*, de *poiré*, de *bière*. Si nous y joignons l'*hydromel* ou produit fermenté de la dissolution de miel dans l'eau, nous aurons l'ensemble des boissons fermentées les plus appréciées et les plus favorables à l'usage alimentaire.

Il est une multitude considérable d'autres vins que nous ne pourrons que mentionner; mais nous devrons donner quelques détails sur la préparation des vins économiques ou des boissons peu coûteuses que l'on peut facilement préparer par voie de fermentation. Nous nous occuperons d'une manière spéciale et presque exclusive des variétés importantes mentionnées ci-dessus, lesquelles forment l'objet de cette seconde partie et offrent les plus grands avantages à l'alcoolisation aussi bien qu'à l'économie domestique.

Si nous examinons, en effet, la question des boissons fermentées avec tout le soin qu'elle comporte, nous trouvons qu'elle offre deux points également dignes d'attention, et que ces boissons produites par la transformation du sucre peuvent être considérées dans leurs rapports avec l'*hygiène* et l'*alimentation*, ou bien encore, que nous pouvons les regarder simplement comme des dissolutions d'*alcool*, dont il ne reste plus qu'à extraire ce corps par des moyens physico-chimiques.

Ces deux côtés de la question nous paraissent être d'une importance capitale ; en effet, l'utilité incontestable de ces boissons dans la nutrition de l'homme, la place qui leur a été accordée, sous ce rapport, dans tous les âges de la société humaine, le développement considérable de la consommation qui s'en fait dans toutes les contrées du globe, nécessitent une étude sérieuse et approfondie de leur fabrication, de leurs propriétés, des qualités réelles que l'on doit y trouver et des conséquences entraînées par l'abus que l'on peut en faire. D'un autre côté, l'alcoolisateur ne voyant dans ces produits que des modes de préparation de l'alcool par fermentation, et ces boissons servant à l'extraction de l'alcool ou des eaux-de-vie dans un grand nombre de circonstances, l'étude de ces boissons et de leur préparation n'est pas moins utile au fabricant d'alcools, et l'on comprend qu'elle doit prendre place dans cet ouvrage, à la suite des méthodes d'alcoolisation proprement dites, et avant l'examen des procédés et des appareils destinés à l'extraction et à la purification du produit alcoolique.

Nous allons donc étudier les principales préparations usitées, celles qui offrent une importance réelle au point de vue de la consommation et du commerce, et chercher à exposer, le plus clairement qu'il nous sera possible, les règles qui doivent diriger la fabrication des *vins* ou des boissons fermentées. Nous pourrons ensuite aborder nettement toutes les questions relatives à l'extraction de l'alcool, que nous avons renvoyées à notre troisième partie, et compléter ainsi l'étude rationnelle de l'alcoolisation.

LIVRE I

DES BOISSONS FERMENTÉES EN GÉNÉRAL.

CHAPITRE I.

PRINCIPES GÉNÉRAUX RELATIFS A LA PRÉPARATION
DES BOISSONS FERMENTÉES.

Lorsque l'on veut acquérir sur un groupe de faits d'une nature quelconque des idées saines et justes, il importe, avant tout, de bien étudier les côtés communs, les ressemblances, puis d'apprécier les caractères différentiels de ces faits, afin de pouvoir déduire des conséquences vraies, qui soient à l'abri du reproche de légèreté, si souvent applicable aux jugements ordinaires.

Or les boissons fermentées présentent toutes des points communs et offrent des différences qu'il est nécessaire de constater, si l'on tend à se pénétrer des principes qui régissent leur préparation.

Nous trouvons, en premier lieu, que les boissons fermentées contiennent toutes une certaine proportion d'alcool dissous dans l'eau. A côté de cet alcool, produit de la transformation du sucre, nous rencontrons, dans un grand nombre de circonstances, de l'acide carbonique, provenant de la même origine, lequel s'y trouve en proportion plus ou moins grande. A côté de ces deux éléments dissous dans l'eau, on trouve presque toujours une quantité notable de matières albuminoïdes dont le rôle est des plus remarquables, ainsi que nous le verrons plus loin. Des substances gommeuses, quelquefois de la matière saccharine non décomposée et des sels, minéraux, organiques, ou mixtes, se rencontrent encore dans ces liqueurs, où l'on trouve constamment une ou plusieurs matières colorantes.

Des acides organiques, provenant directement de la matière première ou produits par la fermentation, par suite de l'action régulière du ferment, ou bien par les dégénérescencés; des matières volatiles odorantes de natures diverses, des produits éthérés très-variables peuvent encore y être constatés, en dehors de certains produits spéciaux qui dépendent plus particulièrement de la matière première employée.

Parmi ces éléments, nous ne regarderons comme des principes stables que l'eau et l'alcool, afin de pouvoir étudier les autres dans les circonstances de leur production. L'eau alcoolisée forme, en effet, la base capitale des boissons fermentées ; toutes les autres substances dont nous venons de parler et qui peuvent s'y trouver sont, de leur nature, essentiellement variables.

Les matières albuminoïdes ne tiennent pas, dans ces liqueurs, une place bien définie. Dans les unes, elles sont partie intégrante, en quelque sorte ; dans les autres, elles sont beaucoup moins essentielles. Dans tous les cas, leur présence peut être considérée comme la cause principale des altérations et des dégénérescences que les boissons peuvent subir en maintes circonstances.

Les principes sucrés ou gommeux qui n'ont pas été atteints par la transformation se présentent sous deux conditions relatives à la proportion dans laquelle ils sont en présence. Si, en effet, ces matières sont en excès, les premières, surtout, agissent en vertu de leur propriété conservatrice ; mais si elles se trouvent en faible proportion, elles contribuent à perpétuer le mouvement fermentatif, s'il reste, dans les liqueurs, du ferment organisé et de la matière plastique. Qu'il s'opère une certaine élévation de température au-dessus de la normale, et l'on voit apparaître tous les symptômes des fermentations secondaires ou dégénérées.

C'est ainsi que, très-souvent, les vins passent à la transformation lactique ou glaireuse; mais les bières, surtout, très-riches en dextrine, offrent de fréquents exemples de cette dégénérescence.

L'acide carbonique peut se trouver en sursaturation dans les boissons fermentées. La présence de ce gaz est loin d'être nuisible à la conservation des liqueurs, puisqu'elle est un obstacle aux phases secondaires de la fermentation. Ajoutons encore que l'on doit le regarder comme un agent très-utile à l'accomplissement des fonctions digestives. Nous verrons cependant que, si cet acide doit être considéré comme très-avantageux dans certains cas, il en est d'autres dans lesquels on doit éviter soigneusement de le laisser dans certaines liqueurs.

Il est incontestable que certains acides et certains sels acides donnent des propriétés utiles aux boissons fermentées. C'est ainsi que l'acide tartrique, l'acide acétique, les tartrates et les acétates font partie du vin, qu'ils s'y trouvent toujours, bien qu'en proportions variables, et que leur présence agit heureusement sur l'économie. De là à tolérer l'excès de ces matières, il y a loin sans doute ; mais ce que nous exposons ici ne doit être considéré qu'au point de vue général et, sous ce rapport, ces principes apportent leur contingent d'utilité.

Les combinaisons éthérées, les essences, les matières colorantes, jouent un rôle accessoire dans les boissons fermentées, mais ce rôle n'est pas moins à examiner par les observateurs attentifs qui tiennent à bien saisir les relations à établir entre les objets de leur étude.

On peut considérer les boissons fermentées sous le double rapport de leur composition, ou de leurs qualités essentielles, et de certaines qualités secondaires ou accessoires, qualités d'agrément, qui peuvent être d'une importance très-considérable au point de vue commercial. C'est ainsi que la *limpidité*, la *couleur*, l'*arome*, le *bouquet*, la *saveur*, tiennent une fort grande place dans l'appréciation du vin, et les efforts de la préparation doivent tendre à satisfaire, sous ce rapport, les goûts, les exigences ou les habitudes.

§ I. — QUALITÉS ESSENTIELLES DES BOISSONS FERMENTÉES.

Toute boisson fermentée doit présenter certaines propriétés normales que nous plaçons sous la dépendance de la composition. Un *vin* doit être *sain* et *conservable;* de ces deux qualités dépend la valeur hygiénique, celle à laquelle on doit prêter d'abord la plus sérieuse attention, puisque les liquides fermentés, destinés à la boisson de l'homme, ont à remplir un rôle important dans la nutrition, que leur action dans le travail digestif est en rapport avec cette valeur et que les qualités d'agrément doivent être placées en seconde ligne, au-dessous des propriétés utiles, quelque brillantes qu'on les suppose.

Pour qu'un vin soit *sain*, il faut que sa composition justifie quelques données importantes dont nous allons exposer les principes :

La boisson normale de l'homme est l'*eau*.

Dans les conditions moyennes, et mis à part le squelette osseux, nos tissus renferment près de 80 pour 100 d'eau, et cette énorme proportion doit être entretenue par la boisson. Les sueurs, l'exhalation de la muqueuse pulmonaire, les excrétions de toute nature éliminent, en vingt-quatre heures, *au moins* un litre de ce liquide, qui doit être restitué. Si l'on se forme une idée juste de la nutrition animale, on voit que l'eau agit principalement comme dissolvant; que si, dans la cavité stomacale, elle sert à délayer les matières alimentaires et à favoriser leur pulpation, elle est surtout utile en entraînant, à l'état de dissolution ou d'émulsion, les substances alibiles qui sont absorbées et servent à augmenter ou à renouveler le sang. Cette eau agit encore par un effet mécanique, en ce que, pénétrant dans la masse du sang, elle favorise le *lavage* des tissus et détermine leur *purification*, en ce sens qu'elle dissout et entraîne les matières qui doivent être éliminées. Si nous voulions entrer plus avant dans cette question et nous occuper des détails relatifs aux propriétés hygiéniques de l'eau, nous ajouterions qu'elle diminue l'âcreté du sang et apaise l'irritabilité de la fibre musculaire. Mais ces considérations purement médicales sortent de notre sujet et, bien qu'elles soient la conséquence logique de ce que nous venons de dire, elles nous conduiraient au delà de notre but.

Pour que l'eau soit une boisson saine, pour qu'elle favorise l'accomplissement des fonctions de la nutrition, il convient qu'elle présente réunies plusieurs conditions fort importantes.

L'eau potable ne doit pas contenir en suspension ou en dissolution des substances nuisibles ou malfaisantes. Ainsi les débris organiques en voie de décomposition, les produits solubles de la fermentation dégénérée ou de la fermentation putride des substances végétales ou animales, les matières salines douées d'une action délétère ou même d'une action médicale trop caractérisée sur l'organisme, suffisent à enlever à l'eau sa qualité essentielle. Un liquide renfermant des substances étrangères, de la nature de celles que nous envisageons ici, peut, dans nombre de cas, remplir certaines indications médicales, mais il n'est pas et ne peut pas être une boisson habituelle, saine et hygiénique.

En général, l'eau tient en dissolution des matières fixes minérales, des matières organiques et des gaz.

Les matières minérales sont les sels calcaires, le sulfate et le carbonate; les sels alcalins, sulfates, carbonates, azotates et chlorures, et les sels magnésiens analogues; on y rencontre encore la silice libre ou à l'état de silicate, et un peu d'alumine.

Quelques eaux, dites minérales, peuvent contenir du fer sous divers états, du manganèse, du baryum, du lithium, du strontium, du cuivre, de l'arsenic, du soufre, du brome, de l'iode, en outre des autres matières minérales que nous venons d'indiquer.

Les matières organiques sont la matière azotée, les acides humique, ulmique, crénique, une matière bitumineuse, de la substance grasse, des débris de diverse nature, et même quelquefois du pétrole.

Les gaz libres de l'eau sont l'air, l'acide carbonique et l'acide sulfhydrique...

M. H. Deville a donné, de l'eau de Seine, une analyse que nous reproduisons en ramenant les chiffres à la proportion d'un litre d'eau. Cette eau renferme :

Silice.	0,0244	
Alumine.	0,0005	0,0274
Oxyde de fer.	0,0025	
Carbonate de chaux. . . .	0,1655	0,1682
Carbonate de magnésie. . .	0,0027	
Sulfate de chaux.		0,0269
Chlorure de sodium.		0,0123
Sulfate de potasse.		0,0050
Azotate de soude.		0,0094
Azotate de magnésie.		0,0052
		0,2544

Ainsi, en prenant l'eau de Seine pour type, nous trouvons que cette eau renferme un peu plus de 1/4000 de matière minérale solide. Il ne faut pas cependant en conclure trop rigoureusement vers la composition de la plupart des eaux de rivière, car la Loire, par exemple, ne donne, par litre, que le chiffre de 0,1346, presque de la moitié plus faible que celui de la Seine, tandis que les eaux de la Marne renferment 0,511 de matières solides ou le double de celles de la Seine. On peut donc regarder la composition de l'eau de la Seine comme représentative d'une sorte de moyenne acceptable.

L'eau de Seine contient de 3 à 4 millièmes d'air atmosphérique et 13 à 14 millièmes d'acide carbonique libre.

Si le carbonate de chaux et la silice sont utiles en dissolution dans l'eau, si l'air et l'acide carbonique contribuent à donner à ce liquide de la fraîcheur et à le rendre d'une digestion plus facile, les eaux trop chargées de sulfate de chaux nuisent aux fonctions intestinales, en ce sens que la digestion est ralentie par leur action, que les matières grasses deviennent moins assimilables, et que leur usage peut déterminer un trouble notable dans la sécrétion rénale. Si les eaux contiennent une proportion sensible d'azotates, elles deviennent diurétiques ou même irritantes; enfin la présence de matières organiques en voie de décomposition peut conduire à des résultats déplorables, en introduisant dans l'économie les germes de maladies putrides qui doivent le plus souvent leur origine primordiale à la fermentation.

D'après ce que nous venons d'exposer très-sommairement au sujet de la composition de l'eau, on peut admettre qu'une eau potable sera d'autant plus hygiénique et favorable aux fonctions digestives qu'elle sera limpide, aérée, qu'elle sera fraîche, incolore, inodore, sans autre saveur que celle qui est due à l'acide carbonique; enfin qu'elle sera exempte d'un excès nuisible de sulfate de chaux.

On sait que les eaux *plâtrées, crues* ou *séléniteuses,* dissolvent mal les *savons* alcalins et ne cuisent qu'avec difficulté les *légumes secs.* Le premier de ces effets provient de ce que le savon alcalin est décomposé par le sulfate de chaux et qu'il se forme un sulfate alcalin et du savon calcaire insoluble; le second a été attribué à une sorte d'incrustation qui se ferait sur l'enveloppe des graines légumineuses et empêcherait le liquide d'opérer la cuisson des parties intérieures.

En général, les eaux de puits sont crues et séléniteuses. Les eaux de source sont plus riches en carbonate de chaux et acide carbonique, mais moins aérées; les eaux de rivière sont préférables pour la plupart des usages industriels, domestiques ou alimentaires. Enfin les eaux des marais stagnants doivent être rejetées, à cause des matières organiques qu'elles renferment et du danger d'infection qu'elles présentent.

Ces données générales comportent des exceptions assez nombreuses, sur lesquelles nous n'avons pas à nous arrêter ici, puisque l'examen rapide des propriétés de l'eau, que nous venons de mettre sous les yeux du lecteur, n'a d'autre but que de nous guider vers l'étude des boissons fermentées.

Or un vin est une dissolution aqueuse d'alcool et de substances diverses. L'alcool dérive normalement du sucre que la fermentation a détruit en totalité ou en partie. L'eau provient de la séve dans les vins obtenus directement par la fermentation des produits végétaux sucrés; dans les autres cas, elle est ajoutée artificiellement et elle provient d'une origine naturelle quelconque.

Nous allons donc examiner le véhicule normal, l'eau des boissons fermentées, sous ce double point de vue.

Eau naturelle des séves. — Il est clair que, dans l'examen de cette eau, nous n'avons à faire abstraction que du sucre et que les séves, comme l'eau ordinaire, sont des dissolutions salines, renfermant souvent les matières les plus diverses.

Les *larmes de vigne*, qui ne sont que la séve du végétal, au premier printemps, offrent la composition suivante sur 100 parties, selon Geiger :

Eau.	97,47
Résidu sec.	0,53
Acide malique, malate de potasse, chlorure de calcium.	0,30
Tartrate acide de potasse, tenant de la chaux. . . .	0,12
Tartrate de chaux.	0,04
Acide carbonique, sulfate de potasse et albumine, quantité indéterminée.	

Matières diverses contenues dans le suc de raisin à différentes époques, selon M. Couverchel (1,000 gr.).

Dates.	Crème de tartre.	Gomme.	Cendres.
1 septembre.	5,50	traces	4,00
6 —	6,40	0,60	4,80
10 —	6,90	1,50	5,50
15 —	7,50	2,00	5,90
22 —	7,84	3,20	6,60
30 —	8,05	3,60	6,92
5 octobre.	8,48	4,91	7,50
9 —	8,60	6,13	7,54
16 —	9,50	7,84	8,52

Analyse des cendres du moût de raisin (verjus petit bourgogne), selon M. Cresso (sur 100 parties).

Potasse.	65,04
Soude.	0,42
Chaux..	3,37
Magnésie.	4,73
Oxyde ferrique..	0,42
Oxyde intermédiaire de manganèse.	0,74
Acide phosphorique.	16,57
Acide sulfurique.	5,54
Chlore.	1,02
Silice.	2,09

Si nous recherchons maintenant quelle est la proportion de matière saline renfermée dans 1,000 grammes de vin résultant de la fermentation du moût de raisin, nous trouvons une indication précieuse dans un travail de M. Fauré.

Sels contenus dans les vins de Gironde (1,000 grammes).

	Rouges (moyenne).	Blancs (moyenne).
Bitartrate de potasse. . .	0,6598	0,6095
Tartrate de chaux.	0,0783	0,01625
Tartrate d'alumine. . . .	0,2444	0,1688
Tartrate de fer.	0,0992	0,0653
Chlorure de sodium. . . .	0,03575	0,0208
Chlorure de potassium. .	0,0265	0,0197
Sulfate de potasse. . . .	0,09375	0,0882
Phosphate d'alumine. . . .	0,04295	0,0242
	1,28065	1,01275

Ces analyses nous conduisent forcément à ce résultat, que la séve de la vigne est une véritable dissolution saline, dans laquelle nous rencontrons habituellement les principes minéraux salins qui ont été absorbés par les spongioles des racines, en dissolution dans l'eau du sol. A ces principes se joignent les produits de formation organique, comme, par exemple, l'acide tartrique dans le moût de raisin et le vin, comme l'acide malique dans les larmes de vigne [1].

Il nous paraît également hors de doute que les vins renferment tous une certaine proportion de matière azotée, car

---

[1] Il nous paraît probable que l'acide malique, qui existe normalement dans la séve, se transforme en acide tartrique dans le fruit, pendant la maturation....

les lies contiennent près d'un cinquième de *matière animale*, selon l'analyse de Braconnot, et les altérations des vins sont forcément sous la dépendance d'une dégénérescence de fermentation qui exige la présence de la matière azotée.

Nous avons déjà vu[1] que les *pommes* et les *poires* contiennent, outre le sucre, de la gomme, de l'albumine, des acides malique, pectique, tannique, gallique, de la chaux, des acétates alcalins, etc.

Sans vouloir anticiper sur des détails qui trouveront leur place régulière dans les chapitres suivants, nous pouvons voir que les séves naturelles, que les moûts, abstraction faite du sucre, sont des dissolutions aqueuses renfermant des acides et des sels organiques ou minéraux.

Or il est de toute évidence que les principes dissous dans l'eau de végétation, quelle qu'en soit d'ailleurs la nature spéciale, ne peuvent pas être considérés comme inertes sur l'économie. Leur action sera telle que l'on voudra, mais ils auront une action. C'est de cette action qu'il s'agit de se préoccuper en premier lieu, lorsque l'on veut obtenir une composition saine.

Il se présente ici une difficulté inhérente à la nature même des choses, et l'on peut demander comment il est possible d'influencer la composition des séves. Cela présenterait, en effet, des obstacles presque insurmontables, si l'on ne savait quelle est la différence apportée dans la composition saline des séves par le choix du sol, par la culture et l'engrais, et même par le choix des variétés.

Il y a là un premier soin qui incombe au cultivateur de vignes ou d'arbres fruitiers, et l'expérience, aidée de la connaissance chimique du sol et des engrais, peut lui apporter de puissants secours. Il ne s'agit pas d'utopies ni de paradoxes, et si le lecteur veut bien se reporter à ce que nous avons dit au sujet de la composition de la betterave, il trouvera un exemple frappant des modifications que la nature du sol, la culture et les engrais peuvent apporter dans la valeur d'un moût. Ces modifications sont du plus haut intérêt pour la fermentation d'abord, cela est connu et démontré; mais elles sont loin d'être sans importance sous d'autres rapports.

[1] *Première Partie*, 1 vol., p. 478.

Personne ne contestera les différences d'action physiologique que la boisson peut présenter par suite de l'augmentation ou de la diminution d'un de ses principes constituants, et il serait puéril de nous arrêter plus longtemps à cette question. On sait très-bien, en pratique, que les vins de tels crus ne valent jamais rien que pour l'alambic, même dans les meilleures années, que les cidres de tels ou tels terroirs se *tuent*, et que la fumure donne au vin un goût et une saveur désagréables.

Première règle. — Dans aucun cas, les plantes destinées à la production des boissons fermentées ne doivent être cultivées dans un sol que l'analyse et l'expérience n'indiquent pas comme favorable à l'élaboration de la séve et à la constance de sa composition moyenne.

Deuxième règle. — Les soins culturaux, l'application des engrais, doivent avoir pour but de maintenir la richesse normale du sol, surtout de n'apporter aucune modification dans la valeur habituelle de la séve.

Ces deux règles ne s'appliquent pas évidemment à la production de la matière saccharine, production que l'on doit favoriser par tous les moyens dont on dispose; il s'agit ici des substances minérales principalement, que la plante doit puiser dans le sol et les engrais par l'intermédiaire de l'eau, et nous regardons ces précautions préalables comme de première nécessité pour l'obtention de boissons saines par la fermentation des moûts naturels.

EAU DES MOUTS ARTIFICIELS. — Ce que nous avons exposé plus haut sur la nature de l'eau en général, sur les sels qu'elle peut contenir et sur les différents principes qui peuvent s'y trouver en dissolution, nous permet d'aborder immédiatement les considérations de pratique relatives à l'eau des moûts artificiels. Il ne suffit pas, en effet, que l'eau ne renferme pas de principes nuisibles directement à la fermentation; il est encore nécessaire que ce véhicule soit pris dans les conditions des meilleures eaux potables, si l'on veut préparer une *bière saine*, un *hydromel* agréable et hygiénique.

Les eaux *dites* minérales[1]; les eaux séléniteuses, crues, gypseuses ou plâtrées, la plupart des eaux de puits, les eaux

---

[1] Dans un langage strict, toutes les eaux sont minérales, à l'exception de l'*eau distillée* et de l'*eau de pluie*; mais l'expression admise est parfaitement compréhensible dans le sens que l'usage lui attribue.

de mare, de marais ou d'étang, doivent être rejetées de la pratique. Parmi les eaux de source, de ruisseau ou de rivière, il y en a un certain nombre que l'on doit également repousser, et dans ce nombre sont toutes celles qui dissolvent mal le savon et cuisent mal les légumes. En règle générale, une eau qui abandonne plus de 25 centigrammes de résidu sec par litre doit inspirer assez de méfiance pour que l'on procède à une vérification plus exacte des principes qu'elle renferme. Mais les sels minéraux des eaux de puits ou de rivière, quelque abondants qu'on les suppose, sont beaucoup moins nuisibles que les substances organiques en voie de décomposition. Il n'y a pas de *boisson saine* qui soit possible en présence de cet élément fatal, dont la moindre action, la moins pernicieuse, consiste peut-être dans des écarts de fermentation. Si le mal se bornait à la production d'un peu d'acide lactique, la boisson obtenue serait mal préparée, il est vrai ; mais enfin elle serait encore potable et n'offrirait que de légers inconvénients, proportionnels à la dose de cet acide ; mais il n'en est pas ainsi malheureusement. Les substances dont nous parlons sont presque toujours entrées dans la phase ultime de la décomposition, et lorsque la fermentation primitive est terminée, tant bien que mal, elles réagissent avec énergie sur les matières azotées de la liqueur et déterminent la putridité. Des quantités considérables de ces liquides, ingérés avant que le goût ne les repousse, introduisent dans les organes des myriades de corpuscules microscopiques, qui sont des ferments d'une extrême violence, agissant comme des virus. Cela est d'autant plus à redouter que les individus qui absorbent ces boissons de basse qualité se nourrissent assez mal, et qu'ils ont peu de souci de leur *propreté intérieure*. Des observations nombreuses sur l'homme et les animaux nous ont appris, à ne plus en douter, que la plupart des affections intestinales graves, le typhus, le choléra et les autres maladies de ce groupe, sont presque exclusivement causées par la fermentation putride des matières du canal alimentaire. On avouera avec nous que l'action d'introduire dans ce canal et de mélanger à ces matières des ferments violents, des virus énergiques, suspendus dans les boissons, est presque aussi absurde que celle de consommer des viandes *pourries*, que les beaux diseurs appellent seulement *faisandées*.

Les brasseurs ne peuvent donc apporter un trop grand soin au choix de l'eau qu'ils emploient, et nous voudrions qu'un contrôle sévère vînt les forcer, dans l'intérêt public et dans leur intérêt propre, à une surveillance extrême sur ce point de la fabrication. L'établissement d'une brasserie, comme celui d'un hameau ou d'un village, devrait être soumis, au préalable, à la condition que l'eau serait saine et potable dans l'endroit choisi ; on éviterait, à notre avis, par cette mesure, une grande partie des effets de ces fléaux qui sont la terreur des populations.

Troisième règle. — On ne devrait, en bonne logique et en saine pratique, employer que de *l'eau de pluie* pour la fabrication des moûts artificiels, sauf à introduire dans la dissolution telle proportion de tels ou tels sels minéraux qui serait nécessaire au but que l'on se propose d'atteindre. En présence de la difficulté de ce mode de faire, il convient de ne faire usage que d'eau courante, de source ou de rivière, dont on connaît analytiquement la composition.

Quatrième règle. — On doit repousser les eaux crues et séléniteuses, mais aucun motif ne doit jamais conduire à l'emploi des eaux croupissantes de mare, de marais ou de puits, dans lesquelles des matières organiques putrides peuvent être en suspension ou en dissolution.

L'inobservation de ces règles est plus fréquente qu'on ne le supposerait. Pour n'en citer qu'un exemple, nous dirons que le paysan normand *coupe* son cidre avec une proportion d'eau plus ou moins considérable, pour en faire ce qu'il appelle de la *boisson*. L'eau qu'il emploie pour cette bizarre opération, dictée par l'intérêt ou le besoin, est toujours celle qu'il extrait d'un puits malsain ou, plus souvent encore, de la mare voisine, où l'on peut trouver tout ce que l'on peut imaginer. Il y a, du reste, nombre de hameaux où il n'y a pas d'autre eau que celle-là, et celle des puits ne vaut guère mieux.

Quant aux brasseurs, ils se piquent de choisir leur eau pour la plupart ; mais ce choix, fait sans discernement, les conduit rarement à bien, même à Paris, comme nous le prouverons ultérieurement.

La deuxième qualité essentielle des boissons fermentées repose dans leur *conservabilité*.

Ici nous examinerons la question en général, ce qui nous

permettra de descendre plus tard aux cas particuliers que présentent les vins, les cidres et les bières.

Pour qu'une boisson fermentée soit susceptible de conservation, elle doit réunir un certain nombre de conditions qui dépendent des principes de la fermentation.

Les boissons ne fermenteront plus, elles se conserveront, si elles renferment une proportion d'alcool suffisante pour paralyser la vitalité du ferment, si elles ne contiennent plus de ferment, si la matière fermentescible a disparu, si elles contiennent des matières aromatiques qui s'opposent à la fermentation, ou d'autres agents qui puissent concourir au même but, enfin si elles ne sont pas exposées aux dégénérescences. Toutes ces conditions se prêtent ordinairement un mutuel appui, et il ne faut pas songer à les suppléer l'une par l'autre.

Un excès d'alcool seul pourrait produire la conservation indéfinie des liqueurs ; mais ce moyen nous paraît tellement impraticable, que nous nous contentons de le mentionner.

1° *De la proportion d'alcool.* — Nous savons que les liqueurs dans lesquelles il se trouve 20 pour 100 d'alcool en volume ne peuvent plus fermenter. Nous comprenons, à la rigueur, que les palais anglais, blasés par l'ale ou le porter, acceptent comme vin de Porto un mélange alcoolique qui dépasse parfois ce titre. Le prétexte est tout trouvé dans le voyage maritime. La vérité est que nos voisins, gens flegmatiques et taciturnes, même en buvant, s'accommodent fort bien d'épices de haut goût et de mélanges très-alcooliques. Où le Français, expansif et bruyant, trouverait l'ivresse, l'Anglais ne rencontre guère qu'une excitation passagère, à moins qu'il n'ingère des quantités excessives de ces vins frelatés. Ce n'est pas là du vin, ce n'est pas une boisson fermentée, mais bien une sorte de punch, auquel il manque peu d'ingrédients pour être complet. Ce n'est pas de cela qu'il s'agit ici, et nous n'avons pas affaire à des idées aussi étranges.

Les *vins* de France contiennent, en moyenne, dans les bons crus, avec de bons cépages et dans les années favorables, de 8 à 10 pour 100 d'alcool en volume. Ils se conservent parfaitement lorsqu'ils sont bien soignés.

Les *cidres* dépassent rarement une richesse de 5 pour 100.

Les *bières* varient énormément, depuis 1 pour 100, richesse insignifiante de la *petite bière* de Paris, jusqu'à 8,20 pour 100, richesse de l'*ale* de Burton, destinée à l'exportation.

Nous pourrons déduire de ces données quelques notions de pratique, dont l'application nous paraît utile, lorsque nous aurons établi les raisons de la proportion alcoolique.

Une boisson fermentée, qui serait complétement privée de ferment et de matières azotées, serait parfaitement conservable, *à l'abri de l'air,* quand même elle ne renfermerait que 4 ou 5 centièmes d'alcool. Mais si l'on admet que, dans cette boisson, il se trouve du ferment, des matières azotées, du sucre peut-être, de la gomme, de la dextrine, etc., on comprendra que cette boisson ne peut échapper à l'acétification et aux conséquences de la fermentation secondaire, régulière ou dégénérée. Une proportion d'alcool aussi faible ne protége en rien la liqueur, puisqu'une richesse de 10 pour 100, en présence de l'air et d'un ferment, est une excellente condition pour l'acétification.

Il faudra donc, pour conserver un liquide alcoolique faible, faire intervenir les autres conditions dont nous avons parlé, ou augmenter outre mesure la richesse alcoolique.

Dans les vins, une proportion moyenne de 9 pour 100 assure bien la conservation, pourvu que le travail du chai, du cellier ou de la cave ait débarrassé la liqueur des matières étrangères et des autres causes d'altération que nous avons indiquées. Encore ne réussit-on pas toujours. En est-il de même avec le cidre? Nous ne le pensons pas. Les *gros cidres* ne se conservent guère plus d'un an ou dix-huit mois, dans les conditions habituelles, et les *petits cidres* peuvent encore moins donner de garanties. Il n'en peut pas être autrement avec les procédés suivis, et toutes les personnes qui ont vu une seule fois de quoi se composent les lies de cidre et les fonds de tonneau seront certainement de notre avis. La quantité énorme de débris de cellulose et de matières de toute nature qui forment ce résidu dépasse réellement tout ce que l'on pourrait croire, et si l'on doit s'étonner de quelque chose, c'est moins de voir les cidres peu conservables que de les voir résister à de semblables causes d'altération, même pendant un temps très-court. Il y a là tout ce qu'il faut pour que la désagrégation se continue sans interruption. Du ferment en abondance, des matières gommeuses, des substances azotées, du mucilage, des matières grasses, peu d'alcool, point de sucre en excès, peu de substances préservatrices, et presque toujours un commencement d'acétification, tel est, à très-peu près, le bilan des cidres ordinaires. Et l'on critique cette boisson en elle-même fort souvent, sans réfléchir qu'il y a dans le moût des fruits à pepins les éléments d'une boisson parfaite, et que les méthodes sauvages et barbares employées pour la fabrication du cidre et du poiré sont seules à blâmer. Nous avons goûté du cidre âgé de dix ans et du poiré de quinze ans qui ne laissaient rien à désirer sous le rapport de la finesse et du velouté du goût, et que l'on pourrait mettre sur le même rang que nombre de vins de petits cépages.

Le cidre et le poiré peuvent donc se conserver avec 5 pour 100 d'alcool seulement, mais sous la réserve expresse que les matières étrangères, les ferments et les substances fermentescibles auront été soigneusement éliminés.

Nous en dirons autant des bières, pour lesquelles il nous semble peu utile de dépasser la proportion de 5 pour 100 d'alcool, même pour l'exportation, si la fabrication a été bien soignée et si la saccharification a été bien faite. L'addition du houblon à la bière est, sans doute, un moyen très-utile de conservation, mais ce moyen même est insuffisant, s'il reste dans la liqueur des ferments et de la dextrine en proportion notable.

Les théoriciens qui se sont occupés de la fabrication de la bière accordent une extrême importance à la proportion d'extrait contenue dans la liqueur, sans réfléchir que cet extrait, formé de ferment et de matière fermentescible, est la cause principale de l'altération des bières.

En somme, en ce qui regarde la proportion normale de l'alcool nécessaire pour une bonne conservation des boissons fermentées, nous pensons qu'une richesse moyenne, de 5 à 10 pour 100 en volume, est très-suffisante, pourvu que les autres conditions dont nous allons parler soient scrupuleusement accomplies. Il n'est jamais nécessaire, même pour les vins, d'élever la richesse alcoolique à 20 pour 100, à moins que le travail œnologique n'ait été accompli sans attention et dans l'ignorance la plus radicale des principes de la fermentation.

2° *Élimination du ferment.* — Nous avons appris que les conditions normales de la fermentation sont la présence du ferment, de la matière fermentescible, de l'eau et d'une température suffisante. Nous savons qu'en supprimant l'une de ces conditions, la fermentation devient impossible. Si donc nous éliminons le ferment d'une *manière radicale et absolue*, il n'y aura plus de fermentation possible, quand même la proportion d'alcool serait faible, quand même il resterait dans la liqueur de la matière fermentescible.

En bonne et saine pratique, il est à peu près impossible de parvenir à la destruction *complète* du ferment, lorsqu'il s'agit de boissons alimentaires, par la très-simple raison que les agents destructeurs du ferment sont nuisibles aux animaux supérieurs.

Mais si nous ne pouvons songer à atteindre l'exactitude chimique, il est toujours possible d'éliminer les globules formés et de faire disparaître l'albumine coagulable. Si l'on applique avec intelligence les procédés de *clarification,* on se débarrassera des ferments en suspension, et pour peu que la liqueur renferme des principes qui puissent précipiter l'albumine, il ne restera plus dans le vin que des matières azotées solubles, plus ou moins altérables, et des matières fermentescibles qui seront attaquées avec une extrême lenteur.

Chacun sait, au moins d'une manière générale, quels sont les soins que l'on apporte à la clarification du vin de raisin ; mais ce que l'on sait moins, c'est que, après le premier soutirage, lorsque la liqueur a laissé déposer la plus grande partie des ferments globulaires et des corps étrangers suspendus, on complète cette clarification mécanique par un ou plusieurs *collages.* Cette opération repose sur le fait de la coagulation de l'albumine par l'alcool, ou sur la combinaison de la gélatine avec le tannin. Une couche d'albumine s'étendant sur une liqueur suffisamment alcoolisée se coagulera et elle descendra lentement dans la liqueur en entraînant avec elle, sous elle, pour parler plus exactement, toutes les matières étrangères suspendues qui ont échappé au repos plus ou moins prolongé.

La solution de gélatine agira exactement de même en présence du tannin, en sorte que l'élimination mécanique des ferments et l'élimination chimico-physique de l'albumine auront toujours lieu facilement dans le liquide assez alcoolisé, ou assez riche en matière tannante.

On conçoit que s'il n'est pas toujours possible d'alcooliser les liqueurs à un point convenable, on peut toujours les rendre légèrement tannantes, dans la proportion requise pour le succès de la réaction.

Cette donnée est applicable à toutes les boissons fermentées, et nous verrons plus tard, au sujet de la clarification des cidres, que M. A. Payen (de l'Institut) a fort mal étudié cette question, lorsqu'il recommande la clarification spontanée de ces liquides, puisque, dit-il, les moyens artificiels ne réussissent pas dans cette boisson faible et dépourvue de tannin.

En général, les matières azotées qui deviennent partiellement solubles dans l'acte de la fermentation concourent à la multiplication et à la reproduction des globules ; mais il en reste une portion très-notable en dissolution dans les liquides clarifiés dont les globules ont été séparés. On comprend facilement que, sous différentes influences, dont il a déjà été parlé au sujet de la fermentation en général, ces matières fournissent l'aliment plastique aux rares globules restés dans la liqueur ou qui peuvent s'y être introduits accidentellement. De là, si les autres circonstances sont favorables, en présence de l'oxygène surtout et d'une certaine température, la désagrégation entre dans une nouvelle phase, par la formation de l'aldéhyde et de l'acide acétique, par la production d'expansions membraneuses lichénoïdes, de champignons et de moisissures, avant d'entrer dans la période ultime, dans la phase de putréfaction.

Ces différentes circonstances ne peuvent se produire que très-exceptionnellement, lorsque la liqueur, débarrassée des ferments insolubles, contient une suffisante proportion d'alcool et, en outre, des principes conservateurs sur lesquels nous dirons un mot dans un instant.

En résumé donc, pour cette seconde question, l'essentiel consiste dans la séparation mécanique des ferments par une clarification bien faite, qui entraîne toutes les autres matières étrangères en suspension.

3° *Élimination de la matière fermentescible.* — Si les ferments ont disparu, la matière fermentescible ne présente plus de danger relativement à la conservation des boissons fermentées. On peut même dire que la gomme, la dextrine, le sucre, en due proportion dans les boissons, leur donnent des qualités fort recherchées et indispensables. Nous verrons que c'est à la dextrine non atteinte que les bières doivent cette sorte d'onctuosité dont on désigne la présence, jointe à celle de l'arome, par l'expression *avoir de la bouche;* c'est à l'excès du sucre que certains vins empruntent leur propriété d'être *liquoreux,* et le mucilage des cidres donne à quelques produits de la vallée d'Auge une qualité remarquable.

Dans le cas où les ferments n'ont pas été bien séparés, au contraire, on sent tout l'inconvénient qui s'attache à la présence d'un excès de matière fermentescible. Dans le cas du sucre, il se produit, après un repos plus ou moins prolongé selon les circonstances, une nouvelle fermentation, un nouveau mouvement intestin, dans lequel le ferment détruit une partie de ce sucre et le transforme en produits divers, parmi lesquels domine l'alcool. Ce mouvement s'arrête en un temps donné, sous l'empire de plusieurs causes. Ou bien le ferment perd ses propriétés et passe à l'état de *ferment usé,* parce qu'il ne trouve pas de matière plastique dans la liqueur; ou bien le sucre est détruit en totalité et le ferment se dépose régulièrement; ou enfin, la proportion d'alcool existant dans le liquide s'oppose au mouvement fermentatif et la boisson doit rester liquoreuse.

Ces phases sont régulières et représentent les conditions les plus avantageuses dans lesquelles on puisse être placé, car les résultats communs et habituels sont fort loin d'être aussi simples.

En général, en présence d'un excès de sucre, le mouvement fermentatif se continue ou se ranime après un certain temps; le sucre est détruit par l'action des globules, et l'alcool de la première formation se transforme en aldéhyde et en acide acétique, au moins en partie notable, sous l'influence des matières azotées non globulaires. Il ne faut pas croire, cependant, que le tout se borne à une double action aussi nette, car les faits d'alcoolisation, d'une part, et d'acétification, de l'autre, ne semblent jamais aussi nettement caractérisés. Il est rare que l'alcoolisation secondaire se fasse aussi bien, et l'alcool est presque toujours accompagné de produits lactiques, glycériques, butyriques, mannitiques; la matière glaireuse ou visqueuse manque rarement de se produire plus ou moins abondamment, et des circonstances, encore inconnues ou mal étudiées, déterminent la formation de certaines dégénérescences plutôt que de certaines autres.

Les produits de l'acétification eux-mêmes sont en dehors de la normale, et les productions lichénoïdes azotées qui réagissent sur l'alcool ne donnent pas lieu à une transformation régulière, sauf dans la circonstance où l'air atmosphérique peut arriver à la liqueur. L'oxygène intervient alors d'emblée pour changer l'aldéhyde en acide à mesure de sa formation, et l'alcool finit par disparaître entièrement.

Lorsque les matières gommeuses hydrocarbonées, dextrine, gomme, mucilage, dominent dans les liqueurs, il se forme des produits analogues à ceux qui sont sous la dépendance d'un excès de sucre, mais la tendance aux dégénérescences est, en général, plus marquée, toutes choses restant égales d'ailleurs. La liqueur finit par prendre une acidité très-prononcée, mais cette acidité n'est due à l'acide acétique que pour une proportion très-faible relativement, car les matières dont nous parlons ne produisent que peu d'alcool par la fermentation secondaire, mais de l'acide lactique ou des principes qui s'en rapprochent. C'est là ce qu'on observe surtout dans les bières, qui renferment une proportion très-notable de dextrine non saccharifiée. Lorsque ces liquides passent à l'acidité, il se produit de l'acide acétique provenant de l'alcool, et de l'acide lactique aux dépens de la dextrine et des matières gommeuses, en sorte que le *vinaigre de bière* ne peut être assimilé au *vinaigre de vin*. En général, plus la bière est alcoolique, moins elle renferme de gomme et plus elle donne d'acide acétique réel, mais la bière faible ne peut donner que des mélanges acides sur lesquels on ne peut compter. Il existe, comme nous l'avons dit tout à l'heure, des moyens rationnels et faciles d'élimination des ferments ; ces moyens consistent dans les divers modes de clarification usités qui coagulent le principe actif et le précipitant ; mais la question devient beaucoup plus complexe lorsqu'il s'agit de se débarrasser des substances fermentescibles. Ces matières solubles, non coagulables, ne peuvent être enlevées mécaniquement, et il devient assez difficile de les expulser par des moyens économiques.

Le meilleur mode à suivre consiste à détruire ou enlever tout le ferment organisé et les matières plastiques qui peuvent concourir à sa reproduction ou à sa multiplication.

Un second moyen, usité en brasserie pour la préparation des *bières de garde* ou d'exportation, repose sur l'augmentation de la teneur en alcool, parce que la présence de ce principe, en proportion convenable, s'oppose aux mouvements secondaires de la fermentation insensible et de l'acétification. Mais on comprend qu'il n'est pas toujours possible, ni même utile, de porter le chiffre de l'alcool à la dose nécessaire pour arrêter complétement la fermentation. On se contente donc, le plus souvent, d'élever la valeur alcoolique à 8 ou 10 pour 100, ce qui assure une plus longue durée aux boissons fermentées, mais ne leur donne pas une conservabilité assez longue pour qu'elle puisse être considérée comme indéfinie ou même suffisante.

Enfin nous pensons que les brasseurs devraient apporter plus de soins et plus de temps à la saccharification du malt, et proscrire, en outre, les additions de dextrine, qui sont toujours inutiles et souvent nuisibles.

Si les séves végétales contiennent surtout du sucre et peu de gomme, si elles produisent principalement de l'alcool et qu'il soit facile de clarifier les liqueurs qui en proviennent, il n'en est pas tout à fait de même des liqueurs obtenues par suite d'une saccharification artificielle, et l'on ne saurait apporter trop d'attention pour opérer la transformation entière des matières hydrocarbonées solubles, loin de pouvoir en ajouter sans in-convénient. Nous reviendrons sur ce point à l'occasion de la fabrication des bières, et nous ferons voir que les moyens de conservation employés ne peuvent guère être regardés que comme des palliatifs d'un effet incertain.

4° *Action conservatrice des principes aromatiques.*— Les principes aromatiques concourent à rendre conservables les boissons fermentées, parce qu'ils ne sont le plus souvent que des essences volatiles, dont l'action est contraire au ferment. Ceci ne peut être pris que dans le sens général, car la dose nécessaire pour annihiler les propriétés des globules existe assez rarement dans les solutions aqueuses, à moins qu'elle n'y soit introduite artificiellement. Il est hors de doute, cependant, que les principes aromatiques s'opposent efficacement aux dégénérescences ultérieures des liquides fermentés. C'est ainsi que le houblon agit dans la bière et que les divers principes qui composent l'arome et le *bouquet* des vins ne sont pas sans influence sur leur conservabilité.

Qu'on n'imagine pas, pour cela, que ces principes seuls suffisent pour arrêter le mouvement fermentatif ; ce serait une grosse erreur, qui pourrait conduire à de mauvais résultats pratiques. Une *solution aqueuse* des principes actifs du houblon subit la décomposition et se recouvre de moisissures et de productions cryptogamiques, et il en est de même de la presque totalité des solutions aromatiques. Il ne faut voir dans l'action de ces matières qu'un adjuvant, un auxiliaire ; mais il ne conviendrait pas de lui accorder une importance exclusive.

Ainsi, lorsque l'alcool existe dans une liqueur en due proportion, lorsque le ferment et les matières plastiques ont été éliminés, les substances aromatiques présentent une utilité manifeste ; si, au contraire, le ferment subsiste en présence de la matière fermentescible, si l'alcool est en proportion trop faible, les substances dont nous parlons n'empêcheraient l'action du ferment qu'à une dose relativement très-élevée, à laquelle la pratique ne saurait guère atteindre. Il y a, en effet, dans l'emploi des principes aromatiques, deux circonstances principales qui peuvent se présenter, suivant que les moûts sont produits par des jus naturels ou qu'ils sont préparés artificiellement. Dans le premier cas, on est obligé de conserver aux liqueurs leur composition normale et, dans le second, il y a certaines limites que l'on ne peut dépasser sous peine de froisser le goût des consommateurs. Ajoutons encore que la solubilité des principes aromatiques dans les liqueurs aqueuses est d'autant plus faible qu'elles sont moins alcooliques, et nous verrons que le moyen de conservation basé sur l'emploi de ces matières est assez illusoire en réalité.

L'addition des aromates et des matières résineuses aux liqueurs fermentées n'est pas chose nouvelle, d'ailleurs, et l'introduction de la résine dans le vin pour un but de conservation était pratiquée par les anciens. Nous ne pourrions pas aujourd'hui nous habituer à ces boissons vantées autrefois et nous voulons avant tout une extrême franchise de goût, sur laquelle doit dominer un parfum léger et suave ; mais les vins qui tenaient des résines ou de la poix en dissolution ont eu leur époque de faveur et ils se conservaient pendant un temps très-long.

Quoi qu'il en soit, les principes résineux ou aromatiques doivent être regardés comme des agents conservateurs utiles, qui aident puissamment à atteindre le résultat des autres conditions que nous avons signalées.

Hors de là, on peut dire hardiment que les moyens empiriques n'offrent par eux-mêmes qu'une valeur insignifiante, et nous aurons à en étudier plus loin un exemple frappant dans le procédé dit *de M. Pasteur* [1]. Lorsqu'un vin renferme une dose suffisante d'alcool, lorsque les ferments et les matières plastiques ont disparu, la liqueur est devenue conservable et les principes hydrocarbonés qu'elle peut renfermer ne la rendent que *peu* altérable. Le sucre *en excès* favorise la conservation en l'absence des ferments et les principes aromatiques contribuent à l'assurer. Mais s'il reste du ferment, si les matières plastiques, coagulables ou non coagulables, subsistent, même en faible proportion, il est certain que les substances hydrocarbonées se décomposeront, surtout en présence de l'air et de la chaleur, et l'alcool lui-même passera, dans ces conditions, à l'état d'aldéhyde et d'acide acétique.

Il a paru en 1868, dans les journaux, une opinion assez singulière au sujet de la conservation des vins. Selon l'auteur de l'article, l'estime qui s'attache aux vins vieux est un véritable préjugé, et des vins qui ont atteint huit ans doivent être bus, par la raison qu'ils n'ont rien à gagner passé cet âge et qu'ils ne font que perdre de leurs qualités.

Cela mérite une discussion assez sérieuse pour que nous donnions place à quelques explications dans l'étude du vin de raisin ; mais nous pouvons dire, dès maintenant, que cette opinion nous paraît au moins exagérée par sa généralisation. Il n'est pas probable que l'auteur ait bien étudié les conditions de la fermentation vineuse, car cette étude lui aurait fait perdre beaucoup de son assurance et il aurait vu que bien des vins ne sont pas *faits* à huit ans, quoique d'autres aient déjà perdu de leurs qualités lorsqu'ils sont parvenus à cette période.

---

[1] Le procédé de chauffage des vins, aussi peu nouveau qu'il est incomplet, ne garantit en rien la conservabilité des boissons fermentées, par la très-simple raison qu'il ne débarrasse pas les liqueurs des matières azotées non coagulables. Nous verrons ailleurs qu'il altère les qualités des boissons, en sorte que l'engouement dont il a été l'objet ne nous paraît justifiable à aucun titre.

§ II. — QUALITÉS SECONDAIRES DES BOISSONS FERMENTÉES.

Ce n'est pas assez, pour qu'une boisson plaise à la consommation, qu'elle soit saine et convenable, elle doit encore être *agréable*, c'est-à-dire qu'elle doit satisfaire à la fois la *vue*, l'*odorat* et le *goût*. C'est par la *limpidité*, la *couleur*, l'*arome*, le *bouquet* et la *saveur* que ce résultat est atteint plus ou moins complétement.

1° La *limpidité* des boissons fermentées n'est obtenue que dans une seule condition, savoir, lorsque toutes les matières insolubles en suspension ont été *précipitées* et *éliminées*. Dans ce cas, la liqueur n'est plus qu'une solution aqueuse parfaite de principes variables et plus ou moins nombreux, et elle ne présente plus cette apparence louche causée par la présence de corpuscules insolubles.

On comprend que la filtration est le moyen normal et régulier d'obtenir la séparation de ces matières ; mais cette opération ne peut pas toujours être pratiquée et l'on doit y suppléer par un ensemble de précautions et de moyens qu'il est utile d'examiner.

Le *repos*, après une *fermentation complète*, c'est-à-dire après la destruction radicale du sucre ou du ferment, ou, plus rarement, de ces deux corps à la fois, détermine presque toujours la clarification partielle du liquide. En effet, le ferment, qui ne trouve plus de sucre ou de matière fermentescible à détruire, subit une sorte de *temps d'arrêt* dans l'exercice de ses fonctions physiologiques, et il tombe au fond de la liqueur. Il en est de même du ferment *usé*, même en présence du sucre, car il est passé alors à l'état de corps inerte et il cesse d'avoir un mouvement propre. Il est clair que cette précipitation du ferment produit un commencement de clarification et que l'on n'a plus à éliminer que les matières étrangères dont la densité est assez faible pour qu'elles nagent dans la liqueur. Mais cette action primitive est sous la dépendance de certaines conditions qu'il est bon de prévoir, afin de ne pas s'abandonner à une sécurité trompeuse.

Si la liqueur renferme des principes plastiques, coagulables ou non, en présence de substances fermentescibles, sucrées ou gommeuses, si la proportion d'alcool est trop faible, s'il n'existe pas dans le liquide des principes opposés à la reprise du mouvement, il suffit d'un seul globule vivant pour rétablir ce mouvement. Il se forme de nouveaux globules ou des microzoaires et des microphytes de formes diverses, qui réagissent sur les matières transformables et troublent de nouveau le liquide. L'acétification se produit si l'air ou l'oxygène est en présence ; dans le cas contraire, on peut observer des dégénérescences très-diverses.

Ceci explique la nécessité absolue de ne pas laisser les boissons fermentées sur leurs *lies* ou *dépôts*, lorsqu'une précipitation de ces dépôts s'est opérée. Nous n'hésitons pas à attribuer la plupart des altérations de ces boissons au séjour sur les lies, et le défaut de limpidité n'a souvent que cette cause.

Après le repos dont nous venons de parler et qui peut avoir une durée plus ou moins longue, selon les circonstances, il convient de réagir chimiquement, ou même physiquement, contre les matières en suspension, afin d'en déterminer la précipitation.

Si les liqueurs contiennent une proportion notable de matières albuminoïdes, le *tannin* est le meilleur agent de clarification que l'on puisse employer. Ce corps forme des combinaisons insolubles avec les principes plastiques, et ces combinaisons se précipitent à l'état de lie, dont on sépare le liquide par le soutirage après un repos suffisant, dont on peut prolonger la durée pendant un temps assez long pour que la limpidité soit parfaite.

Si, au contraire, les liqueurs sont tannantes, on emploie un moyen tout opposé, en y introduisant des solutions albumineuses ou gélatineuses. L'albumine ou la gélatine se comporte avec le tannin comme il vient d'être dit, et l'on agit absolument de même.

Il arrive souvent que le fabricant de boissons fermentées se préoccupe peu, à tort selon nous, de la composition de ses produits, et que, pour les clarifier, il se contente de les *coller* sans discernement, c'est-à-dire d'y ajouter une certaine quantité de blancs d'œufs (albumine), ou de colle de poisson (gélatine). L'alcool dissous coagule ces substances et il se forme un réseau qui descend lentement vers le fond du vase, en entraînant mécaniquement les matières suspendues non albuminoïdes. Cette opération de collage est suivie d'un repos et d'un soutirage.

Il y a là une véritable filtration dans laquelle la matière filtrante traverse la liqueur au lieu d'être traversée par cette dernière, et l'opération serait de tous points rationnelle, si elle ne se faisait qu'après le *tannage* de la liqueur. Il se trouve, en effet, dans les liquides en question, nombre de substances albuminoïdes non coagulables par l'alcool, qui n'auraient pas échappé à l'action du tannin, et le collage subséquent aurait pour effet d'éliminer jusqu'aux dernières traces de ce dernier agent.

Ce qui précède sera plus facilement compris par quelques exemples.

Les vins riches en tannin sont ceux qui se *collent* le mieux et dont la clarification est le plus complète ; cette opération en assure la conservation, tout en leur donnant une grande limpidité et une douceur remarquable. Cela tient à ce que tout l'effet du collage est obtenu sans qu'il reste dans la liqueur de matière albuminoïde en excès... Au contraire, les vins légers et doux se collent mal ; on est obligé de répéter cette opération plusieurs fois, et, chaque fois, une certaine quantité de matière azotée se dissout et augmente la proportion de celle qui y préexistait. Ces vins s'altèrent en peu d'années et passent au *gras* ou à la fermentation visqueuse, pour peu qu'ils tiennent de la matière gommeuse en dissolution. On obvierait facilement à cet inconvénient en y introduisant, avant le collage, une quantité convenable de tannin et nous avons eu occasion de vérifier plusieurs fois ce fait sur les vins blancs sujets à la dégénérescence mannitique : cette simple précaution a suffi pour en faire des boissons excellentes, très-limpides et très-conservables.

On se plaint beaucoup des cidres et de la difficulté qu'on éprouve à les clarifier. Cela n'a rien qui nous étonne en présence des faits. On laisse le plus souvent les cidres sur lies pour les soutirer au besoin, ce qui est une première faute. D'un autre côté, selon la nature des fruits employés, il arrive que les boissons contiennent, ou un excès de tannin, ou un excès de matières albuminoïdes. Dans les deux cas, ils se troublent et se *tuent* presque aussitôt qu'ils ont le contact de l'air, sans parler d'autres altérations plus intimes. Les cidres voyagent mal pour cette double raison ; car l'oxydation de la matière colorante ne présente qu'une importance très-secondaire. Nous avons remarqué maintes fois que les cidres et les poirés se clarifient et se collent avec une merveilleuse facilité et qu'on les empêche de se tuer par cette opération bien faite. Mais si le collage à la gélatine suffit pour les cidres provenant de pommes âpres, le tannage préalable est indispensable pour les cidres venant des fruits doux. L'application de ce principe nous a permis de rétablir des cidres passés au noir, et de les rendre aussi sains et aussi agréables que s'ils avaient été fabriqués dans de bonnes conditions.

On conçoit que la clarification des bières ne présenterait aucune difficulté pour le brasseur qui voudrait appliquer sérieusement ce qui précède, puisque déjà la pratique lui enseigne que les bières fortement houblonnées se collent mieux que les autres, ce qui tient précisément à un certain excès du principe tannant. Les bières douces, au contraire, très-riches en albumine et en principes gommeux et peu houblonnées, se clarifient assez mal par les procédés ordinaires, tandis que l'addition d'un peu de tannin permettrait de les coller aisément et de leur donner une limpidité parfaite.

2° Nous ne dirons pas grand'chose sur la *coloration* des boissons fermentées et nous nous contenterons à cet égard de quelques observations générales. Une couleur trop foncée déplaît assez ordinairement à l'usage. Celle des gros vins du Midi qui sont presque noirs, la couleur prononcée du porter, ne sont pas assez agréables pour qu'on ne cherche pas à éviter un tel excès. Que l'on cultive des cépages produisant des vins fortement colorés pour les employer en mélange, afin de donner de la couleur aux vins qui en manquent, rien de mieux sans doute ; mais de là à faire entrer dans la consommation ces produits lourds et épais, ces *teintures* concentrées que l'on recueille dans certains vignobles, il y a une différence considérable. Il y a cependant une excuse plausible dans la nature même de ces cépages, comme dans la coloration plus ou moins foncée de certains cidres et d'autres produits naturels ; mais nous regardons comme une dépravation du goût la faveur que l'on accorde à des produits artificiels auxquels on donne une couleur de caramel par des additions peu intelligentes.

La couleur des boissons fermentées varie du blanc rosé au rouge violet foncé pour les vins et du blanc jaunâtre au brun pour les cidres, les bières et les hydromels. Cette coloration dépend absolument de la nature des enveloppes du fruit pour les vins provenant de séves naturelles, car celles-ci sont presque toujours incolores; le degré de torréfaction du malt ou une addition de matière colorante donne aux bières la nuance que l'on préfère, et la teinte naturelle des miels détermine celle des hydromels. En somme, la couleur des boissons doit être franche et nette, quel que soit le ton de la nuance, et elle doit présenter un certain velouté de teinte qui la rend agréable à la vue.

Il y a un grand nombre de personnes qui attachent une grande importance à la teinte des boissons; mais on doit se rappeler que la limpidité en fait le principal mérite et que seule elle peut rehausser une nuance bonne par elle-même, ou pallier le désavantage de certains tons blafards qui seraient répulsifs sans elle.

Dans les grands centres, il n'est pas rare que les ménages économes recherchent un vin assez coloré, pour que le mélange avec l'eau donne encore une teinte assez prononcée, et l'on dit que *le vin porte bien l'eau* lorsqu'il est dans cette condition. Disons, en passant, qu'il y a là un préjugé et que l'on devrait plutôt consulter la saveur du mélange que la couleur. Ce caractère, insignifiant par lui-même, est fourni à volonté par les fabricants des entrepôts, qui emploient pour cela toutes les teintures imaginables sans améliorer la qualité de leurs boissons.

3° La limpidité et la couleur franche des boissons fermentées ont pour but principal le plaisir des yeux; l'*arome* [1] est plus spécialement destiné à agir sur le sens de l'odorat. Plusieurs œnologues ont confondu, avec le vulgaire, l'arome et le bouquet comme deux expressions à peu près synonymes, indiquant des idées similaires, tandis que, à notre avis, elles sont parfaitement distinctes. L'arome consiste, à proprement parler, dans la portion volatile des huiles volatiles; il se compose de ces *effluves* odorantes dont le parfum subtil et pénétrant agit sur les nerfs olfactifs d'une manière plus ou moins

---

[1] Du grec ἄρωμα, parfum, aromate.

agréable. L'arome constitue la source d'une de nos plus douces jouissances, et le parfum suave des fleurs, l'odeur embaumée des prairies, les senteurs des forêts ou les émanations de la brise, en donnent la notion caractéristique à l'observateur le plus superficiel. L'alcool, les essences et les parfums qui y sont solubles, les éthers et les produits analogues, l'acide acétique, les substances résinoïdes qui existent dans les boissons fermentées, provenant de séves ou de moûts artificiels, contribuent à donner à ces boissons un arome très-complexe sur lequel il est fort difficile d'établir la moindre prévision. On sent, en effet, que, indépendamment des principes aromatiques de la séve, en dehors des différences produites par la variété de la plante utilisée, par la nature du sol, par le climat, la culture, les engrais, etc., la proportion de l'alcool formé par la décomposition d'une quantité variable de sucre, les circonstances de la fermentation et plusieurs autres conditions auront une influence énorme sur la quantité des substances aromatiques dissoutes, sur la formation des éthers et des essences, ainsi que sur celle de l'acide acétique, etc. Un peu moins de sucre conduira à une liqueur moins alcoolique dissolvant moins d'essence ; un peu moins d'air ou de chaleur dans la fermentation donnera lieu à une production moindre d'acide acétique ; la production de certains produits éthérés dus à la fermentation sera sous la dépendance des circonstances de cet acte, selon qu'il aura été plus ou moins prolongé, qu'il aura été accompli sur une masse plus ou moins grande, en présence d'une température plus ou moins élevée, etc., en sorte que la proportion des produits divers qui concourent à donner l'arome à une liqueur pourra varier presque à l'infini.

Il n'en est pas ainsi lorsque l'on prépare de toutes pièces une liqueur alcoolisée, à laquelle on peut ajouter, d'une manière constante, des proportions identiques d'essences ou d'aromates ; on peut toujours, dans ce cas, parvenir à un arome identique ; mais les boissons fermentées ne peuvent arriver que bien rarement à une identité aussi parfaite. Cela est tellement vrai que les raisins de la même vigne ne donnent presque jamais le même arome et que, dans une même année, si la récolte est partagée en plusieurs cuves, on peut souvent constater des différences sensibles, surtout si les vases ne

sont pas de même capacité, si les enveloppes séjournent avec
le liquide pendant un temps différent, si la température s'élève
plus dans l'un que dans l'autre. Deux vignerons dont les
vignes sont voisines et plantées du même cépage ne font pas
le même vin, et nous avons vu parfois cette différence déterminer un écart très-notable à la vente.

Ce que nous disons du vin s'applique à toutes les autres boissons fermentées provenant de séves naturelles ou de jus
sucrés des plantes, des fruits et des racines ; les cidres sont
dans le même cas et les bières elles-mêmes varient d'arome,
non pas seulement par la différence dans la qualité ou la
quantité du houblon, mais encore selon les phases et le
mode de la fermentation.

4° Les observations précédentes sont également vraies par
rapport au *bouquet*, c'est-à-dire à l'ensemble des divers principes éthérés et aromatiques, dissous dans l'eau alcoolisée, qui
réagissent sur le palais. Un tel ensemble bien homogène, obtenu par la fermentation, des principes qui produisent l'arome
et de ceux qui déterminent l'impression spéciale de la *saveur*,
agit sur les papilles nerveuses du goût et de l'odorat tout à
la fois et produit une sensation particulière très-complexe,
dans laquelle l'arome se fait distinguer, il est vrai, mais où la
fonction du goût perçoit des principes qui échappent à l'odorat.
Il y a là quelque chose qui fuit l'analyse et que le gourmet
seul peut apprécier. En général, les différences de bouquet
sont sous la dépendance de causes multiples très-semblables,
sinon identiques, à celles qui réagissent sur l'arome ; mais il
nous semble cependant que le bouquet est plus encore en
rapport avec la nature même du terroir. Ainsi nous avons eu
occasion de voir, dans les petits vignobles de la Meuse, deux
vignes voisines et de même cépage, dont l'une produisait un
vin plat et sans bouquet, tandis que l'autre fournissait un produit très-fin, d'un arome parfait, et dont le bouquet rappelait
la framboise d'une manière très-sensible. Certains vins des
contrées siliceuses ont un bouquet particulier que les vignerons désignent sous le nom de *goût de pierre à fusil*, et nous
pourrions aisément multiplier les exemples de ces différences.

Il n'est pas possible, à la dégustation, de séparer entièrement l'arome du bouquet, bien que l'on perçoive des sensa-
tions très-différentes dont les unes agissent sur l'odorat et les

autres sur le goût. Ces dernières, se combinant avec l'impression causée sur ce même sens par l'eau, par l'alcool, les acides, les sels, les principes extractifs et les aromates, donnent naissance à la *saveur* proprement dite, qui est la résultante de toutes les impressions complexes dont l'action s'exerce sur le goût.

D'après ce que nous venons d'exposer sommairement, on peut voir que, mise à part la limpidité ou la clarification des liqueurs fermentées, qui touche de près à la conservabilité de ces boissons et même à leur'valeur hygiénique, les qualités accessoires des produits de la fermentation sont sujettes à des variations telles, qu'on ne saurait, le plus souvent, prévoir d'une manière certaine la valeur de l'ensemble. Ainsi les vins présentent souvent une couleur agréable et leur arome flatte l'odorat, mais ils n'ont pas de saveur et leur bouquet ne plaît pas au goût : la réciproque se présente aussi dans de nombreuses circonstances et les boissons fermentées, *saines*, *conservables*, *limpides*, d'une *coloration* agréable, d'un *arome* fin, d'un *bouquet* parfumé et bien homogène, d'une *saveur* pleine et franche, sont plus rares qu'on ne le supposerait à première vue. Une réunion complète de ces qualités essentielles ou secondaires exige la perfection des matières premières, une proportion exacte des principes utiles et une attention extrême dans tous les points de la fabrication.

CHAPITRE II.

OBSERVATIONS SUR LA VALEUR HYGIÉNIQUE DES BOISSONS
FERMENTÉES.

Il nous paraît évident que l'action des boissons fermentées
sur l'économie et leur influence sur le travail digestif doivent
exciter au plus haut point l'intérêt de la pratique, puisque
leur intervention dans la nutrition constitue le principal usage
de ces liqueurs. Bien peu d'écrivains, cependant, ont cherché
à résoudre les difficultés qui s'attachent à cette importante
question, et les observations des médecins et des physiologistes eux-mêmes ne nous semblent pas avoir été présentées
avec assez d'ordre et de méthode pour que l'on songe à en
faire la base d'un raisonnement juste. Nous trouvons, en
effet, chez les uns une critique acerbe, chez les autres un
éloge outré des boissons fermentées. Quelques-uns vont jusqu'à proscrire l'usage de ces boissons et ne voient qu'une
boisson possible pour l'homme, l'eau, dont peut-être ils ont
grand soin de s'abstenir personnellement. D'autres, entraînés
par l'observation de certains faits de clinique, exagèrent les
propriétés de l'alcool, du vin, de la bière, et tombent précisément dans le défaut contraire.

Nous ne parlons que pour mémoire d'une troisième manière de voir, celle des buveurs de profession, qui détruiraient
l'eau s'ils le pouvaient, sans songer qu'elle est nécessaire à la
composition de leurs boissons favorites. Il ne s'agit nullement, à notre sens, des idées bizarres de gens qui boivent
pour boire, gourmands ou ivrognes, qui traduisent besoin par
plaisir, et qui exagèrent ce dernier au point d'en faire à la
fois une chose honteuse et un danger. Ceux-là nous intéressent peu et, malgré la tendance trop générale que les
masses manifestent vers l'abus des alcooliques, nous n'écrivons pas à l'adresse des vices de notre temps. L'opinion des
ivrognes serait, d'ailleurs, trop partiale pour que nous puissions en tenir compte, et c'est l'affaire des philosophes, des
moralistes et des magistrats de chercher à les corriger.

Notre rôle est de constater les faits, de les soumettre à une vérification sévère et d'en établir la portée au point de vue de l'application, afin de pouvoir en déduire des conséquences utiles, et l'on sait combien les déclamations stériles ont peu de valeur pratique. Or nous avons fait voir, dans le chapitre précédent, que les liqueurs alcooliques, produites par voie de fermentation, présentent certaines conditions générales par lesquelles elles se ressemblent en principe, et certaines autres qui établissent entre elles des différences notables. Nous savons que *l'alcool saccharique* ou *éthylique* $C^4H^4.2HO$, dissous dans une proportion d'eau variable, est la plus constante des substances qui constituent ces boissons ; nous avons accordé une juste attention aux matières de nature diverse qui peuvent accompagner l'alcool et dont la présence suffit à modifier les propriétés de la dissolution, et nous pourrons déjà puiser, dans les faits acquis, les bases de la recherche que nous nous proposons de faire sur la valeur hygiénique des boissons fermentées.

Le véritable point de départ, à notre sens, consiste donc à étudier l'action et les propriétés de l'alcool plus ou moins étendu, pour arriver à comprendre la valeur normale des boissons qui le contiennent dans une proportion appréciable.

L'étude subséquente de l'action des principes qui peuvent l'accompagner nous permettra d'assigner à chaque liqueur fermentée, dont nous connaîtrons l'analyse, une place à peu près exacte dans le tableau d'ordre que l'on voudrait établir quant à leur valeur usuelle.

§ I. — ACTION ET VALEUR DES DISSOLUTIONS D'ALCOOL ÉTHYLIQUE.

Au point de vue de l'hygiène, les boissons fermentées devant leurs principales propriétés à l'alcool qu'elles renferment en proportion variable, on est fondé à les considérer, en général, comme des dissolutions d'alcool. Or les dissolutions d'alcool réagissent sur l'économie comme des *stimulants généraux diffusibles*, dont l'effet consiste principalement en ce qu'ils augmentent très-promptement l'énergie des fonctions vitales. Cette action, qui se fait sentir très-rapidement, n'est, d'ailleurs, que momentanée; elle agit surtout sur le système nerveux et peut déterminer des spasmes, ou cet état particulier connu sous le nom d'*ivresse*.

Aussitôt que les alcooliques sont ingérés dans l'estomac, leur premier effet est de surexciter l'activité de cet organe, en y produisant une sensation de chaleur plus ou moins vive. Aussitôt que ce premier effet se fait sentir, et sous l'influence de l'accroissement de la chaleur de l'estomac lui-même, il y a déjà un commencement de stimulation des fonctions. Mais lorsque l'absorption a lieu, dès que *les alcooliques pénètrent dans le sang*, ce qui se manifeste, d'ailleurs, avec une grande célérité, les mouvements du cœur et le jeu des poumons subissent une très-notable accélération, la chaleur augmente dans tout l'organisme, et la circulation est puissamment excitée jusque dans les dernières ramifications des capillaires.

C'est dans ces premiers phénomènes que consiste la période d'excitation proprement dite, à la suite de l'ingestion des alcooliques, qui réagissent sur le cerveau avec une grande énergie et exaltent le plus ordinairement les facultés. Mais si les doses absorbées sont trop fortes, le cerveau devient le siége d'une véritable congestion sanguine; il y a compression de l'organe par les parois des vaisseaux fortement dilatés, et l'ivresse commence. Il ne s'agit plus alors d'une excitation légère, mais bien d'une véritable apoplexie, dont l'effet mécanique peut entraîner la mort, indépendamment de l'action spéciale des alcooliques sur le sang.

Pour nous, après des observations aussi nombreuses que précises, nous considérons un homme ivre comme étant placé dans un danger de mort plus ou moins imminent.

L'absorption des liqueurs alcooliques est très-rapide et l'on a retrouvé l'alcool dans les organes et le sang des animaux alcoolisés; l'action de ce principe étendu sur le sang est des plus caractéristiques et elle paraît transformer le sang artériel en sang veineux, ce qui expliquerait jusqu'à un certain point l'asphyxie, qui peut être la conséquence de l'ingestion de ces agents.

Ceci, d'ailleurs, ne nous paraît pas difficile à comprendre, si l'on admet que le sang artériel, oxygéné, ne passe à l'état de sang veineux, impropre à soutenir la vie, que par la perte de l'oxygène absorbé dans la respiration. Cette perte résulte du contact du sang, à travers les organes, avec les matériaux carbonés ou autres, que l'oxygène est destiné à comburer, et qui sont ensuite l'objet d'une élimination nécessaire. Lorsque le sang est *chargé d'alcool*, il perd son oxygène, qui se porte sur l'alcool, et il se trouve absolument dans les conditions du sang veineux.

D'un autre côté, sans rien préjuger, quant à présent, sur l'action spéciale de l'alcool, nous croyons que l'ivresse est le résultat d'une véritable action mécanique, indépendamment des autres conséquences très-variables déterminées par son ingestion. Cela nous paraît facile à expliquer et à démontrer. Le crâne est une boîte osseuse inextensible, dans laquelle se trouve logé l'organe essentiel de la vie. Cet organe, le cerveau, est mou : chacun sait qu'une compression violente ou prolongée sur le centre nerveux détermine l'arrêt du mouvement vital, ou, tout au moins, et très-souvent, sinon toujours, des accidents locaux ou généraux plus ou moins graves. Or ce qu'une compression externe, ce qu'un choc peut produire, il nous semble que la compression interne peut le déterminer et le détermine dans des conditions très-analogues. Lorsque la chaleur animale s'est augmentée sous l'influence des solutions alcooliques, la précipitation du mouvement circulatoire est le premier effet constatable. Cette accélération du flot sanguin dans les gros troncs artériels est générale chez tous les sujets. Elle ne serait suivie d'aucun inconvénient de cause mécanique, si le diamètre des vaisseaux artériels était uniforme, si, encore, le système veineux communiquait avec le système artériel par de gros troncs, pouvant fonctionner comme de véritables tubes de *trop-plein*, à l'aide desquels l'équilibre serait maintenu. Mais il n'en est pas ainsi. Le système artériel ne communique avec le système veineux que par des extrémités capillaires, extrêmement ténues, dont on saisit à peine la continuité. Cet appareil suffit, dans les conditions ordinaires, pour que le sang apporté par les capillaires artériels soit repris par les capillaires veineux et que l'équilibre soit maintenu. Si nous supposons, comme cela arrive à la suite de certaines excitations, que le sang artériel augmente de vitesse, il est clair qu'il y aura déplétion du système veineux et que les capillaires ne pourront suffire à

déverser ou absorber un trop-plein double ou triple du volume normal.

Il en résultera donc un gonflement considérable des tubes
artériels et une contraction, un vide, dans le système veineux.

De là, un organe mou, placé dans un *vase* à parois rigides,
sera nécessairement comprimé par les artères qui rampent
dans sa substance, et cette compression sera d'autant plus
violente que les vaisseaux artériels seront plus nombreux et
que leurs parois seront plus extensibles. De là encore, le système veineux n'absorbant pas à mesure l'excès du fluide ac-
cumulé dans les tubes artériels, il résultera une diminution
notable du sang dans les veines et, par là même, un refroidissement plus ou moins considérable de la périphérie et des
extrémités.

Ceci est d'observation. Le froid des ivrognes, leur somno-
lence, le coma et les autres phénomènes de l'ivresse viennent
attester qu'il y a compression de la pulpe cérébrale et déplétion du système veineux [1].

On comprend dès lors les conséquences ultimes de l'action
exagérée des alcooliques; la mort parfois, la folie et les
troubles intellectuels très-souvent, la paralysie générale ou
partielle, le *delirium tremens,* en sont les résultats contingents,
forcés et nécessaires. Il y a dans ces résultats quelque chose
de fatal, comme dans tout ce qui est sous la dépendance des
forces mécaniques, et l'on comprend que des organisations
exceptionnelles peuvent seules résister à une cause d'altération vitale aussi puissante que la compression du centre nerveux. Et encore cette résistance n'est-elle pas absolue, mais
seulement relative.

Ces déductions que nous venons de tirer de la première
action physiologique des alcooliques se rapportent évidemment à l'abus, à l'excès, et il ne conviendrait nullement de
les généraliser au point où sont arrivés plusieurs physiologistes, qui ont conclu à la suppression des boissons alcooliques. Il y a dans leur raisonnement une erreur d'observation
et un défaut de logique manifestes, et les funestes conséquences de l'abus ne prouvent rien contre l'usage modéré
d'une chose. Nous verrons dans un instant quelles sont les

---

[1] Voir *Note sur les phénomènes de l'ivresse.*

bases sur lesquelles doit s'appuyer une pratique véritablement hygiénique, lorsque nous aurons étudié les autres conditions relatives à l'ingestion des boissons alcooliques.

Ce que nous venons de dire se rapporte à la dissolution d'alcool plus ou moins concentrée.

Ajoutons que toutes les substances excitantes diffusibles peuvent produire les mêmes phénomènes généraux : chaleur de l'estomac, excitation des fonctions physiques et intellectuelles, si la dose a été modérée ; afflux du sang dans l'arbre artériel, déplétion du système veineux, compression du centre nerveux, si la dose a été exagérée, s'il y a eu abus.

Ceux de ces résultats qui sont sous la dépendance d'une exagération de la circulation artérielle se remarquent aussi sous l'influence d'un grand nombre d'excitations de causes morales, qui peuvent produire l'ivresse, avec tout l'appareil qui la caractérise sous l'action des causes physiques.

§ II. — ACTION ET VALEUR DES SUBSTANCES PRINCIPALES
QUI ACCOMPAGNENT L'ALCOOL.

Ce serait une faute notable d'observation si l'on se bornait à étudier les boissons alcooliques au point de vue seulement de l'action de l'alcool, car de cette action il ne résulterait guère, dans l'application à faire, qu'un fait général très-vague, celui d'une excitation fort variable, selon les doses, l'âge, le sexe, la conformation, le tempérament ou les habitudes, et les dissolutions d'éther ou de tout autre excitant conduiraient presque à des conclusions identiques. Mais les boissons alcooliques ne contiennent pas seulement de l'eau et de l'alcool ; elles peuvent contenir des *matières hydrocarbonées* ou *azotées nutrimentaires* en dissolution, des *acides organiques*, tels que l'*acétique*, le *tannique*, le *tartrique*, le *lactique*, le *malique*, etc. ; des *sels minéraux*, *organiques*, ou *mixtes*, des *matières résinoïdes*, des *substances volatiles*, dont l'action spéciale peut modifier celle de l'alcool, sans l'annihiler toutefois, de manière à dérouter complétement les observateurs inattentifs. Nous allons étudier rapidement les propriétés hygiéniques et physiologiques des principales substances que l'on peut rencontrer avec l'alcool dans les boissons alcooliques, et nous

chercherons ensuite à asseoir les véritables principes qui doivent guider un homme intelligent dans l'usage de ces boissons.

A. **Matières nutrimentaires.** — Il est impossible de révoquer en doute la présence de matières azotées et de substances gommeuses dans les boissons alcooliques provenant
des sèves sucrées, ou des graines féculentes transformées. Il
est à peu près impossible que ces boissons contiennent jamais
une proportion d'alcool suffisante pour faire passer à l'état
insoluble les matières aptes à subir cette transformation, et
l'albumine avec ses congénères, la dextrine, la gomme, le
sucre même, sous la forme de glucose le plus souvent, existent en quantité notable dans le vin, les cidres et poirés, les
bières, dans toutes les boissons provenant des fruits, des
sèves, ou des grains féculents et des racines qui ont été
soumis à la saccharification.

Or les matières azotées sont des aliments plastiques réparateurs ; les matières gommeuses ou sucrées, les hydrocarbonés sont des aliments respiratoires, de véritables combustibles. Ces deux sortes de matières alimentaires ne sont
absorbées dans la nutrition qu'après la digestion, dont les
réactions seules peuvent les rendre assimilables.

Il résulte de ceci que les substances nutrimentaires accompagnant les dissolutions alcooliques sollicitent un travail de
la part de l'estomac et de l'intestin, en sorte que l'ingestion
de liqueurs alcooliques renfermant ces matières est marquée
par deux ordres de phénomènes.

L'augmentation de la chaleur locale et l'excitation des fonctions que détermine l'alcool produisent l'afflux du sang dans
les gros troncs artériels, mais le travail gastro-intestinal, par
l'excitation locale dont il est la cause directe, établit une sorte
d'équilibre sanguin entre le cerveau et l'estomac, tellement
que le premier de ces organes est le siége d'une plénitude
moins complète, d'une compression moins grande de dedans
en dehors.

On comprend dès lors que, plus un liquide alcoolique sera
riche en matières alimentaires et pauvre en alcool, moins le
cerveau sera excité et plus la turgescence se portera vers
l'estomac. Tel est le cas des bières faibles, riches en *extrait*,
peu alcooliques, qui réagissent à la longue seulement sur

le centre nerveux et dont l'action ne produit l'ivresse que par l'ingestion de quantités très-considérables. Il peut se faire aussi que le contraire arrive et que la proportion d'alcool soit telle que le travail digestif soit inapte à produire un équilibre utile. C'est ainsi qu'agissent les vins capiteux de l'Espagne et du Midi, certains cidres et les bières fortes, dont l'ingestion produit rapidement des phénomènes cérébraux, bien que ces boissons contiennent une proportion d'extrait fort considérable.

Rien de ceci n'est donc absolu : il faudrait supposer, pour qu'il en fût ainsi, une boisson contenant des proportions justes et habilement balancées d'alcool et de matières nutrimentaires, et encore faudrait-il tenir compte des autres agents en dissolution, de l'abus, du tempérament, de l'heure de l'ingestion et d'une foule de circonstances accessoires.

En général, une boisson, même capiteuse et fortement alcoolique, agit *moins* sur le système nerveux lorsqu'elle est introduite dans l'estomac pendant le repas, parce que, dans cette condition, l'équilibre est produit par l'application des forces vives au travail digestif. Cette conclusion logique, conforme aux faits et à ce que nous venons d'exposer, est la seule conséquence pratique que l'on puisse en tirer, et elle conduit forcément à reconnaître combien il est nuisible de boire entre les repas, lorsque l'estomac est vidé ou que la digestion est avancée. Une telle inconséquence ne peut s'expliquer que par l'ignorance ou la passion brutale la plus stupide. C'est ainsi que le peuple s'enivre et que nombre de gens, plus instruits ou mieux élevés, se livrent à l'abrutissement et foulent aux pieds les règles les plus sages de l'hygiène [1].

B. **Acides organiques.** — Les principaux acides organiques

---

[1] Nous n'entendons pas condamner l'usage modéré des boissons rafraîchissantes, gazeuses ou *très-légèrement* toniques et excitantes, dont le besoin peut se faire sentir sous certaines influences. Nous parlons évidemment de l'abus et non de l'emploi rationnel. L'estaminet, le comptoir, où l'on boit pour boire, où l'on *joue* pour *consommer* et où l'on *consomme* pour *jouer*, où l'ingestion des boissons excitantes alcooliques se fait en dehors des repas, nous paraissent être des dangers permanents pour la santé publique. C'est là que se trouve l'officine honteuse de la paralysie, de la folie ou de la démence, en tout cas, de la dégradation. C'est là que se préparent ces affections mentales dont le nombre croissant est la menace de l'avenir.

que l'on rencontre en proportion notable dans les boissons alcooliques sont les acides carbonique, acétique, tannique, tartrique, citrique, lactique, malique et pectique; ce sont les seuls
dont nous parlerons ici, le plus sommairement possible, les
autres ne se présentant que rarement à l'observation, et
offrant à peu près la même action sur l'économie.

Les acides organiques agissent précisément dans le sens
opposé à l'action des excitants diffusibles; ils ralentissent la
circulation, diminuent la chaleur animale et abaissent l'excitation fonctionnelle. Disons tout de suite, en un mot, qu'ils
agissent comme *tempérants*, et que les acides minéraux très-
étendus produisent des effets analogues.

Il ressort clairement de cette propriété générale que les
boissons alcooliques renfermant des acides organiques en dissolution seront moins excitantes que si elles n'en contiennent
pas, et que l'action spéciale de l'alcool peut même se trouver annihilée par ces acides, dans certaines circonstances. Il
ne faut pas cependant prendre le change et croire que l'action
des acides organiques puisse opérer la détente du système
vasculaire après une ingestion abusive des excitants alcooliques : *les acides organiques ne guérissent pas l'ivresse*. Ils peuvent la prévenir lorsqu'ils accompagnent l'alcool dans ses
dissolutions; dans tous les cas, à dose égale de liquide ingéré,
ils la modèrent ou la retardent; mais il y aurait souvent du
danger à combattre la turgescence des vaisseaux cérébraux
par les boissons acidules, avant que les phénomènes dus à la
compression cérébrale aient commencé à disparaître. Ils
pourraient fort bien déterminer un refroidissement plus considérable des extrémités et des organes abdominaux, et causer de graves accidents avant d'amener la déplétion artérielle.
Il importe donc de ne les considérer que par rapport à l'action qu'ils exercent sur l'économie, concurremment avec
l'alcool dissous, et nous n'avons à en examiner ici que la propriété tempérante et modératrice.

Acide carbonique. — L'acide carbonique peut exister à volume égal dans les boissons fermentées qui n'ont pas terminé
leur fermentation insensible, ou bien dans lesquelles un excès
de matière sucrée entretient la fermentation en présence d'un
peu de ferment. On l'introduit souvent artificiellement dans
les boissons.

A première vue, si l'on s'en rapporte à l'action physiologique de l'acide carbonique gazeux ou dissous, administré en
quantité considérable, on trouve que ce corps agit sur le cerveau et produit une sorte d'ivresse, accompagnée parfois
d'étourdissements plus ou moins prolongés et même de syncopes. On est donc conduit à y voir un agent enivrant dont
l'action serait corroborante de celle de l'alcool, plutôt que
tempérante et modératrice ; mais les faits démontrent que les
solutions faibles d'acide carbonique agissent comme les tempérants, pourvu que l'on n'en fasse pas un abus excessif. La
stimulation légère, toute locale, qu'elles produisent sur l'estomac contribue encore à maintenir l'équilibre dont nous
avons parlé tout à l'heure, en sorte que les boissons fermentées alcooliques trouvent un correctif dans la présence de
l'acide carbonique. Ici encore, l'excès n'est pas en question et
l'on ne saurait trop appuyer sur cette considération. Qui ne
sait, en effet, combien sont capiteux les vins légers, que l'acide
carbonique rend acidules et pétillants ? S'ils favorisent puissamment la digestion, lorsqu'on les prend avec les aliments
solides, à l'heure du repas; si dans cette circonstance ils n'ont
qu'une action modérée sur le système nerveux, il n'en est pas
de même lorsqu'on les boit à jeun ou entre les repas, car,
alors, l'action spéciale de l'acide carbonique s'ajoute à celle
de l'alcool et l'excitation du mouvement circulatoire est très-
rapide.

Il convient cependant de noter un fait assez bizarre en apparence, c'est que, à dose égale, les boissons alcooliques
chargées d'acide carbonique produisent plutôt des phénomènes d'excitation que des phénomènes d'apoplexie comateuse.

Ce fait nous semble être sous la dépendance de l'acide carbonique, bien que son action isolée produise de l'étour-
dissement et des syncopes.

En résumé, l'acide carbonique tempère, en général, l'action
des alcooliques, et ces boissons, rendues gazeuses, présentent
moins d'inconvénients que dans l'état ordinaire. La bière
mousseuse, le vin additionné d'eau gazeuse, sont d'un usage
plus hygiénique que la bière ou le vin privé d'acide carbonique.

Acide acétique. — Il est clair, pour tous ceux qui ont étudié la fermentation des matières sucrées, que les produits liquides de cette fermentation renferment toujours une certaine proportion d'acide acétique, qui provient de l'oxydation de l'aldéhyde formé aux dépens de l'alcool.

Cet acide est tempérant et sudorifique. Il agira donc en sens inverse de l'alcool par une double action, en ce sens qu'à son effet tempérant viendra se joindre l'excitation des fonctions de la peau, et une sorte de révulsion sera la conséquence de cette excitation cutanée.

Acide tannique. — Le tannin ou principe astringent ne se rencontre guère que dans les vins proprement dits, les cidres et poirés, et les boissons fermentées provenant de séves naturelles ou de jus de fruits. Il peut arriver que ces boissons n'en renferment que des traces, le tannin ayant disparu dans la fermentation, sous forme de combinaison insoluble avec les substances albuminoïdes ; le *collage* au blanc d'œuf, ou à la gélatine, enlève ce principe aux liqueurs fermentées et leur donne de la douceur. Mais lorsque les matières albuminoïdes sont en proportion peu considérable, il peut se faire que les liqueurs renferment une certaine quantité de principe astringent libre.

Il est remarquable que les vins et les boissons qui contiennent du tannin agissent avec moins d'énergie sur le centre nerveux, et que l'ivresse déterminée par leur ingestion est plus lente à se produire. Cela tient à ce que le tannin réagit avec beaucoup de netteté sur la sécrétion rénale, et qu'il s'opère probablement une dérivation notable vers cette fonction. Quoi qu'il en soit, nous avons déjà vu que la présence du tannin aide à la conservation des boissons alcooliques, et nous pouvons ajouter que cet agent modère puissamment l'action de l'alcool. Le vin de Bordeaux passe pour être moins enivrant que d'autres crus, et nous avons toujours attribué cette propriété à la présence d'un peu de tannin libre. Dans tous les vignobles du monde, on peut obtenir des vins conservables et d'un usage aussi hygiénique par une précaution fort simple, qui consiste à laisser les rafles en contact avec les jus pendant une période suffisante pour que la proportion convenable de tannin soit dissoute. C'est d'ailleurs à l'expérience à indiquer le temps du *cuvage* de la rafle selon la nature spéciale des cépages. De même, dans les cidres et poirés, un mélange convenable des variétés astringentes avec les espèces douces peut conduire aux résultats les plus remarquables.

Acide tartrique. — Bien que l'acide tartrique se trouve assez rarement à l'*état libre* dans les jus de fruits et les séves, et qu'on le rencontre plutôt sous la forme de sels, nous ne devons pas moins tenir grand compte de cet acide, qui est, en quelque sorte, normal et essentiel dans certains fruits et principalement dans le raisin.

L'acide tartrique jouit, à un haut degré, des propriétés tempérantes et doit être considéré comme antagoniste de l'excitation alcoolique. Il est loin d'être sans action sur la sécrétion intestinale et sur celle des reins ; mais comme il se présente le plus souvent à l'état de tartrate ou de bitartrate, c'est à l'action de ces sels qu'il convient de se reporter pour se faire une idée juste. Nous en dirons quelques mots tout à l'heure.

Acide citrique. — Spécial aux fruits de la famille de l'oranger et du citron, cet acide offre une action similaire de celle du précédent, et il est l'agent vulgaire des préparations rafraîchissantes, tempérantes et antifébriles. Il diminue la sueur causée par la fièvre. On le trouve dans un grand nombre de fruits acidules, tels que les cerises, les groseilles, les fraises, les framboises, etc., qui peuvent servir à la préparation des boissons fermentées.

Le raisin vert contient en abondance cet acide, selon l'observation de Proust ; mais les acides libres ont totalement disparu dans le fruit mûr, en sorte que le vin de raisin ne renfermerait d'acide citrique que fort exceptionnellement, lorsque la vendange a été faite dans de mauvaises conditions de maturité.

Acide lactique. — Outre les propriétés générales qu'il partage avec les acides organiques précédents et qui en font un agent tempérant bien caractérisé, l'acide lactique relève encore l'énergie de l'estomac, et il paraît être un des principaux dissolvants des aliments.

Il nous semble résulter de là que la présence de l'acide lactique dans les boissons fermentées diminue l'action spéciale de l'alcool en déterminant une dérivation utile, tout aussi bien que par sa propriété tempérante. On ne trouve pas cet acide dans les séves sucrées, mais il se rencontre abondamment dans les produits fermentés des matières féculentes.

Ainsi la bière contient presque toujours de l'acide lactique en proportion plus ou moins considérable.

Acide malique. — Un très-grand nombre de fruits et de séves contiennent de l'acide malique en quantité plus ou moins forte, selon le degré de maturation. Les boissons préparées avec ces fruits offrent donc une certaine proportion de ce principe ; mais c'est dans les cidres et les poirés qu'on le rencontre le plus habituellement. Il offre les mêmes propriétés tempérantes que les autres acides végétaux, et il réagit plus ou moins énergiquement sur les sécrétions, en sorte que les phénomènes dus à l'usage des cidres et des piquettes, lorsque les organes n'y sont pas encore habitués, deviennent d'une explication facile et plausible.

Acide pectique. — Les principes pectiques nous paraissent offrir les propriétés principales des gommes et devoir être considérés comme alimentaires et assimilables. Il nous semble, en effet, que l'acide pectique n'est qu'une forme de transition entre la cellulose et la matière gommeuse, comme celle-ci représente le degré qui précède la formation de la substance sucrée. Cette manière de voir nous est presque démontrée par la réaction de l'acide azotique, lequel change l'acide pectique en acide mucique comme la gomme. Quoi qu'il en soit, l'acide pectique est fort commun dans la nature végétale, et il se trouve souvent dans les boissons fermentées. Ses propriétés tempérantes, son action dérivatrice sur le canal intestinal, le travail digestif auquel il donne lieu, en font un antagoniste de l'alcool.

C. Sels minéraux, organiques, ou mixtes. — Nous ne pouvons passer en revue tous les sels qui peuvent se rencontrer dans les boissons fermentées ; ce serait une digression oiseuse qui nous conduirait à examiner presque tous les corps salins décrits par la chimie ; aussi nous contenterons-nous de jeter un coup d'œil rapide sur les principaux de ces corps, existant normalement dans les boissons usuelles.

On trouve dans le vin de raisin du *tartrate acide de potasse,* du *tartrate de chaux,* de *fer* et d'*alumine,* du *sulfate de potasse,* des *phosphates de chaux* et de *magnésie,* et quelques *chlorures,* dont le *chlorure de potassium* est le plus important. Les cidres et les poirés contiennent une petite proportion d'*acétates alcalins ;* la bière renferme les sels des céréales et, notamment,

des *phosphates;* enfin, les hydromels n'offrent que des traces
de sels, de ceux qui sont en dissolution dans l'eau, puisque le
miel n'en renferme pas.

Il est évident que les boissons fermentées préparées avec
d'autres matières premières peuvent contenir des sels de
toute nature. Nous les passerons sous silence et nous indiquerons seulement quelques généralités qui peuvent guider l'appréciation.

Le tartrate acide de potasse (crème de tartre), les sulfates
alcalins, les chlorures, les acétates et les phosphates des mêmes
bases, présenteraient, à haute dose, des propriétés purgatives
plus ou moins caractéristiques. Dans cette condition donc, ils
agiraient en sens inverse de l'alcool par dérivation ; mais à la
dose faible sous laquelle ils existent dans les boissons fermentées, cet effet est à peine sensible, et il ne reste, de leur action
spéciale, que la propriété de stimuler les organes intestinaux.
Cette stimulation faible appelle les fluides vers ces organes et
lutte contre la congestion des centres nerveux, en sorte que la
présence de certains sels dans les boissons contribue à les
rendre plus saines, plus hygiéniques et moins actives sur
l'innervation.

Il y a là un point capital auquel on ne fait pas assez attention, car nombre de personnes imaginent avoir affaire à des
boissons saines lorsqu'elles ont préparé des dissolutions alcooliques plus ou moins aromatisées et sucrées, tandis qu'il n'en
est rien, et que ces préparations ne peuvent être utiles que
dans certains cas particuliers. C'est pour cela que les boissons
fermentées provenant des jus de fruits sont d'un meilleur
usage pour le maintien de la santé que toutes les boissons
excitantes créées par le caprice ou l'ignorance ; elles renferment une proportion d'alcool peu considérable, quoique suffisante ; mais ce principe est tempéré dans son action excitante par les propriétés modératrices et tempérantes des
acides et des sels, ce à quoi l'artifice ne pourrait arriver
qu'avec une difficulté extrême.

On comprend facilement, à l'aide de ces considérations,
combien il est important de faire usage de *boissons naturelles,*
et quelle est la responsabilité qui frappe les falsificateurs
éhontés dont les produits vont chaque jour verser le malaise
et la maladie parmi des milliers d'individus, même lorsque

leurs compositions ne sont pas directement dangereuses.

D. **Matières résinoïdes**. — Il serait extrêmement difficile de préciser la valeur hygiénique des principes résineux qui peuvent se trouver dissous dans les liqueurs fermentées à la faveur de l'alcool, car une étude complète des propriétés des résines manque encore à la science, et lors même que cette étude aurait été faite, l'action des principes résineux serait profondément modifiée par les autres substances dissoutes. En général, cependant, les résines sont des stimulants de l'estomac et de l'intestin, qui n'exaltent que fort peu la circulation, à faible dose, et réagissent, au contraire, sur les sécrétions. De cette donnée, il semble résulter que les matières résinoïdes tempèrent l'action de l'alcool. Nous avons déjà vu qu'elles ont la propriété de retarder la décomposition et de rendre les liquides fermentés plus conservables. Nous n'insisterons donc pas sur ce point, mais nous devons dire cependant que plusieurs résines sont des poisons énergiques, et qu'il importe beaucoup de ne pas commettre d'erreurs dans les préparations destinées aux usages de la table. C'est principalement dans un principe résinoïde, soluble dans l'alcool, que réside la propriété vénéneuse de l'absinthe, par exemple, et les liqueurs fortement alcoolisées en retiennent une proportion assez considérable pour déterminer des accidents.

Nous reviendrons sur ce sujet intéressant, lorsque nous parlerons de la préparation des liqueurs.

E. **Huiles volatiles**. — Des observations fort habiles et fort concluantes de M. Bouchardat, il résulte que les essences sont des poisons lorsqu'elles sont absorbées en proportion notable par les organes respiratoires. Elles produisent la céphalalgie, l'insomnie, l'agitation, la surexcitation de la chaleur périphérique. Il n'en est pas de même lorsqu'elles sont ingérées dans l'estomac, car cet organe ne les absorbe que très-difficilement, et leurs effets sont beaucoup moins accusés dans cette circonstance.

Les huiles essentielles sont donc des excitants et, sous ce rapport, leur action s'ajoute à celle de l'alcool, bien qu'elle ne soit pas tout à fait identique. Mais la proportion en est généralement très-faible dans les boissons alcooliques, et elles ne s'y trouvent pas, le plus souvent, à des doses qui puissent produire des effets sensibles sur les fonctions. Nous les regarderons donc comme des éléments du *bouquet* des boissons, et non comme des principes à redouter dans l'usage ordinaire. Leur présence, en due quantité, excite le goût et stimule légèrement l'appétence, sans qu'il puisse en résulter autre chose qu'une sensation plus ou moins agréable. Il est certain cependant qu'elles apportent leur contingent dans l'action complexe des boissons fermentées, mais il nous paraît à peu près impossible d'assigner la part qui leur revient dans cette action.

§ III. — CONSÉQUENCES. — VALEUR ET ACTION DES BOISSONS FERMENTÉES.

En résumant les points les plus saillants de ce qui vient d'être exposé, nous trouvons qu'une boisson fermentée est composée comme il suit, dans la moyenne des circonstances :

Eau, servant de véhicule ou de dissolvant.

Alcool, excitant diffusible, en proportion variable.

Matières alimentaires, produisant une certaine dérivation par le travail gastrique.

Acides organiques, tempérants pour la plupart, en vertu d'une action directe et quelquefois par suite d'une dérivation.

Sels, produisant presque toujours une certaine action sur le canal intestinal, excitant les sécrétions, et déterminant une dérivation.

Matières résinoïdes, antagonistes de l'alcool, par leur action stimulante sur l'estomac, les intestins et les sécrétions.

Huiles essentielles, excitant les fonctions, mais ne se trouvant dans les boissons qu'à des doses insignifiantes.

Si nous appliquons maintenant ces données à la pratique usuelle, nous pourrons en déduire des conséquences d'application qui nous permettront d'apprécier sainement la valeur des boissons alcooliques, obtenues par voie de fermentation.

Ces liqueurs sont composées essentiellement d'*eau*; leur *teneur alcoolique* varie de 2 à 15 ou 18 pour 100 en volume ; elles représentent en *extrait* une moyenne de 2,5 à 3,5 pour 100, qui forme le chiffre des matières alimentaires, des acides,

des sels, etc. En moyenne donc elles contiennent 90 pour 100 d'eau.

L'excitation déterminée par l'alcool, l'impression agréable causée sur l'organe du goût par un mélange heureux de l'alcool avec le sucre, la gomme, les acides faibles et les substances aromatiques, la douce stimulation qui en résulte sur les fonctions cérébrales et les fonctions digestives, expliquent assez la passion de l'homme pour ces boissons, sans qu'on soit obligé de recourir à d'autres arguments pour s'en rendre compte. Mais pourtant on peut voir que l'eau, dont la nécessité est incontestable, serait parfois d'un usage malsain, tant à cause du froid intérieur qu'elle produit souvent et de son action débilitante, qu'en raison des variations énormes de sa teneur en matières étrangères. Il en résulte la presque nécessité de la remplacer, dans l'alimentation, par des boissons d'une composition plus fixe, douées de propriétés en rapport avec le reste du régime et avec les habitudes de l'économie. Dans l'état naturel, pour l'homme vivant au désert et se livrant à de violents exercices, on ne peut appliquer le même raisonnement que pour celui qui est étreint par les exigences de la vie civilisée. Dans ce dernier cas, on peut dire que tout est factice dans notre manière d'être, d'agir, de nous alimenter; ce n'est que par une habile application des moyens artificiels que nous parvenons à lutter contre les causes de destruction amoncelées autour de nous. Heureux encore, lorsque, des moyens destinés à nous fortifier contre l'affaiblissement progressif, nous ne faisons pas des causes d'anéantissement. Enfants dégénérés des fortes races d'autrefois, nous dépensons nos forces vitales dans les excitations fébriles de la vie sociale; notre alimentation, insuffisante souvent, mal comprise presque toujours, nos excès de toute nature, nos mœurs antinaturelles et une foule d'autres causes nous conduisent fatalement à l'étiolement.

Les agents débilitants sont, en général, contraires à l'homme civilisé, dont le premier besoin est celui d'une réparation constante des forces vitales. Il y a, sans doute, des exceptions nombreuses, mais la masse, la généralité justifie notre appréciation.

Les boissons fermentées excitent le jeu des fonctions digestives, en ce sens qu'elles stimulent l'estomac et en réveillent l'énergie, qu'elles favorisent la plupart des sécrétions, et même, jusqu'à un certain point, qu'elles augmentent la puissance d'absorption. Elles facilitent le jeu des fonctions intellectuelles, pourvu, bien entendu, qu'elles n'aient pas été ingérées à une dose telle que la compression cérébrale en soit la conséquence. En revanche, l'usage excessif, habituel, des boissons qui contiennent des principes trop excitants, ou des matières douées de propriétés opposées, est nuisible à l'économie. L'habitude ne suffit pas à en conjurer les effets, car, si la tolérance peut aller jusqu'à permettre à certains individus de boire outre mesure des liqueurs fortement alcooliques sans arriver à l'ivresse rapide qui atteint la plupart des sujets, il n'en est pas moins acquis par l'expérience que les résultats généraux se font également sentir sur leur organisation.

Le savant M. Becquerel trace, de ces effets, une description succincte, qui les fait, en quelque façon, toucher du doigt.

« Le caractère physique de l'individu habitué à boire ne tarde pas à se modifier. L'incertitude et le peu de sûreté des actions, la difficulté et la lenteur des conceptions, la diffusion des idées, la perte de la mémoire et du jugement, sont les résultats de cette transformation du caractère. En même temps de tels individus deviennent pusillanimes, lâches, mous ; ils n'ont de goût pour rien ; l'appétit vénérien diminue ; enfin, la décadence morale et physique ne tarde pas à frapper prématurément les hommes qui ont contracté cette malheureuse habitude ; il ne reste plus que l'imagination, sous l'influence de laquelle naissent des hallucinations qui, plus tard, conduisent à un délire continuel. »

Sans nous arrêter ici aux résultats intellectuels, à l'inhumanité ébrieuse féroce ou morose, à l'ivrognerie proprement dite, aux hallucinations des sens, à la folie ébrieuse, comprenant le *delirium tremens*, la manie aiguë et la folie mélancolique, nous dirons seulement que les excès alcooliques habituels produisent « une irritation habituelle, puis une inflammation chronique de la membrane muqueuse digestive ou de ses annexes. Par suite de cette irritation incessante, il n'est pas rare de voir se développer des dégénérescences plus graves, telles que le cancer de l'estomac... Le retard et la difficulté de la digestion sont souvent le résultat de l'usage des alcooliques [1]. »

Ajoutons encore que le sang se modifie en prenant de plus en plus le caractère veineux, et que les excitants alcooliques peuvent produire « les affections tuberculeuses et, en particulier, la phthisie pulmonaire, les maladies organiques du cœur, la cirrhose du foie, la maladie de Bright, les congestions cérébrales, les apoplexies sanguines et séreuses, le scorbut, l'épilepsie, » et encore, très-fréquemment, les affections calculeuses.

Si les conséquences générales de l'absorption des alcooliques sont si terribles pour les individus qui en abusent, on ne doit pas non plus perdre de vue que ces boissons déterminent souvent l'impuissance et la stérilité, que des morts prématurées, une constitution faible, débile et délicate, le rachitisme, les scrofules, des convulsions et des méningites atteignent souvent leurs enfants...

D'un autre côté, les boissons fermentées peu excitantes, qui renferment une proportion notable de principes salins ou acides, peuvent déterminer des phénomènes d'un ordre tout opposé et conduire à l'affaiblissement et au marasme. Nous avons vu des faits de ce genre et nous nous souvenons, en particulier, des tristes résultats produits par l'usage du cidre chez des individus sédentaires, de constitution bilieuse et lymphatique. Une débilitation extrême, l'atonie des tissus et des organes, l'anémie, ne pouvaient être attribuées, dans ces cas, à une autre cause, puisque l'usage modéré d'un vin généreux suffisait à procurer un entier rétablissement en un temps relativement très-court.

Il y a donc ici une question de circonstances à considérer avant tout, et l'âge, le sexe, les occupations sédentaires ou actives, le tempérament, la nature des boissons sont autant d'éléments importants sur lesquels on aura à se baser.

On évalue que la dose moyenne du vin à consommer dans le repas peut être portée à 200 grammes et qu'il doit être étendu du double de son poids d'eau. On peut partir de cette donnée générale pour régler les quantités proportionnelles des autres boissons, moins alcooliques que le vin, mais que

[1] A. Becquerel, *Traité élémentaire d'hygiène.*

nous supposons cependant de bonne qualité et dépourvues de tout excès de principes étrangers doués d'une action spéciale.

En somme, les boissons fermentées sont d'une haute utilité, pourvu qu'elles soient prises avec modération, pendant les repas, et qu'elles soient bien préparées. Si l'on avait à les étudier comme *rafraîchissements*, on devrait les placer bien au-dessous des *boissons aromatiques*, qui n'excitent pas le cerveau de la même manière.

Il nous reste maintenant à tracer brièvement les divisions et les caractères des boissons fermentées, afin de compléter, autant que le comporte notre cadre, les questions d'hygiène qui s'y rapportent.

§ IV. — DIVISIONS ET CARACTÈRES DES BOISSONS FERMENTÉES.

Nous ne connaissons pas, jusqu'à présent, de classification rationnelle des boissons fermentées, malgré toute l'utilité que l'on pourrait retirer d'un semblable travail. Nous allons chercher à y suppléer, autant que nous le pourrons, par l'analyse philosophique des caractères principaux que l'observation peut atteindre.

Au premier aperçu, en ce qui touche la *provenance* des boissons fermentées, les unes sont le résultat de la fermentation des *jus* sucrés directement produits par les plantes, les autres sont le produit fermenté des *matières féculentes végétales*, préalablement saccharifiées ; un troisième groupe renferme les produits fermentés des *principes* produits ou élaborés par les *animaux*, tels que le lait ou le miel. On pourrait joindre à ce dernier groupe les liqueurs produites par la fermentation des matières sucrées préparées par l'industrie humaine , comme le sucre primatique, le glucose et les sirops, et l'on aurait trois groupes de boissons fermentées relativement à l'origine ou à la matière première.

Cette première idée peut se résumer ainsi : les boissons fermentées proviennent des jus sucrés ou des matières féculentes, ou elles sont préparées avec des moûts artificiels.

Au premier groupe, se rattachent les vins de raisin, les cidres, les poirés, la plupart des vins proprement dits et les piquettes. Le second groupe renferme les bières de toute espèce et la troisième division comprend les hydromels, ainsi que les préparations connues sous le nom de *boissons économiques*.

On pourrait encore envisager les boissons fermentées sous un autre point de vue, quant à la matière première, et subdiviser ces trois groupes ; ainsi, les jus sucrés peuvent être donnés par les tiges saccharifères qui fournissent les séves sucrées proprement dites, par les fruits sucrés acidules, baies, fruits à pepins, à noyau, et fruits de terre sucrés, ou par les racines sucrières ; les matières féculentes peuvent être demandées aux graines de céréales et de plusieurs autres espèces végétales, ou aux tubercules et aux racines ; on peut préparer des boissons avec le lait des femelles d'animaux, avec le miel des abeilles, le sucre de canne, de fécule, ou les sirops...

C'est en partant de cette donnée, que nous avions dressé un tableau de classification des boissons fermentées, pour la partie pratique de notre livre sur la fermentation[1]. Comme ce renseignement peut offrir de l'intérêt au lecteur, nous le reproduisons sous une forme plus méthodique, en le complétant autant que possible :

TABLEAU

DE CLASSIFICATION DES BOISSONS FERMENTÉES.

Les boissons fermentées peuvent provenir :

		Produits et observations.
A. DES JUS SUCRÉS VÉGÉTAUX.	1° De la *séve* des tiges saccharifères	du palmier............ Vin de palmier.
		de l'érable............ Vin d'érable.
		du bouleau............ Vin de bouleau.
		de l'agavé............ Poulcre ou pulque.
		et autres.............. A utiliser.
		de la canne à sucre...... Vin de canne.
		du sorgho............. Vin de sorgho.

[1] Paris, 1858. V. Masson.

Les boissons fermentées peuvent provenir :

Produits
et observations.

A. DES JUS SUCRÉS VÉGÉTAUX.

2° Des *jus* des fruits sucrés acidules dont nous citons les plus importants.

1° Les *baies sucrées,* dont les principales sont :
- les raisins de la vigne.... VIN.
- les groseilles (diverses espèces)................. Vin de groseilles (*gooseberry-wine* des Anglais).
- les fraises............
- les framboises.........
- les mûres.............. } A utiliser.
- les baies d'épine-vinette..
- les baies d'airelle.......
- les baies de sureau...... } Vin de sureau (*elder wine*).
- les baies d'arbousier..... A utiliser.
- les oranges............ Vin d'orange.
- les figues............. Vin de figues.

2° Les *fruits à pepins :*
- les pommes............ CIDRE.
- les poires............. POIRÉ.
- les coings............. } A utiliser.
- divers fruits exotiques...

3° Les *fruits à noyau :*
- les prunes............ Produit innommé.
- les cerises, les merises.... Vin de cerises.
- le coco................ Vin de coco.
- les dattes............. Vin de dattes.
- les abricots, les pêches, etc. A utiliser.

4° Les *fruits de serre sucrés :*
- le melon..............
- la pastèque........... } A utiliser.
- la citrouille et quelques congénères..........

3° Du *jus* des racines sacchariféres :
- betteraves............ Betteravine.
- carottes..............
- panais................ } A utiliser.
- topinambours..........
- chiendent, etc..........

B. De provenances diverses, par la macération fermentative
- des marcs de raisin................
- des pommes sauvages..............
- des poires sauvages...............
- des prunelles ou cenelles........... } Produit ordinairement désigné sous le nom de PIQUETTE.
- des sorbes ou cormes..............
- des nèfles ou mesles..............
- des fruits d'aubépine.............
- des azéroles ....
- des glands......................
- des baies de genièvre............... } Vin de genièvre, sapinette ou genevrette.

Les boissons fermentées peuvent provenir :

			Produits et observations.
C. Des matières féculentes, par la transformation saccharine	1° Des *grains féculents :*	blé, froment, épeautre.... orge.................... seigle .... avoine .... maïs................... millet, sorgho, etc....... riz.................... sarrasin, etc............	Produits divers, mais surtout la BIÈRE.
	2° Des *tubercules* et *racines :*	pommes de terre........ topinambours........... patates................ ignames............... manioc, etc............	A utiliser.

D. Du SUCRE PRISMATIQUE ou du GLUCOSE extrait ou produit par l'industrie............................... } A utiliser.

E. Du MIEL....................................... } Hydromel ordinaire. / Hydromel vineux.

F. Du LAIT (de provenance animale)................ } de vache............... *Airen* des Tartares / de jument.............. *Koumiss*. / et autres animaux........, A utiliser.

Le tableau qui précède n'est pas complet, sans doute, et il existe un nombre très-considérable de boissons fermentées dont les espèces se subdivisent en variétés parfaitement distinctes ; on ne doit donc le considérer que comme une ébauche dont les indications sommaires peuvent donner à l'esprit une idée générale. Nous n'avions pas eu d'autre pensée en réunissant ces éléments, qui sont groupés selon l'origine de la matière première, et ce travail n'a eu d'autre but que l'utilité du lecteur. On pourrait cependant approcher d'une classification plus nette, en joignant à l'idée de provenance celle qui résulte des *propriétés organoleptiques* et de la *composition chimique* des boissons.

Ainsi, par rapport aux premières, les boissons peuvent être considérées comme *alcooliques, acides, astringentes, aromatiques* ou *liquoreuses*... Cette division ne préjuge rien sur la nature des boissons, il est vrai ; mais elle offre le mérite incontestable de fixer les idées sur les qualités réelles et *pratiques* des liqueurs fermentées, et elle peut servir à classifier chaque espèce de boissons, comme le docteur J. Roques l'a fait si intelligemment pour le vin. On peut appliquer aux cidres, aux poirés, à la plupart des bières mêmes et aux hydromels, des qualifications qui en indiquent les propriétés caractéristiques au point de vue du goût, et cela indépendamment de la nature des matières premières employées, ou même en dehors de la composition chimique. Un vin, blanc ou rouge, un cidre ou un poiré, une bière blanche ou brune, peuvent très-bien être alcooliques ou acidules, offrir de l'astringence, présenter un arome spécial ou conserver l'excès de sucre qui rend les boissons liquoreuses ; en sorte que, à côté de la nature même d'une boisson, les propriétés organoleptiques formeront, dans chaque groupe, une série de variétés dont on devra tenir grand compte en pratique.

De même, en ce qui touche les propriétés qui dépendent de la composition chimique ou de la présence de tel ou tel principe dominant, on aurait à établir des différences nombreuses entre les boissons, et ces différences contribueraient à fixer les idées dans l'application. D'après ce que nous avons déjà vu, les acides, les sels, les matières résinoïdes qui entrent dans la composition d'un liquide fermenté, en modifient l'action sur l'organisme et, sous ce rapport, les questions de ce genre appellent l'attention des observateurs.

Une boisson fermentée peut donc être considérée par rapport à la matière sucrée dont elle provient. et appartenir à l'un des groupements généraux du tableau d'origine. Cette première indication conduira à l'établissement des *genres*, si l'on veut, et il s'établira une ligne de démarcation bien définie entre les boissons fabriquées avec les séves sucrées, les jus de fruits ou de racines, les grains féculents, les racines et tubercules amylacés, le sucre, le miel ou le lait. Chacun de ces genres pourra être divisé en *espèces* distinctes, en raison de la provenance spéciale, et les propriétés organoleptiques, la couleur, la richesse en alcool, l'acidité, la proportion de produits gazeux, l'astringence, le bouquet et l'arome, l'excès plus ou moins grand de sucre, la présence des acides, des sels ou des principes résinoïdes ou amers, interviendront pour aider à la détermination des *variétés*.

Nous n'avons nullement l'intention d'aborder ici ce travail

de classification, qui trouverait une place régulière dans un livre spécial sur l'œnologie, et nous nous contenterons d'avoir exposé les généralités qui précèdent à l'attention du lecteur. Nous n'aurons à nous occuper que du vin de raisin, des cidres et des poirés, qui sont le produit fermenté des jus sucrés végétaux, de la bière qu'on obtient par la saccharification et la fermentation des grains féculents et de l'hydromel, qui est le résultat de la fermentation du miel des abeilles, et nous allons chercher à établir les caractères généraux les plus saillants de ces boissons.

Essentielles à la vie civilisée de l'Europe, les liqueurs dont nous allons parler fournissent les types les plus nets de chacun des groupes de produits les plus importants qu'on peut établir dans les boissons fermentées, et elles jouissent des propriétés les plus remarquables en ce sens que, malgré tout le soin possible, il serait bien difficile de les remplacer par des produits similaires acceptables. Cela tient, sans doute, pour le vin, le cidre et le poiré, à ce que les jus sucrés des raisins, des pommes et des poires offrent la composition la plus favorable à l'obtention de produits moyens presque parfaits, quant à la proportion de l'alcool qui en résulte, comme en ce qui touche la conservabilité et les propriétés hygiéniques, aussi bien que la saveur, l'arome et le bouquet, et la teneur en acides ou en sels.

Les caractères généraux des vins, des cidres et poirés, des bières et hydromels ne peuvent se déduire que de l'observation, en ce sens que l'action produite, en moyenne, par l'ingestion de ces liqueurs est le meilleur guide que l'on puisse adopter pour en apprécier les qualités sommaires.

De toutes les boissons fermentées connues jusqu'à présent, le *vin* est admis, sans contredit, pour la plus saine et la plus agréable. Dans cette précieuse liqueur, l'action physiologique de l'alcool est tempérée par un mélange heureux d'une juste proportion de principes acidules et de sels, qui en diminuent les propriétés excitantes, et favorisent puissamment le jeu des fonctions digestives. L'usage modéré du vin, selon le langage de tous les observateurs, porte dans l'âme la vivacité et la joie, délie la langue, aiguise l'esprit et excite à l'expansion. Le vin déride les visages, adoucit les cœurs aigris, et devient quelquefois le médiateur des réconciliations les plus difficiles en apparence. S'il est l'un des liens les plus engageants de la société, il est aussi l'un des plus puissants soutiens de l'homme dans son travail. Ce serait la panacée de bien des maux, si l'on en usait avec modération. Il est le plus excellent cordial que la nature nous ait donné... A cette opinion générale sur le vin, V. de Bomare ajoute que les autres boissons naturelles ou artificielles, comme la bière, le cidre, le thé, le chocolat, le café, n'offrent presque toutes qu'un breuvage sérieux et taciturne. Si elles rassemblent une compagnie autour d'elles, on y moralise d'un air triste, ou l'on y disserte froidement; quelquefois on y dispute avec aigreur, tandis que le vin appelle la joie et la gaieté...

Les auteurs plus modernes s'accordent à considérer le vin comme la première des boissons fermentées. Parmi eux, un observateur fort compétent, M. Bouchardat, fait remarquer à juste titre que le vin est absorbé directement, sans exiger l'action des ferments digestifs ; il en reconnaît la propriété restaurante, qu'il attribue à la complexité des matériaux inorganiques, très-rapprochés de ceux de l'organisme humain, et il en regarde l'usage comme aussi favorable que celui du bouillon, dans les convalescences qui suivent les longues maladies.

Lorsque le vin a été obtenu dans de bonnes conditions, qu'il provient de fruits mûrs et que le travail de la fermentation a été mené à son terme, il ne produit jamais d'accidents à dose modérée ; les vins doux, dont la fermentation n'est pas complète, les vins altérés par les dégénérescences, peuvent occasionner divers dérangements. Ces faits exceptionnels ne peuvent être attribués à l'usage du *vin fait* et de bonne qualité, puisque toutes les boissons non fermentées ou altérées sont dans le même cas et donnent lieu à des observations analogues.

Les hygiénistes sont partagés d'avis à l'égard du *cidre*. Les uns le regardent, avec Chaptal, comme une boisson très-saine et très-agréable, surtout lorsqu'il a été préparé avec un mélange de pommes et de poires ; les autres n'en conseillent l'usage qu'à défaut d'autres boissons, surtout lorsqu'on n'y est pas habitué, par la raison que, dans ce cas, le cidre agit quelquefois énergiquement sur le centre nerveux et produit des dérangements intestinaux plus ou moins graves.

On est forcé de reconnaître qu'il y a du vrai dans ces allégations ; mais il est clair qu'elles tomberaient devant les faits si la préparation du cidre et du poiré était assujettie à des règles rationnelles. Les médecins reconnaissent que la pomme et la poire sont très-saines et ils en permettent l'usage, même aux estomacs débilités, surtout lorsqu'on leur a fait subir la cuisson. Comment se peut-il faire que le jus fermenté de ces mêmes fruits, dont la composition chimique ne dénote que des principes utiles et salubres, ne soit pas lui-même d'un usage salutaire, à dose modérée, sinon parce que la liqueur n'a pas été préparée avec le soin convenable ? Nous verrons, en effet, qu'il en est ainsi et que le cidre bien préparé, que le vin de pommes bien fait ne mérite pas le blâme inconsidéré qu'on veut lui appliquer.

Le cidre, tel qu'il est, constitue une excellente boisson pour les travailleurs, et leurs organes robustes n'en éprouvent aucun inconvénient, pourvu qu'une trop large addition d'eau ne l'ait pas transformé en une piquette aussi plate que désagréable. La condition d'habitude est cependant fort importante à noter ici, car on ne passe pas impunément d'une boisson tonique et directement assimilable comme le vin, à une liqueur de nature différente. Il est certain que les produits lactiques et autres, contenus abondamment dans les cidres et dus à divers accidents de fermentation, auront sur l'organisme une action d'autant plus prononcée que l'estomac y est moins habitué. Cette action, débilitante à un haut degré, ne pourra être considérée *toujours* comme un contre-poids de l'excitation cérébrale, car la dérivation qui en résulte ne présente souvent ses effets qu'après le développement des phénomènes cérébraux.

Ainsi l'usage du cidre et du poiré, sans aucune action pernicieuse chez ceux qui y sont habitués, peut déterminer des désordres intestinaux et de l'affaiblissement organique chez certaines personnes accoutumées au vin, tandis qu'il est inoffensif pour beaucoup d'autres.

En admettant un cidre *bien fait*, si l'on se reporte à la composition analytique du fruit, à l'ensemble des observations faites depuis des siècles dans les pays à cidre, on trouve que cette boisson favorise puissamment la digestion et l'assimilation, mais que son usage prolongé conduit à l'épaississement des tissus et à une sorte d'atonie des fonctions, lorsqu'on ne se borne pas à un emploi hygiénique de cette liqueur. Dans le cas d'un usage modéré, le cidre, fait avec un mélange bien compris de pommes et de poires, tient un rang très-voisin de celui du vin, considéré comme boisson ordinaire.

Il y a quelques différences à noter cependant au sujet de l'action sur le cerveau, et ces différences sont caractérisées par la nature de l'ivresse que le cidre produit plus profonde et plus comateuse que le vin, ce qui tient, sans doute, à ce que ces deux boissons n'agissent pas de la même manière sur l'appareil digestif.

Nous ne suivrons pas M. Mulder dans les éloges outrés qu'il prodigue à la *bière*, dans laquelle il voit une boisson complète, douée de toutes les qualités hygiéniques. Sans aucun prétexte personnel pour dénigrer la bière, nous ne voyons pas non plus de raisons pour l'élever au niveau du nectar olympique ou emboucher la trompette en sa faveur.

La bière est saine, quand elle est bien faite ; elle est nourrissante, diurétique, peu capiteuse ; elle favorise la digestion et son principe amer la rend tonique et fortifiante. Elle contient nombre des principes du grain qui est entré dans sa fabrication, mais jamais il n'a pu entrer dans l'esprit de personne de la comparer, même de loin, au produit du raisin. Si le vin excite les fonctions intellectuelles, on n'en peut dire autant de la bière, dont le premier effet est d'épaissir l'esprit et de matérialiser les facultés.

Sous le rapport physiologique, la bière est une excellente boisson lorsqu'il n'entre dans sa composition que des matières de bonne qualité et qu'elle a été bien fabriquée. Ce n'est pas là, malheureusement, le cas ordinaire. Une saccharification incomplète et une fermentation mal suivie, l'introduction de la dextrine et du glucose, les dégénérescences lactiques et autres, l'économie du houblon, quant à la qualité, fournissent, sous le nom de *bières* les boissons les plus diverses, parmi lesquelles on rencontre des choses impossibles et d'exécrables combinaisons. La bonne bière est plus rare que ne le prétendent certains amateurs et, en France surtout, à Paris plus qu'ailleurs, on trouve d'autant moins de bières bien faites que l'habitude se prend d'en consommer davantage. Une bonne bière, d'origine anglaise, allemande ou belge, offre, en général, les éléments d'une boisson saine, fortifiante et nutritive, mais la falsification et la fabrication *économique* de nos brasseries ne nous permettent pas de porter le même jugement sur les bières vendues dans les cafés et les estaminets.

L'*hydromel,* préparé dans de bonnes conditions, avec la précaution d'additionner le moût des sels inorganiques qui se trouvent dans le vin, se rapprocherait beaucoup de cette dernière boisson. Dans l'état habituel, ce n'est guère autre chose qu'une dissolution d'alcool plus ou moins sucrée.

Pour nous résumer donc, nous placerons les boissons fermentées dans l'ordre le plus rationnel, quant à leur valeur et à leurs caractères, en étudiant d'abord le vin de raisin, puis les cidres et poirés, les bières et, enfin, les hydromels, ce groupement représentant l'échelle décroissante de leurs valeurs respectives. Mais nous ne devons pas oublier que les boissons dont nous parlons ne peuvent être l'objet d'un jugement sain qu'autant qu'elles sont pures d'origine, bien fabriquées et qu'elles n'ont pas été altérées par la fraude ou d'autres altérations moins volontaires.

LIVRE II

DU VIN DE RAISIN.

Nous n'avons pas la prétention de faire, dans cet ouvrage, un cours d'*ampélographie*... Nous sortirions ainsi de notre plan, sans être d'une utilité réelle pour le lecteur, qui pourra toujours consulter avec fruit les travaux relatifs à cette matière importante, et notamment ceux de M. Odart et de M. Rendu. Il nous paraît cependant indispensable de donner sur la *vigne vinifère* quelques notions générales, afin de ne laisser que le moins possible de lacunes, et de suppléer en partie aux livres spéciaux. Après ces généralités, nous étudierons rapidement la *culture* de la vigne, ainsi que la trop célèbre maladie dont nos agriculteurs de cabinet ont fait tant de bruit, et à propos de laquelle ils se sont prodigué tant d'éloges ; nous rechercherons ensuite les conditions essentielles de la fabrication du vin de raisin ; nous indiquerons les soins à prendre relativement à la récolte ou à la *vendange*, à la fermentation active ou insensible, au travail de la cave ou du cellier et, après avoir tracé la *classification* logique des vins de raisin d'après les meilleurs observateurs, nous terminerons ce livre par l'examen des propriétés et des caractères du vin dans ses principales variétés, et par l'étude des altérations de cette précieuse liqueur, en regard des moyens de conservation indiqués par la science et vérifiés par l'expérience.

Comme on le voit par cet aperçu sommaire, ce livre forme une véritable monographie du vin de raisin, et nous n'avons négligé aucun soin ni aucune peine pour y faire entrer tous les faits essentiels dont l'exactitude a été reconnue par l'observation.

CHAPITRE I.

DE LA VIGNE, DE SA CULTURE. — OIDIUM.

La *vigne* est le type le plus connu et le mieux caractérisé de la famille des *ampélidées* ou *sarmentacées*; c'est une plante ligneuse et grimpante, à feuilles stipellées, alternes et opposées aux pédoncules, qui se changent quelquefois en *vrilles*. Les fleurs sont disposées en grappes : elles ont un calice très-court, une corolle de 4-5 pétales, souvent adhérents par le sommet, cinq étamines opposées aux pétales, un ovaire libre. Le fruit est une baie à une loge renfermant de une à cinq graines osseuses [1].

Il est peu de personnes qui ne connaissent, au moins de vue, le végétal intéressant dont nous nous occupons; mais les cultivateurs et les vignerons ne devraient pas, selon nous, se contenter de cette connaissance superficielle, et ils devraient être familiarisés avec les caractères botaniques de la vigne, lesquels peuvent servir de guide dans un grand nombre d'applications culturales. Nous essayerons de les exposer d'une manière claire et succincte, après avoir esquissé rapidement l'histoire de la vigne et du vin.

§ I. — NOTIONS HISTORIQUES.

Généralités. — On ne peut songer aujourd'hui à remonter, à travers les âges, vers l'époque précise de la plantation de la vigne, ou plutôt de la culture de cet arbrisseau, car, si nous rencontrons des traces non équivoques de la connaissance de la vigne et du vin dans l'histoire des temps les plus reculés, aucun témoignage précis ne vient nous indiquer une date de priorité incontestable.

« Il est difficile, dit Chaptal, d'assigner l'époque précise où

[1] G. Delafosse.

les hommes ont commencé à faire le vin. Cette précieuse découverte paraît se perdre dans la nuit des temps; l'origine du vin a ses fables, comme celle de tous les objets qui sont devenus pour nous d'une utilité générale.

« Les historiens s'accordent à regarder Noé comme le premier qui a fait du vin dans l'Illyrie ; Saturne, dans la Crète ; Bacchus, dans l'Inde ; Osiris, en Egypte, et le roi Gérion en Espagne... »

Quant à la question de savoir l'époque de la découverte de la vigne, il n'existe aucun document, ni dans les monuments écrits de la fable ou de l'histoire, ni dans la tradition, qui permette de hasarder même une hypothèse, et, partout, il est parlé de la vigne comme d'un végétal connu antérieurement[1].

M. le docteur Roques a donné, dans sa *Phytographie médicale*, un très-bon résumé historique relativement à la vigne et au vin, et nous lui empruntons les passages les plus intéressants de cette étude.

« La vigne, dit-il, doit à la culture toutes ses excellentes qualités. Dans son état sauvage, elle a une forme constante dans ses feuilles et dans son fruit. Les grappes sont grêles, à grains petits et rares ; leur suc est acerbe et très-coloré. Cette vigne primitive porte le nom de *labrusque* ou *lambrouche*, et croît le long des haies dans la Provence, le Languedoc, la Guyenne, l'Alsace, etc. En Italie, elle tapisse les rochers et les cavernes, où elle forme des guirlandes comme les lianes des forêts d'Amérique. On la trouve aussi en Asie et sur les côtes de Barbarie.

« Cet arbrisseau, qui croît aujourd'hui dans les contrées méridionales de l'Europe, n'y existait pas autrefois; il s'y est

---

[1] Il semblerait peu plausible d'admettre une opinion qui attribue aux Éthiopiens l'introduction de la vigne, en ce sens qu'ils auraient transmis cette plante aux Arabes, puis aux Asiatiques... Hypothèse pour hypothèse, il nous paraît plus rationnel de reconnaître l'ignorance très-réelle où nous sommes de ce fait, que de contredire de parti pris toutes les déductions qui ressortent du récit de la légende israélite. Or, en dehors de toute question de dates, si Noé a planté de la vigne et bu du vin, lorsqu'il avait encore près de lui ses trois fils Sem, Cham et Japhet, ce qui ressort du récit, il est clair que les futurs descendants de Cham n'ont pas pu précéder leur aïeul dans l'introduction de la culture de la vigne... Quant à l'Illyrie, donnée par Chaptal comme le lieu de la fabrication du vin par Noé, nous pensons qu'il y a une erreur manifeste dans cette indication à peu près gratuite.

naturalisé par les semences de notre vigne cultivée, apportée
d'Asie et rendue à son état naturel.

« L'époque première de la découverte de la vigne est irré-
vocablement perdue. La *chronique* des Hébreux fait remonter
au temps du déluge la plantation de cet arbuste. On voit, par
plusieurs passages de l'Ecriture sainte, qu'il était cultivé dans
toute la Palestine, et qu'on en obtenait des vins très-renommés, tels que ceux de Sorée, de Sébama, de Zaïel. La vigne
était surtout très-productrice dans le pays de Chanaan ; témoin
la branche si chargée de raisins que les espions de Moïse
avaient enlevée, et que deux hommes portèrent sur un levier
au camp des Israélites.

« Au reste, on croit généralement que l'Europe est rede-
vable à l'Asie de la possession de la vigne. Les Phéniciens,
qui parcouraient souvent les côtes de la Méditerranée, en
auraient introduit la culture dans les îles de l'Archipel, dans
la Grèce, dans la Sicile, enfin en Italie et dans le territoire de
Marseille. On la cultiva ensuite dans la Gaule narbonnaise, et
peu à peu dans le reste de l'Europe.

« Sous Lucullus, les Romains rapportèrent du royaume de
Pont des sarments de plusieurs espèces de raisin inconnues
alors en Italie. Cette culture se propagea, du temps de la
République romaine, dans la Ligurie, dans la Cisalpine, et,
du temps des empereurs, elle s'étendait déjà dans la Transal-
pine. Les Gaulois, allant faire des incursions au delà des
Alpes, sur les rives du Pô, prirent des sarments de ces vignes
qu'ils plantèrent dans la Provence, le Dauphiné et la Gaule
narbonnaise ; ces vignes y prospérèrent et se propagèrent
jusque dans l'Auvergne, longtemps avant la conquête des
Gaules par Jules César.

« La culture de la vigne eut ensuite un tel succès dans nos
provinces méridionales, que Domitien, craignant qu'elle ne
fît tort à celle du blé, fit arracher toutes les plantations. Ce
ne fut que deux siècles après que Probus rendit aux Gaulois
la liberté de replanter la vigne (282)... On vit alors la vigne,
d'abord limitée à la ligne des Cévennes, s'étendre sur tous les
coteaux du Rhône, de la Saône, sur le territoire de Dijon, sur
les rives du Cher, de la Marne, de la Moselle, etc., gagner en
même temps le Languedoc, la Gascogne, la Guyenne et peu à
peu les autres provinces, jusqu'à l'Orléanais et l'Ile-de-France.

Les croisades des douzième et treizième siècles rapportèrent
de Chypre, d'Alexandrie, de Corinthe et de la Palestine, des
sarments de vigne d'une espèce excellente, qu'on planta dans
le Roussillon. Ils ont donné naissance aux délicieux vins de
Rivesaltes, de Frontignan, de Lunel et autres vins muscats
qu'on récolte soit dans le Languedoc, soit dans la Provence[1]. »

Vins des anciens. — La fabrication du vin, chez les peuples
de l'antiquité, était loin de reposer sur les principes fixes établis par la science moderne. Il aurait fallu, pour cela, que les
faits relatifs à la fermentation leur eussent été familiers, et
que la chimie eût apporté sa vive lumière dans le chaos des
recettes et des procédés routiniers adoptés par une pratique
essentiellement variable. Cette marche a dû évidemment se
perpétuer à travers le moyen âge, jusqu'à l'époque plus rapprochée de nous où l'observation des faits naturels a commencé à prendre le caractère scientifique.

Cependant, nous nous rangeons de l'avis de l'illustre
Chaptal, lorsqu'il reconnaît, par les écrits des anciens, que
déjà ils avaient des idées saines sur les diverses qualités du
vin, ses vertus et ses préparations. Les vins mousseux mêmes
ne leur étaient pas inconnus, et ils distinguaient les produits
de la vigne par des expressions justes, employées encore de
nos jours[2].

Les Grecs avaient singulièrement avancé l'art de faire, de
travailler et de conserver les vins : ils les distinguaient déjà en
πρότροποι et δευτέριοι[3], selon qu'ils provenaient du suc sorti du
raisin par une légère pression ou par un foulage plus énergique. C'est ce que les Romains ont désigné, de leur côté,
sous les noms de *vinum primarium* et *vinum secundarium*.
Chaptal ajoute qu'il est difficile de se défendre de l'idée que
les anciens possédaient l'art d'épaissir et de dessécher certains
vins, pour les conserver très-longtemps. « Aristote nous dit
expressément que les vins d'Arcadie se desséchaient tellement
dans les outres, qu'il fallait les racler et les délayer dans l'eau
pour les disposer à servir de boisson. Pline parle de vins

---

[1] J. Roques, *Phyt. méd.*, t. III.
[2] Ille impiger hausit *Spumantem* pateram... (Virg.)
  Cœcubum *dulce*, ... Surrenthinum *austerum*... (Diosc.); etc.
[3] Vin de première goutte (πρότροπος); vin de seconde pression (δευτέριος).

gardés pendant cent ans, qui s'étaient épaissis comme du miel
et qu'on ne pouvait boire qu'en les délayant dans l'eau chaude
et les coulant à travers un linge ; c'est ce qu'on appelait
saccatio vinorum... Galien parle de quelques vins d'Asie qui,
mis dans de grandes bouteilles qu'on suspendait au coin des
cheminées, acquéraient par l'évaporation la dureté du sel...
Mais tous ces faits ne peuvent appartenir qu'à des vins *doux*,
épais, peu fermentés, ou à des *sucs non altérés et rapprochés*. Ce
sont des extraits, plutôt que des liqueurs, et peut-être n'était-
ce qu'un *raisiné* très-analogue à celui que nous formons
aujourd'hui par l'évaporation et l'épaississement du suc de
raisin. »

Cette manière de voir nous semble complétement justifiée,
et personne ne songera à la révoquer en doute, après un examen rapide des faits de la fermentation. Il est clair, en effet,
que des vins proprements dits, bien fermentés, auraient perdu
la plus grande partie de leur alcool par ce traitement ; que le
reste se serait transformé en acide acétique, et que le produit
n'aurait été autre chose qu'une véritable *lie*.

De son côté, le docteur Roques résume ainsi les principaux
faits relatifs aux vins des anciens :

« L'art de faire le vin n'est pas moins ancien que l'art de
cultiver la vigne ; il se perd dans la nuit des temps. Les Grecs
et les Romains commençaient ordinairement la vendange au
mois de septembre, et ils avaient grand soin de ne cueillir
d'abord que les raisins les plus mûrs du coteau le mieux
exposé. Théophraste , dans son traité des plantes , nous
apprend qu'on enveloppait quelquefois les grappes d'une
cloche, pour les garantir de la trop grande ardeur du soleil.

« On estimait à Rome les vins généreux de la côte d'Am-
minée : *Amminea vites, firmissima vina* (Virg.) Columelle en
fait le même éloge. Le vin de Momentum. contenant plus de
matière mucilagineuse, était également très-recherché. La
vigne *Apiana*, le muscat moderne, qui a reçu son nom actuel,
comme son nom ancien, de sa disposition à attirer les abeilles
ou les mouches, n'était pas moins célèbre. Mais une année se
distingua par la supériorité du vin de toutes les espèces ; c'est
celle du consulat de L. Opimius. « Cette année, dit Pline, le
soleil échauffa l'atmosphère au point que tous les raisins
furent cuits. » Ces vins duraient encore de son temps, et ils

avaient près de deux siècles ; ils avaient acquis, en vieillissant, la consistance du miel. L'impératrice Livie attribuait ses quatre-vingt-deux ans à l'usage du pucin ; elle n'en buvait pas d'autre. Il s'en récoltait quelques amphores près de la mer Adriatique, non loin du Timave, sur une colline pierreuse. Pline croit que c'est ce vin du golfe Adriatique dont les Grecs parlent avec tant d'enthousiasme et qu'ils ont nommé *præcien*. Auguste préférait le vin de Sétines, parce qu'il était délicat et salubre ; on le récoltait au-dessus du Forum Appien. Martial l'appelle *delicatam uvam Setini clivi*. Galien en fait aussi l'éloge et dit qu'il se conservait longtemps.

« La Campanie, province célèbre par la douceur de son climat et la fertilité de ses coteaux, produisait le meilleur vin de la presqu'île. Les collines, qui donnent à toute la contrée une physionomie si riante, paraissaient ne former anciennement qu'un immense vignoble où l'on prenait soin d'entretenir les espèces de raisin les plus parfaites. Le vin de Falerne était le plus recherché de ce vignoble. Selon Pline, le vin de Cécube, qu'on récoltait dans les marais d'Amyclée, avait eu d'abord un grand renom ; mais on négligea les vignes, et la formation d'un canal contribua à les faire abandonner. Le vin de Falerne était alors au premier rang.

« D'après Athénée, il y avait deux sortes de falerne : l'un était sec (*austerum*) et l'autre doux (*dulce*). On corrigeait l'âpreté du premier avec du miel, et on en faisait un vin nommé *mulsum*. Horace ne nous dit pas lequel des deux était le meilleur ; il réservait cependant le falerne pour les belles occasions... Les vins d'Albe passaient pour avoir beaucoup de douceur, et ils étaient très-recherchés... Les vins de Sorrento étaient recommandés surtout pour les convalescents, à cause de leur légèreté, et ceux de Massique ne jouissaient pas d'une moindre estime... On avait encore les vins de Vérone, de la Sabine, de Spolète, de Capoue, etc. Enfin, Jules César avait accrédité les vins de Messine, qu'on servait dans les festins publics.

« Indépendamment de ces vins, les Romains en tiraient beaucoup de leurs provinces de la Grèce, de la Gaule, de l'Espagne et de l'Archipel. Les raisins violets de Vienne et le riche muscat du Languedoc leur étaient parfaitement connus, ainsi que les vins généreux d'Espagne ; les îles Baléares leur en fournissaient également. Entre les vins grecs, ils estimaient surtout les vins de Maronnée, de Thasos, de Cos, de Chios, de Lesbos, d'Icare, de Smyrne, etc.; ils recherchaient encore les vins d'Asie, de la Palestine, et tous ceux que leur éloignement rendait précieux à l'opulence.

« Les Grecs connaissaient les meilleurs vins de l'Asie et de l'Afrique. Galien vante les vins blancs de la Bithynie, qui avaient le goût du cécube quand ils étaient très-vieux. La montagne de Tmolus, près de la ville de Sardes, en Lydie, fournissait un vin doux, d'une couleur ambrée et d'un parfum délicat. Athénée parle des vins blancs qu'on récoltait aux environs du lac Maréotis, et dont s'enivraient Antoine et Cléopâtre. Cependant celui de Méroé, que Cléopâtre fit servir à César, paraît avoir joui d'une plus haute réputation. Lucain dit qu'il ressemblait à celui de Falerne. Le vin de Tœnia, d'une couleur grise et verdâtre, était liquoreux, astringent et d'une odeur aromatique... On avait, à Rome, du vin de cent feuilles, comme le dit Pétrone, et même de deux cents ans, d'après Pline; ceux-ci étaient solidifiés, et il fallait, pour les rendre fluides, les faire dissoudre dans l'eau chaude. On avait aussi des vins rouges, des vins blancs, des vins de liqueur, des vins cuits, des vins d'ordinaire et des vins de choix qui ne paraissaient qu'aux repas somptueux ou dans des occasions extraordinaires.

« Les vins grecs étaient si précieux, qu'on n'en buvait qu'une seule fois dans un repas; mais, plus tard, on prodigua les vins les plus exquis d'une manière incroyable. D'après Varron, Lucullus, à son retour d'Asie, distribua au peuple plus de cent mille pièces de vin grec. L'orateur Hortensius avait fait une si grande provision de vins de Chios, qu'il en laissa plus de dix mille pièces à ses héritiers. César, au banquet de son triomphe, donna au peuple des tonneaux de ce même vin, que Virgile comparait au nectar, et des amphores de falerne; dans son troisième consulat, chargé du soin des festins sacrés, il servit du falerne, du chios, du lesbos et du messine [1]. »

En ce qui concerne le traitement que les anciens faisaient subir au vin, ou plutôt au moût de raisin, pour le transformer

---

[1] *Phyt. méd.*, t. III.

en vin, nous pouvons le regarder, sans hésitation, comme une ébauche grossière d'une méthode plutôt que comme une méthode véritable, basée sur des principes avérés. Il se produisait forcément de l'alcool dans tous les cas où le moût était abandonné à la fermentation; mais lorsque la liqueur était formée du suc des raisins cuits ou presque desséchés au soleil (*passæ uvæ*), lorsque ce moût subissait encore une évaporation lente et continue dans les *greniers à vin* ou même au soleil, ce produit essentiel de nos vins modernes ne pouvait exister que dans une faible proportion. D'un autre côté, même dans les vins fermentés, l'acte de la fermentation ne pouvait presque jamais suivre ses phases régulières, par une suite très-compréhensible des mélanges de toute nature qu'on y introduisait.

« Les Romains, dit M. J. Roques, laissaient fermenter leur vin pendant un ou deux ans, dans des tonneaux où ils jetaient du *plâtre* [1], de la craie, de la poussière de marbre, du sel, de la myrrhe, des herbes aromatiques, etc.; ensuite, ils le soutiraient dans de grandes jarres vernissées en dedans avec de la poix fondue. On marquait, sur le dehors de la cruche, le nom du vignoble et celui du consulat sous lequel le vin avait été fait. Ce soutirage s'appelait *diffusio vinorum*. Ils avaient deux sortes de vaisseaux employés à cet usage; l'un se nommait *amphore* et l'autre *cade*. L'amphore était de forme carrée ou cubique, à deux anses, et contenait deux *urnes*, environ quatre-vingts pintes de liqueur; ce vaisseau se terminait par un col étroit qu'on bouchait avec de la chaux et du plâtre, pour empêcher le vin de s'éventer. Les amphores dont parle Pétrone étaient de grosses bouteilles en verre bien bouchées, avec des écriteaux où on lisait : *Falernum opimianum annorum centum.* Le cade (*cadus*) avait à peu près la figure d'une pomme de pin; c'était une espèce de tonneau qui contenait moitié plus que l'amphore. On bouchait bien ces deux vaisseaux et on les mettait dans une chambre haute exposée au midi. Cette chambre s'appelait *horreum vinarium*, le grenier au vin. On conservait les plus forts dans les lieux découverts, exposés à la pluie, au soleil, au froid et à toutes les intempéries; là,

---

[1] Parmi les modernes, est-ce M. Rousseau ou M. Champonnois qui a *inventé* l'introduction du *plâtre* dans les liquides en fermentation?... Il y a des multitudes d'inventions brevetées de cette force.

ils acquéraient, en s'adoucissant, des qualités supérieures.

« Ils suspendaient, au coin des cheminées, les vins de qualité inférieure, afin de leur donner du corps et de pouvoir les conserver plus longtemps. Ce procédé leur avait été transmis par les Asiatiques, qui faisaient également épaissir certains vins au coin du feu, d'après le témoignage de Galien. »

Les conclusions tirées par Chaptal dans son *Art de faire le vin,* à la suite de l'exposé des connaissances des anciens sur le vin, nous paraissent de la plus grande justesse, et nous les reproduisons sans commentaires pour terminer ce paragraphe, en nous contentant d'en souligner les idées les plus saillantes.

« Le plus grand nombre des écrivains sur l'œnologie s'est borné, dit-il, à décrire des *procédés* ou à perpétuer des *recettes ;* on peut voir, dans le *Recueil des Géoponiques,* une série très-nombreuse de formules ou de préparations exécutées par les anciens, tant pour préparer et parfumer les vaisseaux dans lesquels on déposait la vendange ou conservait le vin, que pour *préserver* ces derniers *de toute altération,* ou pour les *rétablir* lorsqu'ils étaient *dégénérés.* On voit évidemment, à travers cette immense réunion de procédés, que les anciens donnaient aux vins leurs principales vertus à l'aide des *aromates,* et que *l'art de bien conduire la fermentation* et de préserver le vin de toute altération par le *collage,* le *soufrage,* etc., *ne leur était pas connu;* ils se bornaient à *soutirer* ou *transvaser* le vin... Plusieurs des auteurs qui ont écrit sur le vin ont borné leurs observations à ce qui se pratique dans un canton, dans un vignoble et, néanmoins, ils ont prétendu en déduire des principes généraux, comme si le *climat,* le *sol,* la *culture,* l'*exposition* n'apportaient pas des *modifications infinies à la nature du raisin* et n'exigeaient pas des moyens particuliers, tant pour conduire la fermentation que pour soigner le vin dans les tonneaux.

« Sans doute, l'art de faire le vin est fondé sur des principes généraux, et tous les procédés peuvent en être éclairés par la science ; mais, pour que les principes de cet art pussent être établis, il fallait que les *lois de la fermentation* fussent *connues ;* il fallait non-seulement que l'*influence du climat, du sol, de l'exposition, de la culture* fût bien *constatée,* mais qu'on sût positivement ce qui est dû à chacun de ces agents, dans la *nature très-variable du raisin ;* il fallait connaître assez exactement la *cause* de l'*altération* ou de la *dégénération* des vins dans les tonneaux, pour pouvoir les prévenir ou les corriger. Or ces connaissances n'ont été acquises que par les progrès de la chimie...

« Non-seulement la chimie nous a donné les moyens d'apprécier les modifications qu'impriment sur le raisin les saisons, le climat, le sol et l'exposition; mais, en nous éclairant sur la *nature des substances qui déterminent la fermentation*, elle nous fournit assez de lumières pour la modifier et l'approprier, pour ainsi dire, à la nature très-variable des éléments qui la constituent : elle fait plus, elle nous apprend à corriger les défauts des matières qui y sont soumises et à suppléer par l'art à l'imperfection du travail de la nature.

« La chimie nous présente encore un grand avantage pour avancer la science de l'œnologie ; elle assigne une dénomination convenable à chaque substance, à chaque opération : dès lors, elle établit des *rapports* et une *communication facile* entre tous les agriculteurs qui, jusqu'à ce jour, n'avaient pu ni communiquer ni transmettre leurs observations par écrit, parce que chaque vignoble avait son idiome, sa langue et ses méthodes.

« Dans l'art de fabriquer le vin, comme dans tous ceux qui doivent être éclairés par les vérités fondamentales de la chimie, *on doit commencer par connaître parfaitement la nature de la matière qui fait la base de l'opération, et calculer ensuite avec précision l'influence qu'exercent sur elle les divers agents qui sont successivement employés.*

« Alors on se fait des principes généraux qui dérivent de la nature bien approfondie du sujet, et l'action variée du sol, du climat, des saisons, de la culture, les variétés apportées dans les procédés des manipulations, l'influence marquée des températures, etc., tout vient s'établir sur ces bases... »

Cette règle de prudence tracée par l'éminent observateur devrait être le guide constant de tous ceux qui s'adonnent aux recherches de la chimie appliquée ; car, seule, elle peut les mettre à l'abri des erreurs de jugement dont l'industrie supporte si souvent les conséquences. Nous allons essayer de l'appliquer à l'égard de la vigne, comme nous l'avons prise pour point de départ de toutes les études d'application auxquelles nous avons consacré nos efforts.

§ II. — ORGANISATION DE LA VIGNE.

Lorsqu'on veut étudier une plante, il convient d'en examiner avec attention d'abord les caractères extérieurs, ce qu'on peut appeler la *tenue* et l'*apparence*, puis les détails anatomiques à l'aide desquels les notions acquises prennent la précision scientifique.

La vigne est un *arbrisseau sarmenteux*, ce que l'on nommerait volontiers une *liane :* sa végétation exubérante et sa faiblesse lui font rechercher tous les appuis qui sont à sa proximité ; elle s'y attache au moyen des vrilles fortes et nombreuses dont elle est munie, pour s'élancer dans l'air et couvrir parfois un grand espace de ses pousses luxuriantes et de son vert feuillage. Les feuilles sont alternes, entières ou lobées à trois ou à cinq lobes ; les contours en sont ondulés, dentés plus ou moins profondément, ou même laciniés ; les surfaces sont glabres ou poilues, ou cotonneuses ; la coloration de ces organes varie du vert-clair au rouge foncé violacé, en passant par de nombreuses nuances intermédiaires, selon l'espèce et la saison. Les fruits en grappes naissent à l'opposé des feuilles, où ils sont remplacés fort souvent par une vrille simple, branchue ou rameuse, que l'on peut considérer comme un fruit avorté. Les fleurs sont petites, peu apparentes, exhalant une odeur suave et douce ; chaque fruit est une baie globuleuse, ovale ou allongée, de grosseur variable, de couleur noire ou blanche, ou nuancée, renfermant de une à quatre graines osseuses connues sous le nom de *pepins*.

La tendance générale de la vigne dans sa *direction* est un angle de 45 degrés sur l'axe, en sorte que, par suite de cette disposition, il y a peu de végétaux dont les feuilles, les fruits et les branches se groupent d'une manière plus avantageuse pour profiter des influences atmosphériques. A première vue, on peut dire que ce végétal est un de ceux dont la *vie aérienne* est la plus développée.

Anatomie botanique. — Nous aurons à examiner la *fleur*, le *fruit*, la *feuille*, la *tige* et la *racine* de la vigne, si nous voulons compléter les idées qui viennent d'être émises par quelque chose de plus précis et de plus rigoureux.

La vigne appartient à la *pentandrie-monogynie* du système de Linné, c'est-à-dire que sa fleur est caractérisée par cinq *étamines* ou organes mâles et un seul *pistil* ou organe femelle (fig. 2)[1]. Dans la méthode de Jussieu, elle appartient à la treizième classe, celle de l'*hypopétalie*, qui renferme les plantes dicotylédones polypétales, à fleurs hermaphrodites et à étamines hypogynes, ou à organes mâles insérés sous l'ovaire...

M. Brongniart la place dans la classe quarante-sixième de sa nomenclature, celle des *célastroïdées*, qui renferme cinq familles : les ampélidées ou vinifères, les hippocratéacées, les célastrinées, les staphyléacées et les pittosporées.

La famille des ampélidées contient deux sous-familles : 1° celle des VITÉES, avec deux tribus : *Cissus* L., *Vitis* L.; 2° celle des LÉÉES : *Leea* L.

La *fleur* de la vigne est petite. Elle possède tous les organes réguliers d'une fleur complète, savoir : un calice, une corolle, des étamines, un ovaire... Le *calice* est très-court et il ne forme qu'une sorte de rebords à cinq dents ou plutôt à cinq festons peu échancrés (fig. 1). La *corolle* est constituée par cinq pétales ; elle forme l'enveloppe assez ferme et verdâtre du bouton. Or cette enveloppe est continue et cohérente à sa voûte ; elle ne permettrait donc pas aux étamines de sortir, si, par l'effet de l'allongement rapide que prennent les filets, celles-ci ne la soulevaient en l'obligeant à se détacher par sa base.

(Fig. 1.)

La voûte corollaire, détachée de force reste pendant quelque temps soulevée (fig. 2) et forme, au-dessus des organes reproducteurs une sorte de dais sous lequel les anthères, desséchées par le contact de l'air, ouvrent rapidement leurs deux fissures longitudinales et laissent dès lors sortir le pollen qui tombe sur le stigmate. Bientôt cette corolle est enlevée mécaniquement sous la forme d'une étoile à cinq rayons, d'abord concave et ensuite à peu près plane[2].

Les organes de reproduction se montrent alors à découvert (fig. 2), et l'on peut distinguer les cinq *étamines* opposées aux pétales et

(Fig. 2.)

[1] *Pentandrie*, des mots grecs πέντε, cinq, et ἀνήρ, homme, mâle... *Monogynie*, de μόνος, seul, unique, et γυνή, femme, femelle.

[2] P. Duchartre, *Éléments de botanique*.

l'*ovaire*, au sommet duquel le pistil est représenté par un stig-mate sessile.

L'ovaire est libre ; il renferme deux loges qui con-tiennent régulièrement chacune deux ovules ou deux graines ; mais il arrive souvent que ces ovules avor-tent et qu'il ne reste qu'une, deux ou trois graines. Comme on peut le voir par la figure 3, qui représente la coupe longitudinale d'un ovaire déjà développé, le style du pistil n'existe pas et l'ovaire est surmonté d'un stigmate assez large ; les ovules sont ascendants et collatéraux.

(Fig. 3.)

Le *fruit* est une *baie* dont la figure 4 représente une coupe verticale. Un cordon vasculaire, répondant à son origine au centre du pédicelle, se porte à travers le parenchyme jusqu'au niveau du stigmate ; mais au point d'émergence de ce cordon, à l'in-térieur, on remarque un renflement vasculaire d'où s'irradient les vaisseaux qui traversent le fruit et les cordons qui aboutissent au sommet des ovules. Les *ovules* développés sont les *pe-pins*, dont l'enveloppe contient beaucoup de tannin. Ces pepins sont d'une couleur vert jaunâtre, ou plutôt un peu brunâtre ; ils sont très-durs et renferment une amande oléa-gineuse.

(Fig. 4.)

C'est l'enveloppe ou la peau du fruit qui contient la matière colorante, et nous verrons qu'un des indices de la maturité se rencontre dans la coloration du renflement vasculaire dont nous venons de parler. La forme des fruits de la vigne est globuleuse, ovalaire ou allongée.

Les *feuilles* de la vigne (fig. 9 à 19) sont très-variables dans leur forme ; elles sont alternes et opposées ; mais cette opposition peut quelquefois ne pas paraître très-nette, par suite de la torsion des tiges... Elles sont attachées à la tige par un pétiole plus ou moins allongé, qui se ramifie dans l'épaisseur du limbe en un grand nombre de faisceaux vas-culaires, lesquels constituent les *nervures*. La face supé-rieure du limbe offre des dépressions longitudinales corres-pondantes à ces nervures, qui sont, au contraire, plus ou moins saillantes à la face inférieure.

On observe toujours sur la *tige* (*ae*, fig. 5) un renflement assez notable au niveau du plan d'émergence des feuilles et des *bourgeons* qui naissent à l'aisselle de ces dernières. C'est ce

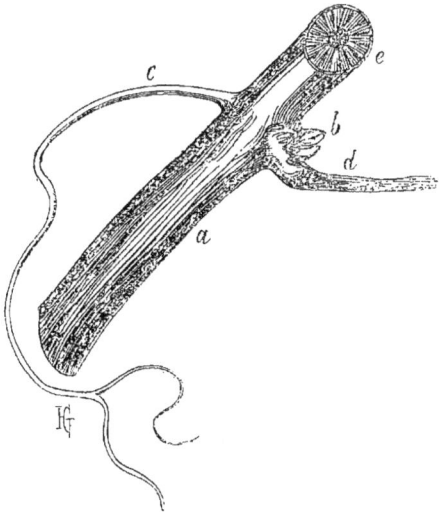

(Fig. 5.)

qu'on appelle un *nœud*. Dans le même plan et à l'opposé de la feuille, il se développe une *vrille* ou une grappe.

« Cette vrille, dit M. Duchartre, qui se ramifie plus ou moins selon les circonstances de la végétation, mais qui, le plus souvent, est simplement bifurquée, présente cette particularité remarquable d'être *oppositifoliée*, c'est-à-dire de sortir de la tige en un point diamétralement opposé à l'attache d'une feuille ; en outre, sur chaque sarment ou rameau de vigne, les feuilles inférieures ne sont accompagnées de rien de pareil, et ce n'est ordinairement qu'à partir de la cinquième ou sixième (*si les grappes manquent*) qu'on voit apparaître ce puissant moyen de s'accrocher dont la nature a muni les longs jets de cet utile arbrisseau. A partir de là, il y a successivement *deux feuilles avec une vrille, puis une feuille sans vrille, deux autres avec vrille, une sans vrille*, et ainsi de suite [1]. D'un autre côté, sur les rameaux ou sarments fertiles, la *place des deux* ou plus rarement *des trois premières vrilles est occupée par*

[1] Ceci est une règle générale et, comme toujours, il y a des exceptions.

les grappes; enfin, on rencontre fréquemment des vrilles qui
portent quelques fleurs et plus tard quelques grains de raisin,
et même il n'est pas rare de voir les ramifications inférieures
de certaines grappes s'allonger en vrilles, ou l'axe même
d'une grappe, qui cependant porte des fleurs fertiles et qui,
plus tard, formera un raisin, s'entortiller en manière de vrille
autour des corps qu'il rencontre. »

Sans nous préoccuper des hypothèses des botanistes à
l'égard de la formation des vrilles, nous nous bornerons à
dire simplement que ces organes ne sont autre chose que des
grappes avortées.

Dans la figure 5 ci-dessus, la vrille bifurquée *c* occupe la
place d'une grappe à l'opposé de la feuille *d*, dans l'aisselle de
laquelle se trouve le bourgeon *b*. Dans une jeune vigne de
semis (fig. 8), les *deux feuilles radicales* seules sont opposées ;
au nœud suivant, une des deux feuilles a avorté, et il en est
de même à tous les autres nœuds : la feuille qui avorte est
remplacée, à une plus grande hauteur de l'axe, par une vrille
ou, plus tard, sur les rameaux fertiles, par une grappe ; on
voit par là que si la vrille est une grappe avortée, la grappe
elle-même est une feuille modifiée.

Si nous passons maintenant à l'étude de la *tige* de la vigne,
nous la voyons coupée, de distance en distance, par des nœuds
(fig. 5) ; l'espace variable compris entre deux nœuds consécutifs s'appelle *mérithalle* ou entre-nœuds. La vieille écorce
de la vigne se sépare par fragments des couches nouvelles, à
mesure que le bois se développe en grosseur et en longueur.
Lorsqu'on coupe un sarment de l'année entre deux nœuds

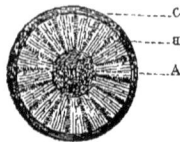

(Fig. 6.)

suivant un plan perpendiculaire à l'axe
(fig. 6), on peut observer les différentes
couches qui le composent. Au centre, un
canal médullaire très-apparent A, de consistance lâche, formé par des cellules polyé-
driques incolores qui prennent une teinte
jaune-brunâtre dans le vieux bois. Entre
cette partie médulaire et l'écorce C, on constate une couche
formée également de cellules plus cohérentes, qui sont traver-
sées par des faisceaux de fibres disposées en rayons du centre
à la circonférence. Les faisceaux sont constitués par du tissu
vasculaire très-caractérisé. Les couches corticales C sont for-

mées par plusieurs rangs de cellules dont l'accroissement est facile à comprendre. Il a lieu par la formation de cellules nouvelles, entre les couches R et C; mais à mesure que la couche R augmente vers la périphérie, elle s'accroît aussi vers le centre, en sorte que, au bout d'un petit nombre d'années, le canal médullaire est devenu d'un diamètre fort restreint.

En pratiquant une coupe longitudinale (fig. 7), on peut constater que le canal médullaire est interrompu au niveau du nœud par du tissu cellulaire très-dense, analogue à celui qui se trouve dans le tissu ligneux[1]. Cette masse présente, d'ailleurs, une condition remarquable dans la multiplicité des globules primordiaux que l'on y rencontre. Ces globules sont ovoïdes, isolés ou réunis en grappes; ils se trouvent dans les cellules et les méats intercellulaires, et leur abondance explique facilement deux faits principaux relatifs à la vigne : la facilité avec laquelle il se développe des racines dans le plan

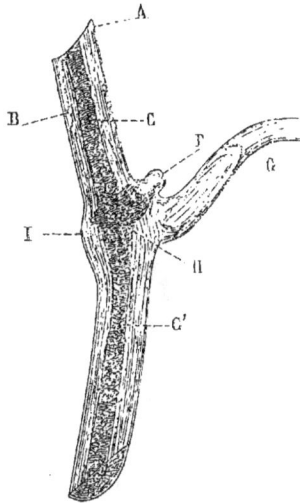

(Fig. 7.)

des nœuds mis en terre et, aussi, les productions abondantes de moisissures dans le cas d'affaiblissement ou d'hyposthénisation de la plante. Nous aurons occasion de revenir sur ce point, et nous nous contenterons, quant à présent, d'appeler l'attention du lecteur sur un fait assez significatif, bien que nos *chercheurs de champignons* l'aient méconnu. Cette masse de tissu cellulaire, dans laquelle il se développe un grand nombre de globules primordiaux, occupe le plan de la feuille, du bourgeon et du fruit... Cette disposition, répétée à tous les nœuds dans toute la longueur de la *flage* ou du *sarment*, explique suffisamment les altérations, consécutives de toutes les causes d'affai-

---

[1] A écorce; B tissu ligneux; CC' canal médullaire; H masse de tissu dense qui interrompt le canal médullaire; G pétiole de la feuille; F bourgeon; I niveau d'émergence de la grappe et de la vrille.

blissement, pour qu'on puisse en déduire la marche à suivre dans nos cultures. Si, en effet, cette masse de *germes* est dirigée dans son évolution, il est possible, facile même, de lui faire reporter toute son activité vers la production de tissus normaux, au lieu de la laisser se perdre en productions cryptogamiques. Le *pincement* rationnel repose sur ce fait et permet de régulariser le travail physiologique, en rejetant toute l'énergie de ce travail vers l'accroissement du fruit et du bois, ou vers la production foliacée. Nous déduirons ultérieurement les conséquences pratiques qui résultent de cette observation.

La *racine* de la vigne est naturellement et normalement pivotante, c'est-à-dire que dans la vigne obtenue de graines la jeune radicelle est pivotante. Mais, après un temps très-court, la partie inférieure du pivot s'étiole et meurt, et les racines se développent sur des plans latéraux répondant aux nœuds de la tige. Dans la vigne plantée de bouture ou de marcotte, les racines sortent des nœuds et forment des plans latéraux dont le caractère est d'être traçants.

La figure 8 représente le système radicellaire d'une jeune vigne de semis [1]. Entre la ligne AB et la ligne CD, la racine est saine, pleine et renflée; la couleur blanche et le gonflement des tissus indique la vie. Toutes les radicelles RS

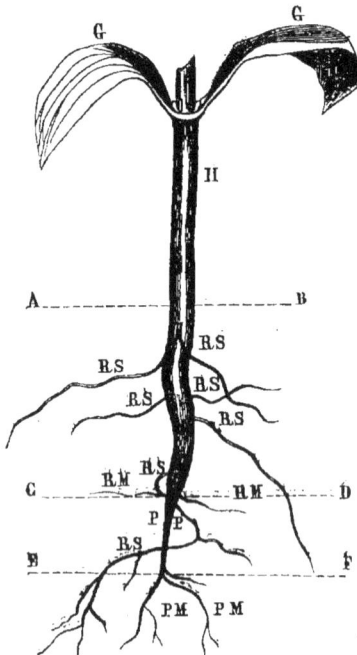

(Fig. 8.)

[1] AB ligne de terre, niveau du sol; CD ligne indiquant l'extrémité inférieure de la partie saine de la racine et le commencement de la partie atrophiée du pivot primitif; PP pivot primitif atrophié; EF ligne indiquant l'extrémité du pivot; GG feuilles radicales ou cotylédons; H tige hors du sol; RS, RS, RS radicelles saines et vigoureuses; RM, PM radicelles atrophiées et mourantes, de couleur brunâtre.

qui en émanent sont saines et munies d'une extrémité en spongiole, blanchâtre et pleine de vie. Au contraire, entre CD et EF, le pivot PP est atrophié, presque mort ; toutes les radicelles qui émergent de cette portion sont brunâtres, et elles ont perdu leur spongiole. Il est facile de voir que la vie s'arrête en CD, et que l'axe vertical est désormais remplacé par des axes latéraux, en sorte que la racine, pivotante à la naissance de la plante, devient décidément traçante, d'une manière franche et bien caractérisée.

Si l'on pousse l'observation plus loin dans la vie du végétal, on peut constater aisément que les plans de racines le plus profondément situés s'atrophient et meurent facilement sous l'empire de circonstances diverses, dont les deux plus remarquables sont l'humidité excessive, avec imperméabilité du sous-sol et le développement exagéré ou trop rapide des plans extérieurs et superficiels. Nous verrons que la perméabilité du sol est la première condition exigée par la vigne, et que la suppression des racines superficielles a pour résultat de fortifier la plante par le développement des plans moyens ou des plans inférieurs.

Ce qui précède nous semble devoir suffire pour donner une idée générale, juste et nette, de l'organisation physiologique de la vigne, au sujet de laquelle on nous paraît avoir fait une comparaison fort judicieuse lorsqu'on a dit de cette plante remarquable qu'elle est une véritable *liane*. Cette expression, peu importante en apparence, représente cependant, au fond, la véritable idée que l'on doit se faire de la vigne, si l'on tient à faire, sur cette plante, une application culturale judicieuse des principes de la physiologie. La vigne est une liane, c'est-à-dire que le développement de ses parties aériennes est extrêmement considérable et que ses organes foliacés l'emportent de beaucoup sur ses organes souterrains. Elle est *faite pour le grand air* et l'espace ; c'est là le propre de sa nature ; elle vit énormément dans l'air et beaucoup moins dans le sol, et l'acide carbonique de l'atmosphère est mis par elle largement à contribution.

Cette donnée explique bien des choses : elle fait voir pourquoi la vigne croît dans des sols presque stériles, mais aussi, elle montre l'absurdité de certaines tailles immodérées et la nécessité absolue de donner à ce végétal de l'air et de l'espace avant tout. Il y a là, en quelque façon, pour les observateurs attentifs, la base fondamentale de toute la viticulture.

§ III. — OBSERVATIONS SUR LA NOMENCLATURE DE LA VIGNE.

Les bornes de cet ouvrage ne nous permettent guère de nous occuper de cet objet en lui accordant l'importance qu'il mérite; d'un autre côté, un tel travail ne peut être fait, suivant nous, que par un spécialiste habile ayant à sa disposition une riche pépinière, comme celle du Luxembourg, où se trouveraient réunis des échantillons de tous les cépages connus. Nous déclinons donc toute compétence sur ce point; mais, sans songer le moins du monde à faire une classification de la vigne, nous croyons utile de faire connaître à nos lecteurs des idées générales émises à ce sujet au *Congrès scientifique* de Bordeaux, en 1861, lesquelles nous paraissent de nature à éclairer cette question embrouillée.

Ces idées sont extraites d'un travail intéressant de M. Armand d'Armailhacq, auquel nous empruntons tout ce qui se rapporte directement à notre but, tout ce qui tend à démontrer la nécessité de la connaissance des cépages pour arriver à une bonne pratique de la viticulture.

Selon M. d'Armailhacq, c'est de la connaissance des variétés de la vigne que dépendent tous les progrès de sa culture ; mais les études faites pour la plupart des autres plantes n'ont pas été faites pour la plus précieuse de toutes, en sorte que la vigne fait encore exception au progrès général. Tout est confusion dans la culture de la vigne... « Les études et les essais n'ont pas été dirigés vers la viticulture, mais vers l'art de faire le vin, vers la fermentation et la vinification ; on a surtout perfectionné l'*art de mélanger les vins*, même celui d'en *fabriquer avec toutes sortes de substances*, mais on n'a pas cherché les moyens d'avoir de meilleurs raisins, ce qui eût été bien préférable. » Les procédés nouveaux, proposés comme offrant une perfection complète, ne peuvent s'appliquer à toutes les variétés de la vigne et pour toutes sortes de vins; ils ne reposent sur aucune connaissance nouvelle et, ne tenant pas compte des particularités propres à chaque espèce, ne peuvent être partout et toujours également bons. L'examen des procédés suffit pour le démontrer.

Pour faire une application judicieuse des méthodes de viticulture, il faut savoir quelles sont les espèces auxquelles on veut les appliquer, chaque variété devant être dirigée d'une façon différente ; la connaissance des cépages est la clef de la viticulture, et les perfectionnements vantés, quoique réels pour certaines variétés, ne conviennent pas à d'autres. Tout le monde sait que la culture de la vigne blanche diffère de celle de la vigne à fruits noirs ; que les vignes très-fertiles donnent des vins médiocres ; que tels cépages exigent une taille courte, tels autres un bois plus long ; que certaines espèces ont des sarments très-petits, d'autres de plus longs ; que, dans certaines espèces, le bois se redresse, pendant qu'il rampe dans certaines variétés ; que la vigne résiste plus ou moins à la gelée, selon le cépage, et que les diverses variétés sont plus ou moins difficiles sur le choix du sol...

La maturité du fruit offre des différences très-considérables ; les raisins mûrs se conservent plus ou moins de temps sur la plante ; le sol convenable et le climat, le but qu'on se propose d'atteindre présentent également des différences sensibles, et l'on est forcé de tenir compte de toutes ces particularités. De ces données, M. d'Armailhacq tire ces conclusions, que : 1° une méthode unique ne peut convenir partout ; 2° pour soigner la vigne avec perfection, il est indispensable d'être fixé sur les qualités, les propriétés et les exigences de chaque espèce ; 3° on doit approprier les procédés de culture à la qualité des produits qu'on recherche.

Le premier point consiste à connaître les noms des cépages ou à posséder une bonne synonymie de la vigne ; or il règne sur ce point une confusion incroyable, à laquelle il importe de trouver le remède par une bonne classification...

Sans entrer dans les détails indiqués par l'auteur sur les travaux de divers *ampélographes,* nous partageons sa manière de voir au sujet des objections que l'on peut faire à la plupart des systèmes, et nous passons immédiatement aux bases de la classification qu'il propose et qui nous paraît très-rationnelle et surtout facile à graver dans l'esprit des viticulteurs.

En partant de la couleur du fruit, on trouve des raisins noirs, blancs ou de couleurs diverses ; cette distinction, naturelle et constante, est la plus facile à saisir... On pourra donc avoir *trois* grandes divisions, trois *groupes* principaux : 1° *vignes à raisins noirs ;* 2° *vignes à raisins blancs ;* 3° *vignes à raisins de couleurs variées.* Dans cette dernière division, on placera toutes les tribus à raisins de couleurs différentes du noir ou du blanc, et, de plus, toutes celles dont le fruit présente des couleurs diverses : noir, blanc, rose, gris, etc., selon la variété ou le cépage.

A la suite de cette première division générale, l'auteur croit, avec Bosc, que les feuilles, considérées quant à leur forme, offrent le moyen le plus naturel et le plus apparent pour former des *classes* dans ces trois groupes. Chaque cépage de vigne offre ceci de remarquable, que la *majorité* du feuillage offre à très-peu près la même découpure ; le caractère tiré de la forme moyenne des feuilles sera donc fixe et, pour obvier à l'objection tirée des tribus dont le feuillage varie sur chaque cep, on fera de ces tribus une classe particulière, en sorte que toutes les espèces possibles rentreront dans la synthèse des classes, sans que l'on soit obligé à des observations trop minutieuses.

Or les feuilles de la vigne présentent trois formes principales :

1° Elles sont entières, sans division ni échancrure ; 2° elles sont divisées à trois lobes ; 3° elles sont divisées à cinq lobes.

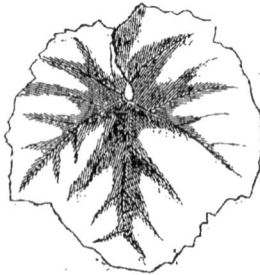

Mais les feuilles entières peuvent être simplement ondulées, non dentelées ou à dents très-fines, ou elles sont plus ou moins dentelées ; ces deux caractères serviront à établir *deux classes* parmi les feuilles entières. La *première classe* comprendra les vignes à feuilles entières, rondes, ovales ou cordiformes, ondulées sur les bords ou à petite dentelure, comme la figure 9 en offre un exemple dans la feuille du *Pinot de Pernant.* La *deuxième classe* comprendra les vignes à feuilles entières, rondes, ovales ou cordiformes, à dentelure plus ou moins grande, comme la *Muscadelle* (fig. 10) et le *Sauvignon blanc* (fig. 11) nous en offrent deux types remarquables.

(Fig. 9.)

D'un autre côté, les feuilles trilobées peuvent présenter trois lobes renflés, écartés et bien distincts, mais non point

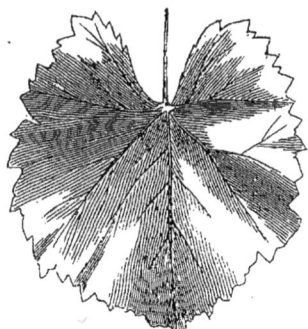

(Fig. 10.)

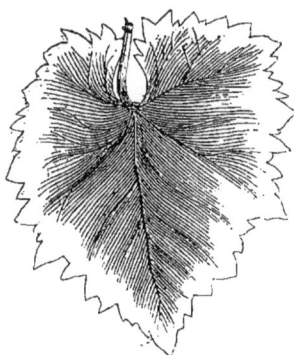

(Fig. 11.)

séparés par une fente ou échancrure, ou bien elles offrent une échancrure plus ou moins profonde qui détermine le rapprochement des lobes.

De là, deux classes encore dans les vignes à feuilles trilobées.

Les vignes dont les feuilles offrent trois lobes écartés formés par un renflement arrondi ou pointu forment la *troisième classe*, dont l'*Isabelle d'Amérique* (fig. 12) présente un type remarquable (feuille de groseillier).

La *quatrième classe* comprend les vignes à feuilles trilobées, dont les trois lobes sont formés par une fente ou échancrure et, de plus, écartés, comme dans le *Merleau* (fig. 13), ou rapprochés, comme dans la *Mérille* (fig. 14).

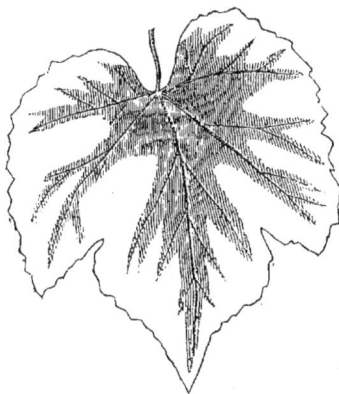

(Fig. 12.)

Les vignes dont les feuilles sont à cinq lobes offrent des feuilles à dentelure obtuse ou fine, à dents de scie, ou des découpures à longues dents, avec subdivision des lobes, qui sont laciniés ou persillés... La *cinquième classe* comprendra

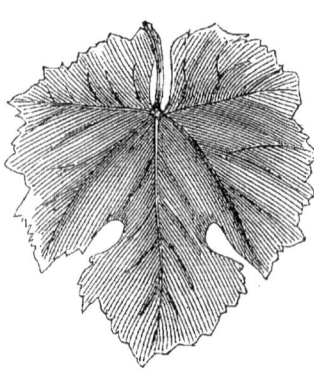

(Fig. 13.)

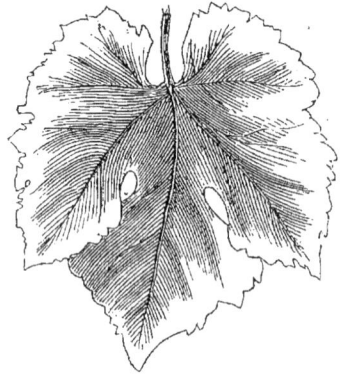

(Fig. 14.)

celles de ces vignes dont les dents ne sont pas très-grandes,

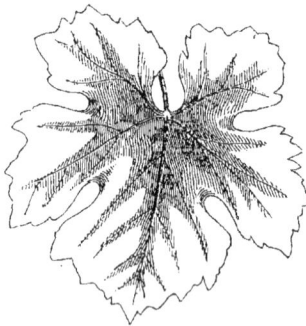

(Fig. 15.)

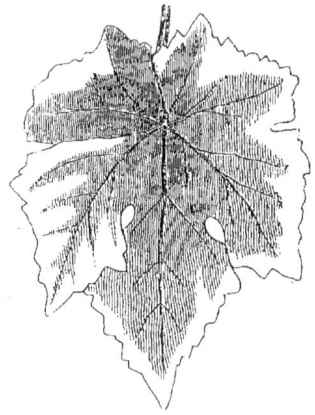

(Fig. 16.)

soit que les lobes soient séparés par de larges ouvertures, ce qui est le type de l'*Enrageat* (fig. 15), ou bien que les cinq lobes se rejoignent, comme dans le *Chasselas* (fig. 16), ou encore que les cinq lobes se recouvrent en partie et présentent au fond, dans la face du limbe, un trou rond ou triangulaire, ce qu'on observe dans le *Carmenet-Sauvignon* (fig. 17).

La *sixième classe* sera formée

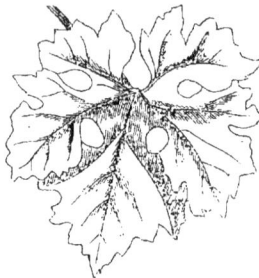

(Fig. 17.)

des vignes dont les feuilles sont très-découpées et présentent cinq lobes subdivisés ou laciniés, analogues au type du *Pique-poule rose* (fig. 18), ou à celui du *Cioutat* ou *Persillade* (fig. 19).

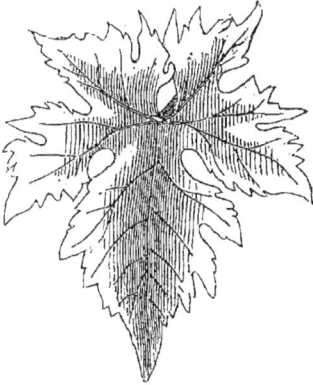 

(Fig. 18.)   (Fig. 19.)

La *septième classe* renfermerait toutes les tribus dont le feuillage varie de forme sur le même cep et, en outre, toutes celles dont les feuilles ne se rangeraient pas dans l'une des six premières classes, en sorte qu'il n'y a pas un cépage qui puisse échapper à cette classification.

Il y aurait ainsi *sept classes* pour chacun des *trois groupes* établis d'après la couleur du fruit, soit, en tout, vingt et une classes. Mais comme cette division n'approcherait pas assez du but, M. d'Armailhacq subdivise chacune de ces classes en *deux ordres*, selon que les feuilles offrent ou non du coton ou des poils sur les feuilles ou en dessous, en sorte que, selon cette subdivision, indiquée par l'ampélographe italien don Clemente de Roxa, le premier ordre de chaque classe comprendra toutes les tribus à feuilles parfaitement *glabres*, et le second, toutes celles qui offrent du coton, du duvet ou des poils.

Les sept classes sont doublées dans chaque groupe, qui comprend ainsi *quatorze ordres* pour les raisins noirs, quatorze pour les raisins blancs et autant pour les raisins de nuances diverses, soit, en tout, *quarante-deux ordres*.

Ce nombre paraît très-suffisant pour la réunion et la classification des grandes analogies, et l'on partira des autres caractères, plus minutieux et plus rapprochés, pour diviser les ordres en tribus et celles-ci en cépages.

M. d'Armailhacq a résumé fort nettement ses idées sur la nomenclature de la vigne en un certain nombre de tableaux synoptiques, à l'aide desquels il nous paraît aisé de se rendre compte de la variété à laquelle on peut avoir affaire. Nous reproduisons les données de ces tableaux, en y introduisant toutefois les modifications de forme nécessitées par les conditions typographiques de notre format.

Les VIGNES se partagent en *trois* grandes *divisions* prises de la *couleur* des fruits : 1° *vignes à raisin noir*; 2° *vignes à raisin blanc*; 3° *vignes à raisin de couleurs diverses*.

Chacune de ces grandes divisions se subdiviserait en *sept classes*, d'après la *forme des feuilles*, et chaque classe formerait *deux ordres*, selon que les feuilles seraient *glabres* ou *cotonneuses*. Les quatorze ordres seraient partagés en *tribus* et en *cépages*, d'après des caractères tirés de la *feuille*, du *fruit* et du *bois* ou *sarment*. Ainsi, la grandeur et la forme des *feuilles*, la nature de leurs plans supérieur et inférieur, celle des filets ou nervures, des feuilles naissantes et des feuilles tombantes, la longueur ou la brièveté des *pétioles*, la nuance des *grains*, leur forme, l'épaisseur de la peau, la saveur, la nature de l'*intérieur* et des *pepins*, l'époque de la *maturité*, les dimensions et la forme des *grappes*, la longueur et la grosseur des *pédoncules*, la couleur et la forme des *pédicelles*, la direction et la grosseur des *sarments*, la forme et la grosseur des *nœuds*, la couleur du *bois*, la nature des *bourgeons*, l'époque de la *pousse*, le lieu de la *production* et la forme des *vrilles*; tels sont les points généraux sur lesquels devrait se porter l'investigation dans le but de rattacher un cépage à une variété, à une tribu, un ordre, une classe ou une des trois grandes divisions primordiales.

Tout cela nous paraît empreint du véritable esprit d'observation, et nous voudrions pouvoir contribuer plus activement à l'introduction de ces règles dans la pratique viticole. Ce serait un moyen rapide de s'éclairer sur la valeur réelle de nos cépages, et de créer enfin un système d'observations vraies, lesquelles ne peuvent reposer que sur une synonymie exacte.

DIVISION DES VIGNES

EN CLASSES ET ORDRES, D'APRÈS LA FORME DES FEUILLES.

		Classes.		Ordres.
1° FEUILLES ENTIÈ-RES, rondes, ovales ou cordiformes.	1° Ondulées ou à petites dents..	I	Glabres	1
			Cotonneuses.	2
	2° A dents plus ou moins grandes.	II	Glabres	3
			Cotonneuses.	4
2° FEUILLES A TROIS LOBES :	1° Lobes ouverts et séparés....	III	Glabres	5
			Cotonneuses.	6
	2° Marqués par une échancrure.	IV	Glabres	7
			Cotonneuses.	8
3° FEUILLES A CINQ LOBES :	1° Divisions à dents médiocres..	V	Glabres	9
			Cotonneuses.	10
	2° Divisions à grandes dents; lobes subdivisés ou laciniés..	VI	Glabres	11
			Cotonneuses.	12
4° FEUILLES DE FOR-MES MULTIPLES.	Formes multiples............,	VII	Glabres	13
			Cotonneuses.	14

L'étude des caractères secondaires sur lesquels reposerait, d'après M. d'Armailhacq, la subdivision en tribus et en cépages, ne présente pas plus de difficultés.

INDICATION DES CARACTÈRES SECONDAIRES PROPRES A DISTINGUER LES TRIBUS ET LES CÉPAGES.

A. Les *feuilles* présentent à l'examen :

1° La GRANDEUR; elles sont :
- très-grandes....
- moyennes.......
- petites ....

et encore
- plus larges que longues;
- aussi larges que longues;
- plus longues que larges.

2° La FORME; elles sont :
- entières ....
  - ondulées sur les bords;
  - à dents petites ou grandes, ou à trois dents plus longues;
- à trois lobes.....
  - ouverts et écartés ou rapprochés;
  - divisés par une échancrure à grandes ou à petites dents;
- à cinq lobes.....
  - indiqués par des divisions à dents médiocres, à grandes dents, ou laciniées.

3° La SURFACE SUPÉRIEURE DU LIMBE, qui peut être :
- luisante..
- unie....
- rugueuse.
- tachée...
- bosselée.

de couleur
- blanchâtre;
- vert clair, jaunâtre;
- vert foncé, rougeâtre;
- rouge brun.

A. Les *feuilles* présentent à l'examen :

4º La SURFACE INFÉ-RIEURE DU LIMBE, qui peut être :
- glabre.
- cotonneuse ou velue ....
  - très-cotonneuse ou peu, à duvet tenace ou non;
  - à poils sur toutes les feuilles ou les nervures.

5º Les FILETS et NERVURES
- de dessus, qui sont | verts, blanchâtres, rouges, rougeâtres.
- de dessous, qui sont ....
  - saillants,
  - peu saillants,
    - vert jaunâtre ;
    - rouges;
    - rougeâtres.

6º Les FEUILLES NAISSANTES, dont la couleur est
- vert jaunâtre ou rosé;
- vert foncé, vert rouge ou rosé ;
- à bords rouge clair ou foncé.

7º Les FEUILLES TOMBANTES, dont la couleur est
- rousse, jaune,
- roux foncé,
- rouge sur les bords,
  - se contournant;
  - se roulant;
  - ou non.

8º Les PÉTIOLES, qui sont :
- longs ....
  - gros,
  - minces,
- courts.........
  - gros,
  - minces,
    - verts,
    - jaunâtres,
    - rougeâtres,
    - rouges,
    - bruns,
      - striés de filets roses,
      - rouges, bruns.

B. Les *fruits* ou *raisins* offrent à l'observation :

1º Les GRAINS, dont la *couleur* est la base des trois groupes principaux des vignes.

a. — Quant à la *couleur*, les grains sont :
- noirs :
  - noirs, noir bleu;
  - noir violet, avec pruine ou poussière blanche ;
  - sans pruine.
- blancs :
  - verts, vert jaunâtre;
  - jaune verdâtre, jaune doré;
  - roux, roux foncé, pointillés de brun.
- de couleurs diverses:
  - roses, rouge clair, rouge foncé;
  - gris, rayés de gris, de blanc, de rose ;
  - de couleur variée.

b. — Quant à la *forme*, les grains sont : ronds ou en boule, oblongs ou ovalaires, ovoïdes, très-longs.

c. — La *peau* des grains peut être : très-épaisse, moins épaisse; fine, très-fine.

d. — La *saveur* des grains peut être : très-âpre, moins âpre; très-acide, moins acide; douce, savoureuse; insipide; parfumée, musquée.

e. — L'*intérieur* des grains peut être : charnu et ferme, moins charnu ; juteux, très-juteux.

B. Les *fruits* ou *raisins* offrent à l'observation :

. — Les *pepins* des grains peuvent être : { longs et minces, courts et gros, moyens, } au nombre de { un ; deux ; trois ou quatre.

g. — L'époque de la *matu-* { très-précoce, précoce, moyenne,
rité des grains peut être : } tardive, très-tardive.

2° Les GRAPPES, présentant : { des *dimensions* . | petites, moyennes, grandes, très-grandes.
une *forme*...... { ronde ou globuleuse, ovoïde, cylindrique, conique, branchue, irrégulière.

3° Les PÉDONCULES (tiges des raisins) qui peuvent être : { très-gros, gros, moyens, minces, très-minces, } { longs, moyens, courts, très-courts, } de couleur { vert clair ou foncé ; brune, rouge brun ; rouge vif.

4° Les PÉDICELLES (tiges des grains) qui peuvent être : { simples, bifurqués, ramifiés, très-serrés, lâches et espacés, } de couleur { vert clair ou foncé ; brune, rouge brun ; rouge vif.

C. Les *sarments* offrent également des caractères distinctifs.

1° Leur *direction* est droite, horizontale, rampante.

2° Selon leur *grosseur,* en raison de leur longueur, ils sont : gros, moyens, minces.

3° Leurs *nœuds* sont : { arrondis, pointus, aplatis, } { gros, moyens, petits, } { très-rapprochés ; plus éloignés ; très-éloignés.

4° La *couleur* du bois peut être : { à la pousse,· { vert clair, vert jaunâtre, vert rosé ; rose, rousse, rouge.
à la maturité, { gris jaunâtre, roux jaunâtre, rougeâtre ; roux brun, roux grisâtre ; roux violacé.

5° Les *bourgeons* sont : { cotonneux, | très-cotonneux, un peu moins, fort peu.
à écailles, { brunes, rousses, pâles ; blanches.

6° L'époque de la *pousse* est hâtive, moyenne, tardive.

7° La *production* se fait : { sur le bois nouveau seulement, { sur tous les boutons ; très-peu sur les yeux de la base des branches.
sur le vieux bois et sur tous les yeux.

8° Les *vrilles* des sarments ou des raisins sont : { simples, branchues, } { petites ; moyennes ; très-grandes.

La discussion des caractères qui ont été groupés par
M. d'Armailhacq nous paraît de nature à faciliter la division
des ordres en tribus ou familles et la subdivision de celles-ci
en variétés ou cépages. Nous ne pouvons que recommander
aux viticulteurs d'étudier une méthode aussi simple, à l'aide
de laquelle ils sont certains d'arriver à créer une bonne synonymie et, par là même, de détruire le principal obstacle qui
s'oppose aux progrès rationnels de la viticulture.

§ IV. — CULTURE DE LA VIGNE.

A. Généralités. — L'illustre Chaptal, dont il faut toujours
citer les opinions dans toutes les questions de chimie appliquée à l'agriculture, a consacré au vin un travail remarquable, dans lequel on peut trouver l'exposé des véritables
principes sur lesquels on doit se guider pour cultiver la vigne
et fabriquer le vin. L'*Art de faire le vin* a vieilli, sans doute,
et cet excellent ouvrage n'est plus à la hauteur des fantaisies
de nos grands esprits; mais, pour l'observateur studieux, il
est facile de voir que les inventeurs modernes lui ont emprunté
le peu de vérités qu'ils veulent bien conserver, tout en y joignant les sottises de leur imagination vagabonde. Laissons
donc à leur satisfaction intime ces illustres à bon marché,
dont le travail consiste à travestir le labeur d'autrui, et cherchons quelles peuvent être les règles les plus sages, dictées
par la théorie et l'expérience, au sujet de la culture de la
vigne.

De toutes les plantes qui croissent sur notre globe, dit
Chaptal, la plus sensible peut-être à l'action des causes nombreuses qui influent sur elle, c'est la vigne. En effet, la
différence des climats, la nature des terres, le genre de
culture, l'exposition, modifient les produits d'une manière
étonnante, en sorte que sa nature en paraît tellement changée,
que des vignes contiguës, plantées du même cépage et cultivées de la même manière, présentent une valeur qui diffère
souvent de moitié, ce qui peut dépendre d'une simple différence d'exposition ou de pente. Ces variations subies par la
vigne sont d'autant plus sensibles que nous en constatons les
résultats, non pas sur la végétation ou les fruits, mais bien

sur le vin, dont les nuances sont beaucoup plus facilement appréciables, et il importe d'examiner avec soin la valeur des causes qui influent sur la vigne et sur le raisin.

Influence du climat sur le raisin. — Tous les climats ne conviennent pas à la vigne ; au delà du 50ᵉ degré de latitude, son fruit ne parvient pas à une maturité suffisante pour que le suc du raisin fournisse par la fermentation une boisson agréable. Le parfum du raisin et la production du principe sucré exigent un soleil pur et constant, dont les contrées du Nord ne jouissent pas ; en sorte que, dans les pays septentrionaux, le raisin reste *vert* et n'acquiert qu'une proportion insuffisante de matière sucrée.

C'est entre le 35ᵉ et le 50ᵉ degré de latitude qu'on peut se promettre une culture avantageuse de la vigne, et c'est dans cette zone que se trouvent les vignobles les plus renommés. Si on cultive la vigne en Perse, par 35 degrés de latitude, et une chaleur moyenne de 28 degrés, on est forcé de l'arroser, et les produits obtenus avec difficulté sous le 50ᵉ degré sont de mauvaise qualité.

Il est digne de remarque que les cépages transportés dans des pays éloignés, éprouvent des changements assez considérables pour que les fruits qui en proviennent cessent de présenter les rapports de similitude auxquels on aurait dû s'attendre. Ainsi, les vignes du Cap et celles des environs de Madrid proviennent de plants de Bourgogne ; les vignes de Grèce, transplantées en Italie, n'ont pas donné aux Romains les produits qu'ils espéraient et les chasselas de Fontainebleau, originaires du Levant, donnent des fruits excellents qui ne produisent que du mauvais vin.

En somme, les climats chauds, en favorisant la formation du principe sucré, doivent produire des vins très-spiritueux, attendu que le sucre est nécessaire à la formation de l'alcool, tandis que les climats froids ne peuvent donner naissance qu'à des vins faibles, très-aqueux, quelquefois agréablement parfumés ; ces derniers ne sont pas de durée, et tournent au gras ou à l'aigre avec une étonnante facilité.

Influence du sol sur le raisin. — La vigne croît *partout* et, dans les terrains fertiles et bien fumés, elle présente une végétation d'une vigueur remarquable ; mais l'expérience a appris que *la bonté du vin n'est que fort rarement en rapport avec* *la force de la vigne;* la nature a réservé les terrains secs et légers pour la vigne ; les terres fertiles pour les moissons[1].

Les *terres fortes et argileuses* ne sont pas propres à la culture de la vigne ; les racines ne peuvent s'étendre et se ramifier convenablement dans un sol gras et serré; la facilité avec laquelle les couches d'un tel sol se pénètrent d'eau, l'opiniâtreté avec laquelle elles la retiennent, y nourrissent un état permanent d'humidité qui pourrit la racine et détermine un état de souffrance suivi bientôt d'une destruction assurée.

Il y a des *terres profondes et substantielles, non argileuses,* où la vigne est cultivée avec succès; mais, dans ces terrains, la force de végétation nuit à la qualité du fruit, qui mûrit difficilement et donne un vin sans force et sans parfum. Comme, dans ce cas, l'abondance supplée à la qualité, il peut être avantageux de cultiver la vigne dans des sols de ce genre, pour en obtenir des vins très-ordinaires, destinés à la boisson des travailleurs, ou à être soumis à la distillation. Il arrive même quelquefois, comme sur les bords de la Loire et du Cher, que l'on cherche encore à augmenter cette abondance de production par l'action de la fumure.

Les *terrains humides,* de quelque nature qu'ils soient, ne sont pas propres à la culture de la vigne. Si le sol, sans cesse humecté, est de nature grasse, la plante y languit, se pourrit et meurt; si, au contraire, le terrain est ouvert et léger, la végétation peut y être belle et vigoureuse, mais le vin qui en proviendra ne peut pas manquer d'être aqueux, faible et sans bouquet.

Le *terrain calcaire* est, en général, propre à la vigne; aride, sec et léger, il présente un support convenable à la plante ; l'eau, dont il s'imprègne, circule et pénètre librement dans toute la couche ; les nombreuses ramifications des racines la pompent par tous les pores et, sous tous ces rapports, le sol calcaire est très-propre à la vigne. En général, les vins

---

[1] C'est la même idée qu'exprimait le poëte latin, cité avec complaisance par Chaptal :

> Hic segetes, illic veniunt felicius uvæ...
> Nec vero terræ ferre omnes omnia possunt :
> Nascuntur steriles saxosis montibus orni ;
> Littora myrtetis lætissima : denique apertos
> Bacchus amat colles...
>   VIRGILE, *Georg.*

récoltés sur le calcaire sont spiritueux ; la culture est d'autant plus facile, que la terre est légère et peu liée. D'ailleurs, il est à observer que ces terrains arides paraissent exclusivement destinés pour la vigne : le manque d'eau, de terre végétale et d'engrais, repousse jusqu'à l'idée de toute autre culture.

En Champagne, les terrains propres à la vigne reposent, en général, sur des *bancs de craie*. La vigne y vient, à la vérité, lentement ; mais, une fois enracinée ou établie, elle y prospère et s'y maintient avec avantage. La chaleur atmosphérique s'y trouve tempérée et modifiée par le sol.

Il est des terrains encore plus favorables à la vigne : ce sont ceux qui sont à la fois *légers et caillouteux ;* la racine se glisse aisément dans un sol que le mélange d'une terre légère et du caillou arrondi rend très-perméable ; la couche de galets qui couvre la surface de la terre la défend de l'ardeur desséchante du soleil ; et, tandis que la tige et le raisin reçoivent la bénigne influence de cet astre, la racine, convenablement abreuvée, fournit les sucs nécessaires au travail de la végétation. Ce sont des terrains de cette nature qu'on appelle *terrains caillouteux, pays de grès, vignobles pierreux, sablonneux*, etc.

Les *terres volcanisées* fournissent encore des vins délicieux. Dans plusieurs parties du midi de la France, les vins les plus estimés et les plus capiteux proviennent de vignes plantées dans des débris de volcans. Ces terres vierges, longtemps travaillées par les feux souterrains, nous présentent un mélange intime de presque tous les principes terreux, et leur tissu, à demi vitrifié, décomposé par l'action combinée de l'air et de l'eau, fournit tous les éléments d'une bonne végétation. Les vins de Tokay, les meilleurs vins d'Italie, le lacryma-christi fournissent la preuve de ce fait.

Il est des points où le *granit* ne présente plus son caractère habituel de dureté et d'inaltérabilité, mais où il est pulvérulent et n'offre à l'œil qu'un sable sec plus ou moins grossier : c'est dans ces débris que, en plusieurs contrées de la France, on cultive la vigne et, lorsqu'une exposition favorable concourt à en aider l'accroissement, le vin y est de qualité supérieure : le fameux vin de l'Ermitage se récolte dans de semblables débris, dans lesquels on trouve à la fois cette légèreté de terrain qui permet aux racines de s'étendre, à

7

l'eau de s'infiltrer, à l'air de pénétrer, et cette couche caillou-
teuse qui modère et arrête les rayons du soleil.

Les meilleurs vignobles du Bordelais sont établis sur un sol
caillouteux, graveleux, très-léger. En général, toute terre légère, poreuse, fine et friable, est propre à la culture de la
vigne et produit du bon vin. En Bourgogne, la terre noire ou
rouge, légère et friable, est réputée la meilleure.

En résumé, la vigne peut être cultivée avantageusement
dans une grande variété de terrains ; elle peut même être considérée comme indifférente à la nature intrinsèque du sol,
pourvu qu'il soi léger, bien divisé, sec, recevant et filtrant
l'eau avec facilité. La vigne craint surtout les terres humides,
fortes et argileuses, et la première condition à rechercher
pour l'établissement d'une vigne repose sur la *porosité* du sol.
Quant à la fertilité du terrain, elle ne doit être recherchée
que si l'on veut sacrifier la qualité à la quantité.

Influence de l'exposition sur le raisin. — Il ne suffit pas
que le climat, la culture et le sol soient identiques pour obtenir des vins de qualité semblable, avec le même cépage, et
l'exposition a sur la vigne une influence énorme. Les produits récoltés au sommet, au milieu ou au bas d'une colline,
varient beaucoup entre eux, et ils diffèrent encore selon que
les vignes, plus ou moins élevées, sont dirigées vers le midi
ou le nord, le levant ou le couchant... Le sommet découvert
d'une hauteur reçoit l'impression de tous les changements et
de tous les mouvements qui se produisent dans l'atmosphère ;
les vents y fatiguent la vigne ; les brouillards y portent une
action plus constante et plus directe ; la température y est
plus variable et plus froide ; les gelées blanches, si funestes à
la vigne, y sont plus fréquentes ; toutes ces causes réunies
font que le raisin y est, en général, moins abondant, qu'il
parvient plus péniblement et incomplétement en maturité, et
que le vin qui en provient a des qualités inférieures à celui
que fournit le flanc de la colline, dont la position écarte
l'effet funeste de la plupart de ces agents. La base de la colline offre, à son tour, de très-graves inconvénients. Sans
doute la fraîcheur constante du sol y nourrit une vigne vigoureuse ; mais le raisin n'y est jamais ni aussi sucré, ni aussi
agréablement parfumé que vers la région moyenne ; l'air qui
y est constamment chargé d'humidité, et la terre sans cesse

imbibée d'eau, grossissent le raisin, et forcent la végétation au détriment de la qualité du fruit.

L'exposition la plus favorable à la vigne est entre le levant et le midi. Les côteaux tournés vers le midi produisent, en général, d'excellents vins.

Si les collines en pente douce, au-dessus d'une plaine, présentent des expositions très-favorables, il ne faut pas que la pente soit trop rapide, car un sol plat et un sol fortement incliné lui sont également contraires : si le terrain est de bonne nature, léger, maigre et graveleux, il faut encore que l'eau ne puisse y séjourner ni pourtant s'écouler trop rapidement. Il faut qu'une colline soit bien ouverte, et l'on doit éviter les vallons trop resserrés, surtout au voisinage d'une rivière qui y entretient une humidité constante. En outre, ces gorges étroites établissent des courants d'air, plus ou moins froids, qui nuisent à la vigne.

Le voisinage d'une rivière n'est cependant contraire à la vigne que si elle coule dans un vallon très-resserré ; il lui est au contraire indifférent, lorsque la colline est très-découverte et que la vigne reçoit le soleil sans obstacle et sans jamais être enveloppée dans les brouillards qui se forment au-dessus des cours d'eau et se répandent dans le voisinage.

L'exposition du levant est bonne, mais moins que celle du midi, parce que les vignes sont plus exposées à geler au levant. Ceci s'explique aisément par le passage subit d'une nuit froide à une chaleur brusque, qui fond trop rapidement le givre laissé sur les bourgeons... D'après des observations concluantes, la meilleure exposition serait celle du midi et du levant ; le meilleur sol, produisant le meilleur vin, est toujours à mi-côte, et il y a une différence d'un tiers dans la valeur d'une vigne, selon que, dans le même lieu, elle est exposée au levant ou au couchant. L'exposition du nord a été regardée de tout temps comme la plus funeste : les vents froids et humides n'y favorisent point la maturité du raisin, et la vigne est sujette à geler.

L'exposition du couchant est assez peu favorable : la terre, desséchée par la chaleur du jour, ne présente plus, vers le soir, aux rayons obliques du soleil devenus presque parallèles à l'horizon, qu'un sol aride et dépourvu de toute humidité : alors le soleil qui, par sa position, pénètre sous la vigne

et darde ses feux sur un raisin qui n'est plus défendu, le dessèche, l'échauffe, et arrête la végétation avant que le terme
de l'accroissement et l'époque de la maturité soient survenus.
D'ailleurs, la vigne exposée au couchant ne reçoit le soleil
que pendant quelques instants, de sorte que le raisin conserve
constamment un goût âpre et acide, et ne parvient jamais à
bonne maturité. Cette exposition est d'autant moins favorable
que le raisin, échauffé par les derniers rayons du soleil, passe
subitement à la température froide et humide de la nuit... On
peut constater les effets des différentes expositions dans un
terrain inégal ; s'il est semé de quelques arbres, on peut voir
que les ceps abrités ne poussent que des tiges grêles et minces,
peu fertiles, dont les fruits n'atteignent qu'une maturité tardive, inégale et imparfaite.

Si la vigne possède une bonne exposition, il faut que rien
ne puisse intercepter les rayons du soleil de midi, qui est la
cause la plus puissante de la formation d'un bon raisin. Tous
les arbres qui pourraient fournir de l'ombre et épuiser le sol
doivent être arrachés, bien que leur présence contribue à garantir les vignes des gelées tardives. Les pêchers et les oli-
viers sont moins nuisibles que les autres arbres, mais ces
plantations n'en sont pas moins un mal pour la vigne, à moins
que l'on ne recherche pas la qualité du produit.

Ainsi, l'exposition la plus favorable est celle du midi ; cette
du levant vient ensuite, puis celle du couchant, et enfin celle du
nord, qui est la plus mauvaise de toutes. A égalité de sol et
de culture, la vigne qui est la mieux exposée au soleil est celle
qui produira le meilleur vin. Tous ces principes sont d'une
vérité rigoureuse, bien que certains faits semblent y faire
exception, lorsque les qualités du sol et des soins culturaux
particuliers viennent suppléer au vice de l'exposition.

Influence des saisons sur le raisin. — Partant de ce principe que la chaleur est nécessaire au raisin pour qu'il s'enri-
chisse en matière sucrée, et que l'humidité et le froid sont
contraires à l'obtention de ce résultat, quelle que soit la cause
dont ils dépendent, il est clair que, même dans un pays
chaud, une saison froide et pluvieuse produira le même effet
que le climat du nord. Une année pluvieuse entretient dans
le sol une humidité constante et maintient dans l'atmosphère
une température humide et froide ; le raisin n'acquiert ni

sucre ni parfum, et le vin qui en provient est faible et insipide.
Il se conserve difficilement : la petite quantité d'alcool qu'il
renferme ne peut le préserver de la décomposition ; et la forte
proportion de ferment qui y existe y détermine des mouvements qui tendent sans cesse à le dénaturer. Il tourne au *gras*,
quelquefois à l'*aigre*. Il contient beaucoup d'*acide malique*, et
cet acide lui donne un goût particulier qui n'est point celui
de l'acide acétique, et ce caractère domine d'autant plus que
le vin est moins spiritueux.

L'influence de la saison sur la vigne est telle, qu'elle permet
de prédire la qualité du vin. La saison froide donne un vin
rude et de mauvais goût; l'année pluvieuse fournit un vin
faible, peu spiritueux, quoique abondant; il est destiné à l'a-
lambic, parce qu'il n'est ni conservable ni agréable à boire.

Les *pluies* tardives, qui surviennent aux approches de la
vendange, sont les plus dangereuses, en ce sens qu'elles affaiblissent le suc du fruit et remplacent la qualité par l'abondance. Les pluies qui arrivent au moment de la fleur font
couler le raisin, tandis que celles qui tombent au moment de
l'accroissement du raisin sont très-favorables au fruit; en
effet, elles lui fournissent l'eau, qui est le principal élément
de la nutrition végétale et le soutien le plus actif de l'organisation ; s'il survient ensuite une période de chaleur soutenue,
la qualité du raisin ne peut qu'être parfaite. La saison la plus
favorable au raisin est celle qui donne alternativement de la
chaleur et des pluies douces [1].

Les *vents* sont nuisibles à la vigne : ils dessèchent les tiges,
les fruits et le sol ; ils produisent, dans les terres fortes, une
couche compacte, qui s'oppose au passage libre de l'air et de
l'eau, et il se produit ainsi autour de la racine une humidité
putride qui tend à la corrompre. La vigne craint donc les lieux
exposés à l'action des vents, et elle préfère les endroits tran-
quilles et abrités, où elle peut recevoir l'influence généreuse
de la chaleur et du soleil.

Les *brouillards* sont très-dangereux pour la vigne ; ils sont

---

[1] Cette opinion de Chaptal, fort juste au point de vue de l'accroissement du
fruit, ne pourrait plus soutenir la discussion en présence des affections qui
réagissent sur la vigne. Si la condition climatérique dont il parle favorise
l'accroissement du raisin sur une *vigne saine*, elle hâte aussi le développement
des moisissures et de l'*oïdium* sur les vignes *malades*. N. B.

mortels pour la fleur et nuisent beaucoup au fruit. Outre qu'ils sont les véhicules de miasmes putrides et dangereux, ils déposent sur la plante une couche d'humidité très-facilement évaporable, dont la disparition rapide détermine un brusque changement de température : ils ont encore l'inconvénient d'être souvent suivis de petites gelées blanches d'autant plus nuisibles que la plante est humectée.

Quoique la chaleur soit indispensable pour mûrir, sucrer et parfumer le raisin, elle ne peut cependant produire de bons effets que si elle se trouve en équilibre parfait avec l'eau du sol dont elle facilite l'élaboration et qui fournit l'aliment à la plante. L'année la plus favorable à la vigne présentera donc un temps sec, chaud et tranquille, au moment de la floraison; des pluies douces favoriseront la nutrition après la fécondation ; une chaleur constante, sans brouillards, aidera le développement du fruit, grâce à quelques pluies légères qui rafraîchiront le sol et le cep ; enfin, une température sèche et chaude viendra produire et hâter la maturation, et se maintiendra pendant les vendanges.

Influence de la culture sur le raisin. — Le terrain où croît la vigne veut être souvent remué et ameubli ; mais les engrais lui sont nuisibles et ils altèrent la qualité du raisin. La végétation en est puissamment activée, mais le vin est moins bon, et la qualité est meilleure dans un sol maigre. Dès le temps d'Olivier de Serres, il était *défendu* aux vignerons de Gaillac de fumer les vignes *de peur de ravaler la réputation de leurs vins blancs...* Ceux qui fument sacrifient la qualité à la quantité... Les circonstances particulières seules peuvent guider dans la conduite à tenir à cet égard.

Le fumier le plus favorable à la vigne paraît être la colombine ou le fumier de la volaille ; les fumiers *puants* donnent un mauvais goût au vin. Le *varech* nuit au vin, qui conserve l'odeur de cette plante employée à l'état frais ; si elle est réduite en terreau ou en cendres, elle est très-utile à la vigne et ne présente plus le même inconvénient. Les engrais végétaux, bien décomposés, valent mieux pour la vigne que les engrais animaux.

Les amendements, les labours multipliés, les mélanges de terres, qui procurent l'ameublissement du sol, lui sont très-avantageux.

L'échalassement est utile dans les terres fertiles, qui peuvent nourrir des ceps rapprochés, comme dans les pays froids, où il faut profiter de toute la chaleur du soleil. Dans les climats plus chauds, on laisse ramper la vigne pour en soustraire les fruits à l'action directe de la chaleur ; mais on relève les sarments en faisceau, lorsque l'accroissement est à son terme, afin d'atteindre la maturité. Le relèvement n'est utile que dans une saison pluvieuse, dans un terrain gras et humide... Ailleurs, on effeuille la vigne pour parvenir au même résultat, ou encore, on tord le pédicule du fruit, ce qui se pratiquait déjà chez les anciens, au témoignage de Pline. La vigne qu'on laisse grimper sur les arbres produit beaucoup de fruits, mais ils ne mûrissent pas en même temps et la récolte en est plus difficile et le vin de moins bonne qualité.

Plus une vigne est âgée, meilleur est le vin qu'elle fournit. La taille a aussi de puissants effets sur la nature du vin. Il est d'autant plus abondant qu'on laisse plus de ceps ; mais cette abondance nuit à la qualité.

En somme, pour obtenir un bon raisin et concilier la qualité avec la quantité, il faut travailler et diviser la terre, la rendre poreuse, l'aérer, la nettoyer des plantes étrangères, la rendre perméable à l'eau, qui ne doit jamais y séjourner, et éviter de fumer ou d'engraisser le sol, sinon avec des engrais végétaux bien décomposés.

B. **Culture proprement dite**. — Nous n'ajouterons rien aux préceptes de Chaptal, que nous venons de reproduire presque en entier, et nous allons exposer sommairement les principes de la culture de la vigne, tout en faisant connaître les règles de pratique les plus avantageuses. Les observateurs attentifs partagent les opinions qui viennent d'être émises et les regardent comme représentant les bases vraies de la viticulture.

Nous empruntons à notre livre sur la vigne le résumé suivant des conditions culturales à réaliser pour fortifier la vigne et en prévenir l'*affaiblissement progressif*... On doit, pour atteindre ce but :

1° Disposer la vigne dans un bon sol, en relation avec sa nature ;

2° Si l'on n'a pas un terrain convenable, le corriger par des amendements appropriés ;

3° Planter dans les meilleures conditions pratiques, quant

au choix des chapons ou boutures, des marcottes ou provins, quant à l'époque de l'opération, à la profondeur et à l'inclinaison, enfin, quant à l'espace à laisser entre les plantes ;

4° Exécuter, en temps utile, les labours et les façons convenables ;

5° Conserver à la vigne les matières nutritives ou excitantes qui lui sont nécessaires, par l'emploi rationnel des amendements et des engrais et par un assolement bien compris qui évite l'épuisement du sol ;

6° Lui procurer l'accès de l'air et du soleil tout en l'abritant contre les vents et les intempéries ;

7° Eviter la culture intermédiaire, épuisante, des plantes avides des mêmes principes que la vigne elle-même.

8° Modifier la taille et en faire une opération fortifiante, au lieu d'une pratique absurde, nuisible toujours, souvent mortelle ;

9° La compléter par le pincement, l'ébourgeonnement et les autres pratiques reconnues avantageuses ;

10° Etablir, par tous moyens, un sage *équilibre* entre la souche, les parties souterraines et les portions aériennes de la vigne...

Cette dernière idée est d'une importance capitale pour la vigne, qui est une plante aérienne, une liane, et elle ne peut pas vivre lorsqu'on ne lui laisse pas une quantité de feuilles proportionnée à son âge, à la force et au nombre de ses racines, à la qualité du sol sur lequel elle vit. Cela résulte clairement et forcément des fonctions d'exhalation et d'absorption dont nous avons parlé dans la première partie de cet ouvrage[1], et de cette nécessité d'équilibration fonctionnelle qui domine les actes de la nature entière.

Les conséquences pratiques de ce principe sont faciles à saisir : 1° plus une plante, située dans un bon sol, aura de racines vigoureuses, plus il faut lui conserver de feuilles, pour suffire à l'exhalation, au rejet du trop-plein ; 2° une plante vigoureuse, dans un mauvais sol, a besoin de plus de feuilles encore, pour suffire à l'exhalation et *suppléer à la nutrition* par l'absorption ; 3° une plante vieille, à chevelu abondant, a besoin de plus de feuilles qu'une plante jeune ; 4° une

[1] Voir *Première partie*, vol. 1er, p. 101 et suiv.

plante a un besoin de feuilles d'autant plus considérable qu'elle est malade, que ses racines fonctionnent mal et sont placées dans un sol ingrat.

Ce principe est la condamnation formelle de la taille sévère, du pincement exagéré et du retranchement immodéré des parties aériennes, qui est une cause puissante de débilitation.

Choix et préparation du sol. — D'après ce qui a été exposé tout à l'heure, le choix du sol destiné à la vigne sera déterminé par la perméabilité des couches, par l'exposition et la pente, plutôt encore que par la nature chimique du terrain.

« En général, dit le docteur Roques, les vignes ne sont pas difficiles sur le choix du terrain ; mais la saveur et la qualité des fruits varient suivant l'exposition et la nature du sol. Les terres légères, un peu crétacées, rendent la vigne plus hâtive, ses fruits plus précoces, plus parfumés. Dans les rocailles schisteuses et un peu terreuses, les mêmes variétés auront encore une excellente saveur, un bouquet très-agréable, mais d'une qualité différente. Les terrains volcaniques donnent des vins délicieux, les meilleures vignes d'Italie sont plantées dans les débris des volcans.

« Cette plante aime les coteaux exposés au midi et à l'est ; elle prospère également dans toutes les plaines abritées du Midi, et au fond des vallées. Le territoire du Médoc est en plaine, ainsi que bon nombre d'excellents cantons de la Bourgogne et du Languedoc ; mais ces plaines sont parfaitement exposées, sous un ciel presque toujours pur, et les vignes y sont plantées en ceps espacés, disposition singulièrement favorable à la maturité du raisin. »

Lorsqu'on a fait choix d'un terrain et d'une exposition, la préparation du sol appelle les premiers soins. On devra s'assurer de la perméabilité du sous-sol et l'assainir. Pour cela, on creusera, dans le sens des pentes, des tranchées de 80 centimètres à 1 mètre de profondeur sur 1 mètre de largeur ; la profondeur devra atteindre au moins la couche perméable. La distance entre les tranchées, de milieu en milieu, variera de de 2 à 3 et même 4 mètres, selon la forme que l'on se propose d'adopter. En général, *les rangées doivent être d'autant plus espacées que le sol est moins riche ;* leur écartement sera de 2 mètres *au moins* dans les meilleures terres et les ceps seront toujours placés *au moins* à 1 mètre et demi sur les rangées [1].

En creusant les tranchées, on met à part les pierres, la terre du fond et celle de la surface. Quand on a atteint la couche perméable, on rejette les pierres dans le fond pour former drainage, puis la terre de la superficie et enfin, la terre de fond. On pourvoit ainsi à la perméabilité du sol, ainsi qu'à la nourriture des racines profondes, tout en mettant obstacle au développement des racines gourmandes superficielles.

Il ne convient pas de fumer le fond ou le milieu des tranchées ; cette mesure ne sert qu'à dépenser de l'argent en pure perte, puisque l'engrais est entraîné dans le sol par les eaux. Tout au plus, pourrait-on admettre une fumure superficielle à 8 ou 10 centimètres, lorsque les plantes seraient bien enracinées.

Si le sous-sol est perméable, on peut ne défoncer qu'à 50 ou 60 centimètres. Pour cela, ce qui sort de la seconde tranchée sert à remplir la première comme il vient d'être dit, et ainsi de suite, jusqu'à la dernière tranchée, qui reçoit la terre de la première.

Si l'on plante en quinconce, ou si l'on s'obstine à planter les ceps à courte distance, il faut défoncer partout. On comprend que, dans le cas des rangées, les espaces intermédiaires seront défoncés plus tard lorsqu'il s'agira de renouveler la vigne par le provignage ou les boutures. Dans les vieilles vignes où l'on a des vides à regarnir, il faut défoncer la place où l'on veut planter ou provigner ; mais il serait préférable de renouveler ces vignes progressivement et par rangées, afin d'arriver à l'assainissement entier des couches profondes.

Ce défoncement du sol est une opération d'arrière-saison ou d'hiver. On doit l'exécuter par un temps sec et assez longtemps avant la plantation pour que la terre puisse se tasser et détruire les vides qui favorisent la production des moisissures sur les racines. Ce travail est le plus important relativement à la préparation du sol, puisqu'il est la condition indispensable de l'assainissement ; on le complète par les amendements convenables, s'il y a lieu.

Choix du cépage. — Multiplication. — Semis. — Plantation. —

---

[1] Note *Sur la culture de la vigne.*

Provignage. — La nature du cépage à choisir doit être subordonnée à des conditions essentielles que nous nous contenterons d'indiquer. Il faut, avant tout, que la variété choisie puisse *mûrir aisément* dans les circonstances climatériques moyennes du lieu où l'on veut la planter. Cette variété doit être *fertile* autant que possible, et la *nature des fruits* appropriée au but à atteindre. Leur richesse en *sucre* répondra de la teneur du vin en *alcool;* leur *parfum* fournira l'*arome*, en sorte que, pour un *sol donné*, le viticulteur doit et peut prévoir les résultats à obtenir par telle ou telle variété connue. Pourvu que la condition de maturité soit tranchée par l'affirmation, la vigne présente une faculté précieuse, qui est de supporter aisément l'acclimatation.

La vigne se multiplie facilement de *graines*, par *boutures*, par *marcottes* ou *provins* et par la *greffe*.

Les semis de vignes nous paraissent trop négligés en France; ce mode fournit, en effet, des modifications de type, des *gains*, dont l'importance peut devenir considérable.

Pour semer la vigne avec fruit, il faut prendre les pepins des grappes qui ont été *hybridées, bâtardées* par le voisinage d'autres espèces. On peut même, comme pour les animaux, combiner les qualités à reproduire, en rapprochant des espèces ou des variétés qui présentent certains avantages notoires... On stratifie les graines avec du sable et, après l'hiver, on les sème en pépinière.

Le jeune plant est levé à un an et replanté à 15 centimètres d'écartement. On le pince à huit feuilles et l'on ébourgeonne.

La troisième année exige une transplantation nouvelle à 50 centimètres; on taille, on pince et on ébourgeonne comme il sera dit pour les boutures. Lorsqu'on a vu le fruit, on conserve ou l'on détruit, selon la valeur du produit; s'il présente des qualités utiles, on le transplante à bonne distance et l'on emploie, pour le multiplier, les boutures données par la taille ou le provignage.

Les *boutures*, que l'on appelle aussi *chapons* et *crossettes* en différents pays, sont, pour la plupart du temps, des sarments bien aoûtés, retranchés par la taille, qui en fournit autant que l'on peut en désirer. Comme, en général, une corne, qui a produit trois ou quatre flages, doit être rabattue sur l'inférieure, destinée à servir de corne à son tour, chaque corne peut donner tous les ans deux ou trois boutures, en sorte que la taille d'une seule vigne peut en procurer un nombre très-considérable.

Il se présente ici deux circonstances : ou la plantation ne doit se faire qu'au printemps, ou elle se fait à l'époque même de la taille. Dans le premier cas, les deux ou trois sarments produits par la taille et destinés à servir de boutures sont séparés de manière à leur conserver un morceau du vieux bois qui tient au talon ; par suite de cette précaution, on est sûr que le talon lui-même, d'où l'on espère voir sortir le principal faisceau de racines, ne sera pas exposé à la décomposition. On choisit les boutures dont le bois est le plus beau et les yeux volumineux ; on les réunit en paquets de cinquante et on les met au cellier ou à la cave, à l'abri de la gelée. Il faut les mouiller deux fois par semaine. Nous nous sommes mieux trouvé de les mettre en jauge en les enfouissant jusqu'au-dessus du troisième œil.

Vers le mois d'avril, au moment de planter, on sépare le vieux bois, on conserve avec soin le talon qu'on rafraîchit ; on rabat sur le sixième œil, et l'on met dans l'eau pendant vingt-quatre heures.

Si l'on plante aussitôt après la taille, on prépare les boutures à mesure que la taille les fournit ; nous regardons ce mode comme le plus avantageux.

Les boutures se plantent *en place* ou *en pépinière.* Nous préférons le premier mode qui fait gagner un an. Nous supposons que les tranchées ont été bien défoncées et que la terre a été bien préparée ; s'il s'agit de boutures non enracinées, nous les plantons au plantoir, en ligne droite, à la distance convenable. Les boutures enracinées exigent l'emploi de la houe, à l'aide de laquelle on creuse une petite fossette. On plante les boutures à la profondeur moyenne de 25 centimètres, qui répond à l'entre-nœud entre le troisième et le quatrième nœud, et la plupart des praticiens adoptent une inclinaison plus ou moins grande que nous ne voudrions pas voir dépasser 45 degrés, dans le cas où l'on n'adopterait pas la plantation perpendiculaire au sol, qui est la plus simple et la plus commode. En ne dépassant pas la profondeur de 25 centimètres, on obtient pour résultat de forcer le développement des racines du talon, véritables nourricières de la jeune plante, sans condamner à la dessiccation celles qui doivent sortir des nœuds supérieurs.

La question de l'écartement des ceps est capitale, car la vigne est une plante traçante après le premier âge, si elle provient de semis, et toujours, lorsqu'elle a été plantée. Or il faut à une plante d'autant plus de place qu'elle doit vivre plus de temps dans un sol, que ce sol est plus mauvais et que cette plante est traçante. Si la vigne n'est qu'aérienne, il lui faut beaucoup d'espace pour le développement de ses branches ; si elle est surtout traçante, il lui faut beaucoup d'espace pour le développement de ses racines. La conséquence est absolue... La place à occuper par la feuille d'une *vigne faite* doit être la règle.

La culture en échalas demande un écartement de 1ᵐ,50 entre les plants ; celle en éventail veut 3ᵐ,50 à 4 mètres ; celle en cordons, 4ᵐ,50, et celle en cônes, 2 mètres, en tenant compte de 50 centimètres d'écartement pour le passage et l'aération. Il y aura, par hectare, 9,900 échalas, 1,250 à 1,500 éventails, 1,000 à 1,250 cordons ou 2,500 cônes, en mettant 2 mètres de distance entre les rangées. Cet écartement force la production au triple des produits de la méthode habituelle.

Voici le mode de plantation à suivre pour les boutures à mettre dans les tranchées préparées. On porte, sur le milieu de la tranchée, un cordeau qui est fixé aux deux extrémités par un piquet, afin d'agir plus régulièrement. Une baguette dont la longueur est égale à l'écartement des ceps donne le point de plantation où l'ouvrier enfonce son plantoir, verticalement ou sous l'angle de 45 degrés, à la profondeur convenable. Il place la bouture dans le trou, jusqu'au-dessus du troisième ou du quatrième œil, puis, il y fait tomber une poignée de terre fine, sur laquelle il verse un peu d'eau pour l'agglutiner au chapon, et il achève de remplir le trou avec de la terre, sans qu'il soit besoin de la tasser. Lorsqu'il a fini une rangée, il passe à la suivante, pour laquelle il a la précaution de planter chaque bouture vis-à-vis le milieu de l'espace occupé par deux boutures de la rangée précédente. La plantation en quinconce qui en résulte est la plus favorable de toutes à l'aération des ceps et à la maturation des fruits. Après la plantation, on relève la terre autour de la pièce, et l'on n'y entre plus que pour les façons et les labours.

Un autre mode de multiplication ou plutôt de reproduction et de rajeunissement de la vigne consiste dans le *marcottage* ou *provignage,* qui a l'avantage d'être promptement à fruit, souvent même dès l'année de la plantation. Cela vient de ce que le provin n'est qu'un plant déjà tout enraciné, tenant encore à la souche par le talon, qui lui sert de racines principales profondes. Les racines nouvelles, développées aux nœuds enfouis, lui apportent un surcroît de nourriture, à l'aide duquel sa fécondité est à peu près assurée. En ce qui concerne l'époque du provignage, tout l'important consiste à pratiquer l'opération entre l'août du bois et la pousse des bourgeons.

Il y a deux méthodes manuelles pour pratiquer le provignage, selon que l'on a affaire à une *vigne basse,* en échalas, en éventail ou en cône, ou bien à une *vigne haute.* Dans le cas des vignes basses, on réserve à la taille d'avant le provignage une flage que l'on ne pince qu'à la longueur nécessaire pour que, couchée en terre, elle aille sortir de deux ou trois yeux hors du sol, au point qui lui est assigné, soit environ 1 mètre *au moins* de la souche. Lors de la plantation, on supprime tous les yeux, à l'exception de ces deux ou trois de l'extrémité; nous avons remarqué, par expérience, que cette suppression favorise le développement des nouvelles racines, pourvu que l'on enduise les petites plaies. On taille obliquement au-dessus du dernier bouton conservé, et l'on recouvre la taille d'un enduit. Cela fait, on fait une petite fosse de 30 centimètres de profondeur, depuis le pied de la souche jusqu'au point de sortie du provin, et l'on a soin de mettre d'un côté la terre de la surface et de l'autre celle du fond. Lorsque la fossette est creusée, on y fait retomber une partie de la terre de la superficie, on couche le provin sur cette terre, puis on le recouvre de ce qui en reste et, par-dessus, on jette la terre qui a été tirée du fond. L'extrémité du provin, qui porte les yeux conservés, sort de terre obliquement sur l'angle de 45 degrés environ. On pince et l'on ébourgeonne lorsque les flages sont bien développées.

Si la vigne est haute, on rabat, à la taille, une des cornes au plus bas possible. On conserve une seule flage de cette corne, et on lui laisse atteindre la hauteur nécessaire; mais

il faut souvent provigner l'année suivante une des pousses de
ce provin pour arriver à la distance nécessaire

En ne laissant à la taille que la corne inférieure, et taillant
à trois yeux, on peut *sevrer* ou détacher la marcotte de la
souche-mère ; nous préférons cependant ne faire cette opération qu'à la deuxième année. Pour cela, on choisit un temps
sec, en décembre, vers l'époque de la taille ; on déchausse le
provin du côté de la souche jusqu'aux premières racines. On
coupe obliquement au-dessous, en prenant garde de ne pas
blesser ce faisceau radicellaire, puis l'on recouvre la plaie et
l'on remet la terre. La branche de la souche-mère est rabattue
à un œil ou deux yeux tout au plus, si elle ne doit pas être
arrachée.

Labours et façons utiles à la vigne. — Les labours exigés par
la vigne sont au nombre de deux ; le premier se fait avant que
la séve soit en mouvement et le second a lieu après la fleur.
On doit y ajouter, à l'arrière-saison, après la vendange, un
ratissage ou binage superficiel qui a pour but de détruire les
mauvaises herbes et le *déchaussement*, qui se fait avant, ou
mieux après la taille, en décembre ou janvier.

Les divers travaux exigés par la *vigne faite* seront avantageusement groupés dans l'ordre suivant, en tenant compte
des modifications exigées par le climat :

Décembre-janvier : taille, déchaussement et enlèvement
des racines gourmandes superficielles.

Février-avril : application des amendements et des engrais,
premier labour.

Mai : pincement et ébourgeonnement, liage ou palissage,
deuxième labour ou retersage.

Juin-octobre : ébourgeonnement et biochage des gourmands et des rabiais ou pousses axillaires. Soins de propreté.

Octobre-novembre : ratissage et destruction des mauvaises
herbes.

Dans la méthode de l'échalassement, les échalas se plantent
en février ou mars, à l'époque du premier labour. C'est encore à ce moment que, dans les autres modes de palissage,
on vérifie l'état des supports, qu'on les consolide, qu'on les
répare et qu'on les remplace au besoin.

Le *premier labour* a pour objet d'ameublir la terre, pour la
rendre plus perméable à la chaleur et aux influences atmo-

sphériques.Sa profondeur varie selon celle à laquelle la vigne est plantée elle-même, depuis 10 jusqu'à 20 et même 25 centimètres. Toutes les portions de la plate-bande plantée en vigne doivent être soigneusement remuées, en évitant d'endommager toutefois les racines. Cette opération doit être faite par un temps sec, car rien ne serait aussi pernicieux à la vigne que de la pratiquer sur la terre mouillée.

C'est par ce labour que l'on enterre les engrais et les amendements et que l'on rechausse la vigne déchaussée après la taille. En reculant cette façon, on retarde la pousse et l'on se met à l'abri des gelées tardives. Le labour doit porter à un demi-mètre au moins de chaque côté des lignes, et il est exécuté partout dans les vignes qui ne sont pas cultivées en lignes. Dans les terres fortes, on peut le retarder sans inconvénient, afin que les pluies froides printanières ne durcissent pas le sol ; mais on peut l'avancer dans les terres légères, sablonneuses ou graveleuses.

Le *second labour* ou *retersage* n'est autre chose qu'un binage peu profond, de 8 à 10 centimètres au plus, dont l'objet est de détruire les mauvaises herbes et d'ameublir la surface du sol que les pluies ont durci. Il se fait en temps humide dans les graviers et les terres légères, en temps sec dans les terres fortes. L'époque de l'exécuter commence aussitôt après le pincement et le palissage, mais il ne doit jamais être retardé plus loin que la fin de la floraison.

Ce labour est-il bien utile et ne pourrait-il pas être remplacé par un simple sarclage ? Pourquoi aussi relever la terre contre les ceps et creuser des fossés d'entre-lignes, si la terre des rangées a été bien assainie ?

Le ratissage ou sarclage d'automne n'est qu'une opération de propreté ; on ferait bien de le renvoyer après la chute des feuilles, pour pouvoir faire un compost avec les mauvaises herbes et les feuilles, stratifiées avec de la terre, ce qui donnerait un terreau excellent, préférable à tous les fumiers du monde.

Dans le courant de décembre ou de janvier, après la taille, on déchausse toutes les souches à la houe. Le *déchaussement* doit se faire à 30 centimètres au moins de rayon autour du cep pris comme centre. La profondeur varie selon divers cas ; mais que la culture soit plate ou en billons, on se guide sur la profondeur des racines supérieures qu'il faut mettre tout à fait à découvert. On *coupe* avec la serpette toutes les radicelles adventices et gourmandes qui se sont produites au-dessus de ces premières racines ; on recouvre les plaies avec un mastic gras et l'on place l'amendement, s'il y a lieu, dans la fosse de déchaussement, qui ne doit jamais avoir moins de 10 centimètres de profondeur. On le dispose autour de la souche en évitant de la recouvrir... Le déchaussement est une opération de haute utilité qui permet la suppression des racines gourmandes superficielles, force au travail les véritables racines et favorise la destruction des insectes. La suppression des racines superficielles empêche l'épuisement de la couche supérieure du sol et rend plus vigoureuses les racines profondes, en assurant la durée et la fécondité de la vigne.

Le *palissage* de la vigne consiste à donner à ses branches une disposition quelconque, le plus souvent à l'aide d'un appui.

Le mode de palissage le plus ancien est l'*échalassement*, au sujet duquel nous ne pouvons nous arrêter, sinon pour dire qu'il est le plus mauvais de tous, en ce qu'il est le plus nuisible à l'aération. Une disposition plus moderne est le palissage en *éventail* contre des perches transversales ou des fils de fer, ce qui place la vigne dans les conditions d'une treille, avec plus d'aération.

Dans les deux modes, on peut disposer les ceps en carré, en losange, en quinconce ou en lignes.

Le palissage *en cordons* n'est qu'une extension de l'éventail, que l'on obtient en substituant la disposition horizontale à l'inclinaison normale et naturelle de 45 degrés. C'est assez dire que la disposition en cordons nous paraît inférieure à l'éventail, dont on peut tirer un parti excellent, puisque l'on peut obtenir une moyenne de trente-deux pousses fertiles sur un cep bien conduit. Aucune disposition, cependant, ne nous paraît valoir celle *en cônes* ou *pyramides*, calquée sur la forme donnée à nos arbres à fruit, et par laquelle des résultats incroyables peuvent être obtenus facilement. Cette manière de traiter la vigne est loin d'être nouvelle, mais des expériences nous autorisent à la regarder comme la plus parfaite et la plus productive. Il suffit, pour arriver à la même conviction, d'agir comparativement sur quelques ceps et de constater la possibilité de faire produire à un cep plusieurs centaines de bourgeons fertiles sur une surface moyenne de 4 mètres. Les principes rationnels de la taille font voir, d'ailleurs, que la vigne peut se prêter à toutes les formes, obéir à toutes les exigences, pourvu qu'elle trouve de l'espace dans l'air et de la nourriture dans le sol.

Le *pincement* consiste essentiellement dans le retranchement de l'extrémité des flages ou jeunes pousses de l'année. Cette opération se pratique en *pinçant*, avec les ongles du pouce et de l'index, la portion à enlever ; comme elle est extrêmement tendre et aqueuse, le plus faible effort suffit pour la détacher. L'opération en elle-même sera bien faite si, tout en pinçant la jeune pousse, en la coupant avec les ongles, on pratique en même temps une légère torsion, qui oblitère les vaisseaux, hâte la cicatrisation et empêche la déperdition de la sève. Comme le but du pincement est de fortifier les portions conservées, pousses, feuilles et fruits, de leur faire prendre plus de vigueur et de volume, en concentrant dans ces parties toute la sève qui aurait été employée inutilement à produire des pousses grêles d'une longueur exagérée, on comprend que cette opération doit être soumise à des règles rationnelles, basées sur les principes de la physiologie végétale.

Sans entrer dans les détails des motifs du pincement et des faits scientifiques sur lesquels il est basé, nous nous contenterons ici de tracer les principes auxquels il est urgent de se conformer en pratique : 1° le pincement doit être calculé pour établir un équilibre suffisant entre la feuille et le reste de la plante ; ainsi on pincera plus sévèrement sur une jeune plante que sur une souche plus vieille, celle-ci ayant plus de racines et plus de besoins d'exhalation ; 2° on pincera *plus court* dans les bonnes terres bien saines, et *plus long* dans les terres maigres, l'absorption foliacée devant suppléer à la pauvreté du sol ; 3° le pincement sera moins sévère sur un cep qui aura produit, l'année précédente, beaucoup de bourgeons adventices axillaires après le pincement, cette production étant la preuve d'un plus grand besoin de feuilles ; 4° on doit chercher à produire, puis à maintenir l'équilibre de force et de vigueur entre les différentes branches du cep. Pour cela, on pince d'abord les pousses qui s'emportent ; les autres ne sont pincées que lorsqu'elles ont regagné le temps perdu. En bonne et saine pratique, les branches sans fruit sont pincées de la sixième à la quinzième feuille, selon le cas ; celles à fruit sont raccourcies à la troisième feuille au-dessus de la dernière grappe au plus et à la sixième feuille au moins…. Les flages destinées au provignage ne sont pincées que lorsqu'elles ont atteint la longueur nécessaire.

Le pincement peut remédier aux effets désastreux d'une taille mal comprise ; il fait grossir le bois et les fruits, force l'aoûtage du premier et la maturité des seconds, tout en fortifiant la plante ; il s'effectue avant la fleur, aussitôt que les grappes sont apparentes ; mais on peut le retarder un peu plus pour les ceps qui ne sont pas à fruit, jusqu'à ce que les pousses aient atteint la longueur convenable.

Le complément nécessaire d'un bon pincement se trouve dans l'*ébourgeonnement*, c'est-à-dire dans la suppression de tous les bourgeons inutiles et des pousses adventices. Ces bourgeons et ces pousses se détachent très-facilement, lorsqu'on les sépare d'assez bonne heure, pour que les tissus ne soient pas encore endurcis au point d'insertion ; ils cèdent alors au moindre effort dirigé de haut en bas et leur enlèvement n'est suivi d'aucune perte de séve. L'action du grand air et du soleil suffit pour oblitérer les vaisseaux en un temps très-court et produire une occlusion complète.

Le retranchement des bourgeons adventices qui croissent à l'aisselle des feuilles porte, en quelques pays, le nom de *biochage* ; on doit ébourgeonner et biocher toutes les fois que besoin en est, lorsque le pincement a été exécuté. C'est dire que, à partir du pincement on doit faire le tour de la vigne pour ébourgeonner et biocher, au moins tous les dix ou douze jours. ·

Taille de la vigne. — A côté des différents travaux et des façons de la vigne, dont nous venons d'esquisser rapidement les principes, vient se placer l'opération la plus grave que l'on ait à faire subir à cette plante, c'est-à-dire la *taille*, qui consiste dans le retranchement d'une portion plus ou moins considérable du bois produit dans l'année précédente, dans le but de rapprocher de l'axe les pousses futures et de concentrer les forces vives du végétal vers la production du fruit.

« Quoique la vigne puisse vivre pendant un très-grand nombre d'années, dit M. Baudrimont, elle présente cependant le caractère des plantes bisannuelles : elle ne peut porter des fruits que sur un rameau poussé dans l'année, mais il faut que ce rameau provienne d'un autre rameau *âgé de deux ans*. »

Malgré tout le talent du professeur bordelais, cette dernière phrase contient une erreur que l'observation démontre jusqu'à l'évidence. Il suffit de jeter un coup-d'œil sur la figure 20 ci-dessous pour se convaincre de ce fait, que les rameaux à fruit, les pousses de l'année, se développent sur le bois *d'un an* seulement et non pas sur le bois de deux ans.

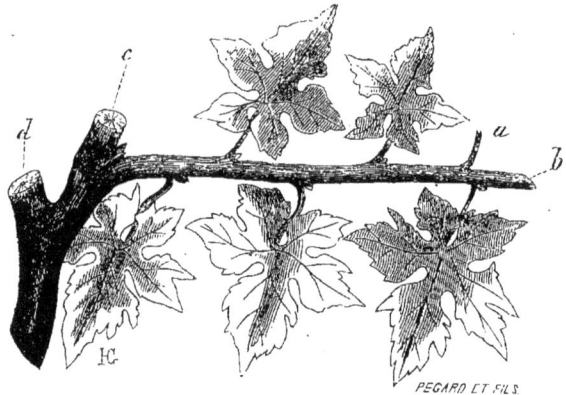

(Fig. 20.)

Dans cette figure, *a* représente le point d'émergence de la première grappe ou de la première vrille ; *b*, l'extrémité tronquée de la flage ; *c*, le bois de l'année précédente, ou d'un an ; *d*, le bois de deux ans.

Cette erreur est, en quelque façon, corrigée par la phrase suivante, dont la dernière partie seulement nous paraît peu compréhensible

« C'est sur cette observation qu'est fondée la *taille de la vigne*, quel que soit le mode que l'on adopte. *On ne peut obtenir de raisin ni sur un rameau de deux ans ou plus ancien*, ni sur un rameau venu sur un autre rameau de l'année précédente(??).»

Le *seul fait vrai* dont on puisse partir pour baser la pratique de la taille consiste donc en ce que le fruit ne se produit que sur des pousses de l'*année courante*, nées sur du bois d'*un an* (ou de l'année précédente), et que ce fruit ne se développe qu'à partir du cinquième plan foliacé, sauf exception très-rare…. Nous ne pouvons rien voir dans ce fait, reconnu et admis par la physiologie végétale, qui autorise les étranges mutilations décorées du nom de *taille de la vigne*. Conserver du bois d'*un an*, fort, robuste, sur une vigne arrivée à fertilité ; en conserver autant que la plante peut en supporter, en raison de sa force, de l'espace réservé à ses racines et à son aération : tel est le principe fondamental qui doit guider le vigneron, puisque c'est sur ce bois seulement que se développent les pousses à fruit. Mais si des raisons de commodité font ajouter à ce principe le précepte de rabattre sur le vieux bois, afin d'éviter un développement exagéré, nous ne pouvons voir nulle part la sanction technique des tailles à *un œil*, à *deux yeux*, etc.

Nous ajouterons cependant que la vigne commençant à *pousser* par les bourgeons les plus rapprochés de l'*extrémité terminale*, cette circonstance conduit à raccourcir le bois selon le but qu'on se propose d'atteindre, selon le nombre des pousses qu'on veut obtenir et selon d'autres circonstances plus ou moins importantes qui seront mentionnées tout à l'heure.

Afin de ne pas donner trop d'étendue à ces notions générales de viticulture par la discussion inutile des procédés routiniers appliqués à la taille, nous passerons sous silence ces prétendues méthodes qui reviennent presque toutes à la mutilation exagérée et irréfléchie, et nous nous bornerons à exposer nos idées personnelles sur cet important sujet.

Nous ne pouvons comprendre la taille de la vigne que comme un moyen de la maintenir en santé tout en la dirigeant vers la production du fruit. Or, pour arriver à ce double résultat, il importe que les organes foliacés de la plante soient en rapport avec ses exigences fonctionnelles ; il faut beaucoup de feuilles, beaucoup de branches, pourvu que ces branches se développent sur un bois sain et vigoureux….

Nous extrayons sommairement de notre ouvrage sur la vigne [1] les principes que nous regardons comme essentiels

[1] Bordeaux, Féret fils, éditeur.

à la pratique de la taille, et nous ajoutons à cet exposé les figures nécessaires à l'intelligence de la pratique.

Au premier aspect d'une vigne, on est frappé d'une impression désagréable à la vue des souches vieillies qui étalent la misère de leurs cicatrices, la honte de leurs chicots gangrenés et la pauvreté relative de leur feuillage. On se demande comment un cep, assez vieux et assez gros de souche pour couvrir un espace considérable de son ombre et de ses fruits, ne porte que trois ou quatre misérables pousses.... En fendant cette souche longitudinalement depuis le collet jusqu'aux *flages,* on observe que les tissus sont à peu près sains au niveau de la partie qui n'a pas été taillée ; à partir de ce point, chaque taille a déterminé une mortification des couches sous-corticales ; les tailles ont succédé aux tailles, et maintenant les cornes qui donnent naissance aux flages ne reçoivent plus la vie que par des lambeaux d'écorce, des fragments de tissu vasculaire... Tout cela est dû à la taille... Par suite de la porosité et de la perméabilité du tissu de la vigne, de la puissance de sa capillarité vasculaire, le contact de l'air et la présence de l'eau déterminent la fermentation des sucs propres qui affluent vers la plaie et causent la *gangrène* des parties sous-jacentes. On a créé là un véritable *ulcère rongeant* qui détruit la portion du nœud correspondant à la vrille et ne s'arrête qu'aux anastomoses vasculaires.

Qu'on ajoute à cela l'effet des pluies, l'affaiblissement général dû au défaut de nutrition, les influences climatériques, la déperdition fréquente de la séve dans la taille tardive, et l'on comprendra tous les dangers de la taille actuelle, surtout si l'on tient compte de la sévérité avec laquelle on opère. On oublie trop qu'il faut laisser beaucoup de feuilles à une plante aérienne, et l'on croit ne devoir laisser à une souche que «deux à quatre cornes de deux à quatre yeux chacune,» lorsque les treilles en portent parfois une centaine de très-fertiles...

Le principe conservateur sur lequel on doit baser une taille rationnelle est celui-ci : « Il faut laisser à la vigne une quantité de bourgeons susceptible de lui fournir des feuilles en proportion suffisante et en rapport avec sa faiblesse, son âge, la mauvaise qualité du sol et l'épuisement qu'elle a subi. »

La pratique manuelle de la taille est fort simple. L'ouvrier, chargé de la taille, doit être muni d'une scie à main et d'une serpette de bon acier, bien trempée, dont la lame ne doit offrir qu'une courbure très-modérée, bien moindre que celle des serpettes ordinaires de jardinage. Il porte en outre une pierre à aiguiser dans son étui et un petit vase en fer blanc, accroché à la ceinture, dans lequel se trouve l'enduit gras dont il convient de recouvrir les plaies. Il est suivi d'une femme ou d'un enfant, qui ramasse les sarments et les bois coupés au fur et à mesure.

Le vigneron commence par nettoyer la souche des gourmands et des chicots, il enlève au niveau du tronc toutes les branches inutiles à conserver, puis il procède à la taille proprement dite. Il saisit de la main gauche, à un travers de main au-dessus de la taille, le sarment qu'il doit tailler, puis, appliquant le tranchant de la serpette un peu au-dessus du nœud du côté de la vrille, il sépare le sarment suivant un plan oblique qui sort à un millimètre au plus au-dessus de l'œil. Lorsqu'il a fini de tailler les cornes qui doivent subsister, il trempe le pouce de la main gauche dans l'enduit gras et il en frotte toutes les plaies qu'il a faites, en ayant soin de bien couvrir toutes les faces (¹). Par cette taille, il ne reste jamais de chicots ; la section étant faite à peu près dans l'épaisseur du nœud, cette portion se lignifie et se durcit pour former un obstacle impénétrable aux agents extérieurs ; le corps gras employé s'oppose à la fois à l'action de ces agents et à la perte de la séve, en sorte que l'on ne court plus aucun risque à cet égard. D'un autre côté, la section étant faite sur le nœud, l'œil, en se développant, donne lieu à une flage dont la base recouvre très-promptement la cicatrice, en sorte que la taille est ainsi débarassée de ses principaux inconvénients...

On va partout proclamant que la vigne ne recouvre pas les cicatrices de la taille : cela est vrai quand on taille mal, quand on laisse des chicots ; cela est radicalement faux quand la taille a été bien faite, dans le nœud, obliquement ou très-peu au-

---

¹ Cet enduit, dont nous nous servons pour recouvrir les plaies des végétaux, est ainsi composé : huile siccative, 500 parties ; arcanson pulvérisé, 100 parties. Faire digérer à froid pendant vingt-quatre heures. Décanter et incorporer assez du suif (ou mieux de la stéarine) pour obtenir une pâte de bonne consistance, avec laquelle on triture 100 parties de coaltar en poudre fine... On peut faire varier beaucoup cette formule, dont la condition essentielle est que le produit puisse se résinifier à l'air.

dessus. Nous n'avons jamais vu un bout de corne non recouvert par la base de la première flage lorsque l'on a pris les
précautions convenables.

En ce qui touche les variétés, la modération et l'époque de
la taille, voici les conditions que l'expérience et la raison nous
paraissent indiquer comme les plus favorables.

On mesure la longueur de la taille par le nombre des yeux
ou bourgeons laissés sur la corne ; on dit : tailler à deux yeux,
à trois, à quatre, à six yeux... Le principe général qui doit
guider à ce sujet est celui-ci : « Plus on taille court, plus on
force le développement des pousses en bois ; plus on taille

(Fig. 21.)

long, plus on obtient de fruit.» Supposons d'abord
que nous taillons un *provin*... Nous lui laisserons,
la première année au moins trois yeux hors de
terre (fig. 21). Ces trois yeux sont nécessaires pour
fournir assez de feuilles et établir la relation entre
les radicelles et les organes aériens. Ils fournissent trois flages qui seront arrêtées par le pincement à un
mètre (fig. 22). La taille suivante différera selon la destination de la plante et suivant qu'on la séparera de la souche-
mère immédiatement, ou que cette opération du *sevrage* sera
renvoyée à un an plus tard. Si la vigne est destinée à être
tenue *haute* et qu'on ne la *sèvre* pas immédiatement, on ra-
battra sur le sarment inférieur, et l'on taillera obliquement

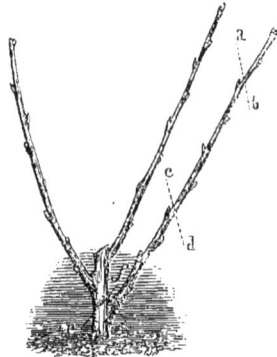

(Fig. 22.)

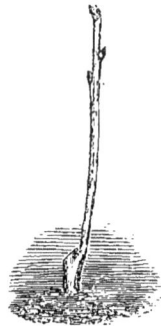

(Fig. 23.)

tout près du talon de ce sarment. Il ne restera donc plus
qu'un sarment d'un mètre, une tige unique, que l'on taillera
au huitième œil (fig. 23). Les cinq bourgeons inférieurs seront

supprimés et toutes les plaies recouvertes[1]. Nous aurons ainsi un sarment unique à trois yeux ; ces trois yeux seront la base de la *tête* à donner au cep. Si la vigne doit être tenue *basse*, ou si elle est sevrée au bout d'un an de provignage, nous rabattons également sur le sarment inférieur ; mais comme il lui faudra être forcé en feuilles, nous taillons au quatrième œil et nous ne supprimons rien (fig. 24). Nous aurons ainsi quatre flages qui seront arrêtées à un mètre.

(Fig. 24.)

A la taille suivante, pour la *vigne haute*, dont les trois flages ont été arrêtées à six yeux tout au plus, ou, en tout cas, à la troisième feuille au-dessus de la dernière grappe, on taille à trois yeux et l'on supprime l'œil inférieur (fig. 25). Cette marche donne six flages que l'on arrête comme il vient d'être dit. Cela suffit pour permettre le sevrage. Pour la *vigne basse*, qui a porté quatre flages, on supprime le sarment inférieur qui serait trop près de terre, à moins de considérations particulières, comme dans le couchage des flages ; on rabat sur le troisième sarment en supprimant le quatrième et il reste deux cornes qu'on taille sur le troisième œil, en supprimant l'œil inférieur (fig. 26).

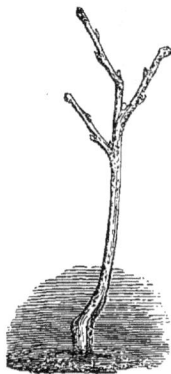
(Fig. 25.)

A partir de ce moment, la taille se fera essentiellement à fruit : toutes les cornes conservées auront *au moins* quatre bourgeons, dont on supprimera toujours l'inférieur, à moins qu'il ne soit très-beau et à une certaine distance du talon. Cette mesure a pour but d'éviter la confusion et de favoriser l'aération.

(Fig. 26.)

La *vigne basse* se trouvera à peu près dans les conditions indiquées par la figure 27 ci-dessous, tandis que la *vigne haute* sera représentée par la figure 28.

---

[1] Figure 22, *ef*, rabattage sur la flage inférieure ; *ab*, taille au huitième œil, pour la vigne haute ; *cd*, taille au quatrième œil, pour la vigne basse.

La vigne est dès lors en rapport, elle est faite, bien qu'elle ne soit pas encore parvenue à couvrir tout l'espace qu'on lui réserve.

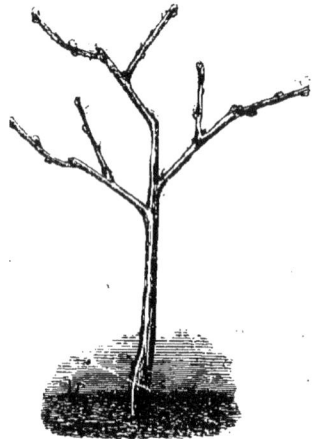

(Fig. 27.)   (Fig. 28.)

Le nombre des cornes augmentera progressivement jusqu'à ce que la plante ait atteint ses dimensions définitives. A partir de ce moment on la maintiendra dans ces dimensions, en rabattant toujours sur un sarment inférieur. Supposons, par exemple, que, à l'âge de six ans, dans la plénitude de sa force, un cep est arrivé à porter une vingtaine de cornes, ayant chacune trois yeux fertiles, après la suppression de l'œil inférieur. Tout cela forme une soixantaine de flages qui seront arrêtées par le pincement ; or il n'est pas possible de conserver les soixante cornes qui en résulteront ; elles seraient d'ailleurs portées, l'année suivante, au nombre de cent quatre-vingts, en suivant littéralement le principe, et encore on ne peut guère palisser ou soutenir plus de vingt cornes, donnant soixante flages par an. Pour se tenir en équilibre, on devra nécessairement rabattre sur le sarment inférieur de chaque corne et supprimer quarante des soixante sarments qu'elles auront produit. C'est au goût du vigneron à lui faire savoir dans quel cas il doit conserver l'œil inférieur, afin de pouvoir rabattre un peu plus bas, quand il doit retrancher une grosse branche pour la remplacer par une jeune pousse, etc... On doit toujours avoir présente à l'esprit la nécessité absolue d'une bonne aération. En fait, la taille à bois comporte deux yeux, rarement un seul bourgeon ; on taille au troisième œil. La taille à fruit comporte *au moins* trois yeux et l'on taille sur le quatrième... Quant au nombre des cornes à laisser sur un cep, il est essentiellement variable selon la force du cep, son âge, la qualité du sol et la nature du cépage. Un cep de six ans, dans un bon sol ordinaire, peut porter de douze à vingt cornes, garnies de trois yeux... Pour que la vigne se porte bien, il lui faut des feuilles larges, vertes, bien saines ; si la feuille est petite, mince, jaune, la plante souffre ; si les branches ont de l'air et de l'espace, leur nombre n'est pour rien dans cette souffrance, dont la cause réelle est dans le sol.

Nous venons de voir ce qui regarde les provins ; comment doit-on diriger la taille pour les *chapons* ou *boutures* ?

Il y a deux cas : la vigne haute et la vigne basse. La vigne haute est celle qui ne commence à avoir des branches, à faire sa tête, qu'*au moins* à 80 centimètres du sol ; les autres sont des vignes basses, mais surtout celles dont les ramifications partent du sol ou à peu près. Lorsque le chapon est planté, on le laisse la première année faire à peu près ce qu'il veut ; les soins à lui donner se bornent à pincer l'extrémité des pousses, à supprimer les gourmands ; quelques labours et des soins de propreté complètent la culture de la première année ; à cette époque, on rabat le plant contre la pousse inférieure à laquelle on laisse deux yeux, les deux flages qui en sortent doivent être arrêtées à un mètre ; à la taille suivante, on se conduit comme s'il s'agissait d'un provin et l'on rabat sur la flage inférieure, que l'on taille au huitième ou au quatrième œil, selon que la vigne doit être tenue haute ou basse...

Si l'on a affaire à une vigne malade, placée dans un sol ingrat, on commence par assainir et amender le sol ; on donne une bonne fumure et un bon terreautage, après avoir fait un déchaussement de 20 ou 30 centimètres... A la taille, on supprime avec la scie tous les gros chicots, tous les points mortifiés ou désorganisés ; on rabat au besoin la souche au niveau de la partie saine. Sur les bourgeons produits, on gardera les trois ou quatre plus beaux et les mieux placés, que l'on arrêtera à un mètre et demi. A l'époque de la taille suivante, on rabat ces nouveaux sarments à trois yeux, dont on supprime l'inférieur et, à partir de là, on se comporte comme pour

une vigne jeune. Si l'on n'a pas rabattu la souche et que l'ex-
tirpation des chicots et de quelques branches ait paru suffisante, on taille à trois yeux, ou supprime l'inférieur et, l'année suivante, on rabat sur le sarment le plus bas, que l'on
taille plus ou moins long selon que l'on veut tenir le cep plus
ou moins haut. La taille au quatrième œil, avec suppression
de l'inférieur, est préférable cependant, parce qu'elle fournit
trois étages, d'où résultent trois cornes dont on peut faire ce
qu'on veut.

Les vignes rétablies doivent être surveillées avec le plus
grand soin à l'égard du pincement et de l'ébourgeonnement,
qui seuls peuvent assurer la réussite.

Outre que cette méthode est la plus productive, elle est la
plus favorable au bois de l'année suivante, pourvu qu'elle soit
suivie d'un bon pincement et d'un ébourgeonnement attentif,
qui en sont les deux accessoires obligés.

On peut tailler à six yeux sur une vigne faite et vigoureuse ;
mais, dans ce cas, il faut pincer un peu moins court. Quant
à l'époque de la taille, nous pensons qu'il convient de tailler
aussitôt que le bois est bien aoûté et que la sève est complétement arrêtée. Cela conduit à pratiquer la taille depuis la
fin de novembre jusque vers le 15 janvier au plus tard. La
taille devant précéder le *déchaussement*, le labour de printemps
et le terrage, on comprend qu'il importe à l'économie du travail et à sa bonne distribution de faire cette opération le plus
tôt qu'il est possible.

Nous terminons ce long paragraphe, dans lequel nous avons
cherché à esquisser un abrégé de viticulture, par quelques
observations sur les *amendements* et les *engrais*, sur l'*assolement*
de la vigne, et les *cultures intermédiaires* qu'elle peut comporter.

Amendements et engrais utiles à la vigne. — D'après les analyses chimiques, confirmées par l'expérience agricole, la vigne
est une plante avide de *chaux*, de *potasse* et de *phosphore*. Ses
racines redoutent l'humidité stagnante et elle craint les vents
violents.

Le sous-sol devra d'abord être assaini ; on abritera ensuite
la plantation contre les vents, s'il y a lieu, et l'on s'efforcera
de mettre ou de maintenir la terre dans de bonnes conditions,
relativement à sa composition minérale.

Toute la question des amendements de la vigne repose sur ces trois points dont l'importance est capitale.

Nous avons parlé suffisamment de l'assainissement du sol par la création des tranchées de plantation. Les labours, le déchaussement, sont encore des amendements et des moyens d'assainissement dont on doit tenir grand compte.

Les *abris* naturels sont les meilleurs, par le fait qu'ils existent. Le plus convenable serait un mur, élevé d'un mètre au-dessus de la hauteur des ceps ; mais ce moyen est trop coûteux et ne peut être employé que dans des circonstances restreintes. En grande culture, on partage les abris en abris de pourtour et abris d'intérieur. Les premiers peuvent être une simple haie, un fossé avec un talus intérieur, planté d'une haie, surtout si la pièce est exposée au nord ou à l'est. Dans les haies, on ménage, de distance en distance, quelques hautes tiges, que l'on greffe en variétés utiles, comme le né-flier sur l'aubépine, par exemple. Les abris intérieurs seraient avantageusement formés par des rangées brise-vents d'arbres fruitiers à demi-tiges, écartées de 20 mètres au plus. Six plates-bandes de vigne seraient suivies d'une plate-bande de brise-vents... La direction des rangées serait du nord au sud.

Les abris extérieurs doivent être plus élevés du côté des vents dominants et des vents brisants ; enfin, on se gardera bien d'arracher un bois ou une plantation élevée et touffue qui abrite un vignoble ; cette faute serait souvent irréparable.

Quant aux amendements proprements dits, les cendres végétales nous fourniront l'élément potasse ; les os moulus, crus ou carbonisés, le noir des raffineries, le phosphate fossile, les coquilles d'huîtres, les marnes calcaires, les marnes argileuses même, la chaux, le sable dans certains cas, les plâtras seront les matières premières à utiliser. La potasse vient au premier rang ; le phosphore est moins important ; la chaux se place ensuite dans l'ordre de la nécessité d'emploi, pour les terrains argileux, les sols d'alluvion et les grosses terres ; les sols tenaces demandent du sable, des plâtras, de la chaux, si elles en manquent ; la marne argileuse bien délitée servira à l'amendement des terres trop légères.

Tous les ans, en bonne terre, on mettra 2 litres de cendres dans la fosse de déchaussement. Cette quantité sera

portée à 5 ou 6 litres pour les vignes épuisées, vieillies
ou malades. Tous les deux ans, on y joindra 2 litres de
noir, d'os pulvérisés, ou de phosphate fossile. Le chaulage se
fera, tous les huit ou dix ans, dans les terres qui le réclament, à raison d'un demi-litre de chaux éteinte par mètre
carré.

Le poussier de charbon ou fraisil est d'un excellent emploi
pour la vigne. Il agit comme amendement en divisant la terre
et il échauffe le sol en absorbant une grande quantité de chaleur. Il est indiqué pour les terres fortes et froides et surtout
pour les terres blanches tenaces, pauvres en humus. Il agi'
en outre comme engrais et son effet se prolonge longtemps.

En ce qui concerne les engrais, on doit partir de cette
donnée que la vigne est une *plante à sucre* qui redoute les engrais trop azotés ; la fermentation, la décomposition intime, le
développement des moisissures en sont la conséquence ; il
faut donc éviter l'emploi des fumiers neufs, du sang, des engrais animaux et des chairs, de la poudrette, des cornes, des
plumes, de la bourre, des chiffons de laine, de la gélatine,
des marcs de colle, de la colombine, du guano, etc. Il ne convient de donner à la vigne que du terreau, de l'humus, au
minimum d'azote. Les herbes et les feuilles de vigne, réduites
en terreau, le gazon décomposé, la tannée bien fermentée, le
marc de raisin, le terreau de varech, la tourbe désacidifiée, les
tourteaux d'huilerie, les chiffons végétaux fournissent les éléments du meilleur engrais pour la vigne.

L'engrais se dépose sur la vigne huit ou dix jours avant le
rechaussement. Lors de cette opération, on mêle l'amendement avec une partie de l'engrais et l'on enterre le tout au
pied du cep, sur un rayon de 30 centimètres ; le reste de l'engrais sert pour l'espace libre et s'enterre avec le labour. Le
marc de raisin fermenté et réduit en terreau, les varechs bien
décomposés par leur séjour en compost, la tannée, la tourbe
désacifiée par la chaux, s'emploient de la même manière.

Quant aux chiffons et au tourteau concassé, on en place
trois ou quatre poignées au pied du cep et l'on mêle avec
l'amendement lorsqu'on réchausse.

On obtient de bons résultats en joignant un quart de litre
ou un demi-litre de fraisil au pied de chaque cep.

Assolement de la vigne. — Les meilleurs agronomes regardent la vigne comme *usée* à soixante ans. En général, la durée de la vigne est proportionnelle à la bonté du sol, à sa perméabilité, à la distance entre les ceps, à l'usage plus ou moins judicieux des amendements et des engrais et aux soins de culture.

Dans de bonnes conditions, la culture en quinconce ou en carré, à 1 mètre d'écartement, peut assurer trente ans de plein rapport. On peut compter sur le double, avec la culture en ligne, à 1^m,50 d'écartement entre les ceps. Il vaudrait mieux cependant ne compter que sur quinze ans de plein rapport, en règle générale, pour les vignes basses, et les renouveler alors par le provignage. Les vignes très-espacées en cônes ou en éventail présentent une durée beaucoup plus considérable, si elles sont bien soignées, et le terme de cinquante ans de plein rapport n'est pas exagéré dans cette manière de cultiver. On ne peut même leur assigner une durée approximative, car elles restent dans de bonnes conditions de fertilité tout le temps que les racines n'ont pas fouillé le sol.

En somme, il est bon de s'astreindre, en général, aux règles suivantes dans la culture habituelle :

1° Plantation sur rangées ;

2° Largeur de la plate-bande égale à l'écartement des ceps ;

3° Espace intermédiaire d'une largeur double ou au moins égale ;

4° Renouvellement par provignage ou par boutures dans le milieu des espaces intermédiaires, après dix à quinze ans de plein rapport, pour toutes les vignes basses, en échalas ou en éventail ;

5° Mise en culture des plates-bandes arrachées, pendant une durée de dix à quinze ans.

On ne peut objecter à ceci que le peu de largeur de certaines vignes, qui ne permettrait pas de suivre ces dispositions ; mais, dans ce cas, il faut planter en quinconce, à un mètre au moins, et lorsque la vigne a une quinzaine d'années de plein rapport, planter une autre pièce pour supprimer la plus vieille et la remettre en culture aussitôt que la nouvelle est à fruit.

Lorsqu'il est question d'assoler une vigne, on commence par défoncer les espaces intermédiaires, à la même profon-

deur que les plates-bandes et en procédant de la même manière, si toutefois ce travail n'a pas été déjà fait et qu'il soit
nécessaire de l'exécuter. Cela terminé, et trois ans avant
l'époque de l'arrachage, si l'on provigne, ou cinq ans, si l'on
plante des boutures, on place des provins ou des chapons dans
le milieu de l'espace défoncé, avec les précautions convenables. Lorsque les plants sont en rapport, ou un an après le
sevrage des provins, on arrache les vieilles souches et l'on
met en culture l'espace qu'elles occupaient. Si l'on a pris les
soins nécessaires, on ne doit éprouver aucune interruption, ni
aucune diminution dans les récoltes.

Cultures intermédiaires. — En principe général, on ne devrait cultiver, dans les espaces intermédiaires, ou en remplace-
cement de la vigne, que des plantes dont les appétences sont
différentes de celles de ce végétal, relativement aux principes minéraux et aux matières azotées ; il faut, dans tous les
cas, y établir une culture améliorante, susceptible de produire une augmentation notable de l'humus et des sels minéraux utiles à la vigne.

De ce principe incontestable, il résulte que les plantes destinées aux cultures intermédiaires, ou de remplacement, doivent être choisies parmi les plus avides d'azote, et les moins
portées à absorber la potasse, le phosphore, la chaux... On
doit aussi fumer largement ces cultures, afin d'enrichir le sol
en humus, mais il faut cesser les fumures au moins deux ans
avant la plantation de la nouvelle vigne.

Voici quelques indications générales. Les *légumineuses* absorbent beaucoup d'azote, de phosphore, peu de chaux et une
proportion notable de potasse. Leur place normale est après
une très-forte fumure... Les *céréales, orge, avoine, millet, maïs,*
sont avides d'humus, moins de potasse, de chaux et de phosphore. Le *froment* et le *seigle* absorbent plus de ce dernier
principe. Les *oléagineuses* sont épuisantes. La *luzerne*, le *sainfoin*, le *trèfle* prennent moins de potasse et laissent dans le sol
une grande quantité de débris végétaux. L'*asperge*, la *betterave*, le *sarrazin* peuvent trouver place dans la rotation ; la
pomme de terre et la *tomate* sont peu exigeantes ; enfin, les
graminées qui forment le fond des prairies naturelles présenteront des qualités fort utiles en ce sens qu'elles sont douées
d'une grande faculté de rayonnement et qu'elles enrichissent

en humus le sol où on les place. Elles seront excellentes pour les dernières années.

On peut, du reste, faire varier énormément les rotations à suivre dans les cultures intermédiaires, et nous devons nous contenter de formuler quelques exemples.

Culture de dix ans. — Première année : haricots sur forte fumure de 60,000 kilogrammes à l'hectare. — Deuxième année : orge ou avoine avec trèfle. — Troisième année : trèfle. Rompre à l'automne pour laisser reposer en hiver. — Quatrième année : pommes de terre. — Cinquième année : maïs sur forte fumure. On peut remplacer le maïs par une nouvelle récolte de haricots ou de pois. — Sixième année : orge ou avoine, avec sainfoin. — Septième année : sainfoin. — Huitième année : sainfoin. Rupture de la prairie artificielle à l'automne. — Neuvième année : avoine avec trèfle. — Dixième année : trèfle.Rupture à l'automne, défoncement des tranchées, s'il y a lieu. — Onzième année : plantation de la jeune vigne. '

Autre culture. — Même ordre pendant les quatre premières années. — Cinquième année : établissement d'une prairie artificielle avec le mélange suivant : trèfle, un quart, sainfoin, un huitième ; avoine, un huitième ; mélange de graminées pour prairie, ou plutôt ray-grass, une moitié. — La prairie fumée tous les ans en couverture, est fauchée deux fois par an. On la rompt la neuvième année. — Dixième année : pommes de terre. — Onzième année : plantation.

Rotation de cinq ans. — Première année : haricots fortement fumés. — Deuxième année : orge ou avoine avec trèfle. — Troisième année : trèfle : rupture à l'automne pour la semaille de froment d'hiver. — Quatrième année : froment. — Cinquième année : betteraves. Après la récolte du froment, avec le labour d'hiver, on doit enfouir, à l'hectare, un mélange de 600 kilogrammes de noir ou d'os pulvérisés, 400 kilogrammes de tannée et 200 kilogrammes de fraisil. Il faut éviter les cendres avant la betterave destinée à la sucrerie, mais elles ne nuisent pas à celles qui doivent être distillées. Cette rotation est ensuite répétée jusqu'à la plantation ; mais on peut remplacer les haricots par les pois ou le maïs, le froment par les pommes de terre, et la betterave par une autre racine du même groupe. En terre de plaine, franche, forte et un peu fraîche, il y a tout intérêt à semer du lin sur la forte fumure de la première année ; dans ce cas, le fumier doit être très-consommé.

Rotation de quatre ans. — Première année : haricots ou maïs sur forte fumure. — Deuxième année : orge ou avoine avec trèfle. — Troisième année : trèfle. — Quatrième année : seigle ou froment d'hiver.

Dans le cas où l'on adopte la durée de vingt ans pour celle du plein rapport de la vigne, on fait très-bien de débuter par une rotation de quatre ou cinq ans, après laquelle on établit du pré qui doit durer dix ans. On rompt ensuite pour cultiver de nouveau pendant les cinq années qui précèdent la plantation et l'on adopte l'ordre suivant pour cette dernière rotation : pommes de terre ou avoine sur prairie rompue, betteraves, haricots fumés, orge ou avoine, trèfle incarnat.

Il est bien évident, d'ailleurs, que les cultures intermédiaires ne présentent un intérêt sérieux que dans la culture très-espacée de la vigne, comme nous la conseillons, et que, dans les autres cas, les observations qui précèdent ne s'appliquent qu'aux cultures de remplacement.

§ V. — MALADIES DE LA VIGNE.

Nous abordons maintenant une de ces questions complexes dont le développement exigerait des volumes, si nous voulions sacrifier aux idées préconçues et aux préjugés des agriculteurs de théorie. A en croire les élucubrations de nos illustres, la vigne serait sujette à autant de maladies que l'homme et la plupart de ces affections morbides auraient leur champignon particulier... Nous ne pouvons guère nous arrêter à ces fantaisies, auxquelles des *savants* ont fait prendre une importance exagérée, et nous avons un but plus sérieux.

Une vigne soumise à une bonne culture, placée dans un sol perméable et bien amendé, pourvue d'une nourriture convenable et suffisante, est beaucoup moins rachitique, moins maladive qu'on ne l'a dit pour les besoins de la cause. Mise à part la *dégénérescence*, le plus grand nombre des maladies de la vigne est sous la dépendance de causes précises, extérieures presque toujours, qu'il est ordinairement au pouvoir de l'homme de transformer, de modifier, ou de supprimer. Ainsi, la plante peut avoir à souffrir des attaques des animaux, quadrupèdes, oiseaux, mollusques, ou insectes ; elle peut être atteinte par l'influence pernicieuse des accidents météorologiques, par la grêle, les gelées, les brouillards ; les affections provenant d'autres causes et qui atteignent les feuilles, les fruits, ou les tiges, sont la conséquence de l'absence de soins rationnels et sont déterminées par la négligence culturale. Nous dirons quelques mots seulement de ces maladies dont les principales sont la *coulure,* la *carniure,* la *goupillure,* la *rouille,* la *jaunisse,* les *chancres,* la *nielle,* le *blanc* ; mais nous donnerons quelques détails au sujet du trop célèbre *oïdium,* et nous indiquerons notre opinion sur l'épidémie dont on a fait bruit en 1868.

Dégénérescence des cépages. — La vigne a-t-elle dégénéré, comme l'ont prétendu certains théoriciens, avides d'expliquer les maladies du précieux végétal ? Cette dégénérescence, qu'ils affirment avec tant de complaisance, ne serait-elle pas le résultat d'une mauvaise culture seulement et de soins mal compris ou mal entendus, et la vigne, soustraite aux mains de ses dangereux amis, replacée dans de bonnes conditions culturales, ne reprendrait-elle pas toute sa vigueur et toutes ses qualités primitives ? Nous avouons franchement que nous ne croyons pas à cette dégénérescence, mais que nous croyons beaucoup à l'incurie et à l'apathie de l'homme...

M. Du Puits de Maconnex ne trouve dans la Gironde que le *cabernet (vuidure)* qui soit sujet à dégénérer [1]... « Ce cépage est un des éléments de la bonne qualité du vin. C'est l'un de ceux qui réussissent le mieux dans les graviers et les sols maigres où il charge constamment et donne naissance à un grand nombre de petites grappes peu abondantes en jus ; mais ce jus est de qualité supérieure.

« Malgré le choix des boutures lors de la plantation et une culture bien appropriée de ce cépage, on aperçoit bientôt çà et là, *des pieds se refusant à produire,* sans qu'aucun *signe extérieur* annonce le défaut de santé, encore moins la décrépitude. »

L'auteur a fait la même remarque à propos du chasselas. Certains cépages (le *malbec* et le *merlot,* par exemple) se re-

[1] *Congrès scientifique* de Bordeaux, 1861.

fusent à produire dans certains sols et reprennent leur fécondité lorsqu'ils sont transportés sur un terrain qui leur est favorable : d'autres, comme l'*enrageat*, le *gamé*, le *sira*, etc., chargent à peu près dans tous les terrains.

Nous ne voyons pas que ces faits prouvent autre chose que la nécessité de fournir à la vigne un sol approprié et de changer les *pieds* qui, par suite de quelque *circonstance inconnue* ou mal étudiée, ne se mettent pas à fruits.

Quant à la tendance à la dégénérescence que M. Puvis attribue à la vigne en général, les faits sont là pour ôter toute valeur à une assertion gratuite. Si les cépages fins produisent moins et durent moins longtemps, il convient d'attribuer ce résultat à l'ensemble des circonstances où ils sont placés. Un sol aride et l'absence de tout engrais expliquent bien des choses, surtout lorsque ces mêmes cépages, placés dans de bonnes conditions, reprennent toute leur vigueur et toute leur puissance.

D'ailleurs, il est impossible qu'une plante conserve sa vigueur lorsqu'on s'obstine à la faire croître pendant des siècles dans le même sol, sans repos, sans interruption et sans le moindre soin de la loi universelle d'alternance, à laquelle la vigne est aussi bien soumise que le trèfle ou le froment... Il est impossible qu'une plante conserve sa force et sa vitalité, lorsqu'elle est plantée sans discernement, dans le premier sol venu, sans les précautions d'assainissement indispensables.

[Nous ne disons pas, cependant, que la dégénérescence soit *impossible*; ce serait aller beaucoup trop loin dans cet ordre d'idées, puisque l'on pourrait, à la rigueur, considérer les *variétés végétales* comme de véritables dégénérescences de la plante primitive : nous pensons seulement que les faits produits ne démontrent pas l'existence d'une dégénérescence proprement dite : nous n'avons constaté nulle part des preuves réelles de cette modification de la plante, et nous croyons très-positivement que des soins culturaux bien entendus doivent mettre à l'abri de ce genre d'accident.

Attaques des animaux. — Le lecteur a déjà, sans doute, devancé ce qu'il y a à dire sur ce sujet, car il est évident que les quadrupèdes ne peuvent s'introduire que dans les vignobles négligés, dans les vignes mal soignées, mal entretenues, livrées en quelque sorte au pillage. Les oiseaux ne font aucun

mal sérieux à la vigne, et si, à l'époque de la maturité, le
merle ou la grive, le loriot ou la fauvette, ces deux charmants
babillards, viennent picoter quelques grains, il suffit des précautions les plus simples pour les écarter, si l'on en a le sot
courage. Que le laboureur soit bien tranquille à ce sujet ; ces
amateurs de raisin ne lui demandent qu'un peu de dessert
en échange des services qu'ils lui rendent en mangeant une
foule d'insectes nuisibles, qui font la base de leur repas. Ceux-
là ne sont pas bien à craindre, et l'on devrait plutôt les attirer
que les repousser. Nous n'avons jamais vu la récolte amoin-
drie par le fait des merles, des grives, ou des autres oiseaux,
ni dans les Ardennes, ni dans le Bordelais, où cependant ils
vivent en grand nombre dans les taillis et les haies, à proximité des vignes.

C'est parmi les *mollusques* et les *insectes* qu'il faut chercher
les vrais ennemis de la vigne. Parmi les premiers, les *limaces*,
l'*arion* à la peau rouge, la *loche* grise, la petite limace *agreste*
grise ou noire, les *hélices* ou *colimaçons* dont les espèces, fort
nombreuses, sont représentées par un type bien connu, l'*es-
cargot comestible* ou le *limaçon des vignes*, sans être aussi redoutables que les insectes, vivent cependant aux dépens du
feuillage et du fruit de la vigne qu'ils habitent ; ce sont là des
animaux nuisibles, en réalité, à la viticulture, et qu'il importe
de détruire. On recueille les escargots en différentes contrées
pour en faire un objet d'alimentation ; mais les autres hélices
et les limaces ne présentent pas la moindre utilité sous ce rapport. On a conseillé de mettre au pied des plantes une poignée de *suie* ou de *sel marin,* ou de la *chaux éteinte* pulvéru-
lente, ou encore de l'arroser ou le lotionner avec du lait de
chaux, avec la dissolution aqueuse d'*aloès.*

Les *insectes* sont quelquefois un fléau pour le vigneron et
l'intensité de leurs ravages, le peu de résultats des moyens
employés pour s'en préserver devraient engager les viticulteurs à plus de pitié envers les oiseaux insectivores, qui sont
leurs auxiliaires naturels.

Parmi les insectes qui s'attaquent à la vigne sous la forme
de larves ou sous celle d'insectes complets, on trouve presque
tous les ordres de cette classe animale. Les *lépidoptères* ou
papillons, fournissent les *sphinx,* les *teignes* et les *pyrales.* La
guêpe et le *frelon* représentent les *hyménoptères :* les *hémiptères*

ont une *cochenille* spéciale à la vigne; chez les *orthoptères*, on trouve la *courtilière* ou *taupe-grillon*, si commune dans les environs de Bordeaux, le *criquet* ou *sauterelle rouge*, et la *mante religieuse*. Enfin, les principaux *coléoptères* nuisibles à la vigne, sont les *attélabes*, les *chrysomèles*, les *mélolontes* ou *hannetons*, les *eumolpes*.

A propos des *sphinx* et de plusieurs autres papillons dont les chenilles ou larves *travaillent* à découvert, on ne peut que conseiller de les détruire, quand on les aperçoit. La *teigne de la vigne*, connue sous le nom de *ver coquin* par les cultivateurs, est un petit papillon d'une couleur jaunâtre, à reffets argentés, dont les œufs produisent une larve assez petite (1 cent. 1/2), de couleur vert-grisâtre le plus souvent, qui se nourrit aux dépens des pédicelles des grains, vers l'époque de la fleur. Plus tard elle attaque encore les grains mûrs. Toujours, elle s'enveloppe d'un étui ou fourreau formé de parcelles détachées de la jeune grappe ou du grain qu'elle ronge, et elle entoure cet étui de nombreux filaments soyeux, reliés aux parties avoisinantes. Elle est aussi nuisible que difficile à détruire.

Nous n'avons rien vu employer d'efficace contre elle que la solution de foie de soufre au millième, et l'eau imprégnée de pétrole. On pourrait essayer l'acide phénique très-étendu.

La chenille de la *pyrale* a été quelquefois confondue avec celle de la teigne, dont elle a la longueur; mais elle en diffère par une petite tête noire et par la couleur du corps qui est rougeâtre. Elle ronge les feuilles et les jeunes grappes, et s'enveloppe aussi de filaments soyeux. La chrysalide qui en provient donne naissance à un petit papillon que ses ailes grises, rayées de noir, et son corps jaunâtre rendent très-reconnaissable. Comme ce papillon dépose ses œufs dans l'écorce, on peut en détruire bon nombre par l'enlèvement des vieilles écorces qu'on brûle ensuite. On a employé aussi avec succès l'eau bouillante en lavage sur les souches par le procédé de M. B. Raclet; nous pensons également qu'il serait très-utile d'employer l'un des moyens qui viennent d'être indiqués contre la teigne.

Il n'y a rien de particulier à dire sur la *guêpe* ou le *frelon* que tout le monde connaît, et l'on n'a rien à faire contre ces deux adversaires déplaisants, sinon de chercher leur nid et de les faire périr par l'huile, l'eau bouillante, l'eau de savon ou l'une des solutions précédemment indiquées. Une bouteille à demi remplie d'eau et inclinée sur l'orifice de leur trou, avec la précaution de boucher tout autre passage, en détruit aussi un grand nombre. Les *cochenilles*, d'un rouge brun sale, qui s'attachent à la vigne, se détruisent par l'enlèvement des vieilles écorces, et aussi par des lotions à l'eau de pétrole ou par des frictions à la brosse dure.

La *taupe-grillon* exerce ses ravages sur les racines, qu'elle coupe lorsqu'elle les rencontre sur son passage. L'arrosage avec l'eau de savon est un bon moyen de les faire mourir. Nous l'avons expérimenté avec succès, en 1861, près de Bordeaux, dans un jardin qui était labouré par les courtilières.

La *sauterelle* à ailes rouges dévore les feuilles de la vigne. Elle ne redoute presque rien de l'homme et lui échappe très-facilement ; mais les oiseaux insectivores lui font une guerre acharnée.

La *mante religieuse* est insectivore ; mais sa larve se nourrit des feuilles de la vigne. Cet insecte rappelle un peu la forme des *demoiselles* ou *libellules ;* les ravages qu'il cause paraissent avoir été beaucoup exagérés.

Les *attélabes* sont des *charançons* dont les larves font de grands ravages en s'attaquant aux bourgeons à l'époque de leur évolution, aux jeunes feuilles, aux grappes naissantes et même aux fruits. L'un d'eux, la *lisette (rynchites bacchus)* est d'une belle couleur vert-bronze, comme les cantharides ; un autre, le *rhynchites rubens*, est d'un rouge pâle ; une troisième espèce est grise. L'insecte parfait ne porte pas plus de 7 à 8 millimètres de longueur. Les larves sont presque du double plus longues. Elles sortent des œufs déposés dans les feuilles roulées en spirale, et dévorent les feuilles les plus tendres. Il faut la détruire avec le plus grand soin en écrasant et en brûlant toutes les feuilles roulées. Un moyen excellent consiste à placer auprès des ceps un peu de *paillis*, dans lequel elles se cachent pour y attendre leur transformation, et de brûler ce paillis vers la fin de l'hiver.

Les *chrysomèles* revêtent souvent les couleurs les plus brillantes et présentent une certaine ressemblance avec les cantharides. Elles vivent des feuilles de la vigne. La plus commune est la *chrysomèle rouge à corset noir*, qui se multiplie parfois beaucoup. La solution de sulfure de potassium les chasse facilement.

Parmi les *mélolontes*, le *hanneton commun* et le petit *hanneton de la vigne* attaquent la vigne à l'état de larves et lorsqu'ils sont arrivés à l'état d'insectes parfaits. Ces larves sont connues sous le nom de *vers blancs*, et pendant les trois années qu'elles emploient à leurs *mues*, qui précèdent leur changement définitif, elles rongent toutes les racines des plantes qu'elles rencontrent. Le hanneton commun n'a pas besoin de description, et sa larve est connue de tous ceux qui ont habité la campagne. L'autre espèce est plus petite, porte des *élytres* d'un beau vert bronzé, tandis que sa couleur est brunâtre en dessous ; sa larve, moins grosse que celle du hanneton commun, en est la reproduction exacte sous une proportion un peu réduite. Si les larves des mélolontes sont le fléau des racines, les insectes parfaits détruisent les feuilles avec une voracité étonnante, et ils causent partout les plus grands ravages. Le meilleur moyen à employer contre ces ennemis dangereux consiste à détruire les larves au moment des labours du printemps, et à faire la chasse aux insectes eux-mêmes, le matin et le soir, afin d'en détruire le plus possible.

Les *eumolpes* ont été nommés à tort *gribouris* par quelques personnes. Le véritable gribouri est un chrysomèle, et bien que les eumolpes et les chrysomèles appartiennent à la famille des cycliques, ce sont des genres complétement différents. Les eumolpes sont représentés par l'*écrivain* ou *vendangeur* (cryptocéphale de la vigne), qui est noir avec des élytres d'un brun fauve. La tête est tout à fait cachée dans le corselet, ce qui lui a valu son nom scientifique de cryptocéphale. C'est un hanneton en miniature qui ronge tout, feuilles, bourgeons, grappes naissantes : il laisse sur les feuilles des découpures qui lui ont fait donner le nom d'*écrivain*. La plus grande dimension de l'écrivain ne dépasse pas 3 millimètres. On ne sait rien de bien efficace pour la destruction de cet insecte malfaisant ; cependant nous avons remarqué qu'il disparaît des vignes traitées par les sulfures.

Nous nous bornons à ces généralités sur les insectes nuisibles à la vigne, bien que l'on puisse en signaler un nombre beaucoup plus considérable ; mais leur description détaillée ne

peut guère trouver place dans ces notions sommaires de viticulture.

L'importance des organes aériens herbacés est tellement
grande pour la santé et la prospérité de la vigne, qu'il n'est
pas nécessaire d'insister sur le tort causé par les insectes qui
s'en nourrissent, et l'on comprend que, même en mettant de
côté la destruction des jeunes grappes et des bourgeons, la
perte des feuilles doit nécessairement affaiblir la vitalité de la
plante. On ne saurait donc faire trop d'efforts ni prendre trop
de soins pour se débarrasser de ces hôtes incommodes, et les
vignerons intelligents apportent à ce point la plus grande attention.

Accidents météorologiques. — On a beaucoup parlé pour ne
rien dire sur la *grêle*, la *gelée*, les *brouillards*. De la première,
on ne saurait se garantir, et le seul palliatif aux désastres
qu'elle cause consisterait dans un bon système d'*assurances
mutuelles*. Cette institution manque en France, et les spécula-
tions qui en prennent le nom doivent être mises hors de cause,
puisque la plupart ne sont que des systèmes d'exploitation
qui servent à enrichir les exploiteurs sans indemniser *utilement* les exploités frappés par un malheur inattendu. Le for-
malisme et les lenteurs détruisent souvent le peu de bon résultat qu'on pourrait attendre de ces assurances illusoires.
Pourtant, cela vaut encore mieux que rien.

On a proposé l'usage de divers paragrêles et cette idée, aussi
simple que féconde, aurait dû être l'objet d'une plus grande
attention de la part des hommes compétents. Nous conseillons
vivement aux propriétaires de vignes d'en établir dans leurs
vignobles, car on ne doit rien négliger pour se mettre à l'abri
des formidables désastres causés par la grêle.

« Une vigne grêlée doit, selon quelques opinions, être taillée
avec soin sur le vieux bois, si l'accident a eu lieu avant le mois
de juillet et que la saison peu avancée permette d'espérer la
production de nouvelles pousses à bois. Dans le cas où l'é-
poque de l'accident ne laisserait pas au nouveau bois le temps
de s'aôuter, on ne doit pas tailler, mais bien se contenter de
pincer ou de supprimer les parties atteintes, et l'on donne un
bon labour après que l'on a soumis la vigne aux soins de
propreté convenables.»

Nous ne partageons pas cette manière de voir et nous estimons que, dans aucun cas, il ne faut tailler sur le vieux bois, mais se contenter d'un ébourgeonnement soigné et intelligent, comme nous allons l'indiquer dans un instant à propos des vignes gelées.

Les *gelées tardives* du printemps sont très-à craindre pour la vigne, et la viticulture française conserve encore le triste souvenir de la gelée du 6 mai 1861, qui est venue anéantir les plus belles espérances. Nous n'entrerons pas ici dans l'étude des causes qui produisent ces gelées; nous nous contenterons de reproduire les préceptes que nous avons tracés à cette époque dans une publication spéciale. On peut prévenir les gelées tardives par l'emploi des moyens suivants :

1° Assainissement du sous-sol par des tranchées couvertes ; 2° élévation de la vigne au-dessus du sol ; 3° semis de graminées et de plantes rayonnantes dans les espaces intermédiaires ; 4° retard de la végétation par un bon déchaussement ; 5° retard de la façon de printemps jusqu'à la fin de mai ; 6° emploi des absorbants ; 7° abris contre le nord, l'est et l'ouest, par des talus plantés, des haies, ou des plantations à haute tige ; 8° usage des rangées brise-vents intérieures contre l'exposition de l'est et dirigées du nord au sud.

Dans le cas de gelée blanche, dans les petits espaces, arrosage à l'eau avant le lever du soleil. La taille, en vert ou en sec, après la gelée ou la grêle, est inutile et dangereuse : on doit se borner à un pincement et à des ébourgeonnements répétés, qui garantissent l'avenir de la vigne sans compromettre le présent.

On a proposé encore, dans le cas de gelées tardives, d'enfumer les ceps en mettant le feu de distance en distance, à des feuilles humides, de la paille gâtée, du foin mouillé, etc., mais il a été indiqué, en outre, une mesure fort rationnelle qui consiste dans une taille longue à l'arrière-saison. Si la gelée atteint les bourgeons qui sortent des boutons supérieurs, il suffit de tailler sur le premier œil au-dessous, pour le forcer à pousser et réparer ainsi tout le mal. Cette mesure, aidée des précautions que nous venons d'exposer, nous paraît être la meilleure garantie contre le funeste accident dont nous parlons.

Les *brouillards* ne sont nuisibles à la vigne que dans deux circonstances : lorsqu'ils durent trop longtemps et sont trop abondants, parce qu'ils déterminent la pourriture ; lorsqu'ils sont suivis d'un grand abaissement de température, qui les condense en gelée.

On ne connaît pas de préservatifs contre cet accident.

Maladies causées par un défaut de nutrition. — On est en droit de demander si la *coulure* ou l'avortement du fruit est une maladie proprement dite, ou un simple accident dépendant de causes diverses... Les pluies abondantes qui précèdent, accompagnent ou suivent la fécondation, déterminent l'avortement d'une partie des jeunes fruits ; il peut en être de même sous l'action de vents froids et violents, de brouillards continus, de petites gelées blanches ; dans tous ces cas, il est clair que l'avortement est dû à des causes mécaniques, extérieures à la plante, et la coulure est un accident. Mais la coulure survient encore chez les sujets affaiblis, mal nourris, ou bien, au contraire, chez ceux dont la séve surabondante se jette avec trop de violence vers les organes de la fructification, ou même se porte tout entière vers la production des feuilles et du bois. Il y a faiblesse ou pléthore dans cette double condition, et l'on a conseillé de s'y opposer par l'*incision annulaire*, qui consiste dans l'enlèvement d'une petite bande circulaire d'écorce au-dessus du point d'émergence des jeunes grappes. Nous croyons que ce moyen peut être rationnellement appliqué dans le dernier cas, celui de pléthore ; mais nous n'en voyons pas les avantages dans le cas d'affaiblissement, qui réclame des soins de culture, des labours, de l'assainissement, des engrais, des amendements appropriés. Pour les vignes exubérantes, une taille plus longue faisant équilibre avec le système radicellaire, la conservation d'un plus grand nombre de coursons, un ébourgeonnement attentif, un pincement opportun nous paraissent les meilleurs mesures à prendre.

On a appelé *carniure* une sorte de dévergondage de la séve, qui se produit dans les sols trop substantiels. On y remédie facilement par les moyens qui viennent d'être exposés contre la coulure causée par la pléthore.

La *goupillure* est précisément le contraire de la carniure ; elle est la conséquence de l'appauvrissement du sol et de l'épuisement de la plante. Cet état maladif est caractérisé par la langueur générale, la petitesse des fruits et la disposition horizontale des feuilles qui ne peuvent plus se soutenir sur leur direction angulaire normale. Il ne se présente jamais pour une vigne plantée dans un sol bien défoncé et assaini, bien amendé et pourvu d'une nourriture suffisante.

La *rouille* des feuilles se montre à la face inférieure du limbe en plaques rousses, irrégulières, qui prennent naissance sous l'influence de la chaleur humide et de l'affaiblissement, et paraissent être dues à la production d'un champignon parasite. En dehors des mesures nécessaires pour rétablir la plante, il convient de brûler les feuilles atteintes.

On prétend que la *jaunisse* des feuilles, accompagnée le plus souvent de l'avortement des fruits et d'une langueur générale, est causée par les *vers blancs* des mélolontes. C'est indiquer la première mesure à prendre, laquelle consiste à rechercher ces rongeurs et à les détruire. On traite ensuite la vigne comme une plante affaiblie en lui fournissant de bons engrais bien consommés et en surveillant le pincement et le biochage.

Les *chancres* que l'on observe sur les ceps sont dus à une altération de la séve, sous l'influence d'engrais trop azotés, à des chocs violents qui produisent une lésion profonde de l'écorce et des parties sous-corticales, mais surtout à une taille mal comprise. Ici encore, signaler les causes du mal, c'est indiquer la marche à suivre pour le prévenir.

Par une sorte d'analogie, on a donné le nom très-impropre de *nielle* à une affection dépendante de l'affaiblissement et du défaut de nutrition, qui n'est, en quelque sorte, que l'avant-coureur du parasitisme. La nielle se manifeste par la production de longs sarments, plus ou moins grêles et *cassants*, et surtout par l'apparition de plaques noirâtres, pointillées ou même continues.

Il arrive fréquemment que les plaques noires de la nielle ne se montrent pas et qu'elles sont remplacées par des moisissures plus ou moins abondantes et filamenteuses, blanches, qui portent le nom de *blanc*, et ne sont autre chose que l'oïdium, le même que celui dit *de Tucker*. Le blanc des ceps, celui des rosiers, des pommes de terre et d'une foule d'autres plantes à pousses herbacées sont exactement la même chose que la moisissure du grain dont nous allons nous occuper.

Oïdium. — Nous ne ferons pas ici, dans ses détails, l'historique de l'oïdium, pas plus que nous ne prendrons la peine d'analyser les dires des savants de toutes les écoles à cet égard. Les rêveries de M. Payen, les palinodies de M. Barral, les enthousiasmes de feu M. le docteur Montagne, les procédés de M. de Lavergne, les succès de M. Marès et les élucubrations d'une légion d'autres médecins de la vigne, n'ont rien à voir dans la recherche de la vérité. Nous avons tous été témoins de l'espèce d'empressement que l'on a mis à adopter la vérité de convention, la vérité au soufre, prévue et élaborée à l'avance. Aussi ne sagit-il pas de cela, et voulons-nous étudier un instant l'oïdium, par une méthode toute différente de celles qui ont été primées à une époque déjà éloignée.

Qu'est-ce que l'oïdium ? Qelle est la cause de son apparition? Est-il la cause ou l'effet de la maladie de la vigne ? Comment peut-on le détruire ? Comment peut-on l'empêcher de se représenter sur la vigne ?..

Nous voulons répondre à ces questions d'une manière sommaire, il est vrai, mais suffisante pour les praticiens.

I. L'*oïdium* est un champignon de l'ordre des *trichosporés*, qui sont formés par des cellules filamenteuses, articulées bout à bout, à spores nues, isolées ou accumulées au sommet des filaments ou des rameaux (Robin et Littré). Voilà, en quelques mots, la définition scientifique du groupe, et l'autorité à laquelle nous l'empruntons n'est pas contestable, même pour les plus vaniteux de nos oïdistes.

L'oïdium est un *champignon ;* il est formé de tigelles translucides qui se dressent sur des filaments couchés et enchevêtrés, à l'ensemble desquels on a donné le nom de *mycelium*. Les tigelles dressées sont terminées par un ou plusieurs organes fructifères qui sont les *spores*, et renferment les *sporules* ou graines, qui servent à la reproduction de l'oïdium. La figure 29 donne une idée très-précise de l'aspect que présente l'oïdium sur un grain de raisin lorsqu'on l'examine au microscope, et elle permet de distinguer le mycelium (B), les tigelles dressées et les spores (A) dont l'ensemble

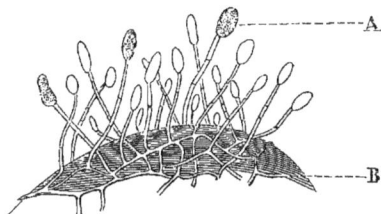

(Fig. 29.)

caractérise ce champignon microscopique. Nous venons de dire que les sporules renfermées dans les spores se comportent comme des graines et servent à la reproduction ; cela est par-

(Fig. 30.)

faitement exact, bien que l'oïdium se propage très-aisément par son mycelium, qui joue absolument le rôle du *blanc de champignon*, lorsqu'il rencontre des circonstances favorables. Les tigelles dressées qui supportent les spores sont formées d'articles, soit de cellules soudées bout à bout, comme le fait voir la figure 30, et ces articles paraissent jouir de la propriété de se transformer en spores, lorsque la cellule mère terminale vient à se détacher. Cette cellule mère ou spore est constituée par une double enveloppe et elle est remplie de sporules (fig. 31), qui en sortent avec

(Fig. 31.)

une grande facilité lorsque les enveloppes se sont déchirées sous l'influence de l'humidité. A l'œil nu, cette production n'apparaît que comme une sorte de poussière blanchâtre, d'où est venue l'expression vulgaire d'*enfarinement*, par laquelle nombre de vigne-rons désignent la maladie.

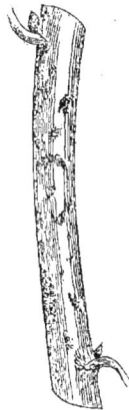

(Fig. 32.)   (Fig. 33.)

Les tiges de la vigne oïdiée se couvrent de ta-ches noirâtres ou brunes, de grandeur variable , dont les figures 32 et 33 représentent les dispo-sitions. Les taches indi-quées par le dessin ont été copiées exactement sur nature, en 1861, dans un vignoble du Bordelais qui était dévasté par la maladie. Cet indice ne se borne pas aux tiges, dont les parties vertes sont atteintes le plus fré-quemment, et on les retrouve encore sur le pétiole des feuilles comme le montre la figure 34, prise également sur nature, à la même époque, et cette circonstance a été constatée par tous les observateurs.

Avec un peu de réflexion, on se trouve porté à rapprocher ces taches de celles qui sont produites par la *nielle*, et la similitude est assez complète pour faire naître dans l'esprit des hésitations fort compréhensibles. Nous n'y voyons pas, pour notre part, de différence caractéristique, et nous n'avons jamais observé la présence du champignon avant l'apparition des taches dont nous venons de parler.

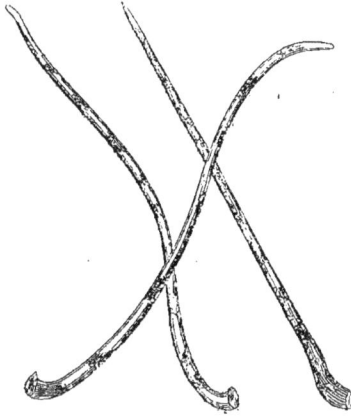

(Fig. 34.)

Le fruit est atteint comme la tige par l'invasion de ces sortes de taches ; mais, sur le raisin, elles peuvent devancer, accompagner ou suivre l'apparition du champignon proprement dit. La figure 35 montre un exemple de grain taché, sur lequel l'oïdium ne s'était pas encore montré lors de l'observation. Plus tard la grappe se couvrit de moisissures abondantes qui recouvraient les taches et il nous a semblé très-difficile de ne pas

(Fig. 35.

admettre que les taches les plus étendues coïncidaient avec une plus grande production du champignon.

Il arrive aussi que les taches en plaques larges et étendues sont remplacées par de petites macules pointillées, (fig. 36 et 37) ; mais il n'est pas rare de rencontrer sur le même grain des plaques et des macules, qui sont accompagnées d'une plus ou moins grande quantité de moisissures.

(Fig. 36.)   (Fig. 37.)

Dans tous les cas, les grains atteints par la maladie spéciale cessent de s'accroître régulièrement ; les moins avancés, les plus petits, deviennent noirs et se dessèchent ; les plus gros durcissent d'une manière très-sensible, et bientôt l'enveloppe épidermique ne peut plus se distendre sous la pression des fluides intérieurs. Elle se fend et laisse à nu les pepins (fig. 38), en sorte que la décomposition ne tarde pas à s'en emparer.

(Fig. 38.)

Les données qui précèdent nous semblent suffisantes pour faire saisir ce qu'est l'oïdium et elles nous permettent de rechercher quelle est la cause de son apparition.

II. Il est possible de prévoir s'il y aura ou non de l'oïdium, et cette prévoyance repose sur une observation bien simple, que l'on peut appliquer à plusieurs affections morbides du règne végétal et même du règne animal, lesquelles sont sous la dépendance de la fermentation.

Un printemps *sec* et chaud, un été qui se présente sans cette humidité chaude qui favorise la putridité, sont des présages presque certains de l'absence de l'oïdium et des altérations qui dépendent de la fermentation... L'humidité favorise, au contraire, toutes les affections putrides aussi bien que le développement des champignons et des moisissures.

L'observation des faits relativement à l'oïdium a démontré que l'invasion du champignon est excitée par une certaine élévation de température et par l'humidité. Mais ce n'est là, en quelque sorte, que la cause occasionnelle du développement de la moisissure, et il convient de remonter plus haut si l'on veut trouver les causes réelles de cette altération. Nous les trouvons dans l'affaiblissement du végétal, affaiblissement que nous attribuons à une culture irrationnelle. Ceci sera tout à l'heure l'objet de quelques observations, mais nous devons résumer d'abord les opinions émises à ce sujet.

Les uns voient la cause du mal dans le champignon lui-même, et ce pauvre oïdium, issu d'une serre anglaise, aurait fait le tour du monde sous la forme épidémique. D'autres disent, et nous sommes de ceux-là, que la vigne est malade en dehors de la moisissure et que, si elle était bien portante, elle ne présenterait pas de moisissures.

La dégénérescence des cépages, la pléthore ou l'excès de santé, la chlorose, l'hydratation excessive de la sève (*hydrohemia vinealis*), la culture forcée, les insectes, l'éclairage au gaz, les vapeurs chimiques ont été, tour à tour, l'objet des récriminations de diverses personnes, et nous croyons que, l'imagination aidant, peu s'en est fallu qu'on n'attribuât la maladie de la vigne aux influences occultes des planètes.

Nous ne perdrons pas notre temps à reproduire les affirmations intéressées, et non prouvées, des promoteurs du soufrage ; quel que soit le mérite personnel de MM. Marès, de Lavergne, Barral, etc., mérite que nous ne contestons pas, il est impossible, à un homme de bon sens, de donner son adhésion à des allégations dénuées de toutes les preuves nécessaires à la démonstration.

Nous préférons opposer aux fantaisies de ces messieurs, les opinions *prouvées* par des observateurs qui ont observé et qui tous prétendent que les tissus de la vigne sont altérés, que la vigne est malade avant l'apparition du champignon.

M. Amici, de Florence, un des premiers micrographes du monde, *a vu une altération du tissu cellulaire, assez étendue et profonde, précéder toujours l'apparition du mycelium.* Il n'a pas pu inoculer l'oïdium sur des grains sains.

M. Ch. Martins *a vu la désagrégation des cellules sous-épidermiques de l'écorce...* Cette maladie affecte le tissu de la plante et n'est pas due au champignon...

MM. de Conégliano, Léveillé, Decaisne reconnaissent une *altération primitive.*

Nous pourrions multiplier les citations relatives aux opinions et aux observations d'hommes réellement compétents et faire voir que les observateurs impartiaux sont fort loin des idées émises à la légère, et prônées plus légèrement encore, ou même *officiellement* recommandées et récompensées en France. Nous n'en ferons rien cependant, car cela serait inutile dans un pays où les coteries arrivent à faire triompher les erreurs, les mensonges et les abus, et nous nous bornerons à tirer de ce qui précède une conclusion que nous croyons logique et inattaquable. La voici :

« Sans nous arrêter à des allégations sans preuves, nous croyons que la vigne est altérée dans son organisation et son tissu, que ses fluides nutritifs sont modifiés, avant toute apparition de la moisissure, ce qui nous est démontré par les observations et la parole des hommes spéciaux qui ont examiné et étudié avant de se faire un avis. »

Il suit de là que, pour nous, la cause de l'apparition de l'oïdium gît dans une altération primitive de la vigne, puisqu'il ne se reproduit pas sur les vignes saines, selon les expériences de M. Amici, expériences que nous avons répétées nous-même avec des résultats identiques.

III. Cette moisissure dont le développement est hâté par l'humidité ne serait donc, à nos yeux, que l'un des effets de la maladie réelle de la vigne, une sorte de symptôme consécutif. Nous savons que cette manière de voir blesse les idées de gens qui doivent une demi-célébrité au soufrage de la vigne ; nous n'y pouvons rien et, pour rester dans notre pensée, nous nous en préoccupons d'autant moins qu'ils ont eu moins de souci de rechercher la vérité.

Or, en poussant à leurs conséquences les observations micrographiques de M. Amici et celles de M. Ch. Martins, et en y ajoutant ce que nous apprend l'étude anatomique des tissus végétaux, nous pouvons arriver à nous rendre un compte exact de ce qui a échappé aux oïdistes. Chacun sait, et tout le monde peut voir que, dans le tissu végétal, il existe des *granules azotés* en nombre assez considérable pour déterminer la désagrégation de la masse après la mort. Or, si l'on examine l'altération reconnue par MM. Amici et Martins, on découvre un fait caractéristique, qui consiste dans la mise en liberté de de ces granules azotés, lesquels se montrent en grand nombre dans les méats intercellulaires et sont excrétés avec les liquides qui transsudent par les pores et par les déchirements de l'épiderme. Cette observation ne se présente que sur les vignes malades et elle précède toute apparition de moisissure ou de champignons. Ces granules donnent naissance à l'oïdium avec une rapidité extrême, et nous avons fait à ce sujet des expériences aussi nombreuses que concluantes. Il en résulte que la véritable source de l'oïdium est intérieure et qu'il n'y a rien de commun entre cette moisissure et le semis fortuit des graines de l'oïdium anglais... L'invasion et l'étendue du mal sont d'autant plus compréhensibles que les circonstances culturales sont à peu près identiques et que la vigne est généralement soumise à un traitement aussi funeste que peu raisonné, en sorte que, dans certaines conditions climatériques, l'oïdium devra se produire avec une abondance extrême sans qu'il soit nécessaire d'en aller chercher la semence dans les serres de Margate. Une dernière preuve de ceci est que personne n'a jamais pu obtenir le développement de l'oïdium sur des grains de raisin sains, sur une vigne bien portante.

L'oïdium est donc consécutif à la maladie réelle, qui consiste en une altération profonde de la séve, due à un défaut de nutrition facilement constatable.

Comment veut-on qu'il en soit autrement, lorsque la vigne est soumise à une culture barbare, dans laquelle on ne consulte ni ses besoins ni ses tendances ? Défaut d'assainissement du sol ; privation d'amendements minéraux utiles à sa nature ; engrais azotés, putréfiants, opposés à l'essence d'une plante sucrière ; plantation tellement rapprochée que l'on met dix ceps là où un seul ne pourrait pas vivre ; taille illogique par laquelle le végétal est mutilé, sans aucun soin de l'équilibre que l'on doit conserver entre les racines et les organes aériens ; oubli absolu des nécessités de l'assolement et de la loi d'alternance, on a réuni toutes les circonstances qui peuvent faire *périr* la vigne, et ce qui nous étonne, ce n'est pas qu'elle soit *malade*, mais bien qu'elle ne soit pas anéantie.

Ces conditions pernicieuses sont encore augmentées dans la culture forcée des serres où elles sont exagérées par l'emploi abusif d'engrais azotés qui exagèrent la proportion des productions albuminoïdes dans la séve, et favorisent le développement de la putréfaction et de tous les produits qui l'accompagnent.

IV. La destruction de l'oïdium par un moyen extérieur n'est qu'un *palliatif* et n'avance en rien la guérison réelle. Mais cette destruction est très-facile à obtenir, pourvu que l'on se guide par des règles techniques précises et non point par l'empirisme ignorant qui, malheureusement, fait loi sur la matière.

Tous les agents nuisibles au ferment et à la fermentation peuvent détruire la moisissure de la vigne ou en empêcher le développement.

On a employé et on emploie encore le *soufre* en poudre ; c'est l'agent officiel, vanté et recommandé contre l'oïdium. Son action dépendant essentiellement de la proportion d'acide sulfureux, d'acide sulfurique, ou d'autres composés du soufre qu'il peut contenir, on comprend qu'elle soit très-problématique, sauf la circonstance particulière d'un temps orageux, pendant lequel l'électricité atmosphérique donne naissance à ces composés. C'est, du reste, la condition qu'il importe de choisir lorsque l'on veut soufrer une vigne, quel que soit le moyen mécanique que l'on emploie pour opérer la projection du soufre pulvérulent.

Le soufrage, selon tous les observateurs, n'est qu'un *palliatif;* il a besoin d'être *répété,* et il n'empêche pas le mal de *revenir...* Cela nous étonne d'autant moins que nous avons pu produire la plus belle végétation d'oïdium sur une couche de soufre lavé !

Ajoutons que le soufre détermine des ophthalmies chez les ouvriers qui l'emploient, que la rafle est empoisonnée par le soufrage et qu'elle est tout à fait impropre à fournir de bonne piquette, et nous aurons dit tout ce qu'il importe de connaître sur le soufrage de la vigne.

Nous avons proposé l'emploi des sulfures alcalins, du foie de soufre, notamment, et du sulfure de calcium, par les raisons suivantes que l'expérience a justifiées dans le Bordelais, en 1861, et ailleurs depuis cette époque. Ces composés solubles agissent immédiatement et infailliblement contre les moisissures et contre l'oïdium, à la dose de 1 ou 2 millièmes en dissolution dans l'eau qui doit servir à bassiner le cep malade. Cette action n'est suivie d'aucun mauvais résultat, si l'arrosage est pratiqué par un temps couvert, le matin ou le soir, et les raisins ne conservent après quelques jours aucune odeur sulfureuse, puisque le propre de ces sulfures est de se changer en sulfates au contact de l'air.

Ce moyen, dûment vérifié, est de beaucoup supérieur à tous les soufrages possibles; mais pourtant ce n'est encore là qu'un palliatif, qui n'empêche pas la maladie réelle d'exister, ni même l'oïdium de se reproduire l'année suivante [1].

Sans nous occuper d'une foule d'autres moyens bizarres indiqués par différentes personnes contre l'oïdium, nous dirons seulement que nous ne connaissons pas un seul agent

[1] Voir *la Vigne,* par N. Basset, Bordeaux, 1861... L'emploi des sulfures que nous avons conseillé et mis en pratique le premier, a été attribué par M. Payen à un jardinier de Versailles. Cela ne nous a pas étonné de la part du savant professeur... Mais qu'importe, lorsqu'il s'agit d'un moyen utile ? On peut compter sur la destruction de la moisissure par l'emploi du foie de soufre seul ou mêlé de sulfure de calcium, dissous dans l'eau, à raison de 2 à 3 kilogrammes pour 1,000 litres, sans qu'il en résulte d'autre inconvénient que l'ennui d'un arrosage des ceps.

qui, en attaquant la moisissure extérieure, guérisse également l'altération profonde et intime qui constitue la maladie réelle de la vigne.

Pour arriver à ce but et rétablir nos vignobles dans leur état de prospérité primitive, il est absolument indispensable de supprimer toutes les causes d'affaiblissement que nous avons signalées ; ce résultat ne peut être atteint que par une méthode sérieuse de culture dont nous avons exposé précédemment les bases et à laquelle nous renvoyons le lecteur. Le choix d'une demeure saine pour la plante, l'adoption d'une bonne exposition, l'assainissement et l'amendement du sol, l'usage d'engrais convenables non azotés, ou le moins azotés qu'il soit possible, le choix d'un bon cépage, une plantation bien entendue, laissant à la vigne de l'air et de l'espace, des labours d'entretien et de propreté, la pratique d'un assolement sérieux, une taille judicieuse et modérée, la pratique bien comprise du pincement et de l'ébourgeonnement, l'usage des abris extérieurs et intérieurs contre certaines actions météorologiques, tels sont les points sur lesquels doit se porter l'attention d'un véritable viticulteur plutôt que sur les rêveries des théoriciens ou sur les pratiques de la routine.

La maladie de 1868. — Il y a des choses qui seraient du plus haut comique pour une philosophie égoïste, mais qui deviennent de tristes sujets d'indignation, lorsqu'on les considère au point de vue des intérêts généraux de l'humanité. Les derniers actes de cette immense bouffonnerie de l'oïdium n'étaient pas encore joués, lorsque d'autres personnages éprouvèrent ce même besoin atroce de faire parler d'eux et de leur science, que leurs aînés avaient manifesté pour le champignon de MM. Tucker, Montagne, Payen et autres. Au commencement de l'été de 1868, les départements viticoles de la rive gauche du Rhône et du Midi jetèrent des cris de détresse : on était en face d'une *nouvelle maladie de la vigne !*

Voilà les commissions en marche, les viticulteurs, vétérans ou novices, au travail... Quel champignon ou quel insecte vont-ils découvrir ? Ils trouveront assurément une moisissure ou un puceron, ou peut-être tous les deux, assurions-nous à l'un des membres les plus recommandables de l'administration du Muséum de Paris ; mais nous ne pensions pas que cette prophétie par à peu près dût être justifiée à la lettre.

La maladie se présentait sous la forme d'une *mortalité épidémique* en Provence ; le mal s'étendait comme une sorte de *gangrène* du centre à la circonférence : dans le Languedoc, au contraire, les cas de mort étaient isolés.

« Les racines des souches atteintes, dit la commission de la société d'agriculture de l'Hérault [1], sont en partie *désorganisées*, *pourries* ; existait-il un *cryptogame* quelconque, cause de cette désorganisation ? Les recherches de la commission ne firent rien apercevoir de semblable ; mais ce que l'on vit bien, ce que l'on put parfaitement constater, le voici : sous le verre grossissant de la loupe apparut un *insecte*, un *puceron* de couleur jaunâtre fixé au bois et suçant la séve.

« On regarde plus attentivement, dit la commission, et ce n'est plus un, ni dix, mais des centaines, des milliers de pucerons que l'on aperçoit à divers états de développement. Ils sont partout, sur les racines profondes, comme sur les racines superficielles, attachés au corps même de la partie souterraine du cep, comme sur les fibres les plus déliées. Les jeunes racines adventives, tout nouvellement sorties du tronc, et qui dans l'état normal se terminent par un chevelu fin, de forme régulière, présentent au contraire des renflements anormaux, *causés* par la piqûre de l'insecte, et sur lesquels on trouve bien vite le puceron à l'œuvre.

« Pendant trois jours nous avons, sur tous les points attaqués, retrouvé ces innombrables insectes. A Saint-Remi, à Gravaison, dans la Crau, à Châteauneuf-du-Pape, à Orange, partout, sur les racines des ceps rabougris, la loupe nous a montré des milliers de pucerons suçant la séve. Quand la souche est tout à fait morte et desséchée, l'insecte abandonne sa proie, il va sur les ceps voisins chercher une nourriture fraîche. On connaît la prodigieuse fécondité de ces espèces parasitaires ; il est facile dès lors de comprendre l'intensité du mal, et la rapidité de son développement.

« Cette mort par inanition, cette *étisie* de la vigne provient sûrement de ce que les racines criblées de piqûres ne fonctionnent plus ; la séve ne peut circuler ; les racines, envahies par des milliers de parasites, sont bientôt désorganisées, la vie est tarie à sa source ; *tout s'explique par la présence de l'insecte.*

[1] Citation du *Petit Journal* du 27 juillet 1868.

« Les pucerons abandonnent les souches mortes et envahissent avec rapidité celles qui leur offrent une nourriture succulente ; de là cette mortalité qui s'étend du centre de la circonférence. *Le puceron ne se trouve pas sur les souches encore saines;* nous en avons acquis la preuve en Provence ; dès notre arrivée à Montpellier, nous nous sommes empressés de faire aussi cette contre-épreuve, nos souches ne présentant pas trace de parasites.

« La prodigieuse fécondité des pucerons explique la marche rapide du mal. Il est inutile, croyons-nous fermement, de chercher ailleurs la cause, malheureusement trop évidente, de la maladie et de la mortalité. »

Voilà la cause toute trouvée ; c'est le puceron ; ce puceron diffère des *aphis* ordinaires; il se rapproche des Forda, Paractétus, Rhizobius, etc... Donc, il faut vite détruire le puceron. On peut choisir parmi les remèdes : le *pétrole,* la *benzine,* les *huiles lourdes,* l'*acide phénique,* la *créosote,* le jus de *tabac,* les *savonnades,* les *lessives* diluées, l'*ébouillantage,* le *déchaussage,* les *caustiques,* la *chaux,* les *cendres,* le *soufre,* les *tourteaux* de *colza* et l'*huile de moutarde...* Peut-être y en a-t-il d'autres encore !

Laissant de côté les plaisanteries de la commission de l'Hérault, disons qu'elle a eu un bon mouvement :

« A. Orange, *de fortes fumures, répétées deux années de suite, ont sauvé des vignes qui avaient un commencement de maladie.* Cela n'a rien d'étonnant, dit toujours la commission, car *les plantes vigoureuses sont bien moins attaquées que les autres par les parasites.* »

La commission aurait dû s'en tenir à cette phrase qui vaut son pesant d'or, et nous la rapprochons, toutefois, d'une phrase de M. Heurtebize : *les gens riches n'ont jamais la gale,* qui ressort de ce que nous avons exposé en 1861 dans notre livre sur *la Vigne.*

Cela veut dire, et certainement la commission pense comme nous, puisqu'elle le dit, que le premier soin à prendre de la vigne consiste à la mettre en bon sol perméable et sain, substantiel et riche en matières alimentaires utiles à la plante, à ne pas la mutiler par une taille absurde, à la rendre *vigoureuse,* en un mot, si l'on veut éviter les pucerons des uns et les champignons des autres.

On comprend que nous renvoyions le lecteur attentif à ce que nous avons dit à propos de l'oïdium, sans nous préoccuper outre mesure des *moisissures* trouvées par d'autres observateurs, amis des champignons microscopiques, et que nous nous bornions à ce qui précède au sujet de cette badauderie viticole.

Ce serait sortir inutilement du plan que nous nous sommes imposé, que de nous étendre davantage sur la culture de la vigne et sur ses maladies. Nous ne le ferons donc pas et nous nous bornerons aux données qui précèdent, dans la pensée que les vrais cultivateurs de vigne sauront toujours bien faire, s'ils se conforment aux principes rationnels dictés par l'observation. Les règles de la physiologie sont aussi bien applicables à la vie végétale qu'à l'existence animale, et ce serait un véritable non-sens de songer à s'en écarter pour suivre des théories avortées, des opinions préconçues, le plus souvent inutiles ou nuisibles. Les leçons du bon sens et de l'expérience sont incompatibles avec les errements de la vanité ou les affirmations d'une science imaginaire. Il y a là un écueil contre lequel on doit se prémunir, et ce que l'agriculture tout entière doit le plus redouter dans toutes ses branches, c'est précisément l'exploitation intéressée des demi-savants, qui cherchent par tous moyens à s'en faire un piédestal.

CHAPITRE II.

Nous avons exposé, dans le chapitre précédent, les principes généraux les plus importants sur lesquels repose la culture de la vigne et nous avons jeté un coup d'œil sur les maladies du précieux végétal. Cet aperçu sommaire de viticulture ne peut certainement pas suppléer aux traités spéciaux, savamment et consciencieusement écrits, que nous possédons sur la matière, mais il peut servir de guide dans les applications pratiques. Nous rentrons maintenant dans le cours de notre sujet en étudiant les conditions indispensables de la fabrication du vin de raisin. Sans la connaissance approfondie de ces conditions, il n'est pas possible d'agir avec certitude et l'on se trouve livré, pieds et poings liés, aux exigences souvent absurdes de la routine.

Or, pour quiconque a étudié la fermentation en pratique, autrement que dans les théories imaginaires de nos habiles, il est facile de grouper les faits avérés et de les établir comme principes. Nous savons que toute fermentation alcoolique exige du sucre, de l'eau, du ferment, de l'air et une certaine température. Nous avons vu que la production alcoolique est en proportion directe avec la quantité de sucre qui se trouve dans un moût donné et nous savons encore que les matières albuminoïdes solubles concourent à la multiplication du ferment et à son activité, mais aussi que, après la première phase de la fermentation, après la période alcoolique, ces mêmes matières albuminoïdes conduisent directement à l'altération de la liqueur... En appliquant méthodiquement ces données, nous pourrons nous rendre un compte exact de ce qu'il importe de faire pour obtenir un bon vin, sain, agréable, et de bonne conservabilité.

La nature et la qualité du vin, dit M. Baudrimont, dépendent de celles du raisin et des procédés de fabrication.

« Le raisin variant avec les localités, le sol, le climat, l'exposition, les cépages et les phénomènes météorologiques, il en résulte une multitude presque infinie de vins de diverses qualités. »

Il ne nous appartient pas, à nous dont le but est d'appliquer les données de la science aux actes de la pratique, de nous draper dans des phrases creuses et vagues qui n'apportent aucun résultat, et nous devons à nos lecteurs une plus grande précision.

Plus il sera *mûr*, plus il aura subi l'action généreuse des rayons du soleil, plus il sera *sucré*, plus il fournira d'*alcool* à la fermentation et plus il sera conservable.

La *maturité* du fruit devra donc appeler en première ligne toute notre attention.

Le raisin renferme trop souvent un *excès d'eau*. Ce n'est donc pas la présence de ce liquide qui fera défaut dans le plus grand nombre des circonstances; mais il peut arriver, avec certaines variétés, dans certaines années et sous l'influence de certains climats, que la proportion du sucre soit telle qu'il ne puisse être dédoublé en totalité par l'action du ferment et qu'il en reste un excès notable dans la liqueur. Doit-on étendre d'eau les moûts qui offrent cette particularité et les abaisser à un degré de densité tel que tout le sucre puisse se changer en alcool, ou doit-on les transformer en vins sucrés, dits *de liqueur* ?

Cette autre question, plus complexe, touche à l'intérêt commercial d'un côté et, de l'autre, elle peut soulever certains reproches de falsification qu'il serait utile d'examiner.

D'autre part, si le raisin n'est pas dans un état de maturité suffisant, il contient des *acides* libres dont la saveur peut devenir assez sensible pour qu'on désire la supprimer ou tout au moins en diminuer l'énergie. Ces mêmes acides contribuent à tenir en dissolution, après la fermentation alcoolique, des matières albuminoïdes, dont l'action est nuisible à la conservabilité de la liqueur. Ils favorisent, il est vrai, la saccharification de certains principes, avant et pendant la fermentation, mais une boisson fermentée qui les contient en trop grande proportion cesse d'être saine et agréable, et elle est disposée à subir des altérations aussi rapides que profondes.

La nature du cépage et la constitution particulière des fruits sont encore à considérer, tant à l'égard du ferment naturel du raisin et des matières azotées, que des principes gommeux et du tannin qui peuvent s'y trouver en plus ou moins grande abondance et dont la proportion n'est pas sans exercer une influence très-notable sur la valeur réelle du produit destiné à la boisson ou à la distillation.

§ I. DE LA MATURITÉ DU RAISIN.

Tous les œnologues et tous les praticiens s'accordent en ce point, qu'ils exigent la plus grande maturité possible du raisin dont on veut faire une boisson généreuse ou un liquide fermenté riche en alcool. Ce principe est incontestable en ce sens que, par la maturation du fruit, les matières gommeuses et la dextrine du fruit ont disparu et se sont transformées en glucose, qui donnera naissance à l'alcool sous l'action du ferment. Les acides libres ont également été transformés et il n'en reste plus que la proportion nécessaire pour donner au suc de la baie cette saveur agréable que l'on connaît et pour en rehausser le parfum par une sensation de douce fraîcheur. Sans vouloir entrer dans l'examen des opinions hypothétiques de certains écrivains, nous dirons seulement que si le sucre se change surtout en alcool, les matières gommeuses donnent principalement naissance à des produits lactiques, en présence desquels on ne peut songer à conserver les liquides fermentés, à moins de circonstances particulières, telles que la présence simultanée d'une proportion considérable d'alcool. Il y a donc un grand intérêt à obtenir une maturité aussi complète que possible, puisque c'est de cette maturité que dépendent les résultats avantageux de la fermentation, quel que soit le but définitif que l'on se propose.

On pourra nous dire, sans doute, que les saisons et la température moyenne sont au-dessus de notre pouvoir, et nous avouerons volontiers notre impuissance dans un grand nombre de cas ; cependant, il y a des soins culturaux et des précautions à l'aide desquelles on peut, sinon *assurer toujours* la maturité du raisin, au moins l'*avancer* très-notablement. La vigne *bien portante*, sur laquelle on pratique un *pincement* rationnel, qui est placée en bonne exposition, peut gagner, par un *effeuillage* méthodique, une quinzaine de jours d'avance sur les autres. Ce premier point a été constaté. D'un autre côté,

on a pris la détestable habitude, dans un grand nombre de
vignobles, de vendanger trop tôt, par la crainte exagérée de
l'irruption des frimas. Si cela est rationnel quelquefois, il peut
arriver que l'on commette les absurdités et les inconséquences
les plus manifestes par une application mauvaise de cette routine. Ainsi, en 1868, si la maturité a été *complète* de très-bonne
heure dans certains départements du Midi, il n'en était pas
de même dans les vignobles du Centre, des environs de Paris
et du Nord-Est. Nous avons pu constater par nous-même que
la vendange a été faite, dans certaines localités, sur des fruits
aigres, dont la cueillette aurait pu être retardée d'un mois
avec grand avantage.

Ce n'est pas la *couleur* qui doit servir de guide à ce sujet,
mais bien *la certitude acquise par expérience que le raisin ne
produit plus de sucre et qu'il n'a plus rien à gagner sur le cep* [1].

Contrairement à l'opinion professée du temps de Chaptal,
on sait aujourd'hui que le mucilage (*corps doux*) n'a pas
d'influence sensible sur la fermentation : c'est à l'albumine soluble et au ferment organisé que cette influence appartient en
entier, la première servant de nourriture au second et celui-ci
étant l'agent actif de la transformation du sucre. Mais si les
gommes et les mucilages ne sont pas des ferments, ils peuvent
se changer en sucre par les réactions naturelles qui se passent
dans la maturation, et il est du plus haut intérêt de les amener
à l'état de sucre fermentescible alcoolisable, puisque, par cela
seul, on en tire un parti profitable et l'on se débarrasse des
inconvénients que ces principes peuvent causer ultérieurement.

En moyenne, le nombre de degrés de chaleur nécessaire
pour bien faire mûrir le raisin s'élève depuis la fleur jusqu'à
la maturité à 2,300.

L'appréciation de la *densité* du jus de raisin ne donne pas
une indication suffisante pour l'appréciation du sucre, à cause
de la présence de matières étrangères très-variables, telles

[1] Rien n'est simple et facile comme une vérification saccharimétrique du
raisin... Pourquoi livre-t-on à l'arbitraire et à l'à-peu-près une question si
importante que l'on peut résoudre par des données positives? Il n'est pas un
hameau, en France, où l'on ne puisse trouver *au moins* un homme assez intelligent pour faire l'essai des raisins et en déterminer la valeur sucrière. Le
salut est là.

que les sels minéraux, organiques ou mixtes, et les substances albuminoïdes, dont la proportion peut varier beaucoup,
selon une foule de circonstances dont il a été parlé en plusieurs endroits de cet ouvrage.

Cependant, on sait que la densité du moût varie entre 8 et
15 degrés Baumé pour des raisins qui n'ont été desséchés ni
sur le cep ni après la cueillette. Abstraction faite des matières
étrangères au sucre, cette densité répond à une richesse sucrière de 14 à 28 pour 100. Mais on voit des limites extrêmes
bien plus tranchées, puisque, dans certaines années, il y a des
moûts qui ne renferment que 7 à 8 pour 100 de matières solubles, tandis que, dans d'autres conditions, on a constaté jusqu'à 34 pour 100 de richesse saccharine, et que ce titre peut
s'élever encore beaucoup pour les raisins qui mûrissent dans
les pays chauds, ou que l'on soumet à une dessiccation plus
ou moins prolongée.

D'une analyse du moût de Cabernet-Sauvignon faite par
MM. Couerbe et Baudrimont, il résulte les données suivantes
sur 1,000 parties.

Densité du moût examiné 1077,2 (ou 10°,3 B.)

Eau....................	802,50	....	802,50
		Sucre et mat. organiques...	184,90
Résidu de l'évaporation...	197,50	Tartrate hydraté de potasse.	10,80
		Tartrate de chaux........	1,80
	1000,00		1000,00

On est à très-peu près dans le vrai en admettant que ce
moût renfermait 18,20 de sucre pour 100. Or, d'après les observations les plus concluantes, la densité des moûts répond
à la maturité des raisins, à leur teneur en sucre et à la valeur
consécutive du vin. Elle varie de 1,030 (poids du litre) à 1,120.
La moyenne de 1,075 représente celle des moûts qui fournissent les bons vins de table, et plus l'on s'approche des limites extrêmes, plus l'on voit s'accentuer les défauts du vin,
ou ses qualités et sa richesse alcoolique.

Il est évident que, dans bien des cas, et pour les pays où le
raisin mûrit difficilement, on est obligé de couper la grappe
avant une maturité qu'on attendrait vainement. Le moment de
cette opération doit être celui où *le raisin ne gagne plus rien
sur le cep.* Quelquefois aussi il importe de cueillir le fruit

avant une maturité complète, lorsqu'on recherche surtout le *bouquet* et l'*arome* plutôt que la richesse alcoolique. D'autres fois encore, et dans le but de faire évaporer l'eau des grappes afin d'obtenir des vins de liqueur, on suit le procédé des anciens, en laissant sécher le raisin sur la souche. Ces différentes circonstances font donc, selon Chaptal, qu'on ne peut établir de principe invariable pour fixer l'époque de la cueillette du raisin, mais que, dépendant du but à atteindre, comme aussi du climat et de conditions très-variables, elle est soumise au contrôle direct de l'expérience.

Ce raisonnement, d'une logique à toute épreuve, n'empêche pas cependant que l'on ne prenne les mesures et les moyens nécessaires pour s'assurer de la valeur saccharine des moûts et de leur richesse réelle par les indications de la densimétrie et de la saccharimétrie chimique ou optique[1].

Chaptal donne les signes suivants comme indices de la maturité :

« 1° La queue *verte* de la grappe devient *brune;*

« 2° La grappe devient *pendante;*

« 3° Le grain de raisin a perdu sa dureté ; la pellicule en est devenue mince et *translucide*, comme l'observe Olivier de Serres ;

« 4° La grappe et les grains du raisin se détachent aisément et sans efforts ;

« 5° Le jus du raisin est savoureux, doux, épais et gluant;

« 6° Les pepins des raisins sont vides de substance glutineuse, d'après l'observation d'Olivier de Serres. »

Ni la chute des feuilles ni la pourriture ne sont des indices de la maturité, bien que ces circonstances exigent parfois que l'on avance la cueillette, par la crainte des gelées ou d'une accélération de la putréfaction.

Après avoir donné le conseil de faire le triage des raisins et d'en faire autant de cuvées que de qualités différentes, notre auteur ajoute que le raisin coupé se met dans des paniers, avec l'attention de ne pas le tasser et l'écraser, afin d'éviter les pertes de jus. Les paniers se vident dans des baquets, des cuviers, des hottes, ou des *comportes*, et l'on opère ensuite le transport à la cuve, à dos d'homme ou de mulet, ou sur une charrette.

[1] Voir *Première partie*, p. 203.

De son côté, M. de Vergnette décrit ainsi les signes de la maturité *complète* du raisin : « La queue du fruit est brune et dure, le grain est d'un bleu noir mat ; il se détache facilement de la grappe ; il laisse à cette grappe un *long fil d'un rose tirant sur le violet* ; et ce fil est d'autant plus long que la maturité est plus avancée. Le duvet qui couvre la baie est persistant ; le pépin est d'un vert foncé, tirant sur le brun à son sommet ; en écrasant la pellicule du grain entre les doigts, on la trouve plus mince que quelques jours auparavant, et elle colore la peau d'une manière assez prononcée. Lorsqu'on place un grain moins mûr entre l'œil et la lumière, si la partie inférieure de la baie est opaque, le sommet en est transparent, et laisse arriver à l'œil une couleur d'un rouge brun. »

Le même auteur considère avec raison comme une excellente chose qu'un grand nombre de grains soient *figués*, c'est-à-dire flétris et ridés. Il y a eu là évidemment perte d'eau et concentration de la matière sucrée : c'est un commencement de dessiccation dont le premier effet est d'augmenter la richesse et la densité du moût ; mais il ne faut pas confondre ce caractère, inhérent aux grains bien mûrs, encore attachés au pédicelle, avec celui que présentent les grains qui se sont ridés sans être mûrs, et qui sont loin de présenter les mêmes qualités.

Nous avouerons franchement notre peu de confiance dans la plupart de ces signes empiriques, lesquels n'ont de valeur que s'ils sont réunis et dont chacun pris isolément ne signifie pas grand'chose. Nous n'en avons vu qu'un seul dont la constance semble présenter une valeur, c'est celui de la coloration du faisceau vasculaire ombilical qui part du pédicelle pour s'irradier dans le parenchyme. Il prend toujours une teinte rouge ou rouge violacée plus ou moins prononcée dans les raisins noirs parvenus à maturité, et il est plus ou moins brun dans les raisins blancs ou jaunâtres. Il suffit donc de détacher un grain pour apprécier la couleur de la portion qui reste attachée au pédicelle ; mais encore une fois, c'est encore là de l'empirisme. La véritable règle sur laquelle on peut se guider sans crainte d'erreur consiste à regarder comme mûr *relativement* le raisin qui ne peut plus rien gagner sur la souche. Or, nous l'avons déjà dit, il se trouve partout quelqu'un à qui l'on peut demander une vérification saccharimétrique, et cette

preuve est la seule à laquelle nous puissions nous en rapporter [1].

§ II. VALEUR SUCRIÈRE DU MOUT.

Il peut se présenter deux cas tout à fait opposés qui doivent
appeler un examen attentif : ou bien les raisins, mûris par un
soleil ardent et dans des circonstances climatériques ou culturales avantageuses, renferment une quantité de sucre exceptionnellement considérable, ou bien, par suite d'une chaleur insuffisante ou d'accidents divers, il peut se faire que la
proportion du principe sucré fermentescible soit réduite à un
chiffre insuffisant.

Si nous laissons les choses dans cet état, nous aurons avec
le *raisin trop sucré* un moût dont la fermentation ne pourra
pas toujours se terminer, puisque le sucre en excès ne pourra
être détruit par le ferment, si la proportion en est telle qu'elle
réponde à plus de 20 pour 100 d'alcool en volume. Nous
aurons, dans cette condition, un vin qui sera tout à la fois fortement alcoolique et sucré, ce sera un *vin de liqueur.* Si la
quantité du sucre, quoique très-abondante, n'atteint pas la
proportion dont nous venons de parler, elle ne sera pas détruite cependant par la fermentation active, et sa transformation en alcool ne se complétera que par une fermentation secondaire, lente, dont les résultats se feront attendre plus ou
moins longtemps. Le vin nouveau sera liquoreux et alcoolique,
tandis que le *vin* fait sera *sec,* fortement alcoolique.

Il est clair que, dans cette première circonstance, le double
cas dont nous venons de parler assurera la conservabilité
indéfinie de la liqueur, puisque la proportion d'alcool sera
suffisante pour arrêter tout mouvement fermentatif et qu'à
l'action de l'alcool viendra se joindre celle du sucre dans les
vins liquoreux. Cela ne fait pas le moindre doute, et les vins
de ce genre sont assez connus pour que nous n'insistions pas
à présent sur leurs propriétés. La situation est bonne dans
ce cas pour le fabricant de vins destinés à la consommation,
puisque ses produits seront pourvus de qualités exceptionnelles ; mais en sera-t-il de même du distillateur qui aurait

---

[1] L'instituteur communal peut toujours faire un essai saccharimétrique
utile.

en vue l'alcool et les eaux-de-vie, dans un climat propice à la production du sucre de raisin, avec des cépages convenables ? Nous ne le pensons pas, et nous indiquons les raisons de notre manière de voir.

C'est à tort, selon nous, que les alcoolisateurs, producteurs d'alcool de vin, s'attachent, comme dans l'Orléanais, les Charentes et le Midi, aux variétés communes, à produits grossiers. Que l'on nous dise que ces variétés, très-productives, rendent autant que des cépages à fruits plus sucrés, mais moins abondants ; que l'on se rejette sur la difficulté de la maturation avec certains cépages et sur la nécessité de tirer le meilleur parti possible de ce qu'on a, nous y souscrivons très-volontiers. Mais cela n'empêche pas que le viticulteur alcoolisateur doive *choisir les variétés productives les plus saccharifères*, appropriées au sol qu'il cultive et au climat qu'il habite, car les produits seront d'autant plus parfaits que la matière sucrée aura été mieux élaborée par la plante et qu'elle sera plus abondante. Cela posé, nous disons que, s'il est avantageux de produire des vins de liqueur pour la consommation, il est préjudiciable à l'alcoolisateur de traiter ces vins ou les moûts qui les produisent sans avoir pris les précautions indispensables à ses intérêts. Or nous savons que les moûts trop denses ne fermentent pas assez rapidement, que tout le sucre ne se transforme pas toujours, ce qui constitue le distillateur en perte, que, d'ailleurs, le temps représentant un capital, il doit accélérer le plus possible ses opérations... Il résulte de cela une nécessité absolue, celle de la réduction de la densité des moûts trop riches destinés à la fabrication des eaux-de-vie. Cette réduction doit être telle qu'après la fermentation active il ne reste plus de sucre dans la liqueur, afin que l'on puisse commencer immédiatement l'extraction de l'alcool sans qu'on soit exposé à subir des pertes plus ou moins considérables. En moyenne, on devra ajouter aux moûts trop sucrés une quantité d'eau chaude telle que la température s'élève à 18 ou 20 degrés et que la densité s'abaisse vers 1,080 à 1,090.

Nous ne pouvons trop répéter que ceci s'adresse aux distillateurs de vin seulement et que cette mesure n'est applicable que par eux, pour les vins à distiller seulement, car les moûts de liqueur destinés à faire des vins de consommation ne doivent subir aucune addition de ce genre, sous peine de produire

11

des vins de qualité inférieure. Si l'on avait intérêt à ne pas fabriquer de ces vins liquoreux et fortement alcooliques, il serait infiniment préférable de mélanger avec les raisins très-sucrés des fruits moins riches en sucre, plus aqueux et plus austères, pour abaisser convenablement la densité.

Nous passons maintenant au deuxième cas, celui où les raisins sont peu sucrés, soit parce que le cépage n'est pas favorable à la production du sucre, soit parce que le raisin n'a pas mûri, ou pour toute autre cause. Il convient alors de ramener la densité à un chiffre moyen de 1,070 environ par une *addition convenable de sucre*.

La question du *sucrage des vins* a soulevé autour d'elle bien des passions à différentes époques ; cette pratique a compté et compte encore des partisans et des détracteurs, et si quelques-uns de nos chimistes contemporains auraient voulu augmenter le nombre de leurs inventions en y joignant le sucrage de la vendange, il en est d'autres qui l'ont regardé comme une falsification.

En fait, le raisin qui n'a pas mûri ne manque que de sucre le plus souvent, et si l'on ajoute ce principe à ses autres éléments, il se trouve dans des conditions suffisantes pour fermenter alcooliquement et donner un bon produit. Nous ne voulons pas dire par là que tous les autres principes du raisin soient aussi parfaits, aussi complétement élaborés que par la maturation ; loin de là, car les acides libres dominent dans les raisins qui n'ont pas mûri ; les matières albuminoïdes n'ont pas toujours atteint la forme et la constitution qu'elles auraient présentées ; cependant, comme ces matières et ces acides peuvent être éliminés si l'on veut, comme leur présence n'est pas nuisible à la transformation du sucre et ne pourrait avoir d'influence pernicieuse sur la fermentation active ; nous croyons que, si on a à les redouter pour la conservation ultérieure du produit, on peut toujours en conjurer les effets. Le moût du raisin renferme, dans ce cas, les éléments qui concourent à la formation de la saveur et de l'arome, au moins dans une proportion suffisante pour que le produit fermenté soit agréable et sain, lorsqu'on a déterminé par le sucrage la production de l'alcool en quantité convenable, en sorte que nous regardons cette opération comme *très-rationnelle et très-utile*.

C'est le seul moyen de compenser les désastres d'une mauvaise récolte et si cette mesure n'était pas l'objet de restrictions prohibitives, de réglementations fiscales absurdes, nous en verrions l'application se généraliser dans les circonstances malheureuses qui jettent le désarroi dans la production viticole. Si, en 1860, par exemple, le sucrage avait été mis en pratique, nous aurions pu suppléer à l'insuffisance de la production et obtenir des produits convenables.

Pour augmenter la densité des moûts trop aqueux, on peut recourir à divers procédés qui ont été signalés par les œnologues et mis en pratique selon les circonstances : ainsi, on a conseillé l'*évaporation* et la *concentration d'une partie du moût*, la *dessiccation* d'une partie des raisins sur le cep ou sur des claies après la cueillette, l'addition du *sirop de fécule*, de la *mélasse*, du *miel*, du sucre en *cassonade* ou du *sucre raffiné*... Ces différents moyens doivent être examinés rapidement.

La concentration du moût ne nous paraît pas assez économique, et d'ailleurs elle ne supplée que très-imparfaitement au manque du sucre et elle diminue la quantité du produit. Si la dessiccation des raisins sur le cep ou après la cueillette est un bon moyen d'augmenter la densité et si cette mesure est mise habituellement en pratique pour la préparation des vins de liqueur, elle n'est pas toujours possible, surtout dans les années humides et pluvieuses... Le sirop de fécule laisse dans les moûts et dans le produit alcoolique une saveur amère que certains ont attribuée au sulfate de magnésie ; ce sirop est encore formé d'une portion considérable de dextrine jointe au glucose provenant de la saccharification, et il est hors de doute qu'il prédispose les moûts à la production de l'acide lactique. La mélasse donne un goût peu agréable au produit. Nous en proscririons l'emploi dans la presque totalité des circonstances. Le miel se trouve dans une condition à peu près semblable, et il serait, du reste, assez difficile de s'en procurer une quantité suffisante, car les années défavorables pour la vigne ne sont guère profitables pour les travaux des abeilles. Il résulte de ces observations que l'on ne doit employer, pour le sucrage des vins, que des cassonades de bonne qualité ou des sucres raffinés.

Nous ferons à ce propos une remarque essentielle. On peut se servir avec avantage des sucres bruts de betterave et des troisièmes produits de raffinerie, pourvu que, par le lavage à la turbine, ils aient été débarrassés de leur saveur caractéristique, et il ne nous paraît nullement indispensable, comme certains écrivains l'ont avancé, de recourir exclusivement à l'emploi de la moscouade de canne ou du sucre en pains. Le véritable desideratum de la question repose ici sur la diminution d'un droit aussi onéreux qu'illogique, dont la suppression est demandée par tous les bons économistes.

En général, les vins d'ordinaire doivent présenter une richesse alcoolique de 10 pour 100, et les petits vins ne doivent pas présenter une teneur inférieure à 8 centièmes. Or, si l'on sait qu'il faut environ 1^k,700 de sucre pour fournir 1 centième d'alcool dans un hectolitre de moût, on pourra apprécier la proportion du sucre à ajouter pour obtenir la richesse alcoolique désirée. Il est clair que cette addition ne doit se faire qu'après un essai préalable du moût, à moins que l'on ne veuille se guider seulement sur la densité.

Macquer paraît être le premier qui ait ajouté du sucre au moût des raisins verts ou non parvenus à maturité, et ses expériences, qui datent du mois d'octobre 1776 et du mois de novembre 1777, ne laissent dans l'esprit aucun doute sur la valeur des résultats obtenus par cet observateur.

Chaptal préconisa à son tour le sucrage des vins, et c'est même à la suite des efforts de cet habile chimiste, pour propager l'application de cette méthode, que le sucrage des vins a reçu en divers endroits le nom de *chaptalisation*... Voici, du reste, un résumé des conseils qu'il donne à cet égard dans son livre sur l'art de faire le vin.

Après avoir fait saisir la différence qui existe entre le principe doux ou gommeux et le principe sucré, il ajoute : « Lorsque le raisin est très-doux, sans néanmoins contenir beaucoup de sucre, on peut parvenir à en retirer un vin très-spiritueux, en dissolvant dans le moût la portion de sucre qui manque ; alors la levûre, qui est très-abondante dans le raisin, agit sur le sucre et il en résulte une bonne et forte liqueur. C'est de cette manière qu'il faut traiter les raisins douceâtres des pays froids.

« Le terme moyen de la consistance du moût provenant de raisins qui n'ont pas été desséchés est entre le 8e et le 15e degré de Baumé.

« Lorsque le moût est très-aqueux, la fermentation est tardive, difficile, et le vin qui en provient est faible et très-susceptible d'altération. Dans ce cas, les anciens connaissaient l'usage de cuire le moût...

« On peut poser en principe que, dans les pays froids, dans les terres humides, à la suite des saisons pluvieuses, le raisin contient *plus d'eau* et *plus de levûre* qu'il n'en faut pour décomposer le sucre formé dans le fruit.

« Dans tous ces cas, en abandonnant la fermentation à elle-même, on ne peut faire qu'un vin faible, délayé, peu spiritueux, susceptible de *passer à l'aigre* ou de *tourner au gras,* par une *suite de la surabondance du levain* qui reste après la fermentation spiritueuse et la décomposition et disparition entière du sucre.

« On peut parvenir à corriger ou à prévenir tous ces défauts :

« 1° En rapprochant et faisant bouillir une portion du moût ;

« 2° On peut encore dissoudre du sucre terré ou de la cassonade dans le moût, jusqu'à ce qu'on ait porté sa consistance au degré qu'il a dans les années où le raisin est parvenu à une parfaite maturité. Ainsi, si le moût provenant d'un raisin qui n'est pas suffisamment mûr ne marque que 8 degrés, tandis que, dans les années de maturité parfaite il en marque 10 et demi, on remplit des chaudières de ce moût trop aqueux, on y fait fondre du sucre par la chaleur, et on verse dans la cuve jusqu'à ce que la masse fermentante ait atteint les 10 degrés et demi au pèse-liqueur de Baumé ; il faut donc employer d'autant plus de sucre que le moût est plus faible.

« On se tromperait si on voulait remplacer le sucre terré par la mélasse...

« L'addition de sucre a le double avantage d'augmenter considérablement la spirituosité du vin et de prévenir la dégénération acide à laquelle les vins faibles sont sujets. Dans les vignobles où le vin n'était pas de *garde,* il suffit d'épaissir le moût par l'addition du sucre de manière à lui faire acquérir au moins une consistance de 10 degrés et demi. Dans les années où le moût est trop aqueux, soit parce que le raisin n'est pas mûr, soit parce que la saison de la vendange a été pluvieuse, il faut épaissir le moût par l'addition du sucre,

jusqu'à lui donner la consistance qu'il a naturellement lorsque le raisin est bien mûr.

« Dans ces deux cas, on obtient un vin spiritueux qui s'améliore par le temps... En suivant cette méthode, on peut obtenir du bon vin, quelle que soit la maturité du raisin, quelle
qu'ait été la saison au moment de la vendange. En variant la
proportion du sucre, on peut varier à volonté le degré de spirituosité du vin ; on ne lui donnera jamais par ce moyen le
bouquet, qui fait le prix et la principale qualité de quelques-
uns, mais on ne l'affaiblira pas si la maturité a pu le développer. »

On voit que Chaptal avait tout étudié et tout prévu dans la
question qui nous occupe, et que nos illustrations modernes
ne sont pour rien dans le sucrage des vins, malgré leurs prétentions à l'invention.

On a demandé quel est l'instant le plus favorable pour exécuter le sucrage des moûts et comment cette opération doit se
faire. Tout en convenant que le sucrage à la cuve est le meilleur, plusieurs ont avoué qu'il doit se faire lorsque la fermentation tumultueuse est terminée... Nous ne partageons pas
cette opinion, qui pèche contre les principes démontrés de la
fermentation. En effet, le sucre prismatique fermente plus
lentement que le glucose, et si l'on ne profite pas de toute
l'énergie des réactions, le travail de la fermentation secondaire durera fort longtemps. Il convient donc, selon nous, de
prendre le degré de densité du moût et d'y ajouter *aussitôt* la
quantité nécessaire de sucre, que l'on aura fait dissoudre à
chaud dans une portion du moût. Par cette marche, les acides
réagissent sur ce sucre, qui se transforme en sucre fermentescible, et, après la fermentation active, ce vin se trouve
dans des conditions presque identiques à celles qui auraient
été produites par sa maturité.

Nous parlerons plus loin du *vinage*, qui consiste dans une
addition d'alcool faite dans le même but que le sucrage.

§ III. ACIDITÉ DES MOUTS. ÉGRAPPAGE.

Il est remarquable que le sucrage des moûts trop aqueux et
trop acides corrige cet excès comme le ferait une addition

d'alcool. On sait que l'alcool précipite les tartrates acides et que, par sa présence seule, il annihile la plupart des saveurs acidules. Mais ce n'est pas de cela qu'il s'agit. Une certaine acidité des moûts est loin d'être nuisible à la fabrication du vin, car les acides, en proportion convenable, excitent la vitalité du ferment, tout en réagissant sur la matière transformable et la rendant plus facile à absorber par la cellule levûrienne. De là à un excès il y a loin, car si les acides organiques peuvent être utiles dans de certaines limites, leur action peut être parfois très-préjudiciable. Les vins dans lesquels domine le principe acide· sont sujets à diverses altérations dont nous aurons à dire quelques mots plus tard ; leur saveur est plus ou moins désagréable, et leur usage prolongé peut n'être pas sans inconvénients sur la santé. Or c'est principalement dans le fruit que résident les acides libres qui se dissolvent dans le moût et, soit par suite d'un défaut de maturité, soit par la nature spéciale du cépage, il y a des baies qui restent *aigres* et dont le jus est très-acide. Des moûts d'une telle provenance auront besoin d'être corrigés par le sucrage, mais il y aura bien des circonstances où ce correctif sera insuffisant. Lorsque l'excès d'acide est très-prononcé, nous croyons qu'il peut être utile d'en opérer au moins la neutralisation partielle à l'aide de marbre pulvérisé ou de calcaire très-fin, que l'on aura exposé préalablement à la chaleur. Cette neutralisation des acides n'empêchera pas de développer le principe alcoolique· par une addition convenable de sucre, et comme elle sera produite par le *carbonate de chaux pur* ou préalablement chauffé, elle ne déterminera dans le moût l'introduction d'aucune substance nuisible ni la décomposition des sels les plus utiles.

Nous appliquons ce qui précède évidemment au cas d'acidité exceptionnelle. Mais il arrive encore bien souvent que les baies ne présentent qu'une acidité assez faible, modérée en quelque façon, accompagnée d'une proportion insuffisante de sucre, et qu'elles offrent une saveur douceâtre due à un excès de matière gommeuse. Si, dans ce cas, on laisse la grappe, c'est-à-dire l'ensemble des pédicules du raisin, la rafle, fermenter avec le moût, cette grappe introduit encore dans la liqueur de l'acidité et un principe âpre et austère; de plus, elle absorbe en pure perte, par une sorte d'échange endosmotique, une portion du sucre ou même de l'alcool produit.

De là cette question assez importante : faut-il égrapper, ou doit-on conserver la rafle dans le moût ? Les avis se sont partagés sur cette question comme sur beaucoup d'autres, et l'égrappage a eu ses enthousiastes et ses détracteurs acharnés. Pour résoudre les difficultés de ce genre, il convient de se reporter aux principes généraux, de ne rien adopter d'absolu, et de se guider selon les circonstances et le but qu'on a en vue d'atteindre.

M. Baudrimont pense que le pédoncule du raisin ou la *rafle* renferme un acide et du *tannin* qui lui communiquent une saveur acerbe. C'est pour éviter la trop grande abondance de ces produits que l'on égrappe la totalité ou une partie seulement du raisin. En général, on doit diminuer les rafles lorsque le raisin n'est pas très-mûr ou qu'il présente une saveur acerbe. On doit, au contraire, en laisser davantage lorsque le raisin est mûr et très-sucré.

Chaptal ne tranche pas la question au sujet du tannin; mais il reconnaît que la grappe est *âpre et austère*, qu'elle *facilite la fermentation* et donne de la *durée* au vin , en l'empêchant de *graisser*, bien qu'en lui communiquant une certaine *dureté*.

M. de Vergnette *affirme* qu'il n'y a pas de *tannin* dans la grappe, mais qu'elle est riche en acides.

Sans admettre absolument l'idée de M. de Vergnette, qui nous paraît beaucoup trop tranchée et en désaccord avec les faits, nous croyons que la grappe contient une proportion notable d'acides libres et *un peu de tannin*, si l'on veut donner ce nom à un principe âpre, happant la langue et réagissant sur les sels de fer et la gélatine. Nous savons, d'ailleurs, que la composition de la rafle varie selon le cépage, le sol et le degré de maturité du fruit et d'élaboration organique des matières de la séve. Le *tannin* réside surtout dans les enveloppes du pepin, dans le péricarpe [1].

Un chimiste distingué, M. Couerbe, a donné une bonne analyse de la *séve de la vigne*. Il a trouvé que 1 *litre* de ce li-

---

[1] Des expériences comparatives nous ont fait voir que M. de Vergnette a dû se tromper. Une infusion très-faible de rafles, privées de pellicules et de pepins, n'agit, à la vérité, que fort peu sur la gélatine ; mais elle colore les sels de fer en bleu verdâtre, ce qui est bien l'indice d'une des formes de la matière tannante.

quide abandonne par évaporation un résidu sec de $1^g,294$.
Ce résidu a fourni :

Sucre cristallisable.........................			0,154
	Matière azotée........	0,050	
Glairine renfermant :	Carbonate de chaux..	0,025	0,080
	Silice	0,005	
Tartrate de chaux............................			0,564
Tartrate de magnésie.........................			0,025
Oxyde de fer.................................			0,003
Chlorure de calcium..........................			0,004
Phosphate de soude...........................			0,057
Acide malique................................			0,336

M. Couerbe a trouvé, en outre, dans un litre de cette séve
(séve ascendante) 22 centimètres cubes de gaz, formés de
$19^{cc},5$ d'air atmosphérique et $2^{cc},5$ d'oxygène libre.

Nous pensons que, mise à part la question du tannin, les
sucs de la grappe se rapprochent beaucoup de cette composition, qui est d'ailleurs sujette à présenter de nombreuses
différences, bien que l'on y rencontre presque toujours en
proportion notable l'acide malique et des tartrates.

Nous ne voulons pas prolonger davantage un débat peu
utile, et nous résumons les faits qui peuvent offrir une importance réelle à la pratique. Il est reconnu que la grappe favorise la fermentation et la transformation du sucre ; qu'elle
donne de l'âpreté et de la dureté au vin, qu'elle empêche le
vin, le blanc surtout, de graisser. Ces données nous suffisent
pour établir les principes généraux qui doivent nous servir de
guide à cet égard.

Il nous paraît présumable que les œnologues ont fait ici
une certaine confusion, et qu'ils ont attribué à la *grappe seule*
des propriétés qui appartiennent à la fois à la grappe, aux
pepins et aux pellicules, c'est-à-dire à l'ensemble des parties
solides ou des résidus du fruit qui constitueront le marc de
raisin après la pression.

On peut déduire les conséquences suivantes des opinions
de Chaptal sur ce sujet :

1° Si le raisin n'a pas bien *mûri*, qu'il soit *acide* et *âpre*,
l'égrappage est *indispensable*, parce que l'âpreté et l'acidité de
la grappe se joindraient inutilement à celles du fruit, qui a
besoin plutôt de *correctif sucré* que d'exagération dans un
autre sens;

2° Si le cépage fournit naturellement des moûts riches en tannin, si la baie est âpre, bien que mûre, l'égrappage est également nécessaire ;

3° Lorsque l'on veut faire du vin rouge de boisson à consommer immédiatement, on doit égrapper, afin de donner plus de douceur au produit ;

4° On doit égrapper les raisins destinés à la préparation des vins délicats, à la condition qu'ils soient mûrs, et qu'ils contiennent assez de sucre pour fournir à une proportion suffisante d'alcool.

Ces règles ne nous paraissent pas de nature à guider la pratique vers une voie de progrès, et nous avouons qu'elles ne nous satisfont pas entièrement, précisément parce qu'elles nous semblent laisser dans l'esprit une trop grande incertitude. Si les uns se trouvent bien d'avoir égrappé et si les autres se félicitent de ne pas le faire, toutes circonstances égales d'ailleurs, la question reste livrée à l'arbitraire, sans que rien vienne indiquer une marche à suivre sûre et rationnelle.

Nous voudrions voir la pratique s'attacher aux principes d'une saine technologie plutôt qu'à des errements tracés par la vanité ou la routine. Chacun prétend *faire le vin* mieux que son voisin, bien que, en conscience, il y ait fort peu de producteurs dont la routine et l'empirisme ne soient pas les seuls guides... Or toute liqueur fermentée qui ne contient pas un excès d'alcool, ou de sucre, ou encore, de ces deux principes réunis, s'altérera forcément, si elle renferme des *matières albuminoïdes solubles*. Cela est parfaitement acquis. Il en résulte que, dans le cas le plus habituel, dans celui où les vins ne peuvent avoir qu'une force alcoolique moyenne, insuffisante pour en assurer la conservation, il faut suppléer à l'action de l'alcool ou du sucre par l'élimination de ces matières azotées. Toute l'œnologie est là, en ce qui concerne la conservabilité des produits. Or le moyen le plus certain et le plus économique d'y parvenir consiste à introduire le tannin parmi les éléments de la liqueur, puisque ce principe détermine la séparation des substances azotées à l'état de combinaisons insolubles. De là, une appréciation nette de la richesse sucrière du moût sera le guide le plus sûr pour la pratique de l'égrappage. Ce ne serait que dans le cas des *moûts très-sucrés,* obtenus tels naturellement, ou modifiés par l'art, que l'alcool et le sucre assureraient la conservabilité. Dans toutes les autres circonstances, l'égrappage ne devrait pas avoir lieu, puisque la présence du tannin devient indispensable. Et encore doit-on faire une différence capitale dans la manière d'agir. Nous comprenons, en effet, que l'on veuille éliminer la grappe, les pédicules, qui augmenteraient l'acidité de la liqueur, dans toutes les conditions citées plus haut, mais nous pensons que jamais on ne doit ôter les pepins avant la fermentation, puisqu'ils fournissent surtout le tannin. On devrait même, dans la préparation des vins blancs surtout, faire intervenir cette action des pepins ou encore ajouter, au besoin, une petite quantité de tannin, dont les *collages* élimineront l'excès aussi facilement qu'on le voudra. Ce serait le seul moyen de les mettre à l'abri de ces dégénérescences trop fréquentes, qu'on observe principalement sur ces vins.

Que la pratique s'attache donc à ce principe général que, sans alcool ou sucre en excès, ou sans une proportion suffisante de matière tannante, il n'y a pas de garantie sérieuse de conservation, malgré les brillantes promesses qu'on pourrait faire à ce sujet. L'application de ce principe offrira, sans doute, des variantes nombreuses ; mais quoi qu'on fasse, ce sera toujours le criterium infaillible auquel on devra se soumettre, sous peine de commettre des erreurs irréparables. Ces observations sommaires trouveront, d'ailleurs, leur confirmation dans le paragraphe suivant, que nous consacrons précisément aux matières azotées du vin.

§ IV. — FERMENT ET MATIÈRES ALBUMINOÏDES.

Une des questions les plus graves dont les viticulteurs et les œnologues aient à s'occuper est celle du ferment du raisin et des matières albuminoïdes du moût et du vin. C'est aussi le point le plus contesté et, qu'on nous permette de le dire, le plus mal étudié de tous ceux qui se présentent à l'étude dans la fabrication du vin.

Tout se touche dans l'œnologie, et si nos viticulteurs avaient bien voulu prendre la peine de réfléchir, nous aurions peut-être évité quelques atteintes du charlatanisme moderne au sujet de la conservation des vins et d'autres choses encore. Nous voudrions pouvoir rappeler les esprits aux faits vrais de l'observation, et démontrer que l'intérêt réel du fabricant de vins ne se trouve pas dans certaines rééditions de vieilleries médaillées et prônées; mais la tâche nous paraît d'autant plus ardue que, dans notre époque, le mot d'ordre n'est pas la raison et l'examen, mais l'engouement irréfléchi.

Nous essayerons cependant de faire voir ce qu'est le ferment du raisin, quelle est l'influence des matières albuminoïdes du moût, sur le moût d'abord et sur le vin ensuite, sauf à compléter plus tard ce qui ne pourrait entrer actuellement dans les considérations que nous soumettons au jugement du lecteur. Nous aurons fait notre devoir; le reste nous occupera assez peu, et nous laisserons qui le voudra se livrer à l'étude des mycodermes et au rhabillage des procédés romains.

On nous a plusieurs fois imputé à tort notre opinion bien arrêtée sur l'*unité du ferment* ; nous avons pesé les raisons et même les prétextes et, après un examen approfondi, nous n'avons rien trouvé dans les uns ou les autres qui pût modifier notre manière de voir. Nous savons que la nature n'est pas bornée dans ses moyens d'action et qu'elle a mille modes différents pour parvenir à la désagrégation ; il *est possible* même que de l'alcool et de l'acide carbonique puissent *chimiquement* se produire, aux dépens des matières premières les plus diverses, par des réactions très-variables ; nous acceptons volontiers, sous *bénéfice d'inventaire* et jusqu'à plus ample informé, comme matière à raisonnement et à discussion, les idées les plus singulières, voire même les hypothèses de MM. Pasteur et autres sur la génération spontanée et ses conséquences ; mais, s'il y a des utopies qui prêtent à l'examen, il y a des absurdités devant lesquelles nous ne pouvons songer qu'à la négation.

Nous avons démontré, dans notre premier volume, que si l'on délimite l'idée *alcool* dans les bornes d'une définition logique, s'appliquant au seul défini et à tout le défini, il est irrationnel d'admettre dans ce groupe autre chose que les corps de la formule $C^nH^n,2HO$, résultant d'un radical C^nH^n et accompagnés d'un monohydrate C^nH^n,HO. De même, si nous éliminons de l'idée *fermentation* tout ce qui ne lui appartient pas, si nous serrons le raisonnement d'assez près pour n'appliquer la dénomination de *fermentation* qu'à la série des àctes physiologiques accomplis par les globules élémentaires azotés, nous sommes conduit, logiquement et irrésistiblement, à n'admettre qu'*un seul ferment* et *une seule fermentation*.

Pour nous donc, il n'y a de fermentation que celle qui résulte de l'action du corps cellulaire azoté, ce corps étant susceptible de reproduction et étant apte à accomplir les fonctions de la vie dans des circonstances données. C'est un des modes de désagrégation employés par la nature pour arriver à sa fin qui est de détruire pour reproduire sans cesse. Peu importe le produit de ce mode de désagrégation, il peut varier à l'infini, sans que l'on puisse rien en conclure contre l'unité de l'agent.

Nous ne disons pas que l'on ne puisse pas produire de l'alcool autrement que par fermentation, puisque l'alcool méthyliqúe se fait par carbonisation et que nous pouvons faire de l'alcool par la combinaison directe de $C^n H^n$ avec $2HO$; nous ne disons pas que l'on ne puisse pas arriver à la molécule alcool par des réactions chimiques proprement dites; nous croyons même la chose probable et nous pensons que le chimiste n'est pas borné au *sucre* comme matière première pouvant le conduire à cette molécule; nous ne prétendons même pas nier les nombreux produits auxquels le ferment globulaire peut donner naissance dans certains milieux, en sorte que l'on peut admettre, à la remorque de qui l'on voudra, l'existence de l'acide succinique, de la glycérine et de beaucoup d'autres choses découvertes ou à découvrir parmi les produits de la fermentation, sans que nous en prenions un grand souci. Il nous suffirait de vérifier et de rechercher si ces produits accessoires dérivent du sucre, s'ils ne proviennent que de ce principe, et si l'observation est admissible, dans le cas où cette vérification serait nécessaire...

Nous nous contenterons des faits suivants appliqués à la désagrégation des sucres : le ferment globulaire dédouble le sucre en alcool et acide carbonique surtout, lorsque les conditions convenables sont réunies ; il agit comme être vivant, se reproduit et se multiplie aux dépens de la matière plastique azotée, s'il en existe dans les liqueurs ; mais l'énergie et la régularité avec lesquelles il fonctionne physiologiquement sont sous la dépendance de causes très-nombreuses, qui influent sur les résultats.

Ce que nous venons de dire est relatif aux conditions de la *période alcoolique* de la fermentation. Les faits sont constatés; mais, lorsque cette phase est accomplie, c'est-à-dire lorsque le sucre a été transformé en alcool, il peut se passer des modifications variables que nous indiquons brièvement :

1° Il existe dans la liqueur une proportion d'alcool égale au moins à 18 pour 100 en volume. Dans ce cas, la conservation du liquide est assurée pourvu que l'on soustraie le produit à l'action de l'air, de la chaleur et des causes qui pourraient en affaiblir la richesse alcoolique. L'acidé acétique ne se forme pas dans ces liqueurs, le ferment globulaire y est devenu inerte, la plupart des substances étrangères, organiques ou minérales, y sont précipitées ;

2° Il en sera de même si la liqueur renferme, en outre de la proportion d'alcool indiquée, une certaine quantité de sucre non décomposé. Dans cette nouvelle condition, l'action préservatrice du sucre se joindra à celle de l'alcool, et les dégénérescences secondaires ne seront plus à craindre, pourvu que les précautions convenables soient prises pour que les choses se maintiennent en cet état ;

3° En dehors de ces deux cas, s'il n'existe pas dans la liqueur assez d'alcool, ou d'alcool et de sucre, pour déterminer l'inertie du ferment et la précipitation des matières étrangères, il se produira des altérations plus ou moins graves dans les conditions différentes qui peuvent se présenter. Ainsi, pour peu qu'il existe du sucre non décomposé, ou une matière saccharifiable qui se décompose à la longue, si l'art ne prévient pas le mouvement ultérieur, il se fera une véritable fermentation secondaire, plus ou moins lente, que l'on a appelée *fermentation insensible*, à la suite de laquelle tout le sucre sera détruit et le vin sera parvenu au maximum de richesse alcoolique qu'il puisse atteindre. Dans le cas où le liquide, renfermant du ferment ou des matières plastiques azotées en dissolution, se trouve mis en contact avec l'oxygène de l'air atmosphérique à une température suffisante, l'alcool se change en aldéhyde, puis en acide acétique. Pendant cette dégénérescence, la matière azotée subit elle-même des transformations qui la font passer à l'état lichénoïde et à côté desquelles il se produit différents organismes animaux. Si la liqueur renferme des substances du groupe des hydrocarbonés, des matières gommeuses ou mucilagineuses, de la dextrine, de la fécule, en présence de ferment, de matière plastique, de certains sels et surtout d'acétates, il se formera une quantité plus ou moins considérable de matière visqueuse, glaireuse, qui contiendra de la mannite, de la glycérine et divers autres produits. La liqueur prendra un aspect huileux et l'on dira qu'elle a passé *au gras...*

Il est rare que, dans les *conditions moyennes,* les moûts renferment assez de sucre et que, par suite, les vins contiennent assez d'alcool pour que les deux premières circonstances que nous avons mentionnées se réalisent. Cela n'a lieu que pour les vins fortement alcooliques ou les vins de liqueur, à moins que l'on n'introduise dans les liquides une proportion d'alcool suffisante, par l'opération du *vinage,* ou bien encore, à moins que l'on n'ait introduit du sucre dans les moûts. Mais habituellement il n'en est pas ainsi, car le vin ne contient que 10 à 12 pour 100 d'alcool; il y reste du ferment en suspension, des matières plastiques, des mucilages, des sels, tout ce qu'il faut enfin pour déterminer des altérations très-nuisibles.

Le ferment du raisin est d'une très-grande ténuité et de forme sphérique. C'est dire qu'il est doué d'une activité très-considérable et, si l'on fait attention à cette circonstance qu'il est accompagné d'albumine, de matières azotées abondantes, de mucilage, on comprendra que le fabricant de vins se trouve placé dans l'alternative de rendre le ferment inactif par l'alcool ou le sucre, ou bien de le précipiter ainsi que les matières albuminoïdes et d'en débarrasser la liqueur, sous peine de subir les conséquences de sa négligence.

Que M. Pasteur s'enveloppe d'une auréole de gloire, de profits et d'honneurs, par la résurrection habile du chauffage des vins, nous le comprenons d'autant mieux que, déjà, il a su *découvrir* dans les travaux de Turpin, de Cagniard Latour, dans nos travaux et ceux de plusieurs autres, que le ferment est vivant, ce qui lui a conféré, sans peine, des titres au nom de physiologiste; mais s'il recueille si aisément le résultat lorsque les anciens et les modernes ont recueilli le labeur, ce n'est pas un motif pour nous de lui donner raison quand il a tort. Bien que nous ayons plus loin à dire quelques mots du *chauffage des vins* et à faire voir que cet antique procédé n'agit que par la coagulation d'une *portion* de la matière plastique, nous disons à tous les adeptes de ce chauffage que leur méthode n'est qu'un palliatif insuffisant, et qu'il est impossible à des esprits sérieux de se faire illusion à cet égard.

On dit, au nom de la raison, qu'il vaut mieux prévenir que guérir. Or il est certain que bien des vins se conservent fort bien sans M. Pasteur et autres : ces vins sont ceux qui sont riches en alcool ou ceux qui sont sucrés et alcooliques à la fois. A côté de ce premier groupe, les vins qui se conservent bien sans chauffage, sans vinage, sans aucune des formules des empiriques, sont ceux dans lesquels on parvient à éliminer l'excès de matière albuminoïde dissoute, le ferment suspendu et les matières organiques ou minérales nuisibles. Le nombre, Dieu merci, en est assez grand pour que l'industrie française ne dépende pas absolument des méthodes de chauffage.

Les crus de Bordeaux et de Bourgogne dont on a des échantillons plus vieux que les guérisseurs, ne sont pas tellement rares qu'on ne puisse étudier la question. Or, de l'aveu de tout le monde, elle se résume en ceci : *avoir des vins d'une richesse alcoolique suffisante, dont on a éliminé les matières albuminoïdes*, et les autres matières solubles ou suspendues étrangères à la constitution de la liqueur... On sait comment on peut toujours atteindre tel titre alcoolique que l'on veut ; on sait que l'alcool précipite une partie des matières albuminoïdes, qu'il fait passer à l'état insoluble certains sels excitants de la fermentation, qu'il produit l'inertie du ferment lui-même, en sorte que, pour des liqueurs assez alcooliques, il suffira de les *clarifier* à plusieurs reprises pour en assurer la conservabilité sans chauffage.

S'il s'agit de vins moins alcooliques, l'observation apprend que de tels vins, dont le moût a fermenté *assez longtemps en présence des pepins*, en dehors du contact de l'air, ont dissous assez de *tannin* pour *précipiter toutes les matières albuminoïdes*, pour enlever, par conséquent, les substances nutrimentaires du ferment, qui réagissent en outre par elles-mêmes, dans un grand nombre de cas. C'est pour une raison analogue que les observateurs attentifs ont conseillé de ne pas *égrapper* lorsque le vin est *plat et douceâtre*, ou lorsque, l'alcool et le sucre étant en bonnes proportions, on doit craindre de voir les vins tourner et passer au gras.

Disons donc que les vins produits par les moûts riches en tannin n'ont pas besoin de chauffage. Ajoutons que, pour la conservation de ces vins, il est indispensable de les débarrasser mécaniquement des résidus précipités, des matières étrangères que l'on a rendues insolubles, et que ce résultat est obtenu par le *collage*.

C'est précisément ici que se trouve la difficulté à laquelle n'ont pas songé les enthousiastes des commissions.

Il y a, dans les moûts sucrés, en dehors des sels, des acides ou des bases cristallisables, quatre sortes de matières albuminoïdes, qu'on peut différencier au point de vue qui nous occupe. Le *ferment organisé* ou les globules levûriens, les matières analogues au *gluten*, l'*albumine coagulable* représentent les trois premiers groupes, à côté desquels il convient d'en placer un autre, formé des substances azotées solubles, *non coagulables* par la chaleur.

A ces données, nous ajouterons que, par l'acte même de la fermentation, le gluten, l'albumine coagulée et les autres matières albuminoïdes insolubles ou peu solubles, acquièrent une certaine solubilité : comme dans l'action prolongée de l'eau bouillante, il se fait une transformation gélatineuse, dont le produit reste en dissolution et n'est plus coagulable par la chaleur seule. Le ferment qui a subi un commencement d'altération, le ferment usé, peut aussi présenter un phénomène du même genre...

Si donc le *repos* peut débarrasser les liqueurs du ferment globulaire, du gluten et des matières albuminoïdes suspendues, il n'en sera pas de même des substances solubles qui resteront dans les vins. De même, en agissant par le chauffage, à une température convenable, on pourra éliminer les matières solubles, susceptibles de coagulation, et cela ne fait pas l'objet du moindre doute. Mais les matières solubles non coagulables, de quelque origine qu'elles proviennent, échapperont à cette action, comme nous l'avons déjà démontré en sucrerie; en sorte que, quoi qu'on fasse et quoi qu'on dise, il restera, dans les vins, après le traitement fantastique de M. Pasteur, une proportion de ces matières albuminoïdes solubles très-suffisante pour altérer les liqueurs dans un

12

grand nombre de circonstances, et principalement si les vins ne sont pas assez *corsés* ou assez alcooliques.

La preuve de ce fait est simple. Que l'on prenne des vins chauffés par le procédé dit *de M. Pasteur*, qu'on y verse quelques gouttes de solution de tannin, on observera aussitôt un précipité plus ou moins abondant qui se déposera en flocons volumineux. Si l'on fait chauffer ce précipité avec un peu de soude caustique ou de chaux sodée, il se produira aussitôt des vapeurs ammoniacales qui ne laisseront pas d'ambiguïté sur sa composition azotée. Si le vin chauffé ne dépasse pas 10 degrés alcooliques, en l'exposant à l'air, *même pur*, sous l'influence d'une chaleur de 35 à 37 degrés centigrades, il se formera du *vinaigre*, et, plus tard, les faits de la fermentation putride ou ammoniacale se succèderont dans l'ordre normal.

De ce qui précède, il résulte que le chauffage peut débarrasser les vins fermentés de l'albumine coagulable, mais que ce résultat est aussi insuffisant en théorie qu'en pratique, à moins qu'un excès d'alcool ou de sucre ne vienne empêcher les effets ultérieurs que l'on a à redouter.

Nous en inférons que le chauffage est *inutile*, puisqu'il n'agit pas et ne peut pas agir sur *toutes* les matières altérables, et nous disons que l'on peut toujours le remplacer avantageusement par des moyens plus rationnels. Les vins riches en tannin se conservent parfaitement, parce que le tannin précipite *toutes* les substances albuminoïdes, parce qu'il favorise le *collage* en déterminant la coagulation de l'albumine ou de la gélatine employée pour cette opération, et nous pouvons *toujours* l'employer à la dose utile, puisque les collages nécessaires à la clarification l'enlèveront quand même, de façon à nous en débarrasser aussi complétement que nous le voudrons. Il y a plus encore : le collage, c'est-à-dire la clarification par l'albumine ou la gélatine, ne peut avoir lieu dans les liquides peu alcooliques, s'ils ne contiennent pas assez de tannin pour produire l'insolubilité des matières employées, qui ne feraient, sans cela, qu'introduire le plus souvent de nouvelles causes d'altération dans les produits.

Nous verrons plus loin quelles sont les conséquences pratiques de ce qui vient d'être exposé, conséquences telles, que les vins ne peuvent et ne doivent s'altérer que par suite d'un traitement irrationnel.

CHAPITRE III.

Si nous avons bien compris la valeur des principes relatifs à la fabrication des vins fermentés, si nous nous sommes rendu un compte exact de ce que l'on doit connaître, faire ou éviter dans la préparation du vin de raisin, nous pouvons nous occuper immédiatement des détails pratiques de cette préparation.

Ici, comme ailleurs, comme partout en alcoolisation, il faut recueillir la matière première, extraire ou isoler le jus, le soumettre à la fermentation.

Viendront ensuite les soins nécessaires à divers objets secondaires et accessoires.

§ I. — DE LA VENDANGE.

La *récolte du raisin* porte le nom de *vendange* [1].

On a conservé encore, dans certains vignobles, l'habitude de ne vendanger qu'après que l'autorité locale en a accordé la licence. Cet usage offre de bons et de mauvais côtés, car si, d'une part, il peut être favorable à la conservation des *crus* et s'il peut contribuer à les garder dans toute leur valeur, de l'autre, il est incompatible avec la *liberté* et le *droit de propriété*.

Nous ne partageons pas entièrement l'opinion de l'illustre Chaptal à ce sujet et nous croyons, avec une *autorité très-compétente*, que les *mesures restrictives* de la liberté industrielle doivent disparaître [2]. Nous avons vu, de nos yeux, ce qu'on appelle établir le *ban des vendanges*, dans les communes rurales

---

[1] Du latin *vindemiam agere*, conduire, emporter la récolte de la vigne.

[2] L'Empereur Napoléon III. Lettre et programme de 1860. Malheureusement pour l'industrie nationale, dire et faire ont été et sont deux choses. L'Empereur a parlé selon son cœur et son esprit. Il avait compté sans les financiers, qui ont précisément pensé le contraire.

où l'on fait du vin. Voici ce qui se passe, et nous le disons
avec d'autant plus de franchise que nous serions *plutôt parti-*
san du préteur que de la plèbe... Mais il faut que le fonctionnaire
soit *honnête homme* dans toute la force du mot. Donc, le *maire*
a visité sa vigne et il la trouve mûre... Les *trois répartiteurs*
sont du même avis pour la vigne de leur magistrat et pour les
leurs. La visite est décidée et annoncée, bien que les vignes
moins bien exposées ne soient encore qu'en verjus à peine
mêlé. Elle se fait et l'on annonce, au bruit du tambour, que la
vendange aura lieu tel jour. D'ici là, il est interdit de pénétrer
dans le vignoble. Et les vignes en retard, celles qui regardent
l'ouest, celles des bas-fonds, celles qui auraient besoin d'effeuillage, etc, ne peuvent pas être soignées. Et l'on vendan-
gera au jour dit, parce que les *grappilleurs ramasseraient* le
lendemain à panier ouvert ; M. le maire, MM. les répartiteurs
auront du vin bon ou passable, ainsi que leur petite coterie
qui a été consultée ; les autres auront de la piquette. Voilà ce
que nous avons vu dans les vignobles du nord-est, et nous
laissons au lecteur le soin d'apprécier.

Ailleurs, le nombre des *juges* sera peut-être plus considérable, mais ils se conduiront d'après les mêmes errements ; ils
se croient juges pour se faire justice, c'est-à-dire large part.

Nous concluons que le ban des vendanges est un reste
atroce des infamies d'un autre âge ; que chacun doit rester
libre de faire sa récolte quand bon lui semble ; que le grap-
pillage doit être interdit ; que les gardes champêtres sont
payés pour garder même les vignes en retard ; que le maire
et les répartiteurs n'ont rien à voir dans les vignes d'autrui et
que tout le monde n'ayant pas assez d'argent pour enclore de
murs une vigne grande ou petite, il faut égalité de droits pour
tous devant la loi.

Cela est peut-être fort avancé pour un autoritaire ; mais
nous acceptons le vrai où nous le trouvons, envers et contre
tous.

C'est dire que nous voudrions que le gouvernement s'oc-
cupât d'anéantir les *petites tyrannies,* les plus odieuses de
toutes, et de détruire un abus qui était florissant du temps de
Chaptal et règne encore en maints endroits, avec toute l'autorité d'une coutume établie, admise et approuvée.

Ce que nous avons exposé dans le chapitre précédent doit

suffire pour faire comprendre la nécessité d'attendre la maturité, c'est-à-dire le moment où le raisin n'aurait plus qu'à perdre sur la souche pour le récolter. Nous avons indiqué les signes de la maturité proprement dite, et nous avons signalé celui de ces indices qui nous paraît le plus constant, en même temps que les signes techniques vrais, à l'aide desquels on peut apprécier l'instant réel de la maturité. En ce qui touche le côté pratique de la vendange, nous ne pouvons mieux faire que d'emprunter à Chaptal les règles à suivre.

On ne doit vendanger que lorsque le sol et les raisins sont secs, en l'absence de la rosée, par un beau jour... La récolte des raisins d'une cuve doit se faire à une même température, sans quoi il convient de les amener à un degré uniforme par un séjour suffisant dans un endroit chaud. Il faut qu'il ne reste pas de cuvée inachevée pour le lendemain ; pour cela, on doit avoir un nombre suffisant de vendangeurs exercés et peu de novices ; on doit couper court et rejeter tout ce qui est pourri. On laisse les raisins verts sur la souche.

Lorsqu'on tient à la *qualité du produit*, il convient de vendanger à deux ou trois reprises en triant chaque fois les fruits les meilleurs et les plus mûrs. Lorsqu'on fait la récolte tout entière en un seul temps, le vin est toujours d'une qualité inférieure.

Nous insistons sur la nécessité du triage des raisins conseillé par l'illustre agronome. Cette marche, qu'il est impossible d'adopter avec la mesure restrictive dont nous parlions tout à l'heure, est la seule qui permette de récolter à la fois les raisins de maturité égale, et de traiter ensuite les raisins verts ou moins mûrs par un sucrage approprié. Il vaut mieux faire une certaine quantité d'excellents produits que de compromettre la récolte entière par un mélange inintelligent.

Dans les pays chauds, on peut, sans inconvénient, retarder la vendange, surtout si l'on désire obtenir des vins liquoreux ; il y a même des qualités qu'on ne peut obtenir qu'en laissant les raisins dessécher sur le cep. C'est ainsi que l'on procède pour le Rivesaltes, pour les vins de Candie, de Chypre et de Tokay.

Dans les contrées où le raisin ne peut pas bien mûrir, on est obligé de vendanger avant la maturité afin d'éviter la pourriture et l'action pernicieuse des pluies automnales.

Dans ce cas, il ne reste d'autres ressources que le sucrage du moût et c'est une très-fausse économie de reculer devant ce moyen, le seul qui puisse conduire à de bons résultats.

Le calcul suivant en est la preuve :

Soit du raisin à 1050 de densité, renfermant, à très-peu près, 12 pour 100 de sucre. On devra ajouter au moût de 6^k,800 à 7 kilogrammes de sucre par hectolitre, afin d'obtenir un vin à 10 pour 100 de force alcoolique au lieu de 6 pour 100.

Le vin à 6 pour 100 se serait difficilement conservé; le vin à 10 pour 100 sera conservable et de bon goût s'il est bien traité... A cette raison vient s'ajouter la question d'argent et de valeur réelle.

Si l'on *brûle* où si l'on distille le premier, le produit sera de 11^l,10 à 54 degrés au maximum (ou de 7^l,50 à 80 degrés), tandis que le second fournira 18^l,51 à 54 degrés (ou 12^l,50 à 80 degrés). On ne peut guère établir la valeur moyenne de l'eau-de-vie de vin, à 54 degrés, au-dessous de 1 fr. 50 le litre, lorsqu'elle est nouvelle. Il y aura donc, pour le premier, une valeur brute de 16 fr. 65, et pour le second, une valeur de 27 fr. 75.

Les frais de distillation, avec un bon appareil, ne dépassent pas 8 centimes par litre. Il y aura donc pour le premier vin une valeur *nette* de 15 fr. 75 par hectolitre, et le second représentera 26 fr. 27, dont il conviendra de défalquer 8 fr. 40 pour la valeur du sucre (7 kilogrammes à 1 fr. 20). La valeur *nette* de ce dernier sera de 17 fr. 87, en bénéfice de 2 fr. 60 sur le premier.

Nous avons dit que le premier vin à 6 pour 100 ne se garderait pas. On sera donc forcé de le vendre à tout prix, et il est trop fréquent de voir ces vins faibles vendus à 4 ou 5 francs l'hectolitre sur place, ce qui met le producteur en perte, tandis que le second se gardera tant qu'on voudra et acquerra une valeur proportionnelle à ses qualités, mais qui ne sera jamais inférieure à 25 francs l'hectolitre, si l'on en juge d'après les données moyennes.

On devra donc sucrer les moûts des raisins non mûrs, restés après le triage des bons fruits, ou que la saison aura empêchés d'arriver à une maturité suffisante, quand même on devrait les livrer à la distillation. Il ne faut pas, en effet, s'y tromper; l'eau-de-vie de vin, bien distillée, ne fait que gagner en vieillissant, et il y a de ces eaux-de-vie dont la valeur primitive ne dépassait pas 1 fr. 50, qui ont atteint et qui atteignent un prix de vente de 10 à 12 francs lorsque le fût et la bouteille leur ont donné ce moelleux que l'on recherche dans les vieilles eaux-de-vie de France. Il y a là de quoi faire réfléchir un propriétaire soigneux de ses intérêts.

Les vendanges se font à peu près partout de la même manière, sauf de légères différences locales, qui dépendent plutôt des habitudes et des usages que de méthodes raisonnées.

Voici comment on opère dans le Médoc, selon les indications d'un livre remarquable sur les vins de Bordeaux [1].

La réunion des vendangeurs s'appelle *manœuvre*. « Il y a un commandant de manœuvre par douze ou quinze réges (rangées) ; sa tâche est de hâter la marche des coupeurs, de veiller à ce qu'ils ne laissent pas de raisins sur pied, qu'ils ne prennent que ce qui est mûr, ramassent les graines tombées, et ne laissent point les feuilles tomber dans les paniers... Les femmes et les enfants sont chargés de couper les raisins ; ils doivent rejeter les verjus, ainsi que tout fruit échaudé ou pourri.

« On place, à chaque rang de vigne, un *coupeur* qui cueille les raisins et les réunit dans un panier en bois.

« Un jeune homme appelé *vide-panier* reçoit de chaque coupeur son panier plein, qu'il échange contre un vide, puis le déverse dans une *baste* (petit baquet en bois contenant environ vingt-quatre litres).

« En même temps, le *faiseur de bastes* foule les raisins, en ayant soin de ne pas trop les écraser. Pour huit rangs de vigne, on met deux *porteurs de bastes*. Ceux-ci les reçoivent à dos sur un coussin de paille appelé *féchine*, et vont les vider dans de petites cuves appelées *douilles*, placées sur une charrette ; la charge de ces douilles est ordinairement de trente-deux bastes. » Ailleurs, « on remplace les *porte-bastes* par des *porte-hottes* qui, placés de trois en trois rangs, ou de cinq en cinq rangs selon l'abondance de la récolte, reçoivent directement le contenu de leurs paniers et vont le placer dans les douilles placées sur les charrettes. »

[1] *Bordeaux et ses vins*. Ch. Cocks, 2e édition, refondue par Ed. Féret, 1868.

Dans les côtes et les palus du Bordelais, on fait ce travail à peu près comme en Médoc et l'on ne fait pas de triage ; mais dans les graves de Sauternes, on accorde un soin tout particulier à la cueillette des raisins, que l'on retarde beaucoup, et qui dure ordinairement pendant tout le mois d'octobre.

« Pour donner au vin plus de douceur, de liqueur et de moelleux, on laisse les raisins sécher sur pied, se confire, pour ainsi dire, aux rayons du soleil et se couvrir d'un duvet qui ressemble à celui de la moisissure.

« Quand les raisins commencent à atteindre le degré voulu d'extrême maturité, les vendangeurs vont de pied en pied détacher soigneusement de la grappe les graines rôties [1], c'est-à-dire séchées après maturité et commencement de pourriture, en ayant soin de rejeter toutes les graines grillées, c'est-à-dire séchées avant maturité. Cela constitue la *première trie* et donne des vins d'une très-grande douceur et d'une très-grande densité, appelés *crème de tête*. La première trie faite, on en recommence une seconde dans laquelle on ne prend encore que les graines pourries, mêlées aux graines qui se sont rôties depuis la première opération. Le vin qui en résulte est appelé *vin de tête*, et joint à une grande douceur plus d'alcool et de finesse que le vin *crème de tête*.

« A ce point des vendanges, on suspend généralement les travaux plus ou moins longtemps, selon les conditions climatériques, et on attend que les influences combinées des rayons du soleil et de l'humidité des nuits de la fin d'octobre continuent à favoriser la maturité et la pourriture du raisin.

« Le temps voulu écoulé, on commence la *troisième trie*, qui donne le vin appelé *centre*, dans lequel on trouve parfois des barriques très-supérieures et très-liquoreuses.

« Ces alternatives de cueille et de suspension se reproduisent, à de courts intervalles, trois ou quatre fois encore. La dernière cueille, dans laquelle on enlève tout ce qui se trouve sur pied, donne le vin *de queue*, qui doit, dans une propriété où les vendanges sont faites avec soin, ne donner qu'une très-petite quantité de vin.

« Comme il est essentiel, pour faire de grands vins blancs,

---

[1] Grains *figués*, selon l'expression bourguignonne.

que les raisins soient cueillis secs et chauds, on suspend pour cela le travail des vendanges dès la moindre pluie ou le plus petit brouillard, et on a soin de ne les commencer qu'après huit heures du matin. »

Ainsi que le lecteur peut s'en rendre compte, c'est à la pratique du triage que l'on demande les différences de qualité que l'on veut obtenir d'un même cépage, et cette pratique est suivie partout où l'on tend surtout à préparer des vins de mérite supérieur.

Dans tous les cas, à mesure de la récolte, le raisin est transporté à la cuverie, où il doit subir les diverses opérations qui conduisent à la vinification.

§ II. — PRÉPARATION DU MOUT. — ÉGRAPPAGE. — FOULAGE.

Nous avons déjà dit que, pour obtenir des moûts plus concentrés et plus riches en sucre, aptes à fournir des vins de liqueur ou des vins fortement alcooliques, on diminue la proportion d'eau contenue dans le fruit, soit en le soumettant à une dessiccation plus ou moins prolongée sur le cep ou après la cueillette ; cette pratique vient des anciens, comme celle qui consiste à faire concentrer une partie du moût que l'on mêle ensuite avec le reste. Le sucrage des moûts est d'origine moderne et nous le croyons préférable aux deux moyens précédents, qui diminuent la quantité sans améliorer davantage la qualité.

Lorsque le raisin est cueilli, on prépare le moût par l'écrasement des baies, qu'on nomme *foulage,* et que l'on fait précéder d'un *égrappage* général ou partiel.

On égrappe ordinairement à l'aide d'une fourche à trois dents ou mieux à l'aide d'un crible en osier dont les brins de fond offrent des interstices de 10 à 12 millimètres.

Le foulage se pratique le plus communément par une méthode assez dégoûtante que nous voudrions voir proscrire entièrement. Lorsque les raisins sont dans la cuve, des hommes nus y descendent et écrasent les raisins avec leurs pieds et leurs mains jusqu'à ce qu'ils n'en rencontrent plus. On aura beau dire que cette méthode est passée en usage, que la fermentation purifie, etc., nous trouvons cet usage d'autant plus malpropre que les fouleurs ne se lavent guère que dans cette occasion et au moyen du moût lui-même. La routine fait passer sur bien des choses et le foulage du raisin en est une preuve, aussi bien que le pétrissage de la pâte par les geindres...

Dans certains vignobles, la vendange est écrasée par un ouvrier qui la foule avec ses sabots sur un plan incliné en bois, d'où elle tombe dans un réservoir. On la jette ensuite dans la cuve à fermentation.

Ailleurs, on foule dans des baquets; on n'agit à la fois que sur de petites quantités; mais, si le travail est meilleur, il est trop long.

On emploie encore une sorte de caisse en bois nommée *martyr,* dont le fond est formé de liteaux assez rapprochés pour que les grains de raisins ne puissent passer à travers l'intervalle. Le martyr est placé au-dessus de la cuve, sur deux poutrelles solides. A mesure que la vendange arrive on la jette dans cette caisse ou un ouvrier l'écrase avec ses pieds armés de gros sabots. Le suc coule dans la cuve. Les pellicules et les grappes restent dans la caisse, dont on les retire par une glissière latérale pour les jeter dans la cuve ou hors de la cuve, selon qu'on veut ou qu'on ne veut pas joindre le marc et la grappe à la fermentation. On continue ainsi jusqu'à ce que la cuve soit remplie à une hauteur convenable.

Il est démontré que les jus sucrés ne peuvent fermenter que s'ils sont *extraits* des cellules qui les renferment. Le foulage des raisins est donc indispensable et il est d'autant plus parfait que tous les grains sont pressés d'une manière uniforme. Mais cette nécessité absolue n'implique pas que l'on conserve les méthodes grossières que nous venons de signaler. Déjà des tentatives ont été faites pour substituer des moyens mécaniques de foulage à ces procédés trop primitifs et nous pensons qu'il suffirait d'un peu de bonne volonté pour arriver à bien.

Des cylindres analogues à ceux qui servent à écraser la canne, revêtus de caoutchouc ou de cuir épais, pourraient fouler parfaitement le raisin, dont les rafles et les pellicules seraient séparées à volonté. Il en serait de même avec des cônes également garnis de caoutchouc ou de cuir et tournant dans une auge circulaire; enfin, les moyens mécaniques ne manquent pas aujourd'hui, et il n'y a pas de raison pour conserver des habitudes dignes des hordes les plus sauvages[1].

Chaptal veut qu'on remplisse une cuve dans les vingt-quatre heures, et il a raison. « Un temps trop long, dit-il, entraîne le grave inconvénient d'une suite de fermentations successives, qui, par cela seul, sont toutes imparfaites ; une portion de la masse a déjà fermenté, lorsque la fermentation commence à peine dans une autre portion. Le vin qui en résulte est donc un vrai mélange de plusieurs vins plus ou moins fermentés.» On comprend combien il est urgent d'apporter les plus grands soins à cette partie de la préparation, lorsque l'on veut obtenir un produit homogène.

Ce qui vient d'être dit se rapporte plus particulièrement des vins rouges que l'on prépare avec les raisins noirs et aux vins blancs que l'on retire des raisins blancs ; mais, lorsque l'on veut obtenir des vins blancs avec des raisins de couleurs diverses, il faut apporter quelques modifications à sa marche ordinaire.

On sait que la matière colorante du raisin noir réside dans la pellicule du grain, et que cette matière colorante ne se dissout dans le moût que par une macération assez prolongée. En mettant cette circonstance à profit, on a trouvé que, pour faire du vin blanc avec du raisin noir, il convient de presser rapidement le fruit et de mettre en fermentation le jus incolore ou peu coloré qui en découle. Le produit de la première pression est très-peu coloré ; celui des pressions suivantes l'est de plus en plus, comme on doit rationnellement s'y attendre.

On fait ainsi des vins blancs, gris, rosés, œil-de-perdrix ; mais nous ne pouvons nous empêcher de constater que, par cette marche, si l'on obtient des produits d'une délicatesse et d'un goût très-agréables, ces produits sont toujours de mauvaise garde et s'altèrent avec une grande facilité. Cela tient à ce que, mise de côté la condition d'une très-grande richesse alcoolique, rien ne vient contre-balancer l'influence des matières albuminoïdes, puisque la rafle et les pepins ont été

---

[1] Quelle différence si grande trouve-t-on entre les Esquimaux qui s'enivrent avec la séve du bouleau, fermentée à l'aide de leurs crachats, et nous qui buvons et mangeons la sueur de nos ouvriers vignerons ou boulangers, si, toutefois, ils ne laissent que cela dans le vin et le pain, ces deux bases de notre nourriture ?

séparés du moût avant la fermentation. Ce défaut capital est
celui de la plupart des vins blancs, et le seul moyen de le
corriger consisterait à introduire dans le moût une proportion
convenable de tannin. Nous reviendrons, au surplus, sur cette
idée, que l'on n'a pas songé à mettre sérieusement en pratique, malgré les conseils éclairés des gens instruits, fort compétents sur les questions viticoles [1].

Nous avons dit sur l'*égrappage* tout ce qu'il importe de
savoir en pratique. Cette opération ne doit plus nous arrêter,
dès que nous pouvons nous rendre compte des circonstances
où elle est utile ou possible, et de celles où elle est désavantageuse. Qu'on la fasse exécuter par tel moyen que l'on voudra, et tous sont élémentaires, cela cesse d'avoir la moindre
importance, puisque la question est d'égrapper ou de ne pas
égrapper.

Or *notre avis personnel serait d'égrapper toujours*[2]. Voici
pourquoi :

Les pédicules des grains ne renferment, en réalité, que fort
peu de substances utiles à la fermentation du moût et à la
conservation de la liqueur fermentée. Ces substances se trouveraient quand même en proportion suffisante dans les pédicules des grains qui échappent à l'égrappage. Or les pédicules qui n'apportent rien, sinon une *âpreté bien reconnue*,
que nous regardons comme fort différente de l'*astringence*,
emportent beaucoup lorsqu'ils ont fermenté avec le moût.
En admettant qu'ils tiennent 80 pour 100 d'eau de végétation
non sucrée, ce qui n'est pas exagéré, et en supposant que
l'équilibre endosmotique s'établira complétement, on trouve
que la moitié de cette eau passera dans le moût, et qu'une
quantité correspondante de moût sucré ou fermenté passera
dans la grappe. Comme les pédicules d'une grappe de 100
à 150 grammes pèsent 10 ou 15 grammes et forment, en
moyenne, un dixième du poids de la vendange, on arrive à
des résultats fort significatifs : 1,000 kilogrammes de raisin,

---

[1] Nous citerons en particulier M. De Vergnette-Lamotte, dont l'ouvrage sur
le Vin renferme des choses excellentes, fort sensées et très-pratiques, que l'on
rechercherait en vain dans les mémoires des savants inventeurs de mycodermes.

[2] Excepté dans le cas bien déterminé d'une grande richesse sucrière jointe
à l'absence des acides, des sels acides et du tannin dans les grains mêmes.

fournissant habituellement 800 litres de vin, équivalent à
100 kilogrammes de grappes. Ces 100 kilogrammes de grappes
enlèvent 40 kilogrammes de moût réel, qu'on ne peut retirer
qu'à l'état d'eau-de-vie. C'est une perte de 5 pour 100 sur le
produit ; c'est presque la valeur du *logement*.

Faire fermenter avec les pellicules du fruit, qui donneront
la matière colorante, et les pepins, qui fourniront le principe
conservateur, le tannin, cela nous paraît bon et utile ; mais il
nous semble désastreux de faire fermenter avec une substance qui prend sans rendre. Telle est la raison principale
pour laquelle nous égrapperions toujours ; mais nous nous
hâtons d'ajouter que nous ferions toujours fermenter avec les
pepins et la pellicule. Cette règle serait sans exception pour
tous les vins, même pour les vins blancs. Lorsque ceux-ci devraient être faits avec des raisins rouges ou noirs, nous com-
prendrions que l'on n'introduisît pas les pellicules dans le
moût, afin d'éviter la coloration ; mais pourquoi ne pas faire
intervenir les pepins, soit à l'état naturel, soit après les avoir
fait bouillir et en ajoutant la décoction, afin de faire intervenir le tannin, ce grand dominateur de la matière azotée ?

Nous livrons ces réflexions à l'attention des viticulteurs
éclairés et, sans aucun parti pris, sans aucune idée préconçue
çue, avec la conscience du vrai, nous pouvons leur prédire
un succès complet, dont l'expérience nous a justifié la
valeur.

Nous avons vu quelque part que les avis sont partagés au
sujet de l'opportunité du *foulage*.

Nous croyons qu'il n'y a dans cette opinion qu'une confusion
de langage due à ce que, dans l'ancienne pratique, encore
usitée en maints endroits, le raisin, déposé dans la cuve, est
écrasé, foulé, par les hommes qui y descendent et pressent les
fruits avec leurs pieds et leurs mains pour en extraire tout le
moût. Plus tard, ces mêmes hommes *foulent* de nouveau et
enfoncent dans la cuve le marc qui est monté à la surface, en
sorte que l'expression de *foulage* a été appliquée à la fois à
l'écrasement des grappes et au brassage de la masse en fermentation.

Nous regardons l'écrasement qui a pour but de mettre en
liberté le jus sucré, sans atteindre ou déchirer les pepins,
comme une opération *indispensable*. Il y a là, à notre sens, une

de ces règles pratiques dictées par la saine théorie et justifiées par l'expérience, devant lesquelles les discussions oiseuses n'ont rien à faire. C'est le jus sucré que nous avons à faire fermenter et, pour qu'il fermente, il faut qu'il sorte des cellules qui le renferment. Cela est presque puéril à force d'être indiscutable.

Mais, de la nécessité absolue de mettre le jus en liberté, il ne faudrait pas conclure en faveur de cet écrasement brutal, absurde et incomplet, autant que sale, que l'on opère avec les pieds... Nous voudrions voir supprimer cette partie du foulage et que l'on substituât à cette dégoûtante manœuvre l'action du pressoir après l'égrappage, sauf à jeter dans la cuve le marc pressé avec le jus.

Nous ne sommes plus à une époque où l'on admette que *la fermentation purifie tout* ; c'est là un de ces dictons rustiques par lesquels on cherche à excuser la malpropreté. Les moûts fermentescibles doivent être préparés *proprement*, comme tout ce qui est destiné à l'alimentation.

Nous concluons qu'il faut fouler le raisin, mais avec un instrument, une machine, et non pas avec les pieds nus ou chaussés des *fouleurs*... Ce ne sont pas les machines qui manquent : rien n'est plus aisé que de construire des fouleurs mécaniques à cylindres, pouvant mettre le jus en liberté sans écraser les pepins, et il n'est pas en France un mécanicien qui ne puisse exécuter, dans ce but, un engin satisfaisant et économique.

Quant à la seconde partie du foulage, ou brassage du marc dans la cuve, nous comprenons que l'on puisse faire quelques restrictions, et cependant nous verrons que Chaptal est très-sympathique à ce procédé, dont les bons résultats ne sont pas contestables dans un grand nombre de circonstances.

Dans tous les cas, le moût de raisin obtenu par un procédé donné, par les pieds, le pressoir, les cylindres ou un appareil spécial, débarrassé partiellement ou en totalité de la grappe, est dirigé dans la cuve à fermentation, soit directement, si l'on foule au-dessus de la cuve, dans un martyr, ou une caisse à liteaux, soit par un caniveau, si l'on se sert du pressoir ou d'un autre engin, et l'on doit y ajouter les pellicules et les pepins, ou tout au moins ces derniers. Les pellicules fourniront la matière colorante, si elle est nécessaire; mais les pepins seront toujours indispensables, sinon au succès de la fermentation alcoolique, au moins à la conservabilité de la liqueur.

§ III. — FERMENTATION ACTIVE.

La fermentation du moût de raisin ne diffère en rien des opérations de ce genre que l'alcoolisateur est appelé à surveiller tous les jours. Ici, comme ailleurs, il y a un ferment, de la matière sucrée, des substances azotées et autres, de l'eau ; il faut une température convenable, en proportion inverse avec la masse sur laquelle on opère, etc.

Nous ne voyons, pour notre part, qu'une seule différence dans les règles pratiques à exécuter, et encore, cette différence n'est-elle ni constante ni absolue. L'alcoolisateur exige que la fermentation soit *complétement* faite dans la cuve, tandis que le vigneron soutire le vin plus ou moins fermenté de la cuve pour l'introduire dans des tonneaux où le travail doit se finir par une fermentation lente complémentaire. Il y a pour cela des raisons qui sont inhérentes à la nature du liquide que l'on veut obtenir, et aux qualités qu'il doit présenter, car les vins de raisin, destinés à la distillation, sont fermentés dans la cuve jusqu'à ce que tout le sucre soit transformé ; on suit de même la règle générale pour un grand nombre de vins de garde auxquels on ne craint pas de donner une certaine dureté et une certaine astringence qui en garantissent la conservabilité. Nous reviendrons sur cette idée.

En attendant, nous ne croyons pas pouvoir mieux faire que d'analyser, pour le profit de nos lecteurs, les principales idées du livre de Chaptal sur la fermentation du raisin. Ils y trouveront l'origine de plusieurs *découvertes* de nos savans modernes, et même ils y rencontreront le fond et la forme de plusieurs *articles nouveaux* et des *compositions originales* de nos œnologues en renom.

Nous suivons de loin ces *illustres modèles*, en indiquant toutefois la source où nous puisons et en rendant à notre auteur ce qui lui est dû.

Le moût qui s'écoule du raisin par la pression ou les secousses du transport, dit Chaptal, *travaille* avant d'être déposé dans la cuve, et sa fermentation commence dans les vases qui servent à transporter le raisin. Il convient donc d'éviter ces secousses, en opérant le voiturage ou le transport des raisins par les moyens les plus doux.

Les anciens faisaient fermenter à part ce premier suc obtenu sans pression, et ils en obtenaient un produit délicieux. C'était l'analogue du *vin de mère-goutte* de certains vignobles des modernes. Mais aujourd'hui on ne sépare pas habituellement cette liqueur vierge de celle qui résulte du *foulage des raisins*, et l'on fait fermenter le tout ensemble, afin d'obtenir une sorte de produit moyen, sauf le cas où il s'agit de variétés précieuses qui requièrent les plus grandes précautions et un choix minutieux des fruits à employer.

La fermentation se fait dans des cuves de maçonnerie ou de bois. Chaptal donne la préférence aux premières, les secondes demandant plus d'entretien, conservant une température moins stable et exposant à plus d'accidents.

Nous partageons entièrement cet avis du maître, et nous ne donnons la préférence aux cuves en bois que pour les petites quantités.

La cuve doit être nettoyée avec le plus grand soin avant qu'on y dépose la vendange. On doit laver à l'eau tiède et frotter les parois des cuves en pierre, les enduire de lait de chaux... En Bourgogne, les cuves en bois sont lavées à l'eau tiède, puis frottées avec de l'eau-de-vie.

Cette première règle de propreté est indispensable pour détruire les productions anormales, moisissures et autres, produits acides ou gras, qui se sont formés sur les parois et qui détermineraient des altérations profondes dans le moût.

Chaptal établit les règles de la fermentation pratique du moût :

« Un certain degré de chaleur, le contact de l'*air*, l'existence d'un *principe végéto-animal* et d'un *principe sucré* dans le moût sont les conditions jugées nécessaires à la fermentation. »

Voilà bien, en effet, les conditions admises encore aujourd'hui comme essentielles.

La température de 15 degrés Réaumur (18°,75 centigr.) est regardée comme la plus favorable à la fermentation spiritueuse ; elle languit au-dessous de ce point et devient trop violente au-dessus. Elle cesse même par le grand froid ou la grande chaleur, et les anciens avaient observé que le froid empêche la fermentation, qui est proportionnée à la température[1]. Si la température ambiante n'est pas au moins égale à 12 degrés Réaumur (15 degrés centigrades), il faut l'élever à ce point par des moyens artificiels et chauffer le moût en y mêlant du moût bouillant ou, mieux, en y introduisant, comme en Bourgogne, un cylindre à baignoire...

Cette précaution est de toute nécessité et, sans elle, il n'est pas possible de compter sur des résultats certains.

La fermentation est d'autant plus lente que la température est plus froide au moment de la vendange. On obvie à cet inconvénient en chauffant le moût et en portant la température ambiante de 12 à 15 degrés Réaumur.

Il s'agit de faits constatés expérimentalement. « On a observé, en Champagne, que le raisin cueilli le matin se mettait moins vite en fermentation que le raisin cueilli l'après-midi, par un beau soleil, un temps serein et pur. Les brouillards, les temps humides, les petites gelées sont autant de circonstances qui retardent la fermentation. C'est pour cela qu'il ne faut cueillir le raisin que lorsqu'il est bien sec et chauffé par le soleil. »

Il serait donc avantageux de conserver dans un lieu chaud les raisins cueillis par le froid, et de ne les fouler que lorsqu'ils ont pris une température de 15 degrés Réaumur, égale dans tout le moût, afin de pouvoir compter sur l'homogénéité du travail.

Chaptal établit les règles suivantes au sujet de la température nécessaire à la fermentation : 1° on doit cueillir le raisin par un temps chaud, lorsque le soleil a dissipé la rosée et échauffé la vigne ; 2° il faut cueillir le plus rapidement possible *tout* le raisin nécessaire pour une cuve ; 3° si le raisin est cueilli à divers degrés de température, il faut le garder en lieu chaud, jusqu'à ce que la masse ait pris une température égale ; 4° si la chaleur du moût est au-dessous de 12 degrés Réaumur, il faut l'amener *au moins* à ce point par une chaleur artificielle ; 5° la température doit être constante et et au moins de 12 degrés Réaumur ; 6° il convient de couvrir

---

[1] Plutarque, *Quest. nat.*, 27.

la cuve avec des planches, sur lesquelles on étend des toiles
ou des couvertures pour arrêter les causes du refroidissement... Toutes ces précautions sont autant de rigoureuse nécessité aujourd'hui que du temps du célèbre observateur.

L'air est *favorable* à la fermentation ; cela est d'accord avec
tous les faits connus. Il résulte des expériences de Gay-Lussac, que ce fluide est indispensable au départ de la fermentation, mais qu'elle se continue ensuite seule, sans aucun besoin
ultérieur de la présence de l'air. Mais, d'autre part, lorsque
les gaz produits par le travail ne trouvent pas une libre issue,
« le mouvement se ralentit et la fermentation ne se termine
que péniblement et par un temps très-long. » Il faut donc que
l'acide carbonique puisse se dégager librement dans l'atmosphère ; mais ce dégagement entraîne une grande *déperdition*
en alcool et bouquet, en sorte qu'il est bon de couvrir les cuves
avec des planches et des toiles qui suffisent à intercepter le
contact de l'air sans retenir les gaz d'une façon hermétique.
La fermentation est ainsi régularisée et rendue plus égale
dans sa marche ; la température est maintenue plus élevée ;
on prévient la déperdition de l'alcool et l'acétification du *cha-*
peau ; on conserve l'arome et le bouquet et l'on soustrait la
fermentation aux variations atmosphériques.

Sans être aussi rigoureux que Chaptal et sans croire à une
déperdition notable en alcool, nous pensons néanmoins que
les vins qui ont fermenté à l'air libre ont perdu de leur bouquet, même quand le chapeau ne s'est pas aigri. « La fermentation est d'autant plus rapide, plus prompte, plus tumultueuse, plus complète, que la masse fermentante est plus
considérable. Mais si la fermentation est plus parfaite et plus
prompte dans les grandes cuves, si le vin qui en provient se
conserve mieux, elles demandent plus de temps pour être
remplies, et la chaleur, en s'y exaltant davantage, peut occasionner la volatilisation d'une bonne portion du bouquet. Il
convient de peser les avantages et les inconvénients qui en
résultent, avant de se décider pour le choix définitif de la dimension à donner aux cuves.

Il est bon de remarquer la confusion dans laquelle on était
encore au temps de Chaptal à l'égard du ferment du raisin,
que les observateurs regardaient comme identique avec le
principe doux et mucilagineux. « Séguin distingue deux sortes

de ferment, l'un soluble dans l'eau, l'autre insoluble ; le premier abonde dans les fruits et forme le principe doux des raisins ; l'autre constitue la levûre de bière. *Le premier paraît passer à l'état du second par les progrès de la fermentation.* »

Cette erreur est fort compréhensible en l'absence de l'observation microscopique et de l'ignorance où l'on était alors sur la forme et le rôle de la cellule azotée, qui est le ferment proprement dit ; mais, si l'on substitue seulement à l'idée du principe doux ou du mucilage celle de l'albumine et des matières azotées solubles, on pourra conserver la manière de voir que nous venons de citer, car elle sera dès lors aussi exacte que possible. Pourtant notre auteur revient plus loin sur ce sujet, et il attribue à l'albumine coagulable la plupart des effets du prétendu principe doux. Un raisin très-sucré produit du vin doux et liquoreux, parce que le ferment n'est pas en quantité suffisante pour décomposer tout le sucre ; les raisins peu sucrés produiraient des vins acides, et il faut ajouter du sucre au moût qui en provient « *pour nourrir l'action de la levûre* et l'employer *toute* à produire de l'alcool. »

« Un raisin peu sucré peut néanmoins fournir du bon vin, parce que la fermentation peut développer un *bouquet* qui lui donne un goût agréable ; mais, dans ce cas, *il faut arrêter la fermentation dès que le peu de sucre est décomposé, et employer ensuite les moyens convenables pour arrêter l'action de la levûre sur les autres principes, afin d'éviter toute dégénération ou décomposition ultérieure.* »

Le moût très-aqueux éprouve de la difficulté à fermenter, comme le moût trop épais... Le terme moyen de la consistance est de 10°,5 à 11°,5 Baumé. Lorsque le moût est très-aqueux, la fermentation est tardive, difficile, et le vin qui en provient est faible et très-susceptible d'altération... Dans les pays froids, les terres humides, les saisons pluvieuses, le raisin contient plus d'eau et de levûre qu'il n'en faut pour décomposer le sucre formé dans le fruit.

« Dans tous ces cas, en abandonnant la fermentation à elle-même, on ne peut obtenir qu'un vin faible, délayé, peu spiritueux, susceptible de passer à l'aigre ou de tourner au gras par une suite de la *surabondance du levain* qui reste après la fermentation spiritueuse. »

Nous savons déjà que ce défaut se corrige de diverses ma-

nières, tant par la dessiccation des fruits sur le cep que
par la concentration d'une partie du moût ou, mieux, par une
simple addition de sucre. Chaptal conseille d'ajouter de la
crème de tartre aux moûts qui sont sucrés, dans le but de
régulariser et de favoriser là fermentation.

Marche de la fermentation.—La fermentation s'annonce d'a-
bord par de petites bulles qui paraissent sur la surface du
moût; peu à peu elles s'élèvent du centre de la masse, en
agitent toutes les parties et produisent une effervescence plus
ou moins considérable, due au dégagement de l'acide carbonique. Les matières suspendues sont poussées, chassées, précipitées, élevées, jusqu'à ce qu'une portion se dépose au fond
de la cuve, et qu'une autre partie se fixe à la surface, où elle
forme le *chapeau de la vendange*. Le volume de la masse augmente notablement. Le chapeau se soulève, se crevasse, et
laisse dégager une écume abondante; la chaleur se développe dans la liqueur proportionnellement à la masse, en
même temps que la coloration devient plus intense; puis les
symptômes diminuent, le chapeau s'affaisse, la liqueur s'é-
claircit et le travail est presque terminé.

En général, la chaleur est plus intense dans le milieu de la
masse; on parvient à l'égaliser en *foulant* et agitant la vendange :

1° A température égale, une plus grande masse produit
plus d'effervescence, de mouvement, de chaleur; 2° ces phénomènes sont plus intenses dans les moûts qui contiennent
les pellicules, les pepins et les rafles que dans les moûts qui
en sont débarrassés; 3° la fermentation produit une température variable entre 15 et 30 degrés centigrades; 4° la chaleur
est d'autant plus forte que la cuve est mieux recouverte.

L'acide carbonique qui se dégage de la vendange et dont
on connaît les effets délétères déplace l'air atmosphérique
qui repose sur la cuve, puis se déverse dans la partie inférieure
de la cuverie, en vertu de sa densité. On doit apporter le plus
grand soin à la ventilation, afin d'éviter le danger permanent
d'asphyxie qui en résulte. Le lait de chaux et les solutions
alcalines peuvent l'absorber.

La proportion d'alcool qui se forme dans la vendange est
en rapport avec le sucre qu'elle renferme et, par conséquent,
elle est très-variable, puisque les moûts peuvent présenter

une densité de 8 à 18 degrés Baumé. Lorsque, par le travail de la fermentation, le sucre a été détruit de manière à n'être plus sensible et à être remplacé par l'alcool, bien que *tout* le sucre n'ait pas disparu d'une manière absolue et qu'il en reste assez pour exciter une fermentation ultérieure, c'est le moment opportun pour soutirer le vin et le mettre dans des tonneaux.

En ce qui concerne la coloration du vin, il est remarquable qu'elle est d'autant plus intense, que la vendange a été plus foulée, qu'elle a fermenté plus longtemps, que le raisin était plus mûr et que le vin est plus alcoolique.

En principe général, une fermentation vive et prolongée est nuisible au bouquet et à l'arome qui forment le mérite de certains vins ; au contraire, on doit faire subir une fermentation très-complète aux vins dont la principale qualité est leur richesse alcoolique.

Chaptal se montre partisan du *brassage* de la vendange, qui est le *foulage* proprement dit. En agitant la masse et en refoulant et rabaissant le chapeau, on rétablit la fermentation quand elle a cessé ou qu'elle s'est ralentie, et on la rend égale sur tous les points. Il ajoute, en outre, que l'on prévient ainsi l'acescence du chapeau en le soustrayant à l'action de l'air, et que, en précipitant les écumes dans le bain, on mêle la levûre qu'elles contiennent avec le liquide, ce qui nourrit la fermentation. « Ce procédé, dit-il, ne saurait être trop recommandé, surtout pour les grandes masses. » Notre auteur insiste également pour que les cuves soient couvertes soigneusement.

Nous ne suivrons pas Chaptal dans les détails qu'il donne sur la théorie de la fermentation, théorie à laquelle la science et l'observation modernes ont fait faire d'immenses progrès ; mais nous constatons que l'œnologie n'a pas fait jusqu'à présent autre chose que ce qu'il recommande de pratiquer. On a fait beaucoup de mots ; on a parlé grec et latin en français, l'admiration mutuelle s'est pratiquée sur une grande échelle entre les copistes et les plagiaires, mais rien d'utile n'a été fait en dehors de ce que l'on savait par d'autres que nos grands hommes actuels.

On laisse dans les cuves un vide de 25 à 30 centimètres au-dessus de la masse, qui doit être formée exclusivement de

moût, de pellicules et de pepins. Les rafles ne doivent intervenir qu'exceptionnellement. Plus les grains ont été bien
écrasés, et plus la liqueur sucrée a été soigneusement extraite des cellules, plus la fermentation alcoolique se développe régulièrement. Le cylindrage des raisins et leur égrappage doivent donc précéder l'encuvage et être faits aussi
exactement que possible. Aussitôt que la cuve est remplie, la
fermentation se met en marche et son mouvement tumultueux
dure ordinairement de vingt-quatre à trente heures, avec une
température de 30 à 32 degrés au centre. Si le mouvement
se ralentit, il convient de brasser la cuve et d'enfoncer le chapeau dans le vin à plusieurs reprises. Cette opération doit se
faire à l'aide d'un râble ; mais il faudra s'en dispenser lorsque
le marc présentera quelque altération produite dans la fermentation, ou antérieurement à cette période, et même sur
le cep, car on risquerait alors de compromettre la masse
entière.

On emploie en divers lieux une modification qui présente
ses avantages et ses inconvénients. Elle consiste dans l'adap-
tation d'un couvercle percé de trous, que l'on place dans la
cuve de façon à maintenir les marcs immergés. Il est clair
que cette disposition supprime la nécessité du brassage (foulage), puisque les parties solides sont plongées dans la liqueur et que le vin arrive à la surface. On met un second
couvercle sur la cuve. Si celui-ci ne fait pas occlusion hermétique, et si l'air parvient au vin librement, il nous semble que
l'on doit craindre l'acescence. Le chapeau ne s'altérera pas,
puisqu'il est immergé ; on pourra attendre la fin de la fermentation sans avoir de manœuvre pénible à faire ; mais il
conviendrait de fermer complétement le second couvercle,
en ménageant seulement une issue pour les gaz par une
bonde hydraulique de dimension suffisante.

Il nous semble que cette précaution de placer un double
couvercle et d'immerger le chapeau ne présenterait qu'un intérêt très-secondaire, si l'on prenait les soins utiles à la vendange, si le moût, après égrappage et écrasement, était porté
à la température de 15 à 16 degrés centigrades, et si l'on corrigeait par un sucrage convenable la nature des raisins aigres
ou non parvenus à maturité. D'après Chaptal et les observateurs attentifs, on retire les plus grands avantages du brassage

de la masse encuvée, et les vins gagnent en qualité par les foulages qu'on fait subir à la cuve. Il n'y a donc qu'une raison de commodité à alléguer en faveur de l'emploi d'un double couvercle.

Cela est si vrai, que ce qu'on appelle le *pelletage* des vins, en Lorraine, fournit toujours des vins plus agréables et plus alcooliques que les autres. Or le pelletage consiste dans un brassage de la vendange, exécuté à la *pelle* en fer, et que l'on prolonge pendant deux jours sans interruption. Après ce pelletage, la cuve est abandonnée à elle-même, et on doit la couvrir jusqu'à la fin de la fermentation tumultueuse. Il y a cependant des vignerons qui foulent le chapeau deux ou trois fois encore et qui ne s'en trouvent pas plus mal. On ne peut s'empêcher de convenir que ces brassages prolongés déterminent l'aération du moût et que, par conséquent, l'action de l'air n'est pas si dangereuse qu'on veut bien le dire, si elle est accompagnée de manipulations convenables.

Nous ne prétendons pas que l'exposition du chapeau à l'air, par une température assez élevée, ne puisse présenter des inconvénients graves ; il n'est pas rare de lui voir contracter de l'acescence et d'autres altérations ; mais nous pensons que la plupart de ces accidents proviennent du défaut de soins et qu'il est toujours possible de les prévenir. Cependant nous admettons en principe la fermentation en vases clos comme représentant la perfection à atteindre, dans la moyenne des conditions qui peuvent se présenter.

Par une sorte d'anomalie peu facile à expliquer dans l'état actuel des choses, nous reprochons souvent aux vins blancs d'être moins conservables que les vins rouges, et nous faisons à peu près tout ce qu'il faut pour qu'ils ne se conservent pas. On ne fait habituellement fermenter que des moûts débarrassés des pellicules et des pepins, et encore cette fermentation se fait-elle souvent dans les tonneaux, pour lesquels on prend seulement le soin de veiller au remplissage, afin que l'écume et la levûre supérieure se dégorgent autant que possible... Nous voudrions que la fermentation des vins blancs se fît en cuves closes ou dans des foudres, en masses assez considérables pour que la fermentation tumultueuse pût atteindre autant d'activité que possible, et ce travail devrait se faire en présence des pellicules et des pepins, si le moût provenait de raisins blancs, avec une proportion suffisante de pepins s'il provenait de raisins rouges. On n'a pas besoin de craindre un excès d'âpreté, que les collages et l'âge même corrigeront toujours aisément ; car, d'autre part, cet excès même est la seule garantie contre la *graisse* qui attaque la plupart de ces vins lorsqu'ils sont délicats et ne présentent pas une grande richesse alcoolique.

En somme, des brassages énergiques, souvent répétés, s'opposent aux altérations du chapeau, pourvu que, d'ailleurs, le moût soit entré franchement en fermentation, sous l'influence d'une température suffisante et d'une proportion de sucre convenable. Le dégagement d'acide carbonique sera tel qu'on n'aura pas beaucoup à redouter l'accès de l'air atmosphérique, pourvu que la masse ne reste pas dans la cuve trop longtemps après que ce dégagement gazeux est terminé.

Nous avons omis, en parlant du sucrage, d'indiquer une précaution que nous regardons comme très-avantageuse. On sait que le sucre de canne ne fermente alcooliquement que lorsqu'il est arrivé à l'état plus hydraté de sucre de fruits ou de glucose. Pour éviter les retards de fermentation dus à cette circonstance, il serait utile de transformer le sucre cristallisable avant de l'introduire dans la vendange. Nous emploierions de préférence l'acide tartrique pour opérer cette transformation, et nous ferions bouillir pendant deux heures la dissolution de sucre dans du moût, en présence de 2 pour 100 de cet acide. Si les raisins étaient d'un goût fade et plat, nous ne ferions qu'une neutralisation partielle à l'aide de la craie, tandis que pour des moûts acidulés nous neutraliserions complétement l'acide tartrique réactif.

Grâce à cette précaution, le sucrage des vins peut se faire partout, et il n'est pas borné seulement aux vignobles qui produisent des moûts acides ou dont les raisins mûrissent plus difficilement. On obvie ainsi au reproche fait au sucrage de certains moûts fades, lequel est de laisser à la bouche une saveur douceâtre, qui tient à ce que le sucre employé n'a pas été entièrement décomposé, car alors tout le sucre ajouté se transforme en alcool aussi rapidement que le sucre même du raisin.

On n'aura pas à craindre, de cette façon, que l'addition de sucre retarde le départ du mouvement fermentatif, et on pourra introduire la matière sucrée additionnelle dès les premiers moments de l'encuvage, au lieu d'attendre la fin de la fermentation active, ce qui n'est pas sans danger pour le travail ultérieur du liquide.

On pourrait encore évidemment, par raison d'économie, intervertir le sucre par l'acide sulfurique. Dans ce cas, la neutralisation devrait être complète, et cela n'a pas besoin de commentaires. L'acide phosphorique pourrait également rendre le même service, sous la condition de la neutralisation, et si nous avons indiqué l'emploi de l'acide tartrique c'est par la simple raison qu'il se trouve normalement dans le fruit de la vigne.

Il ne serait pas même bien difficile de préparer économiquement une *solution* de ce dernier acide par un traitement méthodique des lies sèches, qui abondent dans les pays vignobles ; mais ce côté de la question n'offre qu'une importance secondaire auprès de la nécessité d'opérer l'interversion du sucre à introduire dans le moût.

Dans tous les cas, lorsque la fermentation active est arrivée à son terme, il convient de retirer le vin de la cuve et de le mettre dans les tonneaux où il doit terminer lentement son travail de fermentation.

Nous allons étudier l'opération du décuvage ; mais il nous semble utile de dire auparavant quelques mots sur le *vinage* des vins et sur les résultats qu'on peut en espérer.

§ IV. — DU VINAGE.

Le *vinage* consiste à introduire une certaine proportion d'alcool dans le vin... On *vine* les vins d'Espagne, de Portugal et un grand nombre d'autres dans un but de conservation.

Nous savons déjà à quoi nous en tenir sur la propriété inhérente à l'alcool de s'opposer aux fermentations secondaires en paralysant l'action des ferments et en précipitant les matières albuminoïdes. Mais, à côté de cet avantage, on doit en reconnaître un autre, qui est celui d'améliorer certains vins faibles et acides qui n'auraient sans le vinage qu'une valeur très-insignifiante.

On peut viner les moûts à la cuve, ou les vins au tonneau.

On vine à la cuve en ajoutant au moût une proportion de sucre correspondant à la force alcoolique que l'on veut obtenir, ou bien en ajoutant directement de l'alcool, lorsque le mouvement fermentatif touche à son terme, c'est-à-dire douze à quinze heures avant le décuvage.

Nous n'admettons que la première manière de faire comme rationnelle.

On vine les vins au tonneau par une addition d'alcool ou par une *recoupe*, c'est-à-dire un mélange avec des vins très-alcooliques; on peut encore soumettre le vin à la congélation qui lui enlève, sous forme de glace, une partie de son eau, ce qui augmente la richesse alcoolique du liquide non congelé...

Aujourd'hui que l'addition directe de l'alcool n'est franche de droit nulle part en France, que le sucre coûte cher, à cause précisément d'un impôt exagéré, en présence des mauvais résultats produits par l'emploi du sucre de fécule, les producteurs sont conduits à admettre que le seul vinage économique résulte du mélange des vins faibles avec les vins capiteux [1]...

Selon M. Thénard, dont nous analysons les idées sur le vinage, le vinage adoucit les vins trop acides, en ce sens que l'alcool précipite l'excès de crème de tartre, et que l'expérience directe prouve qu'un vin, riche par lui-même, ou amené par le vinage à 10 pour 100 d'alcool, rentre toujours dans des limites d'acidité qui n'ont rien d'exagéré. D'autre part, l'alcool améliore les vins acides en se combinant à la longue avec les acides libres qu'ils renferment et en formant des éthers.

Le vinage agit encore sur la coloration des vins rouges, l'alcool étant le dissolvant réel du principe violet des baies. La couleur du vin est due à un mélange de cette couleur violette normale et de couleur rouge due à l'influence de l'air et aux acides. Il en résulte que, par le vinage à la cuve, on ob-

[1] Il est à espérer cependant que bientôt une nouvelle législation des sucres nous ramènera vers la situation libérale de la loi de 1860, et que l'emploi du sucre pour le vinage à la cuve redeviendra possible. C'est un simple vœu que nous exprimons ici, il est vrai; mais nous croyons nous conformer à la pensée publique en nous élevant contre les charges qui frappent les industries de première nécessité et contre les impôts mis sur les matières d'alimentation. Il ne manque pas de matières imposables ailleurs dans l'état social actuel, sans que l'on persiste à maintenir les plus odieux de tous les subsides.

tiendra les meilleurs effets sous ce rapport, tandis que dans le vinage direct au tonneau on diminuera la teinte rouge qui précipite en lie sous l'influence de l'alcool.

En faisant une différence entre les vins du Midi, fortement alcooliques, et ceux qui sont peu acides, peu alcooliques et peu riches en tannin, ces derniers manquant des trois principaux éléments conservateurs du vin ne peuvent être considérés comme des vins solides ou de garde. Il est clair que, pour les conserver, il faut les viner ou leur ajouter de la crème de tartre et du tannin... Quant aux premiers, ils ne sont solides que dans le cas où le sucre et le ferment ont totalement disparu, à moins qu'ils ne possèdent une richesse de 18 pour 100 d'alcool, laquelle s'oppose à la fermentation.

Il résulte des observations précédentes que, indépendamment de son action directe, l'alcool désacidifie les vins trop acides, favorise la formation des éthers, augmente la coloration et procure aux vins une extrême solidité.

Tels sont les raisonnements apportés en faveur du vinage; mais, selon nous, le vinage direct, c'est-à-dire l'addition de l'alcool, est une véritable falsification que le producteur ne doit jamais se permettre, malgré tout ce que l'on a pu dire ou écrire à ce sujet. Nous comprenons avec Chaptal que l'on porte à une dose convenable la richesse sucrière du moût fermentescible, selon le degré de force alcoolique à atteindre. Nous voudrions que le sucre destiné à la chaptalisation des moûts fût déclaré *indemne de droits*, sous la réserve des précautions nécessaires contre la fraude; mais nous n'admettrions pas l'introduction directe de l'alcool dans le vin. En outre de ceci que les vins les plus détestables sont offerts à l'alimentation après ces additions d'alcool, il faut qu'on comprenne un autre fait plus grave et dont les conséquences œnologiques sont fort sérieuses. Par un vinage direct, nous augmentons, il est vrai, la spirituosité du produit, nous en diminuons l'acidité et nous le rendons conservable. Tout cela est vrai; mais ce qui ne l'est pas moins, c'est que les vins vinés ne présentent pas l'*homogénéité* des produits dont l'alcool s'est fait par fermentation. Dans la fermentation et par la fermentation, sous l'influence de la chaleur qu'elle détermine, il se forme un mélange dans lequel les produits alcooliques, éthérés, acides, se sont fondus, combinés, de manière à ne pouvoir plus être séparés par la sensation. C'est cette homogénéité qui forme un des principaux mérites du *vin naturel*, une des meilleures conditions de son emploi hygiénique, tandis que les vins alcoolisés ne peuvent jamais offrir cette qualité précieuse.

Nous repoussons donc énergiquement toute addition d'alcool au vin, et nous la regardons comme une adultération aussi coupable que malhabile.

Il faut de l'alcool dans le vin pour qu'il possède les propriétés qui lui sont inhérentes, pour qu'il puisse s'améliorer et se conserver ; nous en convenons volontiers. Mais alors, pourquoi ne produit-on pas ce principe dans le moût par le sucre lui-même, au lieu d'y ajouter des alcools commerciaux, sous le prétexte mensonger que ces alcools ne modifient pas le goût du vin ? La raison en est simple, et les rectificateurs d'alcools y trouvent leur compte. On sait, en effet, que l'alcool produit par le sucre coûte souvent plus cher que celui qui est acheté directement au commerce, et une différence de quelques centimes suffit pour motiver bien des pratiques pernicieuses.

Nous ne partageons nullement cette manière de voir, et nous conseillons à tous les viticulteurs de rejeter absolument la pratique du vinage direct. Au contraire, le sucrage, dans des limites rationnelles, offrant toutes les garanties désirables pour la production, nous ne pouvons que désirer lui voir prendre une extension profitable.

Il y aurait cependant un cas où le vinage direct de certains vins pourrait présenter un intérêt assez sérieux. Nous voulons parler des vins destinés à la chaudière, et nous croyons que, dans certaines années peu favorables, l'addition d'une proportion modérée d'alcool à la cuve, vers la fin de la fermentation, permettrait de retirer des produits assez abondants pour parer au déficit des eaux-de-vie de consommation. Cette mesure ne présenterait d'ailleurs une valeur réelle que dans le cas où une récolte désastreuse ou une série d'accidents pourrait la justifier.

§ V. — DÉCUVAGE.

D'après les observations qui précèdent, on comprend que l'instant du décuvage ne soit pas assujetti à des règles fixes et invariables, et qu'il diffère « selon le climat, la saison, la qualité des raisins, la nature du vin qu'on se propose d'obtenir et autres circonstances qu'il ne faut jamais perdre de vue. »

L'affaissement du chapeau n'est pas un signe suffisant; car il y a des vins, ceux des pays froids, par exemple, qu'on doit décuver avant ce terme, et d'autres s'améliorent dans la cuve par un séjour plus prolongé.

La cessation de la mousse et de l'écume, les indices tirés de l'odeur, du goût, de la couleur, du refroidissement, de la densité elle-même, ne sont pas toujours assez concluants pour qu'on les prenne pour guide absolu, bien que la diminution de la densité puisse, dans beaucoup de cas, devenir une marque précise de l'instant du décuvage pour certains vins.

Les vins destinés à la distillation doivent être complétement fermentés, si l'on ne veut s'exposer à des pertes certaines, par suite de la non-décomposition d'une partie du sucre.

Les vins faibles, mais agréablement parfumés, exigent peu de fermentation; certains vins blancs, dont la propriété principale est d'être mousseux, ne doivent presque pas séjourner dans la cuve.

La fermentation des moûts très-sucrés, comme ceux du Midi, doit être vive et prolongée, au moins en principe général. Les moûts peu sucrés ne doivent pas fermenter longtemps, à moins qu'on n'y ajoute du sucre, et ils ne doivent pas rester dans la cuve lorsque le sucre a été détruit. Il faut décuver invariablement lorsque le goût sucré est devenu insensible et qu'il est remplacé par la saveur vineuse.

L'abaissement de la densité à 0 degré ou à 1 degré ne peut pas toujours être considéré comme une preuve de la fin de la fermentation, précisément en raison de la plus ou moins grande richesse en alcool et en matières solubles ou en extrait, qui influe beaucoup sur cette indication.

Chaptal donne les règles suivantes sur le décuvage :

1° Le moût doit cuver d'autant moins de temps qu'il est moins sucré ;

2° Le moût doit cuver d'autant moins de temps qu'on veut obtenir des vins mousseux ; il faut alors l'introduire dans les tonneaux aussitôt après le foulage… ;

3° Le moût doit cuver d'autant moins de temps qu'on veut obtenir un vin moins coloré, ce qui est applicable surtout aux vins blancs ;

4° Le moût doit cuver d'autant moins de temps que la température est plus élevée et la masse plus considérable ;

5° Le moût doit cuver d'autant moins de temps que l'on voudra obtenir un vin plus parfumé ;

6° La fermentation sera d'autant plus longue que le moût sera plus sucré et plus dense ;

7° La fermentation sera d'autant plus longue que l'on a pour but la production des vins à distiller ;

8° Elle sera d'autant plus longue que la température a été plus froide au moment de la vendange ;

9° Elle sera d'autant plus longue qu'on désire un vin plus coloré ;

10° Elle sera plus longue dans les petites cuves que dans les grandes.

Il résulte de ce qui vient d'être exposé que l'on peut ne pas cuver du tout, ou que la durée du cuvage peut varier de vingt-quatre heures à douze ou quinze jours, ou même davantage, selon les cas.

En Bourgogne, on laisse cuver assez longtemps ; le décuvage se fait habituellement lorsque le moût est tombé à une densité voisine de celle de l'eau.

Dans le Bordelais, on ne décuve qu'après un temps fort variable ; on attend, en général, que l'affaissement du marc indique la fin de la fermentation et que le vin apparaisse au niveau du chapeau.

En Alsace, on fait durer le cuvage de huit jours à trente. Ailleurs, on prolonge le séjour du vin en cuve jusqu'à trois mois. Les vins de pelle se décuvent, en Lorraine, douze à quinze heures après que le pelletage est fini, ce qui donne une durée moyenne de soixante heures.

Rien de plus arbitraire en pratique que le moment du décuvage, et nous ne comprenons pas bien comment on est arrivé à un cuvage aussi prolongé, lorsqu'autrefois on faisait des vins excellents par douze à trente-six heures de séjour dans la cuve. Il est vrai que plus un vin est cuvé, plus il se charge de matière colorante et de parties sapides, de tannin, etc.; mais nous ne pouvons croire qu'une opération aussi importante soit livrée au caprice, sans aucun souci des règles de la fermentation. Si nous concevons, en effet, que le moût, porté au départ à la température convenable de 15 à 18 degrés, entre franchement en fermentation alcoolique ; si le brassage présente les avantages dont nous avons parlé ; si la couche d'acide carbonique protége le chapeau contre les altérations dues à l'action de l'air pendant tout le temps que la fermentation tumultueuse dégage abondamment ce gaz, nous arrivons forcément à cette conclusion que, sauf le cas des cuves fermées ou des foudres, on doit décuver aussitôt que le sucre est transformé et que le dégagement gazeux a cessé. Ce serait s'exposer à tous les inconvénients et à toutes les altérations causées par l'oxydation que de prolonger le séjour du vin dans la cuve au delà de ce terme ; et, quelle que soit la richesse du moût, nous pensons que le point précis du décuvage est celui qui indique la fin de la fermentation active. Or cette première période de la fermentation est finie lorsque la densité demeure stationnaire et que le dégagement gazeux s'est ralenti au point de pouvoir être regardé comme terminé, malgré les brassages qui ont eu lieu et qui ne suffisent plus à le ranimer.

Toutes conditions pratiques, utiles, accomplies relativement aux soins donnés à la vendange et à l'égrappage, au foulage du fruit, à l'échauffement de la liqueur, au sucrage par le sucre interverti, s'il est nécessaire, et au brassage de la masse, nous ne pensons pas que le cuvage doive jamais être prolongé au delà de soixante-douze heures pour les vins très-riches, et de trente à trente-six heures pour les vins délicats.

Il y a même un grand nombre de cas où la fermentation devra être considérée comme terminée beaucoup plus tôt que nous ne venons de le dire, surtout si l'on cherche à obtenir des vins très-légers, de consommation presque immédiate, ou si l'on se propose un but particulier.

Il va de soi que les vins de chaudière devront être cuvés jusqu'à ce que la fermentation soit complétement terminée, puisque le véritable intérêt du producteur est ici de changer tout le sucre en alcool; mais il nous semble encore, même pour ce cas particulier, que, en décuvant à soixante-douze heures et en introduisant le vin dans des foudres, où on lui ferait achever sa fermentation pendant quelque temps, on se soustrairait aux pertes qui résultent d'un cuvage trop prolongé, et l'excédant de produit en alcool compenserait bien le temps employé à ce complément d'action.

Le décuvage s'exécute d'une façon très-simple, soit par un siphon, soit par un robinet placé à la partie inférieure de la cuve, et à l'orifice intérieur duquel on a placé avant l'encuvage une grille ou un balai de bouleau pour retenir les pepins et les impuretés. On reçoit le vin dans un cuvier de forme variable, dans lequel on le puise pour le porter aux tonneaux qu'il s'agit de remplir et qui ont été appropriés et nettoyés avec le plus grand soin.

Il convient de distribuer également le vin dans les barriques, de manière à les remplir avec le même vin jusqu'à ce que la mousse apparaisse à la bonde.

Ici, pourtant, il se présente encore une observation. Le vin qui s'écoule seul par la cannelle de la cuve s'appelle du *vin de goutte*. Les marcs sont portés sur le pressoir et pressés à plusieurs reprises : il en découle une certaine quantité de vin dont les qualités varient à chaque fois que l'on presse, comme nous le dirons tout à l'heure... Doit-on mélanger le vin de goutte avec le vin de pressoir, ou faire de ces vins des qualités différentes? Il nous semble que, à l'exception du cas où l'on recherche la finesse du produit et où le vin de goutte satisfait seul aux exigences du but à atteindre, le mélange des vins de pressoir avec les premiers ne peut avoir que d'excellents résultats au point de vue de la conservabilité et de la solidité des liqueurs, surtout si l'égrappage a été pratiqué et que le marc soit composé de pellicules et de pepins seulement. Les vins mettront plus de temps à s'adoucir, il est vrai; mais ils échapperont à la plupart des altérations causées par l'absence du principe astringent et l'excès des matières albuminoïdes.

En cela, du reste, comme dans toute l'œnologie, il convient plutôt de poser des principes que de vouloir assigner des méthodes fixes et constantes, puisque ces méthodes ne peuvent jamais être absolues et qu'on peut les regarder comme bonnes dès qu'elles sont conformes aux principes démontrés par l'expérience.

§ VI. — DES MARCS ET RÉSIDUS.

Lorsque tout le vin de goutte s'est écoulé par la cannelle de la cuve, on se trouve en présence de marcs composés des rafles, des pellicules et des pepins, ainsi que de débris végétaux de toute nature, de levûre et de matières albuminoïdes combinées au tannin.

On en retire le vin par la pression.

« On se borne en général, dit Chaptal, à porter le dépôt de la cuve et le marc sous le pressoir, et *on met le vin qui en découle avec celui qui est déjà dans les tonneaux* ; après quoi on ouvre le pressoir, et avec une pelle tranchante on *coupe* ou *taille* le marc à trois ou quatre doigts d'épaisseur tout autour : on jette au milieu ce qui est coupé ou taillé, et on presse derechef ; on coupe encore et on pressure pour la quatrième fois ; on taille jusqu'à quatre fois.

« Le vin qui provient de la *première serre* est le plus fort ; celui qui provient de la dernière est le plus dur, le plus âpre, le plus coloré.

« Quelquefois on se borne à une *première serre,* surtout lorsqu'on veut employer le marc à la *fermentation acéteuse.*

« On mêle souvent le produit de ces diverses *serres* dans des tonneaux séparés pour avoir un vin coloré et assez durable ; *ailleurs on le mêle avec le vin non pressuré, lorsqu'on désire donner à celui-ci de la force, une légère astriction et avoir un vin égal de tout le produit de la vendange.*

« Le marc, fortement exprimé, acquiert presque la dureté de la pierre. Ce marc a divers usages dans le commerce :

« 1° Dans certains pays, on le distille pour en extraire une eau-de-vie qui porte le nom d'*eau-de-vie de marc*... Elle a mauvais goût. Cette distillation est avantageuse dans les pays où le vin est très-généreux et où les pressoirs serrent peu.

« 2° En Bourgogne et ailleurs [1], on met le marc sans l'éven-

---

[1] Dans le Midi, notamment.

14

ter dans des tonneaux qu'on ferme bien ; on met de l'eau dessus ; l'eau filtre à travers le marc, se charge du peu de vin qui
y est resté et forme la boisson des vignerons. On fait filtrer de
l'eau jusqu'à ce qu'elle ne charge plus.

« 3° Aux environs de Montpellier, on enferme le marc dans
des tonneaux, où on le foule avec soin, et on le conserve pour
la fabrication du vert-de-gris.

« 4° Ailleurs on le fait aigrir en l'aérant avec soin, et on en
extrait ensuite le vinaigre par une pression vigoureuse. On
peut même en faciliter l'expression en l'humectant avec de
l'eau.

« 5° Dans plusieurs cantons, on nourrit les bestiaux avec
le marc ; à mesure qu'on le tire du pressoir, on le passe entre
les mains pour diviser les pelotons ; on le jette dans des tonneaux défoncés et on l'humecte avec de l'eau pour le faire
détremper; on recouvre le tout avec de la terre forte mêlée
de paille; on donne à cette couche d'enduit environ six pouces
d'épaisseur. Lorsque la mauvaise saison ne permet pas aux
bestiaux d'aller aux champs, on détrempe environ six livres
de ce marc dans de l'eau tiède, avec du son, de la paille, des
navets, des pommes de terre, des feuilles de chêne ou de
vigne, qu'on a conservées exprès dans l'eau; on peut ajouter
un peu de sel à ce mélange, dont les animaux mangent
deux fois par jour ; on leur en donne le matin et le soir
dans un baquet. Les chevaux et les vaches aiment cette
nourriture; mais il faut en donner modérément à ces dernières,
parce que le lait tournerait. Le marc des raisins blancs est
préféré.

« 6° Les pepins contenus dans le raisin servent encore à
nourrir la volaille ; on peut aussi en extraire de l'huile [1].

« 7° Le marc peut être brûlé pour en obtenir l'alcali : 4 milliers de marc fournissent 500 livres de cendres, qui donnent
110 livres d'alcali sec. »

·On peut ici répéter à la suite de ces observations du chimiste agronome français, qu'il n'y a *rien de nouveau sous le
soleil,* car tout ce qui se faisait de son temps avec le marc se
fait encore aujourd'hui et de la même manière, sans qu'il
soit survenu de modification utile depuis cette époque.

---

[1] Voir la première partie, premier volume, p. 494 à 499.

CHAPITRE IV.

Lorsque le moût du raisin a subi la fermentation active, que le mouvement intestin du liquide a cessé en apparence et que le vin est introduit dans les tonneaux, il n'a pas encore, selon l'expression fort juste de Chaptal, atteint son dernier degré d'élaboration. « Il est trouble et fermente encore ; mais, comme le mouvement est moins tumultueux, on a appelé cette période de fermentation : *fermentation insensible.* » C'est pendant cette période que le ferment, rendu moins actif par la présence d'une proportion d'alcool plus ou moins considérable, achève de décomposer toute la portion de sucre qu'il peut atteindre. Lorsqu'il est devenu inerte, soit parce qu'il est *usé*, soit parce que la proportion d'alcool est trop forte, il se dépose dans le fond du vase avec la plus grande partie des matières insolubles suspendues. C'est ce dépôt qui est connu sous le nom de *lie*.

Il importe, pour que le vin acquière toute la spirituosité qu'il doit avoir, que tout le sucre transformable soit alcoolisé par la fermentation lente qui suit le travail de la cuve : il faut, en outre, qu'il soit rendu conservable par une séparation convenable des dépôts, des matières étrangères suspendues, et des substances solubles qui pourraient en déterminer l'altération. C'est dans l'ensemble des soins exigés par ces divers objets que consiste le travail de la cave, du cellier ou du chai, travail qui comprend l'*ouillage,* le *soutirage*, le *soufrage* et le *collage,* et dont nous allons exposer la pratique raisonnée.

Avant de nous occuper de ces objets principaux de ce chapitre, nous croyons cependant utile au lecteur de reproduire les meilleures opinions relatives aux *caves* et aux *celliers* où l'on travaille et où l'on emmagasine les vins, en même temps que celles qui ont rapport à la préparation des *foudres* et *tonneaux* qui servent à le recevoir.

§ I. — DES CAVES ET DES CELLIERS.

Le *Dictionnaire d'agriculture pratique* veut que les *caves*
soient peu éloignées du pressoir, lorsqu'elles ne peuvent être
placées sous le pressoir même ; ce serait une circonstance
avantageuse de pouvoir y descendre par une pente douce...
Si les caves donnent directement dans la cour, ce qui est ordinaire dans les pays vignobles [1], l'entrée doit en être placée
au nord autant que possible... C'est une circonstance heureuse pour la conservation du vin, que l'air entre dans les
caves par deux ouvertures opposées, ce qui chasse l'humidité ;
mais cette condition favorise l'évaporation du vin, comme
fait aussi l'accès de la lumière. On y obvie en ne donnant aux
soupiraux qu'une ouverture restreinte et une grande inclinaison... Les caves exigent une grande propreté et l'éloignement
des matières qui exhalent une mauvaise odeur... C'est une
mauvaise habitude d'y conserver des légumes verts et d'autres substances humides... Le sol d'une cave doit être nivelé,
battu, recouvert d'une couche de sable assez épaisse.

Chaptal, ne se préoccupant que des caves proprement
dites, trace des règles plus précises, bien que, dans la réalité, les conditions qu'il requiert soient à peu près identiques.
Nous citons :

« 1° L'exposition d'une cave doit être au *nord* : sa température est alors moins variable que lorsque les ouvertures sont
tournées vers le midi.

« 2° Elle doit être assez profonde pour que la température
y soit constamment la même.

« 3° L'humidité doit y être constante sans y être trop forte ;
l'excès détermine la moisissure des papiers, bouchons, tonneaux, etc. La sécheresse dessèche les futailles, les tour-
mente et fait transsuder le vin.

« 4° La lumière doit y être très-modérée ; une lumière vive
dessèche, une obscurité presque absolue pourrit.

« 5° *La cave doit être à l'abri des secousses.* Les brusques

---

[1] Il est clair que les auteurs de l'article du Dictionnaire ont entendu parler
à la fois des caves situées à une certaine profondeur sous le niveau du sol et
des celliers ou chais qui sont à un niveau beaucoup plus élevé.

agitations, ou ces légers trémoussements déterminés par le passage rapide d'une voiture sur un pavé, remuent la lie, la mêlent avec le vin, l'y retiennent en suspension et provoquent *l'acétification*. Le tonnerre, et tous les mouvements produits par des secousses, produisent le même effet.

« 6° Il faut éloigner d'une cave les bois verts, les vinaigres et toutes les matières qui sont susceptibles de fermentation.

« 7° Il faut encore éviter la réverbération du soleil qui, variant nécessairement la température d'une cave, doit en altérer les propriétés.

« D'après cela, une cave doit être creusée à quelques toises sous terre ; les ouvertures doivent être dirigées vers le nord. Elle sera éloignée des rues, chemins, ateliers, égouts, courants, latrines, bûchers, etc. Elle sera recouverte par une voûte. »

Ce qui a été dit depuis sur les caves ne présente qu'une répétition des principes que nous venons de rappeler, sauf de légers changements de langage, en sorte que l'application pratique n'a pas besoin de chercher autre chose dans des descriptions inutiles. En général, les meilleures caves sont celles que l'on creuse dans le rocher.

Quant aux *celliers,* ils sont construits au' niveau du sol, si le terrain est sain, et l'on doit chercher autant que possible à y réunir les conditions requises pour les caves en ce qui concerne l'humidité ou la sécheresse, la lumière ou l'obscurité, et la constance de la température.

Voici quelques détails sur le cellier bordelais [1] :

Le cellier bordelais porte le nom de *chai*. C'est un bâtiment de longueur arbitraire, et large de 7 à 8 mètres, que l'on établit le plus possible à proximité de la cuve à fermentation, pour la commodité du service et pour que le vin ait à subir un trajet moins long. Le sol du chai peut être au niveau du sol extérieur ; mais on l'abaisse un peu dans les terrains secs, soit de 15 à 20 centimètres, afin de maintenir une certaine fraîcheur dans le cellier. Dans les endroits humides, au contraire, il convient de l'élever un peu. Il est bon de l'ombrager au midi par des arbres élevés ou un bâtiment, et les fenêtres sont percées dans la face du nord sur les plus petites dimen-

[1] *Bordeaux et ses vins.*

sions que l'on peut. Il est plafonné en plâtre ou en plancher.

On y peut placer quatre rangées de barriques. « Deux sont placées au milieu du chai, fond sur fond, et une de chaque côté du bâtiment, de manière à laisser deux allées de 1ᵐ,20 à 1ᵐ,50 de large pour la circulation et le soin des vins.

« Les barriques sont placées sur de longues poutres appelées *tins*, qui les élèvent à 15 ou 20 centimètres au-dessus du sol.

« Tant que le vin est nouveau, on ne met sur les tins qu'un rang de barriques dites en *sole*. Dès qu'il ne demande plus des soins fréquents, on dispose les barriques bonde de côté et, pour gagner de la place, on en met deux, trois et quatre rangs l'un sur l'autre ; c'est ce qu'on appelle *encarrasser* [1]. »

§ II. — DES RÉCIPIENTS A VIN.

Si le vin de raisin ne se préparait que pour la distillation et qu'il fût possible d'en extraire l'alcool à mesure que le moût aurait subi une fermentation complète et rapide, il n'y aurait nul besoin de se préoccuper de récipients de ce genre, puisque le vin passerait à la distillation aussitôt qu'il serait fabriqué, et que l'on n'aurait à loger que les produits alcooliques. Mais le logement du vin, considéré comme boisson fermentée, nécessite les plus grands soins et cause parfois de grands embarras dans les années d'extrême abondance.

En principe, les vases les plus amples et les mieux fermés sont les meilleurs (Chaptal). On se sert de vases en bois de capacité variable, qui sont connus sous les noms de *barriques*, de *tonneaux* ou de *foudres*, selon la grandeur de leurs dimensions, et il est reconnu que le vin se *fait* mieux dans les futailles très-volumineuses que dans les petites. Les tonneaux sont construits en bois de chêne ; le plus souvent leur grand inconvénient est de présenter au vin des substances qui y sont solubles [2] et d'être surtout poreux, en sorte que l'air ex-

[1] *Gerber*, en Bourgogne et dans l'Est.

[2] Il n'y aurait pas un grand inconvénient à cette dissolution, si le bois ne renfermait que des principes astringents de la nature du tannin ; au contraire, ce serait une circonstance avantageuse, comme il sera démontré plus loin ; mais les matières extractives du bois sont de nature très-variable, et plusieurs peuvent être très-nuisibles au vin.

térieur peut y pénétrer, de même que les gaz intérieurs peuvent s'en échapper.

Lorsque le vin est fait, on le conserve en barriques, en foudres ou dans des vases de verre.

Presque toujours un agriculteur prévoyant prépare ses tonneaux aux approches de la vendange, afin de les avoir tout prêts au moment du décuvage. Si les vases sont neufs, on les lave à plusieurs reprises avec l'eau chaude et l'eau de sel ; si les tonneaux sont vieux, on les défonce et on enlève le tartre qui s'est déposé sur les parois. Dans tous les cas, la première condition à accomplir est une extrême propreté intérieure. Si les tonneaux ont contracté quelque mauvais goût, comme celui de moisi, de punaise, etc., le mieux est de les brûler.

En Bourgogne, on met les vins nouveaux dans des tonneaux neufs et les vins vieux soutirés dans de vieux tonneaux. Dans le Bordelais, on emploie des barriques neuves en merrain de chêne, cerclées en bois ou en fer, bien lavées à l'eau bouillante, puis à l'eau fraîche, et rincées au vin blanc ou à l'eau-de-vie.

Nous adopterions volontiers, comme règle générale, la méthode suivante pour la préparation des tonneaux neufs ou vieux, avec la seule différence que ceux-ci aient été préalablement débarrassés de leur tartre par les moyens appropriés. Les tonneaux seraient d'abord passés à l'eau froide, puis à l'eau chaude, dans le but de gonfler le bois et de fermer les interstices qui pourraient se trouver entre les douves. On ferait égoutter complètement en mettant sur bonde, puis on introduirait dans les fûts de l'acide sulfurique étendu de quinze fois son poids d'eau ; on roulerait avec soin, de manière à faire passer la liqueur partout, sur les fonds et les douves. La liqueur acide retirée d'une première futaille sert pour le traitement d'une seconde, etc., en sorte que la dépense occasionnée par l'emploi de l'acide sulfurique ne dépasse pas un demi-centime par barrique, et encore en admettant qu'il se perdrait un litre de solution par chaque futaille. Lorsque les barriques ont été ainsi acidulées, on les passe à l'eau bouillante, puis à l'eau froide, pour enlever toute trace d'acide, et l'on peut se servir des vaisseaux aussitôt qu'on veut. Ce traitement a pour résultat la destruction des organismes inférieurs qui pourraient être attachés en quelques

points des parois et l'enlèvement de la plupart des goûts
étrangers.

« Les tonneaux convenablement préparés, dit Chaptal, sont
assujettis sur les soliveaux qui doivent les supporter. On a
l'attention de les élever de quelques pouces au-dessus du sol,
tant pour prévenir l'action d'une humidité putride que pour
faciliter l'extraction du vin qu'ils doivent contenir. On les
dispose par rangs parallèles dans le même cellier, en ayant
soin de laisser un intervalle suffisant pour pouvoir commodément circuler tout autour et s'assurer qu'aucun d'eux ne
perde et ne *transpire*.

« C'est dans les tonneaux ainsi préparés qu'on dépose la
vendange, dès qu'on juge qu'elle a suffisamment cuvé. A cet
effet, on ouvre la cannelle de la cuve qui est placée à quelques
pouces au-dessus du sol, et on fait couler le vin dans un
réservoir pratiqué ordinairement par dessous, ou dans un
vaisseau qu'on y adapte à dessein pour le recevoir ; le vin est
tout de suite puisé dans le réservoir et porté dans le tonneau,
où on l'introduit à l'aide d'un entonnoir. »

§ III. — OUILLAGE.

Pendant que la fermentation insensible s'opère, il se forme
à la surface de la liqueur une écume plus ou moins abondante que l'on a le plus grand intérêt à éliminer. Aussi,
pendant cette période, on prend soin de tenir le tonneau
constamment plein, afin que cette écume puisse sortir par la
bonde, que l'on ne bouche d'abord que très-imparfaitement,
soit avec une feuille ou une tuile, soit avec le bondon posé
simplement sur l'orifice. C'est à ce remplissage des tonneaux,
nécessité par le travail du liquide, que l'on donne le nom
d'*ouillage*.

« Il est des pays, dit Chaptal, où l'on *ouille* tous les jours
pendant le premier mois, tous les quatre jours pendant le
deuxième, et tous les huit jours jusqu'au soutirage. »

Selon M. de Vergnette-Lamotte, les fûts de vins nouveaux
demandent à être remplis souvent. « Pendant la première
semaine qui suit l'enfûtage, il est nécessaire de les remplir
tous les jours ; car, lorsque les vins viennent d'être entonnés,

le refroidissement du liquide, comme l'imbibition du bois du tonneau, tend à faire un vide dans les fûts. Plus tard on n'ouille que deux fois, puis une seule fois par semaine. »

Dans les environs de Bordeaux, on commençait à ouiller, du temps de Chaptal, huit à dix jours après avoir déposé le vin dans les tonneaux. Un mois après, on plaçait la bonde et on ouillait tous les huit jours ; dans le principe, la bonde était placée sans effort ; peu à peu on l'assujettissait sans risque. En Bourgogne, on perce quelquefois un petit trou près de la bonde, et on le ferme avec un *fausset* que l'on retire de temps en temps pour donner issue aux gaz.

Aujourd'hui, dans le Bordelais, on se conduit un peu différemment et l'on ouille à peu près comme partout, tous les trois ou quatre jours, pendant le premier mois, et régulièrement tous les huit jours, à partir de cette époque.

Toutes ces petites différences n'ont pas d'importance réelle, pourvu que l'on obéisse au principe et que les futailles soient maintenues pleines le plus constamment possible. Cette mesure n'a pas seulement pour objet la sortie des écumes, mais encore elle s'oppose à l'action de l'air atmosphérique, qui pourrait avoir une influence pernicieuse, si elle réagissait sur une large surface, lorsque la production d'acide carbonique cesse ou se ralentit.

Les diverses causes qui produisent du vide dans les tonneaux sont l'évaporation du liquide, la pénétration d'une portion plus ou moins considérable de liqueur dans le bois, la déperdition qui se fait, bien que lentement, à travers les parois des fûts et la contraction produite par le refroidissement. Ces causes agissent à peu près simultanément pendant la fermentation secondaire et, lorsqu'elle est terminée, la déperdition à travers les parois continue encore, en sorte que, même après la clarification, il se produit dans les barriques un certain vide, qu'il est bon de remplir de temps à autre, au moins une fois par mois, par mesure de précaution.

C'est ici le lieu de recommander l'occlusion hermétique des fûts aussitôt que la production d'acide carbonique a perdu son intensité et que ce gaz ne s'oppose plus au libre accès de l'air. On peut toujours, soit avoir recours à l'emploi de la bonde hydraulique, ce qui est le plus sûr, soit placer près de la bonde ordinaire un fausset, que l'on retire de temps en temps pour opérer le dégagement du gaz. Il convient de prêter à cette mesure une grande attention, afin d'éviter l'acescence, qui est à redouter toujours, mais surtout pendant qu'on opère la purification, lorsqu'il y a des matières azotées dans la liqueur.

Il n'y a pas d'oxygène libre dans le vin. Ce gaz est à peine en présence qu'il agit sur les principes du vin et détermine les phénomènes d'oxydation les plus variés. Le plus fréquent a l'acétification pour résultat ; mais la production de l'acide acétique est accompagnée, dans les vins neufs qui ne sont pas encore dépouillés, par l'oxydation des matières étrangères suspendues ou dissoutes. Toutes ces matières ont, en effet, un certain besoin d'oxygène, pour arriver aux transformations nécessaires qu'elles doivent subir. L'oygène est un de leurs éléments constituants et elles l'empruntent partout où elles le rencontrent. C'est à cette cause que sont dues plusieurs altérations des liqueurs fermentées et l'on sent par là toute l'importance qui s'attache à l'élimination de ces substances.

Mais de là, de ces faits rationnels acquis par l'expérience, il ne faut pas déduire des conclusions illogiques, à la façon de certaines célébrités contemporaines.

M. Pasteur, poursuivi par une idée fixe, admet, à la vérité, qu'il n'y a pas d'oxygène libre dans les vins ; mais il trouve la raison de ce fait très-réel dans une des plus plaisantes imaginations de ce temps. L'oxygène disparaît dans le vin. parce qu'*il y a un mycoderme qui vit d'oxygène* et qui s'empare des moindres atomes de ce gaz !... Il nous semble qu'il aurait été plus simple d'étudier un peu, d'observer un peu, d'apprendre un peu de chimie, que de jeter à la face du public un contresens de ce genre. Quoi qu'il en soit, l'illustre mycologue connaissait assez le public académique pour savoir qu'il pouvait oser beaucoup dans la voie où il était entré ; il savait que toute absurdité rencontre des auditeurs et des adhérents, et il ne s'est pas fait faute d'offrir les plus beaux exemples du genre à certaines crédulités.

Nous ne lui en ferons pas de reproches trop sévères ; mais il nous semble qu'on est en droit de demander à l'Académie des sciences un compte plus rigoureux du dépôt qui lui est confié, du mandat qu'elle a reçu de veiller à la conservation de la vérité et à l'accroissement des lumières humaines. Lumière et science n'ont jamais été charlatanisme.

Or, si l'Académie avait pris ses devoirs au sérieux, elle aurait pris la peine d'examiner les dires de M. Pasteur, avant d'encenser de telles inventions. Il ne manque pas d'académiciens savants, qui auraient pu faire appel au bon sens et aux faits acquis de la chimie organique, pour réduire à néant les rêveries nuisibles qu'on leur soumettait avec tant d'emphase. Ils auraient pu apprendre à M. Pasteur que s'il n'y a pas d'oxygène libre dans le vin, c'est qu'il ne peut s'y rencontrer en présence de l'aldéhyde; que la constitution du vin est telle, que de l'aldéhyde se forme aussitôt qu'il y a de l'air en présence dans la liqueur; que cet aldéhyde se transforme aussitôt en acide acétique et que l'oxygène disparaît par ce seul fait. Ils auraient pu ajouter que cet acide acétique forme de l'acétate de potasse dans un grand nombre de cas, surtout dans les vins riches en tartre, et que, par une dérivation très-logique, la présence des acétates est une condition très-favorable à la dégénérescence visqueuse.

En outre, ils auraient pu et dû demander à M. Pasteur, non du bavardage scientifique, mais une *preuve réelle* de l'élection faite de l'oxygène par son mycoderme prétendu, et ils auraient rendu un service signalé à l'œnologie, qui mettra des années à se débarrasser des théories de M. Pasteur, et qui ne les secouera au vent qu'après en avoir essuyé tous les mécomptes.

Nous disons que là était le devoir de l'Académie, et que son rôle ne consiste pas à protéger, illustrer, ou répandre les sottises des académiciens, lesquels sont tout aussi faillibles que les simples mortels [1].

---

[1] C'est à l'Académie que nous sommes redevables de l'emploi absurde du *noir d'os* en sucrerie, une des fautes industrielles les plus grandes de ce siècle, dont MM. Payen et Bussy doivent partager la responsabilité. C'est à l'Académie que nous devons les *engrais azotés* et la théorie de M. Boussingault; c'est d'elle que dérive la théorie des *engrais minéraux* de M. Ville, autre source de ruine pour l'agriculture française, autre aberration incompréhensible d'une intelligence tronquée; c'est à elle que nous devons le *soufrage* de la vigne, un palliatif incomplet, lorsqu'elle n'a rien pu nous apprendre sur la maladie réelle de nos cépages... Elle nous a donné M. Pasteur, et les conceptions bizarres du mycologue ont été acceptées et prônées par elle comme articles de foi. N'était-ce pas un collègue, un favori, dans la course aux erreurs et aux hypothèses? Il y aurait des volumes à faire sur les reproduc-

En tout cas, le mycoderme de l'oxygène est une création fort commode, qui dispense de tout travail d'investigation ; comme l'oïdium de la maladie de la vigne, ou les pucerons de la commission de l'Hérault, il se prête à tout ce qu'on veut et autorise toutes les hypothèses. Nous verrons plus loin quel parti M. Pasteur a su tirer de la faiblesse académique et de l'insouciance du public, en inventant un mycoderme spécial pour toutes les altérations du vin. Qu'il nous suffise, quant à présent, d'avoir indiqué le danger par son côté ridicule, dans l'espérance que nos lecteurs se garderont de ces utopies et s'attacheront exclusivement à l'observation rigoureuse des principes. Là seulement, en effet, se trouve le salut, aussi bien en œnologie qu'ailleurs, et ce serait une folie que de vouloir baser une pratique industrielle sur de telles aberrations.

Il n'y a, dans tout le fatras mycodermique, aucune chose dont nous puissions tirer un parti manufacturier, et nous avons assez pour nous guider sûrement de la règle incontestable que voici : « Le travail des vins consiste dans une purification graduelle et complète, opérée après la fermentation, purification qui doit éliminer toutes les matières étrangères altérables, mais surtout, et avant tout, les matières azotées solubles et insolubles. »

L'ouillage est le premier pas dans cette purification indispensable ; il en est la phase préparatoire, en ce sens que, tout en s'opposant aux altérations par oxydation, il conduit à l'expulsion mécanique d'une partie des écumes produites par la fermentation.

C'est déjà quelque chose, mais ce n'est encore qu'un acheminement vers cette purification complète que nous exigeons avec tous les œnologues qui ont pris la peine d'observer.

En principe, pour tous les vins de qualité, le remplissage doit être fait avec le *même vin*, que l'on emprunte à un fût réservé pour cela. On évite ainsi l'introduction, dans les tonneaux, d'un liquide de valeur différente, qui pourrait modifier le goût ou le bouquet du reste. Si, au contraire, il s'agit de vins communs, on peut ouiller avec du vin de pressurage. Il est bien évident que l'on doit éviter de laisser en

tions que l'Académie a acceptées comme des nouveautés, sur les erreurs dont elle a fait des vérités et les pratiques nuisibles qu'elle a sanctionnées de son autorité chancelante.

vidange le vase qui renferme le vin de remplissage, quel qu'il soit; car sans cette précaution il s'altère dès que la fermentation y est arrêtée, et que l'acide carbonique cesse d'être un obstacle à l'accès de l'oxygène. On se gardera de compter sur le myco- derme spécial pour consommer et faire disparaître cet agent de toute combustion, si l'on ne veut s'exposer de parti pris à une série d'accidents regrettables.

§ IV. — SOUTIRAGE.

Le travail du cellier ou de la cave n'ayant pas d'autre but que d'assurer la conservabilité des vins, ce travail ne présen- terait qu'une valeur insignifiante pour le distillateur de vins, s'il distillait à mesure de la production. Il est bien difficile cependant qu'il en soit ainsi, tant à raison du peu de temps employé à la récolte, que des nécessités commerciales qui forcent le fabricant d'eaux-de-vie de vin à acheter des vins chez les producteurs. Ces vins doivent avoir été débarrassés des causes d'altération, et il importe de les purifier avec assez de soin pour obvier aux dégénérescences. D'un autre côté, les vins destinés à la boisson ne peuvent jamais être trop purifiés, trop dépouillés des matières étrangères qui en altéreraient les qualités. On doit donc déféquer les vins dans tous les cas, quel que soit le but à atteindre, sauf dans la circonstance excep- tionnelle de distillation immédiate, aussitôt après la fermen- tation active.

La séparation des mousses et des écumes produite par le remplissage a déjà éliminé de la liqueur *une portion* des fer- ments et des matières légères qui forment le chapeau de la fermentation secondaire; mais cette séparation est fort in- complète, et il s'en faut de beaucoup que l'on puisse se bor- ner à l'opération de l'ouillage pour assurer la conservation des vins.

A mesure que le mouvement fermentatif secondaire se ra- lentit, les matières insolubles suspendues se déposent; mais ce dépôt ne se fait qu'avec une lenteur extrême, et il n'est jamais bien caractérisé pour certaines substances fort ténues, dont la pesanteur spécifique est rapprochée de celle du li- quide lui-même. Il suffit d'une production gazeuse insignifiante dans le dépôt déjà formé pour le soulever en flocons, l'agiter et troubler la masse. La moindre agitation mécanique, un changement de température, l'influence *encore inexpliquée* des mouvements de la végétation, les altérations qui peuvent survenir dans la matière albuminoïde de la lie elle-même, une foule de causes très-variables, peuvent déterminer l'agitation de ce dépôt qui se répand dans la liqueur, la trouble et peut la faire entrer dans une phase secondaire de la fermentation. Ce travail inopportun se traduirait par les dégénérescences les plus diverses, et les résultats produits pourraient offrir tous les genres d'altération que l'on peut constater sur les liqueurs fermentées.

Il n'y a pas à s'y tromper un instant, le but de la nature dans la production des fruits est la multiplication des végétaux ; mais la phase alcoolique de la fermentation de ces fruits est loin d'être le résultat final de la désagrégation : toute matière organique désagrégée tend à parvenir à des formes simples qui lui permettent de rentrer dans de nouvelles compositions, et la gomme, le sucre, l'alcool, les matières hydrocarbonées et les substances azotées doivent atteindre en définitive la forme d'eau, d'acide carbonique, d'ammoniaque, d'azote, d'hydrogène ou d'oxygène, dans leurs combinaisons les plus simples. C'est dire qu'un vin fermenté alcooliquement, livré à lui-même en présence des matières azotées déjà altérées qui forment la lie, devra forcément subir toute la série des altérations successives utiles au but général. Ces altérations se produiront infailliblement tant qu'il restera dans la liqueur des agents d'altération et des principes altérables, en sorte que la précaution capitale à suivre consiste à agir sur les causes productrices de ces modifications.

Le premier soin à prendre, lorsque la fermentation complémentaire est terminée, est donc de séparer le liquide des dépôts formés, et cette séparation doit se répéter autant de fois qu'il est nécessaire pour arriver à une limpidité parfaite.

On parvient à ce résultat par la *filtration* ou par le *soutirage*. La filtration n'est pas usitée pour les vins, et c'est à tort, selon nous, car la *filtration latérale*, ou la filtration *de bas en haut*, aurait les meilleurs résultats et pourrait s'effectuer à volonté à l'aide d'un instrument aussi simple que peu volumineux, sans exposer la liqueur à un contact prolongé avec l'air atmosphérique. Quoi qu'il en soit, c'est au soutirage que l'on a recours pour séparer la liqueur des dépôts ou de la lie qui en déterminerait l'altération. Cette opération consiste à faire passer le vin, du tonneau où il a accompli sa fermentation secondaire, dans un autre fût propre et convenablement préparé. Elle se répète plusieurs fois selon le besoin. Un premier soutirage exécuté par un temps sec et froid, pendant l'hiver qui suit la vendange, est un véritable *débourbage;* le second soutirage peut se faire vers la mi-mai ; c'est le *tirage au clair,* que l'on fait suivre plus tard d'un *tirage au fin* et même d'un *tirage au clair fin,* selon les circonstances.

On pourrait, à la vérité, *laisser sur lie,* pendant trois ou quatre ans, certains vins rouges fortement alcooliques et astringents ; la proportion d'alcool qu'ils renferment, la matière astringente qui y est dissoute, les protége en effet contre les altérations dont nous avons parlé ; mais, outre que cette pratique ne peut être avantageuse que très-exceptionnellement, nous pensons qu'il y a toujours une certaine difficulté à bien apprécier les cas où elle est possible, et nous préférerions nous en abstenir.

Nous ferons remarquer en passant que le soutirage n'agit qu'à la façon de la *décantation,* et qu'il est d'autant plus parfait que les matières en suspension se sont mieux déposées. Le soutirage n'est que l'opération préliminaire de la *clarification,* et il ne faut pas que, par une fausse interprétation, on le prenne pour la clarification même ; celle-ci ne devient réelle qu'à la suite des *collages*; en sorte qu'elle comprend les soutirages et les collages. Mais il se place encore ici une observation très-importante que nous ne pouvons négliger : un vin *soutiré* et *collé* à plusieurs reprises n'est pas encore un vin *purifié,* et il convient de ne pas se faire d'illusions à ce sujet. On n'a encore éliminé par les soutirages et les collages que les matières insolubles déposées ou suspendues, et l'on n'a pas atteint les substances solubles. C'est là seulement que se trouve la véritable difficulté de la purification des vins. Si l'on veut purifier d'une manière convenable les boissons fermentées, on se trouve dans la nécessité d'opérer une véritable *défécation* dans tous les cas où elle est indispensable à la conservation de ces liqueurs.

Quant au soutirage, il s'effectue en pratique à des époques

très-diverses : ainsi, dans certains pays, on soutire en mars et en septembre ; ailleurs, cette opération se fait au milieu d'octobre, de février et fin mars..... ou encore fin décembre et courant d'avril ou de mai. Rien n'est plus arbitraire. Il y a cependant quelques règles expérimentales, basées sur l'observation, auxquelles il est bon de se conformer. On sait que les vins généreux et alcooliques sont les moins exposés à entrer dans le mouvement de ces fermentations secondaires qui troublent les liquides, tandis que les vins faibles ou médiocres présentent la tendance contraire. Comme l'élévation de la température favorise et active ces mouvements, tandis que le froid leur est contraire, il en résulte que les vins sont bien déposés pendant les froids, tandis que, plus ils sont faibles, plus ils se troublent par les temps chauds et humides. De là, on déduira cette conséquence que les préceptes de Baccius avaient déjà exposée, savoir : que les vins faibles doivent être soutirés en hiver, et les vins médiocres vers la fin de cette saison, tandis que le soutirage des vins généreux et alcooliques peut se faire en été. On comprend d'ailleurs très-facilement que cette opération ne doive s'exécuter que lorsque les dépôts de lie sont bien descendus et bien cohérents, puisque cette condition est essentielle à un bon soutirage.

Il est d'autant plus nécessaire de choisir le moment où le dépôt est bien descendu, que la forme même des tonneaux présente une influence notable sur la manière dont ce dépôt s'effectue. En admettant des vases cylindriques dressés sur leur base ou des vases cubiques à parois verticales, la lie se déposerait en une couche à peu près uniforme, tandis que, dans les tonneaux couchés sur le flanc, les choses se passent autrement : la lie est retenue vers les parois par une sorte d'attraction due à la capillarité et par la résistance mécanique de ces parois ; elle n'arrive à se condenser au fond que lentement, en affectant dans sa coupe la forme représentée par la figure 39 en *abc*. On comprend

(Fig. 39.)

que le moindre mouvement intestin mélangera en partie ce
dépôt à la liqueur claire, et même que la seule agitation
produite par le soutirage pourra déterminer un effet analogue.

Dans ses *Lettres sur la Chimie*, M. le professeur J. Liebig a
hasardé une opinion au moins singulière sur la séparation de la
lie d'avec le vin, et nous croyons devoir la mettre sous les
yeux de nos lecteurs. « La séparation de la lie de vin, durant
la fermentation insensible, a lieu, dit-il, à la suite d'une absorption d'oxygène, c'est-à-dire en vertu d'un phénomène d'oxydation qui se passe au sein du liquide. *Par le fait de l'absorption de l'oxygène, le principe azoté du jus de raisin, primitivement
soluble, perd sa solubilité dans le vin et se précipite.* Il résulte des
meilleures analyses faites à ce sujet, que la lie de vin est plus
riche en oxygène que les substances azotées qui lui donnent
naissance[1]. *Ce phénomène d'oxydation*, qui se passe au sein du
liquide et qui détermine le dépôt de la lie, *cesse du moment où
tout le sucre a disparu, mais il se renouvelle si on ajoute du
sucre.* Il se reproduit encore lorsqu'on laisse la surface du liquide en contact avec l'air ; la séparation des matières azotées
s'opère alors aux dépens de l'oxygène de l'air. »

M. Liebig s'est abandonné probablement à une trop grande
tendresse pour ses idées chimiques d'oxydation, car il n'est
pas probable que l'opinion précitée puisse avoir été basée sur
l'expérimentation, ou, du moins, que M. Liebig se soit appuyé
sur des expériences personnelles. En effet, quelle que soit
l'oxydation dont il est parlé, l'observation la plus superficielle
démontre que les vins les mieux dépouillés contiennent une
grande proportion de ces matières azotées qui auraient dû,
selon la théorie, devenir insolubles. Il y a plus, le vin soumis
à l'oxydation au point de passer à l'état de vinaigre, c'est-à-
dire ayant subi une sorte de maximum d'oxydation, contient
une grande quantité de ces matières qui auraient dû disparaître en devenant insolubles. Il semble, du reste, assez
étrange de voir rattacher cette prétendue oxydation, que rien
ne démontre, à la présence du sucre, lequel est lui-même un

[1] Cela est exact ; mais M. Liebig ne tient pas compte de ce fait que *le ferment usé* ayant perdu une proportion notable de son azote, il doit présenter
forcément une quantité d'oxygène relativement plus considérable, par suite de
ce fait même.

agent désoxydant, un corps réducteur très-avide d'oxygène.
Dans tous les cas, cette explication ne nous paraît pas assez
nette pour que nous puissions l'adopter, malgré tout le talent
de son auteur, et nous préférerions nous borner à constater
les faits que de les expliquer ainsi.

Sous l'influence de l'alcool qui se produit dans le vin, les
matières salines deviennent moins solubles et se précipitent.
Il en est de même des globules de ferment *usé* qui se déposent
pendant la fermentation même. Le ferment actif, non usé, à
l'état de globules, se précipite de même après la fermentation
du sucre de la liqueur. Si l'on ajoute de nouveau du sucre, ce
ferment actif agira de nouveau ; mais il se précipitera pendant
et après la destruction de ce sucre, tant à l'état de ferment
devenu inactif que parce qu'il n'aura plus de sucre en présence. Quant aux matières azotées solubles, une portion sera
précipitée par l'alcool, une autre portion deviendra insoluble
sous l'influence du tannin du moût, mais tout le reste demeu-
rera dans la liqueur, malgré toute l'oxydation qu'on voudra.
Voilà les faits tels qu'ils se présentent à l'observation, et il
nous semble plus profitable de s'attacher aux faits qu'à des
commentaires théoriques.

En pratique générale, lorsque la fermentation secondaire a
cessé, que la *lie* s'est déposée, on sépare le vin du dépôt par
un premier *soutirage*, qui est un vrai *débourbage*. Cette opération se réitère ensuite, selon le besoin, jusqu'à la purification
complète ; mais elle est indispensable après chacun des collages dont il sera parlé plus loin.

« La manière de soutirer le vin, dit Chaptal, demande des
précautions infinies... Par exemple, en ouvrant la cannelle ou
en plaçant un robinet à quatre doigts du fond du tonneau,
le vin qui s'écoule s'aère et détermine des mouvements dans la
lie, de sorte que, sous ce double rapport, le vin acquiert de
la disposition à s'aigrir... »

On peut obvier à ces inconvénients par l'emploi du siphon
ou de pompes de différentes formes ; mais il n'est rien de plus
simple, à notre avis, que la petite *pompe à air* représentée par
la figure 40 ci-contre.

L'appareil se compose d'une pompe aspirante et foulante A,
portée sur un support adapté au pied B. Un levier D fait mouvoir la tige C du piston, qui aspire l'air et le refoule par le

tube E. C'est la partie active de l'instrument. L'autre portion se compose d'un mandrin creux i qui se visse sur le trou de bonde du tonneau à vider et d'un tube gg, mobile à volonté dans le mandrin i, qui enfonce dans le vin de la profondeur qu'on veut par sa partie inférieure, et va déverser le vin soutiré dans un tonneau vide, par son orifice supérieur. Cette por-

(Fig. 40.)

tion se raccorde en h à l'extrémité du tube E de la pompe. On comprend, d'ailleurs, que le tube gg peut être construit de la forme qu'on désire, qu'il peut plonger dans le vin de la quantité qu'on veut et le déverser à la hauteur convenable dans la futaille préparée, méchée au besoin. En général, la portion supérieure du tube gg est en caoutchouc, en sorte qu'on peut la diriger au point précis où l'on désire.

On voit que la pression de l'air, arrivant en i à la surface du liquide, le force à monter par le tube g, sans secousse, sans que la moindre portion de lie puisse s'élever, à moins que l'on n'ait fait plonger étourdiment l'extrémité inférieure de gg dans le dépôt. Il suffit d'ouvrir le robinet F au bas de la pompe pour arrêter instantanément l'action élévatrice. Cette pompe peut servir utilement à une foule d'autres usages, mais elle est de la plus grande commodité pour le transvasement et le soutirage des liqueurs fermentées [1].

Il ne sera pas inutile, pensons-nous, de mettre sous les yeux du lecteur l'analyse de Braconnot sur la composition de la *lie de vin*, dont on sépare la liqueur par le soutirage ou la filtration. D'après ce chimiste, la lie de vin est composée ainsi qu'il suit sur 100 parties pondérales :

Matière animale paraissant d'une nature particulière..	20,70
Substance grasse, molle, de couleur verte (chlorophylle). . .	1,60
Matière grasse, blanche, ayant la consistance de la cire. . .	0,50
Phosphate de chaux..	6,00
Tartrate acide de potasse..	60,75
Tartrate de chaux..	5,25
Tartrate de magnésie.	0,40
Sulfate de potasse. . }	
Phosphate de potasse. }	2,80
Silice mêlée de grains de sable..	2,00
Matière gommeuse.. . . . . } Quantité indéterminée	
Matière colorante rouge des raisins. } peu considérable.	
Tannin. . . . . }	
	100,00

La lie est formée principalement de crème de tartre (0,60), de matière azotée (0,20) et de phosphate de chaux (0,06). On conçoit dès lors la pratique de certains vignerons qui agitent les vins plats avec de *bonnes lies* afin d'en remonter la saveur. Cette opération équivaut à l'addition de crème de tartre ou de tartre brut, conseillée par Chaptal. Quant à la matière azotée, si abondante dans la lie, il est clair qu'elle provient à la fois des matières albuminoïdes insolubles qui se sont déposées, à la façon du ferment usé, et des substances albuminoïdes solubles qui ont été précipitées par le tannin ou par l'alcool.

§ V. — SOUFRAGE.

On transvase les vins que l'on soutire dans des futailles que l'on a imprégnées d'*acide sulfureux* par une opération appelée

[1] Paris, M. E. Dériveau, constructeur, 12, rue Popincourt. Le prix de ce petit appareil, très-modéré d'ailleurs, est en raison de sa dimension et des usages auxquels il est destiné.

très-improprement *soufrage*. Cette opération consiste essentiellement à faire brûler du soufre dans les tonneaux et non
point à y introduire du soufre en nature, ce que l'on pourrait
comprendre par l'expression adoptée. On donne encore au
soufrage les noms de *méchage* et de *mutage,* parce que, dans
ce travail, on se borne habituellement à faire brûler dans les
fûts des *mèches* enduites de soufre, et encore parce que le vin
soufré ne fermente plus ; qu'il devient *muet...*

Le but capital de cette opération serait assez complexe, si
l'on s'en rapportait aux opinions émises par la routine ; mais
il nous semble peu difficile de se faire une idée exacte de ce qui
se passe dans le méchage lorsque l'on prend la peine de se
reporter aux données générales de la fermentation.

« Le soufrage, dit Chaptal, rend d'abord le vin trouble, et
sa couleur désagréable ; mais la couleur se rétablit en peu de
temps, et le vin s'éclaircit. Cette opération décolore un peu le
vin rouge. Le soufrage a le très-précieux avantage de prévenir
la *dégénération acéteuse.* Il paraît que *le soufrage précipite le
ferment* qui était encore en dissolution dans la liqueur, puisqu'il rend le vin trouble, de sorte que son effet le plus marqué
c'est de *prévenir toute fermentation ultérieure,* pourvu qu'on
transvase le vin, après quelque temps de repos, ou qu'on le
colle.

« Le soufrage a encore l'avantage de *déplacer l'air atmosphérique,* dont le contact est nécessaire pour déterminer la dégénération acide.

« Il se produit aussi quelques atomes d'un *acide énergique,*
qui peut s'opposer au développement d'un acide plus faible. »

En somme, l'introduction de l'acide sulfureux dans le vin y
apporte un agent opposé à la fermentation, et la propriété de
cet acide repose sur l'atonie dont il frappe le ferment organisé.
Cette propriété lui est commune avec les sulfites solubles ;
mais nous ne croyons pas à la pérennité des effets qu'on peut
en attendre. L'acide sulfureux se change en acide sulfurique
après un certain temps, soit sous l'influence de l'oxygène
atmosphérique, soit aux dépens de l'oxygène des corps dissous
dans le vin, et lorsque cette modification est opérée, les
dégénérescences peuvent se présenter et déterminer l'altération de la liqueur, si les circonstances le permettent.

A nos yeux le soufrage par l'acide sulfureux n'est et ne peut être qu'un moyen transitoire, un palliatif qui peut avoir une certaine utilité relative, mais auquel nous n'accordons qu'une confiance très-limitée. En matière de conservation, il ne faut pas d'à-peu-près et ici, principalement, la question est absolue et requiert une solution nette et précise.

Nous reviendrons sur cette idée dans le paragraphe suivant.

D'après M. Liebig, l'air du tonneau que l'on vient de soufrer perd son oxygène, qui est remplacé par un égal volume d'acide sulfureux, et celui-ci est rapidement absorbé par la surface humide du tonneau. Or l'acide sulfureux possède pour l'oxygène de l'air encore plus d'affinité que les agents acidifiants contenus dans le vin. En conséquence l'acide sulfureux qui a été absorbé par la paroi interne du tonneau se distribue peu à peu dans le vin et enlève aux agents fermentatifs ainsi qu'au vin lui-même tout l'oxygène qu'ils avaient pris à l'air. On trouve dans le vin l'acide sulfureux changé en acide sulfurique.

Nous ne voulons pas discuter l'opinion de l'illustre professeur qui est l'adversaire déclaré du vitalisme, en matière de fermentation; nous avons déjà dit, dans la première partie de cet ouvrage, ce que les faits et la raison allèguent contre la théorie chimique et nous nous contentons de faire remarquer combien l'opinion de M. J. Liebig sur le soufrage justifie ce que nous avons dit tout à l'heure. En effet, si nous admettons cette opinion que l'acide sulfureux enlève de l'oxygène aux principes fermentatifs et qu'il se change en acide sulfurique, nous sommes forcé de dire qu'il faut employer assez d'acide sulfureux, soit en une fois, soit en plusieurs fois, pour modifier *toutes* les substances azotées du vin, sous peine de voir reparaître les altérations, lorsque l'acide sulfureux sera oxydé. Et encore, M. J. Liebig pourrait-il affirmer que les matières azotées, en partie désoxydées, ne peuvent plus s'altérer ni altérer la liqueur, si elles demeurent à l'état soluble ? Une telle affirmation serait contraire aux faits observés et elle reviendrait à dire que *les vins méchés à plusieurs reprises deviennent complétement inaltérables*, ce qui est démenti par l'expérience.

Quoi qu'il en soit, nous n'entendons pas nous faire l'adversaire du soufrage; au contraire, nous le regardons comme une opération utile et avantageuse, en ce sens que l'introduction de l'acide sulfureux, dans les vases qui doivent renfermer des

liqueurs fermentées, s'oppose momentanément à leur dégénérescence, et qu'elle laisse le temps de pourvoir à l'accomplissement des mesures conservatrices plus radicales. Mais qu'on
ne vienne pas attribuer à cette opération plus d'importance
qu'elle n'en a réellement ; qu'on ne vienne pas dire, surtout,
que le soufrage est une mesure préservatrice de tous les
accidents ultérieurs, puisqu'il n'en est rien, et que cette
opération introduit en outre l'élément sulfurique dans les vins,
élément qui favorisera plus tard les altérations secondaires,
s'il n'est pas ajouté dans une proportion suffisante. Cette
proportion même serait déjà un abus et une adultération
blâmable.

La pratique même du soufrage offre de grandes différences
selon le caprice des expérimentateurs, et ce qu'en disait
Chaptal est encore vrai à notre époque.

« La manière de composer les mèches soufrées varie sensiblement dans les divers ateliers : les uns mêlent avec le
soufre des aromates, tels que les poudres de girofle, de cannelle, de gingembre, d'iris de Florence, de fleurs de thym,
de lavande, de marjolaine, etc., et fondent ce mélange dans une
terrine, sur un feu modéré. C'est dans ce mélange fondu qu'on
plonge des bandes de toile ou de coton, pour les brûler dans
le tonneau. D'autres n'emploient que le soufre qu'ils fondent
au feu, et dont ils imprègnent des lanières semblables.

« La manière de soufrer les tonneaux nous offre les mêmes
variétés : on se borne quelquefois à suspendre une mèche
soufrée au bout d'un fil de fer ; on l'enflamme, et on la plonge
dans le tonneau qu'on veut remplir ; on bouche [1] et on laisse
brûler : l'air intérieur se dilate et est chassé avec sifflement.
On en brûle deux, trois, plus ou moins, selon l'idée ou le
besoin. Lorsque la combustion est terminée, les parois du
tonneau sont à peine acides : alors, on y verse le vin. Dans
d'autres pays, on prend un bon tonneau ; on y verse deux à
trois seaux de vin, on y brûle une mèche soufrée, on bouche
le tonneau après la combustion, et l'on agite en tous sens. On
laisse reposer une ou deux heures, on *mute* et on réitère
l'opération jusqu'à ce que le tonneau soit plein. »

Voici maintenant, toujours d'après notre auteur, le procédé

---

[1] Très-modérément.

employé pour faire le vin blanc *muet*, qui sert à soufrer les autres vins, lorsqu'on ne veut pas employer les mèches.

« On presse et on foule la vendange, et on la coule de suite, sans lui laisser le temps de fermenter ; on met le moût dans des tonneaux que l'on remplit au quart ; on brûle plusieurs mèches dessus, on met le bondon, et on agite fortement le tonneau, jusqu'à ce qu'il ne s'échappe plus de gaz par la bonde lorsqu'on l'ouvre. On met alors une nouvelle quantité de moût ; on y brûle dessus, et on agite avec les mêmes précautions : on réitère cette maneuvre jusqu'à ce que le tonneau soit plein. Ce moût ne fermente *jamais* (?) et c'est pour cela qu'on l'appelle *vin muet*. Il a une saveur douceâtre, une forte odeur de soufre, et il est employé à être mêlé avec l'autre vin blanc. On en met deux ou trois bouteilles par tonneau ; ce mélange équivaut au soufrage. »

L'emploi du vin muet produit exactement le même résultat que pourrait donner une proportion convenable d'acide sulfureux liquide.

§ VI. — COLLAGE.

Jusqu'à présent le *collage* des vins nous semble avoir été envisagé sous l'aspect le plus erroné qui puisse être, et nous pensons que ce serait rendre un grand service à l'œnologie si l'on parvenait à bien faire comprendre le but et la portée de cette opération.

Le collage peut être inutile et même nuisible. Il peut constituer la manipulation la plus avantageuse pour les vins et les liquides fermentés, et devenir la seule garantie réelle de leur conservation. Pourquoi le pratiquer lorsqu'il peut être inutile ou nuisible ? Comment doit-on le pratiquer pour le rendre toujours avantageux ? Telles sont les idées qui viennent forcément à l'esprit, lorsqu'on observe la pratique journalière et qu'on étudie les opinions des théoriciens les plus accrédités. Tous semblent, en effet, considérer le collage comme le moyen de purification par excellence et ils auraient raison, sans doute, s'ils ne conseillaient de le pratiquer indistinctement pour tous les vins, sans aucun souci de la composition intime de ces liqueurs. Or, si nous prenons un vin délicat, blanc ou rouge, privé de tannin et peu alcoolique, nous pouvons, au point de vue qui nous occupe, le mettre en comparaison avec un vin corsé, fortement alcoolique ou astringent, et nous comprendrons, par quelques expériences très-simples, quels seront les résultats du collage ordinaire. Soient nos deux échantillons désignés par A et B. Mettons du premier vin A dans un tube de verre, et ajoutons-y quelques gouttes d'albumine, du blanc d'œuf. Agitons énergiquement. Faisons la même chose pour l'échantillon B. A notre grand désappointement, nous constatons, après quelque temps de repos, que A n'a donné qu'un dépôt insignifiant, tandis que le dépôt de B est fort abondant et cohérent. Nous en concluons forcément que le collage a agi sur B, que l'albumine s'est combinée avec différents principes, ou qu'elle est devenue insoluble par une réaction donnée, tandis que rien de semblable ne s'est passé en A. De là, on est forcé d'admettre que, en A, loin que l'addition d'albumine ait déterminé la purification du liquide, elle en a, au contraire, augmenté l'impureté, puisque l'albumine que nous y avons introduite est un principe étranger au vin, qui n'a pas rencontré dans la liqueur de principe antagoniste capable de l'éliminer, qui est resté, par conséquent, et qui, plus tard, les circonstances aidant, deviendra une source puissante d'altérations.

Si nous reprenons du même vin A, que nous y introduisions d'abord un principe astringent, déterminant la transformation de l'albumine en composé insoluble, et que nous y ajoutions alors seulement de l'albumine ou de la gélatine, les choses se passeront tout autrement. L'albumine ou la gélatine donnera aussitôt un précipité floconneux abondant de tannate insoluble ; ce précipité, en se réunissant pour gagner le fond du tube, entraînera avec lui toutes les matières étrangères suspendues et une portion de la matière colorante. Lorsque la lie sera déposée, la liqueur sera d'une extrême limpidité, comme dans le cas de B, et l'on aura opéré une purification réelle. Il en sera de même si, dans le premier échantillon A, qui n'a pas donné d'abord de résultats, on ajoute une faible quantité de dissolution de tannin.

Ces petites expérimentations nous paraissent assez concluantes pour qu'on puisse en déduire des principes généraux,

dont l'utilité ne semblera pas contestable aux véritables praticiens. Ainsi, il est clair qu'un vin astringent ou très-fortement alcoolique sera *clarifié* par l'addition d'une proportion
convenable de gélatine ou d'albumine, puisque ces deux principes devenant insolubles en présence du tannin ou d'un certain excès d'alcool, il se formera un dépôt qui entraînera les
substances étrangères suspendues, en se précipitant sous forme
de lie. Il n'est pas moins clair que le collage à l'albumine ou
à la gélatine, des vins peu alcooliques et dépourvus de tannin,
sera toujours une opération détestable, puisque, loin de purifier les liqueurs, cette manœuvre produit un résultat contraire.

Ces deux premiers points arrêtés, nous pouvons voir que la
clarification des vins et des boissons fermentées, par le collage, ne saurait être obtenue d'une manière intelligente et avec
des résultats certains, si elle n'est faite sur des bases rationnelles, à la suite d'une vérification préparatoire.

Observations relatives à la clarification. — Nous savons déjà,
en thèse générale, que le collage s'effectue en introduisant
dans les liquides à clarifier une certaine proportion d'albumine
ou de gélatine, quels que soient les noms dont les réclames
gratifient les formes de ces produits. Nous n'ignorons pas que ces
matières, en se coagulant par l'action de l'alcool ou en se combinant au tannin, forment un précipité; que ce précipité,
comme cela arrive en mille autres circonstances, forme *laque*
avec une partie des matières colorantes qu'il entraîne en se
déposant, et nous savons encore que les substances étrangères,
plus ou moins ténues, suspendues dans un liquide, sont en-
globées, entraînées, *pralinées*, en quelque façon, par le dépôt,
qui les élimine sous forme de lie.

Voilà l'essentiel, en chimie pratique.

Mais on peut avoir à résoudre bien des questions très-im-
portantes, relativement à ces données : 1° peut-on, dans un
but de *collage* ou de *clarification*, introduire dans une liqueur
fermentée de la gélatine ou de l'albumine, d'une manière constante et uniforme, ce qui est à peu près la pratique générale?
2° n'y a-t-il pas des cas où il est impossible de coller les vins
par les matières albuminoïdes dont nous venons de parler?
3° quelle est la marche à suivre dans les circonstances qui peuvent se présenter? Nous allons exposer brièvement la réponse

générale à ces questions, afin d'élucider ce côté de l'œnologie, si mal pratiqué de nos jours[1].

Il tombe sous le sens que, si les matières albuminoïdes existent dans les liqueurs fermentées, le collage par ces mêmes matières ne présentera aucune valeur, toutes circonstances restant égales.

Si, en effet, ce collage devait avoir une action, cette action serait telle, que les matières albuminoïdes du liquide seraient précipitées d'abord : or cela n'est pas, dans la circonstance qui nous occupe. Il n'y a donc pas lieu, dans ce cas, à introduire de nouvelles substances de ce groupe, passibles des mêmes phénomènes chimiques, puisqu'elles ne feraient qu'augmenter la somme proportionnelle des substances étrangères. D'autre part, si les matières albuminoïdes n'existent pas dans la liqueur, c'est qu'elles ont été précipitées à l'état insoluble par des agents donnés. Il se peut alors que les agents précipitants aient été en due proportion pour rendre insolubles toutes les matières albuminoïdes ou gélatineuses, sans qu'il reste un excès quelconque des unes ou des autres. Dans ce nouveau cas, un collage est radicalement *inutile*, puisqu'il ne ferait qu'introduire dans les liquides des matières étrangères déjà éliminées. Enfin, il se peut que les matières albuminoïdes ou les agents précipitants soient en excès. Il devient alors évident que, dans la première circonstance, le collage s'effectuera par l'emploi des agents précipitants, et que la seconde requiert l'emploi des matières albuminoïdes.

Ceci répond, comme on le voit, aux deux premières questions que nous avons posées ; quant à la troisième, elle en forme une sorte de corollaire dont les relations deviennent

---

[1] Nous venons de prendre échantillon d'un vin naturel, de qualité ordinaire, *parfaitement* collé et bien limpide... Sur l'échantillon nous avons prélevé une portion A, qui a été chauffée à 70 degrés et qui a fourni ainsi une *écume* assez abondante, laquelle s'est précipitée en lie (Voir dans le chapitre suivant ce qui est relatif au procédé dit *de M. Pasteur)*... Une portion B a été traitée par un peu d'albumine, qui s'y est dissoute et n'a pas formé de précipité, ce qui était indiqué par l'expérience précédente. Une portion C a été traitée par quelques gouttes de tannin, ainsi que la partie claire de l'expérience A,... il s'est formé un dépôt abondant. Ces expériences démontrent que le chauffage est insuffisant, que le collage par les matières albuminoïdes n'a pas de raison d'être, lorsqu'elles existent déjà dans la liqueur ; enfin, que le tannin est souvent le *seul agent de collage* que l'on puisse et que l'on doive employer.

faciles à résoudre en principe, selon les cas à observer.

1° Si les vins contiennent des matières albuminoïdes, il ne faut pas employer ces mêmes matières pour le *collage*, la *défécation* ou la purification des liqueurs, mais il faut faire usage des moyens de précipitation, dont le plus rationnel est l'emploi des astringents ;

2° Si les vins renferment des matières astringentes ou un excès d'alcool, le collage à l'albumine ou à la gélatine est indiqué ;

3° Si les vins ne contiennent ni matières albuminoïdes ni agents précipitants [1], il convient d'y ajouter une proportion suffisante de ces derniers avant de procéder à l'introduction des premières substances, si le collage était rendu nécessaire par quelque circonstance spéciale, telle qu'un excès de matière colorante, un trouble accidentel, etc.

Une conséquence éminemment pratique, qui ressort de ce qui précède, consiste évidemment dans la nécessité d'une vérification sérieuse des vins que l'on veut clarifier par le collage. On ne doit jamais coller un vin sans savoir ce qu'il est, ce qu'il exige en raison de sa composition ; et c'est précisément de cette vérification indispensable que nos œnologues, nos vignerons et nos commerçants ne se sont encore préoccupés en aucune façon.

Essai des vins avant le collage. — Il n'est pas nécessaire ici de recourir aux données analytiques rigoureuses de la chimie ; ce qu'il faut, c'est savoir si les vins renferment un excès d'albumine ou de gélatine, ou un excès de tannin, en un mot, s'ils peuvent être collés avantageusement ou non. Nous supposons toujours d'ailleurs que l'on connaît parfaitement leur richesse alcoolique [2]. Voici comment nous procédons pour apprécier exactement ce que nous avons à faire.

Nous mettons dans un tube ou une petite fiole une petite quantité du vin à essayer, comme 30 à 40 grammes, par exemple ; puis nous y mélangeons une dizaine de gouttes d'albumine ou de solution de gélatine. S'il se produit après quelques minutes un dépôt sensible, nous en concluons qu'il faut coller le vin dont il s'agit, et il ne nous reste plus qu'à établir

---

[1] Il est ici question des agents autres que l'alcool.

[2] Voir plus loin les données et les méthodes relatives à l'essai de la force alcoolique des liqueurs fermentées.

la proportion d'albumine ou de gélatine à employer. S'il ne se produit rien, au contraire, nous en inférons que le collage est inutile, ou bien que, en tout cas, il ne doit pas se faire par les matières albuminoïdes. Pour nous en assurer, nous prenons un autre échantillon du vin, et nous y versons quelques gouttes de solution de tannin. S'il ne se fait pas de dépôt, nous avons la preuve qu'il n'y a pas, dans la liqueur, de matières azotées ; s'il se produit un précipité, nous sommes certain que le vin contient un excès de ces matières, qu'il n'en faut pas employer au collage et que cette opération doit se faire par les agents précipitants [1].

Dès l'instant que nous savons quelle est la nature du principe dominant dans le vin proposé, nous n'avons plus qu'à essayer la proportion à employer de l'agent utile, et cet essai n'est pas plus difficile que le précédent.

Si le vin précipite par l'albumine ou la gélatine, nous en prenons un volume déterminé, un demi-litre, par exemple, que nous mesurons exactement. Nous préparons, d'autre part, une solution de gélatine semblable à celle que nous employons pour le collage des vins, ou encore une certaine quantité d'albumine d'œufs, battue et filtrée. Nous versons l'une ou l'autre de ces solutions dans une burette graduée, et nous en ajoutons au vin à plusieurs reprises, en agitant chaque fois, jusqu'à ce qu'il ne se produise plus rien. Nous savons dès lors ce qu'il faut employer de solution albumineuse ou gélatineuse pour coller un volume donné de vin ; et si notre essai a porté sur un produit dont nous avons à traiter une certaine quantité, nous pouvons procéder au collage sur la base que nous avons obtenue.

Dans le cas où le vin ne précipite pas par les matières albuminoïdes, mais par le tannin, nous procédons exactement de la même manière et nous apprécions quelle est la proportion de solution de tannin qui nous est nécessaire pour précipiter les substances albuminoïdes contenues dans un volume de vin.

Ce que nous venons de dire suffit pour indiquer la marche à suivre.

Sous le mérite des observations que nous venons d'exposer,

[1] C'est ce qui arrive le plus souvent pour les vins blancs.

nous allons reproduire les principales données de Chaptal au sujet du collage des vins.

« Le soutirage du vin, dit-il, sépare bien une partie des *impuretés*, et éloigne, par conséquent, quelques-unes des causes qui peuvent en altérer la qualité ; mais il reste encore des matières suspendues dans ce fluide, dont on ne peut s'emparer que par les opérations suivantes qu'on appelle *collage* des vins. C'est presque toujours la colle de poisson qui sert à cet usage, et on l'emploie comme il suit : on la déroule avec soin, on la coupe par petits morceaux, on la fait tremper dans un peu de vin ; elle se gonfle, se ramollit, forme une masse gluante qu'on verse sur le vin. On se contente alors de l'agiter fortement, après quoi on laisse reposer. Il est des personnes qui fouettent le vin dans lequel on a dissous la colle avec quelques brins de tiges de balais, et forment une écume considérable qu'on enlève avec soin ; dans tous les cas, une *portion* de la colle se précipite avec les principes qu'elle a enveloppés, et *on soutire la liqueur dès que ce dépôt est formé.* »

On voit que notre auteur regarde le soutirage comme un commencement de purification, dont le collage serait le complément ; mais il admet qu'une *portion* seulement de la colle est précipitée, ce qui justifie déjà ce que nous avons dit. Le passage suivant corrobore davantage encore notre opinion.

« Dans les *climats chauds*, on *craint l'usage de la colle ;* et, pendant l'été, on y supplée par des blancs d'œufs : cinq à six suffisent pour un demi-muid [1] ; on n'en emploie que trois à quatre pour les *vins délicats et peu colorés.* On commence par les fouetter avec un peu de vin ; on les mêle ensuite avec la liqueur qu'on veut clarifier, et on fouette avec le même soin...

« Lorsque les vins d'Espagne sont troublés par la lie, Miller nous apprend qu'on les clarifie par le procédé suivant :

« On prend des blancs d'œufs, du sel gris et de l'eau salée ; on met tout cela dans un vase commode ; ou enlève l'écume qui se forme à la surface, et l'on verse cette composition dans un tonneau de vin dont on a tiré une partie : au bout de deux à trois jours, la liqueur s'éclaircit et devient agréable au goût ; on laisse reposer pendant huit jours, *et on soutire...*

---

[1] 160 litres, jauge de Bourgogne. Le muid de Paris valait 268 litres.

« Ces compositions varient à l'infini : quelquefois on y fait entrer l'amidon, le riz, le lait et autres substances plus ou moins capables d'envelopper les principes qui troublent le vin.

« On clarifie encore le vin et on corrige souvent un mauvais goût en le faisant digérer sur des copeaux de hêtre, précédemment écorcés, bouillis dans l'eau et séchés au soleil ou dans un four : un quart de boisseau [1] de ces copeaux suffit pour un muid de vin. Ils produisent sur la liqueur un léger mouvement de fermentation qui l'éclaircit dans vingt-quatre heures. »

La proportion moyenne usitée en pratique est de 15 grammes de colle de poisson pour 200 litres ; on remplace souvent la colle par sept ou huit blancs d'œufs. Après le collage, on fouette énergiquement le vin, puis, on laisse reposer et l'on tire *au fin* au bout d'une douzaine de jours.

D'après les observations que nous avons émises, on comprend les modifications qu'il convient d'apporter au collage, si l'on veut qu'il soit utile au but à atteindre. Cette opération ne doit se faire qu'après un essai préalable ; elle se fait par l'emploi de la colle de poisson, de la gélatine, de l'albumine dans le cas d'astringence, par l'emploi des astringents dans le cas où les matières albuminoïdes dominent. Un vin qui n'est ni astringent ni albumineux doit toujours être additionné de tannin avant le collage, sans quoi cette opération serait beaucoup plus nuisible qu'avantageuse.

On n'a rien à craindre de l'emploi des astringents, puisque les collages pourront toujours les enlever radicalement, tandis que les collages exécutés sur des vins non astringents ne font qu'introduire dans les liqueurs des principes éminemment altérables, qui causent presque toutes les maladies des vins, et dont la principale attention du fabricant de vins doit être de se débarrasser entièrement.

John, dans ses *Écrits chimiques*, a donné l'analyse du tartre qui se dépose dans les vins qui ont été débarrassés de la lie et

---

[1] Le boisseau de Paris valait 13l,01 ; il équivalait à 16 litrons ou à 1/12 de setier... La raison donnée par Chaptal de l'action des copeaux n'est pas complétement exacte, car ils agissent plutôt par une petite quantité de tannin et leur usage n'a de raison d'être que pour les vins dépourvus d'astringence, qui contiennent des matières albuminoïdes.

soumis aux diverses opérations utiles à la conservation. On sait que le dépôt de ce tartre s'effectue avec assez de lenteur, et qu'il n'est souvent complet qu'après plusieurs années, puisque bien des vins, vieux de futaille, déposent encore dans les bouteilles, où ils finissent de se dépouiller.

Le tartre contient sur 100 parties en poids :

Tartre.	90,00
Résine molle, rougeâtre, soluble dans l'éther, possédant l'odeur de la vanille.	1,00
Matière résineuse, rouge-ponceau (extractif oxygéné).	2,00
Gomme.	2,00
Matière sucrée..	1,00
Fibre ligneuse, rouge-cerise, avec un peu de tartrate acide de chaux..	4,00
	100,00

Nous ne rapportons ici cette analyse que pour faire apprécier la proportion de tartrate acide de potasse, ou de tartre réel que renferment les dépôts connus dans le commerce sous le nom de *gravelle*, dont on extrait le plus communément la crème de tartre et l'acide tartrique.

§ VII. — OBSERVATIONS GÉNÉRALES.

Le plan de cet ouvrage ne nous permet pas de nous occuper, même sommairement, d'un grand nombre de questions œnologiques, telles que la fabrication des vins mousseux, la mise en bouteilles, l'élevage des vins, etc.; et nous ne traitons ici des boissons fermentées qu'à un point de vue plus général, qui se rattache spécialement à l'idée de l'alcoolisation [1].

Malgré les limites restreintes de notre cadre, nous pensons que le producteur de raisins, le cultivateur de vignes, peut *toujours* obtenir des vins de bonne qualité, sains et conservables, s'il met en pratique les règles techniques dont nous

[1] Nous préparons les matériaux d'un ouvrage spécial sur le vin, dans lequel, s'il nous est donné de terminer cette tâche, nous nous proposons de traiter complétement tous les sujets qui se rapportent aux vins de raisin.

avons tracé les conditions. De son côté, l'alcoolisateur dont les vins sont destinés à la fabrication des eaux-de-vie et des liqueurs, ne peut s'en prendre qu'à lui-même de ses insuccès, sauf toutefois le cas de ces immenses désastres qui frappent parfois une culture tout entière.

En admettant que l'on a fait choix d'un sol convenable et d'un bon cépage, productif et de bonne qualité, mûrissant bien et donnant des fruits riches en matière saccharine, les soins de culture bien compris suffiront à assurer la production dans la plupart des circonstances. L'assainissement du sol, l'emploi d'amendements et d'engrais convenables, la précaution de donner aux ceps de l'air et de l'espace, une taille intelligente et modérée, la pratique du pincement et de l'ébourgeonnement représentent, avec les façons et les labours utiles, l'ensemble des soins culturaux les plus efficaces.

Une récolte bien faite, lorsque la maturité est aussi complète que possible, l'accomplissement des règles de la fermentation, à l'aide d'une température suffisante et des manipulations reconnues avantageuses, assureront la production de l'alcool dans la liqueur, production que le sucrage bien fait dirige à volonté dans le cas de besoin, et l'on n'aura plus qu'à se préoccuper des soins de conservation.

Or il suffit d'éliminer le ferment et les matières albuminoïdes qui lui donnent naissance ou qui déterminent l'altération des liqueurs en s'altérant elles-mêmes, pour que l'on soit assuré de conserver tous les vins, même les plus délicats. Nous savons que les vins fortement alcooliques sont conservables par le fait de l'alcool lui-même ; les autres exigent une purification, une défécation aussi entière qu'on puisse l'obtenir. Le repos après la fermentation secondaire, le soutirage dans des vaisseaux propres, le soufrage, le collage sont les moyens d'obtenir cette clarification indispensable. Enfin, si l'on veut bien prêter attention à ce que nous avons exposé sur le collage, on verra que l'emploi des astringents conduit à l'élimination de la matière azotée et garantit les liquides contre les causes d'altération, sans qu'on soit obligé de recourir aux procédés de nos alchimistes. Les astringents ne manquent pas, et sans parler du tannin pur, nous avons le cachou, les kinos, et une foule d'autres substances du même groupe, dont la réaction principale est de se combiner avec les ma-

16

tières azotées et de former des composés insolubles qui se précipitent en lie. C'est là précisément le but capital que l'on recherche et pourvu que l'agent choisi n'apporte pas dans la liqueur de saveur étrangère désagréable, on peut prendre celui dont l'emploi est le plus commode. Nos préférences sont pour le tannin, et surtout le cachou. La quantité de ces matières à employer par hectolitre est d'ailleurs tellement minime (4 à 8 grammes au plus), que la question de dépense ne présente plus qu'une valeur très-secondaire, en sorte que nous n'hésitons pas à en recommander vivement l'usage à tous ceux qui veulent échapper à la fantaisie et conserver en réalité les produits de leurs vignobles [1].

En admettant que les vins ont été parfaitement clarifiés, débarrassés de toutes les substances étrangères que l'on peut atteindre par des moyens physiques ou chimiques applicables, il n'en reste pas moins la plus grande variété de composition entre les différents produits que l'on retire du fruit de la vigne par fermentation, et il est impossible de leur assigner une valeur générale. Chaque vin exigerait une analyse spéciale, selon le lieu de la production, la nature du cépage et du sol, les engrais, la culture, les circonstances climatériques, et même selon le mode de fabrication suivi.

Malgré cette diversité, les vins ne conservent pas moins un nombre suffisant de caractères chimiques communs pour que l'analyse puisse s'assurer de leur origine naturelle et que la préparation des vins artificiels offre des difficultés insurmontables. D'un autre côté, ces difficultés sont encore augmentées par la nature spéciale de plusieurs principes qui existent dans le vin, qu'on ne peut guère trouver que là, et qu'il serait presque impossible aux imitateurs de faire intervenir dans leurs produits.

Voici, au surplus, un tableau que nous empruntons à M. Baudrimont, et dans lequel on trouve l'indication de la plupart des principes que l'on rencontre ou que l'on peut rencontrer dans les vins.

---

[1] Le tannin pur vaut 12 francs le kilogramme. La moyenne de 6 grammes donne un chiffre de dépense de 0 fr. 072 par hectolitre. Il y a fort loin de ce chiffre aux dépenses occasionnées par le chauffage.

Matières entrant dans la composition des vins :

Eau.

Alcool.

Corps organiques fixes, plus ou moins sapides.
- Matières sucrées { Sucre. / *Glycérine.*
- Matière astringente, tannin.
- Œnanthine de M. Fauré.
- Ferment albuminoïde.
- Matière muqueuse indéfinie ?
- Matière extractive indéfinie ?
- Alcaloïdes ou amides.
- Acides et sels :
  - Acide tartrique.
  - Tartrate hydro-potassique.
  - Tartrate potassique.
  - Tartrate calcique.
  - Tartrate ferrique.
  - *Acide succinique.*
  - Acide malique.
  - Sels ammoniacaux.
  - Sels alcaloïdiques.

Matières colorantes.
- Bleue.
- Rose.
- Jaune.
- Brune.

Matières volatiles, formant le bouquet des vins.
- Ethers divers.
- Huiles volatiles.
- Produits indéterminés.

Sels minéraux.
- Sulfate de potasse et de soude.
- Chlorure sodique.
- Phosphate calcique.
- Phosphate ferrique.

Malgré l'introduction dans le tableau précédent de la glycérine et de l'acide succinique, qui ne sont probablement dus qu'à des circonstances particulières, mal définies jusqu'à présent, il est vraisemblable que bien d'autres substances peuvent exister dans les vins, et que des travaux ultérieurs viendront en dévoiler qui ne sont pas même soupçonnées aujourd'hui. Dans tous les cas, un grand nombre de variétés de vins renferment un très-léger excès de tannin ou de matière astringente qui en assure la conservation et contribue à leur donner des qualités hygiéniques précieuses dont il convient de tenir compte.

CHAPITRE V.

CLASSIFICATION ET CARACTÈRES
DES VINS DE RAISIN. — ALTÉRATIONS ET CONSERVATION.
CHAUFFAGE. — FALSIFICATIONS.

On ne saurait réussir à dresser une nomenclature complète des vins à l'aide des éléments actuels, puisque tous les jours de nouvelles variétés se présentent à l'appréciation des consommateurs. Cet obstacle deviendra bientôt presque insurmontable, lorsque les vins d'Amérique auront fait leur entrée définitive sur le marché commercial. D'un autre côté, plusieurs produits de cépages connus changent de valeur selon les années, en raison des circonstances de la récolte, de la fermentation et du travail de la cave ou du chai, en sorte que l'on est forcé, dans l'étude de la classification des vins, de se borner à établir des divisions générales aussi justes et aussi étendues que possible. Nous ne chercherons donc pas à établir une classification rigoureuse, qui pourrait à peine trouver place dans un traité spécial, et nous nous contenterons d'envisager la question sous l'aspect qui nous paraît le plus profitable au but de cet ouvrage.

§ I. — CLASSIFICATION DES VINS.

Un auteur justement estimé, M. Bouchardat, qui s'est occupé, dans ses instants de loisir, des choses de la vigne, a donné une classification des vins que nous croyons devoir reproduire, malgré les critiques que l'on peut soulever sur certaines manières de voir de l'honorable professeur.

M. Bouchardat n'admet pas plus la division en *vins rouges* et *vins blancs* qu'il ne croit naturelle la séparation des cépages à raisins rouges et à raisins blancs. Il partage donc les vins en deux classes, selon les données du tableau suivant :

1° *Vins dans lesquels domine un des principes essentiels du vin.*

A. *Alcooliques* ...	Vins secs......	Madère, Marsala.
	Vins sucrés....	Malaga, Banyuls, Lunel.
	Vins de paille..	Arbois, Hermitage.
B. *Astringents*...	Avec bouquet..	Hermitage.
	Sans bouquet..	Cahors.
C. *Acides*.......	Avec bouquet..	Vin du Rhin.
	Sans bouquet..	Vin de Gouaix, d'Argenteuil.
D. *Mousseux*....	....	Champagne.

2° *Vins mixtes ou complets.*

A. Avec bouquet.	Bourgogne.....	Clos-Vougeot, Mont-Rachet.
	Médoc........	Château-Laroze, Sauternes.
	Midi.........	Langlade, Saint-Georges.
B. Sans bouquet.	Bourgogne et Bordeaux ordinaires.	

Nous ne voulons pas entrer dans la discussion qui pourrait ressortir de cette manière d'envisager les vins, par la simple raison qu'on doit toujours laisser une marge très-large à l'appréciation personnelle ; nous nous contenterons de faire une simple observation sur la distinction que M. Bouchardat fait ressortir du bouquet et qui ne nous semble pas d'une logique inattaquable. Nous ne voyons pas bien ce que l'auteur entend par les vins *privés de bouquet*, au moins dans le sens que tout le monde attache à ce mot, et il nous semble qu'il y a là une sorte d'énigme qui aurait dû être rendue compréhensible.

Le docteur J. Roques, dans son excellente *Phytographie médicale*, trop négligée aujourd'hui pour des compilations qui sont loin de valoir ce livre éminemment utile, déclare que les vins de France sont les meilleurs et les plus salubres de l'univers.

« Aucun produit des arts, ajoute-t-il, ne varie autant que le vin. Chaque pays, chaque canton où l'on cultive la vigne, a ses vins particuliers, souvent reconnaissables et bien caractérisés par leur saveur et leur parfum. Le climat, le sol, l'exposition, la culture de la vigne, la fabrication du vin, établissent des variétés infinies, qui peuvent néanmoins être rapportées à quelques espèces primitives. »

Cet auteur estimable reconnaît très-nettement la difficulté

d'une classification ; mais, cependant, en prenant pour base les principes dominants des vins, il arrive à les distinguer en sept groupes bien définis, qui comprennent la généralité des vins. Nous diviserons avec lui les vins en *alcooliques, alcooliques tempérés, acides* ou *secs, mousseux* ou *gazeux, astringents* et *toniques, aromatiques* ou *muscats, liquoreux* ou *sucrés,* suivant les indications du tableau suivant [1].

TABLEAU DE GROUPEMENT

DE LA PLUPART DES VINS RELATIVEMENT A LEURS QUALITÉS.

Type général des vins.	Provenance.	Noms des vignobles.
A. PREMIER TYPE. *Vins alcooliques,* chauds, stimulants, capiteux, doués de beaucoup de spirituosité.	*France* méridionale.	Bagnols-sur-Mer, Perpignan, Collioure, Saint-Laurent, la Malgue, Maderan, Narbonne, Saint-Georges, Gaillac, Côte-Rôtie, Hermitage, Châteauneuf du Pape, Jurançon, Tavel.
	Etranger. Péninsule hispanique.	Porto, Madère sec, vin de Xérès.
B. DEUXIÈME TYPE. *Vins alcooliques tempérés,* substantiels, stimulants, délicats. . . .	*France.* Bourgog. et Champ. méridionales.	Mâcon, Thorins, Moulin-à-Vent, Fleury, Auxerre, Coulanges, Givry, Beaune, Pomard, Volnay, Corton, Richebourg, Chambertin, la Romanée, Chablis, Meursault, Bouzy, Verzy, Versenay, Aï, Epernay, Mareuil, Sillery.
C. TROISIÈME TYPE. *Vins acides* ou *secs,* capiteux, légers, austères, acidulés, aromatiques.	*France.* Alsace et Lorraine.	Guebwiller, Turckheim, Ribeauvillé, Riquewir, etc. Bar-le-Duc.
	Etranger. Vins du Rhin.	Johannisberg, Rudesheim, Steinberg, Worms. Würtzbourg.
D. QUATRIÈME TYPE. *Vins mousseux* ou *gazeux,* fins, petillants, légers, parfumés. . . .	*France.*	Aï, Sillery, Epernay, Bouzy, etc., Arbois, Saint-Péray, Côte-Saint-André, Limoux, Lagrasse, etc.

[1] *Traité théorique et pratique de la fermentation,* par N. Basset.

Type général des vins.	Provenance.	Noms des vignobles.
E. CINQUIÈME TYPE. *Vins astringents* ou *toniques*, nutritifs, stomachiques, moelleux et délicats, parfumés....	*France.* Bordelais.	Saint-Emilion, Pauillac, Saint-Estèphe, Léoville, La-roze-Balguerie, clos Rozan, Château-Laffitte, Château-Margaux, Château-Latour, Château-Haut-Brion, Sauternes, Barsac, Podensac, Cadillac, etc.
F. SIXIÈME TYPE. *Vins aromatiques* ou *muscats*, doux et sucrés, spiritueux, parfumés, fins et suaves, saveur spéciale............	*France méridionale.*	Rivesaltes, Frontignan, Lunel, Roquevaise, la Ciotat, Cassis, Baume, Montbazin, Béziers, etc.
	Etranger. Provenances diverses.	Constance, le Cap, Montefiascone, Albano, Montepulciano, Lacryma-Cristi, Syracuse, Sétubal, San-Lucar, Malaga, Fuencarral, Chypre.
G. SEPTIÈME TYPE. *Vins liquoreux* ou *sucrés*, stimulants, toniques, parfumés, doux, très-fins	Les crus des muscats français rentrent également dans ce type.	
	Etranger. Provenances diverses.	Tokay, Lacryma-Cristi (muscat), Grenache, Alicante, Rota, Malaga, Malvoisie, Sautorin, Chio, Chypre, Chiraz.

Nous n'avons pas certes épuisé dans ce tableau la liste des vins excellents qui sont récoltés en France et à l'étranger ; mais les données qu'ils renferment nous paraissent largement suffisantes à titre d'indications générales, et nous allons chercher à donner des idées justes sur les caractères des principaux produits fermentés de la vigne.

§ II. — PROPRIÉTÉS SPÉCIALES ET CARACTÈRES DES VINS.

C'est dans l'appréciation fine et délicate des qualités des vins et de leurs caractères particuliers, que le docteur Roques a montré l'esprit d'observation le plus délié, et il a su faire comprendre au lecteur les propriétés différentes des vins dans un style aussi agréable que net et précis. Nous ne résisterons pas au plaisir de lui emprunter presque en entier cette partie de son travail, que l'on consultera avec le plus grand fruit.

Vins alcooliques. — Les vins des Pyrénées-Orientales et de quelques autres départements méridionaux appartiennent à ce groupe. Ceux qu'on récolte aux environs de Perpignan sont colorés, chauds, stimulants, capiteux ; on s'en sert pour donner de la couleur et de l'énergie aux autres vins. Les vins de Collioure, de Cosperon et de Port-Vendres sont aussi très-rouges, très-spiritueux, mais d'un goût plus agréable, plus délicat ; ils se dépouillent en vieillissant, ils acquièrent la couleur d'or et la saveur aromatique du *rancio* d'Espagne. Bagnols-sur-Mer produit également des vins chauds, généreux, et très-analogues à ceux de Collioure. La qualité de ces vins s'améliore et se soutient jusqu'à l'âge de trente à quarante ans. Le Roussillon produit une assez grande quantité de vins blancs, les uns liquoreux et sucrés, les autres secs, alcooliques et très-stimulants. Avec ceux-ci, on prépare à Cette des vins qui passent dans le commerce pour des vins de Madère.

La Provence a ses vins de Saint-Laurent, de la Gaude, de la Malgue, de Bandol, etc. ; le Gard, ceux de Bagnols et de Saint-Gilles ; les Hautes-Pyrénées, ceux de Madiran et de Castelnau ; l'Aude, les vins de Narbonne ; l'Hérault, ceux de Saint-Georges, de Saint-Cristol, de Sauvian ; le Lot, les vins de Cahors ; le Tarn, ceux de Gaillac. Tous ces vins ont une saveur chaude, alcoolique et se perfectionnent en vieillissant.

La Drôme est célèbre par son vin de Côte-Rôtie ; le Rhône par celui de l'Hermitage, vins chaleureux, délicats, qui ont mérité les éloges des plus fins gourmets ; leur saveur spiritueuse, leur bouquet agréable, les placent parmi les meilleurs vins de France. Avignon est fier de son généreux vin de Châteauneuf-du-Pape, et la même contrée possède des vins blancs qui rivalisent avec le Barsac et le Sauterne ; ce sont les vins spiritueux et suaves de Condrieu, les vins de Côte-Rôtie et de l'Hermitage, également spiritueux, pleins de séve, de finesse et de parfum. Ces vins se colorent, prennent une teinte ambrée en vieillissant sans rien perdre de leur gracieux bouquet.

N'oublions pas les vins blancs, délicats, sapides, mais chauds et alcooliques, de Jurançon et de Gan, qu'on récolte aux environs de Pau... Les vignobles de Gaillac, dans le Tarn, produisent des vins blancs d'une douceur agréable quand ils sont jeunes, ensuite spiritueux, chauds et d'un goût délicat...

Parmi les vins étrangers, les vins de Porto et de Madère sec se distinguent par une saveur chaude et plus ou moins spiritueuse. Les Anglais, grands amateurs de ces vins, y ajoutent de l'eau-de-vie, afin de les rendre encore plus stimulants. Le Madère a quelquefois un goût si âcre qu'il brûle la gorge ou bien il a une amertume insupportable. Ces vins ainsi frelatés sont des poisons quand on a les entrailles irritables. Le vrai Madère a une saveur chaude, mêlée d'une douce amertume ; lorsqu'on l'agite, il perle dans le verre. C'est un stomachique puissant. Les vins secs de Xérès sont également spiritueux, mais plus agréables ; ils ont une couleur ambrée, un peu d'amertume et un bouquet suave. En vieillissant, ils deviennent liquoreux et très-délicats ; on peut les conserver pendant quarante ou cinquante ans.

Tous ces vins, d'une nature ardente et alcoolique, ne conviennent ni à tous les estomacs ni à toutes les constitutions ; ils sont salutaires aux tempéraments froids, lymphatiques, à ceux qui ont la fibre molle et de la tendance à l'obésité, qui digèrent difficilement et avec lenteur. La médecine les recommande aux convalescents qui ont été énervés par de longues maladies, par des saignées intempestives, par une diète trop absolue... Ces vins sont peu convenables aux hommes sanguins, bilieux, ardents et colériques ; ils agitent le sang, échauffent la tête, produisent une longue ivresse, réveillent les anciennes irritations de l'appareil digestif, le disposent à l'inflammation. On abuse souvent de ces vins qu'on appelle *toniques*, dans l'hypochondrie, la mélancolie. Le système nerveux déjà surexcité en reçoit une impression fâcheuse, le cerveau s'irrite, ses fonctions s'altèrent et les malades tombent quelquefois dans un état de vésanie incurable.

Vins alcooliques tempérés. — Ici figurent les vins de Bourgogne, vins délectables qui ont de nombreux et chauds partisans. Le Mâconnais nous fournit de bons vins d'ordinaire ; ces vins sont confondus dans le commerce avec ceux du Beaujolais, sous le nom de *vins de Mâcon*. Le vin de Mâcon de bonne qualité et un peu vieux est restaurant et nutritif. Mais il est rarement naturel, et il s'en consomme à Paris ou dans les lieux voisins cent fois plus que le département de Saône-et-Loire n'en peut produire. Ce vin, dont tout le monde veut boire, excite la cupidité du marchand, qui le fabrique de toutes pièces : ainsi, il en fait avec les vins d'Orléans, du Cher, de l'Anjou, de la Provence, de l'Auvergne, du Tarn, etc., en y ajoutant de l'eau-de-vie, du petit vin blanc commun et quelquefois du poiré[1]. Les vins de Thorins, du Moulin-à-Vent, de Fleury, etc., ont un bouquet fin, agréable, et jouissent d'une réputation méritée parmi les bons vins ordinaires; on les sert bien souvent sous d'autres noms comme des vins de choix.

La Basse-Bourgogne nous offre ensuite les vins d'Auxerre, d'Avallon, de Coulanges, d'Irancy, de Givry, etc., vins salutaires, agréables, corsés, surtout lorsque le raisin pineau abonde dans les vignes.

Mais c'est la Côte-d'Or qui produit les vins les plus délicats, les plus estimés. Ici brillent des crus d'un grand renom : le Beaune chaleureux, le franc Pomard, le léger Volnay, le vigoureux Corton, le Richebourg plein de séve, le délicat et rutilant Chambertin, le Clos-Vougeot parfumé, et ce vin de la Romanée, brillant comme le rubis, d'un bouquet, d'une finesse incomparables... Tous ces vins délicats, d'un aromé enchanteur, ont une action rapide sur nos sens, excitent nos organes, les réchauffent, les stimulent, dissipent nos ennuis, récréent l'âme, font naître le plaisir, l'allégresse, réveillent nos affections, nous entourent de prestiges.

Mais il importe de se méfier de tout excès qu'on pourrait être tenté d'en faire ; les vins de Bourgogne troublent facilement la tête, produisent des rêves et une agitation fébrile qui éloigne le sommeil; le lendemain, la pâleur du visage, l'état vertigineux du cerveau, le peu de netteté des idées, le dégoût du travail viennent accuser l'abus de la veille.

On ne saurait, du reste, continue M. J. Roques, contester les avantages du vin de Bourgogne, en santé comme en mala-

[1] Cette réflexion du docteur Roques est encore de toute vérité et rien n'a changé depuis l'époque où il écrivait ces lignes. Les vins dits de Mâcon, offerts à la consommation dans les restaurants, sont d'ignobles mélanges remontés avec de l'alcool, dont la propriété capitale n'est pas de calmer la soif, mais de l'exciter outre mesure : c'est un effet calculé, très-probablement, qui agit principalement sur cette partie de la population que l'on voit se précipiter le dimanche vers tous les recoins où elle espère échapper à Paris et oublier les fatigues ou les ennuis de la semaine. Il vaudrait mieux dîner plus modestement au retour que de s'empoisonner à prix fixe ou à la carte.

die, Les personnes faibles, un peu mélancoliques, en reçoivent un prompt soulagement et, dans quelques cas, il a relevé rapidement les forces; mais il ne faut pas oublier que cette stimulation se concentre particulièrement sur l'encéphale, qu'elle est passagère pour les autres organes, et qu'elle ne saurait être comparée à l'action tonique et corroborante des vins de Bordeaux.

La Bourgogne a aussi des vins blancs très-distingués, les uns limpides, acidulés, très-légers, les autres substantiels, stimulants, d'un goût délicat, d'un agréable parfum. On reconnaît le Chablis à sa blancheur transparente, à sa légèreté, le Vaumorillon à son esprit, à sa finesse [1]. Les vins de Mont-Rachet, de Meursault, sont plus fins, plus suaves, plus spiritueux. Ces vins blancs prennent avec l'âge une teinte ambrée qui n'altère ni leur qualité, ni leur transparence ; celui de la Goutte-d'Or de Meursault doit son nom à sa brillante couleur d'or. Lorsqu'on les frappe de glace, ils deviennent plus agréables, plus incisifs, plus énergiques. Suffisamment délayés, ils apaisent la soif, ils réveillent, facilitent les fonctions des reins; mais ils agacent un peu les nerfs par leur qualité stimulante et acidulée.

La Champagne est fort renommée pour la qualité exquise de ses vins rouges ou blancs. Parmi les meilleurs, on compte les vins d'Aï rouges. Dans les années favorables à la vigne, ils sont limpides, corsés, odorants, et ils ont un goût de terroir spécial. Ils se dépouillent promptement; on peut les boire à leur troisième ou quatrième année. Le vin de Cumières, plus léger, plus aromatique, plus délicat, a moins de séve ; c'est une boisson délicieuse pour ceux qui ne supportent pas les vins substantiels et trop stimulants. Les vins du clos de Saint-Thierry, ceux de Bouzy, de Verzy, de Verzenay et de Mailly sont d'une qualité supérieure, et rivalisent avec les meilleurs crus de la Bourgogne. Ils sont délicats, fins, onctueux, limpides, brillants ; ils exalent un parfum qui leur est propre, et il n'en est guère de plus gracieux.

La Champagne n'est pas moins riche en vins blancs. Les vins d'Epernay sont légers, délicats, d'une agréable douceur ; ceux de Pierry, plus secs, plus spiritueux, ont surtout un goût

[1] Le vin de Chablis donne lieu à la même observation que le Mâcon : il s'en consomme, à Paris seulement, beaucoup plus qu'on n'en produit. D'où vient l'excédant, sinon de l'industrie des frelateurs ?

bien prononcé de pierre à fusil. Dans les vins d'Aï et de Mareuil, on trouve la douceur réunie à la finesse et à la qualité spiritueuse. Ceux de Hautvillers sont moins doux, mais plus corsés que les vins d'Aï. On estime particulièrement les vins qui proviennent du vignoble nommé *la Côte-à-bras*, et de quelques autres vignes réunies au même domaine. Mais le Sillery est le vin blanc par excellence. Il est légèrement ambré, spiritueux, sec, parfumé ; il tient la bouche fraîche et il excite agréablement l'estomac. Loin de nuire à la digestion, il la favorise au contraire par sa saveur piquante, austère, incisive.

Vins acides ou secs. — Ce groupe se compose des vins d'Alsace et de ceux des provinces d'Allemagne que l'on connaît sous le nom de *vins du Rhin*. La plupart de ces vins, blancs d'abord, prennent une teinte flavescente en vieillissant; ils sont un peu capiteux, secs, légers, austères, se conservent longtemps, et déposent beaucoup de tartre. Les vins des environs de Colmar, tels que ceux de Guebwiller, Turckheim, Riquewir, Ribeauvillé, etc., ont de la force, de la séve, et un bouquet aromatique fort agréable. Les vins blancs de la Moselle sont secs, légers, acidulés, d'un parfum agréable qui se rapproche de celui des vins de Grave ; mais leurs qualités s'affaiblissent et se détériorent par l'âge. Les vins de l'Autriche supérieure ont également une acidité qui n'est point désagréable pendant les grandes chaleurs ; ils sont rafraîchissants et diurétiques, mais ils ont peu de finesse et de parfum.

Les vins les plus célèbres et les plus estimés de ce groupe sont les vins du Rhin. Lorsqu'ils sont vieux et de bon choix, ils ont une grande valeur ; il en est qui peuvent se conserver cinquante ou soixante ans. Le plus fameux est celui de Johannisberg, qui se distingue par un bouquet spécial, par un goût exquis, par sa séve et sa limpidité. Après ce grand cru, qu'on place au premier rang, on a encore les vins très-distingués de Rudesheim, de Steinberg, de Kidrich, de Worms, etc. Tous ces vins ont de la force et un parfum très-délicat. On vante encore les vins blancs de Würtzbourg, provenant des vignes de Leist et de Stein.

Le vin du Rhin de bonne qualité est très-limpide, d'une saveur acidulée, mais fort agréable, et d'une couleur d'or. Il réconforte l'organisme, réveille la chaleur naturelle chez les individus affaiblis; il donne du ton à l'estomac, fortifie le cerveau, sans produire la céphalalgie, ni le tremblement des membres, comme beaucoup d'autres vins.

Vins gazeux ou mousseux. — Nous n'avons pas cru devoir nous arrêter sur la fabrication spéciale de ces vins, lesquels doivent leur propriété principale à l'acide carbonique qu'ils renferment, et qui provient de ce que la fermentation ne s'est terminée que dans les bouteilles. On peut dire que ces vins sont le résultat d'un véritable artifice, et le plus souvent même on y introduit une certaine proportion de sucre, dont la décomposition donne lieu à la production gazeuse.

Les vins mousseux de Champagne se placent au premier rang. Le commerce les distingue en vins crémants ou demi-mousseux et en grands mousseux. On les fait avec des raisins noirs et des raisins blancs ; ce mélange concourt à leur perfection. On les met en bouteilles pendant les mois de mars et d'avril qui suivent la récolte. La fermentation commence ordinairement dans les premiers jours de juin et continue tout l'été ; elle est surtout très-forte pendant la floraison de la vigne et au mois d'août, lorsque le raisin commence à mûrir. La fermentation diminue à l'automne. Ceux qui ne prennent qu'une fermentation légère, et qu'on appelle crémants, sont gazeux, petillent moins dans le verre, et la mousse qui couvre la liqueur se dissipe en quelques instants ; ils sont moins piquants, plus vineux et plus estimés que les grands mousseux.

Il importe, du reste, que ces vins réunissent dans de justes proportions le principe spiritueux, la séve, la finesse, le corps et le parfum.

Le vin rosé se fait avec du raisin rouge choisi, que l'on égrappe, que l'on foule et qu'on laisse cuver jusqu'à ce que le moût ait acquis une couleur tendre et rosée. Mais on obtient encore cette teinte en ajoutant au vin blanc une liqueur préparée avec des baies de sureau et de la crème de tartre. Quelques gouttes suffisent pour teindre en rose une bouteille de vin blanc, sans altérer son goût ni sa salubrité.

On a cru pouvoir imiter les vins de Champagne dans quelques vignobles de Bourgogne ; on a obtenu ainsi un vin mousseux, petillant, énergique ; mais on n'a pu lui donner la légèreté, la finesse, la grâce, le parfum du Champagne. Celui-ci est frais à la bouche ; il charme, il récrée l'esprit, donne une ivresse douce, passagère. Le Bourgogne est plus corsé, plus spiritueux, plus sapide ; mais il attaque vivement le cerveau, trouble la digestion, rend la bouche pâteuse [1]...

Un vin pétillant, moelleux, parfumé, agréablement gazeux, c'est le vin d'Arbois, que des amateurs préfèrent même au vin d'Aï.

Les vignes de Milerey, près de Besançon, produisent aussi des vins pétillants, surtout la première année, mais qui n'ont pas la finesse du vin d'Arbois.

L'Ardèche fournit également des vins mousseux. Celui de Saint-Péray, qu'on récolte dans le clos de Gaillard, est fort renommé ; il se distingue par sa qualité spiritueuse et par son parfum, qui approche de celui de la violette. L'Isère nous donne les vins légers et pétillants de la côte Saint-André ; la Drôme, la clairette de Die, vin spiritueux, mousseux comme le Champagne ; et l'Aude, la jolie blanquette de Limoux, Lagrasse et Magrie, liqueur pétillante, parfumée et d'une agréable douceur.

Tous ces vins, imprégnés d'acide carbonique, gagnent à être frappés de glace : le froid les rend plus secs, plus pénétrants ; il modifie surtout leur saveur quelquefois un peu fade ou trop sucrée.

Vins astringents et toniques. — Ici viennent se ranger les vins du territoire de Bordeaux. Nulle contrée n'en possède de meilleurs, surtout de plus salubres ; mais peu de vignobles offrent, dans la qualité et le prix de leurs produits, une différence aussi grande que celle qui existe entre les premiers crus et les crus ordinaires de ce pays. Les vins ordinaires, qui appartiennent à la quatrième et même à la cinquième classe des vins de Bordeaux, sont les petits vins du Médoc, ceux d'Ambès et des autres vignobles des palus de la Garonne, ceux des environs de Bourg-sur-Mer, de Montferrant, des côtes de Saint-Emilion, du canton de Libourne, etc. Ces vins sont en général colorés et fermes, un peu âpres, surtout la première année ; mais ils s'améliorent en vieillissant. Quelques-uns ont un goût de terroir assez prononcé ; d'autres sont légers et ont un goût d'amande. Ceux de la côte de Saint-Emilion sont

---

[1] C'est le vin des Anglais, ajoute notre auteur, avec une pointe de sarcasme envers nos voisins d'outre-Manche.

spiritueux, corsés, d'une saveur agréable ; ils sont nutritifs, astringents, stomachiques. Malheureusement, ceux que l'on consomme sous le nom de *vins fins du Médoc* ne sont pas toujours d'un bon choix, et ils sont souvent indignement frelatés.

C'est là une des hontes du commerce français.

Les vins de Canténac, de Pauillac, de Saint-Estèphe, etc., sont fins, délicats, très-estimés ; quelques-uns ont le parfum de la violette. Les crus de Léoville, de Larose-Balguerie, de Pichon-Longueville, de Branne-Mouton, du clos Rauzan, de Durfort, sont des vins excellents que l'on ne trouve malheureusement que trop rarement purs dans le commerce. Mais les plus renommés, les plus délicats, les premiers vins de Bordeaux sont : le Château-Laffitte, sur le territoire de Pauillac ; le Château-Margaux, dans la commune de ce nom ; le Château-Latour, sur le territoire de Saint-Lambert, et le Château-Haut-Brion, sur le territoire de Pessac. Ces vins, récoltés dans les années favorables à la vigne, ont une saveur exquise, un bouquet, un parfum délicieux, en un mot, tous les mérites, toutes les qualités désirables...

Le vin de Bordeaux offre une qualité remarquable, qui est de tonifier l'estomac et l'ensemble des organes en laissant la bouche fraîche et la tête libre.

Le territoire de Bordeaux a aussi des vins blancs en grande quantité. Parmi les meilleurs et les plus renommés se distinguent les vins de Sauternes, de Barsac, de Preignac et de Bommes. Ils sont à la fois moelleux, corsés, fins, aromatiques, et ils peuvent lutter avec les premiers vins blancs de France. Ils se colorent en vieillissant sans perdre de leurs qualités. Les vins de Saint-Bris et de Carbonnieux sont légers, secs, délicats et transparents ; leur bouquet participe du girofle et de la pierre à fusil. On apprécie également les vins de Cérons, de Podensac, de Langon, de Loupiac, de Sainte-Croix-du-Mont, de Cadillac, etc. Tous ces vins ont de la sève, du corps et un bouquet agréable ; ils sont stimulants et très-diurétiques[1].

[1] Pour compléter cette revue, nécessairement fort sommaire, des excellents vins du Bordelais, nos lecteurs ne peuvent mieux faire que de s'adresser au livre intéressant sur *Bordeaux et ses vins,* que nous avons déjà cité précédemment.

Vins aromatiques ou muscats. — Un parfum spécial distingue
cette classe de vins : le principe sucré y domine souvent, mais
uni à un principe aromatique et à l'alcool. La plupart sont
doux, mucilagineux, pâteux à la bouche et plus ou moins
spiritueux ; mais il en est qui ont beaucoup de finesse, un
goût délicat, un parfum suave...

Nos premiers vins muscats se récoltent à Rivesaltes, dans
les Pyrénées-Orientales, à Frontignan et à Lunel. Le premier se recommande par une saveur à la fois douce et spiritueuse, c'est le meilleur vin muscat de France ; il embaume la
bouche et la laisse toujours fraîche. Lorsqu'il a vieilli et qu'il a
été récolté dans une année favorable, il possède l'esprit, la
finesse, le moelleux, l'arome, et il est peu de vins qui lui
soient comparables. Les muscats de Frontignan et de Lunel
jouissent d'une haute réputation, et viennent immédiatement
après le Rivesaltes. Le premier se distingue par un parfum
suave et par un goût de fruit très-prononcé ; il gagne à
vieillir et il dure longtemps. Le muscat de Lunel a beaucoup
de parfum et de finesse, moins de corps et un goût de fruit
moins prononcé. Le Midi fournit beaucoup d'autres vins
muscats ; mais ils sont moins fins, moins renommés. Dans le
département des Bouches-du-Rhône, non loin de Marseille,
Roquevaire, Cassis et la Ciotat nous donnent des muscats
rouges ou blancs d'un agréable parfum. Vaucluse a son muscat de Baume ; l'Hérault nous offre encore ses muscatelles de
Montbasin, ses muscats de Béziers, de Bassan, de Sauvian et
Maraussan. Ce dernier a de la finesse et un goût de fruit qui
le rapproche du Frontignan et du Lunel.

On fait encore dans le département du Bas-Rhin, dans les
environs de Strasbourg et dans quelques autres départements
des vins muscats plus ou moins parfumés, plus ou moins savoureux, mais ils n'égalent point ceux du Languedoc et de la
Provence.

Tous ces vins sont délicats, restaurants, toniques, digestifs,
stomachiques et ils relèvent promptement les forces affaiblies
par les longues maladies [1].

---

[1] Il importe extrêmement de ne pas attribuer ce qui vient d'être dit aux
compositions chimiques créées par les falsificateurs de Bercy, ou par les fabricants spéciaux de Cette. On vend à bas prix des vins de Frontignan ou de Lunel
qui ne sont guère autre chose que des potions, plus ou moins alcoolisées, pré-

Les vins muscats abondent dans les pays étrangers. Ils sont plus ou moins sapides, plus ou moins aromatiques ; mais comme ils passent par les mains du commerce, ils sont presque toujours falsifiés. L'Italie produit des vins muscats très-fins. Les plus précieux sont le muscat blanc de Monte-Fiascone, les muscats blancs ou rouges d'Albano et des environs de Rome ; ils sont également remarquables par leur douceur et leur parfum aromatique. On récolte à Monte-Pulciano, en Toscane, un vin muscat rouge appelé *Aleatico,* qui joint à une brillante couleur un goût et un bouquet délicieux. Le mont Vésuve produit aussi une sorte de vin muscat qui n'est point le Lacryma-Cristi, mais qui est très-fin et très-délicat. Ceux de Syracuse, en Sicile, ne sont pas moins renommés, ils sont d'un rouge pâle, comme ambrés, pleins de finesse, de séve et de parfum.

Le vin muscat de Sétubal, à quelques lieues de Lisbonne, est un vin excellent, doué d'un parfum spécial qui le distingue des autres vins des contrées méridionales. Sa couleur est ambrée, il présente une saveur douce, fine, agréablement spiritueuse et un arome particulier, comme balsamique... On récolte également en Espagne des vins muscats très-renommés : on estime particulièrement le muscat de Fuencarral, près de Madrid, le moscatel de Paja qu'on fait dans les vignobles de Xérès, les muscats de San-Lucar-de-Barameda et ceux de Malaga. Parmi ces derniers, celui qui porte le nom de *Lagrima,* et qu'on obtient du jus qui s'écoule du raisin avant de le soumettre à la pression, est particulièrement estimé.

On vante encore les vins muscats rouges ou blancs des îles de Samos, de Ténédos et de Chypre. Celui-ci, très-doux et blanc dans sa jeunesse, devient rouge et s'épaissit en vieillissant ; il peut se conserver au delà de soixante ans ; le plus renommé se récolte dans le village d'Argos. Enfin l'Afrique méridionale nous offre les vins muscats du Cap, moins renommés sans doute que le vin de Constance avec lequel ils sont quelquefois confondus, mais très-fins et très-estimés.

Vins liquoreux et sucrés. — Ce groupe se rapproche du pré-

parées selon les besoins par les frelateurs et décorées d'une étiquette mensongère. Le muscat à 1 fr. 50 est le digne émule de l'eau-de-vie dite *fine Champagne* au même prix. Le meilleur marché est ici le plus cher.

cédent par ses principes élémentaires, mais on n'y trouve
point ce goût spécial qui caractérise les vins muscats.

Dans les années favorables à la vigne, on fait dans le département du Haut-Rhin, à Colmar, un vin délicat qu'on appelle
vin de paille. On choisit les plus belles grappes qu'on laisse
sur le cep jusqu'à la première gelée. On les suspend alors à
des perches disposées à cet effet dans la partie supérieure de
la maison. En hiver, on les abrite contre les grands froids, et
en mars suivant on les égrappe, et le grain est porté au pressoir. Quand la fermentation est terminée, on soutire une liqueur qui, malgré trois pressions consécutives, n'est d'ordinaire que la dixième partie du vin qu'on aurait obtenu à
l'époque de la vendange. On clarifie dans des tonneaux et l'on
met en bouteille. Le vin n'a d'autre défaut qu'un peu d'acidité qui se dissipe à mesure que la liqueur se combine. A six
ou huit ans, il a de la finesse, de la séve et un goût très-délicat. On fabrique également des *vins de paille* dans le département de la Corrèze, avec les raisins blancs les plus mûrs ; dans
celui de la Drôme, avec le raisin le plus sain de l'Hermitage ;
dans le Jura, avec des raisins choisis parmi les meilleures espèces. Ce sont des vins de liqueur qui imitent, les uns, le Malaga, les autres, le Tokay de Hongrie. Le vin de paille de l'Ermitage est d'une qualité supérieure et d'un goût délicieux
lorsqu'il a vieilli.

On prépare à Roquevaire, à Aubagne, à la Ciotat et à Cassis,
en Provence, ainsi que dans plusieurs vignobles du Languedoc
et du Roussillon des *vins cuits* qui imitent les vins de Calabre,
de Chypre, de Madère, de Grenache, d'Alicante, de Malaga,
de Rota, et autres vins étrangers. Parmi ces vins, on distingue
celui qu'on fait à Salces dans les Pyrénées-Orientales, sous
le nom de *Maccabec* ou *Maccabeo ;* on lui trouve quelque analogie avec le vin de Hongrie.

De tous les vins de liqueur étrangers, celui qu'on récolte à
Tokay dans le comté de Zemplin, en Hongrie, jouit de la plus
haute réputation. La côte qui le produit a environ 900 pas de
longueur; mais la partie exposée au midi, qu'on appelle *Me-
sez-Malé* (rayon de miel), d'où l'on tire le meilleur, n'a guère
que 600 pas[1]. Celui-ci, le plus estimé et le plus rare, n'entre

---

[1] D'où vient alors le vin de Tokay *parisien* à 15 ou 20 francs la bouteille ?..

pas dans le commerce : il est destiné pour les caves de l'empereur et celles de quelques magnats qui y possèdent des vignes. On le regarde comme le premier vin de liqueur du monde.

Le véritable Tokay est, à la fois, doux et généreux, délicat et parfumé ; il rafraîchit la bouche et n'y laisse qu'une saveur délectable... Un autre vin de liqueur non moins renommé, c'est le *Lacryma-Cristi* du Vésuve. Il est rouge comme du sang, d'une saveur exquise, d'un parfum suave.

Les vins liquoreux ou sucrés abondent en Espagne ; elle a ses vins de Grenache, d'Alicante, de Rota, de Malaga, de Xérès, etc. Le Grenache de l'Aragon est d'une couleur paillée ou œil de perdrix, d'une saveur chaude, agréablement parfumée ; on l'imite assez bien dans nos provinces méridionales. Le vin d'Alicante et le vin de Rota sont plus ou moins rouges, chaleureux, sucrés et aromatiques ; ils sont nutritifs, restaurants et toniques. C'est sur les montagnes qui environnent Malaga qu'on récolte ces vins liquoreux, d'une couleur ambrée, d'une douce amertume, connus sous le nom de *vins de Malaga ;* ils deviennent, en vieillissant, spiritueux, très-fins et très-parfumés. Le vin qu'on récolte dans les vignobles de Xérès de la Frontera, et qui porte le nom de *Paxarète*, est délicat, parfumé, d'une agréable douceur. La variété appelée *Pedro-Ximenez* est encore plus estimée ; ce vin joint à beaucoup de finesse un goût et un parfum des plus suaves ; il réunit toutes les qualités du Malvoisie de Madère ; on lui donne le nom de *Malvasia*.

Le Portugal a peu de vins de liqueur. Outre le muscat de Sétubal, dont nous avons déjà parlé, il y a encore le vin blanc de Carcavellos, estimé pour son parfum et sa douceur agréablement spiritueuse.

C'est dans les vignobles de la Grèce qu'on récolte le vin de Malvoisie, liqueur si renommée et si exquise que, partout, on a cherché à l'imiter. Celui qu'on fait à Mistra et à Malvasia est le meilleur ; il se distingue par sa douceur, sa finesse, et son parfum à la fois spiritueux et suave. On fait également du vin de Malvoisie dans les îles de l'Archipel. L'île de Candie en fournit d'excellent, et l'on vante la finesse et le parfum de celui que les moines grecs récoltent près de la Canée, sur des collines adjacentes au mont Ida.

Le vin de l'île de Santorin, appelé *Vino santo,* et fait avec des raisins bien mûrs qu'on a exposés pendant huit jours au soleil avant d'en exprimer le jus, égale les meilleurs vins de liqueur. Ceux qu'on fait dans les Etats romains sous le nom de *Vino greco* ou de *Vino santo,* en sont une imitation; on les prépare avec des raisins choisis.

Les vins de Chio ou Scio ont conservé leur ancienne renommée. Mais les plus estimés sont ceux qu'on récolte maintenant dans l'île de Chypre. Ces vins, conservés à l'abri des impressions de l'air, exhalent un parfum délicieux, et présentent un goût suave.

On recherche également les vins du Cap, et particulièrement les vins de liqueur rouges ou blancs qu'on récolte dans un petit vignoble appelé *Constance.* Ces vins, d'un goût exquis et d'un parfum suave, sont extrêmement rares et d'un prix très-élevé. On les confond en Europe avec les vins muscats qu'on récolte également au cap de Bonne-Espérance, mais qui leur sont inférieurs en qualité. Le plant qui les produit a été apporté de Chiraz en Perse.

Outre ses vins secs et chaleureux, l'île de Madère produit un vin de liqueur excellent, dont le plant a été apporté de l'île de Candie; ce vin est connu sous le nom de *Malvoisie de Madère,* et quelques amateurs le préfèrent à celui de l'Archipel. Il est d'une couleur ambrée, doux, très-fin, parfumé et légèrement spiritueux. On fait du malvoisie à l'île de Ténériffe et dans les Açores; on en fait également en Italie, au Vésuve, en Espagne, à Malaga; en France, dans quelques-uns de nos départements méridionaux; mais ces vins de liqueur ne peuvent se comparer au Malvoisie grec ou à celui de Madère.

On récolte à Chiraz et à Ispahan, en Perse, des vins de liqueur qui ont beaucoup de rapport avec le malvoisie. Ces vins sont préparés avec des raisins blancs que l'on fait sécher en partie au soleil. Mais le meilleur vin de la Perse et de tout l'Orient est celui qu'on fait dans les environs de Chiraz avec un gros raisin rouge appelé *damas,* dont les grappes atteignent un poids considérable. Il a une couleur rouge peu foncée, un parfum très-aromatique, de la douceur, beaucoup de finesse, un goût légèrement spiritueux : il laisse dans la bouche une sensation de fraîcheur très-agréable, et serait parfait de tout point si son arome ne rappelait celui des résines indigènes de la Perse.

Ces vins de liqueur, chargés de matière saccharine unie au principe spiritueux, ont des propriétés stimulantes et toniques[1].

A cette nomenclature des caractères des principaux vins de chaque classe établie par M. J. Roques avec autant de sûreté d'appréciation que de finesse, il sera bientôt indispensable de joindre une étude sur les vins américains. Ces vins, peu connus encore, ne tarderont pas à entrer en lice avec les produits œnologiques des autres parties du monde, et le jour ne paraît pas devoir s'éloigner beaucoup auquel il sera nécessaire de compter avec eux, et de leur faire une place distinguée dans cet ensemble des vins de raisin.

§ III. — ALTÉRATIONS ET MALADIES DES VINS.

Si le lecteur veut bien se reporter à ce qui a déjà été exposé en divers endroits de ce livre sur le vin de raisin, s'il veut bien tenir compte des faits observés sur les phénomènes de la fermentation, il ne lui sera aucunement difficile d'apprécier sainement les causes des altérations et des maladies nombreuses du vin, en dehors des hypothèses plus ou moins brillantes de nos œnologues actuels. Nous résumons rapidement les faits.

Nous avons ou nous pouvons avoir, dans le vin fermenté, de l'eau, de l'alcool, du sucre, des matières gommeuses, du ferment, des matières azotées solubles coagulables ou non coagulables, des matières colorantes ou extractives, des acides, des sels, sans parler de divers produits secondaires de la fermentation. Or, si nous n'avons pas mis sérieusement en pratique les règles qui dérivent de l'étude de la fermentation, il nous paraît bien difficile de protéger une liqueur aussi complexe contre des altérations qui sont une conséquence forcée des lois naturelles. A notre sens, c'est l'altération qui est la règle ; c'est la conservabilité qui est l'infraction à cette règle, et il suffit d'un peu de réflexion pour reconnaître la vérité ab-

---

[1] J. Roques, *Phytographie médicale*, t. III.

solue de cette proposition que l'on pourrait être tenté de regarder comme paradoxale. En effet, le jus de raisin, comme
toutes les matières d'origine organique, tend à la simplification ultime ; la fermentation, ce moyen suprême de simplification, n'a encore agi sur lui que dans les conditions de la
phase alcoolique, et il a perdu une partie seulement de ses
principes solubles sous forme d'acide carbonique. Si nous
avons enlevé différentes matières sous l'état de lie et d'écumes,
nous n'avons pas touché à la composition intime de la liqueur, et elle contient tout ce qu'il faut pour que le travail
de dédoublement se continue aussitôt que les circonstances
favorables seront réunies.

Ces circonstances sont la présence de l'eau, de la matière
altérable, d'un agent d'altération plus ou moins facilement
altérable lui-même, de l'air et d'une température convenable.

Nous avons l'eau. La matière altérable est représentée par
le sucre, la gomme et ses congénères, l'alcool lui-même, s'il
n'est pas un excès, la matière azotée soluble ou insoluble. L'a-
gent d'altération est cette même matière azotée organisée ou
organisable, et il ne nous manque que l'accès de l'air et un
degré donné de température pour que le vin même *bien fermenté,* dans de bonnes conditions, passe aux phases ultérieures
de la décomposition. Que sera-ce donc si nous avons laissé
dans la liqueur du ferment globulaire ou sphéroïdal actif, si
ce ferment est en présence des principes que nous venons de
signaler ? Nous ne pouvons parvenir à arrêter la marche fatale et nécessaire de la simplification qu'en modifiant la composition de nos liquides, en éliminant, ou la matière altérable,
ou l'agent d'altération, ou en portant à une dose suffisante l'alcool considéré comme agent de conservation. Nous pourrions
encore agir par le froid ou la chaleur pour certaines substances, mais ces deux moyens sont peu praticables dans le
cas présent. Nous pouvons encore soustraire le liquide à l'action de l'air, et c'est dans ce but que nous le renfermons dans
des vases clos, dans des vases en verre notamment.

Or la plupart de nos vins ne renferment pas une dose d'alcool qui les mette à l'abri des dégénérescences. Quelle que soit
l'habileté avec laquelle le soutirage a été pratiqué, malgré les
collages et souvent à cause des collages, il reste dans le vin
du ferment et de la matière plastique qui favorisera la multi-

plication des cellules azotées; cette matière plastique tend elle-même à se dédoubler, à se simplifier par les voies les plus diverses et les plus imprévues, en sorte qu'il n'y a rien d'étrange dans le fait même des altérations des vins, en présence de tant de causes puissantes de dégénérescence.

Ces causes sont tangibles et parfaitement compréhensibles pour les observateurs attentifs. Elles conduiront invinciblement à l'organisation de la matière plastique, à la formation de globules actifs, de mycodermes, pour employer la formule et le vocable de M. Pasteur. Ces globules viendront ajouter leur action à toutes les causes précédentes, mais ils ne seront eux-mêmes que l'effet de ces causes mêmes, et ce serait une absurdité que d'attribuer les altérations des vins aux mycodermes seulement, et de dire qu'on peut guérir les vins malades ou conserver les vins sains en tuant ces mycodermes.

Il y a bien autre chose vraiment, et la première idée qui aurait dû frapper le cerveau des mycologues est celle-ci, qu'il faut empêcher les mycodermes de se produire, et que cela vaut mieux que de chercher à les détruire. Après les avoir détruits une première fois, rien ne les empêchera de se reproduire si les mêmes causes primitives subsistent. C'est ce que n'ont pas compris ou n'ont pas voulu comprendre M. Pasteur et les adhérents fanatiques de ses théories; cela était beaucoup trop simple et aurait nui à l'effet. Pour nous qui nous rattachons aux faits et aux principes avant tout, nous ne pouvons admettre ces non-sens, et nous allons chercher à exposer les causes réelles des altérations des vins, sans nous préoccuper des idées prônées par les coteries dites *scientifiques*.

Chaptal a borné son étude des altérations et des dégénérescences du vin à la *graisse* et à l'*acescence* spontanée; il passe avec une certaine rapidité sur la *pousse*, le *goût de fût*, l'*amertume*, les *fleurs du vin*.

M. Payen (de l'Institut) joint à cette liste l'*astringence*, l'*excès* ou le *défaut* de *matière colorante,* le *trouble* de la liqueur, la *coloration bleue*, l'*inertie*, les *falsifications*. D'autres y ajoutent le *goût de moisi*, le *goût d'évent*, le *tour*. Si les maladies du vin ne manquent pas, on peut dire que les remèdes, bien que fort nombreux entre les mains des empiriques, sont loin de présenter toute la valeur qu'on leur attribue. Ici, comme ailleurs, mieux vaut prévenir que guérir, malgré tout l'intérêt que les guérisseurs peuvent prendre à la maladie.

Nous disons qu'un vin ne peut être malade s'il a été bien fabriqué selon les règles fondamentales de la fermentation et si, après une bonne fermentation, il a été *parfaitement déféqué* et clarifié; s'il a été l'objet de soins convenables en cellier, et si on le soustrait à l'influence des causes extérieures d'oxydation et d'altération. Un vin dont la fermentation active s'est opérée à une température moyenne de 20 à 25 degrés à, l'abri de l'action de l'air, qui n'a pas emprunté d'acescence au chapeau, ni de mauvais goût à des fruits malsains, à une cuve sale ou moisie, que l'on place dans des vaisseaux propres et sains, dont la fermentation secondaire s'effectue tranquillement sous l'influence d'un ouillage régulier, que l'on débarrasse des lies et des impuretés suspendues par des soutirages bien faits, dont les matières tannantes et les matières azotées surtout ont été éliminées par des collages rationnels, qui a été soumis à l'action préservatrice d'un soufrage modéré, un tel vin n'a pas à redouter d'altérations s'il renferme assez d'alcool et s'il est placé dans des vases bien clos, à l'abri d'une température exagérée et du contact de l'air. Ce vin ne s'altérera qu'après un temps excessivement long, comme les vins les plus conservables s'altèrent à la longue, même dans les flacons les mieux bouchés, ce qui tient à des causes secondaires tout à fait accidentelles.

Les altérations existant et les causes de ces altérations, que faut-il faire pour les prévenir et pour rétablir les vins dégénérés? La réponse à ces questions ressortira de ce que nous avons à dire sur les dégénérescences principales des vins.

1° *Acescence du vin.* — L'acescence du vin est due à la présence de l'acide acétique dans la liqueur. Cette altération ne doit pas être confondue avec l'acidité naturelle qui préexiste dans les moûts des raisins qui n'ont pas atteint leur maturité, et qui renferment un excès d'acide tartrique. Dans ce dernier cas, ainsi que nous l'avons fait remarquer, le vinage à la cuve par le sucre ou par l'alcool remédiera à cet inconvénient dans la plupart des circonstances. Si l'acidité tartrique du moût ou du vin ne disparaissait pas suffisamment par ce moyen, on devrait y ajouter une quantité convenable de craie pulvérisée pour enlever l'excès d'acide à l'état de tartrate de chaux jusqu'à ce que la saveur ne laisse rien à désirer. On soutire ensuite, on colle de la façon indiquée et l'on soutire encore après le collage.

L'acescence des vins, selon Chaptal, est la maladie la plus commune des vins, on peut même dire qu'elle est la plus naturelle, puisqu'elle est une suite de la fermentation spiritueuse; mais, comme on connaît les causes qui la produisent et les phénomènes qui l'accompagnent ou l'annoncent, on peut parvenir à la prévenir... Lorsque la matière azotée est en excès dans le vin par rapport au sucre, s'il reste du ferment dans le vin, ce ferment détermine l'acétification de l'alcool lorsqu'il est en présence de l'oxygène de l'air atmosphérique.

D'un autre côté, l'auteur de l'*Art de faire le vin* admet que les vins ne tournent jamais à l'aigre tant que la fermentation spiritueuse n'est pas terminée et que le principe sucré n'est pas entièrement décomposé. Il y a donc avantage à tirer le vin de la cuve avant que *tout* le sucre ait disparu et à le mettre dans les tonneaux pour qu'il y subisse la fermentation secondaire à l'abri du contact de l'air. C'est également une bonne mesure préventive d'introduire dans les futailles un peu de sucre ou de moût sucré, dans le but de prolonger cette fermentation insensible jusqu'à la destruction complète du ferment.

Les vins les moins spiritueux sont ceux qui s'*aigrissent, tournent* ou se *piquent* le plus vite, et les vins généreux ne passent plus à l'aigre lorsqu'ils sont bien débarrassés du ferment par la clarification. Le vin ne contracte l'acescence que s'il a le contact de l'air, en sorte que l'on doit apporter le plus grand soin à obtenir l'occlusion hermétique des vaisseaux vinaires. C'est le plus souvent par la bonde que l'air s'introduit dans les tonneaux; aussi est-ce une excellente mesure de les mettre bonde de côté, lorsque la fermentation secondaire est terminée, comme on le pratique dans le Bordelais.

Il y a des périodes critiques pendant lesquelles le vin semble plus disposé à l'acescence: le retour des chaleurs, l'époque de la séve, de la floraison, le moment où le raisin commence à rougir sont les principales de ces périodes qui exigent une surveillance toute particulière. On doit éviter tout changement brusque de température, surtout si les vins ne sont pas bien clarifiés, et que l'on ait à redouter le contact de l'air.

Ces idées, qui sont développées dans le livre de Chaptal,

sont parfaitement justes. Nous devons cependant insister sur deux points que nous regardons comme essentiels. Si le cuvage a été trop prolongé et que le chapeau n'ait pas été protégé contre l'action oxydante de l'air, si la température de la fermentation active a été trop élevée, le marc s'aigrit et il communique l'acescence à la masse. De là dérivent toutes les précautions qui ont été recommandées au sujet de l'occlusion des cuves, de l'emploi d'un faux-fond supérieur, etc. Nous croyons que si la fermentation active est énergique, si le chapeau est recouvert par l'acide carbonique, si on le brasse en temps utile, cet inconvénient est peu à redouter. D'autre part, un vin ne s'aigrit jamais sans le concours de deux circonstances essentielles: une source d'oxygène et la présence d'un ferment. Si les vaisseaux sont bien clos, si l'on a séparé le vin de ses dépôts, que l'on ait éliminé le ferment par l'action du tannin, nous ne pouvons plus avoir à redouter l'acescence.

Aussitôt qu'elle existe, il convient d'y porter remède sans perdre un instant aux formules empiriques, et sans s'occuper de rechercher le *mycoderma aceti*, le ferment producteur de vinaigre plaisamment inventé par M. Pasteur. Nous supposons que le vin n'a reçu que les soins ordinaires, qu'il a été plus ou moins bien soutiré, qu'il a été collé avec le peu de discernement que nous avons signalé... Nous ne partageons pas l'idée de Chaptal qui regarde comme impossible de faire rétrograder la marche de l'acescence lorsqu'elle est déclarée et nous pensons, contrairement à l'avis du docteur Guyot et de M. de Vergnette-Lamotte, que l'on peut tirer un parti convenable d'un tel vin, pourvu, bien entendu, qu'on se hâte de faire le nécessaire. Il serait, évidemment, trop tard, et le le vin devrait être envoyé au vinaigrier, si l'altération était fortement prononcée. Nous ne parlons ici que de ce qu'il y a à faire dès le début, et nous parlons sur expérience.

Lorsque l'on s'aperçoit qu'un vin offre de la tendance à *se piquer*, on commence par le mélanger convenablement par un bon coup de fouet, puis on en soutire un litre, dans lequel on verse assez de solution de tannin, ou de cachou, pour précipiter toutes les matières albuminoïdes. Cette quantité, multipliée par le volume du tonneau, donne la proportion de solution astringente à employer, au minimum. On l'introduit aussitôt dans la barrique et l'on agite avec soin. On ferme hermétiquement le tonneau et l'on soutire dans un tonneau propre aussitôt que la lie s'est précipitée [1]. Après ce soutirage on neutralise le peu d'acide acétique formé, à l'aide de la craie pulvérisée ou du marbre ; puis, après la réaction, on colle comme nous avons dit, par l'emploi successif du tannin et de la gélatine.

Ce vin ne s'altère plus ensuite après un soutirage bien fait, et il est assez bien rétabli pour être employé comme boisson.

M. Payen conseille d'introduire dans les vins aigres 200 à 400 grammes de *tartrate neutre* de potasse par pièce de 230 litres. Il se forme de l'acétate de potasse et du bitartrate de potasse (crème de tartre). Ce dernier sel, peu soluble, se dépose en grande partie à l'état de menus cristaux... Nul doute que l'on ne puisse employer le tartrate *neutre* de potasse pour remplacer la craie ou le marbre en poudre ; cet agent serait même plus avantageux, en ce sens qu'il ne donne pas lieu à un dégagement d'acide carbonique ; mais cette neutralisation de l'acide acétique formé n'aura aucune valeur, si l'on ne prend, au préalable, la précaution absolument nécessaire d'éliminer les matières albuminoïdes et les ferments par l'action méthodique du tannin... M. Baudrimont trouve qu'il serait utile d'agiter le vin, après saturation, avec une bonne lie qui lui rendrait les principes qu'il a perdus.

Quant aux moyens employés par l'empirisme, tels que l'addition de miel, de réglisse, etc., tout le monde comprend que ce ne sont que de vains palliatifs destinés à masquer la saveur acide. L'addition de lait écrémé n'est qu'une sorte de collage, dont le résultat ne peut être que nuisible, puisque, en somme, on ne fait qu'augmenter les matières albuminoïdes de la liqueur et multiplier les dangers au lieu de les amoindrir.

2° *Graisse des vins.* — *Fermentation visqueuse.* — M. A. Payen a écrit quelques bonnes lignes à ce sujet ; nous les citons avec d'autant plus de plaisir qu'il nous arrive plus rarement de pouvoir trouver quelque chose de passable chez cet académicien :

« On nomme ainsi (*graisse des vins*) la *fermentation visqueuse* qui se manifeste quelquefois dans les vins dépourvus de tannin et chargés de matières azotées, notamment de glia-

[1] Il serait préférable de *filtrer* au bout d'une heure ou deux. Nous donnons plus loin la description d'un filtre très-utile pour les brasseries, que l'on peut employer ici avec grand avantage.

dine. On parvient à corriger ce défaut en ajoutant dans une pièce 15 ou 20 grammes de tannin ; celui-ci se combine avec la substance visqueuse et la précipite. On peut se servir dans la même vue de sorbes (ou de cormes), qui sont très-astringentes avant leur maturité; on en emploie de 400 à 500 grammes, après les avoir broyées. On pourrait encore faire usage de 100 grammes environ de pepins de raisin réduits en poudre. »

Tout cela est parfait, sauf, peut-être, les proportions qui peuvent varier selon les circonstances, et il est regrettable que M. A. Payen n'ait pas habitué le public à un tel langage...

De son côté, M. Baudrimont, dans une brochure publiée en 1861, à Bordeaux, pour les besoins spéciaux de la cause du soufrage, donne aussi quelques réflexions très-judicieuses, auxquelles nous nous associons de grand cœur, sous réserve, cependant, des erreurs et des idées préconçues qu'on rencontre ailleurs dans le même opuscule. Nous citons encore :

« *Les vins qui tournent au gras sont ceux qui contiennent un excès de ferment.* On les corrige par l'*emploi du tannin* et la clarification. Cet accident, qui est fort commun pour les vins de Champagne, n'arrive jamais dans nos contrées, parce que le vin contient toujours *un excès de tannin, qui ne permet pas au ferment de s'y trouver en même temps que lui* [1]... »

Si, maintenant que nous avons laissé parler la science officielle à Paris et dans la province, nous remontons à la source des connaissances acquises par les savants professeurs, sans qu'ils aient été obligés de se déranger de leurs fauteuils, nous serons obligés d'en revenir à Chaptal et, dussions-nous être accusé de manie, nous allons analyser ce que dit le maître de ces messieurs et le nôtre à ce sujet.

« La graisse, dit Chaptal, est une altération que contractent souvent les vins; ils perdent leur fluidité naturelle, et filent comme de l'huile : on appelle encore cette dégénération tourner au *gras, graisser, filer*, etc.

« Les· vins *très-généreux*, dont le *moût* était *très-sucré*, ne

---

[1] Il est vraiment impossible d'être plus gracieux que ces messieurs et, bien qu'ils nous aient démontré, l'un, toujours, l'autre, occasionnellement, en 1861, toute la mauvaise volonté possible, nous ne pouvons que les remercier de vouloir bien nous donner raison d'une manière aussi complète... Grâce à Dieu, nous voilà presque d'accord avec deux académies.

tournent jamais au gras, lorsqu'ils ont subi une bonne et *suffisante fermentation*. Il n'y a que *les vins délicats* et *peu riches en esprit* qui *graissent*. Les vins faibles, qui ont très-peu fermenté, sont les plus disposés à cette maladie. Les vins faibles, faits avec les raisins égrappés, y sont plus sujets. »

Il est évident que cela revient à dire que *les vins peu alcooliques et peu astringents sont plus sujets que les autres à tourner au gras.*

« Le vin tourne au gras dans les bouteilles les mieux fermées et rarement quand il est en tonneaux... »

Cela tient, sans doute, au tannin qui se trouve dans le bois même des futailles...

« Le vin qui est attaqué de cette maladie est plat et fade ; il jaunit quand on le verse, et file comme du sirop ; il est indigeste. On reconnaît que le vin tourne au gras lorsqu'il se décolore ou qu'il jaunit. Dans les vins de Champagne, les dépôts blancs ou jaunâtres sont les plus mauvais : la seule présence de ce dépôt annonce que le vin a tourné à la graisse.

« Pour bien connaître la cause qui détermine cette maladie du vin, il faut partir des faits suivants qui sont constatés par l'expérience ; les vins qui tournent le plus facilement à la graisse sont :

« 1° Les vins les moins chargés d'alcool ;

« 2° Les vins faibles qu'on a fait fermenter sans la grappe ;

« 3° Les vins blancs qu'on met en bouteilles avant qu'ils aient subi toutes les périodes de la fermentation... »

Après avoir rappelé le principe relatif à la proportion qui doit exister entre le sucre et le ferment, Chaptal ajoute :

« Lorsque le sucre prédomine, le vin reste liquoreux et sucré, et on peut le conserver sans danger. Lorsque le gluten est en excès par rapport au sucre, il reste, après la fermentation, une plus ou moins grande quantité de cette matière à demi-décomposée, imparfaitement dissoute dans le vin, et qui s'en dégage facilement ; *c'est cette substance qui forme la graisse dans les vins faibles.* Lorsque la fermentation a bien parcouru ses périodes, et qu'elle s'est complétement opérée dans les tonneaux, alors ce gluten a été plus parfaitement décomposé ; il est presque passé à l'état de fibre, il est devenu insoluble ; il nage d'abord dans le vin sous la forme de filaments, et il finit par se déposer et former la lie... »

« Pour prévenir cette maladie, dans le cas où l'on présume que le vin serait disposé à la prendre, il faut :

« 1° Dissoudre du sucre dans le moût lorsque celui-ci est faible et aqueux ;

« 2° Ne pas égrapper complétement le raisin ;

« 3° Laisser compléter la fermentation dans le tonneau ;

« 4° Soutirer le vin du tonneau dans un autre tonneau soufré, et le coller avec soin avant de le mettre en bouteilles. »

A l'époque de Chaptal, bien qu'il insiste sur la nécessité de faire une fermentation complète, en présence de la grappe, dans laquelle il reconnaît l'existence d'un principe extrêmement utile, la corrélation du principe albuminoïde avec le principe astringent avait été peu étudiée ; aussi ne faut-il pas s'étonner si, après avoir si nettement établi les bases d'une opinion vraie, il donne, pour guérir la graisse, un procédé un peu différent de celui que nous adoptons aujourd'hui. Ce procédé consistait à faire dissoudre 250 à 375 grammes de crème de tartre (8 à 12 onces) et autant de sucre dans 4 litres de bon vin chauffé à l'ébullition : cette dissolution était versée dans le tonneau (300 litres) ; on agitait avec soin et, après deux jours de repos, on collait à l'ordinaire ; puis on pratiquait un soutirage quatre ou cinq jours après. Cette opération donnait un excellent résultat, et le vin était redevenu sec, clair, et complétement dégraissé...

Quoi qu'il en soit, nous dirons que la précipitation de la matière visqueuse et des substances albuminoïdes est le but capital que l'on doit chercher à atteindre, et tout procédé qui donne ce résultat est susceptible d'un bon emploi.

En somme, on peut dire que la fermentation visqueuse est due à une proportion exagérée de matière azotée dans le vin ; que cette circonstance, nuisible toujours, est encore rendue plus désastreuse par la présence de la matière gommeuse et des acétates alcalins ou de l'acétate de chaux, ce que nous avons constaté expérimentalement, et que l'absence du tannin en proportion suffisante dans les moûts coïncide toujours avec cette dégénérescence. Comme un cuvage convenable, en présence de la rafle, augmente la proportion de tannin ; comme l'alcool, en due quantité, précipite les matières azotées, il en résulte que les vins bien cuvés, riches en tannin et en alcool, ne passent pas à la fermentation visqueuse. De là, on doit conclure que si les précautions préventives n'ont pas été prises contre cet accident, on en arrêtera les effets par l'action spéciale du tannin, que l'on pourra, s'il s'agit de vins communs, combiner avec celle de l'alcool. Le vinage à faire s'exécuterait, dans ce cas, par le mélange d'une proportion donnée de vin riche en alcool et en principes astringents.

Nous n'avons jamais vu de fermentation visqueuse en présence du tannin, et jamais aucun vin *graissé* ne s'est montré rebelle au traitement que nous indiquons [1].

3° *Pousse des vins.* — « On désigne ainsi, dit M. A. Payen, une *fermentation vive* survenue dans les tonneaux et capable d'exercer, par le *dégagement d'acide carbonique,*une pression qui peut aller jusqu'à rompre les cercles. Pour arrêter la fermentation, il faut soutirer le vin dans un *fût soufré,* ajouter un ou deux litres d'eau-de-vie, coller et tirer au clair. En outre, si on le peut, il faut placer le tonneau dans un lieu plus frais... » Cela est parfaitement rationnel; il ne manque à cette courte note du professeur que l'indication de la cause qui produit cette fermentation vive... Nous chercherons à la connaître.

Chaptal dit quelque part : « La *pousse du vin* a tous les caractères d'une seconde fermentation. »

Il est constaté aujourd'hui que le gaz qui s'échappe du vin dans la pousse est de l'acide carbonique ; la nature de ce gaz n'était pas encore déterminée du temps de Chaptal.

Voici maintenant un côté curieux de cette maladie et, franchement, nous nous attendions à voir éclore cette excentricité: M. Pasteur *attribue* la pousse à un mycoderme qu'il décrit et *qui se trouve dans le vin depuis le moment de la vendange* [2] *!*

Cette plaisanterie offre un côté vrai, la présence d'un ferment qui n'a pas été éliminé.

Comme le vin qui *pousse* perd sa limpidité et sa couleur, qu'il

---

[1] Nous avons fait à cet égard des expériences comparatives très-concluantes, lesquelles ont porté à la fois sur les vins, les cidres et les bières, et qui ont toujours été suivies du succès le plus complet.

[2] Il est impossible de ne pas s'étonner de la durée d'une pareille *incubation,* et si bien des choses ne pouvaient être expliquées par la monomanie, nous ne saurions que croire devant de telles assertions, aussi puériles que controuvées et inventées à plaisir... M. Pasteur faisait donc bien peu de cas de la logique des académiciens, pour leur dire de semblables choses, et surtout pour les proposer à leur admiration ! Elle ne lui a pas fait défaut.

devient amer et acide, puis trouble, on en a conclu qu'il y a une décomposition des principes essentiels du vin.

Aussi M. Balard a-t-il trouvé de l'acide lactique dans le vin poussé ; M. de Vergnette-Lamotte y a rencontré de *l'acide acétique*... M. Gleynard y signale *l'acétate de potasse*, et il croit que cette fermentation à pour effet de décomposer le bitartrate de potasse...

Ajoutons que cette altération ne se rencontre guère que dans les vins communs, peu alcooliques, non astringents, mal clarifiés, dont les soutirages n'ont pas été faits avec tout le soin désirable.

Il nous semble présumable que M. Balard n'a pas eu à sa disposition, pour sa recherche, du vin réellement *poussé*, car alors il n'aurait pu méconnaître le caractère chimique de cette altération. L'acide lactique se rencontre dans la maladie du *tour*, et non pas dans la *pousse*, qui donne lieu à un dégagement violent d'acide carbonique.

L'opinion de M. Pasteur n'est pas à examiner, et ne représente guère qu'un jeu d'écolier, sous la forme qu'il a cru pouvoir lui donner.

Reste l'opinion complexe de MM. de Vergnette et Gleynard. Ici nous rencontrons le fait. On sait que l'acide tartrique se décompose, en présence des alcalis et à la température de 200 degrés, en acide acétique et acide oxalique selon la formule :

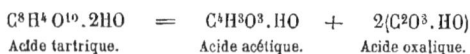

$$C^8H^4O^{10}.2HO = C^4H^3O^3.HO + 2(C^2O^3.HO)$$
Acide tartrique.   Acide acétique.   Acide oxalique.

Or il est certain que dans la pousse des vins une partie notable de la crème de tartre disparaît, et qu'elle est remplacée par de l'acétate de potasse, d'où il suit qu'il s'est formé de l'acide acétique aux dépens des éléments de l'acide tartrique. Comme l'acide oxalique est rigoureusement l'équivalent d'une proportion d'acide carbonique et d'oxyde de carbone ($C^2O^3.HO = CO^2 + CO + HO$), on peut concevoir que le dédoublement de l'acide tartrique a été plus complet en présence du ferment, et qu'il s'est formé de l'acide acétique, de l'acide carbonique et de l'oxyde de carbone, selon la relation : $C^8H^4O^{10}.2HO = C^4H^3O^3.HO + 2CO^2 + 2CO + 2HO$, sans que cette *hypothèse* présente rien d'irrationnel en présence des faits constatés, c'est-à-dire de la production de l'acide acétique et de l'acide carbonique.

Sans prétendre donner cette hypothèse pour plus qu'elle ne mérite, nous sommes obligé d'admettre que la pousse est sous l'influence directe des matières azotées qui n'ont pas été bien séparées de la liqueur; qu'elle constitue une forme de la fermentation et qu'elle n'aurait pas lieu dans un vin convenablement déféqué et clarifié.

Le procédé de traitement indiqué par M. Payen présente une certaine valeur, l'alcool et le soufrage enrayant l'action du ferment; mais on doit, avant de l'employer, débarrasser le vin des substances albuminoïdes qu'il renferme, par l'emploi du tannin, suivi d'un collage bien fait. On soutire ensuite dans une futaille soufrée, et l'on peut ajouter un ou deux litres de bonne eau-de-vie. Tout le monde sait que les vins astringents ne poussent jamais.

4° *Maladie du tour.* — Cette affection consiste dans une altération spéciale de la couleur et un goût fade que présentent souvent certains vins préparés avec des raisins moisis ou pourris, par une année froide et humide. La fermentation du moût de ces raisins, comme des raisins grêlés, marche assez mal: le vin ne peut s'éclaircir facilement, sa couleur devient brunâtre à l'air, et il *se tue* comme certains cidres. La saveur fade présente une certaine amertume.

M. J. Nicklès, professeur à la faculté des sciences de Nancy, donne une explication plausible de cette altération. Selon cet habile chimiste, le vin tourné ne renferme plus ni *sucre* ni *glycérine*; mais il contient en revanche beaucoup plus de potasse que le vin ordinaire normal. On y trouve de *l'acide lactique*, qui s'est formé aux dépens du sucre, puis un autre acide de la formule $C^6 H^6 O^4$, laquelle est celle de *l'acide propionique*. Ce produit acide n'en est qu'un isomère, et M. Nicklès lui donne le nom d'*acide butyro-acétique*, et le regarde comme étant produit par la *fermentation du tartre brut*. Cet acide se transforme en acides acétique et butyrique et l'on peut en faire la synthèse. La formation de cet acide est expliquée par la formule :

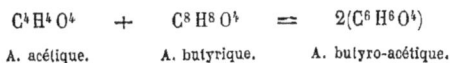

$$C^4 H^4 O^4 \quad + \quad C^8 H^8 O^4 \quad = \quad 2(C^6 H^6 O^4)$$

A. acétique.   A. butyrique.   A. butyro-acétique.

18

Nous laissons parler M. Nicklès pour la déduction des conclusions qu'il tire de ces faits :

« Puisque cet acide peut prendre naissance par la *fermenta-*
tion du bitartrate de potasse, il n'y a rien d'étonnant à le voir
figurer dans le vin qui a perdu son acide tartrique par voie
d'altération. C'est ce qui confirme d'ailleurs cette observation
depuis longtemps faite dans la pratique vinicole, savoir : que
quand le vin s'altère ainsi, *tout le tartre brut qui s'est déposé au*
fond des tonneaux disparaît peu à peu, observation qui confirme
cet autre fait constaté par la chimie, savoir : que *le vin tourné*
contient plus de potasse que n'en renferme le vin normal. C'est évidemment le bitartrate de potasse primitivement déposé au
fond du tonneau qui, en se redissolvant et en fermentant, a
fourni cet excédant de potasse maintenant dissoute à la faveur
de l'acide lactique et de l'acide butyro-acétique produits pendant la fermentation.

« La maladie du vin qui est caractérisée par la dénomination de *vin tourné*, de même que celle à la suite de laquelle le
vin devient *amer*, consiste donc essentiellement dans une transformation du sucre en acide lactique et de l'acide tartrique en
un acide renfermant les éléments de l'acide acétique et de l'a-
cide butyrique, c'est-à-dire de l'acide butyro-acétique. Sous
l'influence de cette maladie, la métamorphose de l'acide tartrique a lieu non-seulement quand celui-ci est libre et en dissolution, mais même quand il est combiné à la potasse et se
trouve au fond du tonneau à l'état de bitartrate insoluble [1]. »

Les moyens préventifs à employer contre la maladie du
tour sont indiqués par les circonstances mêmes : on ne doit
pas faire cuver avec le marc les raisins moisis, grêlés ou pourris, et il convient de les presser au sortir de la vigne. (De
Vergnette.) On pourrait encore ajouter au moût de 100 à
150 grammes d'acide tartrique par hectolitre, le sucrer à dose
convenable ; ce serait encore une garantie pour la marche de

---

[1] Nous pouvons corroborer cette opinion de M. J. Nicklès par ce fait, que
nous avons trouvé de l'acide lactique dans les vins tournés. Du reste, rien
n'est plus rationnel que l'explication donnée par l'habile professeur, qu'une
mort inattendue a frappé dernièrement (avril 1869) au milieu de ses travaux.
Soldat de la science, M. J. Nicklès a payé de sa vie ses courageuses expériences,
et son nom est destiné à grossir la liste glorieuse des martyrs de l'intelligence.

la fermentation, si l'on y introduisait une solution de tannin, représentant 10 à 12 grammes environ, par hectolitre également.

Nous avons plusieurs fois rétabli des vins et des cidres tournés par l'emploi successif du tannin et de la gélatine, que nous faisions suivre d'un soutirage au moins. Le vin clarifié était devenu très-faible en couleur, il est vrai, mais il était franc de goût, et l'addition de deux litres d'eau-de-vie par pièce, ou le mélange avec un vin plus dur, le rendait très-potable. M. de Vergnette conseille de mélanger le vin tourné avec du vin plus vert de la même année.

5° *Amertume des vins.* — On manque de recherches assez complètes sur cette maladie des vins à propos de laquelle il n'a guère été hasardé que des suppositions plus ou moins fondées. « Les vins contractent encore avec le temps, dit Chaptal, une imperfection qu'on appelle *amertume* [1] ; ceux de Bourgogne y sont très-sujets. Je regarde cette mauvaise qualité des vins comme une suite de leur travail dans le verre ou dans les tonneaux ; car les vins se dépouillent peu à peu de leur principe végéto-animal ou levûre, qui se dépose sous forme de lie, se décompose par la fermentation insensible, ou est précipité par le soufre et extrait par les blancs d'œufs ; mais lorsque le vin est dépouillé de ce principe, alors le principe acerbe inhérent au vin de Bourgogne, et qui y était masqué par le principe doux, paraît seul et avec tous ses caractères. Ce qui paraît prouver mon opinion à ce sujet, c'est que ce vin se conserve très-bien, qu'il ne se corrige point de cette impression, qu'il ne contracte ce mauvais goût qu'avec le temps, de sorte qu'on peut regarder l'amertume comme une suite naturelle du travail du vin. Cette opinion paraît d'autant plus vraisemblable que le vin de Bourgogne a, dans sa maturité, un petit arrière-goût acerbe, que tout le monde lui connaît.

« Je crois qu'on pourrait corriger ce goût en roulant ce vin sur une première lie, ou en y ajoutant à propos un peu de dissolution de sucre, ou, mieux encore, une pinte de *vin muet* par pièce de vin. »

M. Payen dit que l'amertume est une altération des vins

---

[1] *Goût d'absinthe*, en quelques pays.

gardés trop longtemps. On les améliore pour quelques jours, en les mêlant avec des vins plus jeunes dont la fermentation est beaccoup moins avancée.

M. de Vergnette distingue l'amertume des vins de deux à trois ans et celle des vins très-vieux ; il regarde celle-ci comme moins grave que la précédente, laquelle altère et détruit même complétement le vin dès ses premières années. Au début l'odeur devient spéciale, la couleur s'affaiblit, le goût devient plus fade... Puis, ces caractères augmentent, le vin devient amer; il renferme quelques traces d'acide carbonique. Si la maladie s'aggrave, la couleur s'altère complétement, le tartre est décomposé et le vin n'est plus buvable... Cette maladie semble être spéciale aux vins de pineau, aux vins de plants fins, et la richesse alcoolique ne paraît pas avoir une grande importance dans la question.

Selon le même auteur, l'amertume n'attaque pas les vins dont les raisins ont été récoltés très-sains; tandis que les raisins mal récoltés laissent à craindre beaucoup. Les vins très colorés, riches en matières extractives et *fins,* sont plus disposés que d'autres à prendre l'amer, tandis que les vins colorés et *durs* possèdent une santé à toute épreuve... Dans la première phase du mal, l'alcool, le tartre, l'extractif, ne paraissent pas être altérés; la couleur seule est sensiblement changée. Les vins blancs ne tournent jamais à l'amer.

Par un raisonnement fort ingénieux, basé sur ce fait, que la *solution alcoolique* du principe colorant des vins se décolore à la lumière diffuse, M. de Vergnette est conduit à croire que le premier degré de l'amertune est le résultat de l'*oxydation de la matière colorante* : il y aurait aussi, comme cela se voit en teinture, la nécessité d'une corrélation donnée entre la crème de tartre, servant de mordant, et la matière colorante. De cela, M. de Vergnette conclut qu'il faut mécher à chaque soutirage, fermer les caves aussi hermétiquement que possible, y brûler du soufre avant de les fermer...

Tout cela serait bon et utile dans tous les cas; mais voici M. Pasteur qui jette en travers de la question un *mycoderme spécial de l'amertume,* ce à quoi il fallait nous attendre, et ce qui recule d'autant plus une solution rationnelle. Nous ne nous arrêterons pas à cette nouvelle fantaisie et nous préférons nous en rapporter à des observateurs plus expérimentés. Qu'il y ait un mycoderme dans ces vins, s'il y a de la matière azotée, nous n'en doutions nullement avant que M. Pasteur nous l'eût révélé ; mais que le mycoderme fût spécial à l'amertume, c'est un point fort différent. Les globules de ferment, dégénérés et allongés, rencontrant de la matière plastique, alimentaire, s'attaquent à tout ce qu'ils rencontrent de substances altérables, et leur action n'est pas bornée au sucre, pour lequel ils manifestent une élection bien prononcée, il est vrai, mais dont la présence n'est pas indispensable pour que le travail normal de dédoublement et de simplification s'effectue. Il suffit que l'agent de toute décomposition se trouve en face d'une substance décomposable pour que ce travail se fasse, selon les circonstances, avec des résultats infiniment variables. Avec du sucre, le ferment fait de l'alcool et de l'acide carbonique, si les conditions sont normales ; si ces conditions viennent à changer, ce même ferment fait, avec le même sucre, de l'acide lactique, ou de la mannite, ou de la matière visqueuse, etc.; avec l'alcool, il fait de l'acide acétique ; avec l'acide lactique, il produit de l'acide butyrique... Avec la matière colorante, en présence d'une proportion de tartre plus faible, devant certaines huiles essentielles, il produit une matière amère particulière. Rien d'étrange en cela ; rien qui ne soit conforme à ce que l'on sait et qui exige l'intervention d'un nouvel Œdipe, ou la mise en scène de mycodermes spéciaux, réservés pour cette occasion.

De ceci, que les vins durs ne s'altèrent pas, de cet autre fait de la présence du ferment dans les vins altérés, nous tirerons deux conclusions : la première, c'est que les vins riches en tannin, privés de matières végéto-animales, de substance azotée alimentaire du ferment, bien débarrassés en outre du ferment insoluble, ne peuvent plus subir les altérations dont nous parlons, s'ils sont tenus à l'abri du contact de l'air et dans de bonnes conditions matérielles ; la seconde, c'est que les vins qui accusent un commencement de décoloration et tendent à passer à l'amer ont été mal soignés et que, si l'on s'y prend à temps, il sera toujours possible de les ramener et de leur rendre de la solidité en y introduisant un peu de tartre, puis en les collant après les avoir additionnés de tannin, dans les conditions que nous avons exposées. Ce traitement suffit dans tous les cas, puisqu'il détermine la séparation de la matière azotée ; et un soutirage bien effectué, répété s'il est nécessaire, complétera, avec un léger méchage, tout ce qu'il y a à faire de plus sérieux et de plus pratique.

6° *Astringence.* — La présence d'un excès de tannin n'est pas un défaut, c'est au contraire une garantie de conservation. Les vins astringents se débarrassent complétement des matières albuminoïdes qui sont la cause presque unique des altérations intestines des vins ; il est, du reste, facile de corriger cette âpreté par des collages répétés convenablement, lesquels enlèvent tout le tannin en excès. On doit soutirer chaque fois.

7° *Coloration bleue.* — Dans la pratique ordinaire du collage, lorsque les vins ne renferment pas un excès d'alcool ou une proportion suffisante de tannin, on ne fait qu'ajouter une nouvelle quantité de matière albuminoïde avec celle qui préexiste déjà... Or il peut arriver que ces matières subissent un commencement de décomposition ammoniacale ou putride, dont les produits neutralisent une portion des acides du vin, sinon la totalité. Il en résulte que la matière colorante végétale passe au bleu, à raison de l'alcalinité produite, comme elle passerait au rouge en présence des acides. Le remède à cette altération consiste à ajouter au vin assez d'acide tartrique pour ramener la couleur à sa nuance primitive ; on pratique ensuite un collage par les astringents et on soutire, après huit ou dix jours de repos.

8° *Excès de coloration.* — Nous avons déjà dit que la lie, en se précipitant, entraîne avec elle une portion de la matière colorante, avec laquelle elle forme une sorte de laque. Un des meilleurs moyens de ramener les vins à une coloration plus faible consiste à les rendre fortement astringents, puis à exécuter plusieurs collages successifs, suivis de soutirage, jusqu'à ce que l'on ait enlevé tout l'excès d'astringence, sans introduire cependant plus de gélatine ou d'albumine qu'il ne faut pour éliminer le tannin.

9° *Trouble accidentel.* — Cet accident ne se produit jamais qu'à la suite d'un défaut de précaution, si l'on n'a pas décanté le vin en temps utile pour le séparer de sa lie. Une secousse, un mouvement de fermentation, un temps orageux, suffisent pour faire remonter la lie et troubler la masse. Il convient de faire passer le vin dans une barrique bien soufrée, puis on le

colle comme nous l'avons dit et on le soutire aussitôt que la
lie est déposée. Le tannin rend les lies plus denses et plus faciles à séparer.

10° *Fleurs de vin.* — Les fleurs de vin ne sont autre chose
qu'une végétation microscopique qui se forme aux dépens de
la matière azotée, en présence de l'air et d'une température
trop élevée. Jamais un vin ne se couvre de fleurs, même
s'il est en vidange, lorsque la matière albuminoïde a été éliminée par le tannin. Cette production est extrêmement rare
dans les vins du Bordelais. On s'en débarrasse par la filtration,
le collage par les astringents, et un soutirage.

C'est ce végétal que M. Pasteur a nommé le *mycoderme* du
vinaigre. Nous verrons plus tard que si l'illustre académicien
avait regardé pour bien voir, il aurait dû se convaincre de
cette erreur comme de beaucoup d'autres. Cette production
coïncide souvent avec l'acétification, mais elle n'en est pas la
cause. Il suffit, pour s'en assurer, de faire du vinaigre par la
méthode accélérée. La *mère du vinaigre* n'est pas non plus
cette végétation ; elle consiste en une masse molle et visqueuse, rappelant un peu le frai de grenouilles, qui se forme
dans les vins à mesure de leur acétification.

Chaptal a dit quelques mots de ces *fleurs* que tout le monde
peut observer très-aisément, et son jugement droit l'a conduit vers l'explication la plus plausible, que les faits ont con-
firmée depuis.

« Un phénomène qui a autant frappé qu'embarrassé les nombreux écrivains qui ont parlé des maladies du vin, c'est ce
qu'on appelle les *fleurs de vin*. Elles se forment dans les tonneaux, mais surtout dans les bouteilles dont elles occupent le
goulot : *elles annoncent et précèdent constamment la dégénération
acide du vin* [1]. Elles se manifestent dans presque toutes les liqueurs fermentées. Je les ai vues se former en si grande abondance dans un mélange fermenté de mélasse et de levûre de
bière, qu'elles se précipitaient par pellicules ou couches nom-

[1] Il y a loin de là à prétendre que ces fleurs sont un ferment spécial producteur du vinaigre... L'opinion de Chaptal est d'autant plus juste que les fleurs
se produisent même à une température peu élevée sur tous les liquides en vidange, lorsqu'ils renferment des matières organiques azotées solubles, et que
leur formation n'implique pas toujours celle de l'acide acétique, puisqu'on les
trouve sur des liqueurs lactiques, etc.

breuses et successives dans la liqueur. J'en ai obtenu de cette manière une vingtaine de couches.

« Ces fleurs, que j'avais prises d'abord pour un précipité de tartre, ne sont plus à mes yeux qu'une *légère altération du principe végéto-animal* qui, comme nous l'avons observé, passe avec une merveilleuse facilité à l'état de fibre. Cette substance se réduit presque à rien par la dessiccation, et n'offre à l'analyse qu'un peu de carbone et d'hydrogène [1]. »

11° *Goût de fût.* — Cette altération des vins est causée par de petits champignons ou des moisissures qui se forment dans les tonneaux restés en vidange, et pour lesquels on n'a pas pris les soins de propreté nécessaires. Elle se montre aussi lorsque quelques douves de la futaille sont pourries. Indiquer les causes du mal, c'est en indiquer le remède. L'attention la plus scrupuleuse doit être apportée à l'entretien des vaisseaux vinaires, et nous avons déjà parlé de ce sujet important.

L'agitation avec de l'huile d'olive (1 litre par pièce), après que le vin a été changé de futaille, est un palliatif incertain, et le mauvais goût du vin ne disparaît qu'avec beaucoup de difficulté. On a conseillé contre le goût de fût une foule de recettes empiriques, mais elles ne nous semblent pas de nature à procurer des résultats bien efficaces. Le mieux serait de ne pas le laisser se produire. En Bourgogne, selon Chaptal, on passe le vin sur de bonne lie, on le roule, on le goûte, pour s'assurer du moment où le mauvais goût a disparu, et l'on colle. On renouvelle l'opération au besoin.

12° *Goût de moisi.* — Ce mauvais goût provient de causes semblables à celles qui produisent le goût de fût. Il est à peu près impossible de s'en débarrasser, et tous les soins doivent être dirigés vers l'emploi des moyens préventifs. C'est assez dire que les futailles doivent être propres et en bon état, que l'on ne doit pas introduire dans le cuvage des raisins pourris ou moisis, etc.

On a conseillé de désinfecter les tonneaux par le chlore, et de les soufrer ensuite après un lavage énergique. Le pain ou le blé grillé a été indiqué pour rétablir un vin moisi, mais nous n'accordons pas grande confiance à tous ces procédés ; il vau-

---

[1] Il y a ici une erreur analytique. L'analyse fournit du carbone, de l'hydrogène et de l'oxygène dans les proportions de l'eau, et un peu d'azote.

drait mieux qu'on mît plus d'attention à exécuter les mesures de propreté indispensables.

13° *Défaut de couleur.* — On peut donner de la couleur aux vins par l'addition ou le mélange d'une proportion suffisante de vin fortement coloré, ou de vin provenant du *raisin teinturier*, qui renferme de la substance colorante dans toute l'épaisseur de sa pulpe, et non pas seulement dans les couches de la pellicule. Ce moyen est le seul qui soit rationnel et applicable.

Quant à colorer les vins par des matières colorantes diverses, provenant d'autres fruits que le raisin, c'est une véritable falsification que l'on doit s'interdire scrupuleusement.

Dans un village peu éloigné de Paris, les vignerons, à peu près aussi arriérés qu'au moyen âge, récoltent avec le plus grand soin les baies de sureau pour donner de la couleur à leur vin. Il ne faut pas les attaquer sur ce chapitre, ce serait peine perdue, et il y a très-peu d'années où ils ne se croient pas absolument obligés de faire leur petite teinture. Le sureau a été délaissé, par exemple, en 1868. Mais cela est tout à fait exceptionnel. Nous avons voulu connaître la cause par laquelle ils sont conduits à ce tripotage; la voici : Il est passé en axiome chez eux qu'il ne faut pas faire cuver la rafle avec le moût, en sorte que, à mesure de la récolte, ils se bornent à pressurer leurs raisins. Le moût est à peine coloré, bien que, dans leur culture, la plus large part soit donnée à des variétés riches en couleur. Chacun sait, en effet, que la matière colorante de la pellicule du raisin est surtout soluble dans les liqueurs alcoolisées, en sorte que cette matière se dissout dans le moût à mesure de la fermentation, et d'autant plus que le cuvage a duré plus longtemps et que le sucre a fourni plus d'alcool. Pour remédier à ce défaut de coloration, nos rustiques œnologues se gardent bien d'acheter du vin teinturier ou même de cultiver le plant qui le produit; ils trouvent plus commode de recueillir les baies de sureau, qu'ils ont eu grand soin de protéger contre le bec des oiseaux pendant toute la saison.

Leurs raisins ne sont pas cependant plus mauvais ni moins sucrés qu'ailleurs dans les années ordinaires; l'espèce est bonne et productive. S'ils se contentaient d'égrapper leur récolte, de pratiquer le sucrage du moût lorsqu'il serait nécessaire, et s'ils faisaient fermenter les pellicules et les pepins avec le moût, ils obtiendraient du vin très-passable, et ils parviendraient à donner à leurs produits une réputation moins détestable que celle qu'on leur a faite et qui est devenue proverbiale. Quels que soient les conseils de la raison, ils n'en feront cependant qu'à leur caprice, et rien ne les arrachera à une routine désastreuse.

Il a été décrit encore beaucoup d'autres altérations du vin de raisin, mais nous ne pensons pas qu'il soit nécessaire de nous en occuper ici, les règles qui ont été exposées devant suffire à les prévenir et à les combattre.

§ IV. — CONSERVATION DES VINS. CHAUFFAGE.

La conservation des liqueurs fermentées ne présente pas de difficultés sérieuses pour l'observateur attentif, et il nous semble utile de résumer ici les principales conditions qui peuvent la garantir.

1° Un vin se conserve d'autant mieux qu'il renferme une proportion d'alcool plus rapprochée de 18 à 20 centièmes en volume ;

2° Un vin est d'autant plus conservable qu'il est plus *liquoreux*, c'est-à-dire plus riche en sucre libre ;

3° En dehors de ces deux conditions, un vin, même alcoolique et peu sucré, sera d'autant moins sujet aux altérations et aux dégénérescences qu'il renfermera moins de globules organisés et de matières plastiques azotées, solubles ou insolubles, coagulables ou non coagulables par la chaleur.

D'après ces principes, lorsqu'un vin renferme une proportion moyenne d'alcool, ou d'alcool et de sucre, lorsque des soutirages répétés l'ont séparé en temps opportun des dépôts et de la lie, lorsqu'il contient naturellement assez de principes astringents pour que les matières albuminoïdes soient éliminées, quand il a été bien clarifié par le collage et qu'il a été soumis à l'action d'un soufrage léger, il est à peu près indéfiniment conservable, s'il est soustrait à l'influence oxydante de l'air atmosphérique.

En dehors de ces principes, il n'y a rien de certain, rien d'infaillible, et chacune des pratiques conseillées ou exécutées ne possède qu'un degré relatif d'utilité.

Nous avons déjà appuyé sur les caractères que doit présenter un vin pour être conservable ; aussi nous bornerons-nous à une courte récapitulation des opinions de Chaptal, dont la science pratique valait bien les assertions gratuites de nos copistes modernes. Nous pourrons aussitôt aborder plus en détail la question du chauffage des vins, dont nous avons dit quelques mots précédemment (p. 175 et 176).

Selon Chaptal donc, et les faits d'observation justifient ses opinions, il ne peut se présenter après la fermentation que trois résultats :

Ou bien le ferment et le sucre se sont mutuellement décomposés, d'une manière absolue et entière, et il n'en reste plus dans la liqueur. Les vins de cette nature *bien clarifiés* peuvent se conserver sans altération.

Ou bien le sucre a prédominé sur le ferment, de sorte que le ferment ayant accompli toute son action, il reste encore du sucre non transformé dans le vin. « Dans ce cas, on n'a pas à craindre que le vin tourne à l'*aigre* ni qu'il tourne à la *graisse*, parce que ces deux effets ne peuvent être produits qu'autant que le ferment y est excédant. Les vins de cette espèce peuvent être conservés *sans altération aucune* aussi longtemps qu'on peut le désirer. »

Ou, enfin, le ferment était en excès dans le moût par rapport au sucre, et ce qui en reste dans le vin donnera lieu à de nombreuses altérations.

« En général les raisins provenant de *terrains gras et bien nourris*, de même que les raisins fournis par des vignes provignées ou trop jeunes, donnent des vins qui ne sont pas de garde. Les vins délicats et fins se conservent aussi difficilement. »

En partant de ces idées générales, qui ne peuvent soulever d'objections rationnelles, on arrive à cette conclusion que, si le ferment n'existe plus dans un vin, cette circonstance suffit à le rendre inaltérable. C'est donc à l'élimination du ferment et des matières albuminoïdes que doivent tendre tous les procédés de conservation des vins et des liqueurs fermentées. Cette élimination sera d'autant plus nécessaire que les vins seront moins alcooliques ou moins sucrés, puisque l'excès d'alcool ou de sucre constitue déjà une garantie de conservation. Or, parmi les matières albuminoïdes, il ne suffit pas d'éliminer les ferments insolubles qui se déposeront avec la lie et qu'on séparera par les soutirages ; ce n'est pas même assez d'enlever les substances azotées coagulables par la chaleur : il faut encore enlever au vin que l'on veut conserver les *substances azotées solubles non coagulables*, les plus dangereuses de toutes, parce qu'elles échappent plus aisément à l'observation.

C'est pour l'élimination de ces matières que la sucrerie emploie la chaux à la défécation, après avoir rendu insolubles par la chaleur les matières albuminoïdes coagulables.

Tout cela est très-net, logique et justifié par l'expérience, qui est le seul maître en matière d'applications chimiques. Ces principes étant dûment rappelés, nous passons à l'examen du chauffage des vins employé comme moyen de conservation.

Chauffage des vins.—Aujourd'hui, lorsqu'on parle de chauffage des vins, de mycodermes, de ferment, de génération spontanée, les hommes peu familiers avec certains *procédés savants* prononcent le nom de M. Pasteur et croient de bonne foi que rien de tout cela n'existerait et ne serait connu sans le génie de cet académicien. Or il nous semble à nous que les complaisances de coterie ont fait assez de bruit pour atteindre ce résultat, et que M. Pasteur est assez payé pour le travail qu'il aurait pu faire [1]. Il nous semble qu'il est temps de faire taire des susceptibilités exagérées et de mettre la vérité en évidence, puisque d'ailleurs il s'agit ici d'une affaire commerciale, d'une exploitation, le célèbre membre de l'Institut ayant cherché à se garantir par un brevet la propriété d'un emprunt fait au public [2].

Nous avons beaucoup travaillé dans notre vie, et nous avons conquis le droit de le dire aujourd'hui sans fausse modestie, nous savons par expérience que le travail apporte des jouissances et des plaisirs inaccessibles aux oisifs et aux inutiles ; mais il faut bien l'avouer, il entraîne aussi bien des déceptions. Nous n'en connaissons pas de plus désagréable que celle que l'on éprouve lorsqu'on découvre, au moment où l'on s'y

[1] La gloire de M. Pasteur a été chantée sur tous les tons : l'Académie lui a ouvert ses portes à deux battants ; le jury de l'Exposition lui a décerné la médaille d'or ; la Société d'agriculture l'a récompensé de nouveau en 1869, sans parler de nombre d'autres distinctions flatteuses... On voit que décidément les emprunteurs ne perdent pas leur temps à notre époque.

[2] Brevet du 11 avril 1865.

attend le moins, que l'on s'est trompé dans ses études, qu'on a été pris pour dupe, et qu'il faut faire table rase sur des opinions admises comme vraies jusqu'alors. Ce désappointement nous est arrivé souvent. Nous avions cru pendant longtemps, par exemple, que Barruel avait découvert la saturation, à l'aide de l'acide carbonique, des jus sucrés chaulés ; un beau jour, MM. Rousseau déclarent qu'ils sont les vrais auteurs de cette découverte ; nous avions pensé que Kirchhoff et Proust avaient trouvé l'agent transformateur de la fécule, et MM. Payen et Persoz le revendiquent sous le nom de *diastase ;* nous avions admiré les travaux de Turpin, de M. Cagniard-Latour et autres sur le globule vivant de la levûre et nous avions continué leurs recherches ; mais M. Pasteur nous apprend que c'est lui qui a fait tout cela ; nous avions étudié les procédés de conservation des matières alimentaires et, en particulier, nous avions pris la peine de vérifier la méthode d'Appert ; cela ne nous a servi à rien, puisque le même M. Pasteur devient le propriétaire du procédé d'Appert appliqué aux vins, etc. Nous n'en finirions pas avec les simples citations de ces erreurs. Mais on sent que le besoin de vérifier devient une nécessité absolue dans de telles circonstances, et que l'on s'efforce de trouver le vrai, de le communiquer, de le démontrer.

C'est là précisément ce qui nous arrive et, malgré les dires intéressés de quelques inventeurs que nous avons froissés involontairement dans leur amour-propre, nous pensons que la vérité est le premier de tous les devoirs pour l'écrivain qui respecte sa propre dignité. Dans ces recherches, on n'est entraîné que par l'amour du vrai, et les personnalités ne sont rien dans cette lutte contre l'erreur.

Or, pour en revenir aux élucubrations de M. Pasteur, on peut analyser la question du chauffage des vins en quelques lignes, au moins en ce qui peut concerner le mycologue français :

1° Le chauffage des vins n'appartient pas à M. Pasteur ;

2° Ce procédé ne peut être utile que dans certains cas exceptionnels pour lesquels il a été judicieusement appliqué bien avant que le génie de M. Pasteur se fût révélé ;

3° Dans le plus grand nombre des circonstances, il est ou nuisible ou inutile, en sorte que la généralisation de cette pratique décèle l'ignorance la plus complète de la vinification et des principes qui la régissent, ou bien l'intention d'exploiter quand même la crédulité humaine.

Nous avons déjà vu quelque chose de semblable dans l'application faite à la sucrerie, par un académicien français, des propriétés du noir d'os découvertes par un chimiste russe. Toutes ces manœuvres n'ont qu'un temps, il est vrai; mais pendant ce temps elles sont nuisibles comme tout ce qui est faux. Nous disons donc aux fabricants de sucre que l'emploi du noir constitue une superfétation dans leur art, comme nous déclarons aux fabricants de vin que le chauffage leur appartient à tous s'ils veulent s'en servir, mais que c'est un mauvais moyen, utile rarement, souvent nuisible, toujours coûteux et ne profitant qu'à son instigateur.

Voyons maintenant la démonstration de ce que nous venons d'avancer.

Nous avons dit que le procédé de chauffage des vins n'appartient pas au célèbre académicien, que ce procédé n'est utile que dans des cas exceptionnels, qu'il est le plus souvent inutile ou nuisible. Nous allons le prouver :

Les anciens chauffaient leurs moûts pour les concentrer et en augmenter la richesse en sucre. Mais si l'excès de matière sucrée était l'agent conservateur de leurs vins, il n'en reste pas moins acquis que cette pratique éliminait l'albumine coagulable, et que cette élimination était une garantie de conservation de plus.

A Mèze, on chauffait le vin à 25-30 degrés pour achever la fermentation, puis après vingt-cinq jours de cette pratique on élevait rapidement la température à 75 degrés. Il y a de cela assez de temps pour que M. Pasteur, qui était très-jeune ou même qui n'était pas né à cette époque, ne puisse revendiquer la propriété de cette invention.

Appert a chauffé le vin à 70 degrés pour le conserver et l'améliorer.

En 1827, A. Gervais applique le chauffage à la conservation des vins. En 1840, M. de Vergnette-Lamotte reprend les expériences d'Appert, et il constate en 1846 que les vins chauffés en 1840 se sont conservés, tandis que les vins non chauffés se sont altérés. Cet auteur, auquel nous empruntons une partie de ces faits justificatifs, ajoute que le chauffage à 75 degrés *conservait* les vins, mais ne les *améliorait* pas. Il communique en 1850 ses observations sur le chauffage des vins à la Société d'agriculture, la même qui a récompensé M. Pasteur en 1869.

M. Pasteur publie son mémoire sur les mycodermes du vin en janvier 1864 et prend un brevet pour *son* procédé de chauffage en avril 1865. Ce procédé est la copie de celui d'Appert.

« C'est à Appert, dit M. de Vergnette-Lamotte, que revient *l'idée première* de l'application de la chaleur à la conservation des vins. Appert, il y a un demi-siècle, *opérait exactement* comme nous avons opéré depuis en 1840, et comme M. Pasteur l'a fait en 1865, en chauffant au bain-marie à 70 degrés centigrades [1]. »

Cela est très-net, et nous nous plaisons à croire que les enthousiastes du chauffage ne nous en voudront pas d'en tirer une conclusion logique que voici : De même que M. Pasteur *a pris* ce qu'il a trouvé à sa convenance dans les travaux de Turpin, de Cogniard-Latour et les nôtres, de même il a *pris* le procédé d'Appert, reproduit par M. de Vergnette ; de même qu'il a *reçu* le prix de physiologie pour les travaux d'autrui, de même il a *reçu* des honneurs, des récompenses, etc., pour s'être emparé du procédé d'autrui, et il ne s'est pas trouvé un académicien pour protester [2].

Donc le procédé de M. Pasteur est le procédé d'Appert, et nous avions raison de dire que ce procédé n'appartient pas à l'académicien breveté de 1865.

Nous avons dit que le chauffage n'est utile que dans des cas exceptionnels, et qu'il est le plus souvent inutile ou nuisible ; cette proposition se démontre par le raisonnement d'abord, et ensuite par l'expérience, qui a été fort loin d'être aussi favorable au procédé d'Appert, réédité par M. Pasteur, que M. Pasteur ne veut bien le dire ou le laisser dire.

Au point de vue du raisonnement, on sait que *certains vins* contiennent des matières albuminoïdes solubles coagulables et des matières albuminoïdes solubles non coagulables. Le chauffage convenablement pratiqué éliminera les premières ; il n'a-

[1] Nous donnons dans les *Notes* les *textes comparatifs* d'Appert, de M. de Vergnette et de M. Pasteur... La similitude des faits et la fidélité de la reproduction ne sont pas une des moins grandes curiosités de cette triple citation. On croirait lire les détails du procédé Rousseau copiant le procédé Barruel.

[2] Nous verrons plus loin, dans le livre où nous traitons de la bière, un autre exemple de la *bonne foi* académique au sujet de la diastase...

gira pas sur les secondes, sinon pour les rendre plus altérables. Le résultat acquis du chauffage sera dans la séparation des substances que la chaleur peut rendre insolubles, et personne ne songe à contester ce fait. Pour que le chauffage fût utile toujours, il faudrait que *tous* les vins renfermassent de l'albumine coagulable, qu'ils ne continssent point de matières azotées différentes, et qu'il ne se trouvât dans le vin aucun principe dominateur de cette albumine, tel que le sucre, l'alcool, le tannin. Nous admettons, bien entendu, que la purification mécanique des vins a entraîné toutes les matières insolubles suspendues, et que la solution fermentée est limpide, puisque, dans le cas contraire, il faudrait commencer par opérer la séparation des substances insolubles en suspension.

De là nous déduisons que le chauffage ne peut être utile que pour les vins renfermant *seulement* de l'albumine coagulable. Il est inutile pour les vins qui renferment en outre des matières azotées plastiques non coagulables, puisqu'il ne pourra éliminer ces matières. Il y a plus : dans ce deuxième cas il est nuisible sous deux rapports au moins : 1° ne pouvant éliminer les matières non coagulables, il constitue une opération et une dépense inutiles, une perte d'argent par conséquent ; 2° il rend plus altérables les substances qu'il n'élimine pas, et M. Pasteur ne doit pas ignorer que l'action d'une chaleur, même modérée, hâte et prépare la désagrégation des matières azotées.

Le chauffage est inutile pour tous les vins *astringents, alcooliques* ou *liquoreux*, puisque ces vins se conservent pendant de longues années sous l'influence seule de leur composition, les uns, parce que le tannin a séparé les agents d'altération, les autres, parce que l'alcool ou le sucre, ou ces deux agents réunis, frappent d'inertie les matières azotées qu'ils n'auraient pas précipitées. Dans ce cas encore, le chauffage constitue une dépense de trop.

Dans la presque totalité des cas, le chauffage est nuisible en ce sens qu'il détruit, transforme ou modifie forcément le bouquet, cet ensemble si fugace de principes aromatiques altérables, qui forme le principal mérite d'un grand nombre de vins.

Le chauffage est inutile enfin, puisque, sans nous exposer aux inconvénients qu'il entraîne, nous pouvons nous conten-

ter d'imiter la nature en purifiant nos vins par un sage emploi des astringents, dont l'action est complète et radicale, et
qui nous donnent des résultats infiniment supérieurs, sans
ennui et avec une dépense insignifiante.

M. Pasteur s'est peu soucié vraiment d'apprendre les notions les plus élémentaires sur le vin : des choses aussi simples
sont trop au-dessous de ces grandes intelligences nuageuses,
et il fallait planer sur des idées aussi vulgaires. Il s'est bien
gardé de s'occuper d'albumine coagulable, de matières azotées solubles ou insolubles, d'astringents, d'alcool ou de sucre ;
il a tenu un autre langage, beaucoup plus philosophique à son
avis. Toutes les altérations du vin sont produites par des
mycodermes ; or la chaleur de M. Pasteur tue les mycodermes : donc cette chaleur conserve le vin et le rend inaltérable.

Voilà virtuellement et en raccourci toute la théorie. Malheureusement ce raisonnement pèche contre toutes les règles du
bon sens et même contre la doctrine de M. Pasteur lui-même,
si tant est qu'il y ait une doctrine dans des incohérences ma-
ladives qu'on ne tolérerait pas chez un écolier. Et d'abord la
prémisse est fausse. Jamais M. Pasteur n'a pu démontrer que
les mycodermes sont les causes productrices des altérations du
vin; on a rencontré, il est vrai, des organismes inférieurs dans
les vins altérés ; mais, comme ils se forment dans toutes les
matières organiques en décomposition, si ces matières contiennent des substances azotées, il importerait de savoir si l'altération de la matière azotée n'est pas plutôt la cause primordiale des maladies du vin, si elle n'est pas le point de départ
de la formation des mycodermes, et s'il y a dans la présence
de ceux-ci autre chose qu'une simple coïncidence.

En second lieu, la chaleur ne tue pas les mycodermes, au
point surtout où elle est applicable au chauffage des vins.
Nous savons, et M. Pasteur le sait peut-être également, que les
vibrions soumis à la dessiccation reprennent toute leur vitalité par l'humidité ; nous savons par des expériences de
M. Thénard, vérifiées depuis, que le mycoderme de la levûre
subit sans périr une température de 100 degrés ; que cette
température ne fait que le rendre inerte pendant quelque
temps, après quoi il reprend toute son énergie. M. Pasteur
nous permettra donc d'attendre des preuves en faveur de ses

19

assertions avant de repousser des faits avérés pour lui donner raison.

Enfin, même en admettant tout ce que M. Pasteur voudra pour ses mycodermes, il est certain que si le chauffage les tue [1], il reste dans les vins chauffés plus de matières azotées qu'il n'en faut pour les reproduire. Tout cet échafaudage de mots, d'assertions, d'inventions, croule donc entièrement devant l'examen, et le système avancé par M. Pasteur ne peut soutenir l'étude des observateurs impartiaux qui raisonnent sans aucun parti pris.

Voilà ce que nous apprend le raisonnement et quelles sont les principales données qui nous font regarder le chauffage des vins comme inutile presque toujours et souvent nuisible. Voyons plus loin cependant et cherchons à rencontrer dans les faits une confirmation de ce que la logique seule nous fait considérer comme irréfutable.

Nous empruntons ce qui suit à l'ouvrage de M. de Vergnette-Lamotte :

« Si, sans nous appuyer sur les expériences qui nous sont personnelles, nous examinons avec soin le compte rendu de celles qui ont été faites sur la demande de M. Pasteur par le commerce de Bercy, nous voyons que les habiles expérimentateurs qui ont répondu à son appel ont fait leurs réserves *sur l'influence que le temps pouvait avoir sur les qualités relatives des vins chauffés et non chauffés.*

« Ils ont trouvé que le vin de Chambertin de 1859 chauffé était plus *maigre* que celui qui ne l'avait pas été.

« Les vins de lie non chauffés sont préférables aux vins chauffés.

« Dans un vin du Cher (le vin n° 5) le goût s'est *aminci.*

« Le vin n° 6 (vin de Tavel) s'est *troublé* dans le chauffage, et il est devenu défectueux.

« Dans le vin n° 7, le vin chauffé est *trouble.* Il a vieilli et est *maigre* au goût. Le vin non chauffé est supérieur;

« Le vin n° 9 a été séché dans le chauffage et a *perdu sa finesse.*

« Le vin n° 10 est aussi plus *sec* que le vin non chauffé, et il a une légère tendance à l'*amertume.*

---

[1] Cette hypothèse, toute gratuite, est contraire à l'observation.

« Les dégustateurs trouvent le vin n° 16 (c'est un vin de Bourgogne) plus *sec* que le Bourgogne qui n'a pas été chauffé.

« La commission a constaté encore que le chauffage donne aux vins communs un léger *amaigrissement*. et un faible *goût de cuit.* »

En voilà bien assez, selon nous, pour juger définitivement ce bruyant procédé et conclure qu'il est rarement utile et souvent nuisible.

Nous ne nous étendrons donc pas davantage sur ce prétendu moyen de conservation et d'amélioration des vins, certain que nous sommes de ceci, que les producteurs de vin qui appliquent avec soin les principes de l'œnologie n'ont aucun besoin de ces recettes problématiques. D'ailleurs M. Pasteur est déjà entré dans la voie de la palinodie.

Il chauffait primitivement ses vins jusqu'à 75 degrés, ce qui est bien le point pratique de la coagulation de l'albumine (théorie : 65 degrés). « Peu à peu, dit-il, je me suis assuré qu'on pouvait descendre à 50 degrés, peut-être même au-dessous. » Il n'est pas impossible, comme on le voit, que le chauffage reste dans une limite inférieure à la température estivale du Midi. Tout est problématique dans cette grande méthode, laquelle n'a rien de certain en pratique, et qui ne repose en théorie que sur des raisonnements incomplets, ou plutôt sur l'absence de tout raisonnement.

Il est clair, dans tous les cas, que le chauffage des vins devrait toujours être suivi d'une filtration ou d'un soutirage, pour séparer l'albumine coagulée et les matières insolubles de la liqueur. La pratique du chauffage n'exige d'ailleurs aucun outillage bien dispendieux. Un vase clos bien étamé, renfermant un serpentin en étain à travers lequel on fait passer de l'eau chaude ou un filet de vapeur, reçoit le vin par sa partie inférieure. Le vin sort par une tubulure latérale en haut après avoir subi la température voulue, laquelle est indiquée par un thermomètre. Si l'on agit sur des bouteilles, il suffit de les boucher imparfaitement et de les placer dans de l'eau que l'on porte graduellement à la température à laquelle on veut s'arrêter. Cela est d'une extrême simplicité au fond, et nos objections ne portent en réalité que sur la valeur intrinsèque du procédé, à laquelle nous ne pouvons accorder aucune confiance.

Congélation des vins. — On a proposé de faire geler les vins, dans le but de leur enlever une partie de l'eau qu'ils contiennent et d'en augmenter la richesse alcoolique, de hâter la précipitation du tartre et d'obtenir celle d'une partie de la matière colorante et des matières azotées. Ces résultats sont, en effet, obtenus par l'action du froid, et le vin qui a été soumis au froid est plus vif, moins exposé aux dégénérescences. Il dépose moins par la suite.

Le procédé à suivre consiste à faire éprouver au vin, renfermé dans des barriques et débarrassé de sa lie, un froid de 8 à 9 degrés au-dessous de zéro, pendant un temps suffisant pour qu'il se congèle les sept à huit centièmes de la masse. Cette opération, très-facile dans certains hivers, peut se faire aisément en tout temps par l'application du froid artificiel. Il faut alors renfermer le vin dans un vase spécial que l'on place dans un mélange réfrigérant. On doit soutirer le vin aussitôt que l'action du froid a été assez prolongée, laisser former le dépôt dans un cellier froid et bien aéré, soutirer de nouveau et mettre en cave.

Nous pensons que l'on peut obtenir de bons résultats de l'action du froid sur les vins, qui se dépouillent très-promptement sous cette influence et acquièrent plus de finesse, de douceur et de force, sans qu'on soit exposé à altérer trop profondément le bouquet. Quoi qu'il en soit, nous avouons franchement le peu de sympathie que nous éprouvons pour tous ces moyens purement factices d'amélioration et de purification, dont le résultat définitif nous paraît incomplet. En effet, ces procédés sont loin de donner lieu à cette *purification absolue* qu'il est rigoureusement nécessaire d'atteindre, si l'on veut se mettre à l'abri des dégénérescences. Dès lors, il nous faudra encore recourir à d'autres méthodes, au collage, au soutirage, au soufrage, si nous voulons parvenir au but que nous poursuivons, et nous aurons ainsi à faire double travail et double dépense.

Nous pensons cependant que, dans un grand nombre de circonstances, le froid peut améliorer beaucoup et vieillir les vins qui y sont exposés, en sorte que ce procédé nous semble appelé à rendre parfois d'utiles services. Mais, malgré tout, il nous est impossible d'y voir autre chose qu'un procédé d'une.

application restreinte, dont il faudrait bien se garder de vouloir faire une méthode générale.

Nous cherchons maintenant à rendre cette étude du vin de raisin moins incomplète et plus profitable, en indiquant les principales falsifications dont cette liqueur fermentée a été l'objet. Nous décrirons les procédés à suivre pour reconnaître les fraudes et se mettre en mesure de résister à la tendance du commerce, qui semble n'être plus aujourd'hui que *l'art de tromper*. Mais, il faut bien l'avouer, la chimie ne peut nous mettre en garde contre les mélanges frauduleux de vins communs, lesquels se pratiquent sur une large proportion, en dépit de toute la surveillance des commissions d'hygiène ; elle peut nous renseigner seulement sur certaines préparations, certaines additions plus ou moins coupables, sans nous donner la possibilité de confondre toujours les falsificateurs. Jointe à l'habitude de la dégustation, la chimie devient un moyen puissant de vérification ; mais, seule, elle ne peut être utile que dans des circonstances déterminées.

§ V. — FALSIFICATIONS DES VINS.

Si l'art du vigneron consiste à fabriquer les vins avec le fruit de la vigne, on peut dire que, *sauf exception*, l'art du marchand de vin consiste à les falsifier dans un but de lucre. Nous ne prétendons pas seulement désigner ici ces falsifications grossières qui conduisent sûrement leurs auteurs devant les tribunaux, mais encore ces odieux *tripotages*, ces mélanges indescriptibles dont la chimie des revendeurs est coutumière.

« Les anciens, dit M. J. Roques, possédaient l'art de modifier les vins. Ainsi, pour leur donner plus de force et de parfum, ils employaient différentes substances, telles que le mastic, la myrrhe, l'absinthe, le safran, les roses, le nard, le thym, les fruits, etc. ; on ajoutait du miel à ceux qui étaient âpres, d'un goût austère ou acide. Plus tard, on a également imaginé un grand nombre de recettes plus ou moins heureuses pour les colorer, les parfumer, les adoucir, etc. On colore les vins pâles par l'infusion du *croton tinctorium* ou tournesol, par le suc des baies de *myrtille*, de *sureau*, d'*yèble*, par le *bois de Campêche*, et par le mélange d'un vin très-foncé, tel que les

vins du Languedoc, de la Touraine, de l'Auvergne, etc. On
les parfume avec la *framboise*, la *racine d'iris*, les *feuilles de
vigne*, les *fleurs* de plusieurs espèces de *rosiers*. On corrige un
vin faible en le mêlant avec un vin plus généreux, en y ajoutant de l'eau-de-vie, de l'esprit-de-vin, des herbes aromatiques. On adoucit les vins avec du sucre, des raisins secs, de
l'hydromel, du cidre et du poiré cuits ; on les imite même avec
ces deux dernières liqueurs.

« La plupart de ces mélanges ne sont point nuisibles, surtout pour les estomacs robustes ; mais les personnes délicates
en sont plus ou moins incommodées ; elles doivent surtout se
méfier des vins qui ont un goût d'eau-de-vie ou d'alcool ; c'est
un indice qu'ils sont falsifiés, car on ne retrouve point cette
saveur dans le vin le plus généreux. L'usage de ces vins alcoolisés est très-pernicieux ; il jette dans une ivresse habituelle... On a dit que plusieurs vins du Médoc exhalaient une
odeur de violette, que le vin de l'Hermitage avait un parfum
prononcé de framboise ; c'est une erreur : lorsqu'on trouve
dans ces vins un arome à peu près semblable, on peut être sûr
qu'ils ne sont point naturels.

« Mais ces petites ruses mercantiles sont bien innocentes,
si on les compare aux mélanges qu'on fait avec l'alun, la potasse, la soude, la litharge, etc... »

L'*alun* a été souvent employé par les falsificateurs pour
aviver la couleur du vin ; la *litharge* leur a servi à corriger
l'acidité et à donner une saveur sucrée ; la *potasse* et la *soude*
ont été introduites dans le vin pour en détruire l'acidité. La
craie (carbonate de chaux) a été employée dans le même but,
mais avec des inconvénients infiniment moindres. Les sels solubles de plomb qui se forment dans le vin sont très-vénéneux,
et l'on voit souvent, à Paris, des accidents graves qui sont
déterminés par l'action des composés plombiques. Le vin qui
a séjourné dans des alliages de plomb et d'étain, dans des
vases en *zinc*, qui a été recueilli sur des comptoirs[1] qui ren-

---

[1] La plupart des marchands de vins au détail remettent dans leurs *brocs* le
vin qui coule sur leur comptoir... Ce lessivage est ensuite servi aux consommateurs : il ne faut rien perdre. Il est rare que ce liquide ne renferme pas au
moins des traces de plomb. Il en est de même lorsque les bouteilles ont été
nettoyées à la grenaille ; car souvent il reste des grains de plomb attachés au
fond de la bouteille. Cet accident involontaire peut conduire à des consé-

ferment du plomb, peut causer les phénomènes de l'intoxication.

M. Payen a constaté que 2 litres d'un vin blanc ordinaire
qui avait séjourné pendant deux heures dans un vase en zinc,
avaient dissous $2^{gr},22$ d'oxyde de zinc.

Certains falsificateurs fabriquent du *vin de toutes pièces*, et la
consommation est bien loin de se douter des ressources dé-
ployées par les frelateurs, dans le but de se soustraire au
payement des droits d'octroi principalement et, encore, de diminuer le prix de revient des vins qui sont seulement mélangés.
La fraude la plus commune consiste à faire entrer des vins
capiteux et fortement colorés, qui sont ensuite étendus d'eau,
ou coupés avec des vins plats et communs, ou qui servent à
colorer les mélanges d'eau et d'alcool, qu'on vend ensuite
sous des noms divers. Il est bien difficile, quelquefois, d'apprécier exactement les fraudes qui sont le résultat de simples
mélanges de vins divers, et il ne faut rien moins que le talent
et l'expérience des dégustateurs les plus habiles pour déceler
ces sortes de falsifications.

Pour les autres fraudes, la science possède des moyens de
vérification et de contrôle.

On reconnaît qu'un vin a été mélangé avec des cidres ou
des poirés, en le faisant évaporer et en chauffant le résidu,
qui donne l'odeur spéciale de la pomme ou de la poire cara-
mélisée.

Dans le cas où les vins ont été coupés avec de l'eau, l'analyse des matières salines permet de porter un jugement sur la
liqueur. En effet, les relations naturelles des principes du vin
se trouvent rompues par cette adultération et, quand même
le vin coupé retiendrait une proportion suffisante d'alcool, il
est clair que la proportion des sels minéraux, organiques ou
mixtes, aura varié en raison de la quantité d'eau ajoutée.

On reconnaît très-aisément la présence du plomb dans le
vin en faisant évaporer un volume donné de vin et en inciné-
rant ensuite le résidu. La cendre, dissoute dans l'acide azotique, donnera une liqueur dans laquelle le plomb se trouvera
à l'état d'azotate. Cette liqueur étendue d'eau donne un préci-

quences déplorables, surtout aujourd'hui que la grenaille à bouteilles contient une proportion considérable d'*antimoine* allié au plomb.

pité noir de sulfure de plomb par l'acide sulfhydrique et les sulfures solubles.

Si le vin renferme du zinc, il suffira d'en prendre un volume connu, d'y verser assez d'ammoniaque pour que la liqueur présente une forte réaction alcaline et une odeur ammoniacale prononcée. Après agitation, on filtre, et la liqueur renferme l'oxyde de zinc qui a été redissous par un excès d'ammoniaque. En y ajoutant de la dissolution de carbonate de soude, il se fera un précipité de carbonate de zinc, dont les caractères sont faciles à préciser.

Dans le cas de l'emploi de l'alun, le précipité formé ne se redissout pas dans l'ammoniaque.

Pour la recherche des principes minéraux ajoutés frauduleusement au vin, nous préférons évaporer la liqueur à siccité, brûler la matière organique et faire une dissolution incolore par l'acide nitrique, comme nous l'avons dit tout à l'heure pour le plomb. Cette marche, un peu plus lente, donne des appréciations plus sûres et permet un contrôle efficace des résultats.

Il se peut que les vins aient été corrigés d'un certain degré d'acescence par la chaux, la potasse ou la soude carbonatées. Dans ces cas, il s'est formé des acétates de ces bases, et il est facile de les reconnaître. On filtre, à plusieurs reprises et jusqu'à décoloration, le vin soupçonné sur du noir animal purifié, puis on l'évapore à siccité. Le résidu, repris par l'alcool, abandonne à ce liquide les acétates. On évapore la dissolution alcoolique, et le résidu est dissous dans l'eau distillée. L'oxalate d'ammoniaque dénonce la présence et la proportion de la chaux ; la potasse est indiquée par le bichlorure de platine ou l'acide tartrique ; la soude se reconnaît à l'absence des réactions caractéristiques de la potasse et, en outre, par l'examen de l'acétate retiré du vin. On pourrait encore, plus sommairement, reconnaître que l'on a affaire à des vins piqués, corrigés par la chaux ou les alcalis, en se contentant d'en évaporer une petite quantité, et en versant de l'acide sulfurique sur le résidu. L'odeur prononcée de l'acide acétique, le magma cristallin de sulfate de potasse ou de soude, le sulfate de chaux seront des indices suffisants.

La coloration frauduleuse des vins a été l'objet de recherches fort suivies, notamment par Nees d'Esembeck, dont la méthode fort simple a été vérifiée par les hommes les plus compétents. M. Bouchardat en fait l'éloge, et notre expérience personnelle nous engage à lui accorder toute confiance. Voici l'ensemble de la marche suivie par l'auteur, suivant la description qu'en a reproduite M. Bouchardat.

Ce procédé consiste à dissoudre d'abord *une* partie d'alun dans *onze* parties d'eau, et *une* partie de carbonate de potasse (de la potasse ordinaire purifiée) dans *huit* parties d'eau. On mêle le vin avec un volume égal de la dissolution d'alun, qui rend sa couleur plus claire. Puis on y verse peu à peu de la dissolution alcaline, en ayant soin de ne pas précipiter la totalité de l'alumine. L'alumine se précipite alors avec le principe colorant du vin, à l'état d'une laque dont la nuance varie avec la nature de la matière colorante, et qui prend, sous l'influence d'un excès de potasse, une autre teinte, qui varie aussi en raison du principe colorant combiné avec l'alumine. Pour procéder à cet essai, il faut faire une expérience comparative avec du vin rouge naturel, parce qu'il n'est pas possible d'établir des comparaisons exactes entre des couleurs qu'on retient seulement dans la mémoire. La comparaison se fait le mieux de onze à vingt-quatre heures après la précipitation. Suivant Nees d'Esembeck, le précipité que fournit le vin rouge non frelaté est d'un *gris sale* tirant visiblement sur le rouge, et la liqueur devient presque incolore à mesure que la précipitation de l'alumine s'effectue. Lorsqu'on emploie un excès d'alcali, le précipité devient d'un *gris cendré*, et la couleur se dissout dans la liqueur, qui se colore en brun. Des portions du même vin, colorées par les matières suivantes, ont produit les réactions que voici : le vin, coloré par les pétales du *coquelicot*, a donné un précipité *gris brunâtre*, qui passe au *gris noirâtre* par l'action d'un excès d'alcali ; la liqueur a conservé une partie de sa couleur. Le vin, coloré par des baies du *troëne*, a donné un précipité d'un *violet brunâtre* et une *liqueur violette ;* le précipité est devenu d'un *gris plombé* par l'addition d'un excès d'alcali. Le vin, coloré par les pétales de la *passe-rose* (*althœa rosea*) a offert la même réaction. Le vin, coloré par les baies de *myrtille*, a donné un précipité *gris bleuâtre*, dont la couleur n'est pas sensiblement altérée par la potasse. Le vin coloré par les baies du *sambucus ebulus*, a donné un précipité *violet* et une liqueur de même couleur ; le précipité est devenu d'un *gris bleuâtre* par l'action de la potasse. Le vin coloré par les *cerises* a fourni un précipité d'une belle couleur *violette*. Le vin, coloré par le *bois de Brésil*, a été précipité en *gris violâtre*, et celui qui est coloré par le *bois de Pernambouc* a donné un précipité *rose*...

M. Nees d'Esembeck admet que tous les vins qui donnent des précipités *violets*, *bleus* ou *roses*, doivent être soupçonnés de coloration artificielle. Cependant les baies du *phytolacca decandra* donnent une réaction semblable à celle de la matière colorante des vins, en sorte que ce procédé ne suffit pas à découvrir la fraude dans ce cas. Comme, d'ailleurs, on sait que la potasse, ou l'ammoniaque, sans alun, précipite en *jaunâtre* la matière colorante du phytolacca, il ne pourra s'élever le moindre doute sur la falsification, puisque le vin naturel ne précipite pas par ces réactifs et se colore seulement en *vert brunâtre*.

Dans tous les cas, il est indispensable de faire des essais comparatifs, si l'on veut arriver à un résultat inattaquable.

M. Bouchardat compare d'abord par la dégustation le vin soupçonné avec l'échantillon type. Il prend ensuite la densité des deux vins, puis il en fait l'essai au point de vue de la richesse alcoolique. Ramenant ensuite les résidus de la distillation au volume primitif, il prend de nouveau la densité et il en déduit la proportion des matières solides, pour lesquelles on peut faire également une opération spéciale. Il convient alors de faire l'essai de la matière colorante par le procédé qui vient d'être indiqué; puis, après la décoloration des liqueurs par le chlore, on dose la chaux par l'oxalate d'ammoniaque.

La proportion de la chaux offre, selon M. Bouchardat, une grande valeur pour les vins de deux ans au moins, parce que, alors, leurs sels calcaires doivent être précipités à l'état de tartrate; mais il est sans importance pour les vins nouveaux.

Disons encore, pour la gouverne des fabricants de vinaigre, que les vins naturels ne renferment que des proportions très-faibles de *chlorures* ou de *sulfates;* il en résulte que les vinaigres ne doivent pas précipiter notablement par les sels solubles de baryte ni par les sels argentiques, sous peine d'être considérés comme étant falsifiés par l'acide sulfurique ou l'acide chlorhydrique, et d'appeler sur les vendeurs la répression des tribunaux.

Les observations qui précèdent nous paraissent devoir suf-

fire pour faire comprendre l'absurdité de la plupart des falsifications. En effet, indépendamment de la culpabilité du
frelatage, considéré en lui-même et d'une manière générale,
il constitue un délit d'autant plus répréhensible, qu'il s'agit de
matières alimentaires, et que, pour l'appât d'un lucre sordide,
ceux qui altèrent, frelatent ou falsifient les boissons, s'exposent, de sang-froid et avec préméditation, à nuire à la santé
d'autrui. La mort même a été maintes fois le résultat de leurs
opérations, et les annales de la science fourmillent d'exemples
justificatifs. Y a-t-il donc rien de plus criminel que cette pratique de l'empoisonnement sur une grande échelle, comme
elle est exécutée tous les jours, sous nos yeux, par des spécu-
lateurs de tout genre, qui s'enorgueillissent ensuite de la fortune, qu'ils ont amassée à faire ce métier? Ce n'est pas tout
cependant, car la criminalité égale à peine ici la sottise de
l'acte même. Nous n'entendons pas parler des simples mélanges d'un vin avec un autre vin, lesquels ne présentent pas
de danger sérieux pour l'hygiène publique ; nous n'avons
même pas en vue les boissons que l'on peut préparer avec des
éléments convenables, et que l'on peut offrir à la consommation sous des appellations diverses ; nous ne considérons que
ces liquides impossibles vendus sous le nom de *vin*, dans les
grands centres principalement, et nous pensons que l'industrie
des frelateurs est aussi inepte que coupable. En effet, du jour
où une sévérité salutaire présidera à la surveillance légale,
du jour où cette surveillance sera exercée comme elle doit
l'être, sans concession ni faiblesse, il n'y aura pas une seule
falsification du vin qui échappera à l'investigation scientifique.
Tous les frelatages ont pour base un espoir de lucre ; il est
impossible de produire à bon compte des préparations factices
potables, analogues au vin naturel, en sorte que les falsificateurs ne peuvent sortir de leurs errements ordinaires, dont
tous les prétendus mystères n'ont rien de caché pour le chimiste expérimenté.

Nous arrêtons ici cette étude du vin de raisin et nous la
terminons par un conseil général que nous croyons de la plus
haute utilité, en ce sens qu'il permet à tout praticien éclairé, à
tout observateur intelligent, de suppléer aux lacunes de ce
travail et de se soustraire aux errements d'une routine aveugle
ou d'une théorie aventurée. Toutes les boissons fermentées

sont sous la dépendance d'un petit nombre de principes communs, dont l'application seule peut produire les résultats désirés et donner à ces boissons les qualités qu'on leur demande avec une conservabilité suffisante. Chercher la pratique industrielle en dehors non pas des théories, mais des principes techniques bien établis et solidement démontrés par le raisonnement, l'observation et l'expérience, est une marque certaine de faiblesse, d'ineptie ou d'ignorance.

LIVRE III

DES CIDRES ET POIRÉS.

La fabrication des cidres est une des industries agricoles qui se sont, au moins jusqu'à présent, cramponnées à la routine avec le plus de ténacité et qui semblent rebelles à toute tentative de progrès. La chimie a beau faire ; le paysan normand, breton ou picard prépare cette *boisson* dans les mêmes conditions qu'avaient adoptées ses ancêtres, et, sans tenir compte des faits d'observation les plus frappants, sans se soucier des conseils émis par les spécialistes les plus compétents, il persiste, quand même, à demeurer dans son ornière. Cela n'a rien de bien étrange en fait, aux yeux d'un investigateur patient et attentif, et l'on peut trouver à cette anomalie des raisons fort concluantes.

En général, le paysan est ladre et avare, par caractère, par habitude ou par nécessité ; s'il se met en frais dans de rares occasions, on peut être sûr que la vanité tient la plus grande place dans cette infraction aux habitudes. Il y a nécessité de se *montrer*. En dehors de cela, il préfère l'économie de quelques sous à toute tentative de bien-être ; il boit de la *piquette*, parce qu'avec la quantité de fruits nécessaires pour préparer un tonneau de *véritable cidre*, il peut faire *trois* tonneaux de *boisson*, grâce à l'eau, dont il est prodigue. S'il ne redoute pas les indigestions aux jours de gala et de fête, il adopte de préférence, en dehors des circonstances exceptionnelles, un régime parcimonieux dont la raison d'être semble échapper à l'intelligence, au moins en ce qui concerne celui qui possède une certaine aisance relative. Mais c'est surtout lorsqu'il doit nourrir les ouvriers et les gens de journée, que l'on voit éclater l'avarice étrange du fermier, car il est difficile, pour ceux qui n'ont pas vu de leurs yeux, de se faire une idée exacte de la manière dont les choses se passent. Nous avons goûté, en Picardie, de la boisson d'ouvrier, chez l'ouvrier lui-même, et du petit cidre destiné aux travailleurs des champs à l'époque des moissons ou de la fenaison. Nous n'avons rencontré nulle part quelque chose d'aussi plat, malgré une aigreur abominable, qui agaçait les dents et faisait regretter l'eau vinaigrée des moissonneurs de l'antiquité. C'est à peine s'il restait, dans ce breuvage malsain, une trace de saveur spéciale du fruit, et encore était-elle masquée par un goût impossible de lie corrompue et de moisissure. On ne se tromperait pas en affirmant que l'alcool ne formait pas un *deux-centième* de la masse... Dans la plaine de Caen, en Basse-Normandie, nous avons vu pareille chose, et l'on était tenté de croire qu'un bras de l'Orne avait été dirigé dans le tonneau du fermier. Notre observation nous a conduit au même résultat en Bretagne...

Il y a sans doute des exceptions à ce fait, et les bourgeois aisés, les petits propriétaires sont un peu plus économes d'eau. Il en est de même de ceux qui préparent du cidre pour le vendre ; mais cet affaiblissement des cidres par l'addition de l'eau est tellement entré dans les habitudes, que nous avons entendu soutenir par de braves Normands que le *cidre ne se conserve pas sans eau!*

A côté de cette avarice des uns, de la dure nécessité pour d'autres, il faut mettre en ligne de compte l'ignorance à peu près absolue dans laquelle ils sont restés jusqu'à présent relativement à tout ce qui concerne la technologie agricole. Ils font ainsi parce qu'ils ont vu faire de même par leurs pères ; mais ils ne se rendent compte de rien, ne veulent rien entendre, rien comprendre de ce qui se passe autour d'eux. Contre les novateurs, contre les chercheurs de progrès, contre les observateurs, toute pierre est bonne, surtout quand la science perce, et que l'on n'a pas l'habileté de la cacher sous l'extrême rusticité et la bêtise même des apparences. Dans ce dernier cas, le progressiste a quelque chance d'être imité ou copié, s'il *réussit*. C'est là le secret.

Nos écoles d'agriculture n'ont encore produit que des pédants, plus ignorants que les ignorants dont ils rougissent. Nous en avons personnellement vingt preuves par an, et nous ne savons rien de pire que ce badigeonnage de mots scienti-

fiques incompris, dont certains hybrides émaillent leurs discours. Pour deux hommes de bon sens pratique sortis de ces
établissements, il faut compter largement huit fats, appelés à
faire et à faire faire des sottises[1].

Les comices sont aussi absurdes, par le très-simple principe
que l'on ne peut être bien jugé que par ses pairs. Comment
veut-on que tel membre de ces comices, enrichi par les den-
telles, les cuirs, le caoutchouc ou les produits chimiques,
puisse apprécier le mérite agricole d'un produit donné? Cela
est impossible et nous en avons eu cent démonstrations pour
une dans nos expositions nationales ou universelles. Il ne
faudrait pas dix minutes à un homme de sens pratique, même
illettré, pour forcer de tels savants à rougir de leur incom-
pétence. Pourquoi les mettre en vedette, à la tête des choses
agricoles?

Le paysan n'est pas la dupe de cela et, s'il est trompé une
fois, il ne l'est pas une seconde fois. Autant de gagné pour la
cause de l'ignorance, car il ne peut s'empêcher de voir partout
des membres de comices.

Il y a encore ici des exceptions, heureusement ; mais, au
village, on n'en tient guère compte ni chapitre.

Et les commissions spéciales, la plaisanterie la plus durable
de notre pays français! Les commissions, dans lesquelles
l'élément agricole ne figure jamais que par erreur, croit-on
qu'elles puissent avoir la moindre influence sur l'ignorance ou
le parti pris du paysan français? Le seul résultat qu'elles entraînent, à notre avis, en dehors de la dépense, consiste à
exciter le mépris de ceux qui ne savent pas contre ceux qui

---

[1] On comprend que nous aurions bien des preuves à donner. Une seule en
passant. Un des *fruits secs* dont nous parlons, possesseur actuellement d'une
réputation de science agricole phénoménale, récompensé même par les institutions spéciales, correspondait avec nous, lorsque nous rédigions un *Journal
agricole*... C'était à l'époque des plus grandes gloires de M. Barral. Or notre
homme avait épousé une fille de fermier, intelligente, s'il en fut, et il arrivait
souvent que les communications de M. X... nous étaient faites par la plume
et le style de sa femme. C'était un événement que ces lettres féminines, pleines
d'observations justes, d'aperçus vrais, et l'on éprouvait de la stupéfaction en
les comparant à celles du mari *savant*, dont les bévues nous ont fait feuilleter
tous les dictionnaires. Tout le monde ne possède pas une Egérie, et lorsque
le *paysan* entend dire des sottises, il s'éloigne. On ne peut savoir le tort que
certains savants de notre époque ont fait à l'agriculture française.

veulent *paraître savoir*, mépris dans lequel sont confondus
ceux qui savent.

D'autre part, le paysan a été tellement, si souvent et si
cruellement trompé par certains prophètes, que sa méfiance
est bien excusable... Il faut presque un siècle pour guérir les
plaies faites par les charlatans agricoles, dont le but est de
parvenir par toutes voies, et aux dépens de qui que ce soit.

Nous pourrions ajouter que nos paysans manquent d'argent. Nous pourrions dire bien d'autres choses encore ; mais
nous n'avons nulle envie d'entamer, dans ces réflexions générales, des questions fort complexes que nous n'aurions pas
le loisir d'élucider entièrement. Nous nous résumons donc, et
nous disons que le paysan est avare, en général, et qu'il est
ignorant. Que ces deux raisons le détournent du progrès, cela
est incontestable ; mais nous allons plus loin et nous disons
que son avarice et son ignorance sont forcées.

Il est presque impossible à l'ouvrier du sol de parvenir à
l'aisance, sans laquelle il n'y a pas aujourd'hui de but à la vie
matérielle, à moins qu'il ne se courbe pendant de longues années sous le joug d'une économie presque sordide, qu'il ne
devienne dur pour lui-même et rapace envers autrui. Pour lui
surtout un sou est un sou. Et, après cinquante ans de labeur,
de privations et d'économies, il arrivera *peut-être* à avoir assuré les besoins de son existence, lorsque nous voyons, tous
les jours, des frelons, des inutiles, parvenir à la fortune en
quelques jours !

Malgré lui, l'homme des champs compare ; il déduit de ses
comparaisons des conséquences, parfois justes, souvent
fausses ; mais celle qui lui frappe le plus l'esprit, parce
qu'elle est naturelle, est qu'il lui faut à tout prix sortir de la
misère ou éviter d'y tomber. Et en cela il a mille fois raison,
puisque rien ne s'obtient que par l'argent, ce symbole de
toutes les nécessités vitales actuelles. Il cherche donc à ne plus
être pauvre, et s'il y parvient, c'est à force de privations,
parce qu'il ne sait pas faire autrement.

Quant à son ignorance, ne saurait-on la lui tolérer, lorsque
rien de sérieux n'est fait, en réalité, pour l'instruire ; lorsque
les institutions, dites *de progrès*, passent à côté du but, pour
la plupart, et semblent être créées pour conduire à la décadence? L'enseignement professionnel est encore un mythe

pour l'habitant de nos campagnes, et cette lacune regrettable pèse d'un poids énorme sur la situation générale.

Qu'on ne pense pas, d'ailleurs, que l'instruction donnée dans les écoles d'agriculture puisse contribuer à éclairer nos cultivateurs, car, d'ici à de longues années, ils ne pourront en retirer qu'un avantage fort contestable. La passion des systèmes en vogue, les théories préconçues, les rêves des agriculteurs de cabinet se partagent l'enseignement de ces écoles, où les erreurs fourmillent à côté de rares vérités d'observation. Or l'agriculture est toute d'observation, et l'agriculteur préférera toujours sa pratique, même mauvaise, à des théories qu'il ne comprend pas et dont il ne retire, le plus ordinairement, que des pertes et des mécomptes.

Les observations que nous venons d'exposer s'appliquent avec justesse non-seulement à la culture en général, mais encore à toutes ces industries agricoles, sources de la prospérité nationale, qui sont traitées avec le sans-façon le plus cavalier par des nullités de tout genre.

Nous ne voulons ici nommer aucun de ces aspirants à la célébrité, qui spéculent sur les choses agricoles ; mais nous pouvons dire, en thèse générale, que le peu de vérités qu'on rencontre dans leurs discours a été emprunté à nos maîtres en agronomie et qu'ils ont trouvé l'art d'y adjoindre, par une indigne profanation, les productions les plus étranges de l'aberration intellectuelle. C'est toujours, et en tout, la *poudre de transmutation* que l'on cherche à vendre le plus cher possible : les engrais concentrés, les engrais spéciaux, les engrais minéraux, les mycodermes fabricants, les machines à tout faire, l'art de centupler les récoltes, les procédés de tout genre sont là ; il ne manque plus que le bon sens pour qu'il n'y ait plus qu'à choisir. Et cependant nous ne produisons pas, avec le sol le plus riche du monde, de quoi nous suffire, de quoi vivre ; le pain nous manque comme la viande ; nos vignes sont malades et nos vins sont à la veille de perdre leur antique réputation ; l'apiculture est assez négligée pour que nous soyons forcés d'acheter les miels étrangers ; nous ne produisons plus de graines oléagineuses pour nous suffire ; le lin et le chanvre ont presque disparu de nos cultures ; le ver à soie est menacé d'anéantissement ; nos betteraves ne contiennent plus que six à huit centièmes de sucre ; la cherté augmente en tout et pour tout, mais nous avons une surabondance extraordinaire de professeurs d'agriculture.

La balance n'est pas égale, il faut le reconnaître; et tout nous commande impérieusement de laisser de côté le charlatanisme du jour, d'en revenir franchement à la pratique basée sur les principes et l'observation vraie des faits, si nous voulons éviter des catastrophes imminentes. Déjà nous avons cherché à rappeler l'industrie culturale des sucres à l'étude des principes et à leur application rationnelle; le même but nous a guidé dans la pr. mière partie de cet ouvrage et dans la portion de l'œnologie qui concerne le vin de raisin; nous croyons encore que la fabrication si négligée des cidres et des poirés doit reposer sur les mêmes bases. Nous pensons que ces boissons éminemment françaises peuvent être préparées dans des conditions telles, qu'elles soient saines, agréables et d'une conservation facile, et nous sommes convaincu de ce fait, qu'une fabrication rationnelle des cidres et des poirés offre moins de difficultés et d'ennuis que l'on n'en rencontre dans les méthodes sauvages usitées trop généralement. C'est ce que nous allons chercher à démontrer au lecteur dans ce livre que nous consacrons à l'étude du vin de pommes ou de poires, considéré à la fois comme source de production alcoolique et comme boisson alimentaire.

En présence de l'incurie qui domine la fabrication du cidre et du poiré, nous ne pouvons trop rappeler aux producteurs qu'il ne s'agit point ici de rêveries chimériques ou de conceptions théoriques, mais bien de faits expérimentés et vérifiés, dont ils peuvent tous reproduire les phases, sans courir le risque de compromettre leurs intérêts. Faire du cidre qui soit bon, qui se conserve, qui soit transportable, et puisse devenir pour les pays de production une branche de commerce aussi importante que lucrative, tel est le but à atteindre. Il n'y a qu'un seul moyen d'y parvenir, à notre avis, et ce moyen consiste à soumettre rigoureusement la fabrication des cidres et des poirés aux règles et aux principes qui doivent diriger toute l'œnologie.

CHAPITRE I.

Nous ne pensons pas qu'il existe, sur la préparation des cidres et des poirés, aucun livre sérieux que l'on puisse consulter avec avantage, et les technologistes semblent n'avoir attaché qu'une attention très-secondaire à cette industrie importante. Partout, dans les travaux anciens, les formules empiriques, les procédés par ouï-dire, les recettes non justifiées tiennent la place de l'observation et du raisonnement ; chez les modernes, on remarque, il est vrai, une tendance bien nette à se rappocher des principes scientifiques de l'œnologie et à faire aux cidres l'application des règles de la fermentation ; mais, on est forcé d'en convenir, les hommes qui ont abordé ce sujet intéressant, manquant des connaissances personnelles indispensables, ont dû se borner à faire la compilation de ce qui leur a paru applicable, et leurs conseils ne sauraient offrir un caractère d'autorité suffisant. Souvent même, à côté de quelques vérités empruntées aux données les plus rationnelles de la science, ils ont reproduit les erreurs de la routine la plus aveugle, et les affirmations les plus contradictoires se rencontrent à chaque page dans leurs écrits.

Sans vouloir introduire dans cet ouvrage un traité de la fabrication des cidres et des poirés, nous pensons qu'il est possible de ramener cette industrie à des règles certaines, et nous allons faire voir que la préparation des cidres est sous la dépendance des principes que nous avons déjà exposés sur celle des autres boissons fermentées. A notre avis, les faits scientifiques bien observés entraînent des conséquences d'application dont on ne doit pas s'écarter en pratique, au moins jusqu'à ce que des observations nouvelles viennent apporter des modifications nécessaires. Or il nous semble que la fermentation des jus sucrés repose sur un petit nombre de faits bien définis, qu'elle s'appuie sur des principes arrêtés, et que l'application de ces principes est le seul moyen d'obtenir de bons résultats œnologiques. Il nous semble que les cidres et les poirés ne peuvent faire exception à la règle, et nous allons esquisser rapidement les conditions de leur fabrication.

Nous avons déjà exposé les principes généraux relatifs à la préparation des boissons fermentées [1], et tous ces principes nous paraissent applicables à la fabrication du vin de pommes ou de poires. Nous en rappelons les points les plus importants.

Les fruits dont nous parlons contiennent l'*eau* dans un état aussi parfait que possible, relativement aux matières que le jus tient en dissolution et dont nous avons donné le détail analytique dans notre premier volume (p. 478 et 479). Ils renferment assez de *sucre* pour fournir de 3,12 à 7,34 d'alcool pour 100 en volume; le chiffre de la *gomme* varie de 2 à 4 pour 100, et l'on y trouve depuis un demi-millième jusqu'à 5 millièmes d'*albumine*. Quelques espèces sont riches en *tannin* et d'autres en sont presque totalement dépourvues.

Il est clair que les cidres et les poirés doivent être *sains*, c'est assez dire que ces boissons ne devront pas être fabriquées avec l'eau croupissante des mares, qui contient des matières organiques en voie de décomposition et dont l'influence pernicieuse sur les produits de la fermentation est assez connue. On doit éviter avec autant de soin d'employer des fruits gâtés ou pourris, ou de laisser les liqueurs en contact avec des dépôts altérés ou des lies putréfiées, qui se dissolvent partiellement dans la masse et lui communiquent des propriétés délétères.

D'un autre côté, les cidres et les poirés doivent être *conservables*. Or la conservabilité des liqueurs fermentées dépend de la présence d'une proportion suffisante d'*alcool*, de celle du *sucre*, de l'élimination du *ferment* et des *matières azotées,* de l'élimination de la *matière fermentescible* et de l'action spéciale des *principes aromatiques*. Toutes ces conditions se trouvent-elles réunies dans le vin des fruits qui nous occupent? Cette question mérite d'être examinée attentivement, puisque de la réponse qu'elle comporte dérive la valeur commerciale des cidres et des poirés : il est convenable d'en étudier les détails.

---

[1] Livre **I,** chap. I, p. 6 et suiv.

Nous savons déjà par ce qui a été dit sur le vin de raisin, que l'alcool ne s'oppose à l'action du ferment qu'à la condition de se trouver dans la relation de 18 à 20 pour 100 en volume dans les liqueurs fermentées. Or les cidres, faits avec le moût de la pomme seulement, sans addition d'eau, ne dépassent jamais une richesse alcoolique de 7 pour 100 et le minimum de cette richesse est d'environ trois centièmes, ce qui donne une moyenne de 5 pour 100, soit le quart de la proportion qui serait nécessaire à la conservabilité de la liqueur. Les poirés, dans les mêmes conditions, renferment de 4,11 à 7,34 d'alcool pour 100, ou une moyenne de 5,72. Cette proportion est par elle-même insuffisante pour le but à atteindre, et l'est bien moins encore lorsque l'on porte le raisonnement sur les cidres de boisson ou petits cidres, dans lesquels il entre assez d'eau additionnelle pour diminuer considérablement cette teneur alcoolique déjà trop faible. Nous en concluons que les cidres et les poirés ne sont pas conservables du fait seul de leur richesse en alcool et que, pour en assurer la durée, il est indispensable d'accomplir l'ensemble des conditions diverses que nous avons signalées.

Cependant il ne paraît pas hors de propos d'appeler l'attention des fabricants sur l'utilité que l'on rencontrerait dans le sucrage des moûts à la cuve, sucrage tel que la densité de ce moût atteigne 10° Baumé, comme Chaptal en a conseillé la pratique pour les vins. Ce serait assurer la qualité de ces boissons, les protéger contre les chances d'altération et les placer dans une situation meilleure pour l'exportation. Nous savons tout ce que l'on peut objecter contre cette pratique à l'égard des cidres et des poirés; mais la raison la plus frappante qu'on puisse alléguer repose sur le prix élevé des sucres et nous faisons assez bon marché des autres.

Est-il donc impossible d'espérer que le sucre descendra à un prix abordable par la suppression ou tout au moins par la modification de l'impôt?...

Nous croyons, pour notre part, qu'une loi plus libérale nous donnera, dans un temps plus ou moins rapproché, toute satisfaction à cet égard, en sorte que le sucrage des moûts deviendra réellement praticable, sous l'empire d'une diminution réclamée par tous les intérêts. En attendant cette réparation légale de ce qui nous a toujours paru une injustice flagrante, on pourrait peut-être obtenir le dégrèvement des sucres employés au vinage à la cuve, et le fisc lui-même aurait un intérêt notable à ce dégrèvement, qui aurait tous les caractères d'une mesure de bien public. S'il en était ainsi, les vins de pommes ou de poires atteindraient en peu de temps une valeur considérable, en ce sens qu'ils pourraient être expédiés et conservés aussi bien que le vin de raisin, et qu'ils deviendraient une source de prospérité pour les pays producteurs.

Nous livrons ces réflexions aux méditations de nos financiers, et il nous semble qu'il n'y a pas à hésiter.

En supposant que les fabricants de cidre ne voudraient pas donner à leurs produits autant de richesse alcoolique qu'au vin de raisin, il n'en est pas moins incontestable que ces liqueurs acquerront d'autant plus de qualité qu'elles se rapprocheront du chiffre alcoolique des meilleures années, qui est à peu près égal à 7 pour 100. Et encore cette teneur est-elle inférieure à celle des bières d'exportation, puisque l'*ale* de Burton contient jusqu'à 8,20 d'alcool pour 100 et que cette proportion ne peut être réduite qu'aux dépens de la solidité. Il conviendrait donc de porter la densité des moûts de pommes ou de poires à 8 ou 9 degrés Baumé au moins, pour obtenir une garantie de conservabilité. Mais cette proportion de sucre ne produirait pas encore assez d'alcool pour assurer la durée des liqueurs, et l'on ne devrait la considérer que comme un auxiliaire des autres mesures à prendre et que nous allons passer en revue.

En résumé, la moyenne de 5 à 5,72 d'alcool pour 100 peut suffire dans les cidres et les poirés, pourvu que les causes d'altération soient éliminées soigneusement; mais nous préférerions de beaucoup un chiffre plus considérable, qui augmenterait les chances en faveur de ces produits.

Outre ce que nous venons de dire sur le sucrage des moûts, il y aurait encore un autre moyen d'obtenir une richesse saccharine plus grande dans les moûts, et ce moyen, entièrement cultural, mérite toutes les préférences, malgré le temps qu'il exige. Il consisterait à remplacer graduellement les espèces communes peu sucrées par des variétés plus riches en sucre, et il ne nous semble pas que ce soit impossible ou même difficile. On pourrait substituer des pommiers et des poiriers à fruits sucrés aux espèces moins riches, dans tous les cas de plantation nouvelle. Ceci ne comporte pas d'objection plausible, et la routine elle-même n'en aurait pas à opposer. Nous savons de reste, cependant, qu'un préjugé bizarre prétend qu'on ne peut faire de bon cidre avec des pommes sucrées et douces, mais cette allégation toute gratuite ne prouve rien, comme il est facile de s'en convaincre. Si les producteurs de cidre préfèrent les variétés à fruits âpres aux espèces à fruits plus sucrés, cela tient évidemment à ce qu'ils ne mettent pas en pratique les règles de la fermentation et d'un travail œnologique rationnel. A la suite d'une fermentation mal soignée, d'une purification fort incomplète du vin produit, ils sont exposés à tous les accidents de la dégénérescence visqueuse, lorsque les fruits ne contiennent pas une proportion convenable de principes astringents. C'est pour cela que les cidres faits avec des pommes douces, par la méthode usuelle, s'altèrent plus facilement que les cidres durs ; mais cette raison ne présente plus la moindre valeur lorsque le travail est bien fait. Cette affirmation, basée sur l'expérience, a été précédemment démontrée à l'égard du vin de raisin et elle trouvera sa confirmation dans les raisons que nous avons à mettre sous les yeux du lecteur. Plus les fruits sont sucrés, plus le vin qui en provient est alcoolique, plus il est conservable, pourvu que les causes d'altération soient rigoureusement supprimées. C'est donc à produire des fruits très-sucrés qu'il convient de s'attacher, et le moyen que nous venons d'indiquer est le plus sûr, le plus praticable, surtout en présence des difficultés du sucrage.

Les pommes *douces,* les poires *douces* sont dans la même condition par rapport au cidre et au poiré que les raisins *doux,* privés de tannin, par rapport au vin proprement dit. Les chasselas, par exemple, passent pour ne produire que du vin médiocre, qui n'a pas de corps et ne se conserve pas. Nous pensons qu'il en serait tout autrement si le moût de chasselas fermentait en présence d'une bonne proportion de pepins ou d'autres matières astringentes, et nous croyons que les cidres et les poirés faits avec des fruits doux n'exigeraient pas d'autre précaution. Cependant, lorsque nous conseillons de remplacer les variétés peu sucrées par d'autres plus riches en sucre, nous n'entendons pas préconiser les espèces qui ne renferment pas assez de tannin, et nous avons surtout en vue la multiplication

des fruits qui contiennent le maximum de sucre et de tannin
à la fois. Des pommes ou des poires, très-sucrées en même
temps que très-âpres et astringentes, fourniront toujours les
éléments de la meilleure boisson, la plus alcoolique et la plus
conservable. Le sucre produit d'autant plus d'alcool qu'il est
plus abondant, et le principe astringent, en éliminant la matière albuminoïde en tout ou en partie, protége la liqueur fermentée contre les causes d'altération. Il en résulte que si l'on
traite des fruits sucrés non astringents, il est indispensable de
donner aux moûts qui en proviennent la matière astringente
qui leur fait défaut, et que la perfection serait d'avoir des
fruits très-sucrés, mais en même temps très-âpres et très-astringents.

C'est là une règle infaillible qui doit guider constamment
dans le choix des espèces à employer pour les plantations et
les remplacements.

Si l'on a des arbres de bonne venue, sains et vigoureux, on
est encore placé dans de meilleures conditions pour atteindre
plus promptement le résultat cherché. Rien n'empêche, en
effet, de recéper les branches de ces arbres et de greffer sur
chacune d'elles deux ou trois scions d'une espèce très-sucrée.
Cette opération de transformation ne doit pas, il est vrai, se
faire tout d'un coup, et la prudence conseille de la pratiquer
avec une sage réserve et dans une progression convenable, pour
ne pas s'exposer à sacrifier une portion trop considérable de la
récolte. Nous ne croyons pas, cependant, que le renouvellement des crus à cidre exigerait une bien longue période, car
aussitôt que les greffes d'une première série seraient à fruit,
on pourrait agir sur un certain nombre d'autres arbres, afin
d'arriver le plus tôt possible à ne plus avoir que de bonnes espèces, productives et à fruits sucrés.

Nous croyons fermement que l'avenir des cidres et des
poirés dépend complétement de la mesure que nous proposons, et nous regardons cette amélioration des espèces comme
infiniment supérieure au sucrage artificiel.

Quoi qu'il en soit, l'alcool étant au premier rang parmi les
agents conservateurs des boissons fermentées, c'est de l'alcool
qu'il faut produire dans ces liqueurs et, pour produire de l'alcool, il faut du sucre, d'une provenance ou d'une autre, soit
que l'on en ajoute dans les moûts, soit que l'on cherche à en

augmenter la richesse par un choix judicieux des variétés.

Nous avons dit tout à l'heure que le cidre et le poiré ne sont pas conservables par le fait seul du peu d'alcool qu'ils contiennent, et cette proposition rigoureuse n'a plus besoin de preuves ni de démonstration. Nous avons ajouté cependant que ces boissons peuvent se conserver avec une richesse alcoolique moyenne de 5 à 5,72 pour 100, à condition que les causes d'altération soient supprimées. Il est évident que nous n'avons pas à envisager ici le sucre comme agent de conservation, puisque, dans aucun cas, les cidres ou les poirés n'en contiennent une proportion telle que le ferment ne puisse pas la détruire entièrement, et qu'il n'en reste jamais dans ces liqueurs lorsque la fermentation est terminée. C'est donc aux soins de purification seulement qu'il convient de prêter attention, en dehors de ce qui vient d'être dit sur la richesse alcoolique et les moyens de l'augmenter.

En supposant donc les opérations de vinification régulières et soumises à des principes fixes, nous admettrons que le jus des fruits a été extrait par une bonne méthode, et que la fermentation active de ce jus a eu lieu pendant un temps suffisant, à une température normale de $+25$ degrés en moyenne. Cela étant, nous devons éliminer toutes les matières étrangères suspendues ou déposées, débarrasser le cidre ou le poiré des matières albuminoïdes solubles, coagulables ou non coagulables, en un mot, produire une défécation complète, si nous voulons que nos liqueurs puissent se conserver sans altération. Nous avons vu, à propos du vin de raisin, que la plupart des altérations de cette liqueur proviennent de la présence des matières azotées non éliminées ; il en est de même avec toutes les boissons fermentées possibles, et nous devons appliquer les mêmes règles.

Il faudra donc soutirer le cidre avec grand soin, pour le séparer de sa lie, le clarifier par des collages méthodiques, le soustraire aux pernicieuses influences de l'air et de la chaleur, enfin prendre de ce vin de fruit les mêmes soins que nous prendrions du vin proprement dit.

Cela est de nécessité absolue.

C'est malheureusement ce qui est bien rarement mis en pratique, et les cidres, troubles et chargés de matières étrangères, sont abandonnés le plus souvent dans les tonneaux où s'est faite la fermentation, jusqu'à ce que la lie se soit bien déposée. Il est bien rare que l'on fasse alors même un bon soutirage, plus rare encore que l'on colle la liqueur et, d'ailleurs, un collage ordinaire à l'albumine ou à la gélatine serait souvent plus nuisible qu'utile.

Dans les conditions où l'on se place habituellement, les soutirages sont difficiles parce que les lies ne se déposent qu'avec une extrême lenteur et une grande difficulté. Cela tient à diverses causes sur lesquelles nous jetons rapidement un coup d'œil.

Les moûts de pommes et de poires tiennent en suspension une quantité considérable de débris de cellulose, dont la densité est à peine supérieure à celle de la liqueur. Il s'ensuit que ces débris restent fort longtemps dans le liquide, et qu'ils augmentent considérablement la tendance des cidres à la fermentation lactique ou à la dégénérescence visqueuse, tendance qui est déjà fort explicable par la présence d'une proportion notable de matière gommeuse. D'un autre côté, ces liquides sont très-riches en ferment globulaire, très-ténu, qui se déposerait avec la lie si sa densité était plus grande, mais qui demeure en suspension avec les débris dont nous venons de parler. Enfin, on se trouve en présence de matières albuminoïdes insolubles qui nagent sous forme de filaments dans la liqueur. Toutes ces substances étrangères doivent être éliminées le plus tôt possible, puisque, de leur séjour dans les liqueurs résultent la plupart des altérations et des maladies auxquelles les cidres et les poirés sont sujets. Il convient donc de suppléer à la lenteur avec laquelle les lies se déposent, et de séparer mécaniquement toutes les matières étrangères en suspension.

Il n'y a pour cela qu'un moyen rationnel à adopter.

Supposons qu'un producteur de cidre ou de poiré veuille enfin entrer dans la voie du progrès par l'application sérieuse des principes de la chimie ; il divisera son travail d'après des règles certaines, selon les phases bien connues en œnologie : extraction du jus, fermentation primitive, fermentation secondaire et purification du vin. Il fera en sorte d'accomplir toutes ces périodes avec tout le soin convenable et il évitera, autant que possible, de les faire chevaucher l'une sur l'autre. Après avoir divisé sa matière première par les meil-

leurs moyens connus et extrait la plus grande quantité de jus
qu'il pourra par la pression, seule ou combinée avec une sorte
de macération d'épuisement, il enverra ce jus à la fermentation. Il se gardera bien de suivre les errements habituels, relativement à cette phase importante de son travail, et de mettre
son moût dans des tonneaux plus ou moins impropres à cet
usage, dans lesquels une température insuffisante ne favorise
pas la fermentation alcoolique, mais bien les dégénérescences
lactique ou visqueuse. Il dirigera ce moût dans une cuve à
fermentation en le faisant passer à travers un filtre débour-
beur, qui retiendra les impuretés les plus grossières. La liqueur sera portée à une température moyenne de + 18 degrés
à + 20 degrés centigrades ; la cuve sera couverte et, de temps
en temps, un brassage énergique sera effectué, de manière à
accélérer et compléter la transformation de la matière saccharine. En un mot, il se conduira comme s'il voulait fabriquer du
vin de raisin. Lorsque la fermentation sera terminée, il procédera au décuvage en faisant arriver son vin dans les tonneaux
à l'aide d'un tube, et en le soustrayant à l'action de l'air atmosphérique. Mais, au lieu de transvaser directement ses liqueurs
dans les tonneaux où doit se faire la fermentation secondaire,
il aura soin de les forcer à se dépouiller de la plus grande partie des matières suspendues, par le passage à travers une toile
disposée convenablement dans un filtre spécial. Cette filtration
aura pour résultat de suppléer à l'insuffisance des dépôts, et
de permettre un travail régulier dans la fermentation secondaire et dans la purification des produits, etc.

Il ne faut pas croire qu'elle puisse présenter la moindre difficulté, ni qu'elle soit un objet de dépense notable, puisque
l'on peut obtenir un excellent résultat à l'aide d'un simple cylindre de tôle perforée, enveloppé d'une toile d'emballage, et
plongeant dans le liquide. Nous indiquons cette disposition
dans le livre suivant consacré à la brasserie, et le lecteur, en
s'y reportant, peut aisément se rendre compte de ce qu'il peut
obtenir avec des moyens élémentaires, qu'il a presque toujours
sous la main.

Quoi qu'il en soit et quand même on devrait faire construire un filtre par un constructeur, la dépense devient insignifiante si on la compare avec l'importance du but, qui est
de préserver les vins produits des altérations, et de pro-

curer des boissons saines, agréables et de bonne conservation.

Voilà donc les moûts *bien fermentés* qui ont subi un commencement de purification par l'élimination des matières étrangères les plus grossières, et que l'on a placés dans des tonneaux où ils finiront leur fermentation. Notre producteur, en homme sagement avisé, comprendra qu'il doit maintenir ses tonneaux pleins, en pratiquant l'*ouillage* autant de fois qu'il sera jugé nécessaire, jusqu'à ce que la fermentation secondaire soit terminée. Pour cela, il aura soin de remplir les fûts tous les huit ou dix jours, de manière à se débarrasser par la bonde des écumes et des mousses que le travail amènera à la surface. Ces écumes seront recueillies et pressées, et le liquide qui en proviendra sera joint au cidre de remplissage. Cette simple précaution produira des effets remarquables, en ce sens que les matières insolubles qui composent les écumes étant éliminées, la lie sera diminuée d'autant, et les chances d'altération seront amoindries. Si, au contraire, l'ouillage n'est pas exécuté, ces mêmes écumes de la surface du liquide demeurent dans le tonneau ; elles s'altèrent au contact de l'air qui pénètre par la bonde ou les fissures ; elles tombent ensuite plus ou moins lentement dans la liqueur à laquelle elles impriment un mauvais goût, et qu'elles conduisent à la dégénérescence.

L'ouillage doit donc être considéré comme un second moyen de purification et, à ce titre, il n'y a pas de prétextes plausibles pour s'en affranchir.

Quand la fermentation secondaire du vin de pommes ou de poires est arrivée à son terme, que les écumes et les mousses ont cessé de se produire, il est urgent de séparer la liqueur des lies et des matières étrangères suspendues : c'est à ce moment que le collage interviendra avantageusement, pourvu qu'il soit bien fait. Or le collage des cidres et des poirés ne repose pas sur des principes différents de celui des vins de raisin. Comme dans ceux-ci, l'albumine ou la gélatine ne peut produire d'effet utile qu'en se coagulant, ou en passant à l'état insoluble. C'est par ce changement d'état que la matière albuminoïde, en se précipitant, entraînera dans sa chute les autres substances suspendues, sans laisser dans la liqueur une nouvelle matière plus altérable encore que celles que l'on veut

séparer. Cette insolubilité ne peut être ici produite par l'alcool, dont la proportion serait insuffisante, et on ne peut l'obtenir que par l'action des astringents. Ceci a déjà été exposé
antérieurement à propos du vin, et il n'y a pas le moindre
doute à émettre à ce sujet.

Si donc le cidre ou le poiré a été préparé avec des fruits
très-sucrés, mais très-astringents, un collage à la gélatine sera
indiqué pour obtenir une précipitation rapide de la lie, et hâter la clarification et la purification de la liqueur. Dans le cas
où le principe astringent n'existerait pas, ou s'il ne se trouvait
dans le vin qu'en proportion trop faible, ce collage ne conduirait à rien, et il serait beaucoup plus nuisible qu'avantageux.
La conclusion logique et rigoureuse à tirer de ces principes est
donc qu'il convient, aussitôt après la fermentation insensible,
de faire un essai de la liqueur dans les mêmes conditions de
celui que nous avons conseillé pour les vins. On apprendra
ainsi comment il importe d'agir, et l'on ne sera pas exposé à
commettre des erreurs très-préjudiciables. Si le produit contient encore de la matière astringente, on le collera à la gélatine dans la relation indiquée par l'expérience; s'il n'en renferme pas, on saura s'il est avec excès de matière albuminoïde
ou non. Dans le premier cas, on dosera la proportion de cachou suffisante pour précipiter l'albumine; dans le second, on
ajoutera dans le liquide 7 à 8 grammes de cachou par hectolitre, et on collera ensuite avec une quantité de gélatine proportionnelle.

Lorsque le dépôt sera effectué, on fera le soutirage avec le
plus grand soin dans des barriques bien propres que l'on fer-
mera hermétiquement. Il sera nécessaire de renouveler deux
ou trois fois les collages et les soutirages pour obtenir une
purification complète, et avoir la certitude de pouvoir conserver les cidres et les poirés aussi longtemps que le vin.

La mise en bouteilles pourra être effectuée pour les qualités supérieures sans que l'on coure le moindre risque.

Toutes ces précautions, dont l'utilité absolue n'est pas contestable, sont-elles donc d'une exécution si pénible qu'on doive
reculer devant leur application? Nous ne le pensons pas, et
nous croyons que la paresse, la négligence, la routine, peuvent
seules élever des objections contre les mesures radicales que
nous proposons. Rien, d'ailleurs, n'empêche de vérifier sur une

quantité quelconque les résultats que nous affirmons, si l'on craignait de se tromper en faisant, dès l'abord, une application, à toute la récolte, des principes que nous venons de résumer. Nous le disons nettement et franchement : la fabrication des cidres et des poirés ne peut rester en arrière ni demeurer embourbée dans les préjugés routiniers qui la dominent ; il faut qu'elle entre dans la voie de progrès rationnel, qu'elle applique les données scientifiques, si elle ne veut pas s'exposer à succomber sous des échecs inévitables. Tout marche et tend vers l'amélioration ; il n'est pas possible de persister à nier la lumière et à reculer devant les faits technologiques avérés, surtout en matière de produits alimentaires.

Que nos lecteurs veuillent bien réfléchir à ce qui précède, à ce que nous avons démontré sur les conditions générales de la préparation des boissons fermentées, et bientôt, nous en sommes certain, la raison et la science d'application verront leurs détracteurs devenir leurs plus fidèles auxiliaires.

CHAPITRE II.

L'origine des cidres remonte à une très-haute antiquité, et l'on ne saurait guère aujourd'hui établir d'une manière certaine l'époque de leur invention. Il est probable cependant que les boissons formées du jus exprimé des fruits furent employées par les hommes dès les temps primitifs ; que ces *moûts*, subissant la fermentation dans un grand nombre de circonstances, devinrent la transition naturelle entre l'usage de l'eau et celui des vins. Mais le vin de raisin se trouva forcément localisé dans des contrées privilégiées par la splendeur du climat ; la culture de la vigne ne s'étendit qu'avec lenteur vers les régions éloignées de sa première station ; il en résulta que plusieurs nations durent conserver pendant de longs siècles et conservent encore maintenant l'usage des vins de fruits différant du vin proprement dit. On peut retrouver des traces de ces faits dans la préparation des diverses piquettes qui servent à la boisson des ouvriers des campagnes, dans l'emploi des séves fermentées, et dans une multitude de liqueurs analogues qui entrent dans l'alimentation des hommes.

On lit dans l'*Encyclopédie méthodique :*

« Le *cidre* est une boisson très-ancienne : les Hébreux l'appelaient *sichar*, que saint Jérôme a traduit par *sicera*, d'où nous avons fait *cidre*. Les nations postérieures l'ont connu. Les Grecs et les Romains ont fait du *vin de pommes*. Parmi nous, il est très-commun, surtout dans les provinces où l'on manque de celui du raisin. M. Huet, ancien évêque d'Avranches, soutient que le *cidre* ou *vin de pommes* était en usage à Caen dès le treizième siècle, et qu'il était beaucoup plus ancien en France ; il avance qu'au rapport d'Ammien Marcellin, les enfants de Constantin reprochaient aux Gaulois d'aimer le vin et les autres liqueurs qui lui ressemblaient ; que les capitulaires de Charlemagne mettent au nombre des métiers ordinaires celui de *sicerator* ou *faiseur de cidre ;* que c'est des Basques que les Normands ont appris à le faire, dans le commerce de la pêche qui leur était commun ; que les premiers tenaient cet art des Africains, desquels cette liqueur était autrefois fort connue, et que, dans les coutumes de Bayonne et du pays de Labour, il y a plusieurs articles concernant le cidre. »

Ce passage suffit à établir la haute antiquité du cidre employé comme boisson, et il nous semble inutile d'en rechercher d'autres preuves. Le poiré n'est pas d'une origine moins ancienne, et il nous semble probable qu'il était regardé comme une variété de cidre et compris sous la même dénomination de *sicera*, bien que la plus grande différence fût établie entre les deux boissons.

Valmont de Bomare dit à ce sujet :

« Dans les pays où les vignes ne réussissent pas, comme en Normandie, on fait une boisson qu'on nomme *poiré*, en exprimant le suc de certaines *poires acerbes* et acres à la bouche, ainsi que l'on fait celui des *pommes* pour le *cidre*. Le poiré nouveau est fort agréable : il approche en couleur et en goût du vin blanc, mais il ne se conserve pas aussi longtemps que le cidre ; il enivre presque aussi vite que le vin blanc, et l'on en tire une eau-de-vie par la distillation. Le marc des poires qu'on retire des pressoirs peut, après avoir été desséché, servir à faire des mottes à brûler pour le chauffage des pauvres. Le marc des pommes est bien moins propre à cet usage. *Le poiré était autrefois la boisson des pauvres.* Fortunat rapporte que sainte Radegonde, étant veuve, ne buvait par pénitence que de l'eau et du poiré. »

Les cidres présentent en réalité des qualités exceptionnelles qui les rapprochent des vins de raisin, et lorsqu'on les compare à une foule d'autres boissons usitées sur le globe, on comprend le rang qui leur a été assigné et les éloges qu'en ont fait la plupart de ceux qui s'en sont occupés, malgré l'exagération dont ces éloges sont souvent empreints.

Les cidres, comme les vins, sont produits par le jus de fruits agréables ; ils renferment de l'eau de végétation, parfaitement appropriée aux besoins hygiéniques et aux fonctions digestives de l'homme ; ils contiennent de l'alcool, des matières extractives, des acides, des sels, et ils possèdent un bouquet et un arome qui plaisent à presque tous les goûts. Là s'arrête la ressemblance. La proportion de l'alcool est beaucoup plus

plus faible dans les cidres ; ils renferment une plus grande
proportion de matières gommeuses et de substances azotées ;
les acides qu'ils contiennent, tout en leur donnant des propriétés rafraîchissantes, sont plus débilitants que l'acide tartrique ; leur saveur est moins agréable que celle du vin, et
leur effet sur l'économie n'est pas comparable. S'ils sont plus
nutritifs à raison de la quantité de matières azotées qui s'y
rencontrent, ces mêmes matières les rendent plus altérables
et peuvent devenir parfois la cause d'accidents très-variés.

Malgré la diversité des avis et des opinions à ce sujet, nous
n'hésitons pas à considérer les cidres comme des boissons excellentes, lorsqu'ils sont bien préparés ; nous les plaçons immédiatement au-dessous du vin de raisin, parce qu'ils sont le
résultat de la fermentation d'un moût naturel, et nous ne
balançons point à les regarder comme très-supérieurs à la
bière, malgré les louanges prodiguées à celle-ci par ses partisans.

Dans la bière, tout est artificiel, et l'habileté la plus grande,
la pratique la plus consommée, les soins les plus attentifs ne
pourront jamais lutter avec les œuvres de la nature.

L'usage des cidres est commun en France dans plusieurs
contrées où la culture de la vigne ne s'est pas répandue ; mais
c'est surtout en Normandie, en Bretagne et en Picardie, que
l'emploi de ces boissons est le plus général, et qu'il se maintient sous l'influence de causes multiples dans lesquelles nous
n'avons pas à entrer.

Pour étudier convenablement la fabrication de ces boissons,
il importe de suivre une méthode logique et rationnelle, à l'aide
de laquelle on puisse en embrasser rapidement l'ensemble et
les détails. Nous diviserons donc ce chapitre en plusieurs paragraphes distincts, dans lesquels nous nous occuperons:
1° de la culture du pommier et du poirier considérée en général; 2° de la récolte des pommes et des poires et des soins
qu'on doit y apporter ; 3° de la composition du jus de ces fruits
au point de vue œnologique; 4° de la division de la matière
première et de l'extraction du jus ; 5° de la préparation des
moûts et de leur fermentation active; 6° de la fermentation
secondaire et de la purification des cidres et poirés.

§ 1. — CULTURE DU POMMIER ET DU POIRIER.

Nous n'avons pas l'intention d'écrire dans ce livre un traité de pomologie, qui sortirait entièrement de notre plan ; nous voulons seulement indiquer sommairement les faits principaux qui se rattachent à la culture des arbres à cidre, et les conditions moyennant lesquelles on peut espérer d'en obtenir de bons résultats.

Le pommier et le poirier sauvages, que l'on rencontre dans presque toutes les parties de l'Europe tempérée, ont produit, par la culture, les nombreuses variétés que nous connaissons aujourd'hui. Ces arbres se multiplient de semis ou de greffe ; on peut même en faire des boutures, ou des marcottes, à l'aide de soins convenables. Les pommiers et les poiriers *francs* sont les arbres venus de pepins qu'on a semés, et l'on appelle *sauvageons* les plants qui proviennent des forêts où ils se sont reproduits naturellement.

Il est rare que les cultivateurs et les fermiers élèvent eux-mêmes les jeunes arbres destinés à la production des fruits à cidre : la plupart achètent aux pépiniéristes des sujets venus de graines, tout élevés, qu'il ne s'agit plus que de planter et, le plus souvent, de greffer sur place. Cette négligence nous paraît condamnable, car il y aurait profit évident à faire croître de semis le plant dont on a besoin pour renouveler les plantations ou en créer de nouvelles. Les plants, ayant pris naissance dans un sol dont on la nature serait à très-peu près celle de celui qu'on veut leur faire habiter, s'acclimateraient plus aisément lors de la mise en place, et le producteur serait amplement récompensé des soins qu'il aurait pu prendre. Ce serait, en outre, le vrai moyen de faire des *gains* et de créer des variétés utiles.

Les règles à suivre pour l'établissement d'une *pépinière* sont assez simples pour qu'on ne puisse arguer, en faveur de la paresse, de la difficulté qu'elles présentent.

On choisit un terrain sain et perméable, où l'air circule avec facilité, mais qui soit cependant à l'abri de la violence des vents. Ce terrain doit être défoncé à 50 ou 60 centimètres, six ou huit mois au moins avant le semis ou la plantation ; on l'amende selon le besoin.

Il ne convient pas de rechercher pour l'établissement d'une pépinière un terrain trop riche et trop substantiel : les jeunes plants y pousseront vigoureusement, il est vrai ; mais, si le sol où l'on doit les transplanter est de qualité inférieure, ils y languiront bientôt et ne feront plus que dépérir. Un sol de mauvaise qualité ne conduirait pas à de meilleurs résultats ; il ne fournirait pas aux arbres naissants les principes alimentaires dont ils ont si grand besoin, et on les verrait bientôt s'étioler. La vérité se trouve ici dans le juste milieu. On a d'ailleurs la ressource des engrais, qu'il faut mêler entre deux terres et employer bien consommés. Dans un sol argileux, on amende par le sable, la charrée, les terreaux meubles, etc. ; les terrains trop légers requièrent l'emploi de la marne et des curures de mares, de fossés ou d'égouts.

Le choix des pepins à semer est loin d'être indifférent. Si l'on observe avec attention la marche suivie par la nature, on cessera de faire à l'homme la part qu'il s'attribue fort gratuitement, et de considérer son intérêt comme le but suprême auquel tendent les forces créatrices. Les fruits ne sont pas plus faits pour la nourriture du *roi des animaux* que pour celle du dernier de ses *sujets ;* ils sont utilisés dans ce sens, il est vrai ; mais ils ont été faits, ils sont constitués pour favoriser surtout la reproduction et la multiplication des végétaux. La graine, renfermant l'embryon, le rudiment de la plante future, est protégée par des enveloppes plus ou moins charnues, épaisses et succulentes, que nous recherchons par besoin ou par plaisir, mais qui sont destinées à fournir à la graine la matière alimentaire qui doit la conduire à la maturité organique. Or, lorsque les fruits sont *bons* pour notre sensation, lorsque nous les jugeons *mûrs* pour notre goût et les usages auxquels nous voulons les employer, ils sont loin d'être arrivés au but naturel. C'est lorsque la fermentation a décomposé le péricarpe, lorsque les enveloppes ont fourni à l'œuf toute la substance alibile qu'elles peuvent lui donner, que la graine est parvenue aux meilleures conditions pour sa reproduction...

Les auteurs du *Dictionnaire d'agriculture* conseillent de choisir, pour le semis, les pepins des pommes et des poires qui ont commencé à *se gâter*, et ils appuient leur opinion par des raisons que nous regardons comme fort probantes.

Après avoir dit que la méthode par laquelle on récolte les légumes, les chatons et les siliques, avant la maturité organique, est opposée aux vues de la création, et que la violence que nous faisons aux graines est loin de seconder la nature dans son but de reproduction, ils ajoutent :

« On ne doit pas avoir moins d'attention pour les graines qu'on retire des fruits. La nature les a sans doute produits pour notre nourriture ; mais elle a voulu que la fermentation, qui les bonifie, perfectionnât les semences qu'ils contiennent ; et plus on étudie sa marche, plus on croit voir avec étonnement que, dans ses vues, nous avons peut-être la part la plus légère au grand travail de la reproduction annuelle des fruits. Bien plus, elle ne cesse de nous prouver, par mille expériences, que le fruit qui flatte le plus notre goût n'a pas acquis le dernier degré de fermentation qui doit donner à la semence toute la perfection dont elle est susceptible.

« Un jardinier intelligent laisse pourrir sur couche un bon melon, pour s'assurer d'en conserver l'espèce sans altération. Comparez les pepins d'une orange ou d'un citron qui se pourrit par excès de maturité avec ceux des oranges que vous mangez. Dans divers endroits d'où nous vient le plus beau plant de poirier et de pommier, ainsi que le meilleur pepin, on emploie, non le marc du fruit qui a été pressé le premier, mais celui des poires lorsqu'elles ont commencé à blettir, et des pommes qu'on a recueillies dans leur maturité, qui ont fermenté en tas et qui commencent à se gâter. »

Voilà donc qui reste bien compris et bien entendu : on ne devra choisir pour faire des semis que les pepins provenant de fruits bien mûrs, de bonne espèce, et qu'on aura abandonnés à l'influence bienfaisante de la fermentation. Ils seront semés *clair*, c'est-à-dire assez espacés pour que les jeunes plantes se trouvent, dès leur naissance, favorisées par l'action de l'air, qu'elles rencontrent une nourriture abondante et qu'elles ne puissent se nuire mutuellement par l'enchevêtrement de leurs racines.

La profondeur à laquelle sont placées les graines mérite d'attirer l'attention la plus sérieuse : plus cette profondeur est grande, plus la germination est retardée, et il n'est pas avantageux que la semence soit recouverte de plus de 10 à 12 millimètres de terre.

Les semis exigent que la terre reste meuble et perméable à toutes les influences atmosphériques. Aussi, dans la pratique des arrosements, qui sont indispensables, convient-il de prendre toutes les précautions possibles pour éviter de tasser et de durcir le sol. On se trouve fort bien de recouvrir le terrain d'un paillis bien consommé ou d'une couche légère de mousse fine, qui amortit le choc et la pesanteur de l'eau des arrosages.

Au bout d'une année, si la pépinière de *multiplication* a été l'objet de soins d'entretien intelligents, si le sol a été maintenu bien meuble et qu'on l'ait débarrassé des mauvaises herbes, si l'air et la lumière ont pu circuler librement à travers les plants, on peut les transplanter dans une pépinière d'*élevage* ou d'*éducation*, dans laquelle ils recevront les soins utiles à leur développement jusqu'à l'époque de leur mise en place définitive. Cette pépinière doit être abritée contre les vents violents ; elle présentera, autant qu'il se pourra, un sol de composition analogue à celui que l'on destine aux jeunes arbres, et l'on devra éviter le voisinage trop rapproché de grands arbres ou de plantations gourmandes, dont les racines affameraient le sol et nuiraient aux sujets qu'on veut y élever.

En général, c'est le mois de mars qu'il convient de choisir pour cette opération. Le terrain doit avoir été préparé, assaini, amendé, ameubli dès l'automne précédent. Ce serait même une excellente précaution d'ouvrir à l'avance les fossés dans lesquels on devra faire la plantation. Ces fossés seront écartés de 40 centimètres, et on laissera un passage suffisant entre le second et le troisième, le quatrième et le cinquième, etc., pour qu'on puisse vaquer aux différents travaux à exécuter, sans risquer de blesser les jeunes arbres. La terre ainsi aérée sera devenue plus meuble ; elle s'émiettera plus facilement sur les racines, et la reprise en sera d'autant plus certaine. On plantera dans ces fossés, à 30 centimètres de distance et en quinconce, en prenant soin que les racines soient parfaitement recouvertes de terre et qu'il n'y ait aucun vide où l'air libre puisse s'accumuler, point de *caves,* en un mot, qui deviennent toujours une cause de pourriture. C'est là une précaution indispensable. Il faut bien se garder également de faire subir aux sujets que l'on transplante cette *toilette* insensée, qui consiste à supprimer une portion du chevelu et des racines : l'arrachement doit avoir été fait avec précaution, et, dans tous les cas, on ne doit retrancher que les parties trop avariées ou trop maltraitées, qui pourraient être, dans la suite, le siége d'altérations plus ou moins graves. Les mutilations inutiles sont toujours nuisibles. Si le plant arraché ne doit pas être replanté immédiatement, on fera sagement de faire tremper les racines, pendant vingt-quatre heures, dans de l'eau à laquelle on aura ajouté un peu de fumier de mouton ou de colombine. Après la plantation, on donne un bon arrosement, puis on recouvre le sol à l'aide d'un paillis épais qui entretient l'humidité et s'oppose au développement des mauvaises herbes. Cette simple précaution rend les travaux d'entretien et de propreté plus faciles, et la décomposition même du paillis fournit au plant une nourriture plus abondante.

Deux ans après la transplantation, vers la fin de février, on recèpe la tige des jeunes arbres à 4 ou 5 centimètres du sol. Ce recépage se fait en biseau, et l'on met la coupe du côté du nord. Il serait bon de la recouvrir d'un enduit résineux ou tout simplement de coaltar. Ajoutons que ce recépage, très-avantageux pour les sujets languissants et moins vigoureux, doit être considéré comme inutile et parfois même nuisible pour les sujets robustes et bien nourris, surtout lorsqu'on veut en obtenir des tiges élevées. Dans le cas où on l'exécute, on ne conserve à la pousse suivante que le bourgeon le plus puissant, et on le maintient dans la direction verticale à l'aide d'un tuteur.

Quelle que soit la *greffe* que l'on adopte, il y a deux modes généraux de la pratiquer. Ou bien on greffe bas ou bien on greffe en tête à 1^m,50 ou 1^m,80 de hauteur. Ces deux manières d'opérer présentent leurs avantages et leurs inconvénients. La greffe en tête fournit toujours des tiges plus élevées que la greffe en pied; mais celle-ci paraît mieux convenir pour les sujets un peu faibles et les variétés très-productives.

Un très-grand nombre de personnes achètent des sujets non greffés pour les planter à demeure et les greffer ensuite en tête après la reprise. D'autres producteurs aiment mieux acheter des arbres greffés dans la pépinière; ils prétendent gagner ainsi du temps, lorsqu'on perd, au contraire, près de deux années par la greffe en place [1].

[1] Les auteurs du *Dictionnaire d'agriculture pratique* ne veulent pas que

La greffe en pépinière ou en place ne présente aucune difficulté pour les propriétaires qui sèment eux-mêmes ; ils sont toujours certains de ce qu'ils font et peuvent toujours approprier avec certitude la nature des greffes à celle des sujets. Il importe extrêmement, en effet, de choisir les greffes avec soin, et certaines précautions sont indispensables pour garantir la fertilité de l'arbre et la régularité de ses produits.

Une vieille opinion assez curieuse, et que nous sommes loin de contester, se trouve consignée dans le *Journal de physique :* « L'expérience paraîtrait avoir confirmé une observation faite par un ancien cultivateur, que les *pommiers à cidre* ne rapportent que lorsqu'on a eu soin en les greffant de prendre des greffes sur un arbre dans son année de rapport. Si l'on n'a pas eu cette attention et que la greffe ait été prise sur un arbre dans son année stérile, l'arbre portera du bourgeon et des fleurs en abondance, jamais de fruits... »

On trouve une manière de voir presque identique dans le *Dictionnaire d'agriculture :*

« Il est essentiel, dit l'auteur de l'article sur la greffe, de bien choisir les greffes. Il ne faut jamais les prendre que sur des *arbres sains, de bon rapport et bien marqués à fruit pour l'année même.* Si l'on prend des greffes sur un arbre mousseux et rabougri, les jets s'en ressentent et sont toujours médiocres. Si on les prend sur un arbre dépourvu de boutons à fruit, le sujet est longtemps à se mettre en production et ne donne presque jamais d'amples récoltes. »

Les pousses vigoureuses de l'année précédente, portant des boutons rapprochés, choisies parmi les plus courtes sur les branches à direction verticale du côté du midi, sont celles que l'on doit préférer, pourvu que l'arbre qui les fournit soit sain et fertile et qu'il marque bien à fruit. Il importe aussi de tenir compte du mouvement général de la sève dans le sujet et dans la greffe, et de ne pas associer les espèces tardives avec des sujets précoces, ou réciproquement, sous peine de voir dépérir

l'on greffe en pépinière les arbres fruitiers de plein vent, et ils exigent que la greffe ne soit faite que plusieurs années après la mise en place. La raison qu'ils en donnent est qu'un arbre greffé trop jeune ou trop mince ne peut former qu'une tige faible et une tête rabougrie... L'expérience paraît être également favorable aux deux méthodes.

la greffe en peu d'années et de perdre complétement son temps.

Comme nous l'avons déjà conseillé pour la vigne, nous engagerions vivement les cultivateurs de pommiers et de poiriers à cidre à laisser fructifier les jeunes arbres venus de semis et à ne modifier par la greffe que les sujets dont les qualités ne seraient pas telles qu'ils peuvent le désirer. Des sujets francs de pied, choisis dans la pépinière parmi ceux qui ont des feuilles larges et épaisses, des boutons gros et résistants, deviennent des arbres vigoureux et rustiques, craignant peu les maladies et, le plus souvent, d'une grande fertilité. Si les fruits ne sont pas assez sucrés, s'ils ne contiennent pas de tannin, s'ils sont petits et acerbes, il sera toujours temps d'enter le sujet avec des greffes de bonne origine. Cette multiplication des fruits par le semis offrira d'autant plus de chances que les graines proviendront de meilleurs fruits, et c'est encore là une raison puissante pour apporter une grande attention dans le choix des pepins qu'on veut semer.

L'auteur de l'article de pomologie du *Dictionnaire d'agriculture pratique* dit à ce sujet qu'il se forme tous les jours de nouvelles variétés de fruits à cidre par les *espèces doubles* qui viennent dans les pépinières et qui sont d'une excellente qualité. «Elles se multiplieraient bien plus si on laissait rapporter tous les jeunes arbres avant de leur couper la tête; on fait souvent de grandes injustices dans cette exécution qui détruit souvent des fruits admirables... On prétend que les pommiers qui n'ont pas été greffés rapportent plus rarement que les autres; mais l'expérience contraire existe; il y a même de ces arbres qui produisent plus souvent et plus abondamment que les autres, comme il peut s'en trouver qui ne soient pas chanceux; alors on les grefferait sur les branches. Mais lorsqu'un arbre non greffé produit de beau et bon fruit et en produit souvent, il faut le conserver, puisqu'il est plus vigoureux qu'un autre, dure plus longtemps et n'est pas si sujet à être cassé par les vents. »

Ainsi la greffe ne doit pas être considérée comme indispensable et, selon nous, elle ne doit servir qu'à améliorer un bon sujet vigoureux et robuste, mais portant de mauvais fruits, ou à reproduire de bonnes variétés connues et appréciées dont le mérite est incontestable. Les avantages réels de cette opération ne sont donc pas un motif pour l'exécuter à tort et à travers, pour détruire l'espérance très-légitime d'obtenir des variétés nouvelles recommandables, et elle ne doit être pratiquée qu'à bon escient.

Cette question des variétés dans les fruits à cidre est une des plus importantes que l'on puisse soulever, car, malgré le nombre très-considérable que l'on en connaît, les espèces réellement bonnes, pouvant donner un cidre ou un poiré généreux et de bonne conservation, sont beaucoup plus rares qu'on ne le croirait à première vue. On doit rechercher les variétés qui donnent à la fois la quantité et la qualité par une grande abondance de fruits très-sucrés et astringents.

Voici l'opinion de M. A. Payen à ce sujet :

« On peut ranger dans trois classes les nombreuses variétés de pommes à cidre : 1° pommes douces ou sucrées ; 2° pommes acides ; 3° pommes acerbes ou âpres. *Ces dernières fournissent le jus le plus riche en matière sucrée et en autres principes solubles ; elles donnent le meilleur cidre, le plus clair, le plus facile à conserver.* On obtient des pommes douces un cidre agréable à boire, mais qui se conserve peu. Les pommes acides donnent un jus faible, trouble, difficile à clarifier et à conserver. Enfin, on prépare encore une qualité inférieure, et qui ne peut se garder longtemps, avec les pommes que les attaques des insectes et divers accidents font tomber avant la maturité.

« Les poires à cidre offrent aussi différentes variétés ; mais toutes sont caractérisées par la *saveur âpre* du fruit, par son *poids spécifique plus fort,* par la *densité* ainsi que par la *richesse saccharine plus grande* du jus... Une des variétés de poires à cidre les plus estimées et les plus productives est désignée en Normandie sous le nom de *poire de sauge.* »

M. J. Morière veut, avec raison, que l'on multiplie les variétés portant fruit dans les mauvaises années, qu'on recherche les espèces donnant des fruits abondants, qui présentent, en proportions convenables, les éléments des bons cidres, et il donne la préférence aux arbres dont la forme est plutôt pyramidale que ronde ou déprimée, attendu que cette dernière forme ombrage davantage les récoltes et place les branches plus à la portée du bétail...

Nous n'entrerons dans aucun détail relativement aux innombrables variétés de fruits à cidre dont les noms vulgaires ne peuvent donner aucune indication. Ce serait, en effet, rechercher l'impossible que de vouloir établir une synonymie rationnelle parmi toutes les appellations bizarres dont on a dénommé les arbres à cidre, et qui varient souvent d'un canton à un autre, sans autre cause appréciable que le caprice ou le hasard. Tout ce qui peut être utile dans ce chaos, c'est de considérer les fruits à cidre, pommes ou poires, relativement à leurs qualités réelles, en attendant que la patience de quelque pomologiste arrive à en établir une nomenclature horticole sur laquelle on puisse compter[1].

Outre la division générale en fruits *doux*, fruits *acides* et fruits *âpres*, il convient de prêter attention à la *précocité* plus ou moins grande des espèces. Les arbres *précoces* ou de *première floraison*, ceux de *seconde fleur*, les *tardifs* ou de *dernière floraison* peuvent être mélangés dans les plantations, en proportions telles que l'on puisse obtenir plusieurs récoltes et partager en deux temps le travail de la vinification, sans nuire aux qualités du produit. Il faut encore tenir compte des conditions de la fertilité. Telles espèces produisent à peu près tous les ans; telles autres ne donnent une pleine récolte que tous les trois ans; d'autres rapportent beaucoup pendant l'année même où des variétés différentes ne donnent pas un seul fruit. C'est du choix judicieux à faire parmi les espèces que dépend la réussite du cultivateur.

En général, il faut composer ses plantations de manière à ne jamais se trouver exposé à une disette absolue. C'est dire que le conseil de M. Morière, que nous avons cité plus haut, est d'une haute utilité pratique et que l'on fera bien de s'y conformer.

Dans le choix à faire parmi les bonnes variétés, très-fertiles, à jus riche, l'attention que l'on apporte à planter un nombre à peu près égal de sujets qui mûrissent à des époques différentes assure toujours une récolte moyenne, par la raison

---

[1] Il ne faut pas s'en rapporter aveuglément et sans garantie aux indications de la plupart des pépiniéristes, et il est bien rare que l'on en reçoive les espèces qu'on leur demande. Sauf quelques exceptions recommandables, la plupart d'entre eux ne connaissent pas assez la spécification des variétés pour en affirmer les caractères. Aussi voit-on la vogue, la réputation et la fortune récompenser les efforts de ceux qui s'attachent à faire consciencieusement leur profession, qui pourrait être si avantageuse aux diverses branches de l'agriculture industrielle.

que les arbres de différentes saisons de maturité ne fleurissent pas au même moment, et qu'il y a toujours au moins une série qui échappe à l'action des froids printaniers. Les fruits précoces mûrissent vers la première quinzaine d'août; ceux de seconde saison sont mûrs à la fin de septembre, et les fruits tardifs ne sont en maturité qu'un mois plus tard. Cette opinion a été parfaitement formulée par les auteurs du *Dictionnaire d'agriculture pratique*, lesquels conseillent même de planter à part et ensemble les plants de chaque série, pour la commodité de la récolte.

En résumé, que les arbres soient précoces ou tardifs, ou bien que l'on ait fait un choix des fruits de première, de seconde ou de troisième floraison, tel que l'on puisse faire des récoltes successives, il convient de donner la préférence aux variétés productives, riches en jus, mûrissant bien et résistant facilement aux intempéries. Ce n'est pas tout, cependant, et l'on ne doit pas hésiter à repousser tous les arbres dont les fruits ne fournissent pas un jus dense, précipitant abondamment la solution de gélatine, sucré au goût et amer tout à la fois. Le succès en dépend et, comme nous l'avons déjà dit, on ne peut espérer de faire du cidre généreux et conservable qu'avec des fruits très-sucrés et astringents.

Tout fruit dont le jus ne marque pas *au moins* 8 degrés Baumé de densité devrait être rejeté des cultures.

Lorsqu'il s'agit de planter à demeure des pommiers ou des poiriers à cidre, il est nécessaire d'établir les distinctions nécessaires, quant à la nature du sol qui leur convient, au mode de plantation, à la distance que l'on doit mettre entre les plants, aux travaux et aux soins d'entretien. C'est une erreur trop répandue que celle par laquelle on destine aux plantations d'arbres les terrains impropres à toute autre espèce de culture, de même que c'est une faute de mettre des arbres partout, sans aucun souci du tort qu'ils peuvent causer aux autres plantes par l'ombre dont ils les recouvrent et par l'étendue de leurs racines. Il faut ici des règles sages et prudentes et rien, dans les choses agricoles, ne doit être livré au caprice inintelligent.

En ce qui touche la nature du sol, on sait que le poirier et le pommier ne présentent ni les mêmes appétits ni les mêmes aptitudes. On trouve, à ce sujet, dans le *Dictionnaire d'agri-*

culture, des conseils fort judicieux qu'il nous paraît utile de reproduire.

« C'est en général dans les vallées que les arbres réussissent le mieux; la terre y est plus fraîche et convient davantage au poirier, qui vient bien dans les terres franches, douces, rougeâtres, qui ont du fond, qui ne sont pas creuses, légères ou trop mouvantes, mais qui se serrent et embrassent ses racines. On la desserre un peu par des engrais, quand elle est trop serrée. Si elle était trop forte et humide, on peut, quand on fait les plantations, employer un peu de terreau de couches, bien sec et consommé. Le poirier se soutient dans les sables gras qui ont du fond, mais il craint les terres trop sèches qui reposent sur du tuf, attendu qu'il perce fort avant. *S'il ne peut pivoter, il jaunit, languit et meurt.* Il trouve plus de séve dans les vallées, et ses fruits sont plus à l'abri des vents que dans les plaines et sur les hauteurs; mais si la terre y est trop humide, il y périt, ou tout au moins dégénère [1]. »

Quant au pommier, « il se plaît dans la terre grasse, noire, un peu humide, qui tient le milieu entre le sable et l'argile; il vient aussi très-bien dans les terres franches, blanchâtres, même dans celles qui n'ont pas beaucoup de fond, parce que *ses racines tracent* et ne s'enfoncent pas comme celles du poirier. »

En règle habituelle, la première chose à faire, lorsque l'on veut planter, consiste à assainir le sol, à le rendre perméable à l'eau et accessible à l'air jusqu'au point où les racines devront s'étendre pour chercher leur nourriture. Or le drainage seul peut donner ces résultats d'une manière complète. Il faudra donc drainer le sol, si les couches inférieures n'en sont pas bien perméables, et l'on ne doit pas reculer devant l'opépération du drainage, pour peu que le terrain soit mouillasse. Mais, il ne faut pas comprendre par cette nécessité l'obligation absolue d'employer le drainage par tuyaux en terre cuite, qui occasionne souvent une dépense considérable, et ne répond pas toujours aux espérances qu'on avait conçues. Des fossés profonds, tracés dans le sens des pentes et remplis de pierres dans le fond, de gazon et de terre en haut, des puits

[1] *Dict. d'ag. prat.*, t. II.

verticaux d'assainissement, creusés jusqu'à la couche perméable et remplis de la même manière, atteignent le but d'une manière parfaite, plus sûre et plus économique.

Quand le drainage est impossible, il faut renoncer au poirier, mais on peut planter le pommier à la surface du sol, selon le mode pratiqué en certains endroits et décrit par M. Morière. « On établit une couche de galets ou de cailloux à une profondeur de 30 à 50 centimètres, on la recouvre de joncs marins, puis de terre franche, de manière à former une légère élévation au-dessus du sol, et c'est sur cette petite butte que l'on plante, en recouvrant les racines d'une quantité de terre suffisante... Par suite du tassement qui s'opère peu à peu, les racines de l'arbre prendront le niveau du sol. »

Le terrain étant supposé sain ou assaini, on plante habituellement dans des fosses, que l'on a creusées à l'avance pour aérer la terre, et qui permettent d'étendre convenablement les racines. Le pivot du poirier doit être rigoureusement respecté. Il faut planter à une profondeur telle, que les racines et la portion du collet qui étaient enterrées dans la pépinière se retrouvent à peu près dans les mêmes conditions, et l'on doit apporter le plus grand soin à bien faire pénétrer la terre entre les racines et à n'y pas laisser subsister de vide. On n'a pas besoin de piétiner la terre sur les racines, comme cela se pratique généralement à tort : cette manœuvre, qui pourrait avoir une certaine utilité s'il s'agissait de boutures, afin de les faire adhérer au sol, ne sert ici qu'à briser le chevelu, au grand détriment de la jeune plantation. Il vaut mieux s'en abstenir, placer un tuteur au moment même du plantage et arroser avec un seau d'eau pour donner à la terre une adhérence suffisante contre les racines et les radicelles.

En ce qui concerne le lieu même de la plantation, nous avouons que nous ne comprenons pas cette étrange manie qui fait mettre des arbres dans les terres labourées, où les plantes sont soumises à la pernicieuse influence de l'ombrage, où les racines qui s'étendent dans le sol doivent nécessairement les affamer. Que l'on établisse les plantations d'arbres fruitiers en bordure, à 15 mètres de distance, cela peut se justifier à la rigueur et devenir même avantageux dans nombre de cas ; mais nous pensons qu'il convient de s'abstenir de faire des plantations dans les terrains livrés à la culture proprement dite. L'expérience est là pour démontrer que, sous la tête des pommiers et des poiriers, les céréales et les autres végétaux de grande culture souffrent beaucoup de ce voisinage trop rapproché, et c'est un mauvais calcul, selon nous, que de sacrifier une partie notable des récoltes annuelles à l'espérance plus ou moins problématique des fruits à obtenir. Il ne manque pas, certes, de terrains inclinés, moins fertiles, où l'on peut établir de bonnes pommeraies à l'aide de soins bien entendus, sans disséminer des pommiers ou des poiriers partout et à tout propos, dans les terres les plus substantielles et les plus favorables à la grande production agricole.

Dans les pâturages, l'inconvénient est beaucoup moindre, et les fourrages souffrent peu du voisinage des arbres, si ceux-ci ont été bien dressés, si leur tête offre la forme pyramidale et élevée, plutôt que cette forme basse, dans laquelle les branches de la périphérie se recourbent presque jusqu'à terre. Mais ici encore, nous trouvons que l'on ne met pas entre les arbres une distance suffisante; il faudrait les espacer au moins de 12 mètres, en quinconce, autant dans l'intérêt même des arbres et de leur conservation, que dans le but d'obtenir des fourrages de meilleure qualité. Ce n'est pas là ce que l'on met en pratique, malheureusement, et même dans la vallée d'Auge les plantations ressemblent souvent à des forêts sous lesquelles l'herbe fait semblant de croître. Il semble que le même esprit d'avidité mal entendue dirige les cultivateurs de pommiers et les cultivateurs de vignes : il leur a paru logique de multiplier les plantes dans un espace donné, afin de multiplier les rendements, tandis que cette erreur d'entendement et d'application ne les mène qu'à la disette et à la pénurie. Ce sont les mêmes raisons qui militent contre une telle absurdité, et nous ne les reproduirons pas ici, nous contentant de renvoyer le lecteur à ce que nous avons dit au sujet de la vigne et de la nécessité absolue d'espacer les ceps plus qu'on ne le fait généralement.

Lorsqu'une plantation est faite, deux ans après la reprise, on greffe, soit en écusson, soit en fente, tous les sujets qui n'ont pas été greffés dans la pépinière, à moins que l'on ne se décide à attendre, suivant les conseils de la raison, que les jeunes arbres se soient mis à fruit et que l'on ait pu juger de leurs qualités réelles. Ce serait le plus sage et le meilleur.

Quoi qu'il en soit, il est nécessaire, dans le cas de la greffe, de protéger l'ente contre les oiseaux qui viennent parfois s'y percher, ou contre les vents qui peuvent la briser, et de mettre la tige à l'abri de la dent du bétail ou des frottements des animaux, etc. On obvie aisément au premier de ces inconvénients à l'aide d'une branche flexible de coudrier ou de saule que l'on ploie en cercle et dont les deux extrémités s'attachent à la tige du sujet avec un peu d'osier. Il en résulte une sorte de cerceau, dans un plan vertical, au milieu duquel se trouve la greffe et sur lequel les oiseaux se posent. On s'oppose à l'action des vents par un tuteur attaché à la tige du sujet et à la greffe. On peut encore éviter le cerceau dont nous venons de parler en liant au tuteur, à 15 centimètres au-dessus de la greffe, une petite baguette de 20 à 25 centimètres, dans le sens transversal. Ce croisillon offre un appui aux oiseaux qui s'y perchent de préférence.

Il n'y a pas d'autres moyens à employer contre le bétail que d'entourer les jeunes arbres de branches d'épines reliées par deux liens d'osier, ou encore, ainsi que nous l'avons vu pratiquer en Normandie, de disposer tout autour quelques lattes fixées par un fil de fer et garnies de clous, dont la pointe est placée en dehors. Quelques personnes entourent les jeunes tiges d'une torsade de paille; mais ce moyen nous paraît opposé aux bonnes règles, car la tige a besoin d'air comme le reste et ce n'est pas comprendre les actions physiologiques que de pratiquer des liens serrés ou des occlusions hermétiques autour des plantes.

On a conseillé divers enduits pour garantir l'écorce contre la gourmandise des bestiaux : tous ces enduits ont pour base un mélange d'argile grasse, bien battue, avec des fientes d'animaux, et ils présentent une utilité reconnue et incontestable, pourvu que les proportions soient calculées de manière à laisser à la composition une certaine porosité.

Les soins d'éducation se bornent à diriger la forme de la tête des jeunes arbres. Or il n'y a pas de règle précise à cet égard, sinon celle-ci, qu'il est indispensable de favoriser, par tous les moyens possibles, la circulation libre de l'air et de la lumière à travers les branches. Ajoutons à cela que l'intérêt des cultures et des plantes voisines exige que les branches ne pendent pas et ne se recourbent pas vers la terre en formant une sorte de voûte ombragée, sous laquelle rien ne se développe que difficilement, et nous aurons les éléments de la marche à suivre pour la taille de la greffe et les soins à donner à l'élagage des arbres.

Lorsque la reprise de la greffe est assurée, on choisit, lors de la pousse, les deux bourgeons les plus robustes opposés l'un à l'autre, et l'on supprime tout le reste par un pincement, afin de ne rien ébranler. Il en résulte deux branches-mères, que l'on taille à 20 centimètres au printemps suivant, en rabattant le chicot de l'année précédente. A la deuxième pousse, on réserve les deux bourgeons opposés les plus forts et l'on pince tous les autres. De là, on obtient quatre branches qui, traitées de la même manière, en fourniront huit à la troisième pousse et, à partir de ce moment, on pourra laisser l'arbre à lui-même ; sa tête prendra une forme régulière, par suite d'une juste répartition des fluides nourriciers dans les huit branches mères qu'on a réservées [1].

Aussitôt que les branches extérieures se courbent vers la terre, il faut les *élaguer* avec soin. Cet élagage n'est pas moins indispensable pour les branches intérieures qui rempliraient bientôt tout l'espace et s'opposeraient au passage de l'air et de la lumière. On ne saurait trop peser sur ce point essentiel, et c'est à exécuter cette indication qu'il importe surtout de s'attacher. De toutes les formes possibles, celle en entonnoir serait la plus parfaite, pourvu que les branches mères, également distancées, fussent garnies régulièrement de ramifications fructifères.

Avec cette forme, les bienfaisantes influences de l'air, du soleil, de la lumière, des pluies, atteignent toutes les parties de l'arbre ; la direction des branches les met à l'abri de la morsure des animaux, et l'on ne saurait prendre un modèle théorique plus convenable pour arriver à pratiquer utilement l'opération de l'élagage, tant à l'extérieur qu'à l'intérieur. Il convient de tendre à ramener les arbres à cette forme type, à mesure qu'il devient nécessaire de supprimer des branches gênantes.

[1] Cette manière de préparer la forme de la tête des jeunes arbres est de tous points rationnelle et conforme aux principes de la physiologie végétale. Elle est loin d'être moderne, il est vrai, mais elle a été conseillée par M. Dubreuil, dont la compétence n'est pas contestable, et l'on ne saurait prendre un meilleur guide.

Dans tous les cas, l'élagage doit se faire au moins tous les trois ou quatre ans.

Les soins d'entretien se complètent par la destruction des *mousses*, du *gui*, des *chenilles*, et chacun en comprend assez l'importance pour que nous n'ayons pas à nous y arrêter longuement.

On détache les mousses par un moyen mécanique quelconque, puis, à l'aide d'une brosse dure, on brosse vigoureusement les parties affectées et l'on badigeonne avec un lait de chaux.

Le gui est un ennemi plus dangereux dont la voracité ne tarde pas à épuiser les arbres sur lesquels il vit en parasite et dont il absorbe la séve. Il doit être détruit complétement et non pas seulement cassé ou brisé avec la négligence qu'on remarque si souvent dans ces travaux de propreté. Malgré l'utilité que l'on pourrait en retirer au point de vue de l'alimentation du bétail, on ne doit pas tolérer sa présence sur les arbres fruitiers qu'il affame et conduit bientôt à la stérilité. Il faut le détacher entièrement, enlever sa racine et même, au besoin, couper la branche qui en est infectée.

L'échenillage est prescrit par les règlements de police rurale ; mais on peut dire que, par suite de l'incurie de l'autorité locale, ces règlements sont à l'état de lettre morte. L'anéantissement des bourses, qui renferment souvent des milliers de jeunes chenilles, rendrait les plus grands services à l'agriculture, et ceux de ces insectes nuisibles qui auraient échappé à cette précaution deviendraient la pâture des oiseaux, si l'on s'opposait énergiquement à la destruction des couvées. Il s'agit de sortir de l'apathie et de réprimer le vandalisme ; il nous semble que ce n'est pas chose absolument impossible...

Malgré les opinions contradictoires de certaines personnes, nous pensons que l'on doit labourer et fumer les arbres fruitiers ; mais nous comprenons très-bien que l'on ait regardé les labours et la fumure comme inutiles, en présence de leur exécution irrationnelle. Ce n'est pas en labourant, bêchant ou piochant au pied des arbres, à 30 ou 40 centimètres tout autour, ou en plaçant l'engrais dans ce même espace restreint, que l'on peut espérer de faire grand bien à un arbre fait, parvenu à sa taille. Il y a une règle d'observation fort simple qui indique la marche à suivre. On sait que les racines occupent un espace à peu près égal à celui de la tête et des branches. Si donc on veut que les extrémités des racines et le chevelu profitent des labours et des engrais, il faudra labourer surtout la portion du sol qui répond à l'extrémité des racines, c'est-à-dire une zone circulaire correspondante à l'extrémité des branches et se rapprochant d'un mètre vers le pied, si l'on ne veut pas labourer l'espace tout entier. Ce sera encore dans cette même zone que l'on devra enfouir les engrais. Il ne faut pas non plus perdre de vue que les engrais fortement azotés ne conviennent pas aux arbres fruitiers. Il s'agit ici de *plantes sucrières ;* c'est de l'humus, surtout, qu'il leur faut. Les marcs de pommes, les végétaux bien décomposés et réduits en terreau, des composts bien faits, dans lesquels la chaux apportera une action utile, la tourbe désacidifiée, tels sont les principaux engrais qui conviennent aux arbres fruitiers, pour lesquels on doit éviter les fumiers proprement dits, le guano, les matières animales, etc. L'observation a justifié partout cette règle qui ressort d'un principe incontestable que, pour les végétaux saccharifères, les engrais fortement azotés sont toujours nuisibles et doivent être rejetés.

§ II. — RÉCOLTE DES POMMES ET DES POIRES.

La récolte des fruits doit se faire lorsqu'ils sont arrivés à leur maturité parfaite et qu'ils n'ont plus rien à gagner sur l'arbre. Il convient de choisir un beau temps pour cette opération, car les fruits que l'on rentre humides sont très-exposés à la pourriture.

Les signes de la maturité ne nous paraissent pas avoir été indiqués d'une manière assez précise, bien que l'on ait mentionné le changement de couleur et d'odeur et la chute de fruits sains par un temps calme. Si l'on cueille une pomme ou une poire dont la maturité est insuffisante, il suffira de la couper en deux pour constater que les pepins sont encore blanchâtres, ou qu'ils commencent à peine à passer au jaune brunâtre. A mesure que la maturité s'avance, on voit cette coloration se prononcer davantage, jusqu'à ce qu'elle soit arrivée au brun noir ou au noir foncé. A partir de ce moment, le fruit cesse de gagner sur l'arbre, et la densité de son jus cesse d'augmenter. C'est alors que l'on peut faire la récolte avec toute certitude. Il convient donc de s'assurer de la coloration des pepins et de la densité du jus, si l'on ne veut rien donner au hasard ; mais nous aimerions mieux encore qu'un essai saccharimétrique pût servir de point de départ.

Rien n'est si facile du reste que de faire cet essai.

On écrase une pomme ou une poire d'une variété donnée, et l'on en exprime le jus à travers un linge. En prenant 10 centimètres cubes de ce jus filtré et le plaçant dans un tube de verre, on le portera à l'ébullition, puis on y versera de la liqueur saccharimétrique jusqu'à ce qu'on y voie apparaître un commencement de coloration bleue. On prend note de la quantité de liqueur saccharimétrique employée. Lorsque cette proportion n'augmente plus dans deux essais consécutifs, faits à quelques jours d'intervalle, on est en droit d'en conclure que les fruits ne gagnent plus rien sur l'arbre, et qu'il est temps d'en faire la récolte. Cet essai peut donner, en outre, la proportion réelle du sucre contenu dans les fruits, si l'on a employé une liqueur saccharimétrique titrée. Mais comme cette petite opération n'est pas à la portée de tout le monde, il suffira de s'en tenir à la vérification de l'état du pepin et à la constatation de la densité. Cette dernière indication devra être prise à quelques jours d'intervalle, jusqu'à ce que le chiffre obtenu reste stationnaire.

Le mode suivi pour la récolte est désastreux. Au lieu d'attendre que la maturité soit complète et qu'il suffise de secouer les branches pour faire tomber les fruits, ce qui serait la meilleure méthode à suivre, on frappe l'arbre à coups de gaule et, si l'on fait tomber les fruits, on brise les boutons, on mutile le bois et l'on anéantit les espérances de la récolte suivante. On peut dire avec vérité que cette méthode sauvage est la cause principale de la diminution des récoltes. Or, elle est pratiquée partout, en Normandie, en Picardie, en Bretagne, et rien ne parviendra à la déraciner, sinon l'exemple donné par quelques cultivateurs intelligents. Ne vaudrait-il pas mieux cent fois secouer modérément les arbres à mesure de la maturité, que d'anéantir soi-même et de parti pris les chances favorables des récoltes ultérieures? Lorsque les pommes et les poires sont mûres, elles tombent d'elles-mêmes, et cet indice serait le plus pratique de tous, si l'on voulait prendre la peine de s'y conformer. A ce moment, les plus légères secousses suffisent pour faire tomber le reste des fruits, et l'on éviterait ainsi les tristes effets du gaulage.

Il convient de réunir les pommes de même variété et de ne pas faire un mélange irrationnel de toutes les variétés qui mûrissent en même temps ; la qualité des cidres dépend surtout de la proportion dans laquelle on y fait entrer les fruits de différente valeur. Ainsi, dans chaque saison, les fruits *acides*, *doux*, ou *amers*, seront recueillis à part pour que, plus tard, au moment de la vinification, on en fasse un mélange convenable, ce qui ne peut avoir lieu quand on livre tout au hasard. Les pommes et les poires de chaque saison doivent être récoltées séparément ; on doit, en outre, isoler les espèces différentes d'une même fleuraison.

Cette précaution, qui est une mesure de garantie indispensable dans les conditions moyennes où se placent les cultivateurs, en plantant pêle-mêle et sans règle toutes sortes de variétés, cesse d'avoir une valeur pour le producteur qui a limité scrupuleusement ses espèces à celles qui offrent le maximum de sucre et d'astringence tout ensemble, dans chaque saison. Il atteint, en effet, la plus grande proportion de sucre et de matière tannante et amère qu'il puisse avoir dans les produits de chaque série, et il lui est inutile d'établir des différences illusoires. Mais, encore une fois, il est loin d'en être ainsi habituellement, et ce serait une méthode extrêmement sage de séparer les espèces.

Il est clair que l'on ne doit pas mélanger, avec la récolte des fruits de bonne qualité, les fruits tombés avant la maturité, qui sont, le plus souvent, pourris et véreux. Ils seront traités à part, pour la préparation d'une piquette que l'on consommera la première, à moins qu'on n'en n'ait pas une quantité suffisante et que, alors, on ne les donne aux animaux.

Les fruits redoutent l'action de la pluie, qui dissout leur principe sucré alcoolisable et les dispose à la pourriture ; ils craignent également les gelées qui désagrègent leur tissu. Les pommes gelées ne fournissent jamais que des cidres plats et de mauvaise garde, qui sont fort sujets à passer au gras. Il résulte de ces observations qu'il est nécessaire de garantir les fruits contre la pluie et contre le froid, jusqu'à ce qu'on les soumette aux diverses manipulations de la fabrication. Or il se présente deux cas dans la pratique, dont il importe de tenir compte : ou bien on a récolté les fruits dans un état de maturité parfaite, et on les a laissés tomber à peu près seuls, ou bien ils ont été *gaulés*, abattus de force, avant la maturité, ce qui est le cas le plus fréquent. Dans la première circonstance, les fruits peuvent être traités immédiatement, et l'on peut en extraire le jus presque aussitôt qu'ils sont recueillis. Pourvu donc qu'on les amoncelle, par espèces séparées, à proximité des appareils d'extraction, il suffira de les abriter contre la pluie, qui leur enlèverait une partie notable de leur valeur, et il ne sera nullement avantageux de prendre des précautions minutieuses à leur égard, puisque tout doit être disposé pour qu'on puisse les écraser rapidement. Ces fruits n'ont plus qu'à perdre par une conservation trop prolongée, qui les conduirait à la fermentation, à la pourriture même, et l'on fera bien de les travailler le plus tôt possible.

Il n'en est pas de même, malheureusement, pour les pommes et les poires qui ont été recueillies avant d'être bien mûres, et ces fruits doivent être conservés en tas plus ou moins volumineux, jusqu'à ce que la fermentation les ait amenés au point convenable de maturation. Pendant que cette *maturation artificielle* s'opère, les principes gommeux contenus dans les fruits subissent la saccharification, et le rendement alcoolique est augmenté d'autant. Il est donc indispensable de garder les fruits cueillis avant la maturité; mais les inconvénients qui résultent de cette nécessité devraient faire renoncer à un mode de récolte aussi contraire au bon sens. Les fruits blessés ou avariés se pourrissent avec une grande promptitude, surtout lorsque les tas sont un peu considérables et qu'il s'y développe une certaine chaleur humide qui favorise les dégénérescences.

On a bien dit, pour excuser le défaut de cette manière de procéder, que les pommes pourries font le bon cidre, et qu'il en faut une certaine proportion pour conduire à de bons résultats. Cette apologie de la paresse routinière et de l'ignorance n'a rien qui doive surprendre, lorsqu'on voit des gens assez dépourvus de raison pour préférer l'eau croupie des mares à l'eau pure qu'il faudrait aller chercher un peu plus loin, et elle ne mérite pas qu'on s'arrête à la combattre. Cela est tout aussi rationnel que le goût dépravé de certains pour les viandes faisandées et le fromage décomposé...

Nous avons vu par l'analyse que le sucre a disparu en partie notable dans les fruits blets ou pourris ; c'est donc une perte sèche que l'on supporte de ce chef, mais, de plus, les pommes ou les poires pourries impriment leur saveur désagréable au jus des bons fruits, et rien ne peut faire disparaître complétement ce goût de pourri. D'autre part, et pour rentrer dans la sévérité des principes technologiques, nous dirons aux fabricants de cidre que l'introduction du jus des fruits pourris dans les moûts fermentescibles est une cause puissante de dégénérescence, à laquelle nous n'hésitons pas à attribuer en grande partie la formation des produits lactiques qui se rencontrent dans certains cidres.

Si donc il est nécessaire de garder les fruits dans certains cas, il n'est pas moins indispensable de les protéger contre l'humidité, contre la gelée et contre la pourriture.

On les ramassera lorsque l'action de l'air aura enlevé toute trace d'humidité superficielle, et on les placera soit dans des bâtiments, si l'on en a d'assez vastes, soit sous de simples hangars, que l'on peut établir d'une manière très-économique. Des parois et un toit en paille, que l'on maintient à l'aide de quelques perches et d'un peu de gros fil de fer, un petit fossé d'assainissement tout autour de l'espace enclos, une couche de paille longue sur le sol : voilà tout ce qu'il faut, à la rigueur, pour abriter les fruits contre la pluie. On obtiendra quelque chose de moins provisoire, sans grandes dépenses, en entourant l'espace nécessaire à l'aide d'une palissade de 2 mètres, faite en planches de sapin, recouvertes de couvre-joints à l'extérieur. Des toiles goudronnées ou des feuilles de carton bitumé formeront, avec quelques poutrelles de 4 à 5 centimètres d'équarrissage, les éléments d'un toit parfaitement suffisant. Il est toujours facile, comme on peut le voir, de protéger les fruits contre la pluie.

Ils n'auront rien à redouter de la gelée, s'ils sont recouverts d'une couche de paille épaisse de 30 centimètres au moins. Cette paille n'est pas perdue, et elle est employée pour faire de la litière à mesure de l'enlèvement des fruits.

La pourriture ne peut se combattre par des moyens aussi simples.

Disons d'abord que l'on a l'habitude de faire les tas de fruits beaucoup trop gros : il en résulte un échauffement trop considérable du centre de la masse, parce qu'on ne prend pas les *précautions nécessaires* que nous allons indiquer sommairement.

On sait que, si l'air favorise la fermentation, s'il est même indispensable à cette transformation, un courant d'air froid la ralentit ou l'arrête, selon les conditions de la température. Pourquoi donc, si l'on n'a pas beaucoup de place et que l'on soit obligé de faire de gros tas, ne mettrait-on pas en pratique ce que l'on fait pour la betterave et ne ferait-on pas des cheminées d'aération et des conduits d'air à travers la masse? Rien n'est plus facile. On dispose horizontalement des fascines bout à bout dans toute la longueur que doit avoir le tas. C'est sur les côtés de ces fascines que les fruits sont amoncelés sur une épaisseur variable, avec la seule précaution de dresser verticalement, de 2 mètres en 2 mètres, une fascine plus petite et plus courte, dont une base repose sur celle qui est couchée. Cette disposition élémentaire permet de faire des tas assez considérables et d'établir, à volonté, un courant d'air dans la masse. Les effets de cette ventilation se conçoivent aisément et, dans tous les cas, elle retarde considérablement la fermentation putride, en chassant la moiteur, l'humidité extérieure, ce que l'on appelle vulgairement la *buée*, qui est la cause déterminante d'un grand nombre d'altérations.

Une autre précaution conservatrice très-avantageuse consisterait à mélanger du poussier de charbon de bois ou fraisil avec les fruits, de façon à procurer une absorption complète des gaz et des miasmes. Le tan neuf produit également des effets remarquables lorsqu'on le mélange par couche avec les fruits à conserver, et son emploi est plus propre que celui du charbon, bien que celui-ci agisse plus énergiquement.

Toute la question se résume dans l'exécution de cette règle qui prescrit de n'employer que des fruits mûrs et sains pour la préparation des cidres et des poirés. Ceci revient à dire que l'on doit laisser les fruits sur l'arbre jusqu'à ce qu'ils tombent à peu près d'eux-mêmes, ce qui est l'indice de la maturité réelle, qu'on doit ne les conserver sous hangars ou en tas que pendant qu'ils s'enrichissent encore en matière saccharine et, enfin, qu'il est indispensable de les soustraire aux actions atmosphériques nuisibles et de les préserver de la fermenta-

tion et de la pourriture. Quels que soient les moyens que l'on
emploie, il faut absolument que ces conditions soient accomplies, si l'on veut préparer des boissons saines et conservables.

§ III. — COMPOSITION DES JUS DE POMMES ET DE POIRES.

Nous avons déjà donné, dans le premier volume de cet ouvrage, quelques détails analytiques sur la composition des
fruits à cidre. Tout en y renvoyant le lecteur, nous croyons
utile d'ajouter à ces notions sommaires quelques indications
complémentaires.

Selon M. Payen, le jus obtenu par expression des pommes
broyées marque, à l'aréomètre Baumé, de 4 à 8 degrés, tandis
que le jus des poires marque, au même aréomètre, de 5 à
10 degrés. Ces chiffres ne doivent pas être pris pour base de
la richesse saccharine des fruits, car les densités moyennes
6 degrés et 7°,5 sont loin d'être en rapport avec la teneur en
sucre, qui est, le plus souvent, bien inférieure à ces données.
Cela tient à la forte proportion de matière gommeuse qui se
rencontre dans les fruits à cidre, et qui influe sur la pesanteur
spécifique d'une manière notable.

Nous croyons que la proportion de cette matière gommeuse
diminuerait notablement et que celle du sucre augmenterait
d'autant, si l'on s'attachait à atteindre le point précis de la
maturité dont nous avons parlé tout à l'heure. C'est que, en
effet, la matière gommeuse n'est que la moyenne organique
entre la fécule insoluble et le sucre de fruits, de même que la
fécule est dans un état transitoire entre la cellulose et la
gomme. Or la transformation définitive de la gomme en
sucre ne se faisant que par les actions qui concourent à la
maturation, ou encore sous l'influence des acides, il est urgent que l'action saccharifiante ait produit tout son effet utile
pour que le maximum de sucre soit obtenu.

M. Payen reconnaît, sans doute, la vérité de ces principes,
car il admet que les fruits à cidre présentent un maximum de
richesse saccharine lorsque, après la cueillette, la maturation
a pu se compléter par un séjour d'un mois ou six semaines
en magasin. « *Avant la maturité comme après ce terme, les pro-*

portions du sucre sont moindres, et le cidre obtenu est inférieur en qualité. » Cela est exact et corrobore le conseil que nous avons donné de choisir les variétés les plus riches en matière sucrée, et d'attendre la *maturité complète* avant de cueillir les fruits ; mais nous pensons que le professeur du Conservatoire a commis deux erreurs dans le tableau de *composition moyenne* qu'il donne au sujet des poires à cidre. La première de ces erreurs consiste en ce que M. Payen, fidèle à ses habitudes, reproduit l'analyse de M. Bérard, sans indication du nom de l'auteur, ce qui tend à laisser croire au lecteur que cette analyse a été faite par M. Payen lui-même ; la seconde dépend de ceci, que l'analyse reproduite ne représente pas la *moyenne valeur* des poires à cidre, mais bien le résultat du travail particulier de M. Bérard, sur des variétés données. On comprend aisément toute l'importance de cette dernière observation, puisqu'il est impossible de compter sur les chiffres indiqués, en thèse générale, à moins que l'on n'ait affaire à la variété même qui a été l'objet de l'analyse. Quant à notre premier reproche, comme nous ne voulons pas qu'on puisse suspecter en quoi que ce soit notre affirmation, et qu'il serait temps, enfin, de mettre un terme à ces plagiats qui font le bagage de tant de savants en titre, nous mettons en regard les chiffres de M. Bérard et ceux de M. A. Payen.

Composition des poires à cidre mûres.

	M. Bérard.	M. A. Payen.
Eau.	83,88	83,88
Sucre de raisin.	11,52	11,52
Tissu végétal.	2,19	2,20
Matières gommeuses. . . .	2,07	2,05
Acide malique.	0,08	0,08
Albumine.	0,21	1,21
Chaux.	0,04	0,04
Chlorophylle.	0,04	0,02
	100,03	101,00

Afin de rendre sans doute son *travail* plus intéressant, ou, tout au moins, d'avoir fait quelque chose par lui-même, M. Payen a appelé le sucre de raisin, *glucose ou sucre de fruits* ; il nomme le tissu végétal, *cellulose du tissu charnu,* et il y ajoute les *concrétions ligneuses* ; les matières gommeuses sont détail-

lées : *gomme dextrine, matière mucilagineuse* ; l'acide malique
est dit *libre ou combiné* ; la chaux est *combinée*, et la chlorophylle est dite une *matière verte sous l'épiderme*. Les chiffres
essentiels sont identiques, et un tout petit *remaniement* des valeurs de la cellulose, des gommes et de la chlorophylle a permis au professeur d'éviter le petit excédant de *trois dix-millièmes* de M. Bérard. En revanche, il a chargé le chiffre de
l'albumine de *un centième*, sous la rubrique : *albumine et autres
matières azotées*, sans remarquer l'inconséquence de cette modification inutile. Il n'est question ici que d'albumine ; les
autres matières azotées n'ont pas été déterminées, ni par
M. Bérard, ni par M. Payen et, dans tous les cas, un excédant d'un centième est impossible.

D'après les données de MM. Chesnon et Bérard [1], si nous
prenons la *moyenne* entre la valeur des fruits verts, mûrs,
blets ou pourris, nous aurons des résultats numériques très-
rapprochés d'une moyenne générale, bien que l'on manque
encore d'analyses assez nombreuses faites sur les variétés les
plus estimées dans les pays à cidre. Ces données nous conduisent aux chiffres suivants, sur lesquels on peut se baser
dans la pratique ordinaire.

Composition moyenne des fruits à cidre.

	Pommes.	Poires.
Eau.	77,40	77,63
Matières sucrées..	7,95	8,84
Gomme et mucilage..	2,70	2,61
Albumine.	0,22	0,17
Matières diverses : acides malique, pectique, tannique, gallique; chaux, chlorophylle, sels, huiles grasses et volatiles, matières azotées, insolubles ou solubles non coagulables, perte.	3,83	2,98
	92,10	92,23

En général, les pommes à cidre, de bonne espèce, répondent à une richesse saccharine moyenne de 7,95 pour 100, en
supposant des fruits verts et des fruits mûrs en mélange, et

[1] Voir première partie, premier volume, p. 478 et 479.

en faisant abstraction des pommes blettes ou pourries. Le chiffre moyen de la gomme est de 3,06 pour 100. Dans les poires et sous les mêmes conditions, le chiffre du sucre est de 8,98 pour 100 et celui de la gomme de 3,62 pour 100.

En faisant abstraction de l'eau de végétation et en supposant les fruits *secs*, on trouve les chiffres suivants pour la composition des fruits à cidre :

	Pommes mûres, d'après M. Chesnon.	Poires gardées, d'après M. Bérard.
Sucre de raisin.	64,26	71,52
Tissu végétal.	17,53	13,56
Matière gommeuse..	12,33	12,81
Albumine..	2,92	1,30
Acide malique, sels, etc. . . .	2,92	0,99
	99,96	99,98

Les pommes mûres contiendraient 17,11 pour 100 de matière solide, et les poires gardées en renfermeraient 16,15 pour 100.

De ces chiffres on peut tirer des conclusions utiles. En effet, il suffit d'y jeter un coup d'œil pour comprendre tous les avantages qui découleraient de la dessiccation des fruits et de leur traitement par voie de macération, puisque, dans ce cas, on est le maître de donner rigoureusement au produit la force alcoolique que l'on désire. D'un autre côté, on comprend qu'il n'est pas nécessaire d'acheter du sucre ou du glucose pour améliorer les moûts à cidre lorsque la dessiccation d'une certaine proportion de fruits et leur introduction dans les moûts suffisent à conduire au même résultat. Si nous admettons, par exemple, que les pommes mûres tiennent 11 pour 100 de sucre, et que les poires en renferment 11,52, ces chiffres répondront à 8 pour 100 et 7,34 pour 100 d'alcool pur en volume, et nous pourrons conduire facilement nos cidres à la teneur de 10 pour 100, qui est celle des bons vins ordinaires. Il faut 16 pour 100 de sucre en poids pour donner, théoriquement, 8 pour 100 d'alcool en poids ou 10 pour 100 en volume, et nous devrons ajouter au moût ordinaire une quantité de fruits séchés telle qu'elle nous conduise au moins à ce chiffre. Ce serait donc, en moyenne théorique, 5 pour 100 de sucre à ajouter aux moûts de pommes, et 4,48 pour 100 à introduire dans les moûts à poiré. Ces quantités répondent à 3ᵏ,250 de pommes *sèches*, et à 3ᵏ,200 grammes de poires *sèches*. Comme la dessiccation habituelle est loin d'être complète, ce qui a été supposé dans le calcul précédent, on sera toujours sûr, en doublant ces doses, d'atteindre une richesse alcoolique de 9 à 10 pour 100 en volume, laquelle suffirait grandement à l'amélioration et à la conservation des produits.

Les conséquences pratiques de ce que nous venons de dire sont nettes et applicables, car il ne s'agirait que de faire sécher une quantité de fruits convenable, parmi les espèces précoces, pour être assuré de faire un bon travail et pour donner aux cidres une valeur réelle, qui leur a manqué jusqu'à présent.

On peut, sans doute, parvenir au même but en faisant réduire, par concentration, une certaine quantité de moût à l'état de sirop, que l'on ajouterait ensuite au moût ordinaire avant la fermentation. Ce mode d'opérer serait encore plus pratique et plus économique que le précédent, et il offrirait, sur le sucrage par le glucose, l'avantage de conserver aux produits toute la pureté et la franchise de saveur désirables.

§ IV. — OBSERVATIONS SUR LA FABRICATION VULGAIRE.

Il ne sera pas hors de propos, avant d'exposer la méthode rationnelle à suivre pour la fabrication des cidres et des poirés, de décrire succinctement la marche que l'on suit habituellement, afin de pouvoir préciser les modifications à y apporter. C'est là, à notre avis, le moyen le plus sûr de ne rien livrer au hasard, et de constater avec certitude quels ont été les progrès accomplis.

Valmont de Bomare nous a donné un résumé assez remarquable de la marche suivie dans la fabrication du cidre à son époque, et la brièveté de ce passage intéressant nous permet de le mettre sous les yeux du lecteur :

«En France, la Normandie est pour le cidre ce que sont la Bourgogne et la Champagne pour le vin ; de même que tous les cantons de ces deux dernières ne donnent pas du vin de même qualité, de même, dans tous les cantons de la Normandie, le cidre n'est pas également bon. Il s'en fait en abondance et d'excellent dans les pays d'Auge et le Bessin, ou dans les environs d'Isigny. Les pommes à couteau n'y valent rien, ou si avec les pommes douces on faisait du cidre, il serait dans sa nouveauté agréable à boire, mais *il ne serait pas de garde*. Le cidre se tire donc des pommes rustiques de plusieurs espèces, dont il faut bien connaître les sucs afin de les combiner convenablement, et de corriger les uns par les autres. Il y a peut-être plus de trente sortes de pommes à cidre, qu'on cueille à mesure qu'elles paraissent mûres. L'on n'en doit faire la récolte que dans un *temps sec : l'humidité est nuisible.* La saison est vers la fin de septembre ou le commencement d'octobre ; les fruits portés au grenier et mis en tas s'y échauffent, suent et y *achèvent de mûrir ;* alors les pommes exhalent une odeur particulière ; on les écrase dans une auge circulaire, à l'aide d'une ou deux meules qui sont posées verticalement, et que fait mouvoir un cheval ; étant convenablement écrasées pour pouvoir en tirer le jus, on les porte sur un plancher de bois et à rebord ; on en forme plusieurs lits carrés, les uns sur les autres, séparés par des couches de longue paille et, à l'aide d'une vis, on fait agir un bâti qui fait l'office de la presse. Le suc, exprimé des pommes brassées et ainsi disposées, coule et est reçu dans une cuve ; il est en premier lieu muscide et doux, puis on l'entonne, en observant que le tonneau conserve au moins quatre pouces de vide à cause de la fermentation qui succède ; elle est même violente, et il faut avoir soin de laisser pendant ce temps le trou de la bonde ouvert. Le cidre en fermentant se clarifie, une partie de la lie est précipitée, une autre est portée à la surface ; celle-ci s'appelle le *chapeau.* Si l'on veut avoir du *cidre fort,* on le laisse reposer sur la lie et recouvert de son chapeau ; si on le veut doux, agréable et délicat, il faut le tirer au clair, lorsqu'il commence à gratter doucement le palais ; ce cidre s'appelle *cidre paré ;* il est d'une couleur ambrée ; il y en a qui se conserve jusqu'à quatre ans, et c'est le cidre qu'on boit ordinairement dans les bonnes tables. Lorsqu'on laisse aller plus loin la fermentation, il devient acide et tient lieu de vinaigre. On retire du cidre par la distillation un esprit ardent qu'on nomme eau-de-vie de cidre. L'esprit de cidre n'est pas recherché, cependant on dit qu'il fortifie le cœur et convient aux affections mélancoliques. L'ivresse causée par le cidre dure plus longtemps que celle du vin. Lémery dit que l'on voit des paysans en Normandie demeurer trois jours ivres, après avoir fait débauche du cidre, et qu'ils s'endorment sur la fin de l'ivresse. On fait aussi un sirop ou un rob de cidre en faisant réduire par évaporation 10 pintes de cette liqueur à 1 ou environ : cet extrait liquide est bon pour la poitrine. Le *marc des pommes* sert au chauffage des pauvres, comme celui des poires ; il sert d'engrais aux arbres et de nourriture aux cochons. »

Ajoutons à ceci que déjà, du temps de notre auteur, la cupidité commerciale avait mis le frelatage en pratique ; on lit, en effet, dans une note, des lignes curieuses que nous reproduisons :

« Des marchands trop avides de gain adoucissent le cidre qui tourne à l'aigre, en la manière du vin, avec de la craie ou préparation en blanc de plomb, en céruse, ou en sel de Saturne, ou en litharge. Cette mixtion dans une boisson qui offre alors un poison dangereux, mais agréable à la langue, peut être décélée par l'eau de *potasse*, qui fait un précipité qu'on peut reconnaître aussitôt [1]. »

Au commencement de ce siècle, à la suite de travaux importants sur les applications agricoles de la chimie, on peut déjà constater l'affirmation de quelques-uns des principes œnologiques les plus essentiels.

Selon les auteurs du *Dictionnaire d'agriculture pratique*, le climat et le sol de la Normandie paraissent convenir aux pommiers à cidre mieux que tout autre en France ; mais, même dans cette province, on compte jusqu'à trois et quatre qualités de cidre, suivant la qualité du fruit et la nature du terrain ; les meilleurs fruits donnant une liqueur forte, spiritueuse et de garde, et les sols maigres ne rapportant qu'une *boisson sucrée, doucereuse, agréable au goût, mais qui s'altère facilement et se conserve peu.* Lorsque les pommes sont cueillies, et l'époque la plus convenable à cette opération est indiquée par la *chute naturelle du fruit*, on est dans l'usage de les laisser en tas *peu* considérables pendant quelque temps, sous les arbres mêmes,

---

[1] Cette adultération coupable est loin d'être sans exemple à notre époque. On se souvient encore parfaitement, dans le monde médical, des nombreux empoisonnements constatés, vers 1852, à la suite de l'ingestion de cidres frelatés et traités par le sel de plomb. C'est surtout dans le quartier de Saint-André-des-Arts que les accidents furent le plus nombreux et qu'ils faillirent avoir les plus funestes conséquences.

pour faciliter l'évaporation de l'eau surabondante qu'ils contiennent. S'il était possible de *garantir ces tas de la pluie*, sans les
soustraire aux autres influences atmosphériques qui doivent
en compléter la maturité, il y aurait moins de *matière sucrée
perdue*, et le cidre y gagnerait en qualité.

« Les pommes, ainsi mises en tas, ne tardent pas à se flé-
trir, et même il s'en pourrit promptement une certaine quantité ; si cet état se prolongeait, la fermentation ne tarderait
pas à s'y établir, et il en résulterait l'évaporation et la perte
des parties volatiles qu'elle développe et qui contribuent le plus
à donner au cidre de la liqueur et de la qualité.

« Arrivées au juste milieu qui paraît le plus convenable entre
les deux extrêmes, les pommes sont apportées dans une sorte
d'auge ou d'ornière circulaire dans laquelle on fait tourner une
roue ou meule en pierre qui est mise en mouvement par un
cheval, et qui les écrase parfaitement.

« Après cette opération, on les jette à l'aide d'une pelle sur
le plateau ou la maye du pressoir, où un homme les arrange
par lits de 2 à 3 pouces d'épaisseur, en les séparant, en
France, avec du glui, et en Angleterre, avec une étoffe de
crin : sur le dernier lit, on place de même une couche de glui,
et par-dessus, des madriers qui s'assemblent carrément de
manière à former une sorte de plateau. Dans cet état, on fait
descendre la vis du pressoir, dont l'action fait écouler la meilleure partie du jus. Cette pression se répète encore une et même
deux fois, mais il est nécessaire de soumettre de nouveau les
pommes à l'action de la meule, en y ajoutant chaque fois une
quantité d'eau proportionnée à la quantité de fruits.

« Le cidre de première *serre* est plein de qualité, capiteux,
et de bonne garde ; c'est celui qui se livre au commerce ; les
deux autres pressions ne produisent qu'une boisson douce,
mais peu propre à se conserver longtemps. Les propriétaires
qui travaillent pour eux-mêmes sont dans l'usage de mêler les
produits des trois opérations, et il résulte de ce mélange
une liqueur agréable au goût, capable de se garder de douze à
quinze mois, et dont l'usage journalier est tout à fait sans inconvénient.

« A la sortie du pressoir, le cidre passe à travers un filtre
de crin et est reçu dans des barriques ; la fermentation s'y
établit promptement et le liquide s'éclaircit en formant une lie

épaisse. S'il doit être consommé dans la maison, *on s'épargne le soin de le transvaser* ; mais s'il est destiné à être expédié, on le soutire lorsque la fermentation a cessé.

« Dans l'île de Guernesey, les cidres se préparent de la matière accoutumée ; mais lorsque le cidre est mis dans les tonneaux, on ne lui laisse pas le temps de fermenter, et aussitôt que la liqueur commence à bouillir, on le soutire dans un autre tonneau. La lie qui reste au fond est passée à la chausse. On soutire encore deux fois le cidre, toujours au moment où la fermentation s'annonce, et l'on traite la lie de la même manière. Après le troisième soutirage, on verse dans le tonneau, à raison de 1 litre et demi par 100, la liqueur provenant de la lie, et qui est ordinairement limpide et très-spiritueuse, et l'on enfonce la bonde tout à fait.

« Le cidre obtenu par ce procédé est, dit-on, d'une grande limpidité, d'un bon goût et se garde plusieurs années.

« Le marc ou résidu de la fabrication du cidre peut être employé utilement, soit comme nourriture pour le bétail, et principalement pour les cochons, soit pour brûler, en le coupant par plaques carrées que l'on fait sécher comme les mottes à brûler, soit comme engrais, en le faisant entrer dans la composition des fumiers artificiels.

« Les cendres que produit la combustion de ce marc desséché sont de très-bonne qualité ; on les emploie pour le lessivage, et aussi comme amendement dans les mêmes circonstances que les cendres ordinaires. »

M. A. Payen a voulu donner aussi un petit résumé de la fabrication des cidres à notre époque. Nous reproduisons ce document, curieux à plus d'un titre.

« Cette opération *très-simple* exige cependant des soins : les fruits sont d'abord broyés entre des cylindres en fonte cannelés, ou sous des meules verticales en pierre tournant dans une auge circulaire.

« La pulpe broyée est *immédiatement* soumise à la presse, s'il s'agit de poires destinées à fournir un cidre presque incolore, analogue au vin blanc. Lorsqu'on veut obtenir un cidre de pommes plus ou moins coloré, la pulpe de ces fruits est laissée en tas à l'air pendant dix, douze et même vingt-quatre heures; elle éprouve une *macération spontanée* (?) qui facilite la sortie du jus, la *formation du ferment* et une coloration d'un brun rougeâtre qui se transmet partiellement au liquide.

« La pulpe soumise à la presse donne une quantité de jus égale à peu près à la moitié du poids de la pulpe. On *rebroie* le marc, en y ajoutant moitié de son poids d'eau, afin de mieux l'épuiser et d'obtenir une nouvelle qualité de jus que l'on réunit à la première, si l'on veut obtenir un cidre de qualité moyenne.

« En tous cas, les jus, versés dans des cuves ou dans des tonnes debout, ne tardent pas à fermenter et à produire une sorte d'écume, tandis que diverses matières se déposent. On doit attentivement surveiller l'opération, pour *soutirer au clair* le liquide dès que la fermentation cesse et qu'une sorte de *clarification spontanée* a lieu ; car le plus important pour préparer et conserver le cidre, c'est de réaliser le mieux possible cette *clarification spontanée,* puisque *les moyens artificiels ne réussissent pas dans cette boisson faible et dépourvue de tannin.*

« Le cidre tiré au clair se conserve bien, surtout s'il est mis dans des fûts qui ont contenu de l'*eau-de-vie*; les barriques doivent être closes de préférence avec des bondes hydrauliques, qui laissent exhaler l'excès d'acide carbonique sans permettre à l'air extérieur d'entrer librement.

« Dans les villes, on commence à consommer généralement le cidre aussitôt qu'il est éclairci, et tout le temps qu'il conserve assez de glucose pour offrir une saveur douce plus ou moins sucrée. Au bout d'un certain temps, le cidre, continuant à fermenter, ne contient presque plus de sucre ; il est alors devenu moins sucré, plus alcoolique et plus acide : c'est le moment où les gens de la campagne préfèrent le boire, parce qu'il est *plus fort,* qu'il rafraîchit mieux ; ils le nomment *cidre paré,* c'est-à-dire *prêt* à être bu. »

La fabrication vulgaire n'a guère avancé depuis, car, sauf un petit nombre d'exceptions trop rares, on retrouve encore, dans les pays à cidre, la pratique des errements que nous venons de signaler.

Presque partout on abat les pommes ou les poires avant leur maturité; on les dispose en tas plus ou moins volumineux, où elles s'échauffent, fermentent et commencent à pourrir; on les écrase grossièrement dans un *tour à piler,* ou bien dans une *auge circulaire ;* on en extrait le jus par une pression insuffisante; on fait la fermentation dans les ton-

neaux, et on ne prend pas la peine de purifier en quoi que ce
soit une boisson éminemment altérable, que l'on a encore
affaiblie, le plus souvent, par des additions d'eau, aussi abondantes que nuisibles...

Ce qui vient d'être exposé nous place au cœur même de la
question, et nous pouvons étudier avec fruit, dès maintenant,
ce qu'il convient de faire pour parvenir à une fabrication rationnelle.

§ V. — FABRICATION RATIONNELLE. — DIVISION DE LA MATIÈRE.
— EXTRACTION DU JUS.

Dans toute matière végétale, dont le jus est destiné à la
fermentation, il importe d'en faire l'extraction la plus complète que l'on peut : c'est dans cette extraction que gît la
première condition du rendement. Or il est très-difficile de
l'opérer convenablement, même par la macération, si la matière n'a pas été divisée préalablement de manière à déchirer
la plus grande partie des cellules qui renferment les sucs propres. Plus cette division est bien faite, plus l'extraction du
jus est facile par les moyens mécaniques, tandis qu'une division incomplète ne donne que des résultats insignifiants et
qu'elle exige impérieusement la substitution de la macération
à la pression. On sait, en effet, que les liquides macérateurs
pénètrent dans les cellules closes, même lorsqu'on les met
en contact avec des tranches épaisses, qu'il s'établit une équilibration de densité entre les fluides intérieurs et les liquides
extérieurs, et que ceux-ci se chargent d'une partie des matières
solubles, en sorte que, par une série d'opérations méthodiques, on peut substituer de l'eau pure au liquide des cellules.
En revanche, l'extraction des liquides par voie mécanique
de pression n'est jamais complète si toutes les cellules ne
sont pas ouvertes. Nous ne possédons pas de puissance
mécanique qui soit assez forte pour briser les cellules organiques par simple pression, lorsqu'elles sont réunies en magma
ou en pâte.

C'est donc à une bonne division des fruits à cidre qu'il est
indispensable de s'attacher, dans le but d'obtenir le maximum
du rendement en jus.

Division des fruits à cidre. — Les appareils de division ne font pas défaut. Nous ne pouvons ranger parmi les bonnes machines de ce groupe ni la *meule verticale*, à auge circulaire, ni l'ancien *tour à piler*. La première offre tous les inconvénients d'une meule d'huilerie et, en outre des soins, de l'attention et de la force qu'elle réclame, de la lenteur de son travail, elle présente encore le désavantage d'écraser *forcément* les pepins, lorsque la meule verticale et l'auge circulaire sont en pierre dure ou en granit. C'est pour cette raison qu'il a été proposé de construire l'auge en bois, afin d'éviter cet écrasement.

D'après les observations de M. F. Berjot, les pepins de pommes contiennent 25 pour 100 d'une huile fixe, incolore, qui ne peut avoir de propriétés nuisibles ; mais, comme ils renferment également un millième d'une essence volatile, très-analogue à l'essence d'amandes amères, sinon complétement identique avec cette substance, il peut se faire que cette essence vienne masquer la saveur franche de certains produits, comme elle agit d'autre part, avec une extrême violence, sur le système nerveux et notamment sur le cerveau.

C'est très-probablement à la présence de cette huile essentielle dans certains cidres et surtout dans les petits cidres faits avec les marcs broyés à nouveau, que l'on doit attribuer les désordres graves et l'ivresse prolongée qui suivent l'ingestion excessive de cette boisson. L'écrasement du pepin ne rend pas le cidre plus alcoolique, mais il le rend plus enivrant, en sorte que cette circonstance nous paraît devoir être évitée, à peu près sans exception.

Ces données sont la condamnation des meules verticales et des auges circulaires en granit, à l'aide desquelles on pratique l'écrasement du fruit à cidre...

Le tour à piler fait peu de travail, demande beaucoup de force, de main-d'œuvre et de place ; il donne une pulpe rebelle à la pression et les jus qui en proviennent entraînent des quantités considérables de débris qui retardent la purification du produit et le rendent très-altérable.

Pourquoi n'emploierait-on pas une râpe centrifuge dans le genre de celle qui a été construite par M. Champonnois, avec la simple précaution d'écarter un peu les dents et les espaces destinés au passage de la pulpe, afin de ménager les pepins ? Nous pensons qu'il y aurait une innovation heureuse dans cette application de la rasion à la division des fruits à cidre et, d'ailleurs, l'essai ne présenterait aucune difficulté. C'est une solution qui en vaudrait bien une autre.

Les propriétaires et les fermiers intelligents abandonnent la meule verticale et le tour à piler pour les moulins et les concasseurs à cylindres cannelés.

On connaît un grand nombre de ces appareils. Nous ne leur ferons aucun reproche, parce que le contact du fer avec la pulpe du fruit ne présente pas les inconvénients que plusieurs ont signalé, lorsqu'il n'est pas trop lontemps prolongé. Tous ces instruments peuvent avoir leur valeur et rendre de bons services, s'ils sont bien construits et pourvu que l'on puisse toujours régler à volonté l'écartement des cylindres.

Le moulin à pommes des Anglais se compose de deux cylindres garnis de lames de couteaux qui se meuvent en sens contraire et opèrent une première division des fruits. Les cossettes qui en résultent tombent entre deux autres cylindres de granit qui achèvent de les réduire en pulpe plus ou moins fine, selon le degré d'écartement de ces derniers cylindres. Cet écartement pouvant se régler à volonté, on respecte ou on écrase les pepins si l'on veut. C'est un bon instrument.

Un des meilleurs instruments de division de la matière, applicable avec le plus grand avantage à la trituration des pommes et des poires, est le *concasseur* de M. Berjot. Nous le représentons par les figures 41 et 42, qui en donnent une idée exacte.

« Ce concasseur, dit M. Morière, peut fonctionner à volonté de manière à respecter ou à broyer les pepins, en faisant varier l'écartement de deux petites meules verticales en granit, marchant en sens contraire. Au moyen d'un manége mû par un cheval, on peut lui faire broyer en moins de deux minutes 3 hectolitres de pommes, qui n'ont pas été en contact avec le fer, contact qui peut nuire à la qualité du jus. Ce concasseur peut servir en outre à une foule d'autres usages; il tient fort peu de place et il est, à cause de sa simplicité, d'une réparation facile; enfin, il est disposé de manière à pouvoir être mis en mouvement par les bras de deux hommes; une courroie peut également le relier à une machine à battre. »

À cet éloge justement mérité, nous nous ferons un véritable

plaisir d'ajouter que l'appareil de M. Berjot a été l'objet des plus flatteuses appréciations de la part de la *Société d'agricul-*

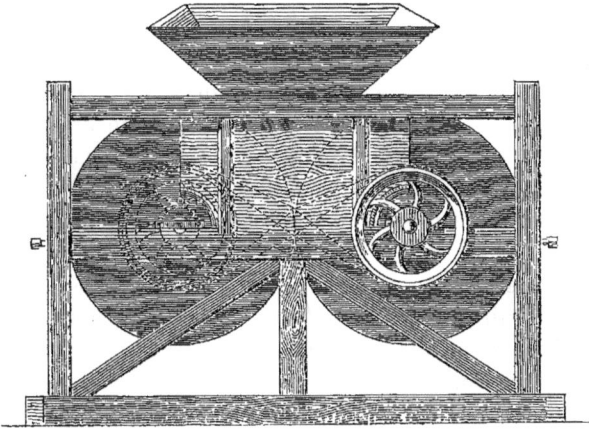

(Fig. 41.)

ture de Caen, dont on ne peut songer à récuser la compétence en pareille matière [1].

Cet appareil, dont nous conseillons l'emploi aux fabricants
de cidre et de poiré, ne tient
qu'un emplacement fort restreint, puisque sa longueur est
de 2m, 50 seulement, sa hauteur de 1m, 50 et son épaisseur
de 80 centimètres. Les meules
ont 1 mètre de diamètre sur
20 centimètres d'épaisseur. La
rapidité de l'action est très-
grande, puisque, dans les expériences officielles qui ont été

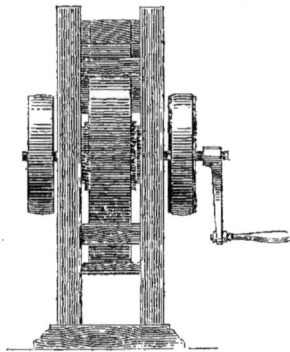

(Fig. 42.)

faites, 10 hectolitres de pommes ont été écrasés en cinq mi-

nutes, ce qui conduit au chiffre considérable de 120 hectolitres par heure ou 1440 hectolitres par journée de douze
heures de travail effectif.

En somme, la trituration des fruits ne laisse rien à désirer
aujourd'hui pour ceux qui emploient de bonnes machines, en
sorte que cette première opération peut être bien faite par
tout le monde, soit que l'on ne fasse qu'un seul écrasement
en respectant les pepins, soit que l'on exécute une seconde
manœuvre après l'extraction du jus normal. Les deux modes
peuvent donner de très-bons résultats.

Il se présente ici une observation de pratique assez importante.

Quelques personnes regardent comme une chose utile de
laisser la pulpe exposée à l'air pendant un temps variable de
douze à vingt-quatre heures, avant de la soumettre à la presse.
Elle prend alors une couleur rougeâtre qui se communique
en partie au moût; on ajoute que cette macération rend plus
facile l'extraction du jus par l'altération partielle du mucilage... Nous ne comprenons pas bien de semblables théories.
Les uns veulent l'eau fangeuse des mares et le purin ne leur fait
pas peur; d'autres préfèrent une dissolution écœurante d'acide
lactique et de vinaigre à une boisson saine; on devait s'attendre à voir donner comme avantageux un *commencement
d'altération*. Il n'y a rien à dire à de semblables choses, sinon
que l'on est obligé de les considérer comme un panégyrique
involontaire de l'incurie et de la négligence. Partout, dans
toutes les industries alimentaires, on redoute de laisser exposée à l'air la matière première en traitement; on regarde la
rapidité du travail comme une condition de succès dont on a
grand soin de ne pas s'écarter, et nous ne pouvons nous empêcher de blâmer cet oubli des règles les plus élémentaires
de la technologie.

Extraction du jus. — A première vue, il semble que, dans
un pays de fabrication sucrière, il ne devrait pas être nécessaire d'entrer dans de grands détails relativement à une opération qui est vulgarisée presque partout. Ce n'est point le
cas cependant en France. La plupart de nos agriculteurs ne
voient rien au delà de leurs errements héréditaires et, s'il
faut le dire, ils ressemblent pour cela aux classes plus élevées
dans l'ordre social : la situation générale de l'humanité exige

pourtant l'emploi de toutes les forces vives dans les nations du vieux monde ; il faut que l'oisiveté disparaisse, aussi bien celle de l'intelligence que celle du corps, et c'est là, malgré tout, l'éternelle question de l'existence [1].

En Picardie, pays à cidre, on fait du sucre ; on prépare la pulpe de betterave par la râpe, et la pression fournit 75 pour 100 de jus en poids. Dans le même pays, avec la pomme ou la poire, dont la composition est presque identique, dont le tissu est de la même résistance, on retire 45 à 50 pour 100.

La Normandie est voisine. Elle en fait autant.

Qu'on ne croie pas que l'intelligence fasse défaut, non plus que les faibles capitaux nécessaires pour bien faire ; non, certes. Mais il y a, dans nos cultivateurs, un amour invétéré de la routine, et une certaine apathie qui les porte à fuir tout ce qui est nouveau pour eux ; cela tient à ce que la plupart des tentatives et des essais sont exécutés par des oisifs d'une autre condition, qui ne craignent pas de sacrifier de l'argent pour se distraire de leur inutilité, mais qui ne savent en tirer aucun profit pour eux ni pour le bien public, parce que leurs jeunes années se sont écoulées dans les occupations ridicules des inutiles. La confiance ne se commande pas, surtout auprès de l'homme du sol ; c'est l'exemple qu'il lui faut, mais il lui est nécessaire au moral plus encore que sous le rapport matériel.

Le paysan vit dans l'attente de résultats ; pour lui, le plus clair est une balance. Voilà pourquoi les institutions agricoles de l'empereur dans les Landes et dans la Sologne ne conduisent pas au but ; c'est parce qu'elles dépensent plus qu'elles ne rapportent.

De même, en industrie agricole proprement dite. Si le charron du village peut faire, avec un vieil orme ou un chêne décrépit, un engin de pression qui donnera 45 à 50 pour 100 de rendement, on préférera les créations fantastiques de cet artisan aux machines les plus ingénieuses, dont on voit le prix d'achat, mais dont le rendement n'est pas matériellement prouvé, ou dont on craint de ne pouvoir se servir utilement. La faute est là ; bien que l'alcoolisation en ferme l'ait déjà

---

[1] To be, or not to be, that is the question !...

fort atténuée, elle existe encore tout aussi complète pour la petite exploitation.

En tenant compte des chiffres analytiques, 100 kilogrammes de pommes mûres renferment $83^k,20$ d'eau et $13^k,50$ environ de matières solubles sur cent parties pondérables. Les poires *gardées* contiennent $83^k,88$ d'eau et $13^k,60$ environ de matières solubles. Si l'extraction du jus était complète, 100 kilogrammes de pommes devraient fournir $96^k,70$ de moût et les poires en donneraient $97^k,48$... On est loin de ces résultats dans la pratique ordinaire, laquelle ne supplée à l'insuffisance du travail d'extraction que par l'addition d'une quantité d'eau arbitraire. Nous ne voulons pas dire cependant que des moyens mécaniques puissent extraire la totalité du jus des fruits ; mais nous pensons qu'une pression bien faite peut donner 70 à 75 pour 100 de rendement, et que, par l'application des principes de la macération aux marcs, on peut encore obtenir les deux tiers de ce qui reste, soit, en tout, de 89 à 91 pour 100, en poids, de telle sorte que le résidu doit être réduit au dixième de la masse des fruits.

La pratique habituelle n'obtient pas plus de 50 litres de moût par 100 kilogrammes, soit 35 à 40 litres par hectolitre de fruits, malgré toute la main-d'œuvre et la force employées pour faire fonctionner des engins énormes, mal conçus autant que dispendieux.

Cet état de choses ne peut prendre fin que par l'initiative des propriétaires et des simples particuliers. C'est à eux qu'il convient de lutter contre l'ignorance et le parti pris, par l'introduction sur leurs fermes de bons appareils, de méthodes sérieuses. L'exemple sera contagieux, si les apôtres du bien savent le faire, s'ils n'imposent rien d'onéreux à leurs futurs imitateurs, en un mot, s'ils savent dépenser pour l'avenir et semer en vue d'une récolte éloignée.

Lorsqu'il arrive de voir, dans quelques vignobles arriérés, de ces machines informes auxquelles on donne le nom de *pressoirs,* qui exigent les bras de quinze hommes et un espace de 40 ou 50 mètres superficiels, on est tenté de se croire retourné en plein moyen âge, malgré les progrès mécaniques qui s'accomplissent partout. La presse à vis, la presse à coins, la presse à choc, la presse hydraulique semblent n'avoir pas été inventées, et l'on éprouve un sentiment involontaire de tristesse en songeant à la lenteur des progrès humains, même en matière de nécessité, même dans les industries alimentaires.

Tout cela est presque beau, si on le compare au pressoir à cidre de Normandie, lequel est une sorte de monstruosité indescriptible.

Sur le *tablier* de cette presse, on dispose la pulpe de pommes ou de poires par couches épaisses de 5 à 10 centimètres, que l'on sépare à l'aide de lits alternatifs de paille de seigle. Lorsqu'on a fait de ces couches de pulpe et de paille une *tuile*, un monceau élevé, proportionné à la hauteur de la machine, on place sur le tout une plate-forme en bois, puis des billots, et l'on fait agir sur la masse un *mouton*, une sorte de poutre qui est mue par des vis en bois, et qui porte 60 centimètres de face sur 7 à 8 mètres de longueur. C'est là le pressoir à cidre qui a été décrit par Valmont de Bomare au siècle dernier, et il est encore employé dans la plupart des fermes normandes.

Et cet engin est cher de prix d'achat, dispendieux par le travail qu'il exige, les réparations qu'il réclame, l'emplacement énorme qu'il lui faut ; mais ces considérations sont peu de chose, lorsqu'il s'agit de maintenir une routine et de *ne pas sortir de ses habitudes*. Cependant cette chose gigantesque ne produit pas l'effet d'une presse à vis en fer de 1 mètre superficiel ; elle ne donne pas plus de 40 litres de moût par hectolitre de fruits.

Alors on relève le mouton, les billots, la plate-forme ; on démonte le marc, on l'écrase de nouveau avec de l'eau de la première mare, mélangée de purin, d'urine et de toutes sortes d'autres immondices [1], et on le presse de nouveau pour obtenir un jus plus faible, qui fera le *petit cidre* ou la *boisson*. Ce deuxième écrasement à l'eau s'appelle le *rémiage* dans le langage local.

On obtient avec cela trois sortes de moûts. Celui qui s'écoule

---

[1] Nous ne faisons pas ici de l'horrible à plaisir. On lit dans une brochure de M. Morière (1869) : *Quelques cultivateurs sont fermement convaincus que les eaux de mares, et souvent de mares qui reçoivent le purin des fumiers, conviennent mieux que les eaux limpides et pures à la macération des pulpes, à la fermentation du jus, et qu'il en faut moins pour faire sortir le suc des cloisons du fruit.* Tout est vrai dans cette phrase, sauf le premier mot qui ne dit pas assez. C'est *un grand nombre de cultivateurs* qu'il aurait fallu dire.

sans pression et qui forme la *mère-goutte*, le *gros cidre* obtenu par pression, sans eau, et enfin le *petit cidre*. Mais la plupart des fermiers et des propriétaires mélangent ces trois produits, que l'on introduit ensemble dans les tonneaux, et qui forment le cidre commun, la boisson habituelle. Le petit cidre, ou cidre de rémiage, n'est consommé que sur place, par les ouvriers et gens de labeur, lorsqu'on le prépare isolément. C'est une boisson plate, très-altérable, et qu'il n'est pas possible de transporter.

A côté des inconvénients essentiels qui doivent faire rejeter le pressoir normand et le faire convertir en bois d'œuvre ou de chauffage, nous devons mentionner un détail : les lits de paille ou de *glui* que l'on place entre les couches de pulpe donnent souvent une mauvaise saveur au moût, mais, dans tous les cas, ils ne procurent pas l'effet qu'on en attend, savoir de ménager un vide entre les couches et de faciliter l'écoulement du jus. C'est presque le contraire qui arrive, et nous avons pu constater maintes fois les mauvais résultats de la paille dans cette application.

Ce qu'il faut faire ici, mais avec une autre presse, bien entendu, c'est d'agir comme on le fait en sucrerie pour la pulpe de betterave, soit qu'on la mette en sacs et qu'on sépare les sacs par des claies en osier, soit qu'on sépare les couches par des tissus de crin comme on le fait en Angleterre depuis de longues années ; il convient de renoncer à la paille, dont l'emploi est détestable. Nous préférerions les sacs en grosse toile croisée à toute autre chose, par une raison que nous indiquerons tout à l'heure en parlant de l'épuisement des marcs. Les sacs durent longtemps et se conservent pendant des années lorsqu'on a soin de les laver et de les faire bien sécher après le travail. Ils sont presque indestructibles si on a eu le soin de les faire bouillir, dans leur neuf, avec une dissolution concentrée de tan.

Ce ne sont pas les bons appareils de pression qui manquent. Nous avons parlé de la presse à vis, à coins, à choc, de la presse hydraulique... Celle-ci serait la plus parfaite de toutes, si son prix ne la faisait rejeter par les petites exploitations.

Une simple presse à vis, avec montants et bâti en fonte, la vis en fer forgé, suffit parfaitement dans ces cas. Elle peut fournir très-bien 70 à 75 pour 100 de jus par pression directe, si l'on sait s'en servir.

On a encore vanté, en Normandie, la presse Salmon, là presse Samain et quelques autres. Toutes sont excellentes, et représentent la perfection, si on les compare au pressoir. Nous ne les décrirons pas ici ; toutes nos sympathies sont pour l'emploi de la presse ordinaire, dont nous venons de parler, dans les petites fermes, et pour la presse hydraulique partout ailleurs. Nous ne pouvons cependant passer sous silence une très-bonne presse dont on fait un usage avantageux en Angleterre et dont nous donnons une vue dans la figure 43. Cette presse n'est en réalité qu'une presse ordinaire à vis ; mais comme la vis principale en commande deux autres qui sont placées sur l'axe du plan, le plateau supérieur est soumis à une pression plus uniforme et les résultats sont plus avantageux. Elle fournit un rendement de 65 à 70 pour 100 de première pression.

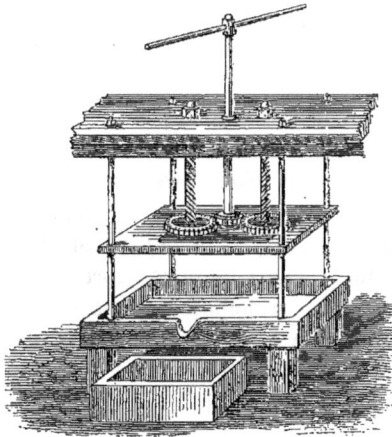

(Fig. 43.)

Il se présente ici une question assez grave. Pourrait-on appliquer la macération à la fabrication des cidres ?

La réponse à cette question ne nous paraît pas de nature à donner la moindre hésitation et, selon nous, elle doit se traduire par l'affirmation la plus nette. Nous allons, dans un instant, chercher à faire voir que la macération est aussi applicable que rationnelle, soit pour l'extraction entière du jus, soit seulement pour l'épuisement des pulpes qui auraient déjà subi une pression préparatoire.

Dans plusieurs cantons des pays à cidre, on emploie une méthode qui se rapproche de la macération, sans en offrir les avantages. On ajoute à la pulpe une quantité d'eau arbitraire, selon le degré de force alcoolique (?) que l'on veut donner à la boisson ; on laisse le tout en contact pendant un temps variable, puis on presse.

Il y a là de la macération, évidemment, mais il semble que l'on n'ait en vue que d'obtenir les plus mauvais résultats de cette opération, la plus parfaite de toutes quand elle est bien exécutée.

Démontrons-le par des chiffres. Soit un poids de 1 000 kilogrammes de pommes dont le jus normal marquerait 6 degrés Baumé de densité et tenant 832 litres d'eau. Ajoutons une quantité égale d'eau, soit 832 litres, sur la pulpe ; mélangeons, laissons macérer et pressons, comme on le fait avec le gros pressoir. Nous allons retirer $832 + 416 = 1 248$ litres de jus faible à 3 degrés de densité seulement et il restera dans la pulpe résidu 416 litres au même degré. Notre situation est fort claire, car, malgré notre lavage inconsidéré, nous avons laissé dans le marc 25 pour 100 de la valeur réelle des fruits, ce que nous aurions laissé après une seule pression avec une bonne presse. Nous avons fait une sorte de lessivage du jus qui a perdu la moitié de sa valeur, et nous n'avons d'autre compensation que la quantité. Or, les 1 248 litres de jus faible que nous avons obtenus représentent absolument la même richesse en principes solubles que les 730 litres de jus pur, normal, que nous aurions pu obtenir.

Y a-t-il avantage à avoir 1 248 litres de boisson faible, altérable, plutôt que 730 litres de bon produit ? Nous ne le pensons pas ; mais il devient difficile d'apprécier les convenances individuelles, et nous n'insisterons pas sur ce point. Disons seulement que, en réduisant inconsidérément la richesse saccharine d'un moût déjà trop pauvre, on s'expose à toutes les dégénérescences d'une fermentation mauvaise, qu'il est impossible de ne pas faire des acides acétique et lactique dans de tels jus, et que l'on ne prépare ainsi qu'une boisson malsaine.

En principe général, il est indispensable de retirer des fruits le plus de jus possible sans eau. Il convient ensuite d'épuiser le résidu et de se rapprocher aussi près qu'on pourra du chiffre théorique. Nous savons que, le résidu insoluble des pommes et des poires étant de 3 environ, le jus réel serait de 97 pour 100. Si nous admettons que, avec la presse anglaise, la presse hydraulique ou toute autre *bonne machine*, nous avons retiré 70 de jus par une seule pression, ce qui est fort loin d'être impraticable, le marc resté dans les sacs contiendra 27 de jus et 3 de matière insoluble, et il formera les trente centièmes des fruits traités. Il ne s'agira plus que de retirer les vingt-sept centièmes de jus qui se trouvent dans ce marc, et la chose ne nous paraît pas impossible.

Nous savons déjà ce qui se passe avec la betterave, puisque la distillation en ferme est essentiellement basée sur la macération. Pourquoi n'en ferions-nous pas autant avec les pommes et les poires, tant au point de vue de l'épuisement dont nous venons de parler que de l'extraction entière du jus ? Quelles sont les raisons qui s'opposent à ce que la pulpe ou les cossettes des fruits se comportent comme la pulpe ou les cossettes des racines sucrées, en présence de la force endosmotique ? Nous voyons d'autant moins de différence que les pommes et les poires entières, plongées dans l'eau, abandonnent leur sucre et leurs principes solubles à cette eau, et que des cossettes ou de la pulpe seront toujours beaucoup plus perméables. Ajoutons encore que le tissu des fruits dont nous parlons est beaucoup plus lâche habituellement que celui de la betterave à sucre, et qu'il se laissera pénétrer plus facilement par les liquides macérateurs. C'est pour nous une conviction telle, que nous n'hésiterions pas un seul instant à préparer des cidres et des poirés par voie de macération.

Si d'ailleurs on craignait un insuccès, voici deux expériences justificatives peu coûteuses que l'on peut faire avec la plus grande facilité.

On se procure cinq seaux en bois de même capacité ou à peu près, et assez de pommes ou de poires pour remplir la capacité de quatre de ces vases, le cinquième restant vide et demeurant à la disposition de l'expérimentateur. On hache des fruits et l'on met des cossettes dans le premier seau A. On les recouvre d'eau chaude à 80 degrés centigrades environ. On remplit le second seau B avec d'autres morceaux hachés. La liqueur du premier seau A est chauffée dans un petit chaudron jusqu'à 80 degrés et on la verse en B. A reçoit de nouvelle eau à 80 degrés. Des cossettes neuves sont placées en C, et l'on y ajoute la liqueur de B, chauffée à 80 degrés. On fait passer en B le liquide de A, que l'on remplace par de l'eau. Le seau D est rempli de cossettes, sur lesquelles on met le liquide de C. On met en C la liqueur de B ; en B, le liquide de A, et l'on fait arriver de nouvelle eau en A.

Au bout d'une heure, en supposant que chaque séjour sur les cossettes aura duré une heure, on verse dans le seau vide le liquide de D et l'on soutire celui des autres seaux.

Voici ce que l'on constate à ce moment, si les fruits employés donnaient un jus de 6 degrés Baumé, par exemple, au pèse-sirop :

Le liquide de D marque 5°, 62 Baumé ; celui de C accuse 4° 12 ; celui de B donne 1°, 87, et celui de A indique 0°,37 environ. Il ne reste dans la pulpe de celui-ci que du liquide à 0°,37, presque de l'eau, que l'on peut utiliser si l'on soumet cette pulpe à l'écrasement et à la pression. C'est à peine s'il y restera le quart de cette valeur 0°, 37, et le liquide pourra être employé au lieu d'eau à la macération.

Le liquide sera devenu, à un onzième près, aussi riche que la séve naturelle et les pulpes seront de douze à quatorze fois plus épuisées que par la meilleure pression. Le moût sera limpide ; il ne contiendra aucun de ces principes azotés si altérables qui le transforment et le font dégénérer ; on sera sûr d'obtenir une liqueur parfaite sous tous les rapports, pourvu qu'on lui fasse subir d'ailleurs une bonne fermentation.

Nous avons maintes fois répété cette expérience avec des fruits ou des racines dans nos études sur la macération, et le résultat est constant.

On comprend qu'il en sera nécessairement de même pour l'épuisement des pulpes écrasées dont la pression aura retiré 70 de jus et qui en contiendront encore les vingt-sept centièmes du poids des fruits. En les faisant macérer en sacs dans des liquides de densité décroissante, ils abandonneront à ces liquides tous les principes solubles qu'ils renferment encore, et les marcs pressés seront radicalement épuisés.

La pratique de la macération, dans la fabrication des cidres et des poirés, comporterait donc deux méthodes principales, selon que l'on voudrait employer la macération comme moyen complémentaire d'épuisement des pulpes pressées, ou bien comme moyen unique d'extraction du jus. Le travail serait des plus simples.

Dans le premier cas, après un écrasement préalable, dans lequel on aurait respecté les pepins, on retirerait le plus possible de jus par une pression graduée et énergique, avec la presse anglaise ou la presse hydraulique. Cette pression serait exercée sur la pulpe renfermée dans des sacs, et l'on séparerait les sacs à l'aide de claies en osier.

A mesure que les sacs sortiraient de la presse, on les disposerait méthodiquement dans un cuvier où ils seraient soumis à l'action d'une quantité suffisante d'eau tiède pendant une heure. Après cette première macération, ils passeraient dans un second cuvier avec de nouvelle eau, tandis que l'on mettrait de nouvelles pulpes pressées en contact avec le liquide précédent. On continuerait ainsi, de manière à soumettre les pulpes au moins quatre fois successivement à l'action de liquides de densité décroissante, et à faire agir le liquide sur des pulpes pressées nouvelles jusqu'à ce qu'il ait acquis la densité du jus naturel. La pulpe épuisée est pressée en sacs, et le liquide qui en provient est employé au lieu d'eau simple.

En général, six cuviers, dont un de rechange, suffisent largement pour un épuisement rationnel et pour un enrichissement convenable des liqueurs de macération.

Dans le second cas, celui où l'on voudrait demander à la macération l'extraction complète du jus, le matériel est moins

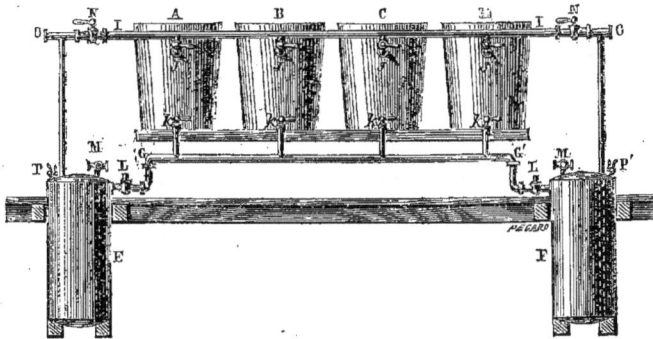

(Fig. 44.)

élémentaire, et il convient d'adopter la disposition représentée par la figure 44 ci-dessus [1]. Les cuves A, B, C, D peuvent être faites en bois dans le cas présent ; elles doivent être au nom-

---

[1] Voir dans le premier volume, p. 696, la description des fonctions de cet appareil.

bre de six pour obtenir un épuisement complet des cossettes, et une extraction convenable des matières solubles. Les monte-jus E et F doivent être construits de manière à servir à la fois de récipients et d'appareils de calorification. Il suffit pour cela, quand on n'a pas de vapeur à sa disposition, de disposer dans chacune un serpentin ou une série de tubes chauffeurs, dans lesquels on fait passer à volonté les gaz chauds provenant d'un petit foyer ordinaire. C'est l'affaire d'un carneau à trois embranchements et d'une série de registres.

Si nous supposons, par exemple, que le monte-jus E renferme du liquide à faire passer en A, nous ouvrons le registre qui amène la chaleur dans le monte-jus, le liquide s'échauffera et la vapeur produite suffira à faire passer la liqueur, par le tube ascendant, jusqu'à la cuve A. Si, au contraire, on ne voulait pas échauffer le moût jusqu'à l'ébullition, rien n'empêche d'adapter en M le raccord d'une petite pompe à air, comme celle de la figure 40, pour lui faire subir une compression suffisante et le diriger vers sa destination aussitôt qu'il aurait atteint le degré de chaleur convenable.

C'est à ce dernier mode que nous donnerions la préférence, afin de ne jamais dépasser le degré de température qui détermine la coagulation de l'albumine dans les moûts, soit environ 70 degrés centigrades.

Toutes les questions mécaniques et techniques de la macération sont aujourd'hui résolues par la pratique de la sucrerie, et nous ne voyons aucune raison pour laquelle on ne pourrait en faire une application avantageuse à la préparation des moûts de pommes et de poires. Il va sans dire que, dans cette marche, la division de la matière pourrait s'effectuer simplement à l'aide d'un coupe-racines.

En résumant donc ce qui précède, nous pouvons tracer la méthode à suivre pour l'extraction rationnelle des jus de fruits à cidre. Dans la condition ordinaire, les fruits cueillis bien mûrs, conservés jusqu'à ce qu'ils contiennent le maximum de sucre, sont soumis au pilage ou à la trituration. Cette opération doit se faire par des instruments qui permettent de respecter les pepins, qui soient d'un prix modéré, et dont l'action soit rapide. Le *concasseur* Berjot mérite toutes les préférences à ces divers points de vue. La pulpe obtenue est immédiatement, et à mesure de la production, soumise à l'action d'une bonne presse, soit la presse anglaise, soit la presse hydraulique, pour en retirer le plus possible de jus normal. Les marcs sont macérés en sacs jusqu'à épuisement; les liquides sont réunis au jus primitif, et les résidus pressés sont mis en mottes, séchés, et employés comme combustible.

Dans le cas de la macération, les fruits sont divisés en cossettes par l'action d'un coupe-racines. On soumet les cossettes à la macération à l'aide d'un appareil de six cuves, répondant à cinq passages du liquide macérateur chauffé à 70 degrés. Les liquides enrichis au degré de la séve normale sont dirigés vers les cuves de fermentation, et les cossettes sont pressées, si l'on veut, ou employées immédiatement à la nourriture du bétail.

Ajoutons encore quelques mots au sujet d'une application utile de la dessiccation, que l'on pourrait faire subir aux fruits à cidre de la même manière qu'elle a été appliquée à la fabrication du sucre par le procédé dit *de Schutzenbach*. Dans les années d'abondance, il serait très-profitable de faire sécher une partie des fruits, dont on ne ferait du cidre que selon le besoin et les circonstances. Les fruits séchés doivent être traités évidemment par la macération, puisque, par la pression, on ne pourrait pas en retirer de jus. On devrait appliquer la méthode dont nous venons de parler, et réunir tous les liquides, de manière à obtenir une densité moyenne de 10 degrés du pèse-sirops.

§ VI. — Préparation des mouts. — Fermentation active.

Admettons que le jus des fruits a été extrait par la meilleure méthode, qu'on a obtenu le maximum de rendement avec des pommes ou des poires de bonne espèce, pour lesquelles on a pris tous les soins que nous avons indiqués précédemment. Lorsque tout cela est fait et bien fait, on n'a encore que du moût plus ou moins sucré et il reste à accomplir l'acte le plus important de la vinification, celui qui opère la transformation du sucre en alcool et par lequel seulement le vin peut être constitué. C'est à la fermentation à compléter le travail qu'on vient d'ébaucher, et toutes les règles qui dirigent cette réaction sont appliquables aux cidres et aux poirés, comme au vin, comme à toutes les boissons alcooliques fermentées.

Il faut, pour une bonne fermentation alcoolique, du sucre, du ferment, de l'eau, la présence de l'air, au moins au début de l'action, et une certaine température. Ces conditions sont indispensables. Mais il en est encore d'autres qu'on ne doit pas négliger, sous peine d'obtenir des produits de mauvaise qualité, peu alcooliques, peu conservables, et dont l'usage peut même devenir contraire à la santé. Ainsi, lorsque la liqueur fermentescible n'est pas soumise à une transformation assez rapide, on l'expose à des dégénérescences qui déterminent la production de principes nuisibles ; une fermentation trop lente donne toujours lieu à la production de l'acide lactique, surtout s'il y a dans la liqueur un excès de gomme ou de dextrine, ou de la matière visqueuse. Si les matières azotées dominent avec les substances dont nous venons de parler, elles s'altèrent, fournissent des produits ammoniacaux, des composés spéciaux, et donnent naissance à des multitudes de mycodermes dont l'action consécutive conduira fatalement à l'altération des produits. Une fermentation trop prompte amène également des résultats désavantageux, dont le plus palpable est la formation de l'acide acétique, du vinaigre, aux dépens de l'alcool.

Nous pourrions, sans doute, nous étendre davantage sur un point aussi important; mais, comme le lecteur a dû se pénétrer des principes qui régissent la fermentation, nous ne pouvons mieux faire que d'appeler son attention sur ce que nous avons dit à ce sujet dans le premier volume de cet ouvrage. Nous ne devons pas faire de redites inutiles, ni revenir ici sur des règles qui doivent être bien connues et que le praticien ne doit jamais perdre de vue; aussi, nous bornerons-nous à examiner la question à un point de vue tout spécial aux cidres et aux poirés, afin de mettre sur la voie des améliorations à introduire dans la fabrication.

Toute fermentation alcoolique exige, avant tout, la présence d'une matière fermentescible, d'un sucre, apte à se dédoubler en alcool et acide carbonique. Ce sucre doit être dissous dans l'eau...

Dans les jus de pommes et de poires, nous avons du sucre

et de l'eau surtout; cette dernière est déjà en proportion trop grande dans les meilleurs fruits à cidre et, à plus forte raison, elle se trouve en surabondance dans le produit des *lessivages* des marcs, dans les moûts destinés à faire des *boissons*.

Si nous avons trop d'eau le plus souvent, avons-nous assez de sucre fermentescible dans les moûts à cidre ou à poiré ? Cette question est plus grave qu'on ne le pense, et il ne suffit pas de l'affirmation des gens les mieux intentionnés pour justifier la routine ou le préjugé. Que le cidre monte un peu à la tête, autant par l'action des huiles essentielles que par celle de l'alcool, qu'il porte avec lui le goût du terroir que l'on préfère, *qu'il pique et gratte le gosier* surtout, en voilà assez pour que les rustiques amateurs de certains crus normands ou picards soient satisfaits. Ils trouvent cela bon; ils sont habitués à cela, et nous concevons que, tous les goûts étant dans la nature, on n'ait pas à leur faire un crime de leur manière de sentir. Mais il ne s'agit pas de blâmer ou d'approuver les appréciations particulières; ce qu'il convient de savoir est tout différent. En face de la perversion des sens causée par l'habitude, il y a le goût de tout le monde, l'appréciation générale, les lois de l'hygiène, et il est bon de se conformer aux idées collectives plutôt qu'aux opinions exceptionnelles, lorsque celles-ci ne sont pas raisonnées. Or nous disons avec tout le monde que le *bon cidre*, le *cidre paré*, n'est ordinairement qu'une piquette grossière, altérée par l'action des causes les plus diverses.

La proportion de sucre, trop faible pour amener les produits à une richesse alcoolique suffisante, à une vinosité convenable, est encore diminuée par des additions d'eau qui n'ont aucun motif sérieux, aucune raison technologique définie. La valeur alcoolique des cidres et des poirés égale à peine, en moyenne, celle des bières communes, et ce n'est pas assez au point de vue de la conservabilité. Si, d'ailleurs, ces boissons étaient bien fabriquées, si elles ne présentaient pas une forte proportion d'acides malique, lactique, acétique; si elles ne contenaient pas des quantités notables de matières azotées plus ou moins altérées, nous ne critiquerions pas cette pauvreté alcoolique et nous n'y verrions pas un inconvénient bien grave, sans une circonstance capitale qui prime toutes les autres : *un moût trop pauvre en sucre ne donne presque jamais*

lieu qu'à une mauvaise fermentation. L'acétification, la dégénérescence lactique, la production de la matière visqueuse se
manifestent dans les liqueurs fermentescibles en proportion
inverse de la richesse sucrière, en dehors des autres causes
qui en déterminent l'apparition. Cela est acquis à l'observation, et l'expérience de tous les alcoolisateurs en fournit tous
les jours la démonstration.

Nous tirerons de cela une conséquence, laquelle est que le
fabricant de cidres et de poirés doit, avant toutes choses, vérifier la richesse saccharine de ses moûts, l'augmenter, s'il y
a lieu, mais que jamais il ne convient de la diminuer par l'addition de l'eau.

Nous comprenons qu'un pauvre journalier fasse de la *piquette* en ajoutant de l'eau au produit de sa petite provision
de pommes : il lui faut une quantité déterminée de boisson, et
les moyens mécaniques lui manquant pour une bonne extraction, il y supplée par du tripotage. Ce n'est pas qu'il préfère
la piquette à un cidre généreux : s'il agit ainsi, c'est la nécessité qui le pousse, et à cela il n'y a rien à objecter. Il est
clair que, si l'hectolitre de fruits lui coûte 6 francs, par
exemple, et que les procédés usuels ne puissent lui donner
que 35 à 40 pour 100 de jus naturel, le gros cidre serait d'un
prix de revient trop élevé pour lui. Il devra donc *laver* ses
marcs, et il le fera quand même, au risque de tous les résultats
qui en seront la conséquence.

Le seul moyen pratique d'améliorer la boisson usuelle du
pauvre consisterait dans l'établissement de bonnes machines
de division et d'extraction, qui pourraient épuiser les marcs
avec le moins d'eau possible, ou dans celui d'un bon appareil
de macération, dont chacun pourrait faire usage moyennant
une légère rétribution.

Quant aux fabricants proprement dits, aux propriétaires,
aux fermiers, ils n'ont pas à faire valoir l'excuse de la pauvreté et de la misère en faveur de leur incurie. L'avarice et
l'avidité n'ont pas même à intervenir dans le cas présent, car
le bon cidre naturel et sans eau ne doit pas leur coûter plus
cher que les boissons qu'ils fabriquent. Ils peuvent, en effet,
avec des engins convenables, retirer autant de *moût naturel*
d'un poids donné de fruits qu'ils en obtiennent à l'aide de
l'eau, et les intérêts de la dépense primitive seraient couverts,

et au delà, par la plus-value de leur produit. Ce n'est pas tout, cependant, et nous disons que le premier élément dont on doit se préoccuper avant la mise en fermentation est la proportion réelle du sucre contenu dans le moût. Pour arriver à un bon résultat, voisin de la perfection, et tel que le cidre se rapproche sensiblement du vin, il conviendrait de porter à 10°,5 Baumé la *densité due au sucre*, selon le conseil que Chaptal a donné pour le vin de raisins. Comme les matières solubles différentes du sucre peuvent fournir 1°,5 à 2 degrés de densité, c'est dire que l'on devrait porter la densité totale à 12 degrés ou 13°,5 de l'échelle de Baumé, si l'on voulait préparer un produit réellement vineux, susceptible d'une bonne conservation et d'un usage aussi salutaire que celui du vin.

Nous avons déjà dit quels seraient les moyens d'obtenir ce résultat, et nous avons conseillé l'amélioration agricole des plants, le sucrage proprement dit, l'évaporation d'une partie du moût, que l'on ajoute ensuite à la masse. Nous ne sommes pas partisan de l'addition de jus de betterave ni de sirop de fécule : la saveur spéciale du premier, le goût amer et l'impureté du second nous paraissent des motifs suffisants pour s'en abstenir. D'un autre côté, le jus de betterave n'atteint pas, chez nous, une densité assez grande pour qu'il soit un moyen d'enrichissement; on ne peut l'employer, tout au plus, que dans le but d'augmenter le volume du moût.

Dans tous les cas, le sucrage du moût, par une voie méthodique et conforme aux règles d'une véritable économie, est la première *préparation* à faire subir aux jus des fruits à cidre dont on veut faire des boissons vineuses d'une valeur incontestable.

La marche que nous préférerions consisterait dans l'évaporation rapide d'une partie du moût et l'addition du sirop à la masse... On fait aujourd'hui des appareils fort simples, qui peuvent évaporer en quelques minutes des jus naturels, de manière à leur faire atteindre une densité fort convenable de 28 à 30 degrés Baumé, sans qu'on soit exposé à les caraméliser.

Qu'il se décide, ou non, à augmenter la richesse sucrière des moûts, le fabricant aura à se préoccuper encore d'une seconde question, presque aussi grave, avant de passer à la pratique de la fermentation : *il devra vérifier le degré d'astrin-gence des liqueurs fermentescibles.*

Nous savons que les fruits sucrés, astringents et amers, donnent le meilleur cidre, le plus alcoolique et le plus conser-vable. Nous avons vu qu'il est impossible d'opérer la clarifi-cation, par le collage à la gélatine, des vins et des liqueurs fermentées qui ne contiennent pas de tannin, et c'est à cette absence de tannin que M. A. Payen lui-même attribue l'impos-sibilité de clarifier les cidres par les *moyens* artificiels. Tout cela est exact et conforme à l'observation et à l'expérience ; mais on est encore en droit d'ajouter que la fermentation alcoolique n'est jamais *certaine* dans les moûts qui sont privés de matière astringente. Cela tient à des considérations d'un ordre tout particulier, sur lesquelles nous croyons utile d'appeler l'attention des praticiens, en même temps que celle des observateurs qui voudraient consacrer leurs études au vin de pommes ou de poires. C'est, en effet, dans les moûts de ces fruits que l'on rencontre le plus nettement des particula-rités fort intéressantes, et des réactions qui impriment un type spécial à la fermentation. Voici les faits que l'on peut constater. Dans les moûts de pommes ou de poires, on trouve, avant même le début de la fermentation, une acidité plus ou moins prononcée, laquelle est normale, en quelque sorte, puisqu'elle se trouve dans les fruits et qu'elle provient des acides libres non détruits par la maturation. Ces moûts con-tiennent, en outre, une certaine proportion de matières azotées solubles ou insolubles. Mis à part le ferment globu-laire, sphéroïdal, ces matières sont précipitées en partie par les substances astringentes, lorsque celles-ci se trouvent dans les fruits en dose convenable, en sorte que, dans le cas des moûts astringents, le ferment réagit sur le sucre sans être sollicité par un excès des matières albuminoïdes. Ceci mérite une explication moins sommaire, et nous allons chercher à faire saisir la justesse de cette proposition.

Le ferment ne se multiplie pas *régulièrement* en présence d'un *excès* de substances albumineuses solubles, et il y a tou-jours, dans ce cas, un certain trouble physiologique, une certaine perversion des fonctions, qui conduit à des pro-ductions anormales, à des dégénérescences plus ou moins prononcées. Il lui faut beaucoup de sucre, une *proportion faible, quoique suffisante*, de matière azotée nutrimentaire, la présence d'une matière tonique et excitante, pour que ses fonctions s'exécutent normalement, pour qu'il opère nettement sa *digestion* dans le sens de la production alcoolique ; en un mot, pour qu'il soit en état de santé [1].

Dans ces conditions, la transformation du sucre en alcool et acide carbonique sera le résultat principal de la digestion du globule-ferment, et les produits accessoires mentionnés ou inventés par certains chimistes ne seront créés qu'à doses infinitésimales, pourvu que la proportion d'eau soit suffisante, que l'air soit admis au départ et que l'on maintienne la liqueur dans des limites convenables de température.

Si, au contraire, la matière azotée soluble est en proportion trop considérable, si elle est accompagnée de matières grasses ou gommeuses, si les sels alcalins de facile décomposition se rencontrent dans les jus, le ferment ne peut plus exécuter normalement ses fonctions ; il digère mal, il est malade, et les produits de sa digestion cessent d'être réguliers.

Nous avons dit en temps utile que les acides détruisent l'enveloppe hydrocarbonée des globules, tandis que les alcalis attaquent surtout leur enveloppe azotée ; or, l'une ou l'autre de ces deux altérations tue le ferment, dont la constitution est atteinte dans ce qu'elle a de plus intime. Dans ce cas, c'est la *mort*, tandis que, dans les conditions signalées plus haut, ce n'est encore que la *maladie*, avec toutes les dégénéres-

---

[1] Ces idées, que l'on peut trouver dans notre livre sur *la Fermentation*, publié en 1858, ont devancé dans la voie physiologique les élucubrations et les reproductions de M. Pasteur. Nous rappelons cette priorité au lecteur pour qu'il ne confonde pas le copiste avec les nombreux observateurs qui, avec nous et avant nous, ont vu dans le globule levûrien un *être vivant*, sans se douter que le plagiat de leurs travaux conduirait leur contrefacteur à l'Académie et à la célébrité. Nous avions soutenu et prouvé la même thèse en 1854, dans notre premier travail sur l'alcoolisation. A notre sens, il est tout aussi absurde de refuser l'exercice des fonctions vitales au globule levûrien, à la cellule azotée simple, que de les dénier à l'homme, lequel n'est qu'un agrégat de ces mêmes cellules. Nous avons étudié ce fait physiologique et nous en avons déduit les conséquences à une époque où M. Pasteur était encore fort inconnu, et sans nous douter que nous travaillions à sa réputation et à sa fortune. Beaucoup d'autres encore, Cagniard-Latour, Turpin, etc., peuvent s'appliquer le pentamètre virgilien :

Sic vos non vobis...

cences qu'elle occasionne. En fait, les produits de la digestion du ferment varient selon son état de santé ou de maladie,
de force ou de faiblesse, selon le milieu où il est placé et la
nourriture plus ou moins saine qui se trouve à sa disposition.

Nous savons encore que les matières albuminoïdes se dissolvent plus ou moins complétement dans les liqueurs acidules,
en sorte que, si nous ne faisons pas intervenir un agent qui
puisse rendre insoluble une portion très-notable de ces matières, le ferment se trouvera en présence des conditions les
plus désastreuses. Le but naturel ne s'en accomplira pas
moins ; la simplification arrivera à son terme, mais nous n'ob-
tiendrons pas les résultats que nous avions recherchés dans
notre intérêt particulier. Nous voulions que le ferment fabri-
quât pour nous de l'alcool ; il fera des acides acétique, lactique, butyrique, de la mannite, de la matière visqueuse, etc.
Notre but sera manqué.

Or la matière astringente précipite la matière azotée à
l'état insoluble ; elle forme des combinaisons fort stables
avec les alcalis et surtout avec les terres alcalines ; elle agit
comme tonique et elle excite puissamment la vitalité du ferment, en sorte que, par une série d'actions bien caractérisées,
elle corrige la plupart des inconvénients que nous avons indiqués. C'est pour cela que la fermentation des vins du Bordelais se fait avec une si merveilleuse régularité, à cause précisément de leur teneur en tannin ; c'est pour la même raison
que les moûts de *pommes âpres,* de *poires astringentes,* fournissent des cidres et des poirés plus généreux, plus alcooliques,
partant plus conservables, parce que la transformation du
sucre s'est faite normalement, qu'il ne s'est formé que des
traces de produits secondaires, ce qui leur donne forcément
des qualités exceptionnelles.

Si l'on augmentait la richesse saccharine de ces moûts
astringents, on atteindrait aisément la perfection relative de
leurs produits. De même, malgré le préjugé vulgaire auquel
M. Payen a prêté inconsidérément l'appui de ses dires, on
pourrait faire des cidres et des poirés excellents avec le jus
des pommes et des poires douces et *très-sucrées,* si l'on prenait la simple précaution de lui fournir l'élément astringent
qui lui manque.

De là, une règle aussi infaillible que simple à mettre en

pratique. Quelle que soit la nature des fruits à cidre, pourvu qu'ils soient assez riches en sucre fermentescible, ou qu'on porte leur titre saccharimétrique à un degré suffisant, il sera toujours possible d'en préparer un bon vin, généreux, sain et convenable, à la seule condition d'y introduire la dose nécessaire de matière astringente... C'est dans l'accomplissement de cette règle que gît la deuxième condition essentielle de la préparation du moût destiné à donner du cidre ou du poiré par la fermentation.

De toutes les substances astringentes, le cachou est celle qui est la plus convenable, à cause de son bas prix d'abord, et ensuite parce qu'elle ne donne aucun mauvais goût aux liqueurs dans lesquelles on l'introduit. Le dosage devrait nécessairement varier selon la nature des jus et le plus ou moins d'astringence naturelle des fruits; mais nous pensons que, *en moyenne,* la dissolution de 30 grammes est suffisante pour 1 hectolitre.

En somme, donc, les conditions de la préparation des moûts se réduisent à en augmenter la richesse sucrière et à leur fournir la proportion utile de matière astringente [1].

Nous avons dit que la fermentation exige le contact de l'air, une certaine température, et qu'elle ne doit être ni trop lente ni trop rapide. Ces conditions ne peuvent être sérieusement discutées par personne, et aujourd'hui elles sont franchement adoptées par la théorie et la pratique. Nous avons donné les raisons qui en demandent l'accomplissement, et il est inutile de revenir sur ces points, bien démontrés pour tout le monde. On sait parfaitement que la présence de l'oxygène ou de l'air atmosphérique est nécessaire à l'action du ferment, que la température des moûts en fermentation doit être au moins de 15 degrés centigrades, de 25 degrés au plus, sous peine de retarder le résultat ou d'exagérer la rapidité de la réaction.

---

[1] On comprend suffisamment que nous avons spécialement en vue la préparation de produits excellents qui puissent obtenir une valeur commerciale exceptionnelle. Pour les boissons de consommation courante, l'emploi du jus naturel nous paraît très-suffisant en ce qui touche la richesse sucrière. Il ne s'agit pas, en effet, de fabriquer autre chose qu'une boisson saine, d'une valeur alcoolique moyenne; mais il ne faut pas oublier que, même dans cette circonstance particulière, l'introduction des astringents est indispensable à la préparation d'une liqueur saine et conservable.

Les fermentations lentes ne peuvent guère fournir de bons produits avec des moûts acidules, de nature gommeuse, à moins que la masse des matières albuminoïdes n'ait été précipitée et éliminée et que l'on n'opère comme nous verrons plus loin qu'on le fait pour les bières dites *de Bavière*. Ce procédé nous paraît de tout point inapplicable pour les cidres, et il faut absolument que la liqueur soit portée vers +18 degrés, et que le local où se fait la fermentation offre une température ambiante de + 14 degrés à + 15 degrés. Au-dessous de cette température, l'action est trop lente, et les dégénérescences sont à craindre en présence de la masse de matières étrangères qui se trouvent dans les jus. D'un autre côté, lorsque la température dépasse le terme + 25 degrés, l'acétification de l'alcool formé est à craindre, et l'on s'expose à compromettre la valeur entière du produit.

Voici donc ce que nous ferions en bonne pratique pour obtenir des cidres ou des poirés d'une richesse alcoolique suffisante, d'un usage sain et hygiénique, et d'une conservabilité aussi certaine que celle du vin.

Fermentation rationnelle des cidres et poirés. — Lorsque l'on a obtenu le jus des pommes ou des poires par une bonne division de la matière et un procédé convenable d'extraction, il convient de le soumettre à l'action de la fermentation, de lui faire subir le *cuvage*, exactement comme on le fait pour le jus du raisin. Cette première fermentation, ou fermentation active, se fera à *l'air libre*, dans des cuves d'une capacité suffisante. La moyenne la plus avantageuse serait de 30 à 40 hectolitres. Disons tout de suite, cependant, que la capacité de la cuve ou des cuves doit être proportionnée à la masse à traiter, en sorte que, dans plusieurs circonstances, il peut se faire que des tonneaux à cidre de 14 à 15 hectolitres, défoncés par un bout, puissent parfaitement servir de cuves à fermentation.

Dans le cas d'une fabrication importante, les cuves seront construites en chêne ou en sapin, et l'on prendra les mesures nécessaires pour en remplir une et en soutirer une autre dans la même journée.

Lorsque le moût est arrivé dans la cuve de manière à la remplir jusqu'aux cinq sixièmes de sa hauteur, on procède au sucrage du liquide, *si cette opération est nécessaire*, soit en y intro-

duisant du sucre dissous, de la mélasse de cannes franche de
goût et de bonne qualité, ou, mieux, du moût de fruits rapproché en consistance de sirop à 28 ou 30 degrés Baumé. En
moyenne, on s'arrêtera à une densité de 8 degrés Baumé, et
l'on ne devra dépasser cette limite usuelle, en portant la densité à 10 ou 12 degrés Baumé, que pour les produits de qualité
supérieure destinés à l'exportation. Si l'on a eu soin de faire
le triage des espèces, si l'on n'a employé l'eau que dans la
proportion nécessaire à l'épuisement du marc, il est rarement
profitable de sucrer les moûts destinés à la consommation
courante, et l'on peut obtenir des cidres très-conservables
quoique d'une faible teneur en alcool, pourvu que toutes les
parties essentielles de la fabrication soient bien exécutées.

Aussitôt après le sucrage, ou lorsque la cuve est pleine, si
on ne chaptalise pas le moût, on y ajoute la dissolution de
cachou, à raison de 30 grammes en moyenne par hectolitre,
si le moût provient de pommes douces ou mélangées, et s'il
ne précipite pas très-notablement une dissolution faible de
gélatine. Cette dissolution se prépare en faisant dissoudre à
chaud deux parties de gélatine dans trois cent cinquante à
quatre cents parties d'eau, et elle est le meilleur indice de la
présence ou de l'absence de la matière astringente dont nous
avons fait voir l'indispensable nécessité. Sans une proportion
convenable et suffisante de tannin, il est impossible, en effet,
de songer à améliorer sérieusement la fabrication courante
des cidres, et il n'y a pas à hésiter un instant sur l'emploi de
cet agent, pourvu, bien entendu, qu'il soit employé avec méthode et sans exagération.

Il s'agit alors de vérifier la température du moût et celle
du local où sont placées les cuves. Celle du cellier doit être
portée vers + 15 degrés et maintenue à ce terme pendant toute
la durée du travail. Les liqueurs seront amenées à + 18 ou
+ 20 degrés, soit à l'aide d'un peu de moût chauffé, soit à
l'aide d'un cylindre à réchauffer. Cette condition de température est de règle absolue.

Nous savons bien que cette prescription va paraître fort pénible en présence de certaines habitudes, mais il faut bien en
prendre son parti, ou alors se décider à rester dans l'ornière
de la routine. La minime dépense nécessitée par l'observation
de cette règle fera reculer bien des fabricants de cidre, d'au-

tres ne voudront pas s'astreindre à acheter et à consulter un thermomètre ; plusieurs seront effrayés des petites précautions, des minuties et des soins que nous exigeons : nous nous attendons parfaitement à cela et nous ne sommes nullement disposé à nous en étonner. Qu'on sache bien, cependant, que le succès dépend de l'entière exécution des règles, de l'accomplissement rigoureux des principes et que, sans cela, il est absolument inutile de compter sur le progrès ou l'amélioration. La vérité n'a pas de concessions à faire à l'arbitraire, pas plus dans les applications pratiques que dans les conceptions de théorie, et tout améliorateur est tenu de s'y conformer rigoureusement.

Il est clair, pour tous ceux qui ont étudié les jus de fruits, qu'ils contiennent toujours un ferment globulaire très-énergique, en sorte que, à la rigueur, tous les moûts qu'on en retire par pression peuvent fermenter sans addition d'un autre ferment. Nous estimons cependant comme une excellente mesure celle qui consiste à introduire dans les moûts une petite proportion de bonne levûre de bière, bien fraîche, dans le but de favoriser le départ. Il suffirait de 20 à 30 grammes de levûre pressée par hectolitre. Cette levûre doit être bien délayée dans un seau de moût, puis elle est introduite dans la cuve et mélangée à la masse par une vive agitation à l'aide d'un rable.

Aussitôt que cette opération est faite, on couvre la cuve avec quelques planches recouvertes de toile humide, ou avec un couvercle, et on laisse le travail se faire.

Dans les conditions où nous venons de nous placer, pourvu que la température du moût et du local soit maintenue, le départ a lieu très-promptement, au bout d'une heure en moyenne. Il se forme à la surface un chapeau volumineux et le dégagement d'acide carbonique devient bientôt assez considérable pour qu'une bougie s'éteigne lorsqu'on la présente à la surface. Il n'y a plus rien à faire alors que de laisser tranquillement la transformation s'accomplir, et nous n'avons jamais trouvé qu'il fût nécessaire de brasser le liquide ou de renfoncer le chapeau. Il est bien entendu, d'ailleurs, que celui-ci ne court le risque de s'acidifier que s'il cesse d'être protégé par la couche d'acide carbonique, et si la température s'exalte à un degré voisin de 30 à 32 degrés centigrades.

Nous n'avons pas cru devoir nous préoccuper des soins de propreté et du nettoyage des cuves, tout ce que nous avons dit sur la fabrication du vin de raisin étant applicable à propos des cidres. Pour ceux-ci comme pour les vins, la propreté la plus absolue est de rigueur. Les cuves ou les tonneaux qui en tiennent lieu ont donc dû être nettoyés et lavés avec la plus grande attention, passés à la chaux, lavés à l'acide et rincés à grande eau. La brosse a dû pénétrer dans tous les interstices et enlever toutes les traces des corps étrangers, des ferments altérés et des matières organiques en voie de décomposition. On ne saurait être trop minutieux dans la pratique de ce nettoyage, qui doit se faire toutes les fois que l'on doit introduire du moût nouveau dans une cuve, quand bien même elle aurait servi peu de temps auparavant.

De même, et pour le dire en passant, le cellier devra être éloigné des causes qui pourraient réagir sur le travail. Il sera suffisamment éloigné des étables et des fumiers, convenablement ventilé par la partie inférieure, afin de remplacer l'acide carbonique par de l'air pur et de mettre les personnes qui y pénètrent à l'abri des dangers d'asphyxie.

Aussitôt que la fermentation active sera terminée, on devra procéder au décuvage exactement comme on le pratique pour le vin. Le moment du décuvage est celui où le dégagement de l'acide carbonique a cessé et où la densité du liquide, tombant à 1 degré ou 1°, 5, annonce que la presque totalité du sucre a subi la transformation alcoolique. Le chapeau s'est affaissé et les matières qui le composent tendent à se précipiter vers les dépôts du fond ; il y a une tendance manifeste à la clarification. C'est alors que l'on doit soutirer la liqueur, devenue vineuse, pour l'introduire dans les tonneaux où elle devra éprouver la fermentation complémentaire ou insensible.

Il est assez difficile de préciser la durée de la fermentation active, et l'on ne peut se guider que sur la cessation des phénomènes, la diminution de la densité et la vinosité du produit. Le plus habituellement pourtant, le travail est arrivé à son terme en soixante heures.

En récapitulant les points les plus importants de la méthode que nous venons de tracer, on trouve donc les diverses opérations suivantes :

1° Préparation des jus par une addition convenable de matière sucrée, de sirop ou de moût concentré, dans le cas de besoin, de manière à atteindre au moins 8 degrés Baumé de densité et 12 degrés au plus.

2° Addition de matière astringente, si la nature du jus l'exige, dans la proportion de 25 à 30 grammes de cachou par hectolitre ;

3° Régularisation de la température du moût à +18 degrés ou 20 degrés et de la température ambiante vers +15 degrés.

4° Mise en ferment par 20 à 30 grammes de levûre par hectolitre, dans des cuves ouvertes, bien nettoyées à l'avance, ou dans des tonneaux défoncés par un bout ;

5° Couverture des cuves après la mise en train. Renouvellement de l'air ;

6° Décuvage et entonnage lorsque le travail a cessé, ce qui arrive ordinairement vers le troisième ou le quatrième jour.

Comme il est facile de le voir, cette méthode est conforme à la marche générale de toutes les fermentations vineuses et, franchement, nous ne voyons pas en quoi il pourrait exister des différences notables.

Au lieu de s'astreindre à une méthode aussi nette que simple, dont les résultats sont infaillibles, nos cultivateurs normands trouvent bien plus commode d'abandonner la liqueur à elle-même, sans en prendre d'autre souci que d'attendre le moment où le cidre sera *paré*. Ils entonnent dans de grands tonneaux le produit de la pression et du lessivage des marcs, le laissent fermenter comme il peut et, après un temps plus ou moins long qui peut aller à plusieurs mois, lorsqu'il s'est fait une clarification par à peu près, que l'acide lactique et l'acide acétique ont pris la place du sucre et de l'alcool, au moins en grande partie, ils trouvent que leur cidre est *bon à boire!* Comment s'étonner, après cela, si les personnes peu habituées au cidre en éprouvent des inconvénients très-notables et si, dans beaucoup de pays, elles préfèrent le *cidre doux*, sucré et non fermenté, au cidre fait et paré ? Au moins le cidre doux n'est-il que laxatif, pendant que le cidre paré peut devenir la cause de maladies intestinales graves, et c'est bien la faute des fabricants si le vin de pommes ou de poires n'est pas d'un usage plus répandu.

L'exemple des Anglais, qui fabriquent un très-bon cidre, ne

paraît pas avoir été suivi en Normandie, sinon très-exceptionnellement, et cependant le procédé suivi à Jersey, que nous allons décrire, se rapproche assez de la marche vulgaire pour qu'on puisse l'adopter à titre de transition.

Parmi les choses excellentes que renferme la brochure de M. J. Morière [1], nous trouvons à regret une erreur que nous attribuons à un oubli, mais que notre devoir nous oblige à mentionner. Il s'agit du procédé de fabrication du cidre usité à Jersey, dont l'auteur donne la description suivante :

« A Jersey, où l'on fabrique le meilleur cidre du monde, une fois le jus obtenu, on le fait arriver dans de *larges cuves* placées dans des celliers dont la température est de 12 à 15 degrés, ce dont on s'assure au moyen d'un thermomètre placé dans toutes les brasseries anglaises. *Une assez grande surface de jus étant en contact avec l'air* dans les cuves, la fermentation ne tarde pas à se développer ; les matières lourdes se précipitent ; les matières légères viennent s'accumuler à la surface du liquide, où elles forment une espèce de chapeau. Au bout de quatre à cinq jours, une semaine au plus, *cette fermentation tumultueuse est achevée ; on enlève le chapeau* et l'on fait passer la liqueur dans des futailles bien nettoyées et *soufrées*, où une *fermentation lente* se continue. On laisse toujours du vide dans les futailles, et lorsque le dégorgement du gaz acide carbonique est tel qu'une bougie allumée, introduite par l'ouverture de la bonde dans ce vide, s'éteint, on se hâte de faire passer la liqueur dans une seconde futaille qui a été soufrée comme la première. S'il se produit encore assez d'acide carbonique pour éteindre la bougie, on procède à un second transvasement, et presque toujours la fermentation est alors achevée. Le cidre ainsi préparé, se conserve parfaitement pendant plusieurs années ; il supporte parfaitement les transports par mer et possède une saveur piquante très-agréable que l'on rencontre rarement dans nos cidres ; enfin, ce qui est très-important, les cultivateurs de cette île vendent leur cidre pour l'Angleterre, souvent à raison de 30 à 40 *centimes le litre*, ce qui en fait un produit très-rémunérateur. »

M. Morière ajoute que la *fermentation* du cidre, telle qu'elle

---

[1] *Résumé des conférences agricoles sur la culture du pommier, la préparation et la conservation du cidre, etc.*, Caen, 1869.

est pratiquée à Jersey, devient une *opération tout à fait rationnelle*, tandis qu'avec le procédé suivi en Normandie, il y a lieu de s'étonner qu'on obtienne *parfois* une bonne boisson.

Cela est juste, et notre objection porte moins sur le procédé en lui-même que sur l'insinuation relative à l'utilité des *cuves larges*, donnant lieu au contact de l'air sur une *grande surface de jus*, et il importe ici de préciser les faits. On a parfaitement raison, à Jersey, de décuver au bout de quelques jours, lorsque la fermentation active est terminée ; on peut même adopter le mode des soufrages multiples et des soutirages répétés pendant la fermentation insensible, d ont l'interruption ne peut que donner au cidre une saveur très-agréable, pourvu que les soufrages ne soient pas exagérés et que la clarification soit complète ; mais il n'y a pas lieu d'adopter l'usage de cuves larges donnant accès à l'air atmosphérique par de vastes surfaces. Tous les œnologues sont d'accord en ce point, que l'air n'est indispensable qu'au départ et que, après la mise en train, il faut au contraire éviter le contact du fluide atmosphérique, tant avec le chapeau qu'avec la liqueur elle-même, si l'on veut éviter la transformation acétique d'une partie de l'alcool produit. C'est pour cette raison que les praticiens les plus habiles adoptent des *cuves plus profondes que larges* et que même, selon le conseil de Chaptal, ils ont la précaution de couvrir les cuves aussitôt que le départ est bien manifeste. Ce n'est pas à la présence de l'air qu'il convient d'attribuer la régularité de la fermentation active, mais bien à la constance et à la régularité de la température ambiante, en sorte que ce serait une grande erreur de se servir des cuves larges de Jersey, et de ne pas les recouvrir pendant le travail. Cette pratique, entièrement opposée aux principes de la fermentation, contribuerait certainement à augmenter dans les vins de fruits la proportion d'acide acétique qui peut s'y trouver sans inconvénient.

C'est assez dire que, si la fermentation dans les tonneaux est une opération problématique et peu intelligente, il n'est pas moins nécessaire d'éviter un excès contraire. La fermentation à l'air libre, comme elle se pratique pour le vin de raisin et dans les distilleries, est le type à adopter avant tout, pourvu que l'on ait soin d'empêcher l'action directe de l'air sur le chapeau, et que l'on préserve celui-ci de l'oxydation

en le séparant de l'air par la couche d'acide carbonique qui se
forme à la surface. Cette précaution est aussi indispensable
pour le cidre que pour le vin. Ce serait toujours autant de
gagné sur la routine, en attendant mieux.

§ VII. — FERMENTATION SECONDAIRE. — CLARIFICATION.

Dans la méthode suivie par nos producteurs, il n'y a pas
de ligne de démarcation entre les deux phases de la vinification des cidres. Le moût fermente dans les tonneaux ; il s'y
clarifie tant bien que mal ; on le laisse sur lie de peur de le
faire passer à l'acide et, lorsqu'il est *assez aigre*, on le tire à
la cannelle à mesure du besoin. Le fût reste en vidange sans
qu'on en prenne le moindre soin.

Ce n'est pas là, évidemment, ce que l'on doit faire, et nous
allons chercher à indiquer les précautions à prendre pour
obtenir de bons produits, à partir du moment du décuvage.
Avant d'exposer notre opinion personnelle sur ce point, nous
croyons, cependant, qu'il ne sera pas hors de propos d'indiquer les manières de voir de plusieurs écrivains qui se sont
occupés de la préparation des cidres d'une manière plus ou
moins rationnelle.

Tous ceux qui ont observé s'accordent pour conseiller la
séparation de la liqueur d'avec la lie, et nous avons rapporté
les précautions dont on s'entoure à Guernesey pour arriver
à cette séparation. De même, le fond du procédé suivi à
Jersey repose sur les transvasements et les soutirages réitérés.

Il n'en est pas de même partout et, en France, la routine se
refuse opiniâtrement à cette manipulation, aussi simple qu'a-
vantageuse. Voici, au surplus, ce que dit à ce sujet M. J. Morière, dont nous avons déjà reproduit les excellents conseils.

« Une opinion, qui est encore accréditée dans certaines parties de la Normandie, consiste à admettre que le cidre se conserve mieux sur la lie et maintient sa force plus longtemps ;
qu'en le transvasant, on le fait *sûrir*. C'est là une grande
erreur.

« Le vin est tout à fait analogue au cidre, et les procédés
de conservation pour l'un sont entièrement applicables à

25

l'autre. Or les vignerons se gardent bien de laisser le vin sur la lie, car ils ont appris par expérience que la lie fait tourner les vins et les acidifie. Pourquoi en serait-il autrement du cidre? L'usage des fermiers anglais qui soutirent leurs cidres, souvent jusqu'à quatre fois, et ne les laissent jamais sur lie, ce qui leur procure une liqueur excellente et qui se conserve très-bien, prouvé que ceux de nos cultivateurs qui s'obstinent à ne pas *élier* leurs cidres obéissent à une vieille pratique qui n'a rien de raisonnable ni de fondé. Nous connaissons dans le Calvados plusieurs fabricants qui soutirent leurs cidres et qui s'en trouvent parfaitement. »

Cette mesure est tellement essentielle, que la plupart de ceux-là mêmes qui, par incurie ou négligence, ne prennent pas la peine de transvaser le cidre de consommation, ont soin de soutirer les cidres de vente, tant ils savent que cette pratique assure à la liqueur de la valeur réelle et des qualités qui en rehaussent le prix.

Valmont de Bomare dit qu'il faut *tirer le cidre au clair*, lorsqu'on le veut doux, agréable et délicat.

On reconnaît généralement que les altérations des cidres proviennent de la présence des matières azotées si altérables qui y sont dissoutes ou suspendues. Cette cause d'altération a frappé M. Payen comme les autres ; mais la plupart, tout en reconnaissant la nécessité de tirer au clair, attendent qu'il se soit fait une *clarification spontanée*, selon l'expression favorite du célèbre professeur. Les cultivateurs anglais sont plus pratiques, et s'ils n'appliquent pas entièrement les principes de l'œnologie, du moins ils cherchent à le faire autant qu'ils le peuvent, sans rien attendre de cette prétendue spontanéité.

Pourquoi ne ferions-nous pas aussi tout ce que nous pouvons pour atteindre le but ?

Nous admettons que la fermentation active s'est bien faite, dans des *vases propres*, de dimensions convenables, plus hauts que larges, par une température suffisante, avec des moûts convenablement riches, et nous procédons au décuvage lorsque le dégagement de l'acide carbonique a cessé, c'est-à-dire lorsque cette première action a déjà transformé en alcool la presque totalité du sucre. Il nous reste encore un double but à atteindre ; nous devons achever la transformation alcoolique et purifier le produit de façon à en éliminer toutes les substances étrangères qui peuvent en déterminer l'altération.

Dans certaines circonstances, la pratique se rapproche de ce qu'il convient de faire pour parvenir au moins à une certaine purification. Ainsi, lorsqu'on veut obtenir des cidres doux, à *demi vineux*, c'est par des transvasements réitérés que l'on procède habituellement. Voici à peu près comment on opère et quels sont les errements qui servent de règle dans ce cas.

Quand on cherche à préparer du cidre qui conserve une saveur douce et sucrée, tout en présentant une légère saveur vineuse et une tendance à mousser, on sait qu'il est nécessaire d'en arrêter la fermentation avant que le sucre ait disparu et se soit complétement transformé en alcool. Pour cela, il suffit, comme on le fait en Angleterre, de soutirer la liqueur à plusieurs reprises, chaque fois que l'on y remarque un commencement de fermentation. Ce phénomène est très-facilement constatable, puisque le dégagement de l'acide carbonique éteint les corps enflammés ; on n'a donc qu'à présenter une chandelle allumée ou un morceau de papier enflammé à l'orifice du tonneau et, lorsque la flamme s'éteint, on est en droit d'en conclure que le mouvement fermentatif s'opère dans le liquide. Il faut alors le transvaser. Cette opération se répète jusqu'à ce que la clarification soit parfaite. Le cidre ainsi préparé reste doux pendant fort longtemps ; mais si on l'a enfermé dans des bouteilles de grès ou de verre après une première décantation, une seconde tout au plus, il se produit dans le vase assez d'acide carbonique pour donner lieu à l'expulsion du bouchon et faire mousser la liqueur à la façon de vin de Champagne. C'est ordinairement avec le poiré de bonne qualité que l'on fait cette préparation, qui ne manque pas d'un certain mérite et peut simuler la tisane de champagne pour des palais peu exercés.

Sans blâmer ces artifices, dont l'effet est de produire des boissons plus ou moins agréables, nous dirons cependant que ce n'est pas là que se trouve le but réel que l'on doit poursuivre, c'est-à-dire la production d'une boisson vineuse saine, hygiénique et agréable. Nous n'admettons pas que le cidre *paré* des Normands soit une boisson saine, mais nous ne pouvons pas non plus accorder des qualités hygiéniques au cidre doux et sucré des Parisiens. Nous ne comprenons pas que l'on se soit évertué à chercher les moyens de conserver à cette boisson une sorte d'état transitoire qui la rend malsaine et indigeste. Il est clair que le cidre paré dans lequel les produits acides des dégénérescences acétique, lactique, visqueuse sont en excès a cessé d'être du vin ; de même, le cidre doux, conservé tel ou ramené à cet état par des additions de moût ou de sucre, n'est pas arrivé à la condition d'une boisson vineuse, et les deux produits nous paraissent aussi nuisibles l'un que l'autre.

Ce qu'il faut obtenir, normalement et logiquement, c'est du *vin*, dans lequel la presque totalité du sucre a disparu et dans lequel cependant on ne trouve que le moins possible de produits acides dus aux dégénérescences.

Cela posé, et considérant ce que nous venons de dire comme une digression, nous recherchons ce qu'il est indispensable de faire pour obtenir en réalité du vin de fruits, et non plus ces boissons hétérogènes, sans composition fixe, le plus souvent malsaines et désagréables au goût, dont on fait usage dans les pays à cidre. Voici, à notre sens, ce que la raison indique et les règles pratiques auxquelles il importe de se soumettre :

1° En procédant du point de départ admis (p. 282), il est nécessaire de compléter la fermentation si l'on veut obtenir du vin, dans le sens absolu du mot. On doit, au contraire, l'arrêter et l'empêcher de se rétablir si l'on tend à produire des liqueurs plus douces, plus sucrées, offrant quelque analogie avec les vins liquoreux, sinon par leur richesse alcoolique, ou moins par la saveur sucrée accompagnée d'une vinosité suffisante ;

2° Dans les deux cas, quelle que soit, d'ailleurs, la marche à suivre pour obtenir définitivement ces produits, ils devront être rendus inaltérables et soustraits à toutes les influences qui pourraient les conduire aux dégénérescences. Si la purification n'est pas complète, si nous laissons dans les liqueurs des matières altérables qui puissent réagir sur l'alcool, le sucre, la gomme, etc., notre travail antérieur deviendra inutile, et nous ne parviendrons pas à donner à nos cidres la qualité la plus précieuse qu'on puisse leur demander, l'inaltérabilité, qui complète et confirme toutes les autres.

Voyons donc ce que nous devrons faire, en pratique, pour réaliser ces conditions.

Fermentation secondaire des cidres vineux. — Lorsque le mouvement fermentatif s'est arrêté, avant que le chapeau se soit précipité dans la masse, et pour diminuer la proportion des matières altérables suspendues, nous enlevons avec soin ce chapeau de la superficie des liqueurs. Cette masse, formée de matières légères et de globules de ferment, sera pressée plus tard, pour en recueillir la partie liquide. Nous soutirons alors la liqueur par une cannelle en bois, placée au-dessus du dépôt des matières lourdes.

Le liquide est introduit dans des tonneaux de capacité moyenne, de 6 à 7 hectolitres au plus [1], que nous remplissons entièrement. L'orifice de la bonde est recouvert par un simple morceau de toile posé à plat et maintenu par une petite pierre. Si nous employons le bondon, il ne devra pas être serré, mais simplement posé, sans pression, sur l'orifice.

Lorsque le soutirage est terminé, nous mettons dans des sacs de forte toile les écumes du chapeau et les dépôts de fond de cuve, et nous les plaçons au-dessus d'un cuvier, sur des traverses disposées à cet effet. La liqueur tombe dans le cuvier par une sorte de filtration ou d'égouttage, et nous soumettons les résidus à l'action de la presse. Les liquides de cette provenance sont mis à part dans un tonneau, et ils seront employés à l'*ouillage* ou au remplissage.

Aussitôt que le mouvement fermentatif se manifeste dans les tonneaux, les matières légères suspendues s'élèvent à la surface et elles tendent à s'échapper par le trou de bonde, ce qui purifie d'autant la liqueur.

L'ouillage se fait dans des conditions telles que les tonneaux soient toujours pleins jusqu'à la fin de la fermentation secondaire, qui se comporte d'ailleurs exactement comme celle du vin de raisin. C'est dire que l'on devra ouiller plus souvent, à peu près tous les jours, au début. Un peu plus tard, il suffira de faire le remplissage tous les huit jours, jusqu'à ce que le mouvement ait complétement cessé.

C'est alors qu'il convient de s'occuper de la purification et

---

[1] Les pipes à 3,6 sont ce qu'il y a de plus convenable.

de la clarification du produit; et l'on y parvient par la *filtration*, les *soutirages*, les *collages*, le *soufrage*.

Nous avons fait remarquer, à propos du vin, qu'il serait avantageux de filtrer les boissons fermentées, et cette remarque s'applique aux cidres aussi bien qu'aux vins de toute espèce. En attendant que cette opération rationnelle passe dans la pratique, des soutirages répétés doivent être exécutés soit à l'aide du siphon, soit par l'intermédiaire de la pompe à air que nous avons décrite (p. 227, fig. 40). La seule précaution que demande le soutirage des cidres, en dehors de l'attention avec laquelle on doit éviter le contact trop prolongé de l'air atmosphérique, consiste à ne pas troubler le dépôt, afin de ne pas en introduire dans la futaille où l'on fait arriver la liqueur.

A l'égard des futailles, il est utile de ne pas en employer de trop grandes, pendant que dure le travail. Les manipulations sont toujours plus faciles, les soutirages moins longs et, par là même, la liqueur est moins exposée au contact trop prolongé de l'air et à son influence oxydante.

Aussitôt que la fermentation secondaire est terminée, ce qui peut demander un temps très-variable, deux ou trois mois peut-être, il faut procéder sans retard à la clarification du produit, et c'est le seul moyen d'en assurer la conservation. Déjà, lors du décuvage, nous l'avons débarrassé des écumes du chapeau et du dépôt de fond. Nous avons pratiqué l'ouillage avec assez de soin pour éliminer en outre une portion très-notable des matières légères que la fermentation a ramenées vers la bonde : il est clair que, pour le producteur normand, cela paraîtrait suffisant, et que nous avons dépassé de beaucoup la limite qu'il assigne à la purification du cidre. Mais tout cela est loin de nous satisfaire, et nous ne regarderons notre cidre comme purifié qu'après que nous en aurons éliminé toutes les causes de fermentation qu'il est utile d'atteindre, que nous aurons ôté toutes les matières altérables qui peuvent déterminer de nouveaux mouvements intestins, soit en se décomposant elles-mêmes, soit encore en attaquant l'un ou l'autre des principes utiles de notre liqueur.

Nous devons éliminer non-seulement la lie, mais encore toutes les matières azotées insolubles suspendues et toutes les substances albuminoïdes solubles précipitables. Or cela n'est difficile que pour ceux qui ne veulent pas s'en donner la peine, ou pour les savants d'un certain ordre, qui attendent trop de choses des réactions spontanées.

Nous soutirons notre cidre et nous le mettons dans des futailles bien propres, nettoyées à fond, comme s'il s'agissait du meilleur vin imaginable. Ces futailles ont été *méchées*, c'està-dire que nous y avons fait brûler 6 à 8 centimètres de mèche soufrée par hectolitre de contenance. Mais ce soufrage des barriques pouvant donner au cidre un goût peu agréable, nous avons eu le soin de rincer les tonneaux après que le soufrage a fait son action sur le bois, soit cinq ou six heures après le méchage.

Le lendemain du soutirage, dans la semaine suivante, au plus tard, nous procédons au *collage*, qui est le complément indispensable de la purification et la véritable source de toute clarification bien comprise. Or nous savons que le collage à la gélatine ou à l'albumine ne peut donner de bons résultats que dans un seul cas, lorsque ces agents rencontrent dans la liqueur des causes de coagulation qui les font passer à l'état insoluble et qui, en les précipitant, hâtent l'entraînement simultané des matières suspendues. D'un autre côté, les cidres et les poirés contiennent presque toujours une quantité fort notable de principes albuminoïdes solubles altérables qu'il faut absolument faire disparaître, sous peine de n'obtenir qu'une conservabilité relative, presque insignifiante. La première chose à faire donc sera d'introduire dans la liqueur la dissolution de 30 grammes de *bon cachou* par hectolitre, à moins que la liqueur ne soit déjà fortement astringente, auquel cas cette addition est inutile. Nous vérifierons l'état de la liqueur avant tout, comme nous le ferions pour le vin de raisin. Si le cidre précipite par la dissolution de gélatine, s'il se trouble par le mélange d'un peu de blanc d'œuf dans un échantillon, nous n'avons que faire d'ajouter des astringents, et le collage s'exécutera parfaitement sans cela, pourvu que nous n'exagérions pas la proportion de gélatine à employer.

Il faut ici faire le petit essai que nous avons conseillé pour le vin (p. 236), et n'introduire dans les tonneaux que la quantité strictement convenable de matière gélatineuse coagulable. Il importe, en effet, de se rappeler qu'un excès de gélatine ou d'albumine, qui ne serait pas précipité par la matière astringente, n'aurait d'autre résultat que d'introduire dans la liqueur un agent d'altération, une cause de désorganisation.

C'est pour la même raison qu'il faut bien se garder de coller à la gélatine ou à l'albumine les cidres qui ne se troublent pas par ces substances et que, dans ce cas, il faut, préalablement à tout collage, ajouter dans les tonneaux une quantité suffisante de matière tannante ou astringente. Il est évident que, dans cette circonstance, on devra encore s'assurer par un essai, après l'introduction du cachou, de la proportion de gélatine que la liqueur pourra précipiter, car il pourrait très-bien se faire que cet astringent suffirait à opérer un véritable collage, si les matières albumineuses se trouvaient en proportion notable dans le vin de pommes ou de poires.

Quoi qu'il en soit, on ne devra jamais s'écarter de ces principes pour la clarification des liqueurs fermentées, et il faut comprendre que c'est à l'art du fabricant de corriger les défauts de constitution d'un moût incomplet, en sorte qu'il est toujours possible de clarifier une liqueur vineuse, en se conformant aux règles d'une saine pratique.

Mécaniquement, le collage des cidres doit s'effectuer comme celui du vin, et nous ne reviendrons pas sur ce point, que nous supposons parfaitement compris du lecteur. Aussitôt que les dépôts se sont précipités en lie au fond des tonneaux, il faut procéder à un second soutirage, que l'on exécute avec les mêmes précautions et le même soin que le premier. Trois semaines ou un mois après, surtout s'il s'agit de cidres ou de poirés de vente, on opère un nouveau collage, d'après les mêmes règles, et l'on soutire encore une fois. On peut alors enfermer le cidre dans des vaisseaux plus grands, où il se conserve mieux que dans les petites futailles ; mais le cidre destiné à la consommation journalière ne doit être placé que dans des barriques de petite dimension, qu'on munit d'une bonde ou d'un fausset hydraulique.

Le cidre ainsi traité se conservera comme le vin, et s'il est assez riche en alcool, il ne peut que gagner à la mise en bouteilles, et il supporte parfaitement le voyage et le déplacement.

Traitement du cidre doux.—Il peut se faire qu'on désire préparer du cidre doux, qui conserve cette saveur sucrée et légèrement alcoolique qui le fait rechercher par certaines personnes.

La méthode anglaise que nous avons décrite n'arrive à ce résultat que très-incomplétement, en ce sens qu'elle n'atteint que la moitié du but technologique. De quoi s'agit-il en effet ? Ce n'est pas seulement de suspendre et d'arrêter le mouvement fermentatif, mais encore de l'empêcher de se reproduire et de préserver la liqueur contre toute altération. Or, si l'on parvient à suspendre la fermentation par des interruptions réitérées et l'emploi de l'acide sulfureux, cette marche ne suffit pas à garantir l'avenir de la liqueur contre les dégénérescences futures, contre celles qui seront amenées par l'altération des matières azotées. Il est donc absolument indispensable, dans ce cas spécial, d'obéir à des indications précises et de ne rien livrer aux hasards d'une pratique insuffisante. Nous savons que nous arrêterons la fermentation par des agents chimiques appropriés, nuisibles à l'action du ferment ; mais cette suspension ne présentera aucune garantie, si nous n'avons pas eu soin de séparer les matières altérables, nutriments du ferment, qui se trouvent abondamment dans les liqueurs.

Sur cette indication générale, la pratique peut établir une marche rationnelle, et voici en quoi elle consiste, à notre avis :

Après une fermentation active, plus ou moins prolongée, selon qu'on veut conserver plus ou moins de saveur sucrée au cidre et l'obtenir plus ou moins vineux et alcoolique, on enlève le chapeau et on procède au décuvage. Aussitôt que cette opération est effectuée, on verse dans chaque tonneau un demi-litre de *cidre muet* par hectolitre et l'on agite avec soin, puis on ferme le vase, afin de laisser à l'acide sulfureux le temps d'agir et pour que les matières suspendues commencent à se déposer.

Il est à peine besoin de dire que ce cidre muet se prépare comme le vin blanc muet, mais que l'on peut toujours suppléer à son emploi par le soufrage préalable des tonneaux. Dans le cas spécial qui nous occupe, le méchage se ferait la veille du décuvage et les fûts ne seraient pas passés à l'eau après l'opération, afin de leur conserver une quantité plus grande d'acide sulfureux, puisque l'objet du méchage est ici de faire intervenir le soufre comme antiferment.

Au bout de huit jours, on procède à un soutirage et l'on fait passer le cidre dans d'autres tonneaux méchés et rincés.

Après ce soutirage, on ajoute au liquide 40 grammes de cachou par hectolitre ; on brasse avec soin, et l'on colle avec la moitié seulement de la gélatine ou de l'albumine qui serait nécessaire pour un collage entier. Lorsque le dépôt est effectué, on soutire encore, puis on complète le collage. Un dernier tirage au clair donne une liqueur limpide, franche de goût, un peu sucrée et douce, qui peut se conserver très-longtemps dans cet état, pourvu que d'ailleurs les soins ordinaires ne soient pas négligés, que l'accès de l'air soit empêché, que la température ne s'élève pas dans les celliers, que ceux-ci ne soient pas trop rapprochés des étables, des fosses à purin, des fumiers, etc.

Nous ne pouvons trop engager les fabricants de cidre à se pénétrer des principes qui dirigent la préparation des vins de raisin et à les mettre en pratique dans les détails de la fabrication du cidre et du poiré. Malgré tout ce que peuvent dire à cet égard des gens à l'esprit routinier, il n'y a pas de différence sérieuse dans le traitement que l'on doit faire subir aux boissons fermentées qui proviennent des jus naturels. Pourvu que la proportion d'alcool soit convenable, c'est-à-dire que le moût ait été assez enrichi en matière sucrée transformable, si la fermentation active s'est faite suivant les règles, à une bonne température moyenne, si la fermentation secondaire a été surveillée et dirigée comme nous venons de le dire, si, enfin, la purification des liqueurs a été faite avec soin, par des soutirages répétés et des collages rationnels, les cidres et les poirés peuvent se conserver aussi bien et aussi longtemps que les vins de même teneur alcoolique. Ils n'ont plus rien à redouter des transports, et leur valeur commerciale cesse d'être un mythe, un desideratum théorique, vers lequel les praticiens tendraient inutilement par des efforts superflus et des manipulations puériles.

Il convient cependant de se rappeler que tout dépend de la manière dont les différents actes de la vinification ont été accomplis. Toutes les phases du travail sont solidaires et, si la fermentation active a été négligée, s'il s'est produit dans la liqueur des dégénérescences nuisibles, on ne peut plus compter sur l'exactitude des résultats. C'est ainsi que l'acide lactique, par exemple, s'oppose à l'efficacité du collage, par la raison que cet acide dissout le tannate de gélatine et l'empêche de se précipiter. On conçoit que c'est là une circonstance désavantageuse, que l'on devra prévenir avec la plus grande attention. Si elle se produisait accidentellement, on devrait neutraliser cet acide par la craie avant de procéder à la clarification ; mais cette neutralisation même ne donnerait pas les résultats que l'on obtient d'une fabrication intelligente, également soignée dans tous les détails. C'est vers cet ensemble de soins minutieux que le fabricant doit diriger toutes ses préoccupations, afin d'échapper à la routine et d'entrer définitivement dans la voie du progrès applicable.

Nous insisterons encore, en terminant ce chapitre, sur la nécessité absolue de la propreté. On comprendra aisément pourquoi nous ne craignons pas de nous répéter à ce sujet, lorsque l'on voudra réfléchir à ce qui se passe encore sous nos yeux. L'emploi de l'eau infecte des mares bourbeuses, réceptacles de toutes sortes d'immondices, les pratiques les plus bizarres et les plus dégoûtantes justifient, et au delà, toutes les susceptibilités. Il y a des producteurs qui poussent la saleté jusqu'à introduire dans leurs moûts une quantité variable de *colombine*, ou fiente de pigeons, et dans certains pressoirs on a soin de déposer un tas de ce *guano*, dont l'addition passe pour donner du *montant* à la boisson !... N'est-ce pas pousser la malpropreté et la sottise jusqu'au cynisme ? Et cependant le fait est constaté, et il est beaucoup plus commun qu'on ne le pense.

Sans nous arrêter à donner des raisons contre cette ignoble pratique, nous rappelons aux cultivateurs que la propreté est la première règle en matière d'alimentation et que des errements de ce genre doivent être abandonnés aux sauvages· Si la civilisation ne nous apporte pas au moins l'amour de la propreté, elle ne vaut pas les louanges de ses panégyristes·

CHAPITRE III.

ALTÉRATIONS DES CIDRES ET DES POIRÉS.
DE LEUR CONSERVATION.

Les cidres et les poirés sont des vins de fruits, et leur analogie avec le vin de raisins n'est pas contestable. Comme pour le vin, comme pour toutes les boissons fermentées, il y a lieu d'examiner quelles sont les altérations auxquelles ils sont sujets, à quelles causes on doit les attribuer, quels sont les remèdes à y apporter. C'est ce que nous allons faire le plus brièvement possible. Il serait d'autant plus inutile de nous étendre à ce sujet, que tout ce que nous avons dit sur les maladies du vin s'applique exactement à celles des cidres et des poirés. Les altérations observées proviennent de causes similaires, et l'on peut dire avec toute justesse que celui qui connaît bien le vin de raisins, les principes de sa fabrication, les causes de ses altérations et les moyens rationnels de le conserver et de l'améliorer, n'est étranger à aucun point de l'œnologie. Ceci ressortira pleinement de ce que nous avons à mettre sous les yeux du lecteur dans le paragraphe que nous consacrons à l'examen des maladies du cidre et du poiré.

§ I. — ALTÉRATIONS DES CIDRES ET DES POIRÉS.

Les altérations des vins de fruits sont fort nombreuses, bien qu'elles aient été et qu'elles soient encore fort mal définies. A Dieu ne plaise que nous perdions notre temps à donner des indications microscopiques illusoires sur les maladies du cidre et du poiré, comme cela est devenu à la mode depuis quelques années. Ce serait là un travail aussi inutile qu'illogique, car la forme des microphytes et des microzoaires, des mycodermes, ne présente aucune espèce de caractère certain.

A part l'inconstance de ces formes et le peu de certitude qui en ressort pour l'observation, nous croyons fermement que, dans ces indications, il n'y a le plus ordinairement qu'un jeu de l'esprit, une approximation très-hypothétique, dont on ne peut encore rien conclure en pratique. Quel serait d'ailleurs le fabricant de cidre qui pourrait se livrer à l'examen micrographique de ses produits et en tirer des inductions plausibles, lorsque les savants eux-mêmes, ceux qui ne parlent de fermentation que par le microscope, tombent dans les absurdités et les erreurs dont nous sommes témoins tous les jours? Nous préférons de beaucoup la méthode simple et pratique adoptée par l'illustre Chaptal dans l'étude des sujets agricoles, et nous nous contentons des faits d'observation accessibles à tous ceux qui veulent prendre la peine de regarder.

Les principales altérations des cidres et des poirés sont l'*acescence*, la *graisse*, la *pousse*, le *tour*... Ils peuvent encore devenir *amers*, *se troubler*, présenter un grand excès d'*acide lactique*, etc. Nous dirons quelques mots de ces différentes altérations, bien que toutes elles présentent la plus complète analogie avec celles du vin, qu'on puisse les prévenir par les mêmes précautions et les guérir par les mêmes moyens.

Nous ne comprenons pas, en effet, comment cette idée simple et élémentaire de la ressemblance des vins fermentés, au point de vue technologique, n'a pas frappé davantage les observateurs; elle aurait suffi à imprimer une impulsion intelligente à tous les points de la fabrication des cidres, et nous n'en serions pas aujourd'hui à peu près au même point qu'à l'époque du moyen âge.

Causes générales des altérations. — Nous professons très-nettement une idée que nous croyons féconde en résultats pratiques pour quiconque voudra en peser attentivement les conséquences. Cette idée, la voici dans toute sa simplicité : « Tous les principes qui sortent de la vie organique subissent tôt ou tard une décomposition telle que leurs éléments dissociés puissent rentrer dans la formation de nouveaux produits ; les boissons fermentées ne sont donc pas indéfiniment conservables dans le sens strict et rigoureux de l'expression, mais il est possible de les préserver pendant fort longtemps des altérations secondaires à la fermentation et de leur assurer une durée utile, aussi longue qu'il est nécessaire pour notre usage et nos intérêts. Il suffit pour cela de supprimer les causes essentielles de la fermentation. La privation de la chaleur, la préservation contre le libre accès de l'air, la présence de certaines matières moins altérables et contraires à l'action des substances putrescibles et des ferments, l'élimination de ces matières putrescibles et de ces ferments, tels sont les moyens à l'aide desquels nous pouvons atteindre un résultat aussi complet qu'il peut être nécessaire. »

Nous regardons en conséquence les circonstances opposées comme les causes des altérations des liqueurs fermentées, et l'excès de température, l'action de l'air atmosphérique, la quantité trop faible d'alcool, la présence des gommes, de la dextrine, du mucilage, des matières albuminoïdes, du ferment, nous semblent devoir appeler l'attention de tous ceux qui s'occupent de ce sujet intéressant. Hors de là, tout est problème et hypothèse. Or, la pratique ne vivant pas de suppositions, mais bien d'observations rigoureuses et de faits, c'est aux faits qu'il importe de s'attacher.

M. Payen admet que *les cidres laissés en barrique et soutirés au fur et à mesure de la consommation deviennent graduellement plus acides.* « Ces changements affectent peu les personnes qui en font un continuel usage, mais doivent exercer une influence défavorable sur la santé, du moins si l'on en juge par les effets de l'eau acidulée par le vinaigre, qui a été reconnue moins salubre pour les troupes en campagne que l'eau alcoolisée par un peu d'eau-de-vie. »

Le célèbre professeur ajoute que « l'altération des cidres peut aller jusqu'à la *putridité*, lorsque les *matières azotées* de ces liquides entrent elles-mêmes en fermentation. « Il attribue la coloration brune au libre accès de l'air dans les tonneaux...

Comme le lecteur peut le voir aisément, les notions acquises par M. Payen sur les cidres se bornent à fort peu de chose, et il ne trouve pour remède contre les altérations de cette boisson que l'emploi de la bonde hydraulique, par laquelle, selon lui, on évite ou on retarde beaucoup le développement de toutes ces détériorations. Le conseil de mettre le cidre *bien préparé et bien limpide* dans des bouteilles et de le tenir dans un endroit frais n'est praticable que partiellement, et tout cela nous paraît fort insuffisant. La science par ouï-dire a si souvent de ces défaillances, que les praticiens sont forcés presque toujours de lui refuser une adhésion qui entraînerait des conséquences problématiques et fréquemment onéreuses.

Un cidre bien fait ne passe jamais par les altérations dites *spontanées* que signale M. Payen. Il ne s'acidifie pas, ne se putréfie pas, ne passe pas au brun, ne tourne pas au gras, si les matières azotées ont été éliminées avec soin, et il est étrange que la présence de ces matières étant signalée comme la source des altérations des cidres, on se borne à prescrire la bonde hydraulique et la mise en bouteilles comme moyens préservatifs. Ne serait-il pas plus simple et plus logique de rechercher la marche à suivre pour se débarrasser des causes de dégénérescence, puisqu'on les connaît, qu'on les indique avec tous les autres observateurs, et qu'il est d'ailleurs impossible aujourd'hui de les méconnaître ?..

Les maladies des cidres sont attribuées par la plupart des spécialistes à l'habitude pernicieuse de laisser les barriques en vidange et de ne pas débarrasser la liqueur de sa lie. On soutire au fur et à mesure des besoins, sans se préoccuper autrement des conséquences qui sont la suite forcée de cette négligence, surtout quand on place les liquides dans des fûts beaucoup trop grands. Tout cela est exact, sans doute, mais il convient de ne pas se laisser abuser par des mots et de chercher à préciser davantage les points essentiels de cette question importante.

Le passage au *noir* des cidres qui se *tuent* et qui est regardé par plusieurs personnes comme incurable, l'acétification, le passage à la graisse sont les résultats les plus communs de ces mauvaises pratiques.

L'*acescence* des cidres et des poirés est causée par la négligence avec laquelle s'opère la fermentation, par le contact de l'air, la présence et l'action des ferments, et l'exaltation de la température. Lorsque la fermentation active a été faite dans une cuve couverte, que le cuvage n'a pas été trop prolongé et que la température n'a pas dépassé la moyenne régulière de 15 à 20 degrés, l'acide carbonique a suffi pour préserver le chapeau du contact de l'air et l'empêcher de s'aigrir. Un décuvage bien effectué, l'entonnage dans des fûts de moyenne taille, qu'on remplit entièrement, l'ouillage, la clarification par les collages et les soutirages, qui éliminent le ferment et les matières azotées, complètent l'ensemble des mesures qui préviennent l'acétification des cidres, pourvu que le cellier ne soit pas exposé à une température trop élevée et qu'il soit mis à l'abri des miasmes ou des émanations nuisibles. Lorsque le cidre s'est acidifié, par suite de négligence dans l'exécution de ces diverses précautions, il n'y a plus rien à faire que de l'employer à faire du vinaigre, et c'est le seul moyen d'en tirer un parti convenable. Il ne faut pas imaginer que les additions de produits chimiques, que la neutralisation par les bases et les tripotages des frelateurs puissent avoir la valeur qu'on leur attribue, et le meilleur remède à l'acétification consiste à ne pas la produire.

Malgré les préjugés qui ont cours en Normandie, nous devons dire que le *cidre paré*, dans lequel surabonde l'acide acétique, est une boisson malsaine et pernicieuse, dont l'usage ne convient à personne. C'est bien pire encore lorsque, à l'acide acétique, se joignent les produits de la fermentation lactique et quelquefois ceux de la putréfaction. Nous n'insistons pas davantage à ce sujet, mais le cas est bien plus fréquent, sans conteste, que beaucoup de personnes ne pourraient le penser.

Ajoutons encore aux causes d'acétification le mauvais état et la fabrication presque barbare des tonneaux normands, dans lesquels il semble qu'on se soit complu à réunir les plus mauvais éléments. A peine ébauchés, formés de douves mal jointes, offrant à l'intérieur autant de rugosités qu'à l'extérieur, ces vases informes se prêtent à l'accès de l'air d'une part et, de l'autre, ils sont d'un nettoyage très-difficile, à raison de toutes les fissures et de toutes les cavités dans lesquelles il s'amoncelle des débris de toute espèce, de la lie en voie de décomposition, etc. Les fabricants de cidre devraient adopter des vaisseaux plus convenables, moins grands, parfaitement *dolés* à l'intérieur, et prendre modèle sur les pipes à esprits ou sur les foudres que l'on fabrique avec tant de soin dans les pays vinicoles.

C'est assurer les résultats que de fuir les négligences de cette espèce, et il n'y a pas de plus mauvaise économie que celle qui conduit à l'altération des produits.

Comme dans le vin, la *graisse* n'est autre chose que le résultat de la *fermentation visqueuse*. Le cidre devient filant, plat et glaireux, et il est bientôt impossible de le boire. Cette maladie est due à la présence d'un excès de matière azotée, et elle attaque d'autant plus facilement les cidres qu'ils sont moins alcooliques et plus dépourvus de principes astringents.

Il est évident que les cidres et les poirés, traités par la méthode que nous avons tracée, ne peuvent plus passer au gras, puisque les collages et l'emploi des astringents ont séparé la matière albuminoïde en excès. Il ne s'agit donc ici que des cidres mal préparés, traités par une méthode irrationnelle. Lorsque l'on craint de voir le cidre passer au gras, et cela est à redouter toutes les fois qu'il ne réagit pas sur la gélatine, on prévient l'altération par l'addition de 1 litre de bonne eau-de-vie par hectolitre et de la dissolution de 30 à 40 grammes de cachou. Il va sans dire que la liqueur ne doit pas être restée sur lie, sans quoi il serait inutile de chercher à appliquer un remède quelconque avant d'avoir procédé au soutirage.

On a encore proposé contre la dégénérescence visqueuse l'emploi de 2 à 3 litres de poires concassées par hectolitre, ou de 30 grammes de crème de tartre. Hâtons-nous de dire que les poires agissent par leur tannin, que la crème de tartre est d'un très-bon emploi dans les boissons fermentées qui n'en contiennent pas naturellement, mais que tous les moyens indiqués contre la graisse des cidres ou des vins ne présentent, en réalité, qu'une faible valeur curative. Ce n'est pas à guérir cette maladie qu'il faut s'attacher, mais bien à la prévenir et à l'empêcher de se produire. On y parviendra toujours par la séparation rationnelle des matières albuminoïdes, et les vins blancs eux-mêmes, si sujets à la graisse, n'en n'offriraient pas d'exemple, s'ils renfermaient une quantité convenable de principes astringents.

Le seul moyen sur lequel on puisse faire quelque fond consiste à introduire dans le cidre malade une proportion de cachou suffisante pour précipiter la matière azotée, et cette addition ne peut se faire qu'à la suite d'un essai préparatoire, opéré dans les conditions que nous avons indiquées. Et encore il ne faut pas se faire d'illusion sur la portée de ce moyen, dont l'action se borne à précipiter la matière azotée et une partie de la matière visqueuse. Le cidre reste plat et, s'il n'est *remonté* par une addition de bonne eau-de-vie, il n'offre plus qu'une boisson désagréable, en sorte que le résultat ac-

quis consiste à avoir prévenu la continuation de l'altération.
On améliorerait un peu ce résultat en ajoutant 30 à 40 grammes de crème de tartre par hectolitre ; mais le produit ne serait
pas encore du bon cidre, et il vaut infiniment mieux prendre
les mesures nécessaires pour s'opposer à la dégénérescence
visqueuse que de chercher à en détruire les effets lorsqu'elle
s'est manifestée. Dans tous les cas, dès les premières atteintes
du mal, il importe de ne pas perdre de temps pour traiter le
cidre attaqué, l'altération faisant des progrès rapides et ne
laissant bientôt plus de ressources pour l'application des
meilleures mesures.

Cet accident ne se produit jamais dans les cidres provenant
de pommes ou de poires âpres et astringentes, ou dans les
cidres qui ont été traités comme nous l'avons dit plus haut.

A l'époque de l'éruption des bourgeons, de la floraison,
aux approches de la maturité des fruits, le cidre est sujet à la
pousse comme le vin (p. 271), lorsqu'il n'a pas été parfaitement clarifié et débarrassé des ferments et des matières albuminoïdes.

On comprend que le cidre bien préparé ne présente jamais
de phénomènes de ce genre. Lorsque l'on a affaire à des
cidres qui poussent, il faut les transvaser dans un fût propre
et bien soufré, puis les traiter par le cachou et la gélatine, et
les tirer au clair. Ce n'est que par l'élimination du ferment et
des matières altérables qu'on peut s'opposer à ces accidents.

Il importe de ne pas confondre la maladie du *tour*, que peuvent présenter les cidres et les poirés, avec une altération
spéciale dont on ne connaît pas encore bien les causes et qui
les fait noircir aussitôt qu'ils ont le contact de l'air. On dit,
dans ce dernier cas, que les cidres se tuent. Leur saveur devient plate et nauséeuse, et ils sont à peu près impropres à la
vente. Cette dernière affection peut provenir ou de la malpropreté des tonneaux ou des eaux de mauvaise qualité employées au brassage. Il se fait bien souvent, dans ce cas, une
sorte de fermentation secondaire, présentant tous les caractères de la dégénérescence putride ou ammoniacale. Les
acides sont saturés, la liqueur devient alcaline, et le changement de couleur se produit aussitôt que l'air intervient dans
la réaction. Une addition de 30 à 40 grammes d'acide tartrique par hectolitre peut rétablir le cidre ainsi altéré, mais il

sera toujours bon de faire suivre ce traitement par l'emploi du cachou et par un bon collage. Après un soutirage bien exécuté, le cidre sera parfaitement rétabli ; il ne se tuera plus et pourra se conserver longtemps, surtout si l'on a eu soin d'y ajouter un demi-litre d'eau-de-vie par hectolitre.

Il peut se faire que le changement de couleur des cidres provienne de la présence d'un sel de fer, lorsque les fruits ont été récoltés sur un terrain ocreux, riche en matières ferrugineuses. Dans cette circonstance spéciale, le soufrage des barriques et l'emploi des astringents suffisent pour précipiter le fer et s'opposer à cette altération.

On a conseillé d'ajouter au cidre qui se tue une certaine quantité de cassonade ou de gomme, cette addition ayant pour effet d'améliorer sensiblement la liqueur et de la rendre à peu près potable. Il y a évidemment dans ce conseil une erreur d'observation, car une semblable addition ne peut que modifier un peu la saveur du cidre altéré, sans pour cela en guérir l'altération. L'augmentation de la proportion de sucre aurait une grande valeur avant la fermentation, celle de la gomme serait nuisible ; mais, en tout cas, ces deux principes ne peuvent réagir ni contre les sels ferrugineux ni contre les effets de la putridité et de la fermentation ammoniacale.

Ce serait également une faute de traiter les cidres qui se tuent par le *sulfite de chaux* ou le *sulfite de soude*, ces deux sels ne conduisant pas à de meilleurs résultats qu'un simple soufrage, et laissant dans la liqueur des principes minéraux qui en changent la constitution. Ces sulfites abandonnent la chaux ou la soude aux acides du cidre et il se forme des acétates, des lactates ou des malates de chaux ou de soude, tandis que l'acide sulfureux est mis en liberté. C'est donc l'acide sulfureux qui est ici l'agent réel, et il est préférable de l'employer directement.

Nous avons acheté en 1867 du cidre du pays d'Auge, qui présentait le désagrément de *se tuer* pour peu qu'une bouteille fût laissée en vidange. Il est remarquable que ce cidre était fort astringent. Nous y ajoutâmes une dissolution de gélatine en dose suffisante pour précipiter la presque totalité de la matière astringente et, après décantation, nous eûmes la satisfaction de constater que la liqueur ne se tuait plus, même par une longue exposition à l'air. Il est juste d'ajouter que, si le cidre avait été privé de matière astringente et s'il avait présenté un excès de matière albuminoïde, nous aurions commencé par l'additionner de cachou avant d'y ajouter la gélatine. C'est ce que nous avons dû faire au commencement de 1869, sur un autre échantillon, dont une bouteille a été conservée pour en faire du vinaigre. Le contact de l'air libre, prolongé pendant plusieurs mois, n'y a déterminé aucun changement de couleur, et l'acétification s'est produite avec toute la régularité possible, sans que la liqueur se soit troublée.

De ces faits et d'un grand nombre d'expériences similaires nous croyons pouvoir conclure que les cidres traités par la méthode exposée précédemment ne se tuent pas et que le meilleur moyen à employer contre cet accident consiste dans un collage rationnel.

Quant à la maladie du *tour* proprement dite, elle est due à des causes très-analogues à celles qui produisent cette altération dans les vins (p. 273). L'excès d'acide lactique, dérivant de la trop grande abondance des matières gommeuses et d'une maturité incomplète, la décomposition des malates alcalins par une sorte de fermentation secondaire, peuvent parfaitement expliquer cette maladie. Nous ne nous y arrêterons que pour conseiller la pratique des collages au tannin (cachou) et à la gélatine aussitôt que l'on remarque une altération de ce genre.

Ces collages sont encore le seul moyen de s'opposer au *trouble* des cidres, et ils doivent être exécutés selon les règles établies précédemment, si l'on veut en retirer des avantages positifs.

L'*amertume* des vieux cidres ne se guérit pas. Celle des jeunes cidres peut disparaître par un soufrage suivi d'un collage au tannin et à la gélatine, après qu'on a additionné le cidre d'un demi-litre d'eau-de-vie et de 500 grammes de sucre par hectolitre.

L'excès d'*acide lactique* ou d'*acide malique* offre des inconvénients assez graves, en dehors de l'altération de la saveur, pour qu'on en tienne un compte attentif, qu'on s'efforce de le prévenir ou d'y porter remède. Or les cidres qui proviennent de fruits bien mûrs, astringents et sucrés, ne présentent jamais ce défaut, et ce que nous avons de mieux à faire consiste à nous placer dans ces conditions, soit par le soin apporté à la récolte, soit par une augmentation convenable de la matière sucrée. Lorsqu'on n'a pas pris ces précautions et que les cidres sont chargés d'acides libres, ils deviennent non-seulement désagréables au goût, mais encore malsains et indigestes. Cet excès d'acide peut même conduire à un autre résultat, qui est de rendre le collage difficile ou même impossible. Ce fait tient à ce que le tannate de gélatine est assez soluble dans l'acide lactique pour que le précipité ne se fasse que d'une manière fort incomplète.

Pour pallier cet inconvénient, il convient de neutraliser en grande partie les acides des vins de fruits, ce à quoi on parviendra par l'emploi du marbre pulvérisé, du tartrate neutre de potasse, etc., que l'on fera suivre d'un collage et d'un soutirage. Mais la liqueur ne présente jamais les qualités d'un bon cidre lorsqu'elle a été ainsi raccommodée, et il vaut infiniment mieux prendre les soins convenables pour préparer de bons produits.

L'excès d'*astringence* se guérira évidemment par des collages à la gélatine suivis de soutirages. L'excès de *coloration* disparaîtra par l'emploi du cachou, et ensuite de la gélatine. Quant au défaut de coloration, nous pensons qu'un peu de bon caramel donnera la teinte la plus convenable, sans entraîner les inconvénients qui pourraient résulter de l'emploi des autres matières colorantes.

Nous bornons à ce que nous venons de dire nos observations sur les maladies des cidres et des poirés, en rappelant au lecteur que tout ce qui est relatif aux altérations des vins s'applique, au moins en principe, aux maladies et aux dégénérescences des cidres et des poirés. C'est donc à l'étude des vins de raisins qu'il convient de se reporter pour faire subir à la fabrication des cidres les modifications utiles, pour s'opposer à leurs altérations et y porter des remèdes efficaces.

§ II. — CONSERVATION DES CIDRES ET DES POIRÉS.

Il est impossible de songer à conserver les cidres et les poirés dans les conditions où se place la fabrication vulgaire. La pauvreté en alcool, la surabondance des matières altérables, gommeuses ou azotées, le peu de soins apporté dans le choix de l'eau du brassage, la malpropreté des vases, le contact de l'air, l'excès de température de certains celliers, la mise en vidange, le séjour sur lie sont autant de causes graves d'altération et de dégénérescence. Il est important, en matière d'œnologie, de ne pas se faire d'opinions fausses. Ce serait une erreur capitale que de prétendre à la conservation des vins lorsque l'on n'a pas accompli *toutes les mesures essentielles* qui mènent à ce résultat. Ainsi, des vins riches en alcool, et par là même conservables sous ce rapport, peuvent très-aisément s'altérer, si d'autres conditions indispensables leur manquent, si, par exemple, ils ne sont pas mis à l'abri du contact de l'air et d'une température exagérée, etc.

Au contraire, lorsqu'un vin de raisins ou de fruits a été fabriqué avec des fruits mûrs, riches en sucre, que la matière astringente ne fait pas défaut dans le moût, que l'on a éliminé avec attention les fruits pourris, gelés, moisis, ou malsains, si la fermentation active s'est faite avec rapidité sans dégénérescence, si la fermentation secondaire a été bien conduite, si l'ouillage, les collages, les soutirages ont été l'objet d'une juste attention, il n'y a pas de raison pour que les boissons fermentées ne se conservent pas pendant une période fort longue, pourvu qu'elles soient placées en lieu frais, dans des vases propres, à l'abri du contact de l'air atmosphérique.

Cette proposition générale deviendra axiomatique pour quiconque prendra la peine de voir et d'observer sans passion et sans idées préconçues, et il n'est pas nécessaire de nous y arrêter plus longtemps. Il ne sera pas hors de propos cependant de résumer, en finissant ce chapitre, les conditions de pratique auxquelles il est nécessaire de s'astreindre pour obtenir des cidres ou des poirés de bonne qualité et de garde, afin que cette récapitulation sommaire éveille l'attention des fabricants sur les points les plus importants de leur indus-trie :

1° Le choix des espèces à propager doit se faire dans des conditions telles, que l'on ait des fruits de toutes les saisons, que jamais on ne soit exposé à une disette complète, et que ces fruits soient aussi sucrés et astringents à la fois que l'on pourra les obtenir. Il sera bon de s'attacher à la production de nouvelles espèces qui justifient cette dernière condition.

2° La récolte ne devra jamais se faire que lorsque la maturité complète sera atteinte, que les fruits tomberont seuls ou par une légère secousse. On devra s'interdire le gaulage.

3° Les fruits seront mis à l'abri de la pluie et de la gelée ; ils ne devront pas être exposés à pourrir en tas trop considérables, et ils ne seront gardés que le moins possible avant le travail ; cette pratique est d'ailleurs inutile, si les pommes ou les poires ont été récoltées bien mûres, avec le maximum de richesse saccharine.

4° La division des fruits s'effectuera par le coupe-racines, si l'on pratique la macération seulement, ou par des cylindres concasseurs, tels que l'appareil Berjot, si l'on veut agir par la pression.

5° L'extraction des jus se fera par macération ou par pression.

6° Dans le cas de la macération seulement, les jus devront être amenés à la densité du jus naturel ; dans celui de la pression, on emploiera accessoirement la macération pour épuiser les pulpes pressées, mais de manière à ne pas exagérer la proportion d'eau ou à diminuer la densité des jus au delà de la valeur du jus naturel.

7° Le *rémiage*, tel qu'il est compris en Normandie, devra être proscrit, par la raison qu'il représente une macération très-incomplète, et que souvent il devient la cause d'une série d'altérations secondaires. Il en sera de même, et pour les mêmes raisons, de la pratique par laquelle on expose à l'air pendant un temps plus ou moins long les pulpes divisées, sous le futile prétexte de rendre le jus plus coloré et plus facile à extraire.

8° L'extraction des jus dans le cas de pression se fera par une presse quelconque, d'un bon système, simple à manœuvrer, exigeant peu de force, et produisant au moins 65 à 70 de jus pour 100 de fruits. La presse anglaise et quelques autres, les presses hydrauliques, donnent à cet égard toutes les satisfactions désirables.

9° Le moût sera préparé, en ce sens que sa richesse sucrière sera augmentée, au point qu'il marque 8 degrés au moins pour les cidres ordinaires, et 12 degrés à 13°,5 Baumé au plus pour les cidres de vente et d'exportation. Il est clair que cette règle ne concerne pas les *boissons* qui doivent être considérées comme de simples *piquettes*, et que l'on doit abandonner au tripotage du consommateur.

10° On ne se contentera pas d'élever le chiffre du sucre dans les moûts à cidre ou à poiré; mais, après vérification, on y ajoutera une proportion convenable de cachou (30 grammes par hectolitre), si déjà ils ne précipitent pas abondamment la solution de gélatine.

11° Cette double préparation se fera dans les cuves à fermenter, qui seront plus hautes que larges, afin de ne pas exagérer l'action de l'air atmosphérique.

12° La température du local où se fera la fermentation active sera réglée vers + 14 degrés ou + 15 degrés ; celle des moûts sera portée à + 18 degrés ou + 20 degrés centigrades , et le départ de la fermentation sera favorisé par un peu de bonne levûre de bière, 20 à 30 grammes par hectolitre. Les cuves ne seront remplies qu'aux cinq sixièmes de leur hauteur, et elles seront couvertes aussitôt que la mise en train sera terminée.

13° On procédera au décuvage aussitôt que la fermentation active sera terminée, après soixante heures environ. On aura soin d'enlever le chapeau avant de procéder à cette opération.

14° La fermentation secondaire se fera dans des fûts très-propres, de 6 à 7 hectolitres, parfaitement remplis, et l'on pratiquera l'*ouillage*, avec le même soin que pour le vin de raisins. La liqueur provenant de la pression du chapeau et des dépôts de fermentation servira à ce remplissage des fûts.

15° Lorsque la fermentation secondaire sera parvenue à son terme, on soutirera la liqueur, en la protégeant le plus possible contre le libre accès de l'air, et on la transvasera dans des barriques soufrées, bien propres et rincées après le soufrage.

16° Il sera procédé au collage le plus tôt possible après le premier soutirage. Ce collage se fera conformément aux règles tracées, c'est-à-dire qu'il devra être fait un essai du liquide et qu'on y ajoutera du cachou avant le traitement par la gélatine, dans le cas où la solution de gélatine ne serait pas troublée par le cidre ou le poiré.

17° Ce collage sera suivi d'un soutirage. Un autre collage

et un autre soutirage peuvent très-bien être exécutés pour les cidres de garde ou d'exportation. Dans tous les cas, le vin de fruits, purifié et clarifié, destiné à l'usage, sera placé dans des barriques de 220 à 230 litres, comme celles que l'on emploie pour le vin, et ces barriques seront bondées avec soin et placées bonde de côté.

18° Dans le cas où l'on veut obtenir du cidre doux, on procède de la même façon jusqu'au décuvage ; mais on prolonge moins la fermentation active, selon le degré de douceur que l'on veut donner à la liqueur. Le travail du cellier se borne à empêcher la fermentation secondaire par des soufrages, des soutirages et des collages réitérés, après quoi on met en futailles, avec les mêmes soins que pour le cidre vineux.

Observations sur les rendements. — Nous avons dit que la pratique habituelle ne donne pas plus de 50 litres de moût par 100 kilogrammes de fruits, soit 35 à 40 litres par hectolitre, lorsque la théorie élève le chiffre du moût à 97 litres par 100 kilogrammes de fruits.

Ces chiffres si faibles ne sont pas même atteints, car on ne peut guère compter sur plus de 30 litres par hectolitre [1].

Il est vraiment pitoyable que, dans une époque industrielle comme la nôtre, on n'atteigne qu'une faible fraction des résultats théoriques dans une application alimentaire aussi importante.

Ainsi, l'hectolitre de pommes pesant environ 80 kilogrammes, il devrait rendre, à 80 pour 100, 64 kilogrammes de moût pur, sans eau, plus du double de ce qu'en extrait par les moyens usités. En dehors des produits du rémiage ou lessivage des marcs, il faut donc considérer la moitié de la récolte comme à peu près perdue au point de vue d'un emploi sérieux.

En somme, il faut 125 kilogrammes de fruits pour faire 1 hectolitre de moût par une bonne méthode, tandis que les cultivateurs normands en emploient 266 kilogrammes pour atteindre ce même chiffre.

En ce qui concerne le rendement alcoolique des cidres ob-

[1] Ce qu'on appelle *bartée* en Normandie est une mesure de 50 litres. La bartée fournit 15 litres de *pur-jus*, en sorte qu'il faut 6,66 bartées, ou 3^h,33 de fruits, pour faire 1 hectolitre de moût, soit près de 100 bartées ou 50 hectolitres pour un gros tonneau de 15 hectolitres.

tenus, on estime *pratiquement* que le gros cidre peut donner 6 litres d'eau-de-vie à 21 degrés Cartier (55°,6 centésimaux) par hectolitre et que le poiré fournit 10 litres au même degré. Un cidre passe pour donner de *bons produits* à la distillation lorsqu'il rend 6ˡ,6 à 66 degrés centésimaux, c'est-à-dire lorsqu'il représente une richesse alcoolique réelle de 4,35 pour 100 en volume. Le premier de ces rendements se rapporte à une valeur alcoolique de 3,30 pour 100, et la valeur du poiré serait de 5,5 pour 100.

En ramenant la valeur moyenne du cidre, soit 3,82 pour 100, résultant de ces données, et celle du poiré à la relation pondérale qui existe entre l'alcool et le sucre décomposé, nous trouvons que les 3ˡ,825 d'alcool absolu contenus en moyenne dans le cidre équivalent à 3ᵏ,068, et que les 5ˡ,5 d'alcool du poiré représentent 4ᵏ,411, à la densité normale de 802,1. Ces chiffres répondent pour le cidre à 6 kilogrammes de sucre détruit, et pour le poiré à 8ᵏ,629. Ils nous conduisent à la constatation des pertes causées par une mauvaise fermentation, puisque nous avons vu (p. 347) que les pommes mûres contiennent 11 de sucre pour 100 et les poires 11,52. La fermentation est donc vicieuse et mal comprise, puisqu'elle conduit à la perte de 5 kilogrammes de sucre pour les pommes et de 2ᵏ,891 pour les poires. Cela est assez sérieux pour qu'on y prenne garde et que, de cette observation, on fasse la base d'une transformation complète dans la fabrication.

LIVRE IV

DE LA BIÈRE.

OBSERVATIONS GÉNÉRALES.

La bière est une boisson fermentée que l'on obtient par un traitement plus ou moins méthodique et rationnel des grains féculents. Comme l'orge sert le plus ordinairement à cette fabrication, on a donné aussi à la bière le nom de *vin d'orge*. Le mode le plus général de préparation de la bière consiste à faire germer le grain pour développer dans son tissu le principe transformateur de la fécule, nommé *diastase* par MM. Payen et Persoz ; on le fait ensuite sécher à une température plus ou moins élevée, et il constitue ce qu'on appelle le *malt*. Le grain germé est concassé ou moulu plus ou moins grossièrement et il est soumis à l'action de l'eau, sous une température convenable, pour que la fécule se transforme en dextrine et en glucose ; puis le liquide, bouilli avec du *houblon*, est refroidi au terme moyen de 20 degrés centigrades et soumis à la fermentation. La liqueur fermentée, clarifiée, constitue la bière.

A un point de vue plus général, on peut dire que cette méthode, reposant sur l'emploi spécial des *céréales germées*, représente la fabrication la plus habituelle de la bière ; mais on obtient des boissons analogues avec des céréales non germées, dont nous aurons à dire quelques mots en temps opportun et, d'autre part, il existe une méthode mixte dans laquelle on combine l'emploi des céréales crues avec celui des céréales germées.

L'usage de la bière est très-répandu dans les contrées septentrionales où le vin ne se produit pas facilement ; c'est pour cette raison qu'elle constitue la boisson ordinaire de l'Allemagne, de la Belgique, de la Hollande, des Etats scandinaves, de la Russie, de l'Angleterre et d'une partie des Etats-Unis. Ailleurs, elle est consommée à titre de boisson rafraîchissante. C'est ainsi que l'usage de cette liqueur est répandu en France, bien que, dans certaines provinces, comme l'Alsace et la Flandre, elle forme aussi la boisson habituelle des habitants.

Ce serait un véritable hors-d'œuvre que de vouloir tracer ici l'historique de la bière et de suivre les auteurs qui en font remonter l'origine jusqu'aux temps voisins du déluge. Nous n'entrerons pas dans cette voie et nous ne rechercherons pas si l'on doit en attribuer la découverte à Osiris ou aux héros grecs qui assiégeaient la ville de Priam. Ce qui ressort le plus clairement des incursions des écrivains dans le domaine de l'histoire, c'est que la bière était connue dans une antiquité très-reculée, et qu'un grand nombre de peuples anciens faisaient usage d'une boisson fermentée de ce genre dans les temps qui ont précédé notre ère.

La *cervoise* des Gaulois, nos ancêtres, la *cerevisia* des Romains, n'était qu'une espèce de bière, et cette liqueur formait, avec l'*hydromel*, la boisson des peuples qui ne connaissaient pas la vigne.

Valeur alimentaire de la bière. — Telle qu'elle est fabriquée de nos jours, la bière a ses détracteurs et ses partisans. Les éloges outrés des derniers ne nous semblent pas beaucoup plus admissibles que les répulsions exagérées des autres, et ici, comme dans la plupart des choses humaines, la vérité nous paraît être dans le juste milieu. Nous regardons le vin de raisin comme la première des boissons fermentées, la plus saine et la plus hygiénique. Nous placerions volontiers au second rang le vin de fruits, le cidre ou le poiré, bien préparé, et nous donnerions à la bière le troisième rang dans une échelle utilitaire. Ce n'est peut-être pas là tout à fait l'opinion des écrivains des pays à bière, mais nous croyons que cette manière de voir est conforme à la saine observation. Dans notre façon de voir les choses, nous ne pouvons nous empêcher de donner la préférence aux produits naturels sur ceux que l'art s'évertue à fabriquer sous nos yeux, à l'aide de procédés variables, dont les résultats diffèrent très-notablement, selon les caprices ou l'habileté des fabricants.

La composition du vin, celle du cidre, celle du poiré, restent à peu près constantes, pourvu que l'on se soit abstenu de certaines manœuvres que nous avons signalées, et ces boissons ne présentent de modifications sensibles que sous l'influence d'une saison plus ou moins favorable à la maturation des fruits, d'une année plus ou moins avantageuse, ou d'un sol plus ou moins favorable à leurs qualités. La bière, comme nous pourrons le constater, est également sous la dépendance de ces mêmes circonstances; mais, de plus, elle est tellement variable par le fait du *brasseur*, même lorsqu'il est habile, qu'il est difficile de rencontrer deux bières complétement identiques sous le rapport de la composition.

Voilà nos raisons les plus saillantes pour attribuer à la bière un rang inférieur à celui des boissons qui proviennent des sucs propres des fruits ; mais ces raisons ne nous empêchent pas de reconnaître le mérite très-réel du vin de céréales et la haute importance qu'il présente pour l'alimentation humaine.

Selon le docteur Mulder, c'est à juste titre que la bière est fort appréciée, et elle réunit des propriétés bien déterminées qui ne se trouvent réunies dans aucune boisson. C'est une *boisson*, d'où son nom de *bière* [1] *;* elle est *nutritive, excitante, fortifiante, rafraîchissante, tonique,* et elle apporte à l'organisme les phosphates et d'autres sels qui lui sont nécessaires.

Le professeur de l'université d'Utrecht reconnaît dans la bière des propriétés caractéristiques qui en font, selon son expression, un *aliment complet :* les parties constituantes des grains ou les matières qui en proviennent, le sucre, la dextrine, les matières albuminoïdes, la rendent nutritive; les substances inorganiques, telles que les phosphates de chaux, de magnésie et de potasse et d'autres sels qui y sont dissous, complètent ce caractère. Une certaine quantité d'alcool et d'acide carbonique lui donne une propriété excitante et une saveur fraîche, et les principes amers du houblon la rendent tonique et antiaphrodisiaque... Elle renferme ainsi, en outre du principe amer et de l'eau, des *aliments calorifiques* (glucose, dextrine, alcool, matières grasses), des *aliments plastiques* (matières albumineuses) et des *aliments minéraux* (phosphates et sels)...

L'acide carbonique, avec les autres acides libres de la bière, ayant la propriété de dissoudre le phosphate de chaux, il en

[1] De *bibere.*

résulterait qu'elle peut dissoudre le phosphate de chaux de la gravelle et des calculs ; en raison des phosphates qu'elle tient en dissolution, ou qu'elle pourrait dissoudre en plus grande quantité, elle serait utile dans le ramollissement des os. Nombre d'autorités médicales reconnaissent les bons effets de la bière dans une foule de circonstances.

Malgré ces éloges presque enthousiastes, M. Mulder ne va pas cependant, comme certains écrivains allemands, jusqu'à mettre la bière au-dessus du vin ; sa conclusion est plus modeste et plus vraie : « La bière, dit-il, est donc une *boisson saine*, dont l'usage journalier doit être préconisé surtout dans les localités où il ne pousse pas de vigne et où, par suite, le vin se trouve d'un prix trop élevé pour être à la portée de tous. Dans tous les pays, elle peut être employée comme boisson rafraîchissante pendant les chaleurs de l'été. »

Grâce à cette réserve, nous nous rangeons volontiers sous l'opinion du professeur Mulder, bien que l'usage habituel de la bière nous paraisse offrir quelques inconvénients dont on doit tenir compte. L'action diurétique de la bière, l'ivresse lourde et hébétée qu'elle détermine ne nous semblent pas devoir être l'objet de reproches fondés, puisque ces deux effets ne se produisent que par l'excès ; mais il y a d'autres résultats assez désavantageux pour qu'on ne les passe pas sous silence. Ainsi, l'usage habituel de la bière paraît avoir pour conséquence le développement du tissu adipeux du ventre et une sorte d'atrophie correspondante des membres inférieurs. Les partisans de la bière ne peuvent guère s'inscrire en faux contre cette allégation, qui se trouve pleinement justifiée dans tous les pays où la bière joue un grand rôle dans l'alimentation, et dont on peut constater la réalité même dans les contrées où, comme à Paris, la bière est plutôt une liqueur rafraîchissante qu'une boisson alimentaire.

On a dit encore contre la bière qu'elle est contraire au développement des facultés du cerveau et qu'elle *épaissit* l'intelligence... Nous avouons que cette critique nous paraît aussi injuste que dénuée de fondement. Sans doute, un ivrogne, abruti par la débauche de bière, justifie complètement cette proposition, et c'est à peine si son lourd cerveau laisse échapper quelque étincelle de bon sens et de raison ; mais n'en est-il pas de même de ceux qui font la débauche de vin ou de cidre, et doit-on mettre en cause les honteuses exceptions qui se mettent hors de l'humanité ? Au point de vue plus vrai de l'usage modéré, quoique habituel, de la bière, disons que les nations chez lesquelles cette boisson est en usage présentent autant de développement intellectuel, autant de sagacité et d'aptitude aux choses de l'esprit que celles dont le vin est la boisson préférée. Les preuves sont manifestes, et il n'est pas nécessaire de les exposer en détail pour qu'on fasse justice d'une assertion créée à plaisir.

A notre sens donc, si la bière est réellement *engraissante*, il est complétement erroné d'avancer qu'elle est *stupéfiante*. Cette affirmation ne peut présenter quelque raison plausible que dans le cas où la bière a été frelatée par l'addition de quelque substance toxique et malfaisante, ce qui peut arriver malheureusement par la cupidité de certains falsificateurs.

En résumé, la bière *bien faite* est une boisson saine et utile, qui présente des qualités remarquables et dont l'usage ne peut que contribuer à rendre des services considérables aux populations. Il serait à souhaiter que les travailleurs, condamnés au régime de l'eau, pussent boire à leur repas de bonne bière, bien brassée, préparée avec des grains de bonne qualité. Ils y trouveraient un accroissement de force et une amélioration considérable à leur régime ; cette liqueur nourrissante et hygiénique les soutiendrait dans leurs pénibles travaux, et la satisfaction quotidienne d'un des plus grands besoins de l'homme les détournerait du cabaret et des mauvaises habitudes.

Nous allons étudier, dans ce quatrième livre, la fabrication de la bière, avec tous les détails pratiques qu'elle comporte. Nous écarterons de cette étude les discussions théoriques qui ne prêteraient pas un appui direct à l'application; mais cependant nous ne laisserons dans l'ombre aucune des questions graves que présente cette portion de l'œnologie. Aussi éloigné des idées préconçues de certains spécialistes, dont nous ne contestons pas le mérite, que des rêveries de quelques célébrités contemporaines, nous n'avons aucun intérêt particulier qui puisse nous empêcher de nous livrer à la recherche du vrai, en sorte que nous abordons cette partie de notre travail avec la certitude que donne l'examen des faits et l'éloignement de toute préoccupation personnelle.

CHAPITRE I.

Le fabricant de bière ne se trouve plus, comme le vigneron ou le producteur de cidre, en présence des phénomènes réguliers d'une fermentation alcoolique normale; ce n'est plus à des jus sucrés naturels qu'il a affaire, et les difficultés se dressent à chaque pas devant lui dans le travail journalier de la vinification et dans les soins exigés par la conservation. Les raisins et les fruits fournissent, en effet, un jus sucré, relativement pauvre en matières gommeuses et en substances albuminoïdes; lorsque la fermentation active de ces jus a été bien comprise, le complément de fermentation, la purification des produits et des précautions assez simples suffisent pour éliminer les causes d'altération et garantir une longue conservation des liqueurs produites, même lorsqu'elles ne sont pas d'une grande richesse alcoolique.

Il n'en est pas ainsi des produits de la brasserie. Sauf en ce qui touche la matière première, tout ce que fait le brasseur est artificiel, et la moindre négligence, la plus petite faute peut lui devenir fatale.

Le *choix* judicieux *des grains* à employer, sous le rapport de la *qualité* et du *rendement*, la *préparation* des céréales par une *germination* plus ou moins complète, par une *dessiccation* plus ou moins rapide, par une *division* plus ou moins grossière, les qualités de l'*eau*, le choix de la matière aromatique et astringente, du *houblon*, qui est le principe conservateur, les influences locales de l'*air*, de l'*exposition*, de la *température* moyenne, tout cela est à considérer pour le producteur de bière, à un point de vue général, avant même qu'il puisse commencer à se livrer aux travaux de la fabrication proprement dite. Et alors même, quand toutes les dispositions préliminaires sont bien prises, que tout a été étudié, calculé et prévu, que l'on a fait choix d'un *emplacement* convenable, favorisant à la fois la production et les débouchés, que l'on s'est muni d'un *outillage* bien compris et qu'il ne reste plus qu'à produire, on n'est encore arrivé qu'au début des questions qui se dressent devant le fabricant. L'exécution des opérations de *germination*, de *saccharification*, de *fermentation*, de *purification* réclame des soins continuels et attentifs, sans lesquels on ne peut compter sur rien de sérieusement industriel.

Nous allons exposer les principales règles techniques auxquelles il convient de se conformer en pratique, pour atteindre les deux qualités indispensables à toute boisson fermentée, et produire de la bière qui soit *saine et conservable*.

Il importe que les *matières premières* de la fabrication de la bière présentent le maximum des qualités qu'on leur demande, qu'elles soient toujours employées dans les mêmes conditions d'espèce, de maturité et d'âge, pour obtenir des produits identiques, des bières qui ne se démentent pas. Ce n'est pas que l'on ne puisse cependant faire de la bière, et même de la bière excellente, avec des matières premières très-diverses employées seules ou en mélange; mais, lorsqu'on vise à l'identité des produits, on ne saurait être trop sévère sur l'identité de conditions de la production. Cela posé en principe général et dûment admis par la pratique, nous disons que les matières premières de la bière sont extrêmement nombreuses, et que, mise à part la question des habitudes et des préjugés, on peut employer, pour la préparation de la bière, toutes les substances alcoolisables du deuxième groupe, c'est-à-dire toutes celles dont la *fécule* forme l'élément alcoolisable. C'est dire que toutes les *racines féculentes*, toutes les *céréales*, tous les *grains* et tous les *fruits féculents* peuvent servir de base à cette fabrication, sous la réserve d'une seule condition, savoir, que ces matières ne puissent communiquer à la liqueur aucun goût désagréable, aucune saveur déplaisante. L'habitude européenne consiste à faire la bière avec l'*orge*, seule ou mélangée de *froment*; mais le *seigle*, l'*avoine*, le *riz*, le *maïs*, le *millet*, le *sorgho*, le *sarrasin*, les *légumineuses*, les *pommes de terre*, les *châtaignes*, etc., doivent être, aux yeux d'un brasseur éclairé, des matières premières utilisables, selon les cas et les circonstances.

Qu'est-ce que la bière, en effet, sinon le produit fermenté de la saccharification de la fécule, tenant en dissolution une proportion plus ou moins considérable des autres substances qui accompagnent cette matière, et aromatisé par le houblon? Dans l'idée générale que l'on peut s'en faire, et en analysant les faits avec soin, on voit que la fécule, saccharifiée par la diastase, en présence d'une proportion d'eau suffisante, traitée par le houblon et fermentée, produira une véritable bière, laquelle ne différera que très-peu de la bière d'orge. La seule différence dont on devrait tenir compte, en effet, repose sur l'absence des matières plastiques albuminoïdes et des sels, ou des matières minérales utiles qui se rencontrent dans les moûts des graines, des fruits ou des racines. Au fond, le vin houblonné de fécule est bien de la bière, en dehors de ce qui vient d'être signalé.

Nous ne prétendons pas dire par là que ce vin de fécule présenterait les qualités qu'on doit requérir dans une bonne bière, puisqu'il serait dépourvu des éléments plastiques ou minéraux qui constituent une part notable de la valeur de la bière, mais nous disons que ce vin de fécule doit être pris comme point de départ par tous ceux qui veulent se faire une idée nette de la bière et de ses variétés. On peut ajouter que chaque espèce de matière féculente, soumise à la vinification et traitée par le houblon, fournit une espèce particulière de bière, et que, au surplus, les mélanges que l'on peut faire de plusieurs de ces matières, dans la fabrication de la bière, constituent encore autant de variétés différentes, caractérisées par des qualités spéciales, une saveur particulière, une richesse plus ou moins grande en matières azotées et en substances minérales.

Les espèces de bières sont donc très-nombreuses, puisque, de la pratique de chaque brasseur, du choix et du groupement des matières premières, il résultera des liqueurs très-variables, qui présenteront toutes les caractères communs de la bière, malgré les modifications particulières qui auront pu intervenir. C'est ainsi que les liqueurs fermentées, provenant de l'orge, ou du froment, ou du seigle, etc., sont des bières ; que l'on obtient encore de la bière en traitant un mélange d'orge et de froment, d'orge et de seigle, de céréales et de pommes de terre, etc.; mais chacune de ces bières offrira un caractère particulier, une constitution spéciale.

Dans tous ces produits, il y aura du *vin houblonné de fécule*, ce qui est la condition essentielle et, de plus, une certaine quantité de dextrine, de matières albuminoïdes et de substances salines en dissolution.

A partir de cette idée générale, nous en rencontrons une seconde qui en est, en quelque façon, le corollaire. Si toutes les matières féculentes peuvent fournir de la bière, il n'est pas moins clair que les qualités du produit et le rendement différeront selon les qualités de la matière choisie, selon sa richesse en principes solubles ou susceptibles de devenir solubles, selon le mode de traitement qui sera adopté. Ceci ne souffre, pensons-nous, aucune contradiction. Il en résulte que, pour un même poids de matière et une même quantité d'eau, le moût obtenu renfermera des proportions très-variables de sucre, de dextrine, de matières azotées, de substances minérales, et que, par conséquent, la richesse alcoolique de la bière variera dans des limites plus ou moins étendues.

En somme, une bière, quelle qu'elle soit, quelle que puisse être son origine, est soumise à l'ensemble des conditions générales déjà posées, en ce qui concerne sa valeur hygiénique et sa conservabilité.

Plus une bière sera alcolique, plus elle sera conservable, pourvu qu'elle ne renferme pas de matières altérables, ou que ces matières soient soustraites aux causes connues d'altération. Moins une bière contiendra de dextrine, d'albumine, de ferment en suspension, plus elle se rapprochera de la valeur du vin, si les matières salines utiles n'y font pas défaut. Plus une bière sera riche en matière astringente, plus elle se dépouillera des principes azotés altérables, et plus elle présentera d'analogie avec les boissons fermentées provenant des séves naturelles, si d'ailleurs les matières salines s'y trouvent en due proportion.

Or la richesse alcoolique, la pauvreté en dextrine, l'élimination des matières azotées, la présence d'un principe astringent dépendent surtout des conditions du travail, sur lesquelles nous devons jeter un coup d'œil rapide.

§ I. — DE L'EAU.

Nous avons déjà parlé des qualités que l'on doit rechercher dans l'eau employée à la préparation des boissons artificielles.

Nous avons posé comme règle la nécessité de repousser les eaux minérales, les eaux séléniteuses, crues, gypseuses ou plâtrées, la plupart des eaux de puits, les eaux de mare, de marais ou d'étang ; mais nous avons surtout insisté sur le rejet des eaux qui renferment des substances organiques en voie de décomposition[1]. A notre sens, on ne saurait prendre des précautions trop minutieuses à cet égard, et c'est un point qui doit attirer toute l'attention du brasseur.

Un des chimistes qui se sont occupés le plus sérieusement de la bière, M. G.-J. Mulder, reconnaît que l'eau exerce une influence notable sur la qualité de la bière, et nous sommes heureux de mettre sous les yeux du lecteur une analyse sommaire des opinions de cet habile professeur.

Les chlorures de sodium et de potassium, les sulfates et les nitrates de soude, de potasse et de magnésie sont les sels qui, dissous dans l'eau, exercent le moins d'influence sur la bière. Mais les carbonates et les silicates alcalins, les sels organiques de potasse et de soude favorisent la dissolution des matières albuminoïdes du grain ; leurs bases se combinent à l'acide lactique et à l'acide phosphorique, en sorte qu'il se produit dans la bière une quantité correspondante de lactates et de phosphates qui rendent cette boisson meilleure, en ce sens que la présence des phosphates solubles y est très-utile. Les carbonates de chaux et de magnésie et le gypse exercent une influence contraire. Ils rendent les matières albumineuses insolubles et nuisent au mouillage en s'opposant au ramollissement du grain. De même, ils sont contraires à la production du ferment et à la fermentation même, et ils enlèvent une partie de l'acide phosphorique sous forme de phosphate ammoniaco-magnésien et de phosphate de chaux. Ces sels sont donc à rejeter du maltage, pour lequel il faut préférer l'*eau douce* ; mais l'*eau dure*, l'eau calcaire, ne paraît pas être nuisible à la saccharification, en ce sens que l'acide lactique et l'acide acétique, formés dans la liqueur, redissolvent le phosphate de chaux, et que le carbonate de chaux peut exercer une action favorable en neutralisant une partie des acides produits pendant la préparation.

M. Mulder ajoute cependant qu'il ne serait pas facile de

---

[1] Chap. I, p. 15 et 16.

donner des raisons en faveur de l'utilité du sulfate de chaux et, tout en admettant qu'il faille souvent sacrifier au goût du consommateur, il considère l'eau de pluie comme celle qu'on doit employer de préférence.

Si l'eau de canal ne contient qu'un cinq-millième de sels et ne peut exercer de ce chef une grande influence sur la bière, l'eau de source n'est pas dans le même cas, puisqu'elle renferme beaucoup plus de matières salines.

Enfin, M. Mulder ajoute que l'eau destinée à la brasserie ne doit pas contenir d'*excréments humains*, ce qui arrive lorsqu'on se sert de l'eau sale des canaux des villes. « En Hollande, dit-il, on laisse, dans plusieurs localités, les citernes dans lesquelles sont rassemblés ces excréments s'écouler dans les canaux de la ville, et on se sert quelquefois de cette eau pour la préparation de la bière. *On ne peut pas fabriquer de bière plus dégoûtante, et cependant elle se vend bien* [1].

En se reportant aux principes qui régissent la fermentation, on est conduit à repousser les eaux chargées de sels qui peuvent nuire au ferment, cela est incontestable. Nous ajouterons que, dans l'idée que l'on se fait de la fabrication de la bière, on a une tendance bien marquée à sortir des règles les plus élémentaires. Ainsi, malgré toutes les affirmations de certains brasseurs imbus de leur mérite, nous rejetterions toutes les eaux tenant en dissolution une proportion de sels supérieure à 50 centigrammes par litre. Nous voudrions que les eaux fussent claires et limpides, incolores, inodores, bien privées de matières organiques en suspension.

L'eau destinée à la fabrication de la bière doit présenter toutes les propriétés de l'eau potable ; elle doit dissoudre le savon sans former de flocons insolubles, cuire les graines légumineuses sans les durcir et surtout ne pas se corrompre au contact de l'air. Ces propriétés se rencontrent habituellement dans les eaux de certaines sources ou de certains puits ; mais on doit toujours s'en assurer par un essai préparatoire.

[1] Il se présente, dans cette observation, un rapprochement curieux avec ce que nous avons fait remarquer à l'égard des cidres. La dépravation du goût, l'aberration des idées et du jugement offrent parfois des anomalies fort singulières. En présence de cette pratique hollandaise, d'autant plus dégoûtante que la réputation de propreté de ce pays est plus vantée, faut-il s'étonner que certains paysans normands ajoutent à leurs moûts de cidre de la *colombine*, pour donner, au produit qui doit en résulter, de la force et du montant ?

Les eaux qui ne renferment pas de sulfate de chaux en excès, qui ne contiennent pas de sulfate de fer ou de magnésie, qui sont débarrassées des matières organiques en voie d'altération, peuvent être employées au brassage, pourvu que, par une exposition suffisante à l'air, on leur ait fait perdre leur acide carbonique et que, par là, on ait forcé la précipitation du carbonate de chaux.

Nous aimerions à voir adopter, comme mesure générale, un procédé de purification des eaux, dans lequel la filtration au charbon jouerait un rôle important, après, toutefois, que l'on aurait éliminé les sels minéraux nuisibles.

D'après ce que nous avons vu tout à l'heure, les phosphates exercent une influence utile dans la bière. En partant de cette donnée, qui sera facilement acceptée par tous les hygiénistes, et en tirant parti de ce fait que la plupart des phosphates métalliques sont insolubles (sauf les phosphates alcalins et les phosphates acides), voici ce que nous ferions de préférence. Après une vérification de l'eau destinée aux usages de la brasserie, nous ajouterions dans le réservoir ou dans la citerne une proportion de phosphate acide de chaux suffisante pour opérer la précipitation et la clarification du liquide, que nous aurions débarrassé de son acide carbonique par l'aération, ou par la chaleur au besoin. La réaction est à peu près instantanée. Les sels métalliques sont précipités à l'état de phosphates ; les bases alcalines seules restent dans l'eau, combinées à l'acide phosphorique, et le dépôt floconneux qui se forme entraîne avec lui les matières suspendues, en opérant une véritable clarification. Dans le cas où il y aurait un excès de sulfate de chaux dans l'eau, on n'en serait pas débarrassé par ce moyen, puisque l'acide phosphorique et l'acide sulfurique se trouvent combinés avec la même base. Mais nous supposons que l'on a choisi l'eau la moins séléniteuse d'une part et, de l'autre, il est encore possible de se défaire du gypse par l'addition d'un peu de dissolution de savon de soude avant l'emploi du phosphate acide.

On filtrerait le liquide ainsi traité, en le faisant passer latéralement à travers une couche épaisse de charbon de bois concassé, et l'on pourrait, avec l'ensemble de ces moyens, n'avoir jamais affaire qu'à une eau à peu près pure, très-convenable pour une bonne fabrication.

§ II. — DE LA GERMINATION.

Nous avons cherché à mettre en évidence la nécessité du sucre dans les plantes, et nous avons établi que cet agent réducteur est le principe essentiel qui favorise et détermine l'assimilation du carbone par les végétaux. La nature ne fait rien d'inutile ou d'absurde; tous ses actes sont prévus et pondérés, et ils concourent au but de la reproduction des êtres vivants et de la conservation des espèces. Lorsqu'une graine féculente, *presque dépourvue de sucre*, se trouve soumise à l'influence de l'eau et d'une certaine température, dans des conditions telles que le jeune embryon qu'elle renferme puisse commencer son évolution, la première modification que nous ayons à constater est une absorption d'eau. Il se produit ensuite, ou peut-être simultanément, une modification de la matière albuminoïde, laquelle devient un agent transformateur énergique, qui réagit sur la fécule et la change en sucre. Cette saccharification est d'autant plus rapide, que la température est assez élevée et que l'eau ne manque pas à la graine.

La formation de l'agent modificateur, de la *diastase* (?), n'a d'autre but que le changement de la fécule en sucre, en matière réductrice de l'acide carbonique, et toutes les graines présentent le même phénomène.

Nous utilisons cette action dans la pratique de l'alcoolisation, toutes les fois que nous ne devons pas avoir recours à l'action saccharifiante des acides, soit parce que la liqueur à produire est destinée à des usages alimentaires, soit parce que nous voulons employer les résidus à la nourriture des animaux.

Il est clair que notre objet est de déterminer la production d'une quantité de substance modificatrice suffisante pour que, dans nos opérations ultérieures, nous puissions transformer la totalité de la fécule en sucre fermentescible, et nous parvenons à ce résultat par la germination artificielle que nous faisons subir aux grains féculents.

Lorsque la germination sera faite dans de bonnes conditions, c'est-à-dire lorsque nous lui aurons fait produire *le maximum de matière transformatrice*, nous aurons garanti les résultats du travail subséquent, et c'est à ce point qu'il importe de nous attacher. Bien que nous ayons déjà parlé de la germination au sujet de l'alcoolisation des matières féculentes qui forment le deuxième groupe des matières alcoolisables, nous croyons qu'il sera utile de résumer et de compléter ici les conditions spéciales de la germination des grains et de la *préparation du malt*. Il n'y a rien, en effet, qui importe plus au brasseur que le maltage bien fait, et il convient d'étudier avec précision les données qui s'y rattachent.

Pour que la germination s'effectue, il faut une certaine humidité, une température convenable et la présence de l'air atmosphérique.

Humidité. — En considérant la germination comme le développement de l'activité chimique des substances qui forment la graine, on conçoit que cette activité ne puisse être mise en jeu que si la dissolution des parties solubles se produit et si, par là même, le contact de ces parties avec celles qui sont insolubles peut s'effectuer. On est encore conduit à la même conséquence, si l'on envisage la germination comme un fait d'électro-chimie, ou même de fermentation, puisque, dans toute hypothèse, le contact des matières hétérogènes est indispensable. L'expérience vient encore démontrer l'indispensable nécessité de l'humidité dans l'acte du développement embryonnaire, et nous la regardons comme admise[1]. L'eau pénètre d'abord la semence et la gonfle, elle dissout les substances solubles et établit le contact entre ces matières et celles qui sont insolubles; dès lors, l'activité chimique est mise en mouvement; la *pile électrique* formée par les éléments hétérogènes du grain commence à fonctionner plus ou moins énergiquement, selon la valeur des circonstances concomitantes, et la *vie* a pris naissance dans le nouvel être; il se produit une série de transformations dont le lecteur a déjà acquis une idée : l'eau se décompose en partie, elle fournit son oxygène au carbone de certains principes carbonés qui se dissocient; son hydrogène se combine le plus souvent à l'azote; il se forme des modifications, des oxydations, des hydratations, qui amènent dans la masse les changements les plus intéressants. L'albumine modifiée, oxydée (Ire part., p. 177), devient un

[1] Voir dans la première partie, 1er vol., p. 111, ce que nous avons déjà exposé sur la germination en général.

agent de transformation qui réagit sur la fécule et en détermine l'hydratation, la saccharification, de la même manière que le feraient les acides.

Cet ensemble de faits doit être considéré, avant tout, comme étant le résultat de l'action de l'eau, et rien de semblable ne peut se produire dans les graines, lorsqu'elles sont sèches. L'observation que nous avons faite, le premier, de la décomposition de l'eau dans la germination, décomposition qui se fait par une véritable action électrique, a frappé assez les esprits pour que certains aient cru pouvoir s'en approprier le mérite; à cela nous ne ferons qu'une remarque, savoir que, si nous avons exposé ce fait, constaté par nous après des recherches suivies, il a paru à d'autres assez important pour leur donner la tentation de le présenter en leur propre nom aux Académies. Cela prouve déjà quelque chose, et la plupart de ces emprunts sont une démonstration en faveur de l'objet emprunté... D'autres ont prétendu que la décomposition de l'eau n'est pas toujours possible. En cela, ils se sont trompés, au moins par erreur d'observation, car cette décomposition est de nécessité rigoureuse dans la germination de toutes les graines. Nous n'en donnerons qu'une seule preuve, que nous prendrons dans les observations de Hellriegel sur la germination du colza. D'après ce chimiste, 100 parties de graines de cette plante présentent la composition suivante, avant et après la germination :

	Graines non germées.	Graines complétem. germées.
Huile grasse.	47,09	36,22
Sucre, mat. amère, acides organiques.	7,69	15,41
Synaptase, pectine.	3,53	5,72
Pectose.	12,64	11,28
Albumine, légumine.	5,22	1,81
Matières azotées insolubles.	12,91	14,72
Cellulose, etc.	7,22	7,98
Cendres.	3,70	3,68
	100,00	96,82

Sans nous arrêter à la diminution du poids, qui atteint le chiffre de 3,18 pour 100, nous trouvons une diminution considérable de la matière grasse et des matières albuminoïdes solubles, tandis que les matières sucrées ou amères et les acides ont doublé de poids. Les matières protéiques insolubles ont aussi très-notablement augmenté. Or il est impossible d'attribuer ces différences à l'air atmosphérique, et la décomposition de l'eau seule peut fournir aux modifications de la matière. On s'en rend parfaitement compte en opérant sous une cloche jaugée, lutée avec soin, sous laquelle on a placé les graines d'une part et, de l'autre, un peu de potasse caustique pour absorber l'acide carbonique. Un tube en S sert à humecter les graines. L'analyse de l'air, faite après la germination, permet de constater que cet air n'a perdu qu'une proportion relativement faible d'oxygène, tout à fait insuffisante pour expliquer les phénomènes produits, et qu'il est impossible de les attribuer à une autre cause qu'à la décomposition de l'eau.

Température. — En moyenne, la température nécessaire à la germination varie dans les mêmes limites que celle qui permet la fermentation. Le degré de chaleur qui paraît le plus favorable à la mise en action des forces qui concourent au développement de la vie est celui que l'on observe au printemps, lors de la germination naturelle des graines ; mais cela n'implique pas que, dans la germination artificielle que nous faisons subir aux semences, nous ne puissions pas régler la température à un degré plus élevé, dans le but d'accélérer l'opération. Les faits observés démontrent que la température de $+20$ à $+25$ degrés donne des résultats rapides et excellents. C'est à peu près la limite à laquelle on devra s'appliquer à maintenir les graines, pour atteindre les meilleures conditions désirables.

Contact de l'air. — Il n'y a pas de fermentation ni de germination possible sans la présence de l'air et, même dans la germination naturelle, au sein de la terre, les graines ne germent pas si elles sont enterrées à une trop grande profondeur, en sorte que cette troisième condition doit être regardée comme aussi indispensable que les deux précédentes.

Ces conditions ne suffisent pas cependant, car il est absolument nécessaire, avant toute chose, que les semences soient saines et qu'elles n'aient pas perdu la faculté de germer, c'est-à-dire que l'embryon qu'elles renferment soit sain et n'ait pas subi de décomposition chimique. C'est là un point essentiel pour la préparation du malt. Il est évident que les grains que l'on emploie à l'état cru pourraient très-bien avoir perdu la fa-

culté de germer sans que leur teneur en matière saccharifiable ait beaucoup diminué ; ils pourraient donc être employés comme matière première de la production du sucre,
sans, pour cela, être aptes à produire du malt de bonne qualité.

Germination artificielle. — Les phases de la germination artificielle
sont : le *mouillage* et la *germination* proprement dite.
Le grain, placé dans un vase convenable, soit un bac en bois
ou en pierre, est recouvert d'eau à la température ordinaire.
Cette eau s'élève au-dessus du grain de 1 à 2 centimètres. On
agite avec soin la masse, afin de pouvoir enlever les grains
vides et les matières légères qui viennent à la surface, puis on
laisse écouler cette eau de lavage, et l'on ajoute de nouvelle
eau jusqu'à ce qu'elle sorte parfaitement limpide. On remet
alors de l'eau qu'on laisse en contact, jusqu'à ce que le grain
soit pénétré par l'humidité et, souvent même, on la renouvelle à plusieurs reprises.

Comme, après le lavage des parties extérieures qui a pour
résultat de nettoyer la graine et d'éliminer une substance
âcre contenue dans l'écorce, l'action de l'eau tend à dissoudre
et à entraîner des parties utiles et des principes solubles, albumineux ou autres, qui sont renfermés dans la semence, il
nous semble que l'on devrait donner la préférence à une autre
marche, plus rationnelle et plus conforme aux règles d'une
saine pratique. Après le lavage et le nettoyage, on doit laisser
l'eau s'écouler, puis mettre le grain en tas et l'arroser de
temps en temps avec une faible quantité d'eau, qui puisse être
absorbée facilement et promptement par la masse. Il va de
soi que l'opération est facilitée et l'absorption rendue plus
uniforme et régulière par un pelletage soigné. On renouvelle
les additions d'eau et les pelletages pendant tout le temps que
le liquide est absorbé, mais on doit prêter la plus grande attention à ne pas ajouter de l'eau en excès, qui entraînerait
alors les matières solubles utiles que l'on cherche à conserver
dans la matière.

La durée du mouillage varie nécessairement avec la nature
du grain, son état de siccité plus ou moins grande, l'épaisseur
des enveloppes, la température ambiante et le soin apporté à
la manœuvre de l'opération. Dans un temps qui peut se prolonger de vingt-quatre à quarante-huit heures, le grain a absorbé en général toute l'eau qu'il peut prendre.

Le seigle s'humecte très-vite; l'orge et le froment demandent un peu plus de temps, l'avoine plus encore; mais le maïs
est de toutes les céréales celle qui résiste le plus à la pénétration de l'eau, à cause de la consistance presque cornée des
couches intérieures sous-corticales.

Les grains sont suffisamment pénétrés par l'humidité lorsque leurs enveloppes s'en séparent aisément et que l'on peut
facilement les plier par l'action de l'ongle sans qu'ils se bri-
sent; mais le point capital est celui-ci, que la semence se refuse à une nouvelle absorption d'eau, ce qu'il est très-facile de
vérifier. On peut se convaincre de la perte que l'on fait par le
mouillage ordinaire en lavant une certaine quantité d'orge,
par exemple, et en la laissant ensuite en contact avec de l'eau
pendant le temps nécessaire à l'humectation du grain et à sa
pénétration par le liquide. Le liquide soutiré et évaporé donnera un résidu solide qui pourra s'élever d'un deux-centième
à un centième du poids du grain, et qui renferme de la dextrine, du sucre, des matières albuminoïdes solubles et des sels.
On comprendra par cette expérience toute l'importance que
l'on doit attacher en brasserie au mode à adopter pour le
mouillage et l'humectation des grains destinés à la germination. Nous reviendrons sur ce sujet dans un chapitre suivant
consacré à l'étude des travaux de la brasserie, puisque nous
devons nous contenter à présent d'exposer les principes généraux et les conditions technologiques qui doivent guider la
fabrication.

Lorsque le grain a absorbé toute l'eau qu'il peut prendre,
il convient de le placer dans des circonstances telles que l'activité chimique et le mouvement organique puissent se développer. Il est clair que la germination n'aurait pas lieu sous
l'eau en dehors de la présence de l'air et d'une certaine température. Si le contact avec l'eau se prolongeait au delà de
certaines limites, on arriverait même à produire l'altération
des grains et la dégénérescence putride de leur substance.

Le grain, bien humecté, bien pénétré par l'eau, est donc
égoutté s'il en est besoin. On le dispose ensuite en tas plus ou
moins volumineux, selon la saison, plus épais en hiver, moins
en été, dans un local dont la température doit être réglée
selon la rapidité que l'on veut donner à la germination. En
effet, la germination se produit d'autant plus rapidement que

la température est plus élevée, au moins jusqu'à la limite normale que nous avons indiquée. Bientôt la chaleur produite par les réactions qui se passent dans le grain élève la température de la masse au-dessus de celle de l'air ambiant, et la surface du grain se couvre d'humidité. C'est un véritable ressuage. On étend alors le grain en couches plus minces et, au bout de vingt-quatre à trente-six heures environ, selon la température extérieure, les grains, qui se sont d'abord séchés en absorbant l'humidité superficielle, redeviennent humides ; leur enveloppe se déchire pour laisser apparaître les radicelles, tandis que le germe ou la plumule sort de son côté ou continue son évolution sous l'enveloppe.

Il y a des grains, comme le maïs, dans lesquels la plumule apparaît presque aussi vite que la radicelle.

Nous avons dit que la rapidité de la germination est en rapport avec l'élévation de la température ambiante : cela est exact ; mais il paraît démontré que la lenteur de ce travail est favorable à la qualité des produits, en sorte que ce serait une faute d'exagérer cette température, aussi bien que de laisser celle des couches s'élever à un degré trop considérable. Pour obvier à cet inconvénient, il suffit de pelleter, de remuer le grain et de diminuer l'épaisseur des couches. Disons cependant que, si certains malteurs ne laissent pas la température des couches s'élever au-dessus de $+12$ à $+18$ degrés, il en est d'autres qui ne craignent pas de la laisser atteindre $+25$ à $+30$ degrés, ce qui nous paraît hasardeux.

En brasserie, on considère la germination comme terminée lorsque la *radicelle* a atteint une longueur égale à une fois et demie celle du grain, bien que la plumule ne soit pas sortie et qu'elle n'ait encore atteint que la moitié de la longueur du grain. On trouve même que pour le froment ce développement de la radicelle est trop considérable et qu'il convient de s'arrêter à une longueur égale à celle du grain.

Ce serait à ce point que la production de l'agent transformateur de l'amidon aurait atteint son maximum ; mais, comme on manque à cet égard d'expériences précises, nous croyons que l'on devrait faire intervenir dans la question des éléments dont on ne tient pas assez compte, savoir : le mode d'hydratation, la température observée et le temps exigé par l'opération. Nous avons cru devoir conclure de nos expériences que le maximum de l'agent transformateur est atteint lorsque la plumule s'est développée d'une longueur égale à celle du grain, qu'elle soit ou non sortie de ses enveloppes. Nous devons même ajouter que cette règle empirique ne peut être considérée comme certaine, si l'on n'a pas fait entrer en ligne de compte les éléments dont nous venons de parler. Il y a des grains, le maïs par exemple, dans lesquels la germination doit encore dépasser ce terme pour avoir produit le maximum de substance transformatrice.

C'est donc ici une question qui nécessite des vérifications attentives. Toute la brasserie repose, en effet, sur la perfection du maltage, sur les bonnes conditions dans lesquelles s'accomplit la germination, puisque c'est de la production de l'agent transformateur que dépend la saccharification ultérieure de la fécule, et que le rendement en est la conséquence immédiate. La conservabilité de la bière n'est pas elle-même sans relation avec cet ordre de faits, puisque la plus forte proportion de glucose répondra à une quantité moindre de dextrine et que la clarification sera rendue plus facile, en même temps que les causes de dégénérescence seront écartées en partie.

Il est remarquable que, dans la germination des grains confiés au sol, les choses ne se passent pas de la même façon que nous venons de le dire. D'abord l'hydratation des grains ne se fait que plus lentement et elle n'est jamais aussi complète que dans l'opération artificielle, et ensuite la température que les semences rencontrent dans le sol est beaucoup moins élevée. Or l'acte naturel ayant été pris pour point de départ, pour type, en un mot, on est en droit de concevoir des doutes sur la bonté de notre méthode, et de demander s'il ne vaudrait pas mieux chercher à imiter plus entièrement ce qui se fait dans la germination naturelle. Cette grave question, dont la solution pourrait entraîner de grandes modifications dans le maltage, exigerait une série d'expériences sérieuses et bien suivies, sans lesquelles il nous paraît absolument impossible de se prononcer. Nous pouvons dire cependant que, dans une recherche faite en 1867, nous avons employé comme malt une certaine quantité d'orge dont la germination s'était faite dans le sol, et que les résultats nous ont paru remarquables. La saccharification a été plus rapide et plus complète, le rendement alcoolique plus considérable, en sorte que ce premier fait nous a inspiré le dessein d'étudier avec plus d'attention les conditions du maltage, aussitôt que nous en aurons le loisir. Il nous semble qu'il y a dans cette idée la matière d'une recherche importante qui pourrait amener des résultats avantageux pour la brasserie et l'alcoolisation.

Quoi qu'il en soit, dans les conditions habituelles, la germination demande huit à dix jours en France. Dans les pays plus froids, elle peut exiger un temps plus considérable et n'être terminée qu'au bout de dix-huit à vingt jours.

Lorsqu'elle est arrivée à son terme, il convient d'arrêter les réactions ultérieures, lesquelles ne se feraient qu'au détriment des principes utiles du grain et, pour cela, on a recours à l'aération et à la dessiccation. Le grain est pelleté, étendu en couches minces, exposé à un courant d'air qui le refroidit et le dessèche en partie, jusqu'à ce qu'il soit soumis à une dessiccation plus complète.

Le grain germe d'autant mieux qu'il est soustrait à la lumière directe du soleil, et qu'il est soumis à une température moyenne plus uniforme et plus constante. Comme il se produit, d'ailleurs, une certaine proportion d'acide acétique dans la germination, on a trouvé qu'une petite proportion de potasse, de soude, d'ammoniaque ou de chaux favorise le développement du germe, en saturant cet acide, à mesure qu'il se produit. La germination est retardée, en effet, par l'acide acétique, qui peut même l'empêcher tout à fait, quand il est en proportion notable. De même, l'acide carbonique, en grande proportion, est nuisible à la germination, comme il est nuisible à la fermentation. La présence d'une faible quantité de ces bases peut donc, dans certaines circonstances, offrir des résultats avantageux au point de vue de la germination; mais comme leur action nous paraît nuisible dans les opérations ultérieures de la brasserie, nous conseillons l'abstention la plus entière à l'égard de tous ces moyens, qui ne produisent un peu de bien qu'en échange d'un plus grand mal.

Nous ne nous arrêterons pas aux considérations théoriques de chimie que l'on pourrait développer au sujet des modifications subies par les principes constituants des graines, et nous nous contenterons d'indiquer les faits relatifs à la perte subie par le grain germé, avant de mettre sous les yeux du lecteur quelques observations relatives à l'agent transformateur de l'amidon.

On a évalué, dans de bonnes conditions d'appréciation, que l'orge, prise pour type, augmente à la vérité de volume par la germination, mais qu'elle subit une perte en poids de 8 pour 100 environ. Cette perte se dédouble ainsi : 1 et demi pour 100 au maximum pour les matières entraînées par le lavage et le mouillage, 3 pour 100 par les réactions de la germination elle-même, et 3 et demi pour 100 par la séparation des radicelles. Ces chiffres, considérés comme exacts par M. Mulder, concordent avec ceux de Thomson ; mais plusieurs spécialistes portent la perte à un nombre plus élevé.

Quant aux radicelles, que l'on doit séparer parce qu'elles donneraient un mauvais goût au produit, nous en avons une bonne analyse due à M. Scheven et insérée dans le *Journal de chimie pratique* d'Erdmann. Cette analyse porte sur deux échantillons qui ont fourni après la dessiccation à +100 degrés :

Fibre ligneuse	18,5	23,6
Substances non azotées. .	48,8	39,6
Substances azotées. . . .	25,5	28,6
Cendres.	7,5	8,0

L'utilisation particulière de ces résidus se trouve naturellement indiquée pour la préparation des engrais, à raison de leur richesse en matières azotées. M. Mulder estime que la production de ces radicelles correspond à une perte de 0,75 à 1 pour 100 des matières albumineuses de l'orge.

§ III. — DE L'AGENT TRANSFORMATEUR DE L'AMIDON.

La germination a donné naissance, dans les grains, à un principe transformateur qui a pour fonction de réagir sur la fécule et de la changer en dextrine et en glucose fermentescible.

Ce principe, découvert par Kirchhoff, nommé *diastase* par MM. Payen et Persoz, a été étudié dans la première partie de cet ouvrage [1], et nous ne nous en occuperons ici que pour compléter ce qui pourrait manquer à ce que nous en avons

[1] P. 175 et suiv.

dit précédemment, ou pour aplanir certaines difficultés qui nous ont été signalées.

La diastase, ou ce qu'on a nommé ainsi, ne paraît pas préexister dans la graine, et elle ne s'y forme que par la modification des matières albuminoïdes insolubles, ou peut être de l'albumine, probablement dès le moment où la semence est pénétrée par l'eau. On ne sait d'ailleurs rien de précis sur le temps qui précède sa formation, pas plus que sur l'*agent direct* de sa production, si toutefois il existe un agent quelconque de cette nature, et que la diastase ne soit pas le résultat d'une action réciproque et simultanée de l'amidon sur la matière albuminoïde.

Une partie de diastase peut transformer 1 000 parties d'amidon en sucre et 2 000 parties en dextrine. Il n'en existerait qu'un cinq-centième dans l'orge germée. En outre, par le procédé de MM. Payen et Persoz, on ne peut obtenir cette substance pure, en sorte que l'on ne saurait dire avec certitude qu'elle forme une combinaison ou un groupement déterminé. Cette matière impure se conserve assez longtemps à l'état sec; mais elle perd instantanément sa propriété capitale par l'ébullition, et elle s'altère promptement à l'humidité.

Quant à son action transformatrice, elle consiste à dissoudre l'amidon, puis à le transformer en dextrine, et finalement en glucose, si le contact est prolongé pendant un temps suffisant. Elle a lieu même à la température ordinaire, à partir de $+5$ degrés, ce qui est aussi le point de départ de la germination et de la fermentation; mais nous savons que cette action atteint son maximum vers $+70$ degrés à $+75$ degrés et que, au-dessus de $+80$ degrés, elle commence à décroître rapidement, pour cesser entièrement vers le point d'ébullition ou un peu au-dessous. L'action de la diastase augmente de rapidité par la présence de beaucoup d'eau, comme elle est retardée par celle d'une grande quantité de sucre, par les alcalis, par certains sels métalliques, par le tannin, etc.

En résumé, il paraît douteux, en présence des faits et de l'expérience, que la matière transformatrice de l'orge germée soit une substance bien déterminée, car, si elle est caractérisée par la transformation de l'amidon en sucre, on rencontre une foule de matières qui offrent la même propriété, et entre autres le gluten, l'albumine, etc. Nous allons voir, d'ailleurs, que la plupart des matières albuminoïdes en voie de décomposition paraissent jouir de la propriété saccharifiante de la diastase, en sorte que, de tout le bruit fait autour de cette question, il ne reste à l'*avoir* de MM. Payen et Persoz qu'un nom grec d'une application douteuse.

Et puisqu'il faut encore en revenir à M. Payen, disons tout de suite que les errements académiques, à propos de sa prétendue diastase, avaient été les mêmes que ceux que l'on a suivis au sujet du chauffage des vins (p. 187). De même que l'Académie ne pouvait pas ignorer que M. Pasteur n'était qu'un copiste en matière de ferment et d'œnologie, de même elle ne pouvait pas avoir perdu de vue les expériences de Kirchhoff au sujet de la saccharification. Il y a plus, elle ne pouvait pas méconnaître les travaux de M. de Saussure, et cependant elle a mis sous le boisseau tout ce qui appartenait aux concurrents de ses favoris, afin d'assurer à ceux-ci un succès plus facile. Nous ne voulons pas raconter nous-même les faits relatifs à la diastase et, pour montrer plus complétement la vérité, nous laissons la parole à un homme compétent, aussi désintéressé que nous dans la question.

Après avoir parlé des expériences de Kirchhoff, M. Mulder ajoute : « Vingt et un ans après, de Saussure fit connaître les résultats de ses recherches. Elles furent envoyées, le 3 mai 1833, à Dumas, qui communiquait à l'Académie, le 17 juin de la même année, les expériences de Payen et de Persoz sur la soi-disant diastase, *sans parler des expériences de de Saussure*. Je crois m'expliquer clairement. En 1812, Kirchhoff a montré qu'il existe dans le gluten brut une substance, en quantité presque impondérable, qui peut opérer la transformation de l'amidon en sucre. Vingt et un ans plus tard, de Saussure démontrait le même fait ; et cependant le jour où des résultats identiques, qui ne différaient que par le nom de *diastase* appliqué à l'agent de transformation, furent portés devant l'Académie des sciences de France, *il ne fut pas question des recherches antérieures, qui avaient cependant élucidé complétement le fait,* mais auxquelles le nouveau nom de l'agent transformateur manquait seul. Ce nouveau nom, du reste, qui veut dire *agent destiné à déterminer la déchirure ou la rupture*, est impropre, puisque le grain d'amidon n'est pas un petit sac rempli de contenu plastique. »

Il serait bien difficile, à notre sens, de peindre en termes plus nets l'avilissement auquel peut en être réduite la science en France, sous l'influence des coteries, et nous n'ajouterons pas un mot aux paroles du chimiste hollandais.

Nous savons déjà que Kirchhoff a obtenu la saccharification de l'amidon par l'ébullition dans l'eau en présence du gluten brut. Ajoutons que, dans cette expérience, le gluten n'avait perdu qu'une quantité presque infinitésimale de son poids, en sorte que la proportion de l'agent transformateur qui s'y trouvait était extrêmement petite. Le résidu du gluten n'était plus apte à produire la saccharification.

De Saussure a obtenu des résultats analogues avec le gluten brut, la glutine, la mucine, l'albumine végétale, dans la proportion d'une partie pour deux parties d'amidon; il faisait réagir avec de l'eau à + 65 degrés (moyenne) pendant dix heures...

Nous avons nous-même répété ces expériences, et nous avons pu en constater l'exactitude. De même, en 1857, avant la publication de notre ouvrage sur la fermentation, nous avons vérifié l'action saccharifiante du gluten sur l'amidon de la pâte destinée à faire le pain, et nous avons extrait de l'alcool de cette pâte fermentée, que nous avions laissée à l'action fermentative jusqu'au moment où elle avait cessé de se gonfler et d'augmenter de volume. C'est à ce fait et à quelques autres du même ordre que nous avons rattaché les phénomènes de la fermentation panaire.

D'après un grand nombre d'observateurs, aussi consciencieux qu'habiles, la plupart des matières animales agissent sur l'amidon à la manière de la diastase; ainsi, le sang, la bile, l'urine en voie de décomposition, la chair musculaire, la matière cérébrale, la salive, etc., opèrent la transformation de l'amidon en dextrine et en glucose ; nous avons obtenu également cette transformation avec la caséine altérée et la gélatine commune ou colle forte.

Sans vouloir nous étendre davantage à ce sujet, malgré tout l'intérêt qui ne peut manquer de s'y attacher, nous croyons que l'on peut hardiment tirer de ces faits une conclusion générale, savoir, que la diastase, dans le sens indiqué par M. Payen d'un groupement déterminé, n'existe pas ; mais que toutes les substances azotées, en voie d'oxydation ou de décomposition, agissent sur l'amidon et le transforment en dextrine et en glucose.

Cette conclusion, appuyée par les autorités les plus compétentes et par les faits les mieux prouvés, ne préjuge absolument rien contre l'existence bien constatée d'*une diastase* dans les grains germés, diastase qui prendrait son origine dans l'altération ou l'oxydation des matières protéiques, et notamment dans leur transformation en matières solubles non coagulables. Ceci paraîtrait démontré par ce fait que ces dernières substances seules, dans le groupe des matières albuminoïdes, augmentent de poids pendant la germination. Nous dirons encore cependant que l'albumine coagulable, aussi bien que le gluten, est apte à fournir une certaine proportion de l'agent transformateur lorsqu'elle est soumise à différentes causes d'altération, comme le contact prolongé avec l'eau aérée, l'ébullition pendant un temps plus ou moins long, etc.

Lors donc que la germination a déterminé la modification utile de la substance albumineuse, que l'on a fait du malt dans de bonnes conditions, il ne s'agit plus que de produire la réaction pour laquelle on s'est livré à cette préparation préalable, c'est-à-dire la saccharification de la fécule, ou de l'amidon non attaqué pendant la germination. Avant toutes choses, cependant, il est indispensable, en brasserie, de compléter la dessiccation du malt, afin de le mettre à l'abri des altérations qui pourraient l'atteindre, s'il restait dans un état d'humidité complète.

§ IV. — DESSICCATION DU MALT.

En alcoolisation proprement dite, lorsqu'on fait la saccharification des matières féculentes par le malt, il n'est pas indispensable de faire sécher le grain germé qui doit fournir l'agent de la transformation, lorsqu'on ne prépare ce grain qu'à mesure des besoins. Il suffit de l'écraser entre des cylindres au moment de l'employer, et ce serait faire une dépense inutile que de le soumettre à une dessiccation plus ou moins complète. Dans ce cas spécial, la dessiccation doit s'appliquer seulement au malt que l'on prépare à l'avance, pour le conserver jusqu'au moment de s'en servir.

Il n'en est pas de même en brasserie, et bien que l'on puisse, à la rigueur, faire de la bière avec du grain germé, non séché, les conditions particulières dans lesquelles se trouve placée l'industrie du brasseur exigent que le malt soit séché à différents degrés, selon l'emploi qu'on en veut faire et selon l'espèce de bière qu'on veut produire. La nécessité de l'approvisionnement rend également cette dessiccation indispensable, et cette opération permet en outre de retrancher les radicelles et de diviser la matière au point le plus convenable.

Ainsi, lorsque le grain germé a été aéré et ventilé, qu'il a perdu son humidité extérieure et qu'il s'est refroidi au degré de la température ambiante, il convient d'en compléter la dessiccation de manière à arrêter le travail intime qui s'opère dans ses parties constituantes. Cette dessiccation peut se faire à l'air ordinaire, ou bien par l'action de la chaleur artificielle. Elle peut aller jusqu'à la *torréfaction*...

Nous savons que la dextrine n'est qu'une matière gommeuse dérivée de l'amidon, mais que cette matière ne présente pas ce caractère des gommes proprement dites, qui est de fournir de l'acide mucique avec l'acide azotique ; son produit est de l'acide oxalique. La dextrine qui se trouve normalement dans les végétaux, celle qui se produit par l'action d'un acide faible, ou par celle de l'infusion de malt, se comportent exactement de la même manière, en ce sens que la réaction, dite *diastatique*, de l'infusion de malt, change facilement ces trois sortes de dextrine en glucose. Au contraire, l'espèce de gomme dextrine, connue sous le nom de *léiocomme*, et que l'on obtient en soumettant la fécule à une température voisine de 200 degrés centigrades, est beaucoup moins attaquable par l'agent transformateur du malt ; il ne s'en transforme qu'une partie en sucre, en sorte qu'il reste dans le produit une proportion plus ou moins grande de ce léiocomme en dissolution, qui n'a pas servi à augmenter la quantité de la matière fermentescible alcoolisable.

Nous concluons de ces faits que le malt, soumis à la dessiccation, fournira d'autant plus de glucose à la saccharification que la dessiccation aura été faite à une température plus basse, insuffisante pour produire du léiocomme, dont le caractère essentiel est de ne plus présenter de réaction avec l'iode, tandis que la dextrine ordinaire produit encore cette réaction.

En outre, plus le malt a été soumis à une forte dessiccation, à une sorte de torréfaction, plus il s'est produit de léiocomme, moins la bière qui en proviendra sera alcoolique, puisque la gomme produite par l'action de la chaleur sur la fécule sera beaucoup moins attaquable.

Si nous portons notre attention sur un autre point relatif à l'agent transformateur même, nous trouvons que cet agent peut subir des altérations capitales dans la dessiccation du malt, ou même perdre entièrement sa propriété de changer la fécule en dextrine et en sucre. En effet, cette propriété se trouve détruite par une température de 100 degrés, et au-dessus de + 75 degrés elle commence à perdre notablement de son énergie, à mesure que la chaleur augmente d'intensité. De là, si le malt est soumis à une température trop élevée, de 80 à 100 degrés par exemple, il est clair que, dans la saccharification ultérieure, un tel malt ne donnera pas lieu à une transformation complète de son amidon et que, à plus forte raison, il ne pourra réagir sur d'autres matières additionnelles. Ce fait, bien que rigoureusement exact, se trouve cependant sous la dépendance d'une circonstance dont il faut tenir compte. L'altération de la matière transformatrice n'a lieu dans les limites de température comprises entre + 75 et + 100 degrés, qu'en présence d'un certain excès d'humidité, en sorte que si le malt a été séché, au préalable, avant qu'on élève la température jusqu'au degré nécessaire pour produire une sorte de torréfaction, l'altération du principe transformateur est beaucoup moins sensible et se trouve considérablement retardée.

Il n'est pas moins évident, pour quiconque veut réfléchir, que la matière alimentaire du ferment peut être altérée par une forte dessiccation, ou plutôt par la torréfaction, tellement que, lors de la fermentation des moûts préparés avec du malt torréfié, comme ces moûts ne donnent lieu qu'à une faible reproduction de ferment, il sera nécessaire d'introduire dans les liqueurs une quantité plus considérable de levûre.

Pour résumer les idées qui précèdent, on peut dire que la torréfaction ou la dessiccation excessive du malt peut déterminer la diminution du rendement alcoolique, par la production d'une certaine proportion de léiocomme ; qu'elle peut altérer la diastase (?) et la matière plastique alimentaire du

ferment ; qu'il importe d'éviter autant que possible ces inconvénients, et de les atténuer par des moyens rationnels,
lorsqu'il n'est pas possible de s'y soustraire entièrement.

Sous un autre rapport, la dessiccation du malt, dans les
étuves spéciales, ou *tourailles*, produit la conservabilité du
grain d'une manière plus absolue que la dessiccation à l'air
libre, car le grain est d'autant moins avide d'humidité qu'il
a été plus fortement desséché. Par la dessiccation, la proportion de dextrine du malt est augmentée, ainsi que celle
du sucre, sous l'influence de l'agent transformateur. Il ressort
de ce qui a été dit que ce résultat se trouve sous la dépendance
de la température produite, et qu'il n'en est ainsi que pour les
températures inférieures à 75 degrés. Le *touraillage* est encore favorable à la production de la bière, en ce sens que
l'action de la chaleur ôte au grain cette saveur crue, ce goût
d'herbe, si l'on veut, qui le caractérise, et qu'elle y substitue
une saveur et un goût plus agréables. Enfin, par la torréfaction, conduite prudemment à un point convenable, on détermine la formation d'une *matière colorante* qui n'est pas sans
importance dans la fabrication des bières colorées ou *bières
brunes*.

Sous ce dernier rapport, il est remarquable qu'une portion
très-appréciable des matières cellulaires du grain peut être
changée à l'aide d'une chaleur, même modérée, en plusieurs
principes colorants, parmi lesquels nous signalerons l'acide
mélassique de M. Péligot, ou une modification brune du sucre
glucose, le caramel. Il se forme également d'autres produits
pyrogénés bruns, doués d'une saveur amère, qui sont loin
d'être sans action sur la conservation de la liqueur.

Sans vouloir nous étendre outre mesure sur la dessiccation
du malt, nous dirons que la dessiccation à l'air libre, la plus
utile à la production d'une grande richesse alcoolique, est
cependant moins favorable à la clarification de la bière que
la dessiccation à l'aide de la chaleur artificielle. En somme
donc, il convient de soumettre le malt à une dessiccation artificielle par la chaleur, mais on ne doit tourailler que des
grains qui ont déjà subi la dessiccation à l'air, et auxquels on
a déjà enlevé la plus grande partie de leur humidité. Cette
règle découle de ce que nous venons d'exposer, et encore
doit-on procéder lentement et graduellement dans l'applica-

tion de la chaleur, si l'on ne veut pas altérer le malt dans quelques-uns de ses principes essentiels. Toute la conduite à tenir dans la pratique de la dessiccation du malt dérive de ce principe, et il ne saurait être trop présent à l'esprit de ceux qui font cette manipulation.

Nous déduirons de tout ce qui précède cette conséquence que, dans l'étuve ou touraille, les grains doivent être placés d'abord au point le plus éloigné de la source de chaleur, afin de ne les soumettre à l'élévation de la température que d'une manière lente et méthodique. Les tourailles devront donc présenter plusieurs étages ou plans de dessiccation.

Quant à la chaleur même qui doit déterminer cette dessiccation, on la produit dans la pratique commune par un foyer ordinaire, dont les gaz chauds, en s'élevant, passent successivement à travers les couches de grains disposées sur des plans successifs. Ce mode a encore ses partisans qui attribuent aux produits pyrogénés de la combustion des propriétés conservatrices que nous croyons très-réelles, mais qui ne compensent pas, à notre avis, les mauvais goûts qui peuvent en résulter. Nous regardons comme très-préférables les étuves chauffées par l'air chaud ou par une circulation de vapeur.

Malgré les opinions émises à ce sujet par des hommes compétents, nous ne pouvons nous empêcher de regarder comme un engin fort arriéré une étuve disposée de manière à envoyer les gaz de la combustion à travers les couches de grain, bien que la créosote et d'autres produits du même genre puissent ne pas être sans influence sur la conservation du malt. On en a conclu même à une grande conservabilité de la bière qui en provient ; mais il nous semble que cette manière de voir est un peu trop aventurée et hypothétique. Dans tous les cas, tous les observateurs s'accordent pour donner la préférence aux combustibles qui dégagent le moins de produits pyrogénés, ce qui est presque une condamnation implicite de cette idée théorique.

Quoi qu'il en soit, nous préférons une touraille à air chaud, permettant de régler la chaleur au degré convenable, et d'employer tous les combustibles dont on peut disposer.

Les colorations diverses du malt, dues à différents degrés de chaleur, ont été l'objet des recherches de Combrune, dont les données ont été publiées en 1831, par Schubarth.

51° blanc.	69°,4 brun foncé.
54° jaune clair.	72°,2 brun foncé, taché de noir.
56°,7 ambré.	75° brun noir.
59° ambré foncé.	77°,2 brun café foncé.
61°,7 brun clair.	80° noir.
66°,7 brun.	

Nous n'attacherons pas à ces indications une importance exagérée, par la raison que les températures données ne correspondent pas aux effets signalés, lorsque le malt a été bien desséché à l'air avant d'être touraillé. Dans le cas contraire, les effets varient avec le degré d'humidité du grain germé, et ils sont encore sous la dépendance directe du mode de construction adopté et du soin avec lequel les manipulations sont faites.

En général, on compte que 100 kilogrammes d'orge crue ne produisent que 80 kilogrammes de malt touraillé. Comme nous avons trouvé que l'orge perd 8 pour 100 par les opérations du mouillage et de la germination, c'est un chiffre de 12 pour 100 à compter pour la perte d'eau qui résulte du touraillage.

Nous avons déjà vu que M. Oudemans avait cherché à déterminer la différence de composition entre l'orge crue et l'orge germée. Le même chimiste a continué ses investigations sur le malt touraillé plus ou moins fortement. Il ne nous semble pas inutile de reproduire ici ses résultats, en tenant compte toutefois, comme l'a fait M. Mulder, des matières négligées par l'auteur et que nous désignerons sous les noms de *produits indéterminés* et de *produits de torréfaction.*

	Orge crue.	Malt desséché à l'air	Malt touraillé.	Malt fortement touraillé.
Dextrine	4,5	6,5	5,8	9,4
Amidon	53,8	47,3	51,2	43,9
Sucre	0,0	0,4	0,6	0,8
Substances cellulaires.	7,7	11,7	9,4	10,6
Matières albumineuses.	9,7	11,0	9,1	9,7
Matière grasse. . . .	2,1	1,8	2,1	2,4
Cendres	2,5	2,6	2,4	2,6
Eau	18,1	16,1	11,1	8,2
Produits indéterminés.	1,6	2,6	} 8,3	12,3
Produits de torréfact. .	0,0	0,0		

Nous ne chercherons pas à déduire les conclusions théoriques que l'on pourrait faire ressortir de ces chiffres, et nous laisserons entièrement à la sagacité du lecteur le soin d'en tirer les conséquences les plus rationnelles. A un point de vue plus pratique, nous dirons seulement que, si la dessiccation à l'air libre n'exige d'autres soins qu'une aération rapide, un pelletage réitéré du grain étendu en couches minces, et un nettoyage complet qui élimine les radicelles, la dessiccation par la chaleur artificielle demande des précautions beaucoup plus minutieuses. Plus on aura fait avec soin la dessiccation à l'air, préalable au touraillage, plus celui-ci sera parfait et à l'abri des mauvaises chances que nous avons signalées. Plus le touraillage sera lent et gradué, moins le grain conservera d'humidité avant d'être exposé à une chaleur progressive et plus les résultats en seront avantageux. C'est à cette règle fondamentale qu'il importe de s'astreindre avant tout, et l'intérêt du brasseur lui fait une loi de s'y conformer rigoureusement.

Le malt desséché à l'air ou à la touraille doit être mis à l'abri de l'humidité, sans quoi il éprouve bientôt des altérations graves qui portent sur la plupart de ses principes constituants, et en particulier sur les matières azotées et l'agent transformateur de l'amidon.

§ V. — DE LA SACCHARIFICATION.

Le lecteur se trouve déjà au courant des faits principaux de la saccharification diastatique, que nous avons exposés succinctement en traitant de l'alcoolisation des matières féculentes. Le brasseur a besoin cependant de connaître plus à fond cette partie essentielle de son travail, et il n'a pas d'ailleurs le même but exactement que l'alcoolisateur. Celui-ci recherche, avant tout, le maximum de la production alcoolique, tandis que le brasseur doit encore se préoccuper de plusieurs autres substances qui font partie intégrante de la bière. Il importe donc de bien établir les principes sur lesquels repose la saccharification en brasserie, afin de ne rien omettre d'essentiel dans l'étude de cette industrie.

En général, on produit la saccharification en mettant la matière saccharifiable et l'agent transformateur en contact par l'intermédiaire de l'eau, chauffée à une température déterminée. Le but capital consiste dans le changement de la fécule en dextrine, la transformation de celle-ci en glucose, au moins pour une proportion suffisante , et la dissolution des principes solubles, ou devenus tels, dans l'eau qui doit former une des parties essentielles du moût.

La *matière* doit d'abord être *divisée* pour qu'elle soit plus perméable à l'eau et plus accessible aux réactions ultérieures.

Cette matière est, en elle-même , très-variable. Elle peut être : 1° du malt d'orge seul ; 2° un autre malt de céréales, de froment, de seigle, de maïs ; 3° un mélange de malt d'orge et d'un autre malt ; 4° un mélange de malt et de grains crus ; 5° un mélange de malt et de fécule de pommes de terre. On pourrait ajouter encore à ce groupement le mélange d'un malt avec la pulpe de pommes de terre, que nous regardons comme préférable à l'emploi de la fécule ; 6° le mélange du produit d'un malt avec une matière sucrée.

La pratique la plus ordinaire se borne à l'emploi du malt d'orge, seul, ou mélangé, soit avec le malt d'autres grains, soit avec d'autres grains crus et non maltés.

Les modes de saccharification se divisent en deux groupes de méthodes, les *méthodes par infusion* et les *méthodes par décoction.*

Quelle que soit la méthode à laquelle on donne la préférence, il y a dans le travail à accomplir des points et des principes communs sur lesquels il convient de s'arrêter un instant, avant d'entrer dans les détails relatifs aux différentes manières de procéder.

La matière, malt seul ou malt et grain cru, doit être divisée en particules plus ou moins fines. On se sert souvent, pour opérer cette division, d'un moulin ordinaire à meules horizontales ; mais nous pensons que les cylindres concasseurs, adoptés déjà dans un certain nombre de brasseries, sont d'un usage préférable. Cette division, qui a pour but de rendre les portions intérieures du grain plus pénétrables par l'eau, n'est que très-rarement portée à une extrême ténuité pour le malt ; la réduction en farine ne se fait guère que pour les grains crus. Elle est indispensable pour le maïs. L'effet utile, attribué à un concassage plus ou moins grossier, consiste en ce que les résidus servent de filtre pour le liquide produit, lequel passe plus facilement au travers de la masse. Il y a évidemment du vrai dans cette manière d'envisager les choses; mais il convient d'ajouter que, en France, on obtient rarement un épuisement suffisant de la matière, puisque la perte en principes utiles restés dans le résidu est évaluée entre 5 et 20 pour 100, ce qui est beaucoup trop considérable.

La saccharification se fait dans des cuves en bois ou en fer. Celles-ci sont préférables; on les nettoie plus aisément et elles sont d'un meilleur usage. Les cuves sont munies d'un faux fond percé de trous, en sorte que l'on fait arriver l'eau nécessaire entre les deux fonds et qu'elle pénètre de bas en haut dans la matière, tandis que, lorsqu'on la soutire, elle passe de haut en bas à travers le résidu pour être dirigée dans un autre vase.

Il peut se présenter différentes circonstances selon le but à atteindre. Ou bien la bière doit être riche en alcool, ou elle doit être très-abondante en dextrine, ou elle doit présenter ces éléments réunis dans des proportions à peu près égales. Or il y a dans le malt d'orge une quantité de diastase plus grande qu'il ne faut pour transformer par l'intermédiaire de l'eau tout l'amidon du grain en dextrine, puis en sucre. Si donc on n'emploie que des grains germés, il se produira surtout du sucre par un traitement méthodique, et la bière sera très-alcoolique. Si l'on diminue la proportion de l'agent transformateur en ajoutant au malt une certaine quantité de grains crus, on obtiendra plus de dextrine et moins de sucre; le produit sera plus gommeux, mais il sera moins alcoolique. On peut encore atteindre le même résultat, en détruisant par l'ébullition une certaine proportion de la diastase dans une partie du moût.

En ce qui touche la fermentation ultérieure, le malt très-fortement touraillé contient moins de matière alimentaire du ferment. La liqueur qui en proviendra ne fournira pas une bière fortement alcoolique, à moins que l'on n'y ajoute des grains crus ou des malts peu touraillés. Il ne restera également qu'une quantité moindre de matière albuminoïde dans le moût, si la température de la totalité ou d'une partie du moût a été portée à un degré trop élevé, suffisant pour déterminer la coagulation de l'albumine. Il ne se produira alors qu'une quantité de levûre moins grande, et il sera nécessaire d'en employer davantage pour obtenir une fermentation vive et active. On voit déjà par quel artifice, en dehors de la question de température, il sera possible d'obtenir à volonté la fermentation rapide ou la fermentation lente.

Toutes ces conditions peuvent encore être modifiées par des nuances fort difficiles à apprécier, en sorte que, dans l'application, on pourrait compter un nombre presque infini de bières différentes. On peut arriver à produire des bières douces, très-gommeuses, ou riches en dextrine et peu alcooliques, qui ne contiennent que peu de sucre non décomposé après la fermentation. On peut faire arriver le résultat contraire, ou préparer des bières qui tiennent le milieu entre les deux sortes que nous venons de mentionner. On peut encore obtenir des bières qui soient plus ou moins conservables, par le fait même de leur teneur alcoolique.

Tout cela ressortira clairement de ce que nous avons à exposer sur les deux groupes de méthodes appliquées en brasserie.

Méthodes par infusion. — Dans ces méthodes, comme dans toutes les opérations de saccharification, on ne doit pas perdre de vue que l'action de l'eau sur le malt, à la température de + 70 à + 75 degrés, est la plus favorable à la transformation de la dextrine en sucre, tandis que, dans la limite de + 75 degrés à la température où se détruit la diastase, il ne se forme plus que de la dextrine et peu ou point de sucre.

On peut procéder de différentes manières à cette action de l'eau sur la matière première. En effet, le point capital des méthodes par infusion étant de faire *macérer* le grain concassé (malt seul ou mélangé) avec de l'eau qui ne doit pas dépasser la température de + 75 degrés, on peut comprendre les divers procédés suivants :

1° La matière est délayée avec de l'eau à la température ordinaire, puis on fait arriver de l'eau presque bouillante par le faux fond, en agitant jusqu'à ce que la masse ait atteint la température de + 75 degrés ;

2° Au lieu d'eau froide pour le délayage (*trempe préparatoire*), on se sert d'eau chauffée à + 40 ou + 50 degrés, puis on ajoute de l'eau à 90 degrés jusqu'à ce que le tout soit à + 75 degrés;

3° On peut faire le délayage avec toute l'eau à employer, portée vers + 50 degrés, et élever la température à + 75 degrés par un jet de vapeur que l'on fait arriver sous le faux fond pendant que l'on *brasse* la matière ;

4° Le malt étant placé le premier dans la cuve, on y fait arriver par le faux fond de l'eau à + 80 degrés jusqu'à ce que la masse soit à + 75 degrés ;

5° Le contraire peut avoir lieu si l'on met d'abord dans la cuve l'eau à + 80 degrés et qu'on y délaye ensuite la matière à traiter.

En somme, on peut introduire l'eau nécessaire en une seule fois ou en plusieurs fois. Dans cette dernière circonstance, on élève progressivement la température de l'eau additionnelle jusqu'à ce que la chaleur de la masse soit uniformément de 75 degrés.

Nous avouerons franchement nos préférences relativement à celles de ces manières de procéder qui nous paraissent plus rationnelles. A notre sens, il vaut mieux faire le délayage du malt ou de la matière avec de l'eau froide ou à peine tiède ; le grain se pénètre mieux et il ne se forme pas de grumeaux. Les phases de l'action de la diastase sur l'amidon sont mieux observées de cette manière, puisqu'il doit se produire d'abord de la dextrine, ensuite du sucre, et que la dextrine se produit très-bien à une température peu élevée, tandis que le sucre se produit mieux vers + 70 degrés, lorsque la dextrine est déjà formée. C'est par le même motif que nous aimerions mieux ne porter l'eau additionnelle qu'à une moindre température, l'ajouter en deux ou trois fois plutôt que de l'introduire trop chaude, et que nous regardons l'emploi de la vapeur comme le plus parfait des moyens de calorification, puisqu'on peut en régler l'effet à volonté et l'arrêter au point précis où il est nécessaire.

Il est à peine nécessaire d'ajouter que, même pendant que l'on introduit l'eau froide ou chaude, ou pendant qu'on échauffe le liquide par la vapeur, il est indispensable de produire un *brassage* convenable de la masse, afin de disséminer la température de la manière la plus uniforme, de favoriser la dissolution des principes solubles et de déterminer la certitude des réactions. Lorsque l'action a été assez prolongée, ce dont on doit toujours s'assurer par la teinture d'iode, on soutire le liquide. Alors il convient de faire arriver sur la matière une nouvelle quantité d'eau chaude (+ 70 à + 75 degrés), dans le double but de compléter l'action chimique et d'épuiser le grain qui a été soumis à la première trempe. Lorsque cette seconde trempe est soutirée, on en fait une troisième dans des conditions analogues, afin d'appauvrir le plus possible le résidu et de lui enlever la presque totalité des substances utiles. En général, la première trempe sert à faire une *bière forte*, plus corsée et plus alcoolique, tandis que les deux dernières trempes réunies fournissent le moût de la *petite bière*. On peut encore faire une *bière moyenne* en réunissant le produit des trois trempes.

On comprend facilement que, dans les méthodes par infusion, il se produira d'autant plus de sucre dans la liqueur et la bière sera d'autant plus alcoolique que la trempe aura été conduite d'une manière plus graduelle, et qu'on aura prolongé davantage l'action saccharifiante vers la température de + 70 degrés. Si, au contraire, on a exposé rapidement le malt à une température élevée et que la durée ait été moins prolongée, on obtiendra un produit plus riche en dextrine, plus pauvre en sucre, et une bière moins alcoolique et plus gommeuse.

Ajoutons qu'il ne faut laisser entre les trempes que le moins d'intervalle de temps que l'on peut, le contact de l'air réagissant très-promptement sur le résidu et déterminant très-facilement l'altération lactique. C'est encore pour la même raison que le moût obtenu doit être soumis très-promptement aux opérations subséquentes, à moins qu'il ne soit traité par une matière astringente, comme nous le verrons en temps opportun.

Méthodes par décoction. — Ces méthodes ne diffèrent essentiellement des précédentes que par un seul point. La trempe ou l'infusion étant préparée par un des procédés indiqués plus haut, on soutire une portion de la liqueur, ou une partie de la masse même, pour la faire bouillir pendant quelque temps et la réunir ensuite au reste de la matière. Elles comprennent donc deux modes principaux selon qu'on soumet à l'ébullition une partie du moût[1] ou une portion de la matière épaisse[2].

---

[1] *Métier* ou *trempe claire* des Français et des Belges, *Dünn-meisch* des Allemands.

[2] *Fardeau* ou *trempe épaisse* en France et en Belgique, *Dick-meisch* en Allemagne.

On peut combiner divers procédés à l'aide de ces méthodes, comme nous le verrons en décrivant la préparation des bières de Bavière, etc ; nous ne voulons présentement nous y arrêter que pour faire voir les conséquences de ce genre de traitement. On peut se rendre aisément compte des faits.

Soit une infusion en préparation, à + 40 ou + 50 degrés de température. Si nous faisons subir l'ébullition à une portion de la liqueur, nous déterminerons la coagulation de l'albumine dans cette portion, la production de la dextrine et la destruction de la diastase qui s'y trouve. En la réunissant au reste de la matière, nous en élevons la température et, grâce à l'agent de transformation qui se trouve dans le malt, une partie de la dextrine se change en sucre ; mais cette transformation est moins active, moins complète que dans les méthodes par infusion, puisque nous avons détruit une partie de la diastase. D'autre part, la coagulation d'une partie notable de l'albumine conduira à une fermentation moins active. Ainsi le moût produit aura une grande tendance à fermenter par dépôt, la bière sera moins alcoolique, mais plus riche en dextrine. L'ébullition de la trempe épaisse donne des résultats analogues et par des raisons similaires.

Les bières obtenues par décoction pourraient donc être appelées justement *bières dextrinées*. Les drèches qui en proviennent sont plus épuisées de l'amidon, qui a été presque totalement transformé en empois, tandis que les drèches des bières par infusion, qu'on pourrait appeler *bières alcooliques*, sont plus riches en amidon, mais plus pauvres en matières albuminoïdes ; celles-ci, n'ayant pas été coagulées complétement, restent en partie dans la liqueur, au moins jusqu'à l'opération suivante.

En général, la décoction d'une partie de la trempe claire donne lieu à la fermentation lente et à la production d'une bière moins alcoolique. La décoction de la trempe épaisse donne un moût qui fermente de la même manière, mais qui produit une bière plus alcoolique. Ceci tient à ce que, l'amidon de la matière ayant été changé en empois, la diastase dissoute dans la trempe claire non bouillie peut suffire à une transformation saccharine, qui est facilitée par cette transformation en empois.

On peut donc aussi, avec ces méthodes, obtenir des bières plus ou moins alcooliques, selon le mode adopté.

Disons encore que l'emploi des grains non maltés, des grains crus, dans les méthodes par infusion ou par décoction, peut modifier sensiblement la nature des bières et constituer des variétés et des sortes particulières. Pourvu que le malt employé à la saccharification n'ait subi qu'une faible chaleur, insuffisante pour altérer la diastase, la proportion du grain cru peut s'élever au double de celle du malt, et même plus, sans que la saccharification se fasse moins bien qu'à l'ordinaire. De même, lorsqu'on introduit dans les mélanges des matières féculentes, de la fécule de pommes de terre, de la dextrine, il importe que le malt n'ait pas été trop fortement desséché et qu'il n'ait rien perdu de son activité transformatrice.

Dans tous les cas, quelle que soit la nature de la matière employée, et quelle que soit la méthode suivie, il faut soutirer le liquide dans des conditions telles qu'il soit obtenu clair pour l'opération suivante, qui est la *cuisson du moût*. Si les matières ténues, formées surtout d'albumine coagulée et de débris suspendus, n'étaient pas retenues par la drèche, il vaudrait mieux filtrer le liquide que de le soumettre en cet état à l'ébullition. Ces matières se dissolvent partiellement dans l'eau bouillante, surtout en présence d'un peu d'acide lactique, et elles ne pourraient que devenir des causes d'altération, sans parler de la perte en houblon qu'elles peuvent déterminer, en se combinant avec une partie de la matière astringente de cette substance.

Évaluation des moûts. — Au point de vue du chimiste, il serait nécessaire d'apprécier la quantité de glucose et la proportion de la dextrine qui se trouvent dans les moûts. Pour cela, il suffirait d'évaporer un volume de moût et d'en isoler le sucre par l'alcool concentré, qui dissout le glucose et ne dissout pas la dextrine. On pourrait dès lors doser facilement le sucre par le réactif cuivrique et se rendre compte du poids proportionnel de la dextrine.

Ce serait ce qu'il y aurait de mieux à faire. Comme il s'en faut, cependant, que tous les brasseurs puissent faire ce petit essai, on a dû songer à quelque chose de plus simple. Le procédé suivant n'est et ne peut être qu'approximatif, bien qu'il suffise dans la pratique.

29

Admettons, ce qui est très-près de la vérité, que la dextrine dissoute dans l'eau donne la même densité que le glucose. Il en résultera que, si l'on ne veut pas rechercher autre chose que la quantité de glucose et de dextrine dissoute dans un moût, une simple vérification densimétrique donnera aussitôt un chiffre qui représentera à peu près l'extrait de malt, sucre et dextrine, contenu dans la liqueur.

Telle est la base de ce que les Allemands ont appelé *saccharimétrie*, par rapport à la bière ; mais on peut voir qu'il n'y a là qu'une donnée aréométrique sur laquelle on ne peut asseoir que des données hypothétiques, puisque nous avons vu que la proportion relative du sucre et de la dextrine varie selon la méthode suivie et les circonstances du travail.

Nous reviendrons plus loin sur ce sujet.

Proportion d'eau dans les moûts. — En moyenne, on emploie de 750 à 800 parties d'eau pour 100 de malt. Or 100 de malt, en passant à l'état de drèche, ont perdu 75 environ de parties solubles. Les 25 pour 100 de drèche retiennent quatre fois leur poids ou 100 parties d'eau, en sorte que 100 de malt donnent 125 de drèche humide. Comme le malt tenait 10 pour 100 d'eau, en moyenne, c'est un chiffre de 90 d'eau qui reste dans la drèche provenant de 100 parties de malt. De là, en supposant que le malt abandonne 75 pour 100 de matières utiles par la saccharification, si l'on veut préparer un moût moyen à 10 pour 100 d'extrait, il faudra employer 755 pour 100 d'eau, qui représenteront 675 de moût à 10 pour 100, plus 80 parties qui resteront dans la drèche avec les 10 pour 100 qui s'y trouvaient contenues.

Nous ne croyons pas, d'ailleurs, que cette recherche présente un haut degré d'utilité, puisqu'on prépare des moûts de bière d'une richesse en extrait inférieure à 10 pour 100 (5 à 6 degrés Baumé), tandis que d'autres ont une teneur de 18 pour 100 d'extrait ou même davantage. En moyenne, on s'arrange pour que les moûts de bonnes bières fortes offrent une densité de 1065 à 1076, tandis que l'on s'arrête pour les bières faibles et légères, vers 1040 (10 pour 100 d'extrait). Mais, encore une fois, ces indications n'ont qu'une valeur très-relative, puisqu'elles ne permettent pas de rien préjuger sur la quantité du sucre qui se trouve dans la liqueur.

Disons donc que, habituellement, les *bières faibles* sont fabriquées avec des moûts qui ont exigé 7,5 d'eau pour 1 de malt, et qu'elles représentent 10 pour 100 d'extrait (5°,3 B. ou 1040 du densimètre) ; les *bières fortes* exigent des moûts pesant 1075 (10 à 11 degrés B., soit 18 pour 100 d'extrait), et les *bières moyennes* sont produites avec des moûts qui pèsent 1050 environ.

Ces appréciations, suffisantes pour la pratique, ne nous paraîtraient satisfaisantes que dans les cas où l'on saurait quel doit être le chiffre alcoolique du produit.

§ VI. — CUISSON DES MOUTS DE BIÈRE. — REFROIDISSEMENT.

Après la préparation du moût, soit que l'on veuille faire de la bière moyenne avec le produit des trempes réunies, soit que l'on traite séparément la première trempe et les trempes subséquentes, il est indispensable de soumettre le moût *clair* à une ébullition plus ou moins prolongée, qu'on nomme la *cuisson du moût*.

C'est alors que l'on introduit dans le moût la proportion de houblon nécessaire pour donner à la bière la matière astringente qui lui fait défaut, pour lui communiquer la saveur et l'odeur spéciales que l'on recherche, et la rendre plus conservable par la résine et l'huile essentielle, qui se répartissent dans la liqueur. Nous verrons, dans le chapitre suivant, quelle est l'action réelle du houblon et de ses principes constituants. Nous ferons remarquer seulement ici que, par le fait même que l'on veut utiliser des principes aromatiques et volatils, il peut être très-utile de n'opérer l'addition du houblon que dans des vases clos, afin de ne rien perdre de ses éléments essentiels.

L'ébullition du moût doit être faite le plus tôt possible après la préparation, afin d'éviter la production acide qui est promptement déterminée par le contact de l'air. On peut cependant obvier à cet inconvénient par l'action de matières aromatiques ou astringentes, telles que le houblon, le cachou, etc., qui s'opposent efficacement à cette altération.

Quoi qu'il en soit, la cuisson du moût a pour objet principal la coagulation d'une partie des matières albuminoïdes, dont l'excès, favorable à une fermentation très-rapide, est nuisible

à la conservabilité de la liqueur. Elle produit en outre la destruction de l'agent de transformation, en sorte qu'elle *fixe*
l'état dans lequel la dextrine dissoute se trouvera dans la liqueur. Il est évident que cette dextrine se changerait, au moins
partiellement, en sucre, sous l'influence de la diastase, si l'on
n'arrêtait pas l'action de celle-ci, tandis que, par suite de l'é-
bullition, l'amidon non attaqué, demeuré à l'état d'empois,
se changera en dextrine, sans pouvoir passer à la modification saccharine.

La cuisson a encore pour but d'augmenter la densité de la
liqueur par l'évaporation d'une partie de l'eau, et de produire
une coloration plus ou moins intense de la masse.

C'est encore pendant cette opération que l'on ajoute au
moût certaines substances destinées à en produire la clarification... Nous reprenons ces divers objets avec quelque détail.

Il est évident que les moûts produits par décoction ne contiennent pas autant de matières albuminoïdes coagulables que
les moûts préparés par infusion. Ils devront donc bouillir
moins longtemps. De même, les moûts très-concentrés, de
première trempe, n'ont pas besoin d'augmenter de densité
par l'évaporation, en sorte que, pourvu que la cuisson leur
fasse perdre une portion de leur matière albuminoïde, qu'elle
détruise la diastase, qu'elle opère la dissolution ou la mise en
liberté des principes actifs du houblon, il n'est pas nécessaire
de la prolonger inutilement, d'autant que plus le moût a
bouilli et plus la bière qui en provient est âpre, et privée de
moelleux et de délicatesse.

Les moûts des *bières blanches* ne doivent pas non plus bouillir longtemps, par la raison fort simple que l'ébullition, au
contact de l'air, détermine la production d'une matière colorante brune, qui sé forme aux dépens du glucose. La production de cette matière colorante et, par conséquent, une ébullition prolongée, sont utiles dans la préparation des bières
brunes, fortes et épaisses.

C'est ici le cas de dire un mot d'une falsification fort inutile
dont un certain nombre de brasseurs ne se font aucun scru-
pule. On sait que le glucose se colore fortement en brun sous
l'action des alcalis et de la chaux. Aussi, pour éviter l'emploi
plus coûteux du malt fortement touraillé comme matière co-

lorante, certains industriels font-ils ajouter, dans la chaudière à cuire, une certaine proportion de potasse, de soude ou de chaux. Nous considérons cette addition comme une manœuvre coupable qui devrait être sévèrement réprimée.

Lorsqu'un moût n'a pas besoin d'être concentré par évaporation, une ébullition d'une demi-heure serait grandement suffisante pour coaguler les matières albuminoïdes, qui se rassemblent en flocons écumeux à la superficie du liquide, et qu'il convient d'enlever avec le plus grand soin. On voit, du reste, que cette coagulation est à peu près terminée lorsqu'une prise du moût se clarifie rapidement, en laissant déposer les matières ténues qu'elle tient en suspension. On ne doit ajouter le houblon que lorsque cette coagulation est bien faite, et cela est d'autant plus compréhensible que, sans cette précaution, une partie du principe astringent de cette substance se combinerait à une certaine quantité de la matière albuminoïde coagulable. Ce serait une perte sèche qu'il convient d'éviter, car il faudrait alors augmenter la proportion du houblon pour obtenir les effets qu'on peut attendre d'une proportion moindre.

La quantité du houblon employé est très-variable. On comprend que les bières blanches, légères, qui doivent être consommées promptement, ne doivent pas être aussi fortement houblonnées que les bières fortes, dites *de garde*, puisque le houblon doit être regardé comme le principal agent de la conservation de la bière, il est encore nécessaire de proportionner la quantité du houblon au degré d'amertume que l'on recherche dans la liqueur.

En pratique, on ajoute à la cuisson du moût depuis 250 grammes jusqu'à 4 kilogrammes de houblon par 100 kilogrammes de malt traité.

Nous avons dit que l'ébullition pourrait être maintenue pendant vingt minutes, et que ce terme serait suffisant pour opérer la coagulation des matières albuminoïdes. On la prolonge habituellement pendant une durée moyenne de deux heures; plus on la prolonge, moins il reste de matières albuminoïdes dans la liqueur, moins la fermentation est rapide et plus la bière acquiert de tendance à se conserver.

Vers la fin de l'ébullition, on introduit dans le moût différentes substances que l'on regarde comme propres à déterminer la clarification, telles que des *pieds de veau*, de la *colle de poisson*, des *gélatines*, de l'*albumine*, du *lait*, du *sang* même, du *lichen carragaheen*. Bien que nous ayons à nous occuper de ces matières dans le prochain chapitre, nous dirons cependant que leur emploi constitue une faute grave, lorsque la liqueur ne renferme pas assez de tannin pour les coaguler et les faire passer à l'état insoluble. Il nous semble hors de doute que le tannin du houblon ne suffit pas pour atteindre ce résultat et que, sans l'emploi d'une matière astringente énergique, les substances de cette nature ne peuvent qu'augmenter la tendance de la bière à s'altérer, puisque la plus grande partie de ces matières reste en dissolution dans le moût.

Nous voudrions donc procéder ainsi : lorsque l'ébullition aurait réagi sur le moût pendant un temps suffisant, avant le houblonnage, on introduirait dans la liqueur une quantité de bon cachou proportionnelle à la dose de *matière gélatineuse* que l'on voudrait employer. Cette matière, dûment dissoute et délayée, serait ajoutée ensuite, peu à peu, en agitant convenablement... Nous n'avons pas besoin, pensons-nous, d'insister sur la nécessité d'un essai préalable, dont nous avons indiqué le mode dans l'étude spéciale du vin de raisins. Mais nous proscririons certaines matières qui ne peuvent rendre que de mauvais services. Ainsi, le sang serait rejeté, parce que, en dehors du dégoût qu'il doit nécessairement soulever, il est presque toujours altéré. De même, nous repousserions l'emploi du lait, qui contient presque constamment de l'acide lactique libre ou combiné. On ne sait pas trop, d'ailleurs, comment il se comporte en présence des astringents, car il arrive très-souvent que, si une portion de la caséine forme un précipité, il en reste une proportion notable en dissolution à la faveur des acides formés dans le moût. Nous comprenons encore moins l'usage des gommes et des mucilages au point de vue de la clarification, car ces matières ne sont pas notablement précipitables dans les circonstances qui nous occupent.

Après cette sorte de préparation à la clarification, on introduirait le houblon. Lorsque celui-ci serait épuisé par l'ébullition, on procéderait comme d'habitude en arrêtant la chaleur, en laissant reposer et soutirant ensuite le liquide, qui passerait à travers le houblon et les dépôts, et serait obtenu très-limpide.

L'emploi de la chaux en lait, à la dose de 4 à 5 millièmes, a été indiqué par M. Lacambre comme un mode utile de clarification, en ce sens que la chaux produit une véritable défécation, en se combinant aux substances albuminoïdes. On comprend qu'il y a là une réminiscence de ce qui se fait en sucrerie, mais nous ne pouvons approuver ce procédé par différentes raisons. La première est que la chaux donne à la bière une saveur déplaisante, âcre et urineuse; la seconde, que cet agent force la coloration du moût. Il faudrait en outre, dans l'emploi de la chaux, après lui avoir fait produire son effet utile, en éliminer absolument l'excès, afin de ne pas modifier la composition de la liqueur d'une manière nuisible. Il y aurait encore à dire bien des choses à cet égard, mais il nous semble plus utile d'indiquer le moyen pratique d'utiliser les propriétés favorables de la chaux.

Nous avons vérifié ce moyen et il donne constamment des résultats infaillibles.

On introduit dans le moût, avant le houblonnage, une proportion suffisante de *sucrate de chaux* en dissolution; la dose moyenne peut être évaluée à 1 litre de solution à 10 degrés Baumé pour 100 litres de moût. Après que le mélange a été fait et que la liqueur a bouilli pendant quelques instants, on ajoute de la dissolution de phosphate acide de chaux dans la proportion utile pour neutraliser entièrement l'excès de chaux. On procède alors à l'introduction du houblon. De cette manière on obtient une clarification aussi grande que possible; on ne laisse subsister dans le moût aucun principe nuisible; on peut enlever telle proportion de matière albuminoïde que l'on veut, et la liqueur devient aussi claire et aussi limpide qu'on puisse le souhaiter, sans présenter cependant aucune saveur désagréable.

Cette limpidité est une condition très-essentielle; si elle n'était pas obtenue par le repos et le simple passage à travers les dépôts, il serait indispensable de filtrer la liqueur bouillie avant de la soumettre au refroidissement.

Refroidissement du moût. — Nous avons vu que, dans la saccharification, si les marcs ou résidus restent trop longtemps exposés à l'air, si la liqueur des trempes est soumise à la même influence, il survient trop fréquemment une altération lactique dans le moût. De même, après la cuisson, le séjour du moût à l'air peut entraîner les mêmes inconvénients.

La lenteur du refroidissement à l'air libre, laquelle est souvent due à une exaltation de la température extérieure, la tension électrique de l'atmosphère, sont des causes très-appréciables du passage du moût à l'état lactique, et cette transformation peut être quelquefois extrêmement rapide. Mais ces causes, quelque puissantes qu'on les suppose, ne sont pas aussi redoutables que la malpropreté. Rien n'est aussi funeste, en alcoolisation, que la négligence apportée dans le nettoyage des vases qui doivent contenir les liqueurs à traiter, et nous nous sommes maintes fois assez appesanti sur ce point pour n'avoir pas à y revenir.

Un moût trouble passe facilement à cette dégénérescence. Elle est d'autant plus rapide que le liquide renferme plus de matière albumineuse, plus de dextrine, moins de sucre. On a attribué la tendance des moûts sucrés à devenir acides à l'action de la matière azotée sur le sucre ; cela est exact dans beaucoup de circonstances, mais nous pensons que l'on n'a pas tenu assez compte de l'influence de la dextrine et des matières gommeuses. Il est très-difficile de prévenir l'altération lactique en présence de ces matières, sinon par l'emploi des acides minéraux, qui se trouve justement interdit dans le cas présent. Les liquides astringents n'éprouvent que rarement cette altération ; mais il faut convenir que jamais les moûts de bière ne sont assez astringents pour échapper à cette réaction par le fait de la présence du tannin.

Il n'y a pas un moût de bière qui ne renferme un excès de matière azotée et qui ne précipite pas par le tannin ou le cachou.

Nous ne chercherons pas à pénétrer dans les causes intimes de ce phénomène, lesquelles nous paraissent avoir échappé à de plus savants que nous ; nous nous bornons à constater le fait, afin d'en faire notre profit pratique.

Ceci nous justifie la nécessité d'une bonne saccharification, dans laquelle la dextrine ne soit pas dans un excès irrationnel, et la nécessité non moins grande d'une cuisson convenable, qui fasse disparaître une partie des matières azotées altérables et qui transforme l'amidon en dextrine ; mais il n'en reste pas moins un danger, celui de l'altération du moût pendant le refroidissement.

Nous ne pouvons échapper à ce refroidissement, car il est impossible de mettre en fermentation à une température élevée, et nous sommes obligés, ou d'attendre que le moût soit retombé à la température normale par l'effet naturel de la température ambiante, ou d'amener son refroidissement par des moyens artificiels.

On sait, d'ailleurs, qu'une température élevée favorise la production de l'acide lactique, en sorte que, par tous les moyens, il importe d'atteindre rapidement le degré de refroidissement dont on a besoin.

Ou bien, on fait arriver le moût cuit dans des bacs d'une très-grande superficie et d'une petite profondeur, qu'on appelle des *bacs refroidissoirs*; ou bien, on fait passer le liquide dans des appareils réfrigérants, où il est refroidi par l'action d'un courant d'eau froide.

Il est bien entendu que les bacs sont les plus mauvais de tous les appareils auxquels il est possible d'avoir recours. En effet, une large surface, en contact avec l'air ambiant, ne peut que favoriser les altérations dont nous parlons, sans compter que la lenteur même du refroidissement augmente les effets de l'action atmosphérique. C'est surtout vers la température moyenne de 30 à 35 degrés que se produisent sur le moût les effets les plus désastreux de la dégénérescence lactique, et lorsque cette altération a commencé, elle continue son action de la manière la plus rapide.

C'est donc aux appareils réfrigérants, à circulation d'eau froide, qu'il convient d'avoir recours lorsqu'on le peut. Ce mode présente l'avantage de procurer un refroidissement rapide; il évite en outre le contact de l'air, si l'appareil est bien construit, et il permet d'utiliser la chaleur du moût pour échauffer l'eau employée à le refroidir, et qui peut ainsi être appliquée aux usages qui exigent une certaine température.

Il nous semble peu utile de nous occuper des *quantités théoriques* d'eau froide qu'il convient d'employer pour déterminer le refroidissement d'un volume connu de moût à un degré déterminé. En effet, les observations faites à ce sujet nous paraissent en désaccord avec la pratique. Nous dirons seulement que le principe sur lequel les appareils réfrigérants doivent être construits est d'une grande simplicité; le voici exprimé par une formule que nous croyons accessible à tous les constructeurs : « Le refroidissement d'un liquide sera d'autant plus rapide et l'agent de refroidissement sera d'autant mieux utilisé que les surfaces de refroidissement seront plus grandes et les couches à refroidir moins épaisses. » De tous les engins employés, le serpentin est celui qui justifie le plus rarement ce principe.

Pendant le refroidissement sur les bacs, il se forme un dépôt floconneux dans le liquide. Un dépôt analogue se produit dans les moûts qui ont passé à travers les réfrigérants.

Malgré diverses opinions contradictoires sur la nature de ce dépôt, nous partageons complétement, après due vérification, l'opinion de M. Mulder. Ce dépôt est formé de deux matières distinctes : l'une, qui devient insoluble par le seul effet du refroidissement, n'est autre chose qu'une combinaison de l'acide tannique avec l'empois non transformé en dextrine; l'autre, qui est due à l'action de l'air, est un véritable tannate d'albumine... Hâtons-nous d'ajouter que ce tannate albumineux ne se trouverait pas dans une liqueur astringente et qu'il n'existe qu'en présence d'un excès de matière albumineuse. Nous croyons aussi que l'acide lactique n'est pas sans action sur sa formation, et que ce dépôt albumineux n'est formé que de l'excès de tannate d'albumine que l'acide lactique dissolvait à chaud, mais qu'il ne peut dissoudre en totalité à froid.

L'existence à peu près constante de ces dépôts dans les moûts de bière conduit à la nécessité d'une filtration lorsque la liqueur est tombée au degré de température nécessaire. Cette filtration peut très-bien se faire à travers du houblon épuisé.

§ VII. — DE LA FERMENTATION.

Lorsque le moût a été refroidi vers + 16 degrés, si l'on veut lui faire subir la fermentation superficielle, ou de 7 à 8 degrés, s'il est destiné à fermenter par dépôt, il convient de le soumettre à l'action de la fermentation, qui s'exécute d'ailleurs selon les principes déjà connus du lecteur. Nous ne nous occuperons donc ici que des particularités que peut présenter la fermentation du moût de bière, laquelle diffère en quelques points de celle qui est pratiquée en alcoolisation proprement dite.

Nous savons déjà qu'il y a deux sortes de fermentation, ou plutôt que la fermentation se présente sous deux aspects différents. Dans l'une, appelée *fermentation superficielle*, ou fermentation haute, il se forme un chapeau par le ferment et l'écume qui montent à la surface ; dans l'autre, qui est la *fermentation basse*, ou par dépôt, ce phénomène n'existe pas, au moins d'une manière notable, et le ferment reste au fond sans que l'acide carbonique dégagé l'entraîne à la surface.

Disons d'abord que la fermentation haute est produite par un ferment dit *superficiel*, et que la fermentation basse est déterminée par le ferment dit *de dépôt*. La première est toujours plus rapide que la seconde.

Nous avons fait connaître la différence physiologique qui existe entre la *levûre haute* et la *levûre basse*[1], et nous avons conclu à la parfaite identité de ces deux sortes de levûre, lesquelles ne sont caractérisées que par le mode de leur reproduction, qui se modifie sous l'influence de la température. Il va sans dire que d'autres envisagent autrement cette question ; mais nous avons tout lieu de croire que nous sommes dans le vrai, et nous n'avons rien à changer, quant à présent, à notre opinion. Ainsi M. Mulder prétend que la seule différence entre ces deux sortes de levûre consiste en ce que, dans la levûre superficielle, tous les globules sont reliés entre eux, pendant qu'ils sont isolés dans la levûre de dépôt. Il est évident, même pour un observateur novice, que ce caractère n'est rien moins que stable ; car on rencontre la *levûre en grappes* partout où elle est en voie de reproduction, sauf en présence d'un excès d'acides ou d'éléments alcalins, et la levûre superficielle développée est isolée aussi bien que la levûre de dépôt.

Quant à la matière alimentaire de la levûre, M. Mulder la voit dans la matière albumineuse et dans la dextrine ; il est clair que cette opinion toute rationnelle ne peut soulever d'objections plausibles ; mais nous regrettons avec tous les gens sensés de voir un homme aussi habile se rattacher à la théorie de Stahl, aux molécules en mouvement, à l'effet sans cause,

---

[1] Première partie, 1er vol. p. 283 et 310.

lorsque cependant il repousse les doctrines chimiques de
M. J. Liebig, au moins sous un certain rapport. D'un autre
côté, le professeur d'Utrecht a commis la faute, à laquelle on
devait s'attendre, de confondre les rêveries de M. Pasteur
avec la théorie vitaliste. Il n'y a pas de similitude. La fermentation n'est pas sous la dépendance de la *reproduction* ou de
la *décomposition* du ferment. Elle est le résultat de la *digestion*
du ferment, et que ce ferment se reproduise ou qu'il se décompose, il n'y a rien à voir à cela, sinon au point de vue
physiologique. En somme, nous disons, comme M. Mulder,
qu'il n'y a aucune relation entre la quantité de levûre formée
et celle du sucre détruit. Mais il ne faut pas tirer parti de faits
mal observés pour déduire des conclusions qui par cela même
seraient fausses. Ainsi, bien qu'on n'introduise pas de cellules de levûre dans les moûts de raisins ou de fruits, cela
n'empêche pas la fermentation de s'y développer énergiquement ; mais cela ne prouve pas qu'il n'y ait pas de levûre et
que cette levûre ne soit pas dans un état de très-grande activité, aussitôt qu'elle a le contact de l'air et que les cellules du
fruit sont déchirées. Ceci est une question de microscope. Il y
a du ferment globulaire dans le jus de raisin et dans le vesou
de la canne, etc., et la reproduction de ce ferment se fait avec
une grande énergie au contact de l'air ; mais cette reproduction est loin d'être en rapport avec la quantité énorme de sucre
détruit par la fermentation. De même si l'addition de farine
dans un moût détermine une formation abondante de levûre,
cela n'a rien d'étrange pour ceux qui ont préparé de la levûre
avec le gluten mis en réaction sur le sucre.

Quant à l'opinion de M. Pasteur, qui prétend voir dans la
production lactique une sorte de fermentation spéciale due à
un ferment particulier qui agirait à côté de la fermentation alcoolique, nous ne pensons pas qu'il faille y prêter la moindre
attention, puisque ce ne peut être là qu'une des mille conséquences de son système.

Au fond, toute levûre industrielle et même toute levûre,
puisque nous sommes privés des moyens de purifier cette matière, est formée de *cellules usées* ou *mortes* et de *cellules actives*
plus ou moins jeunes. Nous trouvons dans ce fait une raison
de préférer la levûre recueillie à la superficie des cuves et de
l'employer plutôt que la levûre de dépôt, puisque dans celle-ci

on doit trouver des cellules inactives. Cette circonstance, qui ne nuit guère à la fermentation haute ou superficielle, puisque les cellules usées restent dans le fond, peut conduire à une très-mauvaise composition de la levûre de dépôt, dans laquelle la proportion des cellules usées peut devenir très-considérable.

Une preuve que l'on a tout intérêt à ne pas recueillir de levûre de fond (levûre basse ou de dépôt) consiste dans ce fait déjà signalé que l'on peut obtenir dans un moût la fermentation superficielle ou la fermentation basse par une même levûre, soit de dépôt, soit superficielle, pourvu que la température du moût soit convenablement réglée au-dessous de $+10$ degrés pour la fermentation basse et de $+16$ à $+25$ degrés pour la fermentation superficielle.

On peut encore produire de la levûre de dépôt avec la levûre superficielle : il suffit pour cela de faire agir celle-ci sur un moût refroidi au-dessous de $+10$ degrés. En opérant ainsi à plusieurs reprises, on arrive à préparer de la levûre de dépôt qui présente toutes les qualités désirables.

Il y a donc lieu de ne pas s'astreindre à employer la levûre de dépôt qui aurait été en activité pendant un certain temps, et il convient au moins de la renouveler de temps en temps, afin d'éviter la présence d'une trop forte proportion de cellules inactives ou de matière levûrienne en voie de décomposition.

Dans tous les cas, la fermentation basse, obtenue à une température moins élevée, marche plus lentement que la fermentation superficielle ; elle produit moins d'alcool et détermine la formation d'une quantité d'acide lactique beaucoup plus considérable.

Il reste dans les moûts, préparés comme nous l'avons dit précédemment, une proportion assez considérable de matières albuminoïdes non coagulables qui peuvent servir à la reproduction de la levûre. Cette proportion ne peut guère s'évaluer à moins de 2 pour 100, en calculant sur le poids du malt employé et en ne tenant pas compte de ce qui a été précipité par le tannin. Mais nous avons vu que l'acide lactique tient en dissolution le tannate d'albumine, en sorte qu'il reste, quand même, dans le moût, une proportion de matière azotée assez forte pour fournir l'élément plastique nécessaire à la reproduction de la levûre. Ce n'est pas là, selon nous, ce dont il convient de s'applaudir davantage, et nous aimerions mieux que les substances albumineuses fussent complétement éliminées, sauf à employer une proportion de levûre plus forte, au moins lorsqu'il s'agit de fabriquer de bonnes bières ; mais ce fait explique suffisamment comment des quantités relativement faibles de levûre peuvent suffire à la fermentation des moûts, puisqu'il s'en reproduit une quantité qui, en pratique, va jusqu'au quadruple ou au quintuple de celle que l'on a employée.

En moyenne, la dose de levûre à ajouter au moût ne peut pas être fixée d'une manière absolue, car elle dépend à la fois de la qualité de la levûre elle-même, de la température du moût et de la chaleur ambiante, aussi bien que de la proportion des matières albuminoïdes dissoutes. On emploie depuis 5 jusqu'à 25 dix-millièmes de levûre, calculée par rapport au volume du moût.

En fait, il faut employer une proportion de levûre d'autant plus forte que la température de l'air est plus basse, que le malt a été plus fortement touraillé, que l'on a employé une plus forte cuisson et que l'on a houblonné davantage.

La levûre est d'autant meilleure et plus active qu'elle est plus fraîche.

Fermentation haute ou superficielle. — La seule particularité de cette fermentation est qu'elle se fait avec de la levûre superficielle à une température qui se rapproche de 14 à 20 degrés centigrades. On introduit la levûre délayée dans le moût soit en une fois, soit en plusieurs fois, selon la marche que suit l'opération ; on brasse et l'on couvre. Il se forme un chapeau dont l'affaissement dénote la fin de la fermentation active. On ne laisse pas ordinairement cette phase s'accomplir entièrement dans la cuve de fermentation ou *cuve-guilloire ;* mais, aussitôt que la fermentation est en activité, on soutire le moût dans des tonneaux plus petits, dans des quarts, où le travail doit se terminer, bien que ce soutirage le ralentisse un peu. Pour les bières de garde, on laisse le moût travailler plus longtemps dans la guilloire avant de le soutirer. On a eu soin également de refroidir un peu davantage le moût destiné à la préparation des bières de garde, et il est mis en levûre à 14 ou 15 degrés, tandis que le moût des bières jeunes ou de prompte consommation n'a été refroidi qu'à + 18 ou 20 degrés.

En tout cas, les quarts ou tonneaux sont remplis et un peu inclinés bonde à bonde et deux à deux, afin que la levûre puisse s'écouler facilement et être recueillie. Lorsque cet écoulement cesse au bout de quatre, cinq ou six jours, les bières jeunes sont soutirées dans d'autres barriques, clarifiées, s'il est nécessaire, et mises en consommation. Les bières de garde restent plus longtemps sur ferment ; lorsqu'elles sont bien reposées, on les tire au clair dans d'autres tonneaux, où elles doivent subir une fermentation insensible assez longue qui les transforme en bières de garde.

Tel est l'ensemble de la méthode suivie dans la préparation de la bière par fermentation superficielle, et le plus ordinairement les bières soumises à ce mode de fermentation ont été préparées par la méthode d'infusion ou par une méthode mixte, qui rend le moût plus apte à éprouver une fermentation rapide.

Fermentation basse ou par dépôt. — Au contraire, les moûts destinés à subir la fermentation basse ont été préparés le plus souvent à l'aide d'une méthode par décoction, qui les dispose à ce genre de travail plus lent par la destruction d'une partie des matières albuminoïdes. En outre, les moûts sont refroidis jusqu'à + 6 degrés en été, jusqu'à + 8 degrés en hiver, et la mise en ferment se fait à l'aide d'une levûre de dépôt. La fermentation basse dure de huit à neuf jours. Lorsque la liqueur, qui s'est troublée pendant le travail, est redevenue limpide, on la soutire avec précaution et on la met dans des tonneaux plus petits pour qu'elle y subisse la fermentation complémentaire ou insensible. Cette deuxième phase doit être faite par une température très-basse : aussi place-t-on les tonneaux dans des caves froides, à température constante.

Il est remarquable que ce mode de fermentation produit une grande quantité d'acide lactique avec les liqueurs que l'on soumet ordinairement à son action. C'est dans cette production que se trouve, selon nous, la cause principale pour laquelle les bières fermentées par dépôt se conservent plus longtemps que les bières de fermentation superficielle. En effet, l'acide lactique possède la curieuse propriété de dissoudre, non-seulement le tannate d'albumine, mais encore la portion azotée de la levûre. Il en résulte une sorte d'annihilation du ferment dans les bières ainsi préparées, et elles ne peuvent plus se modifier que très-lentement et principalement si elles ne sont pas à l'abri de l'action de l'air. Dans le cas d'altération, elles passent à la dégénérescence butyrique, puis à la transformation ammoniacale. Leur acétification est moins à craindre que pour les autres bières ; mais, comme on le voit, elles sont fort loin d'être inaltérables.

Fermentation sans levûre. — Un troisième mode de fermentation mérite de nous arrêter un instant à raison des singularités qu'il présente ; c'est ce mode, que l'on pourrait appeler *fermentation sans levûre*, qui est appliqué dans la fabrication de plusieurs espèces de bières, et notamment en Belgique. Lorsque le moût a été refroidi au point convenable, on le fait passer immédiatement dans les tonneaux. On n'y ajoute pas de levûre, et la température de la cave ou du cellier est maintenue aussi basse que possible. La fermentation est très-lente, mais lorsqu'elle est finie, quand la liqueur est bien clarifiée, elle se conserve pendant très-longtemps sans subir de nouvelles altérations.

Il est remarquable que ces bières, dont le moût a été préparé par décoction de la trempe claire, contiennent des quantités très-considérables d'acide lactique.

Il s'élève ici une question intéressante, relative à l'origine de la levûre de dépôt qui se forme dans ces moûts en fermentation et dont la production très-lente les maintient troubles pendant longtemps. On a cherché à expliquer ce fait par des hypothèses aussi nombreuses que gratuites et, depuis les corpuscules levûriens entraînés dans l'atmosphère jusqu'aux particules de ferment qui peuvent rester attachées aux parois intérieures des tonneaux, tout a été mis à contribution pour éclairer ce point de la fabrication. Nous pensons que l'explication de ce fait est beaucoup plus simple.

On sait, et nous l'avons démontré expérimentalement, que les cellules extensibles du gluten se comportent comme de véritables cellules de levûre, quant à la reproduction, lorsqu'elles sont en présence du sucre. Or les bières dont nous parlons sont préparées avec des moûts dans lesquels il entre une notable partie de froment et, quelque soin que l'on prenne dans la pratique des soutirages, il est matériellement impossible que ces moûts ne contiennent pas une certaine quantité de ces cellules, fort suffisante, à notre avis, pour reproduire des globules de véritable levûre. Cette levûre ne devient levûre de dépôt que par un effet de la température à laquelle se fait l'opération.

Il nous est arrivé si souvent de produire de la levûre superficielle ou de dépôt, en traitant le gluten de Beccaria par des dissolutions sucrées, à des températures diverses, que cette manière de comprendre les faits ne nous paraît pas devoir soulever d'objections. Quoi qu'il en soit, les moûts de ces bières fermentent ; il se produit de la levûre de dépôt pendant le travail et il faudrait une série d'observations concluantes pour infirmer ce que nous venons de dire à cet égard.

Fermentation secondaire, complémentaire ou insensible. — Lorsque la bière, après avoir subi un commencement de fermentation dans la cuve-guilloire, est transvasée dans les tonneaux, le travail interrompu reprend et se continue jusqu'à ce que le mouvement actif ait cessé, et qu'il ne se produise plus notablement d'écume et de levûre. A partir de ce moment, l'action se ralentit considérablement, mais elle n'en continue pas moins, quoique d'une manière moins rapide. Le sucre qui reste dans la liqueur est encore attaqué par le ferment ; il se produit encore de l'alcool et de l'acide carbonique.

C'est à cette période que l'on donne le nom de *fermentation complémentaire.*

Avant cette phase de la fermentation et lorsque la première période est terminée, on opère souvent la clarification de la bière. Cette clarification nous paraît être sous la dépendance de principes bien définis, que nous allons résumer brièvement.

Clarification de la bière. — « Sans le *houblon*, dit le professeur Mulder, la bière ne pourrait pas devenir claire ; en effet, *il y resterait en dissolution une trop grande quantité de substance albumineuse et la bière se décomposerait rapidement.* » Cette proposition est de toute exactitude, si l'on admet en principe la nécessité absolue du houblon pour fournir à la bière son amertume et son odeur spéciale, puisque le houblon contient, en outre des principes amers ou odorants, une proportion de tannin assez notable. Nous prendrons cependant la liberté de la transformer en une autre proposition que nous formu-

30

lons ainsi : « Sans une addition convenable de matière astringente, la bière ne peut devenir claire et elle n'est pas susceptible de conservation. » Ce principe demande quelques
explications pour être bien saisi et parfaitement appliqué.

Dans la fabrication de la bière, le houblon a été ajouté au
moment de l'ébullition du moût et avant la fermentation. L'action de la chaleur a déterminé la coagulation de l'albumine
coagulable; la matière amère s'est dissoute dans la liqueur,
ainsi qu'une partie des principes résineux ou volatils; le tannin s'est combiné avec une portion de la matière protéique
sous forme de tannate insoluble; mais ces phénomènes incontestables ne nous paraissent pas devoir *assurer infailliblement*
la clarification.

Si l'on songe en effet à ceci, que le moût, convenablement
refroidi et mis en fermentation, ne renferme plus de tannin
libre, que le tannate d'albumine a été éliminé, sauf pour la
portion dissoute par l'acide lactique, on comprendra que le
tannin du houblon ne présente qu'une importance très-secondaire au point de vue de la clarification. Il n'en serait plus
de même évidemment si, après la fermentation, on ajoutait
dans la liqueur une proportion convenable de matière astringente, puisque, dans ce cas, le principe tannant se combinerait à une autre portion de matière protéique, ce qui donnerait
lieu à un collage réel, à une clarification plus complète. La
bière renfermerait moins de matières azotées, il est vrai;
mais elle acquerrait les propriétés d'un véritable vin de céréales, et elle ne courrait plus autant de risque de s'altérer sous
l'empire des causes les plus faibles et les moins appréciables.
Nous ne pensons pas qu'il puisse s'élever à ce sujet une objection plausible, sinon celle-ci, que la bière serait moins nutritive. Il est vrai qu'alors elle renfermerait une quantité beaucoup moins grande de substance plastique; mais il ne nous
semble pas que cette condition puisse beaucoup peser dans la
balance, en présence de la facilité de conservation qui en serait le premier résultat.

C'est à l'expérience à décider sur le côté pratique et commercial de cette question; mais nous avouons que nous ne
comprenons pas qu'on puisse faire d'aussi regrettables confu-
sions en matière d'alimentation. La bière est d'autant plus altérable qu'elle contient plus de substances albuminoïdes; elle

est par là même sujette à des dégénérescences rapides, surtout lorsqu'elle n'est pas fortement alcoolique ou qu'elle ne
renferme pas de très-fortes proportions de matières aromatiques et d'huiles essentielles. Nul doute que le houblon n'agisse
par sa partie aromatique comme agent conservateur; mais
cette action est loin d'être suffisante pour prévenir les dégénérescences causées par l'altération de la matière albumineuse, lorsqu'on n'a pas éliminé la plus grande partie de cette
dernière.

Ces principes sont d'ailleurs parfaitement d'accord avec
les faits d'expérience, et il nous semble qu'il n'y a pas à hésiter
un seul instant. Voici donc comment nous comprenons l'action du houblon, d'abord; de la matière astringente, ensuite.

En admettant que la saccharification aura été faite convenablement, que l'on aura transformé l'amidon en glucose et
que la liqueur ne renfermera qu'une faible proportion de dextrine non transformée, l'introduction du houblon, au moment
de la cuisson, ne présentera qu'une valeur très-relative et
secondaire pour la clarification. La véritable application de
cette matière consistera dans l'addittion du principe amer
et de l'huile essentielle odorante qu'on est habitué à y trouver. L'acide tannique n'agira ici que pour préparer la clarification ultérieure par l'élimination d'une partie de la substance
albuminoïde. Ce sera fort insuffisant. Après un refroidissement rapide et une fermentation primaire active, nous ferions
l'entonnage à la manière ordinaire, mais nous ajouterions
dans les fûts une proportion donnée de cachou, déterminée par
un essai, aussitôt que la fermentation active toucherait à son
terme et que la levûre et les matières légères auraient été rejetées à peu près entièrement. Un soutirage, effectué ensuite,
permettrait d'atteindre une grande purification de la liqueur,
puisqu'il la séparerait du dépôt et donnerait lieu à faire de
nouveaux collages et des soutirages utiles, jusqu'à ce qu'on
eût obtenu une purification complète et la certitude de la
conservation.

De nombreuses expériences nous ont convaincu de la possibilité de faire, avec les céréales, un véritable vin, sain, hygiénique et conservable, par l'application rigoureuse des
principes œnologiques; mais nous ne pouvons admettre que
ce résultat soit la conséquence des méthodes adoptées aujour-

d'hui. Aucune d'entre elles ne nous semble basée sur des faits certains, et c'est surtout en matière de bière que l'on peut dire que le caprice, l'ignorance et le préjugé sont la règle. Malgré les opinions d'hommes très-considérables, dont le mérite nous frappe autant que personne, nous croyons que l'on s'est trop habitué à étudier la bière *comme elle est*, plutôt que *comme elle devrait être*.

Nous ne voulons pas partager cette erreur et si nous devons décrire la fabrication de la bière comme elle se fait, ce n'est pas une raison suffisante pour ne pas indiquer la manière de préparer un *vin d'orge* ou d'autres céréales, comme il est nécessaire de le faire pour obtenir véritablement du vin.

Or les boissons fermentées contiennent de l'eau, de l'alcool, des substances gommeuses, des matières aromatiques et des sels; la nature et la proportion de ces éléments varient selon la provenance et les conditions d'origine et de fabrication : le vin d'orge, pris pour exemple des bières, se trouve dans les mêmes conditions de composition, et la seule différence que nous puissions y voir consiste dans le mode de préparation et surtout dans la purification. Soient, par exemple, un moût de vin de raisins à 10 pour 100 de richesse saccharine et un moût d'orge de la même valeur. Les deux boissons ne seront différenciées que par la proportion de la matière albuminoïde, la nature et la proportion des sels, en dehors des essences qui formeront le bouquet ou l'arome. Dans les deux cas, une fermentation bien faite changera le sucre en alcool; dans les deux cas, le résultat est identique, pourvu que l'on fasse abstraction des questions de goût, d'odeur et de saveur. Si nous introduisons dans le produit de l'orge des substances aromatiques convenables, nous n'avons plus qu'à opérer une purification complète de chacune des deux liqueurs, pour les amener au même état et les rendre également conservables. Toute la question consiste donc à purifier les liquides fermentés pour les mettre dans des conditions similaires. Si nous pratiquons avec le même soin la fermentation secondaire, si nous enlevons les dépôts ou la lie par des soutirages bien effectués, si nous éliminons l'excès de matière albuminoïde et si nous clarifions les liqueurs par l'emploi des astringents et par les collages, si nous utilisons l'action d'un bon soufrage effectué en temps utile, nous ne voyons pas en quoi l'une des deux liqueurs différerait de l'autre, sous les rapports généraux de composition, de valeur hygiénique et de conservabilité.

Il est non moins évident que la bière, telle qu'elle est comprise, ne justifie pas le moins du monde ce programme. C'est du moût d'orge fermenté, qui tient de l'eau, de l'alcool, des matières gommeuses, des substances albuminoïdes, des sels ; on l'a aromatisé par l'huile essentielle du houblon, qui lui a cédé, en outre, son principe amer ; mais la liqueur n'a pas été purifiée ! Comment veut-on qu'elle se conserve, puisqu'on a laissé en dissolution dans ce vin toutes les substances que l'on regarde, avec raison, comme les causes des altérations du vin de raisins, du vin de fruits, et de la bière elle-même, lorsqu'elle n'est déjà, à proprement parler, qu'une dissolution hydro-alcoolique d'acide lactique et de matières albumineuses à moitié décomposées.

Il y a là un non-sens évident et une contradiction flagrante entre ce qu'on dit et ce qu'on pratique.

Voici une expérience que nous avons faite cent fois, que nous venons de répéter à l'instant même, et dont le résultat est sous nos yeux au moment où nous écrivons ces lignes. Nous avons placé dans un tube de 25 millimètres de diamètre et 35 centimètres de hauteur une colonne de bière parfaitement limpide, franche et de bon goût, provenant d'une des meilleures brasseries de Strasbourg. La colonne de bière portait 26 centimètres de hauteur. Nous y avons ajouté 2 centimètres de dissolution de cachou, et aussitôt la liqueur s'est troublée. Après une demi-heure de repos, le tannate albumineux occupe un intervalle de 2 centimètres et demi. On avouera que, dans ces conditions, il est bien difficile, pour ne pas dire impossible, qu'une bière se conserve, puisqu'elle renferme des quantités considérables de substances albumineuses, que l'on regarde, avec raison, comme la cause des altérations des boissons fermentées.

C'est assez dire que si, par les méthodes usitées, on fait de la bière, c'est-à-dire une boisson fermentée, houblonnée, éminemment altérable, provenant du moût des céréales, ces méthodes sont absolument impropres à faire un vin possédant toutes les qualités requises en bonne œnologie.

On ne saurait donc trop insister sur ce point, que la purification des boissons fermentées est un des points capitaux de leur fabrication et que, pour les bières principalement, il est impossible de les purifier autrement que par l'emploi rationnel des astringents.

Ce que nous venons de dire étant bien compris, il est évident que, dans une bière bien fermentée, provenant d'un moût bien saccharifié, renfermant peu d'acide lactique, rendue astringente par une addition convenable de bon cachou, il sera toujours possible d'opérer la clarification par les matières gélatineuses. Que, parmi celles-ci, on donne la préférence à la colle de poisson, cela ne nous paraît nullement blâmable ; mais, en présence d'une matière astringente, l'albumine et la gélatine peuvent très-bien opérer la clarification, *pourvu qu'on ne se soit pas étudié à produire le plus d'acide lactique possible dans la liqueur.*

Après la clarification, les bières sont soutirées avec soin et livrées à la consommation. La fermentation complémentaire exigerait, à notre avis, autant de soins que la fermentation insensible du vin de raisins ; mais on se contente habituellement de laisser le produit en repos, dans des tonneaux bien clos, et la température du local est maintenue aussi basse et aussi constante que possible. La fermentation secondaire se fait d'autant mieux qu'elle s'opère plus lentement et que les liqueurs ont été mieux débarrassées de la levûre suspendue et des dépôts.

La cause de la mousse des bières repose sur le même fait que celle des vins, c'est-à-dire qu'elle est due à l'acide carbonique produit par la fermentation complémentaire et dissous dans le liquide. Cet acide produit d'autant plus de mousse qu'il existe en plus forte proportion dans la bière, et la mousse est d'autant plus persistante que la bière est plus riche en dextrine, plus *grasse* et moins alcoolique.

§ VIII. — VALEUR ET CONSERVABILITÉ DE LA BIÈRE.

Dans les paragraphes précédents nous avons exposé les principes sur lesquels repose la fabrication de la bière, et nous avons fait voir comment on doit les appliquer pour obtenir ce qu'on appelle de la bière. Nous n'avons fait qu'un très-petit nombre d'observations sur la nature intime de la boisson que l'on prépare dans ces conditions, afin de ne pas entraver l'étude technologique par des réflexions qui auraient pu paraître inopportunes. Mais, maintenant que nous savons faire la bière, ou, tout au moins, que nous avons acquis les connaissances nécessaires pour cela, il nous semble que nous pouvons examiner cette boisson sous un point de vue un peu différent et établir la critique des méthodes usitées afin de compléter ainsi l'idée qu'on doit s'en faire.

M. Mulder professe cette opinion que la bière est continuellement en fermentation et qu'elle cesse d'être de la bière dès que la fermentation y est terminée... Cette opinion fort juste donne très-exactement la notion de ce qu'est la bière, savoir : un liquide partiellement fermenté, dans lequel le travail de décomposition n'est pas terminé. S'il en est ainsi, l'appellation de vin ne peut convenir à la bière et cette boisson ne peut être conservable.

En regardant de plus près et en tenant compte de toutes les notions acquises, nous trouvons que la bière renferme de l'*eau*, de l'*alcool*, de l'*acide corbonique*, du *sucre*, de la *dextrine*, de la *gomme* ou *léiocomme*, des *matières albumineuses*, de la *matière grasse*, de l'*acide mélassique* (?), de l'*acide acétique*, de l'*acide lactique*, de l'*acide gallique*, les *principes résineux* ou *éthérés du houblon*, la *substance amère* du même agent, des *matières colorantes* provenant du malt, des *substances volatiles* produites par la fermentation, des *sels ammoniacaux*, des *phosphates*, etc.

Cette composition, fort complexe, peut servir à nous faire comprendre, au moins jusqu'à un certain point, ce qui se passe dans cette liqueur, et elle nous permet d'asseoir un jugement sur sa valeur et sa conservabilité.

Nous n'élevons aucun doute sur les *propriétés nutritives* de la bière. Nous savons, avec tout le monde, qu'une liqueur dans laquelle nous trouvons de la *dextrine*, de la *gomme*, du *sucre*, des *matières albumineuses* et des *phosphates* contient à la fois les principes respiratoires, les aliments plastiques et les aliments minéraux qui doivent entrer dans toute bonne alimentation. Nous ne songeons pas même à rechercher si ces principes alimentaires se trouvent en due proportion dans la bière, et nous admettons comme un fait que cette boisson est *nourrissante*. De même nous reconnaissons qu'elle est *rafraîchis-*

sante par son *acide carbonique* et les autres acides qu'elle renferme ; nous comprenons qu'elle est *excitante* par l'*alcool* et les *matières résinoïdes* qui s'y trouvent ; nous disons même qu'elle favorise la digestion par l'*acide lactique* qu'elle contient, en sorte que nous n'avons nulle envie de soulever contre son usage des objections inutiles.

Mais toutes ces propriétés font-elles que la bière, comprise comme on le fait, *fabriquée comme elle l'est*, soit un vin, c'est-à-dire une boisson fermentée, saine et conservable ? On nous permettra sans doute d'adopter ici la négative, surtout lorsqu'on se sera appesanti sur les raisons suivantes.

Nous disons qu'une boisson dans laquelle les principes acides sont parties intégrantes, tellement que les bières les plus estimées, les bières de garde, renferment *toujours* une forte proportion d'*acide lactique*, nous disons que cette boisson ne peut pas être saine et hygiénique.

En effet, l'action de cet acide est une action dissolvante, qui, s'exerçant sur les matières alimentaires, détermine une absorption plus considérable que la normale. La preuve matérielle des effets de la bière se trouve dans l'obésité des buveurs de bière. Nous ne pensons pas qu'il soit sain d'être placé dans de semblables conditions. D'un autre côté, en tirant parti de l'avis de M. Mulder, nous ne pensons pas qu'il soit hygiénique d'ingérer une proportion notable d'une liqueur en voie de décomposition, d'activité chimique, de fermentation, en un mot, et nous croyons que l'usage en serait plus profitable dans le cas où cette boisson aurait terminé sa fermentation.

Mais une bière qui aurait terminé sa fermentation ne serait plus de la bière ? Que nous importe, si elle est devenue du vin, et un vin sain et agréable ?

Dans les errements actuels de la brasserie, la bière n'est qu'un moût en travail et elle ne peut pas être un vin, sinon dans des conditions très-exceptionnelles.

Sous le prétexte d'obtenir une boisson qui ait de la *bouche*, c'est-à-dire cette sensation de saveur grasse et onctueuse due à la gomme et à la dextrine, on se conduit, dans le maltage, le touraillage et la saccharification, de manière à conserver dans le produit une quantité considérable de dextrine. Or cette substance n'existe dans le moût de bière qu'aux dépens de la proportion du sucre. Elle ne se trouve dans la bière qu'au détriment de l'alcool, qui est le principe vineux par excellence et, en même temps, l'agent le plus utile de la clarification et de la conservation.

Pourquoi ne pas chercher, au contraire, à produire le maximum d'alcool et le minimum de dextrine? Nous savons que, pour cela, il faudrait prolonger davantage la durée de la saccharification; nous savons que l'adoption de cette manière de voir serait la condamnation des méthodes par décoction et de touraillage exagéré; aussi n'avons-nous aucune chance d'être écouté. Mais la question n'est pas là.

Pourquoi ne s'attacherait-on pas à produire la fermentation alcoolique dans tout son développement, de manière à n'avoir plus qu'à soigner la fermentation secondaire comme on fait pour celle du vin? Pour arriver à ce but, après une saccharification complète, il faudrait éliminer la presque totalité de la matière albuminoïde, par l'ébullition, par l'action du sucrate de chaux, comme nous l'avons indiqué, par l'action des astringents... Mais alors les adeptes de la fabrication actuelle jetteraient les hauts cris; ils se lamenteraient sur la disparition des principes plastiques nutritifs, sur la diminution dans la production du ferment, sur la nécessité d'employer une plus grande proportion de levûre à la fermentation. Soit, tout cela est vrai; mais une bière ainsi traitée, houblonnée d'ailleurs convenablement, soumise à une fermentation secondaire soignée, bien et dûment clarifiée, aurait acquis la solidité d'un vin de bonne qualité et, quoi qu'on en dise, ce résultat n'est pas à dédaigner.

Il n'y aurait plus dans la bière qu'une proportion très-faible d'acide lactique, due seulement à des causes accidentelles; il n'y aurait plus qu'une quantité peu importante de dextrine; les matières albuminoïdes, si altérables, ces causes de la plupart des altérations des liqueurs fermentées, auraient disparu : il resterait du vin de céréales, fermenté, houblonné, conservable. Nous ne voyons pas quel mal il y aurait à cela, ni quels regrets on aurait à concevoir, en comparant cette situation avec celle que l'on a aujourd'hui.

Sans doute, une telle marche ne s'appliquerait absolument qu'aux bières fortes; mais les bières moyennes et même les

petites bières ne seraient pas sans profiter de cette utile modification.

Nous ne nous étendrons pas davantage à ce sujet, nous
contentant d'avoir semé cette idée d'amélioration, dans l'espérance de la voir fructifier par les soins des brasseurs habiles
qui s'occupent de l'avenir de leur industrie.

Pour que la bière soit *conservable,* elle doit présenter les
mêmes conditions que l'on requiert dans les autres liqueurs
fermentées.

Elle doit avoir une teneur suffisante en alcool, être débarrassée des matières altérables et des agents d'altération, être
pourvue d'une proportion utile de principes conservateurs, et
être placée à l'abri de l'air et d'une température excessive.

Nous avons vu que, si, *théoriquement,* la proportion de l'alcool nécessaire, pour arrêter l'activité du ferment et l'altération des liqueurs fermentées, est de 18 à 20 pour 100 en volume, il n'est pas indispensable d'atteindre un chiffre aussi
élevé, lorsque les autres conditions de conservabilité sont accomplies. Un vin se conserve bien lors même qu'il ne renferme que 8 à 10 pour 100 d'alcool, si, d'ailleurs, il ne renferme plus de matières étrangères altérables, s'il est bien
dépouillé des ferments et des matières fermentescibles, et s'il
est mis à l'abri du contact de l'air. On peut même conserver
des vins moins riches encore en alcool, et ce, pendant une
durée plus longue qu'on n'a besoin de le faire pour les bières,
en sorte que nous croyons fermement à la conservabilité des
vins de céréales, dont la teneur alcoolique ne serait pas inférieure à 4 pour 100.

Nous savons que le sucre agit également dans le sens de la
conservation, pourvu qu'il ne soit pas en présence du ferment
ou de matières albuminoïdes. Nous allons plus loin encore et
nous disons que la dextrine et la gomme ne nuisent pas absolument à la conservation des liqueurs fermentées, pourvu
qu'elles ne s'y trouvent pas en présence d'agents de décomposition. C'est donc dans l'élimination de ces agents que le
problème repose tout entier; nous ne croyons pas qu'il y ait
là une difficulté insurmontable.

Si, à cela, on ajoute cette règle que la bière doit renfermer
des principes amers, des matières résineuses, des huiles essentielles, qui agissent comme principes conservateurs, si la

liqueur est purifiée, clarifiée selon les règles de l'œnologie, si elle est mise à l'abri de l'air, dans des vases fermés hermétiquement, et que la température des celliers ou des caves soit basse et constante, il n'y a pas de raison pour qu'on ne puisse pas conserver la bière comme un vin ordinaire. Les précautions illusoires dont on s'entoure, le froid artificiel, la glace, l'acide carbonique ne présentent plus, dès lors, qu'une sorte d'intérêt de curiosité, et ces moyens cessent de mériter l'importance qu'on leur attribue.

Voici, d'ailleurs, un résumé succinct de la méthode générale que nous voudrions voir adopter en brasserie et dont les résultats nous sont parfaitement démontrés :

1° Préparation du *malt* comme à l'ordinaire, sous la réserve de ne tourailler fortement que la petite portion nécessaire à la production de la matière colorante utile.

2° *Saccharification* par des trempes prolongées, afin d'augmenter la proportion du sucre et de diminuer celle de la dextrine. La première trempe débuterait par un empâtage à la température ordinaire et l'on élèverait graduellement la chaleur jusqu'à 75 degrés. Elle serait maintenue à ce terme pendant quatre ou cinq heures, jusqu'à ce que l'iode ne donne plus de coloration et que l'alcool ne fournisse plus qu'un faible précipité dans le moût. Cette opération se ferait à la vapeur, dans une cuve close, offrant le moins d'accès possible à l'air extérieur. La trempe d'épuisement se ferait par de l'eau chaude, portée à 70 degrés au moins au début et la liqueur serait portée à l'ébullition vers la fin du travail.

3° Les liquides seraient réunis dans la chaudière à cuire et soumis rapidement à l'ébullition pour déterminer la séparation des matières albuminoïdes coagulables, que l'on enlèverait avec soin à mesure de leur passage à l'état insoluble. Au bout d'une demi-heure, après avoir fait un essai préliminaire sur une faible quantité de moût, on ajouterait assez de sucrate de chaux pour rendre insoluble la moitié des matières albumineuses non coagulables et, aussitôt après une agitation convenable, on introduirait la faible proportion de phosphate acide de chaux nécessaire pour neutraliser et isoler l'excès de chaux. Aussitôt après, on ajouterait un demi-millième à un millième de bon caebon, puis, la proportion utile de houblon, et l'ébullition serait continuée pendant une heure.

4° Le soutirage du moût se ferait comme à l'ordinaire et il serait aussitôt refroidi dans un réfrigérant à eau, à l'abri du contact de l'air, jusqu'à 20 degrés seulement.

5° Le moût refroidi passerait à travers un filtre à houblon pour se rendre à la cuve-guilloire et serait mis en levûre par une proportion convenable de ferment frais. La cuve serait couverte. Aussitôt que le dégagement de l'acide carbonique commencerait à s'apaiser, on procéderait au soutirage et à l'entonnage.

6° L'entonnage se ferait dans des tonneaux de grandeur moyenne (200 à 220 litres), qui seraient remplis exactement pour faciliter la sortie des écumes par le trou de bonde imparfaitement fermé. On ouillerait avec autant de soin que pour le vin.

7° Lorsque la fermentation secondaire aurait cessé et qu'il ne se produirait plus d'écume, on soutirerait le produit dans des tonneaux propres, mêchés à l'avance.

8° Quelques jours après le soutirage, on collerait selon les principes exposés précédemment. Ce collage serait suivi d'un nouveau soutirage, d'un tirage au clair, et la liqueur, bien enfermée dans des barriques bien closes, ne demanderait plus que les soins ordinaires d'un cellier à vin.

Tel est, en somme, le plan que nous adopterions pour fabriquer une bière conservable, un vin de céréales de bonne qualité, dont l'usage satisferait à toutes les exigences raisonnables.

Nous savons que cette méthode ne peut être approuvée par les gens à parti pris qui ont voulu faire de la bière une exception aux règles. Leur avis ne nous semble pas, cependant, devoir être le guide en cette matière. Le produit qu'ils nous préparent n'atteint pas le but que l'on doit se proposer ; il présente une composition qui est en désaccord avec toutes les règles du bon sens, et nous n'admettons pas que, dans un siècle où tout marche, la bière soit condamnée à rester stationnaire entre les mains de ses docteurs. Nous ne pouvons voir, dans la préparation des boissons fermentées, que l'accomplissement rigoureux des préceptes de la science œnologique, et les seules différences devant lesquelles il y a lieu de s'incliner sont celles qui dépendent de la nature même des matières premières.

Si, dans le vin de raisins ou de fruits, la matière première est le sucre naturel du raisin ou du fruit, dans la bière, c'est au sucre de fécule que nous avons affaire, et il nous est impossible de comprendre qu'on en fasse le moins possible d'abord et que, ensuite, on s'étudie à préparer avec ce peu de sucre un vin essentiellement altérable.

On aura beau dire et beau faire : toutes les phrases ronflantes, tous les mots sonores, toutes les ordonnances et toutes les recettes n'empêchent pas que la bière actuelle ne soit un liquide fort peu conservable. Lorsqu'on veut lui donner de la solidité, on est forcé de lui faire acquérir une richesse alcoolique fort supérieure à la moyenne, ce qui est le cas des bières anglaises d'exportation, ou bien de changer une partie notable de ses principes constituants en acide lactique, comme cela a lieu pour les bières allemandes, et cela ne prouve pas que l'on soit fort avancé dans la pratique, ni que la préparation de la bière soit assujettie à des règles bien définies et bien comprises.

CHAPITRE II.

Avant d'entrer dans le détail des opérations pratiques de la brasserie, résultant des principes que nous venons d'exposer, il est utile de jeter un coup d'œil sur les matières premières qui servent ou qui peuvent servir à la fabrication de la bière. Ces matières sont principalement les *céréales* et le *houblon*. Parmi les céréales, l'orge, le froment, le seigle et l'avoine sont à peu près exclusivement utilisés par la brasserie européenne ; mais on peut dire avec justesse que toutes les céréales, les légumineuses, les racines féculentes, et toutes les parties des plantes qui renferment de l'amidon ou de la fécule pourraient trouver un bon emploi dans la pratique rationnelle de la brasserie, pourvu que, d'ailleurs, on ne puisse y constater la présence de substances délétères ou de matières de mauvais goût et de saveur désagréable.

Quoique nous ayons donné, dans notre premier volume (p. 570 et suiv.), des indications générales sur la matière alcoolisable contenue en moyenne dans les céréales et même dans les légumineuses, nous croyons devoir entrer dans quelques détails au sujet de la composition des grains qui servent à la préparation des bières, afin de donner aux fabricants tous les renseignements utiles à leur industrie. Bien des contestations se sont élevées, en effet, sur cet objet particulier; bien des analyses ont été repoussées par des chimistes expérimentés, pour des raisons plus ou moins graves, et il est presque impossible, en cette matière, de procéder autrement que par des *moyennes*, en présence des variations déterminées par le climat, la température, le sol, les engrais, etc., sans parler même des méthodes chimiques employées. C'est pour cette raison que nous avons toujours tenu à présenter la composition moyenne résultant des travaux les plus accrédités; mais il convient cependant de mettre sous les yeux du fabricant de bière les principaux résultats obtenus par les meilleurs observateurs.

§ I. — OBSERVATIONS GÉNÉRALES.

En règle générale, l'*orge* et le *froment* sont les céréales que l'on préfère pour la préparation de la bière, et l'on emploie surtout le premier de ces deux grains à cet usage. Tous les deux fournissent une bonne bière, et la seule objection que l'on puisse faire contre l'emploi du froment, en outre de sa cherté relative, consiste en ce que, par son emploi, on soustrait à l'alimentation publique une proportion notable d'une matière de premier ordre. Nous ne sommes pas plus partisan de l'emploi du froment dans la fabrication de la bière que de l'alcoolisation de cette céréale en vue seulement de la distillation. A notre avis, elle ne doit être employée que très-exceptionnellement et seulement pour la préparation de certains produits spéciaux, au moins jusqu'à ce que l'agriculture puisse fournir un excédant suffisant de ce grain précieux.

Le *seigle* ne donne pas une très-bonne bière quand on l'emploie seul. La liqueur présente une odeur et une saveur particulières, analogues à celles du pain de seigle, et elle passe promptement à la dégénérescence acide. Il est très-difficile de la clarifier avec les procédés ordinaires. Nous estimons cependant qu'il est avantageux de faire entrer une certaine proportion de seigle dans les bassins de bières blanches et légères, pourvu que la fabrication soit soignée dans ses parties essentielles et, notamment, que la purification de la liqueur soit faite selon les principes de l'œnologie.

Les bières d'*avoine* seraient assez franches de goût, mais elles passent pour se clarifier assez mal et s'aigrir facilement. Une propriété assez remarquable de l'avoine est l'activité qu'elle procure à la fermentation; aussi des hommes compétents, M. Lacambre entre autres, déclarent-ils qu'elle ne doit entrer que pour une faible quantité dans les bières de garde. Ceci dépend évidemment de ce qu'on a pris l'habitude, assez peu justifiée du reste, de préparer les bières dites de *garde* par la méthode de la fermentation lente; mais il ne nous semble pas que cette marche soit absolument nécessaire pour obtenir de bons produits.

Nous pensons que le *sarrasin* peut rendre des services très-sérieux à la distillation ; mais nous ne croyons pas qu'il soit avantageux de l'utiliser dans la fabrication de la bière, à cause de l'amertume, de l'odeur et de la saveur désagréable qu'il communique aux liqueurs qui en contiennent.

Le *maïs* et le *riz* peuvent fournir des bières fort bonnes et très-agréables. Sans doute, les produits de ces grains, employés seuls, ne présenteront pas la composition de la' bière d'orge ou de froment, au point de vue surtout des matières plastiques, des phosphates et des autres sels ; mais il ne faut pas perdre de vue qu'il n'est pas entièrement indispensable que tous les vins de grains se ressemblent sous ce rapport. Dans tous les cas, le mélange de ces grains avec l'orge ou les céréales peut donner d'excellents résultats, sur lesquels il est utile d'appeler l'attention des brasseurs.

Les *légumineuses* ont été mentionnées parmi les matières premières alcoolisables du deuxième groupe ; nous ne pensons pas cependant qu'elles présentent la moindre importance pour la brasserie, à raison de l'odeur désagréable qu'elles développent pour la plupart. Il se peut faire, malgré cela, que des additions de ce genre offrent un certain intérêt, dans des circonstances données, surtout pour la fabrication de certaines bières économiques ; mais il ne faudrait pas s'y attacher dans un but commercial, sous peine de subir des échecs à peu près infaillibles.

Nous n'en dirons pas autant des racines féculentes, dont quelques-unes pourraient être d'un excellent emploi. Sans parler de la *patate* et de l'*igname*, nous croyons que la *pomme de terre*, plus commune et si bien acclimatée en Europe, peut fournir *directement* une bière excellente, sans qu'on soit obligé d'en extraire la *fécule*. Nous dirons quelques mots de ce sujet intéressant.

Nous ne croyons pas à l'avantage de la *fécule* de pomme de terre employée en mélange avec le malt à la saccharification, et les vérifications nombreuses auxquelles nous nous sommes livré à ce sujet nous ont convaincu de l'impossibilité d'employer ce produit dans cet état, à cause de la mauvaise odeur et du goût peu agréable qu'il donne à la bière.

Il en est tout autrement du *glucose* provenant de cette même fécule, surtout quand il a été préparé par l'action de l'infusion de malt. Les bières qui sont produites à l'aide d'un moût additionné de ce *sirop* sont saines et agréables, comme celles dans lesquelles on fait entrer du *sucre brut* des colonies ou de la *mélasse* de même provenance. Le même jugement ne pourrait s'appliquer à un grand nombre de sirops de fécule, préparés à l'aide de l'acide sulfurique qu'on neutralise ensuite par la chaux : ces sirops présentent presque toujours une odeur spéciale et un goût amer assez désagréable. Les mélasses de betterave et les sucres bruts ordinaires de la même origine ne peuvent pas être davantage d'un bon emploi dans l'industrie du brasseur, par la raison qu'ils rappellent toujours l'odeur propre de la plante. Cependant, les sucres bruts obtenus par la méthode du phosphatage et les sucres en poudre blanche, lavés, étant exempts de ce défaut, peuvent parfaitement être appliqués à augmenter le titre saccharimétrique des moûts et, par conséquent, à élever la richesse alcoolique des produits.

Ces généralités étant posées, nous allons étudier avec un peu plus de détails les quatre céréales les plus employées dans la brasserie actuelle, savoir : l'*orge*, le *froment*, le *seigle* et l'*avoine*, ce que nous avons exposé dans la première partie de cet ouvrage devant suffire à guider le lecteur dans l'emploi hypothétique des autres matières premières que nous venons de mentionner.

§ II. — DES CÉRÉALES EMPLOYÉES EN BRASSERIE.

Les céréales proprement dites sont la matière première habituelle de la bière, au moins en Europe et, parmi elles, la pratique a adopté l'emploi presque exclusif de l'orge, qui semble d'ailleurs être merveilleusement appropriée à cet emploi, à raison principalement de la proportion d'agent transformateur ou de diastase à laquelle elle donne naissance pendant la germination. La liqueur qui en provient est franche de goût ; elle se clarifie sans trop de difficultés, et elle est susceptible de se conserver inaltérée pendant longtemps, si la préparation a été faite conformément aux principes scientifiques. M. Mulder attache une grande importance à la composition chimique des matières premières de la bière, et il fait jouer, dans cette boisson, un rôle capital aux phosphates, aux sels et aux matières albuminoïdes qui proviennent des grains. Il repousse, en quelque façon, les boissons obtenues avec les autres matières féculentes et leur refuse le nom de *bières*; mais il admet que, dans les liqueurs fermentées de provenances diverses, il peut être suppléé au défaut de matière plastique par la farine de grains. Sous cette opinion, dont l'absolutisme est masqué par une dernière concession, on peut aisément deviner la pensée de l'auteur, qui est de ne ranger parmi les bières que le produit fermenté, houblonné, de la saccharification des grains ; mais nous croyons qu'il convient de donner plus d'extension à l'idée qu'on se fait de la bière, car il ne suffirait pas de voir, dans cette idée, seulement ce qui se fait : il faut encore y ajouter ce que l'on doit et ce que l'on peut faire.

Tout moût sucré provenant de la saccharification diastatique d'une matière féculente, soumis à la fermentation, houblonné, doit être considéré comme une véritable bière. Les qualités nutrimentaires pourront varier, il est vrai ; mais cette différence même, qui pourrait être annihilée par des moyens artificiels dans la préparation des liqueurs, nous paraît constituer un mérite plutôt qu'un défaut. Disons cependant que, même en se plaçant à ce point de vue plus général, les bières provenant des grains devront être considérées comme les types du genre, et que la *bière d'orge* doit être placée à la tête du groupement tout entier.

DE L'ORGE. — Cette céréale a été cultivée dans une très-haute antiquité, et l'on en connaît aujourd'hui un grand nombre de variétés. Parmi ces variétés, les plus estimées pour la fabrication de la bière sont l'orge commune à deux rangs (*hordeum vulgare distichon*) et l'orge à six rangs ou escourgeon (*hordeum vulgare hexastichon*). La première mûrit plus tôt, donne un cinquième de rendement en plus et se conserve plus aisément. L'escourgeon est moins cher ordinairement, mais il offre une valeur réelle moindre et il s'échauffe assez facilement lorsqu'on le conserve en tas, sans prendre les précautions nécessaires relativement à sa dessiccation et à son aération.

On emploie encore l'*orge nue*, l'*orge d'été* et, en général, toutes les variétés qui se cultivent dans le rayon de la brasserie, ou qui peuvent être fournies par le commerce à des conditions avantageuses.

Quelle que soit la variété d'orge que l'on emploie, le grain doit être sain et de bonne qualité ; il ne doit ni être trop vieux ni avoir perdu sa propriété germinative, et il convient de n'employer, pour les *sortes* de bière connues et déterminées, que la même espèce de grain, que l'on doit toujours traiter au même âge, cette dernière condition présentant une notable importance par son influence sur la constance du goût de la bière. Disons encore que la qualité de la bière dépend plutôt de la saison du brassage, de la bonne exécution du maltage, de la saccharification, du houblonnage, de la fermentation, etc., que de la variété même de l'orge employée, pourvu que d'ailleurs le grain soit sain.

D'après M. Mulder, pour préparer une bonne bière, il faut faire usage d'un grain d'orge *compacte*, bien *plein*, qui, lorsqu'on le casse, soit coloré en *jaune* à l'intérieur, qui soit *riche en matière amylacée*, et qui soit enveloppé extérieurement d'une *écorce mince, lisse, luisante*. De son côté, M. Lacambre dit que la qualité la plus essentielle qu'on doit rechercher dans les orges de brasserie, c'est qu'elles germent bien dans la saison où l'on doit préparer le malt. Il faut pour cela que les grains soient *égaux*, bien *mûrs*, de la *même espèce*, du *même crû* ; qu'ils n'aient pas été mouillés ou échauffés après la récolte. L'auteur belge ajoute que c'est dans les *petits grains* que se trouvent les mauvais ; que l'on doit choisir, surtout pour les bières délicates et les bières blanches, les variétés à peau lisse, douce, claire et bien remplie. L'*odeur* doit être *franche*, ce qu'on reconnaît en jetant une poignée de grains dans l'eau presque bouillante ; et si l'orge est bonne, elle ne contiendra que très-peu de grains légers, qui surnagent dans l'eau.

Nous ajouterons à ces caractères généraux que l'orge sera d'autant meilleure, qu'elle présentera un poids spécifique plus considérable, pourvu que, du reste, elle offre les qualités qui viennent d'être mentionnées. Le poids moyen de l'hectolitre d'orge, bien nettoyée et de bonne qualité, varie entre 60 et 67 kilogrammes, ce qui conduit à 64 kilogrammes environ pour le poids des orges de bonne qualité.

L'éternelle question du sol et des engrais revient encore ici. Il est certain que les fumures directes azotées ne conviennent pas aux grains destinés à la fabrication de la bière ; tous les praticiens et tous les observateurs sont d'accord sur ce point et, dans aucun cas, on ne doit appliquer de fumure immédiate sur le champ qui doit produire de l'orge de brasserie. Il en résulte une exagération sensible de la matière azotée, au détriment de la proportion de la matière féculente, la plus utile et la plus indispensable à la vinification. Tout ceci est d'accord avec le principe que nous avons posé de l'antagonisme qui existe entre les fumures azotées et la matière saccharine, dont la fécule est le point de départ. M. Mulder dit avec raison que l'orge qui a crû dans les terrains calcaires est préférable à celle que l'on récolte dans les terres argileuses. Cela dépend du même principe et de la tendance de l'argile à accumuler et conserver la matière azotée des engrais.

Analyses de l'orge. — De nombreuses analyses de cette céréale ont été faites par différents observateurs ; nous ne rapporterons ici que les plus importantes.

Le docteur Sacc a publié une analyse élémentaire de l'orge qui contiendrait, sur 100 parties pondérales :

Carbone.	45,4690
Hydrogène..	6,4815
Azote.	2,2810
Oxygène.'.	42,4435
Cendres.	3,3250

Cette analyse ne concorde pas, au moins pour la matière azotée, avec l'analyse immédiate suivante du même auteur :

Amidon.	59,5
Sucre..	6,0
Cellulose, gomme, matière grasse et cendres. .	19,0
Albumine et glutine.	4,5
Eau.	11,0

D'après l'analyse élémentaire, le chiffre de l'azote étant 2,281, celui de la matière azotée ne devrait pas être 4,5, mais bien $2,281 \times 6,5 = 14,8265$ pour 100, ce qui est fort loin de la valeur donnée à l'albumine et à la glutine.

Ritthausen a trouvé la composition suivante pour 100 parties d'orge d'hiver :

	Etat ordinaire.	Après dessiccation à + 100°.
Eau.	16,1	0,0
Amidon.	39,8	} 77,1
Autres substances non azotées.	24,8	
Matières albumineuses.	8,5	10,1
Fibre végétale.	8,5	11,1
Substances inorganiques. . . .	2,3	2,7

Une autre analyse, publiée en 1852 par Fehling et Faiszt, indique la composition de l'orge de Jérusalem desséchée à + 100 degrés, sur deux échantillons :

	1850.	1851.
Amidon et matière grasse. . . .	78,6	78,6
Substances azotées.	15,7	13,8
Fibre végétale.	2,9	5,0
Substances inorganiques. . . .	2,8	2,7

M. Mulder repousse toutes ces analyses comme ne présentant pas assez de certitude; mais il pense que l'analyse de M. Polson, exécutée sur l'orge d'Ecosse et publiée dans le journal d'Erdmann, exprime très-approximativement la composition de l'orge. Voici cette analyse :

Amidon.	52,7
Gluten.	13,2
Cellulose, etc.	11,5
Matière grasse.	2,6
Gomme, sucre.	4,2
Cendres.	2,8
Eau.	12,0

Nous avons déjà donné l'analyse de l'orge d'après M. Payen, et nous avons également reproduit celles d'Einhof et celle de M. Oudemans[1]. Nous renverrons donc le lecteur à ces données, tout en faisant remarquer la coïncidence qui existe entre l'analyse de M. Polson et celle de M. Oudemans. Les seules différences un peu tranchées que l'on puisse relever entre les

[1] Voir la première partie, 1er vol., p. 583 et 584.

indications de ces deux chimistes reposent sur la négation du sucre, par M. Oudemans, sur la dénomination de *gluten* appliquée à l'ensemble des matières albuminoïdes, par M. Polson, et sur le chiffre un peu plus élevé attribué par ce dernier aux matières cellulaires. Il n'y a rien là, sauf pour le sucre, qui ne puisse être attribué à la différence des espèces et aux modifications dues à la culture et aux circonstances. Il nous paraît donc utile de former avec l'ensemble des chiffres de MM. Polson et Oudemans une donnée moyenne qui aura tout au moins le mérite de se rapprocher le plus près possible de la vérité dans le plus grand nombre des circonstances.

L'orge présente le plus communément, et d'après les meilleures observations faites jusqu'à ce jour, la composition centésimale suivante :

Amidon..	53,25
Gomme, sucre, dextrines (congénères de l'amidon).	4,35
Matières albumineuses.	11,45
Matière grasse..	2,35
Matières cellulaires..	9,60
Substances inorganiques.	2,65
Eau.	15,05
Perte, substances indéterminées. . . .	1,30
	100,00

Le tableau suivant réunit les principales analyses faites sur les matières inorganiques de l'orge.

ÉLÉMENTS DES CENDRES DE L'ORGE.	NOMS DES OBSERVATEURS.					MOYENNES.
	KŒCHLIN.	ERDMANN.	THOMSON.	VELTMAN.	MOESMAN.	
Potasse..........	13,8	20,9	16,0	17,0	17,5	17,04
Soude...........	6,8	—	8,9	5,9	6,5	6,975
Chaux..........	2,2	1,7	3,2	2,7	3,1	2,58
Magnésie........	8,6	6,9	4,3	7,2	6,8	6,76
Sesquioxyde de fer.	1,1	2,1	0,8	0,5	0,5	1,00
Acide phosphorique	38,8	58,5	36,8	30,3	31,0	35,08
— sulfurique...	0,2	—	0,2	1,4	1,5	0,825
— silicique.....	27,7	29,1	20,7	33,1	33,7	28,875
Chlore..........	—	—	0,2	1,3	1,3	0,933

Ce tableau ne présente, à nos yeux, qu'une seule valeur :

celle d'éclairer sur le chiffre approximatif des parties minérales contenues dans 100 parties d'orge, et de permettre une
appréciation suffisante des aliments minéraux qui peuvent se
trouver dans la bière. Comme l'orge ne fournit que 2,65 p. 100
de matières minérales, les chiffres moyens qui sont indiqués
dans la dernière colonne du tableau peuvent être appliqués à

l'orge crue, si on les multiplie par $\dfrac{2,65}{100} = 0,0265$. Nous ne

comprenons pas comment des hommes sérieux ont pu attacher
une importance si grande à ces matières, lorsque la proportion qui s'en trouve dans un litre de bière est si minime, même
en supposant qu'elles y existent en entier, sauf en ce qui
touche le fer et la silice. Si 1 kilogramme d'orge produit, par
exemple, 7 litres de bière, ces 7 litres ne peuvent contenir que
$18^g,58$ de matière inorganique, abstraction faite de l'acide si-
licique et du sesquioxyde de fer. Ce chiffre conduit à $2^g,65$ de
matière minérale par litre, et un tel résultat n'égale pas le
tiers de la valeur minérale d'un kilogramme de pain.

Or il est remarquable que l'homme rejette par les excréments, sans parler des urines, pour lesquelles le raisonnement
ne serait pas applicable, une quantité de phosphates telle,
qu'on peut négliger sans crainte la petite provision qui s'en
trouve dans la bière, puisque nous en rejetons beaucoup plus
que ce qui peut être ingéré avec cette boisson. Ceci, d'ailleurs,
offre un but utile par la conclusion qu'on en peut tirer, savoir,
que c'est à tort qu'on regarde l'acidité lactique ou acétique des
boissons comme profitable à l'assimilation des phosphates.
Il ne nous semble pas nécessaire de boire des produits acides
pour assimiler des phosphates, puisque nous en ingérons plus
qu'il ne nous en faut avec nos aliments solides, et que ces sels
trouvent, dans l'appareil digestif, plus d'acide qu'il n'est nécessaire pour les dissoudre dans la proportion utile.

Après cette digression, que le lecteur nous pardonnera, sans
doute, il convient d'établir la relation qui existe entre la composition de l'orge crue et celle de l'orge germée. Pour cette
idée particulière, et malgré l'importance qu'elle peut présenter, nous n'avons que les analyses de M. Oudemans qui offrent
des garanties suffisantes. Nous rapprochons l'analyse de l'orge
et celle du malt d'orge du même chimiste :

	Orge crue.	Malt d'orge séché à l'air.
Dextrine.	4,5	6,5
Amidon.	53,8	47,5
Sucre.	0,0	0,4
Matières cellulaires.. . .	7,7	11,7
Substances albumineuses.	9,7	11,0
Matière grasse.	2,1	1,8
Cendres..	2,5	2,6
Eau.	18,1	16,1
(Perte) [1]	1,6	2,6
	100,0	100,0

La seule inspection de ces chiffres fait voir quelles sont les substances qui ont subi une augmentation ou une modification dans le maltage. Nous croyons cependant qu'on a voulu en tirer des conséquences un peu forcées, qui peuvent manquer de justesse sous certains rapports. Il aurait été préférable, pour arriver à une précision plus grande, que l'analyste, après avoir opéré sur un poids donné d'orge crue, soumît un poids égal de la même orge à la germination. Cette dernière portion, séchée à l'air et analysée, aurait fourni des données comparatives plus exactes, puisque les différences entre deux échantillons égaux de la même orge n'auraient pu être attribuées qu'au maltage. Nous avons déjà vu que 100 parties d'orge perdent environ 8 pour 100 par la germination, ou 4,5 pour 100 en ne faisant pas abstraction des radicelles et des germes. Il s'ensuit que 100 d'orge ne fournissent que 95,5 de malt au même degré de dessiccation, en sorte que l'erreur qui résulte de cette différence aurait pu et dû être évitée. On peut essayer de la redresser par le calcul ; mais il vaudrait mieux suivre l'ordre logique. Ce n'est pas la même chose d'analyser 100 grammes d'orge, puis 100 grammes de malt d'orge, ou bien d'analyser d'abord 100 grammes d'une orge donnée et ensuite 100 grammes de la même orge, que l'on soumet à la germination avant le travail analytique.

DU FROMENT. — La plus précieuse de toutes les céréales est le froment, parce qu'il est la matière première du *pain* par excellence, et que sa composition en fait le plus parfait des aliments solides. On compte, dans le genre *froment* [2], cinq

[1] Non mentionnée par l'auteur.
[2] Tribu des Hordéacées, famille des Graminées, classe des Glumacées. La

types bien caractérisés et des variétés très-nombreuses. Les cinq types sont : le *froment commun*, le *froment dur*, le *blé de Pologne*, l'*épeautre* et l'*engrain*. On emploie, en brasserie, non pas les sortes les plus riches en gluten, mais celles qui offrent la plus grande proportion d'amidon, c'est-à-dire celles que l'on désigne sous le nom de *blés tendres*. Un bon froment, récolté dans les meilleures conditions de maturité, qui n'a pas été mouillé ni échauffé après la récolte, dont les grains sont pleins, l'enveloppe luisante, présente un poids de 80 kilogrammes par hectolitre. L'épeautre, dont on distingue deux sous-types, l'épeautre d'hiver et l'épeautre de printemps ou de mars, se distingue des autres froments en ce que le grain ne se sépare pas de la balle par un simple battage. En principe général, l'épeautre étant d'un prix moins élevé que les autres froments et moins propre à la confection du pain, on peut regarder ce grain comme une bonne matière première de la bière, contre l'emploi de laquelle on n'a pas à soulever les mêmes objections qu'à l'égard des autres types. Il convient cependant de faire observer que l'hectolitre de ce grain ne pèse que 46 à 47 kilogrammes, soit 46^k,5, sur lesquels on n'a que 34 à 35 kilogrammes de grain réel. Les enveloppes extérieures pèsent de 10 à 11 kilogrammes environ. Schwertz a trouvé que le grain, nu et dépouillé de la balle, renferme 90 parties de farine, 8,70 de son avec 1,30 de déchet pour 100 parties en poids.

L'hectolitre d'épeautre ne doit donc être payé, au maximum, que 0,58 du prix du froment ordinaire. Encore faut-il déduire de cette base les frais de nettoyage.

En ce qui touche l'emploi du froment dans la préparation de la bière, il faut convenir de ce fait que, si la liqueur provenant de cette céréale est d'un goût franc et agréable, il est très-difficile de l'employer seule pour diverses raisons fort concluantes. Comme la germination du froment ne se règle pas facilement, on l'emploie cru avec une certaine quantité d'orge maltée ; il faut ajouter à cela que la grande proportion

---

tribu des Hordéacées renferme six genres : *Lolium, Triticum, Secale, Elymus, Hordeum, Ægilops*. La famille des graminées est une des plus importantes du règne végétal, et certainement la plus utile à l'humanité. On la subdivise aujourd'hui en treize tribus, qui comprennent cinquante-quatre genres, et un nombre immense de types, d'espèces et de variétés.

de matières plastiques qu'il renferme cause un obstacle très-sérieux à la purification et à la conservation de la liqueur, qui reste le plus souvent louche et peut s'altérer très-aisément. De là vient l'habitude prise de n'introduire, dans les brassins où l'on ajoute du froment, qu'un tiers de cette céréale relativement au poids total du grain traité. Ajoutons que les Belges, fort amateurs des bières fromentacées, dépassent de beaucoup cette proportion, et que souvent ils l'élèvent presqu'au double. Nous reviendrons sur ce point.

Ajoutons encore une observation sur la richesse du froment en matières plastiques. Cette richesse atteint un chiffre d'autant plus élevé que la plante a reçu une fumure plus abondante, que l'engrais a été employé directement, et qu'il était plus azoté. On conclut de ce fait expérimental que le froment destiné à la brasserie ne doit pas avoir reçu de fumure directe si l'on tient à diminuer les principaux inconvénients matériels de son emploi.

Nous avons donné les analyses du froment faites par Vogel et par Fuss[1], et nous avons ajouté à ces analyses les observations de M. de Saussure, relativement aux modifications subies par ce même grain dans la germination et par le contact prolongé de l'eau. Ces données demandent à être complétées par d'autres recherches, et nous mettons sous les yeux du lecteur quelques analyses dues à divers observateurs.

M. Boussingault a trouvé les résultats suivants sur 100 parties pondérales :

Amidon.	59,7
Gluten.	12,8
Albumine.	1,8
Dextrine.	7,2
Matière grasse	1,2
Cellulose.	1,7
Substances inorganiques. . . .	1,6
Eau.	14,0

Le même chimiste avait déjà indiqué 14,5 comme le chiffre de l'eau du froment, et 2,43 pour 100 pour le poids des cendres. Nous ferons observer ici que la proportion des matières

[1] Voir la première partie, 1er vol., p. 580.

inorganiques du froment varie notablement en raison des conditions culturales, en sorte que la différence entre 1,6 et 2,43 ne nous paraît pas de nature à soulever des objections plausibles.

De son côté, M. Polson a analysé du froment d'Amérique et du froment d'Ecosse. Il a trouvé dans ces deux variétés :

	Froment d'Amérique ancien.	Froment d'Ecosse nouveau.
Amidon..	62,3	56,9
Gluten.	10,9	7,0
Albumine	0,0	0,0
Dextrine.. , ...	3,8	5,3
Matière grasse..	1,2	1,2
Cellulose.	8,3	12,4
Substances inorganiques.	1,6	1,5
Eau.	10,8	14,8

En comparant les résultats de M. Polson avec ceux de M. Boussingault, on ne peut s'empêcher de trouver que le premier a dû se tromper beaucoup sur le chiffre qu'il attribue à la cellulose. Nous en trouvons encore une preuve dans une analyse de M. Péligot, faite sur le grain entier et qui lui a donné :

Amidon. . . . . , . .	59,7
Dextrine. . . . , ...	7,2
Matière grasse..	1,2
Matières azotées insolubles.	12,8
Matières azotées solubles.	1,8
Cellulose. . , ... , ...	1,7
Sels minéraux.	1,6
Eau.	14,0

Les analyses de M. Oudemans ont porté également sur le grain entier. Il a trouvé les chiffres suivants :

	Grain non desséché.	Grain desséché.
Amidon.	57,0	67,9
Dextrine.	4,5	5,4
Matières cellulaires.	6,1	7,2
Substances albumineuses.	11,5	13,7
Matière grasse.	1,8	2,1
Substances inorganiques.	1,7	2,0
Eau.	16,0	»,»
Autres matières (indéterminées). . .	1,4	1,7

Nous groupons dans un même tableau les principales données analytiques sur les parties minérales constituantes du froment :

ÉLÉMENTS	NOMS DES OBSERVATEURS.				
DES CENDRES DU FROMENT.	BOUSSIN-GAULT.	ERDMANN.	PÉTZHOLDT.	WILL ET FRESENIUS.	
				Fr. roux.	Fr. blanc.
Potasse..............	30,1	25,9	25,81	21,9	33,8
Soude................	—	0,4	2,681	15,8	—
Chaux...............	3,0	1,9	1,489	1,9	3,1
Magnésie.............	16,3	6,3	12,178	9,6	13,5
Sesquioxyde de fer......	—	1,3	0,148	1,4	0,3
Acide phosphorique.....	48,3	60,4	57,314	49,3	49,2
— sulfurique........	1,0	—	0,057	0,2	—
— silicique.........	1,3	3,4	0,335	—	—

La comparaison du froment cru avec le froment germé ou malté a été étudiée par M. Oudemans, dont voici les résultats :

	Froment cru.	Malt de froment desséché à l'air.
Dextrine..........	4,5	6,2
Amidon...........	57,0	50,3
Sucre............	0,0	1,6
Matières cellulaires....	6,1	8,0
Substances albumineuses..	11,5	11,9
Matière grasse......	1,8	2,0
Cendres..........	1,7	1,8
Eau............	16,0	14,4

Cette analyse comparative se trouve évidemment sous le coup des observations que nous avons faites relativement à celles de l'orge, et nous ne les répéterons pas, puisque les conditions dans lesquelles M. Oudemans s'est placé ont été les mêmes pour l'orge, le froment, le seigle et l'avoine, dont nous allons dire quelques mots, pour clore cet examen rapide des matières premières essentielles de la fabrication de la bière.

Du seigle. — Le seigle appartient à la même tribu que le froment et l'orge. En culture, on connaît les *seigles d'hiver* et les *seigles de printemps*, qui offrent plusieurs variétés. Cette céréale est peu employée en brasserie, et c'est un tort, suivant nous, car il nous semble qu'elle pourrait rendre de grands services, quand même on ne la ferait entrer que pour

partie dans la composition des brassins. M. Lacambre le regarde comme assez convenable pour la préparation des bières
blanches qui doivent se consommer très-fraîches, et il pense
que ce grain peut être fort utile aux brasseurs dans certaines
circonstances où l'orge est chère et le seigle relativement à
bon marché. Non-seulement nous partageons cette opinion,
mais nous croyons que l'on pourrait, sans inconvénient, faire
prendre à ce grain une large place dans la fabrication qui nous
occupe.

Le poids moyen de l'hectolitre de seigle est de 74 à 75 kilogrammes.

En dehors de l'analyse de M. Furstenberg, que nous avons
reproduite en traitant de l'alcoolisation des céréales en général, nous indiquons les résultats comparatifs obtenus par M. Oudemans sur le seigle cru et le malt du même grain :

	Seigle cru.	Malt de seigle desséché à l'air.
Dextrine..	5,2	12,7
Amidon..	56,5	42,1
Sucre.	0,0	1,1
Matières cellulaires.	7,8	11,9
Substances albumineuses. . . .	10,4	11,7
Matière grasse..	1,4	1,5
Cendres..	1,8	1,8
Eau.	16,4	15,6

Une observation attentive montre que la valeur alcoolisable
du seigle malté est de 55,9 d'après M. Oudemans, tandis que
celle du malt d'orge est de 54,2, c'est-à-dire qu'il y a parité
de valeur entre les deux grains. Le chiffre des substances albumineuses est à peu près le même, en sorte que, mises à part
les questions d'odeur et de saveur, nous ne voyons pas trop la
gravité des motifs qui feraient reculer devant l'emploi du
seigle. Nous verrons plus loin, en traitant des travaux de la
brasserie, ce qu'il convient de faire pour obtenir avec les moûts
de seigle des liqueurs d'une extrême franchise, aussi bien
qu'avec les autres grains d'un usage secondaire.

DE L'AVOINE. — L'avoine est encore moins employée que le
seigle. Ici, au moins, le motif de cette abstention paraît assez
net, car il repose sur le goût réellement désagréable que le
moût d'avoine présente lorsqu'il a été préparé avec ce grain

seul. On peut cependant introduire une certaine proportion d'avoine, de variété blanche et de bonne qualité, dans les brassins de bière blanche destinée à une prompte consommation.

L'épaisseur des enveloppes influe nécessairement sur la proportion des matières utiles renfermées dans l'avoine, dont M. Oudemans a analysé la composition à l'état cru et après le maltage :

	Avoine crue.	Malt d'avoine desséché à l'air.
Dextrine.	5,0	7,1
Amidon.	47,0	37,3
Sucre.	0,0	0,4
Matières cellulaires.	14,5	22,6
Substances albumineuses. . . .	12,1	13,3
Matière grasse.	5,4	4,1
Cendres.	2,8	3,1
Eau.	14,9	14,1

Nous bornons ici ce que nous devions dire sur les matières premières proprement dites de la bière, c'est-à-dire sur celles de ces matières qui sont destinées à fournir aux moûts l'elément saccharin qui est la source de l'alcool, comme aussi la matière plastique et les substances minérales.

§ III. — DU HOUBLON.

Le *houblon* est une plante grimpante, de la classe des *Urticinées* et de la famille des *Cannabinées*, qui est composée des genres *Cannabis* et *Humulus*.

Le houblon commun (*humulus lupulus*) présente une tige grimpante, voluble de droite à gauche, dont les feuilles offrent une certaine analogie de forme générale avec celle de la vigne. Les fleurs sont dioïques ; elles sont disposées en grappes ou en épis. Les fruits sont en forme de cônes écailleux et la graine se trouve couverte par les écailles. Ces fruits ou cônes du houblon commun sont la seule portion de la plante que l'on emploie dans la fabrication de la bière, pour donner à cette boisson l'amertume et l'odeur spéciale qui la caractérisent et, de plus, pour lui fournir la matière astringente et la substance aromatique conservatrice.

Bien que l'on puisse, à la rigueur, remplacer le houblon par d'autres plantes, ou par d'autres principes astringents et aromatiques, les essais faits dans cette voie n'ont pas encore donné des résultats sur lesquels on puisse baser une application utile.

La culture du houblon a pris une extension considérable dans un grand nombre de contrées européennes : l'Angleterre, l'Allemagne, la France, la Belgique et la Hollande en produisent la plus grande partie de ce qui se consomme par la brasserie; il convient d'ajouter cependant que les houblons d'Amérique ont commencé à prendre sur le marché une réputation excellente et qu'ils sont presque aussi estimés que les meilleurs produits anglais.

Nous dirons quelques mots sur la valeur relative attribuée aux différentes sortes, selon leurs qualités et leur provenance.

Les auteurs qui ont parlé du houblon diffèrent notablement d'opinion au sujet de la substance active des cônes de cette plante. « Les cônes, dit Orfila, sont chargés d'une poussière organisée, jaune, odorante, à laquelle on attribue principalement les propriétés médicales du houblon, et qui contient une résine, une huile volatile, de la *lupuline* (matière amère), de la cire, du tannin, du gluten, etc. La partie herbacée des racines, des tiges, des feuilles, des bractées, des fleurs, renferme une *matière styptique*, *astringente*, *âpre*, nullement amère. »

ESPÈCES DE HOUBLON.	MATIÈRES ÉTRANGÈRES.	FEUILLES ÉPUISÉES.	SÉCRÉTION JAUNE.
Houblon de Poperinghe, jeune..	12,0	70,0	18,0
— d'Amérique, vieux....	14,3	68,8	16,9
— de Bourges..........	0,5	83,5	16,0
— de l'Etang de Crécy...	1,8	86,2	12,0
— de Bussignies........	7,0	81,5	11,5
— des Vosges..........	3,0	86,0	11,0
— d'Angleterre, vieux...	3,0	87,0	10,0
— de Lunéville.........	1,5	88,5	10,0
— de Liége............	1,5	88,5	10,0
— d'Alost (Belgique)....	16,0	76,0	8,0
— de Spalt (Allemagne)..	4,0	88,0	8,0
— de Toul (Meurthe).....	1,5	90,5	8,0

Ives professait l'opinion que la substance active du houblon, dans la fabrication de la bière, n'est autre que la poussière jaune qui charge les écailles des cônes.

M. Dumas attribue à l'huile essentielle seule l'unique valeur de cette sécrétion jaune.

De leur côté, MM. Payen, Chevallier et Pelletan, après avoir isolé par un tamisage la sécrétion jaune de plusieurs espèces de houblon, se sont égarés dans une voie très-rapprochée de celle qu'Ives avait suivie. Ils ont donné le tableau ci-dessus, dont les chiffres sembleraient proportionner la valeur des houblons à la quantité de matière jaune.

M. Lacambre dit que la *valeur réelle* du houblon n'est pas toujours proportionnelle à la quantité de sécrétion jaune qu'il renferme et que le houblon d'Alost est préférable, pour certaines bières, à celui d'Amérique ou de Poperinghe. M. Robart ne croit pas non plus que la qualité ou la force du houblon soit proportionnelle à la quantité de lupuline qu'il renferme. Enfin, M. Mulder, dont les observations sont précieuses à consulter en matière de brasserie, n'accorde au tableau précédent qu'une importance secondaire, et il ne voit, dans la proportion différente de la matière jaune qu'*une des causes* de la différence de valeur des houblons.

Nous ne partageons pas la manière de voir d'Ives, ni celle des auteurs du tableau, pour des raisons que nous croyons graves et que nous indiquerons brièvement, après avoir exposé les principales données analytiques sur le houblon.

Selon Wimmer, 100 parties de houblon contiennent 80 parties d'écailles et 20 parties de sécrétion jaune. L'analyse des écailles et de la poussière jaune lui a fourni les éléments suivants :

PRINCIPES DÉTERMINÉS.	FOLIOLES DE LA FLEUR.	POUSSIÈRE JAUNE.	FOLIOLES ET POUSSIÈRE ENSEMBLE.
Huile volatile.........	—	0,12	0,12
Acide tannique........	1,6	0,7	2,3
Substance amère......	4,7	3,0	7,7
— gommeuse..	5,8	1,3	7,1
— résineuse...	2,0	2,9	4,9
Cellules végétales......	64,6	9,0	73,0
	78,1	17,02	95,12
Extrait aqueux......	12,1 %	4,9 %	17,0 %

Sprengel a trouvé dans la plante entière, récoltée pendant la floraison :

Eau.	73,800
Substances solubles dans l'eau.	1,460
— dans une lessive alcaline caustique.	14,432
Cire, résine et chlorophylle.	0,720
Fibre végétale.	9,588
	100,000

L'incinération de 100 parties pondérales de la plante fraîche (26,2 de la plante sèche), lui a fourni 1,494 de matières minérales :

Potasse.	0,169
Soude.	0,078
Chaux.	0,644
Magnésie.	0,094
Oxyde de fer.	0,017
Alumine.	0,019
Oxyde de manganèse.	traces.
Silice.	0,048
Acide sulfurique.	0,217
Acide phosphorique.	0,091
Chlore.	0,117
	1,494

MM. Payen et Chevallier ont trouvé dans la poussière jaune d'un houblon cultivé dans la plaine de Grenelle : de l'*eau*, de l'*huile essentielle*, du *sur-acétate d'ammoniaque*, de l'*acide carbonique*, une *matière blanche* insoluble dans l'eau bouillante, du *malate de chaux*, de l'*albumine*, de la *gomme*, de l'*acide malique*, de la *résine*, une *matière verte*, un *principe amer*, une *matière grasse*, de la *chlorophylle*, de l'*acétate de chaux et d'ammoniaque*, du *nitrate*, du *muriate* et du *sulfate de potasse*, du *sous-carbonate de potasse*, du *carbonate* et du *phosphate de chaux*, des traces de *phosphate de magnésie*, du *soufre*, de l'*oxyde de fer* et de la *silice*.

32

Hawkhurst a donné l'analyse suivante des cendres de houblon :

Potasse.	19,41
Soude.	0,70
Chaux.	14,15
Magnésie.	5,34
Alumine.	1,18
Sesquioxyde de fer.	2,71
Charbon et perte.	2,95
Acide phosphorique.	14,64
— sulfurique.	8,28
— silicique.	17,88
— carbonique.	11,01
Chlore.	2,26
	100,51

La poussière jaune du houblon a été analysée par Ives, qui lui a donné le nom de *lupuline*, et qui a consigné les résultats suivants dans le *Journal de pharmacie* (t. XCIII) :

Principe odorant.	1,0
Cire.	10,0
Résine.	50,0
Tannin avec de l'acide gallique.	4,2
Principe amer.	9,1
Matière extractive.	8,3
Fibre ligneuse.	54,4
	117,0

Ces chiffres ne nous paraissent pas de nature à appeler la confiance, en présence des données si précises que l'on doit à Wimmer, et auxquelles on ne peut refuser un cachet de vérité qui frappe l'esprit. D'autre part, il n'est pas possible qu'on puisse admettre l'analyse ci-dessus comme représentant la composition d'un principe immédiat, de la *lupuline*, si, toutefois, ce qu'on a désigné sous ce nom n'est pas un mélange de plusieurs matières fort différentes.

D'après MM. Payen, Chevallier et Pelletan, la lupuline serait une substance neutre, opaque, blanche ou jaunâtre, amère, inodore à froid, donnant l'odeur du houblon lorsqu'on la chauffe, soluble dans 20 parties d'eau bouillante, insoluble dans l'éther, très-soluble dans l'alcool.

Malgré cela, il nous semble que l'existence de la lupuline,

en tant que principe immédiat, n'est pas suffisamment démontrée, et il serait bien difficile de soutenir une opinion qui ne nous semble appuyée sur aucune raison probante, sur aucune considération scientifique plausible. Tous les caractères indiqués peuvent aussi bien s'appliquer à un mélange qu'à une matière précise, à un principe immédiat.

Quoi qu'il en soit, le houblon contient plusieurs principes dont l'importance n'est pas contestable et qui sont : la *matière amère*, une *résine*, une *huile essentielle*, de l'*acide tannique*. Ces matières en sont les principes constituants, les seuls dont nous ayons à nous occuper sérieusement. Leur action, au point de vue de la conservation de la liqueur et de sa clarification, est très-nette et facile à constater.

La *matière amère* est solide, jaune, inodore, très-soluble dans l'alcool, peu soluble dans l'eau et assez soluble dans l'éther.

La *résine du houblon* est solide, brune, dépourvue d'amertume et d'astringence ; elle est insoluble dans l'eau et très-soluble dans l'alcool et dans l'éther. Selon Vlaanderen, qui l'a étudiée avec soin, elle peut se combiner à un, deux, quatre ou six équivalents d'eau, par une action plus ou moins prolongée de ce liquide. Il lui assigne la formule $C^{54}H^{35}O^{11}$.

L'*huile volatile essentielle* s'obtient par la distillation de la poussière jaune du houblon, laquelle paraîtrait en contenir 0,02 de son poids. Cette huile, d'une densité de 908, est un peu soluble dans l'eau, soluble en toutes proportions dans l'alcool ou l'éther. Elle offre cette particularité de ne bouillir qu'à la température assez élevée de + 125 degrés, et elle distille entre + 175 degrés et + 225 degrés.

L'huile de houblon, de couleur jaune-brunâtre, paraît n'être qu'un mélange de deux huiles essentielles, dont l'une serait volatile vers + 104 degrés, tandis que la seconde ne distillerait que vers + 180 degrés ; elle est douée d'une odeur pénétrante, aromatique, assez agréable.

Sans entrer dans aucune discussion théorique relativement à la composition chimique de cette essence, nous pouvons nous borner à l'envisager sous le rapport de ses propriétés utiles seulement, ce qui nous paraît plus profitable. Or, toutes les huiles essentielles présentant ce caractère d'être de bons dissolvants des huiles fixes et des résines, comme aussi de

faire obstacle à l'action du ferment, nous pouvons en conclure que, indépendamment de l'arome qu'elle fournit à la
bière, l'huile essentielle de houblon agit comme principe conservateur, par ses propriétés spécifiques d'abord, et encore
parce qu'elle favorise la dissolution d'une certaine proportion
de la matière résineuse. Sans aucun doute, il y a des bières
dans lesquelles la proportion de houblon employée est trop
faible pour que ces effets soient bien sensibles ; mais les bières
fortement houblonnées sont plus solides, plus conservables
que les bières légères, et l'on ne peut repousser l'influence
du houblon sur la conservabilité de ces liqueurs.

L'*acide tannique* s'élève au chiffre de 2,3 dans le houblon,
selon Wimmer, et nous savons parfaitement à quoi nous en
tenir sur la haute utilité de ce principe dans la préparation
des boissons fermentées. Quand même il n'agirait qu'en se
combinant à la matière albumineuse et en éliminant une
portion de cette substance altérable, ce serait déjà un avantage immense, le seul qui, à notre sens, présente une grande
importance. Nous ne voulons pas prétendre que la matière
amère, la résine et l'essence soient des agents inutiles, mais
nous regardons le rôle du tannin comme beaucoup plus essentiel. C'est à ce point que, si, dans la préparation de la bière,
on ajoutait à l'action du houblon celle d'une autre substance
astringente plus riche en tannin, nous avons la certitude de
ceci : que le premier ne devrait plus être employé que comme
un simple principe aromatique, c'est-à-dire à dose très-modérée. La matière amère pourrait être aisément fournie par
un très-grand nombre d'autres substances, très-abondantes
dans la nature, en sorte que nous sommes fort loin de regarder le houblon comme indispensable à la fabrication d'une
bonne bière. En admettant, d'ailleurs, que l'on emploie une
petite quantité de cette matière pour donner à la liqueur l'o-
deur à laquelle on est habitué, le cachou, comme astringent, la
gentiane, le quassia et quelques autres produits, comme amers,
peuvent parfaitement répondre aux autres indications du houblon. Ce n'est pas là, à la vérité, l'opinion de ceux qui veulent absolument que l'huile essentielle soit la portion utile du
houblon; mais nous ne pouvons déférer à leur avis sans risquer de nous mettre en opposition avec tout ce que l'observation nous apprend de plus sérieux.

En fait, le houblon s'altère très-facilement à l'air et à l'humidité par la perte ou l'oxydation de l'huile essentielle, par la décomposition du tannin et par divers accidents de fermentation.

On obvie à ces altérations par une dessiccation à une faible température, qui ne doit pas dépasser 50 degrés centigrades, par la compression méthodique et par l'action de l'acide sulfureux. L'emploi de ce dernier agent ne paraît pas présenter les inconvénients que plusieurs personnes semblaient en redouter, et nous ne voyons pas qu'il puisse être plus nuisible pour le houblon qu'il ne l'est pour le vin.

M. le professeur Mulder, malgré toute l'importance qu'il attache à l'action du houblon, ne repousse pas cependant d'une manière absolue l'idée de le remplacer par des succédanés. Il indique même les conditions que l'on doit rechercher dans les matières destinées à être substituées au houblon, et son opinion se rapproche tellement de celles que nous avons émises précédemment, que nous ne pouvons mieux conclure ce paragraphe qu'en la reproduisant textuellement.

« En place de houblon, dit-il, on a employé l'absinthe, le gingembre, la coriandre, le quassia et d'autres substances : on a proposé aussi, pour remplacer le houblon, de se servir du menyanthes trifoliata. Mais, pour qu'il fût possible de remplacer le houblon par une autre substance, il faudrait d'abord que cette substance contînt de l'*acide tannique*, afin qu'elle pût remplir, dans la préparation de la bière, certaines fonctions dont nous parlerons plus loin et que l'acide tannique seul peut remplir. Au point de vue de la saveur, les matières d'une amertume franche, comme le quassia, etc., pourraient parfaitement être employées comme succédanées du houblon. En outre, il faudrait une matière qui contînt une huile éthérée : la résine, qui est un produit d'oxydation de l'huile éthérée, peut bien être considérée comme n'ayant que peu d'influence.

« Une substance, pour être considérée comme un véritable succédané du houblon, doit donc réunir ces trois substances, ou bien alors on doit, pour remplacer le houblon, employer trois corps qui, réunis, contiennent les trois substances indiquées [1]. »

[1] C'est bien là, quant au fond, l'idée principale que nous avons cherché à

Si nous avions à faire un choix parmi les houblons, nous donnerions la préférence aux sortes les plus riches en tannin ; nous nous attacherions ensuite à la matière amère, puis à l'huile essentielle et à la délicatesse du parfum et de l'arome. Le commerce des houblons ne recherche guère autre chose que les caractères extérieurs et la réputation toute faite de certaines provenances. Un houblon jeune, de belle couleur, d'une odeur pénétrante, riche en matière jaune, constitue le produit parfait pour le vendeur et l'acheteur, lesquels ne poussent que très-rarement leurs investigations vers des données plus intimes. En Angleterre, les houblons pâles de Sussex et de Kent obtiennent une préférence marquée. En Belgique, on emploie ceux d'Alost et de Poperinghe ; en Allemagne, les houblons de Bavière, du Palatinat et de Bohême sont les plus estimés ; on emploie surtout, en France, les houblons des Vosges et ceux d'Alsace, bien que la brasserie française ne se fasse pas faute de se servir des houblons étrangers. D'après ce qui a été dit au sujet de la sécrétion jaune, dite *lupuline*, on ne peut guère songer à en faire la base d'une classification commerciale des houblons, et nous pensons que ce travail est à faire. Il ne peut, à notre sens, avoir d'autre point de départ qu'une analyse consciencieuse des *houblons jeunes* ou *vieux,* qui devrait porter sur la proportion du *tannin*, de la *matière amère*, de *l'huile essentielle*, de la *résine* et de la *sécrétion jaune*. Les données de cette analyse devraient être vérifiées en brasserie, avant d'en tirer aucune conclusion commerciale.

§ IV. — MATIÈRES ACCESSOIRES.

La bière est essentiellement formée de moût de céréales, fermenté et houblonné, en sorte que les céréales et le houblon sont, en réalité, les véritables matières premières de cette boisson, au moins dans les conditions usuelles de sa fabrica-

mettre en lumière. Indépendamment de son odeur, due à l'huile essentielle, de son amertume franche, que l'on peut produire par d'autres agents, le houblon ne présente de valeur œnologique que par son tannin. Nous croyons très-positivement que le cachou, la gentiane ou le quassia, et un principe odorant essentiel acceptable, peuvent remplacer avantageusement le houblon, malgré tous les préjugés qui militent en sa faveur.

tion. D'autres matières peuvent cependant être employées additionnellement en brasserie, et il est peut-être utile de se rendre compte de leur valeur réelle et de leur emploi. Ces matières peuvent être groupées fort convenablement en *substances alcoolisables, substances amères, astringentes ou aromatiques, matières colorantes, matières gélatineuses et substances minérales*. Nous disons quelques mots sur celles de ces matières qui présentent quelque importance.

SUBSTANCES ALCOOLISABLES. — Nous savons que toutes les matières du deuxième groupe peuvent être considérées comme des matières premières de la bière, pourvu que leur saveur n'ait rien de désagréable et qu'elles ne contiennent pas de principes délétères. On pourrait donc, à la rigueur, employer dans la fabrication de la bière une proportion plus ou moins grande de toute matière alcoolisable qui justifierait ces conditions; mais, le plus communément, on ne se sert en brasserie que de fécule et de matières sucrées pour augmenter la richesse saccharine des moûts.

Il est évident que l'emploi de la *fécule* ou de l'*amidon* extrait des céréales ne peut offrir le moindre inconvénient, et que cette matière, identique à celle qui fait la base de la bière, peut être ajoutée à un brassin au moment de l'empâtage, sans qu'il puisse en résulter un mauvais goût ou le plus léger changement de saveur. Mais, comme cette fécule est souvent d'un prix commercial élevé, comme d'ailleurs il serait plus industriel de se servir de grains moulus et réduits en farine, c'est à la *fécule de pommes de terre* que l'on a conseillé d'avoir recours lorsque l'on veut faire une addition de ce genre. Malgré l'économie qui peut en résulter dans certaines circonstances, nous ne pensons pas que cette fécule puisse être d'un bon usage en brasserie, à raison de l'odeur détestable et du goût nauséabond qu'elle donne aux produits. C'est ce dont il est facile de se convaincre en transformant en empois une petite portion de cette substance, et l'on pourra s'assurer ainsi de la présence d'une matière essentielle dont l'odeur très-prononcée ne pourrait être tolérée par les consommateurs de bière. Nous ne parlerons donc que pour mémoire, en quelque sorte, de la fécule de pommes de terre, au point de vue de la brasserie.

Il en est tout autrement du *glucose*, granulé, en masse, ou en sirop, provenant de cette même fécule, et cette matière sucrée peut être d'un emploi très-avantageux pour augmenter la richesse sucrière des moûts et, finalement, leur teneur alcoolique. L'addition du sucre glucose au moût ne donne aucun mauvais goût à la liqueur, pourvu toutefois qu'il n'ait pas été préparé par l'action de l'acide sulfurique, ou plutôt que cette préparation ait été faite avec plus de soin qu'on n'en apporte à cette opération. Les sirops de glucose, destinés à la brasserie, doivent être neutralisés par le carbonate de chaux ou par la chaux ; mais, comme il existe presque toujours de la magnésie dans le calcaire employé, comme l'emploi de la chaux conduit à une combinaison d'une petite portion du sucre avec cette base, les produits offrent très-souvent un arrière-goût amer dont il conviendrait de les débarrasser. On se trouve fort bien de l'emploi d'un peu de phosphate acide de chaux, après la neutralisation complète de l'acide sulfurique, pour enlever les dernières traces de chaux et modifier la saveur dont nous parlons.

Malgré tout, le sirop de fécule est aujourd'hui très-fréquemment employé en brasserie, et il doit être considéré comme un auxiliaire avantageux, pourvu que l'on ne dépasse pas certaines proportions au delà desquelles il modifie la saveur et le goût de la liqueur.

En ce qui concerne les autres *matières sucrées* dont on pourrait faire usage dans le même but, nous les regardons comme étant d'un très-bon emploi lorsque leur prix les rend abordables et qu'elles sont d'ailleurs franches de goût. Ainsi, les bonnes *mélasses de canne,* les *sucres bruts* de même provenance, les *sucres bruts de betterave,* préparés par la méthode du *phosphatage* [1], les *miels,* francs de goût, peuvent très-bien servir à augmenter la richesse saccharine des moûts de bière. Nous

---

[1] Cette méthode que nous avons régularisée le premier en sucrerie et que nous avons assujettie à des règles fixes, consiste essentiellement à *compléter* la défécation par l'emploi du phosphate acide de chaux, de manière à transformer en phosphates tous les sels alcalins de la liqueur et à éliminer, non-seulement la chaux, mais encore la plus grande partie des bases minérales. Un des faits les plus remarquables qui découlent de cette méthode consiste en ce que les sucres ainsi traités sont à peu près exempts de matières minérales ; mais il convient d'ajouter, en outre, qu'ils peuvent être livrés directement à la consommation et qu'ils ont perdu la saveur désagréable et le goût nauséeux de la betterave.

n'en dirons pas autant des moûts de plantes sucrées, lesquels, à l'exception des vesous de *canne*, de *sorgho*, de *maïs* et d'*érable*, ne présentent pas une valeur réelle en brasserie. Peut-être devrait-on étendre cette exception en faveur du moût de *carottes blanches* et de *topinambours*; mais la *betterave* ne peut donner un moût de consommation directe, à cause de son odeur prononcée, et il n'est possible de faire entrer le jus de cette racine dans la composition d'un brassin qu'après l'avoir bien défégué et l'avoir traité par le superphosphate de chaux, ce traitement étant le seul, jusqu'à présent, qui lui enlève l'odeur propre et qui lui communique une franchise de goût suffisante.

Nous devons rattacher au groupe des matières alcoolisables une substance utilisée en brasserie, bien qu'elle soit assez réfractaire à l'action du ferment, au moins dans le sens de la production de l'alcool. Nous voulons parler de la *dextrine*, que l'on ajoute au moût de bière au moment de la cuisson. Que cette matière soit préparée par un procédé ou par un autre, on peut la considérer comme de la fécule modifiée et rendue soluble : c'est à elle que les bières doivent leur saveur gommeuse et la propriété de présenter une mousse persistante. Dans la saccharification par le malt, il se produit toujours une proportion de dextrine assez considérable, lorsque la macération n'a pas été longtemps prolongée à la température de +75 degrés environ ; mais lorsque l'on a fait une bonne saccharification il peut être utile, pour satisfaire le goût des consommateurs, de donner à la bière ce qu'on appelle de la *bouche* par une addition de dextrine. La dextrine blanche est la plus convenable, mais le produit obtenu par la torréfaction de la fécule, le léiocomme, ne présente pas d'autres inconvénients que ceux qui ont été signalés plus haut, pourvu que la torréfaction n'ait pas été excessive. Dans ce cas, elle offre un goût amer et une saveur de caramel.

SUBSTANCES AMÈRES, ASTRINGENTES OU AROMATIQUES. — En dehors du houblon, dont nous avons parlé tout à l'heure, on peut employer, pour donner à la bière une amertume convenable, toutes les matières végétales douées d'une amertume franche et dépourvues de principes toxiques. La *gentiane* et le *quassia amara* nous paraissent être les substances les plus avantageuses à utiliser dans ce but.

Ce n'est pas que l'on manque d'autres principes amers, d'une grande franchise ; mais il convient évidemment de donner la préférence à ceux qui, pourvus de qualités également constatées, peuvent s'obtenir plus aisément. Nous citerons seulement parmi les substances douées d'une amertume bien nette, l'*extrait de chicorée* (feuilles), l'*extrait* ou les *feuilles* entières de *ményanthe* ou trèfle d'eau, le *cétrarin*, qui est le principe amer des *lichens*. On pourrait même utiliser la décoction des lichens, laquelle fournirait au moût, non-seulement leur principe amer, mais encore leur mucilage et leur fécule. Tout cela est possible et rationnel, mais l'imagination est confondue en présence de certaines pratiques dangereuses, qui sont encore exécutées par des brasseurs, dans le travail de quelques bières spéciales. Que penser, en effet, de l'introduction, dans une boisson alimentaire, de poisons végétaux aussi actifs que la *coque du Levant*, l'*opium* ou la *noix vomique ?* On conviendra sans peine que de tels ingrédients doivent être énergiquement repoussés, et que leur usage doit être hautement flétri. On les emploie cependant encore en Angleterre, et les effets de certains porters n'ont rien qui doive surprendre en présence de faits de ce genre.

Il suffit, sans doute, de les signaler à l'attention publique pour qu'on puisse raisonnablement espérer de les voir disparaître, et nous ne nous y arrêterons pas davantage.

On a voulu se servir des feuilles et de l'écorce de *buis* (*buxus sempervirens*), pour donner à la bière une amertume analogue à celle du houblon. Cette plante, qui appartient à la famille des *euphorbiacées*, est considérée en médecine comme un sudorifique, et elle renferme, en outre, de la *résine*, de la *gomme*, de la *matière grasse,* de la *chlorophylle*, etc., une matière cristallisable, qui est un véritable alcali organique, et qu'on nomme la *buxine*. Sans pouvoir affirmer que le buis soit un poison dangereux, il nous est cependant impossible d'admettre qu'il présente une complète innocuité. Nous avons constaté que son huile essentielle agit sur le cerveau et provoque la migraine ; l'infusion des feuilles de buis détermine des nausées, des sueurs et des vertiges, et nous pensons qu'il convient de s'abstenir de faire usage de cette plante dans la préparation de la bière.

La meilleure *matière astringente* que l'on puisse appliquer à la préparation des boissons fermentées est le *cachou*. Cette matière, considérée comme un des meilleurs astringents et comme un excellent tonique, n'est autre chose que l'extrait sec préparé avec le bois et les gousses fraîches du *mimosa catechu*, de la famille des légumineuses. Il se trouve à bas prix dans le commerce, et l'on en distingue de plusieurs sortes, selon la forme des pains et leur provenance.

« Le cachou, dit M. Bouchardat, est *inodore*, d'une couleur brune-rougeâtre variable. Ce qui le distingue surtout, c'est (outre les caractères du tannin) sa *saveur astringente* particulière, bientôt suivie d'un *goût sucré persistant, très-agréable...* »

Le cachou a été appelé autrefois *terre du Japon ;* il arrive aujourd'hui en gros pains aplatis de 40 à 50 kilogrammes.

Voici deux analyses de cette substance que nous avons étudiée avec le plus grand soin, relativement à son action sur les matières azotées, et comme agent de conservation des liqueurs fermentées.

Selon Davy, on trouve dans 100 parties de cachou :

	Cachou de Bombay.	Cachou du Bengale.
Tannin.	54,5	48,5
Matières peu solubles.	34,0	36,5
Gomme.	6,5	8,0
Chaux, alumine et sable.	5,0	7,0
	100,0	100,0

A notre avis, le cachou est le plus parfait de tous les agents connus pour opérer l'élimination des matières azotées et la clarification des liqueurs. Il nous semble inutile de nous appesantir de nouveau sur les conséquences qui résultent de son emploi, puisque l'idée de conservation est essentiellement liée à celle de purification et de séparation des matières albuminoïdes altérables.

On connaît cependant plusieurs autres substances qui peuvent agir dans la préparation de la bière, par leur principe astringent, et qui présentent ce principe dans de bonnes conditions d'application. Ainsi l'*extrait d'acacia*, l'*écorce d'aune*, la *racine de bistorte*, l'*extrait d'écorce de chêne* (jeunes branches), les *capsules des glands*, les *glands* eux-mêmes, l'*écorce de sorbier*, etc., seraient d'un très-bon emploi pour fournir aux moûts de bière, au moment de la cuisson, le tannin qui leur est indispensable. On se trouve plutôt devant l'embarras du choix qu'en présence de la pénurie des astringents, et le houblon ne manque pas de succédanés ou tout au moins d'utiles auxiliaires, en ce qui concerne le principe astringent.

Nous ne voyons pas en quoi l'on pourrait se plaindre de ne pas posséder assez d'*aromates* et de principes odorants, d'huiles essentielles, qui peuvent servir à aromatiser la bière, à moins que l'on n'exige l'emploi d'une huile volatile analogue à celle du houblon. En dehors de cela, la liste des matières aromatiques employées par les brasseurs est déjà fort longue, et il est certain qu'on pourrait en utiliser un grand nombre d'autres sans plus d'inconvénients. Sans parler des *bourgeons de sapin*, ou de l'extrait connu sous le nom d'*essence de spruce*, et que l'on emploie en Angleterre et aux États-Unis, le *gingembre*, les *fleurs de sureau*, les graines de *coriandre*, de *carvi*, de *badiane*, le *poivre de Cayenne* (piment), les graines de *maniguette* (graines de paradis), les rhizomes de l'*acore odorant* ou *calamus aromaticus*, sont d'un usage fréquent en brasserie et servent à communiquer aux bières un bouquet spécial. Nous croyons que ces matières sont assez connues pour que nous n'ayons pas à en faire une description détaillée ; nous donnerons seulement à l'égard des substances aromatiques un conseil général, qui est de ne pas les introduire dans les liqueurs lors de la cuisson des moûts; mais, au contraire, dans la cuve à fermentation, afin que les principes essentiels ne disparaissent pas sous l'influence de la température.

A côté des substances aromatiques viennent se placer deux plantes que l'on a proposées pour remplacer le houblon, le *ledum palustre* et le *chanvre commun*.

Le *lédon des marais* (*romarin sauvage* ou *olivier de Bohême*), est un arbuste de la tribu des rhodoracées ou rhododendrées, dont le type est le *rhododendron*[1]. Il est commun dans les Vosges. Les feuilles et l'écorce du lédon contiennent une huile volatile à laquelle on a attribué des propriétés narcotiques, et qui renferme divers acides volatils (*acétique*, *butyrique*, *lédumique*, *valérianique*), de l'*érycinol* et une essence. Meisner en a donné l'analyse suivante qui semble le rapprocher

---

[1] Famille des Erycinées.

beaucoup du houblon, quant aux propriétés fondamentales.

Huile volatile.	1,56
Chlorophylle.	11,40
Résine..	7,50
Tannin..	4,20
Malate acide et malate neutre de potasse, acétates de potasse et de chaux.	4,60
Mucilage extrait par la potasse.	6,10
Apothème d'extrait.	31,20
Fibrine.	4,00
Eau..	11,00
	81,56

Quant au *chanvre*, dont les propriétés inébriantes sont connues, il peut paraître tout naturel d'en essayer l'emploi, par suite d'une sorte de comparaison avec l'action narcotique attribuée à la poussière jaune du houblon. Une certaine similitude de l'odeur dans les deux plantes, qui sont, d'ailleurs, de la même famille botanique, permettrait de considérer des essais comme rationnels, pourvu que l'action physiologique d'une bière qui serait aromatisée par la feuille de chanvre fût suivie avec une extrême attention. C'est une question à examiner et qui ne peut être étudiée que par voie expérimentale.

MATIÈRES COLORANTES. — Disons tout d'abord que l'on rencontre en brasserie, aussi bien que dans beaucoup d'autres industries alimentaires, des gens pour lesquels la falsification paraît être une sorte de besoin, au risque de tous les dangers qui peuvent en résulter pour la santé publique. Ainsi, partant de ce fait bien connu que, par une certaine élévation de température, le glucose se colore en brun sous l'action des alcalis, il y a des brasseurs qui ajoutent de la *potasse*, de la *soude*, de la *chaux* dans les moûts au moment de la cuisson, afin de colorer plus ou moins fortement la liqueur. Cette pratique, frauduleuse et nuisible, devrait être sévèrement punie par les tribunaux, et il n'est permis à personne, moins encore à ceux qui font métier de fournir des produits à l'alimentation, de sortir des règles de l'hygiène et de prendre l'humanité pour sujet de leurs expériences économiques.

La coloration des bières ne doit résulter que de l'action de la chaleur sur le moût, ou de la proportion de *malt ambré* ou de *malt torréfié* qui entre dans la composition d'un brassin. C'est en cela que consiste le principe fondamental dont il convient de ne pas s'écarter, au moins dans les circonstances habituelles. S'il y a lieu parfois de modifier l'application de ce principe, on ne doit jamais colorer la bière qu'à l'aide d'extraits et de produits végétaux inoffensifs.

On doit ranger dans ce groupe : *l'extrait de réglisse* employé en Angleterre pour la coloration du porter ; le *caramel*, soit qu'il provienne du sucre ordinaire ou du glucose; la *chicorée torréfiée*, *l'extrait de chicorée* [1], *l'extrait de malt brun*. Nous ajouterons, pour la gouverne des praticiens, que toutes les matières végétales, non toxiques, soumises à la torréfaction, peuvent fournir la matière colorante nécessaire, et que nous ne comprenons pas bien quel engouement peut s'attacher à des produits spéciaux, dont l'utilité n'est due qu'à un seul et même principe commun à tous.

Pour rester complétement dans les principes de la fabrication de la bière, on doit admettre que le malt torréfié, le léiocomme, ou la fécule transformée en dextrine, et fortement torréfiée, ou les extraits de ces matières, sont les seules substances colorantes dont le brasseur intelligent et consciencieux doive faire usage.

MATIÈRES GÉLATINEUSES. — Dans un but de clarification et aussi, dit-on, *pour rendre les bières plus nourrissantes,* on fait bouillir avec le moût différentes matières gélatineuses, des *peaux de poisson,* notamment du *stockfish,* de la *colle forte,* des *pieds de veau;* on emploie la *colle de poisson* pour le collage ; on a essayé le *sang de bœuf* comme agent clarifiant, ainsi que *l'albumine* des œufs, les différentes sortes de gélatines, etc. Ce que nous avons exposé plus haut nous dispense de nous arrêter à cet égard et, à nos yeux, toute addition de ce genre est une faute grave, lorsque la liqueur n'est pas assez astringente pour séparer la totalité de la matière gélatineuse. Sans cela, en effet, toutes ces additions n'ont pas d'autre résultat que d'augmenter l'altérabilité de la bière par l'introduction de substances éminemment putrescibles.

SUBSTANCES MINÉRALES. — Nous avons dit tout à l'heure que certains brasseurs se servent de *potasse,* de *soude,* ou de *chaux,* pour déterminer la coloration plus ou moins intense de leurs

---

[1] Sous le prétexte d'inventions fort illusoires, on a donné le nom de *brutolicolor* à l'extrait de chicorée et celui de *rouge végétal* au caramel de glucose.

bières, et nous repoussons énergiquement cette pratique. D'autres se servent de potasse pour favoriser la dissolution du gluten dans la saccharification, ce que nous regardons comme un non-sens industriel, la bière renfermant déjà trop de matières albuminoïdes altérables. Enfin, les *carbonates de soude* et de *potasse* et le *carbonate de chaux* ont été employés pour neutraliser les acides des bières aigries et altérées. Tous ces tripotages donnent de mauvais résultats et des produits malsains, et il vaudrait beaucoup mieux soigner la fabrication que de recourir à de semblables expédients.

En Angleterre et en Allemagne, on ajoute un peu de *chlorure de sodium* (sel marin) dans les moûts de bières d'exportation, dont il retarde un peu la fermentation. Cette addition n'est pas nuisible, et elle n'est pas regardée comme une falsification, pourvu toutefois qu'elle ne dépasse pas de très-faibles limites.

La *crème de tartre* peut être utile, en ce sens qu'elle favorise la clarification et rehausse le goût vineux de la bière ; mais on doit se rappeler que ce sel, comme l'acide tartrique lui-même, hâte la transformation acétique et les dégénérescences ultimes lorsqu'il se trouve en présence d'un excès de matières albuminoïdes. C'est ainsi qu'il est une des causes de la maladie du *tour* dans le vin, et nous avons vu que, dans cette affection, le tartrate de potasse est lui-même décomposé. Nous n'en conseillerions donc l'emploi que pour les bières très-pures, que l'on doit dépouiller, par le tannin, de la totalité des principes albumineux.

Devons-nous parler, en finissant ce chapitre, du *sulfate de fer* ou de la *couperose verte* que l'on introduit quelquefois dans les moûts pour en foncer la couleur après le houblonnage, pour les clarifier, selon quelques théoriciens d'un genre tout particulier ? Nous ne voyons pas de quelle utilité il peut être de faire de l'encre dans la bière, et nous croyons que l'on doit renvoyer l'emploi des sels de fer aux préparations pharmaceutiques. Cette addition peut, du reste, causer des accidents et nuire à la santé, surtout par un usage habituel et prolongé des bières ainsi traitées, et l'on ne doit pas hésiter à la placer au nombre des falsifications condamnables.

Nous ne suivrons pas davantage les chimistes de la bière dans les mélanges qu'ils croient pouvoir se permettre ; une telle science est trop redoutable dans ses effets pour que nous n'engagions pas le public à se tenir en garde contre des mixtures impossibles, décorées du nom de *bières*. Une bonne bière est vineuse par l'*alcool* qu'elle renferme en proportion suffisante ; elle est gommeuse par la *dextrine* qui lui donne de la bouche; elle est riche en *phosphates*, pauvre en *acide ;* elle est assez *houblonnée* pour être douée d'une amertume agréable et d'un arome appréciable ; elle est colorée par le *malt fortement touraillé,* mais elle ne contient aucune des matières putrescibles, des substances vénéneuses, des drogues de toute nature, minérales ou autres, que certains préparateurs font entrer dans leurs compositions mystérieuses.

CHAPITRE III.

Dans le premier chapitre de ce livre, nous avons examiné les conditions générales qui régissent la fabrication de la bière, et nous venons de passer en revue les matières premières nécessaires ou utiles à la préparation de cette boisson fermentée. Nous devons maintenant exposer les règles de pratique suivies par les brasseurs pour l'obtention de leurs produits, en les accompagnant des remarques et des observations que nous croirons de nature à éclairer les manipulateurs et à les conduire à l'amélioration de leurs procédés.

Tout le travail de la brasserie peut être compris sous les phases principales suivantes :

1° *Préparation* de la matière première. Cette phase embrasse les opérations du *maltage*, c'est-à-dire la germination du grain, dans le but de lui faire produire la diastase utile à la transformation de la fécule.

2° *Division* de la matière.

3° *Saccharification*. Cette période comprend tout le travail de la préparation du moût fermentescible, savoir : la *saccharification* proprement dite, ou la *macération; la cuisson* et le *houblonnage;* le *refroidissement;* la *filtration,* s'il y a lieu.

4° Enfin, la *fermentation*, ou la vinification du moût, que l'on peut diviser en fermentation active et fermentation secondaire, et à laquelle se rattachent les soins relatifs à la conservation.

Nous examinerons avec quelque détail les faits pratiques qui se rapportent à ces différents objets.

§ 1. — MALTAGE.

Le maltage comprend le *mouillage* ou la *trempe*, la *germination*, l'*aération*, la *dessiccation*, le *nettoyage*.

On se borne le plus souvent au maltage de l'orge ; les autres

33

grains sont ordinairement employés à l'état cru, par la raison
que ce mode d'emploi ne modifie pas sensiblement la saveur
du produit, tandis que l'orge crue lui donne un goût âcre et
acerbe. Il est donc utile de malter la totalité de l'orge, tandis
que la germination est moins nécessaire pour les autres grains.

Observation générale. — Comme il est important, pour le
succès de la germination, que tous les grains soient imbibés
uniformément par le mouillage, on prendra les précautions
les plus minutieuses pour n'agir à la fois que sur la même
sorte de grains, d'un même âge, d'une même épaisseur de
pellicule, qui aient été récoltés dans une même variété de
sol, et qui soient de la dernière récolte. Une excellente mesure à exécuter consiste, en outre, à faire passer par le *tarare*
à brosses les grains que l'on destine au brassage. On les nettoie ainsi de la poussière, et l'on sépare les balles, les grains
légers et les autres impuretés.

A. TREMPE OU MOUILLAGE. — Les bacs à tremper sont avantageusement placés au-dessous des magasins et au-dessus des
germoirs, afin d'économiser la main-d'œuvre. Ils sont en bois
ou en maçonnerie cimentée. Le mieux serait de les doubler
en plomb. On calcule la capacité de ces vases à raison de
120 litres par hectolitre d'orge à employer.

On remplit le bac avec de l'eau bien claire et bien fraîche,
dans la proportion nécessaire pour que le grain soit recouvert
de quelques centimètres de liquide. Les uns veulent que la
couche d'eau au-dessus du grain soit de 5 à 6 centimètres, les
autres exigent qu'elle atteigne 20 centimètres. Une moyenne
de 10 à 12 centimètres nous paraît très-convenable pour faciliter la manœuvre et l'enlèvement des grains avortés. On fait
alors arriver le grain lentement et, pendant ce temps, on le
mélange et on l'agite avec soin, à l'aide d'un râble. Lorsque
tout est versé, on enlève les grains légers, puis, au bout de
deux heures, on fait écouler cette première eau qui enlève les
poussières, les impuretés, et les matières âcres provenant de
la pellicule. On remplace aussitôt ce premier liquide par de
nouvelle eau, aussi fraîche et aussi pure que possible.

Durée du mouillage. — La durée de la trempe varie selon
l'âge et l'espèce du grain, selon la nature de l'eau, la température de ce liquide et celle de l'air ambiant, selon la saison
de l'opération. On peut adopter comme moyenne les chiffres

suivants : cinquante à soixante heures en hiver, quarante à
cinquante au printemps et à l'automne, et trente à quarante
en été. Il convient de ne pas dépasser le point du ramollissement convenable du grain ; lorsque *le germe est noyé*, le grain
est condamné à la pourriture, tandis que, s'il n'est pas tout
à fait assez mouillé, on pourra suppléer à ce défaut par des
arrosages complémentaires dans le germoir.

Température de l'eau. — L'expérience a appris que l'eau du
mouillage ne doit pas dépasser une température moyenne de
+ 10 degrés centigrades.

Renouvellement de l'eau. — Il faut renouveler l'eau de la
trempe au moins une fois par vingt-quatre heures en hiver et
toutes les douze heures en été. Il faudrait renouveler l'eau
plus fréquemment, si l'on remarquait un dégagement gazeux
à la surface, ce qui est toujours l'indice d'un commencement
de décomposition qu'il faut éviter à tout prix.

Quantité d'eau absorbée. — L'orge absorbe, en moyenne, de
30 à 45 pour 100 d'eau, selon son âge, son espèce et son degré de siccité. Les gros grains en absorbent moins que les
petits, ce qui tient à ce que leur dessiccation a été moins
complète.

Égouttage. — Aussitôt que l'orge a absorbé toute la quantité d'eau nécessaire et qu'elle est suffisamment ramollie, on
fait écouler l'eau du mouillage, puis on lave énergiquement
le grain par un jet abondant d'eau fraîche et limpide que l'on
fait écouler aussitôt, pour entraîner toutes les matières gommeuses de la surface. La cannelle de fond reste ensuite ouverte jusqu'à ce que le grain soit bien égoutté, ce qui arrive
au bout de six heures. Les brasseurs qui laissent l'orge dans
la mouilloire pendant plus de dix heures en été, ou plus de
vingt heures en hiver, exposent leur grain à subir des altérations nuisibles à la germination d'abord, et qui, ensuite, ne
sont pas sans influence sur la qualité des produits. Il vaut
mieux ne pas prolonger le séjour dans la mouilloire, ou l'é-
gouttage, au delà de six à huit heures, et faire alors passer le
grain dans le germoir. Pour cela, on le jette à la pelle dans
la trémie d'un caniveau, qui descend directement dans le local où doit se faire la germination.

Mouillage du froment, etc. — La trempe du *froment* se conduit comme celle de l'orge, au point de vue de la manipula-

tion. En général, elle dure un peu moins de temps ; vingt-quatre heures suffisent pour les blés tendres ; mais il faut le double de temps pour tremper les blés durs. Ce temps doit être augmenté d'un tiers en hiver. L'eau de mouillage doit être changée fréquemment, toutes les dix-huit heures en hiver et trois fois par jour en été. L'égouttage se fait comme pour l'orge.

Le *seigle* se ramollit plus vite, et il lui faut quelques heures de moins qu'au froment pour être ramolli au point utile. L'*épeautre*, au contraire, à raison de la résistance des enveloppes extérieures, demande un cinquième de temps de plus que le froment, toutes choses étant d'ailleurs égales. Le *maïs* a besoin de tremper pendant soixante à soixante-dix heures en hiver et quarante-huit à cinquante heures en été ; mais l'eau de trempe doit être renouvelée souvent, ce grain s'altérant aisément.

Observation. — Selon M. Balling, il vaut mieux faire un mouillage plus court, dans le but d'enlever la matière âcre extractive de la pellicule, sans pénétrer l'amande ou l'endosperme. Pour cela, après un séjour de six à huit heures avec la première eau, l'orge reçoit une seconde eau à douze ou seize heures, puis on l'égoutte à dix-huit ou vingt-quatre heures. Le mouillage est complété par des arrosages au germoir. Nous préférons cette manière de faire comme plus conforme aux vrais principes, en ce sens qu'elle occasionne une perte moindre des parties solubles du grain et qu'elle expose moins aux altérations.

B. GERMINATION. — Le *germoir* doit être voûté autant que possible, et la température doit s'y maintenir constante et uniforme. C'est le plus ordinairement un local en sous-sol ou une cave, dont le sol doit être bitumé, ou recouvert de dalles en granit ou en schiste, bien cimentées ; le nettoyage doit en être facile et l'aération doit être telle, que l'on puisse chasser l'acide carbonique et renouveler l'air à volonté, sans abaisser la température. On parvient aisément à ce résultat par le caniveau d'une cheminée traînante, établi dans les conditions que nous avons indiquées pour l'aérage et l'échauffement des salles de fermentation [1].

[1] Voir la première partie, p. 555.

Il convient de donner à un germoir la surface nécessaire pour la proportion de grain que l'on a à traiter : cette superficie ne peut pas être inférieure à 1ᵐ,25 carré par hectolitre d'orge ; mais il convient de porter ce chiffre à 2ᵐ,20 pour procéder plus lentement et obtenir un produit plus satisfaisant.

Ainsi, en supposant que la germination dure dix jours en moyenne et que l'on opère sur 100 hectolitres par jour, avec une épaisseur, au minimum, de 10 centimètres pour les couches, les germoirs devront présenter une superficie de 1250 mètres au moins, ou de 2200 au plus.

En Angleterre, on élève la superficie des germoirs à plus de 6 mètres et demi carrés par hectolitre [1] ; la surface moyenne employée en Belgique est d'environ 4 mètres. On voit par ces chiffres que cette surface est essentiellement variable, selon le mode de travail adopté et selon la température.

Lorsque le grain est arrivé dans le germoir, on le réunit en tas dont la hauteur ou l'épaisseur varie selon la saison. En hiver, par un temps froid, cette hauteur est de 70 centimètres à 1 mètre, et en été, de 35 à 55 centimètres. On laisse ensuite le grain en repos pendant vingt heures en hiver et dix à douze heures en été, avant de s'occuper d'*ouvrir le tas*. C'est même une bonne précaution de recouvrir les tas avec une toile ou un drap pendant les grands froids. Au bout de dix ou de vingt heures, selon la saison, on ouvre la masse à la pelle, on la retourne, et on l'étend un peu, en abaissant d'autant plus la hauteur de la couche que la saison est plus chaude et la température du tas plus élevée. Au bout de neuf à douze heures, on recommence ce pelletage, en aérant le grain et en diminuant l'épaisseur de la couche d'autant plus que l'échauffement du grain est plus considérable. Ces pelletages se réitèrent en diminuant l'épaisseur des couches à mesure que la germination s'avance davantage.

En général, la température du germoir doit être maintenue vers + 10 degrés centigrades (+ 6 à + 12 degrés), et la température des tas ne doit pas dépasser + 20 à + 22 degrés. Ces limites de température sont de donnée théorique et expérimentale à la fois, et il faut bien se garder, ou de laisser geler

---

[1] 8 *yards*, qui donnent au carré 6ᵐ,683168, le *yard* valant 0ᵐ,914 de longueur.

le grain, ce qui détruit le germe, ou de l'exposer à une température trop élevée, qui fait perdre au grain une portion notable de ses principes utiles.

Environ trente heures après la mise en germination, et quelquefois plus rapidement ou plus lentement, selon l'époque de l'année et la température, il commence à se produire une sorte de ressuage, puis on voit apparaître les *points blancs* qui sont les extrémités des jeunes radicelles. Vingt-quatre heures après, la jeune tigelle ou la gemmule commence à être visible sous l'enveloppe ; les tas dégagent une sorte d'odeur vineuse et le grain se ramollit de plus en plus. Les ouvriers doivent prendre des précautions pour ne pas l'écraser... Le travail est fini lorsque, les radicelles ayant atteint une fois un quart à une fois et demie la longueur du grain, le germe est à peu près de la longueur même de ce grain.

La marche que nous venons de décrire est la méthode ordinaire. Il y a des praticiens qui ne veulent pas donner aux tas une hauteur primitive de plus de 15 centimètres et qui, après un repos de cinq heures environ, forment les tas à 20 ou 25 centimètres d'élévation. A une température extérieure moyenne de 10 degrés, ils opèrent le pelletage et l'aération toutes les douze heures ; mais ils rapprochent cette opération, et la pratiquent toutes les six à huit heures, si la température est plus élevée.

M. Muller estime qu'on ne doit pas diminuer l'épaisseur de la couche jusqu'au premier ressuage qui précède l'apparition des points blancs. On diminue alors un peu cette hauteur par le pelletage qu'on exécute à ce moment, et l'on attend, pour un nouvel aérage, que la chaleur du tas soit remontée vers + 17 ou + 18 degrés. Il résulte, d'ailleurs, des meilleures observations pratiques que, moins la température ambiante et la chaleur des tas est élevée, plus il faut maintenir ces tas à une hauteur plus considérable et moins il faut aérer la masse au pelletage. C'est évidemment le contraire dans des circonstances opposées. Dans tous les cas, les tas sont toujours rendus plus bas après chaque pelletage, et l'on doit veiller à ne pas laisser la température de la masse s'élever au-dessus de + 20 à + 24 degrés.

En somme, ces observations nous paraissent fort justes en elles-mêmes, et ces petites modifications dans la pratique conduisent au résultat cherché, avec moins de danger d'échauffement, pourvu que les pelletages soient bien exécutés, de manière à faire passer les grains du dessous et du centre à la périphérie et réciproquement, afin de les soumettre uniformément à la même action de la température. Nous sommes donc très-partisan de la méthode qui agit sur des tas peu élevés, dont la température est moins haute, plus constante et plus uniforme, la régularité et la lenteur de la germination étant les gages du succès et de la bonté du produit.

Durée de la germination. — Il est bien difficile, pour ne pas dire impossible, de préciser rigoureusement le temps que la germination met à se faire, puisque ce temps dépend d'une foule de circonstances qui peuvent varier considérablement. De la même manière que, par un temps chaud, en faisant des tas élevés, et en portant la température de ces tas vers $+ 25$ à $+ 30$ degrés, on peut arriver à obtenir la fin du travail en quatre ou cinq jours, de même, par un temps froid, avec des tas moins élevés et plus aérés, la germination peut n'être obtenue qu'en douze à quatorze jours. Ce terme est la moyenne de ce qu'on obtient en Angleterre, où l'on ne malte que par la saison froide ; en France et en Allemagne, la moyenne est de dix jours, tandis qu'elle n'est que de huit jours en Belgique.

Méthode viennoise. — Après un mouillage de trente à trente-six heures par les temps chauds, de cinquante à soixante heures par les temps froids, le grain est disposé, dans le germoir, en tas de 50 à 60 centimètres de hauteur, que l'on retourne toutes les douze heures, en l'abaissant chaque fois, jusqu'au moment du ressuage, après quoi on procède comme dans la marche ordinaire.

Méthode anglaise. — Après le mouillage ordinaire, le grain est mis dans une cuve (*couch*), où on le laisse pendant douze à quinze heures avant de former les tas dans le germoir.

Méthodes hollandaise et flamande. — En Hollande et dans les Flandres, le mouillage se fait très-incomplétement, et il n'est guère poussé qu'à la moitié du terme que nous avons indiqué pour la méthode commune. Le grain, mis au germoir, est *arrosé* aussitôt l'apparition des points blancs, ou lorsque les radicelles ont commencé à se développer ; on retourne bien la couche pour que l'humectation soit uniforme et on l'étend ensuite. Cette marche serait bonne si le mouillage progressif était pratiqué avant la germination, à mesure de l'absorption de l'eau, comme nous l'avons dit précédemment ; mais, dans les conditions où elle est suivie, elle ne peut guère fournir que de médiocres produits, dans lesquels on est loin de trouver l'uniformité désirable.

Méthode de Louvain. — Dans cette méthode, à laquelle M. Lacambre donne des éloges, au moins pour le travail d'été, on se comporte suivant la méthode ordinaire jusqu'à ce que les radicelles commencent à *friser*, et qu'elles ont atteint la moitié de la longueur du grain. On étend alors le grain en couches peu épaisses, et on ne le retourne plus que très-doucement, une fois ou deux par vingt-quatre heures, sans le secouer, de manière à obtenir l'enchevêtrement des radicelles, à faire *faire le gazon* au malt, selon l'expression locale. Quand la germination est assez avancée, on sépare et l'on divise cette masse à la fourche, et on soumet le grain à l'aération.

Suivant M. Lacambre, cette marche, en suspendant l'aération, détermine le séjour d'une couche d'acide carbonique sur le grain, et il en résulte un retard dans la germination, sans qu'il se fasse une dessiccation nuisible des grains. Cette raison est plausible, en effet, car la sortie des radicelles épuise beaucoup moins le grain que le développement des gemmules, et il est bon d'en tenir compte.

Germination du froment. — Le froment que l'on veut faire germer doit être choisi de bonne qualité et de la récolte précédente ; mais il doit avoir au moins trois mois d'âge, afin que la germination en soit plus certaine. Après le mouillage, exécuté comme nous avons dit, on le laisse bien égoutter, puis on le met au germoir en tas moins élevés que pour l'orge, qui ne doivent pas dépasser 20 à 25 centimètres. Par les temps froids, on maintient le tas couvert et on devra, dans le travail, n'en diminuer l'épaisseur que de très-peu à la fois. Le premier pelletage a lieu au bout de vingt-quatre heures ; il doit être fait avec précaution pour ne pas écraser les grains, qui se ramollissent considérablement. C'est au bout de ce temps que les bouts blancs apparaissent. Il convient de maintenir dans le tas une chaleur bien uniforme de + 15 à + 18 degrés au plus. On fait un second pelletage dix-huit à vingt heures plus tard, puis, un troisième, en prenant soin de ne pas donner trop d'aération pour retarder un peu le travail. Vingt-quatre heures après, la germination touche à son terme ; les radicelles font presque gazon, et le germe est prêt à sortir. On arrête alors le mouvement en soumettant le malt à l'aération, après avoir opéré une séparation aussi complète que possible des radicelles, sans écraser les grains, qui sont très-ramollis. C'est là une des plus grandes difficultés de ce travail.

C. AÉRATION. — Lorsque le malt a subi une germination suffisante, et après qu'on l'a soumis à un dernier pelletage qui a pour objet de diminuer l'épaisseur des couches et d'arrêter le travail, quand il est bien refroidi, par conséquent, on le transporte dans les greniers d'aération pour lui faire éprouver un commencement d'aération sous l'influence de l'air atmosphérique. Une disposition très-commode pour opérer ce transport consiste dans l'établissement d'un *tire-sac* auquel on accroche les paniers remplis de malt qu'on monte ainsi du germoir au grenier, à travers des *tracas* établis dans les planchers. On emploie, en Allemagne, au lieu de paniers, une espèce de tambour en bois, dont nous donnons le dessin d'après M. Muller, dans la figure 45 ci-contre. Ce tambour est

(Fig. 45.)

ovale ; il est muni de poignées et de roulettes, en sorte qu'il est d'une manœuvre facile et permet de conduire aisément le malt à la place qui lui est destinée.

On comprend que le grenier doit avoir un bon plancher, bien joint, qu'il doit être percé d'ouvertures suffisantes pour procurer une bonne ventilation, et que les ouvertures doivent être garnies de toile métallique pour protéger le grain contre les attaques des oiseaux. Nous ferons seulement une observation à l'égard de ces greniers. Il nous semble que si l'on disposait des plans de dessiccation comme ceux des tourailles, si l'on couvrait les sablières de toile métallique, on pourrait produire une ventilation très-énergique à l'aide d'un appareil convenable qui appellerait l'air et le ferait circuler à travers le grain. Cette ventilation aurait au moins le mérite de hâter le *fanage* du malt, de lui enlever promptement son excès d'humidité, et de le disposer plus vite à subir le touraillage.

Quoi qu'il en soit, et pour répondre à diverses objections qu'on pourrait soulever contre cette idée, nous croyons qu'il serait possible de multiplier les plans de dessiccation, et de faire passer à travers le grain un rapide courant d'air, chauffé à 25 degrés au moins, 30 degrés au plus, de manière à obtenir une dessiccation rationnelle. Il s'agirait de remplacer le grenier par une *touraille préparatoire*.

Il nous semble que les résultats qui en seraient la conséquence sont de nature à provoquer dans ce sens des expériences suivies et régulières.

Le malt doit être étendu sur le grenier en couches très-minces, remué et retourné plusieurs fois dans les vingt-quatre heures, le plus souvent possible, afin de dessécher les radicelles et d'arrêter ainsi tout mouvement germinatif.

Cet aérage, qui serait parfait s'il était bien exécuté, en ce sens que le malt posséderait le maximum des qualités requises pour une bonne saccharification, ne laisse pas cependant de présenter de nombreux inconvénients. Il est difficile et même impossible par les temps humides, qui déterminent la moisissure et l'altération du produit; le travail des ouvriers entraîne l'écrasement d'une quantité de grains qui se gâtent ensuite et peuvent réagir sur la qualité des produits. Il en résulte que, dans un grand nombre de cas, il devient indispensable de préférer la dessiccation à l'air chaud ou à la touraille, à condition de ménager avec le plus grand soin l'application de la chaleur, qui doit alors être scrupuleusement graduée. Lorsque le malt a été laissé sur le grenier pendant trente heures, qu'il a été pelleté au moins cinq ou six fois dans ce laps de temps, on l'envoie à la touraille.

D. DESSICCATION. — Les raisons, pour lesquelles une sorte de dessiccation préalable est nécessaire, ont déjà été exposées plus haut (chap. II). Si le malt, contenant près de 40 pour 100 d'eau, est porté trop rapidement à une température de 58 degrés, l'amidon se change en empois, l'amande devient cornée et dure, très-difficile à saccharifier. La diastase elle-même s'altère et plusieurs matières cellulaires se changent en principes colorants d'une grande intensité. Les difficultés qu'on rencontre dans la régularisation d'une température progres-

sive nous font donc considérer comme une excellente chose
l'établissement d'une touraille préparatoire, qui ne serait
chauffée, par un courant d'air, qu'à la faible température de
25 à 30 degrés. Cette touraille serait construite dans les conditions indiquées par la figure 50 (p. 527), et elle rempla-
cerait le grenier d'aérage sans aucun inconvénient pour le
grain et avec d'immenses avantages. Le goût et la saveur ne
pourraient être modifiés par ce faible degré de chaleur, et la
suite de la dessiccation s'effectuerait de la manière la plus
simple dans une étuve plus fortement chauffée.

A un point de vue général, la dessiccation du malt peut s'o-
pérer par l'action de l'air, ou par l'application d'une chaleur
artificielle. Dans ce dernier mode, on peut faire tout simplement traverser la couche ou les couches de malt par les produits gazeux de la combustion que l'on opère dans un foyer
inférieur, ou bien, on peut employer l'air seul, échauffé à un
degré déterminé, par l'un ou l'autre des systèmes connus.

La dessiccation par les gaz de la combustion est le mode
le plus défectueux, malgré l'importance que plusieurs attachent à l'action conservatrice des principes pyrogénés.
On ne peut obtenir par cette marche une chaleur régulièrement croissante qu'à l'aide de précautions très-minutieuses,
auxquelles les ouvriers ne s'astreignent que très-difficilement.
Quelquefois même ces précautions sont insuffisantes, car il
suffit, par exemple, d'un refroidissement subit de l'atmosphère
pour exagérer le tirage et porter la chaleur à un degré beaucoup plus élevé que celui qu'elle doit atteindre. De là, caramélisation d'une partie des produits, formation de léiocomme
et annihilation de la faculté essentielle de l'agent transformateur. C'est donc au chauffage par l'air qu'il convient de
donner la préférence dans toute brasserie bien organisée.
Que l'air ait été échauffé par l'action directe du calorique ou
par une circulation de vapeur, la nécessité de régler la température à des degrés précis, graduellement croissants de
+ 30 à + 80 degrés au maximum, doit être considérée comme
la règle capitale à laquelle il faut se soumettre avant tout.

La description des principales formes de tourailles nous
permettra facilement de nous rendre compte des détails pratiques de l'opération.

Touraille ordinaire. — Cette touraille est représentée en

524 . DE LA BIÈRE.

coupe par la figure 46. Qu'on imagine un bâtiment cylindrique
ou quadrangulaire de 4 à 6 mètres de côté, à murailles épaisses,
dont la partie inférieure est occupée par un fourneau en briques. A la partie supérieure de ce fourneau et sur l'arête, on

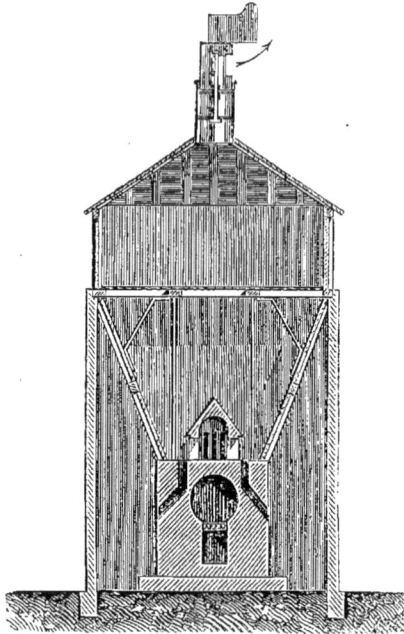

(Fig. 46.)

a établi un cône renversé en briques, ou une pyramide ren-
versée formant entonnoir ou trémie, de telle sorte que la hauteur de cet entonnoir ou de cette trémie, du haut du fourneau
à la ligne de base qui rejoint les murs extérieurs, soit d'environ 5 mètres. Au niveau de la base de l'entonnoir dont
nous parlons, est établi un plan formé de sablières en fer recouvertes d'une toile métallique ou d'une tôle perforée, et
soutenue par des montants et des traverses métalliques. Une
porte est ménagée au niveau de ce plan, afin de permettre
l'introduction du grain et son étendage en couches de 10 à
15 centimètres. Dans quelques touraiiles, on établit un second
plan de dessiccation au-dessus du premier. C'est sur ce second
plan, exposé à une chaleur beaucoup moindre, que l'on dé-

pose d'abord le malt pour en commencer la dessiccation, et une trappe permet de le faire couler à volonté sur le plan in-

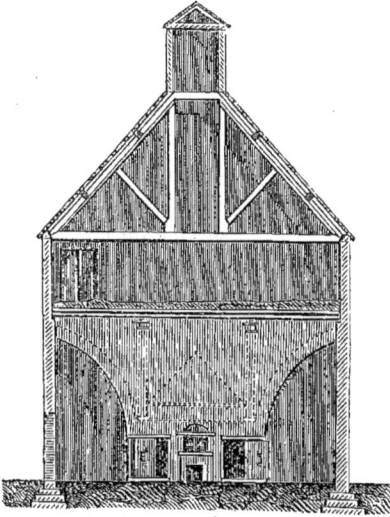

(Fig. 47.)

férieur. Cela bien compris, nous revenons au foyer. Il est recouvert d'une voûte percée d'orifices au sommet. Au-dessus de cette voûte, est établi un toit en briques supporté par des pieds droits percés d'ouvertures latérales. Le but de ces dispositions est facile à saisir. La voûte, en s'échauffant au rouge, brûle une partie de la fumée. Le toit empêche les débris de radicelles et de pellicules de tomber sur la voûte et de s'y enflammer; il force, en outre, les gaz chauds à se disséminer latéralement et à se mêler avec une certaine quantité d'air. Cet air est apporté par deux conduits laté-

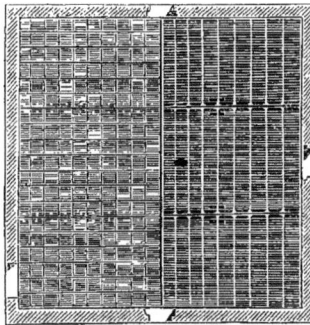

(Fig. 48.)

raux percés dans le massif du foyer et qui, de plus, servent à rejeter au dehors les débris des radicelles.

Ces dispositions, malgré toute l'imperfection des produits qui en résultent, sont encore adoptées dans le plus grand nombre des brasseries, bien que plusieurs aient établi un second plan de dessiccation.

Touraille anglaise de M. James Steel. — Nous donnons une élévation avec coupe partielle de cette touraille dans la figure 47. La figure 48 représente la disposition d'un plan de dessiccation et permet de voir l'agencement des sablières en fer qui supportent les toiles métalliques.

Tourailles de MM. Lacambre et Persac. — Il a été imaginé par ces messieurs, pour le service de la grande brasserie de Louvain, un système de tourailles à air chaud, sans fumée, dont nous donnons une coupe verticale dans la figure 49. Ces tourailles produisent un effet très-rapide et elles offrent l'avantage bien constaté de ne soumettre le malt qu'à une température graduée, comme il convient de le faire pour obtenir un malt de bonne qualité.

« Ces tourailles, dit M. Lacambre, se composent de deux

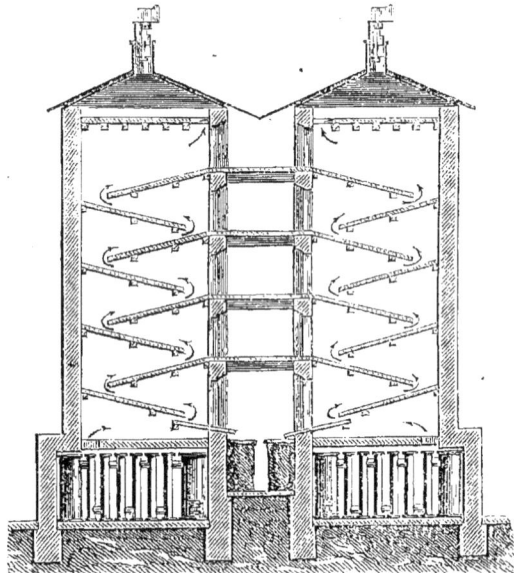

(Fig. 49.)

compartiments égaux, séparés par un mur de refend, qui, à

sa partie supérieure, porte un balancier en fonte, lequel, au
moyen d'une bielle et d'une manivelle, met en jeu seize
grands châssis en fer, recouverts de toiles métalliques suffisamment serrées pour que les grains d'orge ne puissent passer à travers. Ces châssis (comme on le voit par la figure)
sont superposés deux à deux et inclinés de manière à déverser
l'un sur l'autre le malt qu'ils reçoivent d'une manière à peu
près continue à leur partie supérieure. L'orge germée parcourt ainsi les quatre étages de châssis, au moyen des oscilla-
tions lentes et continues que leur font subir les tiges fixées à l'un
des bouts du balancier, lequel est constamment en équilibre
sensible, vu que les châssis sont symétriquement placés par
rapport à son axe, et qu'ils sont sensiblement chargés de la
même quantité de malt. D'après cette disposition, on conçoit
facilement qu'avec une très-petite force on peut mettre en jeu
tous les châssis à la fois, comme cela a lieu. »

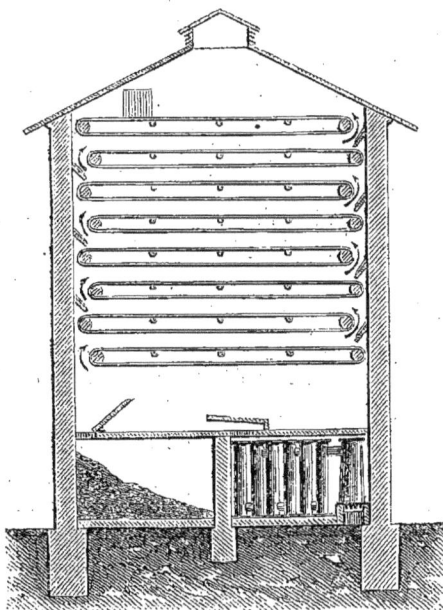

(Fig. 50.)

Dans le bas de chaque compartiment de la touraille se trouve
un grand calorifère en fonte, ayant 58 mètres carrés de sur-

face, ce qui suffit à la dessiccation de cent vingt sacs de malt en vingt-quatre heures.

Autre touraille des mêmes auteurs. — Une autre touraille, que MM. Lacambre et Persac ont construite pour la dessiccation de la fécule, nous paraît merveilleusement appropriée pour faire subir au *malt vert* sortant du germoir la dessiccation préparatoire dont nous avons parlé. La simple inspection de la figure 50 suffit à en donner une idée nette et à faire comprendre le jeu des châssis de toiles sans fin, tendues sur des galets mobiles. Un calorifère échauffe l'air qui circule de bas en haut dans l'appareil. On conçoit que, dans ce cas particulier, la température de l'air ne devrait pas être portée à plus de 40 degrés, en sorte que cette touraille serait destinée à servir de grenier d'aération.

Nous voudrions donc, en saine pratique, que le malt, en sortant du germoir, fût porté dans une touraille analogue à celle que représente la figure 50. Au sortir de cette touraille, le grain passerait, s'il y avait lieu, dans la touraille de dessiccation (fig. 49), où le touraillage serait porté au degré nécessaire pour le but cherché.

En Angleterre, on prépare différentes sortes de malt, qui sont sous la dépendance de la température employée à la dessiccation.

Lorsque la chaleur terminale ne dépasse pas + 50 à + 55 degrés centigrades, on obtient le *malt pâle*. Le *malt ambré* exige que la chaleur finale soit portée vers + 70 à + 80 degrés. Le *malt brun* est chauffé jusque vers + 135 degrés. Il sert à la fabrication du porter et il est presque entièrement caramélisé. On conçoit que le léiocomme et le caramel forment la plus grande partie des principes solubles de ce dernier malt et que la diastase y est complétement détruite.

On se sert même, en Angleterre, pour obtenir ce malt brun ou malt torréfié (*roasted malt*), d'engins spéciaux de torréfaction, qui sont fondés sur le même principe que le *brûloir à café;* mais nous devons nous contenter de donner ici cette indication à titre de simple renseignement.

En général, le malt vert et le malt séché à l'air libre donnent une infusion trouble et difficile à clarifier. Le malt qui a subi l'action d'une température de 63 degrés, au contraire, tout en abandonnant ses principes solubles à l'eau avec autant de facilité, donne une infusion limpide, d'une clarification aisée, sans que ses principes constituants aient été altérés, si la dessiccation a été progressive et bien conduite. C'est à ce point qu'il convient de se borner pour atteindre les meilleurs résultats. Cette différence, due à la dessiccation ménagée, reposerait sur le fait de l'insolubilité relative du gluten, sur la coagulation d'une certaine proportion des matières albumineuses, déterminée par la chaleur.

En somme, lorsque l'on brûle dans les touraïlles ordinaires des combustibles qui dégagent beaucoup de fumée, le malt acquiert une mauvaise odeur très-persistante. Il en résulte la nécessité de ne brûler dans les foyers de ces touraïlles que du bois très-sec, de la houille maigre, du coke ou du charbon de bois. Nous donnerions la préférence au coke, dont le seul inconvénient, exagéré par bien des théoriciens, est de dégager un peu d'acide sulfureux par la calcination du sulfure de fer qui en fait partie. Nous voyons plutôt dans ce fait un avantage, car l'acide sulfureux ne peut qu'aider à la conservation du malt, sans lui nuire en quoi que ce soit.

Il faut six semaines pour obtenir, à l'air libre, la dessiccation de 100 hectolitres de malt vert. La même quantité se dessèche en une semaine dans la touraille ordinaire, par une dépense de 1 200 kilogrammes de coke. La touraille à double plan de dessiccation ne va pas beaucoup plus vite, mais elle économise un huitième du combustible et donne un meilleur produit. La touraille Lacambre et Persac dépense 900 kilogrammes de charbon de terre menu et elle gagne les deux cinquièmes du temps employé à l'opération.

A côté de ces indications, nous pouvons ajouter que, s'il faut 25 kilogrammes de bois de hêtre sec pour sécher 100 kilogrammes de malt, il faut 20 kilogrammes de charbon de terre ou 40 kilogrammes de tourbe pour obtenir le même résultat.

En France, en Belgique, en Hollande et en Allemagne, la même portion de malt ne reste sur la touraille que vingt-quatre heures, lorsque la couche n'a pas plus de 9 à 10 centimètres d'épaisseur; le temps nécessaire est de trente-six heures, lorsque l'épaisseur de la couche est de 12 centimètres. En Angleterre, on règle l'épaisseur de la couche à 15 ou 18 centimètres et la durée du temps à deux jours.

Si l'on veut réfléchir à cette condition générale que plus

l'action est lente et progressive, plus le produit est parfait, on sera tenté de regarder les malts anglais comme les meilleurs, et cette opinion se trouve en effet justifiée par la pratique.

Les caractères pratiques d'un bon malt sont les suivants : le grain s'écrase facilement sous les dents en laissant dans la bouche une saveur agréable, à la fois gommeuse et sucrée ; il présente une bonne odeur franche et se réduit en farine sous la pression de l'ongle. Il est plus léger que l'eau ; il opère la saccharification de la fécule et des grains crus dans des proportions telles, qu'il suffit de 12 à 14 parties de malt pour transformer 100 parties de fécule, et de 8 à 10 parties pour saccharifier 100 parties de farine crue. D'autre part, il cède très-aisément à l'eau, non-seulement ses parties solubles, mais encore sa fécule transformée, en sorte que si l'on chauffe le malt finement pulvérisé avec de l'eau à + 70 degrés, la presque totalité se dissout et il est possible d'obtenir une indication de valeur par l'appréciation de la densité du moût obtenu.

Essai du malt. — En partant de ce fait que le malt renferme de 60 à 66 parties utiles pour 100, M. Balling indique le procédé suivant : on pulvérise très-finement 100 parties du malt à essayer, et on le verse dans 433 grammes d'eau, que l'on porte à la température de 72 à 75 degrés, au bain-marie. On couvre alors le vase et on laisse reposer pendant une heure. On apprécie sommairement les qualités du malt à l'aspect du liquide dans lequel le dépôt doit s'être bien fait et qui doit être bien clarifié. La densité donne la valeur comparative, d'après les principes indiqués précédemment.

Malt-couleur. — Ce malt n'est autre chose que du malt très-fortement touraillé, torréfié, qui sert à donner la coloration particulière des bières brunes. Il est préférable d'employer ce malt pour la coloration des bières, en due proportion, plutôt que d'avoir recours au caramel, à l'extrait de chicorée et à d'autres additions tout aussi peu rationnelles.

Nettoyage. — Dans la pratique habituelle, bien que tous les brasseurs ne séparent pas les radicelles du malt, on emploie pour cette séparation un procédé très-simple et très-élémentaire, que nous n'approuvons pas cependant, parce qu'il peut choquer les idées de propreté qu'on doit mettre en pratique dans toutes les préparations alimentaires.

Lorsque le malt est encore chaud, pendant que les radicelles sont très-cassantes, on étend le grain en couches de 6 à 9 centimètres d'épaisseur, et les ouvriers, chaussés de sabots munis de semelles en feutre, piétinent ce malt méthodiquement et de proche en proche. Il résulte de cette manœuvre la séparation des radicelles, et l'on complète le nettoyage par le passage du grain au tarare.

Nous aimerions beaucoup mieux opérer mécaniquement ce nettoyage.

Dans bien des endroits on se sert de cribles, de claies, de tarares à brosses ; mais l'appareil de M. Nemelka, dont nous donnons deux coupes dans les figures 51 et 52, nous paraît infiniment plus convenable. Cet appareil, qui a été justement

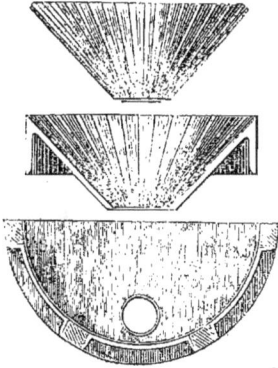 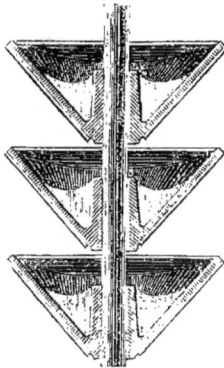

(Fig. 51.)　　　　(Fig. 52.)

apprécié en Angleterre, se compose d'une série de doubles cônes à cannelures, dont l'un rentre dans l'autre, et qui peuvent s'approcher au point convenable. Ces cônes sont portés par un arbre vertical et le cône supérieur rentrant est seul mobile. Un cylindre formé de pièces distinctes réunit les cônes en un seul système, dans lequel le malt pénètre par le haut pour sortir par en bas, parfaitement séparé des radicelles. L'action d'un crible, ou mieux d'un tarare à brosses, complète l'opération, et le malt se trouve séparé des radicelles et de toutes les poussières qui peuvent le salir.

Le rejet des radicelles est d'autant plus nécessaire qu'elles ne fournissent qu'une infusion amère, de mauvais goût, et d'autant plus facilement altérable qu'elle ne renferme pas de matière alcoolisable.

En moyenne, 100 kilogrammes d'orge fournissent 80 kilogrammes de bon malt, par la perte de 12 pour 100 d'eau et 8 pour 100 d'autres pertes dues à des causes diverses dont nous avons déjà parlé.

§ II. — DIVISION DE LA MATIÈRE.

Pratiquement, le malt destiné à la saccharification ne doit pas être réduit en farine trop ténue, par la raison qu'il serait difficile à délayer dans l'empâtage, que la clarification en serait rendue très-pénible par la présence des matières très-fines tenues en suspension, et que la filtration en serait devenue presque impossible. Aussi, on se contente de le concasser plus ou moins grossièrement, de manière qu'aucun grain n'échappe à la division et que cependant la moindre quantité possible soit réduite en farine.

Si le malt était très-sec et s'il n'avait pas repris une certaine moiteur sous l'influence de l'air, il serait exposé à s'écraser trop complétement et à donner de la farine par l'action des instruments de division. On lui procure une certaine humidité suffisante en l'exposant à l'air pendant deux ou trois jours. La plupart des brasseurs préfèrent lui donner un léger arrosement, qu'on répartit le plus également possible par un pelletage soigné. La dose moyenne est de 5 à 6 litres d'eau par hectolitre de malt.

Ce procédé laisse beaucoup à désirer, à cause de la grande difficulté qu'on éprouve à humecter le malt d'une manière égale par de simples opérations manuelles. Il vaudrait mieux, selon nous, employer une machine cylindrique dans laquelle on ferait pénétrer en rosée l'eau nécessaire, et cela d'une manière très-lente, pendant qu'un arbre intérieur, muni de bras et de râteaux, mettrait toutes les parties du malt en contact avec la petite quantité de liquide introduite. Peut-être encore ce mouillage du malt se ferait-il beaucoup mieux par l'action d'un mince filet de vapeur à basse pression, que l'on ferait réagir sur le grain pendant qu'un agitateur mécanique en mettrait toutes les surfaces en contact avec la source d'humidité. L'opération pourrait parfaitement être continue, si l'agitateur était formé d'une vis d'Archimède, dont les lames hélicoïdales seraient percées de trous ou formées de toile métallique. Le grain pourrait entrer par une extrémité et sortir par l'autre, après avoir pris la somme d'humidité suffisante.

Quoi qu'il en soit, le malt, convenablement humecté, est concassé entre des meules. On ne doit pas attendre, pour faire cette opération, que l'humidité ait pénétré l'intérieur de l'amande, car alors les meules s'empâteraient et l'on ne ferait qu'un travail détestable.

Il est nécessaire de prendre quelques précautions pour opérer convenablement la division du malt par les meules. Elles doivent être assez écartées pour ne pas faire de farine, avoir été bien nettoyées avant le travail, qui doit se faire à froid, c'est-à-dire assez lentement, et avoir été taillées obliquement en grands rayons du double plus creux que pour la farine. Aucun grain ne doit échapper à leur action.

Pour l'emploi des cylindres concasseurs, que la brasserie commence à adopter de préférence aux meules, le grain ne doit pas être mouillé. Il ne serait pas assez friable s'il était humide. La condition réelle de l'emploi des cylindres est que l'un des deux rolls soit animé d'un mouvement différent de celui de l'autre, afin que l'action procède par déchirement et par écrasement. La distance entre les rolls doit pouvoir être réglée à volonté.

On compte que 1 hectolitre de malt fournit 133 litres de produit concassé ou 125 litres de mouture, par suite de l'augmentation de volume due à la division de la matière.

Faisons observer en passant que les grains germés dont la cassure est dure, compacte, comme cornée, doivent être soumis de préférence à l'action des meules horizontales, mais que, pour le bon malt d'orge, bien germé, desséché lentement, sans production d'empois, la division par les cylindres est le mode le plus convenable et le plus utile. Le seigle et le froment maltés se divisent moins bien que l'orge par l'action des cylindres; aussi a-t-on conseillé de les moudre ou bien encore de les traiter en deux fois, par les cylindres d'abord, par la meule ensuite. Notre expérience personnelle nous permet d'affirmer que le bon malt de seigle ou de froment se travaille fort bien par les cylindres et nous ne comprenons pas la restriction dont ces grains seraient l'objet.

Les grains crus, non maltés, doivent être moulus *à mouture plate*, c'est-à-dire que le son doit être tenu le plus gros possible, afin qu'il agisse comme matière filtrante, et que la ténuité des résidus ne soit pas un obstacle à la clarification et au soutirage des moûts. On arrive à ce résultat par un concassage préalable à la mouture, ou par un mouillage superficiel.

Dans tous les cas, le grain germé, concassé ou moulu, absorbe un peu d'humidité qui paraît être utile pour le travail ultérieur, mais nous pensons, contrairement à l'opinion de certains praticiens, qu'il ne doit pas être gardé plus de trente à quarante heures en été, plus de trois à quatre jours en hiver ; sinon on court le risque de le voir s'échauffer et s'altérer. Il vaudrait infiniment mieux que le malt ne fût divisé que la veille du jour où on doit l'employer à la saccharification.

Les seuls instruments de division, dont nous dirons quelques mots, sont les cylindres concasseurs, les meules horizontales étant assez connues pour que nous n'ayons rien à en dire qui ne soit connu de nos lecteurs.

Cylindres concasseurs ordinaires. — Il y a un très-grand nombre de modèles de ce genre d'appareil. Ils offrent tous pour éléments une paire de cylindres cannelés ou unis, mus par une manivelle, ou par une poulie, surmontés d'une trémie à la-

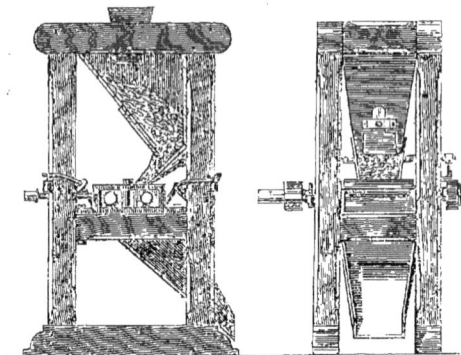

(Fig. 53 et 53 bis)

quelle est adapté ordinairement un régulateur. Celui que nous représentons par les figures 53 et 53 *bis* est un des plus simples et des plus usités en brasserie.

Le grain arrive dans la trémie d'alimentation par la partie supérieure, en sortant du nettoyage. Un registre règle la quantité de grain qui doit tomber à la fois entre les cylindres, dont l'écartement est d'ailleurs établi à volonté par une vis de rappel. Un caniveau incliné conduit le grain concassé sur le sol, dans une bâche ou un sac.

Moulin anglais de MM. Pontifex et C. — Cet instrument (fig. 54) consiste également en une paire de cylindres concasseurs.

(Fig. 54.)

Les dispositions principales de cet appareil sont indiquées assez clairement pour que nous soyons dispensés d'en faire une description minutieuse. Une trémie en bois munie d'une glissière pour régler la sortie du malt, un cylindre d'alimentation et deux rolls concasseurs en fonte en composent les parties les plus essentielles. Les cylindres concasseurs peuvent être plus ou moins rapprochés. Une excellente invention consiste dans la construction du cylindre alimentaire, dont l'arbre porte en saillie des lames de tôle qui prennent le malt à sa sortie de la trémie, et l'amènent jusqu'entre les rolls. Il en résulte une distribution égale et uniforme du grain entre les cylindres écraseurs, et ce n'est pas là un avantage à dédaigner, puisque cette distribution égale assure à la fois la régularité du travail et le bon service de l'appareil.

Moulin à malt de la brasserie Alsopp. — Nous donnons, par
la figure 55, le dessin du concasseur à malt employé dans l'é-
tablissement Alsopp, un des plus renommés de la Grande-
Bretagne.

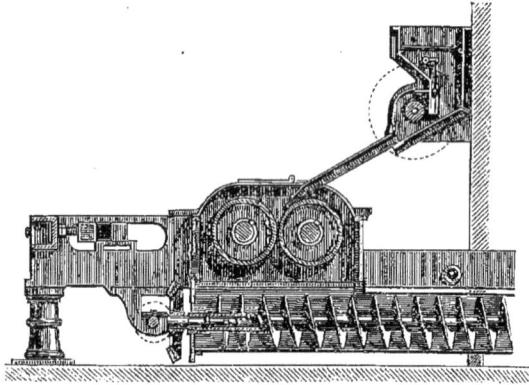

(Fig. 55.)

Ce concasseur est construit dans des principes très-arrêtés,
qui en rendent l'application avantageuse. Le lecteur voudra
bien remarquer une des modifications principales, laquelle
consiste dans l'emploi de la vis d'Archimède pour effectuer
l'enlèvement du malt à mesure de son écrasement.

On établit très-convenablement aujourd'hui des cylindres
qui peuvent écraser de 8 à 12 hectolitres à l'heure, et qui ne
consomment pas plus de 2 à 3 chevaux de force de vapeur;
mais ici, comme dans la plupart des machines, il importe de ne
pas préjuger la valeur des cylindres par l'examen d'appareils
mal montés et mal compris, comme on n'en livre que trop à
l'industrie. Des cylindres *bien établis* et *bien construits* seront
toujours préférables aux meules horizontales pour la division
du grain destiné à faire de la bière.

S'il s'agissait d'alcoolisation proprement dite, nous raison-
nerions différemment et nous préférerions les meules et la
division en farine, puisque, dans ce cas, le but principal serait
le rendement alcoolique et non pas la préparation d'une
boisson fermentée, devant présenter des propriétés particulières.

§ III. — SACCHARIFICATION OU BRASSAGE.

Les conditions générales et la théorie de la saccharification nous sont assez connues pour que nous nous occupions seulement ici de la pratique de cette opération, qui se divise, comme on le sait, en *empâtage* et en *trempes*. Avant donc d'entrer dans le détail des procédés suivis en brasserie pour cette partie importante du travail, nous nous contenterons de faire connaître les principaux appareils qui servent à l'exécuter, afin de faire immédiatement la part du côté mécanique, dont l'utilité ne saurait être contestée.

Dans les brasseries de vieille organisation, où le progrès n'a pu encore conquérir ses droits de cité, le matériel de la saccharification se compose d'une *chaudière à eau*, qui sert également fort souvent de *chaudière à cuire,* et qui est chauffée à *feu nu,* d'une *cuve à saccharification ordinaire*, d'un *bac de repos* en métal ou en bois, appelé *cuve réverdoire,* et d'une *pompe* au moins pour porter le moût de la réverdoire à la chaudière à cuire. Quelquefois, la chaudière à cuire les moûts est différente de la chaudière à eau ; elle se chauffe également à feu nu et elle est placée plus avantageusement au-dessous du niveau de la réverdoire. Ce serait perdre notre temps et celui du lecteur que de décrire en détail ces dispositions arriérées, que l'on doit désirer de voir disparaître. Le fond de l'opération pratique est celui-ci : délayer la matière dans une certaine proportion d'eau froide ou à peine *dégourdie ;* élever la température du tout par une addition d'eau plus chaude, ou par une application directe de la chaleur, jusqu'à $+75$ degrés au plus ; maintenir la masse à ce terme le plus longtemps possible, quand même on soumettrait à la décoction une partie du liquide ou de la matière épaisse ; soutirer le liquide produit ; traiter de nouveau le résidu par de l'eau à la même température pour l'épuiser et compléter le travail ; cuire et houblonner les liquides... Avec un peu d'habitude des fonctions d'une usine bien distribuée, il est facile de voir que toutes ces phases peuvent *se commander,* que la distribution des appareils doit être faite de manière à éviter des manipulations inutiles ; enfin, on devra proscrire partout l'application du *feu nu* et le remplacer par la vapeur ou par une circulation d'air chaud.

Quelle que soit la forme des vases, on peut se faire l'idée suivante de la distribution d'une brasserie, calculée d'après ces données. Sur le plan le plus élevé doit se trouver le *réservoir à eau*, auquel le travail régulier d'une bonne *pompe* assurera toujours une alimentation constante. Au-dessous, sur un second plan, on établira la *chaudière à eau* chauffée par un serpentin de vapeur, dans le cas où l'on voudrait procéder par une introduction d'eau plus ou moins chaude sur la matière. Sur le même plan, le *magasin du malt concassé*, qui y serait amené par un tire-sacs et un tracas. Au troisième plan, en descendant, la *cuve à saccharification*, qui pourrait ainsi recevoir l'eau par un simple jeu de robinets, et le malt par un caniveau. Au-dessous, trois *bacs d'attente*, de dimensions convenables, pour recevoir les moûts de bière forte, de bière moyenne ou de petite bière. Ces bacs pourraient être clos, et une prise de vapeur permettrait d'y maintenir la température de 75 degrés et d'y continuer ainsi le travail de transformation, dans le cas de besoin. On disposerait sur le même plan le caniveau de sortie des résidus. Au-dessous, un filtre à effet latéral, monté au houblon épuisé, serait employé à la clarification des moûts sortant des bacs d'attente, et ce filtre enverrait directement les liquides dans la *chaudière à cuire*, établie au rez-de-chaussée. Cette chaudière, hermétiquement close, serait munie d'un *tube ascenseur* à l'aide duquel on pourrait faire parvenir la liqueur dans le bac alimentaire du *réfrigérant*[1]. Celui-ci serait placé sur le second plan supérieur et recevrait l'eau du réservoir. Du réfrigérant, la liqueur passerait à travers un second *filtre à houblon* placé au troisième plan et, de là, dans les *cuves à fermentation*, disposées au rez-de-chaussée, au-dessus des *celliers*, dans lesquels se ferait la fermentation secondaire...

Une telle disposition, analogue à celle des sucreries les mieux établies, laisserait un vaste emplacement pour les magasins de toute espèce ; elle économiserait le travail et la main-d'œuvre, permettrait de soustraire les produits à l'influence de l'air pendant les réactions et elle garantirait pour les résultats cette certitude que l'on doit toujours demander aux applications chimiques.

[1] Ce mouvement pourrait également se faire par un *monte-jus*.

Ce n'est que par la continuité des actes que l'on peut se prémunir contre les altérations de la matière en traitement et, franchement, nous ne voyons pas que l'on se soucie beaucoup de cette règle importante en brasserie.

Les établissements bien montés sont l'exception ; les usines impossibles, aux agencements bizarres, forment la généralité. Il n'y a pas lieu, d'ailleurs, de s'en étonner beaucoup, car il y a bien peu de brasseurs qui connaissent réellement les principes de leur industrie. Toute leur instruction professionnelle consiste, le plus souvent, dans la connaissance routinière du manuel opératoire, dans la pratique de tours-de-main illusoires ou de recettes fantaisistes. Le progrès n'est pas là; il consiste dans l'imitation rationnelle des procédés suivis par les hommes instruits, dans l'étude sérieuse des méthodes et dans l'accomplissement rigoureux des principes. Les brasseurs habiles devraient servir de modèles aux autres, et la mauvaise habitude de croire que l'on a atteint la perfection n'a presque jamais aucune raison d'être.

La saccharification, ou le brassage, se fait dans une cuve, qui porte le nom de *cuve-matière*[1].

Cuve-matière ordinaire. — Cet appareil, représenté par la figure 56, consiste en une cuve en bois, munie d'un faux fond qui se trouve éloigné de 6 centimètres du fond. Le diamètre

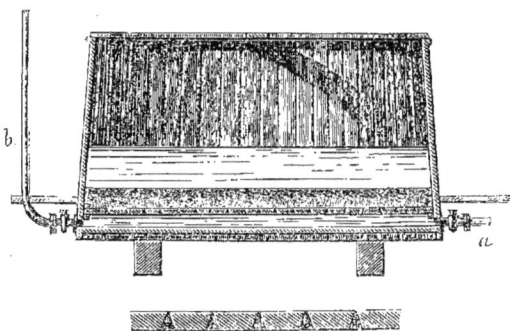

(Fig. 56.)

de la cuve est calculé selon la quantité de grain à brasser, et la forme générale est légèrement conique. Le plus grand dia-

---

[1] En anglais : *mashing-tun* ; en allemand, *meisch-bottich* ; ces deux expressions signifient littéralement *cuve à mélange*.

mètre est à la base inférieure. Le faux fond est percé de trous coniques, dont le petit diamètre est tourné vers le haut, pour éviter l'engorgement. Un tube à eau apporte sous le faux fond l'eau froide ou chaude, soit du réservoir, soit de la chaudière à eau. Quand l'échauffement est fait par la vapeur, on ajoute un tube qui introduit la vapeur dans un serpentin ou dans un barboteur, entre les deux fonds, et un tube de vidange sert à retirer les liquides qui passent à travers les résidus arrêtés par le faux fond.

Dans la manœuvre habituelle de cette cuve, on fait arriver le malt sur le faux fond, puis on ouvre le robinet du tube à

(Fig. 56 *bis*.)

eau froide, et l'on introduit du liquide en quantité suffisante pour faire le délayage ou l'empâtage. L'eau chaude est amenée alors jusqu'à ce que la masse soit portée entre $+70$ et $+75$ degrés, et l'opération suit les phases indiquées.

L'agitation et le brassage de la matière avec l'eau froide ou chaude se fait, ou à bras, à l'aide du fourquet (fig. 56 *bis*), ou mécaniquement, si l'appareil a été pourvu d'un agitateur.

On évalue la capacité d'une cuve-matière à 220 ou 225 litres pour 100 litres de malt à employer ; mais on lui donne, pour la commodité du travail, un volume d'un tiers plus grand

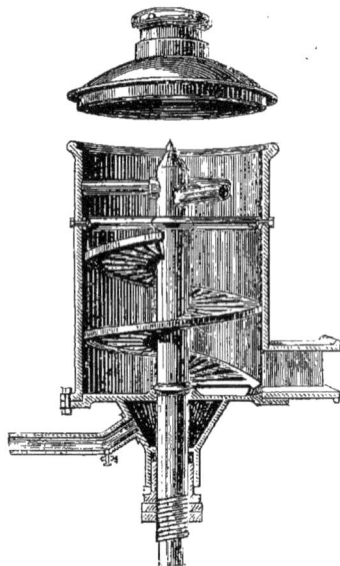

(Fig. 57.)

que celui qui résulte de cette proportion.

Nous avons vu que l'empâtage se fait mieux à froid ou avec

de l'eau d'une température peu élevée, et que cette opération est le point de départ de la saccharification. On comprend que l'empâtage ayant pour but de préparer la macération par une hydratation préalable de la matière, on doit éviter avec le plus grand soin de laisser des grumeaux, des pelotes, qui opposeraient ensuite un obstacle à la pénétration de l'eau, lorsqu'il se serait formé de l'empois sur la périphérie.

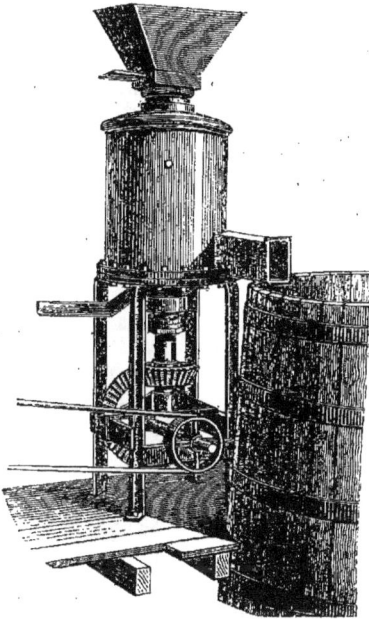

(Fig. 58.)

C'est pour cette raison que le mélange se fait d'autant mieux que l'eau employée n'est pas chauffée à un degré élevé. Il s'opère en même temps une dissolution partielle de la diastase, qui commence à réagir dès le commencement de l'empâtage, dans le sens de la production de la dextrine. L'importance d'une manœuvre bien exécutée ressort évidemment de tout cela, et il est indispensable que le mélange soit fait avec rapidité et de la manière la plus complète, de façon à rendre la masse très-homogène et à n'en laisser aucune partie échapper à l'action. La manœuvre du fourquet ne laisse pas d'être assez pénible lorsque l'on agit dans de grandes cuves, sur une quantité notable de matière, et les agitateurs mécaniques peuvent seuls donner de bons résultats, lorsqu'ils sont bien établis et bien compris. M. Mac-Mullen a cru utile de faire exécuter ce travail par une machine indépendante de la cuve-matière. Cet appareil, fort bien imaginé d'ailleurs, est représenté par les figures 57 et 58, qui en offrent une coupe et une vue verticale.

La cuve-matière est un des appareils de la brasserie qui a le plus exercé l'imagination des inventeurs, dans le but de supprimer le brassage manuel au fourquet, et d'obtenir, par des moyens mécaniques, un mélange intime de la matière avec l'eau : on donne, en général, le nom de *vagueur* à l'arbre mobile, muni d'ailes ou de bras, qui plonge dans le malt et en opère le brassage.

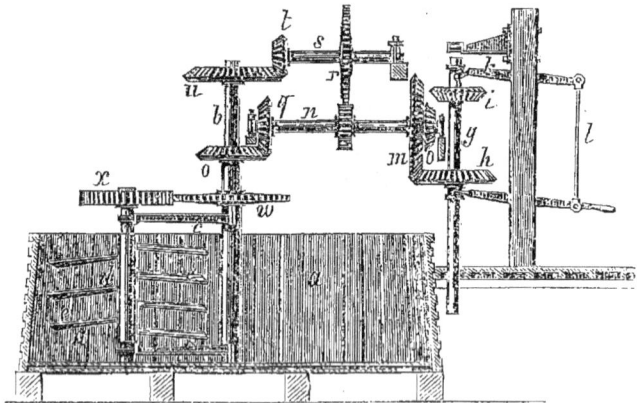

(Fig. 59.)

La figure 59 ci-dessus donne la coupe d'une cuve-matière à vapeur qui est assez usitée en brasserie. Nous en empruntons la description à un article fort intéressant du *Dictionnaire des arts et manufactures*.

La cuve proprement dite *aa*, est construite avec des douves de bois, épaisses et reliées ensemble par de nombreux cercles de fer ; elle est, du reste, munie d'un double fond percé de trous, tout à fait comme la cuve ordinaire, représentée par la figure 56. Ce qu'il y a de remarquable dans cette cuve, c'est le moyen que l'on a employé pour agiter le malt dans l'eau de dissolution : *b* est un arbre placé au centre de la cuve et qui est supporté par une crapaudine ; cet arbre *b* reçoit le mouvement d'une roue à angle *u*, adaptée à son extrémité supérieure, et qui elle-même est commandée par le pignon d'angle *t*. Sur le même arbre *b* sont adaptés deux bras en fonte *c, c,* qui supportent un second arbre plus petit *d* ; ce dernier est muni sur les quatre côtés de bras ou de palettes *e, e,* qui sont destinées à remuer le mélange liquide, en le forçant continuellement, non-seulement à tournoyer, mais encore à s'élever de bas en haut ; ce dernier effet, très-important, est obtenu naturellement par la direction inclinée que l'on a donnée aux palettes *e, e*. L'arbre *d* reçoit le mouvement de la roue d'engrenage *x* placée à son extrémité, et celle-ci est elle-même commandée par l'engrenage *w*. L'engrenage *w* n'est pas, comme on pourrait le penser, fixé sur l'arbre central *b*, mais bien sur un manchon *o* qui peut tourner librement sur lui, en s'appuyant sur le renflement qu'il présente par suite d'une augmentation de diamètre ; en effet, on remarquera que l'arbre *b* a un diamètre plus considérable au-dessous de la roue *w* qu'au-dessous du pignon *u*. On voit donc qu'on peut communiquer des mouvements de rotation indépendants à l'arbre *b* et à l'arbre *d*, et que ce dernier sera, par conséquent, animé de deux mouvements : l'un dépendant de l'arbre *b*, et qui le forcera à faire le tour de la cuve en un temps égal à celui que met l'arbre *b* à faire une révolution ; l'autre, au contraire, indépendant, comme nous venons de le dire, et qui force l'arbre *d* et les palettes *e, e* à tourner rapidement sur eux-mêmes, tout en se mouvant autour de la cuve.

Voici l'origine de ce double mouvement : *g* est l'arbre moteur qui reçoit une impulsion de la machine à vapeur ; *h* et *i* sont deux roues coniques, placées sur cet arbre et qui transmettent le mouvement à l'arbre horizontal *n*, par l'intermédiaire des engrenages *m* et *o*. Lorsqu'on veut que l'agitateur marche lentement, on engrène *h* sur *m* ; lorsque, au contraire, on veut que le brassage soit rapide et énergique sur la fin de l'opération, par exemple, on engrène *i* sur *o*. On obtient à volonté ce changement de vitesse au moyen du bras de levier *l*, qui, d'un seul coup, élève ou abaisse le manchon mobile *g*, sur lequel sont fixées les roues *i* et *h*. Maintenant, l'arbre *n* transmet le mouvement à l'agitateur d par l'intermédiaire des roues d'engrenage q, o, w et x, et à l'arbre b, sur lequel sont fixés les supports c, c, par l'intermédiaire des roues p, r, t et u. On voit que les diamètres de toutes ces roues sont calculés, de manière à ce que le mouvement général autour de la cuve soit très-lent, tandis que le mouvement gyratoire de l'agitateur d est, au contraire, très-rapide relativement, quelle que soit d'ailleurs la vitesse primitive donnée par les roues i ou h. L'axe d fait dix-sept à dix-huit révolutions dans le temps qu'il fait le tour de la cuve.

Bien que, dans notre opinion personnelle, cette cuve à vagueur mécanique ne satisfasse pas pleinement aux exigences des brasseurs qui regardent le mouvement ascensionnel comme indispensable, nous croyons qu'elle peut faire un bon travail. D'ailleurs, il ne faudrait pas beaucoup de modifications pour la rapprocher d'un autre vagueur, également anglais, que nous représentons en coupe par la figure 60 ci-dessous.

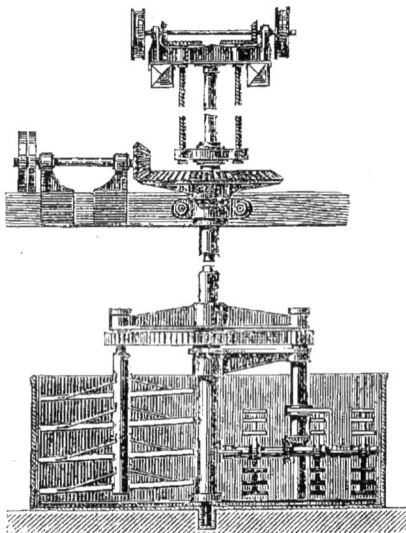

(Fig. 60.)

Un très-bon vagueur, indiqué par la figure 61, et dont la construction est plus simple, a obtenu un certain succès en Allemagne. Dans cet appareil, la vitesse ne peut guère être modifiée que par une transmission particulière, mais, par suite d'une disposition analogue à celle que nous avons signalée pour la cuve anglaise (fig. 59), l'engrenage de com-

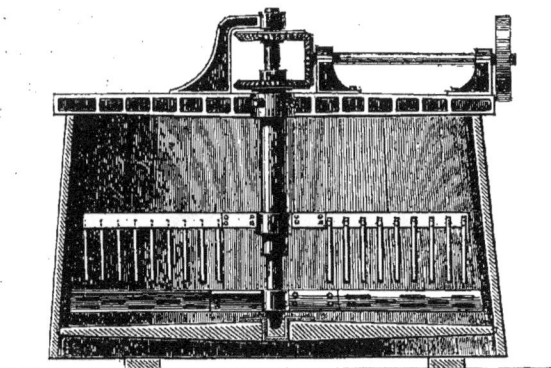

(Fig. 61).

mande agit sur deux autres roues d'angle qui impriment le mouvement à l'arbre même qui porte la grande palette de fond, et à un manchon libre auquel sont adaptés les bras à palettes perpendiculaires. Les deux mouvements qui en résultent ont lieu, forcément, en sens opposé, et il en résulte un bon mélange de la matière.

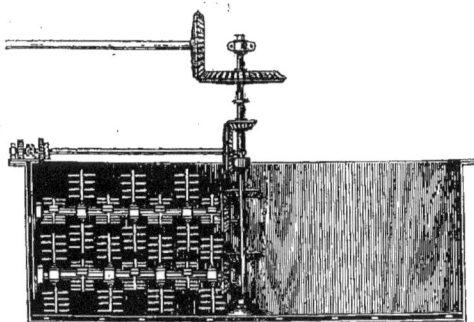

(Fig. 62).

Nous mettons encore sous les yeux du lecteur la cuve-matière de M. Truman. Cet appareil est représenté en coupe par la figure 62 et en plan par la figure 63.

Au demeurant, quel que soit l'appareil adopté et le mode

de brassage suivi, il est indispensable de soutirer le moût, lorsque la saccharification est faite et que l'on a opéré les diverses trempes successives. Lorsque l'on agit sur des grains concassés, la manipulation est très-simple, puisqu'il s'agit seulement d'ouvrir un robinet de vidange pour faire écouler la liqueur par les interstices du faux fond. Mais cette manœuvre est moins facile lorsqu'on agit sur des farines ou sur des grains très-divisés dont les résidus forment pâte et ob-

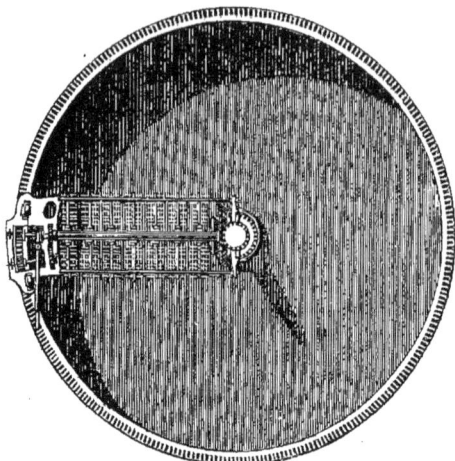

(Fig. 63.)

struent rapidement le passage du liquide. En Belgique, on introduit dans la masse des paniers coniques qui jouent un peu le rôle des filtres Taylor, et dans lesquels on puise le liquide qui s'y réunit.

Cette manœuvre, longue et pénible, offre en outre l'inconvénient de laisser le liquide exposé à l'air pendant longtemps et de préparer, en quelque façon, les altérations qui en sont la conséquence. Ailleurs, on se sert de cuves à filtrer. Nous préférerions une disposition plus simple. Sur l'un des côtés de la cuve serait ménagée une ouverture munie d'une vanne mobile et communiquant par des toiles métalliques avec un récipient de petite capacité, disposé sur un plan un peu inférieur. Dans ce récipient, un tube d'appel viendrait chercher le liquide et le transporterait, par l'action du vide, dans la chaudière à cuire ou dans un monte-jus intermédiaire. Ce serait, au fond, la même manœuvre que celle que nous conseillons pour la macération en sucrerie, et elle aurait le mérite de substituer un simple jeu de robinets à des manœuvres fatigantes.

On conçoit que nous n'ayons pas à nous occuper des *cuves reverdoires* dans lesquelles on fait arriver le moût à la sortie de la cuve-matière, et dans lesquelles il doit attendre le produit des trempes suivantes, si l'on doit en opérer le mélange. Nous voudrions que ces cuves fussent closes et que, de plus, par un serpentin ou un double fond, on y maintînt la température de la liqueur vers + 75 degrés jusqu'au moment de la soumettre à l'ébullition. Cette double précaution est assez justifiée par tout ce qui a été dit sur l'action de l'air et sur la nécessité de forcer la production du glucose pour que nous n'ayons pas à nous y arrêter. Nous ajouterons seulement qu'il serait très-utile de construire ces cuves de manière à leur donner la disposition de filtres à action latérale, afin de n'envoyer à la chaudière à cuire que des liquides limpides.

Marche industrielle de la saccharification. — On peut diviser les procédés pratiques de saccharification en deux groupes, selon qu'on brasse du malt d'orge seul, ou qu'on y ajoute des proportions plus ou moins fortes de farines de grains crus.

Il résulte d'observations précédentes que le brassage produit des *moûts clairs* ou des *moûts troubles*.

Le brassage à *moût clair* se fait avec du malt d'orge; il comprend une *trempe préparatoire*, c'est-à-dire un *empâtage*, une *première trempe*, deux *trempes secondaires* et un *lavage d'épuisement*. Dans l'empâtage, on fait arriver par le faux fond, à travers le malt, une quantité d'eau à + 40 ou + 50 degrés suffisante pour bien pénétrer le tout, pendant que l'on brasse énergiquement la matière [1]. Aussitôt le mélange terminé, on fait arriver assez d'eau à + 90 degrés pour élever la température à + 60 ou + 65 degrés; on brasse pour opérer un mélange exact, puis on couvre la cuve, on laisse reposer et, lorsque la fécule est fluidifiée en grande partie, on soutire cette première *infusion* que l'on fait passer dans une cuve reverdoire ou dans la chaudière à cuire. La vidange étant fer-

[1] La proportion normale du malt est de 25 à 30 kilogrammes par hectolitre de cuve, selon que le malt a été séché à l'air ou touraillé.

mée, on fait arriver sur le résidu assez de nouvelle eau à $+$ 90 degrés pour porter la masse à $+$ 70 degrés ; on brasse, puis on laisse reposer pendant une heure ; on brasse encore et, après une demi-heure de repos, ou soutire la *deuxième infusion*. La troisième trempe se fait avec de l'eau à peu près bouillante, de manière à porter la masse à $+$ 80 degrés ; on brasse, on laisse reposer pendant une heure et l'on soutire.

Ces trois infusions sont traitées séparément ou ensemble selon le but à atteindre. On achève d'épuiser le résidu en l'arrosant superficiellement avec assez d'eau pour chasser le moût qu'il retient, et le produit de ce lavage peut être réuni à la troisième infusion. Cette marche représente le *procédé usuel*, celui qui est le plus communément appliqué.

Le brassage à *moût trouble* se fait avec du malt d'orge mélangé de *grains crus* moulus. Dans ce genre de brassage, on fait la saccharification dans la cuve-matière seulement, si les grains crus ne dépassent pas 25 pour 100 du malt ; dans le cas contraire, une portion plus ou moins considérable de la farine est traitée habituellement dans une chaudière différente.

Dans le premier cas, on fait un *empâtage* (*trempe préparatoire*) avec une quantité d'eau convenable pour que la matière soit bien mouillée, et que le mélange puisse s'opérer aisément. La température de cette eau est variable. Plus l'eau est froide, plus le moût sera riche en dextrine et pauvre en sucre ; le travail des farines de froment cru se fait mieux par l'emploi d'une eau moins chaude à l'empâtage, et la saison de l'année est également loin d'être sans influence sur ce point. En moyenne, la température de l'empâtage ne doit pas s'élever au-dessus de $+$ 20 degrés centigrades. Lorsque le mélange est bien fait par un brassage convenable, on fait la *première trempe* avec de l'eau chaude, de manière à ne pas donner à la masse une température de beaucoup supérieure à $+$ 60 degrés, afin d'éviter la formation d'une masse d'empois, qui rendrait le travail difficile. Il peut même se faire que cette température soit trop élevée quand la proportion de farine est trop considérable, en sorte qu'il convient de se régler sur la manière dont s'opère la dissolution de l'amidon. Le brassage doit être effectué en même temps que l'on fait arriver l'eau de la première trempe. On couvre la cuve, puis, après un repos suffisant, on soutire, ou on décante la *première infusion*. Nous

aimerions mieux la siphonner, comme nous avons dit tout à
l'heure.

La *deuxième trempe* se fait de manière à élever la température de la masse vers + 65 degrés. On soutire la *deuxième*
infusion que l'on réunit à la première, et que l'on clarifie par
la coagulation de l'albumine. Cet effet s'obtient en portant
lentement le tout à l'ébullition, tout en agitant avec soin; il en
résulte, de plus, la saccharification d'une portion notable de
l'amidon. Pendant ce temps on a fait, le plus souvent, une
troisième trempe par de l'eau à + 80 degrés, comme les précédentes, et on cherche, dans cette trempe, à atteindre la température moyenne de + 70 à + 75 degrés, afin de saccharifier le reste de l'amidon de la drèche. Lorsque la *troisième*
infusion est retirée, après un repos suffisant, on fait filtrer sur
la drèche les deux premières infusions qui ont bouilli pendant
quelques instants, et l'on obtient ainsi des moûts clairs.

Cette marche est surtout suivie dans les Flandres et en Belgique, et elle ne serait pas irrationnelle si elle était bien pratiquée, son but étant de procurer graduellement la dissolution de l'amidon, qui serait très-difficile à obtenir autrement,
en raison de la masse des matières crues. Il est clair que l'on
peut modifier quelque peu le procédé à suivre si la proportion
de grains crus est moins considérable ; mais il ne faut jamais
perdre de vue que la présence d'un excès de gluten exige les
précautions les plus minutieuses relativement à la bonne qualité de la matière, à la propreté des ustensiles, et à l'ensemble
des précautions que nous avons déjà signalées.

Pour le second cas, on suit un procédé différent, dans les
détails duquel nous ne devons entrer que pour le faire comprendre. Il ne nous semble pas, en effet, basé sur des considérations exactes, et il nous semble que bien des choses
seraient à réformer dans l'ensemble des manipulations.

Au fond, ce procédé consiste à traiter le malt seul, ou à
peu près seul, dans la cuve-matière, et à lui faire subir d'a-
bord un *empâtage* à froid (+ 20 degrés au plus), puis deux
trempes successives à la même température, de manière à obtenir deux infusions de diastase, qui sont fortement chargées
d'amidon. Ces infusions sont envoyées à la cuve reverdoire.
Une troisième trempe, faite avec de l'eau à + 90 degrés, de
manière à donner à la matière une température de + 50 degrés

au plus, fournit une troisième infusion que l'on réunit aux deux premières, et que l'on fait passer dans une chaudière, appelée en Belgique *chaudière à farine*. On délaye aussitôt dans ce liquide, presque froid, toutes les matières farineuses crues, et l'on chauffe doucement la masse en brassant constamment. Pendant ce temps, le résidu de la cuve-matière est soumis à deux autres trempes saccharifiantes, à +65 degrés et à +75 degrés; on termine par un lavage d'épuisement.

On a fait bouillir la matière de la chaudière à farine pendant une demi-heure. Après un repos d'une heure, le liquide est décanté et jeté sur le résidu de la cuve-matière pour le clarifier par la filtration. On le remplace dans la chaudière par le liquide du lavage d'épuisement — que l'on fait bouillir pendant une heure et qu'on filtre ensuite sur la drèche, après repos et décantation, comme on a fait pour la première liqueur. Souvent on achève d'épuiser le résidu de la matière en la faisant encore bouillir avec de nouvelle eau.

Tout cela est fort bon, sans doute, puisque certains brasseurs s'en montrent satisfaits; mais il est bien difficile de ne pas réprouver cette tolérance, un peu dictée par des motifs personnels. Pourquoi ce long séjour des deux premières trempes dans le bac reverdoir, que l'on sait très-bien n'être utile qu'à produire de l'acide lactique, et pourquoi scinder ainsi une opération fort simple, dont le but vrai est de faire réagir la solution diastatique sur la fécule, à la température la plus favorable à la saccharification? Pourquoi l'ébullition qui détruit l'agent transformateur? Il est à peu près impossible d'obtenir de cette façon autre chose que des bières fortement dextrinées et peu alcooliques; mais il convient de dire que c'est à peu près le but que l'on poursuit. Le gluten exerce une action saccharifiante à la température de l'ébullition, mais elle est loin d'être comparable à celle de la diastase à +75 degrés. En somme, il nous semble que si la première infusion à froid servait au délayage de la farine dans la chaudière et si cette chaudière était chauffée à la vapeur, la seconde infusion pourrait être préparée vers +60 degrés et être réunie ensuite, sans transition, la température de la première pouvant être modérée à volonté. Nous ne porterions pas la matière au bouillon, sinon après que l'action saccharifiante, à +75 degrés, aurait été suffisamment prolongée. Enfin, la troisième et la quatrième infusion seraient faites essentiellement dans un but de saccharification... L'emploi de la chaudière à farine est à peu près limité à la Belgique, bien qu'elle puisse évidemment rendre d'utiles services dans la préparation des bières blanches, où l'on fait entrer une quantité notable de matières crues.

Densité des moûts obtenus. — M. Lacambre, dont la compétence pratique n'est pas contestable, reconnaît que la valeur d'un moût de bière est proportionnelle à sa richesse en *extrait* et, comme cet extrait est composé en très-grande partie, soit pour plus des cinq sixièmes, de dextrine et de glucose, il est possible de s'assurer de la richesse d'un moût par une simple observation densimétrique. Cette possibilité résulte de ce fait déjà signalé, que la densité du glucose et celle de la dextrine sont à peu près égales, en sorte que l'indication aréométrique donne aussitôt la proportion du *mélange de dextrine et de glucose* qui se trouve dans le moût. Il reste bien entendu, toutefois, que le chiffre obtenu ne préjuge rien sur la proportion de l'un ou de l'autre des deux principes mélangés.

L'auteur belge a dressé avec beaucoup de soin, d'après des expériences directes faites sur des brassins de différentes sortes de bières, un tableau indicateur des valeurs du moût à différentes densités. Ce tableau a été établi pour la température moyenne de + 15 degrés centigrades, et il donne le poids de l'hectolitre de moût, le poids de l'extrait contenu dans un hectolitre de liqueur, et la valeur pondérale de l'extrait en centièmes. Ce document nous a paru tellement utile, que nous n'hésitons pas à en reproduire la partie essentielle, dans la certitude qu'il peut rendre des services à la brasserie et à l'alcoolisation, et que l'on peut ajouter toute confiance aux chiffres qu'il renferme.

TABLEAU INDICATEUR DES VALEURS DU MOUT DE BIÈRE,
pour divers degrés aréométriques.

DEGRÉS de Baumé, à +15° cent.	POIDS de l'hectolitre de moût.	POIDS de l'extrait par hectolitre.	POIDS de l'extrait en centièmes.
1°	100k,68	1k,41	1,40
2°	101 ,405	2 ,92	2,88
3°	102 ,11	4 ,58	4,48

DEGRÉS de Baumé, à + 15° cent.	POIDS de l'hectolitre de moût.	POIDS de l'extrait par hectolitre.	POIDS de l'extrait en centièmes.
4°	102k,81	6k,43	6,25
5°	103 ,51	8 ,24	7,96
6°	104 ,22	10 ,19	9,78
7°	104 ,93	12 ,56	11,49
8°	105 ,64	13 ,923	13,18
9°	106 ,36	15 ,91	14,96
10°	107 ,18	17 ,74	16,55
11°	107 ,865	19 ,964	18,36
12°	108 ,65	21 ,904	20,16
13°	109 ,56	23 ,884	21,84
14°	110 ,20	25 ,877	23,50
15°	111 ,00	27 ,97	25,20

Rien n'est si facile que de se servir des indications de ce tableau, soit que l'on emploie l'aréomètre de Baumé ou le densimètre centésimal. Si nous plongeons, en effet, l'instrument de Baumé dans un moût et que nous trouvions pour indication, à + 15 degrés de température, le chiffre 10 degrés, ce chiffre répond à une densité centésimale de 1071,8 qui sera accusée par le densimètre, c'est-à-dire que le poids du *litre* (*décimètre cube*) de moût sera de 1071ᵍ,8. La liqueur renfermera 17ᵏ,74 d'extrait par hectolitre ou 177ᵍ,4 par litre. Cent parties pondérales de ce moût contiendront 14,96 parties d'extrait et 85,04 d'eau.

Si l'indication est fractionnaire, comme 10°,5, par exemple, il n'y a qu'un calcul très-simple à exécuter. La différence entre la valeur de 10 degrés Baumé et celle de 11 degrés Baumé égale la densité 107,865 — 107,18 = 0,685, dont les 5/10 = 0,3425. La densité relative à 10°,5 égalera 107,18 + 0,3425 = 107,5225, en sorte que l'hectolitre de moût à 10°,5 Baumé pèsera 107ᵏ,5225, et le litre 1ᵏ,075225. Par une opération semblable, on trouve que le poids de l'extrait par hectolitre égale 18ᵏ,852, et que la valeur centésimale est de 17,455, c'est-à-dire que 100 grammes de ce moût à +10°,5 Baumé renferment 17ᵍ,455 d'extrait et 82ᵍ,545 d'eau.

Rien de plus facile, comme on le voit, que d'apprécier la valeur d'un moût en extrait, sous la réserve que nous avons posée et sur laquelle nous avons cru devoir insister. On peut, avec ces indications, se rendre également compte du produit en extrait de 100 kilogrammes de malt d'orge ou d'un autre grain, puisqu'il suffit pour cela de connaître le volume de moût produit par une quantité donnée de matière première. Soit, par exemple, un chiffre de 1250 kilogrammes de malt d'orge, ayant produit 45 hectolitres de moût à 10 degrés Baumé, nous en conclurons que la masse contient $17,74 \times 45 = 798^k,3$ d'extrait, et ce chiffre divisé par 12,5 nous donnera la valeur en extrait de 100 kilogrammes de malt, soit $63^k,86$. Nous pourrons ainsi comparer la qualité réelle et le rendement des matières premières employées, ce qui est toujours d'une grande utilité en pratique.

§ IV. — CUISSON DES MOUTS.

Les moûts préparés par un procédé quelconque doivent être cuits avec le houblon, pour des raisons sur lesquelles nous n'avons pas à revenir. Cette cuisson ou cette ébullition doit se faire sans retard, pour éviter les altérations qui seraient la conséquence de toute négligence notable.

Afin de prévenir les accidents de ce genre, il convient de faire arriver, aussitôt que possible, le moût de la *première infusion* dans la chaudière à cuire, de faire agir le calorique dès qu'on le peut, et d'introduire en temps utile la proportion de houblon nécessaire. On porte rapidement la liqueur à l'ébullition, en ayant soin d'agiter et de brasser le houblon, soit avec des fourquets, soit à l'aide d'un agitateur mécanique; mais si la *seconde infusion* doit être réunie à la première, on a soin de ne faire bouillir que lorsque cette addition est opérée. Disons tout de suite que nous préférerions voir maintenir pendant un certain temps la température vers $+ 75$ degrés pour compléter la saccharification, et que cette marche aurait au moins pour résultat d'augmenter la richesse alcoolique de la bière, surtout si l'on n'introduisait pas immédiatement le houblon. En moyenne, les *bières blanches* demandent une ébullition rapide, mais peu prolongée; les *bières ambrées* veulent une cuisson plus longue et plus faible; les *bières brunes* doivent bouillir rapidement et longtemps.

Comme le moût ne se concentre pas par l'ébullition en vase clos, ni par une cuisson de peu de durée, on devra avoir donné au moût la densité convenable par une proportion d'eau bien calculée à la saccharification. S'il n'en a pas été ainsi, c'est au moment de la cuisson que l'on introduit dans la liqueur les matières sucrées jugées nécessaires, ou même la dextrine, dans le cas de besoin, et cela dans la proportion de 1ᵏ,400 à 1ᵏ,500 par hectolitre et par degré de Baumé à obtenir. Il convient encore de faire remarquer ici qu'une cuisson peu prolongée conduit à une fermentation rapide et superficielle, tandis que la cuisson prolongée colore davantage les moûts et les dispose à une fermentation plus lente par suite de la diminution plus considérable des principes azotés. Nous avons donné les raisons de ces faits.

Une précaution de pratique consiste à ajouter le houblon à des époques différentes de la cuisson, selon le but qu'on se propose. Si l'on veut des bières fortement alcooliques et peu dextrinées, on n'introduit cette matière que vers le moment de l'ébullition, après avoir cherché à compléter la saccharification par une exposition plus ou moins longue à la température de + 75 degrés ; dans le cas contraire, l'introduction du houblon dès le début arrête la saccharification, le tannin ayant la propriété d'annihiler la réaction diastatique et de précipiter l'empois sous une forme insoluble. Il est clair encore que les bières préparées par décoction, les bières par moût trouble, n'ont pas besoin de cuire aussi longtemps, puisque les moûts ont déjà été soumis à l'ébullition, et qu'ils ont subi, par là même, une cuisson partielle préparatoire.

Bien que l'on puisse ne porter la liqueur au bouillon que lorsque toutes les infusions qui doivent cuire ensemble sont réunies, quoique ce soit même une excellente mesure au point de vue de la saccharification, on a adopté, dans certaines brasseries françaises, une marche fort rationnelle, qui favorise singulièrement la clarification. On a soin de n'introduire dans la chaudière que les quatre cinquièmes environ du moût à cuire ; le reste est ajouté plus tard, quand la *mise* primitive est en pleine ébullition. Il arrive que les matières albuminoïdes coagulables de la portion ainsi ajoutée sont *saisies* par une température assez élevée et que les flocons se forment plus denses et mieux détachés, en sorte qu'ils déterminent une précipitation plus complète des substances coagulées suspendues dans la liqueur.

C'est pendant la cuisson que l'on ajoute les matières géla-

tineuses regardées comme des agents de clarification. Nous
ne croyons à l'efficacité de ces matières qu'après l'introduction préalable d'une substance astringente ; aussi, renvoyons-
nous le lecteur à ce que nous avons dit sur ce sujet dans un
chapitre précédent (p. 465). Le moût de bière se clarifie
bien à la cuisson, s'il ne provient pas de matières altérées, s'il
n'est pas acide, s'il contient assez d'albumine coagulable par
la chaleur pour entraîner les matières suspendues et en faire
le *collage*, s'il renferme assez de tannin pour rendre insolubles une portion suffisante des matières azotées non coagulables. Le problème est là tout entier et l'on ne saurait trop
s'appesantir sur ce point.

C'est encore à ce moment du travail que l'on colore la liqueur, lorsqu'elle n'est pas assez colorée par le fait de sa composition : cette coloration est obtenue par une prolongation
suffisante de la cuisson, ou par l'addition d'une proportion
convenable d'un extrait colorant. Nous avons dit pourquoi
nous repoussons l'emploi de la chaux et des alcalis, dont
l'usage est, selon nous, une véritable falsification.

Dans tous les cas, lorsque la cuisson de la première portion du moût est faite, on le soutire pour lui faire subir la
filtration... Les autres infusions obtenues dans le travail de la
cuve-matière, et que l'on a eu soin de maintenir, pendant ce
temps, à une température de +35 à +60 degrés, sont soumises
à leur tour à l'ébullition sur le résidu de houblon resté dans la
chaudière, auquel on ajoute une petite quantité de houblon
neuf. Il vaut mieux, cependant, avoir une seconde chaudière
pour cette cuisson des moûts de petites bières ; on la commence alors avec un peu de houblon aussitôt que les moûts
sont prêts et, plus tard, lorsque le moût des premières infusions est soutiré, on ajoute le houblon à demi épuisé qui en
provient avec le moût des infusions plus faibles.

Après avoir exposé les principales règles de pratique relatives à la cuisson des moûts de bière, il nous paraît nécessaire d'étudier rapidement les appareils destinés à accomplir
cette opération : après cette étude sommaire, nous terminerons ce paragraphe par l'examen des moyens mécaniques de
filtration et de clarification les plus employés et nous pourrons alors nous occuper du refroidissement qui doit précéder
la fermentation.

On fait la cuisson des moûts dans des chaudières ouvertes
ou closes, chauffées à feu nu ou à la vapeur... Nous avons à
peine besoin de dire que les chaudières closes, chauffées par
la vapeur, doivent être préférées par tous ceux qui recherchent et comprennent le progrès industriel ; ce que nous
avons exposé sur les principes de la brasserie nous permet
de considérer cette proposition comme entièrement démontrée.

La *chaudière à cuire ordinaire*, dont la figure 64 donne une
coupe, est montée sur un foyer ordinaire à feu nu. Elle est

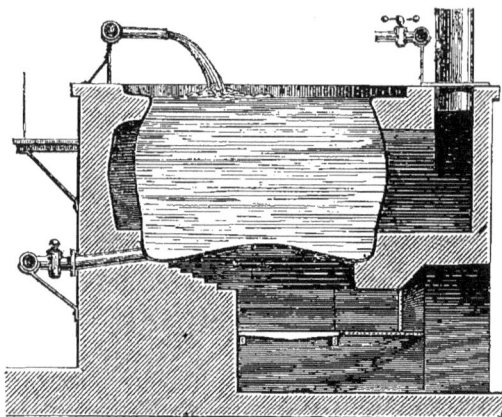

(Fig. 64.)

munie, vers le fond, d'un robinet pour l'écoulement du liquide ; deux autres robinets y apportent, l'un, le moût, l'autre
de l'eau ; les carneaux du foyer entourent la chaudière, de
manière à la faire lécher circulairement par les produits de la
combustion et déterminer un chauffage rapide. Le fond du
vase, très-solide, est bombé en dedans et la partie supérieure
est rétrécie, pour forcer jusqu'à un certain point le houblon
à rester submergé : une sorte de hausse, très-évasée, forme la
partie supérieure dans laquelle les écumes et le bouillon viennent se développer et dont la disposition facilite la manœuvre.
Cette chaudière, très-simple, est usitée dans le plus grand
nombre des brasseries, et elle sert à peu près à tous les

besoins. On y fait chauffer l'eau de la saccharification ; on y
soumet les trempes à l'ébullition dans le cas des bières à
moût trouble ou par décoction ; on y opère la cuisson et le
houblonnage du moût. On en établit une ou plusieurs selon
les besoins.

Les inconvénients de cette machine sont palpables ; la
perte des principes volatils du houblon, l'action pernicieuse
de la *buée* et des vapeurs qui se répandent dans les ateliers,
le danger de caramélisation et la difficulté de maîtriser le

(Fig. 65.)

chauffage à feu nu devraient la faire proscrire d'une manière
radicale.

La figure 65 donne une idée très-suffisante de la chaudière
à houblon employée communément en Angleterre. C'est
encore une chaudière chauffée à feu nu, il est vrai ; mais elle

est close, munie d'un agitateur mécanique que l'on fait mouvoir par une poulie ou une manivelle. Cet agitateur porte à son extrémité inférieure des bras en fer, auxquels sont adoptées des chaînes, dont la fonction est de racler le fond de la chaudière et d'empêcher les matières de dépôt et le houblon de s'y attacher et de brûler : on peut, d'ailleurs, le relever par le moyen d'un petit treuil et le faire fonctionner à différentes hauteurs. Cette chaudière est facile à saisir et la construction en est très-compréhensible ; mais elle offre une particularité intéressante sur laquelle il est utile d'insister ; la partie supérieure de l'appareil sert de fond à une bassine ouverte destinée à faire l'effet d'une espèce de *chauffe-moût* : cette bassine étant remplie de liquide, la chaleur de celui qui est en ébullition dans la chaudière se communique à la masse à travers les parois, en sorte qu'il résulte de ce fait deux avantages marqués, dont l'importance est considérable. En outre de l'économie qui ressort de cet échauffement pour la calorification du moût, la liqueur se trouve portée à un degré de température tel, qu'elle échappe plus aisément aux causes d'altération, qui sont d'autant plus actives que la température des liqueurs s'abaisse au-dessous de $+50$ degrés ; d'autre part, des tubes obliques, partant du sommet de la chaudière et formant la seule issue possible aux vapeurs, se dirigent vers le fond de cette bassine et y portent la vapeur du moût en ébullition ainsi que les portions de l'huile essentielle du houblon qui s'y trouvent ainsi retenues.

La chaudière de MM. Pontifex est représentée par la figure 66.

Cette chaudière est un perfectionnement de la précédente ou, plutôt, elle en est une simplification. La seule observation grave que l'on puisse faire contre ces deux chaudières repose sur leur mode de chauffage, lequel a lieu par l'action directe du feu nu. Personne ne conteste aujourd'hui les inconvénients de l'application immédiate du calorique, surtout lorsqu'il s'agit de matières altérables par cet agent. Que l'ébullition soit utile et même nécessaire aux moûts de bière, la chose n'est pas douteuse ; mais, que l'on s'expose à *brûler* les matières qui se déposent sur le fond et les parois des chaudières, que l'on *caramélise* une partie du glucose de ces moûts, c'est une faute, et une faute d'autant plus inexcusable que les

moyens de mieux faire sont à la portée de tout le monde.
C'est au chauffage à la vapeur qu'il convient d'avoir recours,

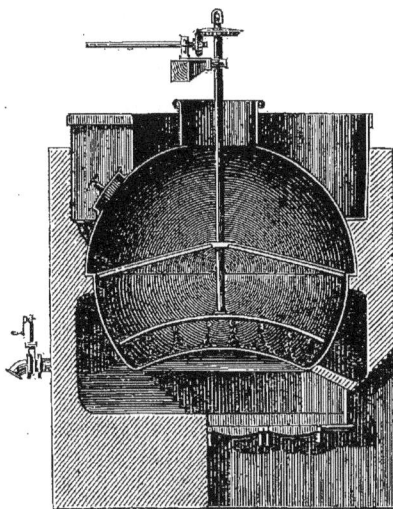

(Fig. 66.)

lorsque des difficultés insurmontables ou des circonstances
particulières ne viennent pas en interdire l'emploi.

M. Lacambre a fait établir dans une grande brasserie de
Louvain une chaudière close, chauffée à la vapeur, que nous

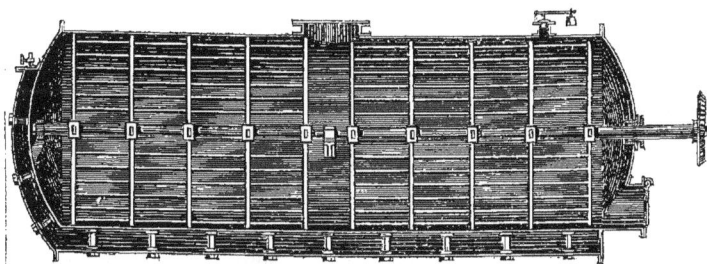

(Fig. 67.)

représentons en coupe longitudinale dans la figure 67. La
figure 67 *bis* en donne la coupe diamétrale par le plan vertical
médian. Cette chaudière se charge et se nettoie par un trou
d'homme ; elle porte une soupape de vidange et une soupape

de sûreté pour la sortie de la vapeur, dans le cas où il y aurait trop de pression intérieure.

Un double fond solide et maintenu par des supports boulonnés sert à l'introduction de la vapeur de chauffage. A l'intérieur, un arbre longitudinal porte des bras reliés par de nombreuses traverses ; il est supporté par des coussinets, et une boîte à étoupes sert à rendre l'occlusion hermétique au point d'introduction de l'arbre qui reçoit le mouvement convenable par l'intermédiaire d'une roue d'engrenage.

Cet appareil, parfaitement établi et bien compris dans tous ses détails, produit un excellent service et opère la cuisson du moût et son houblonnage dans les meilleures conditions pratiques, les plus rapprochées de ce qu'exige la saine théorie.

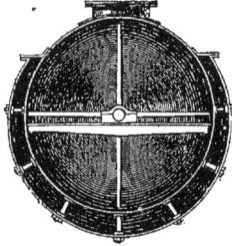

(Fig. 67 *bis*.)

Nous pourrions sans doute nous étendre davantage sur la question des appareils de cuisson et en décrire encore plusieurs autres, qui sont plus ou moins usités et que l'on a proposés à la brasserie ; mais comme les types dont nous venons de parler comprennent les idées les plus nettes de la pratique, nous nous bornerons à ce qui précède, et nous nous contenterons d'ajouter seulement quelques explications sur les modes de filtration les plus utiles et les mieux appropriés à la clarification des moûts après la cuisson.

Nous avons vu, dans un paragraphe précédent, que l'on fait filtrer les moûts sur la drèche épuisée dans la fabrication des bières à moût trouble. Cette pratique nous paraît irrationnelle sous tous les rapports, quels que soient les raisons et les prétextes allégués par ceux qui en sont les partisans. Sans parler de l'inconvénient qui découle de l'opération mécanique elle-même, et qui consiste à diminuer la richesse du moût par son passage sur de la matière épuisée, nous croyons que cette manœuvre est une cause forcée d'altérations graves. En effet, la drèche épuisée est éminemment altérable, par le fait même de sa composition et de sa teneur en gluten. Une exposition à l'air, même de très-courte durée, suffit pour lui faire éprouver un commencement de décomposition, et il est hors de doute que cette matière altérée ne peut que favori-

ser la dégénérescence lactique du moût. La haute températuture du liquide détermine en outre la dissolution des matières
âcres de la drèche et celle d'une partie des substances albumineuses, que le houblonnage et la cuisson avaient eu pour
but d'éliminer, au moins en partie. Que l'on soumette de la
drèche à l'action d'un liquide presque bouillant, de l'eau si
l'on veut, et l'on pourra facilement se convaincre, après filtration, que les dissolutions astringentes y produisent un précipité abondant de tannate albumineux. Il y a donc là une
mauvaise mesure, et il convient d'y substituer la filtration
proprement dite, la décantation, ou tout autre mode de séparation possible, choisi parmi ceux qui sont reconnus comme les
plus avantageux.

La règle pratique d'une bonne filtration repose sur quelques
faits bien définis. Dans tout liquide trouble, les matières suspendues ont plus ou moins de tendance à se déposer sur le
fond du vase, dans l'ordre de leurs densités décroissantes. Il en
résulte que la *filtration* de *haut en bas,* quoique généralement
pratiquée, est une opération peu industrielle, puisque la matière filtrante doit se salir promptement par les dépôts qui s'y
amoncellent en couche compacte, laquelle devient bientôt infranchissable. La *filtration* de *bas en haut* est exempte de cet
inconvénient, ainsi que la *filtration latérale* agissant par des
côtés verticaux. C'est à ce dernier mode que nous donnons
toute préférence en pratique, parce qu'il permet d'épuiser la
totalité des matières tout en procurant une grande rapidité
de travail. Les filtres-presses actuels ne sont que des filtres
latéraux agissant sous pression.

Nous avons établi, pour toutes les matières d'une filtration
difficile, des bacs dans lesquels se trouve disposée une série
de cadres mobiles, reliés entre eux par un tube commun qui
occupe le fond ou le dessous du bac. Chacun des cadres est
double de parois, revêtu de toile des deux côtés, et il existe
entre les deux parois un espace, ménagé par des traverses,
pour le passage des liqueurs vers la portion inférieure, où
elles se réunissent dans le tube collecteur commun. Ces cadres
sont disposés verticalement et dans le sens perpendiculaire à
la coupe longitudinale du bac, et ils sont montés à frottement
dans les douilles ajustées au tube collecteur. En calculant sur
des dimensions moyennes de 2 mètres de longueur et 1^m,50

de largeur sur 1ᵐ,10 de hauteur pour le bac, si l'on place les
cadres à 20 centimètres de distance les uns des autres, on a
dans un seul appareil une surface verticale filtrante de près
de 30 mètres, très-suffisante pour la plupart des cas[1]. Il va de
soi que les dimensions doivent être proportionnées à la quantité de liquide à traiter, et que les mesures indiquées ci-dessus sont absolument arbitraires. Ces filtres fonctionnent d'ailleurs d'une manière continue, et ne demandent qu'un temps
insignifiant pour le montage.

En général, on pratique la *décantation* ou la *filtration* des
moûts que l'on a soumis à la cuisson avec le houblon pour
en opérer la clarification, et les séparer surtout des matières
albuminoïdes coagulées par la chaleur. Dans les deux cas, on
fait passer le liquide de la chaudière à cuire dans un bac,
nommé assez improprement *bac à houblon* et dont le faux fond
est percé de trous. Il est évident que, par un repos suffisamment prolongé (une heure à deux heures), le houblon et les
dépôts se seront arrêtés sur le faux fond et pourront servir
de matière filtrante pour le liquide, et qu'il suffira de le soutirer avec précaution par un robinet convenable pour l'obtenir limpide. On pourrait cependant supprimer ce bac à houblon, car bien des brasseurs qui font refroidir sur bacs se
servent de leurs bacs à refroidir comme d'appareils à filtration. D'autres se contentent de séparer le houblon, en l'empêchant de sortir de la chaudière à cuire par l'interposition
d'une pomme d'arrosoir ou d'une toile métallique devant l'o-
rifice de sortie, et ils envoient le liquide à la réfrigération.

Les brasseurs craignent souvent de mêler les dépôts ténus
avec le liquide, lorsqu'ils le soutirent à travers le houblon.
Plusieurs préfèrent opérer la séparation de la liqueur par décantation. Dans ce cas, ils agissent de différentes manières
qui les conduisent à peu près au même but. Les uns font établir dans les bacs des robinets de vidange semblables à ceux
dont on se sert pour la défécation en sucrerie et qui présentent
plusieurs ouvertures à des hauteurs différentes. Les autres se

[1] Ces filtres, qui sont établis sur le même principe que notre *filtre latéral*
pour sucrerie, sont du meilleur usage pour tous les liquides troubles que l'on
veut clarifier rapidement et à l'abri du contact de l'air. On peut en vérifier les
applications, soit en s'adressant à nous (60, rue des Dames, Paris), soit chez
M. E. Dériveau, 12, rue Popincourt.

servent d'un flotteur, ordinairement en métal et qui communique à un robinet d'écoulement par un tuyau en caoutchouc, ou un tube articulé à genouillères. Le liquide superficiel le plus clair pénètre dans le flotteur et s'écoule par le tube, aussitôt que le robinet d'écoulement est ouvert et, comme le flotteur s'abaisse avec le niveau de la liqueur, la séparation s'opère ainsi très-commodément. Disons pourtant que, vers la fin de l'opération, il se produit souvent du trouble, lorsque le flotteur vient à toucher les dépôts.

En somme, nous ferions la séparation du houblon par un robinet à vanne, garni de toile métallique et adapté à la chaudière à cuire. La liqueur se séparerait des matières légères suspendues en traversant un petit filtre vertical à effet latéral, et elle se dirigerait d'une manière continue dans les appareils de refroidissement. Nous croyons que cette marche serait à la fois plus logique, plus facile et plus expéditive.

Observation sur l'emploi du houblon.— Des expériences nombreuses auxquelles nous nous sommes livré pour rechercher l'action réelle du houblon, il résulte que cette matière ne laisse pas de tannin dans le moût, puisque ce principe est entraîné par la combinaison qu'il forme avec la matière albuminoïde. Sous ce rapport, pour arriver à une purification complète du moût, il faudrait employer une quantité très-considérable de houblon, qui rendrait la bière trop amère et y introduirait un excès d'huile volatile. La pratique se borne donc à un emploi du houblon tel que la matière amère et le principe odorant se trouvent dans la liqueur en proportion convenable, puisqu'il serait à peu près impossible de se baser sur l'action du tannin pour établir un dosage utile de cette substance. C'est pour cela que nous conseillons l'emploi du cachou comme astringent, afin de pouvoir limiter l'addition du houblon dans des conditions réellement profitables, sans nuire toutefois à la purification des moûts.

Dans les conditions suivies par la plupart des brasseurs, on houblonne davantage les bières fortes, les bières brunes, destinées à être conservées plus longtemps, et l'on ajoute beaucoup moins de houblon pour les bières douces et légères, pour les bières blanches et celles qui doivent être consommées jeunes. Dans le premier cas, le dosage varie de 1 kilogramme et demi à 2 kilogrammes de houblon pour 100 kilogrammes

de malt, et dans le second, de 500 grammes à 1 kilogramme
et demi, selon le goût des consommateurs, le plus ou le moins
d'amertume que l'on veut donner au produit, et encore selon
la saison où l'on opère. Nous verrons d'ailleurs les chiffres
suivis à cet égard dans le dosage des différentes bières dont
nous aurons bientôt à nous occuper.

Depuis quelque temps on a cherché à introduire dans la pratique l'emploi de l'extrait de houblon, dont la valeur serait,
dit-on, six fois celle d'un même poids de bon houblon. Nous
sommes loin de vouloir soulever des objections contre l'usage
de cette préparation, mais nous devons faire quelques observations à ce sujet. Tout en admettant que les fabricants d'extrait de houblon le préparent aujourd'hui selon toutes les
règles et dans les meilleures conditions, nous pensons que
l'adoption de leur produit ne peut que rendre plus difficile,
sinon impossible, le contrôle et la vérification de la substance
active du houblon. Il sera toujours plus facile de falsifier cet
extrait que le houblon lui-même. D'un autre côté, il nous
semble qu'il est bien difficile de conserver à l'extrait toute
l'huile essentielle de la plante, et, pour ceux qui voient dans
cette huile tout le principe actif du houblon, il est impossible
de substituer l'extrait aux cônes de bonne qualité. Dans notre
opinion personnelle, nous ne demanderions à cet extrait
qu'une dose convenable de tannin, d'une matière amère franche, de la résine et de l'essence du houblon ; mais d'autres
peuvent se montrer plus sévères sans dépasser les bornes
d'une juste exigence.

§ V. — REFROIDISSEMENT DES MOUTS.

Tout le monde admet la nécessité indispensable de refroidir
le plus vite possible le moût préparé, cuit, houblonné, filtré,
pour l'amener au degré de température utile à la fermentation
qu'il doit éprouver. On reconnaît unanimement que l'action de
l'air sur ce moût est désastreuse, surtout lorsqu'il est arrivé
à la température moyenne de $+30$ à $+35$ degrés, et cependant la plupart des praticiens opèrent encore le refroidissement de leurs moûts dans des conditions telles qu'ils ne peuvent rester sains et inaltérés.

Bacs refroidissoirs à air libre. — On fait communément le *refroidissement du moût à l'air libre* sur des bacs d'une superficie considérable, que l'on dispose le plus souvent à une hauteur très-élevée, au sommet des bâtiments de la brasserie, ou même dans un bâtiment spécialement affecté à cet usage. On considère comme une bonne disposition que les bacs soient établis de façon à se commander, c'est-à-dire de manière que le moût puisse se déverser d'nn bac sur le suivant placé au-dessous.

On donne à la liqueur une épaisseur de 4 à 5 centimètres, et le refroidissement s'opère en huit ou dix heures en hiver, et en douze à quinze heures par les temps les plus chauds.

Les bacs refroidissoirs se construisent en *bois*, en *cuivre*, en *tôle de fer* ou en *zinc*. On en a même établi en *fonte*.

Les meilleurs bacs en bois sont ceux qui sont construits en *chêne*, mais communément on les fait en *sapin* et on les établit avec le plus grand soin. En dehors des inconvénients inhérents au refroidissement à l'air libre, les bacs en bois offrent d'autres désavantages. Ils retardent le refroidissement par la propriété qu'ils possèdent d'être mauvais conducteurs du calorique; ils s'imprègnent des liquides qui y sont déposés, en sorte que, si ces liquides sont altérés, les bacs deviennent de véritables foyers d'altération. Cette dernière considération devrait suffire pour en faire rejeter l'emploi.

Les bacs en *cuivre* seraient les meilleurs de tous, s'ils étaient bien étamés, et la seule objection qu'ils soulèvent repose sur l'élévation de leur prix. Nous ne pensons pas que cette raison soit bien concluante cependant, parce que le vieux cuivre conserve une valeur intrinsèque qui équilibre la différence et que, d'ailleurs, les ustensiles de cuivre sont d'une plus longue durée et d'un meilleur usage.

La *tôle de fer* convient peu pour les bacs refroidissoirs. A moins d'un étamage très-épais et bien fait, fort coûteux par cela même, les bacs en fer se rouillent très-vite en présence des moûts houblonnés plus ou moins chauds, et ils ne sont pas d'une résistance suffisante. On peut ajouter à cela que le fer est très-attaquable par le tannin, l'acide lactique, l'acide acétique, etc., et qu'il résulte parfois de graves inconvénients de son emploi.

Nous ne devrions pas parler des bacs en *zinc* ou en *fer gal-*

vanisé. En nous reportant à ce qui a été dit sur l'action dissolvante des liqueurs fermentées sur les vases en zinc, et sachant, d'autre part, que les moûts, en arrivant à cette phase du travail qui exige le refroidissement, renferment déjà des produits lactiques ou autres, il n'est pas possible d'admettre que l'on puisse autoriser l'emploi du zinc dans les travaux de la brasserie. Des auteurs complaisants ont consenti à vanter les vases galvanisés; nous n'y pouvons rien, sinon déclarer formellement que tout emploi du zinc en brasserie équivaut à une tentative d'empoisonnement. Nous n'hésiterions pas un instant à reconnaître la culpabilité d'un brasseur dans les produits duquel on pourrait rencontrer des traces de zinc, et les panégyristes de la galvanisation, qui la trouvent excellente pour la fabrication de la bière, seraient les premiers à condamner l'emploi du zinc dans la préparation du vin ou du cidre.

Les bacs en *fonte* sont cassants, et ils présentent les mêmes désavantages que les bacs en tôle.

De ce que nous venons de dire, il résulte que, pour l'établissement des refroidissoirs à l'air libre, on est obligé de les faire construire en cuivre étamé ou en bois. Mais encore, il conviendra toujours d'admettre que ce mode de refroidissement est *une* des causes principales auxquelles on doit la mauvaise qualité de la bière et la rapidité des altérations qu'elle subit si souvent.

Réfrigérants à eau. — Nous ne regardons comme des appareils convenables de refroidissement que les *réfrigérants* proprement dits, dans lesquels une couche ou une colonne de moût renfermée entre des parois métalliques va à la rencontre d'un liquide froid, avec lequel elle doit se mettre en équilibre de température, avant de quitter le vase où s'opère le refroidissement. Ces appareils, quand ils sont bien construits, fonctionnent avec toute la rapidité désirable, permettent un nettoyage facile, et ils procurent une grande économie de combustible, en ce sens que l'eau utilisée à la réfrigération s'élève à la température du moût, et peut servir aux divers usages de la brasserie qui requièrent une certaine élévation de température.

Le nombre des réfrigérants est très-considérable. Nous nous bornerons à en décrire deux, et nous ajouterons quelques mots sur un réfrigérant très-puissant que nous avons fait construire, et dont la description se trouve renvoyée à l'étude des appareils distillatoires.

M. Payen a donné la description suivante du réfrigérant de M. Tamisier, représenté par la figure 68.

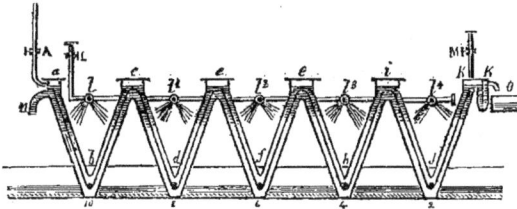

(Fig. 68.)

« Le réfrigérant, dont la longueur totale est de 12 mètres, présente 56 mètres de surface développée ; il peut, en une heure, abaisser la température de 52 hectolitres de moût de 80 à 25 degrés, en employant, par hectolitre de moût à refroidir, 110 litres d'eau à 12 degrés. Cette eau, en s'emparant d'une partie de la chaleur du moût, acquiert, en moyenne, une température de 40 degrés ; elle peut être remontée dans une chaudière pour la trempe suivante.

« Le réfrigérant est composé de plaques en cuivre étamé, rapprochées à 3 centimètres d'intervalle, formant une sorte de vase plat disposé en zigzags, $a, b, c, d, e, f, g, h, i, j, k$. Chaque point culminant a, c, e, g, i, k, k' est ouvert dans toute sa largeur (ou fermé à volonté par un couvercle). A chaque pli inférieur est adapté un ajutage, que l'on peut ouvrir pour nettoyer cette sorte de serpentin. Un serpentin plat semblable 1, 2, 3, 4, 5, 6, 7, 8, 9, 10, 11, fixé sous le premier, en suit toutes les sinuosités. Le serpentin supérieur reçoit le moût à refroidir par le tube à robinet A. Ce liquide, suivant toutes les directions du vase, apparaît à toutes les ouvertures culminantes, arrive en k' dans un petit vase, sort par le trop-plein et tombe dans la gouttière o, qui le conduit à la cuve de fermentation. Le moût, durant tout son trajet, est refroidi : 1° par l'eau tirée d'un puits qu'on fait couler en ouvrant le robinet M dans le serpentin inférieur, et qui sort échauffée par le tropplein 11 ; 2° par des injections d'eau froide en pluie fine sortant des petits trous pratiqués le long des tubes l, l', l^k, dès qu'on ouvre le robinet L qui amène cette eau d'un réservoir supérieur. Pendant que le moût s'écoule refroidi, on vérifie sa température et sa densité à l'aide d'un thermomètre et d'un aréomètre plongés dans le vase k'. »

, Le réfrigérant de M. Tamisier justifie parfaitement les conditions d'un bon appareil, et le seul reproche qu'on puisse lui adresser est de tenir beaucoup trop de place.

La figure 69 donne une idée nette du réfrigérant de M. Morton, dont nous aurons occasion de donner plus tard une description complète.

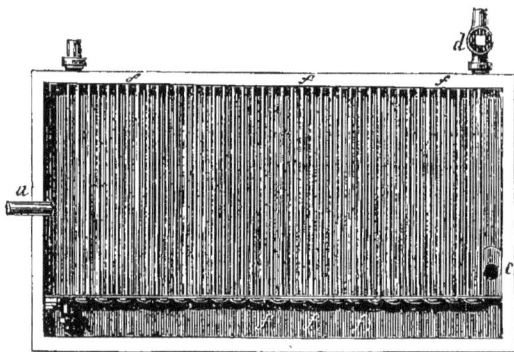

(Fig. 69.)

Le réfrigérant que nous employons pour la condensation des vapeurs alcooliques et que nous décrivons avec notre appareil distillatoire [1] présente un mérite assez bien défini pour que nous puissions en parler ici. La plupart des réfrigérants employés actuellement ont le grave défaut de tenir trop de place, ou de ne pas refroidir convenablement, en ce sens qu'ils n'utilisent pas toute l'action réfrigérante de l'eau, ce qui conduit à la nécessité des appareils à grande dimension, et à l'emploi d'une quantité considérable d'eau réfrigérante. Dans le plus grand nombre le nettoyage est difficile; or, ce point est à considérer dans la fabrication de la bière, puisque chacune des opérations détermine le dépôt ou l'élimination de matières altérables, qu'il convient de rejeter avec soin, et dont le séjour dans les appareils devient une cause de décomposition

[1] Voir troisième partie, liv. I, ch. IV.

pour les liquides qui devront y être traités ultérieurement.

Il faut donc qu'un réfrigérant satisfasse à des conditions précises pour qu'il puisse rendre des services réels à la brasserie. Il doit occuper un minimum d'emplacement déterminé relativement au travail à accomplir ; il doit utiliser toute la valeur de l'eau employée, en sorte que, d'une part, le moût doit se refroidir à la température de cette eau, tandis que l'eau doit s'échauffer à la température du moût chaud, sans qu'on soit obligé cependant d'employer un volume d'eau supérieur à celui du moût à refroidir. Enfin, l'appareil doit être d'un nettoyage facile et commode, au moins dans toutes les parties où pénètre le moût de bière. Notre réfrigérant a été construit en vue de toutes ces conditions, et il les accomplit rigoureusement, et nous croyons qu'il peut être fort utile dans les applications à la brasserie comme dans l'alcoolisation des grains, dont les moûts doivent être promptement refroidis à une température déterminée.

En résumé, par l'emploi d'un bon réfrigérant à eau, on peut refroidir les moûts au degré convenable douze à quinze fois plus promptement que par l'action de l'air ; on peut éviter tout contact de la liqueur avec le fluide atmosphérique, et porter une quantité d'eau égale à celle du moût à la température même accusée par ce moût, lorsqu'il pénètre dans l'appareil.

Ceci mérite quelques explications. Il est clair que, dans le contact d'un liquide chaud et d'un liquide froid à travers des parois métalliques, si les volumes des liquides sont égaux, il se fera forcément une équilibration de température. Il arrivera très-promptement un instant où, suivant l'expression vulgaire, l'un aura *pris de la chaleur*, et l'autre en *aura perdu*, au point qu'ils présenteront exactement le même degré de température, et que ce degré sera la moyenne entre les deux températures initiales. C'est exactement le même ordre de phénomènes que ceux de la macération. Ainsi, 100 litres de moût à +100 degrés, mis en contact avec 100 litres d'eau à +10 degrés, tomberont à la température moyenne de +55 degrés. De même, si nous supposons que ces 100 litres à +55 degrés sont mis en contact dans une autre vase avec 100 litres d'eau à +10 degrés, la température déterminée par cette seconde opération sera de $\dfrac{55° + 10°}{2} = 32°,5$, en sorte qu'une troisième opération nous conduirait à 21°,25, et la température du moût serait mise en équilibre avec celle de l'eau par la dixième opération (+ 10°,082). Si nous supposons maintenant que les deux liquides procèdent en sens inverse à la rencontre l'un de l'autre, il sera tout aussi compréhensible que si, d'un côté, il vient un moment où le liquide froid s'est équilibré de température avec le liquide chaud, de même il arrive un instant où le liquide chaud s'est abaissé au niveau de celui du liquide froid, et il s'est fait une sorte d'échange de l'état physique, l'un étant *monté* de +10 à +100 degrés, et l'autre ayant *descendu* de +100 à +10 degrés. Dans tous les cas, la somme thermométrique n'a pas varié, et elle reste égale à +110 degrés, sans qu'il puisse y avoir perte de ce côté, sinon par l'effet de causes toutes différentes.

On comprend que l'échange des températures sera d'autant plus complet que le contact aura lieu sur un plus long trajet, qu'il sera d'autant plus rapide que les couches seront plus minces et plus étendues en surface. Si, d'ailleurs, on emploie une quantité d'eau réfrigérante plus considérable que le volume du liquide à refroidir, cette eau n'atteindra jamais la température de ce liquide ; mais, en retour, quelle que soit la proportion de l'eau de réfrigération, le moût à refroidir ne pourra jamais descendre au-dessous de la température initiale de cette eau, sans l'intervention d'autres causes de réfrigération.

Dans le refroidissement des moûts de bière, il se présente quelques particularités dignes de l'attention des praticiens. Nous savons déjà qu'il se forme des dépôts de matières insolubles, et nous avons vu que ces matières sont un mélange de *tannate d'albumine* et de *tannate d'empois*. Ces deux expressions indiquent avec justesse l'idée que l'on doit se faire de ces dépôts. Ils se forment moins abondamment dans les moûts peu travaillés, dans les liqueurs fabriquées avec des grains crus, peu houblonnées, par la raison que le tannin a fait défaut dans ces préparations. Il est bon de se rappeler que ce genre de dépôt, floconneux et d'une certaine consistance, utile à la clarification, par conséquent, se redissout avec une extrême facilité dans les liqueurs lactiques ; il en résulte une conséquence fort sérieuse, à laquelle les brasseurs n'accordent pas assez d'importance. Comme la production de l'acide lactique est sous la dépendance de l'accès de l'air, en présence des matières albumineuses solubles non coagulables, de la dextrine, de l'empois, qu'elle est favorisée par une température moyenne de + 30 à + 35 degrés, il devient indispensable de refroidir les moûts sans le contact de l'air, de les refroidir promptement, et de les débarrasser, en outre, autant que possible, des agents d'altération. C'est assez dire, une fois de plus, que la réfrigération en bacs, à l'air libre, constitue un véritable non-sens, et que les brasseurs intelligents devraient renoncer à ce moyen dangereux.

D'autre part, si les moûts peu houblonnés, les moûts de grains crus et de bières légères, ne présentent pas autant de ce dépôt dont nous venons de parler que les moûts très-houblonnés, faits avec le malt seul, ils se troublent considérablement par le refroidissement rapide, et sont difficiles à clarifier. Nous ne tirerons pas de ce fait la conclusion qu'il faille refroidir ces moûts lentement après les avoir exposés à l'air, mais nous conseillerons de suppléer à l'action du houblon par une addition de cachou suffisante pour opérer la clarification. Cette manipulation ne manque jamais son effet ; mais elle doit être calculée sur un essai préparatoire.

Ajoutons encore que les moûts refroidis dans les bacs sont décantés avec soin pour les séparer des dépôts, mais que, dans tous les cas, nous préférerions opérer une filtration rapide dans un filtre latéral qui serait placé entre les appareils à refroidir et les cuves à fermentation.

§ VI. — FERMENTATION.

Nos lecteurs sont assez familiarisés avec les principes de la fermentation alcoolique pour que nous évitions, à ce sujet, toute répétition inutile. D'ailleurs, nous avons résumé, dans le premier chapitre de ce livre, les conditions de la fermentation qui se rattachent particulièrement à la brasserie, en sorte qu'il nous reste seulement à décrire le travail matériel et pratique relatif à cette importante transformation.

Aussitôt que le moût, cuit, houblonné, clarifié, a subi un refroidissement convenable, qu'il a été débarrassé des matières insolubles suspendues, soit par décantation, soit par filtration, s'il y a lieu, on le dirige dans les cuves de fermentation, que l'on nomme *cuves-guilloires*, en terme de brasserie. Nous ne croyons pas qu'il soit utile de donner de grandes dimensions aux cuves de fermentation, par la raison que, dans de très-grandes cuves, la température tend à s'élever à un degré trop élevé, qui détermine souvent un commencement d'acétification, ou même la dégénérescence lactique. Lorsqu'on traite des moûts aussi altérables que le moût de bière, on ne saurait s'entourer de trop de précautions, et nous estimons que les plus grandes cuves-guilloires ne doivent jamais dépasser 50 à 60 hectolitres de capacité. On peut se borner, dans les brasseries moyennes, à 25 ou 30 hectolitres. Nous avons vu que, dans la pratique de beaucoup de contrées, on se borne à réunir les moûts dans la cuve-guilloire, à y ajouter la levûre, et que, dès la première apparition du mouvement fermentatif, on fait passer la liqueur dans des tonnes, où le travail doit s'accomplir. Dans ce cas, évidemment, la cuve-guilloire n'est plus qu'une sorte de cuve de mélange, de préparation, et l'on conçoit qu'elle exige des dimensions considérables pour recevoir la totalité du moût. Mais lorsque le travail doit s'accomplir, au moins en grande partie, dans cette cuve, ce qui est déjà pratiqué dans un grand nombre d'établissements, il importe de ne pas en exagérer les proportions, et il convient d'en établir un nombre suffisant pour les besoins.

La meilleure matière à employer, dans la construction de ces cuves, est le merrain de chêne. On leur donne, suivant la capacité, une épaisseur de paroi qui varie de 6 à 10 ou même 12 centimètres. Elles doivent être parfaitement lavées avant qu'on en fasse usage, et il convient d'enlever au bois, par l'action prolongée et répétée de l'eau, toutes les matières solubles qu'il peut céder à ce liquide. Il nous semble, d'ailleurs, inutile de répéter que la première règle, la plus importante peut-être, dans la préparation des boissons fermentées, consiste dans une propreté minutieuse. Nous ne ferons à cet égard qu'une seule observation. On emploie la chaux en lait pour nettoyer les cuves, et cette pratique est rationnelle, puisque la chaux détruit la plupart des matières altérées qui ont pu s'attacher aux parois. Il est nécessaire, cependant, de ne pas oublier que cette substance favorise singulièrement la dégénérescence lactique, en sorte que l'on doit apporter le plus grand soin dans les lavages ultérieurs, afin de n'en pas laisser la moindre trace. Nous n'hésiterons pas à conseiller un lavage avec l'acide sulfurique très-affaibli (eau, 98; acide, 2), que l'on ferait suivre de plusieurs lavages à l'eau chaude et à l'eau froide, pour avoir la certitude de ne pas laisser de chaux dans les fissures des parois.

En somme, le bois est préférable à toute autre matière pour les cuves à fermentation, parce qu'il est mauvais conducteur du calorique, et que la chaleur nécessaire au travail s'y conserve mieux que dans les vases métalliques.

Les cuves-guilloires doivent être munies d'un robinet de vidange pour le soutirage des liquides. Il convient, en outre, d'y adapter un couvercle, à l'aide duquel on fait obstacle au libre accès de l'air, en sorte que l'acide carbonique produit forme une couche préservatrice à la surface de la liqueur. Ce serait encore une mesure excellente à adopter que l'établissement, dans ces cuves, d'un tube plongeur à circulation d'eau, dans lequel on pourrait faire passer à volonté de l'eau chaude ou de l'eau froide, pour réchauffer ou refroidir la liqueur selon le besoin.

Au fond, les cuves de fermentation sont les mêmes pour la brasserie et l'alcoolisation proprement dite, et les différences que l'on pourrait signaler à ce sujet n'offrent absolument rien que des dispositions arbitraires et insignifiantes.

Nous avons la certitude que toutes les variétés de bières peuvent se préparer par une température moyenne de +18 degrés à +25 degrés, lorsque les moûts ont été faits avec soin, que la matière astringente n'y fait pas défaut et que l'ébullition a été proportionnée au but à atteindre. Nous ne croyons donc pas à la nécessité absolue des *fermentations basses*, même pour la fabrication des bières de garde, façon dite *de Bavière*. Nous savons que cette opinion sera considérée comme une hérésie, et qu'elle est diamétralement opposée à la manière de voir habituelle; mais si l'on veut prêter attention aux raisons que nous exposerons tout à l'heure, on verra que nous avons des motifs très-graves pour nous croire dans le vrai.

M. Lacambre a groupé, dans un tableau fort bien compris, les indications de la température moyenne qu'on doit donner aux moûts pour obtenir les différentes sortes de bières par la

DE LA BIÈRE.

fermentation. Nous en reproduisons les chiffres, afin de pouvoir ensuite expliquer toute notre pensée à ce sujet, comme aussi, afin qu'on·ne songe pas à nous accuser de parti pris. Nous avons étudié, et nous étudions encore les phénomènes de la fermentation, avec assez de soin pour que nous n'ayons pas à redouter de nous trouver en désaccord avec les faits. Or, nous admettons que, si l'on traite des moûts préparés par les méthodes usuelles, on ne peut pas se conduire dans la fermentation, comme on le ferait à la suite d'une préparation différente; cela est fort plausible, mais encore une fois, nous ne croyons pas que la fermentation doive s'accomplir rigoureusement selon les indications de la méthode à basse température.

TABLEAU INDICATEUR

de la température moyenne à donner aux moûts pour la fabrication des principales bières.

		SAISONS. TEMPÉRATURE ATMOSPHÉRIQUE.			
ESPÈCES DE BIÈRES.		Hiver.		Printemps et automne.	
		— 10°	0°	+5° à +10°	+8° à +16°
Brasserie anglaise.	Ale..................	18°	16°	15°	14°
	Porter................	21	18	17	16
	Amber-beer...........	22	20	18	17
	Table-beer...........	23	21	19	17
Brasserie allemande.	Bock................	16	14	12	10
	Salvator.............	16	14	12	10
	Bière brune ordinaire...	26	24	22	20
	Bière blanche de Berlin..	28	25	24	22
Brasserie belge.	Lambick et faro........	15	14	12	10
	Uytzet...............	28	25	22	20
	Louvain et peeterman...	28	26	24	22
	Bières brunes ordinaires.	26	24	22	21
Brasserie française.	Bière forte de Strasbourg.	25	24	22	20
	Bière forte de Lille.....	26	25	24	22
	Bière blanche de Paris..	25	24	22	20
	Bière de Lyon.........	26	25	24	22

Voilà des données fort claires assurément, et nous comprenons parfaitement que la température du moût doit être plus élevée en hiver que dans une saison moins froide, puisque la cause principale du refroidissement de la masse, la température ambiante, agit plus énergiquement. Nous comprenons même que, pendant l'été, on ne brasse que fort peu, dans la crainte des altérations résultant d'une température extérieure trop exaltée, dont l'influence se communique si facilement aux moûts. Mais voici quelques questions dont la réponse ne nous apparaît pas aussi nette, et nous pensons que les brasseurs seront de notre avis, après réflexion.

1° Comment se fait-il que, à la température atmosphérique de — 10 degrés, lorsqu'on fait fermenter l'*ale* à + 18 degrés, la *bière blanche de Berlin*, l'*uytzet*, la *peeterman* et la *bière de Louvain* (Belgique) exigent + 28 degrés de température?

2° Comment se fait-il que le *porter*, une bière brune et forte par excellence, peut se faire par +21 degrés, lorsque la *bière brune allemande* demande +26 degrés, comme la *bière brune de Belgique*, la *bière forte de Lille* et la *bière de Lyon*?

3° Que le *bock de Bavière*, le *salvator*, le *lambick* et le *faro* soient soumis à la fermentation, par une basse température de +16° à +10°, soit +15° ou +16°, +14°, +12°, +10°, selon la chaleur de la saison, nous l'admettons volontiers, puisqu'il semble que la production de l'acide lactique soit le but capital de leur préparation ; mais quel est le motif pour lequel les bières proprement dites, les vins d'orge, alcooliques, conservables, ne rentreraient pas dans la règle générale, et ne feraient pas bien leur fermentation entre +18 degrés et +25 degrés?

Nous saisissons d'autant moins la cause de cette différence empirique que, mise de côté toute exagération de clocher et de nationalité, on fait aujourd'hui, en France, des bières de très-bonne qualité, et que la température de la fermentation se trouve limitée chez nous entre + 20 et +25 degrés. Cela veut-il dire que nous faisons mal la bière, ou que les autres peuples la font mieux ? Nous ne le pensons pas. Nous reconnaissons volontiers que, pour les bières anglaises, le choix des matières premières et leur qualité, comme leur proportion, contribuent énormément à la valeur des produits de la Grande-Bretagne. Nous reconnaissons que ces produits sont bons, en tant qu'ils représentent une espèce particulière ; mais, comment se fait-il que les Anglais, si pratiques dans les choses de la vie, se contentent d'un abaissement modéré de température, de +18 à +14 degrés, lorsque les Allemands et les Belges descendent de + 16 à +10 degrés ? La fermentation a lieu, il est vrai, dans ces conditions, quoique fort lentement ; mais elle ne se fait pas entièrement dans le sens alcoolique ; il y a déviation vers la production lactique, et, malgré toutes les théories du monde, nous ne pouvons louer de telles pratiques, bonnes, tout au plus, dans des cas exceptionnels, pour la satisfaction de certains goûts particuliers [1].

Dans la pratique générale de la brasserie, les fermentations basses et lentes ne nous semblent donc pas mériter les éloges que leur ont prodigués certains spécialistes. Elles sont en dehors de la règle, et les produits qui en résultent sortent des conditions normales de la vinification.

Nous sommes très-loin de proscrire les bières ainsi préparées, puisque tous les goûts sont admissibles ; mais quand il s'agit de méthode, il importe de fixer ses idées, afin de ne pas s'exposer à prendre l'exception pour la règle. C'est ainsi qu'en France, depuis 1867, on ne parle que de *bière de Bavière*. Nous y reviendrons.

Quoi qu'il en soit, le moût étant à la température que l'on a déterminé d'adopter, il s'agit de le mettre en contact avec le ferment. Nous savons quelles sont les qualités d'une bonne levûre, et comment on procède habituellement à la mise en levain. La levûre, délayée avec soin dans du moût, est ajoutée à la masse, on la mélange avec soin *et l'on couvre la cuve*. Il y a des brasseurs qui n'introduisent la levûre que lorsque la cuve-guilloire a reçu tout le moût qu'elle doit contenir. Cette marche expose la liqueur à des altérations sensibles, pour peu que le remplissage demande un certain temps. Il vaut beaucoup mieux faire réagir le ferment le plus promptement que l'on peut sur le moût et, pour cela, mettre dans la cuve la proportion de levûre nécessaire, aussitôt que le vase contient assez de liquide pour qu'on puisse faire un mélange très-fluide et bien homogène.

En ce qui concerne la quantité de levûre à employer, on

[1] Il est évident que les bières produites par fermentation basse, et riches en acide lactique, peuvent être agréables à des palais habitués aux âcres saveurs de certains mets qui renferment cet acide ; mais il nous semble que c'est là un goût spécial à certaines nations, et que nous ne pouvons pas raisonner, en France, exactement comme on le fait en Bavière, en Prusse, en Hollande ou en Belgique. Le *kwas* des Russes, le *koumis* des Tartares, la *chicha* des Mexicains et les bières lactiques ne peuvent être agréables qu'à ceux dont l'habitude a émoussé le goût.

conçoit qu'elle est en rapport avec les diverses conditions de la préparation, et qu'elle varie, en outre, selon la saison du brassage et la nature plus ou moins albuminoïde de la liqueur. Voici quelques indications à ce sujet :

TABLEAU INDICATEUR

de la proportion moyenne de levúre employée en brasserie pour la préparation des diverses bières (0,001 du moût).

ESPÈCES DE BIÈRES.		HIVER.	PRINTEMPS.	ÉTÉ.	AUTOMNE.
Brasserie anglaise.	Ale....................	1,6	1,4	—[1]	1,2
	Porter.................	2,4	1,8	—	1,8
	Amber-beer............	2,6	2,4	—	2,5
	Table-beer............	2,5	2,4	—	2,2
Brasserie allemande.	Bock..................	2,8	2,6	—	—
	Salvator...............	3,0	2,8	—	—
	Bière brune ordinaire...	3,2	3,0	—	3,0
	Bière blanche de Berlin..	3,4	3,2	3,0	3,0
Brasserie belge.	Lambick et faro........	0,0	0,0	—	—
	Uytzet................	3,8	3,6	3,0	3,2
	Louvain...............	3,6	3,2	3,0	3,0
	Peeterman.............	3,8	3,5	—	3,2
Brasserie française.	Bière forte de Strasbourg.	3,2	3,0	—	3,0
	Bière forte de Lille......	3,6	3,4	—	3,4
	Bière blanche de Paris...	3,6	3,2	3,0	3,2
	Bière de Lyon..........	3,4	3,2	—	3,0

[1] Le tiret — signifie que la bière dont il s'agit ne se prépare pas dans la saison indiquée.

Les chiffres de ce tableau sont les mêmes que ceux indiqués par M. Lacambre, et nous n'avons pas cru devoir modifier ces données qui ne présentent, en pratique, aucun inconvénient sérieux. Nous ferons observer, d'ailleurs, que, en laissant de côté les deux bières belges, le lambick et le faro, pour lesquelles on n'emploie pas de levúre, les différences remarquées dans la quantité de la levúre sont énormes. Ainsi, le chiffre le plus faible est celui 1[1],2 de levúre en bouillie épaisse pour 1 000 litres de moût, tandis que la proportion la plus considérable s'élève à 3[1],8. Dans une même saison, en hiver, on emploie, en Angleterre, une quantité de levúre bien moindre qu'ailleurs et, cependant, les bières anglaises sont de bonne qualité et riches en alcool. Nous pensons donc que, si la saison du travail, la nature du malt, plus ou moins touraillé, la durée de la cuisson et la proportion du houblon sont à considérer dans l'emploi de la levûre, il n'en faut pas en exagérer la proportion lorsque le moût contient une quantité suffisante de matières albuminoïdes, nutrimentaires du ferment. Ceci est le cas de toutes les bières blanches ou ambrées, ainsi que des bières brunes qui doivent leur coloration à une matière colorante additionnelle. Les bières préparées avec du malt torréfié (*roasted malt*), les bières fortement houblonnées exigent un peu plus de levûre, en hiver surtout, mais nous ne pensons que, dans aucune circonstance, il convienne de dépasser le chiffre de 3 litres de levûre pour 10 hectolitres de moût.

Nous ajouterons, cependant, que la quantité de levûre doit être proportionnée au but à atteindre. Il faudra en employer d'autant plus que l'on voudra déterminer une réaction plus complète et plus rapide, toutes les autres circonstances restant égales. D'autre part, il paraît démontré que la meilleure levûre pour une bière déterminée doit provenir d'une bière de même variété, et ceci ne nous semble pas devoir soulever d'objections graves, au moins en pratique.

Si le moût ne reçoit pas de levûre, comme cela se pratique pour le *lambick* et le *faro* de Bruxelles, on l'*entonne* aussitôt qu'il est mélangé dans la cuve-guilloire. Dans toutes les autres circonstances, on opère selon l'une des deux conditions suivantes : ou bien on laisse la *fermentation active* se compléter dans les cuves-guilloires, ou bien on procède à l'entonnage aussitôt que cette période a commencé à se manifester franchement. Nous avons déjà expliqué pourquoi nous préférons la première marche à la seconde, et nous croyons très-nettement qu'il y a toujours avantage à ne pas interrompre le cours de la fermentation active avant qu'elle soit arrivée à son déclin. Ce principe ne doit cependant pas être appliqué dans toute sa rigueur, car, lorsqu'on entonne le moût aussitôt que le travail fermentatif commence à se produire, on ne saurait regarder le résultat de cette manœuvre comme une interruption nuisible, dans le sens que nous y attachons.

Nous aurons lieu d'indiquer la marche suivie dans les différentes circonstances qui se présentent, lorsque nous traiterons des espèces de bières et de leurs modes de fabrication.

En Angleterre, la fermentation active s'opère dans des cuves d'une capacité plus ou moins grande, où le liquide subit entièrement cette première phase de l'action du ferment. Mais, comme, dans la marche ordinaire, la bière entonnée dans des fûts laisse échapper la levûre par la bonde, et que ce fait constitue un commencement utile de purification, les brasseurs anglais ont grand soin d'enlever le chapeau qui se forme à la superficie du liquide, afin d'éliminer ainsi l'excès de ferment et celui, surtout, qui peut avoir éprouvé un certain contact avec l'air atmosphérique. On a même imaginé des appareils destinés à produire automatiquement cette séparation de la levûre. La figure 70 représente une disposition de ce genre, exécutée par la maison Pontifex, de Londres, et elle donne l'idée très-nette d'une disposition fort convenable pour produire une séparation à peu près automatique de la levûre dans les stillions. Son parachute est une espèce d'entonnoir renversé ou de cône à sommet inférieur, dans lequel la levûre descend à mesure de sa production, pour être dirigée ensuite vers un récipient par un tube conducteur.

(Fig. 70.)

Que la bière subisse la fermentation active dans des cuves de fermentation proprement dites, ou dans des tonneaux ou des quarts, il est très-important de maintenir la température extérieure des celliers aussi stable que possible, à un degré couvenable pour la variété de bière que l'on prépare. En général, cette température extérieure doit être réglée au point le plus bas exigé pour la fermentation du moût que l'on traite, selon la saison du travail. Elle ne doit point s'élever au-dessus de ce point, parce qu'il se produirait alors une exaltation nuisible dans la température du liquide ; elle ne doit pas s'abaisser au-dessous, parce qu'il en résulterait un arrêt du travail, surtout dans les petits vaisseaux, et que l'on a le plus grand intérêt à éviter cette cause de dégénérescence.

En ce qui touche le renouvellement de l'air dans le local où s'opère la fermentation, il faut, de toute nécessité, qu'il s'accomplisse régulièrement et, cependant, il est indispensable d'éviter les courants d'air froid, qui peuvent arrêter instanta-nément le travail ou le conduire vers les dégénérescences que nous avons signalées. Il ne convient donc pas de s'opposer au renouvellement de l'air, comme nous l'avons vu pratiquer en plusieurs circonstances; il faut que l'acide carbonique soit chassé du cellier, mais la ventilation doit introduire de l'air dont la température soit convenablement réglée. L'application de cette règle n'est pas d'une exécution aussi difficile qu'on pourrait le croire, car on peut aisément faire appeler l'air qui a circulé dans des carneaux et qui a pris ainsi la température que l'on désire. On peut, à son gré, chasser l'acide carbo-nique par de l'air plus chaud en hiver, plus froid dans les autres saisons, selon les besoins du travail, et nous croyons qu'il est nécessaire de porter une grande attention sur ce point capital.

Les auteurs qui ont traité de la fabrication de la bière s'accordent à regarder comme un fait utile à la conservation de cette boisson qu'il y reste une certaine proportion de sucre non décomposé. C'est même dans le but de retarder la dé-composition du sucre que l'on choisit les endroits les plus frais pour y mettre les bières de garde et leur faire subir len-tement les phases de la fermentation secondaire. Il est clair que cette circonstance contribue à retarder la transformation acétique, et nous n'élèverons aucune contestation à ce sujet. C'est encore pour rendre la bière plus conservable et retarder la période ultime de la fermentation que l'on interrompt le travail de transformation en refroidissant la liqueur lorsque la fermentation active touche presque à son terme. Cette in-terruption, qui peut avoir son degré d'utilité pour les bières dites *de garde*, ne nous semble pas applicable aux bières destinées à une prompte consommation. En outre, d'après tout ce qui a été exposé sur les causes d'altération de la bière, il nous paraît démontré que ces pratiques n'auraient plus de raison d'être si les moûts avaient été débarrassés de tout excès de substance albuminoïde.

Quoi qu'il en soit, la fermentation n'est finie, normalement, que lorsque toute la matière alcoolisable est changée en alcool. Ceci ne peut faire le moindre doute. En brasserie, on ne conduit pas la fermentation à ce terme, et l'on regarde ce travail comme terminé quand le moût a perdu les trois quarts de sa densité par le fait de l'action du ferment. On conviendra que cette manière de procéder est tout à fait arbitraire. Voici, d'ailleurs, comment les spécialistes entendent la question.

Selon quelques-uns, la fermentation doit se diviser en fermentation primaire, fermentation secondaire et fermentation tertiaire. La première phase dure depuis la mise en ferment jusqu'à ce que le travail tumultueux ait atteint son maximum d'intensité. La fermentation secondaire commence aussitôt que le dégagement de l'acide carbonique se ralentit, et elle est finie aussitôt que la production de levûre a cessé et que la liqueur tend à laisser déposer les matières suspendues. Enfin, la fermentation tertiaire, qui commence à ce moment et qui peut durer très-longtemps, représente exactement ce que nous avons appelé fermentation insensible pour les vins. Il est évident que, dans les deux premières phases, la transformation alcoolique s'est faite en grande partie, en sorte que la période tertiaire sera d'autant plus courte dans sa durée et moins active que cette transformation aura été plus complète.

Il n'y a rien dans cette manière de voir qui soit contraire aux principes de la fermentation et elle offre un côté pratique utile, en ce qu'elle indique d'une façon fort nette les temps de l'opération. C'est à cette explication des faits que se rattache M. Lacambre.

M. Muller ne voit dans l'acte de la fermentation que deux périodes : la fermentation principale et la fermentation ultérieure. Il considère quatre phases dans la fermentation principale, depuis la mise en levain jusqu'à la fin de l'agitation, au moment où *le moût apparaît à moitié clair*, et où on le soutire de la cuve-guilloire. La fermentation ultérieure aurait deux phases, l'une caractérisée par le rejet de la mousse pour les bières jeunes, ou la formation d'une légère couche de

mousse pour les bières de garde, l'autre par le développement de l'acide carbonique et la clarification de la liqueur.

Si nous examinons de plus près le point pratique de l'opération, nous trouvons que, si l'on peut se guider par les appréciations de ce genre pour suivre le travail des bières de
fermentation active, haute, ou superficielle, il n'en est plus de
même pour les bières de fermentation lente, ou basse. On ne
peut guère admettre que deux périodes sensibles dans cette
fermentation, l'une, qui s'étend de la mise en levain jusqu'à
la cessation du dégagement de l'acide carbonique et à un
commencement de clarification, l'autre, qui se prolonge jusqu'à ce que la bière ait acquis toutes ses qualités. Nous aurons
occasion de faire saisir complétement ce qui se passe dans ce
travail lorsque nous parlerons des différentes bières en particulier.

En résumé, voici l'ensemble des faits pratiques qui résultent de ce qui vient d'être exposé :

1° Mise en levain avec la proportion convenable de levûre,
selon la saison. La nature de la levûre est appropriée à la
bière que l'on veut faire, selon que l'on opère par fermentation superficielle ou par fermentation basse.

2° Aussitôt que le départ a lieu, pour les bières de fermentation haute, soutirage dans des vases plus petits, ou vases
d'épuration, où doivent se faire la fermentation primaire et
la fermentation secondaire, c'est-à-dire les deux phases de la
fermentation active.

3° Suivant une autre méthode, plus rationnelle, selon nous,
et pour les mêmes bières, la fermentation active, dans ses
deux phases, primaire et secondaire, se fait dans les cuves-
guilloires, jusqu'à la fin du mouvement sensible.

4° Pour les bières de fermentation basse, la fermentation
active (primaire et secondaire) s'opère entièrement dans les
cuves à fermentation.

5° Lorsque la bière a été entonnée dès le début de la fermentation active, redressement des tonneaux (quarts), et
remplissage, quand cette période est terminée, pour les bières
jeunes, dans la fabrication française.

6° Pour toutes les bières jeunes ou de garde qui ont subi
la fermentation active dans des vases d'épuration, dans des
guilloires, ou dans des cuves plus ou moins grandes, aussitôt

que la fermentation active est terminée, transvasement dans les foudres, cuves ou tonnes de *maturation*, dans lesquelles doit se faire la fermentation tertiaire ou insensible.

On peut dresser une sorte de tableau synoptique de ces opérations, dans les divers cas qui peuvent se présenter.

TABLEAU SYNOPTIQUE
du travail de la fermentation.

TYPES DE BIÈRES.	FERMENTATION ACTIVE.			FERMENTATION COMPLÉMENT.
Bières avec levûre. MISE EN LEVAIN.	Fermentation haute.	1° En cuves jusqu'à la fin. 2° Commencée dans la guilloire. 3° id.	finie en tonnes d'épuration. finie en quarts.	En tonnes de maturation. consommation immédiate.
Dose de la levûre et température variables.	Fermentation basse.	En cuves jusqu'à la fin.		En tonnes de maturation.
Bières sans levûre.	Variable.	En tonnes jusqu'à la fin.		id.

Fermentation complémentaire. — La période à laquelle nous donnons cette dénomination n'est autre chose que la fermentation tertiaire des uns, la fermentation ultérieure des autres, ou la fermentation insensible des producteurs de vin de raisin. Cette période commence au moment où la fermentation active est terminée, quand il n'y a plus de production apparente de levûre, et que la liqueur commence à s'éclaircir. A ce moment, la bière a perdu 5 centièmes environ de son volume primitif par suite de la transformation et des pertes inévitables.

Nous avons vu tout à l'heure que, à l'exception de certaines bières de consommation immédiate, toutes les bières passent par les tonnes de maturation; c'est dans ces tonnes, grandes ou petites, que s'opère la fermentation complémentaire. Nous n'avons à envisager que deux cas, sous le rapport pratique, celui des bières de fermentation haute et celui des bières de fermentation basse.

Dans les deux cas, l'opération ne présente aucune difficulté et elle ne comporte aucune explication utile, en dehors de ce qui a été dit précédemment. La bière par fermentation haute est soutirée des vases d'épuration, des stillions, ou des cuves de fermentation, et transvasée dans des tonnes de maturation,

qui sont placées en lieu frais, dans une bonne cave à température constante, et elle est soumise à un *ouillage* soigné, jusqu'à ce qu'elle ait acquis une grande limpidité. Souvent même,
comme il arrive pour les bières de consommation courante,
en France, cette période est à peine marquée, en ce sens que
l'on se contente de redresser les quarts, de les remplir, et qu'on
les livre à la consommation aussitôt que la bière a fait son
bouquet, c'est-à-dire aussitôt que la mousse légère, qui annonce
une faible reprise de la fermentation, est apparue à la bonde.

Nous pouvons cependant faire ici une remarque assez importante. Comme pour le vin, le soutirage de la bière fermentée se fait avec tout le soin nécessaire pour la séparer de
la lie, qui est aussi bien une cause d'altération dans le vin de
céréales que dans le vin de raisin ou le vin de fruits, et la fermentation complémentaire n'est déterminée que par les globules en suspension et la portion de matières albuminoïdes
restée en dissolution. Cette marche est rationnelle de tous
points, et elle serait irréprochable si la bière ne renfermait un
excès de ces substances albumineuses altérables. Il y a, cependant, des pays où l'on procède d'une façon diamétralement opposée. Sous le prétexte de fournir plus de ferment à la
liqueur et de hâter la transformation complémentaire, la maturation de la bière, on agite la lie dans les cuves de fermentation, on la mélange au liquide avant de le soutirer dans les
tonnes de maturation et, à plusieurs reprises, pendant la fermentation tertiaire, on renouvelle cette agitation... Il n'est pas
nécessaire, croyons-nous, de nous arrêter à faire voir l'absurdité d'une semblable pratique, dont l'unique résultat est de
provoquer des altérations plus ou moins graves, mais surtout
de transformer en acide lactique une portion de la matière
sucrée non décomposée ou de la dextrine.

La bière de fermentation basse est soutirée avec soin et
mise dans les tonnes de maturation aussi claire que possible,
surtout quand on fait de la bière de garde. Plus la liqueur est
débarrassée de la levûre et du ferment, et plus l'opération
offre de chances de succès. Cela se comprend, du reste, sans
commentaires, et nous ne voyons pas pourquoi ce principe
n'est pas appliqué partout et pour toutes les bières possibles.

Ajoutons ici que c'est au moment du soutirage que le dépôt des cuves de fermentation est recueilli pour servir de

levûre basse dans une autre opération, après quoi on procède au nettoyage des vases de fermentation.

Dans tous les cas et pour toutes les bières, l'ouillage ou le remplissage se fait de manière à tenir les tonnes de maturation constamment pleines, afin que les matières insolubles les plus légères puissent être éliminées par la bonde, sous l'influence du travail complémentaire. Vers la fin, cet ouillage se fait avec de l'eau fraîche au lieu de bière.

Comme la période complémentaire de la fermentation se confond jusqu'à un certain point avec le traitement des bières en cave, nous renvoyons au prochain paragraphe quelques observations de détail qui nous restent à exposer, mais il nous paraît nécessaire de faire remarquer ici l'erreur dans laquelle on semble se complaire, et que nous croyons un des plus grands obstacles aux progrès de la brasserie.

Un vin n'est fait que lorsqu'il est soustrait à tout travail de décomposition ultérieure, lorsque, tout *le sucre décomposable* étant remplacé par de l'alcool, on a éliminé toutes les substances étrangères qui peuvent subir ou provoquer des altérations. Or, on se fait de la bière une tout autre idée. Dans l'opinion de certains technologistes, il n'y a pas de temps d'arrêt pour la bière ; une bière qui ne fermente plus cesse d'être de la bière et, dès l'instant où elle ne renferme plus de matière fermentescible et de ferment en réaction, elle est forcée de se détériorer. On avouera que ces idées sont au moins singulières, et qu'elles ne tendent à rien moins qu'à mettre la bière en dehors des règles de la fermentation. Ces manières de voir ne reposent d'ailleurs sur rien de probant et l'on ne pourrait alléguer en leur faveur aucune raison sérieuse. Nous ne les comprenons pas sous la forme absolue dont on se sert pour les exprimer. Les chimistes de la brasserie sont tellement persuadés de la perfection de leurs procédés, tellement convaincus de leur quasi-infaillibilité, que c'est une véritable utopie que de chercher à les désabuser. Nous le ferons cependant tout en déclarant formellement que nous n'espérons pas réussir à les ramener à des errements plus rationnels.

S'ils voulaient remarquer la fausseté œnologique des prémisses dont ils font dériver leur opinion, la cause serait bientôt décidée. On s'est habitué à vouloir, dans la bière, beaucoup de matières albuminoïdes solubles, beaucoup de dextrine et de matières altérables de toute sorte, sous le prétexte de la rendre plus nourrissante. Il est clair pour tout le monde que, dans un tel état de choses, la matière albuminoïde, cet agent capital de toute altération, réagira sur la dextrine *dès le moment où elle ne sera plus occupée à autre chose*, dès le moment où, le sucre manquant, la fermentation alcoolique aura cessé, où le ferment organisé, devenu inerte, ne se reproduira plus, ne se nourrira plus aux dépens de cette substance albumineuse.

Sous ce point de vue, les théoriciens dont nous parlons ont raison, et la bière ainsi comprise ne peut se conserver lorsque l'activité de la fermentation a cessé dans la liqueur. Mais ce point de vue est faux, puisqu'il repose sur la composition de la bière telle qu'elle est et non pas telle qu'elle doit être, et il est impossible de le prendre pour point de départ.

Si donc, à l'encontre du préjugé, nous voyons dans la bière un vin de céréales, nous comprendrons que ce vin devra posséder une teneur alcoolique convenable, qu'il devra être le plus pauvre possible en matières albumineuses altérables, qu'il devra être complétement purifié et débarrassé des causes de détérioration. Nous le demandons à tous les observateurs de bonne foi, désintéressés dans la question : n'est-il pas rigoureux d'affirmer que cette bière, que ce vin de raisin, dans de telles conditions, sera aussi conservable que le vin de raisin et que la première règle à suivre pour lui donner de la solidité, consistera précisément à arrêter tout mouvement de fermentation ? Pourquoi donc s'obstiner à demeurer dans les errements d'un autre âge, et à vouloir expliquer scientifiquement des faits pratiques mal compris et mal exécutés ? Ce n'est pas parce que la bière ne fermente plus qu'elle s'altère ; elle se détériore, parce qu'elle renferme des causes d'altération puissantes que l'on regarde comme essentielles à sa composition. Autant vaudrait dire que la bière s'altère, dès qu'elle cesse de s'altérer, puisque le mouvement fermentatif n'est qu'un travail d'altération, dont nous utilisons à notre profit une phase déterminée. Ne sait-on pas vulgairement qu'on ne peut conserver les matières organiques qu'en les soustrayant à la fermentation, et comment se pourrait-il que la bière seule fît exception à cette donnée admise par les plus saines théories et justifiée par l'expérience quotidienne ? Nous concluons de tout cela que la bière ne s'altère, après avoir subi la fermentation alcoolique, que dans le cas seulement où elle renferme des matières altérables et des agents d'altération et que, au lieu de proclamer et de propager des préjugés inadmissibles, il vaudrait mieux insister sur la nécessité indispensable d'une purification complète.

§ VII. — TRAITEMENT DES BIÈRES EN CAVE.

On a tellement compris l'altérabilité de la bière, sans toutefois se préoccuper du seul moyen possible de la prévenir, que l'on a cherché par toutes voies à soustraire cette liqueur à l'action de l'air et à celle de la chaleur. A notre avis, si l'on avait dépensé autant d'intelligence pour l'élimination du ferment et des matières albuminoïdes altérables, il n'aurait pas été nécessaire d'établir à grands frais des *caves* spéciales, tant pour la fermentation de certaines bières que pour leur maturation et leur conservation. Nous n'entrerons dans aucun détail sur la construction et l'établissement de ces caves, pour lesquelles on exige des conditions déterminées. Une des plus importantes repose sur la constance d'une température aussi basse que possible, qui ne doit jamais s'élever au-dessus de + 10 degrés ; il faut ensuite que les caves soient à l'abri des trépidations et des ébranlements, qu'elles puissent être aérées, ventilées ; elles doivent être sèches, propres, d'un nettoyage facile, etc. Les *celliers* et *magasins* où l'on conserve la bière doivent être aérés, aussi frais que possible, et établis à l'abri de l'humidité.

Aujourd'hui, on a poussé tellement loin cette idée de la nécessité d'une basse température pour la conservation de la bière, que l'on annexe souvent des glacières aux caves dites *de conserve* ou *de garde*, et que les procédés modernes de production du froid et de la glace artificielle ont été acclamés par la brasserie, qui y voyait une certitude nouvelle pour le succès de ses opérations.

Sans aucun doute, le froid est utile à la conservation de la bière, comme des autres boissons fermentées, puisqu'il n'y a pas de fermentation au-dessous de +4 degrés, et que ce tra-

vail intestin ne commence à se manifester sensiblement que
vers +9 à +10 degrés ; l'emploi de la glace et du froid artificiel, pour abaisser la température des locaux où l'on conserve la bière, ne nous paraît donc pas mériter de justes critiques, et nous n'en ferons aucune à ce sujet ; mais on nous permettra néanmoins de ne regarder ce moyen et tous autres analogues que comme des palliatifs. Nous avons donné les raisons dont cette opinion peut être déduite.

Il vaudrait mieux placer la bière dans les conditions de purification requises pour le vin et pouvoir ensuite la conserver dans des caves et des celliers semblables à ceux qui sont employés à l'emmagasinement des produits fermentés du raisin.

Quoi qu'il en soit, on peut dire que les caves à bière doivent présenter la température utile au travail qui doit y être accompli, que les caves où se fait la fermentation secondaire n'ont pas besoin d'être aussi froides que les caves de conserve, et que celles-ci ne peuvent présenter une température trop basse, au moins dans nos climats.

Ce qui précède étant considéré comme une sorte de résumé des principes déjà connus relativement à ces locaux, nous dirons que le local où se fait la fermentation active devrait être placé en contre-bas de la cuve-guilloire, que les caves à maturation ne seront bien établies qu'au-dessous de la pièce où se fait la fermentation active, et que les caves de garde ou de conserve doivent être les plus profondes de toutes. Rien de ceci n'est absolu, mais cette disposition permet de faire les transvasements avec plus de facilité ; elle exige moins l'emploi des pompes et, par conséquent, elle fait que les liqueurs sont moins exposées au contact de l'air atmosphérique, ce qui est à considérer.

Le travail des caves comprend la *maturation des bières*, leur *clarification* et leur *apprêt*.

Maturation. — Nous avons déjà dit ce qu'il y a de plus important à connaître sur les opérations pratiques relatives à la fermentation complémentaire qui produit la maturation de la bière et l'amène à l'état de bière faite. On comprend que cette période est l'analogue de la fermentation insensible des vins et que les règles de celle-ci pourraient s'appliquer à la bière. Nous ne nous y arrêterons donc plus que pour signaler quelques procédés de pratique auxquels, à tort ou à raison, on attache quelque valeur.

La fermentation complémentaire peut durer plus ou moins de temps, plusieurs semaines, plusieurs mois même, et il n'est pas possible de préciser à l'avance et en général l'époque à laquelle elle est terminée.

Les tonnes de maturation pour les bières de fermentation haute et de consommation prompte (bières jeunes) sont ouillées matin et soir, puis, une fois par jour seulement, avec de l'eau fraîche. Lorsque l'écume qui se produit bientôt par suite d'une reprise du mouvement intime a cessé de sortir par la bonde, on remplit une dernière fois, puis, on bonde le tonneau au moins un jour avant la vidange, afin de forcer l'acide carbonique à se dissoudre dans la liqueur et à la rendre mousseuse. On soutire ensuite dans les fûts destinés à la vente. La même marche est encore suivie pour les bières jeunes de fermentation basse ou par dépôt, mais il est évident que l'ouillage dure plus longtemps, qu'il est moins fréquent et que la clarification est un peu plus lente à se produire que pour les bières de fermentation superficielle. On peut considérer cette façon de procéder comme une sorte de clarification naturelle. Nous avouons franchement que nous ne voyons pas de raisons pour qu'on modifie les méthodes suivies pour la fabrication des bières jeunes, au moins de celles qui sont préparées par fermentation superficielle en cuves, et nous regardons ces bières comme de bonnes boissons, pourvu qu'elles soient consommées promptement et que les autres détails de leur préparation aient été exécutés convenablement. Nos observations portent principalement sur les bières de garde, et cela nous paraît fort naturel. Les bières jeunes, étant destinées à une consommation immédiate, peuvent très-bien renfermer une proportion notable de matières albuminoïdes, sans qu'elles s'altèrent pour cela pendant la courte durée qui sépare la fabrication de la consommation. Si ces bières, peu alcooliques, peu houblonnées, fortement albumineuses et dextrinées, contiennent un excès d'acide carbonique, si elles sont tenues à l'abri de l'air, si on les préserve de tout excès de chaleur, si elles sont claires et limpides, il est certain qu'elles se conserveront pendant le peu de temps nécessaire à leur consommation. Il n'est pas moins évident que leur conservation sera

d'autant plus assurée qu'elles seront plus alcooliques, plus
houblonnées, mieux clarifiées, et cela ne fait pas le moindre
doute pour personne. Quant aux bières de garde, le même
raisonnement ne leur est pas applicable et la pratique doit
être modifiée en ce qui les concerne. Puisque ces bières sont
destinées à être *gardées*, elles doivent être *conservables*, et cette
vérité axiomatique conduit à la nécessité d'une purification
complète, à laquelle on ne peut parvenir que par des soutirages, des collages et des soufrages réitérés, comme pour
toutes les boissons fermentées que l'on veut conserver pendant un temps notable.

Voici quelques données sur le traitement appliqué aux
bières de garde. Après la fermentation active, cette bière passe
dans les tonnes de maturation, où elle subit la fermentation
complémentaire. On a soin, en Allemagne, de mélanger dans
les tonneaux les produits de plusieurs brassins, par le motif,
dit-on, que la bière acquiert ainsi plus d'uniformité et qu'elle
se dément beaucoup moins. On ajoute aussi qu'elle se refroidit
beaucoup mieux ainsi, ce qui retarde le travail complémentaire ; mais nous ne croyons pas qu'il soit avantageux de soumettre la bière à l'action de l'air sur de grandes surfaces, et
nous pensons qu'il est préférable de remplir aussitôt chaque
tonne. La bière ne se démentira pas, si elle est toujours préparée dans des conditions identiques, relativement aux matières premières employées et à la méthode suivie.

En supposant que l'on ne remplisse les tonneaux que par
des brassins successifs et progressivement, ou en supposant
qu'on les remplisse immédiatement et sans interruption, lorsqu'ils sont pleins, il ne tarde pas à se produire un mouvement fermentatif ; la mousse apparaît à la bonde et, loin de
faire des remplissages fréquents, un ouillage répété, comme
pour les bières jeunes, on se contente de remplir une ou deux
fois à une dizaine de jours d'intervalle.

Bien que le motif de cette modification nous échappe et que
nous ne puissions l'attribuer à aucune donnée positive, on
peut admettre que, dans le remplissage par brassins successifs, le liquide fait son travail en plusieurs fois, en sorte que,
après le remplissage, la fermentation complémentaire est
près de sa fin. On se contente, après le second remplissage,
de placer la bonde sur l'orifice de la tonne et, après quatre

semaines environ de repos, la bière doit être claire et bonne pour la consommation. S'il n'en est pas ainsi, on est forcé de recourir aux moyens artificiels, aux collages, etc.

En terme moyen, il suffit de fermer hermétiquement les tonneaux, à l'aide de la bonde, pour faire dissoudre une proportion suffisante d'acide carbonique dans la bière. Vingt-quatre heures de bondage suffisent le plus souvent pour les bières jeunes, tandis qu'il faut de six à dix jours environ, et quelquefois même davantage, pour les bières de garde.

Disons à ce sujet que, depuis que la fabrication des eaux gazeuses a pris de l'essor, on a songé à substituer à cette production naturelle de l'acide carbonique l'introduction artificielle de ce gaz dans les bières clarifiées. Ce moyen ne présente absolument rien de contraire aux bonnes règles, et la seule objection plausible qu'il puisse soulever repose sur les frais à faire pour se procurer un appareil producteur de gaz. Nous ne nous y arrêterons que pour appeler l'attention sur un fait capital qui ressort de cette application.

En introduisant, à la surface de la bière, une couche d'acide carbonique, sous une faible pression, on peut éviter l'emploi de l'air, ou plutôt la rentrée de ce fluide dans les tonneaux. Cette simple mesure doit être regardée comme un excellent auxiliaire des moyens généraux de conservation, et c'est à ce titre que nous en conseillerions volontiers l'application, pour le traitement en cave, des bières de garde et même des bières jeunes. Il ne faut pas croire que, dans ce but, il soit indispensable de se munir des appareils dispendieux employés pour la fabrication des eaux gazeuses, car l'instrumentation la plus simple serait ici la meilleure, pourvu que l'on pût faire arriver, à volonté, la quantité de gaz nécessaire pour remplir le vide de chaque tonneau.

Clarification de la bière. — On clarifie la bière par le *collage*. D'après ce que nous avons vu dans les notions qui précèdent, on comprend que les bières ne puissent pas se comporter de la même façon au collage et que, plus elles tiendront de matières albuminoïdes en dissolution, plus la clarification sera difficile et lente. En effet, étant admis en principe que la colle de poisson ou une matière gélatineuse sert d'agent clarifiant, plus il y aura de substances analogues dans la liqueur et moins l'action sera nette.

Or, les bières dans lesquelles il entre de fortes proportions de grains crus, les bières fromentacées, les bières faites avec des malts pâles, les bières dont le moût a peu bouilli contiennent une quantité très-considérable de matières albuminoïdes ; de telles bières se clarifieront moins facilement que celles obtenues dans des circonstances contraires, soit avec du malt d'orge seulement, si ce malt a été assez fortement touraillé et si la cuisson du moût a été suffisante. Ajoutons encore que plus la quantité de houblon employée aura été grande, plus ce houblon sera riche en matière astringente, et plus la clarification sera facile. D'un autre côté, nous avons vu que les moûts se troublent lorsqu'ils contiennent de l'empois non décomposé, et nous savons que, par le refroidissement, il se dépose du tannate d'amidon. Les bières faibles agissent moins sur les matières clarifiantes que les bières fortement alcooliques. Nous conclurons de cela que les bières provenant de moûts bien saccharifiés, riches en sucre, bien fermentées, se clarifieront mieux que les autres.

De même, il sera plus aisé de coller une bière placée en lieu froid que si elle se trouve dans un lieu chaud, favorable à la reprise du mouvement et à la mise en suspension des molécules ténues du dépôt. Plus la bière sera fermentée d'une manière complète, mieux elle se clarifiera, par la même raison, puisque le mouvement fermentatif aura moins de tendance à la reprise et que l'acte de la fermentation sera à peu près terminé dans ces bières.

En résumé, une bière vieille, très-avancée dans sa fermentation, provenant d'un moût de malt d'orge, de grain, moyennement touraillé, bien saccharifié, bien houblonné, bien cuit, ayant subi complétement les deux phases capitales de la fermentation, sera dans les meilleures conditions pour se clarifier régulièrement.

En pratique ordinaire, on agit de la manière suivante pour faire la clarification ou le collage de la bière : la colle de poisson divisée en petits morceaux, concassée sous le marteau, est mise dans l'eau aussi fraîche que possible, afin qu'elle se détrempe et se gonfle. Le tout est placé au frais, et l'eau est renouvelée au moins soir et matin. Après trente heures, la colle a beaucoup augmenté de volume ; elle est devenue friable. On la pétrit alors entre les doigts ; on la divise, en y ajoutant peu à peu dix fois son volume de bière ; il résulte de cette manœuvre une sorte de gelée que l'on passe au travers d'un tamis fin ou d'un linge, et l'on ajoute à la masse 10 à 12 pour 100 d'eau-de-vie, si l'on ne doit pas s'en servir immédiatement.

On comprend facilement que, par sa nature même, cette matière est très-altérable et qu'il ne faut pas compter sur une longue conservation. Quinze jours en été et un mois en hiver sont déjà un terme très-long, et nous conseillons de ne jamais préparer la colle plus de huit jours à l'avance.

La dose à employer est proportionnelle à la qualité de la bière, et l'on doit tenir compte de ce que nous avons dit au commencement de ce paragraphe. En moyenne, la quantité de gelée à employer par hectolitre répond à 2 grammes de colle sèche, et elle est représentée par un cinquième de litre en volume.

On étend la proportion de gelée nécessaire avec trois fois son volume de bière, et l'on fouette le tout pour rendre la masse bien homogène. On l'introduit alors dans le tonneau, on fouette pour bien mélanger, et on laisse en repos. Au bout de huit jours, on peut tirer au clair et transvaser.

Ce qui se passe dans la liqueur est fort compréhensible. La colle de poisson n'est pas dissoute à froid. Elle forme une sorte de pâte composée de fibrilles très-ténues, dont l'écartement produit un gonflement et une augmentation de volume considérables. Sous l'action de l'alcool et des principes astringents de la bière, ces fibrilles se contractent, se resserrent, et elles englobent dans leur réseau les matières suspendues avec lesquelles elles se précipitent.

Jusqu'à ce jour, on n'a pas encore pu remplacer la colle de poisson pour la clarification de la bière. Nous ne parlerons pas des tentatives qui ont été faites, et qui sont restées à peu près infructueuses, par la raison que la composition de la bière, essentiellement variable, ne se prête pas à une manipulation uniforme. La colle de poisson seule, en vertu même de ses propriétés, réussit avec la plupart des bières ; et les gélatines, les solutions albumineuses, qui sont d'excellents agents de clarification en présence des astringents, ne peuvent pas toujours produire la clarification de la bière. Il y a des espèces de bières qui restent troubles même après l'action

38

consécutive des astringents et des gélatines. Hâtons-nous de dire, cependant, que ces mêmes bières se clarifient parfaitement par l'ichthyocolle.

Voici donc ce que nous regardons comme le plus certain, après due vérification. Un échantillon de la bière à clarifier est additionné de quelques gouttes de dissolution de cachou. Si la clarification se fait au bout de quelques heures de repos et si la limpidité est parfaite, le principe astringent suffira pour l'opération : on clarifiera au cachou, à raison de 25 à 30 grammes par hectolitre. On aura, dans ce cas, l'avantage immense de rendre la bière limpide, de la débarrasser d'une partie de ses matières albumineuses, sans y introduire de nouvelles substances du même groupe. Si, au contraire, la prise d'essai reste trouble après l'action du cachou, on en conclura que l'action de la colle de poisson est indispensable pour entraîner les matières suspendues, et après l'introduction et le mélange de la dissolution de cachou dans le tonneau, on collera à la colle de poisson suivant la marche ordinaire qui a été décrite tout à l'heure.

Il n'y a pas de bière qui ne se clarifie bien par ce dernier moyen, c'est-à-dire par l'emploi du cachou et de l'ichthyocolle. Disons encore que le cachou de bonne qualité ne modifie en rien le goût de la bière et qu'il est préférable, sous tous les rapports, à l'extrait de houblon, dont quelques personnes ont conseillé l'emploi dans le même but.

On se sert encore parfois, dans la pratique, du procédé de clarification usité pour les vinaigres, et l'on met la bière sur des copeaux de hêtre lavés à l'eau bouillante et séchés ensuite. La clarification de la bière se fait assez bien par ce moyen, mais nous devons ajouter que les bières qui y ont été soumises s'aigrissent beaucoup plus vite. Nous ne nous y arrêterons donc pas, et nous nous bornerons à conseiller le collage à la colle de poisson, précédé ou non, suivant les cas, de l'action astringente du cachou.

Apprêt de la bière. — L'apprêt de la bière ne présente aucune importance sérieuse au point de vue œnologique ; c'est une sorte de manœuvre commerciale, fort usitée en Belgique et même dans quelques autres pays. On mélange les bières de différentes qualités, de différentes saveurs, les vieilles avec les jeunes, les fortes avec de plus faibles ; on ajoute des sirops, des infusions, du sucre, des mélasses; on cherche à faire des bières potables avec des bières aigries ou altérées; en un mot, on pratique, sous le nom d'*apprêt*, une série de falsifications et un frelatage dont les procédés ne nous intéressent nullement. Nous n'avons pas à entrer, en quoi que ce soit, dans les détails relatifs à ces honteuses pratiques dont les boissons fermentées sont l'objet, et la seule raison, pour laquelle nous les signalons en passant, consiste dans la nécessité d'avertir le public des fraudes dont il est souvent la victime. Malgré toutes les dénégations philanthropiques de quelques écrivains du jour, il y a peu de substances alimentaires, liquides ou solides, qui ne soient falsifiées, altérées, et, chose assez triste à dire, mais qui est, les falsifications les plus habituelles se font par des gens du peuple qui fournissent à la consommation populaire. La preuve de cela se trouve dans le cellier des marchands de bière ou de cidre, dans la cave des marchands de vin de bas étage, dont les tripotages sont passés en vérité proverbiale. Il existe, au moins dans la pratique, une lacune à ce sujet; mais la surveillance la plus sévère, les investigations les plus minutieuses, la répression la plus rigoureuse, n'empêcheront pas aisément ces manœuvres, et il est difficile de mettre de l'honnêteté où il n'y en a pas. La probité ne se commande pas et toute la philosophie du monde ne peut rien contre l'appât d'*un centime* à encaisser de plus. Cela est partout; la chose est entrée dans les mœurs, et il ne convient pas de s'en étonner outre mesure. Le vendeur de comestibles mélange les vieux produits avec de plus nouveaux, les matières de moindre qualité avec celles qui sont meilleures; il fait de tout cela des *sortes* à lui, *afin de faire passer le tout*, et rien n'échappe à cette plaie. Il n'y aurait pas grand mal au fond, si les préparations de ce genre étaient vendues pour ce qu'elles sont, à un prix proportionnel à leur valeur; mais il n'en est pas ainsi, et *le vol* est manifeste. Ces chimistes du comptoir et de l'arrière-boutique sont tellement pénétrés de leur habileté et certains de leurs ignobles formules, qu'ils vendent les produits de leur industrie comme des produits de bonne qualité et aussi cher que des matières non altérées. Il y a tromperie sur la qualité et la valeur de la marchandise...

Le seul apprêt des bières qui soit avouable consiste dans la mise en bouteilles. Cette opération est bien connue de tout le monde, et elle a pour but de rendre la bière plus mousseuse et de lui assurer une conservation de plus longue durée. On comprend que la bière ne mousserait pas, même par la mise en bouteilles, si elle ne renfermait encore un peu de sucre et de ferment qui produisent de l'acide carbonique par leur réaction, et si elle ne contenait pas une proportion suffisante de dextrine qui rend la mousse plus persistante. Il est alors nécessaire d'ajouter un peu de sucre aux bières qu'on veut rendre mousseuses et dont la fermentation est tout à fait terminée. Cette addition ne peut pas être considérée comme une falsification, pas plus que celle qui consiste à ajouter une petite quantité de bière jeune aux bières de garde qu'on veut faire mousser ; cette pratique rationnelle dépend des conditions qui déterminent la production de l'acide carbonique dans toutes les boissons mousseuses, dans le vin de Champagne comme dans la bière, et nous ne songeons nullement à la blâmer, pourvu que cette addition reste dans des limites très-modérées qu'on ne doit jamais dépasser.

CHAPITRE IV.

DES ESPÈCES DE BIÈRES ET DE LEURS CARACTÈRES.

L'observateur le plus attentif éprouverait de grandes difficultés à établir une classification des différentes espèces de bières, s'il voulait tenir compte des variétés presque innombrables qui sont préparées dans les pays qui produisent de la bière. On peut dire que chaque brasseur produit des variétés de chaque bière qu'il fabrique, et que, presque toujours, ses résultats diffèrent de ceux des autres producteurs. Le grain employé, la méthode suivie, l'eau qui sert au brassage, le goût particulier, les habitudes et mille autres causes influent sur la nature de la bière, en sorte que, pour faire une nomenclature exacte des bières, il faudrait étudier et décrire les procédés et les produits de tous les brasseurs du monde. Nous nous en tiendrons à la division rationnelle de M. Lacambre, la plus simple et la meilleure qu'on ait faite, et nous partagerons les bières en *bières d'orge, bières fromentacées* et *bières diverses.* Ces genres de bières formeront les groupes ou les sections dans notre nomenclature ; nous étudierons la composition des bières de chaque section dans la fabrication des principaux pays producteurs et nous nous attacherons principalement aux dosages, tout en indiquant les particularités relatives à chaque variété au point de vue de la fabrication spéciale [1].

SECTION I. — DES BIÈRES D'ORGE.

Les bières d'orge constituent le groupe le plus important de la production. On pourrait même dire, en outrant certaines idées, que, la bière d'orge représentant le type primitif et

---

[1] Nous aurions pu prendre le type de la fermentation par levûre superficielle ou par levûre de dépôt pour caractère principal ; il nous a semblé plus utile de renvoyer ce caractère au second plan, puisque, en effet, les bières de chaque division principale peuvent être préparées par l'un ou l'autre de ces modes.

caractéristique de la bière, c'est d'elle seule qu'il conviendrait de s'occuper en tant que bière, les autres genres de bières n'ayant été créés que pour satisfaire à des goûts particuliers ou par des raisons d'économie plus ou moins fondées.

Les bières d'orge se font avec le *malt d'orge* seulement et le *houblon*. Nous les subdiviserions volontiers en bières de *fermentation superficielle* et bières de *fermentation basse*.

§ 1. — BRASSERIE ANGLAISE.

Les bières anglaises les plus estimées sont l'*ale* et le *porter*. On distingue, parmi les ales, l'*ale d'exportation*, dite *de Londres*, l'*ale ordinaire* et la *scotch-ale* ou *ale de Preston*. Parmi les porters, le *porter ordinaire*, le *porter de garde* et le *brown-stout* [1], méritent une description particulière. Nous donnerons, en outre, quelques détails sur l'*amber-beer* et la *table-beer* ou bière de table.

Toutes les bières anglaises se fabriquent par fermentation haute ou superficielle. Il n'a encore été fait que des tentatives relativement à la préparation de l'ale d'Ecosse par fermentation basse.

MÉTHODE GÉNÉRALE. — L'ale et le porter sont des bières fortes. L'amber-beer et la bière de table sont des bières ordinaires. On brasse en outre de petites bières avec les résidus des brassins qui ont déjà donné de la bière forte et de la bière ordinaire. On apporte une très-grande attention en Angleterre à ne brasser guère qu'en février ou mars, de manière à éviter une température trop froide ou trop élevée.

L'ale est une bière pâle et douce, fortement alcoolique et très-agréable. On n'y fait entrer que des matières de premier choix et l'on retarde la fermentation de manière à obtenir la conservation d'un peu de sucre. Le porter est brun, plus ou moins foncé, moins alcoolique, moins agréable et plus empyreumatique que l'ale. Celle-ci, pour les véritables amateurs, est la première bière du monde, quand elle est bien préparée.

En général, on suit la méthode par infusion. Cette marche est d'autant plus rationnelle, que l'on emploie seulement le

[1] L'adjectif *stout* signifie littéralement *fort*; le terme spécial *brown-stout* peut donc se traduire exactement par *bière brune, forte*. C'est l'idée qu'il est juste de se faire du *brown-stout*.

malt d'orge plus ou moins touraillé, et que la fermentation est superficielle. On fait à la fois l'empâtage et la première trempe par deux additions successives d'eau à +65 degrés (150 degrés Fahrenheit), puis, par une autre addition à +90 degrés. La seconde trempe est faite à + 90 degrés. Ces deux premières trempes servent à la fabrication de la bière forte. Les deux trempes suivantes fournissent la bière de table ou la bière ambrée (bières ordinaires, moyennes). Les ablutions peuvent donner de la petite bière. Quelquefois encore, on réunit toutes les trempes d'un même brassin pour faire une bière moyenne.

La chaudière à cuire reçoit le houblon avec le moût de la bière forte. Les trempes suivantes repassent sur le houblon à demi épuisé qui est resté dans la chaudière à cuire. Après la filtration du moût cuit sur le bac ou filtre à houblon, on le fait passer sur les bacs rafraîchissoirs ou dans les réfrigérants, et on le dirige vers la cuve-guilloire, où on le met en levûre. Lorsque le travail est arrivé à son maximum d'intensité, vers le quatrième jour, on fait couler la liqueur dans des tonnes ou cuves d'épuration (*stillions*), qui sont tenues constamment pleines, afin que la levûre se sépare par un trop-plein ou par une disposition analogue à celle de la figure 70. Aussitôt que la production de levûre est terminée et que la bière commence à se clarifier, on la fait passer dans les cuves de réserve.

Tout est calculé, dans la fabrication anglaise, pour obtenir, par fermentation haute, un travail aussi lent et aussi modéré que possible, afin que la liqueur acquière la plus grande stabilité désirable.

Voici les détails du brassage dans l'ordre général de l'opération :

Saccharification. — 1° Introduction du malt ; 2° arrivée de l'eau tiède à + 55 degrés, et empâtage ; 3° nouvelle addition d'eau à + 65 degrés, et brassage, pour opérer un mélange homogène ; 4° repos d'un quart d'heure ; 5° introduction d'eau à + 95 degrés et brassage de vingt-cinq à trente minutes ; 6° repos de deux heures et couverture de la cuve ; 7° écoulement de la *première trempe* dans un bac d'alimentation (*liquor-back*) ou dans un bac d'attente (*under-back*)...; 8° *deuxième trempe* par de l'eau à + 90 degrés, et brassage de vingt minutes ; 9° repos d'une demi-heure à trois quarts d'heure ;

10° brassage d'un quart d'heure; 11° repos d'une heure; 12° écoulement de la deuxième trempe et réunion avec la première liqueur; 13° *troisième trempe*, avec de l'eau à + 90 degrés, et brassage; 14° repos d'une heure; 15° écoulement de la trempe dans un bac d'attente; 16° *quatrième trempe*, par arrosage avec de l'eau à + 90 degrés, et écoulement simultané; réunion avec la troisième trempe.

Cuisson et houblonnage. — 1° Le moût de la première trempe est dirigé dans la chaudière à cuire aussitôt qu'il arrive dans le bac d'attente. Chauffage progressif aussitôt que le liquide couvre le fond; 2° introduction du houblon après la mise de la première trempe; 3° introduction de la deuxième trempe; 4° ébullition soutenue pendant deux heures; 5° repos d'une demi-heure; 6° écoulement dans le bac à houblon (*hop-back*); 7° introduction des deux trempes d'épuisement dans la chaudière; 8° ébullition; 9° repos; 10° écoulement dans un autre bac à houblon ou mieux dans le même, aussitôt qu'il est libre.

Filtration et refroidissement. — 1° Ecoulement du moût de bière forte du bac à houblon dans un bac d'attente; 2° élévation dans les rafraîchissoirs; 3° même manœuvre, en temps utile, pour le moût des deux dernières trempes.

Fermentation, etc. — 1° Introduction du moût, refroidi au point convenable, dans la cuve-guilloire; 2° mise en levûre et mélange; 3° repos de vingt-quatre à quarante-huit heures; 4° refroidissement par circulation d'eau si le travail est trop rapide; 5° dans le cas contraire, brassage superficiel et mélange de la levûre; 6° vers le cinquième jour, écoulement dans les stillions [1]; 7° élimination de la levûre; 8° après cinq ou six jours, transvasement dans les cuves de garde pour la bière forte; 9° mise en barils ou en bouteilles, lorsque la fermentation complémentaire est terminée et que la clarification est faite (un an à deux ans).

Bières de table. — Ces bières sont mises en guilloire et en levûre à + 21 degrés, soutirées en stillions après trente-six à quarante-huit heures et mises en barils au bout de deux jours. On les consomme à deux ou trois mois d'âge.

Dosages des bières anglaises. — En Angleterre, comme ailleurs, sauf en Bavière, les dosages des bières n'ont rien de

---

[1] Les stillions ont une capacité de 5 à 10 hectolitres, en moyenne.

légal et d'obligatoire, en sorte que les chiffres que nous allons reproduire ne doivent pas être considérés comme absolus. Il est évident que chaque brasseur varie son dosage suivant son but, et il ne conviendrait pas d'attacher une importance exagérée à ces données ; elles n'ont d'autre mérite que de présenter des exemples sur lesquels on peut se guider en pratique.

Dosages des variétés principales d'ale.

A. — *Brassin d'ale d'exportation.* — Cette composition a été rapportée par M. Lacambre, qui déclare l'avoir vu exécuter :

Malt pâle de première qualité. . .	176 quint.	=	8941^k,15
Houblon du Kent.	480 liv.	=	217 ,70
Graines de paradis moulues.	6 liv.	=	2 ,72
Graines de coriandre.	4 liv.	=	1 ,81
Sel de cuisine.	4 liv.	=	1 ,81

Le produit des deux premières trempes fut de 100 *barrels* [1], ou 163 hectolitres et demi d'ale forte. Les deux autres trempes fournirent 80 barrels ou 130^h,80 de *table-beer*.

Le rapport pratique qui résulte de ces chiffres est de 1^l,80 de bière forte et 1^l,40 de bière de table, soit, en tout, 3^l,20 par kilogramme de malt. Les aromates et le sel n'ont été introduits qu'avec la bière forte seulement, dans la cuve-guilloire.

[1] La *livre* anglaise (*avoir du poids*) vaut 0^k,4555926 et le quintal (*hundredweight*) vaut 50^k,802. Un *quarter* de 8 *bushels*, chaque bushel valant 8 *gallons* et le gallon représentant 4^l,543458, vaut 2^h,90781. Le *barrel* vaut 163^l,50. Quant à la mesure thermométrique, on sait que 0 degré centigrade répond à 32 degrés de l'instrument de Fahrenheit et que 100 degrés centigrades = 212 degrés Fahrenheit. Les 100 degrés de notre échelle centigrade représentent donc 212 degrés Fahrenheit moins 32, soit 180 degrés Fahrenheit, en sorte que 1 degré centigrade vaut 1°,8 du thermomètre anglais. Pour convertir les degrés de Fahrenheit en degrés centigrades, on part de ceci, que, 180 degrés Fahrenheit égalant 100 degrés centigrades, 1 degré Fahrenheit vaut 0°,555 centigrade. La règle pratique à suivre consiste à retrancher 32 du nombre des degrés anglais et à multiplier le tout par 5/9.

Au surplus, nous donnons dans le dernier volume de cet ouvrage les tables de concordance nécessaires entre les poids et mesures métriques et les poids et mesures d'un système différent usités en Europe.

B. — *Autre composition.* — M. Muller indique la composition d'un brassin d'ale de Londres par :

Malt pâle. . . . . .   20 quarters   = 58^h,36. (Poids : 3 210^k).
Houblon.. . . . . .   150 livres.   = 58^k,967
Levûre. . . . . . .   5 gallons 1/5 = 14^l,559

Le produit accusé est de 20 barrels (32^h,70) de bière de premières trempes et de 24 barrels (39^h,24) de bière plus faible. Le rapport du produit est donc de 1^l,01869 de bière forte et 1^l,22 de bière faible, en tout 2^l,24 par kilogramme de malt. Sans aucune intention de critique, nous ne pouvons nous empêcher de trouver le rendement un peu trop faible, et cette formule ne nous satisfait pas entièrement. Tous les observateurs attentifs seront de notre avis après un instant de réflexion. On sait que 100 de malt donnent, en moyenne, 60 d'extrait ; 1 kilogramme de malt cède donc à l'eau par des trempes bien faites 600 grammes de matière soluble. Admettons qu'il reste dans la drèche une proportion égale à 100 grammes de matière soluble, afin que le raisonnement ne puisse être attaqué. Il reste 500 grammes pour 2^l,24 de produit, soit 223 grammes par litre ou 22,30 pour 100, et il est évident que ce chiffre est plus considérable que celui qui répond à l'ale d'exportation la plus forte. Une telle bière renferme, en effet :

Alcool, 7,5 en volume = poids 6, répondant à glucose   12,5
Extrait, moyenne entre 5 et 6,5 =   6,0

                             Ensemble :   18,5

La bière créée par la formule de M. Muller tiendrait donc 3,80 pour 100 d'extrait de plus que l'ale la plus forte que l'on prépare dans la fabrication de Londres. Nous ne disons pas que la chose est impossible, loin de là; mais nous pensons que cette composition n'est pas usitée en pratique et qu'elle est entachée d'exagération. Cette conclusion est d'autant plus certaine que nous avons fait porter le calcul sur la totalité du produit et que, dans la question, il est impossible que le second moût contienne autant d'extrait.

C. — *Composition d'un brassin d'ale ordinaire.* — Voici la formule assez curieuse d'un brassin d'ale ordinaire de Londres, rapportée par M. A. Morrice.

Malt pâle du Kent. . .	25 quarters	$66^h,88$	$= 5\,998^k,50$
Malt ambré.	2 quarters	$2\ ,82$	
Houblon..	1 quint.,5 quart. 10 liv.	$93^k,43$	
Graines de paradis. . .	4 livres	$1\ ,81$	
Coriandre.	4 livres	$1\ ,81$	
Écorces d'orange pulv.	4 livres	$1\ ,81$	
Gingembre..	4 livres	$1\ ,81$	
Sel de cuisine..	1/2 livre	$0\ ,227$	

Le produit d'un brassin de cette composition serait de 88 barrels et demi de moût ($144^h,70$) destiné à faire de l'ale ordinaire, et 38 barrels et demi ou 63 hectolitres ($62^h,94$) de troisième trempe, destinée à faire de la bière de table. Le produit total est de $207^h,64$. Le rapport de la production est de $3^l,618$ d'ale et $4^l,574$ de table-beer, en tout $5^l,192$ par kilogramme de malt employé[1].

D. — *Autre brassin d'ale ordinaire.* — La formule suivante est reproduite par M. Lacambre, pour un brassin d'ale qu'il a vu exécuter :

Malt pâle.	70 quarters =	$203^h,55$	$232^h,628 = 12\,794^k,54$
Malt ambré. . . .	10 quarters =	$29^h,078$	
Houb. d'Amérique.	524 livres.		

Le produit du moût des deux premières trempes a été de 167 barrels; les deux autres trempes ont fourni 130 barrels de moût. Les quatre trempes réunies après ébullition produisirent 260 barrels, ou $425^h,10$ d'ale ordinaire. Le rapport de la production est ici de $3^l,32$ de bière par kilogramme de malt, en sorte que cette ale devait être plus forte que celle de la formule précédente.

E. — M. Payen, d'après M. Dumas, indique le dosage suivant pour un brassin de 50 à 60 hectolitres d'*ale*(?) :

Malt pâle.	40 hectolitres.
Houblon du Kent..	50 kilogrammes.
Sel marin.	1 —
Levûre.	15 à 25

[1] On ne doit pas perdre de vue que ces calculs doivent subir une réduction d'environ 5 pour 100 pour tenir compte de la perte subie par le moût dans les opérations qui suivent la trempe. Cette réfaction n'est même suffisante que si la cuisson se fait en vases clos, sans concentration.

L'hectolitre de malt pesant en moyenne 55 kilogrammes[1], le poids des 40 hectolitres est de $40 \times 55 = 2\,200$ kilogrammes. Si le produit égale $\dfrac{50+60}{2} = 55$ hectolitres, le rapport du produit serait de $2^l,5$ par kilogramme de malt. Si le produit indiqué par M. Payen comprend la bière forte et la bière faible, ce produit est trop faible en volume, d'après ce que nous venons de voir. S'il ne s'agit que de la bière forte, ce qui est probable, le volume du produit est trop considérable. Nous en concluons qu'il ne peut s'agir de la bière d'exportation dans ce dosage, mais bien seulement de l'ale ordinaire.

F. — *Composition d'un brassin de scotch-ale.*

Malt très-pâle.	56 quarters = 104ʰ,68 =	5 757ᵏ,4
Houblon.	193 livres =	88ᵏ,00
Graines de paradis. . .	4 liv. 2 onces =	1 ,87
Coriandre.	2 » 1 » =	0 ,935
Écorces d'oranges pulv.	4 » 2 » =	1 ,87

Le produit accusé est de 58 barrels (94ʰ,83) d'ale et 46 barrels (75ˡ,20) de table-beer. La relation est de $1^l,67$ d'ale et $1^l,30$ de table-beer, en tout $2^l,97$ de bière pour 1 kilogramme de malt employé.

G. — *Autre brassin de scotch-ale.* — M. Muller indique 7 quarters et demi de malt ambré et 30 livres de houblon pour obtenir 11 barrels de moût ; soit 21ʰ,81 de malt ou 1 200 kilogrammes pour 18 hectolitres de produit environ, non compris la petite bière. Le rapport du produit serait de $1^l,5$ environ d'ale par kilogramme de malt.

Dosages des variétés de porter.

A. — *Brassin de porter ordinaire.* — Formule indiquée par M. Muller :

Malt pâle. . .	6 quarters	
Malt ambré. .	6 »	30 quarters = 87ʰ,23 = 4 798 kilog.
Malt brun. . . 18 »		
Houblon. . . . 204 livres.		

---

[1] L'hectolitre d'orge de 64 kilogrammes devient 108 litres par le maltage, mais le poids de ces 108 litres n'est que de 59 kilogrammes. Il y a augmentation de volume et perte de poids, comme nous l'avons vu.

Le produit accusé est de 98 barrels, ou 160^h,23, ce qui donne une relation de 3^l,33 par kilogramme de malt.

B. — *Autre formule indiquée par M. Dumas :*

Malt pâle.	20 hectol.	
Malt ambré.	17 »	46 hectol. = 2 530 kilog.
Malt brun..	9 »	
Houblon..	60 kilogrammes.	
Levûre fraîche.. . .	37 litres.	
Sel marin.	2 kilogrammes.	

Le produit est de 68 hectolitres de porter ordinaire, plus de la petite bière provenant des épuisements. La relation est de 2^l,68 par kilogramme de malt, sans compter la bière faible.

Il est curieux de rapprocher des chiffres de M. Dumas un *remaniement* opéré par M. Payen sur ces mêmes chiffres.

Dosage du *porter* pour obtenir 56 à 66 hectolitres, d'après M. Payen :

Malt pâle..	21 hectolitres.
Malt ambré..	16 »
Malt brun.	8 »
Houblon brun.	60 à 67 kilogrammes.
Sel marin.	1 à 2 »
Levûre..	20 à 30 »

Il est évident que ce petit tripotage de nombres ne mérite pas qu'on le discute.

C. — *Brassin de porter de garde*, d'après M. Dumas :

Malt pâle d'Hereford.	12^h,5	
Malt ambré de Kingstown. . .	8 ,5	29 hectol. = 1 600 kil.
Malt brun foncé.	8 ,5	
Houblon du Kent.	45 kilogrammes.	
Levûre fraîche.	25 litres.	
Sel marin.	25 kilogrammes (?).	

Produit : 30 hectolitres de bière forte, de longue conservation, non comprise la seconde qualité provenant des trempes d'épuisement. La relation est de 1^l,875 de bière forte par kilogramme de malt.

D. — M. Muller donne les proportions suivantes : 8 quarters de malt (4 de malt pâle, 2 d'ambré, 2 de brun) et 100 livres de houblon, pour un produit de 28 barrels, comprenant le résultat des quatre trempes.

C'est un rendement de 45^h,78 de bière forte pour 23^h,26 ou 1 280 kilogrammes de malt. La relation est de 3^l,576 pour 1 kilogramme de malt.

Il est évident que l'auteur s'est trompé dans ses indications, ce rapport étant beaucoup trop fort pour le porter de garde. Cette erreur provient sans doute de ce que M. Muller fait réunir les quatre trempes dans la guilloire, en sorte que son produit présente à peine la force qu'il attribue au porter ordinaire. On peut admettre que le produit des deux premières trempes est de 25 hectolitres de bière forte, de porter de garde, et que les deux trempes d'épuisement, traitées à part, fournissent 20 hectolitres de petite bière.

E. — *Composition d'un brassin de brown-stout.* — M. Lacambre donne la formule d'un brassin de brown-stout ; voici ses chiffres :

Malt brun. . . . . . 24 quarters ⎫
Malt ambré.. . . . . 8 » ⎬ 40 quart. = 116 hectol. = 6 580 kilog.
Malt pâle.. . . . . . 8 » ⎭
Houblon d'Amérique. 2 quintaux = 101^k,6.
Cocculus indicus. . . 4 livres = 1 ,81 (à rejeter).
Cassonade. . . . . . 28 » = 12 ,7.
Faba amara. . . . . 6 » = 2 ,72.

Le produit est de 90 hectolitres de brown-stout et de 70 hectolitres de bière de table ambrée. La relation est donc de 1^l,410 de brown-stout et de 1^l,096 d'amber-beer ; soit, en tout, 2^l,506 par kilogramme de malt employé.

F. — M. Muller indique pour le dosage du brown-stout 24 quarters de malt (1/5 pâle, 1/5 ambré, 3/5 brun) et 192 livres de houblon.

Les trois moûts *réunis* donnent 90 barrels de liquide. C'est donc un rendement de 147^h,15 pour 70 hectolitres de malt (69^h,787) ou 3 838 kilogrammes. La relation est de 3^l,834 par kilogramme de malt employé. Cette formule tombe encore sous l'observation que nous avons faite plus haut, au sujet du porter de garde. Le brown-stout qui résulterait de sa réalisation serait tout simplement du porter ordinaire.

Dosages des bières de table.

A. — *Brassin d'amber-beer.* — La bière ambrée se fait quelquefois avec les trempes secondaires des brassins de porter ;

on brasse le plus souvent cette bière dans une opération spéciale. On fait alors de *l'amber-beer* avec les deux premières
trempes et de la petite bière avec les trempes d'épuisement.

Composition d'un brassin d'amber-beer, d'après M. Lacambre.

Malt pâle.	15 quarters	} 25 quart. = 72ʰ,69 = 3998 kilog.	
Malt ambré.	10 »		
Houblon..	104 livres	=	47ᵏ,16
Réglisse (?).	20 »	=	9 ,07
Mélasse.	30 »	=	13 ,61
Graines de paradis. . .	4 »	=	1 ,81
Capsicum (piment). . .	4 »	=	1 ,81

Le produit est de 100 hectolitres à la guilloire, sans compter
la petite bière. La relation est donc de $2^h,50$ d'amber-beer par
kilogramme de malt traité. La quantité de petite bière est à
peu près égale, mais souvent la bière ambrée est moins forte
et elle se fait avec les trois premières trempes.

B. — Le même auteur a donné la composition d'un brassin
de *bière de table*.

Malt pâle.	12 quarters	} 16 quart. = 47 hectol. = 2585 kilog.	
Malt ambré.	4 »		
Houblon..	72 livres	=	32ᵏ,67
Extrait de réglisse. .	12 »	=	5 ,44

Produit : 130 hectolitres de bière forte de table, ou 90 hectolitres de bière ordinaire et 55 hectolitres de petite bière. Le
rapport varie entre $5^l,2$ de bière forte et $5^l,609$ de bière ordinaire et faible par kilogramme de malt.

Les variations de composition de la bière anglaise ne portent guère, dans chaque sorte, que sur la proportion du grain
employé et sur le rapport de production. Les bières du
Royaume-Uni sont les plus fixes que l'on connaisse, avec les
bières de Bavière, dont la richesse dépend d'une réglementa-
tion spéciale. La méthode de la brasserie anglaise est celle
qui se rapproche le plus d'un véritable procédé de vinification.

§ II. — BRASSERIE ALLEMANDE.

Nous ne songeons nullement à contester la qualité de certaines bières d'Allemagne. Si nous regardons la fabrication
anglaise comme préférable, il n'y a, dans notre esprit, aucune

idée préconçue; nous sommes disposé, autant que personne,
à trouver bon ce qui est bon, à reconnaître qu'une méthode est
rationnelle lorsqu'elle l'est en réalité, même lorsque cette méthode est pratiquée en Prusse ou ailleurs. Il n'y a que de la
justice à cela; mais, par contre, nous nous croyons obligé de
dire qu'une mauvaise chose est mauvaise, malgré les enthousiastes et les panégyristes.

Or, il ne faut pas croire que les dithyrambes chantés en
l'honneur de la bière de Bavière ou des bières allemandes
soient autant mérités qu'on veut bien le dire, et la chose demande à être examinée froidement.

Nous avons déjà dit ce que nous pensons de la *fermentation
basse*. M. J. Liebig attribue à ce mode les *qualités précieuses* de
la bière de Bavière, et la conservabilité en particulier. Au rebours de tout ce qui est reconnu partout, le célèbre chimiste
voit un avantage dans le libre accès de l'air et dans la *tendance du gluten soluble à absorber l'oxygène*. Bien que la présence de l'oxygène et du gluten soit la condition de l'acétification, on empêche ce résultat en excluant l'intervention de
la chaleur... Le chimiste allemand ajoute à ces idées une déclaration significative :

« L'action à laquelle on a donné le nom de *fermentation par
dépôt* n'est donc autre chose qu'une *métamorphose simultanée de
putréfaction et de combustion lente; le sucre et la lie s'y putré-
fient* et le gluten soluble s'y oxyde, non pas aux dépens de
l'oxygène, de l'eau ou du sucre, mais aux dépens de l'oxygène
de l'air, et il se sépare à l'état insoluble. »

Et plus loin :

« Faire en sorte que la fermentation du moût de bière s'accomplisse à une température basse, qui empêche l'acétification
de l'alcool, et que *toutes les matières azotées s'en séparent parfaitement*, par l'intermédiaire de l'oxygène de l'air, et non pas
aux dépens des éléments du sucre, voilà le secret des brasseurs de Bavière. »

Nous admettons que la température *très-basse* s'oppose à
l'acétification; mais M. J. Liebig nous permettra de ne pas
croire à cette sélection du gluten pour l'oxygène de l'air; nous
ne voyons pas pourquoi *ce gluten choisirait*, pour s'oxyder,
l'oxygène de telle provenance plutôt que celui d'une autre
source. Cette opinion n'est qu'un germanisme, une idée spé-

culative, car *les matières azotées sont loin d'être toutes séparées à l'état insoluble* dans la bière de Bavière, comme le prétend M. Liebig. On peut en avoir la preuve par le dépôt qui se forme dans cette bière, lorsqu'on y verse de la solution de tannin.

La fermentation basse n'a guère pour effet que la production exagérée de l'acide lactique, et ceci est une affaire de goût. Les bières allemandes, faites le plus souvent par décoction, au moins partiellement, contiennent moins de matières azotées que certaines bières belges fromentacées, par exemple, puisque l'albumine coagulable est éliminée ; mais nous doutons de la conservabilité de ces produits, quoi qu'on dise. S'il faut tenir une bière dans la glace pour qu'elle se conserve, elle n'offre rien de plus que toutes les autres matières altérables. Nous ne discuterons pas davantage cette question, mais nous croyons que le poissage des futailles a bien plus de valeur conservatrice que la fermentation basse.

Les bières de Bavière sont bonnes, en tant que *bières lactiques,* lorsqu'elles proviennent de bonnes matières premières, fermentées à très-basse température ; mais elles n'en sont pas moins des bières lactiques ; elles sont des dissolutions de dextrine et d'acide lactique plus ou moins alcoolisées.

MÉTHODES DE LA BRASSERIE ALLEMANDE. — Disons tout d'abord que, en Allemagne, on rencontre parmi les ouvriers une qualité à laquelle nous croyons qu'on doit attribuer une grande part dans la valeur de certains produits tels que le sucre, la bière, etc. Ils accomplissent les prescriptions de la méthode adoptée avec une attention scrupuleuse, dont on trouverait peu d'exemples parmi nous. De là vient, sans nul doute, la fixité de leurs produits, qui ne se démentent que fort rarement et presque toujours accidentellement. Ils sont, sous ce rapport, *les hommes de la consigne*, et c'est une sorte de caractère natif dont la valeur n'est pas contestable. Ce n'est que par l'exactitude dans l'exécution qu'une méthode industrielle peut amener de bons résultats, et les plus petites négligences ne sont autre chose que des modifications nuisibles, à la suite desquelles les conséquences finales se trouvent changées.

La France serait le premier pays industriel du monde, si les ouvriers y étaient doués de cet esprit d'exactitude qui leur manque souvent, et si la fidélité aux méthodes y était plus en honneur. Il n'en est pas ainsi malheureusement et, pour ne

39

parler que de sucrerie, de distillerie et de brasserie, il est bien difficile de rencontrer deux établissements où la même méthode s'exécute *rigoureusement* de la même façon. Les négligences des ouvriers, la vanité des contre-maîtres, les prétentions au génie inventif, la conviction où sont les uns et les autres, patrons, directeurs, contre-maîtres et ouvriers, qu'ils en savent assez pour *manipuler à leur gré les procédés*, tout cela, joint à différentes autres causes, fait qu'une grande partie des usines françaises sont loin de réussir aussi bien qu'elles le devraient, et que leurs produits varient considérablement.

En Allemagne, au contraire, le procédé adopté est presque toujours exécuté *rigoureusement* et à la lettre... Nous ne nous étendrons pas beaucoup sur les méthodes de brassage suivies dans ce pays, et nous décrirons seulement les plus importantes selon l'ordre du travail, afin de mettre le lecteur à même de juger les différences qu'elles présentent.

Les principales *bières d'orge* allemandes sont :

Les *bières brunes de Munich, ordinaire* et *de garde* ; le *bock-bier* et le *salvator-bier ;* les *bières brunes d'Augsbourg*, de *Nuremberg*, de *Mersebourg*, de *Copenhague* et la *bière* ou *ale* de *Hambourg*. On en brasse, sans doute, en Allemagne une infinité d'autres espèces ; mais ce que nous avons à faire connaître sur ces variétés principales suffira pour l'appréciation des méthodes allemandes, parmi lesquelles le procédé de Bavière tient le premier rang.

MÉTHODE BAVAROISE. — Dans cette méthode, on emploie, au brassage, une quantité d'eau double de celle de la bière à obtenir. On procède généralement par décoction.

Bières brunes de Munich. — Série des opérations. — 1° Empâtage à l'eau froide. 2° Après quatre ou cinq heures, introduction d'eau chaude, par le faux fond, et brassage, pour porter la température vers +42 degrés. 3° Aussitôt que la masse est homogène, introduction du reste de l'eau chaude et brassage énergique. 4° Soutirage immédiat et mise en ébullition de la moitié environ de la trempe épaisse (*dick-meisch*). 5° Après une ébullition d'un quart d'heure, transport du moût sur le résidu et, simultanément, brassage énergique. 6° Dès que ce transport est effectué, deuxième retour de la trempe à la chaudière, et ébullition d'un quart d'heure. 7° Deuxième retour à la cuve-matière et brassage. 8° Repos d'un quart d'heure à vingt minutes. 9° Soutirage des deux tiers du liquide (*dünn-meisch* ou *lauter-meisch*), qu'on envoie à la chaudière et qu'on porte au bouillon. 10° Aussitôt l'ébullition, transport à la cuve-matière, brassage, couverture de la cuve et repos d'une heure à une heure et demie, la température étant de + 80 degrés environ. 11° Soutirage du moût clair et mise en ébullition avec le houblon. Durée de l'ébullition de la *première trempe :* environ deux heures et demie.

12° *Deuxième trempe,* par de l'eau chaude sur la drèche. Brassage. 13° Repos de trois quarts d'heure. 14° Soutirage et ébullition de deux heures sur le houblon résidu de la première trempe.

15° *Épuisement* de la drèche par une ablution qui sert à la distillerie.

16° *Refroidissement* en bacs, jusqu'à +12 à +15 degrés. 17° Mise en levain et fermentation dans des bacs ouverts, placés en caves froides (+ 10 à + 12 degrés). Durée de la fermentation : dix à quinze jours environ. 18° Soutirage au clair et entonnage.

Telle est la marche suivie le plus généralement pour les bières brunes de Munich. M. Muller en donne une description que nous analysons suivant l'ordre du travail, afin de ne rien négliger.

Soit la quantité de malt égale à 740 kilogrammes pour faire 26 hectolitres de bière : 1° Arrivée dans la cuve-matière de 34 hectolitres d'*eau froide*, introduction du malt et *empâtage*. 2° Pendant ce temps, mise en ébullition, dans la chaudière, de 23 hectolitres d'eau. 3° Repos de l'empâtage pendant quelques heures. 4° Brassage et introduction dans la cuve-matière de la moitié de l'eau de la chaudière. 5° Repos de quelques minutes. 6° Introduction du reste de l'eau et brassage non interrompu. 7° Envoi à la chaudière de la première *dick-meisch*, ou trempe épaisse, d'un volume de 24 à 25 hectolitres, et cuisson de trois quarts d'heure à une heure et demie, avec agitation continuelle. 8° Retour de la dick-meisch à la cuve-matière et brassage ; température produite : + 48 à + 50 degrés. 9° La deuxième dick-meisch est mise à la chaudière ; son volume est de 26 hectolitres, et elle doit bouillir pendant une heure. 10° Retour de la deuxième dick-meisch à la cuve-matière et brassage ; la température s'élève vers + 62 degrés. 11° Décantation de la trempe claire ou dünn-meisch, de la partie supérieure (27 à 28 hectolitres), qu'on porte à l'ébullition pendant un quart d'heure à une demi-heure. 12° Retour à la cuve-matière et brassage d'une demi-heure ; la température est arrivée vers +75 degrés. 13° Repos : une heure à une heure et demie. 14° Nettoyage de la chaudière et mise en ébullition de l'eau de trempe pour la petite bière. 15° Soutirage de la trempe limpide dans la cuve-reverdoire. 16° Sortie de l'eau de la chaudière. 17° Introduction de la moitié du premier moût dans la chaudière et de tout le houblon. 18° Cuisson : une demi-heure. 19° Remplissage avec le reste du moût et cuisson, une heure et demie à deux heures. Le reste comme il a été dit plus haut.

20° Le moût de deuxième trempe peut servir à faire de la petite bière ou à remplir la chaudière à mesure de l'ébullition. 21° Epuisement de la drèche.

Bock-bier. — Comme pour la bière brune, mais on cuit les trempes épaisses un quart d'heure de plus. L'ébullition du moût avec le houblon ne dure qu'une heure et demie.

Salvator-bier. — Comme pour le bock. Le moût est refroidi vers + 10 degrés. Ces deux bières demandent une quinzaine de jours de première fermentation, et près de trois mois de fermentation secondaire.

Bière brune d'Augsbourg. — Comme la bière brune de Munich, sauf ce qui suit. Après l'empâtage, repos de quatre heures. Soutirage d'une petite partie du liquide (la *mise froide*) qu'on réserve dans la reverdoire. Brassage de la première dick-meisch. La *mise froide* est envoyée à la chaudière, puis on y joint la dick-meisch et l'on porte à l'ébullition. Pendant ce temps on soutire dans la reverdoire le liquide qui a passé entre les deux fonds de la cuve-matière ; ce liquide est la *mise chaude*, que l'on introduira plus tard dans la chaudière, avant d'y faire arriver la trempe claire ou dünn-meisch, et que l'on fera bouillir avec cette dernière. Cette modification peut paraître singulière ; mais elle a un but rationnel, qui est de faire réagir l'infusion du malt, inaltérée par la chaleur, sur la trempe épaisse et sur la trempe claire.

Bière brune de Nuremberg. — Quatre trempes. La première se fait à + 45 degrés. On la transvase dans une chaudière, on la fait bouillir, et on la retourne à la cuve, où elle constitue la seconde trempe et, après le brassage, la température se trouve élevée vers +60 degrés. Après un brassage d'une heure, on soutire la plus grande partie du liquide, et on le fait bouillir. Retour à la cuve et brassage, pendant une heure, de la première trempe épaisse (3e trempe). Transport de toute la matière à la chaudière. Ébullition pendant vingt-cinq minutes. Retour à la cuve-matière. Repos d'une heure et demie. Soutirage du moût clair. Cuisson. Épuisement de la drèche... Ce procédé semble fait à plaisir pour constituer les plus grandes difficultés possibles de pratique et les contradictions les plus évidentes avec les principes.

Bière brune de Mersebourg. — Empâtage avec de l'eau à +36 ou +38 degrés; on fait la première trempe à +72 degrés avec l'eau bouillante de la chaudière. Toute la masse, liquide et épaisse, est portée à la chaudière et cuite pendant vingt minutes; on la rapporte à la cuve, on brasse et on laisse reposer pendant une heure. Soutirage du moût. Épuisement méthodique de la drèche par arrosement. Réunion des moûts et cuisson.

Bière brune de Copenhague. — Cette bière se brasse suivant la méthode anglaise, à cette différence près que l'on soumet à la décoction une partie de la trempe claire. Les deux premières trempes réunies cuisent six heures avec le houblon et des matières résineuses. La troisième trempe sert à faire de la petite bière. On met en fermentation au-dessus de +25 degrés et le travail dure une semaine.

Ale de Hambourg. — La bière de Hambourg est brassée par la méthode anglaise, mais on ne fait cuire le moût que pendant deux heures au plus, et la fermentation ne se fait dans la cuve-guilloire que pendant vingt-quatre heures. C'est une sorte de *départ*, après quoi on la met en futailles. La bière n'est soutirée qu'au bout de dix mois, mais les tonneaux sont ouillés fréquemment pour séparer la levure.

DOSAGES DES BIÈRES ALLEMANDES. — Le dosage des *bières de Bavière* est réglementé par une loi.

Pour la *bière brune ordinaire de Munich*, un *scheffel* de malt, de 222¹,36, doit donner 7 *eimers* de bière, de 68¹,52 chacun. Ce dosage revient à 479¹,64 par scheffel, soit 215¹,70 de bière par hectolitre ou 55 kilogrammes de malt. Le rapport de production de cette bière est donc de 3,92 de produit pour

1 kilogramme de malt. On peut encore faire 35 à 40 *maas* de petite bière par scheffel avec les trempes d'épuisement, en sorte que, le *maas* de Bavière valant $1^1,069$, le rapport de cette petite-bière est d'environ un tiers de litre ($0^1,3058$) par kilogramme de malt.

Pour la *bière brune de garde*, le dosage légal est de 6 *eimers* de produit par *scheffel* de malt. C'est donc $411^1,12$ de bière pour $222^1,36$ de malt, non compris la petite bière que l'on fait, d'ailleurs, assez rarement. C'est un rendement de $184^1,89$ par hectolitre de malt, ou un rapport de production de $3^1,36$ par kilogramme de malt employé.

Le dosage du houblon est assez variable. Pendant que les uns exigent 600 à 800 grammes par hectolitre, les autres n'emploient que $1^k,25$ à $1^k,50$ par 100 kilogrammes de malt, ce qui est beaucoup moindre que le premier dosage.

Bock-bier. — Le dosage moyen du bock de Bavière est de 1 *scheffel* de malt pour 4 *eimers* et demi ou 5 *eimers* de bière au plus, soit une moyenne de 4,75. On emploie le houblon en proportion variable[1]. Le rendement est de $146^1,45$ par hectolitre de malt, ce qui donne un rapport de production de $2^1,662$ par kilogramme de malt, non compris le peu de petite bière que l'on peut faire avec les ablutions.

Salvator-bier. — Un scheffel de malt ne donne que 4 *eimers* un quart de salvator. Le houblonnage est d'un cinquième plus fort que pour le bock. On a ainsi un rendement de 131 litres environ par hectolitre de malt, soit un rapport de production de $2^1,38$ par kilogramme de malt.

Bière brune d'Augsbourg. — Même dosage que pour la bière de Munich.

Bière brune de Nuremberg. — Même observation.

Bière brune de Brême. — Dosage : 33 kilogrammes de malt et 700 grammes de houblon pour 100 litres de moût, donnant 92 litres de bière. Le rapport de production est de $2^1,79$ par kilogramme de malt.

Bière brune de Mersebourg. — M. Muller indique les quan-

---

[1] Pendant que M. Lacambre en fixe la proportion à 700 ou 800 grammes par hectolitre de bock, un Allemand, M. Muller, n'indique que 385 grammes pour la même quantité, soit, au plus, 2 livres et demie, de 500 grammes, par scheffel de malt. Ces données sont loin d'être concordantes!

tités suivantes pour une brasserie de 24 tonnes de Prusse de cette bière ($27^h,48$) [1].

Malt pâle. . . .   21 scheffels $= 11^h,54$
Malt-couleur. .   16   — $= 8 ,79$ } $= 20^h,33 = 1118^k,15.$
Houblon. . . . .   24 livres.
Gentiane pulv. .   2   —

Le rapport de production est d'environ $2^l,45$ par kilogramme de malt pour la bière forte, non compris la petite bière provenant des épuisements.

Bière brune de Copenhague. — Le rapport entre la matière première et la production est de 100 litres de bière pour 30 kilogrammes de malt, soit $3^l,33$ pour 1 kilogramme non compris la petite bière.

Bière de Hambourg. — Un hectolitre d'ale d'exportation de Hambourg demande 35 kilogrammes de malt et 800 grammes de houblon. Le rapport de production est de $2^l,857$ pour 1 kilogramme de malt employé.

§ III. — BRASSERIE BELGE.

Les bières belges appartiennent surtout à la section des bières fromentacées. On brasse cependant en Belgique quelques bières d'orge que nous ne voulons pas passer sous silence ; les principales sont la *bière d'Anvers*, les *uytzets des Flandres* et la *bière d'orge de Louvain*.

En dépit des réclamations qui nous ont déjà été faites et des objections qu'on pourrait nous faire encore, il nous semble bien difficile d'attribuer à la Belgique une part sérieuse dans l'*invention industrielle* proprement dite. *Nous savons,* avec tout le monde, que l'on y fait de tout ce qui se fait ailleurs, qu'il y règne une activité remarquable dans le commerce et l'industrie, mais nous n'y voyons guère de procédés spéciaux, de méthodes qu'on puisse considérer comme *purement indigènes*. En sucrerie, en alcoolisation, en brasserie, en distillation, les procédés belges sont presque toujours des compilations, des reproductions, avec ou sans variantes, de ce

---

[1] La tonne de Prusse vaut 100 quarts de $1^l,145$. Elle représente donc $114^l,5$. Le scheffel prussien est de $54^l,96$. La livre de Prusse vaut 500 grammes.

qui se pratique ailleurs et, du reste, cette imitation est presque forcée dans les conditions où se trouve jeté ce petit pays, entre l'Allemagne, la France et la Hollande.

Constatons cependant une progression qui nous semble due à l'action des hommes de mérite et de travail, qui ne manquent pas plus en Belgique que chez les peuples voisins, et grâce auxquels, dans un temps donné, l'initiative doit remplacer l'imitation dans les arts industriels. Longtemps la Belgique a été la terre classique de la contrefaçon. La tendance actuelle est moins décidée ; on y pratique au fond les procédés des autres nations, mais on cherche à leur donner une sorte d'allure particulière en les modifiant quelque peu. Le jour n'est pas loin, sans doute, où ce pays arrivera à employer des méthodes et des procédés qui lui appartiendront, ou, tout au moins, à ne pas s'attribuer la propriété de ce qui se fait chez les autres. Alors seulement la Belgique sera un pays autochthone ; alors seulement elle s'appartiendra à elle-même, et elle cessera d'être la terreur et le souci de tous les inventeurs du continent européen.

Quoi qu'il en soit et en attendant cette époque de transformation, nous ne croyons pas que les méthodes usitées dans la brasserie belge présentent des différences notables avec les procédés allemands, hollandais, etc. Nous les décrivons sommairement.

Méthodes de la brasserie belge. — A. — *Bière d'Anvers.* — Cette bière ne devrait pas, à la rigueur, être classée parmi les bières d'orge. La matière première est le plus souvent un mélange formé de 5 à 8 parties d'avoine crue, 4 à 6 parties de froment non germé, et 90 à 92 parties de malt d'orge sur 100 parties en poids. Comme cette bière se brasse aussi avec l'orge seule, nous la laissons dans la section des bières d'orge. Le fond de la manipulation est la méthode par décoction ; mais cette décoction ne se fait que sur la trempe claire (*dünnmeisch* ou *lauter-meisch* des Allemands. L'ordre du travail est le suivant :

1° Introduction dans la cuve-matière du tiers de son volume d'eau à +48 ou +50 degrés. 2° On y verse la matière première moulue. 3° Addition d'eau plus chaude (vers +60 degrés) et brassage au fourquet. 4° Repos d'une demi-heure. 5° Soutirage de la *première trempe.* 6° Cette première trempe passe à la chaudière pour y bouillir pendant un quart d'heure. 7° Addition d'eau bouillante à la cuve-matière, par le double fond, et brassage soutenu pendant deux heures. 8° Repos, une heure. 9° Soutirage de la *deuxième trempe,* qu'on envoie à la chaudière à cuire, sous laquelle on allume le feu. 10° Retour de la *première trempe* (n° 6), avec un peu d'eau bouillante, dans la cuve-matière ; brassage d'une heure à une heure et demie. 11° Repos d'une demi-heure. 12° Soutirage définitif de cette trempe et envoi à la chaudière à cuire avec celle qui y chauffe déjà (n° 9). 13° Addition du houblon et couverture de la chaudière. 14° Ébullition pendant trois heures et demie à quatre heures. 15° *Troisième trempe* à l'eau bouillante. 16° On en ajoute une partie à la chaudière pour compléter le volume désiré de bière forte. 17° *Quatrième trempe* à l'eau bouillante. Le produit réuni à ce qui reste de la troisième trempe, sert à faire de la petite bière. 18° Le moût de bière forte, cuit, est coulé dans le bac à houblon. 19° Repos d'une heure. 20° Envoi aux bacs de refroidissement. 21° Envoi à la cuve-guilloire, de +26 à +28 degrés en hiver, ou de +24 à +25 degrés par les températures ordinaires. 22° Fermentation de trois à quatre jours en guilloire. 23° Mise en tonnes ; on ouille deux ou trois fois. 24° Lorsqu'il ne sort plus de levure, on bonde et on met en cellier frais.

Observation. — Il est facile de voir que cette marche ne diffère de la *méthode allemande ordinaire,* par décoction de la *lauter-meisch,* que sur un seul point, lequel consiste dans la *mise en réserve de la première trempe* pour faire une sorte de troisième trempe. Cette modification, fort peu rationnelle, ne nous paraît pas heureuse. On ne comprend pas très-bien, en effet, dans quel but une première trempe repasse sur des marcs affaiblis, sinon pour leur enlever des matières azotées et leur abandonner une partie de sa richesse, qui se retrouvera alors dans la petite bière...

B. — *Uytzet.* — Dans l'ancienne méthode de Gand, l'empâtage se faisait ainsi : on mettait dans la cuve une couche de balles de froment, puis le malt par-dessus. On faisait arriver l'eau nécessaire au mouillage et, après un quart d'heure ou vingt minutes de repos, on soutirait le liquide contenu entre les fonds pour l'envoyer à la distillerie. On procédait ensuite aux trempes. Voici la marche actuelle :

1° Introduction de l'eau tiède nécessaire pour humecter le malt. 2° Addition du malt avec ou sans balles de froment, et empâtage. 3° Soutirage du liquide d'entre les fonds, que l'on réserve pour la petite bière ou pour joindre à l'eau bouillante des trempes [1]. 4° Remplissage de la cuve avec de l'eau bouillante et brassage simultané. 5° Repos de trois quarts d'heure. 6° Soutirage de la *première trempe*. 7° Mise en chaudière de cette trempe, qui est portée à l'ébullition pendant que se fait la trempe suivante. 8° *Deuxième trempe* à l'eau bouillante. 9° Repos d'une heure et demie. 10° Soutirage de la deuxième trempe. 11° Retour à la cuve de la première trempe et brassage d'une demi-heure. 12° Repos d'une heure. 13° Pendant ce temps, la deuxième trempe a été mise en chaudière. 14° Soutirage de la première trempe et réunion avec la seconde dans la chaudière. 15° Houblonnage et ébullition pendant huit à dix heures.—Ces deux premières trempes donnent la bière double ; les trempes suivantes, cuites à part, donnent la petite bière ; toutes les trempes réunies forment l'uytzet ordinaire. 16° *Troisième trempe* à l'eau bouillante et d'une heure de durée. 17° Quatrième trempe, comme la troisième. 18° Refroidissement de +20 à +21 degrés ou de +26 à +27 degrés selon la saison. 19° Mise en ferment dans la cuve-guilloire. 20° Entonnage après quatre ou cinq heures. 21° Fermentation suivant la marche ordinaire, plus lente et à plus basse température pour la double uytzet, plus rapide pour la bière jeune.

C. — *Bières brunes des Flandres.* — On les brasse comme l'uytzet ; on les fait bouillir pendant quinze à dix-huit heures et plusieurs brasseurs ralentissent la fermentation pour rendre leur produit plus conservable.

Nous devons faire remarquer ici que, dans les Flandres, comme à Anvers, la bière est souvent colorée frauduleusement par une addition, à la chaudière, de 60 à 80 grammes de chaux par hectolitre. Nous nous contentons de signaler le fait.

D. — *Bières de Louvain.* — Les perfectionnements très-réels apportés à la brasserie de Louvain sont dus à M. Lacambre, d'après lequel nous donnons les faits principaux relatifs à la

---

[1] Ce liquide se nomme *slym*, en flamand, c'est-à-dire phlegme, ou glaire, limon.

fabrication belge. Cet habile praticien, qui doit être compté parmi les hommes de mérite dont nous parlions précédemment, a cherché à éclairer la brasserie par ses enseignements et sa pratique et, s'il n'a pas entièrement réussi à modifier les errements de la fabrication belge, on peut en rejeter hardiment la faute sur les préjugés locaux et la puissance d'inertie engendrée par l'habitude. Voici la marche suivie pour la fabrication des bières d'orge de Louvain :

1° Introduction d'eau à + 58 ou + 60 degrés, jusqu'au tiers du volume de la cuve-matière. 2° Introduction du malt et brassage simultané. 3° Remplissage de la cuve par de l'eau bouillante arrivant sous le faux fond, et brassage jusqu'à mélange exact. 4° Occlusion de la cuve et repos d'une demi-heure. 5° Nouveau brassage. 6° Repos d'une demi-heure. 7° Ecoulement direct de la *première trempe* dans la chaudière close, à agitateur mécanique. 8° Chauffage immédiat. 9° *Deuxième trempe* à cuve pleine, par +92 degrés de température et brassage simultané d'un quart-d'heure. 10° Repos de une heure et demie. 11° Brassage de dix minutes. 12° Repos de trois quarts d'heure à une heure. 13° Soutirage de la deuxième trempe et réunion avec la première dans la chaudière. 14° *Troisième trempe* à l'eau presque bouillante, par un seul brassage et trois quarts d'heure de repos. 15° *Quatrième trempe*, comme la troisième. 16° *Ablution d'épuisement*, par-dessus. — Ces trois dernières trempes à traiter séparément pour faire la bière de mars ou à réunir aux deux premières pour avoir la bière simple.

Nous suivons la fabrication de la bière double, résultant des deux premières trempes mélangées dans la chaudière. 17° Addition du houblon aux deux trempes réunies. 18° Ébullition de quatre à six heures. 19° Écoulement dans le bac à houblon. 20° Repos d'une demi-heure à trois quarts d'heure. 21° Passage aux bacs refroidissoirs. 22° Mise en levain dans la cuve-guilloire. 23° Passage dans les tonnes d'épuration comme dans la méthode anglaise. Quelquefois, dans un but spécial, fermentation sans levûre et entonnage immédiat comme pour les bières fromentacées dont nous parlerons plus loin. 24° Le produit des trempes d'épuisement, après écoulement du moût de bière double (n° 19) est envoyé à la chaudière sur le résidu de houblon avec du houblon neuf, et soumis à l'ébullition pendant cinq à six heures. 25° Fermentation à l'anglaise ou dans des tonnes. Même observation pour la bière ordinaire résultant du mélange de tous les brassins.

Cette méthode, très-rationnelle, ne peut donner que d'excellents résultats, pourvu que la fermentation soit poussée à son terme et que la purification soit parfaite.

E. — *Bières wallonnes*. — Cuisson variable : six à huit heures pour les bières ambrées et quinze à dix-huit pour les bières brunes. Les brasseurs qui cuisent moins longtemps font une addition de chaux... Entonnage immédiat et fermentation en petites tonnes ou quarts.

F. — *Bière de Maestricht*. — 1° Empâtage. 2° *Première trempe* par une heure et demie à deux heures de travail. 3° Repos d'une demi-heure. 4° Soutirage et envoi à la chaudière où on commence à chauffer aussitôt. 5° *Deuxième trempe* à l'eau bouillante, par deux heures de travail. 6° Soutirage au clair et réunion à la première trempe dans la chaudière. 7° Houblonnage (1 kilogramme houblon allemand par 160 litres). 8° Ébullition forte de dix à douze heures. 9° *Troisième trempe* et *quatrième trempe*, d'une heure chacune, servent à faire la petite bière. 10° Après ébullition, repos de la bière forte, une ou deux heures dans la chaudière. 11° Passage en bacs refroidissoirs jusqu'à refroidissement vers +20 degrés à +22 degrés, ou +25 degrés à +26 degrés, selon la saison. 12° Mise en levain dans la guilloire et entonnage. Fermentation en quarts ou en petites tonnes.

Cette marche est absolument celle de la méthode vulgaire, sans autre différence que celle qui consiste à laisser reposer le moût dans la chaudière, sur le marc de houblon, ce qui peut contribuer à rendre la fermentation plus lente et la bière plus conservable.

Dosages des bières belges et hollandaises. — M. Lacambre a donné de très-bonnes indications sur ces bières et nous ne pouvons mieux faire que de mettre les proportions qu'il indique sous les yeux de nos lecteurs.

Bière d'Anvers. — Pour 1 hectolitre de bière composé de 60 litres de bière double et 40 litres de petite bière, on emploie 24 à 26 kilogrammes de malt (25 kilogrammes moyenne); la quantité de houblon pour la bière forte est de 380 à 460 grammes par hectolitre. Le rapport de production serait de

2¹,40 de bière forte et 1¹,60 de petite bière, ou, en tout, 4 litres par kilogramme de malt.

Bière des Flandres. — Les bières flamandes, connues sous le nom d'*uytzet*, se préparent suivant différents dosages; en voici un qui est relatif à la préparation de 80 hectolitres d'uytzet ordinaire de Gand, ou 54ʰ,40 de double uytzet et 24 hectolitres d'uytzet ordinaire :

Malt, 2145 kilogrammes.

Houblon de Belgique, de 625 à 780 grammes par hectolitre de double uytzet, et de 470 à 625 grammes par hectolitre d'uytzet simple.

Le rapport de production est de 3¹,94 pour la bière forte, et 0¹,893 pour la petite uytzet, soit, en tout, 3¹,833 par kilogramme de malt employé.

Bière de Louvain. — La *bière d'orge double* résulte du dosage ci-dessous, ainsi que la *bière d'orge simple* et la *bière de mars*; la dernière est la petite bière résultant des trempes d'épuisement, la bière simple est produite par tous les brassins réunis et la bière double provient des deux premières trempes. Ces bières d'orge ne se brassent à Louvain que depuis l'établissement, par M. Lacambre, de la grande brasserie modèle qu'il a fait ériger dans cette ville;

Malt, 70 à 75 sacs = 4200 à 4400 kil.   Moyenne : 4300 kil.

Produit : 100 à 110 hectolitres de moût de bière double venant des deux premières trempes, 80 à 90 hectolitres (= moyenne, 85 hectol.) venant des troisième et quatrième trempes, et 10 à 15 hectolitres (12ʰ,5 moyenne) des ablutions.

Houblon employé pour le premier moût, 34 à 36 kilogrammes houblon belge jaune (Alost ou Poperinghe), ou 24 à 25 kilogrammes houblon d'Amérique.

Pour le moût de bière de mars, 20 à 25 kilogrammes.

Produits moyens : 105 hectolitres de bière double et 97ʰ,5 de bière de mars par 4300 kilogrammes de malt. Le rapport de production est de 2¹,441 de bière double et 2¹,267 de bière de mars, en tout 4¹,708 par kilogramme de malt employé.

§ IV. — BRASSERIE FRANÇAISE.

La préparation de la bière tend à prendre une certaine extension en France, il est vrai, mais il est difficile de croire que cette fabrication se soit établie dans les localités où elle serait le plus nécessaire. Nous trouvons des brasseries à Paris, à Lyon, à Marseille, à Bordeaux, à Toulouse, etc., et c'est précisément dans la partie de la France qui ne produit pas de vin que nous en rencontrons le moins. Tout en admettant qu'en Bretagne, en Normandie, en Picardie, on peut boire du cidre à défaut de vin, il nous semble que l'usage de la bière ne pourrait que rendre des services à ces contrées, puisque la vigne n'y est pas cultivée et que les fruits à cidre ne donnent pas tous les ans une récolte assurée. On pourrait toujours s'y procurer de la bière. Les fermiers eux-mêmes pourraient brasser la boisson nécessaire à la consommation de leurs ouvriers, et cela vaudrait infiniment mieux que les tristes expédients qu'on met parfois en pratique pour *faire de la boisson*, à l'époque de la fenaison ou de la moisson. Une *bière jeune*, bien faite, est certainement préférable à la piquette, décorée du nom de *cidre*, que l'on consomme aux champs ; elle est saine, fortifiante et nourrissante, et l'on n'en peut pas dire autant des breuvages impossibles que nous voyons employer tous les jours. Le travailleur lui-même, l'ouvrier, pourrait faire de la bière de ménage pour la consommation de sa famille, ce qui ne demande pas de science ni de calculs compliqués, et il se procurerait à la fois de l'économie et du bien-être par une opération aussi simple qu'avantageuse [1].

S'il est vrai de dire que, dans les pays à cidre, on n'aime pas la bière et que, d'ailleurs, la qualité exécrable de celle que l'on peut s'y procurer semble justifier cette aversion, il faut ajouter que, dans la plupart des autres contrées françaises, on ne la regarde que comme une affaire de luxe et une boisson supplémentaire. Cette manière de voir, assez juste à certains égards, n'est pas de nature à favoriser le dévelop-

---

[1] Nous donnons, plus loin, un procédé d'une exécution facile pour cette préparation domestique.

pement de la brasserie. Nous n'avons guère en France que la Flandre et l'Alsace, l'ancienne Ardenne et la portion de la Lorraine qui touche à l'Alsace et à la Belgique, où la bière puisse être considérée aujourd'hui comme une liqueur de première nécessité. Partout ailleurs cette fabrication est un accessoire, une affaire de mode, une question d'estaminet. Les brasseries sont nombreuses et florissantes dans les pays que nous venons de citer ; elles répondent à un besoin réel, tandis qu'il ne peut en être de même dans les pays producteurs de vin ou de cidre.

Un fait très-remarquable, qui se rattache à ce qui précède, nous paraît mériter d'être consigné ici : il consiste en ce que la bière s'éloigne d'autant plus de sa composition normale qu'elle est moins indispensable à l'alimentation. En Flandre et en Alsace, elle est préparée avec l'orge et le houblon seulement ; c'est de la bière dans l'étendue la plus complète de l'antique signification de ce terme. Ailleurs, au contraire, il entre souvent, dans la composition des brassins, toute espèce de matières auxiliaires, de sirops, etc., dont l'addition ne peut pas être regardée comme frauduleuse, il est vrai, mais qui ne serait pas tolérable dans bien des circonstances.

MÉTHODES FRANÇAISES DE FABRICATION.—La méthode suivie par la brasserie française a subi depuis quelques années des modifications profondes, en ce sens que la plupart des brasseurs ont cherché à faire des imitations plus ou moins réussies des bières étrangères. Nous n'entrerons pas dans les détails de ces modifications, par le motif qu'elles se trouvent décrites dans les paragraphes que nous consacrons à la brasserie anglaise, allemande ou belge, et que, en s'y reportant, le lecteur trouvera aisément toutes les indications nécessaires.

A.— BIÈRES DE PARIS. — La marche habituelle de la brasserie de Paris consiste dans une fabrication rapide, par une saccharification assez complète, suivie d'une fermentation prompte. Les produits seraient loin d'être mauvais, si la méthode était suivie avec tout le soin nécessaire.

Bières brunes. — Ordre du travail : —1° Introduction du malt dans la cuve-matière, à raison de 20 kilogrammes par hectolitre de cuve. 2° Addition d'eau, à $+50$ ou $+60$ degrés, en proportion convenable pour l'empâtage. 3° Brassage. 4° Addition d'eau à +90 degrés. 5° Repos d'une heure et demie, pendant lequel la cuve est couverte. 6° Soutirage de la *première trempe* et envoi dans la cuve-reverdoire ou dans un bac d'attente. 7° *Deuxième trempe* par de l'eau presque bouillante. 8° Brassage d'une demi-heure. 9° Repos d'une heure et demie. 10° Soutirage de la deuxième trempe et réunion avec la première. 11° *Troisième trempe* avec de l'eau bouillante. 12° Brassage et repos d'une heure. 13° Soutirage de la troisième trempe et envoi dans un bac spécial, quand on ne veut pas faire de bière moyenne. 14° Épuisement par arrosage, comme dans la méthode anglaise ; réunion des deux dernières trempes. 15° Pendant que se fait la troisième trempe, envoi des deux premières à la chaudière et chauffage lent et progressif. 16° Introduction du houblon. 17° Cuisson de quatre heures. 18° Écoulement sur le bac à houblon. 19° Repos de deux heures. 20° Envoi au réfrigérant ou aux bacs refroidissoirs. 21° Mise en guilloire et en levûre entre +20 et +25 degrés. 22° Entonnage en quarts aussitôt le départ. 23° Deux ou trois ouillages. 24° Relèvement et occlusion des quarts au bout de cinquante à soixante heures. Collage.

La bière de mars et la bière de garde sont mises en tonnes de maturation jusqu'à la clarification, ce qui demande environ quatre mois.

Les deux dernières trempes, plus ou moins enrichies par une certaine proportion de glucose, sont portées à la chaudière sur le résidu de houblon et avec un peu de houblon neuf. Cuisson de deux heures. Fermentation comme pour la bière forte jeune.

Bières blanches.—Même travail que pour les bières brunes. On emploie du malt pâle et le sirop de fécule est ajouté aux deux premières trempes pendant l'ébullition, qui dure deux heures. Fermentation de deux jours, en quarts, suivie du collage immédiat. Consommation à trois semaines d'âge. Cette bière est rarement parfaite, en ce sens que beaucoup de brasseurs abusent des aromates, pour masquer probablement la saveur du sirop qu'ils emploient en excès.

B. — BIÈRES DE LILLE. — Le travail est sensiblement le même que celui de Paris, lorsqu'on suit exactement la méthode par infusion. Il convient d'ajouter cependant, que, très-souvent, on fait la première trempe à +60 degrés seulement, ce qui conduit à la faire bouillir pendant un quart d'heure et à la faire repasser ensuite sur la drèche, lorsque la deuxième trempe a été soutirée. Celle-ci dure près de deux heures et demie et, lorsque la première trempe a filtré sur le résidu, les deux trempes sont réunies dans la chaudière avec le houblon et on les fait bouillir pendant six heures. La troisième trempe sert à faire de la petite bière. La bière ordinaire résulte de la réunion des trois trempes, tandis que la bière double est faite avec les deux premières seulement. La fermentation se fait en quarts et elle suit la même marche que dans la brasserie parisienne, sauf des modifications de peu d'importance.

C. — Bières de Strasbourg. — L'importance et le mérite réel des bières de Strasbourg exigent que nous entrions dans quelques détails sur la fabrication.

Bières de garde. — 1° Ébullition préalable de l'eau qui doit servir au travail. 2° Introduction du malt dans la cuve-matière. 3° Empâtage avec la quantité d'eau strictement nécessaire, à +50 degrés de température. 4° Repos d'une heure. 5° *Première trempe* avec de l'eau entre +65 et +70 degrés. 6° Brassage d'une heure. 7° Repos de trois quarts d'heure. 8° Soutirage et envoi au bac d'attente. 9° *Deuxième trempe* avec de l'eau à +85 degrés. 10° Brassage d'une demi-heure. 11° Repos d'une durée à peu près égale. 12° Soutirage et réunion avec la première trempe qui a été envoyée dans la chaudière à cuire. 13° Mise en houblon. 14° Ébullition de six heures, à feu nu. 15° Enlèvement du feu et séjour plus ou moins prolongé du moût dans la chaudière pour forcer la coloration. 16° Envoi aux bacs refroidissoirs. 17° Mise en guilloire et en levûre vers +22 degrés. 18° Entonnage en quarts aussitôt le départ. Ouillage. Consommation à un an.

Bières jeunes. — Travail comme il vient d'être dit, sauf en ce qui concerne la quantité de l'eau, qui est plus considérable. La saccharification se fait en trois trempes. La fermentation dure deux jours.

D. — Bière de Lyon. — Le travail est le même qu'à Paris ; mais la cuisson est plus longue et dure environ six heures.

Observation. — En partant de cette idée que le vin de céréales peut être soumis à une préparation uniforme, excepté en ce qui touche la proportion des matières à employer, on

40

pourrait résumer ainsi la fabrication française normale : 1° *Saccharification* par un empâtage et quatre trempes, dont les deux premières servent à la fabrication de la bière forte et les deux trempes d'épuisement à celle de la bière faible. La réunion des brassins donnerait la bière moyenne. 2° *Cuisson* de cinq heures. Refroidissement entre + 20 et +25 degrés. 3° *Fermentation* superficielle, rapide, de deux à quatre jours, en cuves ou en quarts. Fermentation complémentaire variable, selon qu'il s'agit de bières jeunes ou de bières de garde. 4° *Clarification* complète.

Cette marche, conforme aux vrais principes de la brasserie, n'offrirait aucune prise à certaines critiques peu réfléchies, dont les brasseurs allemands se montrent prodigues envers la brasserie française.

DOSAGES DES BIÈRES FRANÇAISES. — A. — Il est impossible de donner des dosages exacts des bières françaises par une raison que tout le monde comprendra : c'est que la marche suivie et l'emploi des sirops introduisent des différences considérables dans le travail, qui est, du reste, soumis à une foule de modifications dues au caprice ou à des questions de prix de revient. Cette réflexion porte principalement sur la brasserie parisienne ; mais la France ne nous paraît pas devoir être, avant longtemps, un véritable pays à bière. Nous ne nous en plaignons pas trop dans un sens, quoiqu'il noussemble qu'une fabrication intelligente de la bière puisse rendre de grands services, même dans un pays vinicole.

Cent kilogrammes de malt contiennent *au moins* 60 parties de matières saccharifiables et répondent à 30 kilogrammes ou 35 litres d'alcool, *en théorie*. Ce serait donc, au fond, un rendement de 500 litres de bière alcoolisée à 7 pour 100 que l'on pourrait obtenir à la rigueur. En supposant que le tiers de la matière alcoolisable serait maintenu à l'état de dextrine, il resterait encore un rendement très-possible de 350 à 400 litres de bière alcoolisée entre 6 et 7 pour 100. Or, en ne comptant que la matière première, et en évaluant le prix de l'orge à 20 francs les 100 kilogrammes et celui du houblon à 200 francs, la bière dont nous parlons ne coûterait pas plus de 10 centimes le litre, *tous frais payés*, et elle pourrait très-bien être vendue 15 centimes.

La question mérite d'être prise en considération.

M. A. Payen indique les proportions suivantes pour la brasserie française :

Malt.	2 000 kil.	Eau à 60° 2500 lit.	qui produisent 6 000 li-	
Sirop à 35°. . . .	200 kil.	— à 90° 2500	tres (?) de bière	
Houblon.	60 kil.	— à 100° 1200	double.	

Lavage du malt. . . . . . . Eau à 100° 4000 — Produit : 4 000 litres de petite bière représentant 2 000 litres de bière double.

On voit que, sur cette base, le rapport de production *serait* de 3 litres de *bière double* et 2 litres de *petite bière* pour 1 kilogramme de malt et 100 grammes de glucose. Il est vrai qu'il est illusoire de compter jamais sur les chiffres de M. Payen et qu'on ne peut les admettre sans vérification. Ainsi, le célèbre professeur a oublié de tenir note du liquide restant dans la drèche. Or, il faudrait diminuer son chiffre de la bière double de 330 litres au moins, ce qui ramène le rapport de production à 2l,835 par kilogramme de malt et 100 grammes de sirop pour la bière double ; mais nous ne nous appesantirons pas sur une erreur de ce genre, sans quoi nous n'en finirions pas avec ces légèretés.

B. — Pour la *bière façon Bavière*, que l'on brasse dans les environs de Paris [1], on a trouvé que 1 000 kilogrammes de malt, 25 kilogrammes de houblon et 25 kilogrammes de levûre donnent 24 hectolitres de bière, autant de drèche et 60 kilogrammes de germes. C'est un rapport de 2l,40 par kilogramme de malt.

C. — M. Muller indique, pour la *bière double de Paris*, 16 à 17 kilogrammes de malt, 5 à 6 kilogrammes de sirop, et 400 à 500 grammes de houblon pour 1 hectolitre de bière, non compris la petite bière, évidemment. C'est une moyenne de 16k,500 de malt par hectolitre et 5k,500 de sirop. Le rapport de production est de 6 litres environ par kilogramme de malt et 333 grammes de sirop. On voit que la proportion du sirop est ici plus de trois fois plus considérable que celle indiquée par M. A. Payen.

[1] Brasserie Boucherot, à Puteaux.

D. — *Bière de Lille.* — M. Lacambre a donné la composition suivante d'un brassin de bière de Lille.

Malt écrasé aux cylindres. . 2 000 kil.

Houblon de Poperinghe.. $\left\{ \begin{array}{l} \text{26 kil. pour la bière forte} \\ \text{6 kil. pour la petite bière} \end{array} \right\} = 32$ kil.

Levûre. . . . . $\left\{ \begin{array}{l} \text{16 lit. pour la bière forte} \\ \text{6 lit. pour la petite bière} \end{array} \right\} = 22$ kil.

Produit : 72 hectolitres de bière forte et 28 hectolitres de petite bière. Le rapport de production est de $3^l,9$ de bière forte et $1^l,4$ de petite bière par kilogramme de malt, soit en tout $5^l,3$. Disons, en passant, que l'élévation de ce rapport tient à ce que l'on s'efforce, avec beaucoup de raison, selon nous, de laisser le moins possible de dextrine dans ces bières, qui sont très-vineuses.

Pour *la même bière*, M. Muller indique 20 kilogrammes de malt d'escourgeon pour 1 hectolitre de bière jeune, et 25 kilogrammes pour la bière de garde. La dose du houblon serait de 400 à 500 grammes.

E. — *Bières de Strasbourg.* — *Bière de mars.* — Pour 1 hectolitre de cette bière, sans faire de petite bière le plus souvent, on emploie 33 kilogrammes de malt et 1 000 grammes de houblon d'Allemagne. Le rapport de production est de $3^l,03$ par kilogramme de malt.

Bière jeune. — Pour 1 hectolitre de bière jeune, on diminue un peu le dosage précédent et l'on prend 28 kilogrammes de malt et 800 grammes de houblon d'Alsace. Le rapport de production est de $3^l,57$ par kilogramme de malt.

F. — *Bières de Lyon.* — Selon M. Lacambre, la *bière forte* de Lyon consomme 36 à 38 kilogrammes de malt (moyenne, 37 kilogrammes) par hectolitre et 500 grammes de bon houblon d'Allemagne. Le rapport de production serait de $2^l,56$ par kilogramme de malt, sans compter la petite bière.

SECTION II. — BIÈRES FROMENTACÉES.

Les bières fromentacées se brassent principalement en Belgique, où on les préfère aux bières d'orge. On doit convenir, en effet, que ces bières, bien faites, sont plus agréables que

les bières d'orge, quand elles sont jeunes, et qu'elles ont beaucoup plus de vinosité quand elles ont pris de l'âge. Nous ne
critiquons donc pas l'emploi du froment au point de vue de la
valeur de la bière qui en résulte, et nous reconnaissons que
les bières fromentacées sont de bonnes bières lorsqu'elles sont
bien fabriquées. C'est là précisément que se trouve la difficulté. En effet, sous le prétexte que le froment serait difficile
à faire germer, on n'emploie généralement que la farine crue
de ce grain, et il faut convenir que le traitement des farines
réclame des précautions assez minutieuses.

C'est une erreur de partager l'idée commune au sujet de la
germination du froment et il ne faut pas croire à la grande difficulté qu'on a fait sonner si haut pour justifier l'emploi de la
chaudière à farine. Le froment demande un peu plus de précaution que l'orge, parce qu'il se ramollit davantage ; mais
en le mouillant moins et en surveillant de près le travail de
la germination, on arrive à de bons résultats, qui nous font
pencher pour le maltage de ce grain et la suppression des farines crues.

Nous pensons encore, d'après des expériences spéciales, que
le froment cru pourrait être simplement concassé et non pas
moulu en farine fine ; cette simple mesure permettrait d'appliquer aux bières fromentacées les mêmes méthodes qu'aux
bières d'orge.

§. I. — BIÈRES FROMENTACÉES BELGES.

La fabrication des bières fromentacées est à peu près spéciale à la brasserie belge. Nous croyons très-fermement que,
si les bières fromentacées faites avec le froment seul ou avec
un mélange de froment pourraient être les meilleures bières
du monde, ce genre de fabrication requiert des soins tout particuliers, qu'on est loin de trouver en Belgique. A part les
efforts tentés par M. Lacambre, lorsqu'il dirigeait la grande
brasserie de Louvain, la brasserie belge n'a presque rien fait
pour sortir de l'ornière. Lorsque les bières allemandes étaient
encore brassées selon les errements d'une routine opiniâtre,
qu'une saveur âcre et une dureté bien connue en faisaient le
caractère saillant, les bières fromentacées belges et flamandes

ont dû acquérir une réputation relative méritée, mais elles ont bien déchu depuis cette époque. Le reste de la brasserie a marché; la brasserie belge est demeurée stationnaire. Le pays tout entier est ainsi fait, d'ailleurs, et nous ne voyons rien de particulier dans les questions de brasserie, si nous les comparons à l'ensemble de l'industrie belge. Tout ce qui a progressé est en dehors des habitudes locales, et il est bien difficile de rencontrer un coin de terre où les mauvaises habitudes soient plus invétérées.

Lorsque l'on pourrait faire des vins parfaits avec les céréales additionnées de froment, on trouve le moyen d'en préparer des boissons exécrables et malsaines. Les prétextes ne manquent pas. Le goût des consommateurs, et Dieu sait quel il est! le goût des consommateurs veut ici du pied de veau; là, il lui faut les senteurs des huttes laponnes, la peau de morue ou la morue sèche; presque partout on veut la coloration par la chaux, parce que l'on est habitué à telle nuance, à telle saveur de glucosate de chaux... L'impôt, mal compris et mal assis, basé sur la capacité des vases, conduit à une série de fautes dans le travail même; et si quelque savant technologiste venait dire aux brasseurs belges qu'ils font mal, que le temps est passé de ces vieilles recettes, qu'il faut aujourd'hui quelque chose de bon et d'honnête, ils répondraient qu'ils savent faire la bière mieux que personne, et qu'ils n'ont que faire des conseils de la science [1]. Il y a là une faute que leur intérêt national, aussi bien que l'intérêt commun, devrait leur faire éviter. Il ne s'agit pas de faire des bières belges, il faut faire de bonnes bières. Il faut marcher avec les progrès accomplis sous peine de rester en arrière, car le progrès n'attend personne.

En fait, les bières fromentacées pourraient être excellentes. Elles sont mauvaises parce qu'elles sont mal faites. Elles seront longtemps encore mauvaises, au moins jusqu'à ce que les fabricants de ces bières cessent de croire à leur propre infaillibilité, et ce résultat ne nous paraît pas devoir arriver de sitôt. Nous ne pouvons croire, en effet, qu'après avoir résisté aux enseignements rationnels d'un de leurs compatriotes les brasseurs belges se décident à écouter les conseils des *étrangers*.

---

[1] Au Brésil, *un planteur sait faire le sucre avant de naître;* nombre de brasseurs belges croient être nés brasseurs émérites.

Quoi qu'il en soit, et pour le profit des fabricants de bière, nous décrirons sommairement les méthodes belges, en nous abstenant, autant que possible, des commentaires qui pourraient nous retarder et nous faire perdre du temps.

MÉTHODES DE FABRICATION DES BIÈRES FROMENTACÉES BELGES. —Les principales bières fromentacées belges sont : 1° les *bières de Bruxelles*, qui comprennent le *lambick*, le *faro* et la *bière de mars*; 2° les *bières blanches de Louvain* et la *peeterman*; 3° les *bières de Diest*, la *bière de cabaret* ou *bière d'or*, et la *bière de bourgeois* ou *bière ordinaire*; 4° les *bières brunes de Malines*; 5° la *bière de Hougaerde*; 6° la *cavesse de Lierre*; et 7° les *bières de Liége*.

A. — BIÈRES DE BRUXELLES. — En fait, c'est habituellement avec le même brassin que se préparent le lambick, le faro et la bière de mars.

Le *lambick* est la *bière forte* fabriquée avec les premières trempes; la *bière de mars* est la *petite bière*, préparée avec les dernières trempes, et le *faro* est la *bière moyenne*, résultant de la réunion de toutes les trempes.

Ordre du travail. — 1° Introduction de parties égales d'eau froide et d'eau bouillante dans la cuve-matière jusqu'à 4 ou 5 centimètres au-dessus du faux fond. 2° Addition de la balle de froment qu'on répartit sur le faux fond. 3° Introduction de la matière farineuse. 4° Addition par le faux fond d'eau à + 50 degrés, puis d'eau à 90 degrés de manière à remplir la cuve. 5° Brassage et mélange exact. 6° On jette de la balle de froment sur la surface. 7° Introduction, jusqu'au faux fond de paniers coniques faisant fonction de filtres. 8° Enlèvement du liquide des paniers, qu'on porte à la chaudière. 9° Soutirage du liquide d'entre les fonds et réunion avec le précédent. 10° On allume le feu sous la chaudière. 11° Seconde trempe à l'eau bouillante. 12° Extraction de cette trempe et réunion avec la première. 13° Ébullition pendant vingt minutes. 14° Relevage de la matière dans la cuve et addition de balle de froment, d'abord sur le pourtour des parois, ensuite sur le milieu. 15° Retour du moût qui a bouilli et léger brassage. 16° Soutirage par le faux fond. 17° A mesure que la filtration s'opère et que le liquide coule dans le réservoir, on ajoute le reste du moût dans la cuve-matière. 18° Nettoyage de la chaudière. 19° Introduction, dans cette chaudière, du liquide et du houblon, et ébullition pendant six heures. Cette mise en ébullition doit être accompagnée d'agitation et de brassage, pour éviter que la matière s'attache au fond et brûle.

Cette première qualité de moût formera le lambick. Pour cela, après l'ébullition, on suit ainsi le traitement. 20° Mise au bac à houblon et filtration. 21° Refroidissement. 22° Mise en guilloire vers + 14 à + 16 degrés, ou + 10 à + 12 degrés selon la saison. 23° Entonnage immédiat sans levûre. Fermentation très-lente, qui ne se termine qu'en dix-huit mois ou deux ans. Ouillage convenable.

Travail de la bière de mars. — Lorsque le premier moût destiné à faire le lambick est dans la chaudière avec le houblon, on a porté à l'ébullition, dans une autre chaudière, l'eau de la *troisième trempe*, on y a lavé les paniers filtres et cette eau est envoyée à la cuve-matière. Brassage très-court. Repos d'une demi-heure. Soutirage par le faux fond. *Quatrième trempe*, comme la troisième. Réunion des liquides de ces deux trempes dans la seconde chaudière avec le résidu de houblon du lambick. Refroidissement. Entonnage comme pour le lambick. Travail de fermentation identique.

Travail du faro. On réunit le moût de lambick et le moût de bière de mars, et l'on entonne le produit mélangé. Ou bien encore on coupe le lambick fermenté avec de la bière de mars fermentée séparément.

B. — BIÈRES DE LOUVAIN. — Les matières mélangées sont partagées en deux portions, l'une, des trois cinquièmes de la masse pour la cuve-matière, l'autre des deux cinquièmes pour la chaudière à farine. *Ordre du travail* : — 1° Chauffage de l'eau dans une chaudière. 2° Introduction d'eau froide dans la cuve-matière, les trois septièmes de son volume. Addition et empâtage des matières. 3° Addition d'eau froide pour remplir la cuve et brassage énergique. 4° Enlèvement du liquide à l'aide des paniers coniques à filtrer et transport dans la chaudière à farine. 5° *Deuxième trempe*, comme la première, avec de l'eau dégourdie. 6° Extraction aux paniers et soutirage du liquide d'entre les fonds. 7° Envoi à la chaudière à farine, sous laquelle le feu est allumé. 8° *Troisième trempe*, avec l'eau bouillante de la première chaudière, brassage comme pour la première trempe, extraction aux paniers et envoi à la chaudière à farine de la portion du liquide qui est encore blanchâtre. 9° Le reste et le soutirage sont envoyés à une cuve d'attente ou de clarification. 10° *Quatrième trempe* à l'eau bouillante par le faux fond, brassage et repos d'une demi-heure. 11° Soutirage et réunion au bac d'attente. 12° *Cinquième trempe*, comme la précédente. 13° Soutirage dans la cuve-reverdoire. 14° *Sixième trempe*, un peu plus courte. 15° Le moût du bac d'attente et une partie de celui de la cinquième trempe (de la reverdoire) sont portés dans la chaudière à cuire, où on le chauffe ; on y ajoute tout le houblon quand le liquide est prêt à bouillir. 16° Soutirage de la sixième trempe dans la reverdoire, avec ce qui reste de la cinquième. 17° Transport de la drèche sur le faux fond de la cuve d'attente, où elle est bien étalée. 18° Pendant ce temps, la chaudière à farine, qui a réuni les deux premières trempes et une partie de la troisième et sous laquelle on a allumé le feu, a reçu les deux cinquièmes du mélange farineux. Brassage continu jusqu'à l'ébullition qui doit durer une heure en moyenne. 19° Enlèvement du liquide à la bassine et aux paniers et transport sur la drèche placée dans la cuve d'attente. 20° Addition sur le résidu de la chaudière à farine de la liqueur de la cuve-reverdoire (sixième trempe et partie de la cinquième). 21° Mise en ébullition et brassage. 22° Nettoyage de la réverdoire. 23° Soutirage du moût de la cuve d'attente ou de clarification, par le fond, et transport à la cuve-reverdoire et de là aux bacs refroidissoirs. C'est le *premier moût*. 24° Brassage dans la chaudière à farine. Ebullition de cinq quarts d'heure. 25° Repos d'une demi-heure. 26° Passage du liquide et clarification sur la cuve à clarification où est la drèche. 27° Ce *deuxième moût* est envoyé aux bacs refroidissoirs. 28° On fait, dans la chaudière à farine, une trempe de *petite bière* avec les trois quarts de son volume d'eau chaude. Brassage de deux heures. On transvase la totalité du contenu de la chaudière à farine dans la cuve de clarification. 29° Le *moût houblonné*, qui a bouilli pendant deux heures (15°), est laissé en repos pendant quelques instants, puis on l'envoie aux bacs refroidissoirs. 30° La trempe de petite bière (28°) subit une ébullition de deux heures sur le résidu du houblon, puis elle est envoyée aux bacs refroidissoirs. 31° Réunion de tous les moûts dans la guilloire, sauf celui de la petite bière, lorsqu'ils sont refroidis entre $+22$ et $+28$ degrés, selon la saison. 32° Addition de la levûre ($3^l,5$ à 4 litres par 1 000 litres) aussitôt qu'il y a du moût dans la guilloire. 33° Mélange de la levûre lorsque les liquides sont réunis. 34° Entonnage. 35° La fermentation se fait en tonnes, debout sur fond; le fond supérieur est percé pour l'écoulement de la levûre et l'ouillage. Mise en consommation aussitôt que le mouvement a cessé.

Le produit ne se conserve pas. Nous ne croyons pas devoir nous arrêter à faire voir les inconséquences de cette marche, qui présente plutôt un tohu-bohu de pratiques mal comprises qu'une méthode véritable. On doit regarder cette bière comme une boisson malsaine. M. Lacambre avait perfectionné ce travail en y apportant un peu d'ordre et de clarté. La base de sa méthode consistait à traiter séparément le malt dans la cuve-matière et le froment dans la chaudière à farine, où la matière était sacharifiée par l'infusion diastatique de la cuve-matière. Les épuisements, la clarification et les autres opérations se rapprochaient le plus possible de la marche vulgaire, tout en présentant une application plus sage des principes de la brasserie. On doit avouer que les consommateurs, fidèles à leurs habitudes routinières, prétendaient que cette bière n'avait pas le goût de la véritable bière de Louvain, ce que l'auteur attribue à l'emploi du malt touraillé, au moins pour ce qui concerne la peeterman.

Travail de la peeterman. — La peeterman est une bière essentiellement dextrinée, très-*grasse* à la bouche, par conséquent, et cette propriété est encore augmentée par l'addition des matières gélatineuses à la cuisson. Il est clair, après ce qui a été exposé précédemment, qu'on ne peut la regarder comme une bière conservable.

Le travail est à peu près le même que celui de la bière de Louvain. M. Lacambre signale les différences suivantes : 1° La première infusion de la chaudière à farine subit trois à quatre heures d'ébullition au lieu d'une heure. 2° La troisième et la quatrième trempe servent à préparer la deuxième infusion de la chaudière à farine et non pas la décoction du houblon. 3° Cette deuxième infusion, après avoir bouilli comme la première, pendant trois à quatre heures, est clarifiée et réunie à la première. 4° Le moût est cuit pendant

quatre à cinq heures avec le houblon et des matières gélatineuses. On le refroidit et on le met en fermentation comme la
louvain, mais sa fermentation est un peu plus longue. On fait
de la bière de ménage avec les trempes d'épuisement.

C. — BIÈRES DE DIEST. — La bière forte, de cabaret, et la
bière de bourgeois, ou bière ordinaire, se brassent de la
même manière :

1° Introduction de la matière, jusqu'aux neuf dixièmes de
la cuve. 2° Hydratation et empâtage par le faux fond, avec
de l'eau à +55 ou +60 degrés en hiver, moins chaude en été.
3° Introduction d'eau bouillante pour le faux fond, jusqu'à
remplir la cuve. 4° Brassage d'une demi-heure à trois quarts
d'heure. 5° Repos d'une demi-heure. 6° Soutirage de la *première trempe* dans la reverdoire. 7° Mise en chaudière avec
le houblon et ébullition prompte. 8° *Deuxième trempe* à l'eau
bouillante, brassage et repos, comme pour la première.
9° Soutirage et envoi à la chaudière par portions. 10° Ébullition de cinq à six heures. 11° Repos, refroidissement et filtration sur les bacs refroidissoirs. 12° Mise en levûre et fermentation de deux à trois jours, en futailles... On fait de la petite
bière ou du moût de distillerie avec les trempes d'épuisement,
qui se font à l'eau froide.

La bière ordinaire se fait de même ; mais les deux infusions réunies doivent bouillir un peu plus longtemps.

D. — BIÈRES BRUNES DE MALINES. — On emploie environ 37 kilogrammes de matière par hectolitre de cuve. Le travail habituel
se fait de la manière suivante, d'après M. Lacambre : 1° Introduction de la matière. 2° Arrivée d'eau tiède pour humecter le
tout et empâtage. 3° Addition d'eau bouillante et brassage.
4° Repos d'un quart d'heure. 5° Enlèvement du moût aux paniers et à la bassine. 6° Envoi de *la première trempe* à la chaudière. 7° *Deuxième trempe* à l'eau bouillante. 8° Pendant cette
trempe, on porte lentement la première trempe à l'ébullition. 9° Enlèvement de la deuxième trempe à l'aide des paniers et réunion à la première, soit avant l'ébullition, soit lorsqu'elle commence à bouillir. 10° Ébullition de deux trempes
pendant une demi-heure. 11° Retour à la cuve-matière et
brassage. 12° Repos d'une demi-heure. 13° Soutirage dans la
reverdoire. 14° Nettoyage de la chaudière. 15° Envoi du moût
dans cette chaudière et cuisson pendant dix à douze heures

avec le houblon. 16° Envoi aux bacs refroidissoirs. 17° Mise en *levûre* et fermentation prompte. Consommation à trois mois au plus, après addition de vieille bière et collage. On fait la bière ordinaire en ajoutant une troisième trempe aux deux premières. La petite bière est fournie par la quatrième trempe.

E. — BIÈRE DE HOUGAERDE : — 1° *Première trempe* à l'eau froide en été, à l'eau tiède en hiver. 2° Extraction par les paniers et soutirage de ce qui est entre les fonds. 3° Envoi dans une cuve d'attente. 4° *Deuxième trempe* à l'eau bouillante. 5° Extraction comme pour la première et réunion des deux trempes dans une chaudière, où l'on porte à l'ébullition. 6° *Troisième trempe* à l'eau bouillante. 7° Brassage. 8° Repos de trois quarts d'heure. 9° Soutirage dans la reverdoire. 10° Enlèvement de la drèche qui est portée dans un bac d'attente. 11° Nettoyage de la cuve-matière. 12° On replace la drèche dans cette cuve et on verse dessus les deux premières trempes bouillantes. 13° Pendant la filtration de ces trempes, on fait bouillir la troisième avec le houblon pendant une heure et demie à deux heures et on l'envoie aux bacs refroidissoirs. 14° Le moût des deux premières trempes est envoyé aux refroidissoirs. 15° Les moûts refroidis sont réunis dans la guilloire. 16° Entonnage sans levûre.

Cette bière se consomme pendant qu'elle fermente encore, et nous partageons entièrement l'avis de l'auteur belge, qui la regarde comme malsaine, ainsi que la bière de Louvain. Cette réflexion s'applique, du reste, à la plupart des bières fromentacées de Belgique.

F. — CAVESSE DE LIERRE. — Travail de cette bière, d'après Vrancken : 1° Introduction de la matière. 2° *Première trempe* à l'eau tiède. 3° Extraction par les paniers et le double fond. 4° *Deuxième trempe* à l'eau presque bouillante. Ces deux trempes réunies servaient à faire la bière d'exportation. La cavesse forte était faite avec la première trempe et la seconde trempe donnait une bière faible. 5° Ébullition du moût avec le houblon, pendant trois heures et demie pour la cavesse pâle d'exportation, et pendant six heures pour la cavesse forte. 6° Envoi aux refroidissoirs. 7° Entonnage avec addition de levûre et fermentation de trois à quatre jours. Consommation immédiate.

G. — Bière de Liége : —1° Introduction de la matière. 2° Empâtage par de l'eau à +45 degrés. 3° Arrivée d'eau bouillante par le faux fond jusqu'à remplir la cuve. 4° Brassage énergique. 5° Repos d'une demi-heure. 6° Écoulement de la *première trempe* dans la reverdoire. 7° *Trois trempes successives* à l'eau bouillante. 8° Repos de deux heures sur le bac à houblon. 9° Pour la *bière jeune*, réunion des quatre trempes et ébullition de deux à trois heures avec le houblon. 10° Pour la *bière de saison*, réunion des trois premières trempes et cuisson de six à huit heures. 11° Repos de deux heures sur le bac à houblon. 12° Soutirage et envoi aux bacs refroidissoirs. 13° Après refroidissement, envoi à la guilloire et mise en levûre. 14° Entonnage immédiat en futailles et fermentation prompte de deux à quatre jours. Consommation de la bière jeune, à dix jours en été, un mois en hiver; et de la bière de saison, à trois ou quatre mois.

Dosages des bières fromentacées belges.—Nous donnons les détails de dosage des principales bières fromentacées belges, d'après M. Lacambre, qui a étudié avec grand soin cette partie de la brasserie, et dont nous avons déjà signalé les opinions au sujet des méthodes suivies.

A. — *Bières de Bruxelles.*—Ces bières se préparent à l'aide d'un mélange formé de parties égales de froment et d'orge. Ce dernier grain seul est malté. Il faut 100 kilogrammes du mélange pour préparer une tonne (230 litres) de *lambick* et une tonne de bière de mars, ou deux tonnes de *faro*, si on a réuni les trempes. Le rapport de production est donc de 2^l,30 de lambick et 2^l,30 de bière de mars, 4^l,60 de faro, pour 1 kilogramme de matière employée. On emploie 780 à 860 grammes de houblon d'Alost ou de Poperinghe par hectolitre de lambick et l'on ajoute 400 à 500 grammes par hectolitre pour la bière de mars.

Composition d'un brassin de lambick et bière de mars.

8 hect. 1/2 de froment, 1re qualité, pesant 80 kil., ensemble : 680 kil.
15 hect., de malt du poids de 44 kil. (??), ensemble :   660 kil.
59 kil. de houblon d'Alost pour le lambick.
12 kil. de houblon d'Alost pour la bière de mars.
3 sacs de balle de froment.

Le produit a été de 34^h,50 de lambick et autant de bière

de mars. La première bière avait bouilli quatre heures et la seconde quinze heures. Le rapport de production est de 2^l,583 de lambick et autant de bière de mars, soit, en tout, 5^l,166 pour 1 kilogramme de grain employé.

Composition d'un brassin de faro. — Le brassin précédent aurait pu donner, toutes trempes réunies, 5^l,166 de faro. Voici un autre brassin dont la composition se rapproche beaucoup de celui que nous venons d'indiquer, mais dont le produit est bien différent.

$$\left.\begin{array}{l}\text{Froment, 22 hect.} = 1\,760 \text{ kil.} \\ \text{Orge, \quad 58 hect.} = 1\,672 \text{ kil.}\end{array}\right\} = 3\,432 \text{ kil.}$$

Houblon, 92 kil.
Balle de froment, 4 sacs.

Produit, 98^h,40 de faro. Rapport de production : 2^l,867 pour 1 kilogramme de matière première.

B. — *Bières blanches de Louvain.* — Ordinairement, ces bières sont brassées avec un mélange formé de 44 à 56 kilogrammes de froment cru, 45 à 55 kilogrammes de malt d'orge et 6 à 12 kilogrammes d'avoine crue sur 100 parties. Ces proportions varient cependant.

Brassin de bière blanche de Louvain.

$$\left.\begin{array}{lr}\text{Froment cru.} \dots \dots & 2\,000 \text{ kil.} \\ \text{Malt d'orge séché au vent.} & 900 \text{ kil.} \\ \text{Avoine.} \dots \dots \dots & 400 \text{ kil.}\end{array}\right\} = 3\,300 \text{ kil.}$$

Produit moyen : 147^h,40. Rapport de production : 4^l,454 pour 1 kilogramme de grain employé.

Autre brassin de bière blanche de Louvain (méthode Lacambre).

$$\left.\begin{array}{lr}\text{Malt séché à la touraille à air chaud (pâle)} . & 4\,500 \text{ kil.} \\ \text{Froment cru.} \dots \dots \dots \dots \dots \dots & 2\,600 \text{ kil.}\end{array}\right\} = 7\,100 \text{ kil.}$$

Houblon d'Alost, vieux.. . . . . 50 kil.
Levûre en bouillie très-claire. . . . . 80 lit.

Produit : 304 hectolitres de moût à 6°,25 Baumé, soit 286 hectolitres de bière faite et 216 kilogrammes de levûre pressée, avec 70^h,40 de drèche épuisée. Le rapport de production est de 4^l,028 par kilogramme de grain.

Autre brassin, selon la méthode ancienne.

Dans la cuve-matière, mélange farineux. 2 660 kil. $\Big\}$
Dans la chaudière à farine. . . . . . . 2 580 kil. $\Big\}$ = 4 240 kil.
Houblon d'Alost, vieux. . . . .   34 kil.
Levûre très-liquide. . . . .   90 lit.

Le mélange de la cuve-matière était formé de quatre quarantièmes de froment cru, trente-cinq quarantièmes d'orge
germée et un quarantième d'avoine. Celui de la chaudière à
farine contenait neuf dixièmes de froment et un dixième d'orge
germée. Ces proportions donnent, pour le tout, 1 688 kilogrammes de froment cru, 2 485^k,5 d'orge germée et 66^k,5 d'a-
voine. Le produit de 183^h,5 de bière ordinaire fournissait un
rapport de production de 4^l,327 par kilogramme de matière
farineuse.

Peeterman.—Cette bière présente la même composition que
la bière de Louvain ordinaire. On y ajoute de 1^k,5 à 2 kilogrammes de stockfish ou de peaux de stockfish par 100 hectolitres environ. Elle est houblonnée par 200 à 300 grammes
par hectolitre.

Bières de Louvain, selon M. Payen (?).

Blé moulu.. . . . . 6 500 kil. $\Big\}$
Orge germée séchée *à froid.* 1 400 kil. $\Big\}$ = 8 000 kil.
Avoine moulue.. . . . . . . 100 kil.
Houblon.. . . . .   65 kil.

Produit : 130 hectolitres de peeterman ou 225 hectolitres
de bière blanche. Le rapport de production serait de 1^l,625 de
peeterman ou de 2^l,8125 de bière blanche par kilogramme de
grain, ce qui est fort au-dessous des indications fournies par
les hommes compétents.

C. — *Bières de Diest.*—La composition de la *bière de cabaret*
(*gulde-bier* ou *bière d'or*) est conforme aux données suivantes,
recueillies par M. Lacambre :

Froment cru.. . . . . . . 414 kil. $\Big\}$
Malt d'orge. . . . . 440 kil. $\Big\}$ = 1 014 kil.
Avoine. . . . . 160 kil.

Produit : 27^h,20 de bière forte. La petite bière est sans valeur. Le rapport de production est de 2ˡ,682 pour 1 kilogramme de grain employé.

Brassin de bière de bourgeois ou bière ordinaire de Diest.

```
Froment cru. . . . .   480 kil. ⎞
Orge maltée. . . . .   920 kil. ⎬ = 1 640 kil.
Avoine. . . . . . . .  240 kil. ⎠
```

Produit : 59ʰ,5 de bière. Le rapport de production est de 3ˡ,628 par kilogramme de grain employé. Cette bière est donc de près d'un tiers moins forte que la bière de cabaret.

D. — *Bières brunes de Malines.* —La composition du brassin des bières de Malines est établie d'après les bases suivantes :

```
Froment cru. . . . .   550 kil. ⎞
Malt d'orge. . . . .   150 kil. ⎬ = 975 kil.
Avoine. . . . . . .    275 kil. ⎠
```

Le produit est de 49ʰ,5 de bière forte et 33ʰ,75 de petite bière. Le rapport de production est de 5ˡ,077 de bière forte et de 3ˡ,461 de petite bière, en tout 8ˡ,538 pour 1 kilogramme de grain employé. Nous pensons qu'il doit y avoir quelque erreur dans ces chiffres.

E. — *Bière de Hougaerde.* — On emploie pour la fabrication de cette bière 2 parties de froment, 5 à 6 parties de malt d'orge séché à l'air, et 1 partie à 1 partie et demie d'avoine.

F. — *Cavesse de Lierre.* — Les proportions employées sont de 1 de froment cru, 6 de malt et 2 d'avoine. 50 kilogrammes de grain rendent 1 hectolitre de cavesse forte et 1ʰ,30 de petite bière. Le rapport de production est de 2 litres de bière forte et 2ˡ,60 de petite bière par kilogramme de grain, soit en tout 4ˡ,60.

G. — *Bières de Liége.* — Proportions données :

Mélange de froment cru et d'épeautre germé, 1 200 kil.

Le produit moyen est de 43ʰ,5 de bière de garde ou 69 hectolitres de bière jeune. Le rapport de production, par kilogramme de grain, est de 3ˡ,625 dans le premier cas et de 5ˡ,75 dans le second.

§ II. — BIÈRES FROMENTACÉES D'ALLEMAGNE.

Nous ne parlerons ici que de deux espèces de bières fromentacées allemandes, qui sont : la *bière blanche de Berlin* et
la *bière blanche de Munich ou d'Augsbourg.* Les bières fromentacées ne sont pas en grande estime en Allemagne, où l'on
préfère les bières brunes, dont celles de Bavière sont le type
le plus complet.

A. — BIÈRE BLANCHE DE BERLIN. — Cette bière, que les Berli-
nois nomment *kühle-blonde* (fraîche blonde), se prépare avec
5 parties de malt de froment et 1 partie de malt d'orge. On
empâte à +25 degrés, puis on fait une première trempe
avec l'eau bouillante. Après le brassage, on laisse reposer
pendant quelques minutes et on envoie la portion liquide à la
chaudière pour y subir une courte ébullition. On a distrait
une petite quantité de cette *dünn-meisch,* que l'on fait bouillir
à part avec le houblon pendant une demi-heure.

La trempe bouillie un quart d'heure retourne à la cuve-
matière ; on brasse énergiquement, en y ajoutant le houblon
et le liquide avec lequel il a bouilli, et la température étant
entre +20 degrés et +75 degrés, on laisse reposer pendant
trois quarts d'heure. Pendant ce temps, on fait chauffer de
l'eau dans la chaudière.

Lorsque la *première trempe* est reposée, on la soutire et on
l'envoie aux bacs refroidissoirs, où elle est additionnée d'un
peu d'acide tartrique. On fait la *deuxième trempe* à l'eau bouillante. Après repos, cette trempe est réunie à la première. On
laisse refroidir vers +20 degrés et l'on met en levûre. On entonne lorsque la fermentation tumultueuse est finie, soit au
bout de trois ou quatre jours.

Dosage. — Pour 35 hectolitres de kühle-blonde, on emploie
14 hectolitres de malt de froment et 3 hectolitres de malt
d'orge, 3^k,75 à 7^k,50 de houblon, et 1 kilogramme à 1^k,5
d'acide tartrique. Le rapport de production est de 3^l,743 par
kilogramme de malt employé.

B. — BIÈRE BLANCHE DE MUNICH. — Cette bière se brasse
comme la bière brune, à ces différences près que les opérations se font plus promptement, qu'on ne fait bouillir le moût
que trois quarts d'heure au plus, et que l'on fait subir à ce

moût la fermentation superficielle au lieu de la fermentation par dépôt. Cette fermentation se fait en futailles comme dans la méthode ordinaire, et la bière est bonne à consommer au bout de douze à quinze jours. On réunit tous les brassins.

Les matières premières sont un mélange, à proportions variables, de malt d'orge et de froment. Le scheffel de grain (2^h,2236) fournit 8 eimers ($= 68^l$,52 $\times$ 8$=545^l$,16) de bière blanche, en sorte que le rapport de production est de 4^l,457 par kilogramme de malt employé. La dose de houblon est de 125 à 150 grammes par hectolitre.

C. — Bière blanche d'Augsbourg. — Comme la bière de Munich, quant au dosage. Elle est moins houblonnée.

§ III.— bières fromentacées de russie.

Il s'agit presque ici d'une question de curiosité. La Russie n'a qu'une boisson nationale provenant des céréales, le *kwas* ou *kiwas*, et cette liqueur ne sera bientôt plus qu'un souvenir légendaire pour les uns, un reste des anciennes coutumes pour les autres, si l'empire moscovite continue sa marche progressive vers la civilisation. Déjà un certain nombre de brasseries se sont organisées dans les Etats du czar, et leur prompt développement assure l'avenir de la grande industrie des bières dans ce pays. Nous n'en citerons qu'un seul exemple, qui fera voir quelle rapide extension a été donnée à la fabrication de la bière proprement dite. La *Bavaria*, société anonyme de brasserie établie à Saint-Pétersbourg en 1863, fabrique annuellement 600 000 *védros de bière bavaroise*, qu'elle livre à la consommation au prix de 1 *rouble* le *védro*[1]… D'autres brasseries ont été fondées en diverses localités et suivent la méthode anglaise ou la méthode allemande. Toutes sont en voie de progrès et leurs chiffres de produits démontrent, jusqu'à l'évidence, que le temps n'est pas loin où le vieux kwas sera oublié.

Ancienne méthode de préparation du kwas. — Cette méthode est pratiquée par les particuliers qui préparent eux-mêmes

[1] Le védro est de 12^l,29. Le prix de la bière est donc de moins de 35 centimes le litre, le rouble valant 4 francs. La production de l'établissement est de 73 740 hectolitres.

leur boisson. Ils font moudre en grosse mouture 1 poud (16^k,38) de seigle cru avec un demi-poud (8^k,19) d'avoine ou d'orge germée et séchée au four, pour 10 védros (122^l,90) de kwas à fabriquer. Cette mouture grossière est placée sur une couche de paille dans un cuvier ou dans une barrique. On la délaye avec une fois et demie son poids d'eau tiède. C'est une sorte d'empâtage. On ajoute ensuite, en brassant, assez d'eau bouillante pour élever la température vers +70 degrés, ce que l'on apprécie à la main le plus souvent. On ajoute ensuite le reste de l'eau en cinq fois, d'heure en heure, et cette eau doit être bouillante. Après cinq ou six heures de repos, on décante le liquide clair et on l'entonne. Il fermente seul et on commence à le boire au bout de huit jours.

Il est évident que la cuisson et le houblonnage manquent seuls à cette opération pour que le kwas soit une sorte de bière analogue à certaines bières belges. Tel qu'il est fabriqué, c'est plutôt une espèce de piquette, une vinasse aigre et désagréable, qui ne tarde pas à s'altérer.

Les fabricants de kwas procèdent au fond de la même manière que les simples particuliers. La seule amélioration qu'ils aient apportée consiste dans l'emploi d'une cuve-matière à double fond et dans une marche un peu plus régulière pour les additions successives d'eau chaude qui constituent leur trempe. La trempe repose pendant vingt-quatre heures, puis elle est soutirée et abandonnée à la fermentation sans levûre.

Méthode moderne. — Depuis que les brasseries se sont établies, plusieurs brasseurs ont régularisé le mode de fabrication du kwas. Voici comment ils procèdent.

Ils emploient parties égales de malt d'orge, froment et d'avoine, ou de seigle et d'avoine, qui ont été soumis à la germination. Après l'empâtage de la matière, ils font la saccharification par décoction. Après avoir retiré de la cuve-matière tout ce qui peut sortir par le faux fond, ils versent ce produit épais dans la chaudière à ébullition, où il se trouve déjà de l'eau bouillante. On reprend alors de ce mélange bouillant que l'on porte dans la cuve sur la matière et l'on brasse avec soin ; on attend à peu près un quart d'heure, puis on ajoute le reste du contenu de la chaudière. On brasse et on laisse reposer. Au bout de quatre à cinq heures, on décante le moût clair et on le fait cuire avec du houblon, des bourgeons de sapin ou du genièvre. La cuisson est suivie du refroidissement. A partir de cet instant, on modifie le travail selon qu'on emploie de la levûre ou qu'on ne veut pas s'en servir. Si l'on emploie de la levûre, on l'introduit dans la cuve à refroidir, lorsque le moût est au point de température convenable, puis, on l'entonne dès que le départ se manifeste. Si l'on ne se sert pas de levûre, on entonne la liqueur refroidie après l'avoir soutirée au clair avec le plus grand soin. Elle est mise dans des tonnes soufrées. Dans le premier cas, le kwas est fait au bout d'une dizaine de jours. Dans le second cas, le travail se fait par une sorte de fermentation basse plus lente, et la liqueur n'est bonne à consommer qu'après deux mois.

Nous n'avons pas besoin de faire remarquer les défauts de cette fabrication, qui offre la plus grande analogie avec les travaux ordinaires de la brasserie et qui donne lieu aux mêmes observations. Nous renvoyons donc le lecteur à ce qui a été dit dans les chapitres précédents sur les diverses modifications à l'aide desquelles on peut donner le caractère vineux à toutes les liqueurs de ce genre.

SECTION III. — BIÈRES DIVERSES.

Sans avoir la prétention de s'élever contre l'opinion des personnes qui appellent *bières* les produits des céréales seulement, on pourrait donner plus d'étendue à l'expression et appliquer la dénomination de *bières* à toutes les boissons fermentées qui ont la fécule ou le glucose pour base principale. Quant à donner le nom de *bières* aux produits fermentés des racines sucrées, telles que la *betterave*, la *carotte*, le *topinambour*, nous croyons qu'il y aurait là un abus, un véritable contre-sens. Les jus sucrés naturellement ne peuvent être confondus avec les produits de la saccharification artificielle, et nous ne rangerons pas parmi les bières, les vins que l'on peut retirer de ces matières.

En ce qui concerne les boissons fermentées que l'on peut préparer avec le *maïs* et le *riz*, il n'y a pas de raison pour les séparer du groupe des bières. La *fécule* et la *pomme de terre* peuvent également fournir de véritables bières, dont les caractères essentiels sont absolument identiques avec ceux des bières de céréales, si l'on veut faire abstraction des différences légères de goût et de saveur, ainsi que de celles que présente la composition minérale.

§ I. — BIÈRE DE MAÏS.

Nous connaissons la composition du maïs [1]. Ce grain donne une bière parfaite, d'une extrême délicatesse et d'une grande conservabilité, lorsqu'elle a été bien préparée. La grande difficulté du travail du maïs consiste en ce que la saccharification ne s'en opère convenablement qu'à la condition expresse d'une mouture aussi fine que possible, et nous avons indiqué les raisons qui rendent cette ténuité indispensable.

Nous avons vérifié l'action du malt de maïs. Ce grain germé procure une bonne saccharification ; mais les difficultés pratiques de la germination, celles de la dessiccation du malt et de sa division nous ont fait abandonner cette idée, malgré tout l'avantage apparent qui semblerait devoir résulter du maltage. C'est au malt d'orge, séché à l'air, ou peu touraillé, au malt très-pâle, que nous avons recours pour opérer la saccharification de la farine de maïs. Ce malt doit être employé dans la proportion de 20 pour 100 de la masse au moins.

Nous rejetons absolument le traitement de la farine de maïs par l'acide sulfurique, au moins pour la fabrication de la bière. Il peut se présenter, en alcoolisation, des cas où ce traitement peut être adopté, lorsque l'on peut sacrifier les résidus ; mais, en brasserie, on doit reculer devant toutes les réactions de ce genre. La drèche de maïs doit être *respectée*, comme une des nourritures les plus utiles pour le bétail, et nous ne pouvons comprendre des conseils dont le résultat est de sacrifier forcément ces matières.

Voici les détails d'une opération qui donne de bons produits :

1° Introduction, dans la cuve-matière, de 80 parties de farine de maïs et 20 parties de malt d'orge concassé.

2° Empâtage soigné avec 225 parties d'eau à +50 degrés. Repos, pendant une demi-heure.

3° Introduction de 300 parties d'eau à 90 degrés. Bras-

[1] Voir première partie, Ier vol., p. 585.

sage, pendant une demi-heure. On couvre la cuve pendant une heure. Nouveau brassage et repos d'une heure.

4° La liqueur est soutirée et envoyée immédiatement à la chaudière à cuire en passant par un filtre vertical. On ajoute le houblon (1 partie), et un millième de cachou en dissolution, puis, on porte la liqueur à +75 degrés en attendant que la deuxième trempe soit faite.

5° Cette deuxième trempe se fait par 200 parties d'eau à +90 degrés. Elle doit durer une heure. Le liquide, reposé, est décanté, filtré au besoin, et réuni avec la première trempe, ainsi que le produit de la pression des résidus. On ajoute la proportion de cachou indiquée plus haut et l'on porte lentement à l'ébullition.

6° La cuisson dure une heure et demie. La liqueur est soutirée, refroidie en réfrigérant, filtrée et mise en fermentation par le travail superficiel.

Les opérations subséquentes se font conformément aux principes exposés. La bière de maïs exige une purification complète, à raison de la nature particulière des matières albuminoïdes qui offrent une très-grande disposition à déterminer l'état visqueux. C'est à cette dégénérescence que les astringents sont destinés à obvier, mais leur emploi à la cuisson n'empêche pas qu'il soit indispensable de faire une clarification et une purification radicales par les collages et les soutirages réitérés.

Dans les dosages ci-dessus, nous n'avons eu en vue que la bière moyenne, analogue à la bière de table anglaise. Pour obtenir des produits plus forts, il serait indispensable de diminuer la proportion d'eau employée aux trempes. Un autre moyen tout aussi avantageux consiste à faire la première trempe à +75 degrés par 600 parties d'eau pour 100 de matière et, après la trempe, à faire passer la liqueur dans une seconde cuve-matière, où ce liquide servirait à macérer une nouvelle quantité de farine et de malt empâtée au préalable. La première trempe aurait ainsi le double de densité et pourrait servir à préparer de la bière très-forte. La seconde trempe ferait une bonne bière moyenne, et la petite bière qui proviendrait des trempes d'épuisement serait beaucoup meilleure que ne le sont d'ordinaire ces boissons. Cette marche par une double quantité de liquide, au moyen de deux cuves, présenterait cet immense avantage de faire agir à la fois une double quantité de liquide sur la matière saccharifiable, ce qui favorise la réaction et facilite la décantation; elle permettrait, en outre, d'épuiser méthodiquement les résidus et de leur abandonner beaucoup moins de substances utiles. Elle serait applicable avec autant d'avantage à la fabrication des bières ordinaires.

CHICHA. — M. Boussingault a fait connaître avec quelques détails la manière dont les Péruviens préparent avec le maïs une boisson fermentée qu'ils nomment *chicha*, et nous avons pu nous-même, en exécutant les données d'un de nos correspondants qui habitait les hautes Andes, nous rendre compte de la valeur de cette liqueur. Pour faire comprendre ce qu'elle est essentiellement, on peut dire, dans le langage de la brasserie européenne, que la chicha est une dick-meisch ou trempe épaisse de maïs, fermentée sans levûre. Voici comment on la prépare. Le maïs, après avoir trempé dans l'eau pendant dix heures, est grossièrement écrasé ; on le fait cuire alors en consistance de pâte, ou plutôt de *bouillie épaisse*, avec une quantité d'eau suffisante ; cette bouillie est ensuite délayée dans cinq fois son volume d'eau, et abandonnée à la fermentation par une température d'environ 25 degrés. Le mouvement initial est très-violent ; mais, au bout de trente heures, la masse s'affaisse, et la chicha est faite.

Les habitants de plusieurs contrées voisines des Andes et des Cordillères en font leur boisson habituelle et ils prennent soin de la troubler et de la mélanger avec le dépôt lorsqu'ils veulent en faire usage. Disons tout de suite qu'il ne manque à cette liqueur que la cuisson et le houblonnage avant la fermentation, la clarification ensuite, pour qu'elle soit une véritable bière. Elle serait alors très-potable ; mais, dans l'état où elle se consomme ordinairement, elle est assez désagréable. Nous lui avons trouvé une saveur vineuse bien caractérisée ; mais, en même temps, elle laisse un goût de levain et de farine qui ne peut guère satisfaire que des palais sauvages. Il faut une certaine habitude pour avaler, sans répugnance, une liqueur trouble, toujours un peu aigre, dans laquelle on trouve presque autant de farine que de boisson réelle.

La chicha doit être consommée très-promptement, car elle passe à l'acescence et à la dégénérescence lactique avec une

extrême rapidité. Nous n'avons pu la conserver sans altération notable pendant plus de quatre jours, par une température de +20 +25 degrés. Il est présumable, cependant, qu'en
séparant la liqueur du dépôt et en la clarifiant, on pourrait
la rendre moins altérable.

Dans le but de pouvoir transporter la chicha, ou plutôt une
matière à chicha, toute préparée, on fait encore, avec le maïs,
une sorte de pâte que l'on nomme *mazato*. Ce n'est autre
chose que le maïs trempé, écrasé, cuit en bouillie épaisse, et
fermenté. On y ajoute 2 à 5 pour 100 de sucre avant la fermentation. Lorsque le travail est fini, ce qui n'arrive guère
qu'au bout de sept à huit jours, le mazato peut se transporter et servir à faire la chicha. Il suffit pour cela d'en délayer
une certaine quantité dans trois ou quatre fois son volume
d'eau. On mange aussi le mazato, mais il enivre promptement ceux qui en font excès.

§ II. — BIÈRE DE RIZ.

On peut faire une bonne bière avec le riz. Il importe, comme
pour le maïs, que ce grain soit réduit en farine très-ténue.
On le traite comme nous avons dit qu'il faut agir pour le
maïs, à cette différence près qu'il est bon d'augmenter un
peu la proportion du malt d'orge et de la porter à 30 parties
pour 70 de farine de riz. La saccharification se fait très-bien,
mais elle est un peu plus lente que celle des autres céréales,
à cause de la nature cornée de l'amande, et de la difficulté
avec laquelle les particules sont pénétrées par l'eau. Elle doit
être prolongée pendant quatre ou cinq heures. La cuisson
n'a pas besoin d'être longue, parce que le riz ne contient que
très-peu de matière albuminoïde. Il faut au moins 750 parties
d'eau pour 100 parties de cette céréale, à raison de sa richesse en matières féculentes.

La bière préparée avec le riz, bien fermentée, et houblonnée à la dose de 700 à 800 grammes par 100 kilogrammes,
bien clarifiée d'ailleurs par un bon collage au cachou et à la
colle de poisson, est une boisson extrêmement agréable.
Elle renferme peu de sels, moins encore de gliadine et de
matières albuminoïdes altérables, mais nous croyons qu'elle
n'en est que plus saine.

On fait un *mazato* de riz dans les contrées indiennes ; ce mazato porte le nom de *guaruzo* ; c'est également une sorte de bouillie épaisse fermentée, que l'on mange ou que l'on délaye avec de l'eau, pour en faire une boisson excitante et rafraîchissante. Le guaruzo s'aigrit facilement et offre une grande tendance à l'altération lactique.

§ III. — BIÈRES DE FÉCULE ET DE POMMES DE TERRE.

La *bière de fécule* est une préparation rationnelle sous la réserve de quelques conditions. Dans le cas où la préparation est basée sur la fermentation du glucose seul, la liqueur houblonnée ne présenterait pas les propriétés normales du vin, par suite de l'absence complète des sels minéraux. Il importe donc, dans cette circonstance, de les introduire en due proportion dans le moût. Si la fécule est traitée par le malt, il est évident que cette addition doit subir une réduction proportionnelle à la quantité de malt employée. Il ne faut pas s'attendre, du reste, à trouver dans cette boisson les principes plastiques dont plusieurs font si grand cas et, si une telle bière peut être excitante et rafraîchissante, elle ne sera guère nutritive que par la dextrine qui en fera partie.

Nous ne comprenons pas que l'on fasse la saccharification de la fécule par l'acide sulfurique, lorsqu'on veut en faire une boisson alimentaire. Les raisons de cette répugnance sont faciles à saisir et nous en avons déjà dit quelques mots. L'action de l'acide sulfurique imprime au produit une odeur et une saveur désagréables ; nous dirions volontiers, avec l'illustre Braconnot, qu'il y reste une odeur d'acide *végéto-sulfurique*, malgré le mépris dans lequel ce terme est tombé aux yeux de nos jeunes chimistes. Il y avait là une idée ; rien n'a démontré qu'elle fût fausse, et les idées sont rares. Qu'il se soit fait un produit quelconque non déterminé, acide ou basique ; qu'il se soit produit des principes essentiels particuliers dans la saccharification de la fécule par l'acide, il n'en est pas moins vrai que le sirop de fécule ainsi préparé est de mauvaise odeur. Ajoutons à cela que la neutralisation, si parfaite qu'elle soit, lui laisse une amertume très-prononcée, lorsqu'elle est faite par la chaux ou la craie, et nous n'hésiterons pas à adopter la saccharification par le malt.

Pour la faire convenablement, on pourra admettre, au point de vue de la bière, que 50 kilogrammes de fécule et 20 kilogrammes de malt représentent 100 kilogrammes de grain en moyenne. Cette donnée sera le point de départ de l'empâtage et des trempes que l'on aura à opérer.

On est arrivé à faire, en Belgique, à l'instigation de M. Lacambre, une très-bonne bière de fécule par la saccharification à l'aide du malt. Le dosage de cette bière était très-simple : 160 kilogrammes de fécule verte étaient empâtés par 3 hectolitres d'eau, transformés en empois et saccharifiés par 25 kilogrammes de malt bien germé. La marche suivie n'offrait aucune difficulté. La fécule empâtée était changée en empois par l'action d'un jet de vapeur et d'un brassage non interrompu jusqu'à ce que la température fût arrivée vers + 95 degrés ; on arrêtait la vapeur et on laissait reposer. Au bout d'un quart d'heure, la température était tombée vers +80 degrés; on brassait, en ajoutant le moût bien écrasé, puis, après cinq minutes de brassage, on couvrait la cuve pendant un quart d'heure. Un nouveau brassage de deux minutes était suivi d'un repos d'une heure. On brassait encore, puis on laissait l'action se continuer pendant deux heures. Alors, la température était tombée vers + 60 degrés ; on portait le liquide à l'ébullition bien prononcée, puis on laissait reposer pendant une heure. La portion claire était décantée ; on filtrait la partie trouble et les résidus étaient lavés avec 1 ou 2 hectolitres d'eau bouillante. Tous les liquides réunis subissaient la cuisson avec 2k,500 de houblon pendant trois ou quatre heures, après quoi, on les faisait refroidir, puis on les mettait en fermentation avec 1l,5 de levûre, à + 20 degrés centigrades. Les moûts portaient 6°,5 à 6°,75 Baumé de densité.

CHAPITRE V.

Toutes les bières connues, dans les conditions de la meilleure fabrication actuelle, peuvent éprouver des *altérations* très-variables, sous l'influence de causes analogues à celles qui réagissent sur les autres boissons fermentées. A plus forte raison en est-il de même pour les bières communes, mal préparées, qui s'altèrent souvent avant d'être arrivées à l'état de bières faites, de boissons potables. A côté de ces altérations qui trouvent leurs causes dans la composition même de la liqueur, ou dans l'action des agents extérieurs, de l'air, de la chaleur, etc., il convient de placer les *falsifications*, que la cupidité, la mauvaise foi ou l'ignorance mettent en pratique, et que l'on observe sur la bière au moins aussi fréquemment que sur toute autre matière commerciale destinée à l'alimentation. C'est à l'étude de ces altérations et de ces falsifications que nous consacrons ce chapitre, et nous le terminerons par quelques observations sur la conservation de la bière.

§ I. — ALTÉRATIONS DES BIÈRES.

Les altérations des bières sont à peu près les mêmes que celles des vins et des cidres. Celles dont nous nous proposons de nous occuper ici, et qui sont les plus fréquentes de toutes, sont l'*acescence*, la *graisse* ou la *fermentation visqueuse*, la *fermentation lactique*, la *fermentation butyrique*, la *fermentation putride*, le *trouble*, la *pousse*, la *moisissure*. On rencontre encore souvent des bières qui ont un *goût plat* et d'autres qui ont un *goût de fût*...

Dans un livre auquel il a été fait autrefois une certaine réputation, et qui renferme, d'ailleurs, de très-bonnes choses

dues à des auxiliaires intelligents ou à des compilations faciles, M. Payen parle de la bière comme il a parlé du sucre,
de l'alcool et d'une foule d'autres objets, sans les connaître,
ou, du moins, sans qu'il soit possible de soupçonner qu'il en
possède une notion suffisante. A la suite d'un compendium
très-superficiel sur la fabrication de la bière et sa valeur
alimentaire, l'auteur de la brochure sur *les substances alimentaires* croit devoir dire quelques mots sur les *altérations
spontanées* (?) de cette boisson. Nous croyons faire acte de
déférence envers l'Institut, auquel appartient M. Payen, en
citant ce passage *in extenso.*

« C'est surtout pendant les chaleurs, dit M. Payen, que les
bières s'altèrent : *elles deviennent acides* ou même sensiblement *putrides et cessent d'être potables.* On amoindrit beaucoup
cette tendance aux *fermentations nuisibles* en diminuant d'un
cinquième ou d'un quart les proportions d'orge germée et en
y substituant une quantité de sirop de fécule (glucose) équivalente en matière sucrée ; mais alors les substances nutritives solubles que l'orge aurait fournies diminuent dans la
même proportion, en même temps que le sulfate de chaux
augmente et peut rendre la boisson moins légère et moins
agréable au goût, si le sirop a été fabriqué à l'aide de l'acide
sulfurique. On éviterait ce dernier inconvénient en préparant
le sirop avec la diastase (principe actif contenu dans le malt
et qui saccharifie la fécule.)

« Les bières qui sont *troubles,* soit par suite d'une clarification incomplète ou manquée, soit par l'effet d'un nouveau
mouvement de fermentation qui a ramené une' partie des
dépôts dans toute la masse du liquide, ont parfois exercé une
influence défavorable sur la santé. On a cru pouvoir attribuer
cet effet, analogue à celui que les cidres troubles et le vin
doux ont souvent produit, aux propriétés laxatives de la
levûre de bière ou des *ferments alcooliques* en général. Quoi
qu'il en soit des causes réelles, il est prudent de s'abstenir de
boire des boissons fermentées troubles.

« Une altération accidentelle plus dangereuse aurait pu,
tôt ou tard, offrir de graves conséquences, si l'autorité, pré-
venue à temps, n'avait prohibé l'usage des vases et des tubes
en plomb dans les brasseries : il a été constaté, en effet, par
M. Chevallier, que la bière, toujours *légèrement* (?) acide après

sa fermentation, attaque le plomb, et qu'elle pourrait, en certaines circonstances, s'en charger au point d'agir défavorablement sur la santé des consommateurs, et même accumuler, dans leurs organes, une dose de plomb telle qu'à la longue, des accidents toxiques se manifesteraient.

« J'ai, de plus, constaté, avec M. Poinsot, que les tubes et les vases en alliage, contenant de 10 à 18 de plomb et de 82 à 90 d'étain, sont attaqués par la bière comme par le cidre et par le vin blanc. On doit donc donner la préférence à l'étain ou au cuivre étamé.

« Sans doute, les ustensiles de cuivre ne présentent pas le même danger, surtout les chaudières où le moût arrive avant toute fermentation ; cependant on ne doit jamais négliger les précautions qui ont pour objet d'éviter tout contact de la bière avec des surfaces en cuivre oxydées ou légèrement tachées de *vert-de-gris.* »

On n'a besoin, sans doute, d'aucune espèce de commentaires pour constater l'insuffisance de ce passage. Nous n'y ajouterons rien. Ce n'est pas, en effet, sans une impression de tristesse qu'on voit la manière légère dont les questions les plus graves et les plus intéressantes sont traitées par certains hommes publics...

Acescence. — Les bières passent à l'*aigre,* même à une température assez peu élevée, pour peu qu'elles soient soumises au contact de l'air. Cette altération est tellement commune, que l'on ne connaît guère de bières qui y échappent ; les bières dites *de garde* elles-mêmes, les bières très alcooliques et fortement houblonnées subissent l'acétification ; *elles se piquent,* selon l'expression vulgaire, lorsqu'elles se trouvent dans un tonneau en vidange, dans un vase qui n'est pas à l'abri de l'introduction de l'air, et lorsque la température n'est pas assez basse pour prévenir toute fermentation. « Il se produit de l'acide acétique dans *toutes* les bières dès qu'elles sont exposées au contact de l'air ; mais c'est dans les *bières jeunes* que cette production s'effectue le plus rapidement, et c'est dans les bières riches en alcool qu'elle a lieu le plus abondamment. Les *bières de garde, qui contiennent une quantité considérable d'acide lactique,* sont moins exposées à devenir aigres. Cependant, dès qu'elles se trouvent en contact avec l'air, il doit s'y produire de l'acide acétique. »

Cette opinion de M. Mulder est parfaitement exacte, et il ajoute que les bières peuvent devenir aigres dans les tonneaux aussi bien que dans les flacons s'ils ne sont pas bien fermés.

Selon le professeur de Dordrecht, c'est l'acide acétique qui rend la bière aigre, et la saveur aigre qu'il donne à la bière ne doit pas être confondue avec la saveur acidule que l'on observe principalement dans les bières de garde, et qui provient surtout de la présence d'une certaine quantité d'acide lactique.

Nous sommes parfaitement d'accord sur tous ces faits, et nous reconnaissons avec tout le monde que le contact de l'air, soit dans les tonneaux en vidange, soit dans les bouteilles, détermine l'acétification de l'alcool, et que cette réaction est hâtée par toute élévation sensible de la température. Nous nous permettrons cependant de faire remarquer ici que le contact de l'air et l'élévation de la température sont bien des conditions essentielles de l'acétification, mais que ce n'est pas tout, et qu'on a passé sous silence ce que nous regardons comme le plus essentiel. On sait que l'acide acétique dérive de l'alcool par oxydation, mais que cette oxydation de l'alcool exige la présence du ferment, de la matière albuminoïde. Il n'est pas douteux que les bières jeunes soient exposées à devenir promptement aigres, puisqu'elles renferment à côté de l'alcool une proportion très-considérable de matière plastique altérable. Ce résultat n'a rien que de très-simple, et il serait bien plus étrange de voir ces bières se conserver inaltérées au contact de l'air qu'il ne l'est de les voir passer à l'acétification. Ce sont des dissolutions faibles d'alcool en présence d'un excès de ferment et de matière albuminoïde ; ces liquides sont préparés dans les conditions les plus favorables à la production acétique.

En ce qui concerne les bières de garde, il n'est pas plus étrange de les voir résister davantage à l'acétification. Ces bières contiennent, en acide lactique, l'équivalent de l'alcool qu'elles devaient renfermer ; il reste moins de place à l'acescence et l'acide lactique est moins favorable à la production de l'acide acétique. Ajoutons encore que, dans la préparation de ces bières par fermentation lente, les matières albuminoïdes ont été plus complétement éliminées que dans celle des bières jeunes; la cuisson prolongée, la décoction partielle des matières, le houblonnage plus considérable du moût sont des conditions de travail qui ont diminué la proportion des matières plastiques et réduit d'autant la disposition à l'acescence.

En somme, nous voyons la cause principale de l'acétification dans l'excès de matière plastique qui se trouve dans la bière et que l'on s'obstine à vouloir considérer comme partie intégrante de cette liqueur. Ce raisonnement conduit à des conséquences singulières. On sait, à n'en pouvoir douter, que la cause de l'acescence n'est pas ailleurs que là; on en convient; on persiste quand même à faire à la bière un mérite de ce qui est son plus grand défaut, et l'on prétend qu'il ne faut pas diminuer la proportion des matières albumineuses... Qu'on ne se plaigne donc pas d'une altérabilité dont on conserve la cause à plaisir, car si la bière est aussi altérable, c'est qu'on le veut bien. On ne la fait pas pour qu'elle soit bonne et conservable, on la fait pour qu'elle soit bue dès qu'elle est faite, sans quoi elle devient forcément du vinaigre.

Quant aux remèdes proposés contre l'acétification, ils sont ou préventifs ou curatifs. Les moyens préventifs sont l'occlusion hermétique des vases et la soustraction de l'air. On y ajoute l'action préservatrice du froid, de l'acide carbonique; l'emploi de la bonde hydraulique ou des soupapes aérofuges. Tout cela est bon, sans doute, à titre de précautions; mais, il faut que les brasseurs le sachent bien, toutes ces précautions ne conduisent à rien d'assuré si leur produit n'est pas purifié avec soin et débarrassé des principes albumineux. C'est dans l'élimination absolue de ces matières que consiste la seule garantie sérieuse contre les altérations de ce genre. Les moyens curatifs indiqués sont le sucrage qui *masque* la saveur aigre et la neutralisation par les bases. Ces moyens ne sont que des falsifications. La seule chose à faire des bières aigres, c'est de les envoyer à la vinaigrerie ou de les jeter. On pourrait encore les utiliser dans la préparation des engrais liquides; mais nous persistons à dire que le plus rationnel consiste à soustraire la bière à la cause réelle de l'acétification.

Graisse ou fermentation visqueuse. — M. Mulder pense que certaines bières deviennent *filantes* parce que la dextrine et le sucre se transforment en *mucus végétal.* Cette maladie lui paraît provenir de phénomènes morbides préexistants dans le malt et dans le moût. Dans les bières de garde et surtout dans les bières fromentacées, la transformation se produit à un degré plus ou moins prononcé *sans que la bière soit aucunement altérée* [1]. « Une bière de ce genre est caractérisée par la consistance presque sirupeuse, bien que la quantité d'extrait qui s'y trouve n'indique pas qu'il y existe, en somme, une grande quantité de dextrine. Cela se présente d'une manière frappante dans le lambick provenant d'une brasserie d'Utrecht. Cette bière, lorsqu'on la verse, forme une colonne filiforme : elle est très-épaisse et ne comporte pas plus de 3,5 pour 100 d'extrait. La dextrine s'est donc transformée en mucus végétal. »

C'est là une manière d'expliquer les choses qui ne nous semble pas bien claire et qui ne rend pas compte des causes de l'altération.

De son côté, M. Lacambre estime que cette maladie est presque toujours due à une *altération plus ou moins profonde des matières azotées* que renferme le moût; il ajoute que, pour provoquer cette réaction nuisible, il faut souvent bien peu de chose et que, parfois, il suffit d'un refroidissement subit du moût pendant ou immédiatement après l'entonnage, surtout lorsque le moût n'a pas encore commencé sa fermentation alcoolique. L'écrivain belge admet, du reste, une sorte de prédisposition à cette dégénérescence, qu'il regarde comme *une espèce de fermentation visqueuse*.

Nous avons eu l'occasion d'indiquer plusieurs fois les causes principales de la fermentation visqueuse (p. 267 et 400), et nous ne croyons pas devoir nous y arrêter longuement. Nous ferons seulement remarquer cette circonstance, que la graisse étant sous la dépendance d'une altération de la matière azotée, il est clair que plus les liqueurs fermentées renfermeront de ce principe, sous la forme de *gliadine* principalement, et plus elles seront exposées à devenir *filantes*, à passer au gras, sous l'influence des causes déterminantes de cette altération.

Les circonstances rapportées par M. Lacambre sont exactes ;

---

[1] Ceci nous paraît assez difficile à admettre. La bière est altérée, autrement la matière visqueuse devrait être regardée comme une production normale. Il est probable que M. Mulder a voulu dire qu'elle n'est pas altérée dans son goût et sa saveur.

il convient d'y ajouter quelques faits importants, qui contribueront, pensons-nous, à éclairer la question.

Tous les liquides fermentés qui contiennent, à côté des matières albuminoïdes solubles non coagulables, certains sels de la première classe, offrent une extrême tendance à cette altération. Les acétates et les lactates, de potasse, de soude et de chaux, hâtent surtout la production visqueuse. Il semble, d'ailleurs, que la fermentation visqueuse se rattache par une connexion intime à la dégénérescence acétique et à la formation lactique. Les faits que nous avons observés ne nous laissent pas de doute à cet égard. D'un autre côté, le produit des grains crus, du froment surtout, présente bien plus de tendance à cette altération que le moût qui provient des grains germés et touraillés. Ce fait est la conséquence logique de la coïncidence que l'on a constatée entre la production visqueuse et l'existence de la gliadine, qui est très-abondante dans le froment. Les matières albuminoïdes solubles se trouvent en moins grande quantité dans les moûts de grains touraillés; et si, d'autre part, ces moûts sont fortement houblonnés, ils ne passent presque jamais à la dégénérescence visqueuse.

On doit conclure de tout cela, malgré les plaintes de ceux qui recherchent dans la bière, comme nutritives, les matières visqueuses et azotées, que le moyen d'éviter cette altération est de précipiter complétement la matière plastique. Cette élimination doit se faire en deux fois : partiellement, à la *cuisson,* par l'emploi du cachou concurremment avec celui du houblon; complétement et d'une façon définitive, à la *clarification,* après la fermentation complémentaire, par l'emploi des astringents et les collages.

La dose de cachou dépend absolument de la richesse de la liqueur en matières azotées.

D'un autre côté, il importe de ne jamais introduire de potasse ou de soude dans les moûts. Si l'on se sert de chaux, cette base doit être entièrement séparée par le biphosphate. Les précautions à prendre contre l'acétification et la fermentation lactique viennent encore apporter leur contingent d'action dans l'ensemble de ces moyens préventifs dont le premier seul est infaillible.

Si l'on a des bières qui tournent au gras et qui deviennent

42

filantes, il faut les traiter immédiatement par le cachou, à
raison de 15 à 20 grammes par hectolitre au moins ; on colle
ensuite à la colle de poisson et, après clarification, on soutire
dans un tonneau bien propre, où l'on fait brûler 10 à 15 centimètres de mèche soufrée.

Dégénérescences lactique et butyrique. — Toutes les bières
produites lentement, par fermentation basse, renferment une
quantité considérable d'acide lactique ; le fait est connu et
M. Mulder en affirme la réalité dans le passage cité plus haut.

En matière d'alimentation, il semble bien difficile, au moins
dans les idées françaises, de regarder comme saines des boissons qui contiennent une forte proportion de cet acide ; mais,
cependant, il y a lieu d'étudier un instant la question, au point
de vue plus précis du rôle de cet acide dans l'alimentation,
afin de pouvoir adopter une manière de voir juste et inattaquable.

On sait que l'acide lactique est l'un des agents de la dissolution des aliments, en sorte que son utilité comme adjuvant
de la digestion semble être démontrée. Nous ne la conteste-
rons pas et nous reconnaissons volontiers que cette propriété
dissolvante offre un côté utile, et qu'elle favorise l'absorption
et l'assimilation. De là à admettre, cependant, cette conséquence, que les boissons fortement lactiques sont hygiéniques,
nous croyons qu'il y a fort loin et que les véritables règles de
l'hygiène sont contraires à une telle conclusion.

Contrairement à ce que la plupart des écrivains spéciaux
ont avancé sur les propriétés nutritives de la bière, la teneur
de cette boisson en matières azotées, en dextrine et en phosphates, ne doit pas être considérée comme la cause unique ou
principale de l'obésité des buveurs de bière ; l'acide lactique
joue un rôle tellement défini que l'on doit le regarder comme
la cause déterminante de cet effet remarquable. En effet, la
bière lactique, même dépouillée de ses principes azotés, favorise l'absorption, en ce sens que les aliments sont mieux
dissous, que l'*extraction* de leurs portions alibiles se fait mieux
sous son influence, et qu'il en résulte une plus grande utilisation des matières nutrimentaires. A plus forte raison en
sera-t-il ainsi des bières jeunes, riches en matières azotées
plastiques, et ces bières apporteront, à la fois, dans l'économie, des matières réparatrices et l'agent de leur assimilation.

Tout cela est exact, sans doute ; mais doit-on en conclure que certaines bières, préparées selon la méthode belge ou par la fermentation basse des Allemands, puissent être classées parmi les boissons saines et hygiéniques ? Il doit paraître évident que ces bières seront utiles, à *dose très-modérée*, en tant qu'elles favoriseront la digestion des aliments ; mais il ne peut en être ainsi lorsque ces boissons, prises en excès, sont ingérées en quantités très-considérables. Dans ce cas, le plus fréquent pour les pays à bière, on ne saurait méconnaître les résultats qui peuvent en être la conséquence. La muqueuse de l'estomac doit être frappée d'une sorte d'atonie par l'action prolongée d'une dissolution lactique, et l'amincissement de cette membrane doit être l'effet nécessaire d'un usage continuel et excessif de cette boisson, à moins que les aliments solides ne soient ingérés en même temps en quantité proportionnelle.

Nous livrons ces réflexions à l'appréciation raisonnée des hommes d'observation et nous n'en tirons qu'une seule conclusion, savoir, que, s'il peut être avantageux que les bières contiennent une petite proportion d'acide lactique, un excès de ce produit nous semble devoir être nuisible à la santé.

D'autre part, et sous le rapport de la technologie pure, on ne peut s'empêcher de reconnaître une série de faits dont il importe de tenir compte. L'acide lactique ne se produisant qu'aux dépens de la matière alcoolisable, sa production répond à une *perte proportionnelle* en sucre et en dextrine. Ce premier point sera admis sans difficulté, pensons-nous, puisqu'il représente les faits connus sur la formation de l'acide lactique. En outre, la dégénérescence lactique est le point de départ de la transformation butyrique, laquelle précède la décomposition putride. N'est-il pas déraisonnable, au point de vue industriel, de poser des prémisses qui seront suivies de semblables conséquences ? C'est ce que tout le monde reconnaîtra avec nous, et il ne restera plus qu'à étendre le raisonnement et à supprimer les causes vraies de la production lactique. Or, il y a peu de bières, à l'exception de certains produits belges, dans lesquelles on n'ait pas opéré la séparation de l'albumine coagulable par l'action de l'ébullition. L'action du houblon se réunit encore, jusqu'à un certain point, à cette cause physique, pour éliminer une autre portion des matières azotées, mais il ne reste pas moins, dans la liqueur, la presque totalité des matières albuminoïdes non coagulables, qui déterminent toujours l'altération lactique sous l'influence de l'air. Dans les méthodes par décoction, où l'on fait repasser à tort les liquides bouillants sur la drèche, il y a, en plus, dissolution partielle du gluten, en sorte que ce à quoi l'on devrait s'attacher, surtout, serait l'élimination de la *totalité* des matières albuminoïdes.

On y parvient par l'emploi rationnel des astringents qui, seuls, peuvent prévenir cette altération.

Lorsqu'une bière commence à s'altérer et à passer à l'état lactique, on peut enrayer les progrès de la dégénérescence par l'emploi des mêmes astringents, suivi d'un collage à la colle de poisson ; mais il convient de se hâter dans l'application de ces mesures curatives, car, lorsque la dégénérescence butyrique commence à se produire, il n'y a plus rien à faire qu'à jeter la bière.

Si l'on neutralise la bière aigre par l'oxyde de zinc à chaud et que l'on filtre la dissolution, il suffira de la concentrer pour qu'il se dépose des cristaux abondants de lactate de zinc peu soluble. En versant quelques gouttes d'acide sulfurique sur ce lactate, il se dégage une odeur caractéristique de pomme de reinette.

L'acide butyrique offre une odeur très-désagréable de rance. On le reconnaît facilement par la neutralisation de la liqueur chaude à l'aide d'un peu de baryte. On filtre et on concentre. Le butyrate de baryte se dépose et l'acide sulfurique dégage l'odeur repoussante de ce produit.

Presque toutes les bières fromentacées belges renferment un peu d'acide butyrique lorsqu'on les conserve au delà d'une certaine limite, dont la durée est difficilement appréciable. Le mieux à faire est de prévenir ces altérations et, pour cela, il n'existe pas d'autre moyen certain que celui qui vient d'être mentionné.

Dégénérescence putride. — M. J. Liebig admet que le ferment se *putréfie* dans la fabrication de la bière par fermentation basse... Disons que les bières lactiques, renfermant des matières azotées, passent aisément à la putridité, en passant par la dégénérescence ammoniacale. On trouve, dans les bières qui se gâtent, du lactate et de l'acétate d'ammoniaque.

Les moyens curatifs de cette altération n'ont aucune valeur

et la bière qui commence à se putréfier n'est bonne qu'à jeter. C'est à prévenir les causes de putréfaction qu'il convient de s'attacher et l'on ne peut y parvenir que par la séparation des matières azotées et une purification radicale des bières, pendant leur préparation et après la fermentation active.

Lorsque les bières noircissent, on peut en inférer logiquement qu'il s'est fait une production ammoniacale assez grande pour neutraliser les acides de la liqueur, puisqu'il suffit de neutraliser ces boissons pour les faire passer à une teinte brune-noirâtre. Les bières qui présentent cette altération ne se guérissent pas.

Trouble des bières. — Il arrive, comme pour les vins et les cidres, que les bières se troublent lorsque, par suite de l'élévation de la température, il s'est fait un mouvement de fermentation qui a soulevé la lie et l'a disséminée dans le liquide. Quelquefois encore, ce trouble a pour cause une agitation mécanique.

Jamais on ne doit laisser la bière sur lie, malgré tout ce que l'on peut invoquer en faveur de la paresse, de la négligence ou des habitudes prises. Ce sont là de mauvaises excuses, aussi peu acceptables que celles de nos paysans normands ou picards, lorsqu'ils ne veulent pas prendre la peine d'*élier* leurs cidres. Toute boisson fermentée doit être clarifiée, soutirée à plusieurs reprises, collée, mise à l'abri de la chaleur et de l'air, si l'on veut la conserver, et il n'y a pas d'exception à cette règle.

En supposant, d'ailleurs, que l'on ait affaire à une bière trouble, il faut la clarifier. Pour cela, il convient de mélanger à la liqueur 25 à 30 grammes de cachou dissous par hectolitre et de coller à l'ichthyocolle. On laisse reposer ensuite et, après huit ou dix jours, on soutire au clair dans une futaille légèrement méchée.

Pousse. — La pousse des bières est plutôt un accident qu'une altération. Elle résulte d'une production surabondante d'acide carbonique, lorsque la fermentation de la bière n'est pas achevée. On s'y oppose par l'élimination du ferment et des matières albuminoïdes, en un mot, par une purification complète. Lorsqu'elle survient, on enlève la bonde pour chasser l'excès du gaz ; on colle au cachou et à la colle, et on soutire, après repos, dans une futaille soufrée.

Moisissure. — Selon M. Mulder, la moisissure de la bière provient de ce qu'elle est plate, ou de ce qu'elle a été placée dans des tonneaux moisis. La précaution à prendre contre cette altération consiste, évidemment, à forcer la teneur alcoolique des liqueurs et à prendre les soins de propreté les plus minutieux à l'égard des vases qui doivent renfermer la bière. C'est ainsi que l'on évite les goûts de fût, aussi bien que la moisissure, et rien de tout cela n'arrive chez les brasseurs soigneux.

On dit aussi qu'une bière est plate lorsqu'elle n'a pas assez d'acide carbonique en dissolution... On devrait dire plutôt qu'une bière est plate lorsqu'elle ne contient pas assez d'alcool et qu'elle n'est pas assez houblonnée. L'acide carbonique n'est que pour fort peu de chose dans ce défaut.

§ II. — FALSIFICATIONS.

Il est nécessaire de bien s'entendre sur le mot de *falsification* appliqué à la bière, sous peine de s'exposer à porter un jugement faux sur un certain nombre de pratiques utiles. La bière n'est pas placée dans les mêmes conditions qu'une boisson naturelle, et on ne doit pas l'apprécier de la même manière que le vin, ou le cidre, par exemple. Ici, il s'agit d'une liqueur dont la composition est toute artificielle, et c'est à ce point de vue qu'il faut se placer pour raisonner sainement.

Un exemple va nous faire mieux saisir la nécessité d'une distinction bien nette, et nous le trouvons encore dans les dires de M. A. Payen. Cet académicien ne signale que deux falsifications de la bière : l'une, qui consiste à substituer à une partie du houblon des rameaux et des feuilles de buis, l'autre, à donner de l'amertume à la liqueur par la racine de gentiane, pour économiser le houblon.

A propos de la première de ces additions, il fait la remarque suivante : « Mais les dégustateurs exercés ne s'y tromperaient pas, et *une pareille fraude* ne tarderait pas à être *dévoilée*, *constatée* et *punie*, depuis que l'éveil a été donné à cet égard. »

Cela est bien, sans doute, et nous sommes du même avis. L'addition du buis est une *fraude*, une *falsification nuisible*; il ne doit entrer dans la bière aucun principe vénéneux, aucune matière qui puisse causer des accidents. Maintenant, voici la phrase relative à la gentiane: « ..... il est peu probable qu'*une pareille fraude* pût être de nos jours pratiquée dans une brasserie sans amener bientôt des *plaintes* et la *saisie* des substances employées pour opérer cette *falsification*. »

Ainsi, voilà la gentiane confondue avec le buis dans le même ostracisme par un professeur du Conservatoire des arts et métiers, par le même *savant* qui conseille de remplacer une partie du malt par du sirop de glucose, et qui préfère qu'on colore la bière par *l'extrait de chicorée* plutôt que par le malt torréfié ou le caramel [1]; et ce même professeur ne trouve pas un mot à dire contre l'*opium*, la *coque du Levant,* la *noix vomique,* la *strychnine,* etc., dont il ne doit pas ignorer que des brasseurs font usage dans un but frauduleux et coupable!

Y a-t-il plus de fraude à remplacer une partie du houblon par du buis que de colorer la bière par la chicorée? non certes; dans les deux cas il y a fraude, mais la première fraude est nuisible, la seconde ne l'est pas. Mais, comme l'emploi de la gentiane n'a rien de nuisible, cette troisième fraude est identique avec celle qui est conseillée par M. Payen. Le savant professeur ne peut guère sortir de ce dilemme, car il est obligé de se déjuger, quelle que soit l'issue qu'il veuille prendre.

On voit déjà combien le parti pris de tout savoir peut conduire à l'absurde. Ajoutons que l'idée de falsification est en dehors de toute cette question.

Il n'y a pas plus de falsification à introduire de la gentiane dans la bière qu'à y faire entrer l'extrait de chicorée ou le caramel. Il y en a tout autant si l'on attribue à la bière une composition fixe. Dans ce cas, l'introduction du glucose, du sucre, de la mélasse, serait également une fraude; la fabrication des bières avec mélange de grains crus serait une fraude; l'addition du sel marin serait une falsification. On n'en finirait pas avec la liste des fraudes dont la bière est l'objet si l'on voulait adopter de pareils errements.

Remontons aux principes, puisque, tout aussi bien, cela vaut mieux que de telles puérilités, et qu'il faut toujours en revenir là, malgré toutes les académies du monde.

[1] *Comptes rendus*, 1846, t. XXIII, p 400.

Si la bière est du *vin d'orge germée*, houblonné et fermenté, tout ce qui ne sera pas de l'eau, du malt, du houblon, devra évidemment être repoussé, puisque nulle autre substance ne pourra y être introduite sans adultération de la formule normale.

Si la bière est du *vin de céréales*, on peut ajouter ou substituer au malt d'orge tout autre grain cru ou germé...

Aujourd'hui que, dans la pratique bien connue de la brasserie, on ajoute aux moûts de céréales du glucose ou sucre de fécule, de la dextrine, des matières sucrées, et M. Payen lui-même ne peut pas le nier, la bière a cessé d'être un vin d'orge ou de céréales; elle est devenue un *vin de glucose dextriné*. Ceci n'est pas niable, puisque la macération du malt d'orge, seul ou mélangé d'autres grains crus ou germés, n'a d'autre but et d'autre résultat que de produire du glucose et de la dextrine. Restent la matière colorante et le houblon. On n'a compris la coloration des bières, pendant de longs siècles, que par la dissolution des matières colorantes du malt torréfié ou par l'action de la cuisson sur le glucose. On a adopté depuis bien des matières colorantes : le caramel est en première ligne; M. Payen nous offre la chicorée; d'autres ont prôné l'extrait de réglisse ; tout cela est plus ou moins admis par la pratique et n'a jamais été regardé comme frauduleux.

Si nous avons remplacé, *sans fraude coupable*, une portion de malt par des grains crus, des sirops ; si nous avons ajouté de la dextrine aux moûts, sans crime; si nous pouvons colorer la bière par toutes sortes de choses, doit-on faire une exception en faveur du houblon, contre toutes les matières inoffensives, astringentes, amères ou aromatiques, qui peuvent en être les succédanés? La réponse à cette question n'est pas douteuse, et le houblon n'est pas plus essentiel à la bière que le reste, à moins qu'il ne se fasse une exception en faveur de M. Payen, et que la *lupuline* (?) ne soit déclarée indispensable à cette boisson.

Disons tout de suite que chaque brasseur a le droit de créer une bière, c'est-à-dire un vin de glucose plus ou moins dextriné, préparé par voie de fermentation, rendu plus ou moins amer par une substance inoffensive et saine, aromatisé suivant le goût des consommateurs. La seule condition qu'il soit possible d'imposer est celle-ci : *rien de nuisible* ne peut être introduit dans la bière et aucune manipulation contraire aux intérêts de la santé publique ne doit être tolérée.

Ceci est plus large dans l'application ; mais la règle qui en découle est vraie et logique, et elle constitue une sauvegarde contre ce qui est mauvais.

Les falsifications dont la bière peut être l'objet ne sont donc pas ce que dit M. Payen. Elles sont, du reste, très-nombreuses.

La matière première ne peut être falsifiée, au moins dans notre manière de voir. La falsification n'aurait pas de raison d'être ; elle coûterait presque toujours plus cher que le bénéfice à en tirer ne permettrait de dépenser. On remplace avantageusement une partie du grain malté ou cru par de la *fécule*, du *glucose*, de la *mélasse*, du *sirop*, et cette pratique, très-répandue, est acceptée à peu près partout. M. Mulder la regarde comme une falsification, parce que, dans l'absolutisme d'une opinion à peu près abandonnée, il ne veut donner le nom de *bières* qu'aux vins de céréales. Il semble même que les additions de grains crus ne soient admises par lui qu'à titre de tolérance...

On ajoute aux moûts de la *dextrine*. Cette addition se trouve, à nos yeux, dans des conditions absolument identiques à celles dont nous venons de parler.

Ce ne sont pas là de véritables falsifications, au moins dans le sens strict que nous attachons à ce mot, par rapport à la bière.

De même, nous ne regardons pas comme un falsificateur, coupable d'une fraude nuisible, le brasseur qui colore sa bière avec du *caramel*, de la *chicorée*, de l'*extrait de réglisse*, ou un *extrait végétal inoffensif*, en sorte que nous ne faisons pas de différence entre la matière colorante de ces *extraits* et celle du *malt torréfié*, cette dernière n'étant, en réalité, qu'une variété de caramel. Mais si nous admettons ces matières colorantes comme inoffensives, si nous croyons que l'usage doit en être laissé à l'arbitraire du fabricant, dont le goût décide ce qu'il doit choisir pour satisfaire ses consommateurs, nous sommes loin d'être aussi tolérant pour certaines pratiques.

Nous considérons comme une *fraude nuisible et coupable*, comme une *falsification répréhensible*, l'emploi de la *potasse*, de la *soude*, de la *chaux* et des autres agents analogues que l'on introduit dans les moûts pour les colorer à la cuisson, par suite de l'action spéciale des alcalis sur la glucose. Ces faits sont punissables, parce qu'ils introduisent dans la bière des éléments qui peuvent en changer l'action physiologique et qui peuvent nuire à la santé.

Sans être d'un rigorisme outré, on pourrait voir une fraude dans l'addition du sel marin, qui est pratiquée partout en Angleterre. Nous ne partageons pas cette manière de voir, et nous regardons le *chlorure de sodium* comme un *condiment utile* dont il convient seulement de ne pas exagérer la dose.

C'est une *falsification coupable*, une *fraude nuisible* et, à notre sens, une véritable *tentative d'empoisonnement* que l'introduction dans la bière de toutes *substances toxiques*, telles que l'*opium*, les graines de *coque du Levant*, la *noix vomique*, la *strychnine*, les *têtes de pavot*, le *buis*, la *belladone*, la *jusquiame*, etc. Les brasseurs qui ont recours à de tels moyens pour donner à la bière une certaine amertume, méritent d'être poursuivis rigoureusement et punis avec la dernière sévérité. Ces pratiques, rares en France, sont assez communes en Angleterre, où l'on cherche à augmenter ainsi l'action de la bière sur le cerveau...

Nous ne critiquerons pas ici l'emploi de l'*acide picrique* dans la bière et le remplacement du houblon par cette substance. Les boissons ainsi préparées ne peuvent guère être considérées que comme des préparations médicamenteuses, et nous ne pensons pas qu'on ait cherché à les imiter dans la pratique [1].

Une pratique nuisible, que l'on ne peut cependant ranger parmi les falsifications, mais qui n'en est pas moins une *manipulation nuisible*, consiste dans l'introduction irréfléchie de matières animales dans la bière. Que cette addition serve à la clarification lorsqu'il y a dans la liqueur une matière astringente, nous l'admettons aisément et volontiers; mais, dans le cas contraire, il est certain que ces matières augmentent la *putrescibilité* de la bière et, par suite, peuvent déterminer des accidents intestinaux plus ou moins graves chez ceux qui en font usage. En dépit de toutes les clameurs et des prétentions de ceux qui affirment les propriétés nutritives de ces bières

---

[1] L'emploi de cet acide a été conseillé à la dose de 25 centigrammes par hectolitre, dans la fabrication de la bière destinée à la marine. On regarderait cette préparation comme antiscorbutique.

animalisées, un homme de sens ne regarde comme nutritif que ce qui peut être digéré; il considère comme malsain tout ce qui est indigeste. C'est le cas d'appliquer cette règle, même en Belgique.

C'est une *fraude* d'employer l'alun ou l'*acide sulfurique* à la clarification. Qu'on nous permette encore ici une observation qui, pour être à côté de la question, n'offre pas moins son importance pratique incontestable. Nous ne voulons pas rencontrer d'acide sulfurique dans nos vins, nos vinaigres, nos bières, dans ce qui nous sert à nous ; nous repoussons l'addition de l'alun à la farine panifiable, et nous déclarons hautement que ces deux corps sont nuisibles à la santé. Comment se fait-il que l'on ait accueilli avec tant d'engouement l'emploi des vinasses acides dans la nourriture du bétail ? La sottise humaine peut expliquer bien des choses, mais ce fait échappe aux explications ; il se réduit à ceci : je ne voudrais pas *pour moi* de ce régime, *je le déclare malsain et pernicieux, pour moi*; *mais ce même régime est très-bon pour d'autres.* Voilà le fait dans toute sa crudité, et les habiles raisonneurs n'ont même pas vu, ou n'ont pas voulu voir que la nature n'a fait aucune différence essentielle entre eux et les animaux. On ne se contente pas de les tuer, on les maltraite souvent, et l'on a érigé leur empoisonnement en méthode agricole ! Souffrance pour souffrance, la maladie que l'on donne à des bœufs ou à des moutons doit être considérée au même point de vue que celle qui serait donnée à des hommes. Le crime est le même.

Lorsque la bière est faite, il arrive trop souvent qu'elle s'aigrit et s'altère. C'est là le point de départ de cette série de falsifications et de tripotages répréhensibles qu'on nomme l'*apprêt* des bières. *Mélange* des bières altérées avec d'autres, pour les faire consommer ensemble, *coupages* de toute espèce, *neutralisation* des acides par la craie, les alcalis ou les carbonates alcalins, *sucrage* de la bière, *addition d'alcool*, toutes ces manœuvres sont frauduleuses, en ce sens qu'elles ont pour but de faire vendre et consommer comme bons et sains des produits altérés et malsains. Il y a là, très-certainement, des actes qui sont du ressort de la répression correctionnelle.

Nous ne nous étendrons pas davantage sur les falsifications de la bière et nous terminons ce paragraphe par l'exposé rapide des moyens de vérification et de contrôle.

Nous n'avons pas cru devoir signaler la fraude qui consiste dans l'emploi de *malt avarié*, de matières premières de mauvaise qualité : le fait se présente cependant à l'observation, et il s'est trouvé des spécialistes pour conseiller de corriger la mauvaise odeur de ces matières altérées par l'emploi du noir d'os [1]. Il y a dans ce fait une falsification et le procédé conseillé pour la cacher constitue une seconde fraude...

Moyens de vérification. — Il est très-difficile de reconnaître avec certitude qu'une bière a été additionnée de *fécule*, de *glucose*, de *mélasse* surtout, de *sirop* ou de *dextrine*, si l'addition n'a été faite que dans des limites modérées. Le seul moyen de découvrir cette pratique consiste à évaporer un volume de bière, et à incinérer l'extrait. Le poids des cendres comparé avec celui qui se trouve dans la bière de céréales permet de déduire des conclusions à ce sujet. Le résultat n'est cependant qu'approximatif.

Les *matières colorantes* étrangères au malt peuvent être reconnues à leur odeur spéciale, lorsqu'on fait évaporer la bière en consistance de sirop. Ce moyen n'offre pas souvent une grande certitude.

La proportion de *chlore* qui se trouve dans les cendres de la bière normale, de la bière de céréales, étant connue, on reconnaîtra l'addition de sel marin lorsque, après incinération de l'extrait de bière, on traitera la dissolution des parties minérales solubles, par le nitrate d'argent. Le chlorure d'argent lavé, séché, pesé, permettra de préciser la quantité de *chlorure de sodium* qui a été ajoutée au moût.

La *potasse*, la *soude*, la *chaux*, se retrouveront dans les produits de l'incinération. On traite les cendres par l'eau distillée acidulée par l'acide nitrique, et la dissolution, traitée par les agents convenables, donne des résultats qu'on rapproche de la composition normale des cendres.

Pour reconnaître les matières toxiques ou amères employées frauduleusement dans la préparation de la bière, il convient de faire évaporer en consistance d'extrait un volume notable de la bière suspecte. On reprend ensuite cet extrait par l'alcool et c'est sur la dissolution alcoolique que l'on fait agir les réactifs. Ainsi, la *strychnine* sera décélée par le

[1] Zimmermann, entre autres.

bichromate de potasse qui donne une coloration violette ;
l'*opium* et les matières qui renferment de la *morphine* donneront une coloration rouge avec l'acide nitrique ; on les reconnaîtra encore par les sels de fer ou par l'acide iodique ; les
autres substances pourront être décelées par des réactions
spéciales bien connues des chimistes.

La présence de l'*alun* est démontrée très-aisément. Les
cendres d'extrait de bière, traitées par l'eau bouillante, fournissent une dissolution dans laquelle le chlorure de baryum
décèle l'acide sulfurique ; l'alumine est indiquée par le carbonate d'ammoniaque, et la potasse par le sel de platine.

On reconnaîtra un excès d'alcool par un essai d'alcoolisation.

Les sels minéraux introduits dans la bière par suite de son
séjour dans le *plomb*, le *cuivre*, le *zinc*, ou le *fer galvanisé*,
sont très-reconnaissables à des caractères certains qu'il est
très-facile de mettre à découvert. Nous ne nous y arrêterons
donc pas et nous croyons que les indications sommaires précédentes suffiront à notre but. Nous ne voulons pas, en effet,
tracer une méthode d'analyse de la bière ; nous voulons seulement faire voir que les falsifications nuisibles de cette boisson ne peuvent échapper aux investigations scientifiques et
que ces pratiques blâmables seront toujours faciles à reconnaître. De même que pour les vins et les cidres, on peut dire
hardiment que l'addition de substances malfaisantes n'est pas
seulement un acte coupable, mais encore une insigne mala-
dresse, une preuve de cupidité et d'inintelligence.

§ III. — CONSERVATION DE LA BIÈRE.

Toute bière qui est réellement un vin, dans laquelle il
existe une proportion suffisante d'alcool, est conservable,
lorsqu'on en a séparé les matières altérables et les agents
d'altération. Ce principe fondamental, qui repose sur tout ce
que l'on sait de plus précis en matière d'œnologie, comprend
tout ce qu'il y a de plus important à connaître pour conserver
les boissons fermentées.

Si nous admettons qu'une bière a été bien préparée, avec
des matériaux de bonne qualité, si les différentes opérations

de la fabrication ont été bien exécutées, si, par une cuisson convenable et un houblonnage suffisant, on a préparé la voie pour une purification complète, si la fermentation s'est faite régulièrement dans le sens alcoolique, sans dégénérescence, cette bière sera susceptible d'une très-longue conservation sous la réserve des conditions suivantes :

1° On devra surveiller attentivement la fermentation secondaire et éviter avec le plus grand soin toute altération qui proviendrait du contact de l'air atmosphérique et d'un trop long séjour du liquide sur les dépôts.

2° La bière devra être débarrassée de toutes les matières albuminoïdes altérables, par les moyens indiqués ; les collages et les soutirages seront répétés jusqu'à ce que l'on ait obtenu une purification aussi complète que possible.

3° Alors, la liqueur sera mise dans des tonneaux parfaitement propres, qui seront soufrés pour empêcher toute reprise de la fermentation. Ces tonneaux seront bien remplis et fermés hermétiquement à l'aide d'une bonde bien jointe et bien serrée.

4° Ils seront placés dans des caves ou dans des celliers bien frais, prenant leurs ouvertures du côté du nord ; la ventilation et les autres conditions seront réglées comme pour les celliers et les caves à vin.

5° On surveillera avec soin les mouvements ultérieurs de la fermentation pour pouvoir, au besoin, opérer les transvasements, les collages et les soufrages nécessaires.

En résumé, à la condition que la bière soit du vin, et non pas une dissolution faible d'alcool renfermant des quantités considérables de matières albuminoïdes altérables, cette liqueur peut et doit se traiter comme le vin, et elle est aussi conservable que la plupart des vins ordinaires.

6° La conservation en grandes masses exige les mêmes précautions, les mêmes soins, et toute la question repose sur l'exactitude avec laquelle la liqueur a été séparée du ferment et des matières albuminoïdes. Nous savons très-bien que nous sommes en contradiction flagrante et ouverte avec les théoriciens anglais, allemands, belges, hollandais, ou français, qui ont parlé de la bière, et qui font consister un des plus grands mérites de cette boisson dans sa teneur en matières plastiques. Cette opinion nous paraît illogique et contraire aux règles élémentaires du bon sens pratique. Nous trouvons que ce n'est pas dans les matières plastiques de la boisson qu'il faut en rechercher la valeur hygiénique, et que rien n'est si facile que de remplacer *par deux bouchées de pain* toute la richesse albuminoïde d'un litre de bière. Ce que l'homme recherche dans une boisson, c'est un breuvage sain, agréable, conservable, légèrement excitant, rafraîchissant, et non pas une bouillie atténuée, une dissolution de gélatine, de gliadine et d'autres matières azotées. Qu'on voie nos vins vieux, bien dépouillés, débarrassés de toutes leurs causes d'altération, et qu'on ose nous dire que ce ne sont pas de bonnes boissons, parce qu'ils ne renferment pas autant de matière plastique que certaines bières ! Si l'on parvient à nous démontrer cela, et à faire adopter cette manière de voir au public qui consomme, nous sommes prêt à toutes les concessions désirables.

La bière, bien faite, serait une excellente boisson, sous le rapport hygiénique, si elle était débarrassée de ce qui fait son défaut réel, si elle ne renfermait pas les principes éminemment altérables dont nous réclamons l'élimination. Pourquoi s'obstiner à en faire quelque chose de mauvais, lorsqu'on peut en faire une bonne chose ? Déjà les bières des Anglais se rapprochent davantage des vins ; pourquoi ne ferions-nous pas aussi bien ou mieux qu'eux ? Pourquoi ne pas marcher en avant et ne pas faire de la bière qui soit, en réalité, un vin ?

Et, après tout, que nous importe, en France, le goût douteux des autres peuples ? Nous n'avons ni les mêmes besoins ni les mêmes appétences ; si des hommes froids et flegmatiques recherchent des boissons qui les enivrent tout en les engraissant, s'il leur faut des épaississants, ils sont libres de se livrer tout entiers à leurs préférences, mais ce n'est pas une raison pour nous que nous marchions à leur remorque. Ce qu'il nous faut à nous, ce n'est pas d'engraisser et de faire du ventre par la bière, c'est de trouver dans cette boisson les conditions d'utilité que nous rencontrons dans nos vins ; notre rôle est de vivre par le cerveau, notre lot est l'activité, et ce n'est pas dans les nourritures de certaines nations, ou dans leurs boissons favorites, aussi épaisses qu'inébriantes, que nous trouverons à satisfaire aux nécessités de notre tempé-

rament. Faisons le bien d'abord, réalisons le progrès raisonnable, même en ce qui concerne la bière, et bientôt, dans cet
ordre d'idées comme dans tout le reste, nous verrons nos détracteurs les plus acharnés devenir nos imitateurs.

CHAPITRE VI.

Nous avons parlé de la levûre au point de vue de l'alcoolisation en général, il nous reste à exposer, parmi les faits relatifs au ferment, ceux qui sont plus spécialement du ressort
de la brasserie. D'autre part, il n'y a pas d'industrie qui ne
présente des résidus, et souvent la question qui s'y rattache est
d'une extrême importance. Dans l'art du brasseur, le résidu
du malt macéré ou saccharifié se nomme *drèche*, et l'utilité de
cette matière pour la nourriture du bétail n'est pas contestable. Ces deux objets seront traités dans ce chapitre par lequel
nous terminons notre étude sur la fabrication de la bière.

§ I. — DE LA LEVURE EN BRASSERIE.

Nous avons vu que, dans la fermentation de la bière, il se
produit d'autant plus de levûre que les moûts contiennent
plus de matières albuminoïdes, qu'ils ont été moins cuits,
moins houblonnés, et que les grains dont ils proviennent ont
été moins touraillés. Nous savons également ce qu'on entend
par levûre superficielle ou de fermentation haute et levûre
de dépôt ou de fermentation basse. Les caractères du ferment,
considéré comme un être vivant, nous sont présents à l'esprit
et nous savons que la véritable règle de toute bonne fermentation est de mettre le ferment dans un milieu tel que rien
ne puisse l'altérer ou *le rendre malade*. Nous ne reviendrons
donc pas sur ce sujet et notre objet est tout différent. Nous
voulons seulement récapituler, relativement à la levûre, quelques points de pratique qui intéressent principalement le
brasseur.

« En ce qui concerne la levûre, dit M. Mulder, on peut faire

les observations suivantes. Si l'on ne brasse pas continuellement, on doit, ou bien veiller à la bonne conservation de la
levûre, ou bien en préparer de nouvelle lorsque l'on veut
brasser.

« Pour conserver la levûre, on la mélange avec *une grande
quantité de sucre, de manière que le mélange prenne un aspect pulvérulent.* Un *lavage préalable* de la levûre au moyen de l'eau est
préférable pour sa conservation : on doit, du reste, pour la conserver, employer un tonneau que l'on a soin de bien remplir
et de bien fermer. Le sucre agit ici comme *moyen de dessécher*
et de diviser la matière.

« On bien, on mélange à la levûre *une quantité de charbon
animal assez grande pour qu'elle devienne sèche.* On remplit entièrement un tonneau de ce mélange et on le dépose dans
un endroit frais. Si l'on veut prendre une partie du ferment
ainsi conservé pour l'employer, on agite le mélange avec
du moût récemment préparé et on sépare le charbon par filtration.

« Pour l'avoir fraîche, on conserve la levûre, sans y rien
ajouter, en remplissant entièrement de cette levûre des flacons que l'on ferme bien et en plaçant ces flacons dans
de l'eau de puits à une température basse. On peut encore
laver une fois la levûre avec de l'eau, l'exprimer, et en remplir des flacons.

« Ou bien on enferme la levûre dans un sac que l'on plonge
dans un tonneau rempli de vieille bière de garde.

« Pour préparer la levûre fraîche, on emploie le dépôt de
levûre que l'on trouve au fond des tonneaux dans lesquels on a
mis de la levûre de garde, et on le mélange avec une petite
quantité d'une infusion concentrée de malt. La levûre qui se
produit ainsi est de la levûre superficielle ou de la levûre de
dépôt, suivant la manière dont on a réglé la température
pendant sa production. Avec la levûre ainsi obtenue, on doit
préparer encore, au moyen d'une nouvelle infusion de malt,
une nouvelle quantité de levûre, afin d'obtenir une levûre
telle qu'on puisse l'employer avec assurance dans la préparation de la bière, pour déterminer une bonne fermentation.

« Si l'on n'a pas de levûre, on peut prendre pour point de
départ une petite quantité de moût qui soit susceptible de
donner naissance à de la levûre, sans qu'il soit nécessaire d'y

ajouter préalablement de la levûre [1]. Au moyen de la levûre ainsi obtenue, on prépare avec une nouvelle quantité de moût une quantité plus grande de levûre, et on répète la même opération, non-seulement jusqu'à ce que l'on ait obtenu une quantité suffisante de levûre, mais encore jusqu'à ce que l'on ait obtenu de la levûre superficielle ou de la levûre de dépôt qui présente les propriétés convenables pour déterminer la fermentation dans la préparation de la bière.

« Lorsqu'on manque de levûre, on peut, d'après Fownes, en préparer de la manière suivante :

« Après avoir malaxé de la farine de froment avec de l'eau pour en faire une pâte ferme, on expose le tout à une température modérément élevée. Il commence, au bout de trois jours, à se dégager de la masse une odeur aigre, désagréable, qui cependant disparaît plus tard : il se produit un dégagement de gaz qui augmente et, vers le sixième ou le septième jour, il se manifeste une odeur agréable, spiritueuse. On agite alors cette pâte de froment avec de l'eau tiède, et on la mélange avec une infusion de malt à 40 degrés. La fermentation se produit immédiatement. Il se sépare de cette liqueur une levûre de très-bonne qualité.

« En ce qui concerne les quantités à employer, Fownes indique une main pleine de farine de froment (*handful*) un pot de malt et trois pots d'eau. On doit retirer un demi-pot de bonne levûre humide. Ces indications de quantités sont du reste défectueuses [2]. »

Ce passage remarquable renferme des données sur lesquelles les brasseurs et même les alcoolisateurs feront bien d'apporter l'attention la plus scrupuleuse.

En fait, il faut conserver la levûre, ou savoir en faire.

Nous avons déjà donné, relativement à l'alcoolisation, une méthode à suivre pour préparer artificiellement la levûre, par l'action du gluten sur les matières sucrées. Voici une modification à ce procédé que nous avons expérimentée plusieurs fois en 1868 et qui donne d'excellents résultats.

Préparation artificielle de la levûre. — On prend 5 kilo-

---

[1] C'est le cas des moûts de bières fromentacées belges.

[2] Il ne sera pas inutile de se reporter à ce que nous avons dit à ce sujet dans notre première partie, 1er vol., p. 293 et suivantes, et dans la note I du même volume, p. 740.

grammes de farine de froment, d'orge ou de seigle[1], on la pétrit avec 4 litres d'eau tenant en dissolution 200 grammes de
mélasse, et on place le tout dans un seau en bois, très-propre,
que l'on expose à une température de +25 à +30 degrés. La
masse se gonfle beaucoup et elle se conduit exactement
comme le levain destiné à provoquer la fermentation panaire.
Au bout de quatre ou cinq jours, lorsque le gonflement a
cessé et qu'une sorte d'affaissement s'est produit, on délaye
le tout dans 10 litres d'eau à +30 degrés et l'on mélange avec
l'infusion de 10 kilogrammes de grains germés (orge, froment, seigle, etc.) dans 50 litres d'eau. Cette infusion doit être
également à +30 degrés de température. Elle peut être remplacée par un volume égal de dissolution sucrée intervertie
par un acide et neutralisée. Dans ce cas, le produit en levûre
est moins considérable que par l'infusion de malt, et cela se
comprend sans commentaires. Un suc de fruits acidules,
pommes, poires, raisins, cerises, etc., donne d'aussi bons résultats que le malt.

On couvre le tout et, à mesure que la levûre monte à la surface, on la recueille. Cette levûre est excellente. Par mesure
de précaution, on peut, cependant, la faire réagir de nouveau
sur une dissolution de malt pour employer ensuite le ferment avec toute certitude.

Il y a partout des grains renfermant du gluten et des matières albuminoïdes. Partout on peut faire de la levûre.

§ II. — DE LA DRÈCHE.

D'après Steinheil, le malt touraillé donne 33 à 38 pour 100
de résidus secs. M. Stein, de Dresde, a trouvé, dans 100 parties de résidus provenant de l'*orge crue* :

Matière azotée.	29,054
Matière grasse.	5,695
Extrait alcoolique.	0,400
Matière cellulaire.	61,816
Cendres.	3,035
	100,000

[1] Celle de froment est la meilleure.

Cette orge avait donné 31,22 de résidus pour 100.

Le résidu du *malt desséché à l'air* a fourni au même observateur :

Matière azotée..	24,973
Matière grasse..	6,187
Extrait alcoolique.	0,417
Matière cellulaire.	65,060
Cendres.	3,563
	100,000

La composition des résidus de malt *touraillé* serait conforme aux chiffres suivants :

Matière azotée.	27,452
Matière grasse.	2,990
Extrait alcoolique.	0,400
Matière cellulaire.	66,471
Cendres.	2,687
	100,000

Sans nous arrêter aux réclamations que M. Oudemans soulève à propos de la critique de sa propre méthode, faite par M. Stein, nous admettons comme exacts les chiffres de composition qui précèdent, par la très-simple raison que les différences possibles ne peuvent avoir qu'une importance fort médiocre et qu'elles atteignent à peine une relation appréciable. Nous n'avons pas à nous occuper ici de questions théoriques insignifiantes et ce qui nous intéresse le plus est essentiellement une question de pratique.

Nous pouvons admettre que la proportion moyenne des *résidus secs* (drèche) est de 35 pour 100. En moyenne, la drèche de 100 kilogrammes de malt représente un volume de $2^h,50$. En pratique, on doit considérer cette matière comme renfermant, à l'état ordinaire, 22 de substance sèche et 78 d'eau.

Nous résumons, du reste, quelques données fort intéressantes, empruntées à l'excellent travail du professeur Mulder, et qui nous serviront à établir les conséquences pratiques utiles.

D'après une analyse de Mayer, publiée dans le *Wagners-Jahresbericht*, une bière d'été (*sommer-bier*) d'une brasserie de Munich a donné une drèche qui a accusé 74,7 d'eau pour 100 par la dessiccation à $+100$ degrés. Une analyse de Wolff, portant sur la drèche d'une bière de garde d'Hohenheim, indique 77,6 pour 100 d'eau. Voici les deux analyses établies sur la matière sèche :

	Mayer.	Wolff.
Matière cellulaire.	12,1	27,4
— grasse.	6,7	
— non azotée.	52,3	52,4
— azotée.	24,7	14,1
Cendres.	4,2	6,2

Oudemans a analysé les drèches provenant de malt d'orge plus ou moins touraillé. Nous ramenons ses résultats à la moyenne :

	Etat ordinaire.	Etat sec.
Amidon.	6,325	30,825
Matières cellulaires. . . .	7,775	38,675
Substances albumineuses. .	4,625	22,950
Matière grasse.	0,350	1,725
Cendres.	1,175	5,825
Eau.	79,875	

M. Mulder compare le malt d'orge plus ou moins touraillé avec la drèche qui en provient et il arrive à un résultat très-intéressant.

	Malt d'orge touraillé.	Drèche de ce malt.
Produits de torréfaction. .	7,8	
Dextrine.	6,6	
Sucre.	0,7	
Amidon.	58,6	16,6
Matières cellulaires. . . .	10,8	10,8
Substances albumineuses. .	10,4	7,1
Matière grasse.	2,4	0,7
Substances inorganiques. .	2,7	2,0
	100,0	37,2

	Malt d'orge fortement touraillé.	Drèche de ce malt.
Produits de torréfaction. . .	14,0	
Dextrine.	10,2	
Sucre.	0,9	
Amidon.	47,6	5,7
Matières cellulaires.	11,5	11,5
Substances albumineuses. .	10,5	6,4
Matière grasse.	2,6	0,4
Substances inorganiques. .	2,7	1,6
	100,0	25,6

L'auteur tire de ces analyses comparatives cette conclusion que, dans la drèche du malt moins touraillé, il reste deux septièmes de l'amidon, et les deux tiers des substances albumineuses. La drèche du malt plus fortement touraillé ne contient plus qu'un huitième de l'amidon et les quatre septièmes de la matière albuminoïde...

Suivant Mayer, la *cendre de drèche* offre la composition suivante :

Sesquioxyde de fer.	4,4
Chaux.	11,9
Magnésie.	11,5
Soude.	0,5
Potasse.	3,9
Acide phosphorique.	40,5
Acide sulfurique.	1,5
Acide silicique.	25,3
Chlore.	traces.

Nous n'en déduirons qu'une seule conséquence, la richesse de la drèche en acide phosphorique, qui la rend éminemment propre à entrer dans l'alimentation du bétail, puisque l'acide phosphorique, combiné à la chaux ou à la potasse, semble être un des éléments constituants de la substance animale et surtout de la matière osseuse.

En résumé, si nous adoptons comme base la moyenne des analyses d'Oudemans, la drèche à l'état ordinaire nous paraît constituer une des nourritures les plus avantageuses pour le bétail, sous la condition rigoureuse, bien entendu, qu'on ne la leur donne que saine et en bon état de conservation.

En effet, cette matière, comparée au foin de prairie, sous le rapport de l'azote seulement, renferme 0,71 d'azote pour 100, avec 79,875 d'eau, tandis que le foin, à 11 pour 100 d'eau seulement, n'en contient que 1,15. Si nous ramenons la drèche à ce degré d'hydratation, nous trouvons qu'elle renferme 5,166 d'azote pour 100 parties, en sorte que, au même degré de dessiccation que celui du foin ordinaire, 100 kilogrammes de drèche vaudront 450 kilogrammes de foin sous le rapport alimentaire et pour l'azote seulement, en faisant abstraction de la proportion considérable de fécule, dont le rôle est cependant d'une très-haute importance.

A l'état ordinaire, par 79,875 d'eau, 100 kilogrammes de

drèche ne représentent que $61^k,87$ de foin à $1,15$ d'azote et 11 pour 100 d'eau. Ainsi la ration de drèche humide, répondant à $12^k,500$ de foin, sera de 20 kilogrammes environ, tandis que, si elle était amenée à 11 pour 100 d'eau seulement, il n'en faudrait que $2^k,78$ pour représenter $12^k,5$ de foin ordinaire.

Et encore, il convient de répéter que nous laissons de côté la richesse de la drèche en amidon, richesse bien supérieure à celle du foin et dont il faut tenir compte, puisque l'amidon et les féculents doivent être placés au premier rang des aliments calorifiques ou respiratoires. Si l'azote, si la matière azotée est la substance réparatrice du muscle, la source de la viande, la matière hydrocarbonée est le principal aliment de la combustion animale et la source de la chaleur intime ; elle fournit les éléments de la matière grasse et, lorsqu'elle est introduite en proportion suffisante dans l'économie, lorsque, d'ailleurs, l'animal ne supporte pas l'influence de causes de déperdition trop actives et qu'il est en chair, elle détermine l'approvisionnement, l'accumulation de la graisse dans les tissus. La drèche est donc un aliment excellent sous les deux rapports de la production de la viande et de celle de la graisse.

Nous réservons cependant quelques observations auxquelles il convient de prêter une attention sérieuse, lorsqu'on veut tirer tout le parti possible d'un régime alimentaire donné. Nous les exposons succinctement.

Sans nous occuper ici de ce que doit savoir tout bon éleveur au sujet des rations d'entretien, de réparation ou d'engraissement et d'augmentation, nous pensons qu'il doit être fait une grande différence dans l'alimentation des animaux, selon qu'ils sont arrivés au terme de leur croissance ou non, selon qu'ils sont maigres ou en chair, qu'ils sont arrivés au gras ou qu'ils sont dans une période moins avancée de l'augmentation progressive. Il nous semble résulter des principes de la physiologie, confirmés par l'expérience, que l'animal *fabrique moins de graisse,* lorsqu'il n'est pas arrivé à tout son développement osseux ou musculaire ; lorsque ce développement est atteint, la production de la graisse prend, au contraire, l'avance sur tout le reste et elle doit être regardée comme le complément de l'accroissement.

Pendant qu'un animal s'accroît, pendant qu'il franchit la distance qui le sépare de son entier développement musculaire, jusqu'à ce qu'il soit arrivé à ce qu'on appelle la *mise en chair*, il n'a donc besoin d'aliments calorifiques et engraissants qu'à titre d'aliments respiratoires. C'est dire que, dans cette période, ces aliments doivent lui être donnés avec une certaine parcimonie, tandis que les aliments plastiques, réparateurs, producteurs de la chair, du muscle, ainsi que les aliments propres à augmenter le développement de l'ossature, doivent lui être administrés largement, non-seulement pour remplacer la dépense due à l'exercice des fonctions ou causée par le travail, mais encore pour produire l'accumulation, l'augmentation de la matière musculaire.

Dans cette période, les aliments azotés sont les plus essentiels. Nous admettons, sans doute, que toutes les conditions d'une bonne hygiène sont accomplies, que les questions de masse alimentaire, d'aération, de travail, d'exercice, de propreté, de repos, etc., ont été soigneusement prévues et calculées, et nous ne parlons que du but spécial de l'alimentation.

Il n'est pas moins évident que, lorsque l'animal est en chair, lorsqu'il est arrivé à son développement osseux et musculaire, il convient de l'empêcher de *perdre* et de commencer à lui faire produire de la graisse. Dans cette période mixte, il faut que les aliments soient assez riches en matières plastiques pour que la chair augmente encore et qu'il n'y ait pas de déperdition musculaire ; il faut qu'ils contiennent assez de matières hydrocarbonées pour pourvoir aux besoins de la calorification et, de plus, pour présenter l'excédant nécessaire à la production du tissu adipeux.

Dans cette seconde période, il faudra donc que la base de l'alimentation repose sur une proportion bien comprise d'aliments azotés et d'aliments hydrocarbonés pour parvenir au double but que l'on se propose d'atteindre. Dans aucun temps de l'élevage et de l'engraissement, la drèche de brasserie n'est mieux indiquée et c'est l'aliment le plus parfait que l'on puisse donner aux animaux en chair, que l'on veut faire passer au gras. Elle contient en effet la matière azotée et la fécule dans les proportions les plus heureuses pour les deux objets dont nous venons de parler et c'est alors le véritable temps de son maximum d'emploi.

La troisième période doit conduire l'animal du *gras* au *fin gras*. Il ne doit rien perdre de sa chair, au contraire ; mais il faut que la graisse pénètre partout, dans le tissu cellulaire sous-cutané, vers les intestins, dans les interstices des muscles... Après ce qui précède, il est à peine nécessaire de dire que l'alimentation de cette période doit être surtout hydro-carbonée, et que les matières féculentes doivent en faire la base capitale.

La drèche pourra encore être employée dans ce troisième temps, pourvu que son action soit complétée par une addition suffisante de farineux et de féculents. Les légumineuses, les pommes de terre, les grains entiers, le tout après cuisson préalable, les matières grasses et les tourteaux fourniront facilement un complément utile et, dans un espace de temps très-court, le résultat cherché sera atteint, si l'on a suivi les principes que nous venons d'exposer.

Ainsi, l'alimentation de la première période sera essentiellement composée de fourrages et de matières azotées. La drèche pourra en faire utilement partie pour un quart de la ration journalière. Dans la seconde période, la drèche sera employée presque exclusivement, et l'on n'y ajoutera des fourrages ou même des matières moins nutritives, que dans la proportion nécessaire pour faire masse. Les féculents proprement dits seront joints à la drèche pour l'accomplissement de la troisième période.

Au surplus, nous renvoyons le lecteur aux détails renfermés dans une des *notes* de notre première partie[1], ce que nous venons de rappeler ayant surtout pour objet l'emploi de la drèche, que nous regardons comme une des plus précieuses ressources alimentaires pour le bétail.

Conservation de la drèche. — Il est bien entendu que la drèche n'a de valeur qu'autant qu'elle est saine. Or, il importe à l'agriculture française de ne pas imiter les errements de l'Allemagne ou de la Belgique, en ce qui concerne l'alimentation du bétail. Dans ces pays, en effet, il semble que les maladies putrides soient à l'état endémique dans les étables, et cela n'offre rien d'étrange lorsqu'on examine la provende des animaux. Nous avons vu mélanger, dans des cuviers ou

---

[1] Note P, p. 775, 1er vol.

des bacs d'une malpropreté dégoûtante, des choses sans
nom, des matières en pleine décomposition, dont l'odeur aurait suffi à rendre malade. C'était une sorte de bouillie,
plutôt claire qu'épaisse, dans laquelle les productions lactiques et butyriques le disputaient aux produits ammoniacaux
et aux résultats de la putréfaction. On appelait cela des résidus, de la drèche, des vinasses ; il y avait de tout, en réalité,
dans ce mélange infect ; à nos yeux, c'était, avant toute autre
chose, un poison...

Rien ne s'altère aussi promptement que les matières azotées
qui ont subi l'action de la chaleur, surtout lorsqu'elles sont
dans un certain état d'atténuation. Plus elles sont divisées,
plus elles se corrompent facilement, principalement si elles
sont très-hydratées. Les drèches s'aigrissent quelquefois
avant d'être refroidies, et ce fait est d'autant plus appréciable
qu'elles proviennent de malt moins touraillé, de grains crus
surtout, comme dans la fabrication des bières fromentacées.

Si la drèche était consommée à mesure de sa production,
les inconvénients qui proviennent de cette grande altérabilité
seraient à peine sensibles ; mais, le plus souvent, elle doit être
conservée un certain temps, surtout quand elle est achetée
par les petits fermiers, qui ont peu de bétail. En été, lorsque
les fourrages verts sont abondants, les brasseries ne trouvent
pas toujours à la vendre en temps utile, et il leur est indispensable de la garder quelquefois pendant plusieurs jours.

On a proposé différents moyens de conservation. Quelques
praticiens l'entassent dans des futailles défoncées, en la com-
primant le plus fortement possible. On remet ensuite le fond,
on ajoute de l'eau pour remplir les interstices et l'on bonde
avec soin. Le procédé est bon, en ce sens qu'il soustrait la
drèche au contact de l'air ; il vaudrait mieux encore, si la
drèche était additionnée de sel ou si l'eau de remplissage
était fortement salée.

D'autres l'entassent dans des citernes. Cette marche est
essentiellement mauvaise. M. Lacambre a parfaitement raison lorsqu'il conseille de ne renfermer dans une citerne que
le produit bien tassé d'un seul brassin et de le *noyer* ensuite dans l'eau salée ; on a ainsi une certaine garantie de
conservabilité que l'entassement successif dans une même
citerne ne saurait présenter.

Quoi qu'il en soit, nous voudrions adopter une méthode plus rationnelle, qui reposerait sur la dessiccation plus ou moins complète de la matière. Après l'avoir salée dans la proportion de 1 pour 100, on la moulerait rapidement en disques, comme on le fait pour les mottes à brûler, avec la seule différence que les mottes de drèche seraient d'un plus grand diamètre, puis on les porterait dans une étuve, où elles seraient placées de champ sur des claies étagées, et où on les laisserait jusqu'à dessiccation suffisante.

L'étuve dont nous voulons parler ne coûterait que fort peu de chose à établir. On la placerait sur la cheminée traînante à peu de distance du foyer générateur. La cheminée traînante communiquerait à volonté par des registres avec une série de tubes en fonte disposés au rez-de-chaussée de l'étuve et ces tubes iraient rejoindre la cheminée d'appel à l'aide d'un collecteur. La chaleur perdue, qu'on rejette dans l'atmosphère, serait ainsi utilisée, presque sans frais, pour échauffer l'air de l'étuve à un degré convenable, et la dessiccation des drèches ne coûterait presque rien.

Il va de soi que la valeur vénale en serait augmentée en raison de la quantité d'eau évaporée et l'on pourrait assurer à cette utile matière une conservation presque indéfinie.

Nous avons vérifié ce que nous venons d'exposer, tant sur de la drèche de brasserie que sur des pulpes de betteraves et nous pouvons affirmer qu'il n'y a pas une seule usine dont les chaleurs perdues ne soient suffisantes pour opérer la dessiccation de tous les résidus qu'elle peut produire. Nous sommes même parfaitement convaincu de la possibilité de substituer ces étuves économiques à la touraille à foyer spécial pour la dessiccation du malt.

Il n'y a pas de petites économies et il est bon qu'on réfléchisse à ce fait significatif, savoir, que la moitié à peine du combustible dépensé est utilisée dans nos foyers, et que le reste se dissipe en pure perte dans l'air atmosphérique.

Un autre moyen de conservation qui nous a donné quelques bons résultats consiste à presser les drèches salées dans des futailles ou des citernes et à les recouvrir ensuite d'une couche d'eau tenant en dissolution 2 à 3 pour 100 de cachou. L'action de la matière astringente est facile à comprendre, par suite de la combinaison qu'elle contracte avec les matières albuminoïdes, et dont le résultat est d'en diminuer l'altérabilité.

Germes ou radicelles. — M. Stein a trouvé que l'orge malté, séché à l'air, fournit 3,59 de radicelles pour 100, et que ce chiffre s'abaisse à 2,50 pour 100 lorsque le malt a été touraillé. 100 parties de malt *sec* donnent 3,64 de radicelles à l'état *sec*.

Les radicelles, que l'auteur appelle improprement germes, retiennent de 10,33 à 10,51 pour 100 d'humidité lorsqu'elles ont été séchées à l'air.

Ces mêmes radicelles, sèches, contiendraient de 3,179 à 3,212 pour 100 de matière grasse, et 30,613 pour 100 de matière azotée, avec 9,91 de cendres.

Ces résidus sont employés le plus ordinairement comme engrais et, sous le rapport de leur teneur en azote, ils peuvent être assimilés aux substances les plus riches. Leur valeur est d'autant plus considérable que l'élément carbone est loin d'y faire défaut, puisque les matières cellulaires et autres de nature analogue représentent environ 45 pour 100 de leur poids. En tenant compte du meilleur mode d'emploi à leur assigner, ces matières seraient d'un usage excellent dans les composts, où ils apporteraient une proportion notable de substances albuminoïdes qui y manquent le plus souvent...

§ III. — OBSERVATIONS COMPLÉMENTAIRES.

Il y aurait, sans doute, beaucoup de choses à dire encore sur la bière, sur ses variétés et sur les modes de préparation adoptés par les brasseurs des différents pays de production ; mais il nous semble que ces détails importent assez peu au lecteur et que, par l'application des principes exposés, l'exécution d'une méthode donnée ne peut présenter de difficultés réelles. Il peut être utile, cependant, de réunir les faits les plus importants qui se rattachent à la composition de la bière, afin de ne laisser dans l'ombre aucune des idées capitales relatives à la brasserie ; c'est pourquoi nous allons analyser brièvement ce qui se rapporte à cet objet particulier, en ne donnant une certaine étendue qu'aux points les plus saillants et aux notions les plus essentielles.

Les parties constituantes de la bière sont l'*alcool*, l'*acide carbonique*, les matières solides dissoutes (*extrait*) et l'*eau*.

On trouve dans la bière une proportion d'alcool très-variable, puisque les bières les plus pauvres en contiennent de 1,5 à 2 pour 100, tandis que les produits les plus riches en renferment jusqu'à 8 ou 9 pour 100 en volume. D'après ce qui se passe dans le travail de la saccharification, on est forcé d'admettre que la richesse alcoolique des bières pourrait atteindre un chiffre plus élevé, puisque, par cette opération, on ne change en glucose qu'une portion de la matière transformable[1]. En effet, sans recourir à des calculs minutieux, il nous suffira d'admettre que le malt peut fournir au minimum 60 pour 100 de matière alcoolisable. Or, dans la fabrication de l'uytzet, pris pour exemple[2], 100 kilogrammes de malt ne rendent que $383^l,30$ de bière, en tout, en sorte que chaque hectolitre devrait représenter $15^k,65$ de matière alcoolisable saccharifiée, c'est-à-dire, théoriquement, par le coefficient de rendement 0,48, un chiffre $7^k,512$ d'alcool, dont le volume, à 802,1 de densité, égale $9^l,365$, soit 9,365 pour 100. Or, la richesse réelle moyenne de l'uytzet varie entre 3 et 4 pour 100 en volume, selon les analyses de M. Lacambre. Il en résulte donc que, en admettant même ce dernier chiffre, le plus élevé, il y a eu une proportion de matière alcoolisable, répondant à 5,365 d'alcool, qui n'a pas été transformée. C'est donc une quantité de $8^k,965$ de matière utile qui n'a pas été changée en alcool, en sorte que les 60 kilogrammes, contenus dans 100 kilogrammes de malt, n'ont fourni de l'alcool que proportionnellement à $25^k,664$, et que $34^k,336$ n'ont donné que de la dextrine ou des produits de dégénérescence. On voit par là que, au point de vue de la production alcoolique, on perd sur la matière le chiffre énorme de 57,226 pour 100 de la fécule utilisable.

On objectera, sans doute, que cette matière n'est pas perdue, puisqu'elle se trouve dans la liqueur sous forme de dextrine. Cela peut être admis à la rigueur; mais il faudrait aussi admettre que le but de la brasserie est de faire une solution, faiblement alcoolisée, de dextrine et autres matières analogues. Nous savons que telle est la manière de voir de beau-

---

[1] Nous donnons plus loin, dans l'appendice consacré à l'*alcoométrie*, des indications détaillées, dues à différents observateurs, sur la richesse alcoolique d'un grand nombre d'espèces de bières.

[2] P. 621.

coup de brasseurs, mais nous ne pouvons la considérer comme une opinion acceptable après tout ce qui a été démontré à cet égard, tant au sujet de la conservabilité de la liqueur que sous différents autres rapports.

La proportion de l'acide carbonique est extrêmement variable, selon qu'il s'agit de bières jeunes ou de vieilles bières. Les chiffres trouvés pour la quantité dissoute, sans pression, répondent à 0,001 en poids au minimum et 0,002 au maximum, en ne tenant pas compte de la quantité qui s'est dégagée. En volume, ces chiffres correspondent à un demi-litre (0,50581) ou 1 litre (1,01162) par litre de bière. Il en résulte que, l'eau saturée d'acide carbonique dissolvant à peu près son volume de ce gaz, la bière contient depuis la moitié jusqu'à la totalité du gaz nécessaire pour la saturer, sous la pression ordinaire.

La grande question, aux yeux de la plupart des théoriciens, repose sur la proportion des matières solides ou de l'*extrait* contenu dans la bière. Cet extrait se compose de toutes les matières solides en dissolution, dont on obtient la quantité par évaporation et par dessiccation à $+130$ degrés. Il conviendrait d'en déduire les sels minéraux, qui s'élèvent de 0,25 à 0,30 pour 100 parties de bière.

Nous donnons un tableau indicateur de la quantité d'extrait trouvée sur 100 parties de différentes bières par divers observateurs.

Bières examinées.	Extrait pour 100.	Observateurs.
Lambick du Krans (Utrecht).	1,79	Hekmeijer.
Prinsessen-bier (Utrecht)..	2,6	Id.
Faro de Bruxelles.	3,0	Kaiser, Lacambre.
Bière forte de Lille.	3,0 à 4,0	Lacambre.
Uytzet simple de Gand..	3,0 à 4,0	Id.
Bière d'orge d'Anvers.	3,0 à 4,5	Id.
Lambick de Bruxelles.	3,4	Kaiser.
Bière de table du Aker (Utrecht). . .	3,41	Hekmeijer.
Lambick du Boog (Utrecht)..	3,49	Id.
Bière forte de Strasbourg.	3,5 à 4,0	Lacambre.
Bière blanche de Louvain..	3,5 à 5,0	Id.
Lambick de Bruxelles.	3,5 à 5,5	Id.
Bière d'orge de Bruxelles..	3,8	Kaiser.
Bière de garde, br. de la cour (Munich).	3,9	Id.
Ale ordinaire de Londres..	4,0 à 5,0	Lacambre.
Porter ordinaire de Londres..	4,0 à 5,0	Id.

688

DE LA BIÈRE.

Bières examinées.	Extrait pour 100.		Observateurs.
Uytzet double de Gand.	4,0	à 5,0	Lacambre.
Bière jeune d'Augsbourg.	4,5		Kaiser.
Bière d'Erlangen.	4,5		Balling.
Bière ordinaire de Bavière.	4,5	à 6,5	Lacambre.
Bière de garde de Bavière.	4,7		Balling.
Bière de Wanka (Prague).	4,7		Kaiser.
Bière de Strasbourg.	4,8		Payen et Poinsot.
Bosch-bier, veuve Heeren (Utrecht). .	4,83		Hekmeijer.
Bière du cloître des Francisc. (Munich).	5,0		Kaiser.
Ale de Hambourg.	5,0	à 6,0	Lacambre.
Ale de Londres.	5,0	à 6,5	Id.
Bière blanche de Paris.	5,0	à 8,0	Id.
Bière de garde d'été, Deigel-Maier(Mun.)	5,1		Kaiser.
Bière de Pstross (Prague).	5,1		Id.
Bière de Nuijs (Middelbourg)	5,18		Hekmeijer.
Bière jeune d'hiver d'Anspach. . . .	5,2		Kaiser.
Bière jeune d'hiver de Bayreuth. . . .	5,4		Id.
Porter de quatre mois.	5,4		Christison.
Bière de garde de Brunswick, Otto. . .	5,4		Kaiser.
Bière d'Erfurth (Treitsckhe).	5,5		Heydloff.
Bière d'or de Diest.	5,5	à 8,0	Lacambre.
Peeterman de Louvain.	5,5	à 8,0	Id.
Pale-ale.	5,6		Ludwig Hoffmann.
Ale d'Edimbourg, avant soutirage. . .	5,7		Christison.
Bière de Landshut (Bavière).	5,7		Kaiser.
Bière de Brey (Munich).	5,8		Id.
Bière de Bamberg.	5,8		Heydloff.
Bière du comte Butlar.	5,9		Kaiser.
Bière jeune des Augustins (Munich). .	5,9		Id.
Bière d'Erlangen.	6,0		Heydloff.
Bière de John (Erfurth).	6,0		Id.
Bière de Leist (Munich).	6,0		Kaiser.
Porter de Barclay-Perkins.	6,0		Id.
Bière ordinaire de Londres.	6,0	à 7,0	Lacambre.
Bière d'Iéna.	6,1		Wackenroder.
Ale d'Edimbourg, de deux ans.	6,1		Christison.
Bière de Nuremberg.	6,2		Heydloff.
Bière de garde de Brunswick, Balhorn. .	6,5		Kaiser.
Bière d'Erfurth, Büchner.	6,5		Heydloff.
Bière d'Erfurth, Schlegel.	6,5		Id.
Bière de la brass. de la cour (Munich). .	6,6		Kaiser.
Burton ale.	6,6		Ludwic Hoffmann.
Porter de Londres.	6,8		Balling.
Ale de la brasserie de la cour (Munich).	7,0		Kaiser.
Bock-bier.	7,0	à 9,0	Lacambre.
Bière double d'Iéna.	7,2		Wackenroder.
Bock de la brass. de la cour (Munich).	7,2		Kaiser.

Bières examinées.	Extrait pour 100.		Observateurs.
Bière de Rudolstadt.	7,38		Dufft.
Bière double, Zacherl (Munich).	7,8		Kaiser.
Bière double des Augustins (Munich). .	8,0		Id.
Salvator de Zacherl (Munich.	8,1		Id.
Ale de Sedelmaier (Munich).	8,4		Id.
Bock-bier (Munich).	8,5		Id.
Porter.	9,2		Heydloff.
Bock de Mader (Munich).	9,2		Kaiser.
Salvator de Zacherl (Munich).	9,5		Id.
Salvator de Zacherl (Munich).	10,0	à 12,0	Lacambre.
Ale d'Ecosse, W. Younger (Edimbourg).	10,9		Kaiser.
Heilige-vater-bier (Munich).	13,0		Léo.
Bière douce de Brunswick, Otto.	14,0		Kaiser.

Nous ajoutons à ces données quelques analyses portant sur diverses bières, avant de chercher à nous rendre compte de la valeur de l'extrait, considéré comme partie intégrante du vin de céréales.

Analyse de la bière de Rudolstadt, par Dufft. — Cette bière contient, sur 100 parties pondérales :

Eau.	87,88
Alcool.	4,84
Sucre et acides végétaux.	1,36
Gomme et mucus végétal avec phosphates.	3,00
Extrait précipitable par un sel de plomb. .	2,86
Gluten, albumine végétale.	0,06
	100,00

M. Hekmeijer a fait l'analyse de la bière de la brasserie Nuijs, à Middelbourg :

Alcool.	4,95 en volume.
Substances albumineuses.	0,83
Sucre, dextrine et matières extractives.	3,67
Substances incombustibles.	0,42 $\Big\} = 5,18$
Acide lactique.	0,26
Acide acétique.	0,02
Acide carbonique.	0,10

le tout sur 100 parties en poids[1]. M. Mulder indique égale-ment d'autres analyses des bières d'Utrecht, exécutées, sur

[1] Mulder, *De la bière.*

44

sa demande, par le même chimiste. Nous reproduisons seulement celle de la *prinsessen-bier* :

Alcool	4,00	en volume.
Albumine	0,46	
Extrait	2,60	
Cendres	0,21	
Acide lactique	0,17	
Acide acétique	0,06	
Acide carbonique	0,09	

De tout ce qui précède, on peut conclure que les bières renferment depuis 17ᵍ,9 jusqu'à 140 grammes par litre de cet ensemble de matières diverses auxquelles on donne le nom d'*extrait*. Ces chiffres ne sont pas absolus, sans doute, puisqu'il est possible que certaines bières contiennent encore une proportion d'extrait plus considérable; mais ces indications sont fort suffisantes pour notre but, et nous les prendrons comme base dans le raisonnement que nous avons à soumettre au lecteur. Soit donc une moyenne de 75 à 80 grammes d'extrait par litre de bière, ce qui nous paraît fort acceptable. Doit-on juger de la valeur d'une bière d'après sa richesse en extrait, et cette richesse est-elle le point de départ d'une appréciation sérieuse? L'affirmative serait bien hasardée. Il est certain que si ces 80 grammes de matières diverses sont formés de dextrine, d'albumine ou de substances congénères, ces matières pourront être absorbées et elles donneront à la bière, dans une certaine mesure, la propriété d'être nutritive. On peut aller plus loin et dire que, par ses matières hydrocarbonées, par ses matières azotées, par les sels qu'elle contient, la bière est très-réellement alimentaire, qu'elle renferme des aliments respiratoires, des aliments plastiques, des aliments minéraux; tout cela est admissible, et nous n'avons jamais songé à le contester. Ce que nous voudrions établir, ce que nous voudrions voir pénétrer dans les idées de la brasserie est tout autre chose, et nous n'avons jamais eu la pensée de critiquer pour le vain plaisir de critiquer. Malgré toute l'indulgence d'esprit dont on veuille se prémunir pour étudier cette question de l'extrait de bière, on est obligé d'écarter la propriété nutritive de cette boisson, puisqu'elle est reconnue et admise, et de porter la discussion sur un point tout différent. L'existence simultanée, dans un liquide fermenté, de la dextrine, du sucre et des matières azotées, bien que représentant la propriété nutritive dont nous parlons, n'est-elle pas une condition matérielle et inévitable d'altération? Les partisans de l'extrait avant tout ne peuvent songer à répondre à cette question par la négative. M. Mulder, malgré son enthousiasme pour la bière, déclare qu'elle cesse d'être de la bière lorsqu'elle cesse de fermenter, et M. J. Liebig avoue que le travail bavarois s'opère par une véritable putréfaction. Ces déclarations sont explicites. D'un autre côté, personne ne voudra reconnaître ouvertement que le but de la brasserie soit la production de l'acide lactique et d'autres principes analogues, ou que l'on recherche la putridité commençante dans la bière comme dans le gibier, etc. Or, il est impossible à qui que ce soit, sans l'emploi d'agents chimiques plus ou moins délétères, de s'opposer à la réaction des matières azotées sur les substances de nature carbonée, premièrement, à leur propre décomposition en second lieu, dans un liquide préparé comme la bière. On aura beau faire et se débattre dans le cercle vicieux que l'on a tracé ; il faut se résigner à l'altération rapide de la bière, ou bien se résoudre à éliminer la totalité des matières altérables et des causes d'altération. Que l'on tienne à préparer une dissolution hydro-alcoolique de dextrine, on peut le concevoir ; mais la vraisemblance technique s'arrête lorsqu'on prétend faire entrer la gliadine, le gluten, la gélatine, l'albumine et leurs congénères dans une composition de ce genre. Loin de pouvoir conserver un tel mélange d'éléments *hostiles*, lorsque l'on se place dans les conditions les plus favorables à l'altération, on ne peut pas préserver de la dégénérescence les dissolutions des matières albuminoïdes seules. Pourquoi donc s'obstiner, sous le prétexte de rendre la bière nutritive, à y faire entrer les matières plastiques altérables? Il n'y a pas de terme moyen dans l'état actuel de nos connaissances chimiques : il faut éliminer les matières azotées de la bière ou se décider à ne voir dans cette boisson qu'une liqueur essentiellement altérable et putrescible.

On peut avoir une proportion considérable d'extrait dans une bonne bière, saine et conservable ; mais cet extrait ne doit pas renfermer de matières albuminoïdes.

Nous livrons ces réflexions à la sagacité du lecteur et nous ne les pousserons pas plus loin. Dans la préparation d'une liqueur de composition arbitraire, nous comprenons que l'on soit obligé de sacrifier au goût des consommateurs, mais il nous semble que l'on devrait aussi tenir un peu de compte des règles du bon sens.

La bière contient encore des acides acétique, lactique, de la matière grasse, etc.; nous ne nous arrêterons pas à ces objets secondaires, à l'égard desquels nous ne pourrions que répéter inutilement ce qui est déjà parfaitement connu. En ce qui concerne les matières minérales dissoutes dans la bière, on a trouvé des proportions de cendres très-variables. Ainsi, d'après Dickson, l'extrait de porter fournit de 5,7 à 14,6 pour 100 de cendres, et l'extrait d'ale en donne de 3,4 à 12 pour 100. Dans les cendres d'une bière d'Erlangen, tenant 3,693 d'extrait pour 100 et fournissant 0,288 de matières minérales, W. Martins a trouvé les éléments suivants :

Potasse.	37,22
Soude..	8,04
Chaux..	1,93
Magnésie.	5,51
Sesquioxyde de fer. . .	traces.
Acide sulfurique.	1,44
Acide phosphorique.. . .	32,09
Acide silicique.	10,82
Chlore.	2,91

Il suit de cette analyse, publiée par le *Nouveau Répertoire de pharmacie* de Büchner, que 1 litre de cette bière, tenant 2,88 de cendres, renferme :

Potasse..	18,071936
Soude.	0 ,231552
Chaux.	0 ,055584
Magnésie.	0 ,158688
Sesquioxyde de fer.. . . .	traces.
Acide sulfurique.	0 ,041472
Acide phosphorique.. . . .	0 ,924192
Acide silicique..	0 ,311616
Chlore.	0 ,083808

On ne peut pas accorder une grande importance à ces proportions de matières salines, sauf pour les cas exceptionnels, pour les pays de grande consommation et dans la circonstance d'un usage abusif. La ration ordinaire des aliments solides en contient davantage, mais on doit avouer que leur état de dissolution dans la bière en facilite l'absorption.

Nous bornons à ce qui précède ce que nous avions à cœur d'exposer sur la fabrication de la bière ; mais nous ne pouvons clore ce chapitre sans insister sur la nécessité absolue qui incombe aux fabricants de bière, de se soustraire à la routine, aux préjugés, à l'influence des recettes toutes faites, pour rentrer nettement dans l'application raisonnée des principes. Là seulement ils peuvent trouver le succès et ce n'est que par l'étude des moyens rationnels et des faits scientifiques sur lesquels ils reposent que l'on peut attendre le progrès avec quelque certitude.

LIVRE V

DE L'HYDROMEL.

L'hydromel, dont le nom grec donne la signification [1], était autrefois un simple mélange d'eau et de miel. C'était une dissolution de miel, par conséquent, et cette boisson n'aurait pu offrir une certaine ressemblance avec les produits de la fermentation que si elle avait été conservée et abandonnée au travail fermentatif, dont on n'avait anciennement qu'une connaissance très-imparfaite. On considérait même cette transformation comme une véritable altération, et l'on ne préparait l'hydromel qu'au moment de le consommer. Il est vraisemblable que l'usage de l'eau miellée a été familier aux anciens peuples et, notamment, aux Grecs et aux Romains, mais c'est surtout chez les nations du Nord, chez les peuples privés de la vigne, que l'hydromel fut en haute faveur à une époque fort reculée.

Il semble résulter, en effet, des documents historiques relatifs aux pirates northmans, que, si la bière était pour eux une boisson à peu près habituelle, ils considéraient l'hydromel comme le nectar réservé aux héros « qui le buvaient à la place d'honneur », dans le joyeux palais d'Odin, au milieu des splendeurs du Walhalla [2].

Le savant M. Chéruel, dans son ouvrage si remarquable sur les *Institutions, mœurs et coutumes des Francs*, donne au sujet de l'hydromel un résumé historique fort intéressant, malgré sa brièveté.

« L'hydromel, dit-il, est un breuvage fait avec de l'eau et du miel, qu'on laisse fermenter pendant plusieurs jours et

---

[1] Ὑδρόμελι, de ὕδωρ, eau, et μέλι, miel. On disait encore chez les Grecs μελίκρας pour désigner l'hydromel ; le sens littéral de cette expression est *mélange de miel*.

[2] Paradis des Scandinaves.

auquel on mêle souvent du vin ou des liqueurs alcooliques[1].
L'hydromel était en grande estime dans les premiers siècles
de l'empire franc. L'abbé Théodemar, écrivant à Charlemagne, lui raconte qu'en été sa coutume est d'accorder quelques
fruits à ses religieux, et que, quand ils sont occupés à couper
les foins, il leur donne une potion au miel. Au treizième
siècle, le miel entrait pour un douzième dans la composition
de l'hydromel et, pour ôter à ce breuvage la fadeur du miel et
lui donner du piquant, on y mêlait quelques poudres d'herbes
aromatiques. L'hydromel, ainsi préparé, se nommait *borgérase*,
borgérafre, ou *bogéraste*. Dans un festin que l'auteur du *Roman
de Florès et de Blanchefleur* fait donner à son héros, on sert
de la *borgérase*. Chez les moines, on en usait dans les jours
de grandes fêtes. *C'est un breuvage très-doux* (*potus dulcissi-
mus*), disent les coutumes de l'ordre de Cluny. On faisait
aussi une espèce de piquette d'hydromel, qu'on appelait
bochet ou *bouchet*, et qui servait aux paysans et aux gens de
service. On obtenait cette liqueur quand, après avoir mis les
rayons des ruches sous la presse, afin d'en exprimer le miel,
on jetait le marc dans l'eau. »

L'hydromel est déchu aujourd'hui de cette antique réputation. C'est à peine s'il est encore employé dans quelques pays
du Nord, ou si quelques paysans de nos provinces les plus recu-
lées en préparent avec les déchets de la récolte du miel. Son
rôle est devenu presque entièrement pharmaceutique. Cet
état de choses et cet oubli s'expliquent aisément par la négligence que nous apportons aux soins de l'apiculture. Cette
partie si intéressante de l'art agricole, qui a été chantée par
Virgile, et qui pourrait être la source de richesses incalculables pour l'habitant des campagnes, est tombé dans le plus
honteux abandon. Les efforts de quelques hommes généreux
n'ont servi à rien contre cette apathie, grâce à laquelle nous
avons perdu le plus beau fleuron de notre couronne rustique.
Nous avons bien des pertes de ce genre à déplorer, malheureusement, et, dans notre siècle de bavardages, d'ambitions
stériles, de passions ridicules et de jalousies envieuses, nous
laissons de côté le certain pour l'aléatoire, nous oublions le

---

[1] La définition de M. Chéruel se rapporte évidemment à ce qu'on appelle
hydromel parmi les modernes, puisque les anciens ne faisaient pas fermenter
cette boisson.

positif pour la spéculation. Nous nous débattons au milieu d'un cercle étroit, qui se resserre chaque jour davantage et, bientôt, il n'y aura plus pour nous qu'une maxime et qu'un but, *arriver vite* à la fortune, aux honneurs, à la réputation. Nos aïeux, dans leur féconde sagesse, prétendaient *arriver sûrement,* quoique *lentement,* et ils arrivaient. La fièvre moderne a gagné jusqu'à l'habitant de nos campagnes et l'on spéculera bientôt partout, jusqu'au fond de la Sologne, de la Bretagne ou des Landes...

Notre cadre nous interdit de nous étendre longuement sur l'apiculture proprement dite, nous ne pouvons nous arrêter à prouver que la culture des abeilles est une des *meilleures affaires* que l'on puisse organiser, même en face des chemins de fer et des obligations à primes ; mais, au moins, pouvons-nous exposer les faits relatifs à la préparation des liqueurs qui ont le miel pour base et apprendre à ceux qui voudraient en tenter l'expérience que l'hydromel vineux, le vin de miel (*œnomel*) est une des boissons fermentées les plus saines et que cette liqueur généreuse peut devenir une précieuse ressource pour une partie considérable de notre population. C'est au bon sens que nous faisons appel et nous ne désespérons pas d'être entendu.

CHAPITRE 1.

DU MIEL ET DE SA COMPOSITION. — RÉCOLTE DU MIEL ET PURIFICATION DU PRODUIT.

Le *miel* est une substance sucrée que les *abeilles* recueillent sur les feuilles et les fleurs des végétaux et qu'elles emmagasinent ensuite dans les alvéoles de leurs gâteaux. Il a déjà été dit quelques mots sur cette substance [1], l'un des présents les plus précieux de la nature, qui ne coûte à l'homme d'autre peine que celle de s'en emparer, et dont l'utilité, au point de vue de l'alcoolisation, ne serait pas contestable, si l'apiculture était moins négligée. L'emploi du miel pour la préparation d'une boisson fermentée exige que nous entrions dans quelques détails sur la nature de ce produit.

§ I. — COMPOSITION DU MIEL.

« Tous les miels, disent les auteurs du *Dictionnaire de médecine*, contiennent deux matières sucrées, semblables, l'une au sucre de raisin, et l'autre, au sucre incristallisable de la canne. Ces deux espèces de sucre, mêlées en différentes proportions et unies à une matière colorante, constituent les miels de bonne qualité. Ceux de qualité inférieure contiennent, en outre, de la cire et un acide. Ceux de Bretagne contiennent même du couvain, qui leur donne la propriété de se putréfier... »

M. A. Payen n'a pas étudié le miel par lui-même; mais, en analysant les données que l'on possède sur cette substance, il dit que la composition des miels est assez complexe et variable.

« On y trouve du sucre cristallin (glucose) semblable au sucre de fécule, un autre sucre transformable en glucose par les acides, un sucre liquide incristallisable, enfin, d'après

[1] Voir première partie, 1er vol., p. 146.

M. Dubrunfaut, une petite quantité de sucre de canne dissous, qui se transforme *spontanément* en glucose *sous l'influence d'un ferment* également contenu dans le miel ; on a constaté, en outre, la présence de la mannite (matière sucrée que l'on peut extraire aussi de la manne, du céleri-rave et de quelques sucs fermentés), de deux acides organiques, de substances aromatiques, d'une matière colorante jaune, enfin, de substances grasses et de principes azotés. »

Proust a donné une analyse du miel, qui a été insérée dans l'*Ancien Journal de Gehlen* et que nous reproduisons seulement pour mémoire.

Sucre (dans le miel grenu).

Sucre incristallisable (particulièrement dans le miel qui est liquide comme l'huile de térébenthine).

Mannite, suivant Guibourt, qui reste après la fermentation vineuse du miel étendu d'eau.

Matière mucilagineuse, insoluble dans l'esprit de vin.

Matière extractive colorante brune, qui précipite en jaune l'hydrochlorate d'étain.

Cire ; un acide libre ; des œufs d'abeilles, qui donnent naissance à la putréfaction.

Aucune analyse complète du miel n'a encore été faite, ou, du moins, nous n'en connaissons aucune dont les données puissent être admises par la technologie. C'est un travail à faire. Quelques expériences partielles nous ont convaincu de la présence dans le miel d'une proportion de matière azotée d'autant plus considérable que l'on a affaire à un produit de qualité inférieure ; nous avons trouvé dans les miels de basse valeur une acidité plus ou moins prononcée, et il est rationnel d'admettre que cette acidité est le résultat d'une altération, d'une fermentation, déterminée par les matières albuminoïdes mélangées. Ces matières peuvent provenir des plantes mêmes sur lesquelles le miel a été récolté ou encore des débris de larves qui ont pu être entraînés avec la liqueur, c'est-à-dire, de causes accidentelles. L'examen microscopique nous a permis de reconnaître les formes cristallines du sucre de miel et de constater que ce corps peut être considéré comme une dissolution de sucre cristallin dans du sucre liquide, mais nous n'avons pas effectué d'analyse quantitative sur laquelle nous puissions baser des conclusions acceptables. En ce qui touche la mannite, indiquée par M. Guibourt, on peut dire que la présence de ce corps n'offre rien d'étrange, rien qui soit de nature à soulever des objections fondées. En effet, cette mannite peut provenir, ou de la *miellée* elle-même, de l'excrétion végétale, ou bien de quelque altération par voie fermentative. La première origine semble d'autant plus probable qu'il est rare de ne pas rencontrer ce principe dans les matières excrétées par les plantes. La matière albuminoïde peut également être rapportée à la production végétale, aussi bien qu'à l'existence des débris animaux et il ne semble pas que l'on doive attribuer à une seule cause la matière azotée que l'on trouve dans toutes les variétés de miel.

Nature et origine du miel. — On a signalé, dans le produit de l'industrie des abeilles, la présence d'un peu de sucre de canne ou de sucre prismatique. Cette variété de sucre, qui se détruit, du reste, assez promptement, sous l'influence de l'acide du miel, peut être facilement rapportée à une origine végétale, puisque les abeilles butinent aussi bien sur les plantes à sucre prismatique que sur celles qui ne renferment que du sucre incristallisable ou du glucose. Mais, en somme, le sucre de canne n'existe jamais qu'en proportion minime dans le miel, soit parce qu'il a déjà été en partie transformé sur la plante même, ou parce qu'il est changé en glucose dans l'estomac de l'insecte. On peut négliger cet élément sans inconvénient.

En ce qui concerne l'origine du miel et le mode de sa formation, on a soulevé de longs et inutiles débats, qui ne semblent pas devoir encore se terminer. On n'est pas d'accord, dit Orfila, sur l'existence du miel dans les plantes ; quelques naturalistes pensent que le suc sucré et visqueux recueilli par les abeilles dans les nectaires et sur les feuilles de quelques végétaux a besoin d'être élaboré par l'animal pour être converti en miel, tandis que d'autres embrassent l'opinion contraire.

Nous n'entrerons pas dans cette discussion qui ne conduirait pas à grand chose. Disons seulement que la *miellée* recueillie par les abeilles est de deux sortes, l'une, qui est le résultat d'une transsudation des sucs propres des plantes à travers le tissu épidermique, l'autre, qui est le résidu de la

digestion du puceron. Ces observations sont dues à M. Bois-
sier de Sauvages, qui a démontré, en outre, contrairement
à l'antique préjugé, que la miellée n'est pas une bruine, un
produit de la rosée, et qu'elle n'exsude pas des jeunes feuilles,
mais bien des feuilles et des organes qui ont atteint leur développement. Ce serait, ainsi, le trop-plein de la matière saccharine, rejeté par la plante, qui serait la base de cette production, dont l'abeille ne serait que le collecteur. Le même
observateur fait voir à ce sujet que toutes les plantes ne produisent pas de miellée et que, même, cette matière sucrée ne
transsude pas de toutes les parties des plantes. Il ajoute : «Les
pucerons sont les seuls animaux que je connaisse *qui fabriquent*
réellement du miel ; leurs viscères en sont le vrai laboratoire.
Ce miel, ou une bonne partie de sa totalité, n'est que l'excédant ou le résidu de leur nourriture, dont ils se déchargent
par les voies ordinaires ; les abeilles, auxquelles on voudrait
en faire honneur, n'y ont de part qu'en qualité de *manœuvres*
dont l'emploi est de ramasser les différentes espèces de miellée. Elles la mettent, comme on sait, en réserve dans une
espèce de jabot qu'elles ont près de la bouche pour la rever-
ser de là dans les alvéoles qui en sont les magasins, sans y
faire de changement ou d'altération qui soit au moins sensible. »

Cette manière de voir nous paraît conforme à la vérité et
elle coïncide avec les autres observations relatives à la qualité du miel, qualité qui dépend des propriétés de la plante
sur laquelle il est *recueilli*. La conclusion de ceci, au moins
celle que les gens impartiaux doivent en tirer, est que l'abeille
ne fait pas de sucre, qu'elle le récolte seulement partout où
elle le trouve et qu'elle l'emmagasine. Son rôle n'en est pas
amoindri, et ce petit insecte tient encore une place assez
grande dans le plan général pour qu'il soit permis de ramener à la juste réalité l'idée qu'on doit se faire de son travail. Nous avons constaté, cependant, que le sucre cristallisable se transforme, dans l'estomac des abeilles, en sucre plus
hydraté, au moins en grande partie, sinon en totalité, mais
ce fait d'interversion, très-aisément explicable, n'a rien de
commun avec la saccharification, dont rien ne prouve la
réalité.

On lit dans la *Phytographie médicale* du docteur Roques :

« D'après Tournefort[1], les fleurs du *rhododendron ponticum*
sont malfaisantes; le miel puisé par les abeilles, sur ces
fleurs, donne des vertiges et des nausées. Dioscoride dit
aussi qu'autour d'Héraclée, dans le royaume de Pont, le miel,
en certains temps de l'année, rend insensés ceux qui en font
usage, ce qu'il faut attribuer aux fleurs sur lesquelles les
abeilles le récoltent. Suivant Pline, il est des années où le
miel est également vénéneux dans le même pays : « Ceux
qui en ont mangé se couchent à terre, cherchent le frais, ont
des sueurs abondantes[2]. C'est sans doute ce miel malfaisant qui jeta la consternation dans l'armée des Grecs lorsqu'elle vint camper aux environs de Trébizonde. Xénophon
raconte que les soldats qui en mangèrent une grande quantité eurent de violentes évacuations suivies de délire. Les
moins malades ressemblaient à des gens ivres ; les autres
étaient furieux ou moribonds. On voyait la terre jonchée de
corps comme après une défaite. Personne néanmoins n'en
mourut, et les accidents cessèrent le lendemain.

« Quelques naturalistes pensent que les abeilles avaient
puisé ce miel sur l'azalée pontique (*azalea pontica*, L.), plante
narcotique et vénéneuse qui croît aussi aux environs de Trébizonde, et appartient à la même famille. M. Lemaire-Lisan-
court observe fort bien, dans le *Journal de Botanique* de M. Des-
vaux, que les abeilles ne changent presque pas la nature du
nectar qu'elles puisent dans les fleurs. Ainsi le miel peut devenir purgatif, astringent, vénéneux, etc., suivant les plantes
sur lesquelles il a été recueilli par ces insectes. Les miels
de l'ancienne Colchide, pays fertile en végétaux nuisibles,
sont bien différents du miel du mont Hymette, où croissent
abondamment la sauge, le thym, le serpolet ou autres plantes
aromatiques. De même, le miel qui vient de l'ouest et du nord
n'est point comparable à celui du Gâtinais et du midi de la
France. »

Les faits nombreux qui démontrent les propriétés délétères
de certains miels recueillis sur les plantes vénéneuses prouvent, jusqu'à l'évidence, que l'abeille ne fait subir à la miellée que des modifications insignifiantes, et que son rôle actif

[1] *Voyage au Levant.*

[2] *Qui edére, abjiciunt se humi, refrigerationem quærentes : nam et sudore
diffluunt.*

se borne à faire la récolte des exsudations sucrées, qu'elle
emmagasine telles qu'elles ont été recueillies ou à peu près.
Les négations ne servent à rien devant des faits positifs, et
la seule conclusion qu'on puisse tirer de cette circonstance,
c'est que l'abeille jouit d'une sorte d'immunité, qu'elle est,
en quelque façon, réfractaire à l'action de certains poisons.
Il n'en est pas ainsi pour tous les principes végétaux, cependant, car il est bien constaté que le suc de certaines fleurs
est nuisible aux abeilles et qu'elles contractent une dysenterie pernicieuse lorsqu'elles en font excès. C'est ce qui arrive,
par exemple, avec la fleur de tilleul, de la miellée de laquelle
elles sont très-avides, lorsqu'elles ne rencontrent pas, en
même temps, une certaine abondance de fleurs à miellée tonique et astringente, comme celles des labiées, etc.

§ II. — TRAVAUX DES ABEILLES.

Ce serait nous écarter de notre plan que de nous étendre
ici sur des notions d'apiculture qui exigeraient, pour être exposées convenablement, un développement considérable.
Nous ne le ferons donc pas et nous nous contenterons de tracer un précis, fort sommaire, de ce qu'il importe le plus de
connaître à cet égard, en renvoyant aux ouvrages spéciaux
le lecteur désireux d'étudier plus à fond cette partie intéressante de l'art agricole [1].

L'*abeille* est un insecte de l'ordre des *hyménoptères*, section
des *porte-aiguillons*, et de la famille des *apiaires mellifères*. On
compte un grand nombre d'espèces d'abeilles, mais la seule
dont l'étude soit intéressante au point de vue technologique
est l'abeille commune (*apis mellifica*), que l'homme est parvenu à utiliser à son profit depuis les temps les plus reculés.

L'abeille commune vit en société. Les colonies formées par
ce précieux insecte sont soumises à un ordre parfait, à une régularité et à une précision qu'on ne peut se lasser d'admirer
chez des êtres aussi faibles et, soit au fond des forêts, soit

---

[1] Quelques efforts ont été tentés pour faire sortir de l'ornière cet art char-
mant de l'apiculture. Une chaire a été créée au Luxembourg, dans le but
d'enseigner la pratique du gouvernement des abeilles.

dans nos jardins et nos champs, sous notre main ou hors de notre portée, on trouve, dans ces petites républiques, des qualités constantes, dont l'observation ne flatte pas la vanité humaine. La comparaison n'est pas en notre faveur et, bien souvent, elle nous donne à rougir de nos prétentions exagérées et de notre ridicule orgueil. Pour échapper à une conclusion qui nous serait désagréable et qui nous amoindrirait, nous avons trouvé le moyen de rapetisser les abeilles, en leur déniant l'intelligence et en déclarant qu'elles sont privées d'initiative et qu'elles n'agissent que par instinct ; nous les avons considérées comme des automates, et nous nous sommes empressés de les proclamer non perfectibles. Nous en avons fait autant de tous les êtres dont les qualités blessent notre amour-propre. S'il y a matière à discussion dans ces idées, si les animaux les plus parfaits sont inférieurs à l'homme sous bien des rapports, il ne convient pas, cependant, de vouloir en déduire des conclusions absolues, car le peu que nous savons sur eux devrait nous rendre plus circonspects et nous faire hésiter à nous prononcer sur ce que nous ne connaissons pas.

Des faits certains nous font voir que les *abeilles se parlent*, que la monotonie et la constance de leurs mœurs n'excluent pas la spontanéité des actes, que *la réflexion* préside à nombre de *leurs résolutions* et que, au besoin, elles savent déroger à leurs habitudes natives pour obvier aux inconvénients qu'elles rencontrent et tourner des difficultés infranchissables...

Dans une colonie d'abeilles, on peut observer trois sortes d'individus : *une femelle,* qui est la *mère* de toute la population ; *des mâles,* dont le rôle se borne à la fécondation de *l'abeille mère ;* et des individus sans sexe, *des abeilles ouvrières,* qui forment la masse de ce peuple laborieux...

Nous analysons brièvement ce que l'on savait de plus positif sur les abeilles à la fin du dernier siècle. Nos connaissances n'ont guère augmenté depuis, et les modernes n'ont rien ajouté aux travaux de Réaumur, de Swammerdam, de Schirach, de Bonnet, d'Huber et d'autres patients observateurs, dont ils se sont contentés de mettre les travaux à contribution, sans même prendre le souci d'en faire honneur à leur mémoire. Ce genre de plagiat est assez commun pour n'étonner personne, mais il n'est pas moins injuste et les recherches pénibles des uns ne devraient pas servir de masque à la paresse et à la nullité des autres.

Anatomie de l'abeille. — L'illustre Réaumur a étudié complétement ce point délicat, et ses observations sont encore aujourd'hui le meilleur guide à suivre.

Le corps de l'abeille est formé de trois parties : la *tête*, le *corselet* et le *ventre* ou *abdomen*. La tête, de forme triangulaire, porte des yeux à réseau placés latéralement, deux antennes, deux dents, une trompe composée de plus de vingt pièces. La bouche, à l'origine de la trompe, laisse apercevoir la langue, sous forme d'un petit mamelon court et charnu. Le cou, très-court, sépare la tête du corselet. Celui-ci supporte, en-dessus, quatre ailes membraneuses et, au-dessous, trois paires de pattes articulées, terminées par un crochet résistant. La dernière paire offre une dépression bordée de poils, une *palette triangulaire,* vers le milieu de sa longueur et à l'extérieur ; c'est dans cette palette que l'abeille réunit le pollen et la cire qu'elle doit rapporter au logis, à l'aide des *brosses* qui sont placées à l'extrémité des deux dernières paires de jambes. Le ventre est velu et formé de six anneaux écailleux. Les jeunes abeilles ont les anneaux bruns et les poils blanchâtres ; chez les plus vieilles, les poils sont roux et les anneaux moins foncés. A l'intérieur, outre les intestins, on remarque le *réservoir au miel,* la *glande à venin* et *l'aiguillon.* La lame de celui-ci est double, dentée en fer de flèche, renfermée dans une gaine, et formant un canal par lequel une gouttelette de venin peut s'introduire dans la petite plaie faite par le dard[1].

Les *mâles* ou *faux-bourdons* sont plus longs d'un tiers que les ouvrières ; ils ont la tête plus ronde et plus velue, leurs yeux sont placés sur la partie supérieure et sur le derrière de la tête ; leurs antennes n'ont que douze articles ; leurs dents sont plus petites et leur trompe est plus courte ; ils n'ont pas de palette triangulaire ni d'aiguillon ; leurs brosses ne peuvent servir au travail, mais ils portent des organes générateurs extrêmement développés.

L'abeille mère est plus longue que le faux-bourdon ; elle a

[1] La blessure faite par l'abeille est très-douloureuse. Le meilleur moyen de calmer la souffrance consiste à ôter l'aiguillon, puis, à laver la plaie avec de l'eau fraîche, ou avec de l'eau ammoniacale, une dissolution d'eau de Cologne, ou de phénate de soude.

les ailes courtes, qui s'arrêtent au milieu du ventre, et porte un aiguillon solide un peu recourbé. Elle n'est munie d'aucun instrument de travail et elle est privée de palettes et de brosses, quoiqu'elle ait des dents ou mandibules un peu plus longues que le faux-bourdon. En revanche, elle possède deux ovaires d'une grandeur relative très-considérable, qui donnent naissance à des quantités incalculables d'œufs et garantissent la pérennité de l'espèce.

Construction des alvéoles. — Dans une colonie d'abeilles, où l'on compte habituellement de 200 à 2,000 mâles, 15,000 à 25,000 ouvrières et *une femelle*, le premier soin d'établissement, dans les ruches que nous leur fournissons ou dans les trous qu'elles choisissent elles-mêmes, consiste à boucher toutes les fissures de la demeure commune avec une matière résineuse d'une grande ténacité, qu'on nomme la *propolis*. On ne sait pas encore exactement quelles sont les plantes qui la fournissent aux abeilles; cette substance est rougeâtre à l'extérieur, jaunâtre en dedans; elle est soluble dans l'alcool et les essences. Pendant ce temps, on commence la fabrication des rayons, qui sont formés de cellules hexagonales opposées, et dont la matière est la cire. Le travail commence par le haut de la demeure, ruche ou excavation, et les abeilles travaillent aux deux faces à la fois. Les cellules sont destinées à l'éclosion des œufs, puis à contenir le miel. Celles des ouvrières sont plus petites, celles des mâles viennent ensuite et les cellules destinées aux femelles sont les plus grandes[1]. Celles-ci pèsent de 100 à 150 fois plus que les cellules communes et elles sont travaillées avec un soin infini.

Les abeilles ont résolu ce problème de *faire tenir dans le plus petit espace possible le plus grand nombre de cellules et les plus grandes possibles avec le moins de matière possible.* Ce n'est pas le résultat mécanique de la compression, puisqu'elles savent varier, selon les cas, l'inclinaison et la courbure de leurs rayons et qu'elles en font les pièces les unes après les autres, en donnant à chacune la régularité nécessaire.

Elles trouvent une des principales matières de leur alimen-

---

[1] Les cellules d'ouvrières et de mâles ont une profondeur de 11^{mm},28 à très-peu près; les premières ont une largeur de 4^{mm},9652, tandis que la largeur des secondes est de 7^{mm},896. Vingt cellules d'ouvrières occupent une longueur linéaire de 10^{cm},828 et vingt cellules de mâles donnent 15^{cm},791.

tation dans le *pollen* des fleurs. En avril et en mai, la récolte se fait tout le jour; mais, pendant les chaleurs, cette récolte se fait le matin à la rosée. Les ouvrières voltigent sur les fleurs, se roulent sur les étamines, dont elles recueillent les poussières sur les poils dont elles sont couvertes; elles ramassent ces poussières avec leurs *brosses* et les réunissent dans leurs *palettes*, puis elles emportent cette matière chez elles.

Du couvain.—La fécondité de l'abeille mère est telle, qu'elle pond jusqu'à 200 œufs par jour et qu'elle en produit plus de 10 à 12,000 en moins de deux mois. La journée se passe presque pour elle à visiter les cellules et à y déposer, dans chacune, un œuf sur lequel les ouvrières apportent aussitôt un peu de *gelée blanche*, qui doit servir d'aliment au nouvel être. De cet œuf sort une petite larve blanche, au bout de deux ou trois jours. Cette larve est soigneusement pourvue de nourriture et, six jours après l'éclosion, elle a pris tout son accroissement. La cellule est fermée avec un couvercle de cire, et le ver se file une enveloppe de soie. Il passe à l'état de nymphe, et il sort de sa prison, à l'état d'insecte parfait, au bout de vingt et un jours. A peine la jeune abeille est-elle née, qu'elle prend sa part du labeur commun et vole aux champs faire la récolte de la miellée et du pollen, pendant que les ouvrières de l'intérieur réparent et nettoient la cellule dont elle est sortie, pour l'approprier à un nouvel usage. Ce sont les jeunes abeilles ainsi écloses qui formeront plus tard le noyau d'une colonie d'émigration, d'un *essaim*, lorsqu'elles se trouveront à l'étroit dans la mère patrie.

Essaimage. — Aussitôt que l'éclosion a commencé dans une colonie, elle se continue avec une grande régularité et, bientôt, les abeilles se trouvent à l'étroit et il est nécessaire de se débarrasser de ce trop-plein par l'émigration. Le départ ne se fait pourtant que s'il y a quelque jeune mère en état de guider la nouvelle famille. Le temps le plus ordinaire de cette émigration, à laquelle on donne le nom *d'essaimage*, varie des premiers jours de mai à la fin de juin ; les ruches les plus peuplées essaiment les premières, par la raison que, dans ces ruches, la ponte a commencé plus tôt sous l'influence d'une température plus élevée.

Quoi qu'il en soit, lorsqu'on voit des faux-bourdons hors de la ruche, qu'une partie des abeilles s'attachent aux parois à l'extérieur et se suspendent en grappes autour de la porte, que les abeilles ouvrières vont peu à la picorée et que celles qui reviennent des champs ne s'empressent pas de rentrer pour se débarrasser de leur fardeau, on peut tenir pour certain que la sortie d'un essaim ne tardera pas à avoir lieu. Cette sortie se fait, le plus souvent, de dix heures du matin à trois heures de l'après-midi, et les émigrantes, accompagnées d'une mère, vont se poser sur une branche de quelque arbre voisin. Si, alors, on les recueille dans une ruche frottée de miel ou de plantes aromatiques, elles se mettront bientôt à l'œuvre pour construire des gâteaux et les remplir de miel. Il convient, cependant, de dire que les abeilles retournent à la mère ruche, lorsqu'elles n'ont pas été accompagnées par une femelle. Elles ne se mettent, en outre, à travailler dans leur nouvelle demeure que lorsqu'elles sont assurées d'avoir à leur tête une mère unique et fécondée. Dans tous les cas, il ne reste qu'une seule femelle dans chaque colonie après l'essaimage, et les surnuméraires sont impitoyablement massacrées.

D'après les meilleurs observateurs, il faut 5 376 abeilles pour faire une *livre* (poids de marc), équivalant à 489^g,506. Cette donnée nous conduit à 10982 par kilogramme. Or, le poids des essaims variant de 2 kilogrammes à 3^k,900, on conclut de ce poids le nombre des abeilles en l'évaluant à 5 000 par demi-kilogramme, ce qui tient compte de la différence du poids des mâles.

Un essaim médiocre est formé de 15000 à 20000 mouches; un bon essaim en compte de 20 000 à 25 000; une excellente colonie s'élève à une population de 25 000 à 30 000 et pèse de 2^k,5 à 3 kilogrammes. C'est vers ce poids qu'il faut tendre, car, si un poids inférieur trahit la faiblesse de l'essaim, un poids plus considérable annonce un nombre exagéré de mâles, dont les abeilles auront du mal à se défaire avant l'époque des froids.

Ce qui précède suffit à faire comprendre qu'il faut toujours connaître la tare de la ruche, puisque cette précaution permet de s'assurer du poids d'un essaim et de sa valeur numérique.

Massacre des mâles. — A partir de l'établissement de la colonie, les abeilles ne laissent vivre les mâles que pendant six

semaines environ, afin d'assurer la fécondation de la mère ;
après cette époque, tous les faux-bourdons sont tués par les
ouvrières, qui détruisent même les larves et les nymphes des
cellules destinées à la production des mâles. Leur rôle d'utilité
a cessé ; ils doivent être anéantis. A cette mesure de destruction succède une fièvre de travail et de thésaurisation qui a
déjà commencé, du reste, dès les premiers jours de l'instal-
lation [1]. Dans la nouvelle ruche, comme dans l'ancienne, la
population se compose d'abeilles de tous les âges, et toutes
rivalisent d'ardeur au travail ; il s'agit de remplir les cellules
que l'éclosion de la nouvelle génération a laissées vides, et
de faire au plus tôt l'approvisionnement pour la saison rigoureuse. Tout le monde s'empresse et partout, aux champs et
sur les rayons, règne la plus grande activité.

Miel. — Nous avons déjà dit comment les abeilles s'y prennent pour faire la récolte du pollen. On sait comment se produit la cire. Quant au miel, elles aspirent, à l'aide de leur
trompe, la miellée des fleurs et des feuilles, et la mettent en
réserve dans leur premier estomac, qui rappelle bien le rôle
et la forme du jabot chez certains oiseaux. Lorsque cette poche
est pleine et que, bien souvent, elles ont encore chargé de
pollen leurs palettes triangulaires, elles retournent à la ruche,
où elles s'empressent de dégorger la liqueur dans les alvéoles.
Il est remarquable qu'elles placent toujours dans les alvéoles
du haut de la ruche le miel qu'elles réservent pour l'hiver, et
que ces alvéoles sont recouverts d'une plaque en cire. Quelquefois, au lieu de l'emmagasiner, les pourvoyeuses portent
directement le miel aux travailleuses de l'intérieur et elles se
servent de leur trompe pour le leur offrir. Pour remplir *complétement* des cellules disposées horizontalement, elles emploient un artifice admirable. Une mince pellicule repose sur
le miel. L'abeille y fait un trou par lequel elle dégorge le
miel de son estomac, puis, elle rebouche la petite ouverture.
La pellicule, servant de couvercle à la petite masse liquide,
s'avance en même temps que la cellule se remplit, en sorte
qu'il ne reste aucun vide à l'intérieur.

Combats et longévité des abeilles. — Il n'est pas rare de voir
des abeilles se battre avec acharnement. Ces duels sont fu-

_____
[1] Fervet opus... (Virg).

nestes aux deux combattantes, car, si l'une est vaincue et tuée
par son adversaire, celle-ci perd son aiguillon qui reste dans
la plaie, et cette mutilation entraîne la mort. Souvent aussi
une colonie quitte sa ruche pour pénétrer dans une autre, et
il se livre alors des combats de peuple à peuple, dont les
résultats sont terribles et désastreux. Les essaims paresseux
ou tardifs cherchent à piller les provisions des autres ruches,
surtout après quelques jours de mauvais temps, lorsque les
abeilles n'ont pu aller aux provisions et qu'elles sont affamées.
Nous verrons quelles sont les précautions à prendre pour prévenir cet accident.

On ne sait rien de positif sur la durée de la vie des abeilles.
Des observateurs très-compétents pensent qu'elles ne vivent
pas plus de deux ans, et non pas six ou sept ans, comme on
l'a prétendu. Il en meurt, en effet, beaucoup au printemps et à
l'automne et elles sont décimées par le froid, les maladies, etc.
Il est vrai que la ponte suivante rétablit l'équilibre et que la
ruche peut subsister pendant de longues années, puisque ses
pertes peuvent être réparées tous les ans; mais la durée de la
colonie ne démontre rien sur la durée de la vie individuelle
de chaque insecte qui en fait partie.

Ennemis des abeilles. — Les hirondelles, les mésanges, le
moineau sont des ennemis redoutables pour les abeilles. Les
lézards, les grenouilles et les crapauds les mangent également; mais le mulot est le plus dangereux de leurs adversaires. Ce petit rongeur peut détruire, en une seule nuit,
une ruche tout entière, et l'on ne saurait prendre trop de
précautions contre lui. Les frelons et les guêpes attaquent
souvent les abeilles, qui sont, en outre, sujettes à être incommodées, lorsqu'elles sont vieilles, par un petit parasite de
couleur rouge et de la grosseur d'une graine de tabac. Cet
ennemi minuscule ne paraît pas leur faire grand mal au fond,
mais sa présence indique la nécessité de renouveler la population d'une ruche dont la plupart des mouches en sont attaquées.

Le plus terrible, peut-être, des ennemis des abeilles, est la
larve d'un petit phalène, ou papillon de nuit, de couleur
grise, lequel trouve moyen de déposer ses œufs dans les
ruches. La larve qui en provient est connue sous le nom de
teigne de la cire. Sa petitesse, l'armature solide de sa tête

qu'elle montre seule, l'enveloppe soyeuse, dont elle se revêt comme d'une cuirasse, permettent à cette chenille de pratiquer ses galeries au travers des rayons et de défier ainsi la vengeance des abeilles. Cette larve se multiplie tellement et fait de tels ravages, qu'elle force souvent les abeilles à abandonner leur demeure.

Maladies. — La maladie la plus funeste des abeilles est la dysenterie, qui les attaque lorsqu'elles sont privées de pollen et qu'elles ont dû se nourrir de miel seulement, suivant Réaumur. Il y a cependant des plantes qui peuvent leur occasionner cette même maladie, et l'on cite les fleurs de sureau, de tilleul, d'orme, de cornouiller sanguin, de lauréole, d'arroche fétide, de tithymale, d'apocin, d'ellébore, d'ail, de ciguë, etc., comme pouvant leur nuire, soit en les rendant malades, soit en donnant au miel de mauvaises qualités.

Soins généraux à donner aux abeilles. — Le premier soin du cultivateur d'abeilles doit être d'établir son rucher dans un lieu convenable, à une bonne exposition de sud-est, à l'abri des vents violents. La demeure des abeilles doit être protégée contre les injures du bétail, contre les attaques des oiseaux et de leurs autres ennemis ; le voisinage d'une source d'eau vive, l'ombrage de quelques arbres, la proximité des prairies et des bois, l'abondance des fleurs, telles sont les conditions que l'on doit chercher à réunir auprès du rucher[1]. Les ruches n'ont été pendant longtemps que de simples troncs d'arbres creux ; puis, on les a fabriquées avec de l'osier ou tout autre bois flexible ; on a fait des ruches en écorce, en bois, en paille tressée ; on en a construit en corne transparente, en verre. Nous ne faisons pas autrement aujourd'hui, et la matière première des ruches n'a pas changé. Quant à la forme,

---

[1] Ces conditions, exigées par Virgile, sont encore et seront toujours les meilleures à mettre en pratique. A part les superstitions du temps, les erreurs et les préjugés mythologiques, quelques pratiques puériles, c'est dans les écrits du prince des poëtes latins que le véritable apiculteur retrouve l'histoire des abeilles. Un peu de poésie ne nuit pas dans cet objet de nos soins agricoles et, lorsqu'on se livre à l'intéressante industrie dont nous parlons, on se sent entraîné vers des idées empreintes du charme de la plus douce philosophie. Les fictions mêmes dont Virgile a orné sa brillante étude des abeilles sont fort loin de paraître étranges à l'observateur attentif, dont le sentiment intime est l'admiration en présence du spectacle qui lui est offert : *Admiranda levium spectacula rerum* (Virg., *Georg.* IV).

qui représente, le plus ordinairement, une sorte de cloche, on peut dire qu'elle nous a été transmise par l'antiquité la plus reculée.

Les ruches se font d'une seule pièce ou de plusieurs pièces : celles-ci sont préférables, en ce sens qu'elles permettent de soigner les abeilles et de faire la récolte du miel et de la cire sans détruire les mouches. Les ruches dites *à hausses* ne sont pas non plus une invention d'hier ; la *ruche Palteau*, formée de cadres de bois composant autant de *hausses*, a précédé la plupart des ruches dont on parle aujourd'hui... Pour être juste, on doit reconnaître que les modifications modernes ne reposent que sur des détails de forme, mais que, dans le nombre, il s'en trouve de véritablement utiles. Ainsi, la *ruche villageoise*, en paille de seigle, formée d'une calotte supérieure et d'une partie inférieure qu'on appelle *le corps de la ruche*, est une des meilleures et des mieux comprises. Avec cette ruche, on peut faire, sans difficulté, toutes les opérations que l'on a à exécuter, on ménage le couvain, et l'on peut aisément y adapter une hausse de même diamètre, si on le juge nécessaire. C'est à cette ruche que nous donnons la préférence, parce qu'elle nous a toujours paru la plus simple, la plus commode et la plus économique des *ruches perfectionnées*.

Ce n'est pas tout de choisir un bon emplacement pour les abeilles et de leur fournir encore une demeure commode, fraîche en été, chaude en hiver, il convient encore de les protéger contre les ennemis dont il a été parlé plus haut, de les mettre à l'abri du pillage, du froid et de la faim. En règle générale, plus une ruche est forte et bien peuplée, moins elle a à craindre de ces divers dangers. On ne doit jamais avoir de ruches faibles ; c'est le plus mauvais calcul que l'on puisse faire. La propreté la plus grande est entretenue dans les ruches ; une nourriture saine et abondante doit être fournie aux abeilles pendant les temps de disette ; enfin, une surveillance attentive permet de prévoir la plupart des accidents. Un apiculteur soigneux a toujours la précaution de réunir les essaims trop faibles ; il ne laisse pas essaimer les ruches qui ne sont pas assez peuplées, et sa constante préoccupation est d'avoir un nombre moindre de ruches bien portantes et saines plutôt qu'un nombre considérable de colonies misérables et appauvries. La réunion des essaims et des ruches faibles se fait très-facilement, soit au moment de l'essaimage, soit plus tard, en abouchant les ruches de façon à faire passer les mouches de la ruche inférieure dans la supérieure.

Un peu de fumée et quelques petits coups frappés de bas en haut sur celle-là suffisent pour faire monter les abeilles. Cette opération est encore rendue plus facile par l'emploi des ruches à plusieurs pièces.

On empêche une ruche d'essaimer en lui donnant une hausse à la partie inférieure. Le travail reprend aussitôt que les insectes ont de l'espace pour leurs travaux, et l'on ne songe plus à une émigration devenue inutile.

Les abeilles sont des insectes hibernants. Elles s'engourdissent par le froid et restent ainsi en léthargie pendant tout l'hiver, jusqu'au retour de la belle saison. Si le froid est très-considérable, il les fait périr; si le temps est trop doux, elles se réveillent et, comme leur premier besoin est de prendre de la nourriture, il peut arriver qu'elles manquent de provisions et qu'elles soient anéanties par la faim. Des soins élémentaires suffisent à conjurer ce double danger. Plus une ruche est peuplée, moins elle souffre du froid et de la faim, à condition, bien entendu, que la cupidité n'ait pas conduit à leur enlever leur réserve et qu'on leur ait laissé une provision de miel suffisante pour assurer leur nourriture jusqu'aux premiers jours de mai...

Nous bornons aux indications générales précédentes ce que nous avions à exposer relativement aux abeilles et aux soins généraux de l'apiculture. Le lecteur, curieux d'étudier plus à fond cette question, trouvera les renseignements les plus détaillés dans les écrits des spécialistes; mais, nous devons le répéter, les observateurs modernes n'ont pas fait progresser l'apiculture autant qu'on pourrait le croire. Quelques modifications dans la construction des ruches et dans l'établissement des ruchers, la vérification de quelques faits mal expliqués, la coordination des travaux d'ensemble, voilà à peu près tout ce que l'on peut attribuer aux apiculteurs de notre temps. C'est quelque chose, sans doute, mais ils auraient pu mieux faire, au moins dans le sens pratique [1].

[1] Nous indiquons, dans une note, les soins à donner aux abeilles pendant les différents mois de l'année, d'après nos observations personnelles et celles

§ III. — RÉCOLTE DU MIEL.

Le but de l'apiculture est la récolte du miel et de la cire. Il nous serait matériellement impossible de pouvoir recueillir la miellée sur les feuilles et les fleurs, et la science n'a encore trouvé aucun moyen de préparer la cire artificiellement; l'abeille emmagasine l'une et fabrique la seconde, et il ne nous reste plus d'autre tâche que celle de la dépouiller de son trésor. Mais, il ne faut pas s'y tromper, celui-là ne sera jamais un apiculteur qui, poussé par une avidité trop commune, ne sait pas laisser aux mouches une provision suffisante pour subvenir à tous leurs besoins. C'est ici la répétition de ce qui se pratique pour la vigne : on perd tout en voulant trop gagner. Planter la vigne à une trop faible distance, dans le but de lui faire rapporter davantage, prendre aux abeilles la presque totalité de leurs approvisionnements, sont deux mesures également irréfléchies, aussi absurdes et aussi funestes l'une que l'autre. Par la première, les plantes sont affamées, et la récolte n'arrive plus qu'à un chiffre insignifiant; par la seconde, les abeilles sont condamnées à périr d'inanition.

Ces calculs sont en dehors de toute saine pratique.

On ne doit faire la récolte du miel que de la fin d'août à la mi-septembre, lorsque tout le couvain est éclos et que, d'autre part, il restera encore aux abeilles assez de temps pour réparer leurs pertes avant l'arrivée des froids. Nous n'aimons pas la récolte de printemps, parce qu'elle expose à faire périr une grande partie des jeunes larves. Tout ce que l'on doit faire dans cette saison consiste à nettoyer les ruches et à enlever les portions de gâteaux qui présentent des signes d'altération.

En règle générale, il convient de s'arranger pour renouveler tous les gâteaux d'une ruche en deux ans. L'opération est très-facile avec les ruches à deux compartiments, puisque l'on peut récolter, alternativement, ce qui se trouve dans la partie inférieure et dans la calotte ou partie supérieure. Dans les ruches à hausses, on peut également faire ce renouvellement avec une grande facilité. La disposition la plus

de plusieurs apiculteurs, dont l'expérience nous a paru offrir le plus de garanties à la pratique.

incommode est celle des ruches d'une seule pièce, que l'on devrait abandonner partout. Le meilleur miel se trouve dans la partie la plus élevée de la ruche.

Pour la ruche d'une seule pièce, le manuel opératoire est le suivant : on détache la ruche du tablier qui la supporte, puis, on arrive hardiment à l'entrée de la ruche, en présentant à l'ouverture un chiffon à enfumer, auquel on a mis le feu. La fumée force les mouches à gagner la partie supérieure, où elles se groupent autour de la mère. Elles se mettent en état de *bruissement*, c'est-à-dire qu'elles agitent violemment leurs ailes, pour renouveler l'air autour d'elles et pour échapper à l'action de la fumée, qui pourrait les faire périr en les asphyxiant, si elle était trop prolongée et trop active. C'est dire qu'il ne convient, dans aucun cas, de tremper les chiffons dans des solutions plus ou moins délétères, telles que le salpêtre, etc., sous le prétexte de les assoupir plus complétement et plus rapidement. L'amadou, la vesse-de-loup (*lycoperdon proteus*), le gaz azote et tous les prétendus anesthésiques doivent être sévèrement proscrits de la pratique apicole ; tous ces agents sont des poisons dangereux. La fumée de chiffons n'est pas elle-même sans inconvénients graves ; il faut en user avec une extrême modération et en combiner l'emploi avec celui du *tapotement*. En présentant l'enfumoir à l'entrée de la ruche et en frappant de petits coups sur les parois, depuis le bas jusqu'au milieu, on force très-rapidement les abeilles à monter, et on ne court pas le risque de les faire périr.

Aussitôt que les abeilles sont montées, on enlève la ruche, on la retourne et, en chassant un peu de fumée à la surface, on la place sur un trépied à quelque distance du rucher. On prend alors un couteau à lame plate et allongée, dont l'extrémité, arrondie ou en biseau, est seule tranchante, et on détache les rayons que l'on veut enlever. Lorsque l'opération est terminée, on repose la ruche à sa place ; on la laisse sans la sceller pendant quelques jours, afin de pouvoir la visiter et enlever les morts et les débris.

Avec la ruche villageoise, en deux ou trois pièces, l'opération est plus simple, et il est à peine nécessaire d'ôter la ruche de sa place. Ce déplacement n'offre d'autre utilité que celle de ne pas déranger ou irriter les mouches des ruches voisines pendant le travail à faire. On descelle donc la ruche comme il vient d'être dit, on présente l'enfumoir à l'entrée pendant qu'on la soulève et qu'on la place sur un plateau mobile, puis on ferme l'entrée et l'on porte le tout à quelques pas. On détache alors la calotte de la partie inférieure, puis on chasse les abeilles, par l'action d'un peu de fumée et par le tapotement, de celles des deux portions que l'on veut récolter. Il suffit de remplacer cette partie par une pièce semblable, de la rattacher et de la reporter à la place qu'elle occupait. On peut, dès lors, s'emparer à son aise du miel et de la cire qui se trouvent dans la pièce séparée. Quelques jours après, on visite les ruches, on nettoie le tablier et on les scelle au mastic de vitrier, qui est le meilleur pour cet usage, lorsqu'on a pris soin d'en diminuer la ténacité par une certaine proportion de craie pulvérisée.

Les cellules qui contiennent du miel sont recouvertes d'un *couvercle plat;* le couvercle des cellules à couvain est *bombé;* celles-ci occupent plutôt le bas et le milieu de la ruche que le haut et les côtés. Cette indication suffit pour que l'on puisse ménager le couvain, quoique, à vrai dire, la récolte ne doive se faire qu'à l'époque où il n'y a plus de larves; mais il n'est pas inutile de l'avoir présente à l'esprit pour la taille de printemps, qui est plutôt un travail de propreté et de vérification qu'une récolte proprement dite.

Lorsque la récolte est faite, et jour par jour, on porte le produit en lieu chaud, soit au soleil, soit à une douce chaleur artificielle (+ 25 à + 30 degrés) et on place les rayons, soit sur des tamis, soit sur des canevas, au-dessus d'un vase récepteur. On a eu préalablement le soin de passer la lame du couteau sur la surface des rayons, afin de détacher le couvercle des cellules. Le miel qui coule naturellement après cette opération constitue le produit de la première qualité, c'est le *miel vierge.*

Lorsqu'il a cessé de couler, on porte les tamis sur un autre vase, et l'on casse les rayons en petits morceaux. Il s'écoule alors une seconde qualité de produit, dont on peut favoriser la séparation en élevant la température de quelques degrés (+ 35 à + 38). Lorsqu'on a obtenu ce deuxième miel, on achève l'extraction en soumettant à l'action d'une presse à vis ordinaire les débris de gâteaux renfermés dans des toiles ou des sacs. Le miel de pression forme la troisième qualité. Disons tout de suite que ce produit bien purifié peut être employé à tous les usages du meilleur miel, à la préparation de l'hydromel, au sucrage des moûts de bière et de la vendange, mais que cette purification est de toute nécessité.

La cire s'extrait en faisant fondre dans l'eau chaude le résidu de la pression. Elle se fige à la surface par le refroidissement. Il ne s'agit plus que de la séparer, de lui faire subir une seconde fusion et de la couler dans des moules.

L'eau qui a servi à fondre la cire, les eaux de lavage des ustensiles, des tamis, des récepteurs, de la presse, etc., peut être utilisée par fermentation et fournir une certaine proportion d'une excellente eau-de-vie, dont le seul défaut est de rappeler, un peu trop peut-être pour quelques personnes, l'odeur propre du miel et de la cire.

Le miel vierge se met en barils, et on le conserve en lieu frais. La seconde et la troisième qualités doivent rester dans les récepteurs pendant vingt-quatre à quarante-huit heures, afin que les matières étrangères solides se déposent au fond ou montent à la surface en écumes. On enlève ces écumes et l'on décante dans des vases que l'on remplit avec soin et que l'on met en cave. Les écumes et les dépôts peuvent être utilisés comme les eaux de lavages.

§ IV. — PURIFICATION DU MIEL.

Divers procédés ont été proposés pour purifier le miel et le rendre propre à tous les usages du sirop de sucre. Ces procédés ont été résumés dans notre ouvrage sur la fabrication du sucre et il ne sera pas hors de propos de reproduire ici la partie essentielle de ces observations.

En décembre 1812, M. Thénard fit connaître à la Société d'encouragement le procédé suivant pour la purification du miel :

Prenez : Miel. . . . . 6 livres.
Eau. . . . . 1 livre, 12 onces.
Craie réduite en poudre. . . . . . . 2 — 4 gros.
Charbon pulvérisé, lavé et desséché. . 5 —
Trois blancs d'œufs battus dans l'eau. 5 —

« On met le miel, l'eau et la craie dans une bassine de cuivre, dont la capacité doit être d'un tiers plus grande que le volume du mélange, et on fait bouillir le mélange pendant deux minutes. Ensuite, on jette le charbon dans la liqueur, on le mêle intimement avec la cuiller, et on continue l'ébullition pendant deux autres minutes, après quoi, on ajoute le blanc d'œuf ; on le mêle avec le même soin que le charbon et on continue de faire bouillir encore pendant deux minutes ; alors, on retire la bassine de dessus le feu ; on laisse refroidir la liqueur environ un quart d'heure, et on la passe à travers une étamine, en ayant soin de remettre sur l'étamine les premières portions qui filtrent, par la raison qu'elles entraînent toujours avec elles un peu de charbon. Cette liqueur ainsi filtrée est le sirop convenablement cuit.

« Une portion du sirop reste sur l'étamine, adhérant au charbon, à la craie et au blanc d'œuf ; on l'en sépare par l'un des deux procédés suivants :

« *Premier procédé.* — On verse sur les matières de l'eau bouillante, jusqu'à ce qu'elles n'aient plus de saveur sucrée ; on réunit toutes les eaux de lavage et on les fait évaporer à grand feu en consistance de sirop. Ce sirop ainsi cuit contracte une saveur de sucre d'orge, et ne doit point être mêlé pour cette raison avec le premier.

« *Deuxième procédé.* — On verse en deux fois sur les matières précédentes autant d'eau bouillante qu'on en emploie pour purifier la quantité de matière sur laquelle on a opéré ; on la laisse filtrer et égoutter, on soumet le résidu à la presse, on réunit toutes les eaux et l'on s'en sert pour une autre purification.

« OBSERVATIONS. — 1° Le sirop fait par le procédé qu'on vient de décrire est d'autant meilleur que le miel dont on se sert est de qualité supérieure. Celui qu'on obtient avec le miel gâtinais et, à plus forte raison, avec le miel de Narbonne, ne peut être distingué du sirop de sucre. *Celui qu'on obtient avec le miel de Bretagne n'est pas bon.*

« 2° Avant de se servir de l'étamine, lorsqu'elle est neuve, il est nécessaire de la laver à plusieurs reprises avec de l'eau chaude ; autrement, elle communiquerait une saveur désagréable au sirop, parce que, dans cet état, elle contient toujours un peu de savon.

« 3° Il faut que le charbon qu'on emploie soit bien pilé, lavé et desséché ; sans cela, l'opération ne réussirait qu'en partie. »

Ce procédé n'est pas complet, puisqu'il ne réussit pas toujours avec tous les miels.

A côté du procédé de M. Thénard, on rencontre celui de M. Borde, plus moderne, mais s'appliquant aux miels de qualité inférieure.

Prenez : Miel. . . . . 10 livres.
Charbon végétal pulvérisé.. . . . . 10 onces.
Charbon animal pulvérisé. . . . . 5 —
Acide nitrique à 50 ou 52 degrés.. 10 gros.
Eau. . . . . 10 onces.

Triturez, dans un mortier de porcelaine, les deux espèces de charbon ensemble avec l'acide nitrique et l'eau, puis ajoutez le miel. Faites ensuite chauffer, pendant huit à dix minutes, dans une bassine étamée , sans toutefois porter à l'ébullition ; ajoutez alors 50 onces de lait dans lequel vous aurez délayé un ou deux blancs d'œufs. Faites bouillir pendant quatre ou cinq minutes, retirez du feu et filtrez...

Ce sirop conserve de l'acide nitrique, du sucre de lait, etc. Il est loin d'être pur, et le procédé de M. Borde ne doit pas être employé, bien que le sirop de miel obtenu paraisse susceptible d'une bonne conservation.

Les pharmaciens neutralisent les acides du miel par la craie et le clarifient par le blanc d'œuf. On prend 1 kilogramme de miel, 12 grammes de craie et 200 grammes d'eau ; on fait bouillir pendant cinq ou six minutes, puis on ajoute 800 grammes d'eau, dans laquelle on a battu la moitié d'un blanc d'œuf, on porte à l'ébullition, puis on laisse déposer, on décante, et on cuit en consistance de sirop. Quelques-uns suivent dans son entier le procédé de M. Thénard.

Lorsqu'on veut obtenir un bon sirop de miel, on peut se servir avantageusement du procédé suivant.

On fait dissoudre 1 000 parties de miel avec 20 parties de craie pulvérisée dans 500 parties d'eau chaude, et l'on porte à l'ébullition en ajoutant, graduellement, 500 parties d'eau tenant en dissolution 25 de cachou. Lorsque la liqueur a bouilli pendant un demi-quart d'heure , on y délaye deux blancs d'œufs battus avec 100 grammes d'eau ; on fait bouillir pendant cinq minutes, et l'on filtre. La liqueur concentrée au point convenable fournit un sirop parfait, applicable à tous les usages.

Ce procédé peut être employé utilement pour purifier les eaux de lavage et les miels de sorte inférieure dont on voudrait préparer un hydromel de bonne qualité et de saveur franche. Hâtons-nous de dire, en passant, que ces miels ainsi préparés peuvent très-bien servir à opérer le sucrage ou la chaptalisation de la vendange. L'apiculture peut prêter ainsi un appui sérieux à la fabrication du vin de raisin, et cette raison devrait suffire pour remettre la culture des abeilles en honneur parmi nous. Il y en a bien d'autres, sans doute, mais celle que nous venons de mentionner offre un caractère d'utilité pratique que l'on ne peut méconnaître, et nous avons la certitude de voir partager cette conviction par toutes les personnes qui s'intéressent aux questions œnologiques. C'est en nous plaçant à ce point de vue que nous avons appliqué avec succès à la purification du miel de qualité inférieure une partie de notre méthode de fabrication du sucre. Voici la manière d'opérer.

On prend 10 kilogrammes de miel de basse qualité, et on le fait dissoudre dans une vingtaine de litres d'eau tiède à +35 ou +40 degrés au plus. Aussitôt que la dissolution est opérée, on ajoute dans le sirop 25 à 30 grammes de chaux en lait et l'on mélange avec soin, puis on laisse reposer. Les combinaisons des matières azotées avec la chaux se déposent et l'on décante la liqueur claire, après avoir écumé soigneusement la surface. On introduit alors, en brassant, assez de superphosphate de chaux à 10 degrés Baumé ou 1 075 de densité, pour donner une réaction très-légèrement acide, et l'on porte à l'ébullition. Aussitôt que la liqueur commence à bouillir, on ajoute, en plusieurs fois, de la craie en poudre, jusqu'à ce qu'il ne se fasse plus aucune effervescence. Lorsque cet effet est obtenu, on fait bouillir encore pendant quatre ou cinq minutes et l'on filtre. Le produit filtré est concentré, au besoin, jusqu'au degré convenable et conservé pour l'usage. Le sirop de miel, ainsi préparé, peut être employé à tous les usages œnologiques et il ne s'altère plus que très-difficilement, s'il est amené à bonne consistance. Il a perdu toutes les sa-

veurs désagréables d'origine, et il est devenu d'un emploi
aussi avantageux que le miel de qualité supérieure pour la
plupart des applications dont nous parlons.

§ V. — ALTÉRATIONS ET FALSIFICATIONS DU MIEL.

On comprend assez que le miel puisse s'altérer lorsqu'il renferme une proportion notable de matières putrescibles azotées et qu'il n'en est pas séparé par une purification soi-
gneuse. Cette circonstance arrive pour les miels mal récoltés,
dans lesquels il se trouve des débris de couvain, des matières
animales, etc., surtout pour ceux de troisième qualité extraits
par la pression. Le miel vierge qui s'écoule des rayons sans
pression, par la seule action d'une douce chaleur, ne contient
qu'un minimum insignifiant de matières étrangères ; comme,
d'ailleurs, ces matières se séparent en une espèce d'écume
plus ou moins abondante, il est très-rare que les bons miels
de premier produit se gâtent ou s'altèrent en quoi que ce soit.
Ils doivent, cependant, être conservés en lieu sec, plutôt froid
que chaud, et être soustraits à l'action de l'air et de l'humidité.

Les plus mauvais miels se conservent parfaitement avec ces
simples précautions, pourvu qu'ils été aient purifiés et débarrassés des substances albuminoïdes altérables qu'ils pourraient
contenir.

On a falsifié le miel ; on le falsifie encore quelquefois ; mais
on doit reconnaître que les falsifications ont eu pour objet
principal le miel destiné à la consommation des grands centres, tandis que, dans les campagnes, ce produit est presque
toujours d'une grande pureté d'origine.

En thèse générale, et quoi qu'on ait dit à ce sujet, le miel
est rarement falsifié aujourd'hui, et les adultérations qu'on
lui fait subir sont de peu d'importance et d'une exécution assez difficile pour les producteurs. Ceux-ci, en effet, lors même
qu'ils voudraient altérer le produit de leur rucher, seraient
retenus par des considérations de différente nature dont il
peut être bon de dire quelques mots. Nous n'avons plus, en
France, de ruchers importants, en sorte que l'apiculture est
laissée aux mains de quelques petits propriétaires, de quelques paysans aisés, fort ignorants, la plupart du temps, des

moyens employés par l'industrie des mélangeurs. Jamais ils n'oseraient chercher à frelater les miels vierges, les miels fins, et c'est tout au plus s'ils se décideraient à expérimenter leur *adresse* sur les miels de pression, sur les produits les plus communs. En admettant qu'ils seraient assez habiles pour opérer leurs falsifications sans donner l'éveil, il faudrait encore supposer qu'ils vendraient directement leurs miels à la consommation, car ils ne pourraient guère se flatter de pouvoir tromper les intermédiaires. C'est précisément par ceux-ci que se fait la presque totalité du commerce des miels, en sorte qu'il nous paraît bien difficile d'admettre que les miels soient falsifiés chez les producteurs, sauf, bien entendu, des exceptions possibles, dont nous n'avons jamais vu aucun exemple bien démontré.

Les marchands de miels, au contraire, possèdent tout ce qui est nécessaire pour opérer toutes les additions frauduleuses imaginables. Leurs relations commerciales, leurs habitudes de mélange, le besoin de subir les cours; mille autres prétextes les conduisent d'abord à mélanger les sortes, puis à les créer presque de toutes pièces. Les abeilles sont loin de produire tout le miel que l'on vend, et le sirop de glucose, granuleux, pâteux, ou liquide, entre souvent pour une forte proportion dans la composition des miels commerciaux. Des fraudeurs moins savants vont jusqu'à ajouter de la farine, de la fécule, des matières féculentes diverses. Si cette dernière fraude est facile à reconnaître, puisqu'il suffit de traiter le produit soupçonné par l'eau, qui ne dissout pas les matières ajoutées, il n'en est pas absolument de même de la première altération, puisque le glucose est soluble dans l'eau. Cependant, le changement de l'arome et du parfum, l'âcreté, une certaine amertume, peuvent mettre sur la voie et conduire à la constatation de la falsification par le glucose. On peut, du reste, obtenir des preuves chimiques certaines d'une fraude de ce genre. Les miels ainsi falsifiés, dissous dans l'eau distillée, se troublent par la dissolution des sels de baryte, qui y décèlent la présence de l'acide sulfurique, dans le cas où le glucose a été préparé par l'action de cet acide. Si le glucose a été préparé par la saccharification diastatique, on découvrira cette falsification par l'action de l'alcool à 90 degrés. En effet, l'alcool dissout aisément le miel, surtout à l'aide d'une faible

46

élévation de température, tandis que la gomme et la dextrine sont insolubles dans ce menstrue. Or, le glucose préparé par la diastase contient toujours une proportion assez forte de dextrine qui ne se dissoudra pas par le traitement alcoolique et dont il sera facile de constater les caractères.

Par rapport au miel, comme pour la plupart des matières sucrées, il sera donc toujours possible à la chimie de dévoiler les fraudes et les mélanges qui auront été pratiqués par les frelateurs. Il y aura, sans doute, bien des circonstances dans lesquelles la proportion quantitative des additions ne pourra être nettement déterminée ; mais, à notre avis, il suffira que la fraude soit constatable, qu'on la rende sensible et palpable pour que le fraudeur puisse être atteint par la répression légale.

CHAPITRE II.

———

En réfléchissant attentivement aux conditions de la production des boissons fermentées, on ne voit pas de motifs sérieux
pour modifier les données sur lesquelles repose leur préparation, quelle que soit la matière première dont elles proviennent. En effet, que le point de départ soit le sucre du raisin,
celui de la pomme ou de la poire, le sucre de fécule ou le miel,
l'élément important de la transformation reste le même.
Qu'on soumette à la fermentation une dissolution aqueuse,
plus ou moins étendue, de l'un ou de l'autre de ces sucres, il
en résultera toujours une dissolution d'alcool, et la différence
ne portera que sur les matières accessoires, salines ou autres,
qui accompagnent le sucre.

Dans tous les cas, le producteur sera assujetti aux mêmes
règles : la boisson à préparer devra être *saine* et *conservable*,
malgré toutes les différences d'origine ou de composition de
la matière première. C'est là le point capital de l'œnologie, et
nous en avons fait voir l'importance dans les livres précédents
où nous avons traité des vins de raisin, des vins de fruits et
des vins de céréales. Si l'on ajoute que les produits œnologiques doivent encore présenter les qualités accessoires qui les
rendent *agréables* au goût et à l'odorat, par le parfum, l'arome
et le bouquet, si l'on exige la *limpidité* et une *couleur* qui flattent
la vue, on aura résumé tout ce qu'il y a de plus intéressant
dans les conditions à accomplir pour atteindre le but essentiel de la vinification.

Ce que nous venons de dire peut s'appliquer, dans tous les
pays du monde, à toutes les boissons possibles que l'on veut
préparer par voie de fermentation. Pour parvenir à un résultat
acceptable par tout le monde et répondant à toutes les exigences, il faudra, cependant, tenir compte de ces matières

salines, de ces substances accessoires, dont l'utilité n'est pas contestable au point de vue hygiénique. Or, il peut se faire que certaines matières premières, sucrées, saines et agréables, aptes à fournir de bons vins, sous les rapports principaux dont nous avons parlé, ne contiennent pas de ces matières accessoires et ne puissent, par conséquent, donner lieu à la production d'une boisson complète, à moins que l'on ne supplée artificiellement à ce qui peut leur manquer. C'est le cas du miel, évidemment, et il est indispensable d'examiner quelles sont les matières qu'on devra ajouter à sa dissolution aqueuse pour atteindre le but qui nous intéresse. Cet exemple suffira, pensons-nous, pour faire saisir la méthode générale qu'il convient d'appliquer, lorsque l'on traite des matières sucrées analogues, dépourvues de sels minéraux, etc.

§ I. — CONDITIONS GÉNÉRALES.

De l'analyse des vins du Bordelais, que nous avons empruntée à M. Fauré (p. 13), il résulte que 100 kilogrammes de vin rouge de Gironde renferment 128 grammes de matière saline dont les éléments sont :

Bitartrate de potasse. . .	65^g,98
Tartrate de chaux..	7 ,85
Tartrate d'alumine. . . .	24 ,44
Tartrate de fer.	9 ,92
Chlorure de sodium. . . .	3 ,575
Chlorure de potassium. .	2 ,65
Sulfate de potasse.. . . .	9 ,575
Phosphate d'alumine. . .	4 ,295

Nous savons, en outre, par les travaux de M. Couverchel, que le moût de raisin, à l'époque de la vendange (16 octobre), contient, sur 1 000 grammes, 9^g,50 de crème de tartre, ou bitartrate de potasse, 7^g,84 de gomme et 8^g,52 de matières salines. Ces chiffres nous donnent pour la teneur de 100 kilogrammes :

Crème de tartre.	950 grammes.
Gomme..	784 —
Matières salines.	852 —

Nous pouvons déduire, de ces faits analytiques, certaines conséquences qui nous aideront à élucider la question de la composition saline à donner aux moûts fermentescibles préparés avec du miel, et pour lesquels on ne saurait nier que la composition du vin soit une base comparative très-acceptable.

Par la fermentation, le vin se dépouille d'une partie considérable des sels contenus dans le moût, puisque la crème de tartre descend de 0,0095 à 0,0006598 par le fait de cette transformation. Nous pourrons donc admettre qu'il conviendra d'ajouter, dans les moûts artificiels, une proportion de ce sel *au moins* égale à celle qui demeure dans les vins fermentés, et que nous pourrons agir de même pour les autres matières salines. Il conviendra d'introduire une proportion de dextrine égale à celle de la gomme du suc de raisin.

On pourrait donc faire dissoudre, dans un moût renfermant 15 kilogrammes de miel, 84 kilogrammes d'eau, et 832 grammes de dextrine ajoutée, 128 à 130 grammes d'un mélange salin préparé dans les conditions analytiques dues à M. Fauré.

D'un autre côté, en reportant notre attention vers l'importance que l'on attribue à la présence des phosphates dans les boissons alimentaires, nous trouvons que la bière contient, selon Berzélius, des phosphates de potasse, de chaux et de magnésie, avec une très-faible proportion de sulfate et de carbonate de potasse et de chlorure de potassium. Des analyses faites, on peut déduire qu'en moyenne 1 000 grammes de bière renferment $0^g,8$ d'acide phosphorique. Rien n'empêcherait donc d'augmenter la proportion des tartrates de potasse et de chaux que nous avons mentionnée tout à l'heure, et d'y ajouter une quantité de phosphate de chaux soluble (superphosphate) proportionnelle à $0^g,8$ d'acide phosphorique par litre. On pourrait même, après avoir fait la dissolution de la matière sucrée et de la gomme dans une partie de l'eau nécessaire, faire une sorte de défécation à basse température, que l'on compléterait par l'emploi du biphosphate de chaux en très-léger excès.

En partant de ces données, il est possible, facile même, de donner aux moûts préparés avec le miel, ou toute autre matière sucrée du même genre, une composition saline, utile et profitable sous le rapport hygiénique, qui les rapprocherait notablement des moûts naturels.

Dans un autre ordre d'idées, nous savons que le miel contient des matières azotées, dont la détermination quantitative ou qualitative n'a pas été faite. Nous devrons y introduire des matières gélatineuses clarifiantes, de la levûre, dont la nature azotée n'est pas contestable. Si nous cherchons à rapprocher la composition du moût de miel de celle des moûts de vin, sous le rapport des matières salines qui en font partie, il ne doit pas sembler moins nécessaire de reproduire une autre analogie par l'addition d'une certaine quantité de matière astringente, sans laquelle nous ne pourrions opérer la clarification définitive, la purification du produit. Nous savons que les collages ne peuvent se faire qu'en présence de l'alcool ou de la matière astringente, et nous ne comptons nullement sur les *actions spontanées*, si chères à certains chimistes. Nous préférons prendre une précaution de plus et acquérir une certitude évidente, plutôt que de nous reposer sur des peut-être et de nous endormir sur des hypothèses.

Nous suppléerons donc par le cachou ou le tannin à la matière astringente qui manque au miel, afin de prévoir toutes les circonstances de la vinification que nous voulons déterminer.

Il est douteux que la matière azotée du miel soit de nature à donner une prompte impulsion à la fermentation alcoolique des moûts préparés avec cette matière. On a, d'ailleurs, tout intérêt à déterminer une transformation active et prompte, afin d'éviter une production inutile ou nuisible de mannite. Cette substance existant déjà dans la plupart des miels, on courrait le risque, par une réaction trop lente, de déterminer la dégénérescence visqueuse, vers laquelle le moût offre une tendance d'autant plus sensible qu'il renferme déjà plus de mannite. Le seul moyen que l'on puisse employer rationnellement dans le but d'éviter cet accident consiste à se servir d'une assez forte proportion de bonne levûre, mais surtout à introduire dans la liqueur une proportion utile de matière azotée, nutrimentaire du ferment, à l'aide de laquelle il puisse se reproduire des globules jeunes, sains et actifs, qui opèrent rapidement la transformation du sucre[1].

[1] C'est sur cette idée qu'est basée le précaution indiquée pour l'alcoolisation

Au lieu donc d'employer de la farine de malt, comme nous l'avons conseillé pour l'alcoolisation du miel, il faudrait ajouter à la dissolution de miel épuré, refroidie à +25 degrés, une quantité convenable d'*infusion de malt*. Cette infusion, faite à +75 degrés, introduirait dans le moût de la dextrine, du sucre de fécule et des matières azotées utiles à la reproduction de la levûre. La dose que nous avons trouvée expérimentalement la meilleure est de 2^k,5 de malt concassé pour 100 kilogrammes de miel. Cette quantité de malt est infusée dans sept fois et demie son poids d'eau à +75 degrés, ce qui fournit 18 litres de liquide à 7 degrés Baumé ou à 1050 environ de densité. Cette infusion, ajoutée à la liqueur au moment de la mise en fermentation, garantit la rapidité du travail, par la reproduction facile et assurée de la levûre.

Nous n'ajouterons plus rien sur les conditions générales qui doivent diriger la préparation de l'hydromel. Comme toutes les autres boissons fermentées, l'hydromel exige une purification exacte, une clarification complète, pour acquérir le maximum de ses qualités et surtout la conservabilité, qui est un des plus grands mérites de cette liqueur.

§ II. — PRÉPARATION DES MOUTS. — FERMENTATION.

Si l'on comprend sous le nom d'*hydromel simple*, ce qui est, d'ailleurs, conforme à l'étymologie, un simple mélange d'eau et de miel, on n'a pas à se préoccuper des règles œnologiques pour la fabrication de cette boisson, de cette potion au miel, puisqu'il suffit, pour la préparer, de faire dissoudre du miel dans de l'eau ordinaire et de livrer aussitôt ce breuvage à la consommation.

Ce n'est pas de cette préparation que nous avons à entretenir le lecteur, et nous n'avons à nous occuper ici que des *liqueurs fermentées* qui ont le miel pour base, des *œnomels*, qui rentrent essentiellement dans le groupe des vins. Les seules différences que puissent présenter les boissons alcooliques pré-

du miel, première partie, 1er vol., p. 528, et qui consiste à introduire dans le moût de 100 kilogrammes de miel, 2 kilogrammes de levûre et autant de farine de malt. Cette mesure doit être modifiée lorsqu'il s'agit de boissons alimentaires.

parées avec le miel dépendent, évidemment, de la composition des moûts qui se font, le plus souvent, d'une manière arbitraire. On sent que la force alcoolique du produit dérivera de la proportion du principe sucré, en sorte qu'on pourrait préparer des qualités extrêmement variables par la diminution ou l'augmentation de la quantité du miel employé. Il en est de même dans les bières, pour lesquelles les brasseurs emploient des proportions de malt ou de glucose extrêmement différentes, selon les espèces qu'ils veulent produire et selon leur caprice, bien souvent. D'un autre côté, la similitude s'arrête, car si les bières, au moins celles qui sont faites avec l'orge et les céréales, contiennent des sels plus au moins abondants, on ne trouve dans l'hydromel que les matières salines provenant de l'eau de dissolution. On ne rencontre, dans les vins de miel, ni matière astringente ni matière amère ; les préparateurs de cette boisson n'arrivent à la conservabilité que par un excès de matière sucrée, qui produit un excès d'alcool, et ils ne suivent aucune des règles utiles à la fabrication des vins. Ce n'est pas en suivant de tels errements que l'on peut arriver à une fabrication sérieuse, à préparer des produits réellement utiles.

Nous établirons la formule de composition de l'*œnomel* pour trois cas distincts, que l'on pourra adopter comme types et nous indiquerons les modifications les plus importantes que l'on aura à introduire dans les détails accessoires, si l'on veut produire des variétés répondant à l'un ou à l'autre de ces types. Il est bon, cependant, de jeter un coup d'œil sur les méthodes conseillées par divers auteurs, afin de pouvoir apprécier plus nettement les conditions à suivre pour obtenir quelque chose de mieux et pour préparer des produits plus réguliers.

M. Hamet distingue deux sortes d'hydromels vineux, la *boisson des ménages* et l'*hydromel très-alcoolique*...

Le premier de ces produits, appelé *miod* par les peuples du Nord, se fabrique le plus ordinairement avec les résidus des cires grasses et avec les eaux de cire fondue [1]. Voici la ma-

---

[1] Cette boisson se fait encore en France dans certains cantons apicoles : on l'appelle *miolite* en Bretagne, *miocé* en Sologne, *migodène* en Anjou, *beuchet* ou *béchet* dans le Maine, *chamillart* aux environs de Rennes, *chipéré* dans quelques cantons de basse Normandie, selon M. Hamet.

nière de faire le miod avec les résidus des cires, selon les indications du professeur auquel nous empruntons ce passage.

« Lorsqu'on extrait le miel des rayons, on place les résidus
dans un baquet et on verse dessus de l'eau presque bouillante. On laisse macérer pendant quelques heures, après lesquelles on passe à travers un tamis. On fait ensuite bouillir
la liqueur à petit feu, pendant deux ou trois heures, dans un
vase de cuivre, en ayant soin d'enlever l'écume, à mesure
qu'elle paraît. On ôte du feu et on laisse refroidir pour transvaser dans un tonneau bien propre, que l'on emplit entièrement et que l'on place, ouvert, dans un endroit sec et sain,
dont la température ordinaire est de 15 à 20 degrés. Au bout
de deux ou trois jours, la fermentation vineuse s'établit et
dure environ trois semaines. Il faut avoir soin de remplir le
tonneau à mesure que le liquide diminue. Au bout d'un mois,
on peut boire à la pièce ou mettre en bouteilles; dans ce dernier cas, la boisson devient mousseuse comme le champagne
et casserait les bouteilles si l'on n'avait soin de le relever et
de le coller comme le vin.

« On fabrique aussi cette boisson à froid, c'est-à-dire qu'a-
près avoir versé l'eau chaude sur les résidus, on laisse macérer pendant vingt-quatre heures ; puis, on décante et on
entonne. La fermentation est beaucoup plus tumultueuse et
la boisson clarifie moins que dans la manière d'opérer ci-
dessus.

« Les débris d'une ruche qui a donné 15 kilogrammes de
miel peuvent produire de 10 à 15 litres de miod selon que
l'on a pressé plus ou moins fortement les cires et que l'on
veut que la boisson soit forte.

« Lorsque l'on se sert de miel coulé pour façonner le miod,
on en prend 1 kilogramme pour 6, 8, 10 ou 12 litres d'eau
et même davantage, selon la force que l'on veut donner à la
boisson. On peut ménager la quantité de miel et la compléter par du sucre brut, ou de la cassonade. On peut aussi ajouter, au moment de la coction, des fruits, tels que groseilles,
framboises, cerises, notamment des guignes, bigarreaux,
merises, si c'est la saison. On obtient, par cette addition, une
boisson supérieure. On peut encore y introduire quelques
plantes, racines ou fleurs aromatiques, qui en modifient le
goût.

« Les Polonais, les Russes et les Danois ajoutent dans leur miod des plantes épicées, du poivre long, des bourgeons de sapin, etc., qui donnent de la dureté à la boisson et qui en modifient complétement le goût. »

Le même auteur donne le procédé suivant pour la préparation d'un hydromel plus fort, plus alcoolique :

« Il faut mettre dans un chaudron de cuivre le miel et l'eau nécessaires, c'est-à-dire un demi kilogramme de miel par litre et demi d'eau pure ; faire bouillir à petit feu, jusqu'à réduction d'environ un tiers du liquide ; avoir soin d'enlever l'écume à mesure qu'elle se forme et veiller à ce que le feu soit régulier et peu fort. Au bout de trois ou quatre heures d'ébullition modérée, il faut verser la boisson dans un cuvier, la laisser refroidir et la décanter. On l'entonne alors dans un tonneau bien propre et sans mauvais goût, que l'on a soin de bien emplir. On place ce tonneau dans un lieu dont la température est de 15 à 20 degrés centigrades. Au bout de deux ou trois jours, la fermentation s'établit ; elle est tumultueuse d'abord ; mais, au bout de quelques jours, elle se calme, et l'on a soin de remplir le tonneau avec de la boisson que l'on a mise en réserve dans quelque cruchon. Après six semaines, toute fermentation apparente est terminée, et l'on peut placer le tonneau dans un cellier ou une cave sèche. Quelquefois, on provoque la fermentation en ajoutant un peu de levûre de bière ; mais cela n'est pas indispensable. On peut aussi modifier le goût de la liqueur en plaçant dans la chaudière quelques *fleurs* à arome prononcé, de la coriandre, de la canelle, etc. Plus l'hydromel est vieux, plus il acquiert de qualité, lorsqu'il a été fait dans de bonnes conditions. On peut en user au bout de deux ou trois mois, mais il est alors très-sirupeux, sentant trop son origine. Au bout d'un an, il a pris un goût vineux très-agréable. »

Les auteurs du *Dictionnaire d'agriculture pratique* avaient déjà décrit une méthode de préparation de l'hydromel vineux.

« On prend 1 *livre* de miel (489ᵍ,506) sur 3 *pintes* d'eau (2ˡ,793). On fait choix du plus beau (la mère goutte), du plus nouveau et du plus agréable au goût. On le délaye dans un vaisseau de cuivre étamé ; on le fait bouillir doucement, en écumant avec soin, jusqu'à ce qu'il ait pris assez de consistance pour qu'un œuf frais avec sa coquille puisse nager dessus sans tomber au fond du vaisseau. Quand la liqueur est à ce terme, on la coule à travers un linge ou un tamis ; on en verse ensuite la moitié environ dans un baril tout neuf, lavé plusieurs fois avec de l'eau bouillante ; puis on ajoute 1 ou 2 pintes de vin blanc, afin qu'il ne reste aucune odeur désagréable. Lorsque le baril est plein, on se borne à en boucher l'ouverture avec un morceau de linge pour empêcher qu'il n'y tombe quelque ordure ; puis, on le place dans une étuve ou au coin d'une cheminée, dans laquelle il faut entretenir un petit feu jour et nuit, pour échauffer légèrement la liqueur et la faire fermenter.

« On met l'autre partie de l'hydromel dans des bouteilles ou des cruches de terre à col étroit, bien nettes, qu'on ne bouche pas non plus ; on se contente de les couvrir d'un linge comme le baril, et de les attacher en différents endroits au dedans de la cheminée. Cet hydromel sert à remplacer celui que dissipe la fermentation, dont la durée se prolonge environ six semaines. Ce temps révolu, on bouche le baril avec son bondon enveloppé d'un peu de linge. Il ne faut pas le serrer ni l'enfoncer trop avant, parce qu'on est obligé de le retirer de temps en temps, pour remplir le baril, que l'on porte à la cave, et qu'on y laisse passer l'hiver. Lorsqu'on remarque que l'hydromel ne s'y condense plus, et qu'il est toujours à fleur de bondon, on l'enferme, et on ne touche plus au vase que pour le percer et mettre l'hydromel en bouteilles.

« Il serait mieux de faire fermenter l'hydromel en l'exposant à l'action du soleil ; mais comme cet astre n'est pas toujours sur l'horizon, sa chaleur ne peut pas produire une fermentation aussi égale ni aussi prompte que celle que donnent les étuves ou les cheminées. Il y aurait un remède à cela ; ce serait de transporter tous les soirs, vers le coucher du soleil, le baril dans un lieu chaud ; mais ce déplacement demanderait beaucoup de soin et d'adresse, pour ne pas brouiller la lie qui s'amasse au fond. »

Observations. — Nous ne pensons pas qu'il soit nécessaire de nous appesantir beaucoup sur les procédés qui viennent d'être indiqués, par la raison que le lecteur, habitué à l'observation des principes œnologiques, ne saurait y rencontrer la moindre certitude. Mise à part l'espèce de purification que

l'on fait subir à la dissolution de miel, par l'ébullition et l'enlèvement des écumes, tout est livré au hasard et à une sorte
de tâtonnement dont on ne peut rien espérer de bon. La fermentation n'a rien ici de certain, rien de prévu, et l'on doit
se trouver heureux pour peu que l'on réussisse à produire
ainsi une boisson plus ou moins alcoolique. En admettant
même que, à la rigueur, on puisse préparer, de cette façon,
quelques litres d'œnomel,une fabrication plus sérieuse et plus
importante ne saurait s'accommoder de cette marche puérile,
dont les résultats ne sont rien moins que positifs. Nous allons
donc exposer une méthode technique , d'une appréciation facile, à l'aide de laquelle on peut produire telle quantité qu'on
jugera convenable de fabriquer.

MÉTHODE RATIONNELLE. — En admettant, pour point de départ, que le miel ne représente que l'élément sucré et, par
suite, l'élément alcoolique de l'œnomel, il convient de préparer
des *moûts complets*, dont on puisse obtenir du *vin de miel* par
l'action de la fermentation. Pour cela, il importera d'introduire, dans ces moûts, les sels du vin, une matière nutrimentaire du ferment, une certaine proportion de ferment développé. La matière astringente devra également intervenir
dans le but d'assurer la purification et la clarification du produit, en sorte que la préparation de l'œnomel devra s'exécuter
suivant toutes les règles déjà connues de la vinification.

On peut se proposer de préparer trois genres d'œnomels,
selon la richesse alcoolique moyenne que l'on veut donner
à la liqueur. Le premier groupe sera, si l'on veut, celui des
œnomels simples, dont la richesse alcoolique variera entre 4 et
6 pour 100. Les *œnomels doubles* se rapprocheront davantage
des vins ordinaires de bonne qualité et contiendront une
moyenne de 10 à 12 pour 100 d'alcool; enfin l'*œnomel liquoreux* rappellera la composition des vins du Midi ou des vins
d'Espagne, et il devra contenir de 16 à 18 d'alcool, selon
qu'on voudra l'obtenir *sec* ou *sucré*. Cette triple condition servira de règle pour asseoir la proportion du miel à employer
dans la préparation des moûts ; la proportion des autres substances à ajouter à ces moûts sera à peu près fixe, pour qu'on
puisse reproduire aussi exactement que possible, la composition des vins, sous le rapport des sels et des matières accessoires.

Composition des moûts. — 1° *Œnomel simple.* — Pour 1 hecto-litre de produit, on emploiera de 9ᵏ à 13ᵏ,50 de miel de pres-sion, ou de troisième qualité, 500 grammes de gomme dextrine et 1 kilogramme de malt, avec 130 grammes du mélange salin dont il a été parlé précédemment.

2° *Œnomel double.* — Cette sorte exigera de 22ᵏ,500 à 27 ki-logrammes de miel par hectolitre, les autres matières restant les mêmes.

3° *Œnomel liquoreux.* — Proportion du miel à employer : 36 à 45 kilogrammes par hectolitre.

On ajoutera à ces moûts l'infusion de 10 à 20 grammes de fleur de sureau, ou même plus, selon le goût, pour donner aux produits l'arome des vins muscats, si on le désire. Les graines de coriandre et quelques autres aromates pourront également être employés, selon que l'on voudra obtenir tel ou tel par-fum préféré.

Dans tous les cas, l'addition de 60 à 100 grammes d'acide tartrique par hectolitre ne peut qu'être avantageuse, en rap-prochant encore davantage la liqueur du vin de raisin.

Préparation des moûts. — Le mode de préparation est uni-forme. La quantité de miel nécessaire est introduite en une seule fois, ou en plusieurs fois, selon ce qu'on veut produire, dans une chaudière bien étamée, avec une fois son poids d'eau.

On purifie la masse par le procédé indiqué dans un para-graphe précédent[1]. Le sirop purifié est versé dans une cuve de mélange, qui peut être un cuvier ou simplement une bar-rique défoncée par un bout, et l'on complète le volume avec de l'eau froide que l'on mélange avec soin. Pendant que le liquide refroidit, on prépare avec le malt une infusion à +70 ou +75 degrés de température. Cette infusion est faite avec 7 parties 1/2 d'eau pour 1 de malt. Lorsqu'elle est faite, c'est-à-dire, après une heure ou une heure et demie, on la passe à tra-vers un tamis, et l'on fait dissoudre la dextrine dans la liqueur que l'on ajoute au moût. On y introduit ensuite le mélange salin et l'acide tartrique, dissous dans la plus petite quantité possible d'eau bouillante, et l'on brasse avec soin le mélange. C'est encore à ce moment que l'on ajoute au moût les aro-

[1] P. 719.

mates jugés convenables, et la dissolution de 15 à 20 grammes de cachou pour 100 litres.

Lorsque la liqueur est refroidie vers +30 degrés, on la décante et on la fait passer dans une cuve de fermentation en bois, où on mélange aussitôt de la levûre de bière bien fraîche, dans la proportion d'un vingt-cinquième du miel employé. Cette levûre est bien délayée dans une petite portion du moût, puis ajoutée à la masse, et l'on brasse avec soin. On couvre la cuve et l'on maintient dans le local une température fixe de +20 à +22 degrés.

Fermentation. — La fermentation active se développe très-rapidement dans ces conditions. Il se forme un chapeau volumineux qu'il est bon de mélanger avec le liquide, de temps en temps, sans cependant agiter trop profondément la liqueur. Au bout de six à huit jours, toute cette première partie du travail est terminée ; le chapeau s'est affaissé, le dégorgement de l'acide carbonique s'est extrêmement ralenti et le dépôt des matières suspendues s'est à peu près effectué. On procède alors à l'*entonnage*, exactement comme s'il s'agissait de vin de raisin. La liqueur soutirée de la cuve à fermenter est mise dans des futailles bien propres, que l'on remplit complétement, et dont l'orifice de bonde est simplement recouvert d'un linge posé à plat.

On pratique l'ouillage ou le remplissage avec le plus grand soin et, lorsque le mouvement secondaire est terminé, ce qui demande au moins trois mois, on soutire la liqueur dans d'autres futailles bien préparées, mais non mèchées. Ce soutirage n'a pas d'autre but que de séparer l'œnomel de sa lie, tout en permettant la continuation de la fermentation complémentaire. C'est pour cette raison que le soufrage ne doit pas se faire au moment du premier transvasement, après lequel, d'ailleurs, on peut clarifier et consommer l'œnomel simple et même double, bien que celui-ci n'ait pas perdu toute saveur d'origine. Il vaut mieux, cependant, pour ce dernier du moins, attendre un an avant de le boire, afin qu'il ait acquis plus de corps et plus de vinosité.

Dans tous les cas, lorsque l'écume ne sort plus par le trou de bonde et que le liquide y apparaît clair et limpide, on remplace le linge par une bonde peu serrée, jusqu'au moment des soutirages.

Les soutirages doivent être répétés deux ou trois fois pour l'œnomel double et pour l'œnomel liquoreux. Avant le dernier soutirage, on ajoute la dissolution de 10 grammes de bon cachou par hectolitre, on colle à la colle de poisson, et l'on soutire dans des tonneaux légèrement soufrés.

La mise en bouteilles assure des qualités supérieures à l'œnomel liquoreux, sec ou sucré, qui offre beaucoup d'analogie avec les bons vins d'Espagne lorsqu'il a un peu vieilli.

Ainsi donc, et pour nous résumer, la fabrication de l'œnomel doit être dirigée exactement comme celle du vin de raisin, à partir du moment où le moût préparé a été indroduit dans la cuve de fermentation. Le travail fermentatif se fait aussi rapidement que celui du vin, lorsqu'on a opéré de la manière qui vient d'être décrite, et dont nous avons constaté les résultats. La liqueur ainsi obtenue est aussi saine qu'agréable, et elle présente une sorte de velouté assez rare, en même temps que la saveur particulière aux vins d'Alicante, avec lesquels il n'est pas difficile de la confondre par une première impression. L'illusion est complète pour les œnomels vieux, qui ont passé au moins deux ans dans le bois, et qui ont ensuite été mis en bouteilles pendant un temps au moins égal.

Quelques personnes se trouvent très-bien, et nous le croyons sans peine, d'introduire dans la composition du moût de l'œnomel une proportion plus ou moins considérable de baies de *cassis*, ou groseilles à grappes noires. Ce fruit, bien mondé de ses feuilles et des pédicules, donne à la liqueur une coloration assez intense et un parfum agréable, dont on retrouve la sensation dans plusieurs variétés de vins du Midi, surtout lorsqu'une fermentation très-bien conduite a donné de l'homogénéité à la liqueur et que la clarification a bien dépouillé le produit. Cette addition est fort rationnelle et très-compréhensible; nous en dirons autant de celle du suc de cerises noires ou des bigarreaux, pourvu que la maturité en soit parfaite, et l'on peut trouver, dans le suc des fruits à noyaux, un précieux auxiliaire pour la fabrication de l'œnomel simple ou double, destiné à une consommation plus prompte. Nous dirons cependant que ces mélanges, quels qu'ils soient, donnent naissance à des boissons différentes de l'œnomel, à des espèces de ratafias, et nous croyons plus logique de se borner à la préparation simple qui vient d'être indiquée. Rien de mieux, sans doute, que de préparer des vins de fruits, même en ajoutant aux moûts une certaine· quantité de sucre ou de miel, mais ces vins ont une nature particulière, et ces mélanges ne peuvent plus être considérés comme des espèces déterminées.

§ III. — ALTÉRATIONS DE L'ŒNOMEL. — CONSERVATION.

L'œnomel est sujet à des altérations très-analogues à celles des autres vins, lorsqu'il a été mal préparé et qu'il n'a pas été l'objet d'une clarification judicieuse. Disons cependant que ces altérations sont extrêmement rares. En effet, c'est à peine s'il peut rester dans cette liqueur des traces de ces matières azotées putrescibles, causes de toutes les altérations des liqueurs fermentées, et qui doivent appeler l'attention constante du fabricant de vin. Pourvu donc que l'œnomel ait subi une fermentation complète, qu'on l'ait séparé avec soin de ses écumes et de ses dépôts, qu'il ait été clarifié par la double action des astringents et de la colle de poisson, il suffira de le placer en lieu sec, à l'abri de la chaleur et du contact de l'air, pour qu'il puisse se conserver presque indéfiniment, tout en acquérant des qualités exceptionnelles que l'âge seul peut apporter aux liqueurs produites par la fermentation. Il est difficile d'assigner une époque précise pour la durée des œnomels, et bien qu'il soit certain que leur durée sera proportionnelle à leur richesse alcoolique et à leur teneur en sucre, on manque de données précises sur cette question. Nous croyons qu'une période de trente ans pourrait être prise pour une moyenne très-admissible ; mais, cependant, nous avons eu occasion de goûter d'un œnomel liquoreux, d'un âge très-authentique de plus de cinquante ans [1], et il présentait encore un ensemble de qualités qui en faisaient une liqueur délicieuse, très-comparable aux meilleurs vins muscats de l'Espagne.

Quoi qu'on puisse ajouter à ce sujet par des constatations expérimentales, on peut affirmer dès aujourd'hui que l'œnomel est une des boissons fermentées les plus conservables,

[1] En 1842. Cet hydromel avait été préparé à la fin de 1789.

lorsqu'il a été bien préparé et qu'il présente une richesse alcoolique suffisante.

Lorsqu'il est trop faible, qu'il n'a pas été bien purifié, s'il a le contact de l'air et s'il reçoit l'action d'une température trop élevée, il est hors de doute qu'il pourra subir toutes les altérations dont nous avons déjà parlé, l'acescence, la fermentation visqueuse, le tour, la pousse, la putréfaction même ; mais ce qui a été exposé dans les livres précédents nous dispense de revenir ici sur les causes de ces altérations et sur les moyens de les prévenir ou d'y remédier. Ce serait une répétition inutile de ce qui est déjà familier au lecteur, et nous devons nous contenter d'appeler de nouveau son attention sur les détails relatifs aux altérations du vin de raisin, lesquels seraient entièrement applicables aux altérations de l'œnomel.

§ IV. — VALEUR HYGIÉNIQUE DE L'ŒNOMEL.

Au dire des anciens auteurs, l'œnomel est le meilleur des cordiaux et des stomachiques, et ils attribuaient à cette boisson les plus merveilleuses propriétés. Quelques-uns allaient jusqu'à en faire une sorte de panacée et le regardaient même comme un préservatif contre un grand nombre de maladies.

Nous dirons seulement que l'œnomel est une boisson aussi saine qu'agréable et que son usage habituel sera d'autant plus utile que sa composition se rapprochera davantage de la normale que nous avons indiquée. Nous ne parlerons pas, évidemment, des œnomels composés, dans lesquels il peut entrer des matières médicamenteuses et qui ne peuvent être considérés que comme des préparations pharmaceutiques vineuses, comme de véritables *œnolés*, dont notre objet n'est pas de nous occuper en quoi que ce soit. Mais, sous un point de vue plus général, sous le rapport de l'alimentation, l'œnomel est une des préparations les mieux appropriées aux besoins de l'humanité, surtout lorsqu'on y a fait entrer les matières salines qui font partie intégrante du vin de raisin et qu'on lui a assuré une certaine teneur en phosphates.

M. Hamet, avec tout le bon sens pratique qu'on lui con-

47

naît, appelle toute l'attention des consommateurs sur ces
boissons ; il ne saurait trop engager à en façonner et à en
user, parce qu'en même temps qu'elles offrent un aliment
précieux, elles procurent au miel, surtout au miel inférieur,
un nouvel et important débouché.

« Les boissons au miel sont, dit-il, très-rafraîchissantes et
très-alimentaires, et elles conviennent beaucoup aux travailleurs de la campagne, qu'elles soutiennent et stimulent. Elles
se conservent et ne tournent pas, au bout de peu de temps, à
l'état acide et putride, comme le font la plupart des bières légères et des piquettes de plantes et de fruits macérés. Leur
prix de revient est minime lorsque, pour les façonner, on emploie des miels inférieurs, ou qu'on les façonne avec des résidus qui ne sont pas utilisés. Dans les localités de production
de miel de bruyère et de sarrasin, ce prix de revient varie
entre 4 et 8 centimes le litre, pour un miod qui vaut assurément mieux que la bière et le cidre. »

L'écrivain dont nous parlons signale un autre avantage bien
plus important de ces boissons, sous le rapport de l'économie
générale : c'est celui de ne rien distraire de nos aliments solides ordinaires. Les plantes qui fournissent le miel ne prennent pas, comme la vigne et le houblon, par exemple, un sol
spécial, qui pourrait souvent produire des céréales ou des
légumes ; elles poussent partout, notamment dans les landes,
les forêts et les montagnes. La boisson au miel ne distrait
pas non plus, comme la bière et le cidre, du grain et des fruits
qui pourraient être consommés en aliments solides et empêcher
la disette lorsque la récolte est médiocre. Le miel est abondamment fourni par les prairies naturelles et par les prairies
artificielles, par des plantes cultivées et par des plantes sauvages, et ce n'est pas trop s'avancer que d'assurer qu'il peut
être obtenu en quantité quadruple de ce qu'il l'est aujour-
d'hui en France ; c'est-à-dire en quantité suffisante pour produire une boisson alimentaire qui, sans avoir la prétention
de détrôner le vin, ni d'empêcher la consommation du cidre
et de la bière, ne doit pas moins contribuer pour une large part
à étendre la somme du bien-être général.

Tout le monde s'associera, sans hésitation, à ces réflexions
judicieuses, et il faut espérer que le jour n'est pas loin où l'a-
piculture, devenue l'objet des soins attentifs des agriculteurs,

apportera un contingent utile et profitable dans la masse de nos ressources. C'est à l'homme des champs qu'il appartient de mettre en pratique cette industrie toute champêtre, c'est aux agriculteurs instruits qu'il convient de montrer la route et d'engager les autres à les suivre par l'exemple d'une sage initiative.

LIVRE VI

BOISSONS FERMENTÉES DIVERSES.

———

Nous avons cherché à tracer les règles et les principes qui dirigent la pratique de l'œnologie ; nous avons appliqué ces règles et ces principes à l'exécution raisonnée, en ce qui concerne seulement les vins les plus usités, le vin de raisin, le vin de fruits, le vin de céréales et le vin de miel ; mais il existe encore un nombre considérable d'autres boissons fermentées d'une importance locale plus ou moins grande, qui se préparent en différents pays, pour satisfaire aux besoins, aux habitudes, aux caprices, et dont nous devons au moins dire quelques mots. Les méthodes exposées précédemment suffisent à tous les cas possibles et, à la rigueur, il serait inutile de vouloir amplifier un cadre qui comprend tout ce que l'on peut imaginer dans les circonstances où l'on peut avoir à opérer un travail de vinification. Nous nous garderons donc bien de prolonger davantage cette étude des questions œnologiques ; mais, afin de ne pas mériter une accusation de négligence, afin d'être aussi complet que possible dans toutes les matières qui intéressent l'art de l'alcoolisateur, nous consacrerons quelques pages à la description des procédés de préparation usités, des méthodes pratiquées pour la fabrication de certaines boissons spéciales, sans nous arrêter longuement à faire ressortir les qualités ou les défauts de ces procédés ou de ces méthodes. Il nous suffira de les signaler au besoin. Nous ajouterons à ces données un court chapitre sur la préparation de quelques boissons économiques et sur les règles à suivre pour rendre ces boissons saines et d'un usage hygiénique. Nous aurons ainsi exécuté scrupuleusement cette partie de notre plan général, et nous pourrons étudier avec fruit, sous la forme de transition ou d'appendice, les questions relatives à l'*alcoométrie*. L'essai alcoométrique des liquides fermentés trouve, en effet, sa place logique et rationnelle après la préparation des liquides, et l'économie industrielle exige que l'on s'assure, par une vérification technique, de la valeur de tout travail qui vient d'être exécuté. Nous terminerons donc régulièrement l'œnologie par l'alcoométrie, et l'exposé des méthodes d'essai des vins servira de lien entre l'alcoolisation et l'extraction de l'alcool, qui fera l'objet de la troisième partie de cet ouvrage.

L'alcoolisation proprement dite n'a pas à se préoccuper de la valeur alimentaire des liqueurs fermentées qu'elle produit ; pour elle, le but est de créer de l'alcool qu'elle isolera par distillation et, pourvu que, dans la liqueur, il ne se rencontre pas de matières volatiles nuisibles ou trop désagréables, difficiles à éliminer, le résultat est atteint. L'œnologie poursuit également le même but : elle recherche aussi la création de l'alcool ; mais les liqueurs alcooliques qu'elle produit doivent, avant tout, être saines, conservables, agréables. Il y a là deux branches d'un même art, se basant toutes deux sur les mêmes données scientifiques, ne s'écartant que par les détails, et se réunissant par le côté capital, par la production de l'alcool éthylique. Aussi, est-ce à juste titre que l'on joint, dans une même étude technologique, l'alcoolisation et la vinification, et le fabricant d'alcools doit regarder tous les vins comme des matières distillables, soit qu'ils aient été préparés dans le dessein arrêté de produire de l'alcool, soit que leur fabrication ait pour but plus direct l'alimentation humaine.

C'est pour ces raisons que nous avons traité de l'œnologie avec assez de détails pour compléter ce qui aurait pu manquer à notre étude de l'alcoolisation, aussi bien que pour formuler les principes et les règles applicables à la préparation des vins.

CHAPITRE I.

Le principe immédiat sur la présence duquel on pourrait baser la préparation d'une multitude de boissons fermentées, qui toutes présenteraient une certaine utilité relative, est la matière sucrée, sous l'une ou l'autre des formes qu'elle peut affecter. Loin donc de borner au sucre du raisin ou des fruits à pepins, au glucose provenant des céréales ou du miel, les ressources offertes à la vinification, on peut dire que, partout où l'on rencontre du sucre, on trouve la matière première d'une boisson fermentée. Ainsi, les *séves sucrées* des tiges saccharifères, le *jus des baies*, celui des *fruits à pepins*, quels qu'ils soient, celui des *fruits à noyaux* et des *fruits de terre sucrés*, le moût des racines et des tubercules saccharifères, le produit de la *macération saccharifiante* de toutes les graines, de toutes les racines et de tous les tubercules qui renferment de la *fécule* ou de l'*amidon*, le *lait* des animaux, peuvent fournir les liquides fermentescibles que l'alcoolisation doit transformer en vins potables, pourvu que, dans les matières premières, il n'entre aucun principe vénéneux ou délétère.

Les boissons fermentées dont nous nous sommes occupé ont appelé notre attention d'une manière spéciale parce qu'elles sont le plus en usage dans les pays civilisés de l'ancien continent; mais il est certain que, par l'application des règles de l'œnologie, il serait possible, facile même, de préparer de bonnes boissons fermentées, dans tous les pays du monde, à l'aide des matières sucrées ou saccharifiables que l'on pourrait y rencontrer.

Dans plusieurs contrées, on fait usage de boissons alcooliques, différentes du vin, du cidre, de la bière ou de l'œnomel, et il peut être utile d'examiner rapidement quels sont les produits utilisables, et quel est le parti qu'on en a tiré chez différents peuples, ou que l'on pourrait en obtenir dans des circonstances données. En nous reportant donc au tableau de classification des boissons fermentées[1], nous pourrons établir une division rationnelle, grâce à laquelle nous ne laisserons en oubli que des matériaux peu importants, dont le traitement ne peut, d'ailleurs, offrir aucune difficulté.

§ I. — VINS PRODUITS PAR LES SÉVES SUCRÉES.

Un grand nombre de tiges saccharifères abandonnent par l'écrasement et la pression, par la macération, ou, plus simplement quelquefois, par des incisions pratiquées sur la plante vivante, une séve sucrée que l'on peut soumettre à la fermentation. Nous parlerons seulement, dans ce paragraphe, des séves de *palmier*, d'*érable*, de *bouleau*, d'*agavé*, de *canne à sucre*, de *sorgho* et de *maïs*, que l'on emploie, en divers lieux, à la préparation de boissons alcooliques.

A. — *Vin de palmier.* — La famille des palmiers est, assurément, une des plus remarquables et des plus utiles du règne végétal. Les nombreuses espèces qui la composent fournissent aux habitants des contrées équatoriales des ressources de tout genre, sans lesquelles leur condition serait des plus misérables. Dans les pays plus septentrionaux et plus froids, la chasse et la pêche procurent à l'homme de quoi subvenir à ses besoins les plus pressants; il recueille les produits d'un sol fertile et n'a pas à lutter contre les ardeurs d'une température brûlante. Au contraire, dans les chaudes régions où croissent les palmiers, malgré les splendeurs infinies des beautés naturelles, les nécessités matérielles de l'existence pèsent de tout leur poids sur la race humaine. Le palmier lui procure la plupart des produits qui lui sont refusés par l'inclémence d'un ciel torride. Le tronc de plusieurs palmifères peut servir aux usages les plus variés dans la construction des habitations : les feuilles servent à recouvrir les toits, à fabriquer des nattes; les fibres les plus ténues, retirées de plusieurs parties de la plante, sont employées à fabriquer des tissus; les bourgeons sont comestibles dans plusieurs variétés. On désigne ces bourgeons sous le nom de *choux palmistes*. Les fruits des palmiers fournissent un lait délicieux, une eau

[1] P. 56.

acidulée et rafraîchissante, de l'huile à brûler, une sorte de graisse ou de beurre qui sert à la plupart des usages domestiques ; le brou procure une filasse très-résistante. Sans parler d'une foule d'autre propriétés utiles de la famille des palmiers ni des ressources qu'on peut en retirer selon les espèces et les variétés, nous ajouterons seulement que l'on fait du vin avec la séve de plusieurs palmiers et que le *vin de palme*, très-agréable, rappelle la saveur de certains vins blancs. Pour obtenir la séve des palmiers, on se contente souvent d'en percer le tronc ou de pratiquer une incision à 70 ou 80 centimètres de terre, et de recueillir le liquide. Parfois, on monte au sommet de l'arbre et l'on coupe l'extrémité des spathes, ou enveloppes florales. Il en découle un liquide abondant que l'on reçoit dans des vases attachés aux spathes mêmes.

La fermentation de cette séve, sous l'influence de la température ambiante, est tellement rapide, qu'elle est passée à l'état vineux presque à mesure qu'elle est recueillie. On consomme donc le vin de palme très-promptement et il ne peut en être autrement, puisqu'il suffit quelquefois de vingt-quatre heures pour qu'il passe à l'acescence. On peut cependant le conserver pendant deux ou trois jours, quatre jours même, lorsqu'on prend quelques précautions pour le tenir au frais. Dans l'Inde, on distille le *soura*, ou vin de palmier, et l'on en retire une eau-de-vie de saveur très-franche, qui est le *rack* de palme. Si l'on n'a pas soin de consommer ou de distiller le *soura*, il passe nettement à la période acétique de la fermentation, et produit un très-bon *vinaigre*.

Tous les voyageurs qui ont pu goûter du vin de palme s'accordent à lui trouver une saveur très-agréable. Ce produit est d'ailleurs fort capiteux et les peuplades africaines en font souvent un usage excessif. La richesse alcoolique du soura est fort compréhensible, du reste, puisque la séve du palmiste, prise pour type, est assez sucrée pour fournir, par simple évaporation, une quantité très-notable d'un sucre fort coloré (*jagre*), que l'on emploie vulgairement dans l'Inde.

Nous pensons que le vin de palme pourrait se conserver assez de temps pour être d'un usage plus profitable, à l'aide de l'une ou de l'autre des deux précautions suivantes. Aussitôt que la séve serait récoltée et qu'elle serait arrivée à l'état vineux, on pourrait y ajouter un ou deux centièmes du même vin rendu *muet* par le contact de l'acide sulfureux, puis fermer le vase et le tenir au frais, autant que possible. Si l'on n'avait pas de soufre à sa disposition, on pourrait avoir recours à une infusion un peu concentrée d'une matière tannante, pour produire une sorte de collage. Dans les deux cas, il faudrait transvaser la liqueur clarifiée; mais il est évident que de tels soins sont hors de la portée et des habitudes des indigènes, qui boivent le vin de palme au jour le jour et à mesure qu'ils retirent la séve alcoolisable.

B. — *Vin d'érable.* — La famille des *érables* (*acérinées*) offre plusieurs variétés recommandables sous divers rapports; mais l'*érable du Canada* ou érable à sucre (*acer saccharinum*) présente cette particularité remarquable que la séve qu'on en extrait renferme de 2 et demi à 3 pour 100 de sucre prismatique. Il est clair que cette séve, bien que sa richesse sucrière soit peu considérable, peut très-bien servir de point de départ pour la préparation d'une boisson vineuse alimentaire. On fait, en effet, une sorte de vin d'érable, en soumettant à la fermentation la séve qu'on recueille en février ou mars, lorsqu'elle commence à entrer en mouvement. L'extraction de cette séve a pour but principal la préparation du sucre, connu dans le nord des Etats-Unis sous le nom de *sucre d'érable* ou de *maple;* et un arbre peut donner jusqu'à 108 gallons de liquide ($108 \times 4^l,543 = 490^l,444$), contenant 33 livres ($14^k,968$) de sucre.

C'est principalement dans les États de New-York, de la Pensylvanie, du Maine, de la Nouvelle-Écosse, de Vermont, de New-Hampshire et dans le haut Canada que l'on recueille la plus grande partie du sucre d'érable. Cette extraction se fait par un procédé très-simple, qui consiste à pratiquer dans les arbres des trous de mèche et à y fixer des cannelles, à l'aide desquelles on dirige la séve dans des vases placés au-dessous. Le liquide est évaporé à mesure qu'on le recueille.

La séve de l'érable, soumise à la fermentation dans la condition où elle sort de l'arbre, ne peut produire qu'un vin trop peu alcoolique pour être conservable, malgré la franchise et la netteté de la saveur, qui en font une boisson très-agréable. Pour arriver à produire quelque chose de plus sérieux, il conviendrait de faire concentrer une partie du moût, que l'on ajouterait à la séve naturelle, de manière à donner à la masse une densité de 1 040 au moins. Si cette densité était élevée jusqu'à 1 075 ou 1 080, et que l'on fit fermenter la liqueur avec les mêmes soins que pour le vin, il n'est pas douteux que l'on pût obtenir une boisson très-conservable, applicable à tous les usages des vins proprement dits. Peut-être conviendrait-il, dans ce cas, d'ajouter au moût une proportion de sels minéraux et de phosphate de chaux égale à celle qui se trouve dans le vin de raisin, comme nous avons conseillé de le faire pour l'hydromel, mais il faudrait, quand même, prêter une grande attention à la fermentation insensible et à la purification, si l'on voulait obtenir des résultats réellement avantageux.

C. — *Vin de bouleau.* — La séve du bouleau est moins sucrée encore que celle des érables. Brandes à donné une analyse du suc de cet arbre qu'il nous semble intéressant de reproduire. Sur 20 onces de suc, ce chimiste à trouvé :

Sucre. . . . . ⎫	
Matière extractive. . . . . ⎪	
Chlorure de potassium. . . . . . ⎬ 22 grains 6.	
Bitartrate de potasse. . . . . . . ⎪	
Silicate de chaux (?). . . . . . . ⎭	
Acide tartrique libre. . . . . . . petite quantité.	

Matière extractive. . . . . ⎫	
Gomme. . . . . ⎪	
Matière azotée. . . . . ⎬ 18 grains 5.	
Bitartrate de potasse. . . ⎫	
Chlorure de potassium.. ⎬ traces..	
Sulfate de chaux. . . . . ⎭	
Albumine. . . . . 1 grain 6.	

Il nous semble probable que l'analyse de Brandes n'a pas dû être faite avec toutes les précautions nécessaires, car, si le suc de bouleau, extrait des parties inférieures du tronc, ne présente, en effet, que fort peu de sucre, celui qu'on retire des branches est assez sucré pour donner à la bouche une sensation agréable. Ce fait était bien connu de van Helmont, et l'on avait déjà remarqué la différence énorme qui existe dans la composition de la séve du bouleau selon la place où on la recueille. La liqueur qui découle d'une branche de 7 à 8 centimètres de diamètre, que l'on a perforée jusqu'au centre, est tellement abondante, qu'on en retire jusqu'à 3 ou 4 kilogrammes en vingt-quatre heures ; elle est acidule et sucrée. La fermentation lui fait acquérir un goût vineux fort agréable, et ce vin de bouleau est très-parfumé. Il est susceptible d'une certaine conservabilité en vaisseaux bien clos, malgré la petite proportion d'alcool qu'il renferme, ce que l'on peut attribuer à la présence de la crème de tartre.

Les habitants des contrées septentrionales de l'Europe, les Lapons surtout et les Kamtschadales, font fermenter la séve du bouleau avec l'écorce du même arbre, divisée et broyée, et la liqueur qu'ils en retirent est légèrement enivrante. La résine et la matière tannante de l'écorce la rendent amère et astringente et ils la conservent pendant assez longtemps. L'extraction de la séve du bouleau doit se faire vers la fin de l'hiver, avant que la végétation des feuilles ait commencé ; si l'on attendait trop tard, elle ne renfermerait que des traces de sucre.

D. — *Vin d'agavé.* — Les *agavés* composent un genre de la famille des *amaryllidacées*, qui offrent les plus grands rapports avec celle des *liliacées*, dont elle a été détachée. Aux États-Unis, l'*agave americana* se nomme *pitte ;* les Mexicains donnent à l'*agave cubaensis* le nom de *metl* ou de *maguey.* On retire des feuilles d'agavé une filasse très-estimée, et les épines dont ces feuilles sont garnies à la base et à l'extrémité font employer cette plante en divers endroits pour la formation de haies impénétrables. C'est l'usage principal qu'on lui donne en Algérie. Le suc des tiges et des feuilles de maguey est soumis à la fermentation par les Mexicains, qui en retirent une liqueur fermentée enivrante appelée vin de *pulque* ou de *poulcre,* et cette boisson agit d'autant plus violemment sur le cerveau qu'elle paraît contenir des principes essentiels très-actifs. Les habitants de ces pays font souvent un usage excessif de ces boissons. Le *mescal,* que l'on prépare avec le suc des feuilles de pitte, présente une saveur bien caractérisée d'amandes amères.

En somme, le suc du maguey est assez sucré pour qu'on en retire par l'évaporation une sorte de sirop connu sous le nom de *miel de maguey,* et il suffirait de soumettre la séve d'agavé à une fermentation régulière et méthodique pour en

obtenir une boisson alcoolique remarquable. L'eau-de-vie de
maguey bien faite serait également un bon produit.

E. — *Vin de cannes*. — La composition du vesou de la canne
à sucre se prête admirablement à la fabrication d'une boisson
fermentée alcoolique, tant par la franchise de goût qu'elle
présente que par la richesse de son arome. Il ne lui manque
guère que de renfermer une petite proportion de crème de
tartre et de phosphate, qu'il ne serait nullement difficile de lui
donner. L'idée de préparer un vin fermenté de cannes n'est
pas d'ailleurs une chose nouvelle. M. Dutrône La Couture
avait déjà proposé une méthode de vinification du vesou
dès l'année 1787 et ses indications ont été publiées par le
Journal de physique (septembre 1787). Il était difficile, en effet,
de ne pas songer à faire un vin avec la séve de la plante sucrière par excellence, et ce qui est le plus étrange, c'est bien
plutôt la négligente insouciance avec laquelle cette idée a été
accueillie. Rien de sérieux, de réellement pratique, n'a été
fait dans cette voie, pas plus que dans une foule d'autres applications qui intéressent à un haut point l'économie domestique ou même l'économie industrielle dans les pays producteurs de cannes. Cela tient à cette apathie déplorable qui
est le vrai fléau de ces contrées et dont on rencontre à chaque
instant des preuves aussi nombreuses qu'irréfutables. C'est
ainsi que, depuis que l'on fait du rhum ou du tafia, il n'a pas
été possible de déterminer les producteurs à fabriquer, selon
les règles du bon sens, une liqueur possible et acceptable.
Avec la meilleure matière première du monde, ils trouvent
moyen de faire une chose exécrable, dont le seul mérite repose sur une vogue non raisonnée. De même, cette apathie
et cette paresse ont conduit les planteurs de nos colonies
françaises à se jeter tête baissée entre les mains d'exploiteurs
qui les ruinent et s'enrichissent à leurs dépens.

On peut faire un excellent vin avec le vesou de cannes ou
même avec la bagasse, en suivant quelques règles faciles que
les travailleurs nègres ou les coolies peuvent très-bien mettre
en pratique. Nous les exposons succinctement.

1° *Vin de vesou*. — A mesure que le vesou est produit, il
convient de le diriger dans une chaudière où on lui fera subir
une ébullition soutenue de deux heures environ. Après cela,
on le dirige dans un bac où les matières albuminoïdes se

séparent pendant le refroidissement. On soutire le liquide clair et on le fait passer dans une cuve à fermentation. On ajoute à la cuve 30 grammes de cachou par hectolitre et 25 à 30 grammes de crème de tartre, puis, lorsque la température est tombée vers +30 degrés, on y délaye 50 grammes de bonne levûre, également par hectolitre. On couvre la cuve avec soin et on laisse le cuvage se faire pendant cinq jours. Après ce temps, on entonne le produit dans des barriques qu'on remplit entièrement; on ouille régulièrement pendant toute la durée de la fermentation insensible, puis, on soutire et l'on colle à la colle de poisson. Le vin collé est tiré au clair et renfermé dans des barriques soufrées.

2° *Vin de bagasse.* — On fait tremper de la bagasse dans l'eau tiède à +25 ou +30 degrés, et l'on fait repasser cette eau sur de la matière nouvelle jusqu'à ce que la densité de la liqueur ait atteint 10 à 12 degrés Baumé, soit 1075 à 1090 de densité centésimale [1].

On se conduit alors avec ce moût comme avec le vesou, c'est-à-dire qu'on le soumet aussitôt à la fermentation, en y ajoutant les diverses substances indiquées et la levûre. Le reste du travail est exactement le même pour ce qui concerne la durée de la fermentation active ou insensible, l'ouillage, la clarification, etc.

On peut élever la teneur alcoolique des vins en augmentant la proportion du sucre des moûts. Il suffit, pour cela, d'ajouter à ceux-ci une proportion convenable de sirop de batterie. Quant à la levûre, ce que nous en avons dit en maintes circonstances nous dispense de revenir sur les moyens de s'en procurer; mais, dans tous les cas, il suffirait de quelque centièmes de vesou cru ou d'une faible proportion de bagasse divisée et hachée pour le remplacer.

F. — *Vin de sorgho.* — Nous ne pouvons mieux faire, à propos du vin de sorgho, que de reproduire ce que dit le docteur A. Si-

---

[1] Plus exactement, 1075,2 à 1090,7. Les formules par lesquelles on trouve la densité correspondante à un nombre de degrés donné de l'échelle Baumé ou le nombre de degrés de Baumé répondant à une densité déterminée sont les suivantes :

$$d = \frac{144\,300}{144,3 - n} \quad \text{et} \quad n = 144,3 - \frac{144\,300}{d}.$$

Dans ces formules, d est la densité centésimale et n le nombre des degrés de Baumé.

card à ce sujet. Tout le monde sait avec quelle patience et avec
quel soin cet habile observateur a poursuivi une série de recherches sur la canne à sucre de la Chine et, bien qu'il se
soit écoulé un certain temps depuis ses expériences, elles n'en
ont pas moins conservé le cachet de la vérité. Nous citons à
peu près textuellement le passage relatif aux boissons fermentées préparées avec le sorgho.

Vin. — « En concassant les tiges de la canne à sucre de la
Chine, préalablement coupées, les couvrant d'eau à la température de +15 degrés environ, on obtient bientôt une fermentation qui donne pour résultat une *boisson analogue au
vin*. Les précautions à prendre, le temps nécessaire à la fermentation, sont complétement semblables aux soins que l'on
donne aux produits de la vigne. On doit soutirer le liquide de
la même façon que le vin ordinaire, achever de le laisser fermenter dans les tonneaux, le boucher après sa fermentation
et le coller ensuite. Cette boisson, très-agréable, est de bonne
conservation. »

Selon M. Sicard, on obtient encore une boisson bien supérieure lorsqu'on a soin de priver la canne des nœuds et de la
peau...

Mélanges. — « M. Alphandéry a fait fermenter une certaine
quantité de cannes à sucre de la Chine avec différentes proportions du jus de la vigne ; il a obtenu ainsi des *vins* que nous
avons goûtés à la Société d'agriculture du département des
Bouches-du-Rhône, et qui ont été trouvés de bonne qualité. »

D'après les calculs de M. Alphandéry, cette boisson serait
d'un prix de revient bien inférieur à celui des vins ordinaires.

Vin cuit. — « En concentrant le jus obtenu de la canne et
lui faisant marquer 14 à 15 degrés au pèse-sirop, le laissant
ensuite fermenter comme du vin ordinaire, on obtient une
boisson qui est comparable aux meilleurs vins cuits. Il arrive
à ce jus ce qui arrive au jus de la vigne si on le laisse trop
cuire. Le vin reste trop longtemps à se dépouiller, et il est de
mauvaise qualité si la canne n'est pas bien mûre. »

Cidre ou piquette. — M. Sicard a obtenu un liquide de bonne
qualité en faisant fermenter, avec une quantité d'eau suffisante, les bagasses dont il avait extrait le sucre. En laissant
reposer cette boisson, elle est devenue très-claire et très-
agréable à boire ; l'auteur la regarde comme très-économique

et pouvant soutenir la comparaison avec les meilleurs cidres.

Bière. — Disons encore, pour être complet, qu'il a été fait une tentative pour la fabrication d'une espèce de bière avec le produit de la macération aqueuse des cannes de sorgho, et que la liqueur, fermentée avec le houblon, a paru de bonne qualité à ceux qui ont été à même de l'apprécier.

G. — *Vin de maïs.* — Les tiges de maïs, surtout celles des variétés sucrées, peuvent évidemment fournir des boissons fermentées plus ou moins alcooliques, analogues aux précédentes, soit par l'extraction directe du jus, soit par la macération.

§ II. — VINS PRODUITS PAR LES BAIES SUCRÉES.

Les principales baies sucrées, en dehors du fruit de la vigne, sont les *groseilles*, les *fraises*, les *framboises*, les *mûres*, les fruits de l'*épine-vinette*, de l'*airelle*, du *sureau*, de l'*arbousier*, les *oranges*, les *figues*.

Parmi ces fruits, les *fraises* et les *framboises* ne sont guère employées pour la préparation des boissons proprement dites; on les réserve plus communément, à cause de leurs qualités spéciales et de leur valeur, soit pour les usages de la table, soit pour la fabrication des confitures, des ratafias, etc., ou pour procurer un parfum plus suave, un arome plus délicat à des liqueurs de choix. Nous les passerons donc sous silence, puisque leur emploi pour la préparation des vins fermentés ne serait qu'une hypothèse; nous conseillerons seulement à ceux qui veulent fabriquer des boissons économiques, à l'époque de la maturité de ces fruits, d'en ajouter une petite proportion aux autres éléments employés, afin d'obtenir des produits plus agréables.

Nous en dirions presque autant de la *mûre*; mais l'extrême abondance de ce fruit, sur les haies et dans les halliers, en permet l'utilisation directe à la vinification. Les mûres, recueillies avec soin et en temps convenable, à l'époque de leur parfaite maturité, peuvent fournir un vin très-agréable et susceptible de conservation. Nous en dirons quelques mots.

A. — *Vin de groseilles.* — D'après ce qui a été exposé, relativement à l'alcoolisation des groseilles, dans la première partie de cet ouvrage[1], on ne saurait guère compter sur une richesse alcoolique supérieure à 4,665 pour 100 dans les liqueurs provenant de la fermentation des groseilles à maquereau, tandis que les groseilles à grappes ne fourniraient pas plus de 3,796 pour 100 d'alcool absolu. Nous avons même fait remarquer, à ce sujet, les erreurs manifestes dans lesquelles sont tombées Brandes et M. Payen, lorsqu'ils attribuent au vin de groseilles à maquereau une richesse alcoolique de 10,7 à 11,84 pour 100, ce qui est, évidemment, fort loin de la vérité. Quoi qu'il en soit, les fruits du groseiller, écrasés et exprimés, fournissent un moût qui peut se transformer, par la fermentation, en un vin très-agréable, très-sain et doué des qualités que l'on doit rechercher dans une boisson alimentaire. Le procédé à suivre est simple. Il consiste essentiellement dans l'extraction du jus, la fermentation active à +18 ou +20 degrés en cuve couverte. On entonne comme pour le raisin; on ouille avec soin pendant la durée de la fermentation insensible, puis, on soutire, on colle, on tire au clair et l'on conserve dans des barriques propres non soufrées. Le soufrage ne serait utile que pour le produit des groseilles à maquereau; il aurait l'inconvénient de décolorer le vin de groseilles à grappes. Le collage à la colle de poisson doit être précédé d'une addition de cachou, dans la proportion de 30 à 35 grammes par hectolitre.

Il nous semble à peu près inutile d'ajouter que, pour obtenir un produit réellement conservable, il sera nécessaire de chaptaliser le moût des groseilles et d'y ajouter, lors de la fermentation active, assez de sucre pour lui donner une densité de 1 070 à 1 080 ou de 9°,5 à 10°,5 du pèse-sirop.

L'emploi des groseilles à la préparation d'une boisson fermentée est connu depuis longtemps. Valmont de Bomare résume très-nettement la pratique suivie de son temps. « *On fait*, dit-il, avec les groseilles rouges, parfaitement mûres et séparées de leurs grappes, un *vin très-agréable;* pour cela, il faut les cueillir vers le milieu du jour, les mettre dans un tonneau défoncé d'un côté, qui servira de cuve, puis, les écraser avec des pilons, autant qu'il sera possible; jetez-y un peu d'eau pour donner plus de fluidité au suc naturellement

---

1 P. 499 et 500.

visqueux, et afin qu'il se fasse une fermentation tumultueuse, principe du développement du corps spiritueux, qui est *l'âme de tous les vins*. Si le suc destiné à fermenter est, au contraire, trop fluide, et s'il ne contient pas assez de *corps muqueux doux*, ajoutez-y un peu de sucre, que vous agiterez, pour bien incorporer le tout. »

Il ne s'en faut que de bien peu de chose pour que la marche ainsi tracée soit fort acceptable, même de nos jours, malgré la haute opinion que nous avons de notre mérite et des progrès que nous croyons avoir accomplis.

Le vin de groseilles est presque une boisson nationale chez les Anglais. Il y a peu de ménagères, dans le Royaume-Uni, qui ne possèdent ou qui ne croient posséder une recette par excellence pour la préparation du *gooseberry-wine*. Cette pratique date de loin, car l'auteur que nous venons de citer rapporte déjà la méthode exécutée en Angleterre, selon la description donnée par un Anglais. Voici le passage où cette préparation est indiquée, en ce qui concerne l'emploi de la *groseille à maquereau.*

« Ray dit que les Anglais font du vin de ces fruits mûrs, en les mettant dans un tonneau, et en jetant de l'eau bouillante par-dessus; ils bouchent bien le tonneau, et le laissent dans un lieu tempéré pendant trois ou quatre semaines, jusqu'à ce que la liqueur soit imprégnée du suc spiritueux de ces fruits, qui restent alors insipides[1]. Ensuite on verse cette liqueur dans des bouteilles, et on y met du sucre ; on les bouche bien et on les laisse jusqu'à ce que la liqueur se soit mêlée intimement avec le sucre par la fermentation, et soit changée en une liqueur pénétrante, agréable et semblable à du vin. »

Pour résumer cette question, nous dirons que la préparation d'un vin de groseilles, quelle que soit l'espèce choisie, se borne aux opérations suivantes : écrasement du fruit et extraction du jus; sucrage du moût, fermentation active, entonnage et fermentation secondaire; ouillage réitéré; soutirage,

[1] Il y a là une erreur. Les fruits ainsi macérés ne sont pas devenus insipides; la liqueur qu'ils retiennent est exactement la même que celle dans laquelle ils baignent, puisque la macération n'a fait que produire l'équilibration. Il n'y a pas non plus extraction d'un principe spiritueux qui n'existe pas dans les fruits, mais bien extraction du sucre des groseilles et fermentation alcoolique de ce sucre par la macération.

collage et clarification. C'est exactement ce qu'il faut faire toujours et il n'y a rien de particulier que l'on ait à appliquer à la vinification du moût de groseilles.

B. — *Vin de mûres.* — Nous avons vu, dans certains cantons forestiers, une telle quantité de mûres, que des enfants pouvaient en recueillir, dans une journée, jusqu'à 10 ou 12 kilogrammes. Ce fruit écrasé, pressé, fournit un moût qui n'a guère d'emploi qu'en pharmacie pour la préparation d'un sirop acidule et astringent. C'est un tort, à notre sens, car il suffirait de le soumettre à la fermentation, après l'avoir additionné de 2 à 3 pour 100 de sucre, au besoin, et de le purifier ensuite par le collage pour en obtenir un vin très-sain et fort agréable. Il est parfaitement illusoire de se préoccuper des recettes fantaisistes de certains liquoristes; la voie la plus avantageuse, la seule qui conduise sûrement au but, consiste à accomplir strictement les principes connus et que nous venons de récapituler. Le vin de mûres est excellent, franc de goût, d'une saveur parfumée et agréable; il se colle parfaitement et se conserve pendant très-longtemps, surtout si le le moût a été porté à une richesse sucrière suffisante.

C. — *Vin d'épine-vinette.* — Les fruits du vinettier (*Berberis*) contiennent du sucre et de l'acide tartrique. Ils sont très-communs en diverses contrées, et il y aurait un grand avantage à les employer pour faire des boissons fermentées, ou pour fournir à certains autres vins l'élément tartrique qui leur manque souvent. S'il s'agissait de traiter seules les baies de berbéris, il faudrait les fouler et additionner le moût de 6 à 8 kilogrammes de sucre par hectolitre, avant de le soumettre à la fermentation.

D. — *Vin d'airelle.* — L'airelle ou myrtille est un petit sous-arbrisseau qui appartient à la même famille botanique que les bruyères. Tournefort l'avait nommé « vigne de l'Ida » (*vitis Idœa*), à cause de son fruit, qui est une baie noire, présentant quelque analogie avec le fruit de la vigne sauvage. Ce fruit est appelé *moret, mauret, bluet* ou *brimbelle*, selon les localités, et il présente une certaine douceur mêlée d'acidité et d'astringence. Le myrtille croît principalement dans les sols maigres et montagneux, dans les bois et les lieux couverts; son fruit est mûr vers juillet, et les enfants et les bergers en sont avides. On peut en faire une sorte de vin assez agréable; mais il est nécessaire de sucrer le moût, qui ne fournirait pas assez d'alcool par la fermentation. Le vin de myrtille a joui d'une certaine estime dans plusieurs contrées des États-Unis, mais sa vogue est bien passée aujourd'hui. En somme, le fruit de l'airelle présenterait plus de valeur comme matière colorante que pour la fabrication d'une boisson fermentée.

E. — *Vin de sureau.* — Les Anglais fabriquent un vin de sureau (*elder-wine*), avec les baies bien mûres du *sambucus nigra* et, par le fait, on peut préparer une boisson passable et de bon goût en faisant fermenter le jus exprimé de ces fruits, à l'aide d'un peu de levûre et par une température de +20 degrés environ. Il convient cependant de sucrer le moût avant la fermentation, si l'on veut produire une liqueur conservable. Ajoutons encore que, par suite de la fadeur naturelle de ce fruit, il serait utile d'y ajouter quelque peu d'acide tartrique.

F. — *Vin d'arbouses.* — D'après une série d'expériences fort bien conduites par M. Mojon, en 1811, les arbouses peuvent fournir le dixième de leur poids d'eau-de-vie, ou 6 pour 100 environ d'alcool. A bien prendre les choses, cette proportion d'alcool serait très-suffisante dans un vin ordinaire et l'on pourrait d'autant mieux préparer un vin d'arbouses de bonne qualité que ces fruits sont comestibles. L'opération serait, d'ailleurs, très-simple : il suffirait d'écraser les fruits, d'en exprimer le jus et de provoquer la fermentation de ce moût par un peu de bonne levûre de bière. La fermentation insensible et la purification devraient se faire selon les principes qui dirigent ces opérations dans la préparation de tous les vins.

G. — *Vin d'oranges.* — Depuis longtemps les Anglais préparent une boisson fermentée avec l'orangeade, et dans les colonies françaises le vin d'oranges est fort estimé. Notre expérience personnelle nous porte à croire qu'il est indispensable de sucrer le moût des oranges si l'on veut obtenir une boisson de bonne qualité; nous pensons aussi qu'il serait utile d'y ajouter une certaine proportion des sels qui se trouvent dans le moût de raisin, comme nous avons conseillé de le faire pour l'œnomel.

H. — *Vin de figues.* — Quoique la figue ne soit pas une baie, nous ne pouvons guère la séparer de ce groupe, avec lequel elle présente de très-grandes analogies, au moins au point de vue de la vinification. La préparation d'une boisson fermentée à l'aide de ces fruits peut être très-avantageuse, au moins dans les pays de production et dans les années d'abondance.

La figue fraîche, bien mûre, donne son moût par écrasement et par pression, et la fermentation de ce moût produit un vin alcoolisé entre cinq et six centièmes. Les figues sèches ne représentent que le quart du poids des figues fraîches dont elles proviennent, et il est indispensable de les soumettre à la cuisson ou à la macération, pour en extraire facilement les matières solubles. Il faut de 35 à 50 kilogrammes de figues sèches pour obtenir un hectolitre de bon moût assez sucré pour renfermer, après la fermentation, de 8 à 10 pour 100 d'alcool. Il est utile d'ajouter aux moûts de figues cinq millièmes d'acide tartrique et un centième de crème de tartre; 25 à 30 grammes de cachou par hectolitre suffisent pour régulariser la fermentation, prévenir les dégénérescences et assurer la purification par les collages ultérieurs.

§ III. — VINS PRODUITS PAR LES FRUITS A PEPINS.

Les *pommes* et les *poires*, dont le moût sert à la fabrication du *cidre* et du *poiré*, sont les plus importants et les plus utiles de nos fruits à pepins. On pourrait encore utiliser les *coings* et différents fruits exotiques à la préparation de boissons fermentées analogues, et nous ne croyons pas devoir les passer entièrement sous silence.

Vin de coings. — On ne peut guère considérer les coings comme des fruits sucrés proprement dits, la présence du sucre ne pouvant jamais y être constatée qu'en proportion très-faible; mais leur arome, leur parfum et la matière astringente qu'ils contiennent les rendent susceptibles d'un emploi avantageux lorsqu'on les utilise en mélange avec d'autres fruits. Dans ce cas, ils devront être réduits en pulpe par la râpe, ou écrasés et pressés, et le jus en sera joint avec celui qu'on peut obtenir des fruits dont on dispose. La plupart du temps, il sera indispensable d'y ajouter une proportion de sucre suffisante pour produire une quantité convenable d'alcool. On a fait cependant et l'on fait encore une boisson qu'on a appelée *vin de coings*, mais les procédés employés ne permettent guère de considérer le jus de coings autrement que comme l'excipient aqueux, aromatique et astringent, des autres substances qui entrent dans la composition du moût.

Quelques personnes font cuire des coings coupés en morceaux et débarrassés de la peau et des pepins, dans une faible proportion d'eau. Les fruits sont réduits en pulpe sur un tamis, puis on y ajoute un vingtième de sucre, un centième de levûre, et on fait fermenter après avoir étendu d'eau chaude.

Il est clair que l'on prépare ainsi une liqueur fermentée, aromatisée par le coing, qui doit son alcool au sucre ajouté; mais ce n'est pas là du vin de coings. L'action de la chaleur a enlevé la partie la plus suave de l'odeur du fruit. D'autres râpent les fruits, retirent le jus par la pression de la pulpe, et mettent en fermentation après addition de sucre (un vingtième à un quinzième). Selon d'autres *recettes*, il faut râper les coings, faire bouillir la pulpe pendant un quart d'heure avec son poids d'eau, passer à travers un tamis et mettre en fermentation le jus, après l'avoir additionné d'une proportion de sucre suffisante pour déterminer le degré de vinosité qu'on désire obtenir.

Toutes ces formules et les autres qu'on pourrait imaginer se ressemblent sous le rapport le plus essentiel, l'addition du sucre à du jus de coings, pur ou étendu d'eau, cru ou cuit, en sorte que le jus de coing n'intervient dans cette composition, comme nous le disions tout à l'heure, que comme une séve aqueuse, parfumée et astringente.

Vin de goyave. — Nous ne citons la goyave que pour faire remarquer la possibilité de faire une bonne liqueur fermentée avec le jus de ce fruit. La *goyave* (*gouïave*, *guayave*, *poire des Indes*) est le fruit du *psidium pyriferum*, qui appartient à la tribu des myrtées... On l'estime beaucoup en Océanie et en Amérique, et nous en avons entendu faire des éloges enthousiastes qui ne nous ont pas trop convaincu, mais qui nous ont paru dictés par une réelle bonne foi. L'expérience ne nous a pas satisfait davantage; mais nous avons cru devoir attribuer au *défaut d'habitude* l'impression peu agréable que nous en avons éprouvée. Nous ne voulons donc pas nous

prononcer sur le mérite de la goyave en tant que fruit.
Comme matière première d'une boisson fermentée, ce qui est
autre chose, le fruit du psidium donne de bons résultats. Le
moût acidule et sucré qu'il donne par l'écrasement et la
pression produit une boisson très-saine, agréable même, dont
l'odeur forte a disparu et qui a conservé, cependant, une
saveur légèrement musquée dont le goût est loin de déplaire.
Pourquoi les habitants des contrées où croît le goyavier ne
profiteraient-ils pas des qualités exceptionnelles qu'il présente
par la réunion d'une proportion utile de matière sucrée et de
principe astringent? Il nous semble difficile de trouver beaucoup mieux, d'autant plus que le sucrage complémentaire du
moût ne présenterait aucune difficulté et ne serait l'objet
d'aucune dépense dans des pays où la mélasse de canne n'est
que d'une valeur très-faible. Il y a là matière à réfléchir et il
vaudrait mieux boire du vin de goyave sain et hygiénique,
fait chez soi, que de s'empoisonner avec les produits frelatés
expédiés d'Europe en caisses ou en barils.

§ IV. — VINS PRODUITS PAR LES FRUITS A NOYAUX.

Les *prunes*, les *cerises*, le *coco*, les *dattes*, les *mangues*, les
abricots, les *pêches* sont les fruits les plus intéressants de ce
groupe.

A. — *Vin de prunes.* — Les fruits du prunier et l'arbre lui-
même qui les produit sont trop connus pour qu'il soit nécessaire d'en faire une description. Nous avons dit, en parlant
de l'alcoolisation des prunes [1], que ces fruits nous ont fourni
un *rendement moyen* de 9 à 11 pour 100 en produit à 50 degrés;
ce sont des chiffres qui répondent à une richesse de 4,5 à
5,5 pour 100 en alcool pour les vins qui en proviendraient;
mais il y a des espèces de prunes qui fourniraient aisément
un moût plus sucré et, par conséquent, un vin plus généreux.
Nous n'en donnerons pour preuve que l'analyse de la *reine-
claude*, publiée par M. Bérard dans les *Annales de chimie et
de physique.*

---

[1] Première partie, 1er vol., p. 483.

D'après cette analyse, ces prunes renferment, sur 100 parties en poids :

	Fruits verts.	Fruits mûrs.
Sucre.	17,71	24,81
Gomme..	5,53	2,06
Matière colorante verte. . .	0,03	0,08
Matière animale..	0,45	0,28
Acide malique..	0,45	0,65
Ligneux.	1,26	1,11
Chaux.	traces	traces
Éau.	74,57	71,10
	100,00	100,00

Toutes les variétés de prunes ne sont pas aussi riches en sucre, assurément, mais la *mirabelle*, les *damas*, la *couëtsche*, la *prune de Monsieur* et plusieurs autres, parvenues à leur maturité complète, renferment très-souvent jusqu'à 20 ou 22 pour 100 de sucre, en sorte que l'on peut très-bien en faire un vin de bonne qualité qui pourrait tenir autant d'alcool que les meilleurs vins de raisin, de bons crus ordinaires. Nous ne parlons pas, évidemment, pour les grands centres, ni pour les pays où la prune peut présenter une valeur considérable sous sa forme naturelle ; mais nous avons vu, dans certaines contrées, une telle abondance de ces fruits qu'on était obligé de les donner aux bestiaux pour les utiliser, lorsqu'on n'avait pas le temps de les soumettre à la fermentation pour en extraire de l'eau-de-vie par distillation. Dans ces cas de récolte exceptionnelle, où les prunes n'ont qu'une faible valeur vénale, nous croyons qu'il y aurait souvent un grand avantage à en préparer du vin, pourvu que cette boisson fût fabriquée selon les règles bien connues de l'œnologie.

Les prunes bien mûres, écrasées avec soin, de manière à ménager les noyaux, sont malaxées sur un tamis, à travers lequel la pulpe passe facilement en abandonnant les noyaux. Cette pulpe est mise en sacs et pressée lentement et graduellement sous une presse à vis. Les sacs sont trempés dans l'eau pendant quatre ou cinq minutes, puis, soumis à une pression d'épuisement. Le premier moût a été introduit dans une cuve à fermentation de capacité suffisante. Le produit de la seconde pression est chauffé vers +80 degrés ; pendant ce temps, on y ajoute les sels mentionnés à propos de l'œnomel [1] et, lorsque la dissolution est faite, on introduit le tout dans la cuve, où l'on mélange avec le premier moût. On met alors en levûre, à l'aide d'un demi-kilogramme de bonne levûre fraîche par hectolitre et à la température de +22 degrés. On couvre la cuve et on maintient la température. Après quatre ou cinq jours de cuvage, on décuve et on entonne dans des barriques, qu'on remplit bien; on ouille comme pour le vin et on procède aux soutirages et aux collages avec les mêmes précautions.

Le produit est parfait de tout point et il offre la plus grande ressemblance avec les vins généreux du Midi. Il se conserve parfaitement, pourvu qu'on ait employé des prunes très-mûres et sucrées, que la clarification ait été bien faite et qu'on ait pratiqué le collage à l'aide du cachou ou d'un autre astringent franc, ne renfermant aucune matière nuisible ou de saveur désagréable.

Lorsque l'on n'a pas de presse, on peut faire fermenter la pulpe, débarrassée des noyaux, avec le moût. Le marc, lavé après le décuvage, donne de la *piquette*, que l'on peut distiller ou employer à la boisson. Le vin de prunes se colore par la dissolution de la matière colorante des peaux elles-mêmes; cette matière, comme celle des pellicules de raisin, se dissout dans le moût en fermentation à mesure et à proportion de la production de l'alcool.

Nous voyons, dans l'utilisation des prunes à la fabrication d'une boisson fermentée, une mesure de la plus haute utilité, au point de vue de l'hygiène et de l'économie domestique, dans un grand nombre de provinces où la vigne ne peut donner de bons fruits, et même partout, lorsque la récolte vient à manquer. La véritable règle de l'agriculture consiste à savoir tirer de toutes les ressources le parti le plus avantageux.

Vin de cerises. — On a fait du vin avec la plupart des variétés de cerises; mais les plus communes, les bigarreaux et les cerises aigres, sont plus particulièrement indiquées, et le mélange des variétés peut produire un excellent résultat. Les bigarreaux et nombre d'espèces de cerises douces renferment une plus grande proportion de sucre, et les cerises aigres contiennent plus d'acide. On conçoit que, de la réunion de ces

[1] P. 724 et 725.

principes en juste proportion, il résultera une liqueur plus homogène, plus agréable et suffisamment alcoolique. M. Bérard a analysé les cerises vertes et les cerises mûres. Il y a trouvé les éléments suivants sur 100 parties en poids :

	Cerises vertes.	Cerises mûres.
Matière animale..	0,21	0,57
Matière colorante verte. . .	0,05	Mat.rouge inconnue.
Ligneux.	2,44	1,12
Gomme..	6,01	3,23
Sucre.	1,12	18,12
Acide malique..	1,75	2,01
Chaux.	0,14	0,10
Eau.	88,28	74,85
	100,00	100,00

Tout en ne considérant cette analyse que comme un simple renseignement, on ne peut s'empêcher d'admettre qu'un fruit qui contient 18 pour 100 de sucre peut donner une excellente boisson fermentée, si, du reste, on la prépare selon les règles.

Cela n'est pas nouveau, d'ailleurs, et nos ancêtres préparaient souvent des liqueurs avec le jus des fruits sucrés et acidules. Valmont de Bomare dit positivement qu'en faisant fermenter le jus de cerises et leurs *noyaux concassés*, et y ajoutant du sucre, on obtient une liqueur fort agréable qu'on nomme *vin de cerises*. Le suc des cerises, dit-il, prend, au moyen du sucre, autant de force qu'en a de bon vin, et fait une liqueur agréable à boire, qui peut se conserver pendant plusieurs années.

De son côté, l'illustre Réaumur préparait un vin de bigarreaux fort agréable de la façon suivante : Les fruits les plus mûrs étaient écrasés, *débarrassés de leurs noyaux* et laissés en macération pendant un jour ou deux. Le jus exprimé recevait ensuite une quantité de sucre égale à 10 onces environ par pinte, soit 300 grammes par litre[1]. Lorsque le sucre était dissous, le jus était entonné dans une barrique et l'on avait soin d'en réserver un sixième pour l'ouillage. La fermenta-

[1] Proportion évidemment exagérée lorsqu'il s'agit de faire une boisson, et bonne seulement pour préparer un vin liquoreux. Il est à peine nécessaire d'ajouter du sucre aux cerises bien mûres, puisque, seules, elles peuvent fournir un vin alcoolisé à 8 ou 10 pour 100.

tion était assez vive. Lorsqu'elle était terminée, on introduisait dans le tonneau les noyaux concassés, et l'on fermait hermétiquement, pour laisser en repos pendant trois ou quatre mois, c'est-à-dire jusqu'à la fin de l'hiver, époque à laquelle on soutirait la liqueur et on la mettait en bouteilles.

Quelques observateurs ont conseillé de faire *cuire* les cerises. Nous ne croyons pas que cette manœuvre puisse donner de meilleures qualités au produit, qui contracte forcément, par la cuisson, un goût de sirop ou de caramel rappelant certains vins d'Espagne, surtout si l'on ajoute ensuite du sucre au moût. Ce n'est pas ainsi qu'il faudrait opérer pour préparer, avec les cerises, un vin de consommation sain et hygiénique, dont la fabrication pourrait rendre d'utiles services, tout en donnant le moyen de mettre à profit, pour l'alimentation, les fruits qui se perdent souvent dans les années d'abondance.

Les cerises bien mûres doivent être traitées exactement par la méthode que nous venons d'indiquer pour les prunes, et il n'est jamais nécessaire de s'astreindre aux indications erronées de certains faiseurs de recettes, dont les uns n'ont que la routine pour guide et dont les autres parlent à l'aventure de ce qu'il n'ont jamais exécuté.

Nous insisterons cependant sur la nécessité absolue d'introduire dans le moût une proportion convenable d'un principe astringent, si l'on veut obtenir une liqueur conservable, susceptible d'une bonne clarification.

Vin de coco. — La liqueur laiteuse, renfermée dans la noix de coco, subit facilement la fermentation alcoolique, lorsqu'on la retire des fruits avant la formation de l'amande. Le produit est le vin de coco, fort goûté des insulaires de l'océan Pacifique et de la Polynésie.

Vin de dattes. — On n'a pas encore une bonne analyse de la datte, bien qu'on sache que la pulpe de ce fruit renferme de la gomme, du sucre prismatique et du glucose. La proportion de la matière sucrée est assez considérable pour donner par fermentation un vin de bonne qualité et suffisamment alcoolique. On prépare ce vin par la macération des fruits avec l'eau, dans les pays intertropicaux où croît le palmier-dattier, mais le principal usage de la datte fermentée consiste à extraire du moût une eau-de-vie qui sert de remède et de boisson chez les peuplades africaines. L'eau-de-vie de dattes,

bien préparée, est excellente, d'une saveur parfaite et d'un
goût aromatique agréable. Quant au vin, il nous semble, à la
suite de quelques expériences, que l'on pourrait en tirer un
bon parti, en Algérie principalement. Les dattes sèches devraient donner leurs matières solubles par macération ; mais
les dattes fraîches devraient être traitées comme les prunes.
La fermentation active, la fermentation insensible et la purification du produit seraient, d'ailleurs, entièrement conformes
aux indications générales. Il est à noter que les dattes, étant
douées d'une certaine astringence, fourniraient des liqueurs
conservables, dont la clarification ne présenterait aucune difficulté.

Vin de mangue. — La mangue est un fruit à noyau, pyri-
forme, à chair assez sucrée et savoureuse, mais qui offre une
odeur résineuse dont tout le monde ne s'accommode pas. Les
manguiers sont un genre de la famille des térébinthacées, qu'on
a placé avec assez de raison dans la même tribu que l'*ana-*
carde; ils sont originaires de l'Inde, mais on les cultive dans
la plupart des îles de l'océan Indien, aux Antilles, etc. Ce
sont des arbres toujours verts, atteignant une hauteur de 10 à
15 mètres, et dont les fruits peuvent peser jusqu'à 1 kilogramme. On en connaît de diverses couleurs, mais la plupart
ont une chair fibreuse qui ne serait pas du goût des Européens... Quoi qu'il en soit, on pourrait en essayer la vinification ; mais il ne nous semble pas qu'on puisse en espérer des
résultats aussi bons que des fruits du *mangoustan*, qui croît
dans les mêmes latitudes. Ce fruit rappelle la forme d'une
grenade, mais l'intérieur présente des segments comme ceux
de l'orange. Ces segments renferment un jus sucré et parfumé, d'une saveur délicieuse, qui réunit celles de la fraise, de
la framboise et du raisin. Il y aurait, évidemment, quelque
chose à faire de ce fruit au point de vue œnologique, maintenant surtout que les Européens commencent à importer
leur industrie dans les diverses contrées de l'Asie méridionale.

Abricots, pêches. — Nous ne faisons que citer ces fruits, que
tout le monde connaît, mais que leur valeur ne permet guère
d'employer à la préparation des liqueurs fermentées, sauf
dans les cas très-rares de production surabondante et d'extrême bon marché. On pourrait, cependant, en ajouter une

faible proportion dans les vins provenant des autres fruits, afin d'en améliorer l'arome et le parfum.

§ V. — VINS PRODUITS PAR LES FRUITS DE TERRE SUCRÉS.

Le *melon*, la *pastèque*, la *citrouille* et quelques *courges* peuvent fournir un moût assez sucré pour donner des produits de fermentation acceptables, pourvu que le choix de l'espèce et les autres circonstances culturales soient établis dans ce but spécial. Nous citerons une variété de *courge de l'Ohio* qui renferme près de 14 pour 100 de sucre prismatique. Cependant, on comprendra que nous n'ajoutions rien de plus à ce fait, par la raison que, si nous avons souvent expérimenté sur les cucurbitacées au point de vue de l'alcoolisation, nous n'avons jamais cherché à produire du *vin potable* avec le moût de ces fruits.

§ VI. — VINS PRODUITS PAR LES RACINES SUCRÉES.

Malgré quelques tentatives infructueuses, qui remontent déjà à 1854, et qui ont été faites par des hommes habiles, mais plus habitués aux opérations de laboratoire qu'aux travaux pratiques d'application, nous pensons que l'on peut tirer un parti avantageux des *betteraves*, des *carottes*, des *topinambours*, du *panais* même et du *chiendent*, pour la préparation de boissons fermentées aussi saines qu'agréables.

Voici ce que nous regardons comme le plus profitable à l'égard de ces racines sucrières :

On les divise ; on en extrait le jus sucré par pression ou par macération. Ce moût est porté à +80 degrés de température et on le chaule par 0,012 à 0,015 de chaux éteinte, en lait, comme s'il s'agissait de faire une véritable défécation de sucrerie. On porte à l'ébullition, puis on laisse reposer. Le moût est tiré au clair et les dépôts sont filtrés ou pressés avec les écumes. Les liqueurs réunies reçoivent un courant d'acide carbonique jusqu'à ce que la liqueur ne soit plus que très-peu alcaline. On porte à l'ébullition, on laisse reposer et on décante.

Le moût refroidi à +25 est porté dans la cuve à fermenter, et l'on y ajoute assez de super-phosphate de chaux pour le

neutraliser avec un *très-léger excès d'acidité*. On met en fermentation par l'addition de 400 à 500 grammes de levûre
par hectolitre et l'on couvre la cuve. Trois jours après, on
décuve, on entonne, et l'on donne les mêmes soins à la fermentation insensible et à la purification que s'il s'agissait du
vin de raisin.

Ces vins n'ont plus de saveur désagréable ; mais ils seraient
beaucoup plus convenables et plus généreux si on les chap-
talisait, ou si l'on faisait concentrer une partie du moût.

§ VII. — VINS PRODUITS PAR LE LAIT.

Nous hésiterions à parler ici de deux boissons obtenues
par la fermentation du *lait de vache* et du *lait de jument* ;
mais *l'airen* et *le koumiss* méritent d'être mentionnés dans ce
groupe, moins à cause de leur valeur que pour l'usage qu'on
en fait en Tartarie.

C'est par l'agitation prolongée du lait de vache ou de
jument que l'on sépare la matière butyreuse et la plus grande
partie du caséum. Le liquide restant est tenu en lieu chaud
jusqu'à ce qu'il ait pris une saveur et une odeur à la fois aigre
et alcoolique.

On comprend, du reste, que cette boisson n'est guère qu'une
solution aqueuse d'acide lactique et nous ne nous y arrêterons
pas davantage.

§ VIII. — VINS PRODUITS PAR DES SUBSTANCES MIXTES.

Bien que la *patate* et *l'igname* puissent être rangés parmi
les substances féculentes, la teneur de la première en sucre,
jointe à leur richesse en amidon, doit attirer l'attention sur
ces racines, en tant qu'elles peuvent fournir une bière excellente et très-convenable.

Sachant donc que la patate contient, en moyenne, 18,59 de
matière alcoolisable et que, sur ce chiffre, la fécule doit être
comptée pour 12,92 tandis que l'igname renfermerait 14,93
de fécule, on n'aura pas de peine à établir le traitement
rationnel à faire subir à ces produits, dans les pays où on les
obtient à bon compte. 100 kilogrammes de patates représentent une valeur alcoolique de 7^l,50 d'alcool à 100 degrés,

et 100 kilogrammes d'igname donnent une moyenne de 6 litres. Il est clair que, de ce poids de 100 kilogrammes, on pourra obtenir facilement 200 litres de très-bonne bière alcoolisée à 3 ou 4 pour 100 et que, par la nature féculente de la matière première, on sera conduit à lui faire subir les opérations de la brasserie, savoir : la saccharification par le malt, l'extraction du liquide, l'ébullition avec le houblon, la fermentation et la clarification. Rien autre chose ne peut se présenter à l'esprit d'un observateur attentif et le travail à suivre rappelle évidemment celui que l'on aurait à faire subir aux pommes de terre.

Ainsi, en tenant compte de la quantité d'eau contenue dans ces racines, laquelle est de 80 pour 100 en moyenne, et en évaluant la proportion de malt utile à 5 kilogrammes, pour 100 kilogrammes, on devrait employer 160 à 180 litres d'eau en deux trempes ; les résidus seraient pressés, et le liquide, additionné de 350 à 400 grammes de bon houblon par hectolitre, subirait une courte ébullition d'une demi-heure. On le mettrait ensuite en levûre exactement comme pour la bière, on entonnerait de la même façon et, après la fermentation secondaire, on clarifierait selon les principes que nous avons exposés précédemment avec tous les détails utiles.

Observation générale. — Comme il a été facile au lecteur de s'en assurer par la réflexion, et même par des vérifications directes, au besoin, les règles pratiques de l'œnologie sont peu nombreuses, simples, et d'une exécution aisée. Lorsqu'on est bien pénétré des principes généraux et des conséquences d'application qui en dérivent, on peut, partout, dans tous les pays du monde, avec les instruments les plus primitifs, fabriquer des boissons fermentées saines, agréables,. dont l'influence sur la condition hygiénique de l'homme est incontestable. Il est d'observation, en effet, que les maladies endémiques ont beaucoup moins de prise sur l'organisation, lorsque, à une nourriture solide, saine et suffisante, se joint l'usage modéré d'une boisson tonique, excitante, rafraîchissante, tandis que ces affections font de cruels ravages dans les contrées malheureuses dont les tristes habitants sont privés de tels avantages. Ainsi, pour n'en citer qu'un seul exemple, l'influence miasmatique des effluves marécageuses n'atteint que très-rarement les hommes bien nourris, qui boivent du vin, bien qu'ils supportent un travail au moins égal, et qu'ils respirent le même air, à côté des fiévreux, leurs voisins d'atelier ou d'habitation. Ce fait est aisément constatable dans la Sologne, les Landes et dans tous les pays où l'on peut étudier l'infection paludéenne. Ce serait donc un grand service à rendre à l'humanité que de faire voir aux habitants de ces contrées comment ils peuvent améliorer leur condition hygiénique, et se mettre en mesure de résister aux actions destructives qui les entourent. Ici pourtant, on doit le déclarer hautement, la voix du technologiste est impuissante, tous ses efforts sont inutiles, s'il ne se rencontre, dans de tels milieux, des hommes d'initiative intelligente, qui commencent le mouvement, donnent un exemple indispensable, et entreprennent vaillamment la guerre contre les préjugés, la routine et la misère. Ce n'est pas du journalisme et des utopies qu'il faut aux nations modernes, c'est du bien-être par le travail. Qu'on ne se laisse pas décourager par la certitude presque absolue de faire des ingrats ; cette considération ne doit peser que de fort peu dans la balance en face du bien à faire et du progrès à réaliser.

Sous un autre rapport, ce que nous avons dit et démontré à l'égard de l'œnologie nous paraît suffisant pour atteindre un autre but moins important, sans doute, dans le plan général, mais qui y tient une place énorme, en ce qui concerne les transactions commerciales. Nous voulons parler de l'alcoolisation proprement dite. On ne fait pas pratiquement d'alcool sans savoir faire du vin d'abord, et savoir faire du vin, c'est savoir faire de l'alcool. L'extraction du produit est loin de présenter les difficultés de la production. Du moment où l'on est parvenu à créer un vin, à produire une dissolution alcoolique avec une matière alcoolisable quelconque, on a constitué pour l'alcoolisation des ressources telles que la disette du produit ne peut plus être à craindre. On peut faire du vin partout ; partout on trouve le sucre, la fécule, le ferment ; nulle part, on n'a le droit de crier à l'impossibilité. Qu'on le sache donc bien et qu'on y songe sérieusement; ce n'est pas la matière qui manque à l'homme ; c'est presque toujours l'homme qui manque à la matière, par ignorance, par paresse ou insouciance, et il ne convient pas de rejeter sur la nature elle-même les conséquences de nos faiblesses.

CHAPITRE II.

BOISSONS ÉCONOMIQUES. — PIQUETTES.

Dans certaines années de disette ou de mauvaise récolte, ou bien lorsque les ressources de la classe ouvrière subissent une diminution par suite de causes diverses qui sortent de notre sujet, l'usage de boissons économiques saines peut rendre de grands services à la population des grands centres et à celle, non moins malheureuse quelquefois, des villages les plus reculés. Nous ne pouvons guère songer à donner à ce sujet toute l'étendue que mériterait son importance réelle ; mais, cependant, nous allons réunir les données pratiques les plus exactes à l'aide desquelles il sera facile à tout père de famille de préparer, pour lui et les siens, une bonne boisson d'un usage hygiénique et d'un prix de revient minime.

On peut diviser ces sortes de boissons en deux groupes distincts : les *boissons économiques* proprement dites, résultant de préparations et de mélanges variables, plus ou moins conformes aux principes œnologiques, et les *piquettes*.

§ I. — BOISSONS ÉCONOMIQUES PROPREMENT DITES.

Nous chercherons à suivre, dans ces indications, un certain ordre qui permettra de saisir plus facilement les procédés et les méthodes à suivre pour atteindre de bons résultats. Les formules qui suivent se rapporteront donc, autant que possible, au vin, au cidre, à la bière, à l'hydromel, et nous espérons que la simplicité de l'exécution et le prix de revient insignifiant du produit engageront à essayer de les mettre en pratique.

Vin économique. — Pour 228 litres de produit, on introduit dans une futaille ordinaire, jauge de Bordeaux, 150 litres d'eau que l'on a fait chauffer au point de pouvoir encore y tenir la main. On fait alors dissoudre, à chaud, dans 25 litres d'eau, 5 kilogrammes de sirop de fécule, 2 kilogrammes de cassonade et 1 kilogramme d'acide tartrique. On fait bouillir pendant une heure en remplaçant l'eau qui s'évapore, puis, on verse le tout dans la barrique. On mélange. On délaye 250 grammes de bonne levûre dans 1 litre d'eau qu'on ajoute à la masse. Cela fait, on achève de remplir la futaille, en y introduisant d'abord 20 litres de vin de Narbonne, puis de l'eau. On couvre l'orifice de bonde avec un linge posé à plat et maintenu par une pierre, et on laisse en lieu chaud. A mesure que l'écume sort par la bonde, on remplit avec de l'eau tenant un cinquième de vin de Narbonne. Lorsque le travail a cessé, au bout de quinze jours, on transvase dans un autre tonneau et on clarifie à la colle de poisson.

Cette boisson, très-saine, revient à 15 centimes le litre, au plus, et elle est alcoolisée à 3, 30 pour 100 environ.

Autre formule. — En modifiant la formule précédente, on peut arriver à un produit plus économique. Il suffit de supprimer la cassonade et d'employer 8 kilogrammes de glucose ou sirop de fécule au lieu de 5 kilogrammes. On fera bouillir dans 25 litres d'eau, comme il vient d'être dit, mais on n'emploiera que 500 grammes d'acide tartrique et l'on remplacera le reste de cet acide par 1 kilogramme de gravelle venant de vin rouge. La préparation est du reste la même.

On peut aromatiser ces boissons en suspendant par le trou de bonde un nouet qui plonge dans le liquide pendant la fermentation et qui contient de la racine d'iris hachée, ou un peu de fleur de sureau, si on aime la saveur musquée.

Boisson vineuse. — En mettant dans un tonneau les divers éléments importants du vin, on peut obtenir presque immédiatement une boisson très-potable, qui sera d'autant plus agréable que les produits employés seront plus purs. On introduit d'abord 6 litres d'alcool, bon goût, à 90 degrés, puis 150 litres d'eau. On fait alors dissoudre 1 kilogramme de cassonade, franche de saveur, dans quelques litres d'eau tiède, et l'on ajoute à la dissolution alcoolique. On verse 1 litre de bon vinaigre, puis, la dissolution de 250 à 300 grammes d'acide tartrique et 200 grammes de crème de tartre. On remplit d'eau après avoir introduit par la bonde 1 kilogramme de roses trémières violettes, mondées de leurs calices, pour donner une couleur convenable au mélange.

Cette boisson, que l'on peut rendre plus ou moins alcoolique, est bonne à consommer au bout de deux ou trois jours.

Nous avons fait faire un vin très-potable avec la formule suivante :

Eau saturée de tartre rouge. . .	93^l,00
Esprit, franc de goût, à 95°. . .	7^l,00
Acide tartrique.	0^k,500
Sucre ordinaire.	0^k,500
Ether acétique.	8 à 10 grammes.
Vinaigre ordinaire.	0^l,500

On évite l'arrière-goût de l'esprit si l'on remplace la moitié par une quantité correspondant de miel, et en soumettant le tout à la fermentation, à l'aide d'un excès de levûre, soit 250 à 300 grammes. On peut encore aromatiser par l'iris, la fleur de sureau, la graine de coriandre, et colorer par l'in-fusion de roses trémières. Ce vin revenait à 10 centimes le litre.

Cidre économique. — On fait cuire 10 kilogrammes de pommes sèches dans une quantité d'eau suffisante pour les baigner. Lorsque les fruits sont cuits, on laisse refroidir, on réduit en marmelade et on passe à travers un tamis. On ajoute à la liqueur de 1 à 4 kilogrammes de sirop de fécule et on étend d'eau tiède jusqu'au volume de 100 litres. Ce moût est mis dans un tonneau avec addition de 150 à 200 grammes de levûre. On soutire et on clarifie lorsque la fermentation est terminée, c'est-à-dire au bout de huit à dix jours.

Observations. — Avec les poires sèches, on peut préparer une boisson analogue au poiré en se conduisant de la même manière.

Les pruneaux de basse qualité, les figues, les raisins secs peuvent servir de base à des préparations semblables, soit qu'on les emploie isolément ou qu'on les mélange. Voici une très-bonne formule que l'on peut prendre pour modèle. On fait cuire à petit feu, dans une quantité d'eau suffisante pour couvrir le tout, 5 kilogrammes de pommes sèches, 2 kilo-grammes de poires, 2 kilogrammes de pruneaux, 1 kilo-gramme de figues et 500 grammes de raisins secs. La matière refroidie est réduite en pulpe et passée à travers un tamis. On y ajoute ensuite 3 kilogrammes de sirop de fécule et 100 grammes d'acide tartrique, puis, on étend d'eau tiède, de

manière à porter le volume à 200 ou 250 litres. On met en
ferment par 200 grammes de levûre. Huit jours après, on soutire. La liqueur est mise dans un tonneau pour y subir la fermentation secondaire et le marc pressé fournit le liquide nécessaire pour l'ouillage. On clarifie à la colle de poisson au
bout d'un mois. On peut mettre en bouteilles, et la liqueur
s'améliore.

On peut faire varier à l'infini les formules de ce genre, selon qu'on veut les obtenir plus ou moins alcooliques et que
l'on vise plus ou moins à l'économie.

Bière économique. — On porte à 50 degrés 100 litres d'eau
contenus dans un grand chaudron. On y introduit alors
10 kilogrammes de malt et autant de farine de seigle cru, de
froment ou d'orge. On mélange avec soin. La température est
alors portée à 75 degrés et maintenue pendant deux heures,
puis, la matière est retirée du feu. On laisse reposer, on décante la partie claire, que l'on verse dans un tonneau de capacité suffisante. Le marc est pressé dans un sac de toile forte
et serrée jusqu'à ce qu'il ne donne plus rien. Le liquide qui
en provient est joint au précédent. On remet le marc sur le
feu et l'on fait chauffer jusqu'à l'ébullition avec 500 grammes
de houblon et 50 litres d'eau. Après une heure d'ébullition, on
laisse reposer et refroidir, et le liquide provenant de la décantation et de la pression est joint au premier. On y fait dissoudre
1 à 5 kilogrammes de sirop de glucose selon qu'on veut une
bière plus ou moins forte. On verse dans le moût assez d'eau,
50 à 60 litres, pour le refroidir vers +25 degrés à +30 degrés,
et l'on met en fermentation par 125 grammes de bonne levûre.
On remplit par la bonde avec un peu d'eau fraîche. Lorsque
le travail est terminé, on soutire et l'on colle à la colle de
poisson.

On peut modifier, à volonté, la force de cette bière en
augmentant ou en diminuant la proportion du malt, de la
farine et du sirop. Le prix de revient est à peine de quelques
centimes. Voici d'ailleurs la marche à suivre pour préparer
régulièrement une bonne bière de ménage.

Préparation d'une bonne bière de ménage. — Il suffit d'avoir à
sa disposition un cuvier, deux futailles et un chaudron. L'une
des futailles est défoncée par un bout et dressée, l'autre est
mise sur chantier, l'ouverture en haut. Toutes deux ont été

bien nettoyées. Supposons que l'on veuille préparer une pièce
de bière de 220 à 228 litres...

On se procure les matières suivantes : 1° 30 kilogrammes de
farine d'orge non blutée ; 2° 10 kilogrammes de farine non
blutée ; 3° 5 kilogrammes de malt concassé ; 4° 1 kilogramme
de houblon ; 5° un demi-litre de levûre en bouillie, ou 100 à
125 grammes de levûre pressée.

On introduit la farine d'orge, celle d'avoine et le malt dans
le cuvier et on mélange bien le tout. Cela fait, on verse sur le
mélange farineux 50 litres d'eau froide et on agite le tout ensemble de manière à ne pas laisser de grumeaux. Pendant ce
temps, on a fait chauffer dans le chaudron 50 litres d'eau.
Aussitôt que cette eau commence à bouillir, on la verse dans
le cuvier et on délaye la matière avec soin ; on la brasse avec
une pelle en bois pendant un bon quart d'heure, puis on couvre
le cuvier. Après une heure de repos, on ajoute de nouveau
50 litres d'eau bouillante ; on brasse pendant une demi-heure
et l'on couvre le cuvier pour laisser reposer pendant une
heure. Après ce temps, on prend tout ce que l'on peut du
liquide et on le met dans la futaille défoncée, que l'on couvre.

On fait chauffer 50 litres d'eau, que l'on verse bouillante
sur le marc, en brassant avec soin. Une heure après, on ajoute
encore 50 litres d'eau bouillante, on brasse pendant un quart
d'heure et on laisse reposer. Au bout d'une heure, on décante
le liquide et on le joint au premier dans la futaille défoncée.
On verse encore 50 litres d'eau chaude sur le marc, on brasse
pendant un quart d'heure et on laisse reposer pendant une
demi-heure. Au bout de ce temps, on prend le liquide, que
l'on joint avec le reste dans la futaille. On met au-dessus de
cette dernière une toile épaisse sur laquelle on jette le marc
du cuvier. Pendant que ce marc égoutte dans la futaille, on
lave le cuvier avec soin. Lorsqu'il ne coule plus rien, on presse
le mieux possible le résidu et on le met de côté pour la nourriture du bétail ou de la volaille.

On remplit alors le chaudron aux deux tiers ou aux trois
quarts avec le liquide de la futaille ; on y ajoute le quart du
houblon et l'on fait bouillir pendant une bonne heure. La liqueur est versée dans le cuvier. On recommence à faire
bouillir une autre portion du liquide, sur le résidu du houblon,
en ajoutant chaque fois une partie de houblon neuf jusqu'à ce

que toute la liqueur ait bouilli pendant une heure et soit réunie dans le cuvier. Le liquide de la dernière chaudière est jeté dans le cuvier avec le houblon. On couvre le tout et on laisse reposer jusqu'au lendemain. Le moût est alors assez refroidi pour pouvoir être mis en fermentation et il s'est clarifié. On le soutire au clair et on le fait passer dans la futaille défoncée, que l'on a bien nettoyée. On y délaye alors la levûre et on recouvre avec soin, à l'aide d'une toile et de quelques planches.

Deux jours après, on enlève l'écume et la levûre de la surface du liquide, puis on l'entonne dans la futaille mise en chantier. Cette futaille doit être pleine. On la remplit tous les jours avec un peu d'eau fraîche pour que la levûre s'écoule par le trou de bonde et, après sept ou huit jours, on peut soutirer la bière, la coller et la mettre en consommation.

Cette bière revient à 10 centimes le litre environ.

Boisson au miel. — On fait cuire avec 25 litres d'eau 2 kilogrammes de pommes sèches, autant de figues communes et 1 kilogramme de pruneaux. Les fruits sont écrasés, passés à la claie ou au tamis, et mis dans un tonneau défoncé avec 100 litres d'eau tiède. On prend alors 5 kilogrammes de miel commun, que l'on fait dissoudre dans une vingtaine de litres d'eau et qu'on porte à l'ébullition. On écume et l'on ajoute, peu à peu, 150 à 200 grammes de craie et 50 grammes de charbon de bois en poudre fine. On retire du feu après une ébullition d'un quart d'heure, on passe à travers une toile forte et serrée et l'on joint au reste. On a soin de remplir le tonneau jusqu'à 15 centimètres du haut. La température étant tombée à $+25$ degrés, on ajoute 100 grammes de bonne levûre fraîche et l'on couvre. Au bout de cinq ou six jours, on soutire dans un tonneau ordinaire, on clarifie à la colle de poisson et l'on fait un autre soutirage lorsque la clarification est effectuée, afin de ne pas laisser la liqueur sur lie.

Ce que nous venons de dire est suffisant pour tracer la marche à suivre lorsque l'on veut préparer des boissons économiques. En modifiant les dosages, on peut augmenter ou diminuer la force des liquides, mais on augmente ou on diminue dans les mêmes proportions le prix de revient, en sorte que la question d'économie doit servir de guide sous ce rapport.

§ II. — PIQUETTES.

On entend par *piquettes* les boissons que l'on prépare par la macération fermentative de substances très-diverses, telles que les *marcs de raisin*, les *pommes* et les *poires* sauvages, les *prunelles* ou *cenelles*, les *sorbes* ou *cormes*, les *nèfles* ou *mesles*, les fruits de l'*aubépine*, les *azéroles*, les *glands*, les *baies de genièvre*, etc. On pourrait joindre à cette liste tous les fruits tombés avant leur parfaite maturité, que l'on peut très-bien employer dans le même but. Ces boissons ne peuvent être d'un usage avantageux que dans les campagnes, la faible valeur de la matière première égalant rarement le prix du transport et ne permettant pas de l'utiliser hors des lieux de production.

Nous reproduisons la partie la plus importante et la plus pratique de ce que nous avons dit à cet égard dans notre ouvrage sur la fermentation.

Les piquettes sont les boissons habituelles d'un grand nombre d'habitants de la campagne, qui n'en connaissent pas d'autres, sinon dans les jours de grandes fêtes, où le vin apparaît, en étranger cordialement accueilli, sur leur table. Les piquettes ont, pour eux, l'immense avantage d'une préparation facile et presque sans frais : un tonneau défoncé par un bout, un robinet de bois, quelques planches pour couvercle, voilà tout le matériel de la fabrication, et il sert indéfiniment. Les fruits sauvages, ramassés dans les bois ou les haies, sont la matière première avec l'eau de la source voisine. On ne saurait être plus modeste.

Cependant, il y a telles de ces boissons agrestes qui sont préférables pour le goût et la saveur, ainsi que pour les caractères hygiéniques, à beaucoup de liquides consommés dans les grandes villes et, pour n'en citer qu'un seul exemple, nous déclarons que la piquette de glands, bien préparée, est fort au-dessus de la petite bière parisienne... Parmi les piquettes, celle qui provient des résidus de la fabrication du vin tient le premier rang.

1° *Des marcs de raisin*. — Quelque attention que l'on ait mise dans le pressurage, les marcs retiennent toujours du vin en quantité notable, et ils sont utilisés par les distillateurs ou pour la préparation de la piquette. Celle-ci ne rentre pas dans les boissons obtenues par la fermentation directe, car cette action a lieu dans les cuves; mais elle en dérive comme conséquence immédiate. On peut préparer la piquette de marc de deux manières :

1° Dans un tonneau défoncé par un bout et garni d'une cannelle au-devant de laquelle on dispose quelques sarments pour éviter que l'ouverture en soit obstruée, on place les marcs, couches par couches, en ayant soin de les fouler avec soin. Lorsque le tonneau est presque plein, on assujettit avec deux ou trois bouts de planches bien propres et quelques pavés; puis on verse de l'eau jusqu'à ce que le tonneau soit plein et que les marcs soient recouverts.

Au bout de huit jours, on peut commencer à boire la liqueur, lorsqu'elle est assez colorée et d'une saveur piquante agréable. Si l'on a soin de remettre de l'eau au fur et à mesure que l'on soutire du liquide, une semblable piquette peut durer trois ou quatre mois et même davantage. La durée en est beaucoup plus longue lorsque l'on a mélangé avec les marcs quelques fruits sauvages, et l'on peut préparer à la fois deux de ces piquettes, afin d'y prendre alternativement la provision de boisson pour la journée.

2° Le second procédé, dont on peut se servir pour préparer la piquette de marc de raisin, est préférable au premier; il donne du petit vin et non de la piquette proprement dite. Dans une cuve munie d'une cannelle, on place et l'on foule le marc couches par couches; puis on remplit d'eau, après avoir disposé les planches et quelques grosses pierres, dont le but est d'empêcher les marcs de remonter au-dessus du liquide. Après deux ou trois jours de macération, on soutire la liqueur, que l'on verse dans une cuve n° 1. Il faut alors repasser de l'eau nouvelle sur les marcs pendant trente-six ou quarante-huit heures, soutirer et mettre le produit de cette seconde trempe dans une cuve n° 2.

On remplit ensuite la cuve à macération avec de nouveaux marcs; on les arrose avec le premier liquide, celui du numéro 1, et on les épuise avec celui du numéro 2, jusqu'à ce que le premier ait acquis toute la vinosité que l'on désire. On l'introduit dans un tonneau; on se sert du liquide de lavage pour traiter de nouveaux marcs, que l'on épuise ensuite avec de l'eau, laquelle devient à son tour le numéro 2. On procède ainsi par épuisement jusqu'à ce que l'on ait traité tous les marcs que l'on peut avoir à sa disposition, en se servant du même liquide, jusqu'à ce qu'il soit assez saturé de vin pour être susceptible de conservation. Il ne s'agit plus que de réunir les liqueurs dans le tonneau, où l'on peut les clarifier par le repos ou par le collage.

Les marcs ainsi lavés ne contiennent plus qu'une quantité insignifiante de vin, et ils peuvent être employés à la fabrication des engrais, des mottes à brûler, etc., si l'on ne préfère en extraire d'abord les pepins pour en tirer l'huile qu'ils renferment.

Cette méthode est, sans contredit, la meilleure pour la préparation de la piquette de marcs de raisin, mais elle serait encore susceptible de recevoir d'importantes modifications. Ainsi, lorsque le petit vin serait obtenu comme nous venons de le dire, en se basant sur ce fait qu'il renferme les principes du vin naturel, quoique dans une proportion plus faible, on arrive aisément à ce qu'il convient de faire pour augmenter la force spiritueuse, et rendre la piquette susceptible d'une plus longue garde.

Il ne peut y avoir, en effet, que deux moyens à employer : ou bien ajouter directement une quantité d'esprit bien déphlegmé, telle que la liqueur en contienne en totalité 7 à 8 pour 100, ou bien faire intervenir la fermentation.

Nous préférons ce mode à l'addition de l'alcool, parce qu'il donne un produit plus pur, plus franc de goût, et que, d'ailleurs, par la fermentation, le petit vin se corse davantage, tout en conservant un peu de douceur, ce qui manque à la piquette.

Si donc celle-ci marque à l'alcoomètre 4 degrés, on saura immédiatement combien il faut y faire dissoudre et fermenter de sucre pour avoir le résultat que l'on cherche en se rappelant que 2 parties de sucre en poids en donnent 1 d'alcool. Supposons que l'on veuille obtenir un petit vin, marquant 8 degrés de force, il lui manquera 4 degrés ou quatre centièmes, que l'on doit obtenir par la fermentation de 8 kilogrammes de sucre par hectolitre. Dans ce cas, lorsque les piquettes sont assez chargées, au lieu de les mettre en tonneau, on les introduit dans une cuve avec un peu de marc dont la présence favorise la fermentation ; on y dissout, par hectolitre, 8 kilogrammes de sucre, de glucose, de miel ou de mélasse de cannes et, après avoir porté la température à +18 ou +20 degrés, on ajoute 150 à 200 grammes de levûre fraîche, que l'on mélange bien, après l'avoir délayée dans une petite quantité de la liqueur.

La fermentation finie, on met en tonneaux et l'on clarifie. On peut soutirer ce vin de piquette, ou le tirer à la cannelle en le laissant sur sa lie, au fur et à mesure des besoins journaliers, et il peut se garder longtemps.

2° *Des pommes sauvages.* — Ces fruits, nommés aussi *pommettes* dans quelques contrées, sont très-abondants dans les pays de forêts, où le pommier croît naturellement. On en fabrique, par fermentation, une piquette fort employée dans les départements du nord-est de la France, en les amoncelant dans un tonneau défoncé par un bout, que l'on remplit ensuite d'eau ordinaire. On a eu la précaution de diviser les fruits à l'aide d'une bêche, dont le tranchant les coupe en morceaux.

Au bout de quinze jours, on peut commencer à faire usage de la liqueur, qui présente une saveur acide, piquante, et qui n'est pas désagréable, lorsque les pommes ont été bien recueillies. On a le soin de remplacer le liquide à mesure que l'on en prend, et une *pièce* à piquette peut fournir de la boisson pendant trois ou quatre mois. Dans les premiers temps, jusqu'à la fin du premier mois, la piquette de pommes est alcoolisée à 3 pour 100 environ ; puis elle devient de plus en plus faible, et finit par n'être plus qu'un liquide acidule, sans traces d'alcool. Cela tient à la mauvaise manière d'opérer.

On ne devrait cueillir les fruits que lorsque leur couleur jaune en annonce la maturité, ou les laisser mûrir dans un cellier ou sous un hangar avant de s'en servir. Au lieu de faire macérer les fruits avec l'eau, en se contentant de les diviser par quelques coups de bêche, il serait beaucoup plus convenable de les écraser, comme on fait pour le cidre, de les presser, et de mettre le liquide en fermentation.

Les marcs seraient traités par un poids d'eau égal à celui des fruits, et les liquides réunis fourniraient une boisson meilleure, plus forte et plus agréable, surtout si l'on y ajoutait, avant la fermentation, un peu de sucre commun ou de miel.

La piquette de pommes, comme on la fait par le procédé ordinaire, est fortement chargée d'acide carbonique, et la fermentation en est très-incomplète ; mais les acides en masquent le principe sucré. Les fruits tenant, en moyenne, 85 pour 100 d'eau, si nous supposons qu'un pauvre manœuvre en ait recueilli 250 kilogrammes, il pourrait avoir de première pression environ 200 litres de jus. En ajoutant 250 litres d'eau, pour traiter le marc par la méthode que nous venons de conseiller, et une vingtaine de kilogrammes de miel commun, fourni par son propre rucher, il obtiendrait par fermentation deux pièces ou 450 litres d'une boisson agréable et salutaire, qui suffiraient presque à sa consommation annuelle. Cette boisson pourrait se conserver en fût, ce qui en doublerait les avantages.

3° *Des prunelles ou cenelles.* — Les haies sont quelquefois chargées des fruits du prunellier, et on les utilise pour en préparer, de la même façon qu'avec les pommes sauvages, une piquette de bon goût et d'une couleur rosée agréable. Il convient d'attendre la maturité de ces fruits, car la prunelle est très-acide avant cette époque, et elle donne un bien meilleur résultat lorsqu'elle est bien mûre. En préparant la piquette de cenelles par écrasement et macération, comme nous l'avons indiqué tout à l'heure, elle serait beaucoup meilleure et plus tonique. On mêle souvent les cenelles aux pommes sauvages, et la boisson qui en résulte a plus de saveur et de force, en même temps que sa couleur flatte les yeux.

Les prunelles contiennent 8 à 10 pour 100 de sucre fermentescible lorsqu'elles sont bien mûres.

4° *Des sorbes ou cormes.* — Les habitants des contrées boisées font une piquette très-bonne à boire avec les fruits du cormier ou sorbier domestique. La corme présente la plus grande ressemblance avec la nèfle, bien qu'elle soit beaucoup plus petite. Mais la macération ne donne pas à cette piquette toutes les qualités qu'elle serait susceptible d'acquérir par une bonne préparation.

On doit recueillir les cormes lorsque le fruit n'a pas encore commencé à *blessir sur l'arbre*, et il faut lui faire achever sa maturité sur la paille, en couches peu épaisses. Quand il est parvenu au blessissement, on l'écrase dans un cuvier, puis on le délaye avec son poids d'eau tiède, additionnée de 6 à 7 kilogrammes de miel commun par hectolitre, et l'on abandonne la fermentation à elle-même en lieu chaud.

Au bout de huit jours, le chapeau est tombé et l'on soutire la liqueur pour lui faire subir la fermentation insensible pendant un mois au moins. Mais, comme on a eu soin de traiter le marc par la moitié de son poids de nouvelle eau miellée, cette manipulation a donné lieu à une reprise de la fermentation ; le produit en est ajouté au précédent pour que la fermentation secondaire, réagissant sur la masse, donne de l'homogénéité au mélange. L'eau de lavage du marc sert à ouiller le tonneau.

Le vin de cormes ou cormé, préparé ainsi, se clarifie bien et se colle parfaitement. Il tient le milieu entre les cidres et les petits vins et sa saveur offre un goût très-agréable d'hydromel. Mis en bouteilles au printemps, il pétille et mousse comme du vin léger et il contient une quantité notable d'acide carbonique.

Les fruits de la plupart des aliziers peuvent fournir des boissons analogues.

5° *Des nèfles ou mesles.* — Tout ce que nous venons de dire sur les cormes s'applique aux fruits du néflier, mais le produit en est plus alcoolique et plus fin. Toutes les haies devraient présenter, de distance en distance, cet arbre précieux, qui se greffe parfaitement sur le poirier et sur l'aubépine et se met aisément à fruit. Les nèfles sont un aliment très-sain, agréable, de facile digestion, et elles peuvent donner une excellente boisson.

6° *Des fruits de l'aubépine.* — On leur donne le nom de *cochettes* en Basse-Normandie. Lorsque leur belle couleur rouge annonce la maturité, on les recueille et on en fait de la piquette par macération. On devrait, pour bien faire, les écraser avec un pilon de bois et les faire fermenter avec leur poids d'eau tiède. Cette piquette est alcoolisée à 2,5 ou 3 pour 100.

7° *Des azéroles.* — Ces fruits sont plus gros et plus sucrés que les cochettes, et leur saveur acidule donne un meilleur goût à la piquette que l'on en prépare par le même procédé.

8° *Des glands.* — Le chêne ne fournit pas son fruit tous les ans, et cet arbre est très-sujet à la *coulure.* Lorsqu'il est abondant, les habitants des villages de l'Argonne en préparent une bière ou piquette qui est d'une saveur amère agréable, et qui ressemble beaucoup à celle de certaines bières brunes. Voici comment ils opèrent :

Ils placent les glands dans un cuvier et les recouvrent d'eau froide, dans laquelle ils les laissent macérer pendant quelques jours. Cette opération a pour but d'enlever aux fruits une partie de leur amertume et leur goût propre assez nauséabond. Ils appellent cette opération *déchênage*, dans la pensée qu'elle sert à ôter aux glands un principe spécial au chêne. En tout cas, elle enlève l'excès du tannin, et elle prépare la saccharification par un commencement de germination. Au bout de trois jours, on fait couler l'eau de macération, et elle est remplacée aussitôt par de nouvelle eau, que l'on jette encore après quelques jours. Ils placent ordinairement leur cuvier au soleil, ce qui hâte la macération des glands. Il en est qui renouvellent cette opération jusqu'à quatre fois.

Lorsque les glands sont bien *déchênés*, on les enlève et on les met dans un tonneau défoncé, où on les recouvre d'eau. Leur écorce s'est fendue dans l'eau de macération et, en se dilatant, elle a laissé l'amande à nu. Au bout de quinze jours ou de trois semaines, on peut commencer à boire cette piquette, qui offre un goût franc, d'une amertume assez prononcée, mais non repoussante, et la couleur brune de la bière.

Ce procédé informe laisse beaucoup à désirer. Lorsque la macération est terminée, on devrait sécher les glands ou les passer au four après que le pain est retiré, si l'on n'avait pas la possibilité de les faire sécher autrement d'une manière assez prompte. Ils seraient ensuite grossièrement moulus comme le malt qui sert à faire la bière, et l'on porterait cette farine, avec un peu de malt, à la température de 75 degrés, dans la quantité d'eau convenable, en brassant avec soin, pendant quatre heures; on procéderait ensuite au refroidissement et à la fermentation comme pour la bière ordinaire.

Quinze kilogrammes de farine de glands et 2 kilogrammes et demi de farine d'orge germée seraient suffisants pour 1 hectolitre d'eau, et l'on opérerait la saccharification à la température que nous avons dite, après avoir bien mélangé les deux farines. La saccharification terminée, et après le refroidissement à +15 degrés ou +20 degrés, on exciterait la fermentation en délayant dans le liquide 250 à 300 grammes de levûre de bière ; on clarifierait à la colle après le soutirage.

Cette méthode offrirait un avantage considérable, quant à la qualité du produit, outre qu'elle permettrait de conserver du malt de glands pour s'en servir au besoin. Cette bière, très-saine, ne le céderait pas à plusieurs de celles que l'on consomme habituellement.

9° *Des baies de genièvre.* — On prépare avec les fruits du genévrier une boisson à laquelle on donne les noms de *vin de genièvre*, de *sapinette*, ou encore de *genevrette*. Elle se fabrique surtout dans les Vosges et dans le Midi.

Pour l'obtenir, on procède par macération comme pour les piquettes, soit que l'on emploie les baies seules, ou concurremment avec la cassonade ou la racine de réglisse. Nous pensons qu'il vaudrait mieux concasser les baies que de les laisser entières ; on gagnerait ainsi beaucoup de temps, car la genevrette met de longs mois à fermenter et, quelquefois, on ne la consomme qu'au bout d'un an, ou après un plus long terme.

Il faudrait employer, par hectolitre d'eau, 6 kilogrammes de baies concassées, 2 ou 3 kilogrammes de cassonade et 1 kilogramme de racine de réglisse coutusée ou pilée. La température du liquide étant maintenue vers +20 degrés, la fermentation serait excitée par un peu de levûre et 50 à 60 grammes d'acide tartrique pour 100 litres.

Observations. — Il y a certaines années où l'abondance des fruits est très-grande, et les vents en font tomber tous les ans une certaine quantité au pied des arbres. Voici un moyen facile de les utiliser avec autant de profit que de certitude.

Au fur et à mesure que les fruits tombent, on les fait ramasser et, sans acception d'espèces, on les fait cuire dans leur poids d'eau, quelque verts ou gâtés qu'ils soient. On ne doit rejeter que la pourriture. Lorsqu'ils sont cuits, on les presse et l'on reçoit le jus dans un vase à part.

On traite ensuite le marc par la moitié de la première eau, on agite et l'on fait chauffer encore pendant quelques instants, puis on soumet de nouveau à la pression. Les marcs peuvent servir à la nourriture des porcs. On réunit les liquides, puis on les concentre sur le feu à 35 ou 40 degrés du pèse-sirops et, lorsque le sirop est refroidi, on le met à la cave dans un tonneau, ouvert par un des bouts, dans lequel on a fait brûler 3 ou 4 centimètres de mèche soufrée, pour s'opposer à la fermentation par le dégagement de l'acide sulfureux. On recommence cette opération avec tous les fruits tombés, quand on en a une quantité suffisante, et l'on soufre chaque fois.

Lorsque l'on veut utiliser ce sirop, on en prend la quantité nécessaire pour amener l'eau à 12 degrés de densité (1 090 environ), et l'on fait chauffer la dissolution pendant quelques minutes pour dégager l'acide sulfureux libre. Lorsque le liquide est refroidi vers +20 ou +25 degrés de température, on y introduit 250 grammes de levûre par hectolitre, et l'on tient le tout en lieu chaud. La fermentation se fait promptement, et l'on obtient ainsi un vin facile à clarifier, généreux et doux, dont la force est suffisante pour qu'il se conserve pendant plusieurs années.

En général, il est préférable de faire les piquettes avec un mélange de fruits plutôt qu'avec une seule espèce. Le goût est plus fin, la saveur plus agréable, le parfum moins âpre, si l'on a choisi avec discernement les variétés qui peuvent donner un produit homogène.

APPENDICE.

—

Quel que soit le liquide fermenté que l'on ait produit, quelle qu'en puisse être la destination et qu'on l'ait préparé dans un but alimentaire ou pour l'extraction de l'alcool formé, il est de la plus haute utilité d'en connaître exactement la composition, au moins quant à ses principaux éléments. Un seul de ces éléments, l'alcool, intéresse le producteur d'alcools; mais les autres matières qui accompagnent ce principe présentent une importance très-grande lorsqu'il s'agit de boissons proprement dites. On peut donc considérer l'essai des liquides fermentés sous deux points de vue très-distincts et en vérifier la composition, quant à l'ensemble des principes qui en font partie ou par rapport à l'alcool seulement. Il faut convenir que, généralement, la richesse alcoolique d'un liquide fermenté est l'objet des recherches de ce genre, et que l'essai analytique des boissons fermentées ne porte que très-rarement sur autre chose, au moins parmi les praticiens et les producteurs. C'est donc par l'examen des procédés alcoométriques que nous commencerons cette étude, et nous renverrons au second plan les recherches analytiques plus détaillées, qui sont plutôt du domaine de la chimie que du ressort de la fabrique.

§ I. — ALCOOMÉTRIE OU DOSAGE DE L'ALCOOL.

GÉNÉRALITÉS. — On entend par *alcoométrie* l'art de découvrir la *quantité d'alcool pur* contenue dans un mélange donné.

L'alcoométrie a pour base la *densité des liquides*.

De la densité en général. — On comprend sous le nom de *masse* des corps, en physique, la quantité de matière qui les compose ; cette masse est proportionnelle au *poids* des corps, et réciproquement. Si l'on prend pour terme de comparaison entre les différents corps un *volume* déterminé, qui soit considéré comme *unité*, la masse de matière comprise sous ce volume, ou le poids relatif de ce même volume, sera la *densité* du corps examiné.

En France, on a adopté le *centimètre cube* pour unité de volume, et l'eau est le *corps unité*, à la densité ou au poids duquel on rapporte tous les liquides et tous les solides. L'air sert de terme de comparaison pour les vapeurs et les gaz [1].

Quand donc on dira que la densité d'un corps est de 4, de 5,50 ou de 7,80, ces expressions signifieront que, un volume d'eau *pesant* 1, le corps dont on parle pèse 4, 5,50 ou 7,80 sous le même volume. On compare aussi très-souvent, dans la pratique, les densités des corps à celle de l'eau, en prenant le litre ou décimètre cube pour unité, ce qui est quelquefois plus commode.

On peut poser en principe que :

1° A *volume égal*, les densités des corps sont proportionnelles à leurs poids ;

2° A *poids égal*, les densités des corps sont en raison inverse de leurs volumes.

TABLE DE DENSITÉ DE QUELQUES CORPS,

LE LITRE D'EAU ÉTANT PRIS POUR UNITÉ DE VOLUME.

Densité de l'eau = 1,000.

SOLIDES.		LIQUIDES.	
Platine laminé	22,069	Acide sulfurique	1,843
Or	19,500	Acide azotique	1,522
Mercure	13,596	Acide sulfureux	1,420
Plomb	11,445	Sulfure de carbone	1,293
Argent	10,500	Acide formique	1,235
Cuivre laminé	8,960	Acide lactique	1,220
Nickel	8,800	Acide chlorhydrique	1,210
Cuivre fondu	8,780	Ether azotique	1,112
Fer forgé	7,900	Acide acétique	1,065
Etain	7,290	Eau de mer	1,026
Zinc laminé	7,200	Vin de Bordeaux	994
Zinc fondu	6,860	Vin de Bourgogne	992
Tellure	6,260	Acide butyrique	963

[1] On peut, d'ailleurs, ramener la densité des vapeurs et des gaz à la mesure commune des liquides et des solides, en partant de ce fait, démontré par MM. Biot et Arago, qu'un volume d'air donné pèse 1/770 du même volume d'eau.

SOLIDES.		LIQUIDES.	
Arsenic.	5,800	Huile de lin.	940
Iode.	4,950	Huile de navette.	919
Sélénium.	4,800	Huile d'olive.	915
Baryte.	4,001	Essence de térébenthine.	875
Alumine.	3,900	Benzine.	850
Diamant.	3,550	Essence de pommes de terre.	818
Cristal de roche.	2,600	ALCOOL ÉTHYLIQUE PUR A +15°	802,1
Aluminium laminé.	2,670	Alcool méthylique.	798
Aluminium fondu.	2,560	Acétone.	792
Chaux.	2,300	Aldéhyde.	790
Soufre cristallisé.	2,070	Ammoniaque (solut. satur.).	760
Ivoire.	1,917	Ether hydrique.	736
Phosphore.	1,830	Acide prussique.	697
Chlorure de sodium.	920	GAZ UNITÉ.	
Potassium.	865	AIR ATMOSPHÉRIQUE.	$\frac{1000}{770}$

Il convient maintenant d'appliquer les principes relatifs à la *densité* à la recherche de la densité des corps liquides et, notamment, à celle de la proportion d'alcool renfermée dans un mélange. On a construit dans ce but divers *aréomètres*.

Des aréomètres. — Un corps solide s'enfonçant dans un liquide jusqu'à ce qu'il y ait égalité entre son poids et celui du liquide déplacé, on conçoit que, moins le liquide aura de *densité*, moins il aura de *masse* sous un *volume* donné, plus les solides s'y enfonceront. Les *aréomètres* sont de petits *flotteurs*, les uns à volume constant et à poids variable, les autres à volume variable et à poids constant, qui servent à apprécier la densité des liquides dans lesquels on les plonge. L'aréomètre représenté fig. 71 offre une petite tige creuse en verre, au-dessous de laquelle se trouve un cylindre muni d'un appendice, également en verre. C'est dans cet appendice que se place le lest. On a collé avec le plus grand soin, dans l'intérieur de la tige, une bande de papier indiquant les densités qui répondent aux divers points d'enfoncement de l'appareil.

(Fig. 71.)

Plus le petit instrument s'enfonce dans un liquide donné, moins ce liquide est dense; c'est sur ce principe que l'on règle les degrés de l'échelle.

L'usage des aréomètres pour l'appréciation des mélanges

50

alcooliques est parfaitement compréhensible. L'eau ayant pour densité 1,000 et l'alcool 802,1 à volume égal, il est clair que les mélanges d'eau et d'alcool pèsent d'autant moins qu'ils sont plus alcooliques. Il en résulte que les aréomètres s'enfonceront davantage dans les liqueurs renfermant plus d'alcool, et c'est sur ce fait qu'est basée la fabrication des *pèse-alcools*.

Nous dirons seulement quelques mots sur deux aréomètres, dont l'un, uniquement employé autrefois, celui de Cartier, a été remplacé par un plus moderne, basé sur la division centésimale, qui a été construit par M. Gay-Lussac.

L'ancien aréomètre de Cartier marquait 10 degrés dans l'eau distillée et 44 degrés dans l'alcool absolu. L'espace intermédiaire était partagé en trente-trois divisions. Cet aréomètre n'est plus d'aucun usage ; cependant, on a encore conservé dans le langage usuel quelques appellations qui en dérivent : ainsi on dit encore du 33, du 36, du 40, du 44 pour signifier que le liquide dont on parle marque 33, 36, 40 ou 44 degrés à l'aréomètre dont nous parlons.

Au résumé, l'alcoomètre ou pèse-esprits de Cartier a été tellement modifié, qu'il n'est plus guère possible même d'en connaître exactement le point de départ. Ainsi M. Regnault fixe à 0 degré le point de l'eau pure (aéromètre Cartier) et à 44 degrés celui de l'alcool pur, tandis que M. Gay-Lussac indique le point de l'eau distillée à 10 degrés. On conçoit que ces indications sont fort vagues, mais l'opinion de Gay-Lussac paraît être la plus exacte.

M. J. Salleron, dont la compétence n'est pas contestable en pareille matière, dit à ce sujet dans sa remarquable *Notice sur les instruments de précision :*

« Cet instrument, dont l'usage s'est perpétué jusqu'à présent, malgré toutes ses imperfections, est gradué d'après une base tout à fait arbitraire et imparfaitement connue. Cartier était un ouvrier orfévre que Baumé avait chargé de construire des pèse-esprits pour la perception des droits du fisc. Il eut l'idée peu loyale de copier avec une légère modification l'aréomètre de ce physicien et de le présenter de son côté au gouvernement comme étant de son invention. Malgré les justes réclamations de Baumé contre une semblable fraude, Cartier parvint à faire adopter son instrument comme pèse-liqueurs officiel, et il le répandit dans le commerce, qui n'a pu encore se décider à l'abandonner tout à fait.

« L'aréomètre de Cartier ayant dégénéré entre les mains des constructeurs qui n'avaient pour se guider aucune donnée précise, Gay-Lussac eut grand'peine à établir la correspondance de l'échelle centésimale avec celle de cet appareil. Il fut obligé de réunir un certain nombre d'aéromètres de Cartier, appartenant à l'administration des contributions indirectes, et de prendre une échelle moyenne d'après laquelle il reconnut les points suivants de concordance : 29 degrés de Cartier = 31 degrés Baumé ; 28 degrés Cartier = 74 degrés centésimaux, les deux aréomètres étant comparés à la même température de +15 degrés ; enfin 10 degrés Cartier représentent la densité de l'eau pure à 12°,5 du thermomètre centigrade. »

On n'emploie plus aujourd'hui que l'aréomètre de Gay-Lussac ; l'usage en a été adopté et sanctionné par une loi. Cet instrument, qui donne aussitôt la richesse en centièmes du liquide essayé, marque 0 degré dans l'eau pure et 100 degrés dans l'alcool absolu, et il a été établi à la température moyenne de +15 degrés centigrades.

On lui donne le nom d'*alcoomètre centésimal*, et les degrés qu'il indique sont appelés *centésimaux*. Si donc, à la température de +15 degrés, l'alcoomètre s'enfonce jusqu'au point 50, le liquide contient 50 volumes d'alcool absolu et 50 volumes d'eau sur 100 volumes. A toute autre température que +15 degrés, la densité du mélange éprouve des modifications qui exigent une correction, par suite de la dilatation ou de la contraction éprouvée par le liquide.

En admettant que le point 0 degré marque l'eau pure et 44 degrés l'alcool anhydre, on aurait pour valeur de 1 degré de l'échelle de Cartier, 2 degrés trois onzièmes de l'alcoomètre de Gay-Lussac et 1 degré de l'échelle de Gay-Lussac correspondrait à 0°,44 de l'échelle de Cartier. Dans l'autre manière de voir, en prenant le point 0 degré comme représentant l'eau pure, 1 degré Cartier correspond à 2°,94 de Gay-Lussac, et 1 degré de Gay-Lussac vaut 0°,34 de Cartier.

Dilatation des liquides. — On sait que les liquides tendent à occuper un volume d'autant plus considérable que leur température augmente davantage ; c'est l'inverse quand il y a abaissement de température. Il en résulte une grande différence de densité, selon la température à laquelle on observe les liquides, et l'on doit toujours noter cette température, afin de pouvoir faire les corrections nécessaires, soit par le calcul, soit à l'aide de tables spéciales. C'est par le secours du *thermomètre* (fig. 72), que tout le monde connaît, que l'on mesure la température des gaz ou des liquides et que l'on peut apprécier les corrections à faire subir aux indications aréométriques.

Et il ne faut pas penser que ces corrections soient de si peu de valeur qu'on puisse les négliger, ou que l'on puisse vendre ou acheter des alcools sans se préoccuper de la température du liquide au moment de la transaction. L'indication aréométrique n'est juste qu'à +15 degrés et, soit au-dessus, soit au-dessous de ce terme, il y a une erreur notable. Cette erreur s'élève à plus d'un millième par degré de température, (Fig. 72). en sorte que des alcools vendus à +25 degrés, par exemple, présentent un volume d'un centième trop considérable. Il peut en résulter une perte d'argent très-sensible, si l'on n'a pas le soin de tenir compte de cet écart.

Au lieu de calculer la dilatation de l'alcool à partir de 0 degré jusqu'à son point d'ébullition, M. Gay-Lussac en a observé la contraction ou la diminution de volume depuis ce même point d'ébullition. Voici le résultat de ses recherches.

TABLEAU

DE LA CONTRACTION DE L'ALCOOL DE 5° EN 5° CENTIGRADES.

Volume initial à +78°,41 = 1 000 litres.

TEMPÉRATURES.	VOLUMES DE L'ALCOOL.
78°,41	1 000l,00
73°,41	996 ,45
68°,41	988 ,57
63°,41	982 ,49
58°,41	975 ,66
53°,41	970 ,85
48°,41	965 ,26
43°,41	959 ,72
38°,41	954 ,52

TEMPÉRATURES.	VOLUMES DE L'ALCOOL.
33°,41	949 ,15
28°,41	943 ,98
23°,41	938 ,99
18°,41	934 ,04
13°,41	929 ,26
8°,41	924 ,52
3°,41	919 ,99

Il ressort de ce tableau que la contraction et, par contre, la dilatation de l'alcool entre 0 degré et 78°,41 est égale à un millième 0,55 de son volume par degré, soit 0,001055, et c'est de ces bases que Gay-Lussac a pris le point de départ de ses tables de correction.

Il se présente ici une observation qui a bien son importance.

La plupart des écrivains modernes ont adopté le chiffre indiqué par Gay-Lussac pour la densité de l'alcool anhydre à la température de +15 degrés, soit 794,7. Nous croyons qu'il y a une erreur d'appréciation dans ce nombre et que la densité réelle de l'alcool à cette température est de 802,10 ; c'est sur ce chiffre que nous avons basé les calculs de cet ouvrage, et nous nous sommes appuyé sur une autorité fort compétente en matière d'expériences physico-chimiques. M. Regnault indique pour densités de l'alcool à l'état liquide :

TEMPÉRATURES.	DENSITÉS.
0°	815,1
5°	810,8
10°	806,5
15°	802,1
20°	797,8
25°	793,3

Nous avons trouvé nous-même que 100 centimètres cubes d'alcool *rigoureusement anhydre* pèsent 80gr,20, en sorte que nous pensons que les tables sur la matière sont à refaire sur cette base. Nous les donnons cependant telles qu'elles ont été publiées sur la donnée de 794,7 à +15 degrés, mais nous nous croyons obligé de prévenir le lecteur de cette particularité, afin que l'on puisse faire au besoin les corrections utiles. Les indications de M. Regnault, de même que nos propres recherches, conduisent à prendre pour coefficient de densité de l'alcool un chiffre qui oscille entre 0,00086 et 0,00090 par degré de 0 degré à +25 degrés, soit en moyenne 0,00088, d'où l'on peut déduire un chiffre de dilatation et de contraction de 0,0010562 à 0,0011053, soit en moyenne de 0,00108075, en sorte que nous arrivons, par l'observation de la décroissance de la densité, à un résultat presque semblable à celui que Gay-Lussac a obtenu expérimentalement.

On sait déjà que la dilatation cubique de l'eau est de 1/23 à 1/24 de +4°,1 à +100 degrés; suivant Kirwan, cette dilatation est de 0,04332, et, selon Hallstroem, de 0,042133. La moyenne 0,0427265 nous conduit à une dilatation de 0,00044553 par degré de température, c'est-à-dire plus de moitié plus faible que celle de l'alcool. On conçoit dès lors que les dilatations et les contractions seront variables dans les mélanges d'eau et d'alcool, selon les proportions du mélange, indépendamment encore d'un autre phénomène, particulier à ce mélange, d'une contraction spéciale que nous avons indiquée en exposant les caractères de l'alcool éthylique [1]. Le maximum de cette contraction, qui a lieu entre 537 volumes d'alcool et 498 volumes d'eau, et il se produit seulement 1 000 volumes de mélange au lieu de 1 035 volumes, et ce fait démontre clairement que, dans un mélange de ce genre, il entre plus d'alcool que les chiffres donnés ne le font prévoir. Tout cela doit être pris en considération dans la construction des aréomètres destinés à l'alcoométrie et dans l'établissement des tables de correction. Nous donnerons plus tard, à la suite de notre troisième partie, les tables de correction de volume des mélanges alcooliques, selon les indications de Gay-Lussac, en même temps que nous ferons connaître les autres renseignements utiles aux transactions commerciales; mais nous devons nous borner, quant à présent, aux documents les plus indispensables, à ceux qui sont nécessaires pour bien comprendre les faits et les procédés de l'alcoométrie. Nous renvoyons également à la suite de l'extraction de l'alcool les tables de concordance entre les indications de l'instrument de Cartier et celles de l'alcoomètre centésimal. Celui-ci ayant seul un usage légal en France, c'est uniquement sur les divisions centésimales que nous étudierons la méthode d'essai de l'alcool renfermé dans les liqueurs fermentées.

[1] Voir première partie, 1er vol., p. 71.

Il est évident que les aréomètres ne peuvent donner d'indications précises que lorsqu'on essaye des liquides *ne renfermant que de l'eau et de l'alcool*. Dans tout autre cas, les matières
dissoutes changeant les conditions de la densité, les résultats
sont erronés.

TABLEAU

DES DENSITÉS DES MÉLANGES D'ALCOOL ET D'EAU,

de 0° à +100° centésimaux de force alcoolique, à +15° de température.

DEGRÉS alcooliques.	DENSITÉ.	DEGRÉS alcooliques.	DENSITÉ.	DEGRÉS alcooliques.	DENSITÉ.	DEGRÉS alcooliques.	DENSITÉ.
0	999,12 *	26	947,90	52	896,67	78	845,44
1	997,15	27	945,93	53	894,70	79	843,47
2	995,18	28	943,96	54	892,73	80	841,50
3	993,21	29	941,99	55	890,76	81	839,53
4	991,24	30	940,02	56	888,79	82	837,56
5	989,27	31	938,05	57	886,82	83	835,59
6	987,30	32	936,08	58	884,85	84	833,62
7	985,33	33	934,11	59	882,88	85	831,65
8	983,36	34	932,14	60	880,91	86	829,68
9	981,39	35	930,17	61	878,94	87	827,71
10	979,42	36	928,20	62	876,97	88	825,74
11	977,45	37	926,22	63	875,00	89	823,77
12	975,48	38	924,25	64	873,03	90	821,80
13	973,51	39	922,28	65	871,06	91	819,83
14	971,54	40	920,31	66	869,09	92	817,86
15	969,57	41	918,34	67	867,12	93	815,89
16	967,60	42	916,37	68	865,15	94	813,92
17	965,63	43	914,40	69	863,18	95	811,95
18	963,66	44	912,43	70	861,21	96	809,98
19	961,69	45	910,46	71	859,24	97	808,01
20	959,72	46	908,49	72	857,27	98	806,04
21	957,75	47	906,52	73	855,30	99	804,07
22	955,78	48	904,55	74	853,33	100	802,10 **
23	953,80	49	902,58	75	851,36		
24	951,84	50	900,61	76	849,39		
25	949,87	51	898,64	77	847,41		

* Eau. — ** Alcool absolu.

A l'aide de ce tableau, on peut connaître immédiatement
la richesse alcoolique centésimale d'un mélange d'alcool et
d'eau, dont on connaît le poids pour un volume déterminé,
puisque le poids du litre fait apprécier le degré centésimal de

force alcoolique par une simple lecture. Ainsi un mélange d'alcool et d'eau, dont 1 décilitre exactement mesuré pèserait 82^{gr},18, représenterait une force alcoolique de 90 degrés centésimaux, soit celle des esprits commerciaux.

Dans tous les cas, il est impossible de doser exactement l'alcool d'un vin, d'une liqueur fermentée, ou d'un mélange quelconque, si la liqueur contient autre chose que de l'alcool avec de l'eau. Aussi doit-on soumettre préalablement la liqueur essayée à la *distillation*, afin d'en extraire toute la partie alcoolique, qui ne sera plus accompagnée après cette opération que d'une proportion plus ou moins grande d'eau distillée, et dont on pourra dès lors doser rigoureusement la valeur, soit par la pesée directe, soit par les aréomètres.

Sans vouloir anticiper en quoi que soit sur ce que nous aurons à dire au sujet de la distillation industrielle ou des principes qui la régissent, nous croyons utile cependant de faire connaître le manuel opératoire de la distillation d'essai, puisqu'il est indispensable de l'exécuter dans cette circonstance.

Distillation d'essai. — Pour faire une distillation, c'est-à-dire pour séparer l'alcool renfermé dans une liqueur, il faut un appareil quelconque, formé de trois organes (fig. 73) : un vase clos pour recevoir le mélange alcoolique et le porter à l'ébullition, un tube ou un tuyau qui conduise les vapeurs produites vers le troisième organe, qui est un réfrigérant, c'est-à-dire un vase refroidisseur

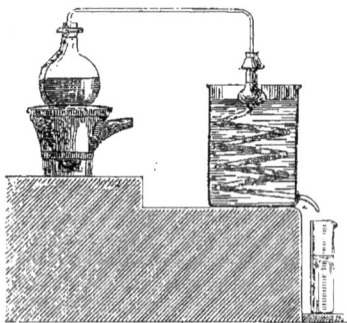

(Fig. 73).

dans lequel les vapeurs sont obligées de se condenser de nouveau et de repasser à l'état liquide. A la sortie de ce troisième vase, du serpentin, si l'on veut, le liquide obtenu coule dans un récipient où on le recueille pour en mesurer le volume et en apprécier la richesse. Quelle que soit la forme de l'appareil employé, il faut faire bouillir le liquide, recueillir les vapeurs et les ramener à l'état liquide par le refroidissement. Rien de plus n'est indispensable, en sorte que l'on peut constituer un appareil d'essai très-convenable d'une foule de manières différentes, pourvu qu'il accomplisse les trois fonctions nécessaires. Le mode de refroidissement lui-même est aussi variable que le reste : un simple tube en verre pourrait servir au lieu d'un serpentin immergé dans l'eau, s'il était d'une longueur suffisante, et l'action refroidissante de l'air atmosphérique sur les parois du tube pourrait suffire dans nombre de cas. Un serpentin, comme celui de l'appareil précédent est d'un usage plus sûr et plus commode, voilà tout. On peut encore faire refroidir commodément les vapeurs au contact d'un filet d'eau dans un manchon réfrigérant, dit *manchon de Liebig*, monté comme il est indiqué par la figure 74. Un appareil ainsi établi est tout aussi

(Fig. 74).

simple au fond que le précédent, il peut rendre les mêmes services et accomplit les conditions absolues de toute distillation. Nous en avons déjà indiqué l'usage et l'emploi [1], et il est tout à fait inutile de nous y arrêter. Faisons observer seulement que la seule différence entre cet appareil et celui de la figure 73 consiste dans l'emploi du manchon au lieu du serpentin pour réfrigérant.

On conçoit aisément que l'imagination des constructeurs se soit exercée dans tous les pays au sujet des petits appareils d'essai. Il s'agissait de les rendre portatifs, simples, d'un

[1] Voir première partie, 1er vol., p. 373 et 374.

montage facile, d'une construction élégante et solide. Plusieurs justifient parfaitement ce programme, mais il convient d'ajouter que les moins compliqués sont les meilleurs. Nous décrirons seulement celui de Gay-Lussac, les deux modèles de M. Salleron, le petit appareil de M. E. Dériveau, et nous dirons quelques mots de l'érorateur Kessler, dont nous aurons à étudier plus tard la valeur dans l'application manufacturière qu'on a voulu en faire.

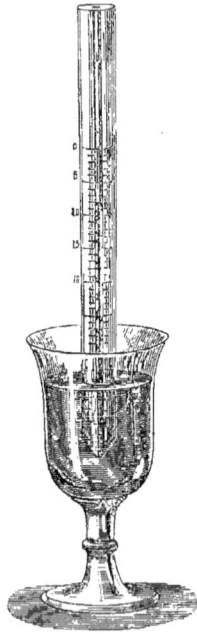

(Fig. 75.)

On a fait quelque bruit d'un appareil d'alcoométrie basé sur l'ascension des liquides dans un tube capillaire; cet appareil, désigné sous le nom de *liquomètre*, est représenté par la figure 75 ci-contre, et il n'est pas hors de propos de le décrire sommairement avant de nous occuper des procédés de l'alcoométrie rationnelle.

Le liquomètre est un tube capillaire à parois épaisses, en verre, dans lequel les liquides alcooliques peuvent s'élever à une hauteur plus ou moins considérable, en vertu des lois de l'attraction, selon leur composition et la température de la liqueur au moment de l'opération. L'application des faits de la capillarité à l'alcoométrie est due à M. Arthur.

Le tube du liquomètre porte des divisions qui indiquent la richesse alcoolique du liquide observé à la température de +15 degrés, et le zéro correspond à l'eau pure.

Voici le manuel opératoire indiqué pour l'usage de cet instrument. On plonge le tube dans l'eau à +15 degrés jusqu'à ce qu'il se soit bien équilibré de température avec ce liquide. On le retire alors, et l'eau étant écoulée, on aspire dans le tube du liquide à essayer jusqu'à ce qu'il soit plein, puis on en met la pointe à l'affleurement avec la liqueur. La portion contenue dans le tube descend plus ou moins, selon la richesse alcoolique. On n'a qu'à lire la division correspondante au point d'arrêt pour avoir la richesse du vin examiné.

Ce mode d'essai serait fort simple et il ne resterait plus à faire sur le résultat qu'une simple correction proportionnelle à la température de l'observation, si les choses se passaient exactement comme le disent les programmes des panégyristes. Il ne faut que des traces insignifiantes de corps gras, de principes savonneux ou résinoïdes de certaines matières salines, etc., pour fausser les indications du liquomètre, et il est impossible d'accorder à cet instrument plus de confiance qu'on n'en aurait dans un à peu près. Ce n'est pas là de la précision, et il faudra toujours en revenir à une distillation préalable pour isoler l'alcool et l'eau des matières étrangères et pour pouvoir apprécier nettement la richesse alcoolique d'un vin donné. On connaît, en effet, les lois de l'ascension ou de la dépression des liquides dans les tubes capillaires par des expériences très-précises de Gay-Lussac, et le simple énoncé de ces lois coupe court à toute discussion inutile :

1° *Il y a ascension lorsque le liquide mouille les tubes et dépression s'il ne les mouille pas...* De cette première loi, il résulte que toutes les fois que le tube sera sali à l'intérieur par quelque trace de matière peu nuisible à l'eau, grasse, savonneuse ou résinoïde, la dépression combattra l'action ascensionnelle et les résultats seront altérés.

2° Cette ascension et cette dépression sont en raison inverse du diamètre des tubes, au-dessous de 3 millimètres.

3° *L'ascension et la dépression varient avec la nature du liquide et avec la température...* Rien n'étant si variable que la composition des liqueurs fermentées, il est clair que l'ascension capillaire ne saurait fournir des données concordantes, exactes, sur lesquelles on puisse compter en pratique.

Gay-Lussac avait si bien compris la nécessité de faire l'essai aréométrique sur le produit d'une distillation, qu'il avait imaginé un appareil pour opérer cette distillation sur les liqueurs à vérifier. Cet appareil est représenté par la figure 76, et il est aussi bon que tout autre appareil à distiller. Nous ferons cependant remarquer que cet appareil est assez volumineux et qu'il exige une quantité relativement considérable de liquide à essayer et d'eau de réfrigération. M. J. Salleron a décrit cet instrument d'une manière exacte et précise :

« Dans un fourneau en laiton, qu'on chauffe avec une

lampe à alcool, s'engage une chaudière où l'on met le vin à distiller. Au sommet de cette chaudière s'adapte un tuyau qui communique avec un serpentin enfermé dans un réfrigérant, et débouchant par le fond de celui-ci, au-dessus d'une éprouvette où s'écoule le produit de la distillation. Cette éprouvette est jaugée à 50 centimètres cubes. Une autre éprouvette, également jaugée, de capacité triple, sert à mesurer le vin que l'on veut soumettre à l'essai. Ce vin étant versé dans la chau-

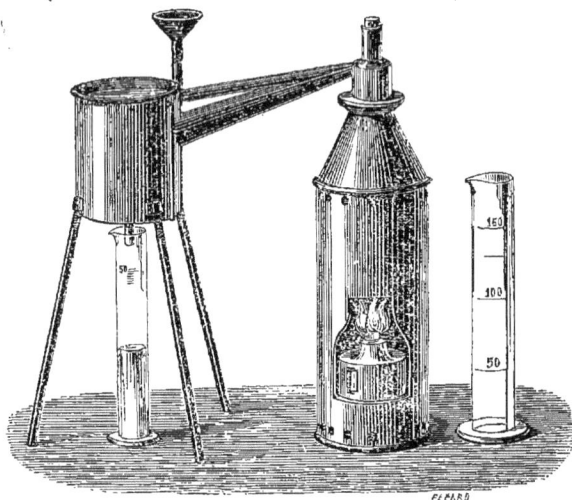

(Fig. 76).

l'on veut soumettre à l'essai. Ce vin étant versé dans la chaudière, et l'appareil monté, on allume la lampe à alcool et l'on distille jusqu'à ce qu'on ait obtenu 50 centimètres cubes de liquide.

« Tout l'alcool que renfermait le vin se trouve concentré dans ce volume, dont la richesse, par conséquent, est triple de celle du vin essayé. Il suffit donc d'y plonger un alcoomètre et de diviser par 3 le nombre lu sur l'échelle pour avoir la richesse alcoolique du vin. Les corrections de température se font, comme toujours, au moyen du thermomètre et des câbles qui accompagnent l'appareil.

« Gay-Lussac admettait que le volume de liquide distillé, étant égal au tiers du volume primitif, renfermait tout l'alcool, ce qui peut bien être vrai pour des liquides peu alcooliques, mais qui est fautif quand la richesse de ces liqueurs dépasse quinze centièmes.

« Comme la quantité du liquide sur laquelle on opère est assez considérable, il est nécessaire de renouveler pendant l'opération l'eau du réfrigérant... »

M. J. Salleron a construit un petit appareil d'essai des vins très-connu sous le nom d'*alambic Salleron* et qui présente une heureuse application des principes de l'alcoométrie.

L'appareil primitif de cet inventeur (fig. 77) se compose d'une lampe à alcool, d'un petit ballon en verre servant de chaudière, communiquant par un tube en caoutchouc avec un petit serpentin, placé dans son réfrigérant supporté par trois pieds en cuivre; une éprouvette, divisée ou graduée, sert à mesurer le liquide, à distiller et à le recevoir ensuite au sortir du serpentin.

Quand il s'agit d'essayer un mélange alcoolique, on mesure la

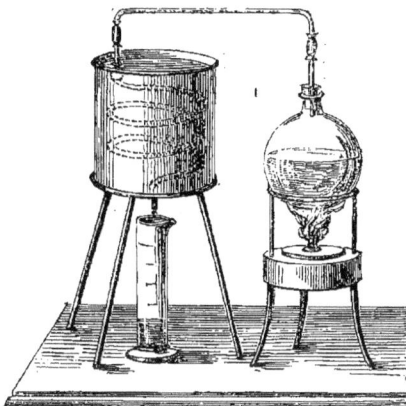

(Fig. 77.)

liqueur dans l'éprouvette et on la verse dans le petit ballon, auquel on adapte le bouchon qui est attaché à un tube en caoutchouc; ce tube communique avec le serpentin. On dispose alors le ballon sur la lampe que l'on allume. Quand on a obtenu le tiers ou la moitié du liquide, selon sa richesse, on note le degré de température du produit et son degré alcoolique à l'aide d'un petit thermomètre et d'un alcoomètre, disposés à cet effet dans la boîte de l'appareil. On trouve à l'aide de ces données le degré réel de force alcoolique, en consultant une table de réduction jointe à l'appareil dont nous reproduisons ici les données pour la commodité du lecteur.

APPENDICE.

PREMIÈRE TABLE

DES RICHESSES ALCOOLIQUES.

RICHESSES APPARENTES. — INDICATIONS DE L'ALCOOMÈTRE.	RICHESSES RÉELLES SELON LES INDICATIONS DU THERMOMÈTRE, DE +10° A +20°.										
	10°	11°	12°	13°	14°	15°	16°	17°	18°	19°	20°
1 p. 100	1,4	1,3	1,2	1,2	1,1	1,0	0,9	0,8	0,7	0 6	0,5
2 —	2.4	2,4	2,3	2,2	2,1	2,0	1,9	1,8	1 7	1,6	1,5
3 —	3.4	3,4	3,3	3,2	3,1	3,0	2,9	2,8	2,7	2,6	2,4
4 —	4,5	4,4	4,3	4,2	4,1	4,0	3,9	3,8	3,7	3,6	3,4
5 —	5,5	5,4	5,3	5,2	5,1	5,0	4,9	4,8	4,7	4,5	4,4
6 —	6,5	6,4	6,3	6,2	6,1	6,0	5 9	5,8	5,7	5,5	5,4
7 —	7,5	7,4	7,3	7,2	7,1	7,0	6,9	6.8	6,7	6,5	6,4
8 —	8,5	8,4	8,3	8,2	8,1	8,0	7,9	7,8	7,7	7,5	7,3
9 —	9,5	9,4	9,3	9,2	9,1	9,0	8,9	8,8	8,7	8,5	8,3
10 —	10,6	10,5	10.4	10,3	10,2	10,0	9,9	9,8	9,7	9,5	9 3
11 —	11,7	11,6	11,5	11,4	11,2	11,0	10,9	10 8	10.7	10,5	10,3
12 —	12,7	12,6	12,5	12,5	12,2	12,0	11,9	11,7	11,6	11,4	11,2
13 —	13,8	13,6	13,5	13,4	13,2	13,0	12 9	12,7	12,5	12 4	12,2
14 —	14,9	14,7	14.6	14,4	14,2	14 0	13,9	13,7	13,5	13,3	13,1
15 —	16,0	15,8	15.6	15,4	15,2	15,0	14,9	14,7	14,5	14,3	14,0
16 —	17,0	16,8	16,6	16,4	16,2	16,0	15,9	15,6	15 4	15,2	14,9
17 —	18,1	17,9	17,6	17,4	17,2	17,0	16,9	16,6	16,3	16,1	15,8
18 —	19,2	19,0	18,7	18,5	18,2	18,0	17,8	17,5	17,3	17,0	16,7
19 —	20,2	20,0	19,7	19,5	19,2	19,0	18,7	18,4	18,2	17,9	17,6
20 —	21,3	21,0	20,7	20,5	20.2	20,0	19,7	19,4	19,1	18,8	18,5
21 —	22,4	22,1	21,8	21,5	21,2	21,0	20,7	20,4	20,1	19,8	19,5
22 —	23,5	23,2	22,9	22,6	22,3	22.0	21.7	21,4	21,1	20,8	20,5
23 —	24,6	24,3	24 0	23,7	23,3	23,0	22.7	22,4	22,0	21,7	21,4
24 —	25,8	25,4	25,1	24,7	24,3	24,0	23 7	23,4	25,0	22,7	22,4
25 —	26,9	26,5	26,1	25,7	25,3	25,0	24,7	24,4	24,0	23,6	23,3
26 —	28,0	27,7	27,2	26,8	26,4	26,0	25,7	25,4	25,0	24,6	24,3
27 —	29,1	28,7	28,2	27,8	27 4	27,0	26,6	26,3	25,9	25,5	25 2
28 —	30,1	29 7	29,2	28,8	28,4	28,0	27,6	27,3	26,9	26,4	26,1
29 —	31,1	30,7	30,2	29,8	29,4	29,0	28,6	28,2	27,8	27,3	27,0
30 —	32,1	31,7	31,2	30,8	30,4	30,0	29,6	29,2	28,8	28,3	27,9

DEUXIÈME TABLE

DES RICHESSES ALCOOLIQUES.

RICHESSES APPARENTES. INDICATION DE L'ALCOOMÈTRE.	RICHESSES RÉELLES SELON LES INDICATIONS DU THERMOMÈTRE, DE +21° A +30°.									
	21°	22°	23°	24°	25°	26°	27°	28°	29°	30°
1 p. 100	0,4	0,3	0,1	0,0	0,0	0,0	0,0	0,0	0,0	0 0
2 —	1,4	1,3	1,1	1,0	0,8	0,7	0,5	0,3	0,1	0,0
3 —	2,3	2,2	2,1	1,9	1,7	1,6	1,5	1,3	1,1	0,9
4 —	3,3	3,2	3,1	2 9	2,7	2,6	2,4	2,2	2,0	1,9
5 —	4,3	4,1	4,0	3,8	3,6	3,5	3,3	3,1	2,9	2,8
6 —	5 2	5,1	4,9	4,8	4,6	4,4	4,3	4,1	3,9	3,7
7 —	6,2	6.1	5.9	5 8	5,5	5,4	5,2	5,0	4,8	4,6
8 —	7,1	7,0	6.8	6,7	6,5	6,3	6,1	5,9	5,7	5,5
9 —	8,1	7,9	7,8	7,6	7,4	7,2	7,0	6,8	6 6	6,4
10 —	9,1	8,9	8,7	8,5	8,3	8,1	7,9	7,7	7,5	7,3
11 —	10,1	9 9	9 7	9,5	9,3	9,0	8,8	8.6	8,4	8,1
12 —	11,0	10 8	10.6	10,4	10,2	9,9	9.7	9,5	9,2	9,0
13 —	11,9	11,7	11,5	11,3	11,1	10,8	10,6	10,3	10,1	9,8
14 —	12,8	12,6	12,4	12,2	12,0	11.7	11,5	11 2	11,0	10,7
15 —	13,7	13,5	13,3	13,1	12,8	12,6	12,3	12 0	11,7	11,5
16 —	14,6	14,4	14,1	13,9	13.6	13,4	13,1	12,8	12,5	12,3
17 —	15,5	15,3	15,0	14,8	14,5	14,2	13,9	13,6	13,3	13,0
18 —	16,4	16,2	15,9	15,7	15,4	15,1	14.8	14,4	14,1	13,8
19 —	17 3	17,0	16,7	16,5	16,2	15,9	15,6	15,2	14,9	14,6
20 —	18,2	17,9	17,6	17,4	17,1	16,7	16 4	16 0	15,7	15,4
21 —	19,1	18.8	18,5	18,2	17,9	17,6	17,3	16,9	16.6	16.3
22 —	20 1	19,8	19,2	19,1	18,8	18.5	18,2	17,9	17,5	17,2
23 —	21,1	20,7	20.3	20,0	19,7	19,4	19,1	18,8	18,4	18,1
24 —	22.1	21 6	21,3	21,0	20.6	20,3	20,0	19,6	19,5	19,0
25 —	22,9	22,5	22,2	21,8	21,5	21,2	20,8	20,5	20,2	19,8
26 —	23 9	23,5	23,1	22,7	22 4	22,1	21,7	21,4	21,0	20,7
27 —	24.8	24,5	24 0	23,6	23,2	22,9	22,6	22,2	21,8	21,5
28 —	25,6	25,2	24,9	24,5	24 2	23,8	23,5	23,1	22,7	22,4
29 —	26 6	26,2	25,8	25,4	25.1	24,7	24,3	23,9	23,6	23,2
30 —	27,5	27,1	26,7	26,3	26,0	25,6	25,2	24,8	24,4	24,0

M. Salleron reconnut bientôt que l'emploi d'un ballon en verre et d'un tube en caoutchouc pouvait présenter de notables inconvénients : le ballon peut se briser par un choc ou par une application irréfléchie de la chaleur; le tube en caoutchou peut se dégrader et finir par présenter des fissures, etc. Il y avait encore, peut-être, à reprocher à son appareil un peu trop d'exiguïté. Cet habile constructeur, bien connu par le soin qu'il apporte à la fabrication des instruments de précision, ne pouvait laisser son appareil dans des conditions qui auraient pu en restreindre l'usage et qui l'auraient rendu d'un

emploi trop délicat pour les distillateurs. Il remplaça le ballon en verre par une petite chaudière en cuivre, et le tube en
caoutchouc par un tube métallique ; les dimensions furent augmentées dans une proportion suffisante, et il résulta de ces
modifications l'appareil simple et complet qui est représenté
par la figure 78.

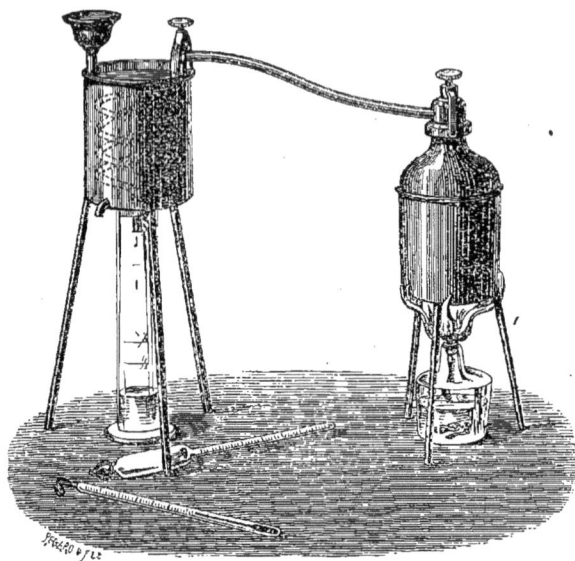

(Fig. 78.)

La cucurbite, élevée sur trois pieds métalliques, est chauffée
par une lampe à alcool ; elle se rattache au serpentin par un
tube qui s'adapte à l'aide de deux étriers à vis. La cuve du
serpentin est montée sur trois pieds métalliques, et elle porte
un tube à entonnoir pour l'introduction du liquide froid. Un
trop-plein rejette par le bas le liquide chaud. Une éprouvette
porte un point de repère au-dessous duquel le volume total
est divisé par deux traits, qui indiquent le tiers ou la moitié
de la capacité jusqu'au point de repère. Enfin, à l'appareil
sont annexés une pipette, un thermomètre et un alcoomètre,
ainsi qu'une table de correction.

Le tout est renfermé dans une caisse élégante, et se trouve
mis ainsi à l'abri des accidents.

Lorsqu'on veut faire un essai, on dispose sur une table les

pièces importantes de l'appareil. On remplit d'eau froide la cuve du serpentin, puis on mesure du liquide à éprouver jusqu'au point de repère de l'éprouvette. Cette quantité est versée dans le bouilleur, puis on ajuste le tube conducteur, et l'on serre les vis des étriers. On allume alors la lampe, et l'on chauffe jusqu'à ce qu'on ait obtenu assez de produit pour remplir l'éprouvette jusqu'au trait 1/3 pour les liquides pauvres, et jusqu'au trait 1/2 pour les liqueurs très-alcooliques. Il va sans dire que l'on verse de l'eau froide par l'entonnoir, dans le cas où le réfrigérant s'échaufferait au-dessous du quart supérieur.

Lorsque le produit est obtenu, on éteint la lampe et l'on retire l'éprouvette. On la remplit alors d'eau simple jusqu'au point de repère, afin de reconstituer le volume total de la prise d'essai, puis on plonge le thermomètre et l'alcoomètre dans la liqueur bien mélangée, et l'on note les chiffres obtenus.

Comme l'alcoomètre a été spécialement construit pour la température de +15 degrés, il est clair que les indications de cet instrument seront trop faibles si la température est inférieure à ce degré, et que, au contraire, elles seront exagérées si le mélange accuse une température supérieure.

Nous avons déjà donné la table de correction qui sert à reconnaître la valeur réelle de l'indication alcoométrique selon les degrés de température, et cette table rend les plus utiles services dans les essais que l'on peut avoir à faire. M. Salleron ne s'est pas borné à cette table, et, dans le but de simplifier encore la pratique si avantageuse de l'essai des vins, il a imaginé un petit instrument qui donne immédiatement la correction cherchée, sans que l'on ait aucun calcul à effectuer. Cet instrument est une *règle de compensation*, dont l'usage est aussi facile que la construction en est simple et ingénieuse. Il se compose d'une petite règle plate, présentant sur les côtés l'indication alcoométrique ; le milieu est occupé par une rainure à coulisse dans laquelle peut glisser à volonté une réglette mobile marquant les degrés de tempéra-

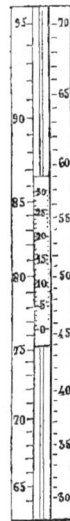

(Fig. 79).

ture de 0 degré à +30 degrés, comme l'indique la figure 79 ci-dessus.

Si l'on veut connaître la valeur précise d'un esprit dont le degré apparent est donné à une température connue, il suffit de faire araser le point de la réglette intérieure donnant la température avec la ligne du degré alcoolique apparent; le bouton de la réglette, correspondant à la température de +15 degrés, donnera le degré alcoolique réel marqué sur l'un des bords de la règle.

L'idée qui a conduit à la construction de ce régulateur est très-simple, mais on peut dire que les applications les plus fécondes en résultats sont celles qui reposent sur les principes admis élémentairement, lesquels induisent moins fréquemment en erreur que les savantes théories.

Nous conseillons vivement l'emploi de ce petit appareil à tous ceux de nos lecteurs qui voudraient ne rien livrer au hasard dans leurs recherches ou leurs expériences. Avec l'*alambic Salleron* et la règle compensatrice dont nous venons de parler, on se trouve placé dans les véritables conditions de la pratique, et l'on n'a plus rien à redouter des aberrations de la théorie.

Ce n'est que justice d'ajouter ici quelques mots sur un autre appareil d'essai des vins, construit par M. E. Dériveau[1]. Cet appareil consiste en un petit alambic, muni d'un col de cygne et d'un réfrigérant avec son serpentin et ses accessoires. Ce qui le distingue surtout des autres appareils de ce genre, indépendamment des questions de forme, c'est la possibilité de le chauffer avec quelques charbons, sans qu'on soit obligé de recourir à l'esprit de vin, comme cela est à peu près indispensable avec les autres appareils d'essai. L'inventeur a compris qu'il peut arriver que

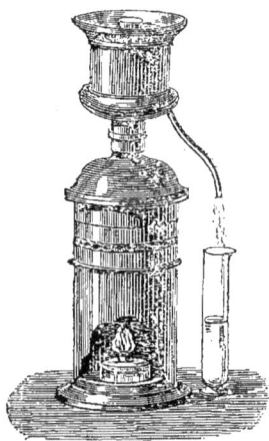

(Fig. 80.)

pareils d'essai. L'inventeur a compris qu'il peut arriver que

[1] Paris, 10 et 12, rue Popincourt.

l'on n'ait pas d'alcool à sa disposition, et il a voulu obvier à
l'ennui causé par cette circonstance. D'ailleurs l'usage de
l'alcool, employé comme combustible, peut n'être pas sans
dangers entre des mains peu exercées, et il est, dans bien des
cas, une cause de dépense notable qui suffit parfois à faire négliger la pratique des essais.

La figure 80 représente le petit appareil de M. E. Dériveau.
Le bouilleur est mobile sur un petit fourneau en cuivre, avec
lequel il fait corps en apparence lorsqu'il est mis en place.
Le réfrigérant est placé à la partie supérieure, en sorte que
l'appareil monté semble n'être que d'une seule pièce. Disons
qu'il est extrêmement
facile de placer un petit
bain-marie dans la cu-
curbite, ce qui est parfois
très-avantageux. Cet ap-
pareil est d'une construction très-intelligente et il
peut rendre de bons ser-
vices. La marche d'un es-
sai à faire ne diffère pas
de ce que nous avons dit
plus haut, et tous les appareils d'essai par distillation exigent la même
méthode.

La figure 81 repré-
sente un appareil d'essai
auquel on a donné le

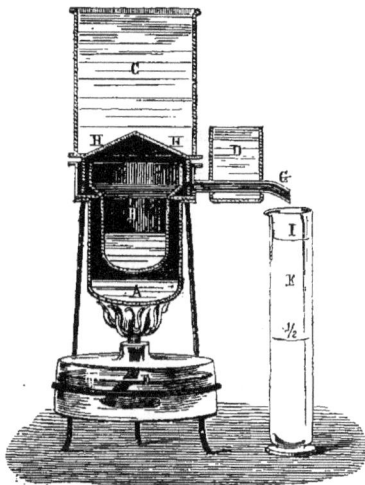

(Fig. 81.)

nom d'*érorateur*. Il peut agir à feu nu ou à bain-marie, et
le manuel opératoire de l'essai ne présente aucune particularité intéressante. Comme la réfrigération des vapeurs n'a
lieu qu'au contact, en HH, du fond du réfrigérant C, on
comprend que la condensation des vapeurs est peu assurée.
Aussi, les inventeurs, MM. Kessler et Pontier, ont-ils ajouté
une sorte de réfrigérant complémentaire D, à travers lequel
passe le tube abducteur G, qui porte les vapeurs. Nous
ne croyons pas que cette précaution soit suffisante dans un
grand nombre de circonstances pour déterminer la liquéfac-
tion de toutes les portions gazéifiées.

Nous pensons qu'il est parfaitement inutile de reproduire ici les longues listes des valeurs alcooliques de différents vins. Nos raisons sont celles-ci : Chaque année produit des variations très-considérables qui dépendent des circonstances climatériques; des cépages différents, cultivés dans la même localité, ne contiennent pas les mêmes proportions de sucre et ne produisent pas le même chiffre d'alcool; la richesse alcoolique dépend encore très-souvent de la manière dont la fermentation a été faite et dont le travail du cellier a été compris. D'un autre côté, les observations faites ne peuvent présenter de valeur que pour le vin spécial dont il s'agit, pour une année déterminée, pour un cru et un cépage spécifiés; en effet, les chiffres indiqués présentent des différences telles, que l'on ne peut s'empêcher de soupçonner des erreurs notables. Pour n'en citer que deux exemples, le vin de Poudensac (Bordelais) ne dépasserait pas une richesse de 13, 7 pour 100 selon quelques analystes, tandis que d'autres lui attribuent une valeur alcoolique de 17 pour 100; la richesse du cidre ne s'élève pas au-dessus de 6 à 7 pour 100, et le chiffre de 12,50 pour 100 a été donné dans une liste de ce genre. Nous pourrions multiplier ces exemples, qui démontrent le peu de certitude que l'on trouve dans ces documents ; nous préférons nous abstenir et engager le lecteur à faire par lui-même les vérifications utiles à ses intérêts.

En moyenne, les vins alcooliques du Midi et de l'Espagne présentent une richesse de 18 à 20 centièmes ; les vins liquoreux varient de 15 à 18 pour 100; les vins de Bourgogne oscillent entre 12 et 15, les crus de Gironde entre 9 et 12, les vins ordinaires entre 8 et 10 pour 100. Les cidres et poirés *naturels* présentent une richesse de 4 à 7 ; les bières varient de 1 à 8,5 pour 100, le tout calculé en volumes d'alcool pur et à 15 degrés de température.

Dans son excellent ouvrage sur la bière, M. Mulder rapporte quelques détails analytiques parmi lesquels se trouve indiquée la richesse alcoolique observée pour certaines bières. Nous trouvons dans ces indications une précision bien plus grande que dans celles qui ont été fournies pour les vins. A l'égard des vins de raisin, on n'a rien de net; il est impossible de s'arrêter aux chiffres trouvés, puisque ces chiffres ne présentent que de l'incertitude. Pour les bières, au contraire, les observateurs se sont attachés à donner des appréciations exactes. Ce n'est plus la même chose : pour apprécier un vin, au point de vue alcoolique, il serait nécessaire d'avoir sous les yeux l'indication du cépage, du lieu de production, de . l'année de la récolte, de la durée de la fermentation, de la pratique du vinage ou de l'abstention de cette méthode ; pour la bière, il suffit de dire que telle bière, obtenue par telle méthode, renferme tant d'extrait et d'alcool. Aussi nous n'hésitons pas à donner les indications rapportées par M. Mulder, en y joignant celles de quelques autres observateurs.

Bières examinées.	Alcool pur pour 100.	Observateurs.
Lambick du Krans (Utrecht).	4,6	Hekmeijer.
Princessen-bier (Utrecht).	4,0	Id.
Faro de Bruxelles.	4,9 et 2,5 à 4,0	Kaiser; Lacambre.
Bière forte de Lille.	4,0 à 5,0	Lacambre.
Uytzet simple de Gand.	2,75 à 3,5	Id.
Bière d'orge d'Anvers.	3,0 à 3,5	Id.
Lambick de Bruxelles.	5,5	Kaiser.
Bière de table du Aker (Utrecht). . .	4,4	Hekmeijer.
Lambick du Boog (Utrecht).	5,4	Id.
Bière forte de Strasbourg.	4,0 à 4,5	Lacambre.
Bière blanche de Louvain.	2,25 à 3,25	Id.
Lambick de Bruxelles.	4,5 à 6,0	Id.
Bière d'orge de Bruxelles.	5,0	Kaiser.
Bière de garde, br. de la cour (Munich).	4,4	Id.
Ale ordinaire de Londres.	4,0 à 5,0	Lacambre.
Porter ordinaire de Londres.	3,0 à 4,0	Id.
Uytzet double de Gand.	3,25 à 4,5	Id.
Bière jeune d'Augsbourg.	4,0	Kaiser.
Bière d'Erlangen.	3,5	Balling.
Bière ordinaire de Bavière.	3,0 à 4,0	Lacambre.
Bière de garde de Bavière.	4,5	Balling.
Bière de Wanka (Prague).	4,8	Kaiser.
Bière de Strasbourg.	4,5	Payen et Poinsot.
Bosch-bier, veuve Heeren (Utrecht). .	5,2	Hekmeijer.
Bière du cloître des Francisc.(Munich).	5,2	Kaiser.
Ale de Hambourg.	5,5 à 6,0	Lacambre.
Ale de Londres.	7,0 à 8,0	Id.
Bière blanche de Paris.	3,5 à 4,0	Id.
Bière de garde d'été, Deigel-Maier (Mun.)	3,7	Kaiser.
Bière de Pstross (Prague).	4,5	Id.
Bière de Nuijs (Middelbourg).	4,95	Hekmeijer.
Bière jeune d'hiver d'Anspach. . . .	5,2	Kaiser.
Bière jeune d'hiver de Bayreuth. . . .	2,5	Id.

Bières examinées.	Alcool pur pour 100.		Observateurs.
Porter de quatre mois.	5,4		Christison.
Bière de garde de Brunswick, Otto. .	5,5		Kaiser.
Bière d'Erfurth (Treitsckhe).	3,7		Heydloff.
Bière d'or de Diest.	3,5	à 6,0	Lacambre.
Peeterman de Louvain.	3,5	à 5,0	Id.
Pale-ale.	5,6		Ludwig Hoffmann.
Ale d'Edimbourg, avant soutirage. . .	5.7		Christison.
Bière de Landshut (Bavière).	5,4		Kaiser.
Bière de Brey (Munich).	3,0		Id.
Bière de Bamberg.	4,1		Heydloff.
Bière du comte Butlar.	2,7		Kaiser.
Bière jeune des Augustins (Munich). .	3,9		Id.
Bière d'Erlangen.	3,8		Heydloff.
Bière de John (Erfurth).	3,7		Id.
Bière de Leist (Munich).	5,3		Kaiser.
Porter de Barclay–Perkins.	5,4		Id.
Bière d'Iéna.	3,0		Wackenroder.
Ale d'Edimbourg, de deux ans. . . .	6,1		Christison.
Bière de Nuremberg.	5,8		Heydloff.
Bière de garde de Brunswick, Balhorn.	5,0		Kaiser.
Bière d'Erfurth, Buchner.	4,2		Heydloff.
Bière d'Erfurth, Schlegel.	4,1		Id.
Bière de la brass. de la cour (Munich).	3,7		Kaiser.
Burton-ale.	6,6		Ludwig Hoffman.
Porter de Londres.	6,9		Balling.
Ale de la brasserie de la cour (Munich).	6,0		Kaiser.
Bock-bier.	3,5	à 4,0	Lacambre.
Bière double d'Iéna.	2,1		Wackenroder.
Bock de la brass. de la cour (Munich).	4,0		Kaiser.
Bière de Rudolstadt.	4,84		Dufft.
Bière double, Zacherl (Munich) . . .	5,2		Kaiser.
Bière double des Augustins (Munich). .	3,6		Id.
Salvator de Zacherl (Munich).	4,1		Id.
Ale de Sedelmaier (Munich).	7,8		Id.
Bock-bier (Munich).	3,9		Id.
Porter.	5,1		Heydloff.
Bock de Mader (Munich).	4,2		Kaiser.
Salvator de Zacherl (Munich).	4,6		Id.
Salvator de Zacherl (Munich).	5,0	à 6,0	Lacambre.
Ale d'Ecosse, W.Younger (Edimbourg.)	8,5		Kaiser.
Heilige-Vater-bier (Munich).	4,9		Léo.
Bière douce de Brunswick, Otto. . . .	1,3		Kaiser.

Ces déterminations de l'alcool des bières ont été faites avec soin et elles fournissent des données très-acceptables pour les bières indiquées ; mais il convient de tenir compte d'un fait capital relatif à ces sortes de données, c'est que la plus petite modification dans le dosage, le travail et les méthodes suffit pour déterminer des modifications dans la richesse. Nous n'attacherons donc pas plus d'importance qu'il ne convient à ces analyses, quelque précises qu'on les suppose, et nous regardons comme très-préférable de faire soi-même l'essai de la liqueur que l'on désire connaître.

§ II. — ESSAI ANALYTIQUE DES PRINCIPALES MATIÈRES CONTENUES DANS LES LIQUEURS FERMENTÉES.

Lorsque l'on veut connaître plus à fond la composition d'une boisson fermentée, sans pour cela songer à se livrer à des expériences chimiques minutieuses, qui seraient impossibles à exécuter pour le plus grand nombre des observateurs, on doit commencer par préciser les objets sur lesquels on désire porter son attention. L'*alcool*, l'*eau*, le *sucre*, la *dextrine*, les *acides libres*, les *matières albuminoïdes*, les *matières minérales* représentent l'ensemble de ce qui peut intéresser la pratique, et, lorsqu'on pourra se rendre compte de l'existence de ces différents principes et en apprécier la proportion, il ne faudra plus qu'un bien faible effort pour découvrir la nature des principaux sels qui font partie intégrante des liqueurs fermentées.

1° La première précaution à prendre lorsqu'on se propose une vérification de ce genre consiste à mesurer exactement le volume sur lequel on veut agir. Cela fait, on note les circonstances accessoires, la densité, la température, la couleur, la saveur, l'odeur.

2° Sur un volume donné du liquide, on apprécie, par l'un des moyens connus et décrits dans le paragraphe précédent, la proportion d'alcool en volume. Comme on sait que 1000 en volume ne représentent que 802,1 de ce principe en poids, on n'a qu'un calcul très-simple à faire pour obtenir le poids de l'alcool contenu dans l'échantillon. Soit V le volume d'alcool trouvé dans la portion traitée, et P le poids correspondant, il faut résoudre la proportion $1000 : 802,1 :: V : P$, ce qui revient à la formule $P = \dfrac{802,1 \times V}{1\,000}$. On prend note du volume et du poids correspondant.

3° On prend de la liqueur un volume égal au précédent

et on la fait évaporer dans une capsule placée sur l'eau bouillante, après avoir noté le poids exact de la capsule. Lorsque l'évaporation est complète et que le poids cesse de diminuer après deux pesées consécutives faites à une demi-heure d'intervalle, on pèse exactement la capsule avec son contenu, après l'avoir bien essuyée extérieurement. Ce poids total, diminué du poids de la capsule, représente le poids de *l'extrait* ou plutôt des *matières fixes* non volatiles à +100 degrés. On note ce poids.

Du chiffre de l'extrait, celui de l'alcool étant connu, on peut déduire la proportion de l'eau ; le résultat obtenu sera assez exact pour qu'on se dispense d'une autre recherche. Supposons, par exemple, que nous avons fait évaporer un décilitre de liqueur, dans une capsule qui pèse 150 grammes. Nous avons trouvé, par l'alcoométrie, que la boisson examinée contient 10 pour 100 d'alcool en volume, soit 8,021 en poids. Le décilitre (100 centimètres cubes) contient donc 8^g,021 d'alcool. Après évaporation, la capsule pèse 155^g,05. Nous en concluons que la liqueur renferme 5^g,05 de matière extractive, saline ou autre, par décilitre, ou 50^g,5 par litre. Le poids de l'alcool, ajouté au poids de l'extrait, donne 13^g,071, qu'il faut retrancher du poids noté pour le décilitre de liqueur, afin d'obtenir le poids de l'eau par différence. Soit ce poids du décilitre 106^g,55, par exemple (106,55—13,071=93,479) ; nous trouvons que le vin essayé renferme 93^g,479 d'eau pour 100 centimètres cubes, dont le poids est de 106^g,55.

Nous pourrions déjà formuler nos résultats et dire que le liquide examiné contient :

	Sur 106,55 parties pondérales.	sur 100.
Eau.	93,479	87,7325
Alcool (10 volumes). . .	8,021	7,5279
Extrait.	5,05	4,7395
	106,550	99,9999

Nous devons remarquer, cependant, que le chiffre de l'eau est un peu trop considérable, puisqu'il renferme celui des autres substances volatiles à +100 degrés qui se trouvaient dans la liqueur. Cette erreur serait de peu d'importance, si elle ne devait être attribuée qu'à certains principes essentiels dont le poids est à peine appréciable pour un si faible volume. Mais il peut se faire, et cela arrive très-souvent, que la liqueur renferme une quantité notable d'acide carbonique. Sans nous arrêter à recourir à un procédé exact qui consiste à faire passer cet acide dans l'eau de baryte, à peser ensuite le carbonate de baryte formé et à en déduire le poids de l'acide carbonique, nous pouvons arriver à une appréciation fort suffisante, dans la plupart des cas, au moyen d'un essai analogue à celui de l'alcool. En introduisant dans le ballon d'un appareil distillatoire (fig. 78) taré exactement 1 décilitre de liqueur, il suffira de porter à l'ébullition pour chasser l'acide carbonique, l'alcool et les matières volatiles non condensables. Lorsqu'on a fait ainsi passer 2/10 à 3/10 de la liqueur, on arrête l'opération. La liqueur refroidie est mesurée quant au volume, on y ajoute le produit de la distillation et l'on complète par de l'eau distillée le volume rigoureux de 100 centimètres cubes. La liqueur est pesée. Il est clair qu'elle doit présenter le poids primitif, moins celui qui doit être attribué à l'acide carbonique et aux autres gaz non condensables. Supposons que ce poids primitif 106,55 soit devenu 106,35, la perte est égale à 20 centigrammes, et nous sommes en droit de conclure que la liqueur renferme, sur 100 (=106,55 parties pondérales), 20 centigrammes d'acide carbonique et autres matières volatiles. Le chiffre de l'eau est donc à corriger dans ce sens, et il devient 93,279 au lieu de 93,479. La liqueur contient 2 grammes d'acide carbonique par litre. Ce poids répond à 1011,24 centimètres cubes, le litre d'acide carbonique pesant 1^g,977.

4° Le sucre contenu dans les boissons fermentées ne peut s'y trouver qu'à l'état de sucre plus hydraté que le sucre prismatique, à moins qu'elles n'aient été sucrées depuis un temps très-court, ce qui n'est pas supposable. Ce sucre réagira donc sur le tartrate de cuivre et de potasse et on devra le rechercher à l'aide des procédés de saccharimétrie [1]. Pour cela, on fera évaporer 1 décilitre de liqueur en consistance de sirop, puis on ajoutera à cet extrait 50 à 60 centimètres cubes d'alcool à 90 degrés, on filtrera et on lavera plusieurs fois avec un peu d'alcool la matière restée sur le filtre. Le liquide sera

---

[1] Voir première partie, 1er vol., p. 210.

évaporé dans un appareil distillatoire (fig. 78), jusqu'à ce
qu'on ait recueilli les 3/4 de l'alcool employé, et le résidu,
dissous dans l'eau distillée, sera soumis à l'épreuve saccharimétrique. Soit le chiffre trouvé égal à 0,72 ; on en prend
note, comme de toutes les autres indications à mesure qu'on
les obtient. On trouverait un résultat trop élevé si l'on regar-
dait comme du sucre tout ce qui est soluble dans l'alcool et
si l'on se contentait d'évaporer à siccité (à +100 degrés) la
dissolution alcoolique dont nous venons de parler. Il y a, en
effet, des substances différentes du sucre qui sont solubles
dans ce menstrue.

5° On sait que la dextrine est insoluble dans l'alcool ; cependant, comme d'autres substances partagent cette propriété, une recherche qui serait basée sur cette insolubilité
courrait grand risque d'être fort inexacte. Il vaut mieux procéder autrement et saccharifier la matière transformable de
l'extrait. Pour cela, après avoir évaporé en consistance de
sirop 1 décilitre de liqueur, on ajoute à ce sirop un peu
d'acide sulfurique ou chlorhydrique étendu et l'on fait bouillir
le tout pendant une demi-heure. On laisse refroidir la liqueur
et on y verse de l'alcool pour précipiter les matières insolubles dans ce menstrue. La liqueur filtrée, évaporée en sirop
et reprise par l'eau distillée, sera soumise à une nouvelle
épreuve saccharimétrique. Le chiffre trouvé, diminué de celui
qui a été obtenu précédemment pour le sucre, donnera le
chiffre du glucose produit par la saccharification de la dextrine. Soit ce chiffre égal à 0,56. Comme on sait que 2250 de
glucose est l'équivalent de 2025 de dextrine, la proportion
$2250 : 2025 :: 0,56 : x = 0,504$ donnera la valeur pondérale
de la dextrine, qui est de 0,504.

6° Les acides libres seront *neutralisés* par une dissolution
titrée de carbonate de potasse, renfermant 5 pour 100 de ce
carbonate, soit 0g,05 par centimètre cube ; si l'on a été
obligé d'employer 3c,5 de cette solution alcaline pour
neutraliser 100 centimètres cubes, pesant 106,55, il existe
dans la liqueur une proportion d'acide (acétique, lactique, etc.)
répondant à 0g,1525 de carbonate de potasse, et cette indication suffira dans la pratique. Il faudrait, en effet, recourir à
des procédés plus précis pour déterminer la nature de ces
acides, et cette détermination ne peut être faite que par des

chimistes pour lesquels les observations que nous faisons ici sont parfaitement inutiles.

7° On apprécie la proportion des matières albuminoïdes par un moyen assez simple. L'extrait obtenu par l'évaporation en sirop de 100 centimètres cubes de liqueur est mélangé avec sept ou huit fois son poids de chaux sodée. On met dans un tube droit un peu d'acide oxalique recouvert d'amiante, puis 1 ou 2 centimètres de chaux sodée, et le mélange ci-dessus, qu'on recouvre de chaux sodée. On adapte au tube un bouchon et un tube courbé à angle droit que l'on fait plonger dans une liqueur acide titrée. Soit cette liqueur renfermant par centimètre cube 0,05 d'acide sulfurique pur à 66 degrés. Supposons que le vase dans lequel on fait plonger le tube courbé en renferme 20 centimètres cubes. En chauffant graduellement, de l'ouverture vers le fond, la portion du tube d'essai dans lequel se trouve la matière, l'azote des substances albuminoïdes passe à l'état d'ammoniaque, se dégage et se combine à l'acide sulfurique. Lorsqu'il ne se dégage plus rien, on retire le tube plongeur. La liqueur acide est alors vérifiée par une liqueur alcaline titrée, qui la neutralise volume pour volume. S'il faut 15 centimètres cubes de liqueur alcaline pour neutraliser la liqueur acide, il y a eu 5 centimètres cubes, ou $0^g,25$ d'acide sulfurique, qui ont été neutralisés par l'ammoniaque produit. Ce chiffre répond à $0^g,0867$ d'ammoniaque [1]. Or, 1 d'ammoniaque égale 0,82117 d'azote; d'où le chiffre trouvé $0,0867 = 0,82117 \times 0,0867 = 0,071195439$ d'azote. En multipliant le dernier nombre par 6,5 on a le chiffre de la matière azotée $= 0^g,5114277...$

8° La détermination des matières minérales se fait en évaporant en consistance sirupeuse un volume donné de liquide ; on fait ensuite dessécher le produit et on le réduit en cendres, dans une capsule en argent ou en platine, au-dessus de la lampe à alcool. On prend le poids des cendres trouvées.

Bien que la méthode précédente puisse soulever de nombreuses objections au point de vue d'une exactitude rigoureuse et de la précision absolue qu'on exige avec raison dans les opérations de laboratoire, nous croyons qu'elle peut

---

[1] L'équivalent de l'acide sulfurique monohydraté étant 612,5, et celui de l'ammoniaque *anhydre* 212,5.

rendre des services aux personnes qui possèdent au moins des notions superficielles de chimie. Dans tous les cas, les indications qui en ressortent peuvent servir à établir des données comparatives très-acceptables et à élucider les questions les plus essentielles. Dans une étude des boissons fermentées, c'est ce résultat pratique qui nous paraît être le plus désirable pour toute recherche de ce genre.

NOTES JUSTIFICATIVES

NOTE A.

SUR LES PHÉNOMÈNES, LES CAUSES ET LES CONSÉQUENCES DE L'IVRESSE.

Notre dessein est d'exposer, dans cette note, les principales bases d'une opinion qui semble choquer certaines idées reçues. Recherchant la simplification, même en matière de raisonnement spéculatif, nous croyons trèspeu au complexe, lorsqu'il nous semble que ce complexe ne représente qu'un imbroglio intéressé. Combien ne voyons-nous pas, en effet, de docteurs contemporains qui, peu au courant de ce qu'ils pensent ou de ce qu'ils croient penser, s'amusent à embrouiller ce qu'ils appellent *leurs idées*, afin de les rendre moins accessibles à tous? C'est là le côté intéressant de leurs élucubrations. Si elles étaient compréhensibles, elles n'inspireraient que de l'indifférence. Et encore est-ce pour ne rien dire de plus sévère et de plus justement mérité que nous employons ce terme anodin, qui ne peut guère offenser de tels génies.

Nous n'entendons pas nier, même au point de vue médical, ce qu'on appelle les *actions spéciales*; nous croyons à la réalité de quelques-unes de ces actions, mais nous sommes convaincu de ce fait, que, pour les besoins de la cause et les nécessités de l'éteignoir, pour la sauvegarde de certaines ignorances inexcusables, on en a exagéré l'importance, qu'on en a abusé, presque autant que certains chimistes abusent des *actions de présence*, des *actions catalytiques*, ou que d'autres ont abusé du mot *spontané*. Toutes ces vanités n'ont pas l'orgueil d'avouer leur ignorance; ce serait déjà un signe de force...

Nous pourrions aller fort loin dans cette idée; mais nous la laissons aux méditations du lecteur et nous parlons de l'*ivresse*.

Suivant les princes de la science, héritiers de ceux qui attribuaient le sommeil produit (*quelquefois ?*) par l'opium à la vertu dormitive de cette drogue, *les agents enivrants produisent l'ivresse en vertu d'une action spéciale sur le cerveau*. Cette proposition est fausse; elle ne peut pas être vraie, au moins en thèse générale, et nous tenons à le prouver en quelques lignes.

Si les phénomènes physiologiques de l'ivresse se traduisent le plus souvent par l'excitation à divers degrés croissants, suivie de la prostration, parfois du coma et de l'apoplexie, il serait bon de démontrer que les alcooliques et quelques analogues produisent seuls des résultats de ce genre. Or, il est loin d'en être ainsi. Ne voit-on pas tous les jours les partisans des actions spéciales s'enivrer de leur mérite, de leur talent, de leurs discours, de leurs théories, et passer par tous les phénomènes physiques et psychiques de l'ivresse alcoolique, comme s'ils buvaient l'intoxication avec l'eau-de-vie ou l'absinthe ? Ne voyons-nous pas d'étranges ivresses, causées par la colère, la vanité, l'orgueil, l'ambition ou l'envie ? Ne pourrions-nous pas nommer des orateurs, au palais, à la tribune, ou dans les clubs et les carrefours, qui s'enivrent de leur éloquence ?

Ces exemples frappent nos yeux à chaque instant, et si nous ne les voyons pas, c'est que nous ne voulons pas les voir.

L'amour, même platonique, a son ivresse ; le crime enivre ses sombres adeptes, et cette expression des siècles est de la plus complète vérité, lorsqu'il s'agit d'exprimer cet état particulier d'excitation anormale, dont les conséquences se traduisent par des troubles cérébraux plus ou moins durables, dérivés d'une cause physique ou produits par des faits de l'ordre moral.

Ce serait à juste titre que l'on modifierait l'idée conventionnelle et que l'on en changerait l'expression : tant de causes peuvent déterminer l'ivresse, que cet état nous semble plutôt produit par un nombre indéterminé de causes générales que par des actions spéciales. Il faudrait, pour cela, admettre que la plupart des phénomènes physiologiques, normaux ou morbides, sont sous la dépendance de causes spéciales ; il faudrait à chaque résultat une vertu dormitive.

On nous permettra de ne pas envisager cette question sous le point de vue de l'école. De même que, dans toute cette affaire de l'endosmose, où nos docteurs ont voulu trouver une série nouvelle de connaissances humaines, nous ne rencontrons qu'un groupe de faits très-simples, dépendant à la fois des phénomènes de la capillarité et de la loi d'équilibre, de même, la question de l'ivresse nous paraît être en dehors des hypothèses systématiques que l'on a cherché à établir.

Nous reconnaissons deux sortes d'ivresse, l'ivresse de cause physique et l'ivresse de cause morale.

Dans les deux cas, les phénomènes sont complétement identiques, et si l'ivresse de cause morale frappe moins l'esprit de l'observateur, cela tient à ce qu'elle arrive plus rarement au paroxysme de l'ivresse de cause physique. Elle est bornée, le plus souvent, aux faits prodromiques de l'ivresse alcoolique, prise pour type, sans que l'on puisse prétendre, cependant, qu'elle n'en atteint jamais les dernières limites. Ainsi, la colère peut conduire à l'apoplexie. La haine, l'envie, etc., ont déterminé de la démence et du délire. On pourrait citer des exemples trop nombreux, dans cet ordre d'idées, que nous laissons de côté, pour nous occuper plus particulièrement de l'ivresse de cause physique ou *ivresse matérielle*.

L'ivresse matérielle est caractérisée, en général, par deux phases distinctes : l'excitation et la prostration. La période d'excitation peut présenter des variétés extrêmement nombreuses, car, depuis cette légère *pointe de gaieté* qui charme les réunions gauloises, jusqu'à cette fureur incoercible de certains ivrognes, il y a tout un monde de différences. De même, la période de prostration peut aller, par d'infinies gradations, jusqu'au sommeil comateux et à la mort.

Il importe donc de se rendre compte des faits et nous allons prendre pour exemple les phénomènes produits par l'ingestion de l'alcool. Dans la première période, aussitôt après l'introduction de cette liqueur dans l'estomac, la sensation bien nette d'une chaleur notable se fait sentir à cet organe et se propage rapidement vers toute la périphérie. L'excitation générale est légère, les facultés sont mises en éveil et augmentent d'activité. A ce moment, la vision est entière, la face est à peine plus colorée, les sens perçoivent les impressions avec la plus grande précision. Si la dose de l'agent enivrant est augmentée avant la cessation de l'effet, les résultats sont plus sensibles. La chaleur périphérique diminue ; elle est remplacée par un commencement d'anesthésie de la peau ; la face se congestionne, l'œil s'injecte, les oreilles bourdonnent..., l'excitation morale augmente et atteint souvent des limites incroyables ; les impressions cessent d'être justes.

Sans vouloir décrire ici, même d'une manière sommaire, les phénomènes de cette première période, nous nous contenterons d'ajouter qu'elle peut présenter les modifications les plus bizarres, mais que, en règle générale, elle offre une phase d'excitation légère et une phase d'excitation plus ou moins violente.

A la suite de la période d'excitation, si l'ingestion continue, et souvent même sans cela, survient la réaction, la prostration. Les extrémités sont froides, la peau a perdu sa chaleur, la face se décolore, la tendance au sommeil est manifeste, souvent invincible ; les impressions ont perdu toute leur netteté, l'intelligence est alourdie ; enfin les fonctions cérébrales peuvent être complétement suspendues. Un sommeil comateux plus ou moins profond termine cette période, dont la mort peut être la conséquence.

Si nous supprimons, par la pensée, l'idée de l'alcool, en tant qu'agent déterminant ces effets, nous trouvons qu'ils sont également produits, et de la même manière, par une foule de causes physiques. Ainsi, l'alcool, le vin et toutes les boissons fermentées, les éthers, le chloroforme, les essences et tous les excitants calorifiques déterminent les mêmes faits, dans le même ordre, s'ils sont absorbés à dose croissante ou continuée ; toute introduction dans l'estomac d'une substance quelconque, qui en excite l'activité organique, toute introduction dans les voies respiratoires d'un gaz excitant produit les mêmes phénomènes. Ajoutons, pour être moins incomplet dans ce rapide aperçu, que toutes les causes morales ou matérielles qui peuvent réagir sur la matière nerveuse peuvent conduire à des résultats identiques.

On rencontre, à la vérité, de rares individus qui semblent réfractaires à l'ivresse ; mais cette résistance n'est qu'apparente et l'observation en fournit tous les jours des preuves positives.

En somme, il semble bien difficile d'attribuer aux agents alcooliques seulement la propriété de déterminer l'ivresse, puisque cet état, avec toute la succession des symptômes qu'il présente, peut être produit par des causes très-nombreuses, fort différentes et, souvent, par des agents qui ne renferment pas d'alcool ou qui ne sont pas dérivés de ce principe. En portant à l'extrême les conséquences de ce que nous venons de dire, on peut admettre que tout corps solide, liquide ou gazeux, dont l'action est excitante du mouvement circulatoire, peut et doit être considéré comme une cause possible d'ivresse. De même tout acte matériel, tout travail cérébral, toute excitation nerveuse, de cause physique ou morale, dont la conséquence prochaine est une augmentation progressive de la calorification et une surexcitation de la circulation, devra être envisagé de la même façon, si l'on veut se faire une idée nette et juste de ce qui est, plutôt que de se perdre dans les aberrations des systèmes.

Dè là, nous considérons toute cause, matérielle ou morale, d'exagération marquée dans la circulation aortique, comme une cause prochaine ou possible d'ivresse. Il y a loin de ceci à ne voir dans l'ivresse qu'un état particulier dû à l'*action spéciale* de l'alcool ; mais ce n'est pas à dire, pour cela, que nous ne reconnaissions pas, ce qui est vrai, que les excitants diffusibles alcooliques doivent être placés en tête de la liste des agents enivrants. Au contraire, nous nous rapprochons de l'opinion commune et nous admettons presque des causes spéciales dans les agents enivrants, en ce sens, que chacun de ces agents produit, habituellement, des différences plus ou moins sensibles dans les phénomènes ébriaques et dans leurs conséquences finales. Ainsi, l'alcool, le vin, la bière, le cidre enivrent ; les phénomènes généraux sont communs, mais une foule de circonstances peuvent trahir la nature de l'agent inébriant. Toutes les liqueurs fermentées enivrent ; mais le vin blanc n'enivre pas comme le vin rouge, à dose égale de principe alcoolique. De même, l'absinthe n'enivre pas comme l'eau-de-vie, et celle-ci même, selon son origine et les circonstances de sa production, détermine différentes variétés d'ivresse. La solution aqueuse d'alcool pur, l'eau-de-vie de vin, le tafia, le kirsch, l'eau-de-vie de cidre, le wiskey, le rack, etc., produisent l'ivresse ; mais cette ivresse offre à l'observation des différences plus ou moins caractérisées. Cela tient, selon nous, à ce que l'action générale se compose de plusieurs actions particulières et que l'action de l'alcool est modifiée, augmentée, diminuée par celle des agents qui l'accompagnent. Les huiles essentielles apportent ici leur contingent d'action et, à côté de l'action inébriante proprement dite, il faut admettre des actions particulières sur le centre nerveux.

Tout cela est parfaitement justifié par l'examen des faits. Voici, en effet, ce qui se passe dans l'intoxication ébriaque ou, plutôt, dans l'ingestion d'un agent enivrant quelconque. Le premier phénomène est l'augmentation de la chaleur gastrique ; le second est l'augmentation du mouvement circulatoire, dont le pouls radial peut donner la mesure. Dans les premiers moments de l'exagération de la circulation aortique, le mouvement sanguin détermine une augmentation de travail et, par suite, une augmentation de chaleur vers les capillaires. De là, cette douce calorification de la peau et des membres, cette excitation légère des fonctions cérébrales. Si l'action se prolonge par une continuation d'emploi de la cause inébriante, les faits deviennent tout différents. L'onde sanguine se porte avec plus de violence et d'abondance dans les gros troncs artériels et surtout vers les régions où la mollesse des tissus permet une plus grande dilatation des artères. C'est vers le centre cérébral surtout que se porte le mouvement. Il y a afflux exagéré du sang au cerveau par les carotides. Si, dans la première période d'excitation légère, la coloration de la face est sous la dépendance de l'afflux du sang dans la carotide externe, dans cette même période et, progressivement, dans celles qui suivent, la carotide interne porte au cerveau des masses de sang de plus en plus considérables. Si l'on continue l'observation d'une manière attentive, on constatera, à ce moment, un refroidissement progressif de l'enveloppe cutanée, et la cause immédiate de ce refroidissement n'échappera pas à l'homme habitué à la discussion logique des faits. Tout à l'heure, il y avait de la chaleur périphérique; donc, il y avait un travail. Il y a maintenant refroidissement; donc, il y a cessation de travail... En effet, les capillaires veineux ne peuvent suffire à reprendre, à l'arbre artériel, l'excès du sang qu'il contient; la détente n'est plus proportionnelle; il y a déplétion relative du système veineux et la contractilité des capillaires est, pour ainsi dire, en raison de l'effort trop violent qui les sollicite du côté artériel. De là, stase forcée du sang dans les capillaires artériels, refroidissement progressif, par diminution du travail actif et du mouvement. Le froid des ivrognes est très-compréhensible.

Dans le système artériel, les choses se passent autrement, bien qu'elles soient une conséquence forcée de ce que nous venons de dire. A mesure que l'état se prononce davantage, l'onde sanguine, foulée par le ventricule gauche, parcourt un chemin de plus en plus court vers les portions les plus éloignées, où la détente s'opère plus lentement. En revanche, la colonne sanguine se porte vers des organes mous, vers le cerveau et le poumon principalement, où la dilatation des tubes artériels est moins contrariée. Bientôt, la pulpe cérébrale se trouve comprimée dans la boîte osseuse inflexible qui la renferme et, dès lors, si la situation se prolonge ou si elle est trop violente, on peut s'attendre à toutes les conséquences des lésions cérébrales. En dehors du sommeil comateux et du danger de mort, il est matériellement impossible que cette compression ne détermine pas des altérations fonctionnelles plus ou moins graves; mais la maladie la plus fréquente qui résulte des habitudes crapuleuses est la démence, sous l'une ou l'autre de ses formes.

On trouve la preuve de ce qui vient d'être exposé dans l'examen cadavérique. A l'autopsie, on trouve l'inflammation de la muqueuse de l'estomac. Les cavités droites du cœur et les *grosses veines* sont gorgées d'un sang noir *mêlé de caillots*; enfin, on rencontre tous les phénomènes anatomiques de l'apoplexie méningée et de l'apoplexie pulmonaire...

La mort par l'ivresse est donc la conséquence d'une congestion du cerveau et du poumon, et cette congestion sera toujours déterminée par toute cause d'une exagération du mouvement circulatoire.

NOTE B.

SUR LA CULTURE DE LA VIGNE.

Il importe de ne pas se laisser prendre à une confiance illimitée pour les *créations* du génie moderne en certaines matières, car ces créations ne sont fort souvent que des reproductions. La chose est vraie surtout en agriculture, où les progrès sont d'autant plus lents que l'expérience est plus longue à acquérir. Un essai, une vérification, une expérimentation demande au moins une saison; il y a des faits dont on ne peut obtenir la reproduction qu'après plusieurs années; et c'est en agriculture surtout que le perfectionnement ne s'improvise pas et que l'amélioration est l'œuvre du temps.

Ainsi, le plus grand nombre de nos agronomes, reculant devant la durée des expériences à faire, nous *restituent* les observations des anciens et nous les donnent pour nouvelles, lorsque même ils ne poussent pas les choses jusqu'à se les attribuer à eux-mêmes. Nous ne leur en voudrions pas cependant de leurs plagiats, s'ils y apportaient le discernement nécessaire pour les rendre utiles. Cela n'est pas malheureusement le fait habituel, et nous voyons, sous des titres sonores, de véritables recueils de compilations et d'extraits, dans lesquels le hasard semble avoir été chargé de la collection et du choix à faire. Comme on n'aime pas, du reste, à citer les noms de ceux que l'on met à contribution, que cela n'est plus admis que par les honnêtes gens arriérés, les habiles se créent ainsi, à peu de frais, une réputation de travailleurs, et les hommes les plus sérieux peuvent s'y méprendre. Nous pourrions donner, à l'appui de cette thèse, des renseignements fort curieux sur plusieurs travaux contemporains; nous pourrions faire voir comment certains *illustres* peuvent écrire sur des sujets dont ils ignorent les éléments, et certes, nous n'aurions pas su résister autrefois à cette tentation de démasquer de telles fraudes. Nous préférons aujourd'hui nous abstenir, et vingt années nous ont appris que ces révélations ne corrigent personne, ni les plagiaires, qui continuent leur métier, ni les dupes, qui persévèrent dans l'habitude d'être dupés. Aussi bien ne voulons-nous rien voir en dehors des sujets qui nous intéressent plus particulièrement et vers lesquels nous avons dirigé nos études de prédilection. Les copistes ne manquent pas là plus qu'ailleurs, et il serait possible, sans trop de recherches, de dresser un *catalogue d'origines* où l'on retrouverait la plus grande partie des nouveautés du jour.

Pour la *vigne*, en particulier, la plupart des observations nouvelles sont fort anciennes; l'oïdium lui-même n'est pas si moderne qu'on veut bien le dire, et les modes de culture les plus chaudement recommandés par nos viticulteurs à la mode présentent une antiquité fort respectable.

On lit dans le *Dictionnaire de Bomare* :

« La manière de cultiver la vigne, les soins et les attentions que l'on prend pour préparer le vin, joints à la bonne qualité du terroir et à la bonne exposition, sont les conditions nécessaires pour se procurer des vins d'excellentes qualités...

« Les collines sont, sans contredit, les expositions les plus favorables à la vigne (*Bacchus amat colles*) ; ce sont, pour ainsi dire, autant de grands espaliers où la vivacité de la réflexion des rayons du soleil se trouve unie à l'influence du plein air. Ce sont les vignes plantées sur les coteaux qui donnent le vin le plus délicieux, surtout lorsque la terre est un peu maigre, légère, sèche plutôt qu'humide, mélangée de petits cailloux et de pierres à fusil, qui réfléchissent merveilleusement bien les rayons du soleil, et procurent cette chaleur si propre à former, à concentrer et à exalter le suc des raisins. L'action et les influences de l'air pénètrent facilement dans ces terrains légers, y répandent et y développent mieux les principes de la végétation. Les terres sont d'autant moins bonnes pour la vigne, qu'elles sont plus *fortes* et plus *argileuses*. En général, les vignes plantées dans ces sortes de terrains ne produisent qu'un vin revêche et grossier, et *peu susceptible de se conserver.*

« L'exposition au midi est, en général, la plus avantageuse... (elle) n'est pas la seule cause qui donne au vin son excellente qualité, mais plutôt la qualité de la terre; car chaque vignoble a un grain de terre qui lui est propre; aussi, dans les pays vignobles, y a-t-il des vins de certaines côtes plus renommés que d'autres. L'assiette la plus heureuse pour la vigne est celle d'une colline un peu élevée, aplatie et un peu arrondie au-dessus, parce que le soleil la voit de tous côtés et que l'eau en descend facilement; car l'eau abondante est toujours défavorable à la vigne, et c'est par cette raison que les années pluvieuses ne donnent jamais de bon vin. Les coteaux d'une élévation moyenne et exposés à des vents doux, qui reçoivent obliquement et non perpendiculairement les rayons du soleil, produisent un vin ferme, chaud et durable.

« Il résulte de ces principes que les causes spécifiques de la bonté du vin résident dans la qualité du terroir, la bonne assiette du vignoble et la bonne qualité du plant. A ces causes se joint l'état de l'atmosphère : le vent du nord-ouest est le plus pernicieux à la vigne, parce qu'il est chargé d'humidité et qu'il amène les pluies froides. Le vent qui est le plus favorable est celui du nord, parce qu'il en éloigne tout ce qui lui est nuisible, comme les nuages, les pluies, les brouillards qui lui sont funestes...

« On doit planter les diverses espèces de vignes suivant la nature des terres... Il vaudrait mieux, selon l'observation d'habiles cultivateurs, séparer en différentes portions les cépages, dont la nature est de mûrir plus tôt, d'avec ceux qui mûrissent plus tard; c'est-à-dire mettre ceux qui mûrissent naturellement tard, dans un terrain élevé, chaud, sec et léger, et ceux qui mûrissent habituellement de bonne heure dans les terrains bas, gras et froids. Il est bon d'observer aussi de placer dans les terres légères les espèces délicates, celles qui demandent le moins de nourriture, dans les terres fortes les espèces qui chargent le plus.

« En général, les raisins noirs produisent un vin puissant, vigoureux, chaud et durable; les blancs ne produisent qu'un vin faible, d'une couleur jaune et terne; on doit observer encore qu'une vigne qui porte peu de fruit le porte meilleur, et qu'une vigne vieille produit des vins supérieurs aux autres. Au reste, nous ne pouvons trop le répéter, la qualité et la nature des vins varient suivant les différents pays et suivant les espèces de plants...

« On ne doit jamais planter une vigne la même année dans une terre où on en a arraché une vieille; il faut laisser reposer la terre ou y planter du sainfoin pendant deux ou trois ans. Le temps de planter la vigne est en automne, suivant quelques auteurs, surtout dans les terres sèches et légères; d'autres, au contraire, sont d'avis qu'on doit la planter au commencement du printemps.

« Selon l'auteur de la *Nouvelle Méthode de cultiver la vigne*, il résulte toutes sortes d'avantages à *espacer beaucoup le plant* et à laisser 4 pieds de distance (1m,30) entre chaque cep (3 pieds d'espace pourraient suffire dans la plupart des terrains). Les racines étant les principaux organes de la nutrition des plantes et de leur fructification, elles doivent être le premier objet de la culture, et il est certain que les racines des ceps ainsi éloignés ne se trouvent point affamées par les pieds voisins, et fournissent à leur cep une nourriture plus abondante. La vigne doit naturellement rapporter plus ou moins en raison de ce que ses racines sont plus ou moins fortes, plus ou moins longues, enfin, de ce qu'elles ont plus ou moins de terre pour s'étendre et, par conséquent, plus ou moins de suc à pomper du sein de la terre. Dans cette manière de planter, les racines ayant quatre fois plus d'espace que dans la méthode ordinaire, elles doivent fournir à leur cep quatre fois autant de nourriture et, par suite, quatre fois autant de fruits : la sève, qui aurait été employée à former le bois des ceps surabondants, tourne au profit de la récolte du fruit...

« *Il y a donc tout à gagner à écarter les ceps, et tout à perdre à les rapprocher.* En vain objecterait-on, dit cet auteur, que si leur écartement convient dans certaines terres, il peut être nuisible dans d'autres. Les vignes de Provence, les graves de Bordeaux et quelques autres endroits où les ceps sont encore plus éloignés que nous ne le recommandons, détruisent entièrement cette objection. Les vignes plantées de cette manière donnent de fortes tiges, il est vrai, mais *on peut les rabattre et même étendre les branches à droite et à gauche, comme en contre-espalier, ainsi que cela se pratique en quelques vignobles de Franche-Comté* [1].

« Les autres avantages qui résultent de cette nouvelle méthode, c'est que les ceps ne sont presque point susceptibles de la gelée, parce que l'air, circulant librement, chasse l'humidité. D'ailleurs, la vigne étant moins chargée d'humidité, elle est moins sujette à couler et ses grappes sont moins susceptibles de se pourrir. L'air circulant librement, et la vigne n'étant point surchargée d'humidité, les raisins mûrissent mieux et acquièrent une tout autre qualité que dans les vignobles ordinaires, d'où suit naturellement la plus grande perfection du vin...

« ... *La taille doit dépendre de la vigueur de la vigne* [2]; *si elle est faible, il faut la tailler courte ; si elle est forte, il faut la tailler à vin, c'est-à-dire y laisser de longs bois...* La saison la plus favorable pour tailler la vigne est l'automne...

« Dans certains endroits de la Champagne, au lieu de fumer les vignes, on y apporte des gazons, parce que les végétaux dont ils sont composés fournissent, en se détruisant, d'excellents engrais, qui ne peuvent nullement altérer la qualité des vins : en effet, on dit que le fumier fait graisser le vin blanc et donne un mauvais goût au vin rouge. Toujours est-il vrai qu'une vigne trop fumée donne un vin plus vert, moins spiritueux et qui se conserve moins bien.

« M. Duhamel a essayé sur la vigne sa nouvelle méthode de cultiver les terres en plates-bandes... Pour cet effet, il a établi la vigne en planches, dont il a fixé les proportions à 5 pieds de largeur, pour y pouvoir planter trois rangées de ceps, qui, par conséquent, doivent être à la distance de 31 pouces l'un de l'autre, et, dans l'autre sens, il a mis aussi les ceps à pareille distance les uns des autres. On diminue beaucoup par cette méthode le travail de la vigne, qui se fait très-promptement avec les charrues. Une pièce de vigne, cultivée suivant cette méthode, a rapporté deux cinquièmes de plus à proportion de la récolte qui avait été faite dans la vieille vigne; elle a produit sur le pied de 23 muids

---

[1] On ne peut se refuser à admettre que ce passage renferme l'idée fort nette de la *culture de la vigne en cordons.* (V. *Note* C.)

[2] Et non pas du caprice du premier manœuvre venu ! La taille ne doit pas être une opération à faire aussi légèrement qu'elle est exécutée presque partout.

et 83 pintes par arpent [1] : le vin a été estimé de très-bonne qualité. »

Avant d'aller plus loin, il est à peine utile d'insister sur un fait qui doit avoir frappé le lecteur aussi bien que nous-même, savoir, la ressemblance complète entre les opinions contenues dans cet extrait du *Dictionnaire de Bomare* et les idées des hommes les plus accrédités de nos jours. Ce qu'il y a de bon dans les arts humains se perfectionne peut-être un peu, mais les modifications apportées aux bonnes pratiques ne sont jamais assez grandes pour qu'on ne puisse pas reconnaître l'œuvre du temps, marquée au sceau de l'expérience et de la pratique. A part les différences de culture déterminées par un climat plus chaud, les Romains procédaient, en Italie, par des principes à peu près semblables dans la culture pratique de la vigne. Nous ne prendrons donc pas la peine de remonter à travers les âges pour retrouver les traces des moyens culturaux employés dans les temps légendaires : nous nous contenterons d'analyser les conseils de Virgile à ce sujet.

Après avoir recommandé d'ameublir et de travailler fortement le sol destiné à la vigne, pour lui faire éprouver l'action féconde du soleil, du vent et du froid, le poëte latin considère comme une précaution très-importante de planter la vigne dans un sol analogue à celui dont elle provient ; il conseille même l'usage des *pépinières de transition*, et il ajoute que plusieurs ont le soin de faire une marque à l'écorce, afin de conserver au plant la même direction qu'il avait auparavant.

Si l'on plante en un sol gras et fertile, on peut serrer les ceps davantage ; on doit les écarter dans les sols déclives et sur les collines [2].

La vigne ne sera pas plantée profondément, comme cela est nécessaire pour d'autres arbres ; elle ne doit pas être exposée au couchant ; on ne doit pas souffrir auprès d'elle les plantes épuisantes, et les boutures doivent être prises au bas de la souche mère [3].

Qu'on ne cultive pas le sol des vignes pendant que souffle le vent du nord. Le meilleur moment à choisir pour la plantation de la vigne est le premier printemps, ou l'époque des premiers froids de l'automne [4]...

[1] Le muid de Paris, pour les liquides, valait 288 pintes de 48 pouces cubes ($0^l,931$). C'était donc une récolte de 62h.56 par arpent, ou de 122 hectolitres par hectare, en partant de l'arpent des eaux et forêts, valant 0h.51a, 07. Cette récolte était bien au-dessus de ce que nous faisons aujourd'hui.

[2] Collibus an plano melius sit ponere vitem,
    Quære prius. Si pinguis agros metabere campi,
    Densa sere : in denso non segnior ubere Bacchus.
    Sin tumulis acclive solum collesque supinos,
    Indulge ordinibus...

[3] Forsitan et scrobibus quæ sint fastigia quæras.
    Ausim vel tenui vitem committere sulco...
    Neve tibi ad solem vergant vineta cadentem ;
    Neve inter vites corylum sere ; neve flagella
    Summa pete, aut summa defringe ex arbore plantas
    (Tantus amor terræ) ; neu ferro læde retuso
    Semina...

[4] Optima vinetis satio, quum vere rubenti
    Candida venit avis, longis invisa colubris,
    Prima vel autumni sub frigora, quum rapidus sol
    Nondum hiemem contingit equis, jam præterit æstas.

La fumure et le terrage à la plantation, l'assainissement du sol par une sorte de drainage qui rend la terre perméable à l'eau et à l'air,[1] le buttage, la culture au hoyau ou à la charrue, l'échalassement, n'ont pas échappé au chantre des *Géorgiques*. Le grand poëte ne veut pas qu'on taille les jeunes vignes; on doit se contenter d'un *pincement* et réserver la taille pour le moment où le précieux arbuste embrasse les ormeaux de son branchage luxuriant. Qu'on écarte avec soin le bétail, dont la dent est plus nuisible à la vigne que les ardeurs d'un été brûlant ou les froids d'un hiver rigoureux; mais qu'on n'oublie pas que la vigne requiert un travail incessant, qu'on n'a jamais assez fait pour elle et que, du commencement à la fin de l'année, les travaux du vigneron se succèdent sans interruption. Virgile termine ses conseils sur la culture de la vigne par le plus sage des préceptes agricoles : Laisse à d'autres, dit-il, l'orgueil des vastes possessions, et contente-toi de *cultiver parfaitement* un modeste domaine :

Laudato ingentia rura ;

Exiguum colito...

(Virg., Géorg., II, passim.)

Nous terminons cette note en reproduisant presque entièrement un document fort intéressant du comte F. de Neufchâteau, et placé par lui au nombre des pièces justificatives de son ouvrage [2].

Ce document est extrait des notes de l'auteur sur le *Théâtre d'agriculture*, d'Olivier de Serres...

« Si vous me demandez, dit Caton, mon avis sur le meilleur bien de campagne, voici ce que je pense : La vigne qui est bonne est le premier des biens ruraux. Après elle, vient le jardin que l'on peut arroser.

« Columelle préfère aussi la plantation de la vigne à toute autre plantation.

« Mais, quel est le produit des vignes ? A-t-on à cet égard des données suffisantes ? Pour décider l'emploi du sol à telle ou telle espèce de végétaux de préférence, il faut d'autres raisons que des vues générales et des éloges oratoires. En fait d'économie rustique, tout aboutit à des calculs, et tout se résout par des chiffres.

« Celui des auteurs anciens qui a le mieux écrit sur les vignes a senti cette vérité.

« Avant de disserter sur la plantation des vignes, Columelle examine si cette culture convient au père de famille et si elle peut l'enrichir. La question était douteuse; les auteurs étaient partagés. C'est le sujet d'un de ses plus curieux chapitres, dans lequel il veut démontrer, aux amis de l'agriculture, l'importance des vignes et leur fécondité. J'abrège beaucoup les détails, pour arriver au résultat. Columelle établit qu'un vigneron ne peut cultiver que 7 *jugera* ou anciens arpents romains, dont chacun contenait

---

[1] Quod superest, quæcumque premes virgulta per agros,
Sparge fimo pingui, et multa memor occule terra ;
Aut lapidem bibulum, aut squalentes infode conchas ;
Inter enim labentur aquæ, tenuisque subibit
Halitus, atque animos tollent sata...

[2] *Dictionnaire d'agriculture pratique*, 1827.

28,800 pieds carrés[1]. Si mauvaises que soient ces vignes, pour peu qu'elles soient cultivées, elles doivent produire 1 culleus par *jugerum*, ou 2 barriques et demie, de 240 pintes, par arpent romain, ce qui suffirait encore, selon lui, pour l'emporter encore sur l'intérêt à 6 pour 100 de toutes les avances. Ce n'est pourtant pas le calcul auquel Columelle s'arrête; il veut qu'on arrache les vignes, quand elles ne rapportent pas 3 *cullei* par *jugerum*, ou 7 barriques deux tiers par arpent de 28 800 pieds carrés, ou de 12 à 13 barriques de 240 pintes chacune par demi-hectare ou grand arpent de 100 perches de 22 pieds.

« A prendre aujourd'hui à la lettre cette décision, il s'ensuivrait qu'en France il faudrait arracher presque toutes les vignes, si l'on jugeait de leurs produits par les états ou inventaires recueillis dans le *Cours d'agriculture* de Rozier, t. X, p. 129 et suivantes.

« Sous Louis XIV, Vauban évaluait le produit de 1 arpent de vigne à 4 muids, année commune; c'est bien loin des 12 poinçons qu'exigeait Columelle.

Un ouvrage imprimé à Pontoise, en 1797, calcule que 1 arpent de vigne, dans les environs de Paris, contient 7 500 échalas vêtus, lesquels doivent produire, suivant une évaluation moyenne, 7 500 livres de raisin ou 7 muids et demi de vin, 1 000 livres de raisin pressuré étant estimées rendre 1 muid de vin[2]. Ce serait par arpent 8 barriques deux tiers. Conséquemment, il faudrait encore appliquer à ces vignes l'arrêt de Columelle, qui veut que l'on extirpe toutes celles dont le produit ne peut s'évaluer entre 12 et 13 poinçons pour l'arpent ou demi-hectare.

« On n'a pas laissé d'essayer différents moyens d'augmenter le produit de nos vignes.

« Duhamel du Monceau avait voulu leur appliquer les principes de la culture appelée à *la Tull*. Il plaçait dans les planches 3 rangées de ceps, à 30 pouces en tous sens, et laissait entre les planches des plates-bandes de 5 pieds, qu'on labourait à la charrue. 20 planches de 40 toises de long, faisant environ l'étendue de 1 arpent, ou demi-hectare, devaient produire 6 720 pintes de vin, ou 23 muids 96 pintes, 10 384 litres[3]; ce qui ferait le double du produit annuel que Columelle demandait aux vignes bonnes à garder.

« Ce résultat, sans doute, était digne d'attention, mais les essais faits en petit par un syndic de la république de Genève (Château-Vieux), ne furent pas assez connus et n'eurent pas d'imitateurs

« Depuis cette époque, la Société d'agriculture de Valence, en 1772,

[1] Valeur métrique, 3 039 mètres carrés, ou 30a,39.

[2] Il est évident que le défaut de division et de pression suffisante rendaient cette évaluation trop faible. De nos jours, nous pouvons retirer facilement de 75 à 80 de jus pour 100 de raisin. En ne comptant que sur 75 pour 100, le rendement en vin serait encore de 350 litres par 500 kilogrammes de fruits (1 000 livres), en sorte que le produit du grand arpent ou demi-hectare par 3 750 kilogrammes de récolte serait de 2 625 kilogrammes de vin, ou 26h,25, représentant 11 barriques 8/10 à 223l,44. Ces vignes auraient pu échapper à la proscription de l'agronome latin.

Erreur de calcul à signaler. Le muid de Paris de 288 pintes valait 268l,128. Le produit de l'arpent était, comme nous l'avons vu, de 6 255 litres (62h,55), représentant 12h,50 par hectare l'Académie de Metz eu 1775, et auparavant l'abbé Roger Schabol et d'autres, ont préconisé l'*alignement des vignes en espaliers et en perchées*, avec des intervalles considérables entre ces lignes; mais nous n'avons point de relevé positif du succès des expériences qu'on a provoquées dans ce but et nulle part, du moins à notre connaissance, on n'a exécuté en grand cette méthode heureuse des ceps de vigne en espaliers ou en treillages, parfaitement décrite dans le mémoire de Durival, imprimé à Nancy en 1777. Il avait pris l'idée de Roger-Schabol, en remplaçant pourtant les perches transversales par deux lignes de *fil de fer*, etc.

« Durival soupçonnait, au reste, que l'on pourrait encore simplifier cette méthode. Et c'est à quoi paraît avoir tendu l'estimable anonyme qui a publié des principes *sur la Culture de la vigne en cordons*, in-8°, à Châtillon-sur-Seine, 1825. Mais cet ouvrage, trop succinct, ne donne que des espérances dénuées de calculs et de comparaisons, sur les produits de ces cordons, dans un terrain donné, et mis en parallèle avec le système ordinaire.

« Tout ce que je viens d'exposer reste fort au-dessous de ce qu'on nous annonce de la culture de la vigne en *cônes* ou en *pyramides*, culture d'un produit qui paraît incroyable, et qui a été transportée de la rive droite du Rhin à Barr, près Andlau, en Alsace. Suivant cette méthode, les ceps formés en pyramides, et à *huit pieds* (2^m,60) les uns des autres, une fois arrivés à l'âge de sept ans, produisent annuellement 50 livres de raisin, et quelquefois 60 ; 1 arpent, ou demi-hectare, comprenant donc 750 de ces cônes ou pyramides, donnerait 375 hectolitres de vin et nourrirait en outre largement son cultivateur par le produit des plantes cultivées dans les intervalles, ce que la culture ordinaire ne peut jamais admettre. »

NOTE C.

SUR LA TAILLE DE LA VIGNE EN CORDONS.

Nous avons dit (p. 113) que le palissage en cordons n'est qu'une extension de l'éventail, mais que nous regardons ce mode de palissage comme inférieur à l'éventail... Nous croyons devoir au lecteur d'analyser rapidement un mémoire de M. L. Laliman sur la *Taille de la vigne en cordons*, présenté au congrès scientifique de Bordeaux. La question du programme était celle-ci : « Examiner si une véritable révolution agricole ne résulterait pas d'une simple modification de la taille de la vigne (taille horizontale ou à cordons). Indiquer les avantages qui découleraient de cette modification. »

L'auteur du mémoire débute par des plaintes énergiques, un peu exagérées peut-être, sur la tendance à l'anglomanie, sur l'introduction des machines en agriculture et sur la désertion du sol par les enfants des campagnes... Sur ce dernier point, M. Laliman est dans le vrai. « Pas un fils de laboureur, dit-il, qui ne rougisse en France de l'état de son père ! pas un *produit de l'école mutuelle* qui fasse un laboureur ! L'énervation d'une plante de serre chaude est identique à celle de nos écoliers, qui ne peuvent et ne veulent affronter nulle fatigue, ni pluie, ni vent, ni soleil ! » Cela est vrai, et le déclassement social est aujourd'hui la grande plaie. Tous ces incomplets, dont la seule qualité est la paresse jointe à une ambition et à une vanité démesurées, ne deviennent pas des cultivateurs robustes, des hommes utiles; ils se font valets, commis de nouveautés, garçons de café, etc.; êtres hybrides, sans force morale et sans virilité, ils recherchent les métiers de la femme, que leur intrusion jette en pâture au vice; ils veulent vivre par le minimum du travail et ils font tout ce qui dégrade, rien de ce qui élève ou de ce qui fortifie. Heureux encore lorsqu'ils n'ont pas la prétention de devenir les éducateurs du peuple et lorsqu'ils ne vont pas grossir la tourbe éhontée de ce journalisme parasite, qui compte aujourd'hui tous les vices, toutes les incapacités, toutes les turpitudes! Impropres à tout, ne gagnant pas le pain qu'ils mangent, ils se proclament les apôtres du progrès, parlent sur tout, déraisonnent sur tout, et ils parviennent trop souvent à entraîner à leur suite la foule ignorante et crédule... Ce déclassement nous entraîne vers la ruine des choses agricoles et nous comprenons parfaitement qu'il inspire les plaintes des hommes de cœur...

M. Laliman rappelle l'origine de la taille, attribuée à la gloutonnerie d'une chèvre, et il rencontre la culture *horizontale* dans la disposition des vignes des anciens, dont les ceps, soutenus par des arbres, s'étendaient horizontalement de l'un à l'autre. Il trouve que la taille moderne exige plus de raisonnement, plus de calculs, plus de dépenses, plus d'habitude, tandis que tout homme peut arriver en peu d'heures à pratiquer la taille en cordons. La culture du Médoc est celle de *hautains nains*, dont les rameaux affectent l'horizontalité et, par là, sont plus fructifères que dans la disposition verticale; mais cette culture exige des frais considérables que l'auteur évalue comme supérieurs à 639 francs par hectare, et qui ne sont possibles qu'avec des produits de qualité exceptionnelle. On pourrait rendre cette culture plus économique en remplaçant les lattons de support par du fil de fer n° 9, qui dure plus longtemps que le bois. Plus tard, un cep se reliant à l'autre, on pourrait retrancher une partie des supports.

Dans les terrains médiocres, la culture en lignes et à cordons paraît être l'idéal de l'auteur, bien qu'il regarde cette culture comme trop coûteuse dans ce cas. Dans les palus, les ceps devront être plus élevés, plus espacés, exiger moins de tuteurs. Par une hauteur plus grande, on évitera certaines gelées, on diminuera la coulure et l'action des brouillards, on craindra moins les limaces; les façons pourront n'être pas si rapprochées, et l'on pourra cultiver du froment et des féverolles dans les intervalles: 1m,50 à 1m,75 sera une hauteur suffisante. Dans un meilleur sol, la hauteur peut être calculée pour permettre le passage des animaux et l'éducation des oiseaux de basse-cour... On espacera selon la richesse du terrain. Il vaut mieux avoir un ou deux ceps, écartés de 6 à 7 mètres, supportés par un tuteur sec ou un arbre émondé, que d'avoir quatre ceps en éventail à 2 mètres d'écartement[1]. L'abondance est plus grande, la sûreté de la récolte mieux assise, le bêchage réduit au quart, enfin, les dépenses de plantation et d'échalassement sont considérablement réduites. Après la troisième ou la quatrième année, la suppression du fil de fer est inévitable; l'enlacement des branches suffit à prévenir les ruptures. En outre,

---

[1] Cette opinion nous paraît un peu hasardée. Nous reproduisons les idées principales de M. L. Laliman, sans les discuter et sans en accepter la responsabilité.

M. Laliman trouve que, avec cette disposition, la taille est accessible à tout individu, tellement stupide qu'il soit. Le sarment est-il gros et allongé? on y laisse *plus ou moins* de boutons. Est-il faible? on le raccourcit. Quand il est arrivé au pied voisin, il n'y a plus qu'à rabattre les cols le plus près possible du vieux bois en y laissant plus ou moins d'yeux, selon la vigueur du cépage, et cette pratique résume tous les secrets de la taille à cordons...

Nous ne pensons pas, pour notre part, que la taille ainsi conduite soit une opération rationnelle, conforme aux connaissances physiologiques qu'on doit acquérir sur la vigne; mais, encore une fois, nous analysons, nous ne discutons pas.

En ce qui concerne l'élévation des ceps, l'auteur du mémoire croit que, avec une hauteur de 1m,75, on pourrait pratiquer dans la vigne l'éducation du bétail et des oiseaux de basse-cour. L'élève des chevaux et le pâturage exigeraient plus de hauteur, ce qui rendrait le soufrage (?) plus difficile et la vendange plus pénible... Au-dessus de 60 centimètres du sol, le fruit de la vigne ne profite plus *du tout* de la chaleur que peut lui communiquer la terre par la réverbération; les vignes dites *de palus*, ténues à la mode du pays, n'absorbent pas ce supplément de calorique et poussent d'autant plus en bois et moins en fruit qu'elles sont plus vigoureuses et plus resserrées; elles vivent dans un état apoplectique; trop de sève les fait couler; trop de branches nuisent à la floraison et à la maturité du bois et du fruit; il faut émonder deux ou trois fois sans résultat pendant l'été; la coulure a déjà exercé son action.

En 1860, dans une vigne, les ceps hauts de 2 mètres furent jugés par une commission comparativement à ceux plus bas des rangs voisins; la maturité fut trouvée identique. Quant à l'abondance, un seul cep donnait *le produit de six*; les grappes, plus nombreuses, étaient mieux nourries et plus allongées... La culture haute exige fort peu de travail du sol; 33 centimètres de labour, répété deux fois l'an autour du cep, sont un espace suffisant, et le terrain intermédiaire doit être en cultures ou en prairies... On doit se contenter dans les palus d'un labour très-peu profond. Une vigueur excessive nuit à la vigne, puisque, dans certaines parties du Var et du Languedoc, on récolte jusqu'à 200 hectolitres à l'hectare, tandis que des vignes, en Gironde, plantées en meilleur sol, avec des cépages plus abondants, ne fournissent jamais le quart de cette récolte. Ce résultat tient à la culture, aux récoltes accessoires, au manque d'espace...

En résumé, la culture des vignes en lignes droites et à cordons abrége et facilite le travail; elle économise les échalas, ajoute à la vitalité des ceps; elle améliore la qualité par l'aération du fruit; elle combat la voracité des mollusques, les dangers des brouillards et des gelées, et elle se prête à la culture rez du sol comme à celle plus naturelle des hautains.

A l'appui de ses opinions, M. Laliman cite, en Espagne, des vignes élevées dont chaque cep fournit annuellement de 20 à 25 arrobes de raisins, chaque arrobe étant de 25 livres. Il indique dans son propre jardin des ceps hauts, âgés de cinq ans, qui portent deux cent quarante grappes... Enfin, M. Laliman ajoute que cette culture permet la plantation des arbres en quinconces espacés de 15 en 15 mètres ou plus, en les disposant par

séries selon l'exposition et la persistance du feuillage; ces arbres, convenablement élagués, pourraient servir de support à la vigne.

Observations. — En dehors de toute pensée critique, nous nous contenterons de faire remarquer ici que, si la culture de la vigne en ceps élevés
disposés en cordons paraît être le type idéal de M. Laliman, si cette culture présente, en effet, des avantages incontestables, la disposition en pyramides, plus ou moins élevées et éloignées du sol, plus ou moins écartées,
selon la qualité du terrain, nous semble offrir les mêmes avantages d'une
part et, de plus, nous pensons qu'elle est plus profitable sous le rapport de
la fécondité. La culture en cônes est plus économique, puisqu'elle n'exige
aucun support. Quant à l'élévation des vignes, nous ne voyons guère l'opportunité de l'exagérer dans les conditions indiquées, et ce n'est qu'avec une
sorte de répugnance que nous entendons louer l'introduction du bétail ou
des oiseaux de basse-cour dans les vignes. Ce que nous disons à cet égard
ne doit certainement pas être considéré comme un blâme de la culture en
cordons, mais notre préférence est acquise à la culture en cônes, pour des
raisons graves, déduites des faits et de l'expérience. Rien n'empêcherait,
au demeurant, d'établir un cordon tout autour d'une vigne et de planter
le reste en pyramides. Ce serait le meilleur moyen de trancher pratiquement la question viticole. Dans tous les cas, ces deux modes l'emportent
de beaucoup sur toutes les autres méthodes suivies et ne sauraient leur
être comparés.

NOTE D.

SUR LES VIGNES D'AMÉRIQUE ET LA VALEUR DE LEURS PRODUITS.

Le viticulteur distingué auquel nous avons emprunté les données de la
note précédente a présenté également au congrès scientifique de Bordeaux
un mémoire remarquable sur les cépages américains. Nous analysons les
données les plus importantes de ce travail.

Les premiers explorateurs de l'Amérique du Nord furent étonnés de la
prodigieuse quantité de vignes qu'ils y rencontrèrent, à ce point qu'ils
lui donnèrent le nom de *Terre de la vigne...* Pour qui connaît la fougue
et la persévérance américaines, il paraît certain que notre industrie viticole
doit subir avant peu un choc redoutable ; nos exportations dans le nouveau monde doivent éprouver une désastreuse diminution et, de l'influence
des Sociétés de tempérance aussi bien que des lois prohibitives, il peut
résulter que les produits américains nous fassent concurrence, d'une part
et, de l'autre, nous ferment le commerce transatlantique. Déjà les esprits
américains affluent sur nos marchés. Pour nous prémunir contre ces dangers, il faut améliorer et modifier notre culture, simplifier notre législation intérieure et introduire chez nous des cépages abondants, robustes,
qui soient à l'abri de l'oïdium, tout en n'exigeant qu'une culture moins minutieuse et plus économique.

En ce qui concerne la température, il existe en notre faveur une différence de 5 degrés à latitude égale, entre la partie occidentale de l'ancien
continent et la côte orientale de l'Amérique. Les vignes qui sont cultivées

en Amérique jusqu'au 43e degré de latitude nord pourraient prospérer en Europe jusqu'au 49e à l'ouest et jusqu'au 52e à l'est, sauf exceptions causées par des situations particulières.

Les vignes asiatiques n'ont jamais pu s'acclimater dans les États de l'Union. En revanche, les vignes indigènes de toute espèce ont été cultivées sur la plus vaste échelle. Quelques années ont suffi pour couvrir de vignobles le nouveau monde, qui ne redoute aucune maladie pour ses cépages, et qui fournit déjà les vins les plus variés. Et encore, en admettant que les vins américains soient détestables, leur consommation dans le pays nuira à notre exportation et, en tout cas, ils peuvent fournir de bons produits par la distillation. La vigne croît à l'état sauvage vers les sources du Missouri et ses fruits sont de très-bon goût, bien que les froids de l'hiver y soient très-rudes, la température s'abaissant, en novembre, jusqu'à 21 degrés au-dessous de zéro. De même, au Canada, malgré des froids excessifs en hiver et une température extrême de 35 degrés en été, certains cépages ont été implantés avec succès...

Les vignes américaines introduites en Europe n'ont pas été atteintes par la maladie, résistent aux plus grands froids et plusieurs offrent des qualités très-remarquables sous le rapport du goût, de la saveur et de l'abondance des produits. Nous ne nous arrêterons pas à la question de nomenclature à l'égard des variétés, tellement nombreuses que l'on en a évalué le chiffre à plus de 200; mais nous ferons remarquer avec M. Laliman, d'après M. Longworth, de Cincinnati, que l'on doit se méfier de la taille à *court-bois* préconisée en Amérique par quelques exploiteurs européens. Le géant des végétaux ne saurait utilement être réduit à l'état de nain et il ne peut s'accommoder de leurs amputations systématiques...

En défalquant les hybrides et en laissant de côté les exagérations intéressées, M. Laliman estime que l'on peut ramener à quatorze types avec cent vingt variétés les vignes indigènes de l'Amérique, sauf vérification ultérieure par les œnologues.

Le *Catawba* est très-productif; il se met à fruit dès la seconde année. Ses grappes moyennes, compactes, à grains gros, serrés, et plus ou moins rouges, donnent un vin capiteux et une eau-de-vie de bon goût; il donne en Europe jusqu'à 9 kilogrammes de fruits par cep, dès la troisième année.

L'*Isabelle* est un cépage très-vigoureux, très-abondant lorsqu'on le taille long; son fruit ne pourrit jamais; ses grappes larges et compactes, à grains noirs très-colorés, fournissent un vin parfait en mélange. Maturité vers le 15 septembre.

Le *Delaware* est un des meilleurs cépages américains; il est lent à venir; mais, à quatre ans, il devient très-vigoureux, il mûrit de bonne heure et donne un produit de bonne qualité. De ces deux variétés l'une donne un vin qui est égal au tokai, l'autre imite le bourgogne.

Le *York-madeira*, à grappes moyennes, à grains noirs, très-doux, mûrit même avant l'isabelle; il n'a pas été apprécié en Europe, parce qu'on l'a taillé à court-bois, et qu'il donne peu dans cette condition.

Le *Hartford-prolific* est un cépage à raisin très-coloré qui donne des produits analogues à ceux de nos teinturiers.

Ces variétés appartiennent au type *labrusca*. Il paraît nécessaire de ne pas faire fermenter les pellicules avec le moût, sans quoi les vins produits acquièrent un goût particulier qui est parfois assez répulsif; cependant, l'auteur du mémoire ne regarde pas cette précaution comme indispensable lorsque ces cépages sont mélangés et qu'ils n'atteignent pas le quart de la vendange.

Parmi les variétés du type *vitis æstivalis*, le *Waren* donne un raisin d'un goût exquis; sa grappe est large, à petits grains peu serrés. Le vin qui en provient égale le meilleur madère. La *Pauline* est un des meilleurs cépages pour raisin de table; les grains moyens, ambrés, pâles, de ses larges grappes compactes, donnent des produits voisins de ceux du waren. La plante devient robuste après les deux premières années. Le *Lenoir* conviendrait parfaitement aux crus français: il donne peu, mais il produit un vin distingué qui imite les vins de Médoc. L'*Ohio* est fertile, à grains noirs, petits, à grappes longues; il ne mûrit ni tôt ni tard, et donne un vin très-alcoolique, de belle nuance, ressemblant au vin de Roussillon. Le *Black-July* donne sagement, mûrit de bonne heure; grappes compactes, moyennes; grains blancs ou noirs, saveur douce et vineuse. Le *Clinton* fait de très-bon vin et produit en mélange un bordeaux parfait. Il supporte des froids considérables et mûrit très-bien dans le Haut-Canada.

Le *Scuppernong* est lent à venir, mais robuste et d'une fécondité telle, qu'il a donné dans l'Alabama sur le pied de 300 hectolitres par hectare. Espacé, à vingt ans, un pied donne jusqu'à 150 kilogrammes de raisin: il a un goût étrange et ne doit pas cuver.

Un pied de *Mustang*, âgé de huit ans, a fourni jusqu'à 245 litres de vin, corsé et riche... Le *Fox-grape* produit des grappes abondantes qui ont jusqu'à 33 centimètres de long...

Aucune maladie ne frappe, en Europe, les vignes américaines; elles offrent le spectacle d'une vigoureuse santé au milieu de pampres brûlés et anéantis. Les mollusques ne leur font aucun mal; elles ne sont pas sujettes à la coulure, leurs fruits ne pourrissent jamais et, si elles gèlent, les contre-boutons donnent encore une abondance remarquable. Autre remarque non moins digne d'intérêt: en 1860, lorsque les vins de palus, en Gironde, ne donnaient que 7 pour 100 de force alcoolique, les vins des vignes américaines fournissaient 8,5 pour 100...

Et quand même l'Union produirait des vins mauvais avec ses vignes, ce n'est pas une raison pour affirmer qu'on fera des vins identiques, en France, avec les mêmes cépages; ce n'est pas une raison pour ne pas en introduire dans nos cultures une certaine proportion, selon les cas et les circonstances.

Les vins rouges d'Espagne, malgré leurs défauts et leur infériorité, s'introduisent sur nos marchés; les trois-six allemands, anglais, américains sont arrivés à l'emporter sur nos produits similaires; les vins d'Amérique ne feront pas exception à la règle générale: la production abondante et sans entraves est le point de départ du progrès de la consommation. C'est en produisant beaucoup que nous pourrons arriver à lutter contre les désavantages de notre situation.

M. Laliman insiste sur la nécessité d'une *taille généreuse* et d'un grand espace entre les ceps; nous partageons cette opinion que nous regardons comme la base essentielle de toute bonne culture de la vigne, aussi bien pour les espèces européennes que pour les variétés américaines.

Très-partisan de la conservation de nos fins cépages, et avec juste raison, l'auteur du mémoire voudrait voir introduire les cépages américains dans nos crus de vins ordinaires... « A mon avis, dit-il, tout gît dans les mélanges convenables, dans l'assortiment des cépages, dans le choix judicieux des vignobles à créer, dans la manipulation adroite, et dans l'opération du cuvage, qu'il faut étudier avec soin... Créez des pépinières, faites des semis de ces espèces sauvages et à peine interrogées, qui répondront, surtout en France, par des produits plus distingués. »

NOTE E.

LA NOUVELLE MALADIE DE LA VIGNE.

Ce n'est pas, certes, par un esprit de parti pris ou de système préconçu, que nous nous élevons contre certaines manies qui font toujours, chez nous, un chemin trop rapide. Nous portons nos vues ailleurs et nous ne visons pas à la célébrité. Ce sera beaucoup d'avoir cherché à être utile. Que ces messieurs les commissaires de toutes les enquêtes possibles ne nous en veuillent donc pas trop, si nous leur demandons un peu plus de sérieux dans l'esprit, un peu plus de réflexion dans ce qu'ils appellent pompeusement *leurs travaux*. La France est le pays des commissions. Or, grâce aux commissions, les erreurs prennent une force et une durée dont les gens de simple bon sens auraient lieu de s'étonner, s'ils ne connaissaient la manière dont les choses se passent. Il suffit qu'une absurdité, qu'une sottise systématique ait été enfantée par quelque *savant en renom*, pour que, pendant des mois et des années, les commissions se croient obligées de soutenir ou d'exciter le zèle des adeptes. C'est ainsi que nous avons vu la doctrine de M. Boussingault, reniée par son auteur, devenir un article fondamental de la croyance agricole parmi nos agriculteurs parisiens. Les commissions ont pris l'azote pour base; tout se fait par l'azote, et cela durera cinquante ans encore. De même, il plaît à M. Ville de s'emparer des idées allemandes au sujet des matières minérales, qualifiées du titre d'*engrais* par un germanisme peu compréhensible; les commissions se mettent à l'œuvre, et nous voilà avec une plaie de plus. Il y en a des centaines de ce genre.

L'oïdium est encore une preuve de plus de la pernicieuse influence des commissions en matière agricole. Contre cette maladie, qui n'existe jamais dans une culture saine et logique, les commissions n'ont trouvé que le soufrage. On se sert encore aujourd'hui de ce palliatif absurde, et l'oïdium subsiste toujours.

Enfin, il se montre une *nouvelle maladie* de la vigne, maladie bien ancienne, malgré sa nouveauté, et, tout aussitôt, une commission jette dans le public agricole une nouvelle série d'erreurs. Disons cependant que cette commission nous a trompé dans nos prévisions. Nous avions pensé qu'elle découvrirait un champignon et un insecte comme causes du fléau qu'elle avait à étudier ; elle n'a trouvé qu'un insecte, et c'est un puceron qui est l'artisan de tout ce mal !

Nous aurions désiré que ce sujet fût examiné par des agriculteurs assez

instruits pour chercher avec intelligence; assez ignorants de la question du
parasitisme pour ne pas *en mettre partout* : la conclusion eût été différente.

Nous ne voulons pas nous étendre sur cette misère. Nous ferons seulement remarquer au lecteur que les choses ont été prises au rebours. Le
puceron incriminé n'a pas pu se faire tout seul exprès pour la ruine de
nos vignobles. Comme tous les pucerons du monde, il provient d'un œuf,
et cet œuf ne s'est pas non plus produit tout seul. Comment la commission
explique-t-elle la formation de cet ennemi ? Il y aurait, assurément, bien
des divergences d'opinion. En attendant la *lumière* (?) d'une décision académique, ce qui n'engage pas à grand'chose, voici un fait assez singulier
qui nous paraît avoir un poids dans la balance.

Nous avions semé, en 1868, quelques graines de *lupin bleu*. Certaines de
ces graines ne levèrent pas et nous voulûmes étudier la cause de ce retard.
Les graines retirées de la terre étaient à peu près pourries et elles étaient
entourées d'un nombre très-considérable de petites scolopendres blanches,
de 1 centimètre à 1 centimètre et demi de longueur, et de moins de 1 millimètre de diamètre. A la rigueur, on pouvait supposer la préexistence
d'œufs de cette espèce d'insectes au point précis où les graines avaient
été déposées. Nous croyons avoir trouvé, en 1869, la véritable cause de la
production anormale de ces mille-pieds. Partout où du fumier de poule avait
été déposé, ces mêmes scolopendres fourmillaient littéralement au bout
de quelques semaines de fermentation. De la poulnée, placée dans un pot à
fleurs, présenta la même production... Depuis, nous avons eu vingt fois
l'occasion de constater la présence de ces insectes à la suite de la même
cause.

Il nous semble qu'il aurait été illogique, autant que contraire aux faits
réels, de regarder ces insectes comme la cause primitive de la non-germi-
nation des graines de lupin et de la mort de plusieurs plantes qui ont péri
dans les mêmes circonstances. Aussi avons-nous fait remonter l'origine de
ces faits aux excréments de poule, et avons-nous considéré l'action caustique de l'ammoniaque dégagé par ces matières comme la seule nuisible
aux plantes attaquées. Que ces substances aient contenu des œufs d'où
les mille-pieds devaient sortir, le fait ne nous paraît pas douteux, pas plus
que nous ne trouvons étrange que ces insectes se soient attachés à la matière végétale en décomposition, aux racines malades près desquelles ils
étaient éclos.

De même, pour le puceron de la vigne (?), est-on bien sûr qu'il soit le
vrai coupable? Cela nous semble problématique. Que la vigne soit devenue
malade, qu'elle ait péri sous une certaine influence, que les pucerons se
soient attachés aux racines, aux tissus en voie d'altération dans les plantes
atteintes, la chose est très-compréhensible ; nous l'admettons d'autant plus
volontiers que nous acceptons comme un fait l'existence de ce puceron.
Mais ici, comme dans l'affaire du champignon trop célèbre de la vigne,
auquel tant d'illustrations nouvelles ont demandé une gloire facile, nous
contestons que le puceron soit la *cause*, nous le regardons comme un des
effets de la maladie. Sans prendre la peine d'accumuler contre les conclusions de la commission les mille raisons scientifiques qui plaident en faveur
de notre manière de voir, nous lui ferons seulement une objection : si le
puceron est la cause du mal, la cause vraie, si ce petit insecte à corps

mou, que le moindre froissement déchire, qui redoute tant d'ennemis, qui n'a pas d'instruments de destruction à sa disposition, a *pu* réellement attaquer le tissu des racines et des radicelles de la vigne, au point de la faire périr dans une étendue considérable de pays, comment se fait-il qu'il soit resté un seul cep de la même espèce que ceux qui ont été envahis? comment se fait-il que, dans les localités envahies, il soit resté un seul pied de vigne?...

Il y en a qui sont demeurés inattaqués au centre de l'infection; d'où cela vient-il? Le puceron, trouvé si à propos et érigé en *ampélophage*, aurait-il des caprices?

Lorsque la petite passion aura cédé à la raison, que ces tempêtes dans un verre d'eau auront été remplacées par l'accalmie, il arrivera ce qui est arrivé pour le parasite de MM. Montagne et Tucker. On dira que la vigne, mal cultivée, placée dans certaines conditions d'amendements irrationnels, d'engrais mal appliqués, choisis sans discernements, tombe dans un état d'affaiblissement et de maladie qu'on aurait pu et dû prévoir, que l'altération des radicelles et leur désagrégation en sont les conséquences primaires, que, à la suite de ces altérations, les pucerons de telle espèce affluent *autour des points malades* pour y rechercher les exsudations et les excrétions dont ils sont avides... Alors, on finira par où l'on aurait dû commencer. On reléguera le puceron au dernier plan et l'on s'occupera de rechercher les causes primitives de l'altération organique. Il sera bien temps de connaître le mal lorsqu'il aura exercé ses ravages sur des provinces entières!

NOTE F.

VÉRIFICATION DENSIMÉTRIQUE DE LA VALEUR SUCRIÈRE DES FRUITS.

Sans attacher une importance exagérée aux indications de la densimétrie par rapport à la valeur sucrière des moûts de fruits, puisque la saccharimétrie seule peut donner des chiffres à peu près positifs, au moins jusqu'à présent, nous croyons que l'on peut tirer un excellent parti de la connaissance du poids spécifique d'un moût pour en déduire approximativement la richesse en sucre. Il suffit, pour arriver à une notion très-approchée de la vérité, de prendre pour base les données suivantes:

1° La densité 1000 étant celle de l'eau, cette densité s'augmente de $\frac{4}{1000}$ par chaque centième de sucre dissous, en sorte que les chiffres 1004, 1008, 1012, etc., répondent à 1, 2, 3, etc., de sucre dissous dans 100 parties en volume;

2° On peut admettre, conventionnellement, que les autres matières dissoutes dans un moût augmenteront la densité dans la même proportion. Cela n'est pas tout à fait rigoureux, mais les chiffres qui en résultent conduisent à des conséquences pratiques fort suffisantes.

Ainsi, admettons un moût pesant spécifiquement 1087. Si nous savons, par les données analytiques, que les matières solubles étrangères au sucre s'élèvent habituellement à 5 pour 100 dans le moût, il nous suffira de retrancher, de 1087, le produit $5 \times 4 = 20$ pour connaître la densité approximative due au sucre seul : $1087 - 20 = 1067$, et cette densité nous conduit à 16,75 de sucre pour 100, puisque $\frac{67}{4} = 16,75$.

Les nombreuses analyses que nous avons données dans cet ouvrage permettent d'établir très-facilement une moyenne fort acceptable pour chaque matière première. Il ne faut rien conclure d'absolu, cependant, et l'on ne saurait trop recommander de faire plusieurs vérifications des moûts, jusqu'à ce que la densité reste stationnaire ; c'est le seul moyen d'éviter des erreurs notables que l'on pourrait commettre dans les recherches de ce genre, faites par une méthode aussi peu rigoureuse.

NOTE G.

CHAUFFAGE DES VINS.

Nous n'avons jamais eu la prétention de vouloir rendre la vue à ceux qui nient la lumière, et nous ne songeons pas à modifier les opinions de ceux *qui sont décidés à n'en pas changer, même quand il leur serait démontré qu'ils sont dans l'erreur*, selon la profession de foi pittoresque d'un de nos plus célèbres académiciens [1]. Nous n'avons donc qu'un très-médiocre souci de la manière de voir de ces infaillibles, qui appellent vérité leur passion du moment, et pour lesquels tout ce qui est appuyé, prôné, recommandé, puissant, devient aussitôt digne d'éloges et d'applaudissements enthousiastes. A notre sens, les intérêts de M. Pasteur ne sont pas la vérité, pas plus que ceux de ses adversaires, mais la vérité ne consiste pas absolument dans le contraire des intérêts de M. Pasteur. La question est de chercher ce qui est ou ce qui n'est pas, de différencier le certain du probable, le possible de l'impossible, sans aucune considération des personnalités. Pour tranquilliser la conscience du lecteur, nous déclarons donc formellement que *nous ne connaissons pas le moins du monde M. Pasteur*, que nous n'avons jamais eu avec lui le moindre rapport, et qu'il n'est pas probable que nous en ayons jamais aucun. Nous jugeons ce qu'on appelle *ses travaux*, qui nous intéressent et nous appartiennent, comme à tout le monde ; mais nous ne nous occupons en quoi que ce soit de sa personne. Ceci bien compris et positivement affirmé, nous tenons à mettre sous les yeux des lecteurs impartiaux quelques documents intéressants sur la question du chauffage des vins.

Tout le monde sait que le fond du procédé d'Appert, pour la conservation des matières alimentaires, consiste essentiellement dans l'application de la chaleur. Il rend compte, dans son livre, de l'action de sa méthode sur le vin et il détaille son mode d'opération.

« Je laissai un vide de 3 centimètres dans le goulot (des bouteilles). Je les rebouchai hermétiquement et je les ficelai de deux fils de fer croisés.

---

[1] M. Chevreul a fait cette déclaration formelle devant nous, en pleine séance de la Société d'agriculture, à l'occasion d'une critique scientifique des doctrines du jour sur les engrais azotés.

Après quoi, je les mis dans le bain-marie, dont je n'élevai la chaleur qu'à 70 degrés, dans la crainte d'altérer la couleur. »

Deux bouteilles soumises à ce traitement sont envoyées, l'une au Havre, l'autre à Saint-Domingue. Une troisième bouteille, non traitée, ut conservée chez Appert, qui rend compte de ses observations de la manière suivante :

« La bouteille conservée chez moi, et qui n'avait pas subi la préparation, avait un goût de vert très-marqué. Le vin renvoyé du Havre s'était fait et conservait son arome. Mais la supériorité de celui revenu de Saint-Domingue était infinie ; rien n'égalait sa finesse et son bouquet. La délicatesse de son goût lui prêtait deux feuilles de plus qu'à celui du Havre, et au moins trois de plus qu'au mien. Un an après, j'eus la satisfaction de réitérer cette expérience avec le même succès. »

Constatons, en passant, qu'Appert ne parle que de l'amélioration, et qu'il reste muet sur la question de savoir si le vin non chauffé a été malade et si le même vin chauffé a été préservé...

Après Appert, en 1827, A. Gervais publie une brochure intitulée : *Mémoire sur les effets de l'appareil épurateur pour l'*AMÉLIORATION *et la* CONSERVATION *des vins.* . Les deux mots sont réunis, *amélioration* et *conservation* ; voici le mode d'opérer :

« Le vin est transvasé d'un tonneau dans un autre *en passant dans un appareil chauffé au bain-marie*, sans exposer la liqueur aux effets destructeurs de l'air et du feu. Lorsque le vin a reposé pendant huit à dix jours, où le colle, et quinze à vingt jours après, lorsqu'il a effectué la sécrétion des principes nuisibles dont il se dépouille, on le soutire. Par ce procédé, *le vin devient de plus longue conservation et propre au transport.* »

A. Gervais déclare (en 1827) que *tout le monde a reconnu que le ferment était la cause des maladies dont les vins sont susceptibles.* Et M. Pasteur ne lui avait pas enseigné cette opinion. Comme on peut le voir, Gervais perfectionne la marche d'Appert, il l'industrialise et il répare la lacune signalée dans le livre de son devancier en appliquant le chauffage à l'amélioration et à la conservation des vins. Les certificats ne lui manquent pas. On lit dans la pièce n° 3 : « Le vin, qui était auparavant limpide, se trouble au fur et à mesure qu'il opère la sécrétion des corps qui s'en détachent ; mais lorsque, par le temps et par le collage, cette sécrétion s'est précipitée, le vin se trouve infiniment attendri et mieux dépouillé. »

Dans la pièce n° 4, relative à des expériences comparatives sur les vins communs, on constate qu'« un petit vin blanc d'Orléans a perdu sa verdeur et son âcreté ; qu'un vin rouge nouveau, louche et trouble, s'est clarifié, sa couleur trouble a disparu et il a acquis un degré d'amélioration au point qu'on peut le boire ; enfin, qu'un vin rouge d'Orléans, ayant un goût de fermentation et d'amertume, et sur un point de décomposition très-prochain, étant opéré, a recouvré sa qualité primitive et un parfum bien plus agréable qu'il n'avait avant sa maladie. »

Le procédé de Gervais ne resta pas dans une obscurité telle qu'on pourrait le croire à la vue de ce qui s'est passé depuis 1865. Une commission fut nommée pour l'examiner ; elle avait été placée sous le patronage du gouvernement, et les ministres de l'intérieur et du commerce avaient accepté la dédicace de son ouvrage...

En 1840, M. A. de Vergnette-Lamotte, dans le livre duquel nous trouvons les faits de cette note, reprend les expériences d'Appert. En 1846, il constate que les vins de 1840 qui avaient été chauffés en vases clos, étaient bien conservés, tandis que, à cette date, les vins de la même année non chauffés avaient presque tous été malades. Aux yeux de cet observateur, comme il le déclare formellement, le chauffage à 75 degrés *conserve* les vins, mais ne les *améliore* pas, et ce n'est pas dans le chauffage à 75 degrés que l'on doit trouver la solution du problème, puisque, par cette marche, les défauts des vins faibles ou maigres sont exagérés et qu'ils deviennent plus secs. Le même fait a été reconnu plus tard par la commission de Bercy, sur certains échantillons de vins traités par M. Pasteur.

En 1850, M. de Vergnette-Lamotte fait une communication à la Société centrale d'agriculture sur sa méthode et les faits observés.

« Souvent obligé, dans le moment de la récolte, de conserver par la *méthode Appert* des moûts destinés à des expériences qui ne pouvaient être faites que plus tard, j'ai aussi appliqué ce procédé à des vins de différentes qualités.

« En 1840, des vins de cette récolte avaient été mis en bouteilles au décuvage. Après avoir été bouchées, ficelées et exposées au bain-marie à une température de 70 degrés centigrades, elles furent descendues à la cave et oubliées. En 1846 (alors que la plupart des vins de 1840, dont les raisins furent grêlés, avaient subi une maladie à laquelle plusieurs succombèrent, quelques bouteilles de ce vin se trouvèrent sous ma main, et je constatai, avec une remarquable satisfaction, qu'il était dans le meilleur état de conservation ; seulement il avait contracté ce goût de cuit que nous rencontrons dans les vins qui ont voyagé dans les pays chauds, il s'était dépouillé de sa matière colorante bleue ; plus sec, plus vieux qu'un vin de six ans ne devrait l'être, il avait tous les caractères que nous avons signalés dans le vin revenu de Calcutta.

« Nous avons répété cette expérience sur d'autres vins, à l'époque de leur mise en bouteilles, et toujours nous avons réussi, en faisant varier la température du bain-marie de 50 à 75 degrés centigrades, à préserver les vins de qualité soumis à ces essais de toute altération ultérieure.

« ... Nous ne terminerons pas cette notice sans conseiller aussi, pour *les vins qui doivent être expédiés en bouteilles*, un essai dont la réussite a été complète pour les vins blancs. On soumet les bouteilles, bouchées et ficelées, à la température d'un bain-marie, en ayant soin d'éteindre le feu dès que la température s'élève à 70 degrés centigrades. Quand cette eau est descendue au degré de la température ambiante, on les en retire, on les goudronne. J'ai soumis à mes essais de grands vins blancs de Bourgogne qui, après avoir subi ce traitement, avaient fait deux fois le trajet des Antilles sans subir la moindre altération. »

En janvier 1864, M. Pasteur publie son mémoire sur les mycodermes du vin, une des fantaisies les plus curieuses et les plus invraisemblables de notre époque, qui fit jeter des cris d'admiration à tous ceux qui n'avaient pas la première connaissance de la question. M. de Vergnette lui-même n'échappe pas à ce travers ; il étudie les vins au point de vue mycoderme, et il trouve que « si on expose pendant quelque temps les vins à une température qui varie de 40 à 50 degrés, *les mycodermes deviennent inertes.* » De là, son procédé de conservation par le chauffage à basse température des vins à l'étuve, ou à défaut d'une étuve par le chauffage au grenier...

Tout était fait dès lors; il ne manquait plus que le copiste, et le copiste était trouvé. Le 1ᵉʳ mai 1865, M. de Vergnette communique ces faits à l'Académie des sciences (?). Grand émoi de M. Pasteur. Ce *savant* veut reconquérir une priorité qui lui échappe et il déclare, *le même jour, à cette occasion,* sans laquelle il se serait tu pendant quelque temps encore, pour laisser l'opinion dans l'incertitude, que le 11 *avril* 1865, il a pris un *brevet pour le chauffage des vins !*

Mais, *quinze ans après M. de Vergnette, trente-huit ans après Gervais,* M. Pasteur recueille leur travail, s'en fait un vêtement à sa taille, et l'événement a prouvé qu'il s'est rencontré des juges pour consacrer son droit de propriété au bien d'autrui. Voici ce que dit M. Pasteur à cette séance du 1ᵉʳ mai :

« Après que le vin a été mis en bouteilles, je ficelle le bouchon et je porte la bouteille dans une *étuve à air chaud,* en la plaçant debout. *On peut la remplir entièrement sans y laisser de traces d'air.* Voici ce qui se passe : le vin se dilate et tend à soulever le bouchon ; mais la ficelle le retient, de façon que la bouteille reste toujours parfaitement close, pas assez cependant pour que la portion de vin chassée par la dilatation ne suinte pas entre le bouchon et les parois du verre (!!!). La ficelle ne cède jamais et je n'ai pas vu une seule bouteille se briser, quelque peu de soins que j'aie pris dans la température de l'étuve. On retire la bouteille, on coupe la ficelle, on repousse le bouchon dans le goulot pendant que le vin se refroidit et se contracte, puis le bouchon est mastiqué et l'opération est achevée... »

M. Pasteur avait dit : « Enfin, j'ai essayé l'action de la chaleur, et je crois être arrivé à un procédé *très-pratique qui consiste* SIMPLEMENT *à porter le vin à une température comprise entre 60 et 100 degrés en vases clos pendant une heure ou deux.* »

L'opération est *très-simple,* en effet, et le lecteur en est juge. Elle consiste à publier, sous son propre nom, *le travail des autres,* et l'on conviendra que tout ce que M. Pasteur a dit et fait, pour le chauffage des vins, est de la même force. Ces manœuvres n'honorent pas beaucoup la science française, ni les académies et les commissions qui sanctionnent de semblables choses.

NOTE H.

RAPPORT DE M. ISIDORE PIERRE SUR UN MÉMOIRE DE M. F. BERJOT, RELATIF AUX SEMENCES DE POMMES ET A LEUR ACTION SUR LA QUALITÉ DU CIDRE.

En 1861, la Société d'agriculture et de commerce de Caen avait décidé qu'un prix serait décerné en 1862 par la Société, le jour de l'anniversaire séculaire de sa fondation, à l'auteur du travail qui contiendrait le plus de résultats nouveaux sur la bonne fabrication du cidre, et les données les plus importantes sur les questions qui s'y rattachent...

M. F. Berjot avait présenté un mémoire ayant pour titre: *des Semences de pommes et de leur action sur la qualité du cidre*. Ce travail, examiné par une commission, fut l'objet d'un rapport favorable de M. Isidore Pierre, dont la plupart de nos lecteurs ont pu apprécier la science et le mérite. Chimiste distingué, auteur de travaux recommandables sur la chimie agricole, M. Isidore Pierre n'hésite pas à déclarer que, sous ce titre modeste, l'auteur a su captiver d'une manière toute particulière l'attention de la commission.

Nous reproduisons presque en entier le compte rendu de M. Isidore Pierre, dans lequel les faits intéressants découverts par M. Berjot sont exposés de la manière la plus claire et la plus méthodique.

« Est-ce un avantage ou un inconvénient, dit le savant rapporteur, d'écraser les pepins pendant le brassage des fruits à cidre ?

« Les praticiens sont encore loin de s'être mis d'accord sur ce point.

« Les uns affirment, avec M. *Girardin*, que *l'écrasement des pepins communique au moût un principe amer et une huile d'un goût fort peu agréable*.

« Suivant les autres, *quand on écrase les pepins, le cidre se conserve mieux, a plus de montant, meilleur goût, et il est moins sujet à devenir dur*.

« Entre deux opinions si opposées, formulées par des personnes qui doivent avoir un intérêt direct à chercher et à connaître la vérité, il serait difficile de faire un choix raisonné sans le justifier par des faits authentiques, et le travail dont je dois vous rendre compte va vous mettre à même de vous prononcer avec connaissance de cause.

« Nous diviserons notre rapport en deux parties, dont la première sera consacrée à l'exposition des faits constatés par l'auteur du mémoire ; ce sera, en quelque sorte, la partie théorique.

« Dans la deuxième partie, nous chercherons à déduire de ces faits des conséquences pratiquement utiles.

PREMIÈRE PARTIE. — « Les pepins de fruits à cidre, nous dit l'auteur « du mémoire, se composent d'une enveloppe ou périsperme et d'une pe- « tite amande.

« L'amande représente 45 pour 100 du poids du pepin sec ;

« Le périsperme semi-ligneux en représente le reste, c'est-à-dire 55 « pour 100. »

« Les amandes peuvent céder au sulfure de carbone environ 55,5 pour 100 de leur poids d'une *huile fixe* incolore, soit 25 pour 100 du poids des semences non décortiquées.

« Cette huile fixe n'a aucun mauvais goût, et lorsqu'elle est fraîchement extraite, elle se rapproche, par la saveur, des huiles de faîne et d'œillette.

« En humectant le tourteau de pepins de pommes, après l'extraction de cette huile, et en le traitant comme celui d'amandes amères, l'auteur est parvenu à en retirer 1 pour 1000 d'une huile essentielle volatile qu'il considère, et non sans raison, comme identique avec l'essence d'amandes amères.

« J'ai l'honneur de mettre sous les yeux de la compagnie des échantillons de ces divers produits, préparés dans le courant de l'année dernière [1].

« Les recherches de la nature de celles qui nous occupent, et dont les résultats nous paraissent si simples, lorsqu'ils nous apparaissent dégagés des complications qui les accompagnaient originairement, présentent des difficultés parfois imprévues, dont la solution exige tout à la fois beaucoup de persévérance et une grande sagacité.

« Ainsi l'auteur, en écrasant les pepins, et les pressant ensuite par les moyens ordinaires, n'était parvenu à obtenir, d'environ 40 kilogrammes de ces pepins, après cinq heures d'une pression soutenue équivalente à 100 000 kilogrammes, que 100 grammes d'huile fixe, c'est-à-dire un quatre-centième du poids des semences, ou environ la centième partie de la quantité d'huile qui s'y trouve en réalité. Il semblait douteux, à première vue, que les tourteaux retirés de la presse, durs comme du marbre, en pussent fournir davantage.

« Plusieurs essais faits avec l'élaïomètre vinrent bientôt montrer combien on était loin de la vérité, en donnant 25 pour 100 d'huile au lieu de un quatre-centième.

« En incorporant du sable dans les pepins broyés, l'auteur put enfin porter à 18 pour 100 le rendement en huile obtenu par des procédés mécaniques, n'en laissant ainsi qu'environ 7 pour 100 dans le tourteau, c'est-à-dire à peu près ce qu'on laisse habituellement dans les bonnes fabriques d'huile de graines.

« Pendant les distillations réitérées, nécessaires pour isoler la petite quantité d'huile essentielle dont les éléments existaient dans le tourteau de pepins des fruits à cidre, l'auteur du mémoire eut plusieurs fois l'occasion de voir cette essence éprouver un genre d'altération sur lequel je crois devoir également appeler votre attention : une partie de l'essence se transformait en un autre produit, l'acide benzoïque, résultant de l'oxydation du premier, sous l'influence de l'air, influence d'autant plus active, que le contact des deux substances est plus multiplié, ce qui explique sans peine comment sa transformation s'opérait sur une échelle d'autant plus grande que les distillations ou rectifications étaient répétées un plus grand nombre de fois.

« On arriverait, d'ailleurs, à des résultats tout à fait analogues, en opérant de la même manière sur les tourteaux d'amandes amères.

« Enfin, nous devons ajouter encore que l'essence d'amandes amères, quand on la conserve dans un flacon mal bouché, peut aussi donner lieu à cette production d'acide benzoïque, et que l'huile essentielle fournie par les tourteaux de semences de pommes subit également ce genre d'altération dans des conditions analogues.

« Enfin, les pepins de pommes peuvent encore céder à l'eau une matière gommeuse que l'alcool peut en séparer et la précipitant.

DEUXIÈME PARTIE. — « Essayons maintenant de distinguer, en suivant les idées de l'auteur, quelle peut être l'influence particulière de chacune des substances contenues dans les pepins, et dans quelle mesure cha-

[1] Nous avons vu également ces produits chez l'auteur même de ces recherches remarquables, et nous avons été vivement frappé de la netteté des résultats indiqués par M. Berjot.

cune d'elles peut agir sur les qualités du cidre ou des produits qui en dérivent.

Huile fixe. — « Quelle que soit la nature du cidre, quel que soit le cru par lequel il se recommande, l'addition d'une huile fixe *sans odeur et sans aucun mauvais goût* ne saurait nuire à sa qualité, et encore moins à sa conservation. Cette huile, plus légère que le liquide, ne tarde pas à se rassembler à sa surface, n'arrive au consommateur qu'avec les derniers litres de sa boisson, et ne peut, en conséquence, communiquer par sa présence un mauvais goût quelconque au liquide, avec lequel elle ne se mêle pas.

« D'ailleurs, messieurs, beaucoup d'entre vous ont été à même de mettre en pratique la recommandation de feu Thierry, notre ancien confrère, qui conseillait, il y a plus de trente ans, de verser par la bonde d'un fût contenant du cidre environ 30 grammes d'huile d'olive par hectolitre, pour en mieux assurer la conservation, surtout dans les futailles de petites dimensions.

« J'ai été personnellement à même, plusieurs fois, d'apprécier le mérite de cet excellent conseil, et je suis convaincu que vous en avez conçu la même bonne opinion, et que vous avez souvent constaté l'efficacité d'une mince couche d'huile pour préserver le cidre de l'action acidifiante de l'air, action qui paraît d'autant plus à craindre que le cidre est plus léger et moins alcoolique.

« La proportion d'huile d'olive recommandée par Thierry correspondrait à environ 500 grammes pour un tonneau de 1,600 litres.

« Or, pour un tonneau de 1,600 litres, il faut environ 50 hectolitres de pommes, et chaque hectolitre contient, d'après l'auteur, environ 300 grammes de pepins.

« Si tous les pepins étaient écrasés, et que l'huile en fût expulsée en totalité, les 15 kilogrammes de pepins pourraient fournir jusqu'à 3,750 grammes d'huile; ce serait plus de six fois la quantité jugée suffisante par Thierry, mais on ne voit pas bien en quoi cet excédant pourrait être nuisible. — D'ailleurs, on sait parfaitement que l'on ne parvient jamais à écraser tous les pepins, et il est également certain qu'on ne doit pas expulser, pendant les opérations du brassage, la totalité de l'huile que pourraient fournir les pepins écrasés.

« Nous croyons donc pouvoir partager l'opinion de l'auteur, que l'huile fixe contenue dans les pepins ne peut communiquer aux cidres un mauvais goût, et qu'elle peut, dans beaucoup de cas, contribuer à leur bonne conservation.

Matière gommeuse. — « Nous ne comprenons pas davantage en quoi la matière gommeuse que l'eau peut extraire des pepins écrasés serait capable de nuire à la qualité du cidre ; cette matière ne pourrait, tout au plus, que lui donner un peu plus de corps, ce qui ne saurait être un désavantage.

Huile essentielle. — « Reste enfin l'huile essentielle, dont, à ma connaissance du moins, personne n'avait signalé ni même soupçonné la production aux dépens de certains principes constitutifs des pepins de fruits à cidre.

« C'est à cette substance surtout, nous pourrions dire presque uniquement à elle, qu'il faut attribuer la saveur particulière qui nous reste après avoir maché des pepins, et surtout des pepins séparés de la partie charnue du fruit.

Les 15 kilogrammes de pepins contenus dans les 50 hectolitres de pommes nécessaires à la confection d'un tonneau de cidre ordinaire de 1,600 litres, en adoptant les données numériques présentées par l'auteur, pourraient fournir, au maximum, 15 grammes de cette huile essentielle, dans des conditions convenables ; et si la proportion qui s'en trouve dans les cidres est souvent bien loin de cette limite, même lorsqu'on a écrasé les pepins pendant la préparation, sa présence peut y jouer un rôle sur lequel nous devons nous arrêter un peu, parce qu'il s'agit, suivant toute vraisemblance, de l'un des points les plus délicats de la théorie de la fabrication des cidres et des eaux-de-vie de cidre.

« Dans les cidres de bons crus fins et renommés, la production de cette huile essentielle, qui sera la conséquence de l'écrasement des pepins, pourrait masquer ou dénaturer cette finesse de goût qui constitue la supériorité de ces cidres ; il pourrait donc y avoir imprudence, en pareil cas, à broyer les pepins.

« Lorsqu'il s'agit, au contraire, de cidres de seconde qualité ou de qualités inférieures, cette huile essentielle peut, dans beaucoup de cas, suppléer dans une certaine mesure au bouquet dont ils sont dépourvus, ou dissimuler un goût de terroir trop caractéristique. Il en sera de même encore lorsqu'il s'agira des petits cidres obtenus par le *remiage.*

« En discutant le fait, si souvent annoncé, que certains petits cidres passent pour enivrer autant, si ce n'est plus énergiquement, que beaucoup de gros cidres, l'auteur nous donne une explication qui mériterait bien de fixer l'attention des physiologistes.

« Un tonneau de *petit cidre* s'obtient ordinairement en brassant une seconde fois le marc de deux ou même de trois tonneaux de *gros cidre ;* si les pepins ont été écrasés, comme c'est dans le marc que résident les éléments de l'huile essentielle, il peut arriver et il arrivera souvent que la nouvelle boisson en contiendra des proportions notables. Or, il suffit de respirer une très-petite quantité de cette singulière substance, pour comprendre l'énergie avec laquelle elle peut agir sur le cerveau, même à faible dose, et en nous plaçant dans des conditions favorables, un tonneau de petit cidre de 1 600 litres, préparé comme nous venons de le supposer, pourrait en contenir jusqu'à 40 ou 45 grammes.

« Nous laissons à de plus compétents que nous le soin d'expliquer ce que peut offrir de spécial et de caractéristique l'ivresse provoquée par la présence d'une substance aussi active, et nous nous bornerons à proclamer, une fois de plus, qu'il ne faut pas toujours se hâter de récuser avec dédain l'exactitude de certains faits souvent signalés par la foule, parce que la science ne les comprend pas encore et se voit impuissante à les expliquer.

« Si nous nous plaçons au point de vue particulier de la conservation du cidre, l'huile essentielle peut agir comme agent conservateur, à raison même de son altérabilité sous l'influence de l'oxygène de l'air, en absorbant à son profit, pour se transformer peu à peu en acide benzoïque, une partie de cet oxygène qui contribue si puissamment à l'acidification des boissons.

« *Influence de l'huile essentielle sur la qualité des eaux-de-vie de cidre.* —

Lorsqu'on soumet à la distillation, pour en faire de l'eau-de-vie, un cidre provenant de pommes dont les pepins ont été écrasés, c'est-à-dire un cidre contenant une petite quantité de l'huile essentielle qui nous occupe, l'eau-de-vie doit en avoir le goût d'une manière bien plus prononcée que le cidre lui-même, puisque cette huile essentielle, entraînée par la distillation, se trouve répartie dans un volume de liquide beaucoup moins considérable : en outre, la transformation partielle de cette essence en acide benzoïque doit être facilitée par la rectification de la petite eau, et communiquer ainsi à l'eau-de-vie une saveur et un parfum balsamique particuliers. Aussi l'auteur a-t-il trouvé, comme on devait s'y attendre, *une petite quantité d'acide benzoïque dans de vieilles eaux-de-vie de cidre* d'une origine authentique.

« On a bien souvent répété que le broyage des pepins augmente la proportion d'alcool dans les cidres et élève le degré des eaux-de-vie qui en proviennent. L'auteur du mémoire pense qu'il doit [y avoir là une erreur à rectifier ; et nous sommes de son avis ; il a vainement essayé de faire fermenter des pepins de pommes écrasés, en les plaçant dans les conditions les plus favorables à la production de l'alcool.

« Mais si nous nous rappelons que les eaux-de-vie provenant des cidres obtenus de pommes dont les pepins ont été broyés doivent contenir une petite quantité d'huile essentielle, surtout lorsque ces eaux-de-vie sont de préparation récente, nous comprendrons sans peine que, si le rendement en alcool n'est pas plus considérable, contrairement à une opinion généralement accréditée, la propriété enivrante de ces eaux-de-vie doit être plus prononcée ; cette propriété spéciale a pu être confondue, à raison de ses effets, avec une plus grande richesse alcoolique, ou, pour mieux dire, avec une plus grande force, parce que, pour beaucoup de gens, la qualité d'une eau-de-vie se mesure par sa force abrutissante.

« Le travail dont j'essaye aujourd'hui de vous donner une idée a paru à votre commission remplir les conditions du programme, contenir des résultats nouveaux et importants sur des questions relatives à la fabrication des cidres et des produits qui en dérivent.

« Il nous paraît avoir fourni les moyens d'y faire intervenir ou d'en éloigner, avec connaissance de cause, certains principes qui, suivant les circonstances et suivant les goûts des consommateurs, peuvent y jouer un rôle favorable ou désavantageux.

« L'auteur du mémoire ne s'est pas arrêté en si bonne voie, messieurs ; après avoir montré clairement l'influence que peuvent exercer sur la qualité des cidres ou des eaux-de-vie de cidre les différentes parties constitutives des pepins, il s'est imposé une nouvelle tâche dont il s'est encore acquitté avec bonheur, et dont l'importance ne vous échappera pas.

« Si, dans certains cas, l'écrasement des pepins offre un réel avantage, tandis que, dans d'autres circonstances, il pourrait être un inconvénient, il est évident que, dans les dispositions actuelles des pressoirs à cidre, le même équipage de meule ne pourra pas servir pour les deux cas ; les meules en bois n'écraseront pas les pepins, les grosses meules en pierre ou en granit les écraseront presque tous.

« Si l'on trouvait avantageux de respecter les pepins, dans la préparation du gros cidre et de les écraser dans la confection du cidre de remiage, on serait donc dans l'obligation d'avoir un double équipage constituant un embarras et une grande dépense.

« Ici encore, messieurs, l'auteur du travail que nous avons l'honneur de proposer à vos suffrages a eu la main heureuse, et une bonne inspiration. Il a imaginé un *concasseur* d'une extrême simplicité, capable de fonctionner, à volonté, de manière à respecter ou à broyer les pepins, en faisant varier l'écartement de deux petites meules en granit, marchant en sens contraire, avec lesquelles un cheval peut broyer sans peine 3 hectolitres de pommes en moins de deux minutes. Ce concasseur, qui a en outre le mérite de servir à une foule d'autres usages, tient fort peu de place, et il est, à raison même de sa simplicité, d'une réparation facile; enfin, il pourrait être aisément mu à bras par deux hommes, ou être disposé, à l'aide d'une courroie, comme annexe d'une machine à battre...

« En résumé, la commission de la Société a reconnu que le travail de M. F. Berjot « *renferme l'exposé de faits nouveaux et importants, de nature* « *à éclairer plusieurs points relatifs à la fabrication ou à la conservation* « *des cidres ou des eaux-de-vie qui en proviennent.* »

« Les expériences propres à mettre ces faits en évidence, délicates et dispendieuses, ont été poursuivies avec persévérance, et l'auteur n'a reculé devant aucun sacrifice pour les réaliser ou pour en contrôler l'exactitude. »

NOTE I.

RAPPORT SUR LE CONCASSEUR BERJOT.

Nous venons de voir, dans la note précédente, tout l'intérêt que l'auteur du rapport attache à l'appareil diviseur que M. Berjot a imaginé pour la fabrication du cidre.

M. Isid. Pierre regarde le *concasseur* comme une excellente machine qui, par sa puissance et sa simplicité, paraît appelée à rendre à l'agriculture des services importants.

Un compte rendu spécial fut présenté à la Société d'agriculture et de commerce par M. Olivier, et nous croyons utile de reproduire la description succincte que le rapporteur a faite de cet instrument. Nous citons textuellement.

« En étudiant la question mise au concours, dit M. Olivier, M. Berjot a reconnu la nécessité d'écraser ou de ménager le pepin, suivant la qualité des cidres qu'on voulait préparer. Il y avait là un nouveau problème à résoudre, et dont il donna bientôt une solution heureuse, en faisant construire son *concasseur universel.* C'est, incontestablement, une des machines les plus parfaites de ce genre, et qui est appelée à rendre de nombreux et très-grands services.

« Elle ne se borne pas à remplacer avantageusement les anciennes auges ou les nouveaux concasseurs à noix en fonte; elle peut encore servir à broyer les betteraves, les pommes de terre, les racines et plantes pour la nourriture du bétail, les plantes pour la préparation des extraits pharmaceutiques. On peut aussi l'utiliser pour concasser les nois, les grains, les tourteaux; pour écraser le noir animal, les engrais, etc., etc.

« Le concasseur Berjot est facile à loger : sa longueur est de 2ᵐ,50, son épaisseur de 0ᵐ,80, et sa hauteur de 1ᵐ, 50 environ.

« D'une construction très-simple, il a rarement besoin de réparations, et celles-ci peuvent être faites, très-bien, même par les ouvriers de la campagne.

« Le concasseur Berjot se compose de deux cylindres en granit ayant 1 mètre de diamètre et 20 centimètres d'épaisseur, dont les axes horizontaux reposent sur la même traverse d'un bâti de charpente. En d'autres termes, ce sont deux roues en pierre, de 0ᵐ,20 de largeur, placées verticalement l'une devant l'autre, et dont les essieux sont parallèles et au même niveau. Le bâti portant les cylindres concasseurs se compose d'un cadre formant patin, de manière à bien poser sur le sol. Aux quatre angles de ce cadre sont établis des poteaux montants reliés ensemble à la moitié de leur hauteur, et à la partie supérieure par deux systèmes de quatre traverses.

« Les deux grandes traverses du milieu, celles sur lesquelles reposent les axes des deux cylindres concasseurs, sont soutenues en leur milieu par un potelet contreventé lui-même par deux jambes de force.

« Pour l'un des cylindres en granit, les coussinets qui maintiennent son axe sont fixes. Pour l'autre, ils sont mobiles et peuvent, au moyen de vis, déplacer l'axe du cylindre parallèlement à lui-même. Cette disposition permet de rapprocher ou d'éloigner les deux cylindres à volonté, de manière à laisser entre eux un écartement déterminé.

« L'axe de l'un des cylindres porte une poulie à cuirasse à chacune de ses extrémités. L'autre axe n'a de poulie que d'un côté. Ces trois poulies sont de même diamètre.

« Les deux du même côté sont reliées par une cuirasse croisée de façon à ce que si l'on fait marcher un cylindre dans un sens il entraîne l'autre en sens contraire avec la même vitesse.

« Lorsque la machine est mise en mouvement par un homme, la manivelle est placée du côté de la cuirasse ; si elle marche par un manège, la cuirasse de celui-ci prend naturellement sur la poulie qui est seule de son côté.

« Une trémie en menuiserie embrasse les deux cylindres au-dessus des axes et maintient entre eux les objets qu'on y jette.

« Il est facile de se rendre compte de la manière dont travaille cette machine.

« Les pommes engagées entre les deux cylindres, poussées par celles de dessus, attirées par le mouvement des deux roues vers le point de contact, se trouve saisies par les pierres en un point où les tangentes aux cylindres font un angle plus petit que celui de frottement. Alors elles ne peuvent plus remonter et sont forcément emportées en s'écrasant.

« On a vu que les axes des deux cylindres en granit permettent de faire varier leur écartement. Afin de tirer le premier jus, on laisse entre les cylindres de 6 à 8 millimètres de vide ; cela suffit pour bien comprimer les pommes sans écraser les pepins. Lors du rémiage, les cylindres sont rapprochés de manière à ne plus laisser entre eux que 1 à 2 millimètres. Le pepin est alors parfaitement écrasé.

« Dans les expériences qui ont été faites sur le concasseur Berjot, le mouvement était donné par un manége à un cheval. La transmission se faisait par deux roues et deux pignons et par deux poulies que reliait une cuirasse.

« Pour un tour de manége, l'axe des cylindres concasseurs en faisait trente environ, et le travail à la surface de ceux-ci, ou, en d'autres termes, leur action sur les pommes, était à peu près le cinquième de la force agissant sur les bras du manége. Aussi, un homme menant directement la manivelle du concasseur peut-il faire le service pendant quelque temps.

« La machine étant réglée pour ne pas écraser les pepins, le manége, attelé d'un seul cheval, a préparé 10 hectolitres de pommes en cinq minutes. L'opération était très-bien faite, et chaque hectolitre de fruits a donné 20 litres de jus pur avec un petit pressoir d'une assez faible puissance.

« Pour le rémiage, les cylindres étant à 1 millimètre et demi l'un de l'autre, le travail et la vitesse de débit ont été à très-peu près les mêmes. Le pepin était parfaitement broyé.

« L'expérience et la théorie se réunissent donc pour recommander l'excellente machine de M. Berjot. Avec elle, le cultivateur préparera ses marcs suivant la qualité du cidre qu'il veut obtenir, et elle lui servira encore pour concasser ses grains et ses racines. »

NOTE J.

CONSERVATION DU MALT.

Il est d'observation que le malt éventé a perdu son arome et qu'il fournit une bière dont la saveur et l'odeur sont beaucoup moins agréables que si la bière est préparée avec du malt frais non éventé. Il y a donc un certain intérêt qui s'attache à la manière dont on conserve le malt avant de le traiter. Le plus ordinairement, on l'amoncelle en tas dans des greniers bien secs; mais ce mode de conservation ne nous semble pas aussi certain qu'il devrait l'être. Il vaut beaucoup mieux l'enfermer dans des cylindres en tôle de capacité suffisante, munis d'un trou d'homme pour l'entrée et d'un autre pour la sortie. De cette manière, il ne peut y avoir aucune déperdition et le malt conserve, pendant longtemps, toute sa valeur.

La pratique a, du reste, pleinement justifié la valeur de ce moyen, qui offre au moins le mérite de mettre le produit à l'abri de l'humidité et de l'air atmosphérique. Il va sans dire que le grain germé devrait être enfermé dans les réservoirs de garde aussitôt après le nettoyage.

Nous ne ferons, à cet égard, qu'une seule observation. Bien que le malt puisse se conserver parfaitement dans des silos ordinaires, il paraît démontré que la conservabilité est augmentée par la substitution, à l'air atmosphérique, d'un gaz contraire à la fermentation. On a essayé l'acide carbonique, l'azote, l'acide sulfureux, l'oxyde de carbone, le sulfure de carbone. Il nous semble que la soustraction de l'air, par l'action d'une petite pompe aspirante, peut remplacer facilement et avantageusement tous les autres systèmes. Ce procédé de conservation a déjà été conseillé par le docteur Louvel et les résultats en ont été jugés très-favorables par une commission officielle, en 1865. Des cylindres de 5 à 6 mètres cubes, en nombre proportionné à la quantité de malt à conserver, une petite pompe aspirante, dont l'action serait indiquée par un manomètre adapté à chaque cylindre, composeraient l'outillage nécessaire. On pourrait même, au besoin, se passer de la pompe. Il suffirait d'un petit monte-jus de 1 mètre cube, communiquant à volonté avec les cylindres, et reposant sur un fourneau. On mettrait dans ce vase une petite quantité d'eau, 40 à 50 litres, par exemple, et la communication avec les cylindres serait fermée, pendant qu'on maintiendrait ouvert un petit robinet pour la sortie de l'air et de la vapeur. L'eau serait mise en ébullition, et aussitôt que la vapeur aurait chassé l'air, on fermerait le robinet de sortie de l'air et de la vapeur, et on éteindrait le feu. Le vide le plus complet possible s'établirait dans le vase par le refroidissement et la condensation de la vapeur. Lorsqu'il serait obtenu, on ouvrirait le robinet de communication avec les cylindres, dont l'air serait soustrait en partie en refermant ce dernier robinet et en recommençant l'opération on arriverait à produire le vide dans les cylindres. Ce mode serait très-applicable dans les brasseries où l'on emploierait déjà les monte-jus comme appareils élévatoires pour l'eau et les liquides. Il suffirait de remplir de vapeur un de ces instruments et d'y faire condenser cette vapeur pour y faire le vide et pouvoir s'en servir pour soustraire l'air atmosphérique des cylindres de conservation.

NOTE K.

DES SOINS A DONNER AUX ABEILLES.

Les auteurs du *Dictionnaire d'agriculture pratique* ont réuni, sous forme de préceptes, à la fin de leur article sur les abeilles, les principes les plus essentiels que l'agriculteur doit avoir présents à l'esprit. « Il n'y a jamais qu'une reine dans une ruche, disent-ils, et une ruche sans reine périt inévitablement si on ne lui en donne une autre. — Tant qu'il y a dans une ruche un couvain, ou des larves d'ouvrières de moins de trois jours, les abeilles peuvent se créer une reine. — Si la reine périt plus de trois jours après que la ponte des œufs d'ouvrières est finie, et avant la ponte des œufs de reines, la ruche périt ou se réunit à une autre. — Il y a du couvain presque toute l'année, excepté dans les temps froids. — Les ruches essaiment plus tôt dans les pays chauds que dans les pays froids. — Quand une ruche n'est pas assez peuplée pour sa dimension, ou qu'il s'y trouve du vide, il ne sort pas d'essaim. — Lorsqu'une ruche est faible, il faut l'empêcher d'essaimer. — Le moyen d'empêcher une ruche d'essaimer, c'est d'y ajouter une partie vide. — Une seule ruche peut fournir jusqu'à six et huit essaims. — Les ruches qui fournissent plus de trois essaims périssent presque toujours. — Un essaim de l'année peut fournir un ou deux essaims. — Les essaims refusent une ruche trop spacieuse. — Un bon essaim doit peser 5 à 6 livres. — La cire étant plus chère que le miel, il y a de l'avantage à forcer les abeilles à travailler en cire. — Dans une grande ruche, on obtient plus de cire. — Dans une petite ruche on obtient plus de miel. — La récolte du miel ne doit être que l'enlèvement du superflu des abeilles. — Une ruche bien peuplée consomme en hiver 1 livre et demie de miel. — Le meilleur miel est dans la partie supérieure de la ruche. — Plus le miel est nouvellement fait, meilleur il est. — Plus les ruches sont vieilles, moins elles contiennent de miel. — Plus les ruches sont vieilles, moins la cire est blanche. — Tous les rayons d'une ruche doivent être renouvelés en deux ans. — Le renouvellement bisannuel des gâteaux est le moyen le plus certain de se garantir des teignes. »

RÉSUMÉ DES TRAVAUX AGRICOLES DE L'ANNÉE. — *Janvier.* — Si les ruches sont en plein air, on doit avoir soin que la chemise qui les recouvre soit en bon état, qu'elle ne soit pas couverte de neige, que le tablier ne retienne pas les eaux. — Surveiller avec soin les rats, les souris, les mulots. — Fabrication des ruches, que l'on conserve en lieu sec. — On peut changer les ruches de place, pourvu qu'il ne gèle pas trop fort et que la température ne soit pas inférieure à —1 ou —2 degrés. — *Février.* — Comme en janvier. — Examiner si les ruches ont assez de provisions, leur en rendre, s'il est nécessaire. — Réparer les chemises ou surtouts que la pluie ou le vent aurait pu dégrader. — *Mars.* — C'est le mois humide, le mois de la dysenterie. Vérifier l'état des ruches, nettoyer le tablier, donner du vin sucré aux ruches malades. — Tailler les gâteaux moisis ou altérés. — Faire les plantations autour du rucher, et y établir un petit bassin d'eau claire, si l'on peut. — Transport aux colzas ou au bois, selon les cas. — Sceller les ruches. — *Avril.* — Continuer les soins de mars, si tout n'est pas fini. — Laisser les ruches en repos, à moins qu'on ne soit obligé de leur fournir de la nourriture. — *Mai.* — Veiller sur l'essaimage. — Pratiquer l'essaimage artificiel. — Nourrir les essaims faibles, ainsi que les ruches qui auraient besoin d'être alimentées. — *Juin.* — Comme en mai. — Réunion des essaims trop faibles. — *Juillet.* — Nettoyer les ruches après le massacre des mâles. — Empêcher les essaims tardifs de sortir. — Réunir les ruches faibles. — Faire la chasse aux guêpes. — *Août.* — Cessation de la ponte. — Prévenir le pillage. — Récolte du miel et de la cire. — Mariage des ruches faibles. — *Septembre.* — Continuation de la récolte. — *Octobre.* — Ventes et achats de ruches. — Réparation des surtouts. — *Novembre.* — Couvrir les ruches, après avoir visité l'intérieur. — Rétrécir les entrées. — Noter les ruches mal approvisionnées pour les nourrir au printemps. — *Décembre.* — Éviter d'agiter le sol près des ruches pendant la gelée. — Débarrasser la neige. — Prendre des précautions contre les rats. — Réparer tous les objets utiles pour le retour de la bonne saison.

TABLE DES CHAPITRES.

LIVRE IV.

DE LA BIÈRE.

LIVRE V.

DE L'HYDROMEL.

LIVRE VI.

BOISSONS FERMENTÉES DIVERSES.

APPENDICE.

NOTES JUSTIFICATIVES.

TABLE ANALYTIQUE DES MATIÈRES.

APPENDICE. — ESSAI DES BOISSONS FERMENTÉES. — ALCOOMÉTRIE.

NOTES JUSTIFICATIVES.

FIN DE LA TABLE DES MATIÈRES.

Paris. — Typographie A. HENNUYER, rue du Boulevard, 7.

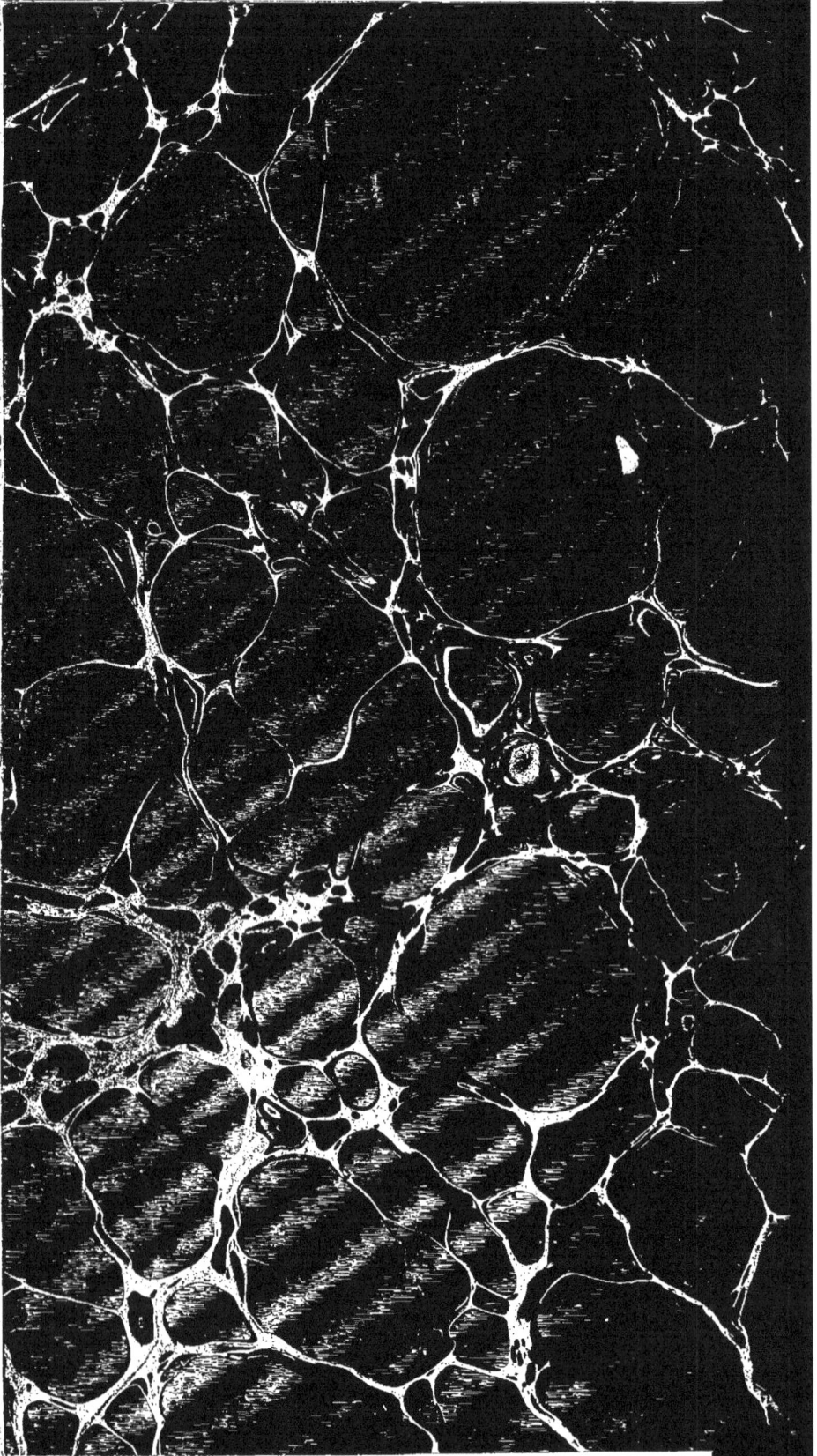

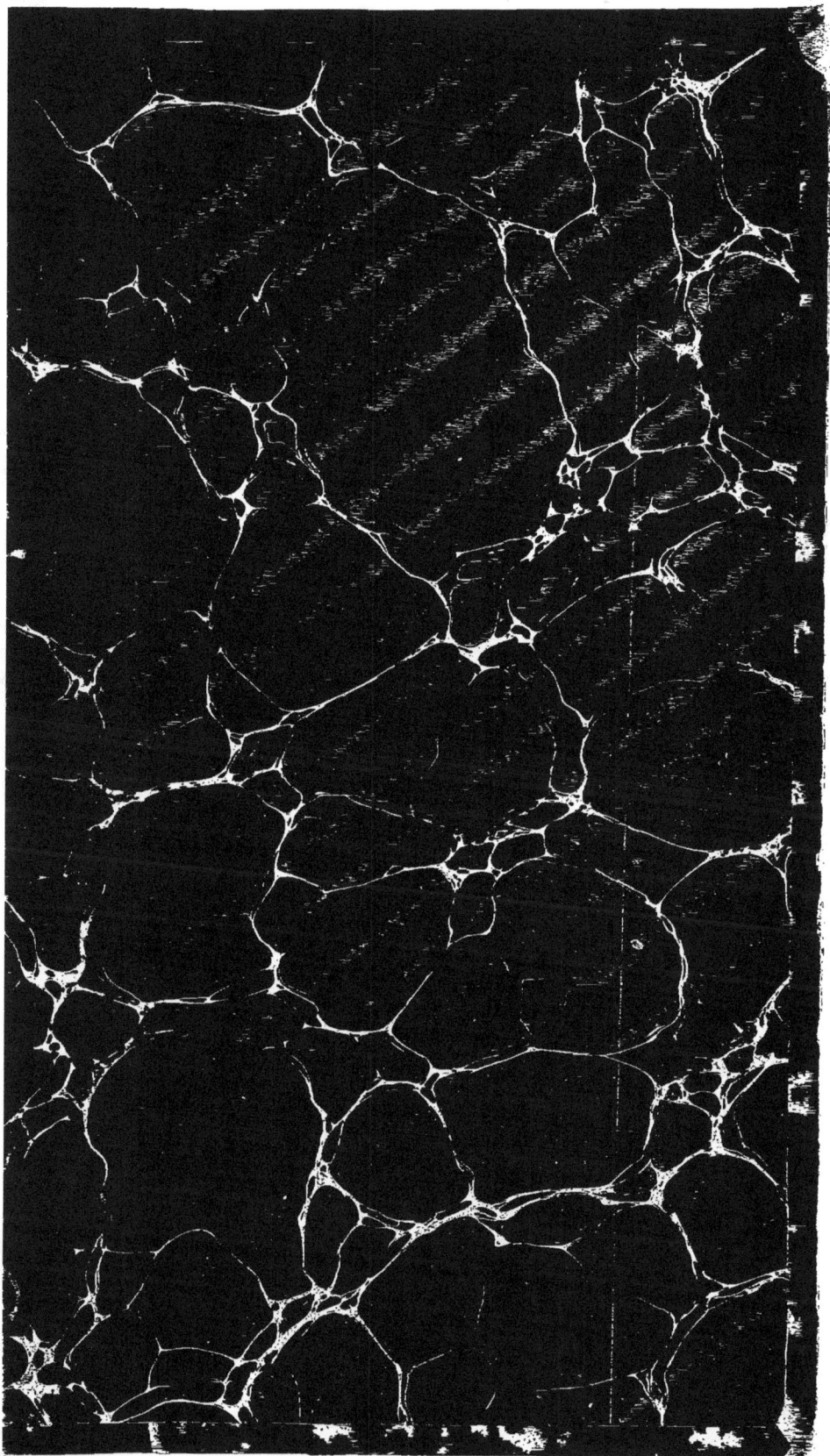